当代知识论导论

上

An Introduction to Contemporary Epistemology

徐向东 著

北京大学出版社
PEKING UNIVERSITY PRESS

图书在版编目（CIP）数据

当代知识论导论：上下 / 徐向东著. -- 北京：北京大学出版社，2024.9. --（博雅大学堂）. --ISBN 978-7-301-35405-6

Ⅰ. G302

中国国家版本馆 CIP 数据核字第 2024TJ6292 号

书　　　名	当代知识论导论：上下 DANGDAI ZHISHILUN DAOLUN：SHANGXIA
著作责任者	徐向东　著
责任编辑	田　炜　张晋旗
标准书号	ISBN 978-7-301-35405-6
出版发行	北京大学出版社
地　　　址	北京市海淀区成府路 205 号　100871
网　　　址	http://www.pup.cn　新浪微博 @ 北京大学出版社
电子邮箱	编辑部 wsz@pup.cn　总编室 zpup@pup.cn
电　　　话	邮购部 010-62752015　发行部 010-62750672 编辑部 010-62750577
印 刷 者	三河市北燕印装有限公司
经 销 者	新华书店
	650 毫米 ×980 毫米　16 开本　61.5 印张　800 千字
	2024 年 9 月第 1 版　2024 年 9 月第 1 次印刷
定　　　价	258.00 元（上下）

未经许可，不得以任何方式复制或抄袭本书之部分或全部内容。
版权所有，侵权必究
举报电话：010-62752024　电子邮箱：fd@pup.cn
图书如有印装质量问题，请与出版部联系，电话：010-62756370

目录
CONTENTS

序　言　　I

第一章　导论　　001
　　一、知识论的核心问题　　002
　　二、知识的价值　　018
　　三、知识论与其他哲学领域的关系　　026

第二章　知识与辩护　　030
　　一、概念分析与日常的知识概念　　030
　　二、知识与信念　　037
　　三、真理　　047
　　四、认知辩护的基本观念　　061
　　五、对辩护的两种理解　　067
　　六、推理辩护与知识扩展　　071
　　七、认知义务论与信念伦理　　078

第三章　盖蒂尔问题　　109
　　一、盖蒂尔挑战及其基本预设　　110
　　二、标准的内在主义回应　　122

137	三、外在主义转向
147	四、知识、实在与可靠联系
167	五、反运气知识论
182	六、"知识在先"立场
191	七、盖蒂尔问题的重要性
194	**第四章 基础主义**
196	一、辩护的结构与认知回溯论证
205	二、古典基础主义
225	三、适度的基础主义
245	四、经验的认知地位与塞拉斯的批评
260	五、知觉经验与直接辩护
277	**第五章 融贯论**
278	一、融贯论的动机和基本观念
287	二、莱勒的融贯论
307	三、邦茹的融贯论
319	四、对融贯论的主要批评
337	五、非信念状态与信念假定
355	**第六章 外在主义与内在主义**
357	一、可靠主义
365	二、对可靠主义的批评与回应
394	三、担保与恰当功能

四、美德可靠主义与经验研究　　404
　　五、内在主义　　415
　　六、认知可存取性要求　　427
　　七、对内在主义的一般批评　　442
　　八、调和内在主义与外在主义的尝试　　450

第七章　先验知识与先验辩护　　477
　　一、先验辩护的概念　　481
　　二、先验性与必然性　　486
　　三、康德论先验综合命题的可能性　　497
　　四、先验性与分析性　　507
　　五、先验辩护与理智直观　　514
　　六、对先验知识的批评　　528

第八章　自然主义认识论　　544
　　一、传统认识论与自然主义　　546
　　二、奎因对传统认识论的攻击　　556
　　三、极端自然化的困境　　571
　　四、自然主义与认知随附　　583
　　五、经验研究与哲学方法　　592

第九章　怀疑论、知识与语境　　612
　　一、怀疑论的本质和范围　　615
　　二、知识、确定性与错误　　622

641	三、认知传递原则与缸中之脑假说
646	四、摩尔的反驳与最佳解释策略
665	五、语义外在主义
676	六、认知闭合原则与相关取舍学说
693	七、怀疑论与语境主义
720	八、语义标准与语境转换
735	九、标准问题：语境主义、不变论与相对主义
752	十、知识、行动与实用入侵
768	**第十章 经验、实在与知识**
769	一、休谟时代的知识概念
778	二、事实问题与因果关系
788	三、休谟的怀疑论论证
808	四、怀疑论与自然主义
817	五、维特根斯坦论知识与确定性
845	六、先验论证与怀疑论
878	七、里德论知觉、证据与认知原则
908	八、析取主义与怀疑论
935	九、结语：反思人类知识
939	**参考文献**

序言
PREFACE

　　知识论是分析哲学的核心领域之一,也是最古老的哲学领域之一。我将这两个说法并列在一起,是为了强调我们应当将当代对知识论的研究与哲学史上对知识问题的探讨结合起来。一方面,在分析哲学传统中,当代知识论往往由于其对细微问题和技术性论证的关注而令人生畏,在最糟糕的情况下,还会让那些习惯于将哲学与所谓"大问题"联系起来的学生或读者认为根本就不值得研究。另一方面,在分析哲学传统中,甚至某些从事知识论研究的学者也往往会失去对根本问题的把握。分析和论证在哲学中当然很重要,但是,在从事哲学研究时,若不把具有根本重要性的问题记在心中,那么,不管技术性工作做得多好,也不会对哲学做出多少真正有价值的贡献。因此,在本书中,我已经尽自己所能尝试表明分析传统的知识论如何能够与传统认识论的核心问题相联系,而这也对本书在论题的选择上施加了限制。

　　我之所以将这两个说法并列起来,还有一个考虑。在英美高校哲学系中,属于核心领域的课程当然也是必修课。在根本上说,知识论是要研究我们如何认识自己所生活的世界,我们是否能够知道所谓"外部实在"。因此,自哲学诞生以来,知识论问题就与古老的形而上学或本体论问题不可分离,而形而上学或本体论历来都是具有实践含义的哲学领域。知识论当然也会研究人类对自身的理解,至少为了探究人类知识的可能性,我们就需要研究人类心灵的本质和来源。

因此，对知识的思考实际上历来都与对于价值问题的思考相联系。这种联系在柏拉图那里是很明显的，康德也明确指出，他在《纯粹理性批判》中对理性实施的批判本身就有实践含义，更不用说这部著作影响了康德对伦理和政治的思考。我相信，我们更多的是从哲学史上重要的哲学家那里发现了知识论本身的魅力。在分析哲学传统中，知识论之所以重要，更多的是因为它是我们研究其他哲学领域的基础。例如，若没有知识论方面的背景，我们就无法学习和研究元伦理学，进而无法对规范伦理学本身进行任何富有成效的研究。当然，我个人还认为，知识论对于从事哲学研究本身也极为重要，例如，它至少教我们得出一个重要认识：不管你提出什么哲学主张，你的主张都需要得到强有力的理由的支持，而且，假若有人对你的主张提出疑问，那么切莫认为他们在根本上是无理性的或不合理的。知识论还教会我们谦逊在哲学中的重要性，正如它可以让我们知道什么是真正的哲学批评和哲学反思。

秉承知识论的基本精神，在本书中，我并不希望仅仅向读者传达或介绍当代知识论的主要论题，因为我相信知识论本质上是这样一个哲学领域：它所关注的问题及其逻辑发展取决于深入细致的哲学分析和论证。因此，在本书中，我尽量避免采取未经适当的分析和论证就进行概括或总结的做法，并力图使各个章节之间具有一定逻辑联系，而这也使得本书在某种程度上不同于常见的知识论教材。当代知识论是在连续不断的争论和对话中发展起来的，这种争论和对话用一种典型的方式反映了哲学研究的本质。就此而论，本书对当代知识论的核心问题的介绍和理解不能（当然更不应该）取代读者自己对这些问题和相关问题的独立思考。我当然希望本书能够为想要了解和研究知识论的读者提供一个适当基础，不过，我更希望读者结合该领域中的相关文献来寻求自己对有关问题的理解，目前有很多知识论方面的论著可供读者参考。

当代知识论是一个蓬勃发展的领域，随着哲学家们对有关问题的深入研究和分析，其论题和领域都在不断扩展。在我看来，对某个学科的一部可接受的导论既要呈现其基本问题，又要在一定程度上反映其当前争论和发展方向。在构思和写作本书过程中，我尝试满足这两个要求，尽管必须承认自己对相关问题和争论的理解极为有限。不过，任何著作的写作都不可避免地与作者对所要处理的学科领域的理解有关，例如，作者必须考虑哪些问题是最重要的或最根本的，选择哪些论题能够满足论证和论述上逻辑发展的要求，以便为读者探究该领域中其他论题奠定一个基础。换言之，即使导论不是专著，但导论在论题的选择和论述的组织方面也必然与作者自己的观点有关。因此，本书不是对当代知识论的全面论述，而是试图从一个批判性反思的角度来处理其中的核心论题和主要争论。当然，限于篇幅和个人能力，本书并未讨论知识论中某些特殊论题，例如数学知识、自我知识、关于过去/上帝/他心的知识、道德知识、专门意义上的科学知识、一般而论的社会认识论以及女性主义认识论等；当然，我也没有处理当前知识论领域中的其他重要论题，例如贝叶斯知识论、认知分歧、认知合理性与实践合理性的确切关系等。

在北京大学任教期间，我承担了当时规划的知识论教材的写作任务。因此，本书初稿实际上早在十年前就完成了，之所以搁置多年并未出版，一方面是因为这些年来我的教学和研究领域主要是在伦理学领域，另一方面是因为知识论这门学科最近十几年来取得了迅猛发展，出现了许多我此前不熟悉的问题和争论。国内知识论学界目前也出现了不少新秀，他们对知识论的理解和研究达到了我目前无法企及的高度，以至于我一度认为这部拟定"教材"实际上不值得出版。不过，本书初稿确实在一些学生当中流传，而据我所知，其他高校的某些同仁也很慷慨地使用很久以前出版的《怀疑论、知识与辩护》作为知识论课程的材料。这让我有了一点信心，决定将本书初稿修订出版。当然，鉴于作者多年来已经不再专门从事知识论研究，本书肯定有许多不能令人满意之处，甚至有理解错误的地方，敬请读者不吝指正。

北京大学出版社王立刚、田炜、王晨玉诸编辑一向给予我慷慨的理解和支持，谨此致谢。感谢我在北京大学外国哲学研究所工作期间的同事刘哲和吴天岳，我们在办公室或楼道上的学术讨论是我生活中最令人难忘的记忆之一。感谢浙江大学哲学学院从事分析哲学研究的小型学术共同体，特别是安冬、李忠伟、Davide Fassio 和高洁，他们提供了思想激励和友情支持。在本书写作过程中，正如在任何其他时候，我的家人给予我最深厚的关爱——若没有他们无微不至的关怀和一如既往的支持，本书就不可能得以完成。最终，特别感谢我的妻子陈玮的陪伴和激励，无论是在日常生活还是在学术追求方面，她一直都是我主要的精神支柱。

徐向东

2023 年 10 月 10 日

第一章 导论

在英文中,"epistemology"这个术语在词源学上来自"*episteme*"和"*logos*"这两个词,前者意味着"认识"或"知识",后者意味着"逻辑"或"理性根据"。字面上说,这个术语指的是对知识的哲学研究,可以被译为"知识论"或"认识论"。[1] 不过,词源学考察并没有告诉我们知识论到底研究的是什么。我们当然可以说"知识论"是对知识的系统的哲学反思,但对"知识"或"认知"的研究实际上不限于哲学领域:社会学家、心理学家、认知科学家乃至某些政治理论家(例如米歇尔·福柯)也对"知识"或"认知"进行研究。那么,他们对知识的研究与哲学家对知识的研究有什么不同呢?为什么我们觉得特别需要一个关于知识的哲学理论呢?将知识论看作一个哲学领域又意味着什么?这些问题会随着本书的发展而逐渐得到阐明。

本书主要是在知识论的传统框架内来处理该领域的核心问题,并将关注焦点放在这些问题在分析哲学中的发展上。在本章中,我们将简要介绍知识论的核心问题以及知识论与其他哲学分支的关系,以初步阐明这门学科的本质和要求。

---

[1] 当然,这两个说法仍然可以有一些差别:一般来说,"知识论"特指对知识的本质和来源的哲学研究,而"认识论"则可以被更广泛地理解为对于人类认识世界的方法或方式的哲学研究。

一、知识论的核心问题

从最根本的意义上说,知识论所要探究的是两个根本问题:第一,知识是什么?第二,我们能够知道什么?换句话说,知识论所要研究的是知识的本质、要求和限度。为了深入处理这些问题,我们就需要探讨一些其他的相关问题。大体上说,知识论所要处理的核心问题包括如下问题。[1]

1.1 知识的本质

从日常观点来看,知识对我们来说好像不成问题:我们不仅认为自己知道很多日常的东西,而且科学也向我们提供了各个领域的系统知识,例如物理知识、生物知识、心理知识以及关于社会的知识等。比如说,我们认为自己知道这样一些东西:关于我自己目前的主观经验或者意识状态的事实,关于我目前知觉到的物理环境的事实,关于我实际上经验到的过去的事实,关于历史的事实(即使这些事实不是我亲自经历的),关于其他人的经验和精神状态的事实,关于我自己和其他人的品格特征的事实,关于可观察到的对象和过程的事实,关于未来事件的事实,关于我们不能直接观察到或者甚至原则上无法观察到的一些事实,以及关于一些属于所谓"先验知识"领域的事实(例如"7 + 5 = 12"或者"要么今天是星期一,要么今天不是星期一"等)。我们也认识到知识不同于一般而论的信念、意见或看法。我可以相信某事而不声称我知道它。比如说,我或许相信地球即将在2050年毁

---

[1] 对于哪些问题属于知识论的核心问题,不同的理论家会有不同的看法。这里提出的界定接近迈克尔·威廉斯的观点,见 Michael Williams, *Problems of Knowledge: A Critical Introduction to Epistemology* (Oxford: Oxford University Press, 2001), pp. 1-2.

灭，但并不认为我知道那件事会发生；我可以建议你服用某种药物来治疗感冒，但或许不知道那种药物一定会治好你的感冒。知识和信念是有差别的，尽管它们之间也有某些联系，比如说，如果我声称知道某事，那么我自然会相信那件事，即便反过来未必如此。知识和信念如何相联系是后面要讨论的一个问题。

从日常观点来看，我们确实可以声称自己知道很多东西，然而，如果知识不同于信念或意见，那么在哲学反思的层次上，我们的知识主张可能是高度成问题的。假设有人告诉我北京音乐厅本周末有一场我喜欢的音乐会，我是否就可以由此认为我知道有这样一场音乐会呢？当然，我有这样一项知识的一个基本条件是，我必须相信他所说的话是真的。但我如何相信这一点呢？即使他诚实地告诉我那件事，我怎么知道其信息来源是可靠的呢？通过提出下列问题，怀疑论者就可以把他们对知识的怀疑推向极端：

（1）在我没有知觉到这张桌子的时候它存在吗？
（2）我看作真实经验的那些东西是否只是一场梦呢？
（3）在我认为我知道的事情上，我怎么知道我不是在受到恶魔或者疯狂科学家的系统欺骗呢？
（4）我的感觉经验是否真的表达了外部世界的本来面目？

哲学怀疑论是一个历史悠久的传统，它向我们的知识主张提出了挑战，在根本上质疑我们**自以为**知道的那些东西是否真是我们知道的。回答这个问题并非易事，因为答案在逻辑上预设了我们已经知道我们能够**真正**知道什么。然而，一旦尝试回答后面这个问题，我们似乎就陷入了困境。一方面，怀疑论者可以提出各种论证来表明，如果我们不可能像上帝那样直接洞察外部世界的本来面目，那么我们对它的认识至少在很大程度上可能会出错——我们对外部世界的知觉经验也许并没有如实地表达其本来面目，就此而论，我们似乎不可能知道外部世界本来是什么样子。另一方面，如果我们无法直接洞察外部世界的本来面目，至多只能依靠感官和理性来认识外部世界，那么怀疑论者就可以表明，我们其实无法知道外部世界本来是什么样子。

当代哲学家对知识提出了各种不同的理解，因此也对知识论所要探究的问题提出了不同看法。不过，我们可以认为，在传统框架中，知识论的**根本**问题是两个本质上相关的问题：**怀疑论问题**以及**经验与实在的关系问题**。[1] 这不是说知识论只处理这两个问题，而是说，这两个问题是知识论所要探究的主要问题的出发点——唯有从这两个问题出发，我们才能恰当地理解该领域中其他重要问题是如何出现的，例如知识和信念的本质，知识与辩护的关系，以及各种探究认知辩护的策略。实际上，这两个问题是紧密相连的，因为一切怀疑论论证都预设了经验和实在的区分，或者在某种意义上取决于这个区分，而种种反驳怀疑论的尝试也把重点放在如何理解经验与实在的关系上。当代知识论旨在探究这两个问题以及从中衍生出来的其他问题。实际上，既然怀疑论问题与经验和实在的关系问题具有本质联系，我们就可以认为哲学怀疑论仍然是贯穿知识论的一条主线。[2] 怀疑论在传统知识论中的首要地位是很明显的：不论笛卡尔、贝克莱、洛克、休

---

[1] 当然，也有一些重要问题是知识论所要探究的，例如他心问题、自我知识问题以及与上帝或者道德性质相关的知识问题等。本书主要关注我们对于外部世界的知识，而对这个问题的探究对于处理知识论中的其他重要问题来说也是不可或缺的。

[2] 在这里，我遵循如下作者对于知识论的本质和使命的判断：Barry Stroud, *The Significance of Philosophical Scepticism* (Oxford: Oxford University Press, 1984); Michael Williams, *Unnatural Doubts: Epistemological Realism and the Basis of Scepticism* (Princeton: Princeton University Press, 1996)。

谟、康德等早期现代哲学家持有什么样的理论承诺,他们对知识问题的关注要么产生了极端的怀疑论,要么将回答怀疑论挑战作为其知识论的起点和归宿。知识论的研究当然无须预设极端的怀疑论,但是,知识主张之所以需要辩护,确实是因为经验与实在之间似乎存在某种断裂,而在我们所能具有的知识中,最重要的一类知识就是关于**事实**的知识。哲学怀疑论之所以具有特殊的重要性,也是因为它提出了一个对于知识论事业来说极为重要的问题,即人类知识的本质和限度。因此,本书将把对怀疑论的讨论置于最后两章。

为了声称我们知道某事,我们必须提出理由或证据来表明我们的知识主张是正当的或合法的——用知识论中经常使用的一个术语来说,我们必须表明它们得到了**适当辩护**。知识与信念或意见的差别、经验与实在的区分以及怀疑论挑战的可能性,使得辩护成为任何知识主张的一个必要成分。这个认识有助于我们看到,为什么对知识的哲学研究不仅不同于任何其他领域对知识的探究,而且实际上构成了后者的一个理论基础。当现代天文学家抛弃托勒密天文学,转而接受以牛顿力学为基础的天文学时,他们认为后者更好地表达了实在;当他们在某些方面用现代宇宙学来取代牛顿的天体理论时,他们认为前者更精确地表达了我们对实在的认识。在这样做时,他们显然是把"真实或精确地表达实在"设定为知识的一个标准。但是,为什么要把这个思想接受为知识的一个标准呢?一个明显的答案是,从科学实践的角度来看,我们对世界的经验观察需要面对实在来接受检验——我们需要面对实在来审视我们在经验观察的基础上提出的理论或假说是否恰当。在这样做时,科学家们不仅接受了对知识的一种理解,而且发展了一种获得知识的方法。然而,在知识论中,哲学家要做的事情与科学家要做的事情有所不同。如果任何知识主张都需要得到适当辩护,那么为了完成这项任务,哲学家需要首先对知识提出一个定义,即详细说明有资格成为知识的那种东西必须满足的充分必要条件。在当代知识论中，这项任务往往采取对"知道"这个词（或者包括这个词的语句）提供一个定义的形式。这种做法与当代分析哲学中的"语言学转向"有关：在分析哲学发展的早期，哲学家们倾向于认为，语言分析和概念分析对于理解和澄清哲学问题具有关键的意义。因此就有一些研究知识论的哲学家认为，通过集中关注"知识"这个概念，我们就可以最恰当地回答"什么是知识"这个古老的问题。分析这个概念于是就成为当代知识论的一项主要任务。在第二章和第三章中，我们将详细考察这项任务。

1.2 知识的类型

如果我们根本上具有知识，那么我们能够具有什么样的知识呢？传统知识论理论家往往把知识分为**经验知识**和**先验知识**。如何理解这两个概念？这两种知识之间是否有截然分明的界限？这些问题都是知识论所要处理的，而且与我们对知识的本质和辩护的结构的理解具有重要关联。此外，对这些问题的处理也涉及某些其他哲学领域，例如形而上学、心灵哲学和语言哲学，甚至与科学哲学也有重要联系。

若不考虑这些问题所涉及的争论，我们大致可以认为，经验知识是仅仅通过经验而获得的知识，先验知识是仅凭理性就能获得的知识。经验主义和理性主义的分野于是就成为传统认识论的一个主要标志。例如，笛卡尔否认感觉能够独立成为知识的一个源泉，认为只有通过"理智直观"得到的清楚明晰的观念才能为人类知识提供确定无疑的基础。就此而论，如果我们把"经验知识"理解为仅仅从经验中就可以得到的知识，那么笛卡尔就会否认存在着这种知识。与此相比，经验主义者则采取了对立的进路。例如，约翰·斯图亚特·密尔认为，一切知识都是经验的，并不存在"先验知识"这样的东西。密尔甚至认为逻辑规律也是从经验中概括得出的，因此是从经验上得知的。经验主义者和理性主义者在这些问题上的争论构成了知识论的第二项主要任务：我们是否有理由认为确实存在这两种类型的知识？维护二者之间的区分会产生什么样的结果？这个争论延续到当代知识论中。很多哲学家试图理解和阐明"先验知识"的本质，但也有一些信奉经验主义或自然主义立场的哲学家试图从各个方面攻击这个区分。本书主要讨论经验知识的本质和辩护，但在第七章和第八章中，我们也会讨论先验知识和先验辩护以及一些相关问题。

1.3 知识的来源

经验知识和先验知识的区分实际上是按照知识的来源提出的一个区分。当我们首次反思我们的知识来自何处时，我们会自然地认为，感觉经验就是知识的主要来源，甚或是唯一的来源。我们认识到周围世界及其事物，是因为我们能够利用感官来感知它们。因此，尽管笛卡尔之类的理性主义哲学家持有对立的立场，但感觉经验似乎确实有资格成为知识的一个主要来源。经验主义哲学家相信我们可以凭借感官来认识外部世界，理性主义哲学家则认为，除了感官外，我们也有所谓"理智直观"——一旦我们具有这种能力，我们不仅能够认识到外部世界的本质，也能把握推理的本质及其逻辑联系。当然，经验主义哲学家并不否认理性在知识中的作用，但他们强调理性只是帮助我们**扩展**从经验中获得的知识，并不把理性看作知识的**根本**来源。

除了感官和理性外，似乎也有一些其他东西可以成为知识的来源，或者至少扩展了我们从这两个基本来源中获得的知识。例如，为了知道我正在思想，或者意识到我具有什么情感，我并不需要使用任何外感官——我似乎是通过内省而具有了对这些东西的知识。一些哲学家由此认为，**内省**可以成为我们知道自己精神状态内容的一个来源。**记忆**有时似乎也可以成为知识的一个来源。例如，假设你问我："你怎么知道下午两点从北京到贵阳的航班是南航的？"我回答说："我记住是这样的。"如果我本来就有这项知识，只是在记忆中将它保留下来，那么记忆实际上就不能成为新知识的来源。不过，如果我们可以通过推理来扩展从其他渠道获得的知识，那么记忆就可以是其中的一个重要因素，因为至少在某些情形中，推理取决于我们已经记住的东西。最终，我们所拥有的大多数知识不是我们亲自获得的，而是通过其他渠道（教学、书本、媒体、其他人的说法等）得来的。假若我们由此了解到的东西算作知识，这种知识就可以被称为"通过**证言**（testimony）获得的知识"，是所谓"社会认识论"的一个重要论题。

因此，除了感官和理性外，推理、记忆、内省和证言也是知识的可能来源。尽管知识的来源不是本书所要探究的重点，但它显然是知识论的一个核心问题。[1] 除了这些来源外，知识据说还有某些其他来源，例如，有些人声称他们可以通过上帝的启示而得到某些知识；有些人认为他们具有某种特殊的预感或者某种千里眼式的直观，无须通过观察就能"直接知道"某事要发生。我们是否确实有这种能力，是一个需要由经验科学来回答的问题。当然，知识的来源也是当代认知科学所关注的一个论题。[2]

---

[1] 特别关心知识和辩护的来源的读者，可以参见 Robert Audi, *Epistemology: A Contemporary Introduction to the Theory of Knowledge* (London: Routledge, 2011), Part I.

[2] 关于知识论与认知科学的关联，例如，参见 Alvin I. Goldman, *Epistemology and Cognition* (Cambridge, MA: Harvard University Press, 1986); Alvin I. Goldman, *Philosophical Applications of Cognitive Science* (London: Routledge, 2018), chapter 1。相关的一些讨论，参见本书第八章。

1.4 知识产生的机制

知识的来源问题与知识论所要研究的另一个问题具有本质联系：在每一个具体的认知过程中，我们可以用什么方式来寻求知识？假设你看见一朵红色的玫瑰，进而得出"它是红色的"这一结论，并由此而知道它是红色的。在这个认知过程中，你的知觉系统和那朵花之间有一个因果联系：光波从那朵花上被反射出来，进入眼睛，然后在视网膜圆锥细胞上产生某些化学变化，后者接着引起一些电脉冲，从视觉神经传递到大脑视觉皮层，结果你就拥有了关于那朵花的一些知识。传统知识论理论家认为，这个因果链的细节对于哲学家来说并不重要，尽管它们是认知科学家所要研究的对象。对哲学家来说，重要的是，这种因果链的存在有助于我们理解观察者如何对一个对象具有某些知识。如果我们认为对一个对象的视知觉能够使我们认识到它的某些性质，那么我们就知道这样一个因果机制的存在有助于说明我们是如何获得知觉知识的。按照这种理解，对于我们可以得到的每种知识，都存在着一种机制使我们可以理解其可能性。知识论的一项主要任务就是要对这个主张提供一个保证，换句话说，我们必须弄清楚我们是如何具有一项知识的，而弄清楚这一点对于我们辩护知识主张来说是本质性的。然而，在这种机制的**完备细节**与知识论具有什么关系这个问题上，具有不同思想倾向或者承诺了不同立场的理论家会有不同的看法。对于大多数传统知识论理论家来说，了解到一个知识主张是**如何**产生的，只是有助于我们认识和评价我们用来支持它的理由或证据，而这种评价标准在某种意义上是规范性的，甚至是由知识论先验地确立的，因此，对知识产生机制的经验研究不可能也不应该取代对认知标准的先验分析。然而，也有一些当代理论家认为，我们不仅应该按照认知科学之类的经验科学的研究成果来处理和探究认识论问题，也应该完全放弃传统认识论。在第八章中，我们将考虑这种观点，即所谓"自然主义认识论"。

1.5 知识的范围和限度

自17世纪以来，随着科学技术的迅猛发展，人们普遍认为，与古代世界相比，我们现在已经知道很多东西，例如从微观尺度的量子物理学和分子生物学到现代宇宙学对大尺度宇宙的认识。科学发展和技术进步滋生了如下想法：没有什么东西是人类认识不到的——所需的只是时间，目前尚未认识的东西将来肯定可以被认识。然而，当我们在哲学上反思人类知识的本质时，我们实际上很难得出这样一个乐观的结论。例如，如果怀疑论者提出的论证是可靠的或者甚至是无法反驳的，那么我们实际上对很多东西都没有知识。天体物理学家虽然已经在宇宙起源问题上取得了很多重要进展，但对早期宇宙的本质仍一无所知。

知识论所要研究的另一个问题关系到我们能够知道什么和不能知道什么，也就是说，涉及人类知识的范围和限度。这个问题通常被称为"划界问题"，可以被进一步分为两个子问题。首先是所谓"**外在**问题"：假设我们已经对"知识是什么"提出了某个说明，那么，我们原则上能够确定我们可以合理地期望知道什么吗？换句话说，我们能够决定人类知识的范围和限度吗？如果知识确实不同于纯粹的意见或信仰，那么，我们所碰到的一些问题就有可能属于知识的领域，而其他问题则有可能属于意见或信仰的范畴。知识和意见的区分早在古希腊就出现了，在早期现代哲学中备受关注，尤其是在洛克那里。究其原因，大概是因为知识和信仰的关系在近代表现得特别突出。在处理外在问题时，我们的目的是要在知识领域和其他认知领域之间确立一个界限。

两个例子足以说明这个问题在认识论中的重要性。当前，很多人对战争持有截然不同的态度。不妨假设争论的一方是讲究道义论的和

第一章 导论

平主义者,另一方是某种意义上的"后果主义者"。前者强调任何时候都不应该发动战争,而后者则认为,虽然战争不可避免地会伤害无辜平民,剥夺一些人的生命,但在某些特殊情况下,例如在面临全球恐怖主义威胁时,战争是可允许的。双方可以这样来论证各自的立场。一方面,和平主义者说,在她看来,人的生命具有至高无上的价值,一旦某人被杀害,他就不可复生,但一个人一生只有一次生命,因此对牺牲者的伤害无论如何都得不到"修复",而战争必然会导致一些无辜者丧失生命,而且,杀人会让杀人者变得残忍,暴力只能增强进一步的暴力,等等。另一方面,赞成战争的人可能会说,为了避免陷入全球恐怖主义,战争有时是必要的,我们必须按照更多人的生命和福祉来权衡少数人的生命和福祉,而且,重要的不只是生命本身,而是生命的质量,等等。在按照这些理由进行一番辩论后,他们发现谁也说服不了谁。这样,假若其中一方对另一方说,"好吧,那只是你自己的意见",或者"你无法证明你所说的东西",又或者"那只是你的主观判断",他们之间的争论就会陷入困境。当一个人提出这种说法时,他是在不言而喻地假设某个特定的知识论,在可知的东西和不可知的东西之间设定了一个界限,并且将道德判断的**根据**划入不可知的东西的范围。也就是说,争论双方都对所谓"道德实在"采取一种怀疑论态度。第二个例子涉及关于上帝存在的争论。在西方思想史上,已经有许多人试图证明上帝存在,其中一些论证似乎还很有说服力。但是,对任何一个这样的论证,也都有一个同样有力的反驳:在笛卡尔那里,我们发现对上帝存在的本体论论证,在康德那里,我们发现对这种论证的有力批评;在约瑟夫·巴特勒那里,我们发现对上帝存在的设计论证,在休谟那里,我们发现对这种论证的有力攻击;等等。这样,在上帝是否存在的问题上,就产生了一些貌似不可解决的冲突。这种状况导致一些人认为,没有谁能够确切地知道上帝是否存在。在这样做时，他们又不言而喻地采纳某个特定的知识概念，在可知的东西和不可知的东西之间引出一个界限，并把对上帝的断言划入不可知的东西的范围。

值得强调的是，刚才提出的比较是在"**原则上**可知的东西"和"**原则上**不可知的东西"之间做出的。可能有许多东西是我们目前还不知道或者不可能知道的，但这并不意味着我们**原则上**不可能知道这些东西。比如说，物理学家已经在理论上预言宇宙中有所谓"反物质"，尽管目前尚未发现反物质存在的实验证据，但我们可以指望，随着科学的发展，科学家最终可能会发现反物质。

划界问题还有另一个方面，关系到如下问题：在知识领域**内部**是否存在着重要区分？我们可以把这个问题称为"**内在**问题"，因为它不是要在知识和非知识之间设定界限，而是要在知识领域内部区分不同类型的知识，例如前面提到的经验知识和先验知识。认识论理论家需要研究不同领域的知识之间究竟有没有重要差别，或者是否可以在某个方面（例如获得知识的方法）统一起来。我们可以按照不同领域将不同的知识区分开来，例如科学知识（主要是对自然的知识）、道德知识（在道德问题上的知识）、对上帝的知识、自我知识（关于一个人自己及其心理状态的知识）等。不同的知识领域会有一些特殊的认识论问题，不过，本书所要处理的理论和观点在某种程度上也可以应用于特殊领域的认识论。因此，主要是出于篇幅上的考虑，本书将不特别讨论特定领域的认识论。对知识的范围和限度的讨论实际上贯穿本书，但在讨论怀疑论的那两章，尤其注重对这个问题的处理。

1.6 知识与辩护的关系

我们之所以可以将知识与意见和信仰之类的态度区分开来，是因为知识被视为具有一种"正面地位"，尽管不同的认识论理论家在如何理解这种地位上有不同的看法。实际上,"知识如何与信念和辩护相联系"这个问题可以被看作当代知识论的核心问题,因为在对"知识"的每一个传统理解中,信念和辩护都是知识的最重要的构成要素,而且,在某些我们很难具有知识的领域中,我们只能按照具有**充分根据的信念**来引导日常生活和从事理论研究。

那么,为什么知识主张需要得到辩护呢?怀疑论当然是导致这个问题的一个主要原因。不过,即使不考虑怀疑论挑战,只是从日常的观点来看,我们显然也觉得被称为"知识"的那种东西不同于日常的意见和猜想——知识主张要求一种特殊的认知地位。一般来说,没有谁能够声称自己知道某个东西,除非他能够说明自己**如何**知道那个东西。例如,如果你实际上不知道一个几何定理是如何被证明出来的,那么在严格的意义上说,你就不能声称自己知道那个定理;假若你只是从教科书上看到那个定理,你至多只能声称自己知道它所说的是什么。换句话说,为了声称你知道那个定理,你必须有证据表明(或者有理由说明)你是如何知道它的,即使你的证据(或者你的理由)有可能是错误的或有缺陷的。只要经验和实在之间确实存在某种断裂,一般来说,我们就不能声称我们能够直接洞察世界的本来面目。如果我们只能通过外部世界对感官所产生的影响(即所谓"感觉经验")来认识它,而我们的感觉经验是可错的,那么从感觉经验中获得的证据有可能就没有全面地或真实地反映知识的对象。即使我们在这种证据的基础上形成了某个信念,但如果我们希望将它转变为知识,就需要为它提供能够满足知识标准的辩护。知识对于认知主体来说是一项**成就**——拥有知识意味着对于实在的某些方面具有**正确**认识,因此,与我们所持有的其他认知态度相比,知识往往被认为具有更高的认知地位。

实际上,传统知识论主要关心**认知辩护**(epistemic justification)

问题,而不是一般而论的知识问题。大致说来,说一个信念得到了辩护,就是说持有该信念是认知上可允许的。需要注意的是,认知辩护是一个**规范概念**,涉及"认知主体**应该**或**不应该**相信什么"这一问题。进一步说,我们需要将**认知意义**上的许可和**实践意义**上的许可区分开来。有些事情是道德上许可的,有些事情从你对自己的生活作长远考虑的意义上来说也是可允许的,但实践意义上的许可不是认知意义上的许可。例如,如果你接受某些信念,只是因为接受它们在你的生活中具有某些实践上的重要性,就像帕斯卡关于上帝存在的论证所表明的那样,但你并没有认知上适当的证据来支持它们,那么你的信念在认知上就缺乏充分合理的辩护。有时候我们相信某些事情,是因为这样做在某种意义上有益于我们的生活,而不是因为我们有认知上的理由相信它们。例如,很多人可能会认为,在把龙虾丢进滚烫的水中时,它们不会感到痛苦。但是,我们是否有理由相信这一点是可疑的,尽管持有这样一个信念可以让我们享受吃龙虾的愉悦。同样,我们也可以表明,持有某些信念在某种意义上可能不利于你的生活,即使你对这些信念具有认知上无可指责的证据。例如,想象一下你生下来就被抛弃,幸运地被一位百万富翁所收养。长大成人后,你发现了事情真相,并且获得了亲生父母是谁的决定性证据。你对血缘关系有一种纠缠不清的情结,但是,一旦你认了亲生父母,你就会失去目前拥有的优越生活。你犹疑不定,最终仍然出于某些考虑而不相信自己曾是弃婴。当然,我们有各种各样的理由决定要不要相信某事,但需要记住的是,认知合理性与道德合理性是有差别的,也不同于审慎合理性(prudential rationality)。认知辩护是规范的,但必须与我们所熟悉的其他规范概念区分开来。

  知识论的一项主要任务就是要阐明在什么条件下我们应该相信或者不应该相信。如果知识要求信念,而合理的信念要求辩护,那么知识的概念就与辩护的概念发生了联系。知识与辩护的关系当然很复杂。从历史上看，哲学家们普遍认为认知辩护是知识的一个必要条件。这个传统观念在20世纪60年代受到了埃德蒙·盖蒂尔的挑战，在随后很长一段时间里，对这个挑战的回应竟然成为知识论的一个关注焦点。哲学家们做出各种努力来修复那个被毁掉的传统联系。然而，也有一些哲学家开始认识到，认知辩护问题在知识论中本来就应该占据一个独立地位，盖蒂尔提出的挑战只是重新激发了对这个问题的关注。即使我们无法在知识和辩护之间建立确实可靠的联系，"得到辩护的信念"这个概念，不论是在对外部世界的认识上，还是在日常生活中，都具有至关重要的意义。在古代，只有绝对确定无疑的东西才有资格被称为"知识"。但是，至少就经验知识而言，绝对确定性的理想已被认为是不可实现的。我们更关心我们对周围世界的认识究竟有没有充分合理的根据，而且，在很多情况下，我们按照信念来引导行动。因此，对于一些知识论理论家来说，把什么东西**定义为**知识要么是一个次要问题，要么是一个必须在解决认知辩护问题后才能有意义地提出的问题。不过，正如我们在第三章将会看到的，盖蒂尔挑战不仅重新激发了当代知识论理论家对于知识分析的兴趣，而且催生了该领域中的一些重要问题或转向。本书第三章到第六章将大致按照这个假设来处理知识和辩护问题。

1.7 知识和辩护的结构

人类知识似乎呈现出一定的组织和结构。在科学知识的情形中，这一点最明显，例如，物理知识显然是按照某些根本的定律和原则组织起来的，经验观察一方面被用来确认有关的理论和假说，另一方面也得到后者的说明。甚至日常知识也显示出某种联系，例如，若不知道约翰已经结婚，我似乎就不可能知道约翰的妻子是一位艺术家，因为知道后者预设了知道前者。知识论需要在更加根本和一般的意义上来分析和阐明知识的结构。举例来说，既然我们对未来没有直接的知识，知识论就需要说明我们对未来的知识如何依赖于对过去和目前的知识；既然我们不能直接观察到其他人的思想和情感，我们对这些东西的认识似乎就取决于我们对其他人的行为的知识。一些知识论理论家由此对知识提出了一种基础主义解释。知识论的基础主义包含两个平行的主张：首先，一个知识体系有一种层级结构，底层是所谓"基础知识"；其他一切知识都以某种方式依赖于基础知识。其次，有辩护的信念构成的信念系统也有类似的结构——所有间接得到辩护的信念都必须用某种方式依赖于直接得到辩护的信念。当然，在"什么东西能够充当知识的基础"这个问题上，基础主义者可以有很多不同的说法。本书第四章将详细讨论基础主义认识论。另一方面，也有一些理论家对基础知识和基本信念的概念表示怀疑，认为知识和辩护并不具有基础主义者所设想的那种层级结构。在他们看来，一个信念是否可以得到辩护，取决于它与认知主体持有的其他信念是否融贯。这种观点通常被称为"融贯论"。当然，在如何理解"融贯"这个概念上，融贯论者也有不同看法。我们将在第五章中考察融贯论。

1.8 获得知识的方法

知识论理论家不仅希望阐明上述问题，也想改进我们获得知识的方式，即追问和探究如下问题：为了获得知识，我们**应该**着手做什么？笛卡尔明确地为自己提出这个问题，坚决反对将感官作为知识的唯一来源，并倡导通过怀疑论方法为知识奠定一个可靠的、确实的基础。在洛克和康德那里，我们也可以看到类似的想法。一旦知识论理论家已经提出"我们应该如何寻求和获得知识"这一问题，他们就在知识论中设置了一个规范性要素，因为他们所要追问和探究的实际上是这样一些问题：我们**应当**如何处置寻求知识的行为？什么东西是我们**有权**接受或相信的？我们可以**有辩护地**相信什么？

与获得知识的方法相关的问题可以称之为"方法问题"。这个问题可以从三个方面来探究。首先，我们可以问：知识是否可以用某种单一的方式获得，抑或不同类型的知识需要使用不同的方法？这个问题不仅体现在知识的来源上，也体现在知识的类型上。经验主义和理性主义表达了在知识来源上的两个主要观点。经验主义者认为我们对外部世界的知识根本上是通过各种感官得来的，而理性主义者则普遍相信理性具有直接洞察事物本质的能力。知识论的一个主要部分就是分门别类地研究知识的来源，例如知觉、记忆、意识、内省、推理、理性和证言等。此外，就知识的种类而言，一些理论家认为，自然科学和社会科学（或者人文科学）也有根本差别。例如，按照某种观点，物理科学中的知识主张可以聚合到一个不依赖于人类心灵而存在的客观世界，而道德主张并不具有这种特征。其次，我们可以问：我们可以改进寻求知识的方式吗？卡尔·波普尔曾试图改变科学家表述理论以及解释和检验理论的结果的方式。[1] 在波普尔看来，科学家只应该认真考虑原则上可以通过经验证据来反驳的理论，而某些学说（例如心理分析学说）并不满足所谓"可证伪性要求"。对知识论中这个规范要素的强调当然不是理性主义哲学家的专利，一些经验主义哲学家也同样强调这个要素。例如，洛克认为我们应当按照证据的强度来决定是否应当相信某事，并由此提出了所谓"信念伦理学"的基本思想。最后，我们可以问：是否有任何合理的或理性的研究方法？若有的话，这些方法是什么？改进我们认识和理解世界的方式是一项艰巨任

---

1 参见 Karl Popper, *The Logic of Scientific Discovery* (London: Routledge, 1980); Karl Popper, *Conjectures and Refutations* (London: Routledge, 1962)。

务，为了探究这个问题，知识论理论家就需要处理前面提到的一些问题，尤其是知识的本质、限度和来源的问题。

二、知识的价值

然而，只有当知识本身**值得**追求和拥有时，上述问题才有意义。如果我们希望获得知识，那么我们想要它派上什么用场呢？我们是无条件地希望得到知识，抑或只是出于某些目的或者只是在某些情况下才想得到知识？如果知识不是理智探究的唯一目标，那么还有其他同样重要或者甚至更重要的目标吗？这些问题涉及知识的价值，或者说对知识价值的反思。知识的价值问题在古希腊哲学中颇受关注，柏拉图在不少著作中都很关心这个问题，而在分析哲学传统中，在回应盖蒂尔对传统知识概念提出的挑战的那个时期，这个问题并未得到应有的关注，只是最近才开始复兴。[1]

实际上，对知识的价值的追问在西方思想传统中源远流长。从哲学和科学这两个方面来看，西方思想传统主要起源于古希腊，而且总体上说是一种**理性主义的**和**批判性的**传统。[2] 一旦有关宇宙的起源和

---

[1] 例如，参见 Jonathan L. Kvanvig, *The Value of Knowledge and the Pursuit of Understanding* (Cambridge: Cambridge University Press, 2003)，该书在分析哲学的框架内来处理知识的价值问题，尤其是论证真信念的重要性。其他相关的讨论，参见 Duncan Pritchard, Alan Millar and Adrian Haddock, *The Nature and Value of Knowledge: Three Investigations* (Oxford: Oxford University Press, 2010); Richard Foley, *When Is True Belief Knowledge?* (Princeton: Princeton University Press, 2012), chapters 10-11。值得指出的是，知识的价值问题在前盖蒂尔时代的知识论中不是没有得到探讨：只要我们将知识与行动联系起来，这个问题就会出现，在古代哲学家那里，这一点最为明显，而在分析哲学正式兴起之前，这个问题也很受关注，例如参见 Clarence Irving Lewis, *An Analysis of Knowledge and Valuation* (La Salle, Illinois: The Open Court Publishing Company, 1946), especially Book III。

[2] 以下论述部分地遵循迈克尔·威廉斯的说法，见 Williams (2001), pp. 4-5。

本质的思想从神话和宗教中分离出来，被处理为需要争辩的学说，科学和哲学就诞生了。正如波普尔已经注意到的，我们可以认为，按照这种"广泛理性主义"的方式来理解世界的做法其实体现了一种反思的传统，因为这个传统不仅处理特殊的信念，也批判性地考察当前的观念，以便只将经受住考验的信念保留下来。[1] 西方人对这个传统的接受表明，他们力图把知识与成见进行对比。这个区分本身就表明知识确实重要。一旦我们意识到甚至我们最为珍惜的观点也会受到挑战，我们就无法回到前批判性的传统主义框架中。在这个意义上说，对知识的关注不再是一个可有可无的问题。当这个理性主义框架将批判性反思的精神应用于自身时，知识论，作为对认知目标和认知方法进行反思的一种"元批判"传统，就诞生了。由此不难看出，为什么在西方传统认识论中，怀疑论会成为一个不可忽视的要素——怀疑论深深体现了西方理性主义传统的基本精神。怀疑论把内在于该传统的理性批判精神应用于自身，因此也将这个传统推到极致。从西方哲学开端处就已经存在着一个反传统，试图表明理性的限度比知识论的乐观主义者所假设的更加有限，理性的观念不过是个幻觉。因此，如果我们确实无法反驳怀疑论，那么，就像休谟在《人性论》中有力地表明的那样，要么理性的框架自己摧毁了自己，要么我们就必须重新设想和理解"理性"。

不管怎样，知识的价值就体现在它与这个广泛的理性主义传统的联系中。不过，也许有人会说，这种联系只是意味着我们**确实**看重知识，而根本没有表明我们**应当**看重知识。不错，这就是为什么这个认识论传统本身已经开始认识到知识的价值确实是一个**问题**。在试图回答"为什么知识值得拥有和追求"这个问题时，哲学家们已经提出了

---

[1] Karl Popper, "Towards a Rational Theory of Tradition", in Popper (1962), pp. 120-135.

种种观点。在这里我们无法详细处理这个问题，因为它不仅涉及对知识的本质以及知识与行动的关系的进一步理解，也与所谓"知识政治学"和"知识社会学"有关。不过，我们可以简要地考察古代哲学家和现代哲学家在这个问题上的一些不同看法。

柏拉图和亚里士多德都认为，献身于追求知识的生活是所有生活中最好的。柏拉图借苏格拉底之口声称"未经审视的生活不值得过"。而在《尼各马可伦理学》中，亚里士多德则至少游离在他对"幸福"的两种理解之间，最终一度把"理性沉思"设想为最好的生活方式。这两位哲学家的观点背后隐含着一个重要观念：在行使我们的知识能力时，我们是按照人类特有的本质特征来行动——我们认识到自己是有理性的存在者，并以此与其他动物区别开来。从这个观点来看，知识的价值几乎不成其为一个问题，因为追问"什么是知识的价值"就像是在问"何谓人的本质特征"。[1] 知识无须对任何东西具有好处，因为对于像我们这样的存在者来说，知识本身就应该成为一个自为的目的。与此相比，现代哲学家似乎往往对知识采取一种工具主义态度。如今很多人会认为，知识之所以有价值，是因为它给予我们以力量，尤其是那种支配和控制自然的力量。如果一个人持有这个观点，那么他就是从知识的后果、作用和影响来评价知识，而不是将知识视为一个自为的目的。这个观点的始作俑者据说就是弗朗西斯·培根，"知识就是力量"这句名言表达了对知识的价值的这种理解。这个思想本身具有吸引力，因为其根源就在于现代科学的兴起，并在现代科学与最终意想不到的技术进步的联系中体现了出来。所以，人们一般认为，对古代人来说，知识是沉思性的，具有内在价值，而对现代人来

---

[1] 在这方面的一个特别相关的论述，参见 Nicholas D. Smith, *Socrates on Self-improvement: Knowledge, Virtue, and Happiness* (Cambridge: Cambridge University Press, 2021)。

说，知识是实用性的，仅仅具有工具价值。

这个说法中确实有一些值得对比和深思的东西，但它并不确切，因为对许多古代哲学家来说，就像对大多数现代人那样，知识也在工具上有价值，只不过是以不同的方式。为了明白这一点，不妨注意如下重要事实：古代哲学在根本上是**实践性的**。对古代人来说，哲学归根结底是一种生活方式——一种**哲学的**生活方式，正如从政或从军对他们来说也是一种生活方式。古代人很乐意把那些只是按照"哲学的"方式来生活，但从来不著书立说的人称为"哲学家"，其理由就在于此。按照这个观点，古代哲学与现代哲学是不同的，但它确实存在，而且其存在的主要目的不是为了从事纯粹理论性的思辨。相反，古代哲学是实践导向的，但这个事实并没有贬低哲学活动的理论色彩，因为当一个人决定从事哲学研究时，作为哲学家，其生活的一个突出特点恰恰是通过知识在其生活中所占据的那种重要性体现出来的。为了知道如何最好地生活，我们就需要认识事物的本性，其中包括我们自己以及我们所生活的世界。倘若我们对自己以及对周围世界缺乏了解，我们的生活必定不能令人满意。确实，如果我们的研究导致我们断言，在理性的行使中体现出来的那种知识能力，就是人性的规定性特点，那么最终我们就可以将知识界定为必须追求的一个基本目标，因此，对我们来说，追求知识就具有内在价值。

不过，甚至对知识的重要性的这种认识仍然是发生在一个按照"自然"或"本性"来生活的实践框架中。古代人希望靠知识来引导生活，这种希望起源于一个自我支配的理想。按照一个人自己获得的知识来生活，与按照习惯、习俗和传统来生活是真正对立的，这就是前面提到的那句苏格拉底格言的真正含义。但是，为了引导自己的生活，知识必须是一个人自己拥有的东西。对知识价值的这种理解给予知识一种个体主义轮廓：对古代人来说，知识不是被设想为一种可以在社会上进行分配的东西。当然,这也是我们目前看待科学知识的方式,但我们现在这样看,主要是因为科学知识太广泛、太复杂、过于专门化,不是任何人仅凭自身的能力就能把握的,因此就需要社会分工。古代人对知识价值的理解不仅导致了一种个体主义的知识概念,而且也导致了一种"贵族式"的知识概念——自我审视不仅要求一个人有闲暇时间进行反思,而且也要求他具有某些"高级"能力,例如逻辑推理和理论思维能力。

如果这种看待古代哲学的方式是正确的,那么我们就不能仅仅按照"内在价值"与"工具价值"的对比,将古代的知识价值概念与现代的知识价值概念区分开来。不论是对现代人还是对古代人来说,知识都既具有内在价值又具有工具价值,尽管他们确实是按照不同的方式来设想这两种价值。例如,古代人和现代人都把知识看作力量。但是,对古代人来说,那意味着一个人支配自己的力量——古代人更加重视自我审视和自我把握;而对现代人来说,那意味着支配世界的力量——现代人的眼界基本上是扩张性的,他们是为了认识和利用外部世界而寻求知识。这种对比的出现,是因为在古代世界,知识展现出来的那种力量基本上不是现代意义上的力量。例如,在古代世界,技术上最发达的物理科学是天文学;尽管天文学深化了古代人对天体运动的理解,但他们很难将自己置于一种能够利用这种理解的地位。而且,在古代,不是所有哲学家都用上述方式来看待知识。在这方面,最显著的例外可能是皮浪派怀疑论者。在一些根本的认识论问题上,例如,在我们是否能够知道事物的真正本质或者甚至是否存在这种有待知道的本质等问题上,该学派的哲学家都主张悬置判断,因为在他们看来,对此类问题的探究只会导致无休无止的焦虑,而幸福的关键恰好就在于放弃这些问题带来的忧虑,只满足于现象或意见。因此,对他们来说,怀疑论根本就不是一个"问题",反而是对"如何生活"

这个问题的最终解决。[1]

我们也可以从一个略微不同的角度来思考知识的价值问题，尽管这预设了对知识概念的一个直观理解。知识与真理（truth）的关系是下一章中要考虑的问题，不过，很容易看出，一般来说，我们不可能声称我们知道虚假的事情。如果我说我知道柏林是法国的首都，那么我的说法是不合法的，因为知道某事预设了那件事是真的。相对来说，我可以说我相信柏林是法国的首都，尽管我的信念也是错误的。然而，需要注意的是，一个信念可能是真的，但仍然不等同于知识：我可能碰巧持有一个真信念，但没有充分有力的证据来支持它，在这种情况下，我的信念就不等同于知识。假设我知道一个同事最近从同一个小区的3号楼搬到15号楼，也知道他是一个怕麻烦的人，不想更改自己原来使用的座机号码，因此我就相信他会继续使用那个号码。我从电话本上查看他的座机号码，给他打电话，并成功地找到了他。在这种情况下，我的信念是真的。然而，我所不知道的是，他的座机号码实际上已经发生了变化，从 82768214 变为 82763214，而在我的电话本上，那个号码中的"8"由于磨损变成了"3"。在这种情况下，我有一个偶然为真的信念，但我似乎不能声称我知道他现在的座机号码。不管一个信念是否只是碰巧为真，很容易看出，真信念**一般来说**对认知主体是有价值的，因为具有真信念倾向于让认知主体能够实现其目标。例如，假设我去一个陌生的城市出差，想要找到离我住宿的酒店最近的餐馆，我在房间里发现该城市的旅游手册，上面详细列举了餐馆的位置。然而，我所不知道的是，这份手册是几年前编写的，并未及时更新。因此，当我按照手册形成了关于餐馆位置的信

---

1 参见 Richard Bett, *How to Be a Pyrrhonist: The Practice and Significance of Pyrrhonian Skepticism* (Cambridge: Cambridge University Press, 2019), especially Part 3。

念时,我的信念是假的,让我误入歧途,我也无法实现找到最近餐馆的拟定目标。相比较,真信念有助于我实现拟定目标,在这个意义上是工具上有价值的。[1] 具有真信念是拥有知识的一个必要条件,因此,只要真信念是工具上有价值的,知识也是工具上有价值的。

然而,正如我们即将看到的,知识除了要求真信念外,也要求一些其他的条件,因此,知识的价值似乎应该多于真信念的价值。我们或许认为,与单纯的真信念相比,知识可以更可靠、更稳定地引导生活和行动。正如我们已经看到的,一个信念可以是偶然为真的。偶然为真的信念并不稳定,因为甚至没有适当的证据表明这样一个信念很可能是真的。实际上,甚至得到一定证据支持的真信念也不具有我们所希望的那种稳定性。假设一个医生要对一个病人的病症做出判断,他有一些证据表明病人患了疾病 A,但也怀疑病人是患了疾病 B。不过,他无法对病人的症状下结论,于是就决定抛硬币来决定要采取哪种治疗方案,结果是,他相信要按照病症 A 来医治病人。他的信念是真的,因为经过其他专家会诊,病人的根本病症确实是 A。然而,这位医生其实没有结论性的证据表明病人就是患了疾病 A,因此他提出的治疗方案实际上就有很大风险,因为病人也可能是患了疾病 B。相比较而言,如果他确实有结论性的证据表明病人就是患了疾病 A,因此在这个意义上知道病人患了这种疾病,那么他提出的治疗方案就会更可靠或有效。所以我们可以认为,知识由于比真信念更稳定而具有更大的工具价值。科学知识在这一点上提供了最好的例证。例如,科学家之所以能够将宇宙飞船发射到地外空间的指定位置,就是因为他们具有相关的知识,而不只是具有真信念,不管这些信念是碰巧为

---

1 对于真信念的价值的系统阐述,参见 Allan Hazlett, *A Luxury of the Understanding: On the Value of True Belief* (Oxford: Oxford University Press, 2013)。

真，还是得到了一定证据的支持。

因此，大概没有人会否认知识对人类生活来说是工具上有价值的。然而，知识是否具有**内在**价值，即不依赖于人们想要获得的任何目标而有价值，则是一个有争议的问题，取决于如何看待和理解"内在价值"这个概念。[1] 经常有人说，即使我们不拿知识来做什么（例如在如下意义上，生物学知识有助于促进人类健康和福祉），但知识给人以智慧。如果拥有知识所提供的智慧是人类的自我理解的一种重要方式，而自我理解**本身**是有价值的，那么知识大概就有内在价值。然而，只要这种智慧是为了服务于人们持有的其他目的，知识在这个意义上就仍然是工具性的。人类或许是为了**理解**自己所生活的世界而寻求**认识**外部世界，如果人类就像亚里士多德所说的那样"天性"就有好奇心，渴望理解周围世界，那么知识相对于理解来说就是工具性的。因此，对"知识是否具有内在价值"这个问题的回答部分地取决于如何理解人类生活的目的。不管知识具有什么样的价值，对知识的探究本身就是人类的自我理解和自我认识的一条重要途径。就此而论，即使知识论是一门具有高度理论性和思辨性的学科，而且其中的核心问题仍然处于争论之中，但它能够具有实践含义。例如，我们现在被认为生活在所谓"后真相"的时代，而在这样的世界中，我们需要将真实可靠的信息与虚假错误的信息区分开来，需要辨别和判断一条证言究竟有没有可靠的根据、人们是否值得信任，而一旦我们追问

---

[1] 这是一个关于价值的来源及其本体论地位的复杂问题，相关的论述参见 Noah M. Lemos, *Intrinsic Value: Concept and Warrant* (Cambridge: Cambridge University Press, 1994); Michael J. Zimmerman, *The Nature of Intrinsic Value* (Lanham, Maryland: Rowman & Littlefield, 2001); Toni Rønnow-Rasmussen and Michael J. Zimmerman (eds.), *Recent Work on Intrinsic Value* (Springer, 2005)。

何以如此,我们就进入了知识论领域。[1] 总而言之,知识论与我们的生活和行动息息相关。[2]

三、知识论与其他哲学领域的关系

对知识论的兴趣与我们在试图理解世界时所采取的一种以研究和论证为中心的理性主义传统具有紧密联系。这个事实不仅与知识论相关,实际上也与一般而论的哲学具有重要关联,它从一个侧面反映了知识论在哲学中的重要地位。知识论在古代哲学中已经成为一个重要领域,在早期现代哲学中则占据了主导地位。当然,有人或许会说,将哲学与对知识问题的预先关注如此密切地联系起来可能有点言过其实,因为尽管知识论研究对哲学本身来说很重要,但除了知识论外,哲学也有许多其他分支,例如形而上学。但是,至少自17世纪以来,知识问题就已经成为哲学的核心问题,不仅因为现代科学产生了大量的认识论问题,更重要的是因为,在其他哲学领域中,很多问题的解决有赖于知识论。一方面,科学哲学与知识论的关系自不待言:当代科学哲学的形成和发展受到了逻辑经验主义的决定性影响,而该学派的主流哲学家卡尔纳普、石里克、赖欣巴哈主要关心认识论问题。他们所关心的问题其实都是从20世纪早期物理学的发展中产生出来的,因此,从某种意义上说,我们完全可以认为科学哲学就是知识论在科

---

[1] 这是社会认识论特别关注的一个问题,参见 Sanford Goldberg, *Foundations and Applications of Social Epistemology: Collected Essays* (Oxford: Oxford University Press, 2022)。

[2] 例如,参见 David Coady, *What to Believe Now: Applying Epistemology to Contemporary Issues* (Oxford: Blackwell, 2012); Jennifer Lackey (ed.), *Applied Epistemology* (Oxford: Oxford University Press, 2021)。

学领域中的具体表现。¹ 另一方面，当代语言哲学对实在论和真理等问题的关注本身是认识论导向的：² 作为分析哲学的一个核心领域，语言哲学试图理解心灵、语言与实在之间的关系，而为了取得富有成效的结果，语言哲学就必须与知识论和心灵哲学相结合。同样，心灵哲学中的很多问题本质上是认识论问题，例如，除了自我知识问题外，意识问题也被认为具有认知起源，而意识的认知作用也是心灵哲学所要研究的一个重要论题。³

当然，形而上学是哲学中最古老的领域之一，但是，为了理解知识论在哲学中所占据的重要地位，我们可以简要地看看形而上学与知识论的关系。从历史上看，"形而上学"这个术语有两种可能的解释，一种是将它理解为排列在亚里士多德《物理学》之后的著作，另一种则认为"形而上学"的原意是"在物理学之上"。亚里士多德自己并没有使用"形而上学"这个说法，而是谈论"第一哲学"，意指对"存在之为存在"的研究，即今天所说的"本体论"或"存在论"。形而上学所要研究的是那些具有广泛的可应用性，但不限于任何特殊科学的概念。例如，"电子"和"基因"分别是物理学和生物学这两门专门科学的概念，而"因果性"则属于形而上学领域：尽管一切科学都试图寻求原因，都试图具体说明各种事件之间的因果相互作用，但对

---

1 例如，参见 Eino Kaila, *Human Knowledge: A Classic Statement of Logical Empiricism* (Chicago: Open Court, 2014); Alan W. Richardson, *Carnap's Construction of the World: The Aufbau and the Emergence of Logical Empiricism* (Cambridge: Cambridge University Press, 1997); Friedrich Stadler, *The Vienna Circle: Studies in the Origins, Development, and Influence of Logical Empiricism* (Springer, 2015)。

2 例如，参见 Michael Devitt, *Realism & Truth* (second edition, Oxford: Blackwell, 1991)。

3 例如，参见 Colin McGinn, *Consciousness and Its Objects* (Oxford: Oxford University Press, 2004); Daniel Stoljar, *Ignorance and Imagination: The Epistemic Origin of the Problem of Consciousness* (Oxford: Oxford University Press, 2006); Declan Smithies, *The Epistemic Role of Consciousness* (Oxford: Oxford University Press, 2019)。

因果性概念的分析被视作哲学家的特权。例如，哲学家会去追问这样的问题：什么是因果关系的本质？世界上只有一种因果关系，还是存在几种因果关系？

表面上看，我们似乎可以将形而上学问题与知识论问题区分开来。就因果关系而论，形而上学关心"因果关系**是什么**"这个问题，知识论则关心"**如何**知道因果关系，世界中存在**什么样**的因果关系"之类的问题。但是，我们不应该过分拘泥于这个区分，因为对形而上学问题的富有成效的讨论与知识论不可分离。例如，当我们追问"因果关系究竟是什么"这个问题时，答案总是会受到我们对"如何**知道**那种关系"这一问题的思考的影响。进一步说，当我们试图在哲学上理解"原因"和"因果关系"等概念时，我们的理解在很大程度上取决于我们寻求理解它们的**方法**——我们对这些概念所能达到的理解必定与方法论问题相联系，而方法论问题是认识论中的一个根本问题。形而上学探究事物的本质，而不是处理我们对这种本质的认识，但我们不应该就此认为，在形而上学关注和知识论关注之间存在截然分明的界限。

为了说明这一点，不妨考虑一些例子。形而上学的另一个方面体现在它对本体论问题的关注上。本体论问题是关于"根本上存在什么""什么东西根本上是真实的"之类的问题。这种问题的一个例子关系到我们对"数"的解释。如果"数"不是在时空中存在的物理对象，那么我们必须认为数实际上存在吗？数学哲学中的柏拉图主义对这个问题给出了肯定的回答。对柏拉图主义的一个主要支持来自数学结果的客观性，例如，在将纯粹数学应用于物理科学时，我们能够得到客观上有效的结果。但是，在一些哲学家和数学家看来，柏拉图主义似乎太夸张了。这些人持有这个观点的理由基本上是认识论的：他们怀疑人类具有某种特殊的能力，使我们可以直接洞察一个超越时间和空间的非物质性领域。对他们来说,数学是我们人为构造出来的,其对象之所以"存在",只是因为我们可以构造出特定的程序来指定这些对象。[1] 从这些例子中可以看出,我们没有理由假设,形而上学问题能够截然分明地与认识论问题分离开来。相反,为了对认识论问题进行深入的探讨,我们往往需要结合其他的哲学领域,尤其是科学哲学、心灵哲学和语言哲学。从本书所讨论的一些问题中,读者可以看到这种联系。

---

[1] 在数学哲学中,这种观点被称为"构造主义"。参见 Michele Friend, *Introducing Philosophy of Mathematics* (Acumen Publishing Limited, 2007), chapter 5。

第二章　知识与辩护

对知识的本质和来源的探究早在古希腊哲学中就出现了，柏拉图的很多著作都讨论了这个问题。[1] 不过，在分析哲学传统中，早期对这个问题的探究主要采取对"知识"进行概念分析的方式。这种做法当然并没有回答关于知识的本质和来源的一切问题，但可以帮助我们理解知识究竟是什么。本章旨在为分析知识提供一个初步基础。我们将首先介绍概念分析的基本思想，然后考察对知识概念的传统理解，并对知识的构成要素提出一些必要说明，接下来重点阐明认知辩护的本质，最终考察关于知识标准的一些争论。

一、概念分析与日常的知识概念

人类具有按照概念来进行思维的能力，而概念则可以被理解为思想的构成要素。一般来说，一个概念并不是与某个特定对象相联系，而是与对象所具有的某个一般性质相联系。例如，在提到"红色"这个概念时，我们是在将它与一个对象所具有的"是红色的"这一性质联系起来。同样，在使用"知识"这个概念时，我们将它理解为关于认知主体的一个性质，或者认知主体所具有的一个性质。在分析这个

1　例如，参见 Norman Gulley, *Plato's Theory of Knowledge* (London: Methuen & Co, 1961); Nicholas P. White, *Plato on Knowledge and Reality* (Indianapolis: Hackett Publishing Company, 1976)。

概念时，我们是在试图指定某些条件，在这些条件下，一个认知主体处于我们称为"有知识"这种认知状态，但他是因为拥有某些性质而处于这样一种状态，例如，他有辩护地相信某个真命题。因此，我们需要将这个意义上的概念与我们用来思想的观念或者我们用来言说的词语区分开来。词语是属于特定语言的特殊的、具体的项目，而概念是由很多个别对象例示出来的一般性质。例如，不同语言的说话者可以用不同的词语来表示"红色"这个概念，而"知识"这个性质可以在不同的认知主体那里体现出来。若要用哲学术语来表达这个区分，我们就可以说概念是共相（universals），词语是殊相（particulars）。

概念之间可以具有衍推（entailment）和等价（equivalence）之类的逻辑联系。例如，"是一位母亲"这个概念在逻辑上**衍推**"是一位女性"这个概念。一般来说，如果作为一个概念的一个实例的东西必然也是另一个概念的一个实例，那么我们就可以认为前一个概念衍推后一个概念。如果作为一个概念的**每一个**实例的东西必然也是另一个概念的**每一个**实例，那么我们就可以认为这两个概念是**等价的**。例如，"是一位母亲"这个概念等价于"是一位至少有一个孩子的女性"这一概念。两个等价的概念被认为必然具有共同的外延。在这里，一个概念的外延就是它的所有实例的集合，例如"狗"这个概念的外延是所有狗的集合。如果两个概念必然具有共同的外延，那么它们必定是相互衍推的，也就是说，此时下面这件事情是逻辑上不可能的：存在着一个对象，它是其中一个概念的一个实例，却不是另一个概念的一个实例。很容易看出，如果两个概念**必然**具有共同的外延，那么它们在一切可能世界中都具有同样的实例。例如，不可能有这样一个可能世界，其中，一个对象是一位母亲，却不是一个至少有一个孩子的女性。

直观上说，把握一个概念就是正确地理解它得以应用的条件。例如，为了把握"苹果"这个概念，我必须知道它所指称的是一种水果，具有特定的形状、颜色和味道，因此可以将它与其他东西（特别是其他类型的水果）区分开来。在分析哲学中，概念分析旨在指定一个概念得以应用的条件。分析哲学家并不满足于只是对"知识"持有某种约定俗成的理解，而是试图阐明"知道"这个词的意义和用法，以便说明这种认知活动的本质和知识赋予的条件。在这些条件中，每一个条件对于知识来说都是必要的，它们共同构成了知识的充分条件。对"知识"进行概念分析不仅是在试图阐明这个概念的意义和用法，也是在利用某种方法来设想我们对它的**正确**理解。反思平衡方法就是其中的一种，当罗尔斯引入这种方法时，他主要是按照语言学类比来阐明其基本思想。[1] 某些哲学家认为，发展一个逻辑就是要鉴定出某些原则，而只要遵守了这些原则，我们就能达到直观上有效的推理。同样，乔姆斯基等语言学家认为，发展一个语法理论就是要发现某些符合人们对语法判断的直观认识的原则。对罗尔斯来说，伦理学的一个核心目的是要发现某些使得我们能够得出直观上可靠的道德判断的原则。在日常的认知实践中，我们一方面对某个领域（例如道德行为的正确性）具有一些直观认识，另一方面也有某些关于这个领域的现存理论，例如各种规范伦理学理论。反思平衡就是指这样一种方法：通过理性反思，在我们的直观认识和现存理论之间形成和达到一种最佳的吻合，这样，我们就可以对相关现象做出深思熟虑的判断。这种判

---

[1] John Rawls, "Outline of a Decision Procedure for Ethics", reprinted in Rawls, *Collected Papers* (edited by Samuel Freeman, Cambridge, MA: Harvard University Press, 1999), pp. 1-19. 亦可参见 John Rawls, *A Theory of Justice* (Cambridge, MA: Harvard University Press, 1971), pp. 19-21, 46-43, 578-582。对反思平衡方法的详细论述，参见 Norman Daniels, *Justice and Justification: Reflective Equilibrium in Theory and Practice* (Cambridge: Cambridge University Press, 1996)。关于罗尔斯的语言学类比及其对于道德认知的含义，参见 John Mikhail, *Elements of Moral Cognition* (Cambridge: Cambridge University Press, 2011)。

断是在恰当的考虑和反思后做出的，因此就摆脱了特殊的利益和偏见以及其他类似的干扰因素的影响。

　　知识论也可以利用这个方法。在这个领域中，一般来说，在任何特定的研究阶段，在某些问题上我们会有一种尚未被系统化的直观认识。这些问题包括：什么是人类知识的最佳典范？知识在什么地方可以被合理地寻求，在什么地方不能被合理地寻求？有没有可以用来判定一个信念的可接受性的理性程序？在分析知识的概念时，我们希望用一种符合直观认识的方式来阐明它。在这种探求中，我们可以按照对特定知识主张的判断来修改我们对"知识"的论述，也可以按照我们倾向于接受的某个知识概念来修改这样一个判断。由此，我们试图在我们对知识的直观认识、对特定知识主张的判断以及目前的知识理论之间达到一种反思平衡。例如，经验观察和当前主流的宇宙学理论使我们可以有辩护地持有"黑洞存在"这一知识主张。但是，如果我们的知识标准发生了变化，或者我们不再持有大爆炸宇宙学，那么我们可能就不能合理地持有那个主张。[1] 在评价知识和辩护理论、思考怀疑论挑战的本质时，我们会看到反思平衡方法的重要性；此外，这种方法也有助于我们在某种程度上超越对知识标准的两种对立理解。一种是所谓"条理主义"（methodism），它所说的是，我们应该按照某个既定的知识标准来判断特定的知识主张，从而决定知识的限度；另一种是所谓"特殊主义"（particularism），它主张：我们应该从日常的知识主张出发来决定知识的范围，在此基础上为知识提出一个标准。[2]

---

[1] 在这里，我不是在声称反思平衡方法就等于后面会提到的"最佳解释推理"（inference to the best explanation），但反思平衡方法可以利用这种推理。

[2] 对"知识的标准"的一个简要讨论，参见 Noah Lemos, *An Introduction to the Theory of Knowledge* (Cambridge: Cambridge University Press, 2007), chapter 8。亦可参见 Robert Amico, *The Problem of the Criterion* (Lanham: Rowman & Littlefield Publishers, 1993)。

很难说概念分析本身能够从根本上解决哲学问题，但它是解决哲学问题的必要步骤。生命伦理学家可以通过分析"人格"这个概念来解决关于人工流产的争论；在关于自由意志的哲学争论中，首先澄清"行动"这个概念具有至关重要的意义；为了解决科学哲学中的一些重要问题，我们需要首先理解因果性概念。同样，在知识论中，在探究"知识是什么"这个问题时，我们首先需要对"知识"进行概念分析，而这取决于我们认识到这个概念可以根据某些其他东西来理解。甚至在日常生活中，为了理解一个复杂的概念，我们也可以将它分析为某些构成要素，例如，"母亲"可以被分析为"至少具有一个孩子的女性"。假若我们已经理解了"女性"和"孩子"这两个概念，这个分析就是充分的，因为它满足了如下条件：第一，分析项（即用来进行分析的概念）为被分析项（即所要分析的概念）指定了单独来看是必要的，而加在一起就是充分的条件；第二，分析项和被分析项是等价的。一般来说，概念分析不应该是循环的，因为其目的就在于用我们已经理解的其他概念来定义一个概念。知识论使用"有辩护的""确定的""合理的""没有辩护的""不合理的""值得怀疑的"等评价性概念来评价认知行为，就此而论，知识论是一个**规范**领域。不过，某些理论家认为，按照某些标准来分析"知识"这个概念时，我们最好使用不涉及评价性概念的分析项，这就类似于功利主义思想家将**道德上正确**的行动定义为从严格不偏不倚的观点来看能够使人类福祉最大化的行动。我们是否可以用这种方式来理解知识，是后面在讨论认知辩护时要考察的一个问题。

在正式对"知识"进行概念分析之前，我们还需要阐明这个概念可能具有的一些含义。日常的知识概念实际上涉及我们使用"知道"这个动词的一些不同方式。例如，考虑如下三个说法：第一，李林知道世界博览会在上海举办；第二，李林知道米兰·昆德拉；第三，李林知道如何弹钢琴。表面上看，第一个所说的是知道某个事件或某件事情，第二个所说的是知道某人，第三个所说的是知道某种技能。这三个知识主张中的"知道"涉及不同的含义。在第一个说法中，知识的对象是一个真命题，这种知识涉及认知主体和一个真命题之间的关系，因此可以被称为"命题知识"（propositional knowledge）。命题究竟是什么是一个在哲学上有争议的问题，[1] 在这里，我们大致可以把命题理解为用语言表达出来的事实或事态，或者更一般地理解为思想之类的精神状态的对象。例如，"雪是白的"这个事实可以用不同语言的语句来表达，而即使这些语句在物理形态上各不相同，它们都表达了同一个东西，即"雪是白的"这一事实。除了有与物理世界中的事实或事态相对应的命题外，也有关于抽象对象的命题，例如"2+3=5"这个命题。进一步说，命题可以被理解为真值的基本载体：一个语句是否为真，取决于它所表示的命题是否为真。如果一个命题表达的事实或事态实际上并不存在，那么该命题就是假的。[2]

如何理解第二个说法取决于如何解释"知道米兰·昆德拉"这个说法。例如，它可以被理解为知道米兰·昆德拉是一位畅销书作者，因此在这个意义上知道米兰·昆德拉；也可以被理解为不仅认识米兰·昆德拉，而且与他有直接的亲密交往。后面这个意义上的知识来自认知主体对某个东西的**直接**经验，在伯特兰·罗素那里被称为"通过亲知获得的知识"（knowledge by acquaintance）。这种知识与命题知识的关系是复杂的，直接经历某个东西未必意味着知道或了解关于

---

[1] 一些相关的讨论，参见 Trenton Merricks, *Propositions* (Oxford: Oxford University Press, 2015); Adam Russell Murray and Chris Tillman (eds.), *The Routledge Handbook of Propositions* (London: Routledge, 2022)。

[2] 这种理解当然产生了一个我们在这里无法讨论的问题，即如何理解抽象命题的真值或真值条件。

它的一些描述性事实,即具有某些关于它的命题知识。例如,当我说我很了解杭州(I know Hangzhou very well)时,我可能只是在说,既然我已经在杭州生活多年,我对它的熟悉就胜于对大多数城市的熟悉,但我可能并不知道关于它的某些描述性事实。另一方面,我也可以因为拥有关于杭州的大量命题知识而说我很了解或熟悉它。但是,假设我只是通过书本或媒体而具有大量关于杭州的命题知识,而对它并没有直接的体验,那么我就不能说我对杭州具有通过亲知获得的知识。

如何理解第三个说法也取决于如何解释"知道如何弹钢琴"这个说法。在大多数情形中,这个说法意味着一个人拥有演奏钢琴的**能力**或**技能**,例如能够娴熟地演奏贝多芬的钢琴奏鸣曲。这个意义上的知识可以被称为"实践知识"或"能力知识",即一种**做事情**的能力或技能。[1] 不过,第三个说法还有一个可能的解释。即使一位音乐学院的钢琴教授在一场事故中失去了自己的手臂,不能再演奏钢琴了,但他仍然知道如何弹钢琴——他能够用命题知识的形式告诉学生演奏钢琴的方法和技能。同样,拥有绘画天才的儿童知道如何绘画,但很可能对于绘画没有命题知识。实际上,一些艺术大师或许不能完备地描述他们是如何完成一幅杰作的。因此,一般来说,拥有命题知识并不足以让一个人也拥有能力知识。

只是出于方便,我们才把日常的知识概念的这三种含义区分开来,这三种含义之间实际上具有某些联系。例如,为了知道在女朋友面前如何恰当地表现自己,你就得对爱情有一些理论理解,还得与女

---

[1] 对于这种知识的详细讨论,参见 J. Adam Carter and Ted Poston, *A Critical Introduction to Knowledge-How* (New York: Bloomsbury Academic, 2018); Jason Stanley, *Know How* (Oxford: Oxford University Press, 2011)。

朋友处于一种面对面的直接交往中，感受你们之间的思想和情感；在科学研究中，从事实验研究的科学家不仅要有相关的理论知识，也需要知道如何操作实验仪器，并与实验对象处于直接的经验关系中。当然，如前所述，这三种含义之间也有一些明显差别。命题知识不仅是所有知识中最为根本的，从知识论的角度来看可能也是最重要的，因为我们如何认识外部世界是知识论的首要关注，而这种认识主要是用命题知识的形式来表达的，而且，实践能力在某种程度上也取决于这种知识。我们对命题知识感兴趣，主要是因为这种知识最典型地表达了我们与世界的认知关系——我们想要知道世界究竟什么样子，世界中发生了什么事情，即将发生什么事情。命题知识是关于事实或事态的知识，因此就提出了知识论所关心的核心问题。此外，我们所具有的其他一些知识主张也可以被分析为命题知识。例如，"图书管理员知道图书馆**是否**有一本昆德拉写的书"这个主张可以被分析为：要么图书管理员知道图书馆有一本昆德拉写的书，要么他知道图书馆没有昆德拉写的任何书。同样，"出版社编辑知道昆德拉最近一部小说的中译本**什么时候**出版"可以被分析为：存在着这样一个命题，它所说的是昆德拉最近一部小说的中译本会在某个时间出版，而出版社编辑知道这一点。因此，通过关注命题知识的本质，我们就可以说明很多其他知识，尽管不是所有的知识，例如某些能力知识。总而言之，命题知识在知识论中占据一个相当特殊的地位。

二、知识与信念

对命题知识的关注自然地产生了一个问题：我们如何知道一个事实或事态？自柏拉图以来，哲学家们就倾向于认为知识要求排除三样东西：无知、错误和单纯的意见。很容易看出知识与无知是相对立的：如果事实已经证明某件事情实际上并非如此，例如科学家已经表明火星上目前没有生命，那么，当你声称你知道火星上存在生命时，我们就可以认为你无知，因为你实际上是在声称你知道某件（已被表明是）虚假的事情。这种说法似乎是自相矛盾的或者完全无意义的：它就类似于说"我知道某事，但其实并没有这样一件事情"。知识似乎要求知识主张所陈述的东西是真的，或者简单地说，知识要求真理。[1] 当然，有些人可能会坚持认为知识并不要求真理，例如，考虑如下异议：你正在读一部神秘小说，这本书自始至终都在暗示庄园男管家就是罪犯，你很确信地认为就是他谋杀了曼斯菲尔德小姐，但在最后一刻，你惊讶地发现曼斯菲尔德小姐是被庄园女主人谋杀的；在读完这本书后，你对自己说，"我一直都知道男管家做了那件事，但结果表明不是他做的"。[2] 如果你说的话是正确的，那么知识好像并不要求其对象必须是真命题。你知道男管家谋杀了曼斯菲尔德小姐，但其实并非如此。

然而，这个异议并不是真正的异议，因为你其实不知道男管家是否谋杀了曼斯菲尔德小姐，你只是**确信**他是谋杀犯。有时候我们可以确信某事，尽管这件事实际上并未发生或者并不存在，但确信不是知识，很多时候只是一种主观感受，而且受到许多与认知证据无关的因素的影响。例如，即使没有证据表明某个同学抢走了你的女朋友，但你可能确信这件事，因为你一直都很嫉妒那个同学。同样，我们

1　"真理"（truth）这个说法可能有点令人误解，至少因为在某种意识形态的灌输下，我们已经习惯于将真理看作一种神圣的东西，一种甚至与政治权力相联系的东西。然而，在知识论中，在提到这个说法时，我们实际上指的是"真命题"——任何一个真命题都是一个真理。因此，只是出于方便，我才把"truth"这个术语译为"真理"。

2　参见 Richard Feldman, *Epistemology* (New Jersey: Prentice Hall, 2003), p. 13。

也很容易表明知识要求排除错误或者单纯的意见。假设你排除了自己情感上的偏见,发现你的女朋友是因为性格不合而决定与你分手,她与那个男同学只是一般的朋友关系。只要你排除了这些错误或偏见,你大概就不会认为你知道那个男同学抢走了你的女朋友。同样,单纯的意见也不能成为知识,即使你的意见表达了一个真实看法(当然,你自己不知道这一点),因为你对某件事的看法可能只是一种猜测,或者不是立足于充分可靠的证据,因此不能决定性地表明它就是正确的或真实可靠的。我们经常说"这只是我的意见,你可以保留你的看法"。这种说法表达了我们对"意见"的基本认识:意见只是表达了我们在某件事情上的主观态度。在柏拉图的《泰阿泰德篇》中,苏格拉底问"知识是什么",泰阿泰德回答说知识是真意见。苏格拉底并不满意这个回答,提出了一个反对意见。泰阿泰德接着提出如下回答:

> 呃,苏格拉底,那只是我已经提到的一个人说的;我刚才忘了,但现在想起来了;他说知识是具有理性根据(logos)的真判断,没有理性根据的真判断不属于知识的范围;他说没有理性根据来说明的东西不是知识,而具有这样一个说明的东西就是知识。[1]

在这里,泰阿泰德强调了我们刚才提出的那个认识:能够算作知识的东西必须得到理性根据的说明,因此不同于单纯的意见、幸运的猜测、一厢情愿的想法之类的东西。无知之所以与知识相对立,直观

---

1 Plato, *Theatetus*, 201d, in Plato, *Complete Works* (edited by John Cooper, Indianapolis: Hackett Publishing Company, 1997), p. 223. 知识与意见的区分是柏拉图知识论的核心,而且被认为是传统知识概念的来源。一个特别相关的讨论,参见 Jessica Moss, *Plato's Epistemology: Being and Seeming* (Oxford: Oxford University Press, 2021)。

上说，是因为无知意味着一个人对自己声称知道的事情一无所知，甚至没有任何理由或证据表明那件事就是他所说的那个样子。他与自己声称知道的对象没有任何**认知**关系，或者，即便具有某种认知关系，这种关系也有可能是错误的，例如，他或许是在喝醉酒的情况下声称他知道自己看见了鬼怪，或者按照占星术声称自己知道地球将在2025年毁灭。在这种情况下，即使他认为自己的知识主张是有根据的，但这样一个根据完全是错误的，并未正确地揭示他自以为知道的东西。知识要求我们排除这种错误。不过，意见在这个方面确实与无知和错误有点差别。一般来说，在发表我们对某事的看法时，我们并非毫无根据：我们就某事发表意见，是因为我们仍然有某些理由支持我们在这件事情上提出的主张，但并不认为我们目前具有的理由对这样一个主张提供了结论性的支持。

这个意义上的意见就相当于知识论中所说的信念。与纯粹的猜测或一厢情愿的想法不同，信念是我们对命题所持有的一种**认知**态度。一般来说，我们可以对一个命题持有三种认知态度：相信它，不相信它，对它悬置判断（不对它发表任何意见）。相信一个命题就是倾向于将它接受为真。例如，如果我通过媒体了解到杭州亚运会推迟到2023年举办，那么，即使没有亲自听到相关发言人的说法，我也可以相信这个说法，将它接受为真。不相信一个命题就等同于相信该命题是假的，或者相信其否定命题。例如，如果我对太阳系的演化有所了解，我可能不会相信地球将在2025年毁灭。也就是说，我相信地球不会在2025年毁灭。在某些情况下，如果我们无法在现有理由或证据的基础上对某些命题做出判断，那么我们既不会相信这样一个命题，也不会不相信它——我们只是不表达自己对它的态度。例如，一方面，如果我不是有神论者，我就不会仅仅按照信仰来相信上帝存在；另一方面，如果我觉得为了说明宇宙中显示出来的某些目的论特证，就需要假设上帝存在，但又没有结论性的证据表明这一点，那么我就可以对"上帝存在"这个命题悬置判断。

相信是认知主体将某个命题接受为真的倾向。[1] 为了将一个命题接受为真，认知主体必须有一些正面的理由或证据断言它是真的，或者很有可能是真的。因此，信念总是与用来做出这种判断的理由或证据相联系——相信某事总是按照一些理由或证据来相信它。就此而论，信念表示一种严肃的认知态度。然而，在把信念理解为将某个命题接受为真的倾向时，我们需要将信念与对待一个命题的其他态度区分开来，例如持有某个命题或者考虑它。一方面，持有一个命题只是在思想中保留它，考虑一个命题是为了某个目的而持有它，对它进行研究或审视，但无须相信它。例如，为了通过进一步的研究来确认"恐龙是由鸟类变来的"这一主张，我可以持有和考虑这个命题，但在目前不相信它。另一方面，我们可以相信很多我们目前并不持有或考虑的命题。我们的记忆能力和信息处理能力是有限的，因此我们不能或不需要把我们所相信的一切都在**当下的**意识中呈现出来。例如，我们大概都相信地球是圆的，地球上不止有 999 只蚂蚁；我们也无须明确地持有"736+225 等于 961"这个信念，因为只要我们学会了基本算术，必要时我们通过计算就可以得出结果，并因此而具有一个当下信念。我们可以具有一些我们在当下的意识中并没有明确持有但仍然具有的信念，即所谓"倾向性信念"（dispositional beliefs）。不过，

---

[1] 在这里，我不会全面探究信念的本质，而只是在一种直观上可理解的意义上来处理知识与信念的关系。在分析传统的知识论中，有很多文献讨论信念的本质和功能，例如，参见 Henry Habberley Price, *Belief* (London: Humanities Press, 1969); D. M. Armstrong, *Belief, Truth and Knowledge* (Cambridge: Cambridge University Press, 1973), Part 1; L. Jonathan Cohen, *An Essay on Belief and Acceptance* (Oxford: Clarendon Press, 1992); Hamid Vahid, *The Epistemology of Belief* (London: Palgrave Macmillan, 2008); Timothy Chan, *The Aim of Belief* (Oxford: Oxford University Press, 2014)。

我们仍然需要将这种信念与**相信的倾向**区分开来。有很多命题是我们目前并不相信，但在适当条件下就会相信的。例如，我此时或许不相信宇宙是上帝创造的，然而，假若无论多么完备的科学最终都无法说明宇宙的起源，我可能就会相信宇宙是上帝创造的。换言之，我们是否持有一个信念，或者在多大程度上相信某事，部分地取决于触发一个信念的条件。

信念是一种在程度上有差别的认知态度。[1] 一般来说，支持一个信念的理由或证据越充分，该信念就越强；而如果理由或证据是适当的，信念很可能就接近于知识。但是，不管一个信念是否得到了适当的理由或证据的支持，信念可以是错的。在这里，我们需要把支持一个信念的理由或证据的本质与一个信念的真假区分开来。前者是一个知识论问题，后者只是一种规定。就像知识一样，信念同样是在认知主体和命题之间的一种关系。只要作为信念对象的命题是真的，该信念就是真的；而如果那个命题是假的，相应的信念也是假的。这个规定与信念的持有者是否知道相应的命题为真（或者为假）无关。有些人或许由此认为知识就是真信念，并进而对知识提出如下定义：

(TB) 一个人知道某个命题 P，当且仅当，第一，P 是真的；第二，他相信 P。

这个定义意味着具有一个真信念对于拥有知识来说是充分的。但是，它仍然没有把握我们对知识的直观理解。考虑如下例子：两支水

---

1 信念的程度是形式知识论（特别是贝叶斯知识论）所要讨论的问题，在这里我们不深入处理。对这个问题的一般讨论，参见 Franz Huber and Christoph Schmidt-Petri (eds.), *Degrees of Belief* (Springer, 2009)。

第二章　知识与辩护

平相当的球队正在进行一场比赛，球迷们在谁会赢的问题上分成两派。你预感到北京队会赢，并由此相信北京队会赢；比赛结束时，北京队赢了，因此你的预感是正确的，你的信念是真的。我们是否可以说你**知道**北京队会赢？如果这两支球队实力相当，在以往的比赛中基本上胜负各半，那么就会有一些偶然的因素决定谁最终会赢。如果你实际上无法对这些因素做出可靠的判断，只是预感到北京队会赢，那么你由此形成的信念就没有充分合理的根据，尽管它是真的。当然，我们不是在说你的信念一点根据也没有，因为你可能会认为，尽管这两支球队在过去的比赛中输赢相当，但在主场比赛的情形中，北京队赢面更高。然而，你从这个经验概括中得出的证据仍然不足以表明北京队在**这场**比赛中就会赢。实际上，你的猜测有可能不是来自这种经验推断，而是来自你作为北京队球迷的愿望。在这种情况下，即使你的猜测碰巧是真的，这也不意味着你知道北京队会赢。幸运的猜测并不构成知识。

当然，对（TB）的异议并不限于上述情形。假设你是哲学系文体委员，负责组织本周末的春游。从天气预报中你得知周末下雨的概率略小于50%，但你是悲观主义者，根据你得到的信息就很自信地相信周末会下雨。周末确实下雨了，因此你的信念是真的。在这个例子中，我们同样可以问：你是否确实知道周末会下雨？在这种情形中，如果你相信周末会下雨，那么你的信念并不来自单纯的猜测，因为你的信念确实立足于一些证据（天气预报）。然而，既然天气预报表明下雨的概率小于0.5，因此，如果你是理性的，你实际上应该相信周末不太可能下雨，但你却在悲观情绪的影响下形成了相反的信念。这样，即使结果表明你的信念是真的，但你持有这个信念的理由并不是很好的理由。直观上说，当你在星期四那天相信周末会下雨时，你实际上不知道周末会下雨——你用来推断周末会下雨的证据不足以支持你的知识主张。由此看来，为了将一个真信念转变为知识，认知主体就需要**有辩护地**持有这样一个信念：他的信念不仅需要实际上是真的，他也必须有适当的理由或证据表明其信念是真的，或者很可能是真的。这样我们就得到了对知识的传统分析——知识是有辩护的真信念：

(TJB) 一个人知道某个命题 P，当且仅当，第一，P 是真的；第二，他相信 P；第三，他在相信 P 这件事情上得到辩护。

如何理解"辩护"，或者如何理解"一个信念得到了辩护"，是我们接下来要详细讨论的问题。不过，在这里我们需要对（TJB）给出进一步的说明。（TJB）往往被称为对知识的"标准分析"。标准分析只是对知识的概念提出了一个分析框架：它只是说知识本质上要求辩护，但并未具体地说知识需要什么样的辩护，或者命题知识是否构成了一种连贯的知识。就此而论，标准分析是严格中立的，既适用于数学知识这样的先验知识，也适用于以观察和经验为基础的经验知识。不过，在开始处理辩护问题之前，我们需要进一步澄清两个问题：一个关系到信念与真理的关系，另一个涉及对标准分析的批评。

标准分析将知识处理为一种特殊信念，即得到辩护的真信念。但需要注意的是，与信念不同，知识并不只是一种心理状态。经验知识是从经验中产生出来的；为了声称知道外部世界中的某个东西，我们必须借助认知官能与之发生恰当的联系。然而，我们按照感觉经验对外部世界的认识未必符合其本来面目。在这种情况下，我们就不能合理地声称我们知道外部世界，或者知道其中的某个对象或事态。因此，即使知识确实必须以我们的精神状态及其内容为中介，我们也不应该认为知识就等于我们对知识主张的对象所持有的某种主观态度，例如信念。即使不考虑各种极端的怀疑论假说,在日常的认知实践中,我们也会发现自己的知识主张与实在之间存在某种"断裂",例如,我们的感官可能会出错,或者,即便感官正常运作,我们通过感官获得的证据要么是不完备的,要么存在一些我们并不知道的对立证据。因此,哲学家们往往强调说,知识要求一个人具有**结论性地得到辩护的真信念**——一个信念必须以这样一种方式得到辩护,以至于用来辩护它的理由或证据能够保证它是真的。

大多数哲学家都把知识处理为具有一种特殊的认知地位的东西,但这种做法并不是没有争议的。例如,柏拉图在《理想国》中争辩说,知识和信念是完全不同的东西,甚至是毫不相容的东西。柏拉图认为知识并不像信念那样是可错的,其言下之意是,知识在于对**必然真理**的**绝对确定**的把握,或者至少是一种免于错误的把握。这个知识概念导致柏拉图认为知识和信念必定有不同的对象——我们能够具有知识的东西,例如数学,必定不同于我们只是具有意见的东西,例如变动不居的物质世界。在上述标准分析中,信念条件排除了无知:一个人不可能对自己没有看法的东西具有知识。按照这个分析,相信某个东西只是以一种相对不受限制的方式接受它。你可以将某个东西接受为你的论证前提,但无须相信它,因为你这样做,可能只是为了向某人揭示他尚未认识到的结论,而他自己恰好相信那个前提。例如,在某些争论中,为了表明对方实际上持有一个错误结论,却没有认识到这个结论是错误的,你可以暂时接受他所相信的一个前提,对他说"我们不妨相信这个前提",然后表明从这个前提以及其他前提中推出的结论是错误的。柏拉图同意这一点,于是就把知识的领域与信念的领域严格区分开来。

柏拉图对知识和信念的论述是高度抽象的。不过,一些哲学家论证说,日常用法也暗示了知识与信念的对立。例如,在听到某个坏消息时，我也许会说："我知道那件事，只是无法相信它竟然会发生。"然而，这种说法并不意味着我不接受某个事实，只是意味着我发现接受这样一个事实让我很难受，因此不愿意接受它。在这种情况下，我有**认知上**的理由确认自己的信念，但在**情感上**不愿意接受该信念向我传达的事实。在认知辩护中，我们需要将认知理由与非认知理由区分开来，且只能通过诉诸前一种理由来辩护我们的信念或知识主张。如果知识与无知和错误都是相对立的，那么似乎就只有真信念才有资格成为知识。例如，我不可能声称自己知道伽利略在公元前 254 年观察到太阳黑子，因为事实并非如此。知识的概念暗示了我们在认知活动中经过努力而取得的成就：只有当我们有充分的理由或证据表明我们所相信的某事很有可能为真时，我们才能声称我们知道它。

认为知识要求适当辩护的另一个理由是，知识似乎与确定性（certainty）具有紧密联系。当我想知道我是否知道某事时，有时候我会问自己是如何确信那件事的，有时候我也想知道我所相信的东西究竟是不是确定的。在这种情况下，特别是在后面这种情形中，我正在思考的不是某种**心理**确定性，而是与此相关的那个命题的**认知地位**，那个使我确信我的信念为真的东西。心理确定性（即对某个东西**感到确信**）对知识来说并不充分，甚至也不必要。例如，你可能在一场考试中因为过度紧张而对你实际上得出的正确答案感到怀疑。柏拉图之所以将知识与信念进行对比，就是因为他认为，我们不能将不可错的东西与可错的东西等同起来。在提出这个对比时，他是在强调知识所要求的是客观确定性，而不是心理确定性。柏拉图强调信念是可错的，在这一点上，他当然是正确的。"信念"这个概念在知识论中之所以重要，部分原因就在于，它允许我们在认知评价中将认知主体**自以为是**如此这般和**确实是**如此这般的东西区分开来。如果没有什么东西妨碍我们**直接**认识到世界的本来面目，我们大概就不需要（或者甚至不可能有）信念这种心理态度。因此，对于"信念"这个概念来说，关键的是，认知主体会在某些事情上存在分歧或差别，因此我们不仅可以有意义地谈论真信念和假信念，也可以有意义地谈论信念的程度。例如，"虚假的知识"这一说法之所以像是奇谈怪论，就是因为知识必定是一种真信念——知道某事与"知道"一件虚假的事情是逻辑上不相容的。知识、信念与真理之间必定具有某种联系，而如何阐明这种联系的本质是知识论的一项主要任务。

三、真理

为了进一步阐明传统知识概念，我们需要适当了解一下"真理"和"辩护"这两个概念。真理是形而上学和语言哲学中的一个重要论题，在这里我们只能对这个概念做出初步说明。哲学家们已经对真理的本质提出了各种各样的理解，其中最显著的三种理论分别是符合（correspondence）理论、融贯（coherence）理论和实用主义（pragmatic）理论。[1]

符合理论把握了我们对真理的很多直观认识，也是大多数知识论理论家倾向于接受的观点。这种理论历史悠久，例如，柏拉图就对真理提出了这样的理解："真语句所说的是那些本来就是如此这般的东西，……假语句所说的是与本来就是如此这般的东西不同的东西。"[2]亚里士多德更明确地将这个想法表述如下：

---

[1] 这不是说没有关于真理的本质的其他理论，语言哲学和形而上学中还有一些对于真理的其他论述。但是，我们所要介绍的这三种理论与知识论具有最紧密的联系。想要初步了解这个论题的读者可以参见 Simon Blackburn, *On Truth* (Oxford: Oxford University Press, 2018)。希望进一步了解该领域中的争论的读者，可参见 Michael P. Lynch, Jeremy Wyatt, Junyeol Kim, and Nathan Kellen (eds.), *The Nature of Truth: Classic and Contemporary Perspectives* (Cambridge, MA: The MIT Press, 2021)。

[2] 参见 Plato, *Sophist*, 263, in *Plato, Complete Works*, p. 287。

将是如此这般的东西说成不是如此这般,或者将不是如此这般的东西说成是如此这般,是假的,另一方面,说是如此这般的东西就是如此这般,不是如此这般的东西就不是如此这般,是真的;因此,当一个人对任何东西说它是这样或不是这样时,他所说的话要么是真的,要么是假的。[1]

亚里士多德的说法有点绕口,但其意思是清楚的:真语句或者真的说法是与事实相符的语句或说法,假语句或假的说法是与事实不符的语句或说法。当我们断言事实上就是如此这般的东西时,我们得到了一个真语句;当我们断言事实上不是如此这般的东西时,我们得到了一个假语句。对亚里士多德来说,人们提出的说法是否为真,取决于它们是否符合事实。因此,在他看来,真理在实在中有一个客观基础,并不取决于人们的主观愿望或想法。

大体上说,真理的符合理论将真理设想为命题(或者用来表示命题的语句)和事实或事态之间的一种关系。命题大致可以被理解为作为思想对象的抽象实体,但与同样作为思想对象的概念不同,命题具有一定结构,正如用来表述一个命题的语句具有一定结构。[2] 命题可以被客观的事实或事态所确认或否认。当一个命题得到确认时,它就是真的;当它受到否认时,它就是假的。例如,"恺撒被谋杀"是一个关于历史的真命题,因为恺撒确实是被谋杀的。相比较而言,"火星上存在有智慧的生命"是一个关于自然的假命题,因为目前的科学

---

[1] Aristotle, *Metaphysics*, 1011b25-29, in Jonathan Barnes (ed.), *The Complete of Works Aristotle* (Princeton: Princeton University Press, 1984), Vol. 2, p. 57.

[2] 对命题和命题态度的一些深入讨论,参见 Richard Gaskin, *The Unity of the Proposition* (Oxford: Oxford University Press, 2008); Mark Richard, *Propositional Attitudes* (Cambridge: Cambridge University Press, 1990)。

研究表明火星上并不存在生命，更不用说存在有智慧的生命了。用来陈述命题的语句在同样的意义上也可以是真的或假的。同样，一个信念的真值是按照作为其对象的命题的真值来定义的。哲学家们把命题理解为真值的载体，认为同一个命题不可能既是真的又是假的。对于接受符合理论的理论家来说，从形而上学的观点来看，一个命题的真值并不是相对于任何特定的个体而论的，比如说，"太阳比地球大"这个命题不可能对你来说是真的，对我来说却是假的。一个人可能没有正确地认识到某个命题的真值，因此对它持有错误信念，但这并不表明命题的真值是相对的，因为按照符合理论，命题的真值是由客观的事实或事态来决定的，并不取决于我们的思想或信念。不过，有一些命题是所谓"索引命题"（indexical propositions），即使用了特定的索引词或指示词的命题。例如，当任何一个人说出自己名字时，"我是某某"这一命题只是相对于说出它的那个人才是真的。同样，假设我住在北京，给一个海南的朋友打电话说"下雪了"，他在那边说"没有下雪"，那么我们两人的说法都是真的，因为我实际上说的是"现在北京在下雪"，而朋友说的是"现在海南没有下雪"。换句话说，只要我们把时间、地点以及相关的说话者等因素都包含在我们用来谈论一个命题的陈述中，并用这种方式来理解命题，那么按照传统观点，就没有任何命题既是真的又是假的。

符合理论抓住了我们对真理的直观理解，但"对应"这个说法也产生了一些问题。如果此时此地天在下雨，那么此时此地确实有一个事实或事态与"天在下雨"这个命题相对应。我们大概也可以认为，如果某人现在确实很幸福，那么"他现在很幸福"这个命题就是真的，因为不管"他现在很幸福"这个说法多么抽象，有一个事实或事态与之相对应。我们无须僵硬地用维特根斯坦所说的"描绘"来理解命题和事实或事态之间的对应关系，例如把"符合"理解为严格的同一关系或紧密的相似关系。[1] 然而，也有一些命题似乎不能按照这个意义上的"符合"来理解。例如，考虑"万有引力定律是一个真的自然规律"这一命题，我们似乎不能发现任何一个单一的事实或事态（不管如何广泛地理解）与之相对应。不过，在更加广泛的意义上，我们还是可以说这个命题与实在（或者实在的某些根本特点）相符合，例如在如下意义上：对于从这个定律（加上有关的理论和经验观察）中推导出来的每一个经验命题，我们都可以发现一个与之相符合的事实或事态。换言之，我们可以按照一个乃至一套理论多么精确地描述了实在的某个片段（或者多么精确地解释了其中的现象）来理解"符合"这个说法。看来，只要我们灵活地理解这个说法，符合理论就确实抓住了我们对真理概念的某些直观认识。当然，这不是说这个理论没有其他问题，例如，为了对这种理论提出更加合理的说明，接受它的哲学家就需要进一步阐明"事实"和"事态"等概念。不过，在知识论中，大多数理论家都对真理采取了这种理解，因为知识论的一个核心目的就是要说明我们如何具有关于外部世界的知识，而这个问题预设了外部世界是独立于我们而存在的。与此相应，符合理论采取了一种**实在论**立场，其中包含两个核心主张：第一，世界是客观存在的，也就是说，独立于我们思考或描述它的方式而存在；第二，我们的思想和主张是关于这个客观存在的世界。

与知识论密切相关的另一种真理理论是融贯理论。这种真理理论在黑格尔的思想中有其来源，并在 19 世纪末和 20 世纪早期的观念论哲学家弗朗西斯·布拉德雷和布兰德·布兰沙德等人那里得到了强调

---

[1] 维特根斯坦说："一个命题是对实在的一个描绘。一个命题是我们所想象的实在的一个模型。" L. Wittgenstein, *Tractatus Logico-Philosophicus* (London: Routledge & Kegan Paul, 1921), 4.01.

和发展。[1] 真理的融贯理论不同于后面要讨论的关于知识和辩护的融贯理论,尽管二者都试图用融贯的概念来阐明某些其他东西,例如真理或者知识与辩护。融贯首先可以被理解为命题之间所具有的一个性质。大致说来,当一个命题与某些其他命题很好地相适应时,我们就可以认为它与后者相融贯。例如,考虑如下三个命题:第一,我手中某个东西是黑色的;第二,我手中某个东西是圆形的;第三,我手中某个东西很重。现在,如果我手中有一个铁球,那么"我手中有一个铁球"这个命题,与某些其他命题(例如"我手中有一个乒乓球")相比,就与上述三个命题保持了更好的融贯性。反过来说,如果那三个命题都是真的,那么很可能我手中确实有一个铁球——"我手中有一个铁球"这个命题很可能是真的。关于真理的融贯论者由此认为,如果一个命题与一个人相信的其他命题相融贯,那么这个事实就提供了一个很好的理由,让我们认为该命题是真的,或者相应的信念是真的。在一个人的信念系统中,如果每一个信念都以这种方式与其他信念相融贯,那么其整个信念系统就是融贯的。因此,按照真理的融贯理论,一个信念是真的,当且仅当它是一个融贯的信念系统的一部分。同样,如果一个命题是这样一个系统中某个信念的内容,或者是从其中某些信念推导出来的,那么它就是真的。需要指出的是,在真理的融贯理论中,上述定义是对真理的本质的一个分析,而不仅仅是对真理的一个检验,即使融贯性可以充当这样一个检验。换句话说,在融贯论者看来,真理并不在于世界是否提供了一个恰当的事实或事

---

[1] F. H. Bradley, *Essays on Truth and Reality* (Oxford: Clarendon Press, 1914); Brand Blanshard, *The Nature of Thought* (New York: Humanities Press, 1978, first published in 1921). 对这种理论及其历史发展的一个论述,参见 Ralph Walker, *The Coherence Theory of Truth: Realism, Anti-Realism, Idealism* (London: Routledge, 1989); 亦可参见 Nicholas Rescher, *The Coherence Theory of Truth* (Oxford: Oxford University Press, 1973)。

态来反映一个命题,而在于信念是否用一种融贯的方式相互联系。

那么,融贯论者为什么会这样认为呢?对于符合理论的倡导者来说,如果正是我们的感知觉向我们提供了上述三个命题所描述的东西,那么,通过假设感知觉的对象确实具有这些命题所描述的性质,我们就可以说明"我手中有一个铁球"这个命题为什么是真的——这个命题真实地描述或表达了实在的某些特点。因此,为了将融贯理论设想为符合理论的一个取舍,其倡导者就必须对思想与实在的关系提出一种不同于符合理论的论述。大致说来,真理的融贯理论是在两个想法的激发下发展起来的。第一个想法主要是认识论的。按照融贯来定义真理的理论家往往也对辩护持有一种融贯论的观点。按照这种观点,只要一个信念是一个融贯的信念系统的成员,它就得到了辩护。认识论的融贯论,正如我们即将在第五章中看到的,是作为对认识论的基础主义的一种取舍而发展起来的,其核心主张是,一方面,只有一个信念能与另一个信念处于辩护关系中——我们无法按照在感知觉中**直接**给予我们的东西来判断某个主张或信念是否为真。另一方面,即使我们正是通过感知觉与实在发生认知联系,但我们对外部世界及其性质和特点的感知可能是错误的。因此,我们只能按照我们的信念系统的总体融贯性来做出判断。融贯论者由此认为,通过将上述核心主张与"一个得到充分辩护的信念是真的"这一论点结合起来,他们就可以对真理的融贯论提出一个论证。[1]第二个想法则是观念论的一个直接产物。真理的符合理论在本体论上承诺了一种实在论立场,将真理理解为思想的内容和世界的客观特点之间的一种关系:只有当一个命题(思想的内容)与世界中的某个事实或事态相匹配时,它才是

---

1 例如,参见 Blanshard (1978), Vol. 2, Chapter 26。

真的。[1] 然而，观念论者否认实在论者在主体和客体（或者思想和对象）之间所做的区分是有意义的，例如，布兰沙德指出：

> 在我们与思想和实在的关系的长期斗争中，我们看到，如果思想和事物被设想为只有外在关系，那么知识就是运气；任何让理智得到满足的东西未必与真实存在的东西相吻合。……但是，如果我们摆脱那些用来设想这种关系的误导性类比，例如副本和原件、刺激和有机体、灯笼和屏幕，并带着"对一个对象的参照意味着什么"这一问题进入思想本身，我们就会得到一个不同的、更有希望的答案。思想一个事物就是在某种程度上将其本身置于心灵之中。想到一种颜色或一种情感，就是在我们内心有这样一种东西：如果它得到发展和完成，它就会变得与那个对象同一。简言之，如果我们接受思想自身的报告，那么思想与实在的关系就像一个目的的部分实现与完美实现的关系。思想的把握越充分，它就越接近其对象的本质和关系，就越充分地在自身中实现其对象的本质和关系。[2]

对布兰沙德来说，思想有两个目的：一个是内在的（immanent），另一个是超越性的（transcendent）。"它一方面寻求一种系统性的满足，另一方面在其对象中寻求满足。"我们寻求知识的活动需要将这两种满足结合起来，因为"如果思想对其理想的追求只是一种精心设计的自我陶醉，并没有使我们更接近实在，或者如果对实在的理解并不在

---

1 关于这种观点，特别参见 William P. Alston, *A Realist Conception of Truth* (Ithaca: Cornell University Press, 1997)。
2 Blanshard (1978), Vol. 2, pp. 261-262.

思想的兴趣范围内,或者更多的是如果这两种情况同时存在,那么知识的希望将是徒劳的"[1]。思想从其自身的兴趣去理解和把握实在,其目的是要变得越来越发达和融贯,直到最终与实在同一。因此,在布兰沙德看来,思想及其对象并非在种类上不同,而只是在实现的程度上有所差别——实在只不过是对一个完整地相互联系、具有最大融贯性的判断系统的实现。在这里,值得指出的是,布兰沙德并没有简单地按照信念或判断之间的**逻辑一致性**来理解融贯。对他来说,一个融贯的信念或判断系统必须满足两个条件:其一,它包括所有已知的事实,在这个意义上是"全面性的";其二,在这样一个系统中,每一个信念或判断都蕴含其他的信念或判断,并为其他的信念或判断所蕴含。因此,只要一个信念或判断属于这样一个系统,它就是真的。如果实在是通过我们的整个信念系统反映出来的,那么**从根本上说**,我们就不能将真理设想为思想内容与世界的关系,而只能把它看作思想内容(或者信念)之间的一种关系。这是布兰沙德之类的观念论者否认符合理论的主要根据。

纯粹融贯论的辩护理论有一些很难克服的困难,真理的融贯论同样面临一些致命问题。一些批评者指出,即便我们确实可以把融贯视为辩护的一个标准,但我们不应该就此将这样一个标准当作真理的一个条件。换句话说,即使融贯确实是辩护的一个来源,但这个事实本身并不表明融贯就是使得一个命题为真的东西。另一个很容易设想的批评是:即使有些命题不与任何一套信念相融贯,它们仍然可以是真的,因为真理实际上超越了任何一套信念。例如,考虑如下命题:简·奥斯丁在1807年11月7日写下了10句话。这个命题要么是真的,要么是假的。如果它是假的,那么关于她在那天写下了多少句话

---

[1] Blanshard (1978), Vol. 2, p. 262.

的另一个命题就是真的。然而，在奥斯丁确实写了多少句话这件事上，没有任何关于这件事情的命题与任何一套信念系统相融贯。因此，我们似乎可以假设至少有一个真命题不与任何一套信念系统相融贯。这个论证当然不是结论性的，因为融贯论的真理学说的倡导者会说，即使我们不知道一个命题或信念是否与任何信念系统相融贯，但上帝（或者任何无所不知的存在者）能够知道这一点。然而，这个回答不是很有说服力。如果我们不相信上帝存在，那么我们就不能合理地认为每个真理都与上帝的信念系统相融贯；退一步说，即使我们相信上帝存在，但作为有限的存在者，我们对上帝的精神状态仍然一无所知，在这种情况下，我们也无法按照融贯来判断每一个命题是否为真。换句话说，作为有限的存在者，甚至当我们的研究已经达到极限时，我们仍然无法按照融贯来判断每一个命题是否为真。在这个意义上，真理超越了与我们的信念相融贯的东西。当然，融贯论者可以回应说，作为有限的存在者，我们的任何信念系统确实都达不到理想的融贯性，因此我们必须承认融贯是一个程度问题，不过，即使一个信念并不是一个理想的融贯系统的一部分，但只要它是一个充分融贯的系统的成员，它就可以在一定程度上是真的，尽管不是绝对为真。这个回答是否合理，显然取决于我们是否同意存在着"部分真理"，也就是说，并不认为一个命题或信念要么是真的，要么是假的。

　　对融贯论的真理理论最重要的批评其实与融贯论的辩护理论所面临的问题密切相关，目前我们只能概述一下这个批评。[1] 设想两个不相容的命题，例如"奥斯丁因为谋杀罪而被吊死"和"奥斯丁死于病床上"。我们总是可以设想两个各自融贯的信念系统，前一个命题与

1　这个批评的基本思想最早是由罗素提出来的，参见 Bertrand Russell (1907), "On the Nature of Truth", *Proceedings of the Aristotelian Society* 7: 228-249。

第一个信念系统相融贯，后一个命题与第二个信念系统相融贯。在这种情况下，如果真理仅仅在于融贯，那么我们就没有理由认为第一个命题是真的，而第二个命题是假的，反之亦然。一方面，如果融贯论的真理理论的倡导者认为我们可以根据事实来判断哪一个命题是真的，那么他们实际上已经放弃了这种理论，转而采纳真理的符合理论。因此融贯论者不能用这种方式来处理这个问题。另一方面，如果融贯论者认为并非与任何一个信念系统相融贯的命题或信念都是真的，那么他们就需要进一步阐明融贯的本质，例如把一个"最全面的信念系统"定义为与实在相符的命题构成的系统，并认为只有与这样一个系统相融贯的命题或信念才是真的。但这种做法仍然暗中预设了符合理论的思想。正如我们即将看到的，为了让理论变得合理，融贯论者就必须假设一个信念系统的融贯性至少部分地取决于它与外部世界的观察输入的关系。倘若如此，我们就不清楚融贯如何能够成为真理的**规定性**特征，即使融贯性仍然可以被看作检验真理的**一个标准**。

第三个主要的真理理论是实用主义理论，[1] 这种理论其实与**传统**知识论的核心关注没有多大关系，[2] 不过，通过阐明它的一些基本思想，我们可以进一步理解认知辩护的本质。威廉·詹姆斯对"真理"提出了如下理解："真的东西就是在我们的行为方式上有利的东西，就是几乎在任何方式上都有利的东西，就是长期来看并在整个历程中

---

[1] 对实用主义真理观的详细论述，见 Cheryl Misak, *Truth and the End of Inquiry* (Oxford: Oxford University Press, 2004)。

[2] 当前知识论中的所谓"实用入侵"与实用主义观点具有重要联系。这个新的发展趋势认为，正统知识论将知识、信念和证据之类的概念设想为与实践关注无关（或者甚至旨在摆脱实践关注）的"纯粹"概念，因此就无视了知识的价值及其实践作用等一系列重要问题。"实用入侵"旨在讨论实践性的东西如何入侵知识论的各个领域，例如认知美德、实践理由、宗教信念的本质、认知辩护和怀疑论、实践知识。在本书第九章中，我们会简要地讨论实用入侵理论。

都有利的东西。"[1] 我们不是特别清楚这种理解是要对真理的**概念**提出一个定义,抑或只是对真理的**效用**给出一个说明,因为真信念实际上具有工具价值,因此在这个意义上是有用的。不过,如果詹姆斯确实是在对"真理"提出一个定义,那么我们就得到了一种实用主义的真理观:如果一个信念是有用的或有利的,或者从长远的观点来看将是有用的或有利的,那么它就是真的。同样,如果相信一个信念或者按照它来行动是有用的或有利的,或者从长远的观点来看将是有用的或有利的,那么它就是真的。

詹姆斯主要是为了辩护宗教信念而对"真理"提出这样一种理解。自从洛克以来,哲学家们就普遍认为宗教信念得不到客观证据的充分支持,因此没有理性辩护。然而,在詹姆斯看来,我们有权出于自己的激情而选择要不要相信上帝,或者更一般来说,相信能够让我们幸福的无论什么东西。因此,即使没有客观的证据支持宗教信念,持有这个信念对于具有宗教信仰的人来说仍然是有用的或有利的。由此可见,实用主义真理观表达了一种形式的认知相对主义,因为它否认存在着任何不依赖于人们的思想、信念和兴趣的客观实在。当然,詹姆斯不是没有对其论点提出任何哲学论证——他在宗教信念和宗教经验问题上的立场同样立足于他对经验的一种形而上学理解。[2] 对他来说,哲学研究应该与人类生活的目的相联系,我们对任何东西的研究都旨在服务于人类目的,因此我们称为"真理"的那种东西应该引导人类的生活和行动,应该有助于促进人类生活的稳定和繁荣。就此而论,真理是在人类经验的历程中被"制作出来的",并非完全独立于我们

---

[1] William James, *Essays in Pragmatism* (New York: Hafner Publishing Co., 1948), p. 170.

[2] 对这一点的一个详细论述,参见 David C. Lamberth, *William James and the Metaphysics of Experience* (Cambridge: Cambridge University Press, 1999)。

的人性。同样，对于实用主义者来说，我们称为"实在"的那种东西也不是从一开始就为我们准备好并永恒存在的，而是仍然处于人类经验的制作中。真理只是在我们的研究结束之际才凸现出来，而如果我们经过长期的研究发现了一个真理，那么它必定是首先对人类有用或有利的东西。这样，即使关于上帝存在的假说是不可证实的，但只要我们发现它在最广泛的意义上令人满意，它就是真的。[1] 另一位实用主义哲学家皮尔士提出了类似的观点，对实用主义真理观做出了更加精致的论述。[2] 在皮尔士看来，真信念必须满足这样一个要求：它们不会与随后的经验发生冲突。因此，只有在一种持续不断的研究的尽头，我们才能确定一个信念是不是真的。皮尔士并非一开始就拒斥了真理的符合理论，但他指责这种理论对"真理"提出了一个超验定义，因此就把我们对真理的理解和把握从经验、信念和怀疑的实践问题上活生生地切割出去。当代哲学家希拉里·普特南在其实用主义时期进一步论证说，甚至实在本身也是通过概念框架构造出来的，因此，既非实在构造了心灵，亦非心灵塑造了实在，而是心灵与实在**共同构**造了心灵与实在。[3] 按照这种理解，真理是相对于特定的概念框架而论的。

实用主义真理观也会碰到一些严重问题。有些批评者指出，即使

---

[1] 参见 William James, *Pragmatism* (Cambridge, MA: Harvard University Press, 1979, first published in 1907)。

[2] 参见 Christopher Hookway, "Truth, Reality, and Convergence", in Cheryl Misak (ed.), *The Cambridge Companion to Peirce* (Cambridge: Cambridge University Press, 2004), pp. 127-149。

[3] 例如，参见 Hilary Putnam, *Realism with a Human Face* (Cambridge, MA: Harvard University Press, Year: 1992); Hilary Putnam, *The Threefold Cord: Mind, Body and World* (New York: Columbia University Press, 1999)。关于普特南对实用主义的捍卫，参见 Hilary Putnam and Ruth Anna Putnam, *Pragmatism as a Way of life: the Lasting Legacy of William James and John Dewey* (edited by David MacArthur, Cambridge, MA: The Belknap Press of Harvard University Press, 2017)。

真信念一般来说可以为我们的生活和行动提供有用指南，假信念一般来说会产生相反的结果，但这也不意味着我们应该把真信念鉴定为有用的信念。实际上，真信念有时候可能会对生活和行动产生很糟糕的影响，而假信念反而会产生很好的结果。例如，假设罗纳德在体检时被认为患上了一种很痛苦的慢性病，他相信医生的诊断。进一步假设如果他相信这一点，就会变得心烦意乱。于是，他被迟早会死去的念头所折磨，发现原来很幸福的生活现在变得索然无味。在这种挥之不去的情绪影响下，他的个人生活和家庭生活变得越来越糟。罗纳德持有一个真信念，因此我们似乎就应该拒斥如下观点：一个命题是真的，当且仅当相信它或者按照它来行动是有用的，或者将是有用的。另一方面，也很容易设想这样的例子：一个人的信念是假的，但持有这样一个信念可以对其生活和行动产生好的影响。假设托马斯患上了同样的疾病，却错误地相信其他病人遭受的痛苦比他大得多，于是就产生了坚强地生活下去的勇气。他在医生的配合下最终战胜了疾病，生活得比罗纳德幸福得多。从真理的符合理论的角度来看，他的信念实际上是假的，因为除了患上罗纳德患有的那种疾病外，他也有很多其他疾病，因此总的来说他其实是医院里最严重的病人。实用主义观念的捍卫者或许回答说，这里是在用真理的符合理论来批评实用主义的真理观，而这是不合法的。然而，下面我们就会表明，实用主义真理观，若要在根本上变得合理，就必须承诺一种符合理论。目前我们只需指出，这种真理观的捍卫者可能已经将真理的定义与真理可能产生的效用混淆起来。我们确实可以出于某些具有实践含义的理由（例如道德理由、审慎理由、宗教理由）而持有一个信念，但是，在这个意义上合理地持有的信念未必在认知上得到辩护。退一步说，即使效用在某种意义上可以成为检验真理的一个标准，但是，对命题或信念提出一个判定它们是否为真的标准仍然不等于对真理提出一个定义，除非我们有独立的理由表明二者是等价的。

现在转到实用主义真理观在逻辑上面临的一个困难。这种观点认为，只要相信一个命题或者按照它来行动对我们来说是有用的，该命题（或者相应的信念）就是真的。如前所述，即使我们有某些实践理由相信一个命题，这个事实也不一定意味着那个命题（或者相应的信念）在符合理论的意义上就是真的。因此，除了声称相信某个命题有用之外，实用主义理论的倡导者似乎无法进一步说明真理的本质。设想他们对"真理"提出如下定义：

(PDT) 一个真理就是这样一个命题，对于该命题来说，相信它比相信其否定命题（或者任何其他命题）更好。

(PDT) 本身是一个命题，尽管是一个"高阶"命题。现在，假设实用主义真理观的批评者说"我并不认为相信 (PDT) 比相信'真理'的某个其他定义更好"，那么这种观点的倡导者会如何回应这个说法呢？如果他们回答说，"没什么，那只是你的看法"，那么他们似乎没有理由要求我们相信他们对"真理"的定义，因为在这种情况下，我们实际上可以把任何东西都看作真的，只要相信这个东西对我们来说有用就行。然而，事实并非如此：即使符合理论意义上的真信念对我们是有用的，显然并非任何信念对我们来说都是有用的。实际上，符合理论意义上的假信念一般来说对我们没有用处。如果一个城市的旅游手册完全是错误的，而你相信它，那么你就不能有效地找到你想去看的景点，想去就餐的餐馆，想要搭乘的航班，想去拜访的朋友，等等。当然，实用主义者会回答说，"我们实际上并不是这样来理解真理概念的，而是，我们将'真理'定义为在研究的尽头才会凸现出来的东西，例如在经过长期的研究后，人们在信念或意见上的收敛。"

但问题是，如果本来就没有什么东西是我们需要经过长期的研究去发现的，那么我们为何要为了寻求真理而去从事这种研究呢？假若本来就没有什么东西让人们的信念或意见产生收敛，人们的信念或意见何以可能会收敛呢？这些问题至少表明，如果确实有真理这样的东西，那么它们必定与我们称为"客观实在"的那种东西具有某种联系。因此，总的来说，符合理论恰当地把握了我们对真理的直观认识，即使这种理论仍需进一步的分析和说明。在知识论中，一般来说，我们是按照符合理论的基本思想来理解"真理"。

四、认知辩护的基本观念

辩护不仅是传统知识概念的一个核心要素，也是当代知识论的一个主要论题。在日常的评价和判断中，我们也经常使用"辩护"这个概念。假设你利用自己的课题经费去海南参加一个学术会议，顺道去广州拜访一些同行，交流最近的研究状况。在回来报销费用时，会计不给你报销去广州的差旅费，因为她认为这笔费用不合法。你对她争辩说，按照科研经费使用规则，这笔费用是可以报销的。在这样做时，你试图表明将那笔开支包括在报销账目中是合适的。如果你的根据是恰当的，就可以被认为在**程序上**得到了辩护。假设你在实验室工作到深夜，在回家路上被不法分子拦截，你为了自卫而将他打伤。在这种情况下，按照相关的道德原则和法律规则，你的行为是有辩护的。假设你是一位投资者，按照自己深思熟虑的判断认为目前投资房地产仍有利可图，因此决定投资房地产。你的决定符合你对长远利益的考虑，在这个意义上也是有辩护的。从这些例子中可以看出，说你在某件事（例如某个行为、选择或决定）上得到辩护，就是用一种正面的方式肯定或确认这件事——你在这件事上得到辩护，因为它符合某些指定的目标或标准。相关的目标或标准可以是多种多样的，例如程序上的、道德上的、法律上的、实用的等。这些目标或标准在某种意义上规定了我们的行为、选择和决定的正当性，或者说明了它们的可理解性。因此，辩护的一个基本特点是，你所要辩护的那件事，假若在根本上可以得到辩护的话，是相对于某个目标或标准而得到辩护的。

很容易看出辩护是有程度差别的。行动、选择和决定之类的东西并非简单地要么完全得到辩护，要么根本得不到辩护。相反，它们只是在某种程度上得到辩护，因为辩护取决于你的行动、选择或决定在多大程度上符合规定的标准，或者在多大程度上实现了你为自己规定的目的。你只能按照自己目前深思熟虑的结果来判断你的行动、选择或决定是否可以得到辩护。因此，从主体的观点来看，辩护一般来说是一个程度问题。与此相关，辩护的第三个特点是，对某个东西进行辩护这一**活动**不同于你在得到辩护时所处的**状态**：前者是按照某些目标或标准来表明你的某个行动、选择或决定是正当的，后者是在你成功地完成了这项活动后所处的状态。处于得到辩护的状态取决于你成功地完成了辩护活动，为此，你必须能够鉴定出有关的规则和原则，并表明你的主张是因为这些规则和原则而变得正当。不过，有可能的是，即使你成功地完成了一项辩护活动，你的主张仍然没有得到辩护，也许因为你的主张的正当性仍然取决于一些你应该有所把握、却没有把握到的东西。另一方面，在某些情形中，即使你已经成功地获得了有关目标，但你为了实现它而采取的行动本身并未得到辩护，或者只是在很低的程度上得到辩护。比如说，一个人可能采取义务论不允许的手段来获得某个有价值的目标，例如通过窃取富人的财富来拯救即将饿死的儿童。

就像其他类型的辩护一样，认知辩护也有自身的目标或标准。我们会很自然地认为，认知活动的目的是要尽可能获得真信念。但这个说法并未充分把握认知辩护的本质，因为仅仅具有真信念仍然不够。一些人可能具有大量的真信念，但从认知的观点来看表现欠佳。例如，只要一个人不加辨别地相信在自己身上和周围发生的一切事情，他可能就会具有大量的真信念，因为在这些事情中肯定有些东西是真的。然而，假若他只是不加审视地接受这些事情，他因此也会具有大量的假信念。换句话说，即使他确实具有一些真信念，也只是**碰巧**具有这些信念——这些信念不是他有辩护地持有的。有人或许由此认为，认知活动的目标是要最大限度地获得真信念，并尽可能避免持有假信念。这个建议也有一些问题，根本的问题是，一个人持有的真信念可能只是偶然为真，因此说不上得到了辩护。所以我们大致可以认为，认知活动的目的是要获得并非偶然为真的信念，并避免具有假信念。

　　认知辩护具有其自身的独特目的，从而与其他类型的辩护区分开来，其核心目的是要具有**适当地得到辩护**的信念。一般来说，为了满足认知辩护的要求，我们可以合法地持有的信念必须具有充分的根据，或者得到适当证据的支持。此外，用来辩护一个信念的根据或证据必须是认知上的，而不是（比如说）立足于其他类型的考虑，例如纯粹情感的考虑或纯粹实用的考虑。假若你只是因为女朋友喜欢以赛亚·伯林就相信他是20世纪最优秀的哲学家，你的信念就是认知上不合理的，即使它可能是真的。与此相比，如果你持有这个信念，是因为你认真研读了伯林的著作，由此认为他对20世纪思想史的影响无人能比，那么你的信念可能是有辩护的，即使可能不是真的，例如，其他人可能提出强有力的理由来表明你的主张并不可靠。我们可以出于某些理由而持有一个信念，但我们需要将这些理由与我们出于**认知活动**的目的而持有一个信念的理由区分开来。我们可能有很强的实用理由相信上帝存在，正如帕斯卡试图表明的，但这并不等于按照认知上的理由来相信上帝存在。

同样，如果我们可以用"我**应该**相信什么"来取代"我能够有辩护地相信什么"这个说法，那么类似的考虑也表明我们必须把"应该"这个概念的几个含义区分开来。我们既可以在审慎的意义上使用这个概念，也可以在道德的意义上使用它。在前一种情形中，我们按照自己长远的理性生活计划，在深思熟虑的基础上决定要不要采纳某个行动；在后一种情形中，我们是按照自己所接受的道德标准来决定是否要履行一个行动。然而，在知识论中，我们所关心的问题是，在**认知上**我们应该相信什么？这个问题所涉及的"应该"与其他类型的"应该"有一些本质差别，尽管也有某些共同特点。[1] 例如，所有"应该"都涉及规范判断，我们使用这种判断，是为了评价我们在获得某个目标上的有效性。在"我们应该做什么"和"我们应该相信什么"这些问题上，存在着不同类型的规范判断，取决于我们所要追求的目标的本质。例如，在谈论道德上有辩护的行动时，相关的目标可能是"行善避恶"或者某种类似的东西；在谈论认知上得到辩护的信念时，相关的目标可能是"追求真理和避免错误"。目的决定了有关理由的本质，因此，如果认知活动的目的就是追求真理和避免错误，那么我们就需要把持有一个信念的认知理由与其他类型的理由区分开来。

现在让我们进一步阐明认知辩护的一些重要特征。[2] 从认知主体的观点来看，有辩护地持有一个信念是要提出理由或证据来表明它是真的，或者很有可能是真的。然而，在很多情形中，我们之所以只是

---

[1] 例如，参见 Richard Foley, *The Theory of Epistemic Rationality* (Cambridge: Harvard University Press, 1987)。

[2] 在下面的论述中，除非另外指出，我将把"认知辩护"简称为"辩护"。

说"我们相信某事",而不是说"我们知道某事",主要是因为我们用来支持一个命题的证据或理由不足以表明它**必定**是真的。我们对知识的探究之所以往往需要以**有辩护的**信念为中介,主要是因为一个命题的真值条件和辩护条件之间存在断裂。因此,可以设想的是,一个信念是真的,却没有得到辩护。很多目前在经验上无法判定的信念就具有这个特点。考虑如下两个命题:第一,宇宙中恒星的数目是奇数;第二,宇宙中恒星的数目是偶数。很明显,在这两个命题中,其中一个必定是真的,而另一个必定是假的。但是,如果我们不是仅仅照这样来相信其中一个命题,而是需要按照经验证据来相信其中一个命题,那么我们的信念就没有辩护,因为目前的经验证据不足以支持其中任何一个命题。事实上,我们或许永远不知道宇宙中恒星的数目是奇数还是偶数。对于这种无法按照我们所能得到的证据来判断其真假的命题,我们最好悬置判断。既然辩护取决于认知主体有理由或证据持有某个命题,辩护在如下意义上就是相对的:一个命题对某个人来说是得到辩护的,但对另一个人来说可能就没有得到辩护。这样,如果一个人有理由或证据持有某个命题,而且其理由或证据是适当的,例如在能够表明该命题为真或者很有可能为真的意义上,那么他在相信这个命题上就得到了辩护;如果另一个人没有相当的理由或证据,那么她在相信这个命题上就没有得到辩护。假设马克是一个作案高手,从来都没有留下任何证据让别人怀疑他是盗窃犯,那么,马克在相信自己是一个盗窃犯这件事上就得到了辩护,而别人在相信这件事上可能就没有得到辩护。由此可见,辩护是有程度之别的,因为辩护取决于认知主体持有的理由或证据的强度或适当性。面对同一个犯罪现场,老练的侦探在相信犯罪嫌疑人如何进行谋杀这件事情上可能得到了很好的辩护,而即使一个新手持有同样的信念,他所具有的辩护可能就不如前者那么适当。如果"我思,故我在"这个命题在笛卡尔的意义上是自明的,那么当一个人在思想时,他就可以合理地相信自己存在。相比较而言,他对"我在十年后仍然会活着"这一命题的辩护就不如他对"我存在"这一命题的辩护那么确定和有力。如果辩护取决于理由或证据的适当性或强度,那么辩护必然是一个程度问题。

只要理解了认知辩护的本质,我们就很容易理解上述主张。但有一个主张不太容易理解:即使一个命题不是真的,它仍有可能得到辩护,也就是说,一个人可以有辩护地相信一个假命题。我们或许错误地相信某事,而一旦我们认识到这一点,就不会认为我们的信念是有辩护的。不过,有辩护地相信一个假命题的情形并非不可设想,尽管是否确实存在这种情形仍有争议,这实际上是后面要讨论的盖蒂尔问题的一个来源。大体上说,一个假信念之所以可以是有辩护的,是因为证据本身不足以将假信念和我们在同样证据的基础上持有的真信念区分开来,或者是因为我们不知道存在潜在的对立证据。[1] 在按照正常的知觉证据持有一个知觉信念时,一般来说我们是有辩护的。现在,假设你在不远处看见你的一个同学走进图书馆,你相信她就是丽丽,因为她在长相、衣着和形态上都像丽丽。然而,你所不知的是,丽丽的孪生妹妹莎莎碰巧也在该校就读,但不在同一个学院。如果正常的知觉证据为知觉信念提供了辩护,那么你的信念是有辩护的,却不是真的,因为你看见的那个女孩其实不是丽丽。

有些学者也提出了如下主张:即使一个人不相信某个命题,但这个命题对他来说仍然可以是认知上有辩护的。[2] 在**非认知辩护**的情形中,很容易设想这种可能性。比如,一个人目睹自己的亲人在泥石流

---

[1] 当然还有其他的原因,参见本书第三章对盖蒂尔问题的讨论。

[2] 例如,参见 Noah Lemos, *An Introduction to the Theory of Knowledge* (Cambridge: Cambridge University Press, 2007), p. 16。

中遇难；从知识论的角度来说，他在相信这件事上是有辩护的，但他**在情感上**不相信这件事。因此我们需要区分持有一个信念的认知理由和非认知理由。另一个例子据说是这样的：我们知道最好的棒球击球员有时候也会失手，而马丁是一位很自信的击球员，现在轮到他击球了；既然最好的棒球击球员偶尔也会失手，"马丁不会击中"这一命题对他来说就是认知上有辩护的，而马丁自己却不相信这一点。这个例子实际上有点复杂：如果马丁是因为历来都自以为是而不相信这一点，那么他的信念实际上没有辩护，因为他用来支持该信念的考虑并不是认知考虑；另一方面，如果马丁的自信确实有认知上的根据，例如，在90%的场合他都击中了，那么我们就不能认为上述命题对他来说是认知上有辩护的，因为相反的命题对他来说恰好是有辩护的。读者可以自己去思考这个主张是否成立。

五、对辩护的两种理解

上述讨论仅仅告诉我们有辩护的信念是得到适当的证据或理由支持的信念，尚未触及一些密切相关的问题，例如什么样的证据或理由才算适当的，又如何支持一个信念。这些问题是后面要详细处理的。我们现在需要进一步追问一个基本问题：说一个信念得到辩护究竟意味着什么？这会有许多可能的回答，因此会产生不同的认知辩护理论。一般来说，我们可以按照两个主要的方面来鉴定认知辩护理论：首先，**规范概念**是否被给予了一个主要地位；其次，**推理**对于辩护来说是否必要。这两方面的组合产生了四个理论范畴：第一，规范的和推理的；第二，规范的和非推理的；第三，非规范的和推理的；第四，非规范的和非推理的。

知识论理论家基本上都同意认知辩护是一个规范概念。说一个概念是规范的,大体上是说它主要充当了评价性职能。说一个信念得到了辩护是在对它提出一个正面评价。那么,我们是针对什么而对信念提出一个正面评价呢?当然是针对我们的认知目的,即寻求真理和避免错误,而这个目的也是获得知识的目的。因此,说一个信念得到辩护就是说,相对于这个目的来说,我们有理由支持它——它对于实现或促进这一目的来说是适当的或有利的。那么,在什么意义上一个信念是适当的或有利的呢?**从根本的意义上说**,理论家们对这个问题的回答分为两派,可以被一般地称为关于辩护的**内在主义**和**外在主义**。[1] 大致说来,内在主义者认为,只有当用来辩护一个信念的条件在某种意义上在认知主体的信念或认知视角中反映出来时,该信念才得到辩护;与此相比,外在主义者则认为,知识或辩护取决于某些无须在认知主体的信念或认知视角中反映出来的条件。内在主义的主要动机是,持有一个得到辩护的信念基本上是一个认知责任(epistemic responsibility)问题——认知主体必须按照自己所能得到的理由或证据负责任地形成一个信念,否则,即使其信念碰巧是真的,这个信念**对他来说**也没有得到辩护。例如,内在主义者劳伦斯·邦茹声称:"在缺乏好的理由的情况下就接受一个信念,就是无视对真理的追求;这种接受是认知上不负责的。……避免这种不负责任的做法,在形成信念的时候在认知上负责,就是认知辩护的核心。"[2] 按照这种理解,辩护与所谓"信念伦理"有关,即涉及如下主张:一个人要对其信念的形成负责。在下一节中我们会考察这个主张。内在主义的辩护概念

---

[1] 后面我们会看到,有一些辩护理论试图将二者结合起来。

[2] Laurence Bonjour, *The Structure of Empirical Knowledge* (Cambridge, MA: Harvard University Press, 1985), p.5.

会碰到某些困难，外在主义者转而认为，既然寻求真理和避免错误是认知活动的目的，因此，只要一个信念达到了这个目的，例如是由可靠的认知过程产生出来的，它就算是一个得到辩护的信念，即使认知主体无法认识到这样一个过程的某些相关特点。人们在正常的条件下获得的知觉信念一般来说是有辩护的，但很少有人了解视知觉的内在机制。值得注意的是，尽管外在主义者和内在主义者对于"一个信念如何得到辩护"持有不同看法，但一般来说他们都不否认辩护是一个规范概念。例如，外在主义的代表人物阿尔文·戈德曼说："我把认识论看作一个评价性或规范性的领域，而不是一个纯粹描述性的领域。"[1] 戈德曼进一步指出，我们需要按照"正确的"规则系统允许我们相信的东西来说明"辩护"。同样，自然化认识论的倡导者希拉里·科恩布里斯指出："当我们问一个人的信念是否得到辩护时，我们是在问他是否已经做了他应该做的一切来导致'他有真信念'这件事情发生。因此，辩护的概念本质上与行动的概念相联系，同样与负责任的概念相联系。辩护问题因此是关于信念伦理的问题。"[2] 外在主义者和内在主义者的分歧主要体现在如下问题上：如何设想和理解与辩护有关的规范概念？就认知辩护和认知评价而论，有些哲学家使用"好的证据"这个概念，另一些哲学家使用"合理性"这个概念，还有一些哲学家使用"一个人**应该**相信什么"这一思想。内在主义者和外在主义者对这些概念或思想提出了不同的解释。例如，内在主义者认为，一个人应该按照他在自己的认知视角内所能得到的总体证据来决定要不要接受一个信念；而外在主义者则认为，只要一个信念是由

---

[1] Alvin Goldman, *Epistemology and Cognition* (Cambridge: Harvard University Press, 1986), p. 3.
[2] Hilary Kornblith (1983), "Justified Belief and Epistemically Responsible Action", *Philosophical Review* 92: 33-48, quoted at p. 34.

可靠的认知过程产生出来的,因此很有可能是真的,一个人就应该接受它。

不过,极端的外在主义者认为,认知辩护理论根本上无须使用规范概念:在说明辩护是什么时,他们并不强调规范性概念和评价性概念的作用,而是强调辩护和真理之间的联系。信念必须敏于证据:一种精神状态之所以是一个信念状态,部分原因就在于它显示了随着相关证据而发生变化的倾向。如果一个人发现自己有正面的证据支持某个命题,他就会相信这个命题,而如果他后来发现其证据实际上并不充分,例如受到了对立证据的削弱,他就会变得不相信这个命题。正是这种对证据的敏感性将信念与一厢情愿的想法和纯粹的主观愿望之类的东西区分开来。有辩护的信念是认知主体在寻求真理的过程中发现自己有理由支持的信念。然而,如果辩护并不为真理提供保证,比如说,如果一个人能够有辩护地相信某个后来被证明为假的命题,那么就必须有一些东西将辩护与真理联系起来。外在主义者认为这种东西在某种意义上超越了一个人的认知视角,例如不是他在自己的认知视角内能够意识到的,因此就对"有辩护的信念"提出了这样一种理解:一个有辩护的信念至少是更有可能为真而不是为假的信念。在他们看来,这个要素不是内在主义所能把握的,因为在一个人的认知视角内得到辩护的信念有可能是假的。于是他们就试图从一种外在主义观点来说明"很有可能是真的"这一概念,例如将它与可靠的认知过程的思想联系起来,并认为我们无须通过诉诸其他规范性概念来阐明这个概念。假若这个主张成立,它就得出了一种非规范的认知辩护理论。

然而,这种理论面临一些困难,例如,如何理解"很可能是真的"(probably true)这个说法中的"很可能"这一概念?如果或然性(probability)必须相对于证据来定义,那么一个认知主体自己是否必须具有这一证据呢?我们又可以在什么意义上来理解"具有证据"这一说法？这些问题都是后面要考虑的。目前我们可以提出这样一个猜测：对辩护的这两种理解之间或许没有截然分明的界限，甚至也不应该有这样的界限。从现象学的角度来看，规范进路似乎具有更大的吸引力，至少因为规范性术语经常出现在我们对认知活动的描述和评价中，而且，在试图有意识地补充或修改我们的信念系统时，我们往往是通过反思性地遵守某些信念形成规则来履行这项任务。当然，规范进路也面临一些需要解决的问题，比如说如下困境：一方面，规范概念**最终**是用非规范性措辞来说明的，例如，在说我们在相信某事上得到辩护时，我们大概是在说，我们现有的最好证据允许我们相信那件事。但是，如果规范措辞最终确实消失了，如果我们想知道辩护根本上在于什么，那么仅仅关注**衍生出来**的规范概念就没有多大意义，除非我们有理由认为，一些规范概念本身不能被还原为非规范概念。另一方面，如果我们认为规范概念可以用一种非规范的方式来说明，那么它们本身如何具有规范性就仍然是个谜，因为毕竟我们想知道，在各种情形中，**为什么**持有一个信念是"可允许的""必需的"或者"不允许的"。一旦我们开始追问这些问题，我们就进入了比单纯的规范性问题更深的层面。不过，为了恰当地评价这两种进路，我们还需要考察关于认知辩护的主要争论。

六、推理辩护与知识扩展

前面提到，除了可以按照一个辩护理论是否承诺了规范概念来划分辩护理论外，也可以按照推理与辩护的关系来划分辩护理论。这个思想的理论根据是：有些哲学家认为，一切辩护都涉及推理；而另一些哲学家则认为，推理只是我们用来辩护信念的一种方式，但并不是唯一的方式。因此，为了进一步理解关于认知辩护的争论，我们需要简要地考察推理在知识和辩护中的地位和作用。[1]

推理在扩展知识和辩护方面显然具有很重要的意义。正如罗伯特·奥迪所说:"如果信念只能直接来自知觉、记忆、自我意识、理性反思和证言,那么我们就不可能建立理论来说明我们的经验或世界观。我们所能构造出来的观念和理论之所以具有无限的丰富性和复杂性,主要就是因为我们能够在我们已经相信的东西的基础上进行推断。"[2] 若没有归纳推理,我们对外部世界的认识就被限制到直接的感觉经验的结果及其在记忆中保存下来的内容。这也是为什么如果休谟关于归纳推理的怀疑论成立的话,就构成了对知识论的一个致命挑战。同样,就推理涉及运用理性能力而论,正是通过推理,我们才能在孤立的和分离的信念之间建立恰当的联系,因此才有可能对认知对象获得系统的认识和理解。实际上,在日常生活中,我们持有的很多信念都是在推理的基础上形成的——我们以某些信念为基础,通过推理得到一些其他信念。例如,假设我正在电脑上写作,突然间听到敲门声,我知道有人在门口,他可能就是我两小时前预约的快递员。在这种情形中,我从自己此时形成的知觉信念和一个记忆信念中推出"敲门人可能是快递员"这一信念,而且,就我所知,既然很少有其他人来敲门,这个信念对我来说就是有辩护的。

那么,推理如何扩展我们的知识和辩护呢?上述例子表明这种扩展最终可以产生新信念。因此,为了回答这个问题,我们可以首先追问推理信念(inferential belief)究竟是什么?推理当然就是按照我所

---

[1] 奥迪对推理如何扩展知识提出了详细论述,参见 Robert Audi, *Epistemology: An Introduction to The Theory of Knowledge* (New York: Routledge, 2011), chapter 8, 以下讨论部分地受益于他的论述。对于知识扩展的更详细的讨论,参见 Federico Luzzi, *Knowledge from Non-Knowledge: Inference, Testimony and Memory* (Cambridge: Cambridge University Press, 2019)。

[2] Audi (2011), p. 176.

相信的某些东西来推断某个其他东西。这种活动一方面涉及进行推断的**心理过程**，即按照我已经获得的信念或已经接受的假定来推断某个东西，另一方面涉及有关命题之间的推理支持关系，例如有关信念**在内容上**的逻辑与概念联系。前者可以被称为"推理过程"，后者可以被称为"推理内容"。演绎推理显然是按照形式上有效的推理规则，通过把握各个命题（它们可以作为知识或信念的对象出现）之间的逻辑与概念联系来实现的。例如，如果我有辩护地相信所有哺乳动物都有心脏，那么，只要我知道人是哺乳动物，我就可以有辩护地持有"人有心脏"这个信念。归纳推理更复杂一点，其复杂性取决于各个命题之间的**证据**支持关系。例如，假设我有辩护地相信2021级哲学班我很熟悉的同学都有良好的哲学思维能力，那么，就这个班只有10个同学而论，我大概可以有辩护地相信该班同学都有良好的哲学思维能力。一个推理所涉及的命题的内容暗示了命题之间的推理关系，而推理则是从作为前提的命题中，按照相关的推理规则推出结论的过程。如果这些命题是信念的对象，那么通过有效推理得出的结论就可以成为信念的对象。因此，推理可以扩展我们的信念系统，而如果通过推理得到的信念满足了知识所要求的辩护条件，那么推理也可以扩展我们的知识。

与我们对辩护的讨论（特别是辩护理论的划分）紧密相关的一个问题是，推理过程究竟是如何进行的？在日常生活中，特别是在不确定性条件下，人们经常使用所谓"启发法"来做出推断或判断。[1] 启发法是人们在适应过程中形成的隐性成见，用这种方法进行的推理未

---

1 例如，参见 Thomas Gilovich, Dale W. Griffin and Daniel Kahneman (eds.), *Heuristics and Biases: The Psychology of Intuitive Judgment* (Cambridge: Cambridge University Press, Year: 2002); Gerd Gigerenzer, Ralph Hertwig, Thorsten Pachur (eds.), *Heuristics: The Foundations of Adaptive Behavior* (Oxford: Oxford University Press, 2011)。

必会涉及**有意识的**思想和判断，其可靠性因此也成为一个有争议的问题。[1] 我们并不总是用一种明确地具有自我意识的方式来从事推理活动。在前面提到的敲门的例子中，如果我跟快递员约好的时间是中午12点，那么，当12点左右有人敲门时，我大概会相信快递员来了。我当然可以按照我此前持有的一些信念来辩护这个信念，但这个信念无须我通过有意识的推理而得出。然而，一些哲学家认为，一个推理信念若要得到辩护，它所涉及的信念和推理过程本身就必须是有意识的。他们的理由是，如果一个人不是有意识地从其他信念中推出某个信念，那么他就不能被认为是在用一种认知上负责任的方式持有这个信念。这个主张体现了内在主义的一个基本要求：如果一个人在相信某事上内在地得到辩护，那么，他之所以得到辩护，是因为通过反思自己的心理状态，他就能知道与这个辩护有关的东西。[2] 然而，这个看似合理的要求至少为知觉信念的辩护带来了问题，因为知觉信念往往不是从任何东西中**有意识地**推断出来的。假设我看看窗外，发现有一只鸟飞过，我就会对你说："刚才有一只鸟飞过。"在获得这个信念时，我并没有进行有意识的推理，它反而是**直接**来自我的知觉经验。前面提到的倾向信念似乎也对内在主义主张提出了挑战。任何正常的成年人都会相信世界上不止有999只蚂蚁，但他们无须每时每刻把这个信念保留在意识中。某些背景知识和一般信念足以保证我们有辩护地持有某些相关的特殊信念。在涉及推理辩护的情形中，如果推理必须是有意识的，那么上述信念（或者任何类似的信念）就得不到辩护。但接受这个要求意味着我们**能够**持有的有辩护的信念比我们所认

---

1 这方面的相关讨论，参见 Mark Kelman, *The Heuristics Debate* (Oxford: Oxford University Press, 2011); Sanjit Dhami and Cass R. Sunstein, *Bounded Rationality: Heuristics, Judgment, and Public Policy* (Cambridge, MA: The MIT Press, 2022)。

2 参见 Roderick Chisholm, *Theory of Knowledge* (New Jersey: Prentice-Hall, 1989), p. 18。

为的要少得多。为了与直觉保持一致,我们当然可以削弱这个要求,例如,一些学者认为,推理及其所依据的前提都可以是无意识的。[1] 这种修正符合我们对信念持有的一个直观认识:信念无须是一种有意识的精神状态,尽管它们可以成为这样的状态。倘若如此,这些状态之间就有可能存在无意识的转变——某些推理在某种程度上可能是无意识的。如果某些推理可以是无意识的,那么甚至知觉信念的形成也会涉及某种形式的推理,例如在我们无法意识到的"硬件"层面上进行的推理。稍后我们就会看到,这一点对于评价基础主义和融贯论之间的争论具有重要意义。

是否确实存在无意识的推理部分地是一个需要通过经验研究(例如认知科学)来解决的问题,部分地是一个概念问题,取决于如何理解"意识"这个概念。假设我在清晨六点阅读一本书时,听见楼下汽车发动的声音,我继续阅读,没有去思考这个声音,但我确实具有"有人开车去上班了"这一思想。这个思想是我推断出来的,但不是立足于我**明确**持有的一个信念,例如"我相信自己听见了汽车发动的声音"。我很了解小区一大早就有人开车去上班,因此就可以把汽车发动的声音与我已经形成的一个持久信念联系起来,进而自动形成"有人开车去上班了"这一信念。与此相比,即使昨晚住在我家的朋友听到了这个声音,他可能也需要经过**有意识**的思想和推理才能形成那个信念。这两种情形的差别是,我的信念确实是推断出来的,但我并不是因为**有意识地持有一个理由**而持有那个信念,而对于我的朋友来说,为了有辩护地持有那个信念,他就需要一些有意识的思想和推理。由此可见,推理信念的形成是否必须经过有意识的推理,在某种意义上取决于语境以及认知主体的背景知识和背景信念。有些信念对

---

[1] 例如,参见 Gilbert Harman, *Thought* (Princeton: Princeton University Press, 1973), pp. 20-21。

一些人来说是相对直接地形成的,同样的信念对另一些人来说则需要通过有意识的推理来形成。不管推理是不是有意识的,推理信念仍然不同于我们相对直接地形成的信念,例如通过视知觉对可观察的对象或特征形成的信念。

理性主义哲学家往往认为**理性本身**就是知识的一个来源。但是,如果我们不相信存在所谓"理智直观",那么,即便推理涉及使用理性能力,我们大概也不能认为推理本身**直接**向我们提供了知识或有辩护的信念。推理只是我们用来传递和扩展知识及辩护的一种方式,而为了能够**有效地**传递和扩展知识及信念的基本来源,推理就必须满足两种条件。一种条件涉及推理前提,另一种条件关系到前提和结论之间的推理支持关系。假设我们从某些作为前提的信念中推出另一些作为结论的信念,那么,为了使目标信念得到辩护,那些作为前提的信念本身应该是已经得到辩护的,推理过程也必须满足某些条件,以便可以将可辩护性从前提传递到结论。不过,即便推理前提都得到了辩护,但如果推理过程本身并不可靠,最终的结论就得不到辩护;另一方面,即使推理过程在某种意义上是可靠的,但只要前提(或者至少某些前提)没有得到辩护,最终的结论就得不到辩护。当然,如果前提没有得到辩护,而推理过程也是不可靠的,那么结论更得不到辩护。此外,从形式逻辑中我们得知,甚至**形式上**有效的推理也未必能得出有说服力的或者合理的结论。

我们经常使用的各种推理形式(演绎推理、归纳推理、类比推理、外展推理等)都有自身的推理规则,这些规则规定了推理的有效性或可靠性。如何阐明这些规则的根据不是知识论要特别处理的问题。在这里我们只需指出,只有演绎推理才具有所谓"保真性",可以将前提的真值完全传递给结论。其他类型的推理并不具有这个特点,例如,归纳推理至多只能按照某种或然性将前提的可辩护性传递给结论,也就是说,即使前提都是完全可靠的,归纳推理也只能对结论提供某种或然性的支持。[1] 不管推理形式的有效性究竟在于什么,直观上说,推理信念的可辩护性取决于如下三个条件:第一,一个人持有某些本身就有辩护的信念;第二,他从这些信念中推出某个信念;第三,他的推理过程在符合相关推理规则的意义上是可靠的。因此,如果作为推理前提的信念本身是有辩护的,那么推理辩护问题就归结为:我们是否能够说明推理规则本身的可辩护性?只有在这个问题得到解决后,推理才能成为扩展知识和辩护的一种有效手段。

正如我们即将看到的,基础主义者和融贯论者对于辩护的本质和结构持有不同看法,不过,推理辩护的概念在这两种理论中都占据一个核心地位:对基础主义者来说,除了可以从经验中直接得到辩护的信念外,所有其他有辩护的信念都是通过推理得到辩护的;对融贯论者来说,辩护取决于融贯,而信念之间的推理支持关系是融贯的一个重要方面。与此相比,外在主义者则认为有辩护的信念是从可靠的认知过程中产生出来的,因此他们并不认为,为了有辩护地持有一个信念,认知主体**必须**进行有意识的思想活动,例如有意识的推理。[2] 在第六章中,我们会详细考察外在主义的辩护概念及其所面临的问题。

---

[1] 实际上,甚至演绎推理从其他角度来看也面临类似问题。例如,读过刘易斯·卡罗尔著作的读者可以从乌龟与阿基里斯的对话中发现这种问题。参见 Lewis Carroll (1895), "What the Tortoise Said to Achilles", *Mind* 4: 278-280. 亦可参见 Simon Blackburn (1995), "Practical Tortoise Raising", *Mind* 104: 695-711.

[2] 当然,也有一些哲学家论证说,即使知识或辩护都立足于推理,但推理无须是有意识的。关于这样一种观点,参见 Harman (1973).

七、认知义务论与信念伦理

知识论理论家有时也区分两种辩护：一个命题对一个人来说得到辩护和辩护一个命题。辩护一个命题是认知主体从事的一项活动，例如，当一个人持有的某个信念受到挑战时，他就需要提出理由来支持这个信念，向挑战者表明他可以正当地或合理地持有该信念。与此相比，一个命题对一个人来说得到辩护是他所处的一种状态。当然，只要认知主体自己提出证据或理由来辩护一个命题，他就可以处于拥有一个得到辩护的命题的状态。不过，我们的很多信念不是我们亲自通过辩护活动获得的，而是来自一些被认为是可靠的渠道，例如标准的教科书或者其他类似的来源，即此前所说的证言。在这种情况下，除非我们的信念受到了挑战，否则一般来说我们并不需要提出理由来表明它们是有辩护的。为了相信爱因斯坦的相对论，我或许并不需要列举和理解爱因斯坦提出相对论的理论根据。如果证言是信念的一个主要来源，那么，我们并不需要亲自辩护我们用这种方式获得的很多信念。然而，内在主义者认为，这些信念在一开始出现的时候必须本身是有辩护的，例如，我们持有的大多数科学信念是由科学共同体来辩护的。另一方面，外在主义者则强调说，只要一个信念是由可靠的认知过程产生的，那么，即使一个人对这种过程的细节没有任何认识或理解，其信念也是有辩护的。小孩在正常情况下具有的知觉信念可能是有辩护的，尽管他们无法说明这种信念是如何产生的。然而，内在主义者对"有辩护的信念"提出了更高的要求：对他们来说，辩护不仅要求一个人的信念得到适当证据的支持，也要求他**认识到**自己所具有的证据确实支持其信念。后面这个要求意味着，与辩护相关的因素必须是认知主体在其认知视角内能够设法认识到的，因此在某种意义上必须是其内在的精神状态，或者至少与这些状态具有某种联系。

这个主张被认为暗含了内在主义者对所谓"认知义务论"（epistemic deontologism）的承诺。[1]

大体上说，认知义务论所说的是，一个人**应当**按照自己持有的证据的适当性来**决定**要不要接受某个信念，没有自觉满足这个要求是认知上不负责任的，甚至是认知上值得责备的。因此，认知义务论者建议我们用"责任""义务""允许"和"免于责备"之类的义务论措辞来分析认知辩护概念和评价认知活动。[2] 认知义务论者认为，在实现寻求真理和避免错误这个认知目标上，我们负有某些责任，而一个信念是否得到辩护就取决于它是否满足了认知责任的要求。当然，非义务论者并不否认信念是否得到辩护是一个规范问题，但他们强调这种规范性只是某种适当性，不涉及责任、义务和责备之类的概念。亚里士多德对事物的恰当功能的论述有助于我们理解这种观点。在亚里士多德看来，每一个事物都有其所要实现的特定目标，例如刀子的恰当功能就是好切东西。只要一把刀子满足这个条件，它就获得了一个正面评价（被称为一把"好刀"），并在这个意义上具有了一个规范地位。然而，非义务论者强调说，它具有这个地位与它履行了任何责任无关：在说一个信念在认知上得到或没有得到辩护时，我们只是在说，相对于寻求真理和避免错误的认知目标来说，它是恰当的或不恰

---

[1] 对认知义务论的一些系统阐述，参见 Nikolaj Nottelmann, *Blameworthy Belief: A Study in Epistemic Deontologism* (Springer, 2007); Rik Peels, *Responsible Belief: A Theory in Ethics and Epistemology* (Oxford: Oxford University Press, 2017); Matthias Steup (ed.), *Knowledge, Truth, and Duty: Essays on Epistemic Justification, Responsibility, and Virtue* (Oxford: Oxford University Press, 2001)。

[2] 例如，参见 William Alston (1988), "The Deontological Conception of Epistemic Justification", *Philosophical Perspectives* 2: 257-299。需要指出的是，尽管阿尔斯顿认为认知义务论是理解认知辩护最自然的方式，但他并不倡导这种观点以及我们后面要讨论的认知唯意志论（voluntarism）。

当的,我们并不需要将其恰当性与认知主体是否履行了某些责任联系起来,正如威廉·阿尔斯顿所说:

> 一个人在相信某个命题上是认知上有辩护的,当且仅当从认知的观点来看,他相信这个命题这件事在如下意义上是件好事:他的信念是立足于适当根据,而且他没有充分有力的对立理由(即不相信该命题的充分理由)。[1]

对阿尔斯顿来说,只要一个信念实现了认知目标,在这个意义上得到了适当根据的支持,它就是一个有辩护的信念。我们确实可以相对于认知目标把一个信念评价为适当的或不适当的、有利的或不利的,并因此把它说成是认知上有辩护的或没有辩护的。然而,对阿尔斯顿来说,这些说法都只是在说这个信念是否具有某些使得它得到辩护或没有得到辩护的特征,与我们履行或违背了某个义务无关。正如我们即将看到的,义务论的认知辩护概念对于理解内在主义和外在主义之间的争论十分关键。[2] 因此,一方面是为了弄清阿尔斯顿为什么会反对认知义务论,另一方面是为了在后面恰当地理解和评价这个争论,我们需要进一步阐明认知义务论的基本主张。

7.1 认知义务论与证据主义

认知义务论实际上是对认知辩护的一种传统理解。在现代哲学史上,这种理解至少可以追溯到笛卡尔和洛克。在《第一哲学沉思集》

---

1 William Alston, *Epistemic Justification: Essays in the Theory of Knowledge* (Ithaca: Cornell University Press, 1989), p. 105.

2 参见 Alvin Plantinga, *Warrant: The Current Debate* (New York: Oxford University Press, 1993), pp. 10-29; Alvin Goldman (1999), "Internalism Exposed", *Journal of Philosophy* 96: 271-293。

第二章 知识与辩护

第四个沉思中,笛卡尔论证说,我们之所以在判断上出错,是因为滥用了上帝赋予我们的自由意志。如果我们不是随心所欲地做出判断,而是让意志听从于我们清楚明晰地觉察到的东西,我们就不会在判断上犯错误并因此而形成假信念。[1] 笛卡尔认为,在寻求确定的知识时,只要我们没有清楚明晰地觉察到一个命题是真的,我们就有义务撤销对所有这样的命题的同意:

> 在我没有充分清楚明晰地觉察到真理的情况下,如果我直截了当地不让自己做出一个判断,那么显然我是在正确地行动和避免错误。但是,如果在这种情况下我要么确认要么否认,那么我就不是在正确地使用自己的自由意志。如果我去选择那个[事实上为]假的取舍,那么显然我就会陷入错误;如果我选择对立的东西,那么就算我达到了真理,那也纯属偶然,我仍然是有过错的,因为自然之光清楚地告诉我们,理智的觉察应该总是先于意志的决定。在对自由意志的这种不正确的运用中,我们可以发现那种构成错误的本质的匮乏。[2]

当然,在没有清楚明晰地将一个命题理解为真命题的情况下,我们可以形成单纯的意见;但是,甚至在这种情况下,在对这样一个命

---

[1] 笛卡尔所说的"觉察"并不是经验主义者所说的知觉,而是所谓"理智知觉"或"理智直观"。对笛卡尔知识论(尤其《第一哲学沉思集》)的优秀研究,见 Bernard Williams, *Descartes: The Project of Pure Inquiry* (London: Routledge, 2005, first published in 1978); Harry Frankfurt, *Demons, Dreamers, and Madmen: The Defense of Reason in Descartes's "Meditations"* (Princeton: Princeton University Press, 2008, first published in 1970)。对笛卡尔认知义务论的深入讨论,见 Noa Naaman-Zauderer, *Descartes' Deontological Turn: Reason, Will and Virtue in the Later Writings* (Cambridge: Cambridge University Press, 2010)。

[2] René Descartes, *Meditations on First Philosophy* (edited by John Cottingham, Cambridge: Cambridge University Press, 1996), p. 41.

题表示同意之前,我们也有义务获得某种证据。在笛卡尔看来,是否要相信某个命题取决于我们,只有当我们清楚明晰地觉察到一个命题为真时,我们才**应该**相信它。如果我们不是用这种方式来相信一个命题,我们就是认知上有缺陷的,要对这个缺陷负责并因此而应受责备。在洛克那里,我们也可以发现几乎同样的思想。实际上,洛克之所以撰写《人类理解论》,其根本目的就是要表明我们应当负责任地形成信念,尤其是宗教问题上的信念。洛克于是对认知责任提出了如下明确论述:

> 没有任何理由相信某事但却相信了它的人或许是爱上了自己的幻想;但他既没有像他应当去做的那样去寻求真理,也没有恰当地服从其制作者,后者会让他使用那些已经赋予他的辨别能力,让他回避错误。如果一个人没有尽自己最大努力做到这一点,那么,不管他有时候是如何将真理揭示出来的,即使他处于正确的轨道上,他也只是很偶然地处于正确的轨道上。我不知道这种偶然的幸运是否会让其反复无常的行为得到谅解,但至少很明确的是,只要他陷入错误,他就要对错误负责。另一方面,如果一个人利用上帝已经赋予他的光芒和才能,凭借他所具有的那些帮助和能力诚实地努力发现真理,那么,在履行自己作为一个理性生物的责任时,他就会有这种满足——即使他竟然错失了真理,他不会错失真理的回报,因为他支配着他的同意的权利,在应当使用这项权利的地方使用这项权利。对于这样一个人来说,在任何情形中,或者在不论什么事情上,他都是在理性的引导下去相信或不相信。[1]

---

1 John Locke, *An Essay Concerning Human Understanding* (edited by Peter Nidditch, Oxford: Clarendon Press, 1974), 4.17.24.

就像笛卡尔一样，洛克相信上帝已经把发现真理的理性能力给予我们，但是，若不恰当利用，我们就会陷入错误，得出错误的判断或信念。假若我们进一步认为，上帝是为了让我们发现真理而将理性能力赋予我们，那么，在没有恰当地利用这种能力的情况下，我们就应受责备。反过来说，作为有理性的存在者，在形成一个信念或做出一个判断时，我们应当承担认知责任，有义务尽量形成真信念，避免形成假信念。[1]

笛卡尔和洛克都是借助神学语言来说明我们所具有的认知义务：既然上帝已经把发现真理的能力赋予我们，我们就应当恰当地使用这些能力，例如不要滥用意志来进行判断，否则我们就是认知上不负责任的。这个说法预设了两个主张：第一，上帝要求我们做的事情就是我们应当做的；第二，寻求真理和避免错误就是我们的认知目的。这样，如果上帝**要求**我们在认知活动中实现这个目的，那么我们就负有这方面的认知责任。同样，如果上帝是为了让我们追求和实现这个目的而将理性能力赋予我们，那么我们就要对未能切实履行这些责任负责。由此可见，认知义务论的可理解性取决于两个问题：第一，如何理解这个认知目的？第二，如何理解我们具有相应的认知责任？以下我们将简要阐明这两个问题。

既然我们的认知目的就是要寻求真理和避免错误，那么我们是否可以说，我们的认知责任就是要相信真实的东西，不相信虚假的或错误的东西？这个说法似乎有点问题，因为我们是通过证据而持有一个信念，如果我们面对的是假象或欺骗性的证据，而我们**并不知道**这一点，那么好像我们就应该相信虚假的东西、不相信真实的东西。假设我在一座钟塔对面的办公楼里工作，而那座钟一般来说是可靠的，例如，每天都有钟表工维护和校准。然而，我不知道的是，钟表工在上

---

[1] 对洛克的信念伦理及其思想渊源的系统阐述，参见 Nicholas Wolterstorff, *John Locke and the Ethics of Belief* (Cambridge: Cambridge University Press, 1996)。

楼维修的时候被谋杀了,而那座钟也碰巧在前一天夜里一点钟的时候停了下来。现在我看那座钟,发现是一点钟,因此就相信现在是一点钟,但其实是一点零两分了。如果我没有理由假设那座钟出了问题,我所相信的事情似乎就是我应该相信的,尽管我的信念事实上是假的。也许有人会说,要是我多观察一下,就会发现那座钟出了问题,因此我的信念实际上得不到辩护,也就是说,我不应该相信现在是一点钟。然而,既然我是在实际时间是一点钟的时候形成那个信念,我的信念确实是有辩护的——那就是我在那个时候应该相信的。当然,如果我那时有相反的证据,例如,助理进门告诉我开会时间到了,而预定开会的时间是一点一刻,那么我就不应该继续持有那个信念。与此相似,假设另一个人生性多疑,不相信自己所看到的任何东西,总是要问别人是否确实看到了他所看到的东西,而且还不相信其他人的说法,那么我们就有理由怀疑他是不是理性的。因此我们只能说,一个人应该按照自己在实际状况中所能得到的一切证据来决定要不要相信某事。假若有额外的证据不支持他目前持有的某个信念,而他自己承认那个证据,那么他的信念就会受到削弱。换句话说,在一个人所处的实际状况中,他应该尽可能寻求一个信念的**总体**证据,而如果他在那个时刻所能得到的总体证据支持某个信念,那么他在持有这个信念上就可以被认为得到了辩护。由此我们就得到了如下原则:[1]

证据主义辩护原则:在某个时刻相信某个命题对某个人来说是有辩护的,当且仅当他在那个时刻的总体证据支持该命题。

---

[1] 对这个原则的详细论述,参见 Earl Conee and Richard Feldman, "Evidentialism", reprinted in Earl Conee and Richard Feldman, *Evidentialism: Essays in Epistemology* (Oxford: Oxford University Press, 2004), pp. 83-108。

按照这个原则，认知义务论所说的是，一个人应当去寻求自己实际上所能得到的总体证据。倘若如此，我们就不应该一般地把相信真实的东西、不相信虚假的东西视为我们的认知**责任**，而应该只把它看作我们的认知**目的**。[1] 那么，我们是否可以说，对任何一个命题 P 来说，我们的认知目标就是"当且仅当 P 为真时才去相信 P"？也就是说，作为有理智的认知主体，我们的目标就是只相信真命题，而且要相信一切真命题，不管它们是什么？然而，这个主张似乎也不太合理，因为我们显然不可能去相信每一个真命题。决定相信什么取决于我们的兴趣和关注。因此，我们的认知目标也不是要去相信每一个真命题，而只是去相信我们在某种意义上关心的那些命题。这样，我们就可以对认知责任的概念提出初步理解：[2]

> **认知责任：** 对于我所关心的每一个命题 P 来说，作为有理智的存在者，我的认知责任就是，当且仅当 P 为真时才去相信 P。

然而，这个说法仍然有点含糊，因为我们实际上可以对"当且仅当 P 为真时才去相信 P"这个说法提出两种解释。首先，P 是真的，

---

[1] 这个区分大概可以这样来理解：即使我们在某种意义上应当追求某个目标，未能成功地实现该目标也未必意味着我们就应受责备，比如说，因为运气（我们无法自愿控制的因素或条件）会影响我们对一个目标的追求或实现，或者会影响我们对信念或知识主张所能持有的辩护。某些理论家之所以认为认知义务论不可取，主要是因为他们相信认知义务论预设了如下不合理的主张：我们对自己所相信的事情具有自愿的控制。例如，参见 Alston (1988); William Alston, *Beyond "Justification": Dimensions of Epistemic Evaluation* (Ithaca: Cornell University Press, 2006), chapter 5。我们会在下一小节中讨论这个问题。

[2] 认知义务论者普遍认为，我们的认知义务就在于按照适当证据来相信。但是，对于如何理解"适当证据"以及我们究竟有哪些认知义务，他们可以有不同的看法。一个相关的讨论，参见 Richard Feldman, "Epistemological Duties", in Paul K. Moser (ed.), *The Oxford Handbook of Epistemology* (New York: Oxford University Press, 2002), pp. 362-384。

因此我才去相信 P；其次，我有总体证据断言 P 是真的，于是我相信 P。认知义务论者倾向于采纳第二种解释。换句话说，他们持有两个基本观点：第一，作为有理智的存在者，我们的**认知目标**是要相信真的东西、避免相信假的东西；第二，作为有理智的存在者，我们的**认知责任**是要按照我们所能得到的总体证据来相信。不过，也有两种不同的方式满足这项要求。首先，按照证据来相信向我施加了相信 P 的责任；其次，按照证据来相信向我施加了不要去相信 P 的责任。假设你是迈克尔·杰克逊的粉丝，你坚定地相信杰克逊仍然活着，尽管他其实已经去世了。因此，如果你是认知上负责任的，你就应该按照这个证据来相信，不要让自己去相信杰克逊仍然活着。如果你按照这个证据相信杰克逊已经去世了，或者想办法不要让自己去相信杰克逊仍然活着，那么你在相信这个命题上就可以被认为得到了辩护。按照这种理解，只要一个人按照证据来相信某个命题，或者想办法让自己不去相信某个命题，他就算尽到了自己的认知责任。[1]

从笛卡尔和洛克的论述中也可以看出，对他们来说，不按照适当的证据去相信（例如在证据不充分的情况下就相信某事）总是错误的，甚至应受责备。如果我们确实有一项责任，也有能力履行这项责任，那么，在不去履行这项责任时，我们就应受责备。在这里，"有能力履行一项责任"不仅意味着一个人实际上有能力履行它，而且意味着并不存在他必须去履行的冲突责任。例如，按照日常道德的观点，只要我们能够帮助某人而无须付出很大代价，我们就应当这样做。假设你在湖中游泳，在上岸的时候发现不远处有一个小孩被困在水中，眼看就要淹死了。附近只有你一个人，你体力充沛，而且是游泳健将。假若你见死不救，你在道德上就应受责备。这个例子暗示了一个问

---

[1] 这当然产生了后面要讨论的一个问题：相信究竟是不是认知主体可以通过意志来控制的事情？

题：即使确实有认知义务这样的东西，但是，当认知义务论者说一个人因为没能履行一项认知义务而应受责备时，他们是在什么意义上使用"应受责备"这个说法？为了充分地回答这个问题，我们首先需要考察关于信念伦理的一个基本争论。这个争论涉及如下问题：是否存在某些规范，制约着我们的信念形成、信念维护和信念修改的习惯？按照不充分的证据来形成一个信念是否总是错误的，而按照充分的证据来形成一个信念是否总是正确的，又在什么意义上是错误的或正确的？

笛卡尔和洛克都提出了信念伦理的基本思想，但并没有明确提出"信念伦理"这个说法——这个术语是剑桥大学数学家兼哲学家威廉·克利福在1887年提出来的。[1] 克利福所要表达的基本思想与前面提到的证据主义原则其实没有本质差别：我们应当只按照自己所能具有的充分证据来形成信念。不过，正是威廉·詹姆斯对这个主张的批评激发了关于信念伦理的争论。詹姆斯争辩说，即使没有充分的**认知**证据，我们也可以形成一个信念。其基本理由是，即使我们不能按照理性根据在不同的命题之间做出选择，但只要一个选择是我们所面临的活生生的选择，人性中具有激情的那个方面不仅可以正当地做出选择，而且也必须做出选择。[2] 例如，即使我们无法在理性上证明上

---

[1] William Clifford (1877), "The Ethics of Belief", reprinted in Clifford, *The Ethics of Belief and Other Essays* (edited by T. Madigan, Amherst, MA: Prometheus Books, 1999), pp. 70-96.

[2] 参见 William James (1896), "The Will to Believe", in James, *The Will to Believe and Other Essays in Popular Philosophy* (edited by F. Burkhardt et al., Cambridge, MA: Harvard University Press, 1979), pp. 291-341。对于克利福和詹姆斯的观点及其与证据主义的关系的讨论，参见 Scott Aikin, *Evidentialism and the Will to Believe* (Bloomsbury Academic, 2014)；亦可参见 David Hollinger, "James, Clifford, and the Scientific Conscience", in Ruth Anna Putnam (ed.), *The Cambridge Companion to William James* (Cambridge: Cambridge University Press, 1997), pp. 69-83。关于詹姆斯对待信念伦理的态度，参见 Richard M. Gale, *The Philosophy of William James: An Introduction* (Cambridge: Cambridge University Press, 2004), Part 1。

帝存在，但生活的实践方面要求我们相信上帝存在。詹姆斯的意思是说，除了有严格意义上的认知理由形成信念外，我们也有其他类型的理由形成信念。对詹姆斯来说，只要某些根本信念是人类生活所必需的，那么，即便我们无法为它们提供充分的理性证据，我们仍然会不可避免地持有这些信念。

威廉斯仍然相信，在实用主义为"真理"概念所规定的意义上，追求真理和避免错误是我们应当做的。不过，就认知辩护而论，我们不应该把持有一个信念的认知理由与其他类型的理由混淆起来。这意味着，即使我们可以按照对自己长远利益的考虑来持有某个信念，或者按照道德理由来持有某个信念，或者为了情感需要而持有某个信念，但是，从获得真理和避免错误的认知目标来看，持有这样一个信念可能是不合理的。设想一个没有充分准备的考生，他认为要是他相信自己在考场上表现良好，他就会考得很好。既然他并未做好充分准备，一般来说他就不会取得好成绩，他的信念因此是认知上不合理的。然而，与不持有这个信念相比，持有这个信念可能有助于他在考场上表现得好一点。因此，从对自己有利的角度来看，他似乎应当持有这个信念，而从**认知辩护**的角度来看，他不应当持有这个信念。有不同类型的规范制约着我们对"应当"这个概念的使用。道德规范制约着道德意义上的"应当"，例如，行为功利主义的道德正确性标准要求我们采取从不偏不倚的观点来看使人类福祉最大化的行动。只要你认同这个标准，或者承诺它所规定的目的，你就应当按照其要求来行动。除了道德规范外，也有立足于工具合理性原则的行为规范。这个原则所说的是，你应当采取必要手段来实现你希望获得的目的或者想要满足的欲望。工具合理性原则也可以产生对"应当相信"的一种理解。假设出于对长远利益的考虑，你有理由相信自己会通过考试，并认为相信这一点有助于你实际上通过考试，那么，在其他条件保持不变的情况下,你应当相信自己会通过考试。概括地说,如果持有某个目的对你来说在某种意义上是合理的,如果你相信采取某个手段有助于达到这个目的,那么你就有一个初步的义务持有这个信念。如果你相信**只有**通过采取这个手段才能达到那个目的,那么这个初步的义务就变得很有力。然而,即使你的信念可以从其他的角度得到辩护,这也不意味着它必定会在**认知**上得到辩护。通过考试对你来说很重要,但这个事实本身并不意味着你必定会通过考试。相反,如果你平时就认真学习,并有充分的证据表明自己不仅很熟悉所考科目的内容,而且也理解了这些内容,那么你的信念就有了认知辩护——你很有可能确实能够通过考试。但是,当你按照某些非认知的考虑来持有那个信念时,你的信念就未必是真的,或者很有可能为假——你有可能实际上通不过考试。因此,你的认知义务不同于你在其他方面(例如审慎的或道德的)持有的义务。假设我有充分甚至结论性的认知证据相信地球不会在2023年5月29日下午2点20分(即我写下这句话的下一分钟)毁灭,那么,即使你赌我100万元,这也不会让我相信地球在那个时刻会毁灭,除非我完全丧失了理智。

当然,不管我们如何理解"应当相信"这个说法,从以上论述可以看出,一个人是否应当持有某个信念取决于他对某个目的的承诺——正是这种承诺为我们相信某事施加了义务。例如,在工具合理性原则所蕴含的行为规范的意义上,如果我发现做某事不是实现某个目的的手段,或者与我所能得到的其他手段相比,并不是最有效的手段,那么我就不应当相信做那件事是实现那个目的的手段,或者是最有效的手段。在这里,是否应当持有某个信念,是由是否承诺要实现某个目的以及如何实现它所决定的。因此,作为理性认知主体,如果我们承诺要实现获得真理和避免错误这个目的,那么这个承诺就让我们具有了相应的认知义务。[1] 换句话说，只要有某些认知规范制约着我们对这个目的的实现，我们就应当按照这些规范的要求来决定要不要相信某事。这样，即使笛卡尔和洛克是按照人与上帝的关系来理解认知义务，我们也无须采纳他们的立场，而是可以对认知义务论提出如下简要论证：

（1）按照适当证据持有信念有助于促进"获得真理和避免错误"这一认知目的。
（2）作为理性认知主体，我们承诺要实现这一目的。
（3）承诺要实现一个目的产生了相应的义务。
（4）因此，在工具合理性原则所蕴含的意义上，我们有义务按照适当证据持有信念。

这个论证显然很弱，因为它只是表明，在工具合理性原则所蕴含的意义上，我们有义务按照适当证据来持有信念，而且，只有承诺要实现这个目的的认知主体才有这些义务。就此而论，如果有某些认知规范制约着这一认知目的的实现，那么他们就应当遵守这些规范。不过，这个论证并未表明按照上述证据主义原则来形成信念是道德义务。因此，在与道德义务相关的意义上，在能够履行这样一个义务的情况下没有去履行它是否应受责备，仍然是一个未决问题，即便我们

---

[1] 其他知识论理论家也提出了类似的说法，例如，罗德里克·齐硕姆将认知责任理解为我们作为有理智的认知主体为了最好地满足我们的认知目的而负有的责任。参见 Roderick Chisholm, *Theory of Knowledge* (second edition, Englewood Cliffs, N.J.: Prentice Hall, 1977), p. 14；亦可参见 Richard J. Hall and Charles R. Johnson (1998), "The Epistemic Duty to Seek More Evidence", *American Philosophical Quarterly* 35: 129-140。

承认存在着某些认知义务。[1]

现在让我们回到如下问题：为什么我们应当按照适当证据来相信？按照标准的证据主义观点，有一些规范制约着信念形成，其根据就在于理论理性自身的本质和目的——寻求真理，而按照适当的证据来形成信念有助于我们获得真理。因此，按照不适当的证据来形成信念是一种认知上的失败，这种失败意味着没有恰当地使用我们的认知能力来追求和实现"获得真理和避免错误"这一目标。如果遵守认知规范有助于实现这个目的，我们就应当遵守它们。一些证据主义者进一步论证说，信念的概念本身就表明它是一种以真理为目标的认知态度，认知主体只有在具有适当证据的基础上，才能恰当地形成这种态度，因此，认知规范植根于某些必然的概念真理中。[2] 另外一些理论家则认为，关于信念形成的认知规范并不是来自对"信念"这一概念的分析，而是来自我们对如下事实的反思：我们形成信念的能力本身就具有对证据保持敏感的特征。例如，知觉、记忆、证言、内省和推理等认知能力，一般来说，都是按照证据来产生信念；当这些认知能力用其他方式产生信念时，我们通常会认为它们发生了功能紊乱，或者遭到了误用。不管认知能力具有的这一特征能否从进化的观点得到说明，证据主义者所要强调的是，这些能力并不像单纯的温度计或运动检测器之类的东西——作为对证据保持敏感的认知主体，我们不仅想要相信重要的真理，也想要有好的理由将某个命题看作真的，并把

---

[1] 实际上，未能履行一个道德义务是否值得责备，本身也是一个有争议的问题。这个争论与如何理解所谓的"'应当'蕴含'能够'原则"有关。在道德领域中对这个原则的讨论，参见 Marcel van Ackeren and Michael Kühler (eds.), *The Limits of Moral Obligation: Moral Demandingness and Ought Implies Can* (London: Routledge, 2015); Alexandra King, *What We Ought and What We Can* (London: Routledge, 2019)。

[2] 参见 Jonathan Adler, *Belief's Own Ethics* (Cambridge, MA: MIT Press, 2002)。这一点与下面要讨论的反对信念唯意志论的一个论证具有一些联系。

我们的信念建立在这种理由的基础之上，因为我们所要寻求的不是那种碰巧为真的信念，而是知识，或者更具体地说，是在不发生大规模严重错误的情况下我们所能获得的知识。[1]

7.2 相信与意志

从上述讨论中可以看出，认知责任的概念要求我们承诺证据主义辩护原则：一个信念是否得到辩护取决于认知主体是否有适当的证据支持它，认知主体有责任根据"获得真理、避免错误"的认知目标来寻求证据。这个观点意味着我们不仅可以按照所得到的证据来**决定**要不要相信某事，而且可以**有意识地**控制信念形成——信念的形成好像是我们能够**自愿**控制的。然而，有些哲学家（以及某些心理学家）论证说，信念是我们在面对呈现在自己面前的证据时所具有的一种不自愿的倾向。如果信念形成实际上不是由我们来决定的，我们就很难明白我们如何能够对履行或不履行这种活动负责。[2] 在我们所具有的信念中，很多信念似乎是"从外面强加给"我们的。如果我在河边散步，看见闪电、听见雷音，然后发现自己被淋湿了，那么我就会自动形成"天在下雨"这一信念。抵制这个信念或者持有相反信念反而是不理

---

[1] 参见 Marian David, "Truth as the Epistemic Goal", in Steup (2001), pp. 151-169; Richard Feldman (2000), "The Ethics of Belief", *Philosophy and Phenomenological Research* 60: 667-695。关于最近对信念伦理的其他相关讨论，参见 Jonathan Matheson and Rico Vitz (eds.), *The Ethics of Belief* (Oxford: Oxford University Press, 2014); Miriam Schleifer McCormick, *Believing against the Evidence: Agency and the Ethics of Belief* (London: Routledge, 2016); Sebastian Schmidt and Gerhard Ernst (eds.), *The Ethics of Belief and Beyond: Understanding Mental Normativity* (London: Routledge, 2020)。

[2] 罗伯特·亚当斯承认信念可能是不自愿的，但强调我们仍然可以按照持有一个信念是否正当（而不是是否合理）来判断认知主体是否应受责备或值得赞扬。参见 Robert Adams, "The Virtue of Faith", reprinted in Robert Admas, *The Virtue of Faith and Other Essays in Philosophical Theology* (New York: Oxford University Press, 1987), pp. 9-24。

性的。认知义务论的批评者由此认为,既然我们的很多信念是不自愿的,按照义务论的语言来谈论和评价信念的形成就毫无意义。换句话说,我们不可能有正面的责任相信某事,也不可能有负面的责任不去相信某事。为了理解这个批评,我们首先需要看看"自愿"或"不自愿"究竟意味着什么,又如何与"值得赞扬"或"应受责备"之类的义务论概念相联系,并最终与辩护的概念相联系。

如何界定"自愿"这个概念是行动哲学和心灵哲学中一个极具争议的问题。[1] 亚里士多德在极为一般的意义上将自愿行动的概念与行动是否值得赞扬或应受责备的思想联系起来。[2] 而如果我们可以把这种评价与道德责任的概念相联系,那么我们也可以说,在亚里士多德那里,"自愿"与道德责任具有直接联系。后来,某些中世纪哲学家将这个概念与**意志**的概念联系起来。但是,如果意志只是导致决断(volitions)的官能,那么这种理解就不太符合亚里士多德的初衷,因为他认为"自愿"概念**本质**上是一个**伦理**概念。亚里士多德还认为我们往往会谅解一个人在受到强迫或威胁的情况下采取的行为,而意志显然可以参与这种行为,例如一个人因为受到酷刑折磨而不得不说出拷打者希望知道的事情。这种行动在亚里士多德的意义上是不自愿的,但仍然可以被看作行动者出于某个意图而做的。因此,除非我们能够有意义地鉴定出与一个行动相关联的某个单一的"总体"意图,

---

[1] 关于这一点,例如,参见 John Hyman, *Action, Knowledge, and Will* (Oxford: Oxford University Press, 2015), chapters 1 and 4; Brian O'Shaughnessy, *The Will: A Dual Aspect Theory, Volume 2* (Oxford: Oxford University Press, 2008), chapter 11。对于行动与意志的关系的历史论述,参见 Anthony Kenny, *Action, Emotion and Will* (London: Routledge, 2003), pp. 149-167; Thomas Pink and M.W.F. Stone (eds.), *The Will and Human Action: From Antiquity to the Present Day* (London: Routledge, 2003)。

[2] Aristotle, *Nicomachean Ethics* (third edition, translated by Terence Irwin, Indianapolis: Hackett Publishing Company, 2019), 1109b30-35.

否则自愿行动也不能被简单地等同为出于某个意图而采取的行动，因此似乎也不能直接等同于出于某个理由而采取的行动，因为即使受到强迫或威胁的人也有理由采取自己实际上将采取的行动，尽管其行动是否得到了辩护，还要取决于某些进一步的条件以及理论家们对于行动的辩护的理解。

直观上说，不自愿的行动可以被理解为行动者在某种意义上**不得不**采取的行动。当然，在什么意义上"不得不"恰好就是有争议的问题。例如，对于成熟的道德行动者来说，道德所要求的行动是我们在特定情况下"不得不"（或者"必须"）做的，但我们很难说这种行动类似于受到强迫、强制或威胁的行动。同样，如果我们有**决定性的**理由或证据相信某事，那么，只要我们是理性的，似乎就只能相信这件事。不过，这似乎也不意味着我们的信念是不自愿地形成的——证据当然可以在某种意义上"迫使"我们相信某事，但这说不上是一种物理强迫或心理强制。我们可能只是面对**我们认为是充分的**证据而接受某事，将它看作真的或者很有可能是真的。按照某些理论家的论证，既然信念本质上就是将某事看作为真（或者很有可能为真）的心理倾向，因此，只要你有充分的证据表明某事确实如此，你的信念就不可能是自愿形成的。[1] 假设你目睹朋友在攀登珠峰时遇难，你说"我知道他遇难了，我只是不相信这件事"。在这种情况下，"不相信"这个说法完全是情感性的，并不意味着你在面对他遇难的**决定性**证据时可以**决定**或**选择**不相信这件事。当然，如果你确信自己的证据并不充分，例如你只是远远看到朋友从雪峰上摔下，那么你可以暂时在这件

---

[1] 这有时被称为"概念不可能性论点"，即"信念"这个概念**在概念上**排除了它是自愿形成的这一可能性。例如，参见 Bernard Williams, "Deciding to Believe", in Williams, *Problems of the Self* (Cambridge: Cambridge University Press, 1973), pp. 136-151; Jonathan Bennett (1990), "Why Is Belief Involuntary?", *Analysis* 50: 87-107。

事情上悬置判断，等待进一步的证据。但是，如果搜救队员确认你的朋友确实遇难了，那么，只要你在认知上是理性的，就只能相信他确实遇难了。在结论性的证据面前，似乎没有**决定**相信某事或者甚至**选择**相信对立命题这样的事情。当然，我们可以**决定**采取某些**寻求证据**的方法，但这是否会使得信念的形成是自愿的，是稍后要讨论的问题。

寻求理解"自愿"这个概念的一种方式是将它与"不自愿"进行对比。考虑如下定义：一个人不自愿地相信某个命题，当且仅当他相信该命题，而且**不可抑制**地相信该命题。[1] "不可抑制"这个说法似乎意味着认知主体无法控制自己要不要相信某个命题——他在是否要相信该命题上似乎没有选择。在这个定义下，知觉信念和内省信念似乎是不自愿地形成的。假设我清楚地看到楼下草坪上有一些树木、小孩在草坪上玩耍，这些直接的知觉经验就会在我这里触发某些信念；它们好像是被强加给我的——不管我做出多大努力，似乎都无法摆脱它们，或者选择去相信对立的事情。同样，只要我真切地感受到自己牙疼，就不能不相信我牙疼——牙疼的直接经验让我不可抑制地持有这个信念。如果知觉信念和内省信念在这个意义上都是不自愿的，那么这种信念的存在就给认知义务论带来了困难。直观上说，自愿做某事至少意味着那件事不是"被迫"做的。那么，如何解释这个直观意义上的"被迫"呢？一个直观上合理的主张是，如果行动者在实际上采取某个行动的时候也可以不采取这个行动，或者能够采取某个其他行动，那么其行动就不是"被迫的"。换言之，自愿做出的事情必定是行动者能够**不去**做的——要不要做这件事都完全取决于他。

---

1 以下论述受益于斯特普的讨论，见 Matthias Steup, *An Introduction to Contemporary Epistemology* (New Jersey: Prentice Hall, 1996), pp. 74-75。

对这个主张的深入讨论将把我们引入自由意志领域，而这是我们目前无法详细处理的。大致说来，不管我们如何确切地理解"自愿"这个概念，不少理论家都倾向于认为，自愿行动是行动者在道德上对其行动负责的一个必要条件。但是，问题在于理论家们对于道德责任所要求的自由条件持有完全不同的理解。自由意志领域中的不相容论者认为，为了具有这种自由，行动者做出选择的根据或来源必须不是被他此前的条件因果地决定的，他或是必须具有**非决定论**的选择，或是必须通过行使自己作为行动者的因果能力，在可以完全摆脱其选择的决定根据的情况下做出选择。我们实际上并不清楚如何能够将不相容论的自由或自由意志概念应用到信念的情形。相容论的立场似乎更有前景，其基本主张是，只要一个行动具有**正确的**原因，我们就可以认为它是自愿地或自由地采取的，即使它是被决定的。例如，如果我在没有受到外在强迫或内在强制（抑或二者）的情况下理性地认同某个欲望，那么，当我按照这个欲望来行动时，我的行动就是自由的或自愿的。信念唯意志论的捍卫者同样可以说，只要一个信念是通过正确的因果过程形成的，它就可以是自愿的。例如，如果我是在没有受到任何外在约束或内在强制（抑或二者）的情况下慎思关于某个信念的证据，而慎思的结果导致我持有这个信念，那么我就是在**自愿地**相信。[1] 对信念的自愿性的论证来自信念与行动的类比，即信念本身可以被理解为一种行为。如果这个类比成立，那么信念唯意志论的倡导者就可以一般地论证说，只要一个认知主体对某个命题持有相信的态

---

[1] 对这种观点的论述和捍卫，参见 James Montmarquet (1986), "The Voluntariness of Belief", *Analysis* 46: 49-53; Matthias Steup (2008), "Doxastic Freedom", *Synthese* 161: 375-392; Matthias Steup (2012), "Belief Control and Intentionality", *Synthese* 188:145-163; Matthias Steup (2017), "Believing Intentionally", *Synthese* 194: 2673-2694; Matthias Steup (2018), "Doxastic Voluntarism and Up-To-Me-Ness", *International Journal of Philosophical Studies* 26: 611-618。

度，而且满足了相容论者为自由／自愿行动所指定的条件，那么他就可以被认为自由／自愿地持有该信念。例如，如果我们按照理由回应的概念来理解自由行动或自由意志，那么我们就可以对信念态度的自由（doxastic freedom）提出如下说法：一个认知主体对命题 P 所持有的信念态度是自由的，当且仅当他满足三个条件——第一，他持有对 P 的信念态度；第二，他想要有对 P 的信念态度；第三，他对 P 持有的信念态度是一个回应理由的精神过程的因果结果。[1]

然而，即使我们接受相信与行动的类比并按照相容论的立场来理解"自由"或"自愿"，信念唯意志论的倡导者也仍然面临两个问题：其一，在什么意义上我们能够"有意图地相信（intentionally believing）某事"？其二，我们如何能够对信念的形成具有自愿控制？我们的**一些**信念显然是"无意图地"形成的，也就是说，我们并非首先持有形成某个信念的意图，然后再采取合适的办法来形成该信念。知觉信念提供了这方面的典型例子。当我在办公室工作时，听见有人敲门，于是形成了"有同事或学生来找我"这一信念。在这种情形中，我并非首先有形成一个信念的意图。当然，如果我并不确信某事，想要弄清楚究竟该不该相信这件事，那么我可以有一个意图形成信念。比如说，我不确信自己投给某个期刊的论文是否能够被接受发表，为了弄清楚这篇论文是否有被接受的可能性，我可以对比一下该期刊最近发表的同类论文，看看我的论文是否达到了那些论文的水平；我也可以请同行专家来评估我的论文。在这两种评估的基础上，我可以获得进一步的证据，以此判断我的信念（即"我的论文会被 [或者不会被] 接受发表"）是否充分合理，或者形成与证据相称的信念。当我以这种方式来寻求支持或反对一个信念的证据时，只要我采取的行动满足

---

[1] Steup (2008), p. 380.

了相容论者对"自由"或"自愿"的界定，那么，至少在如下意义上，我就可以说我对相关的过程或方法具有自愿的控制：当我决定采取某个过程或方法来获得证据时，我能够采取这个过程或方法，而如果我决定不采取这个过程或方法，或者决定采取某个其他的过程或方法，那么我也可以这样做。然而，直观上说，说我在上述意义上可以自愿地采取和控制**获得证据的过程或方法**，并不等于说我对于一个信念的**形成**具有自愿控制——如果我通过我所选择的某个过程或方法获得的**证据对我来说是充分的**，那么，只要我是理性的，就不得不接受相应的信念，不可能抑制自己不去持有那个信念，或者持有对立的信念。简而言之，我们似乎可以说，从认知主体第一人称的观点来看，一旦证据在其最大的认知视角下已经是充分的或结论性的，那么他对一个信念的接受在如下意义上就是不自愿的：只要他是理性的，就无法抑制自己不去接受这个信念。另一方面，就我们能够采取适当的方法来获得支持或反对一个信念的**证据**而论，我们对信念形成可以具有自愿的控制。

然而，甚至这个有利于信念唯意志论者的结论本身也蕴含一定程度的复杂性，因为信念的形成确实会受到一些我们无法自愿控制的因素的影响。考虑如下两个案例：[1]

案例 1：从教室窗户往外看，我看到有些人在校园里穿行。只要我的证据状况仍然保持不变，我就不可能不相信有人在校园里穿行。然而，没有什么东西妨碍我的认知能力，因此，权衡和慎思这个证据是我有能力做的事情。如果我得到了进一步

---

[1] 参见 Steup (1996), p. 78。斯特普将这两个案例分别称为"温和意义上的不自愿"和"严格意义上的不自愿"。

的信息,比如说,我想起自己上课前服用了一种可能会产生幻觉的药物,那么我有可能就不会继续相信有人在校园里穿行。

案例2:我在药学院任教的朋友喜欢恶作剧,上课前我去他办公室聊天,他给我一杯咖啡,并在咖啡中放入一片药,而我不知道这一点。这种药会在我这里诱发这样一个信念:有人在校园里穿行。不过,它也有这样一个效应:不管我的证据状况如何发生变化,我都不得不持有这个信念。因此,即使我根本就没有看到有人在校园里穿行,但我仍然继续相信这一点。实际上,不管我具有多少对立的证据,我都无法让自己不相信有人在校园里穿行。

很容易看出这两种情形是有差别的:在第一种情形中,即使我的信念在很大程度上是自发形成的,但我仍然可以认为我在某种程度上可以控制自己要不要持有这个信念;而在第二种情形中,我的信念似乎是我完全无法控制的。有人可能会说,在这两种情形中,这两个信念似乎都是不自愿的。但是,只要详细考察我在这两种情形中是如何形成这个信念的,就可以发现它们之间仍有差别。在第一种情形中,如果我的证据发生了某种变化,而我能够回应这种变化,那么我就可以被认为在我自己所相信的事情上具有某种权威;与此相比,在第二种情形中,我显然没有这种理智上的权威。因此,我们可以将两种不自愿的信念区分开来:一种是在认知主体的理智权威下形成的,另一种不是这样形成的。但是,值得指出的是,在第一种情形中,我之所以可以具有这种理智权威,是因为我记得我服用过有可能会产生幻觉的药物,因此就可以利用这个可能性来反思我的那个信念是否确实可靠。假设我是在16楼的教室上课,根本就不可能通过窗户看到有人在校园里穿行,那么我就不可能持有这个信念,或者,只要我回想起课前服用过药物，就应该相信自己发生了幻觉。即使在面对某些事情时我不得不形成某个信念，但我仍然可以去思考那些事情是否确实构成了我持有该信念的证据，甚至可以尝试寻求对立的证据，以便看看我是否确实应该持有那个信念。只要我们是认知上负责任的，把尽可能寻求真理和避免错误视为应当追求的认知目标，我们就需要确保我们形成信念的过程或方法在与该目标相关的意义上是可靠的。在某些情况下，我们确实可以通过寻求获得证据的恰当方法来形成一个信念。但是，上述第二个案例带来了一个困难问题：如何确保我们形成或获得信念的方法在相关的意义上是可靠的？我知道我的朋友喜欢搞恶作剧，但是，按照我对他的了解（以及他对我的了解，比如说在对待上课的态度这件事情上），我可以合理地相信他在这种情况下不会对我搞恶作剧，或者，他并未在我的咖啡中放入一片药，而是加了牛奶，但他自己也不知道那盒牛奶中有导致幻觉效应的药物。在这种情况下，我无法确保那个信念是在我的自愿控制下形成的。因此我们大概只能说，即使我们有义务追求真理和避免错误，相关的认知责任也只能是我们在最大的认知视角内所能具有的责任。但是，假若我们无法直接认识实在的本来面目，认知合理性看来就只能相对于特定的认知主体来确定。在这种情况下，认知责任的追溯和归属就变成了一个困难问题，比如说，甚至大部分人也不知道产生知觉信念的机制是否真正可靠，或者并不具有支持其可靠性的完备证据。

关于信念态度的唯意志论可以被理解旨在为认知义务论提供一个理论依据，因为如果信念是我们不自愿地形成或持有的，那么按照相信与行动的类比，我们就不能被认为要对形成或持有某个信念负责。也就是说，如果我相信某事的行为是不自愿的，就不能说我有一个认知责任相信它，也不能说我有一个认知责任不去相信它。唯意志论的反对者试图表明，人们对于其信念并不具有自愿控制，因此我们必须拒斥认知义务论。¹ 认知义务论的捍卫者（包括一些证据主义的支持者）已经试图提出一些策略来回应这个挑战。前面我们已经简要地考察了两个策略：第一，尽管很多信念是不自愿地形成的，但至少有一些信念形成**过程**是我们能够直接控制的；² 第二，即使一些信念（例如大多数知觉信念）是在"我们当中"被引起的，这也不意味着我们根本上无法控制其形成。³

我们现在要考察的第三种主要策略旨在表明，尽管信念的形成不是我们所能控制的，但我们仍然可以因为持有一个信念而值得赞扬或应受责备。这种可能性取决于如下类比：在行动领域中，我们同样可以发现，即使某些行动不是我们所能控制的，我们仍然会因为履行了这样一个行动而值得赞扬或应受责备。⁴ 这个主张的可靠性显然取决于如何理解义务的概念以及履行一个义务的条件。伦理学中有这样一个一般原则（即所谓"'应当'蕴含'能够'原则"）：一个人**应当**做的事情是他在某种意义上**能够**做的。如果我们发现一个人无论如何都不能做某事，那么要求他做这件事或者因为他未能做这件事而责备他就是不合理的。如何理解这个原则以及其中所涉及的能力条件本身是一个极具争议的问题。如果我们将该原则中所说的"能够"理解为一个人**实际**上具有的能力，那么，只要一个人无论如何都不能具有某个信念，或者无论如何都无法放弃某个信念，我们似乎就不能因此而

---

1 对这种论证的详细分析和评论，参见 Feldman (2000)。

2 例如，参见 Brian Weatherson (2008), "Deontology and Descartes' Demon", *Journal of Philosophy* 105: 540-569。

3 参见 Matthias Steup (2000), "Doxastic Voluntarism and Epistemic Deontology", *Acta Analytica* 15: 25-56，以及前面提到的他的相关著作。

4 关于这种观点，参见 Robert Adams (1985), "Involuntary Sins", *Philosophical Review* 94: 3-31; Nicholas Southwood and Phillipe Chuard (2009), "Epistemic Norms without Voluntary Control", *Nous* 43: 599-632。

责备他。不过，无论是"应当"这个概念，还是"能够"这个概念，都有多种解释的可能性。比如说，"能够做某事"既有可能指一个人有实际的能力或技能做某事，也有可能指他有机会做某事。同样，"应当"既可以指某种规范意义上的应当，例如在"他应当善待自己的妻子"或者"他应当帮助那个问路的人"这个说法中；也可以指一种理性期望，例如在"他应当已经到机场了"这个说法中；在这里，说话者一个半小时前将朋友从宾馆送上出租车，而在通常情况下，从宾馆打车到机场只需一个小时。此外，契约关系也可以产生义务，例如，如果一个人跟银行签订了房贷合同，那么他应当按期还款，即使他因为突然失业而不能按期偿还每月的房贷，他也得偿还。还有一些义务是一个人因为在社会生活中占据了一定的角色而具有的，例如作为父母或者作为教师或学生。父母有义务教育自己的孩子，不能因为自己本身教育水平不够而推卸责任；一个学生因为选修了知识论课程而通不过考试（大概因为这门课涉及很多他不熟悉或不喜欢的技术性分析），但他似乎不能认为自己可以免于这门课程的要求，无须通过考试就能获得学分。

在理查德·费尔德曼看来，[1] 认知义务就类似于我们最后提到的这种义务，即所谓"角色义务"——如果寻求真理和避免错误确实是我们的认知目标，那么这个目标就向我们施加了按照证据来相信的责任，不管我们是否能够这样做。比如说，即使某个人无助地相信杰克逊仍然活着，其信念在这个意义上是强制性的，即他**不应当**持有这个信念。如果费尔德曼的观点是可靠的，那就意味着，即使关于信念态度的唯意志论是假的，也就是说，即使信念形成并不是我们所能自愿

---

1 Richard Feldman (1988), "Epistemic Obligations", *Philosophical Perspectives* 2: 235-256; Feldman (2000)。某些其他作者也提出了类似的论证，例如 Steup (1996), pp. 76-79. 对这种论证的相关讨论，参见 Pamela Hieronymi (2008), "Responsibility for Believing", *Synthese* 161: 357-373; Mark Leon (2002), "Responsible Believers", *The Monist* 85: 421-435。

控制的，我们仍然可以按照义务论措辞来评价信念和信念形成：如果一个信念是在认知主体具有适当证据的基础上形成的，那么他就**被允许**持有这个信念，或者从他自己的立场来看，**有权**持有这个信念；若非如此，他就**不被允许**（或者无权）持有这个信念。阿尔斯顿认为，只是对于行动者自己能够有自愿控制的行为，我们才能使用"要求""允许""义务""指责""赞扬"之类的义务论措辞。[1] 不过，当他明确否认我们在某些理论家所说的"基本行动"的意义上对于信念的形成具有自愿控制时，[2] 他实际上也承认我们可以**通过寻求某种方法**让我们进入持有某种信念态度（相信、不相信或者悬置判断）的状态。在这种情况下，我们可以具有所谓"远程的、间接的自愿控制"。实际上，马提亚斯·斯特普旨在表明，只要我们已经形成了持有某种信念态度的**意图**，那么我们就可以对信念的形成具有自愿控制。在这种信念形成的情形中，我们是否能够使用"责备"或"赞扬"之类的措辞来评价信念形成行为，仍然是一个有争议的问题。不管关于信念态度的唯意志论是不是真的，以上论述表明，持有如下观点可能是合理的：如果尽可能追求真理和避免错误就是我们的认知目标，那么负责任的认知主体具有与该目标的追求和实现相关的认知责任。如何**具体地**指定这些认知责任则是一个有争议的问题。[3]

7.3　认知义务论与有益于真理

本节一开始就提到阿尔斯顿对认知义务论的批评。这一批评与认

---

[1] Alston (1988).
[2] 基本行动指的是行动者可以直接通过某个意图来采取的行动。对这种行动的论述，参见 Carl Ginet, *On Action* (Cambridge: Cambridge University Press, 1990), especially chapters 1-2。阿尔斯顿显然否认信念态度类似于基本行动。
[3] 参见 Feldman (1988, 2002) 中的论述。

知义务论者对内在主义的承诺紧密相关。对认知义务论者来说，负责任地形成信念的一个必要条件是，认知主体必须批判性地审视自己具有的证据及其本质。为了满足这个要求，认知主体必须能够设法（例如通过内省或反思）意识到自己所持有的证据。然而，外在主义者指责说，这个条件对于辩护来说不仅是不必要的，而且很有可能也不充分。第六章会详细处理这个问题，目前我们只需注意，在外在主义者这里，这个条件之所以不必要，是因为某些认知主体（例如小孩或者某些高等动物）直观上说能够具有知识，但不满足这个条件；这个条件是不充分的，是因为即使认知主体满足了这个条件，他仍有可能没有知识。阿尔斯顿由此认为，如果认知目标就是要获得真理和避免错误，那么我们对信念的辩护就要有益于真理（conducive to truth）——认知上得到辩护的信念必须很有可能是真的。因此，得到辩护的信念必须立足于所谓"适当根据"。他对这个概念提出了如下说明：

> 为了对"适当性"提出一个合适的标准，我们可以指出，一个信念得到辩护这一性质，相对于真正地而不是虚假地相信的基本目的来说，是一种有利的资格。一个根据，若要相对于这个目的来说是有利的，就必须"有益于真理"；它必须充分地表明以它为依据的那个信念是真的。换言之，这样一个根据必须具有这一特征：在其基础上形成的信念是一个真信念的概率非常高。[1]

这段话的要点是，一个信念的适当根据必须保证这一信念很有可

---

[1] Alston (1989), pp. 231-232.

能是真的。这样，为了反驳认知义务论，阿尔斯顿只需表明，一个信念可以具有义务论的辩护，但不具有使得它可能为真的根据。也就是说，义务论的辩护可能不是一种有益于真理的辩护——有可能的是，即使一个信念具有这种辩护，但并不是真的。阿尔斯顿对辩护的理解显然与前面提到的一个原则相冲突，即我们可以有辩护地相信一个假命题。不过，目前我们暂不考虑这个问题，而是把注意力集中到"适当根据"这一重要概念上。

这个概念实际上不是外在主义者的专利，因为内在主义者或证据主义者同样可以把适当根据定义为这样一种证据：一旦认知主体具有了这样一个证据，他在此基础上对一个信念提出的辩护就足以表明该信念是真的，或者很可能是真的。不过，后面我们会逐渐看到，外在主义者有这样一个忧虑：即使一个证据是认知主体在其最大的认知视角内可以得到的，按照这样一个证据来形成的信念实际上也很有可能是假的。外在主义者之所以是外在主义者，就是因为他们倾向于认为，使得一个信念为真的东西未必是认知主体在其认知视角内所能得到的。因此，对他们来说，适当根据要么是由充分可靠的认知过程产生出来的，要么是由认知主体对其认知能力的恰当行使所产生的，或者是通过行使认知美德而获得的，即使我们无法意识到这些活动。在阿尔斯顿这里，适当根据是使得一个信念为真的概率变得很高的那种东西。不过，需要注意的是，概率的概念通常有两种解释：事实概率和认知概率。事实概率指的是一种东西也是另一种东西的概率，例如每天吸两包烟的人活到80岁的概率，或者抛硬币正面朝上的概率。对事实概率最简单的解释是按照相对频率的概念提出的。相对频率是一种事件相对于另一种事件的发生而发生的频率。例如，如果火柴是潮湿的，或者是在下大雨、刮大风的情况下试图点燃的，那么在相对频率解释下，它被点燃的概率就很低。相比较而言，如果我们是在没有刮风、天气干燥的条件下试图点燃一根火柴,那么在相对频率解释下,它被点燃的概率就很高。这个意义上的概率完全是由事物的本质(包括各种自然规律)来决定的,与我们对这些东西的认识无关。另一方面,认知概率指的是一个信念或一个命题相对于一组特定的证据得到辩护的程度。比如说,相对于我对吸烟的影响所具有的证据,"如果我每天吸两包烟,我的身体健康就会受到严重危害"这个命题为真的概率可能就很高。我们可以用一个例子来说明这两种解释之间的差别。假设一个罐子中有 9 个黑球和 1 个白球,我要从中取出一个球。我正要取出的那个球是黑球的事实概率是 0.9;然而,假设我不知道球的颜色的分布状况,相对于我所具有的证据来说,"我正要取出的那个球是黑球"这个命题的认知概率就不是 0.9 了。当然,只要我知道球的颜色的分布状况,这两个概率就是一样的。阿尔斯顿并没有明确指出究竟应该按照哪一种解释来说明根据的适当性,但他似乎倾向于采纳事实概率的概念,因为在他看来,正是世界中那种有规律的结构使得一个事态比另一个事态更可能。比如说,知觉信念往往具有适当根据,因为有可能存在着这样一个自然规律,它使得我们的知觉信念很可能是真的。相对来说,一厢情愿地形成的信念很可能不是真的,因为世界中并不存在有规律的结构使得这种信念很可能是真的。[1]

然而,也有一些例子表明按照事实概率来说明适当根据是错误的。[2] 假设史密斯医生是一个在肯尼亚服务的志愿者,那里的人们感染了一种致命疾病。史密斯有两种治疗方案 A 和 B。他知道 A 比 B 更有效:在按照 A 来治疗的人当中,有 90% 的人活了下来,而在按照 B 来治疗的人当中,只有 40% 的人活了下来。很不幸,在按照 A 方案

---

[1] 这一点与第六章中要讨论的阿尔文·普兰廷加的恰当功能理论具有某些联系。
[2] 以下讨论的例子来自斯特普,见 Steup (1996), pp. 81ff。

来治疗时,有5%的病人会产生一种危及生命的过敏反应。对这些病人来说,史密斯只能采取B方案。在理想情况下,史密斯可以通过测试来发现哪些病人有这种过敏反应。不过,由于当地医疗条件很差,史密斯无法进行这种测试。在这种情况下,我们不妨假设:若采纳A,一个病人就有10%的概率会死于这种疾病,有5%的概率发展出那种危及生命的过敏反应;若采纳B,一个病人就有40%的概率从这种疾病中幸存下来。如果史密斯必须做出选择,那么选择B就比选择A更冒险。因此我们可以认为,如果史密斯选择A,那么其选择是有辩护的。不过,我们由此也可以看到,史密斯在进行选择时使用的是**认知概率**,因为他对死亡概率的评估是立足于他所具有的证据。相比而言,假设我们按照事实概率来考虑史密斯的选择:如果他采纳A,那么,由于那种危及生命的过敏反应,一个病人将死去的概率就会很高;另一方面,如果他采纳B,一个病人被治好的概率就是40%。因此,从事实概率的角度来看,史密斯似乎应该选择B。现在,如果史密斯经过一番考虑后相信方案A将挽救病人的生命,那么其信念是否得到了辩护呢?从认知义务论的观点来看,史密斯确实是有辩护的——既然他是按照自己所能得到的合理证据来相信那个命题,我们就不能责备他。然而,对阿尔斯顿来说,史密斯的信念实际上得不到辩护,因为相关的规律(例如与A的化学性质以及病人的过敏反应有关的规律)使得那个命题(A将挽救病人的生命)事实上是不可几的。但是,我们确实有理由认为史密斯应该相信那个命题。

我们可以用这个例子来重新审视阿尔斯顿对义务论的批评。这个批评所说的是:义务论的辩护概念是有缺陷的,因为一个信念可以在义务论的意义上得到辩护,但事实上并不是可几的,而作为一个信念的适当根据的东西必须使得它很有可能是真的。阿尔斯顿认为一个得到辩护的信念必须是事实上可几的。义务论者当然可以拒斥阿尔斯顿对辩护的理解,但他们无须这样做,因为他们可以承认在义务论的意义上得到辩护的信念可以是事实上不可几的。实际上,**只要**我们确实可以有辩护地持有一个假信念,我们就必须接受这个观点。义务论者也可以进一步指出,只要我们从认知概率的角度来考虑问题,在义务论的意义上得到辩护的信念就是认知上可几的——相对于一个人所具有的总体证据来说,这样一个信念很可能是真的。因此,只要我们把"**事实上**有益于真理"和"**认知上**有益于真理"这两个概念区分开来,认知义务论者就仍然可以维护自己的观点。在后面的讨论中,我们将进一步阐明这些争论及其复杂性。但是,目前我们需要处理一个关键问题:为什么我们可以有辩护地持有一个假信念?正如我们即将看到的,这个问题也是理解盖蒂尔对传统知识概念所提出的挑战的关键,而这个挑战引发了当代知识论中的一系列重要进展。

第三章　盖蒂尔问题

前面两章介绍了知识论的基本问题领域，特别是对知识的传统理解以及知识与辩护的关系。传统观点将知识视为得到辩护的真信念，然而，埃德蒙·盖蒂尔论证说，我们可以提出某些案例来表明，得到辩护的真信念在某种直观的意义上仍然不是知识。[1]假若这种案例（通常被称为"盖蒂尔式反例"）成立，那么传统的知识概念就是成问题的。盖蒂尔的挑战在知识论领域中激起了轩然大波，在很大程度上影响了当代知识论的走向和形态：为了挽救传统知识概念，对知识提出免于盖蒂尔式反例的定义，知识论理论家就不得不认真对待这个挑战。由此，他们不仅发展出各种关于知识和辩护的新见解，而且也去反思直觉在哲学分析和哲学论证中的地位和作用。[2]盖蒂尔挑战不仅直接激发了内在主义和外在主义之间的重要争论，产生了对于一些推理规则和认知原则本身的追问，而且直接或间接地导致了我们现在熟

1　Edmund Gettier (1963), "Is Justified True Belief Knowledge", *Analysis* 26: 144-146.
2　关于盖蒂尔问题对当代知识论所产生的深远影响，参见 Stephen Hetherington, *Knowledge and the Gettier Problem* (Cambridge: Cambridge University Press, 2016); Rodrigo Borges, Claudio de Almeida and Peter D. Klein (eds.), *Explaining Knowledge: New Essays on the Gettier Problem* (Oxford: Oxford University Press, 2017); Stephen Hetherington (ed.), *The Gettier Problem* (Cambridge: Cambridge University Press, 2018)。对于各种回应盖蒂尔挑战的方式的详细分析，见 Robert Shope, *The Analysis of Knowing: A Decade of Research* (Princeton: Princeton University Press, 1983)；亦可参见 Robert Shope, "Conditions and Analyses of Knowing", in Paul Moser (ed.), *The Oxford Handbook of Epistemology* (Oxford: Oxford University Press, 2002), pp. 25-70。

悉的各种知识与辩护理论，例如可靠主义、可错论（fallibilism）、美德知识论、各种"反运气"策略（语境主义、对比主义、认知敏感性和安全性等）以及所谓"知识优先"立场。直接解决盖蒂尔问题的尝试可以大致分为两类：传统知识概念是内在主义导向的，因此，一些理论家仍然试图在内在主义框架下来解决这个问题，尝试在传统概念所指定的三个条件中补充第四个条件，另外一些对这种方案感到失望的理论家则采取了外在主义转向。为了便于论证，本章将集中审视内在主义者为了应对盖蒂尔挑战而采取的主要方案，考察完关于认知辩护的两种主要理论（即基础主义和融贯论）后，在第六章中，我们再来考虑外在主义的解决方案。

一、盖蒂尔挑战及其基本预设

据说，盖蒂尔撰写这篇只有两页半的文章，是为了在马萨诸塞大学哲学系获得终身教职。尽管这篇文章改变了当代认识论的基本面貌，但盖蒂尔自己从未加入他所引发的这场争论。实际上，他并不是第一位对传统知识概念表示怀疑的理论家，因为伯特兰·罗素早就提出过与盖蒂尔式反例相似的例子。在《哲学问题》中，罗素提出了如下例子：如果一个人相信已故英国首相的姓名以字母 B 开头，那么其信念是真的，因为班纳曼（Bannerman）是已故英国首相。然而，这个人没有知识，因为他实际上所相信的是，已故的英国首相是巴尔弗（Balfour）。[1] 罗素也考虑了如下例子：一个人正在看大本钟，由此

---

1 Bertrand Russell, *The Problems of Philosophy* (Oxford: Oxford University Press, 2001, first published in 1912), pp. 76-78. 亨利·坎贝尔·班纳曼（Henry Campbell Bannerman, 1836—1908）是英国自由党政治家，在 1905 年至 1908 年期间担任英国首相。

形成了一个关于时间的真信念，但大本钟的时针实际上在 24 小时前就已经停在那个位置了。罗素试图用这些例子来表明，我们不能把知识鉴定为只是碰巧为真的信念。盖蒂尔使用分析哲学中一个惯用的论证策略：构造反例来反驳一个论点。他试图表明，甚至在传统知识概念所要求的条件都得到满足的情况下，认知主体在直观上仍然没有知识，因此，这个概念并没有为知识指定充分必要的条件——它所指定的那三个条件至多是必要的，而不是充分的。盖蒂尔自己提出的例子并不是很明确，经常会引起误解，例如因为相关主张中提到的对象具有模糊的指称。不过，很容易构造出本质上相似的反例，例如，考虑如下两个案例：[1]

案例 1：张丽的同事李虎有一辆奔驰轿车，他时常向同事炫耀说，拥有一辆奔驰轿车，穿着奔驰牌圆领衫，接到奔驰俱乐部发来的电子邮件，对他来说是多么快乐的事情。张丽从这些说法中推断同事中有一个人拥有一辆奔驰轿车，并强烈地相信这一点。不过，李虎自己事实上并不拥有一辆奔驰轿车——他开来上班的那辆奔驰轿车是租来的，而所有其他证据都是他精心设计的圈套，目的是要让同事确信他有一辆奔驰轿车。另一方面，另一位同事何小雅确实刚买了一辆奔驰轿车，但她不仅根本就没有开这辆车来上班，而且也没有向任何人提过这件事。对于何小雅及其奔驰轿车，张丽没有任何证据。

案例 2：李明的女儿告诉父亲，她买了一辆车。李明知道女儿一向诚实可靠，因此并不认为她在这个场合有理由对自己撒

---

[1] 第一个案例在其原来的版本上来自 Keith Lehrer (1965), "Knowledge, Truth and Evidence", *Analysis* 25: 168-175。

谎。于是，根据女儿告诉自己的话，李明相信家中有人买了一辆车。李明是我同事，有一天我们在电梯中碰到，我对他说："听说你家中有人买了一辆车。"李明回答说："嗯，我知道。"然而，有两件事情是李明所不知道的：首先，他女儿在这件事上不同寻常地对他撒了谎；其次，他妻子确实暗中买了一辆车，以便在他生日那天给他一个惊喜。

在第一个例子中，张丽确实**知道**她的一位同事拥有一辆奔驰轿车吗？在第二个例子中，李明确实**知道**家中有人买了一辆车吗？在这些例子以及类似的例子中，不难看出，传统知识概念所要求的三个条件都得到了满足。我们可以用第二个例子来说明这一点。首先，对李明来说，按照女儿告诉自己的话，他相信家中有人买了一辆车。他的信念来自证言，而证言往往被认为是信念或知识的一个来源。其次，李明的信念似乎也有适当的根据，因为他的信息来自女儿，而他有理由相信自己的女儿一向诚实可靠，因此并不怀疑他女儿在这件事情上对他说了假话。因此，至少从日常的观点来看，李明的信念可以被认为是有辩护的。最终，李明家中确实有人（他妻子）买了一辆车。"李明相信女儿买了一辆车"在逻辑上衍推"李明相信家中有人买了一辆车"。因此，如果前一个信念是有辩护的，那么，只要我们认为辩护可以通过有效的推理规则而被传递，后一个信念也是有辩护的。此外，后面这个信念是真的，因为李明家中确实有人买了一辆车。李明满足了传统知识概念所指定的三个条件，但是，直观上说，他似乎不知道家中有人买了一辆车。盖蒂尔由此认为，知识不可能只是等同于得到辩护的真信念，因为尽管张丽和李明的目标信念都是真的，而且在某种意义上得到了辩护，但它们只是**碰巧为真**。盖蒂尔式反例所要揭示的问题是，知识的条件和辩护的条件有可能是分离的。为了便于讨论，我们首先把这种反例的一般结构表述如下：

盖蒂尔式反例的一般结构：
（1）按照对认知辩护的某种理解，认知主体 S 在相信命题 P 上得到辩护。
（2）命题 P 在逻辑上衍推命题 Q，S 知道这一点，而且能够从 P 推出 Q。
（3）因此，S 在相信 Q 上得到辩护。
（4）Q 是真的，但 S 在某种意义上并不知道 Q。

盖蒂尔式反例利用了辩护的可传递性原则（有时也被称为"认知闭合原则"）。这个原则所说的是，如果 S 有辩护地相信 P，而 P 在逻辑上蕴含 Q，S 不仅知道这一点，也能从 P 推出 Q，那么 S 在相信 Q 上也得到了辩护。只要这个原则不成立，盖蒂尔式反例就不成立。然而，正如我们稍后就会看到的，这个原则实际上很难反驳。在盖蒂尔式反例中，作为知识对象的那个命题，例如"张丽的一位同事拥有一辆奔驰汽车"或者"李明家中有人买了一辆车"，实际上是相对一般的命题。与此相关的信念也是一般信念，是从某个更加特殊的信念中推出的，例如"张丽的同事李虎拥有一辆奔驰轿车"或者"李明的女儿买了一辆车"之类的信念。盖蒂尔式反例的怪异之处就在于，作为一般信念的对象的那个命题**碰巧**是真的，此外，只要我们接受可传递性原则，这样一个信念也是有辩护的。然而，虽然这样一个信念似乎满足了传统知识概念的条件，但它直观上并不构成知识。

有人可能由此认为，既然我们所相信的东西只是碰巧为真，这就意味着我们实际上没有**直接**证据表明这样一个信念是真的，因此，即使这样一个信念通过传递性原则得到了辩护，这种辩护对于知识来说也仍然不充分。因此，知识要求**直接的**辩护，而不是通过传递性原则得到的辩护。但这显然是一个过分严厉的要求——如果我们接受了这个要求，那么在以这种方式得到辩护的信念中，有很多信念就不再是知识，但直观上说仍然是知识。考虑如下例子：在第一次课上，我大概数了一下，发现总共有40多名学生参加，于是我相信有40多名学生选修知识论课程，我的信念有充分的辩护，因此就可以说我知道有40多名学生选课。"有40多名学生选课"在逻辑上衍推"有不少于40名学生选课"，因此我有辩护地相信有不少于40名学生选课。在这种情形中，我显然可以认为我知道有不少于40名学生选课。这个例子表明，在通过已知的逻辑蕴含而产生的辩护中，至少有些辩护可以将相关的信念转变为知识，因此我们不能一般地否认辩护是可传递的。此外，这个例子也表明，如果确实有40多名学生选课，那么"有不少于40名学生选课"并不是碰巧为真。这样，为了维护传统知识概念，我们就可以认为，一个得到适当辩护的信念，若要有资格成为知识，其对象就不应该只是一个碰巧为真的命题。

正如我们即将看到的，这个思想构成了大多数理论家回应盖蒂尔挑战的一个基本起点。为了阐明这一点，考虑如下例子：史密斯在一次抽奖活动中赢得一辆奔驰轿车，他兴致勃勃地驾驶这辆车在乡间旅行，看见附近田野上有一只很像羊的动物，于是就有辩护地相信那是一只羊。只要我们承认知觉经验通常为知觉信念提供了辩护，我们就可以认为他的信念是有辩护的。史密斯的儿子坐在后座上看漫画书，没有向外张望。他问史密斯："附近田野上有羊吗？"史密斯回答说："嗯，那里有一只羊。"于是我们就得到了如下两个命题：(P)田野上的那个动物是一只羊；(Q)附近田野上有一只羊。在相信命题P为真这件事上，史密斯的知觉经验为他提供了辩护。命题P显然在逻辑上蕴含命题Q，因此我们可以认为史密斯也有辩护地相信Q。然而，事实表明 P 是假的，因为史密斯实际上看到的是一只牧羊狗或者一只羊的塑像。不过，那只牧羊犬或那个塑像背后确实有一只羊，只不过史密斯没有看到，因此 Q 无论如何都是真的。P 在逻辑上衍推 Q，而史密斯也知道这一点。因此，如果史密斯有辩护地相信 P，那么他也有辩护地相信 Q。然而，在直观上说，史密斯似乎不知道 Q。这个例子也是一个盖蒂尔式反例，不过，不同于前面两个例子，在这个例子中，相对于史密斯来说，P 实际上是假的。因此，这个例子之所以可以构成一个反例，是因为一个人可以有辩护地相信一个假命题。由此可见，盖蒂尔式反例的有效性取决于如下两个原则：[1]

(JD) 如果 S 在相信 P 上得到辩护，而 P 衍推 Q，S 能够从 P 推出 Q 并因此而接受 Q，那么 S 在相信 Q 上得到辩护。

(JF) 有可能的是，一个人可以有辩护地相信一个假命题。

只要这两个原则不成立，盖蒂尔式反例就不成立。那么，有什么理由持有这两个原则呢？目前我们暂不考虑第一个原则（即可传递性原则），而把注意力转到如下问题：我们是否可以拒斥（JF）？有人可能会认为，如果一个命题是假的，那么一个人在相信该命题上就绝不可能得到辩护。然而，拒斥（JF）会导致一个难以忍受的结果：我们几乎在相信任何事情上都不可能得到辩护。为了阐明这一点，考虑两种情形，即所谓"正常情形"和"异常情形"。假设两个人各自都有**同样的**证据相信某个命题，在正常情形中，这个命题是真的，而在异常情形中，它是假的。有人或许认为，在前一种情形中，一个人是有辩护的，但在后一种情形中就没有辩护了。然而，这个主张似乎有悖

---

[1] 参见 Richard Feldman, *Epistemology* (Upper Saddle River, NJ: Prentice Hall, 2003), pp. 28-30。

于直觉。假设史密斯和约翰都在钟楼对面的办公楼工作,他们很容易看到钟楼上的那只钟,而且习惯于通过它来了解时间。当史密斯在9月1日午休时间看这只钟时,它指示1点钟,于是史密斯就相信当时是1点钟。但史密斯不知道的是,尽管现在确实是1点钟,那只钟在前一天夜里突然在1点钟的位置停了下来。另一方面,当约翰在9月2日中午时分看那只钟的时候,它指示1点钟,于是约翰就相信那时是1点钟。不过,这只钟现在正常运作,因为管理人员在发现问题后把它修好了。约翰的信念显然是有辩护的。然而,若不考虑史密斯的信念和约翰的信念的时间因素,他们用来支持其信念的证据显然是同样的。因此,只要我们认为约翰的信念是有辩护的,我们似乎就不能认为史密斯的信念没有辩护。换句话说,看来我们必须相信所谓"同样证据原则":

> **同样证据原则:** 在两个可能情形中,如果在一个人对某个命题所持有的证据上根本就没有差别,那么,在这两个情形中,他在相信这个命题上要么都得到了辩护,要么都得不到辩护。

那么,有什么理由相信或持有这个原则呢?前一章已经指出,"有辩护"或"没有辩护"是一个评价性概念。知识论理论家倾向于认为,一个信念是否得到辩护不可能是一个不可阐明的原始事实,而是与它所具有的某些特征有关。例如,我们说一个得到辩护或者合理的信念必须得到某个理由的支持,这个理由的根据必定存在于该信念的某些**描述性**性质中。比如说,如果我发现自己是在正常的环境条件下知觉到一个对象,我的知觉系统也正常地运作,那么,在按照我的知觉经验来形成"那是一棵树"这个信念时,我的信念是有辩护的,或者至少具有初步辩护。我用来辩护该信念的理由来自有关的描述性性质。若要用一个术语来表达这个思想，我们就可以说规范性质**随附**在非规范性质上：一个对象是否具有某个规范性质，取决于它是否具有某些非规范性质。换句话说，一个对象是因为具有某些非规范性质而具有规范性质。例如，在伦理学中，假若我们采取一种后果主义观点，我们就可以说，一个行动的道德正确性取决于它是否产生了最好的结果，在这里，"结果"这一概念是按照某些描述性性质来说明的，例如该行动对相关个体产生的影响。在物理学中，某些高层次性质和低层次性质之间也有这种随附关系。例如，水是一种无色无味透明的液体，在摄氏100度时可以变成气体。这些性质是由水的分子结构决定的，就此而论，水的宏观性质可以被认为是随附在其微观性质上。我们也可以对物体的颜色提出类似说明，尽管这种说明更加复杂，不仅需要考虑物体的微观物理结构，也需要考虑光对其微观物理结构的作用，或许还需要考虑某些相关的环境因素。

同样，一个信念的认知地位（例如是否得到辩护）可以被认为随附在它的某些非规范性质上。[1] 假设你在散步时看到一只狗从草坪上跑过，由此相信那里有一只狗。如果你是在理想的光照条件和正常的知觉条件下形成这个信念，那么你的信念就是有辩护的。按照随附学说，你的信念的认知地位随附在它的某些认知上相关的非规范性质上，例如该信念是一个知觉信念，是在白天形成的，涉及肉眼可见的对象，而且那个对象还不是很远，等等。现在，假设你的朋友与你一道散步，也看见了那只狗，因此相信有一只狗在那里。假设你们两人的信念都具有同样的非规范特征。在这种情况下，说你的信念得到了

---

[1] 以下对两种随附概念的讨论受益于斯特普的论述，见 Matthias Steup, *An Introduction to Contemporary Epistemology* (New Jersey: Prentice Hall, 1996), pp. 31-36。

辩护，而他的信念没有得到辩护似乎就很古怪——既然你们两人的信念在所有相关的非规范特点上都是同样的，你们的信念要么都得到了辩护，要么都没有得到辩护。在这个意义上，认知判断是普遍的：如果我们判断某个信念得到了辩护，那么必定存在着一个理由，可以应用于与该信念相似的一切信念。换句话说，我们必须对类似的信念做出类似的判断：如果两个信念在非认知性质上是相似的，那么它们在认知地位上必定也是相似的——如果它们在非认知特点上没有差别，那么在认知地位上也不应该有差别。假设我们用 J 来代表"得到辩护"这一性质，用 N 来代表 J 所随附的那组基本的非规范性质，那么我们就可以用"弱随附"这个概念来表示上述主张：

弱随附： J 弱随附在 N 之上，当且仅当，必然地，每当一个信念具有性质 J 时，在 N 中存在着一个性质 P，以至于每当一个信念具有性质 P 时，它也具有性质 J。

这个论点所说的是，如果一个信念得到了辩护，那么必定存在着某个或某些非规范性质，以至于具有这个或这些性质的所有信念都得到了辩护。这个论点表达了一种形式的可普遍化要求，但它并没有告诉我们如何判断一个信念是否得到了辩护。为了看到这一点，考虑该论点在伦理学中的应用。假设约翰为了满足自己邪恶的欲望，绑架一些小孩子并杀害了他们。由此我们可以断言约翰的行为是邪恶的，我们也可以进一步认为，不管谁做了这样的事情，其行为也都是邪恶的。不过，一些在道德上堕落的人可能会认为约翰的行为是高贵的。为了反驳这种观点，我们就可以说，并不存在任何可能世界，在这样一个世界中，某个人做了与约翰的行为相似的事情，但其行为却是高贵的。同样，在知识论中，为了防止在对信念的规范地位的判断上出现这种差别，我们就可以说，如果一个信念得到了辩护，那么就不存在任何这样的可能世界，其中，与那个信念在非规范性质上相似的信念得不到辩护。我们可以用"强随附"这个概念来表达这个思想：

强随附：J 强随附在 N 之上，当且仅当，必然地，每当一个信念具有性质 J 时，在 N 中存在着一个性质 P，以至于，必然地，每当一个信念具有性质 P 时，它也具有性质 J。

这个论点告诉我们，每当一个信念得到辩护时，就必定存在着某个或某些非规范性质，以至于任何具有这个或这些性质的信念都**必定**得到了辩护。通过使用伦理学的例子作为类比，很容易表明强随附论点比弱随附论点更合理。因此，如果随附论点是合理地可接受的，那么它就为同样证据原则提供了根据。进一步说，如果同样证据原则是合理地可接受的，那么我们就不能拒斥（JF）。这样，如果（JF）是合理的，那么，只要一个人希望挽救传统知识概念，他似乎就只能采取攻击（JD）的方式。

那么，我们可以合理地接受（JD）吗？（JD）所说的是，辩护可以通过演绎推理来传递。如果你能够正确地从一个得到辩护的真命题推出某个结果，那么结果**似乎**也可以得到辩护。[1] 另一方面，如果推理前提本身就是假的，那么，即使你在相信前提上得到了辩护（因为我们接受了 [JF]），当你从前提推出某个结果时，你在相信该结果上是否也得到了辩护呢？只要我们能够表明你在相信结果上没有得到辩护，那么我们就有理由拒斥（JD）。然而，拒斥（JD）同样会产生一些不符合直觉的结果，因为那意味着我们也必须拒斥同样证据

---

1 我强调"似乎"，是因为有一些学者试图表明（JD）是可拒斥的，参见本书第九章第六节。

原则。设想任何与盖蒂尔式反例相似的例子，但现在假设其中没有诡计，例如作为前提的信念实际上是真的。假设史密斯根据日常的知觉证据相信田野上那只动物是一只羊，而且其信念是真的。在这种情况下，当他儿子问他外面是否有一只羊时，他回答说有。因此，"田野上有一只羊"这个信念也是有辩护的。然而，在盖蒂尔式反例的情形中，这个信念得不到辩护。但是，在这两种情况下，用来支持第一个信念的理由实际上是相同的：如果我们从日常的角度来考虑知觉证据，那么在这两种情形中知觉证据都是相同的。另一方面，如果我们试图分别处理这两种情形，那就意味着我们必须拒斥同样证据原则，而这似乎是不合理的。

实际上，某些盖蒂尔式反例并不依赖（JD）。考虑如下案例：史密斯带着儿子开车去旅游，在路过他们不熟悉的一个乡村地区时，他们看到附近田野上分布着一些谷仓，史密斯指着其中一座谷仓对儿子说"看，那是一座谷仓"；然而，史密斯不知道的是，该地区政府出于旅游方面的考虑在田野上修建了一些假谷仓，尽管史密斯看到的谷仓中也有一些真谷仓。[1] 如果假谷仓与真谷仓在外表上不可分辨，那么史密斯的信念"那是一座谷仓"是有辩护的，此外，史密斯对儿子指着说的那座谷仓是真谷仓，因此其信念也是真的，然而，直观上说，我们似乎不能认为史密斯拥有知识。请注意，这个案例并不涉及使用（JD）。

盖蒂尔式反例取决于上述两个原则。因此，一般来说，只要其中任何一个原则不成立，那么盖蒂尔式反例就会碰到问题。然而，正如我们已经看到的，这两个原则都很难反驳，特别是，即使某些反

---

[1] 这个例子原本出自 Alvin Goldman (1976), "Discrimination and Perceptual Knowledge", *Journal of Philosophy* 73: 771-791。

例并不涉及使用（JD），但这个原则是扩展知识（或者有辩护的真信念）的一种重要方式。于是，大多数理论家就尝试**间接地**回应盖蒂尔挑战，[1] 或是通过限制或约束辩护条件得到满足的方式来纠正盖蒂尔式反例所暗示的缺陷，或是通过改变我们对"什么东西使得一个信念得到辩护"的理解。也就是说，一些理论家认为，既然得到辩护的真信念并不构成知识，我们就需要寻找另外的条件（所谓"第四个条件"）来满足知识的要求；而另一些理论家则认为，知识所要求的那种辩护不同于我们在日常意义上用来支持一个信念的证据或理由。为了理解这种尝试，我们需要弄清楚盖蒂尔式反例中究竟是什么东西出了错。这种反例所要表明的是，传统知识概念允许辩护条件和真值条件相互独立地得到满足，也就是说，为目标信念（认知主体最终形成的信念）提供辩护的那些东西并不是说明目标信念的真值的东西，而一个人用来支持一个信念的证据或理由可能不足以反映或揭示目标信念的真值条件。例如，在一开始提到的例子中，李明相信家中有人买了一辆车，他用来支持该信念的理由与其真值条件没有明显联系：李明确实有证据，因为他女儿对他说自己买了一辆车；不过，相对于他的目标信念来说，这个证据是错误的。盖蒂尔式反例所要表明的是，一个信念可能得到了辩护而且是真的，但是，只要有些事情发生了变化，我们所得到的可能就是一个假信念。换句话说，我们只是碰巧得到一个真信念，而这种信念的辩护条件与其真值条件在某种意义上是

---

1 当然，这不是说没有**直接**回应盖蒂尔问题的尝试。例如，一些学者试图表明，只要恰当地解释，辩护条件的满足**在逻辑上衍推**真值条件的满足，退一步说，如果我们认为辩护条件的满足并不衍推真值条件的满足，那么知识的标准分析就是无用的，因为我们实际上试图通过辩护条件来把握我们称为知识的那种东西。关于这种尝试，见 Oliver Johnson (1980), "The Standard Definition", in Peter French et al., (eds.), *Midwest Studies in Philosophy* 5 (Minneapolis: University of Minnesota Press, 1980), pp. 113-126。

分离的，比如说，即使这样一个信念得到了辩护，其辩护也是来自我们所持有的其他有辩护的信念，而用来支持这些信念的证据不足以表明目标信念是真的。值得指出的是，盖蒂尔挑战的有效性并不取决于确实存在着一些**实际**情形，其中对知识的传统分析的分析项是真的，而被分析项是假的。任何虚构的例子，只要能够表明确实存在这种可能性，都可以有效地充当盖蒂尔式反例。

二、标准的内在主义回应

如果知识要求辩护，而传统知识概念提出的那三个条件对于知识来说并不充分，那么，为了应对盖蒂尔挑战，我们就需要进一步指定得到辩护的真信念为了成为知识而需要满足的条件。坚持这个要求的理论家试图在详细分析盖蒂尔式反例的基础上指定知识必须满足的条件。大致说来，在这个思路下有三个基本策略：第一，一个得到辩护的真信念若要成为知识，在用来作为证据支持它的信念中必须没有任何假信念；第二，一个得到辩护的真信念若要成为知识，对它的辩护在某种意义上必须是完备的或不可废止的；第三，将敏感性或安全性之类的模态概念补充到原来提出的那三个条件上。为了便于理解和论证，本节集中考察前两种策略，在介绍了外在主义转向后，我们再来考虑第三种策略。

2.1 消除假根据

从前面的分析中可以看出，盖蒂尔式反例之所以出现，其中一个主要原因就在于，一个人对目标信念的辩护与该信念的真值条件是脱节的。那么，如何让一个信念的辩护条件与真理条件具有更紧密的联系呢？一个基本的想法是，知识要求一个人持有的真信念必须与信念对象具有恰当的因果联系。这是后面要考察的外在主义策略。另一个容易设想的想法是，如果一个人是通过推理而达到一个目标信念，那么他用来辩护前提的理由或根据就不应该包含虚假的理由或根据，[1]例如李明的女儿对他说的话，或者张丽的同事李虎的种种说法。理由很简单：一旦认知主体意识到这些来自证言的证据实际上是虚假的或错误的，他就不会持有相应的信念，或者至少在持有这些信念上得不到充分辩护，因此大概也不会形成一个目标信念，或者，即使他形成了一个目标信念，在持有这样一个信念上他也得不到充分辩护。按照这种理解，为了回应盖蒂尔挑战，我们可以尝试对知识提出如下定义：

修正传统知识概念的初步尝试：S 知道 P，当且仅当，第一，S 相信 P；第二，P 是真的；第三，S 有辩护地相信 P；第四，在 S 相信 P 的根据中并不包含假命题。

这一尝试可以处理某些类型的盖蒂尔式反例，但它仍然有两个问题：它要么太弱，因此不能排除一些盖蒂尔式反例；要么太强，因此排除了一些在直观上被认为是知识的东西。之所以如此，是因为只有当下面两个条件得到满足时，这个尝试才能发挥作用：第一，在所有盖蒂尔式反例中，认知主体都有假根据；第二，如果认知主体具有假根据，那么我们就不能认为他具有知识。然而，这两个条件都是可疑

---

1 这个想法是盖蒂尔的文章发表后不久由迈克尔·克拉克提出的，见 Michael Clark (1963), "Knowledge and Grounds: A Comment on Mr. Gettier's Paper", *Analysis* 24: 46-48。一些其他作者也提出或发展了类似的想法，例如，参见 Jonathan Sutton, *Without Justification* (Cambridge, MA: MIT Press, 2007); Clayton Littlejohn, *Justification and the Truth-Connection* (Cambridge: Cambridge University Press, 2012)。

的。首先,我们可以构造这样的例子,其中,目标信念的所有前提都是真的,但结果仍然是一种形式的盖蒂尔式反例。例如,考虑如下例子。[1] 假设史密斯注意到琼斯正在驾驶一辆福特轿车,具有一辆福特轿车的所有权证书,等等。史密斯据此得出结论:存在着某个人,他在史密斯的办公室工作,驾驶一辆福特轿车,具有一辆福特轿车的所有权证书,等等。按照这个结论,史密斯最终得出如下结论:存在着某人,他在史密斯的办公室工作并拥有一辆福特轿车。不同于盖蒂尔自己的例子,在费尔德曼的例子中,史密斯并没有从假前提进行推理。为了便于比较,我们把这两个推理表述如下:

盖蒂尔版本:

(1)琼斯,他在史密斯的办公室工作,驾驶一辆福特轿车,具有一辆福特轿车的所有权证书,等等。

(2)琼斯,他在史密斯的办公室工作,拥有一辆福特轿车。

(3)在史密斯的办公室工作的某人拥有一辆福特轿车。

费尔德曼版本:

(1)琼斯,他在史密斯的办公室工作,驾驶一辆福特轿车,具有一辆福特轿车的所有权证书,等等。

(2)存在着某人,他在史密斯的办公室工作,驾驶一辆福特轿车,具有一辆福特轿车的所有权证书,等等。

(3)存在着某人,他在史密斯的办公室工作,拥有一辆福特轿车。

---

1 Feldman (2003), pp. 31-33.

在这两个推理中，(1) 和 (3) 都是真的，但在盖蒂尔原来的版本中，(2) 是假的，而在费尔德曼的版本中，(2) 是真的。如果史密斯办公室中拥有一辆福特轿车的那个人不是琼斯而是布朗，那么费尔德曼的版本就满足了上述经过修改的知识概念，但我们似乎仍然不能说史密斯知道 (3)，因为即使史密斯有辩护地相信 (3)，而这个命题也是真的，那它也只是碰巧为真。当然，有人可能会说，其至在费尔德曼的版本中，"琼斯拥有一辆福特轿车"这个命题仍然是史密斯的前提信念的根据的一个部分，即使他并未明确地思考这个命题，而该命题是假的。那么，这个命题究竟是不是史密斯的前提信念的根据的一部分呢？答案取决于如何设想一个信念的根据。如果我们在狭窄的意义上来设想信念根据，那么我们就可以提出如下说法：

> **对信念根据的狭义理解**：一个信念的根据仅仅包括这样一些其他信念，在形成目标信念时，这些信念是认知主体使用的推理过程的明确步骤。

在上述经过修改的知识概念中，如果最后一个条件利用了这种理解，那么费尔德曼的例子就反驳了这个定义。不过，我们也可以较为宽泛地设想信念根据，例如，考虑如下说法：

> **对信念根据的广义理解**：一个信念的根据包括所有这样的信念（其中包括背景假定和预设），在认知主体形成目标信念的过程中，它们都发挥了作用。

如果我们按照这种理解来设想信念根据，那么费尔德曼的例子就没有反驳上述经过修改的知识概念，因为这个例子中仍然有一个虚假的背景假定,即盖蒂尔原来的反例的第二个前提:琼斯,他在史密斯的办公室工作,拥有一辆福特轿车。换句话说,在上述知识概念中,第四个条件在费尔德曼的例子中没有得到满足。然而,如果我们必须按照广义理解来设想信念根据,那么那个知识概念就碰到了前面指出的另一个问题:它提出了这样一个要求,即只要认知主体具有假根据,我们就不能认为他拥有知识。但是,如果我们采纳这种广义理解,就会出现这种情况:即使有一些假命题包含在认知主体的前提信念的根据中,直观上说他仍然可以被认为具有知识。考虑费尔德曼自己提出的例子:[1]

额外理由的情形:史密斯有两套独立的理由认为他办公室中某人拥有一辆福特轿车。一套理由关系到琼斯。琼斯说他拥有一辆福特轿车等等。然而,琼斯就像以往一样只是在假装。不过,史密斯也有同样强的、与哈维特相关的理由。哈维特不是在假装,确实拥有一辆福特轿车,史密斯知道他拥有一辆福特轿车。

在这个例子中,史密斯确实知道他办公室中某人拥有一辆福特轿车,因为他所具有的那个与哈维特相关的理由是一个很好的理由,能够向他提供知识,但与琼斯相关的那个理由是假的。如果费尔德曼对这个案例的分析是可靠的,那就表明一个人仍然能够具有知识,即使其前提信念的根据中包含了假命题。因此,如果我们必须对信念根据提出一种广义理解,那么上述经过修改的知识概念就太强,排除了一些在直观上被认为是知识的东西。举个简单的例子来说,假设我身边

---

[1] Feldman (2003), p. 33.

的朋友都告诉我,我的某个学生在演讲竞赛中获得了一等奖,他们都参加了现场评比,而且,据我所知,他们都诚实可靠,那么我似乎可以说我知道这件事。然而,我不知道的是,其中一位朋友并未参加现场评比,却对我说他参加了。即便如此,我似乎仍然可以认为我知道自己的学生获奖了。由此看来,知识并不要求排除所有假证据。[1] 这提出了一个问题:为了拥有知识,认知主体需要排除什么样的假证据?费尔德曼认为,我们只需考虑认知主体在其推理辩护中明确使用的前提,因此,也只有与这些前提以及他明确进行的推理具有本质关联的东西才是我们需要考虑的。如果这些东西中包含假证据或错误信念,那么认知主体就不到辩护,因此也不能被认为拥有知识。[2] 但是,"本质关联"这个说法显然预设了一件事情,即认知主体在其推理辩护中可以将某些背景信念视为比其他信念更加重要,并认为某些背景信念无关紧要。然而,我们仍然不清楚认知主体如何能够以这样一种方式来从事这项辨别工作,以至于他对假证据的排除使得他能够具有知识。

2.2 完备辩护

当然,还有其他尝试回应盖蒂尔挑战的方式。在盖蒂尔式反例中,目标信念的辩护条件与真值条件是分离的。例如,在李明的案例中,他对目标信念的辩护来自他女儿告诉他的话,却是因为他妻子买了一辆车而为真,而李明自己在这件事情上毫无证据。我们或许由此认为,李明对其目标信念的辩护是不完备的,例如他不知道女儿在撒谎,而要是他知道这一点,就不会相信女儿的话,或者至少在持有

---

[1] 当然,怀疑论者会有不同的说法,参见本书第九章的讨论。
[2] Feldman (2003), pp. 36-37.

相应的信念上得不到辩护。李明的目标信念碰巧是真的,但并没有得到辩护,因此总的来说李明不满足传统知识概念的条件。这样我们似乎就消除了盖蒂尔式反例。这个观点的要点是,为了声称知道某个命题,一个人必须排除**与之不相容的一切可能性**,因此在这个意义上对其信念具有完备辩护。按照这个观点,知识是具有完备辩护的真信念。

这个建议初看之下很有吸引力,但一旦转到"完备辩护"的概念,我们就会发现这种回应盖蒂尔挑战的方式会陷入一个困境。一方面,为了排除盖蒂尔式反例,我们需要排除与一个知识主张不相容的一切可能性,在这个基础上使得完备性概念变得充分严格;另一方面,如果我们采纳了这样一个完备性概念,那么我们大概永远都不会具有完备的辩护,因此永远都不能声称我们真正知道什么东西。这是为了追求辩护的完备性而不得不面临的困境。为了看到这个困境是如何产生的,不妨尝试性地设想一下我们应该如何制定完备辩护的条件。要清楚无误地鉴定出这些条件显然是很困难的事情,这个困难可以被阐明如下。

人类知识有一个突出特点:我们往往是通过证言而了解到我们自以为知道的很多东西。然而,通过证言获得的"知识"有可能是错误的。我们通常觉得我们从其他人那里听到的很多事情其实并不可靠。不可靠的根源有很多,比如说,某个人有意撒谎,他的记忆有误,或者他得到的信息本身就是错误的,等等。假设我们之所以相信太阳系在100年后就会解体,是因为有一个专家这样告诉我们,而在这个特定场合,我们没有强有力的理由认为他是错的(尽管在这件事情上他确实错了),因此我们对那个信念的辩护就取决于如下事实:它是一位专家告诉我们的。在这种情况下,我们对它的辩护显然不是很完备。于是我们就可以问:在那个专家告诉我们的那件事情上,我们具有知识吗？如果回答是否定的，那么我们似乎也没有理由认为李明对其信念具有完备辩护。因此，尽管在理论上我们都同意知识不仅要求适当的辩护，也要求完备的辩护，但李明的例子表明我们的分析是有缺陷的：如果我们无法充分明确界定完备辩护的概念，那么一些真信念很有可能得到了"完备"辩护，但并不构成知识。另一方面，如果回答是肯定的，那么我们就已经这样来定义知识，以至于在严格的意义上说，我们能够知道的东西远远少于我们自以为知道的东西。我们甚至不能认为大多数人知道自己的名字，因为即使告诉我们名字的那些人一般来说是诚实可靠的，但在某个特定场合，他们可能会犯错误。同样，如果我们是通过其他人的证言而获得部分知识，那么，当他们将证言传达给我们时，他们会出于某些原因而犯错误。

因此，诉诸完备辩护概念好像无法对付盖蒂尔挑战。如果我们在弱的意义上来理解这个概念，那么李明在持有其目标信念上似乎并不缺乏辩护。实际上，按照传统知识概念，他的信念完全是有辩护的。另一方面，如果我们在强的意义上来理解这个概念，那么我们就不能认为李明具有知识。但这个结论会产生一个不受欢迎的结果：我们的一切知识主张几乎都是假的，因为我们缺乏严格意义上的知识所要求的那种完备辩护。例如，假设有人认为，为了完备地辩护我们现有的物理知识，我们就得知道宇宙的终极秘密，那么我们大概永远都不会具有物理知识，因为有可能的是，宇宙中究竟具有什么样的物理规律取决于宇宙在未来的发展，因此，只有在宇宙已经发展到尽头的时候，我们才能说宇宙中已经存在什么样的物理规律。如果我们不得不这样来分析知识，那么我们在严格意义上所能知道的东西，就会远远少于在日常生活中我们自以为知道的东西。按照完备辩护的概念来回应盖蒂尔挑战会产生有悖于直觉的结果。一般来说，在试图对知识的概念提出一个分析时，我们需要让这个概念的日常使用充分符合我们在理论上为它指定的条件。二者吻合得越好，我们所提出的分析就越合理；如果二者相差甚远，那么就可以认为我们的分析是成问题的。完备辩护策略显然不符合前面提到的反思平衡方法的基本要求。

2.3 不可废止的辩护

完备辩护策略面临的根本问题是，它对知识主张的辩护提出了很强的要求，而不论是在科学实践还是在日常生活中，我们都很难满足这些要求。一些理论家由此认为，知识并不要求完备的辩护，只要求"不可废止的（indefeasible）辩护"。[1] 我们仍然可以用李明的例子来阐明这个观点的基本思想。在李明的情形中，如果我们认为他其实不知道家中有人买了一辆车，那么究竟是什么东西妨碍他具有这项知识呢？在这里，关键的事实是，李明没有意识到女儿有意欺骗他。要是他已经意识到这个事实，在相信家中有人买了一辆车这件事上，他就不再得到辩护。不过，按照假设，李明的妻子暗中买了一辆车，因此李明的目标信念（即"家中有人买了一辆车"）仍然是真的。但问题是，李明用来辩护这个信念的根据与他实际上持有的信念是相脱节的：他的实际信念是"家中有人买了一辆车"，但他用来辩护该信念的根据却来自他的另一个信念（即"他女儿买了一辆车"），而这个信念显然是有缺陷的，因为只要李明发现了真相，就不会继续持有该信念，他对目标信念的辩护就会被削弱或者被废止。一些理论家由此认为，知识只要求一个人的信念不应该被他目前没有意识到的任何实际上存在的可能性削弱或废止——知识要求我们对信念的辩护应该是"不可

---

1 对这种策略的详细分析，见 Robert Shope, *The Analysis of Knowing* (Princeton: Princeton University Press, 1983), pp. 45-74。

废止的"。"不可废止的辩护"这个概念可以被定义如下：

> **不可废止的辩护**：S 的信念 P 是不可废止的，当且仅当，没有进一步的事实 Q，以至于要是 S 最终相信 Q，S 在相信 P 上就不再得到辩护。[1]

这个定义背后的基本想法是，有一些事实会潜在地废止一个人对某个信念的辩护，即使在持有这个信念时他并没有明确意识到这样一个事实。例如，按照目前所能得到的全部证据，你相信约翰就是你正在调查的谋杀案的犯罪嫌疑人：约翰与被害者历来不合，曾在某个场合声称要给后者一点颜色看看；犯罪现场留下的足迹与约翰的足迹相符；有目击者声称谋杀案发生的那天晚上看见约翰离开被害者居住的楼房；等等。这些证据让你有充分的理由相信约翰就是犯罪嫌疑人。然而，约翰工作的那家公司后来在法庭上证明说，在谋杀案发生前一天，约翰被派到几千公里外的地方出差了，而且，与他一同出差的同事也证明约翰那天确实在他出差的地方。如果你相信这个说法，那么你就不再相信约翰是犯罪嫌疑人，至少因为后面这件事情的证据更直接，可能也更有力。当然，要是你对后面这个事实一无所知，或者根本就没有这样一个事实，你在相信约翰就是犯罪嫌疑人上仍然是有辩护的，即使因为证据不足，你仍然不能认为自己**知道**约翰就是犯罪嫌疑人。同样，如果李明无论如何都未能发现女儿撒谎，那么在相信

---

1 这个定义的原始版本大概是由彼得·克莱因提出的，见 Peter Klein (1971), "A Proposed Definition of Propositional Knowledge", *Journal of Philosophy* 68: 471-482。莱勒等人也提出了类似的定义但并不认同这些定义，参见 Keith Lehrer and Thomas Paxson, "Knowledge: Undefeated Justified True Belief", in George Pappas and Marshall Swain (eds.), *Essays on Knowledge and Justification* (Ithaca: Cornell University Press, 1978), pp. 146-154。亦可参见 Feldman (2003), pp. 33-36。

"家中有人买了一辆车"这件事情上,他就仍然得到了辩护。这样,按照"不可废止的辩护"这一概念来理解知识所要求的那种辩护,看来是一个有希望的建议,因为只要采纳这个建议,我们就可以继续坚持传统知识概念,而且似乎也可以说明为什么一些得到辩护的真信念不算知识。例如,我们可以说明为什么李明其实并不知道他自以为知道的事情——李明没有这项知识,是因为他不知道有某个或某些事实削弱了其知识主张,例如他的女儿出于某些考虑而有意对他撒谎。

然而,只要我们开始审视这个观点,我们就会发现它所涉及的问题其实有点复杂。假设存在着任何这样的事实(或真命题):一旦我最终相信这样一个事实,它就会削弱我对原来持有的某个信念的辩护。假设我原来相信安阳是商朝的古都,但最近的考古发现表明,安阳出土的大量青铜器不像是商朝的东西。如果我最终相信了这个事实,它就削弱了我原来的信念。为了便于讨论,不妨把任何这样的事实称为"反证据"。这种证据的存在可以部分削弱乃至完全摧毁我原来对某个信念的辩护。我们可以将这种反证据分别称为"局部反证据"和"整体反证据"。这样,我们需要考虑的复杂性就在于:在持有一个信念时我可以恰当地得到辩护,即使我的信念具有我不知道的整体反证据。为了看到这种可能性,考虑如下虚构情节:

情节1:王刚是我对门的邻居,我对他很了解,因为我们经常在一起聊天,因此我也知道他的长相。有天傍晚下楼时,我看见一个很像王刚的人匆匆忙忙爬上楼梯,走进我对门的房间,于是我相信我看见王刚走进他的房间。那个人确实是王刚,没有进一步的事实会削弱我对这个信念的辩护,也就是说,没有反证据。因此,我具有一个不可废止地得到辩护的信念。进一步说,至少按照目前的知识概念,我知道王刚走进他的房间。

情节2：一开始就像第一个情节，但有一个反证据：我不知道的是，王刚有一个跟他长得一模一样的孪生弟弟，他们是如此相像，以至于当他们一道出现时，我竟然无法将他们区别开来。在试图辩护我的信念时，这对孪生兄弟的存在必定算作一个整体反证据，因为我所具有的辩护不仅适合于王刚，也适合于其孪生弟弟，因为我无法将他们区别开来。这样，如果我最终知道王刚有一个孪生弟弟，那么在声称我刚才看见的那个人就是王刚时，我所具有的辩护就会完全受到削弱。因此我的辩护是可废止的，在这个意义上我也不具有知识，尽管在相信我刚才看见的那个人就是王刚这件事情上，我也许仍然是对的。

情节3：一开始就像第二个情节。我看见一个长得很像王刚的人走进对面房间。如果我相信刚才看见的那个人就是王刚，那么，"王刚有一个孪生弟弟"这个事实就构成了我对自己的辩护的一个整体反证据。但我不知道的是，这个整体反证据也有一个反证据：如果我问王刚的妻子"王刚的弟弟现在何处"，她就会告诉我说"他目前在新西兰"。如果我现在了解到王刚有一个孪生弟弟，又从王刚的妻子那里了解到那个家伙目前在新西兰，那么我对自己原来持有的信念的辩护就没有受到影响，因为即使我的辩护有一个反证据，那个反证据本身还有一个势均力敌的反证据。

上述考虑表明，假若我们想把知识定义为"不可废止地得到辩护"的真信念，我们就需要设法解释"不可废止地得到辩护"这个概念。使得一个信念不可废止地得到辩护的东西，并不像一开始所建议的那样，在于它没有反证据。而是，我们也需要考虑如下可能性：即使我的辩护有一个整体反证据，但如果后者也有一个反证据，那么

我的辩护仍然是不可废止的。这听起来有点诡异,但请考虑第四个情节:

> **情节 4**:一开始就像第三个情节,不过,相对于"王刚有一个孪生弟弟"这个反证据,他的妻子的证言是一个反证据。但我不知道的是,王刚的妻子是一个心理变态的说谎者。如果我意识到这个事实,那么它就会切断这个证言(王刚的孪生弟弟目前在新西兰)的力量,从而使得第一个反证据的反对力量未受影响,但最终会影响我对我原来持有的信念的辩护。[1]

由此可见,为了切实有效地利用"不可废止的信念"这个概念,我们就需要将它与一个思想结合起来,即假若一个得到辩护的信念要算作知识,对它的辩护就必须是"**根本上**不可废止的"。在这里,"根本上"要么意味着我的辩护没有反证据,要么意味着所有反证据都彼此抵消。这个思想其实并不陌生,因为不论是在科学研究中还是在日常生活中,我们都可以发现其具体应用。例如,当科学家试图建立一个假说时,他们可能面临来自不同方向的证据,需要不断寻求进一步的证据来比较和权衡他们一开始得到的证据,直到达到某种确定性。因此,只要我们能够确定一个辩护是不是根本上不可废止的,将知识定义为"不可废止地得到辩护的真信念"似乎就是一个有希望的建议,符合我们对知识的一些直观认识。

然而,这个建议也有自身的问题。一方面,如果我们对一个信念持有的证据原则上总是无限开放的,那么我们就不清楚在何时何地我

---

[1] 目前这个案例是对如下案例的改编:Marshall Swain, "Epistemic Defeasibility", in Pappas and Swain (1978), pp.160-183, at p. 165。

第三章　盖蒂尔问题

们能够对它达到一个"根本上"不可废止的辩护，尤其是，我们不知道在寻求证据来支持一个信念时需要持有怎样的确定性。因此，为了合理地利用"不可废止的辩护"这个思想，我们就需要对确定性概念提出某种恰当的理解。然而，当我们试图将确定性与知识联系起来时，这个概念就面临一些明显的困难。例如，我们不是很清楚知识所要求的是心理确定性，还是命题确定性，即作为信念对象的那个命题本身的确定性。我们固然可以假设凡是可知的东西都**可以**被确切地知道，但有一件事情仍然很可疑——我们所知道的一切东西是否都是确定的？我们所具有的大多数知识似乎并不满足命题确定性标准。例如，假设一艘货轮在太平洋某个区域因飓风而沉没，无人幸存，作为轮船公司管理者，我确实知道那艘船在太平洋沉没了，但我的知识并不具有命题上的确定性，因为我甚至无法知道那艘船究竟是在哪个位置沉没的。另一方面，我们可以反过来问：是否有一些信念可以算作知识，却不是"不可废止地得到辩护"的真信念？也就是说，我们是否可以认为，即使一个人在相信某事上没有辩护（更不用说，没有不可废止的辩护），但他仍然知道那件事？至少在一种常见的情形中，知识似乎并不要求"不可废止地"得到辩护的真信念。例如，我们都知道"三角形内角和等于180度"这个定理，但我可能记不起我是如何相信它的，或者提出了什么证据来支持该信念。当然，如果有人问我"你是如何持有这个信念的"，那么我确实可以对这个问题提出一个说明，比如说通过重新思考我对这个定理的证明。然而，即使我可以进行这种"事后"辩护，这种辩护并不是我具有知识的一个先决条件，因为我只是用这种辩护来向其他人表明我确实拥有这项知识。当然，有人会反驳说，为了算作知道这个定理，你必须知道如何证明它。但这个观点似乎对知识提出了一个太强的要求：我们在严格意义上所能知道的东西，必须是我们能够**亲自**提供不可废止的辩护的东西。若接受这个要求,我们所能具有的知识大概就很有限。

那么,我们可以像前面讨论的第一种策略那样,对"不可废止的辩护"这个概念进行恰当的限定吗?有很多事实具有这样的特征:一旦我知道这些事实,或者有辩护地相信它们,我对自己原来持有的某个信念的辩护就会受到削弱或者说被废止。然而,当我持有那个信念时,这些事实甚至在我最大的认知视角内也不是我能够理性地预料到的。若要求我在持有那个信念时知道(或者有辩护地相信)这些作为反证据的事实,那么大概就没有任何信念可以合理地得到辩护,我们也不能声称自己知道任何东西,这将会使我们陷入一种极端的怀疑论。为了避免这种怀疑论,我们或许认为,不可废止的辩护只要求认知主体对其信念的辩护不要被他**原则上能够认识到**、作为对立证据的事实所削弱。但是,这个提议会产生两个问题。首先,不太清楚如何明确地界定"原则上能够认识到"这个说法。在假谷仓的例子中,我们或许认为,为了有辩护地持有"那是一座谷仓"这一信念,史密斯应该下车去逐一检查自己看到的每个谷仓。然而,"这个地区有一些假谷仓"这个事实实际上不是史密斯能够理性地预料到的;倘若如此,他似乎没有理由要下车去检查谷仓,正如我们不可能怀疑我们所看到的每一只鸟、每一棵树都是伪造的。即使史密斯有一些与其信念相关的背景信念,可以通过调用和审视这些信念来看看自己是否确实有理由接受某个命题,但是,在形成某个信念时,一般来说人们不可能调用自己信念系统中的所有背景信念,并进一步去审视这些信念是不是融贯的,或者是否都是在具有合理根据的基础上形成的。要求这样做同样对知识提出了过高的要求。其次,即使你能够了解到对立的证据,并在此基础上重新评估你原来对某个信念持有的辩护,但是,在这种情况下,就算你发现那个信念仍然是有辩护的,比如说,因为你发现王刚的妻子是一个心理变态的说谎者,但你此时对那个信念所持有的辩护是不同的——在你现在持有的辩护中，其中的一个因素来自你对"王刚的妻子不值得信任"这个事实的认识。在这种情况下，"保护你的知识的东西不是原来的那个辩护，而是如下事实：你了解到那个对立的证据以及使之变得无效的那个证据。"[1] 值得指出的是，辩护上的这种变化很重要，因为在上述案例中，我原来持有的辩护似乎足以让我拥有知识，而要排除王刚妻子的说法的尝试则表明我原来的辩护并不充分。这样一来，按照"不可废止的辩护"这个概念对知识的分析似乎就不能将**有缺陷**的辩护和**只是不完备**的辩护区分开来。福特轿车案例是前一种情形的一个例子，其中，史密斯在其目标信念上并不具有适当证据，因为存在一个真正的对立证据；上面讨论的案例则是第二种情形的一个例子，其中，我原来持有的辩护是适当的，它只是不包括王刚妻子的说法以及相关的对立证据。就此而论，按照"不可废止的辩护"这个概念来进行的分析似乎就太弱了。总而言之，如果至少有某些潜在的对立证据不是认知主体能够理性地预料到的，那么这种分析就会排除一些我们可以正当地持有的知识主张；另一方面，如果它要求认知主体对于对立证据有**完整的**认识，那么它大概就对知识提出了不切实际的要求。

三、外在主义转向

哲学家们一致认为，对知识进行分析归根结底是要回答如下问题：究竟是什么东西将真信念转变为知识？他们也普遍承认知识既要求真理又要求信念。但是，仅仅满足这两个条件对知识来说并不充分，因为我们可以持有**碰巧**为真的信念，而这样一种信念不能被称为

---

[1] Robert Meyers, *The Likelihood of Knowledge* (Dordrecht: Kluwer Academic Publishers, 1988), p. 96.

"知识"。一个有资格成为知识的真信念需要得到适当的辩护。然而,对于知识究竟要求什么样的辩护,哲学家们没有一致的看法。盖蒂尔挑战表明,传统知识概念是不完备的。为了回应这个挑战,一些哲学家试图为知识提出"第四个"条件,以挽救传统知识概念。前面考察的观点都试图通过设想某个辩护概念来回应盖蒂尔挑战。不管辩护是如何具体设想的,这种尝试都认为辩护取决于某种形式的证据,例如适当证据、完备证据或者不可废止的证据等。就此而论,这种尝试对辩护的理解都是证据主义的。证据主义的核心主张是,拥有证据是得到辩护的信念的标志。不少理论家认为,认知主体的证据是由其信念和经验状态(例如感觉状态、内省状态、记忆状态和直觉状态)构成的。内在主义者进一步认为,为了能够充当辩护某个信念的证据,认知主体的信念和经验状态必须是他可以设法认识到的,比如通过内省或有意识的反思。一旦我们将证据主义与内在主义的辩护概念结合起来,我们就可以得到如下结论:认知主体对其信念的辩护是他可以设法认识到的。

然而,正如我们已经看到的,试图从内在主义观点解决盖蒂尔问题的策略面临一些严重困难。其中最严重的困难是,这些尝试似乎都无法解决盖蒂尔式案例揭示出来的一个问题,即信念的辩护条件和真值条件之间的断裂。一些理论家由此认为,我们不应该将知识与辩护过分紧密地联系起来——也许知识并不要求辩护,而是要求某些其他东西。[1] 这个想法导致了知识论中的外在主义转向。外在主义知识论的一个最成熟的变种就是可靠主义。可靠主义者认为,为了将一个真信念转变为知识,我们并不需要为它提供一种证据主义辩护,只要求

---

[1] 一些评论者也由此认为,内在主义关心的是辩护,而外在主义关心的是知识。但这显然是一个简单化的说法。

它是被**可靠地**产生的，正如阿尔文·戈德曼所说："一个信念，若要算作知识，就必须是由一个一般来说是可靠的［认知］过程引起的。"[1] 例如，按照可靠主义观点，我们的知觉信念一般来说是真的，因为产生这种信念的过程一般来说是可靠的。可靠主义者试图将这个思想推广到其他认知过程，例如内省、记忆和理智直观，并认为只要一个认知过程是可靠的，它所产生的信念一般来说就是真的。因此，对可靠主义者来说，正是认知过程的可靠性将真信念转变为知识。

可靠主义有两种形式：关于**辩护**的可靠主义和关于**知识**的可靠主义。前一种可靠主义所说的是，尽管辩护对知识来说确实是必要的，但辩护就其本质而论是可靠主义的而不是证据主义的。这种可靠主义有一个最简单的变种：一个人在相信某个命题上得到辩护，当且仅当其信念是可靠的认知过程所产生的。按照后一种可靠主义，知识并不要求辩护，只要求信念是可靠地形成的。弗雷德·德雷茨克对这个观点提出如下捍卫：

> 有些人认为知识不是要求被可靠地产生出来的真信念，或者认为知识至少要求一些更多的东西，即认知主体也必须相信被可靠地产生出来的信念确实是被可靠地产生出来的。倘若如此，在我看来，这些人就必须向我们表明这样来理解辩护究竟会带来什么好处。谁需要这种辩护？为什么需要？如果一个动物继承了一个完全可靠的信念产生机制，也继承了从如此产生的信念来行动的倾向，那么那种附加的辩护［即"信念是由某种可靠的方式产生出来的"这件事本身需要辩护］会带来什么其他好处呢？如果没有额外的好处，这种辩护究竟好在哪里

1　Alvin Goldman, *Epistemology and Cognition* (Cambridge, MA: Harvard University Press, 1986), p. 51.

呢？为什么我们应该强调说，要是没有这种辩护，我们就没有知识？[1]

德雷茨克的意思是说，可靠的认知过程传达信息，因此就不仅将知识赋予人类，而且也赋予其他动物。[2] 这样，如果我们有理由认为动物在日常意义上也像我们那样具有知识，而在"可靠地产生出来的信念是否确实是被可靠地产生出来的"这件事情上，动物本身并没有信念，也就是说，不能用一种二阶信念的形式来辩护它们具有的一阶信念，那么我们就没有理由认为我们需要这种辩护。德雷茨克接下来论证说：

> 盖蒂尔的困难就来自对知识的这样一种论述，这种论述使知识成为某种辩护关系（具有好的证据，具有优秀的理由等）的产物，而这种关系有可能将一个人与虚假的事情联系起来。……这是对辩护的论述所产生的一个问题。但在信息论模型中，这个问题消失了，因为一个人可以与虚假的事情进入某种合适的辩护关系中，但不可能与之进入一种合适的信息关系中。[3]

然而，我们有理由怀疑可靠主义者对知识和辩护概念提出的分析

---

[1] Fred Dretske, "The Need to Know", in Marjorie Clay and Keith Lehrer (eds.), *Knowledge and Skepticism* (Boulder: Westview, 1989), p. 95.

[2] 关于德雷茨克对这个主张的进一步论述，参见 Fred Dretske, *Knowledge and the Flow of Information* (Cambridge, MA: The MIT Press, 1981); Fred Dretske, "Two Conceptions of Knowledge: Rational vs. Reliable Belief", in Dretske, *Perception, Knowledge and Belief: Selected Essays* (Cambridge: Cambridge University Press, 2000), pp. 80-93。

[3] Fred Dretske, "Précis of *Knowledge and the Flow of Information*", in Hilary Kornblith (ed.), *Naturalizing Epistemology* (Cambridge, MA: The MIT Press, 1985), p. 179.

是恰当的，后面会详细讨论这一点。目前需注意的是，人们可以通过许多不同的方式获得关于周围世界的信念。他们有时候自己看看某个东西是否确实是那个样子，有时候依靠其他人用各种方式告诉他们的东西，有时候从自己得到的信息中进行推理，等等。面对各种各样的信念来源，我们大概都会认为，并非获得信念的一切方法都是可靠的，一些方法比另一些方法更可靠。例如，我们现在会怀疑按照占星术来推算人类命运的可靠性，也相信在自然科学中普遍采用的受控实验方法是更加可靠的研究方法。可靠主义者认为，我们可以将获得信念的过程划分为"可靠的"和"不可靠的"，然后将知识定义为由可靠的过程产生出来的真信念。按照这个思想，我们就得到如下定义：[1]

可靠主义的知识概念：S 知道 P，当且仅当，第一，P 是真的；第二，S 相信 P；第三，S 的信念 P 是由可靠的认知过程产生出来的。

在这个定义中，需要说明的当然就是"可靠性"这个概念。一般来说，"可靠"指的是"完全可靠"，即绝不会导致任何错误。但这种理解看来毫无希望，因为任何方法在任何特定场合都有可能使我们误入歧途。例如，假设我正在使用的方法依靠我眼睛的证据，我看看桌上某个东西，相信它是一块黑板擦，但我的信念是错误的，因为那个东西其实不是一块黑板擦，而是一枚被伪装成黑板擦的微型炸弹。这样，如果没有任何方法完全是可靠的，或者一个方法的可靠性并不是

---

[1] 参见 Alvin Goldman, "What is Justified Belief?", in George Pappas (ed.), *Justification and Knowledge: New Studies in Epistemology* (Dordrecht, Netherlands: D. Reidel, 1979), pp. 1-24, especially pp. 9-11。

无条件的，那么我们大概就需要将一个方法本身与我们对它的使用区分开来，因为即便一个方法被认为是普遍可靠的，它也可以被错误地使用。倘若如此，我们就需要鉴定出在什么情况下一个人可能会错误地使用一个方法。例如，假设周海每天早晨总是依靠对面塔楼上的钟来看上班时间，并相信这个方法是可靠的，由此断言他每天离家去上班的时间大约是早上7点半。然而，他碰巧不知道那只钟已经停在那个时刻一段时间了。因此，虽然他确实每天大概在7点半离家出门，并相信这一点，由此其信念实际上是真的，但我们似乎不能说，他**知道**自己每天大概在7点半离家出门。对此，可靠主义者会回答说，周海之所以不具有知识，只是因为他用来获得那个信念的方法并不可靠。**要是**周海在其他时间看看那只钟，比如在下班回来的时候，他就不会持有自己原来持有的那个信念了。

由此可见，为了将可靠的方法与不可靠的方法（或者对一个可靠方法的错误使用）区分开来，可靠主义者就得引入**假设的**情形，即与实际情况相反或相对立的情形。例如，如果我们将宇宙设想为由时间上前后相继的不同事态构成的一个序列，那么我们就可以设想这个序列可能已经不同于它实际上显现出来的样子。我们也可以设想，要是希特勒赢了第二次世界大战，世界会是什么样子。与实际情况相反的情形通常被称为"反事实条件句"（counterfactuals）。既然可靠主义者必须设想假设的情形，他们就必须使用反事实条件句，因为为了评价一个方法的可靠性，他们不仅需要考虑该方法实际上成功的概率，也需要考虑在实际上不存在的情形中它被认为会取得成功的概率。一个机制可以高度可靠，但有可能的是，它在第一次运转时就发生了功能紊乱。因此，在确定这样一个机制的可靠性时，我们不仅需要考虑它**事实上**是如何运转的，也需要考虑它在其他情况下会如何运转，也就是说，它在**其他可能世界**中是如何运转的。

我们可以把这个想法应用于信念形成机制。假设有这样一个机制，它在现实世界中只产生 10 个信念，其中 8 个是真的。如果只考虑它在现实世界中的表现，我们就可以说它有 0.8 的可靠性。但是，一旦我们开始考虑它在各种可能世界中的表现，其可靠性或许就会大大降低，就像一辆汽车在正常情况下行驶时可以是高度可靠的，但在异常情况下其可靠性就会大大降低。因此，这样一个机制在现实世界中形成的真信念也许只是某种巧合的结果——这些信念可能只是偶然为真。既然我们并不想把高的认知地位赋予只是偶然为真的信念，在决定一个机制的可靠性时，我们就需要考虑非现实的世界，至少考虑那些与现实世界比较接近的可能世界。如果一种合理的可靠主义必须考虑除了现实世界之外的可能世界，那么它就碰到了自己的问题。主要问题是，反事实条件句是一种在哲学上很令人困惑的东西，不仅在逻辑分析上带来了诸多困难，而且会产生一些在认识论上难以解决的问题。[1] 例如，如果某事是否为真取决于我们对它所能具有的证据，那么我们如何能够知道反事实条件句本身是不是真的？我们是否能够对其真实性持有合理的信念？既然对方法的可靠性的考虑涉及这样一些问题，对知识的可靠主义分析就必须首先解决这些问题。很不幸，可靠主义本身似乎没有资源解决这些问题。

即使可靠主义者原则上可以解决这些问题，将可靠的方法与不可靠的方法区分开来，但其知识概念仍然面临一个难以克服的困难：可

---

[1] 如何对反事实条件句进行语义分析本身就是一个困难问题。一个特别相关的讨论，参见 Robert Stalnaker, *Mere Possibilities: Metaphysical Foundations of Modal Semantics* (Princeton: Princeton University Press, 2012)。对于这种条件句所带来的知识论（以及形而上学）问题的探讨，参见 Anders Berglund, *From Conceivability to Possibility: An Essay in Modal Epistemology* (University of Iceland Press, 2005); Bob Fischer and Felipe Leon (eds.), *Modal Epistemology After Rationalism* (Springer, 2017); Tamar Szabo Gendler and John Hawthorne (eds.), *Conceivability and Possibility* (Oxford: Clarendon Press, 2002)。

靠的方法也许不能产生知识。理由在于,一个人可以使用一个方法,而不论是在实际情形中还是在假设情形中,这个方法都是可靠的,而且相对于那个人所获得的那种信念来说也是可靠的,但是,即使他可以用这个方法来获得真信念,但在某种意义上说他仍然不具有知识。假设我在某个犯罪现场发现一支手枪,我想知道一个名叫孙华的人是否曾经持有这支枪。解决这个问题的一个可靠方法是检查那支枪上是否有孙华的指纹。我发现那支枪上确实有他的指纹,而且,按照其他证据(比如说,孙华的一个密友告诉我,他在孙华的房间见过这样一支枪),我确信孙华曾经持有这支枪。如果孙华确实曾经持有这支枪,那么我已经通过一个通常被认为是可靠的方法形成了一个真信念。按照可靠主义的知识概念,我在这件事上具有知识。然而,我所不知的是,孙华确实曾经用过那支枪,但每次用完后,他都仔细擦去自己留下的指纹,而在犯罪现场发现的那支枪上的指纹,是一位被真正的罪犯收买的刑警用孙华留在茶杯上的指纹转移上去的。在这种情况下,即使我确实通过一个通常被认为是可靠的方法获得了一个真信念,但很难说我知道孙华用过那支枪,因为在我们所讨论的情形中,一个可靠的方法只是**碰巧**产生了一个真信念。

可靠主义者很自然地假设,只要一个信念是由可靠的认知机制产生出来的,它就有资格成为知识。然而,这个直观上合理的想法其实面临一些严重困难。假设陈浩相信面前的桌子上有一台电脑,他具有这个信念,是因为他具有前面有一台电脑的视觉经验,其中所涉及的信息是通过中枢神经系统的某些部分来处理的。为了弄清这个信念是否得到辩护,我们可以利用这个机制来考察陈浩在邻近世界中形成的一些信念。该机制将包括陈浩的眼睛、视觉皮层以及一些相关过程,但不包括其大脑中的所有部分。只要我们发现他形成的大多数知觉信念都是真的,就可以断言上述信念是由可靠的机制产生的,因此是有辩护的。通过考察该机制的可靠性,可靠主义者就可以决定这样一个信念的认知地位。然而,既然我们可以用不同的方式来填充可靠主义理论的细节,这种理论就不再是一个单一的理论,而是一个由相关理论构成的家族,其中可能包含一些属于内在主义理论的要素。当然,可靠主义者或许并不认为这个批评是决定性的。即便如此,这种理论还会面临一个根本问题:我们似乎无法合理地指定一个信念形成机制的细节。例如,我们不太可能说大脑中负责形成视觉的那个部分就是那个信念的形成机制,因为为了这样做,我们就必须假定其他似乎具有不同地位的信念也具有同样的地位。假设你透过窗户看见对面楼房中有个人站在窗前,据此形成了两个信念,即"一个戴着帽子的男人正站在那里"和"身高1.7米的某人正站在那里"。既然你是站在比较远的地方、仅靠视觉来形成这两个信念,前一个信念很可能是真的,而后一个信念则有可能是假的。因此我们大概可以认为前者比后者得到了更多的辩护。然而,这两个信念都是通过同样的信念形成机制(即视觉系统)形成的,因此可靠主义者就必须认为二者都具有同样的认知地位,但这显然是不合理的。

可靠主义的基本思想是,只要一个信念是可靠的过程所产生的,它就不仅具有辩护,而且也有资格成为知识。但是,这个直观上合理的想法无法恰当地处理信念的形成和辩护中需要考虑的一些复杂问题。刚才已经指出的一个问题是,同一个信念形成机制所产生的信念在认知地位上可能是有差别的,而为了说明这种差别,就需要求助于某些不属于可靠主义思想资源的东西,例如,我们需要按照一个认知主体已经具有的信念和知识背景来说明这种差别。比如说,假设傍晚你在附近森林中散步,突然形成了"垃圾桶中有一只浣熊"的信念。你的信念形成过程大概包括将耳膜运动的模式转变为听到一个声音的经验,确定这个声音的来源并推断它是由一只动物引起的,最终按照你对附近森林的了解推断那个动物是一只浣熊。倘若如此，可靠主义者就必须把信念形成过程处理为严格意义上的**认知**过程，正是这个过程的具体运作产生了一个特定信念。但是，这样一个过程显然不只是由可以在物理上或神经生理上鉴定出来的过程构成的，因为它实际上必须包含一些相关的认知规范，以便我们可以用这些规范来制约或引导推理和判断。这个事实至少表明，我们无法**只是**按照可靠主义者所设想的那种方式来处理信念的形成和辩护问题。

当然，这样说不是要否认信念形成机制的可靠性与信念的辩护有关。[1] 必须承认，一个信念是否可以得到辩护，确实取决于它是不是来自可靠的信念形成机制。然而，即便可靠主义者成功地解决了信念形成机制的可靠性问题，但可靠性本身对于信念的**辩护**来说仍不充分，尽管可以是一个必要条件。可靠主义者基本上是外在主义者。对他们来说，只要一个信念是可靠的认知过程所产生的，它就得到了辩护，不管认知主体自己是否明确地意识到这样一个过程的可靠性。就此而论，可靠主义者似乎是在从一种第三人称的观点来处理认知辩护问题：一些人鉴定出某些"可靠的"的认知过程，然后声称它们所产生的信念都是可靠的，因此是有辩护的。但是，在什么意义上是"可靠的"呢？如果一个信念有助于我获得想追求的目标，那么它在这个意义上是**工具上**可靠的；如果相信上帝能够给我带来慰藉，那么这个信念大概**在情感需求的意义上**是可靠的。当我们说某个东西是否可靠时，我们是在说，相对于某个指定的目标来说，它是否可靠。若没有这样的目标，我们就无法有意义地谈论"可靠性"。因此，可靠性概念似乎只能相对于某个或某种类型的目标来定义。

---

[1] 就此而论，我也不同意一些理论家例如约翰·波洛克对可靠主义的批评。参见 John Pollock (1984), "Reliability and Justified Belief", *Canadian Journal of Philosophy* 14: 103-114。

然而，认知辩护本质上不同于按照各种实用目标来进行的辩护。认知辩护之所以必要，主要是因为我们需要维护"寻求真理和避免错误"这个认知目标。因此，对于任何特定信念来说，只有当认知主体确信它有助于促进认知目标时，它才能得到辩护。也就是说，只有当认知主体有适当的理由将某个命题接受为真时，他在相信该命题上才得到辩护。如果可靠性与认知目标无关，那么它也与认知辩护无关。因此，从认知辩护的角度来看，为一个信念提供辩护的东西，**根本上说**，不是一般而论的可靠性，而是认知主体能够用来支持其信念的证据的本质。如果我们将可靠性概念与上述认知目标联系起来，那么，与不可靠的认知过程相比，可靠的认知过程当然有助于产生支持信念的证据。倘若如此，认知辩护就要求认知主体要对其认知过程的可靠性具有某些认识，并提出证据来表明其认知过程本身是否可靠。可靠主义者当然可以声称认识过程的可靠性确实是相对于认知目标来定义的。但是，为了这样来定义可靠性概念，他们首先就需要解决如下问题：在什么意义上一个信念可以被认为是真的？如果可靠主义者认为可靠的认知过程就是倾向于产生真信念的过程，那么他们首先就需要对"真信念"提出一个恰当的理解。这确实是一个困难问题，因为它涉及我们对"真理"的本质的理解。不管可靠主义者采纳什么真理理论，在试图解决这个问题时，他们至少必须使用证据的概念，因此就超越了他们原来提出的主张。在第六章中，我们会进一步探讨这个问题。

四、知识、实在与可靠联系

可靠主义者正确地认识到，知识，尤其是经验知识，是通过可靠的方法获得的。然而，一旦仔细分析，我们就会发现可靠主义理论要么过分简单，要么本身并未对"知识"和"辩护"提出充分合理的说明。这种理论的根本困难在于，它未能对可靠性概念提出一个充分明晰的说明，尤其是没有将这个概念与认知辩护的概念恰当地联系起来。不过，一些对可靠主义基本观念表示同情的理论家试图弥补这个缺陷，并进而提出如下建议：知识不仅需要以可靠的方法为基础，还要求认知主体以某种方式"接触"认知对象，例如通过某种"直接的"因果互动。按照这个观点，将知识与真信念区分开来的不是辩护（或者抽象地考虑的辩护），而是信念的因果联系。只要一个真信念具有**正确的**因果联系，它就是知识，而如果它有**错误的**因果联系，它就只是真信念而不是知识。这是一个奇妙的设想，因为它似乎可以处理某些盖蒂尔式反例。例如，在假谷仓的案例中，史密斯之所以不具有知识，似乎是因为其目标信念不是被**正确地**引起的，即使这个信念碰巧是真的。如果他走下车去认真看看，发现他开车路过的地区有一些假谷仓，但也有一些真谷仓，那么，当他确实看到一个真谷仓时，他所形成的信念就可以构成知识。下面我们将简要考察从上述提议中产生的三种略有不同的观点。

4.1 结论性理由

盖蒂尔式反例之所以构成了对传统知识概念的挑战，主要是因为目标信念只是偶然为真，因此就阻止了我们将它们看作知识。在李明的案例中，他的信念"家中有人买了一辆车"确实是真的，但在他用来支持该信念的证据中，一些证据是错误的，即使也有一个他**尚未认识到**的证据（他妻子买了一辆车）支持其目标信念。传统知识概念似乎没有排除如下可能性：一个得到辩护的真信念可能只是碰巧为真。如果一个人相信某事的理由未能排除错误，那么这样一个信念就没有资格成为知识。德雷茨克据此认为，一个人用来支持其信念的理由必须是"结论性的"。[1] 按照这个观点，我们就得到了如下定义：

德雷茨克的"知识"概念：S 知道 P，当且仅当，第一，P 是真的；第二，S 相信 P；第三，S 持有信念 P 的理由是结论性的。

按照德雷茨克的说法，一个结论性理由就是排除错误的可能性的理由。但是，如何理解"排除错误的**可能性**"这个说法呢？一件"可能的"事情可以是你尚未认识到但确实会发生的事情，也可以是在现实世界中不太可能发生但你可以设想它会发生的事情，等等。因此，我们大概可以用"可能世界"这个概念来理解可能性概念。为了不把问题复杂化，不妨假设一个可能世界就是由一些命题构成的一个集合。这样，由所有事实上为真的命题构成的那个集合就是现实世界，现实世界是所有可能世界中的一个世界，而其他世界相对于现实世界来说只是可能的，也就是说，不是现实的。按照这个概念框架，说一个命题**可能**是真的，就是说存在这样一个可能世界，其中，那个命题是真的。于是我们就得到"**逻辑可能性**"的概念。相应地，一个**逻辑上必然的**命题是在一切可能世界中都为真的命题。德雷茨克试图用可能世界的概念来阐明"结论性理由"，但他并未明确指出他所使用的是"逻辑可能性"概念还是某个其他的相关概念。为了阐明他的观点，我们可以引入"规律必然性"（nomological necessity）这个概念：对于任何东西来说，如果在与现实世界具有同样自然规律的每一个可能世界中，我们都会发现它，那么它就可以被说成是"规律上必然的"。

---

[1] Fred Dretske (1971), "Conclusive Reasons", reprinted in Dretske (2000), pp. 3-29. 值得注意的是，这是德雷茨克早期的观点，他现在放弃了这个观点。我们简要地介绍这个观点，主要是因为它与接下来要讨论的观点具有某些逻辑联系，而且为理解后者提供了一个准备。对这种逻辑发展的阐述，见 Shope (1983), chapter 5。

规律必然性概念显然弱于逻辑必然性概念,因为有可能会有一些可能世界,在其中现实世界的自然规律并不成立。这样,我们就可以将德雷茨克对"结论性理由"的定义表述如下:[1]

德雷茨克的"结论性理由"概念:理由 R 相对于信念 P 来说是一个结论性理由,当且仅当,给出 R,"P 是假的"是不可能的。或者说,R 相对于 P 来说是一个结论性理由,当且仅当,在任何一个可能世界中,"R 是真的,而 P 是假的"是不可能的。

这个定义本质上意味着我们可以从如下陈述(A)中推出陈述(B):

(A) S 知道 P,而且是根据 R 知道 P。
(B) 要是 P 不是如此这般,R 就不会是如此这般。

换句话说,如果"S 是根据 R 知道 P"这个命题是真的,那必定是因为 R 为"P 是真的"提供了保证。德雷茨克认为,若非如此,这个知识主张就很容易受到盖蒂尔式的挑战,因此没有资格成为知识。此外,不难看到,如果(A)和(B)之间确实存在德雷茨克所说的那种联系,那么,若有任何东西表明(B)是假的,它也表明(A)是假的。假设你有某个目标信念,在你持有的证据中,你发现这些证据与使得那个信念为假的状况是相容的。在这种情况下,我们就不能说你拥有知识,即使你的信念实际上是真的。这个思想的直观含义是,在李明的案例中,李明的信念确实是真的,但如果他认识到女儿对他撒了谎,另一方面又认为支持其信念的证据与女儿对他撒谎这件事相

---

[1] 参见 Dretske (2000), pp. 17ff。

容，那么他就不能被认为知道家中有人买了一辆车。德雷茨克由此断言，他提出的分析排除了盖蒂尔式反例。他进一步认为，如果在**每一个**可能世界中，一个人都有理由 R 支持其信念 P，那么信念 P 就不可能是假的，R 在这个意义上就构成了 P 的一个结论性理由——具有 R 保证了 P 是真的。

结论性理由可以分为逻辑上的和经验上的。在前一种情形中，R 与 P 之间的联系是逻辑联系，也就是说，R 的逻辑内容足以排除非 P 的可能性，而这种可能性是逻辑上的可能性。在后一种情形中，R 与 P 之间的联系满足德雷茨克提出的定义，但这种联系不是逻辑上可论证的。在这种情况下，认知主体对可能性和必然性提出的主张就弱于逻辑上的可能性和必然性，例如只涉及规律上的可能性或必然性。德雷茨克认为，对一个认知主体来说，为了使得其信念有资格成为知识，他就必须设法对其信念**具有**一个结论性理由，这个理由必须是他已经明确认识到的，以便可以利用它来达到关于 P 的结论。因此，为了具有一个结论性理由，认知主体就必须满足如下三个条件：

结论性理由的条件：认知主体 S 对 P 具有结论性理由 R，当且仅当，第一，R 是 P 的一个结论性理由，也就是说，上述陈述（B）对 P 和 R 来说都必须是真的；第二，S 毫无怀疑或毫无保留地相信 P 是如此这般，而且是根据 R 相信 P 是如此这般；第三，S 知道 R 是如此这般，或者处于对 R 的某个经验状态。

不难看出，一旦认知主体满足了德雷茨克为传统知识概念提出的第四个条件，那么他就避免了盖蒂尔式反例。例如，在前面提到的张丽的例子中，张丽是按照公司职员的传闻和证言来相信那件事情。一般来说，这些传闻和证言为其信念提供了好的证据，却没有排除"她的信念是假的"这一可能性，因为她目前具有的证据不是结论性的，因此就无法保证其目标信念为真。德雷茨克提出的分析似乎符合我们对知识的直观认识。

然而，这个理论也有自身的问题。一个切实可行的知识理论应该把信念分为两个部分：有资格成为知识的部分和没有资格成为知识的部分。这个划分符合我们目前对知识的直观认识。但是，若不符合现有的直观认识，一个理论家就必须提出强有力的理由来说明他为何要做出这种划分。德雷茨克提出的划分与我们的直观认识有一些重要分歧，但他并未说明他提出这种划分的理由。为了明白这一点，考虑如下例子。你的女朋友对你说，她从图书馆借到了你想要的那本书。你相信她的话——实际上，你知道她历来诚实可靠，因此就把自己的信念看作知识。或者，你四处看看房间，形成了"桌上有一只杯子"这一信念。在这些例子中，直观上说，这些信念都可以被看作知识，但它们并不满足德雷茨克对知识提出的第四个条件，因为在这些例子中，我们都可以设想一个可能世界，其中，你对你的信念持有同样的理由，但那个信念却是假的。比如说，你的女朋友出于某个原因向你撒谎，或者你的视觉系统在那时发生功能失调。如果有资格成为知识的东西必须满足德雷茨克提出的第四个条件，那么大多数信念大概都没有资格成为知识。这意味着德雷茨克对知识提出了太强的条件——为了满足这个条件，我们就得"巡视"一切可能世界，发现任何一个可能世界中是否存在与我们的证据相抵触的东西。然而，很少有人能够做到这一点。因此，有可能的是，我们日常称为"知识"的那种东西，并不需要德雷茨克所说的"结论性"理由，只要求我们具有"适当的"理由。当然，如何理解"适当的理由"这个概念也是一个需要解决的难题。不过，不难看出，"适当的理由"与"完备的辩护"属于同一类型，因此就会碰到类似的困难。例如，假若我们对"适当性"

这个概念提出很高的标准，就会否认我们日常具有的很多知识主张；另一方面，如果我们提出的标准较低，就会把一些本来没有资格成为知识的东西纳入知识范畴。

4.2 因果理论

德雷茨克的理论把注意力集中到认知主体对目标信念持有的证据上，这是回答盖蒂尔挑战的一种最自然的方式，因为在盖蒂尔式反例中，目标信念之所以没有资格成为知识，是因为认知主体持有的证据没有排除相关错误的可能性，尤其是，认知主体**实际上**具有的证据与他**应该**用来支持其信念的证据是相脱节的。可靠主义者敏锐地认识到这一点，因此就强调说，在认知辩护中，不仅"具有**什么样的**证据"这个问题是相关的，"信念是**如何**形成的"这个问题也是相关的。在盖蒂尔式反例中，目标信念没有资格成为知识，主要是因为这样一个信念是用不正确的方式形成的。戈德曼由此认为，在试图处理盖蒂尔式反例时，我们应该关心的是一个信念的**因果起源**。[1]

为了阐明这个建议，再次考虑李明的例子。李明相信家中有人买了一辆车，他的信念有两个来源：一个是他女儿告诉他的话，另一个是他的背景信念，即他女儿向来诚实可靠。值得注意的是，他女儿在那个场合**为什么**对他撒谎并不重要，关键的是他女儿其实并没有买了一辆车。李明的信念是由这两个东西引起的，而且碰巧是真的，因为他妻子碰巧买了一辆车。然而，"他妻子买了一辆车"这件事情与他的目标信念没有直接的因果联系——李明并不是因为他妻子买了一辆车而相信家中有人买了一辆车。为了便于比较，不妨假设李明的女儿

---

[1] Alvin Goldman (1967), "A Causal Theory of Knowing", reprinted in Goldman, *Liaisons: Philosophy Meets the Cognitive and Social Sciences* (Cambridge, MA: The MIT Press, 1992), pp. 69-83.

确实买了一辆车并将这件事告诉李明。既然他女儿一向诚实可靠,在这个场合缺乏撒谎的动机,我们就会认为李明**知道**家中有人买了一辆车。在这种情况下,李明的信念不仅是真的,也有资格成为知识,因为李明的信念是由他女儿告诉他的话引起的,而他女儿告诉他的话是由"她买了一辆车"这件事引起的。这里涉及一个因果链,正是这个因果链使得李明的真信念成为知识。戈德曼由此认为,通过诉诸信念的因果联系,我们就可以说明为什么一些真信念可以算作知识,另一些则不算——从知识的角度来看,一个真信念的因果起源比认知主体是否对它具有辩护更重要。当然,更有可能的是,认知主体既对其信念有一个辩护,而这样一个信念又有正确的因果联系。不过,戈德曼强调说,一个信念算作知识,完全是因为其因果联系,而不是因为认知主体对它具有辩护。信念可以具有错误的因果联系,例如,知觉信念可以是幻觉产生的。因此,在戈德曼看来,只有当一个信念恰当地与它所关于的东西发生因果联系时,它才构成知识。这样我们就有了如下定义:

戈德曼的知识概念:S 知道 P,当且仅当,第一,P 是真的;第二,S 相信 P;第三,P 所关于的东西用恰当的方式与 S 的信念 P 发生因果联系。[1]

这个定义的基本思想不难理解。假设你看见墙上有只壁虎,并在知觉经验的基础上形成了相应的信念。按照戈德曼的说法,你的信念

---

[1] 对因果分析最直接的表述实际上是:认知主体知道某个事实 P,当且仅当他关于 P 的信念是由 P 引起的,或者,认知主体知道某个事实 P,当且仅当 P 以合适的方式与他相信 P 这件事情因果地相联系。参见 Goldman (1992), p. 80。不过,就戈德曼是为了解决盖蒂尔问题而提出因果分析而论,他也可以持有目前所提出的定义。

算作知识，因为这个信念是你与那个事态发生因果联系的结果，而且，只要因果联系是正确的，你的信念就不仅是真的，而且也得到了辩护。相比较，假设你喝醉酒回到家中，在神志不清的情况下看见墙上有只壁虎，并据此相信墙上有只壁虎，但那实际上是一只玩具壁虎挂件被灯光投影到墙上的结果。在这种情况下，你的信念就不能算作知识，因为形成它的因果链并不正确。这传达了一个重要思想：有资格成为知识的信念必须与客观实在相联系，而因果关系就是其中最重要的一种联系，正如柏拉图所说，有知识的人必定已经用某种方式接近实在，而单纯的信念是主观的。

戈德曼的理论主要是按照知觉知识模型提出来的，他对知识的因果分析也主要是立足于他对知觉知识的理解，但他试图把这个概念扩展到经验知识的一般情形。我们可以用一个例子来说明因果理论的要点。[1] 地质学家布朗实地观察到火山岩的某种分布状况，由此断言那座山脉几万年前经历了一次火山爆发。火山岩的分布状况确实是很久以前火山爆发的结果，因此布朗的判断是正确的。现在我们假设，那座山脉在过去某个时期确实经历了一次火山爆发，由此产生的残骸分布在那片土地上，不过，有一些巨人清除了那些残骸。后来某个时期，由于审美趣味的变化，下一代巨人又重新恢复了那些残骸，如此经历了多次反复。按照这个假设，布朗得到的结论只是碰巧与事实相符，因此就很难说他确实知道那座山脉曾经发生火山爆发，因为作为其推理根据的火山残骸分布是人为制作出来的，并不是那次火山爆发的实际结果。戈德曼认为，按照我们对知识的直观认识，如果布朗观察到的状况是那次火山爆发的实际结果，那么他就具有知识；如果那个状况已经发生变化，那么他就不具有知识，因为他所相信的事实与

---

[1] 参见 Goldman (1967), pp. 72-73。

他对该事实持有的信念没有因果联系。可以注意到，不像在知觉知识的情形中，在经验知识的一般情形中，认知主体的信念其实是**推理**的结果。例如，布朗的信念是如此形成的：火山爆发→火山残骸的分布→布朗观察到火山残骸的分布→他按照地质学知识进行推理→他形成了"这个地方历史上曾有一次火山爆发"这一信念。由此可见，为了形成这个信念，布朗就需要在心理上重构有关事件发生的因果链。为了处理这种情形，戈德曼提出如下两个要求：

（1）认知主体用正确的方式与世界的相关部分发生因果联系。

（2）认知主体在心理上正确地重构这样一个因果链。

按照第一个要求，因果联系必须是正确的。在上述例子中，布朗并没有处于正确的因果联系中，尽管其信念确实是真的，而且在某种意义上是有辩护的。通过强调这个要求，戈德曼认为他就能处理盖蒂尔式反例。按照第二个要求，如果认知主体在对因果链的心理重构中出错，他最终得到的信念就没有资格成为知识。例如，假设你从报纸上了解到北京队以3比0胜了辽宁队，这个比分是正确的，但你读的那份报纸错误地把比分印成8比0，不过，在那份报纸上，"8"的左边已经褪色，因此你就错误地将它读成"3"。在这种情况下，你的信念确实是真的，而且似乎得到了辩护，但没有资格成为知识，因为你对因果链的心理重构是不正确的。戈德曼认为，一旦我们对心理重构施加这个限制，我们就可以避免将偶然为真的信念看作知识。

戈德曼的理论包含了一些看似合理的想法，然而，只要进一步加以审视，我们就会发现其观点仍然面临一些严重困难。这里只考虑两个主要困难。第一个关系到知识的范围。知识的分析旨在为知识主张提出一些真值条件，并按照我们的直观判断来比较和评价按照这些条件提出的分析。在谈到"因果分析"时，我们通常想起的是在时空中发生的具体事件，不管它们是在何时发生的。如果一个原因或结果不是在时空中发生的具体事件，那么说它必定先于或后于某个东西就没有意义了。假设确实存在一些使得信念为真的东西，那么，在思考信念与这些东西之间的因果联系时，一般来说，我们必须把那些东西看作事件。然而，在我们能够持有的信念中，有很多信念在根本上并不涉及特定事件，因此也不涉及我们能够具有因果联系的东西。在这种情况下，只要我们具有知识，对知识的因果分析就不具有普适性。例如，我知道 65537 是个素数。当然，你可以说我的信念必定有个原因。也许我知道费马定理，然后根据这个定理得出"65537 是个素数"这一结论。也许你告诉我这个结论，而你是数学家，因此我就相信了你的话。这些东西确实可以成为我的信念的原因，但 65537 这个数无论如何都不可能是我的信念的一个原因，因为它不是在时空中存在的一个实体。因此，因果分析很难说明我们如何具有关于**抽象对象**的知识。[1]

此外，当我们试图理解我们如何能够具有关于"未来"的知识时，因果分析也碰到了一些困难。我们似乎对"未来"具有某些知识，但我**目前的**信念很难说是由**尚未存在**的事实引起的。例如，一般来说，我们认为我们知道日食在发生之前就会发生，不管它在什么特定的时间发生。一个尚未发生的事件不可能**引起**一个目前的事态，例如我相信未来某个时间将有一次日食。当然，有些哲学家确实否认我们对

---

[1] 当然，这不是说我们根本上无法说明数学知识的可能性，因为我们可以用其他方式来说明数学知识的可能性。一些相关的讨论，参见 James Robert Brown, *Platonism, Naturalism, and Mathematical Knowledge* (London: Routledge, 2011); Mary Leng, Alexander Paseau and Michael Potter (eds.), *Mathematical Knowledge* (Oxford: Oxford University Press, 2007); Philip Kitcher, *The Nature of Mathematical Knowledge* (Oxford: Oxford University Press, 1984)。

"未来"具有知识,其理由是,过去已经是确定的和封闭的,因此就不可能再受到自然进程中各种偶然因素的影响,而未来是开放的,任何东西都有可能在未来发生,因此,虽然我们能够知道已经发生的事情,但我们绝不可能知道即将发生的事情。这个论证的根据是某种关于时间的形而上学——未来实际上是开放的,因此我们无法将确定的真值赋予一切关于未来的命题。然而,从日常观点来看,我们对未来还是有某些知识的。假设你问我明天是不是很忙,因为你想知道我明天是否有空跟你讨论论文。在这种情况下,我的回答就会向你传达出一些关于未来的知识,因为我知道自己明天要做什么。不过,戈德曼会认为,这并不构成对其理论的一个批评,因为他可能会说,在这种情形中,如果我有一个意向在明天处理某些事情,那么这个意向就会导致我具有一个信念,即我相信明天会很忙。[1] 因此,在这里有一个**共同**原因。然而,这个策略很难处理一些更加复杂的情形。例如,在上述例子中,假设布朗去考察的那个区域实际上有两座山脉 A 和 B,A 是他实际考察过的山脉。进一步假设他就像从前那样进行推理,而且对相关的因果链进行了正确的心理重构。不过,我们现在不再假设有巨人进行干预,而是假设 B 的火山爆发也产生了同样的可观察结果。在这种情况下,为了正确地做出判断,布朗不仅需要正确地重构实际的因果历史,也需要排除如下可能性:正是 B 的火山爆发产生了出现在他面前的证据。如果他尚未排除这个可能性,或者根本就没有

---

[1] 这个问题往往属于所谓"实践知识"领域,并与我们对自我知识的理解具有一定联系。伊丽莎白·安斯康姆在其《意向》中讨论了这个问题,参见 G. E. M. Anscombe, *Intention* (Cambridge, MA: Harvard University Press, 2000)。对安斯康姆观点的讨论,参见 Anton Ford, Jennifer Hornsby and Frederick Stoutland (eds.), *Essays on Anscombe's Intention* (Cambridge, MA: Harvard University Press, 2011); John Schwenkler, *Anscombe's Intention: A Guide* (Oxford: Oxford University Press, 2019)。

考虑要去排除这个可能性,那么就很难说他知道 A 在历史上曾有一次火山爆发。[1]戈德曼的理论本身不足以解决这个问题。

第二个困难涉及所谓"异常因果链"(deviant causal chains)问题。因果分析告诉我们,如果一个真信念与使之为真的某个东西具有合适的因果联系,该信念就算作知识。但是,"合适的"这个说法究竟意味着什么呢?如何区分"合适的"因果联系与"不合适的"因果联系呢?再次考虑李明的例子。李明的女儿告诉父母她买了一辆车。李明知道女儿一向诚实可靠,因此就相信家中有人买了一辆车。不过,李明的妻子比他更有洞察力,她发现女儿之所以这样说,其实是在向他们暗示她多么喜欢一辆车。于是李明的妻子暗中买了一辆车,准备在女儿生日那天给她一个惊喜。在这里,李明的真信念与使之为真的那个事件具有因果联系,因为二者都是由他女儿原来告诉他的话引起的。二者都有一个共同原因,却具有彼此分离的结果。在谈论关于未来的知识时,合适的因果联系就是这种发生了"异常"的因果联系。然而,在目前的情形中,我们应该说,李明其实不知道他自以为知道的事情。因此,若有什么东西阻止其信念成为知识,那个东西并不在于他的信念与使之为真的事情没有因果联系,而在于这种因果联系是错误的。

现在的问题是,在关于未来的知识的情形中,假若这种因果联系算作正确的,那么,在目前的情形中,为什么它就不算作正确的呢?戈德曼当然可以说,在这种情况下,李明的信念之所以不算作知识,是因为他未能正确地重构相关的因果链。然而,关键问题显然是,对因果链怎样的重构才算"合适",以至于我们可以认为认知主体确实具有知识?考虑如下例子:芝罗喝得大醉躺在人行道上,昏迷不醒,

---

[1] 这个例子引自德雷茨克,参见 Fred Dretske, "Conclusive Reasons"。

然后因心脏病突发死了；有一个极度邪恶的家伙路过，看见芝罗毫无动静，就将他的头割下（但他不知道芝罗此时已经死了），然后，当你路过此地时，你发现芝罗的头被割下，相信芝罗是因为被斩首而死了；在这种情况下，你知道芝罗死了。[1] 在这里，值得注意的是，在"原因"这个概念的日常意义上，芝罗失去他的头并不是他死去的原因。按照戈德曼的说法，既然你实际上**并未**合适地重构你的目标信念的因果链，你就不能被认为知道芝罗死了，但这似乎有悖于直觉，因此，因果分析似乎对知识提出了太强的要求。这样一来，虽然戈德曼的因果分析只是被限制在经验知识的情形，但它或是会把一些真信念错误地划分为知识，或是会否认一些我们直观上认为是知识的主张，因此就会对"知识"提出错误的分析。当然，这不是说戈德曼的因果理论毫无希望，但其合理性显然取决于他是否能够对"合适的因果联系"提出一个既能应对盖蒂尔式反例，又符合日常的知识赋予的论述。

4.3 可靠追踪理论

知识的因果理论立足于如下主张：如果一个信念是由该信念态度的对象（某个事实或事态）合适地引起的，那么它不仅是真的，而且也有资格成为知识。如果因果关系是由世界中的某些规律来担保的，那么，至少在没有异常因果链的情况下，我们似乎就可以认为以合适的方式被引起的信念是真的。极端的外在主义者并不认为认知主体需要为这样一个信念提供证据主义的辩护，或者甚至并不需要对相关因果过程的细节具有认知存取。他们相信某些非人类动物乃至某些物理

---

[1] Bryan Skyrms (1967), "The Explication of 'X knows that p'", *The Journal of Philosophy* 64: 373-389, at pp. 385-386.

对象在这个意义上也可以被认为具有知识。例如,如果温度计可靠地指示了周围环境中的温度,那么我们甚至可以认为温度计"知道"周围环境中的温度。[1] 当然,温度计或许是不可靠的,不能正确地指示周围环境中的温度。但是,当它可靠地发挥其特有的功能时,它就可以被认为"知道"周围环境中的温度,之所以如此,是因为它**可靠地追踪**实在的某些相关特点。如果我在路上走的时候突然下雨了,那么一般来说我就会形成"下雨了"这个信念;而假如没有下雨,一般来说我就会相信此时没有下雨。是否确实下雨决定了我的相关信念是否得到辩护。罗伯特·诺齐克从这个直观的想法中发展出一个知识和辩护理论,其核心主张是,如果认知主体可靠地追踪使得一个命题为真的事态,他就可以被认为知道该命题。[2] 如果这个观点是正确的,那么我们就可以对"知识"提出如下定义:

> **初步定义**:S 知道 P,当且仅当,第一,P 是真的;第二,S 相信 P;第三,S 对待 P 的态度可靠地追踪 P 的真值,也就是说,当 P 不是真的时候,S 就不会相信 P,而当 P 是真的时候,S 就确实会相信 P。

诺齐克的理论用"可靠地追踪实在"这一要求来取代传统知识概念中的辩护条件。按照这个定义,知识就是可靠地追踪实在的真信念。诺齐克的知识概念对很多情形提出了正确的分析,而且似乎可以有效地处理一些盖蒂尔式反例。例如,考虑盖蒂尔的经典案例:张丽

---

[1] 参见 David Armstrong, *Belief, Truth and Knowledge* (Cambridge: Cambridge University Press, 1973), pp. 166-171。

[2] 参见 Robert Nozick, *Philosophical Explanations* (Cambridge: Harvard University Press, 1981), chapter 3。

是否知道她办公室中某人拥有一辆福特汽车。如果张丽的信念是立足于李虎提供的证据，却是因为何小雅拥有这样一辆车而为真，那么我们就不能认为她知道她办公室中某人拥有一辆福特汽车，因为在这种情况下，她的信念并没有可靠地追踪使之为真的那个事态。另一方面，如果何小雅卖掉了自己的福特汽车，那么，即使张丽仍然具有李虎提供的证据，我们也不能认为她知道她办公室中某人拥有一辆福特汽车。另一个例子是这样的：设想我确实相信某人犯了罪，但我具有这个信念，只是因为我习惯于相信在那个人身上发生的一切事情都很糟糕。这样，即使那个人确实犯了罪，我的信念也只是偶然为真，因此我并不具有知识。诺齐克的知识概念对这种情形提出了正确的分析，因为按照第三个条件，如果那个人实际上没有犯罪，我就不会相信他犯了罪。[1]

然而，诺齐克自己认为上述定义并不完全正确，需要改进。[2] 为了理解这一点，考虑如下例子：苏珊只是碰巧看见某件事情发生，例如，在阳台上晾衣服时偶然发现有人爬进对面二楼偷东西，因此知道有人在偷东西。但是，在这种情形中，追踪条件并没有得到满足，因为要是她没有碰巧看见那件事，她就不会相信（更不用说，知道）有人在偷东西。不过，我们直观上仍然可以认为她确实知道有人在偷东西。倘若如此，上述定义似乎就没有对知识提出正确的分析。[3] 值得指出的是，在这种情形中，上述定义的前两个条件都得到了满足——实际上，如果我们认为知觉经验能够为知觉信念提供辩护，那么苏珊就有辩护地相信有人在偷东西。

诺齐克自己为上述定义设想了一个反例，即著名的"经验机器"

---

[1] 在下一节中我们再来讨论如何理解这个说法。
[2] Nozick (1981), p. 178.
[3] Ibid., p. 179.

思想实验。马克是一位卓越的神经科学家，也是一个喜欢恶作剧的家伙。设想马克将你捆到桌上，将一些电极连接到你大脑的神经中枢，另一端与一台超级计算机相连，用这种方式在你那里诱发出你想要得到的任何一套信念和经验。为了便于论证，假设马克在你这里诱发出如下特殊信念：你现在被绑到工作台上，有电极刺激你的大脑。不过，他不允许你用日常的方式获得这个信念，例如让你直接通过知觉认识到自己目前的状况。现在，你确实具有这个信念，而该信念也是真的，因此上述定义中的前两个条件都得到了满足。然而，有趣的是，第三个条件似乎也得到满足：要是马克还没有将你绑到工作台上，他就不能通过电极诱发你产生那个信念，因此你也不会相信目前对你发生的事情。即使这三个条件都得到了满足，我们似乎也不能说你具有知识。理由在于：并非因为你的信念是真的你才相信它；而是在这种特殊的情形中，你的信念只是碰巧为真。诺齐克希望通过这个思想实验来表明，一个有辩护的真信念，若要成为知识，就必须**可靠地**追踪实在。换句话说，为了将真信念转变为知识，信念和实在之间的联系就不能是**偶然的**，而是，一个信念必须可靠地追踪它所要表达的实在。因此，在苏珊的例子中，诺齐克或许认为，她用来形成信念的方法并没有可靠地追踪实在，因为她只是无意中发现有人在偷东西。因此，我们似乎可以将上述定义修改如下：

> **经过修正的定义**：S 知道 P，当且仅当，第一，P 是真的；第二，S 相信 P；第三，S 在过去一直使用方法 M 来形成信念 P；第四，当 S 使用方法 M 来形成关于 P 的信念时，这样一个信念可靠地追踪使得 P 为真的事态。[1]

---

[1] Nozick (1981), p. 179.

这个定义旨在传达如下主张：当认知主体用某种方法来形成某种信念时，为了具有知识，他必须可靠地追踪使得那种信念为真的事态。诺齐克认为，在苏珊的情形中，不经意地看看外面的方法不是可靠地追踪实在的方法。如果她不是碰巧在那个时候看看窗外，就不会知道有人在偷东西。既然这种方法不是可靠地追踪实在的方法，苏珊就没有满足上述概念的最后两个条件，因此她就不能被认为知道有人在偷东西。然而，即使苏珊只是无意中发现有人在偷东西，直观上说我们仍然可以认为她知道这件事。事实上，她的信念在如下意义上也是追踪实在的：假若根本就没有人在偷东西，那么，不管苏珊使用什么方法，她也不会相信有人在偷东西（当然，除非她发生幻觉）；另一方面，如果确实有人在偷东西，那么，即使苏珊只是偶然发现这件事，她也会相信有人在偷东西。正如我们已经看到的，诺齐克通过声称苏珊的方法实际上并不可靠来回应这个批评。这种回应产生了一个问题：什么样的方法才算是获得信念的**可靠**方法？如果诺齐克将"可靠方法"**定义**为产生或倾向于产生真信念的方法，那么他提出的分析显然是琐碎的。当然，诺齐克可以诉诸可靠主义立场，即认为只有当一个信念可靠地指示了实在的某个部分时，它才是有辩护的。如果实在确实在现象中将某些特点呈现出来，那么我们就可以按照现象或经验来形成关于实在的信念。然而，现象有时可靠，有时不可靠。同样，在现象中显现出来的特点有时可以可靠地指示实在，有时不能可靠地指示实在。诺齐克认为，一个"好的"指示应该与目标信念的真理具有高度的相关性。例如，假如我们已经鉴定出某些情形，在这些情形中，我们所相信的那个命题已被证明是真的，那么就可以认为这样一个指示应该更频繁地出现在这些情形中，而不是出现在使得那个命题为假的情形中。然而，这个看似合理的想法也面临一个严重问题。为了利用这个想法，诺齐克首先必须说明我们是根据什么来判断一个信念是真的。"追踪真理"这个说法意味着，当且仅当一个命题为真时，我才应该相信它。但这个想法在实际的认知活动中似乎很难得到运用。如果知识衍推信念，而我已经知道一个命题是真的，那么我当然就会相信它。但是，假若我实际上不知道一个命题是否为真，我是否会相信它呢？在这种情况下，如果我确实相信它，那必定是因为我按照某些证据或理由来接受它。若是这样，诺齐克就必须依靠**证据主义**的知识和辩护概念来说明"追踪真理"这个想法是如何得到运用的。然而，这样一来，盖蒂尔对证据主义立场的挑战也适用于诺齐克。

当然，诺齐克或许并不认为上述批评构成了对其观点的决定性反驳，因为他可以直接否认苏珊知道有人在偷东西（尽管这确实有悖于直觉），或者进一步认为追踪真理的想法可以独立地得到运用。然而，克里普克试图表明诺齐克的观点确实是成问题的。[1] 克里普克的论证部分地立足于假谷仓的案例。假设史密斯在开车路过一片乡村时看到田野上有很多各种颜色的谷仓，并由此形成"我看到一个谷仓"这一信念。他也根据自己看到的东西进一步形成"我看到一个红色的谷仓"这个信念，而这两个信念都是真的。但是，他不知道的是，这个地方有一些为了取悦于旅游者而修建的假谷仓。此外，没有任何假谷仓是红色的，只有一个真谷仓被漆成红色的。在下一节中我们再来讨论史密斯是否知道自己看到了一个谷仓。不过，如下主张似乎是明显的：要么史密斯知道自己看到一个谷仓，也知道自己看到一个红色的谷仓，要么他既不知道自己看到一个谷仓，也不知道自己看到一个

---

[1] Saul Kripke, "Nozick on Knowledge", in Krikpe, *Philosophical Troubles: Collected Papers, Volume 1* (Oxford: Oxford University Press, 2011), pp. 162-224. 这篇文章原来是克里普克在20世纪80年代的讲稿。

红色的谷仓。之所以如此,是因为:如果我们认为假谷仓的出现破坏了史密斯的知识状态,那么就不能认为他知道自己看到一个谷仓,也知道自己看到一个红色的谷仓;另一方面,如果我们认为假谷仓的出现并没有破坏他的知识状态,那么就必须认为他知道那两个命题。按照克里普克的说法,我们不能合理地认为,史密斯知道自己看到一个红色的谷仓,却不知道自己看到一个谷仓。但是,诺齐克的知识概念却可以让我们得出这个古怪的结论。按照诺齐克的说法,为了检验史密斯是否知道这两个命题,就需要看看他形成那两个信念的方法是否可靠地追踪使得它们为真的事态。在这个案例中,诺齐克肯定不会认为通过看外观来鉴定谷仓的方法是可靠的,因为即使史密斯看到的是一个假谷仓,他在这种情况下也会形成"那里有一个谷仓"这一信念。这样,当他用看看外面的方法来形成上述信念时,就没有满足追踪真理的要求,因此他就不能被认为知道那里有一个谷仓。另一方面,既然并不存在红色的假谷仓,而史密斯也能将红色与其他颜色区分开来,在用看看外观的方法来形成"那里有一个红色谷仓"这一信念时,他就满足了追踪真理的要求,因此他确实可以被认为知道那里有一个红色的谷仓。然而,只要我们认为史密斯知道那里有一个红色的谷仓,似乎就应该认为他知道那里有一个谷仓,而诺齐克的定义并不允许这种可能性。此外,这个定义也会产生一个令人困惑的结果:如果史密斯确实持有那两个信念,那么,既然他是用同样的方法形成信念的,我们至少就不清楚为什么在一种情况下他满足了追踪真理的要求,而在另一种情况下则没有满足这个要求。诺齐克似乎无法用一种不循环的或者非琐碎的方式来界定"可靠方法"和"追踪真理"这两个概念。事实上,如果我们不能通过**直接**把握实在来获得知识,那么就只能按照在现象中获得的经验证据来判断一个信念是否可靠地追踪真理。因此,不管追踪真理的想法直观上多么有吸引力,它似乎不能独立地加以应用。[1]

五、反运气知识论

当然，诺齐克的理论确实抓住了我们对知识的一个直观认识，即能够成为知识的东西必定与实在具有某种可靠联系。在这里，真正的问题当然是，知识是否完全可以用外在主义者所设想的那种方式来定义？如果知识就像内在主义者所强调的那样不只是偶然为真的信念，而且在某种意义上比单纯的真信念更有价值，那么诺齐克之类的理论家就必须进一步说明究竟是什么东西将真信念转变为知识。内在主义者或证据主义者将认知辩护设想为二者之间的中介，大多数外在主义者则转向可靠主义，认为知识是由可靠的认知过程产生出来的。然而，正如我们已经看到的，不管他们如何界定"可靠的认知过程"，外在主义立场都面临一个困境：或是对知识提出了太高的要求，从而排除了一些我们直观上认为是知识的主张，或是会产生一些有悖于直觉的结果，例如克里普克对其案例的分析所表明的。当然，内在主义者对盖蒂尔问题的回应也会导致类似的困境。一些理论家由此认为，为了恰当地处理盖蒂尔提出的挑战，我们就需要跳出对知识概念的单纯分析，看看这个问题的真正症结。传统知识概念旨在强调知识并不是**偶然**为真的信念，辩护条件被认为排除了一个信念偶然为真的情形。但是，盖蒂尔式反例表明，甚至在辩护条件得到满足的情况下，我们的知识主张仍然受制于在寻求证据的过程中出现的**运气**。因此，为了真正地解决盖蒂尔问题，我们就需要设法消除这种形式的认知运

---

[1] 对诺齐克知识论的进一步讨论，参见 Steven Luper-Foy (ed.), *The Possibility of Knowledge: Nozick and His Critics* (Rowman & Littlefield, 1987)。

气。这个想法导致了所谓"反运气知识论"。[1]

各种形式的盖蒂尔式反例所要表明的是,即使认知主体对自己在信念态度中持有的一个真命题具有辩护,但其辩护并未**合适地**与该命题所表达的事实相联系。也就是说,当他有辩护地持有一个真信念时,由于某种形式的运气,他所持有的辩护未能(或者不足以)确保其信念与相关的事实具有合适的联系。他的目标信念确实是真的,而且在某种意义上是有辩护的,但仍然只是**碰巧**为真。那么,我们应该如何理解认知主体在盖蒂尔式反例中所碰到的认知运气呢?有各种可能的运气概念,邓肯·普理查德采纳了所谓"模态观点",即按照**可能世界**的概念来理解运气。简单地说,一个可能世界是相对于我们所生活的**实际世界**来界定的,可以被理解为在实际世界中并未发生的事态的集合。例如,我目前坐在办公室桌前在电脑上写下上面那句话,但我也有可能不这样做,而是在启真湖边散步。在这样一个假想的世界中,除了我此时在启真湖边散步外,所有其他事情都与实际世界是一样的。当然,我们也可以设想与实际世界全然不同的可能世界,例如它们具有与实际世界完全不同的自然规律。因此,我们可以按照与实际世界的**相似性程度**来排列可能世界,而所谓"**临近的可能世界**"是与实际世界最为相似的可能世界。按照这种理解,说认知主体的信念碰巧为真(其为真是一个运气问题)就是说,该信念在实际世界是

---

[1] 这种观点的主要倡导者是邓肯·普理查德,在这里,为了方便起见,我将主要介绍他的观点。参见 Duncan Pritchard, *Epistemic Luck* (Oxford: Clarendon Press, 2005), especially Part 2; Duncan Pritchard, *Epistemology* (London: Palgrave Macmillan, 2016), especially chapter 2; Duncan Pritchard, "The Gettier Problem and Epistemic Luck", in Stephen Hetherington (ed.), *The Gettier Problem* (Cambridge: Cambridge University Press, 2019), pp. 96-107. 对于"运气"这个概念的一般讨论,参见 E. J. Coffman, *Luck: Its Nature and Significance for Human Knowledge and Agency* (London: Palgrave Macmillan, 2015); Duncan Pritchard and Lee John Whittington (eds.), *The Philosophy of Luck* (Oxford: Blackwell, 2015)。

真的，但在一切临近的可能世界中都是假的。一个类比足以阐明这个思想：敌军的一颗子弹向史密斯迎面飞来，眼看就要击中他的脑袋，此时正好有一面盾牌从天而降，阻挡了那颗子弹，史密斯幸免于难；然而，在所有临近的可能世界中，史密斯已经丧命了。同样，假设史密斯开车路过田野时，看见远处有一群羊，指着其中一只羊说"那里有一只羊"，史密斯的信念碰巧是真的，因为那里确实有一只羊，但他所不知道的是，在他看见的那群动物中，除了那只羊外，所有其他动物实际上都是大型多毛狗。[1] 然而，在所有临近的可能世界中，那只羊可以不出现。因此，史密斯的真信念就算不上是知识，尽管它在某种程度上也是有辩护的。如果知识必须排除这种形式的认知运气，那么我们就可以说，对于一个认知主体来说，为了声称自己知道某个命题 P，P 不仅必须在实际世界中是真的，而且在所有临近的可能世界中也必须是真的。在上述例子中，史密斯的真信念若要算作知识，那只羊就必须在所有临近的可能世界中也出现。反过来说，在所有临近的可能世界中，只要那只羊不出现，史密斯就不会形成"那里有一只羊"这个信念，即使那只羊在**实际世界**中确实出现了。这个主张其实表达了诺齐克原来的想法，即能够成为知识的东西必须可靠地追踪实在——要是一个命题实际上是假的，认知主体就不会相信它。这样我们就得到了对知识的如下论述：

> **敏感性论述**：知道一个命题 P 是要持有对 P 的真实性（truth）保持敏感的真信念，也就是说，假若 P 是假的，一个人就不会相信 P。

---

[1] 这个例子是对齐硕姆的例子的改编，参见 Roderick Chisholm, *Theory of Knowledge* (second edition, Englewood Cliffs: PrenticeHall, 1977), p. 105。

这个论述**似乎**提供了解决盖蒂尔问题的一个有效方案。确实，如果田野上实际上没有任何羊，那么一般来说史密斯就不会形成"那里有一只羊"这个信念；或者，如果史密斯只是碰巧看到和指着那只真正的羊，那么我们似乎也不能认为他有知识。然而，真正的问题在于：我们**如何**利用可能世界的概念来阐明知识所要求的这种敏感性？换句话说，认知主体如何才能满足敏感性论述的要求？假若认知主体已经**知道**某个命题是假的，他自然就不会相信它，[1] 但目前我们本来要解决的问题是，如何寻求**从信念到知识**的桥梁？按照假设，可能世界中的事件或事态是并未或尚未在实际世界中发生的，因此就不是一个人可以在认知上存取的东西。在这种情况下，我们如何确定一个命题究竟是不是真的？为了探究这个问题的解决方案，不妨首先考虑诺齐克自己提出的一个案例，这个案例旨在表明在什么情况下形成一个信念的方法是不敏感的。[2] 一位老太太很善于通过看自己外孙的外表来辨别他是不是很健康，有一天外孙来看望她时，她用这种方式发现外孙很健康，并形成了"外孙很健康"这一信念；现在，假设她外孙最近感染了新冠病毒，因此实际上很不好，家人为了不让老太太担心，看望她时就没有带孩子一起来，但告诉她外孙很健康，老太太相信了他们说的话。在这种情况下，老太太是通过证言相信她外孙很健康，但其信念是假的。在这种情形中，敏感性论述似乎得出了错误的结果。然而，敏感性论述的倡导者争辩说，在评估一个人形成信念的方法是否可靠（也就是说，通过这种方法形成的信念是否有资格成为知识）时，我们需要限定进行比较的可能世界——将所要比较的可能世界限制到这样一种临近的可能世界：在其中，认知主体原来所相信

---

1 这一点与下面要讨论的"知识在先"立场有关。
2 Nozick (1981), p. 179.

的事情不再是真的,而且他仍然是用他在**实际世界**中形成信念的方法来形成信念。[1] 例如,在老太太的外孙感染了病毒的可能世界中,老太太仔细看看自己的外孙,发现他不健康,因此就形成"外孙不健康"这一信念。在这种情况下,我们就可以认为她对目标命题具有知识。

这种说法本质上仍然是诺齐克的核心主张——知识就在于可靠地追踪实在的真信念。但是,为了有效地解决盖蒂尔问题,我们需要真正解决的是如下问题:一个人的信念态度及其形成信念的方法**如何**可靠地追踪实在?敏感性论述的倡导者所说的是,在使用与实际世界中同样的方法来形成信念时,如果我们发现认知主体在实际世界中原来形成的信念不再是真的,那么他在实际世界中形成的信念就算不上是知识。敏感性论述提出了对"知识"的一种理解,但并未告诉我们要如何运用这个原则。也许,为了拥有知识,我们就需要逐一检查我们在上面定义的每一个临近的可能世界中形成的信念,看看它们是不是真的。但这几乎说不上是一种我们可以切实利用的方法,除非我们能够在**有限**的数量上来指定相关的可能世界。例如,我们可以考察一些有限的可能世界,发现我们用某种方法形成的某一类信念究竟是不是真的。如果它们都是真的,那么就可以认为我们在实际世界中用同一种方法形成的真信念是知识;若不是真的,那么我们在实际世界中形成的相关信念就不是知识。但是,即使临近的可能世界的数量是有限的,敏感性论述的倡导者仍然会面临一个难题:究竟如何界定"**临近的可能世界**"这个概念?事实表明,这并不是一个容易解决的问题。比如说,如果我们按照具有同样(或者密切相似)的规律(包括物理规律)来界定临近的可能世界,那么,只要这些规律在某种意义上

---

[1] 参见 Pritchard (2016), pp. 25-26。

是**决定论的**,[1] 我们就很想知道为什么会有运气这样的事件发生。敏感性原则的倡导者或许说他们是在谈论**认知**运气，然而，在一般的意义上说，错误信息（或者不充分的信息）以及因果链的机缘巧合至少是导致认知运气的一个因素，就此而论，消除这种运气似乎要求认知主体是全知的，但这对于人类认知主体来说显然是一个极不合理的要求。实际上，要是我们已经是全知的，我们就不需要用辩护的概念来定义知识了；另一方面，既然我们已经是全知的，我们大概也不需要外在主义的可靠性概念。[2]

敏感性论述还面临另一个困难。这个论述本质上所说的是，拥有知识就意味着一个人在用某种方法来形成信念时，其信念在如下意义上是敏感的：要是该信念的对象是假的，一个人就不会通过使用该方法而相信它。按照前面的分析，为了检验一个信念是不是敏感的，认知主体可以设想一系列临近的可能世界，看看自己在使用某个特定的方法来形成信念时，其信念是不是真的。然而，我们似乎可以持有一些可以被看作知识的信念而无须使用这个检验方法。[3] 例如，我显然知道选修形式逻辑导论的 70 个学生在期末考试中不可能全都获得 90 分以上的成绩，或者并非所有 60 名业余高尔夫球手都能在职业高

---

[1] 我做出这个规定，主要是因为我们目前并不知道如何处理非决定论情况下的认知运气问题，尽管这种情形可以出现在关于运气和自由意志的讨论中。

[2] 普理查德曾经指出，分析一个反事实条件句是否为真的方式之一，是想象你自己具有上帝般的能力控制历史，可以按下历史的"回放"键，返回到某事发生前，然后改变你需要改变的一切以确保那件事发生，再按历史的"放映"键，看看究竟会发生什么；如果那件事在那个可能世界中确实发生了，该反事实条件句就是真的，否则就是假的。但是，我们不知道如何将这个想象变为现实。见 Pritchard (2016), p. 21。

[3] 参见 Alvin Goldman and Matthew McGrath, *Epistemology: A Contemporary Introduction* (Oxford: Oxford University Press, 2015), p. 66。

尔夫球场上打进最难的一杆。[1] 即使我相信的这些事情在某个或某些可能世界中是假的，但我仍然会使用同样的方法相信它们。假若这个主张是可靠的，那就意味着至少某些可以被看作知识的信念无须满足敏感性要求，也就是说，敏感性**不是**知识的必要条件。在上一节中提到的诺齐克的案例中，在马克的操纵下，你相信自己此时被绑到工作台上；另一方面，要是你此时没有被绑到工作台上，你就不会相信自己此时被绑到工作台上。在这种情况下，你的信念满足了敏感性要求，但你似乎没有知识。倘若如此，敏感性对于知识来说似乎也不是充分的。那么，敏感性论述的倡导者如何回应这个批评呢？考虑普理查德对如下案例的分析：[2]

> **厄尼的案例：** 厄尼住在一个高层公寓楼里，这里处理垃圾的方式是把垃圾扔进走廊的垃圾槽里。厄尼知道公寓保养得很好，于是，当他把垃圾扔进溜槽时，他相信垃圾很快就会滑到地下室。

直观上说，我们可以认为厄尼知道垃圾很快就会滑到地下室。然而，他的信念是不敏感的，因为在某个临近的可能世界中，垃圾只是滑到溜槽里，但不会抵达地下室，而厄尼并未看到垃圾实际上滑到了地下室。就像前面两个例子一样，这样的知识主张是通过归纳获得的。例如，多年来我一直教哲学系一年级本科生形式逻辑课程，我知道每个班级大概只有10%的学生在期末考试中获得90分以上的成

---

[1] 这个例子来自沃格尔，见 Jonathan Vogel (2007), "Subjunctivitis", *Philosophical Studies* 134: 73-88, at p. 66。

[2] Pritchard (2016), p. 27.

绩，因此，当我今年秋季学期开始教这门课程时，我知道70个学生最终并非所有人都能获得优秀成绩。归纳推理取决于我们在过去一系列情形中发现的结果可以被可靠地投射到未来，也就是说，取决于我们在类似情形中发现的结果本质上是类似的。正是在这个意义上，直观上说，厄尼可以被认为知道垃圾很快就会滑到地下室，但其信念是不敏感的。普理查德承认，"如果敏感性原则是知识的一个条件，那么[归纳]知识就很罕见，如果说不是不可能的"[1]。大多数科学知识和日常的经验知识都取决于归纳推理，因此，如果敏感性论述无法容纳归纳知识，那么我们就有理由怀疑它作为对知识的一种说明能否是充分合理的。敏感性至少有可能不是知识的一个必要条件。[2]

现在，如果一位知识论理论家试图继续按照模态原则来处理盖蒂尔式反例中的运气问题，那么他就可以转向与敏感性论述处于对换地位的一种论述，即所谓"安全性论述"。之所以使用"对换地位"这个说法，是因为敏感性所说的是，要是某个命题P是假的，认知主体就不会相信P；与此相比，安全性则采取了这个说法的逆否命题的形式，即要是认知主体相信P，P就会是真的。[3] 这个说法有点令人费解——一个命题的真值怎么可能取决于认知主体是否相信它呢？不过，普理查德认为，我们可以将这个说法转变为如下直观上可理解的说法：P不可能很容易是假的或错误的。如果你持有一个真信

---

[1] Pritchard (2016), p. 28. 此外，诺齐克自己承认，如果我们接受敏感性论述，那么认知闭合原则（盖蒂尔式反例所依赖的一个根本原则）就会碰到一些反例。这样，我们就面临如何在它们之间做出取舍的问题。参见本书第九章中对认知闭合原则的讨论。

[2] 对敏感性原则的进一步讨论，参见 Kelly Becker and Tim Black (eds.), *The Sensitivity Principle in Epistemology* (Cambridge: Cambridge University Press 2012)。

[3] 在**陈述语句**的情形中，这两个说法是等价的，因为"~A→~C"这个命题与其逆否命题"C→A"具有同样的真值。但是，如果语句是反事实条件句或虚拟条件句，那么这两个命题就不是逻辑上等价的，因此，敏感性论述在逻辑上不等同于安全性论述。

念，而该信念不可能很容易是假的或错误的，那么你似乎有知识。不可能很容易为假的信念是**安全的**。于是我们就得到对知识的如下论述：[1]

> **安全性论述**：知道一个命题 P 是要对 P 持有安全的真信念，也就是说，要是你相信 P，P 就会是真的，或者说，你的这个信念不可能很容易是假的或错误的。

安全性论述似乎很容易处理一些盖蒂尔式反例。例如，在前述混在大型多毛狗中的羊的例子中，既然史密斯是通过远看那些长得像羊的大型多毛狗而形成了其信念，那么这个信念是不安全的（尽管碰巧是真的），因为在临近的可能世界中，他很容易用类似的方法形成一个假信念，比如说，当那只真正的羊不在他视野中的时候。而且，特别值得指出的是，安全性论述似乎也可以处理敏感性论述不能有效地处理的一些情形，例如上述厄尼的例子。[2] 假设厄尼知道自己居住的公寓（包括相关设施）历来保养得很好，为了便于论证，进一步假设厄尼不时会到地下室看看他扔的垃圾是否确实滑到了地下室，特别是在他扔具有异常气味的垃圾时，而当他如此进行检查时，发现垃圾都到了地下室，厄尼由此形成了"公寓保养得很好"这个背景信念，而这个信念是有辩护的，甚至很可能是真的。因此，直观上说，当他把垃圾扔进垃圾槽时，就可以被认为知道垃圾滑到了地下室。他的信念在不容易为假的意义上是安全的，因此，安全性论述似乎符合我们

---

1 Pritchard (2016), p. 27. 欧内斯特·索萨首先将安全性设想为知识的一个条件。参见 Ernest Sosa (1999), "How to Defeat Opposition to Moore", in James E. Tomberlin (ed.), *Philosophical Perspectives* 13: 141-153。

2 参见 Pritchard (2016), p. 28。

对知识的直观认识。为了设想他的信念是假的,我们就需要考虑与实际世界较为遥远的可能世界,例如一个恶魔在他倒垃圾的时候施展魔法堵住了垃圾槽。然而,按照普理查德的说法,在评估一个事件究竟是不是**碰巧**发生时,我们需要考虑的是与实际世界**最为相似**的可能世界。对于安全性论述的倡导者来说,这产生了一个亟须解决的问题:如何界定或鉴定"与实际世界最为相似"的可能世界?为了解决这个问题,我们就需要考虑模态形而上学中一系列有争议的问题,而这是我们目前无法处理的。

不过,即使我们不考虑这个问题,安全性论述据说也会面临一些反例,或者会导致有悖于直觉的结果。[1] 其中一些问题涉及知识论理论家们对于知识的直觉判断的争论,即认知主体在直观上是否具有知识,而另一些问题则关系到对于安全性原则的进一步澄清。在这里,我们只考虑两个批评以及普理查德的回应。首先,考虑胡安·库米萨拉的如下案例:

> **万圣节派对**:安迪家有一个万圣节晚会,我(胡安)被邀请了。安迪的房子很难找到,因此他就雇了朱迪站在十字路口,引导人们去安迪的房子(朱迪的工作是告诉人们聚会在左

---

[1] 例如,参见 Ian Church (2013), "Getting 'Lucky' with Gettier", *European Journal of Philosophy* 21: 37-49; Juan Comesaña (2005), "Unsafe knowledge", *Synthese* 146: 393-402; John Greco (2007), "Worries about Pritchard's Safety", *Synthese* 158: 299-302; Ram Neta and Guy Rohrbaugh (2004), "Luminosity and the Safety of Knowledge", *Pacific Philosophical Quarterly* 85: 396-406。关于普理查德对安全性论述的批评的回应,见 Pritchard (2005), pp. 163-173; Duncan Pritchard (2009), "Safety-based Epistemology: Whither Now?", *Journal of Philosophical Research* 34: 33-45; Duncan Pritchard (2014), "Knowledge Cannot be Lucky", in Matthias Steup, John Turri and Ernest Sosa (eds.), *Contemporary Debates in Epistemology* (second edition, Oxford: Blackwell, 2014), pp. 152-163, especially pp. 159-162。亦可参见 Thomas Grundmann (2018), "Saving Safety from Counterexamples", *Synthese* 197: 5161-5185。

边路旁的房子里）。我不知道的是，安迪不想让迈克尔去参加聚会，因此他还告诉朱迪，如果看到迈克尔，她应该告诉迈克尔她告诉其他人的同样的事情（聚会在左边路旁的房子里），但她应该立即打电话给安迪，这样聚会就可以转移到亚当的房子里，而亚当的房子在右边的路旁。我认真考虑过将自己伪装成迈克尔，但在最后一刻我没有。当我走到十字路口时，问朱迪派对在哪里，她告诉我在左边那条路的尽头。

直观上说，胡安知道派对在左边那条路尽头的房子里举行。然而，库米萨拉声称，在这种情况下，胡安的信念是不安全的——"下面这件事情可能很容易发生：我在同样的基础（朱迪告诉我的话）上具有同样的信念，但该信念不是真的"。[1] 例如，要是胡安在最后一刻并未改变自己主意，将自己打扮为迈克尔，他就不会知道派对是在那个地方举行。库米萨拉并不否认知识要求可靠的信念，但他强调说，在他所设想的情形中，安全性条件对可靠信念提出了错误的描述：既然胡安对朱迪来说看起来不像迈克尔，她在实际世界中告诉胡安的话就是可靠的，然而，在某个临近的可能世界中，她的话就是假的，而胡安的目标信念取决于她的证言。

现在，让我们假设朱迪在这种情形以及类似的情形中是诚实可信的。这样，为了应对上述潜在的反例，普理查德就只能认为，当胡安按照他在实际世界中形成信念的方法来形成信念（并且没有将自己打扮为迈克尔）时，朱迪说假话的情形是极其罕见的，因此，知识并不要求目标信念在一切临近的可能世界中都是真的，而只要求它在大多数临近的可能世界中是真的。这样，我们就得到了如下经过修正的安

1　Comesaña (2005), p. 397.

全性论述：[1]

> **经过修正的安全性论述**：一个认知主体的信念是安全的，当且仅当，在他继续以他在实际世界中形成信念的方法来形成目标信念的大多数临近的可能世界中，该信念继续是真的。

以上论述似乎可以容纳我们对知识（或知识赋予）的一些直观认识。然而，它似乎仍然受制于一些反例，例如，考虑如下案例：[2]

> **心理实验**：我正在参加一个心理实验，在这个实验中，我要报告自己记得的闪光的次数。在实验人员向我显示刺激之前，我应他的要求喝了一杯液体。在我们俩都不知情的情况下，我被随机分到对照组，杯子里装的是普通橙汁。其他实验组则得到了混合着一种化学物质的果汁，这种化学物质会阻碍记忆功能，但在现象上并没有明显差异。我被显示了七次闪光，并如实地判断我看到了七次闪光。如果我是一位被分配到 [其他] 实验组的成员，我可能只会看到六次闪光，然而，由于药物的作用，我仍然相信自己看到了七次闪光。看来，在实际情况下，我知道闪光的次数是七，尽管可以设想我有可能错了。然而，这些可能性在其他方面是相似的，因为为了良好地设计和恰当地实施实验，它们必须如此。

按照案例作者的说法，我可以被认为知道自己看到了七次闪光，

---

[1] 参见 Duncan Pritchard (2007), "Anti-luck Epistemology", *Synthese* 158: 277-297, at p. 283。
[2] Neta and Rohrbaugh (2004), p. 400. 亦可参见 Avram Hiller and Ram Neta (2007), "Safety and Epistemic Luck", *Synthese* 158: 303-313。

但我的信念是不安全的，因为在某个临近的可能世界中，我持有同样的信念，但我的信念是假的。普理查德或许认为，既然在上述案例所描述的可能世界中我出了毛病（即记忆受损），这样一个可能世界就算不上是与实际世界**极为**临近的可能世界——唯一临近的可能世界是我被分配到对照组、杯子里装着普通橙汁的那些可能世界；在这种情况下，我的目标信念将继续是真的，因此安全性要求并未受到破坏。然而，批评者可以进一步论证说，不管我们用什么标准来测度可能世界与实际世界的切近性，只要这样一个标准把握了我们对各种反事实条件句的真值的直观判断，我们可以设想的那些尚未得到实现的错误可能性就算得上是临近的可能性。[1] 安全性条件的倡导者若要继续捍卫这个条件，就必须用一种符合我们对知识主张的直观判断的方式来说明，一个可能世界究竟在什么意义上与实际世界是**紧密切近**的。然而，这显然不是一项容易的任务，理由在于，除非他们用一种**能够提供信息**的方式来指定与实际世界最为临近的可能世界，以至于在这些可能世界中，当认知主体继续用他在实际世界中形成信念的方法来形成信念时，其目标信念仍然是真的，否则诉诸敏感性条件的分析，作为处理认知运气问题的方案，就仍然有特设性的嫌疑。

既然安全性原则本身被设想为一个外在主义的条件，反运气知识论在这个意义上就是外在主义知识论的一种形式。如果这种知识论将反运气直觉看作知识分析中占据支配地位的要素，那么它就仍然受制于一些反例，正如普理查德自己认识到的。[2] 这种知识论（普理查德称之为"坚定的反运气知识论"）很难处理关于必然命题（例如数学命题）的知识，因为这种命题被认为在所有可能世界都是真的。

---

[1] 参见 Neta and Rohrbaugh (2004), pp. 400-402。

[2] 参见 Pritchard (2016), pp. 34-39。

但是，我们很容易设想一个人对这样一个命题所持有的知识主张或信念满足了安全性条件，但直观上说他不能被认为具有知识。例如，假设一个人用一个有故障的计算器进行计算，计算器具有的两个缺陷系统地相互抵消，因此，当它在一定范围内进行计算时，其结果是正确的；如果一个人通过该计算器得出 12 × 13 = 156，并由此相信 12 × 13 = 156，那么其信念不仅是真的，而且，当他在任何临近的可能世界中使用该计算器来进行计算时，其结果也是正确的，因此他的相应信念也是真的，但我们显然不能认为他知道 12 × 13 = 156。实际上，这个问题不只是出现在必然命题的情形中。例如，考虑普理查德提出的如下案例：[1]

> **温度计**：特普的工作是记录他所在房间的温度。他通过查看墙上的温度计进行记录。碰巧的是，这种形成他对房间温度的信念的方式总是会导致一个真信念。然而，造成这种情况的原因并不是因为温度计工作正常，而是因为它事实上工作不正常——它会在给定的范围内随机波动。然而，至关重要的是，恒温器旁边的房间里藏着一个人，他在特普毫不知情的情况下，确保特普每次在查看温度计时，房间里的温度都会被调整，使其与温度计上的读数相对应。

特普的信念满足了安全性条件，因为在所有临近的可能世界中，只要他形成了关于房间温度的信念，其信念都是真的。然而，直观上说，他不具有关于房间温度的知识。因此，如果这个案例是可靠的，那就表明安全性对于知识来说是不充分的。普理查德并不否认这一

---

[1] Pritchard (2016), p. 38.

点，但他提醒我们注意如下事实：在这个案例中，信念和事实之间的**适合方向**（direction of fit）全是错的———一般来说，在知识的情形中，我们希望**信念回应事实**，而在这个案例中，由于那个隐藏的人的干预，反而是事实回应特普的信念。在这种情况下，尽管特普的信念确实是真的，而且并非偶然为真（因为它们被保证是真的），但这个事实完全与其**认知能动性**无关。因此，如果我们认为特普不具有知识，那就意味着有资格成为知识的东西必定要在某种意义上体现认知主体自己的贡献。倘若如此，**单纯的**外在主义知识论就不可能是完全正确的。在后面的相关章节，我们还会进一步讨论这个问题。

不管我们如何理解知识的价值（或者知识与真信念的相对价值），我们称为"知识"的那种东西必定与实在或真相具有本质联系。传统知识概念实际上并不否认这一点，因为它旨在通过辩护条件来搭建信念和知识之间的桥梁，盖蒂尔式反例则表明甚至有辩护的真信念也不构成知识。作为回应盖蒂尔挑战的一种方式，反运气知识论旨在通过设置某些条件（例如敏感性或安全性）来排除偶然为真的信念不足以保证知识的情况。然而，正如我们已经看到的，尽管这种知识论通过使用模态原则在**知识的分析**方面取得了一些进步，但它不仅仍然会面临进一步的反例，实际上也很难说在**如何获得知识**方面取得了**实质性**进展。如果这种知识论采取了纯粹外在主义的形式，那么其根本的问题就在于，为了确定我们是否具有知识，我们首先需要鉴定出与实际世界紧密临近的可能世界，但是，我们如何知道一个可能世界与实际世界是紧密临近的呢？要么我们仍然只能依靠直觉，要么我们只能按照特定的**语境**来进行知识赋予。不管采取哪一种方式，对知识的分析似乎都已经预设了我们对"何为知识"的某种理解。外在主义的反运气知识论是在诺齐克的可靠追踪理论的基础上发展出来的，但其本身似乎未能合理地解决盖蒂尔问题。

六、"知识在先"立场

当然,还有一些试图正面回应盖蒂尔挑战的策略,例如对认知闭合原则本身的质疑以及相关取舍理论,或者某种形式的美德知识论,我们会在后面相关部分考察这些尝试。然而,到目前为止,试图通过为知识补充第四个条件来回应盖蒂尔挑战的做法都没有取得成功,因为总是可以设想这个条件的反例。这个局面导致了一个意想不到的结果:放弃按照信念、真理和辩护来分析知识,转而认为知识相对于信念和辩护来说具有某种优先性。这就是所谓的"知识在先"立场——我们应该将知识视为一个在某种意义上不能进一步分析的**基本**概念,然后尝试利用它来说明其他东西,例如信念和辩护。[1] 鉴于这种观点不仅涉及知识论中的一些其他问题,也与心灵哲学和行动哲学中的某些问题具有重要联系,在这里我们将只是简要地介绍其基本观念。[2]

当代知识论和心灵哲学的一个正统主张是,信念,作为用来表示具有从心灵到世界的适合方向的一般范畴,**在概念上**先于知识。传统知识概念将知识理解为得到辩护的真信念,然而,盖蒂尔表明甚至得到辩护的真信念对于知识来说也不充分。为了回应这个挑战,一些理论家试图通过寻求知识必须满足的第四个条件来分析知识。这种尝试

---

1 蒂莫西·威廉姆森在如下论著中系统地提出了这种观点:Timothy Williamson, *Knowledge and Its Limits* (Oxford: Oxford University Press 2000)。对这种观点的一些集中讨论,参见 Patrick Greenough and Duncan Pritchard (eds.), *Williamson on Knowledge* (Oxford: Oxford University Press 2009); J. Adam Carter, Emma C. Gordon and Benjamin W. Jarvis (eds.), *Knowledge First Approaches in Epistemology and Mind* (Oxford: Oxford University Press 2017)。如下论著对威廉姆森的观点提出了系统批评:Aidan McGlynn, *Knowledge First?* (London: Palgrave Macmillan, 2014)。

2 下面对威廉姆森的观点的介绍主要立足于他的如下论著:Williamson (2000); Timothy Williamson (2014), "Knowledge First", in Steup, Turri and Sosa (2014), pp. 1-9。

第三章　盖蒂尔问题

总体上说还没有取得成功。威廉姆森由此认为，如果知识不能按照信念和某些**不指称知识状态**的其他条件来分析，那么知识的概念必定在某种意义上是根本的，也就是说，是一种无法进一步分析的精神状态或态度。他试图用一个类比来帮助我们理解这个主张。某个东西有颜色是它具有某种特定颜色的一个必要但不充分的条件，这种特定的颜色在语言中或许没有名字，但我们可以按照一系列特定颜色的析取来探讨它，例如把它说成或是红色的或是绿色的或是黑色的等等，但"是有颜色的"这个概念并不等同于其中任何一个析取概念。因此，即使一个人没有把握其中的析取概念，他仍然可以把握"是有颜色的"这个概念。[1] 威廉姆森指出："同样，如果一个人知道某个命题 A，那么有一种他得以知道 A 的特定方式；他能够看到或记住 A 等。虽然这种特定的方式在语言中可能碰巧缺乏一个名称，但我们总是可以引入 ['知道'这个名称来谈它]。……而'知道'这个概念并不等同于那个析取概念。"[2] 按照这种说法，我们可以理解"知道"或"知识"这个概念而无须为它提供一种循环的分析。实际上，对威廉姆森来说，对知识的传统分析并未表明信念在概念上先于知识。当然，威廉姆森并不否认，如果信念可以被设想为一种"从内部来看"在每一个相关的方面都像知识的状态，那么信念就可以被视为知识的一个必要条件。他所要强调的是，如果信念对知识来说只是必要的而不是充分的，那么我们就不能认为信念必定在概念上先于知识。这产生了一个

---

[1] 然而，至少在直观上说，这个说法会引起争议：即使我们可以按照一系列析取概念来谈论某个概念，但若不理解那些析取项（或者至少其中某个析取项），我们何以认为我们把握了那个概念？简言之，如果一个人并未把握任何一种特定的颜色，他何以可能具有"是有颜色的"这个概念？

[2] Williamson (2000), p. 34."知识在先"立场与本书最后两章要介绍的所谓实用入侵理论和知识论的析取主义具有重要联系。

问题：传统知识论理论家为什么会持有和捍卫这个主张？既然按照传统路线对知识提出的任何分析都不足以得出这个主张，答案必定就在于这些理论家相信传统分析最终会取得成功，也就是说，即使目前回应盖蒂尔挑战的方式都不令人满意，我们**最终**还是可以按照与信念相关的条件来定义知识。为了理解威廉姆森对这种尝试（或者对它抱有的希望）的批评，我们首先需要看看他对"知识"的一般理解。

威廉姆森认为，"信念在概念上先于知识"这个主张来自一种内在主义的心灵观以及如下主张：世界本质上是外在于心灵的。信念被设想为心灵将某个命题接受为真（或者很有可能为真）的内在倾向，命题则被认为表达了**不依赖于**心灵而存在的外在世界中的事实或事态。因此，如果知识可以按照信念以及与之相关的条件来分析，那么知识就取决于这里提到的这两个变量，而不是其中任何一个变量，也就是说，知识在最一般的意义上就在于认知主体持有关于外在世界的真信念。一旦心灵被认为无法**直接**把握实在，我们关于外在世界的知识似乎就只能以信念这种精神状态为中介。"内在主义者因此就将知识设想为一种要求被分析为内在要素和外在要素的混合体，其中最为突出的两个要素分别是信念和真理。"[1] 从这种观点来看，我们称为"知识"的那种东西之所以要求辩护，本质上是因为我们相信的事情未必就是其实际上所是的样子。只要心灵在认知上所要把握的东西本质上与实在相分离，我们对外在世界的认识就只能取决于能够在心灵中**直接**呈现出来的东西。换句话说，在知识论这项事业中，我们首先要寻求的是一个我们在认知上有特权存取的领域，不管这个领域是经验主义者所说的"现象"，还是理性主义者所说的"理智直觉"。这种观点是笛卡尔知识论留给我们的一项遗产，但是，威廉姆森声称，对知识的这种理解产生

1　Williamson (2000), p. 5.

了一个极为不幸的结果：它武断地排除了我们认识外在世界的其他可能方式，并将"知道"这种认知方式降低到一种从属地位。

与此相比，按照威廉姆森的说法，**知道**（knowing）可以是我们认知世界的一种方式。当我们用证据来辩护信念时，证据是由我们所知道的事实构成的——我们不可能用我们不知道的事实作为证据。当然，反对"知识在先"立场的理论家可以对"证据"这个概念提出不同的理解，但他们必须说明赋予这个概念的那种新含义在认识论上究竟具有什么重要性。人们固然可以因为背景信念和认知环境等方面的差别而将同一个事实看作不同的证据，但这并不意味着证据不是由事实构成的。关键的问题显然是，我们是否可以被认为**知道**某个事实，而不依赖于信念这种精神状态？换句话说，知道究竟是一种什么样的认知状态？只要我们撇开哲学怀疑论，不考虑用来支持它的各种论证，我们确实可以认为自己知道很多东西，例如，我知道千岛湖位于浙江省淳安县，伯纳德·威廉斯在20年前的今天去世，7+5=12，全球气候变化导致极端天气变得日益频繁等。在传统知识概念中，知识被分析为是由两种要素构成的，一种是信念之类的内在精神要素，另一种是非精神性的外在要素，例如某个命题为真这一事实。只要这两种要素是分离的，我们就无法避免盖蒂尔式反例。威廉姆森由此认为，既然盖蒂尔问题在长达40年的时间里都无法得到有效解决，我们就有理由认为知识是一种**直接**以事实为对象的纯粹精神状态，并不是"真正地相信"这样一种状态，后者是一种纯粹精神要素（即信念）和一种非精神要素（即真理）的**混合体**。

威廉姆森进而认为，心灵中有一些**衍推真理**（truth-entailing）的精神态度，例如看到某个东西是如此这般，记住某事是这样，听到某个东西等。这些衍推真理的精神态度与恐惧、希望、愿望之类的精神态度形成对比，因为它们具有所谓"从心灵到世界的适合方向"，也就是说，其内容应该匹配世界所是的方式，而后面那些态度则具有"从世界到心灵的适合方向"，因为其内容若要得到满足，就会对世界应该是怎样的做出规定，例如，为了满足一个欲望，你就需要通过行动在世界上导致某种变化，由此实现你的欲望的目标。在衍推真理的精神态度中，有一些是过程或者涉及一个过程，例如**忘记**某事。威廉姆森将不是（或者不涉及）过程的衍推真理的精神态度称为"事实性静态态度"（factive static attitude），将用来表示这种态度的动词称为"事实性静态态度算子"。他进一步指出这种态度具有五个特征。第一，这种态度具有动词的分配属性（在英语中，这一点当然是很明显的）；第二，它们在语义上是不可分析的——它们在语义上并不等同于任何复杂的表达式。一个句法上复杂的表达式可以是语义上不可分析的，例如，考虑下列说法：[1]

(1) She felt that the bone was broken.
(2) She could feel that the bone was broken.

威廉姆森声称，在第二句话中，尽管"could feel"是一个复杂的表达式，但它不能被分析为一种能力加上一种感觉，也就是说，我们不能将这句话理解为"她有能力觉得自己骨裂了"——对这句话的更恰当的解释是，她通过感觉知道自己骨裂了。因此，这句话衍推"她骨裂了"这个事实。在这种解释下，这句话中的"could feel"在两个方面不同于第一句话的"felt"：其一，它是事实性的；其二，它是感觉性的。事实性静态态度的第三个特征是，事实性静态态度算子将某个命题态度赋予认知主体，例如在"S sees/heard/remembers/could feel that

---

[1] 参见 Williamson (2000), pp. 36-37。

P"之类的英语语句中。第四，这种算子指代的是状态而不是过程，因为用现在进行时来使用它们是不恰当的，例如，一般来说，我们并不说"雪莉**正在相信**存在无限多的素数"，尽管我们可以说"雪莉正在证明存在无限多的素数"。第五，在威廉姆森看来最为重要的是，只要一个人处于用这种算子来赋予的命题态度下，他就可以被认为对相应的命题具有知识，而不需要以信念作为中介。用威廉姆森自己的话说，当我们从认知主体对某个命题P持有某种事实性静态态度这一事实来推断P时，这种推理是一种"演绎上有效的推理"。[1] 我们只是用"知道"这种精神态度来统称这些衍推真理的事实性精神状态。

现在，威廉姆森试图按照他对"知道"或"知识"的一般理解来表明知识在如下意义上具有更加根本的地位：信念及其辩护都依赖于知识。如果信念就像威廉姆森所说的那样是一种"混合体"，并非（或者并非直接是）一种衍推真理的状态，那么我们就需要按照证据来辩护信念。威廉姆森论证说，真正的证据必定总是由事实或真命题构成的，因为所谓"证据"，本来就是指可以提高某个假说为真的概率的东西，这种东西本身必须是可以为真或为假的命题。例如，洗衣机中昨天弄脏的衣服仍然是脏的可以被看作洗衣机尚未运行的证据，但脏衣服本身不能被看作证据（除了在一种不严格的意义上外）。因此，证据是由命题构成的。但是，并非任何命题都可以成为认知主体的证据。如果你对某个命题毫无想法，它就不可能构成你用来辩护某个信念的证据。然而，只是相信某个命题似乎也不能使得它成为你的证据的一部分。假设你只是听别人说附近某家农庄周末举办带孩子采摘杨梅的活动，于是就相信了这件事情，而你的信念实际上是假的。在这种情况下，当你周末开车带孩子去那家农庄时，这个信念就不能成为

---

[1] Williamson (2000), p. 34.

你在停车场对孩子提出的如下说法的证据:"快下车,要不杨梅就被采摘完了。"即使你是用某个信念来辩护你的某个主张,但能够成为证据的信念至少必须是有辩护的。然而,威廉姆森认为,甚至具有一个得到辩护的信念也不足以使得它成为你的证据的一部分。设想你是从一个历来诚实可靠的朋友那里得知附近某家农庄周末举办带孩子采摘杨梅的活动,因此你的信念是有辩护的,但是,你不知道你的朋友是从另一个人那里得到这个消息的,而消息来源并不可靠。要是你知道这一点,就不会认为你对孩子提出的那个说法得到了辩护。因此,能够成为证据的东西必须是知识的对象。这样我们就可以提出如下论证:[1]

(1)一切证据都是命题性的。
(2)只有当一个命题被知道时,它才是一个人证据的一部分。
(3)所有知识都是证据。
(4)因此,唯有知识才是证据。

这个论证旨在表明证据由认知主体知道的命题构成。因此,只要这个论证是可靠的,我们就可以推出如下主张:只有当某个命题得到了你所拥有的知识的充分支持时,你在相信该命题上才得到辩护。对于威廉姆森来说,这意味着知识比信念处于更加基础的地位。

威廉姆森对其主张的论证当然不限于我们已经简要介绍的这些方面。以上分析暗示了威廉姆森在什么意义上将知识理解为信念的规范(即知识为我们判断一个信念是否适当提供了规范性标准)。他也试图

---

[1] Williamson (2000), p. 193.

第三章　盖蒂尔问题

详细表明知识也是行动和断言的规范,因此在这个意义上必定是基本的。在这里我们可以略微考察一下他对知识与行动的关系的论述。威廉姆森论证说,如果知道是一种真正的精神状态,那么它势必会出现在我们对于行动的因果解释中,而行动往往涉及与环境的复杂互动,其成功取决于行动者将这种互动的结果持续不断地及时反馈到自己对行动的规划和执行中。因此,将知识赋予行动者往往可以说明他为什么在采取行动方面取得了成功。与此相比,哪怕是赋予行动者以真信念也不能发挥这个作用,因为甚至真信念也不具有知识所具有的那种稳定性——"如果[一个行动者]一开始就知道某个命题,而不只是真正地相信那个命题,那么他更有可能完成那个在时间上扩展且依赖于他持续不断地相信该命题的行动。正如只要一个人知道哥德巴赫猜想是真的,那么,与他只是相信这个猜想而且该猜想为真的情形相比,他就可以更好地写出一篇数学论文"。[1] 因此,如果赋予知识比赋予真信念可以对行动提供更加合理或完备的解释,那么这不仅表明知识比真信念更有价值,而且也表明知识比真信念更根本,因为行动在我们的生活中占据了根本地位——我们通过行动来实现所要追求的各种目标,并在这个过程中不断塑造我们的理性能动性。一般来说,我们希望自己的行动取得成功。但是,按照威廉姆森的说法,当知识像行动那样是一个标志着成功的概念时,作为一种精神活动的信念就只是一种**尝试**或**努力**(trying)——它力图使得其对象(某个命题)符合世界所是的方式,但未必会取得成功,因为尽管信念也是一种旨在指向事实的精神状态,但它仍包含外在的、非精神性的要素,而知道则是一种"**纯粹的**"精神状态,不涉及信念特有的那种在精神态度和

---

[1] Williamson (2000), p. 8. 在这本书第三章中,威廉姆森试图更详细地反驳如下主张:在行动的因果解释中,我们可以用真信念来取代知识,而依然能够充分地解释或理解行动。

对象之间的分离。

"知识在先"立场在某种意义上颠覆了对知识的传统理解,而威廉姆森对这个立场的论证不仅涉及某些相关的哲学领域,其论证细节也激发了大量的争议和批评。大致说来有三种主要批评。第一,威廉姆森对其主张的论证首先来自他对盖蒂尔问题所导致的困境的判断:在他看来,这个问题长期得不到有效解决,而这种状况就表明我们不可能按照信念以及与之相关的条件对知识提出一个分析,或者至少不能提出一种非循环的分析。然而,这个归纳论证显然是一个很弱的论证——即使我们不能以某种方式解决某个问题,那也**不必然**意味着我们在未来不能以这种方式来解决它。第二,一些批评者指出,威廉姆森所设想的某些事实性精神状态并不产生知识,或者我们很容易构造在这些状态下并不产生知识的案例。[1] 第三,在某些批评者看来,威廉姆森对"知识是一种纯粹的精神状态"这一主张的论证完全是不成功的,或者至少是成问题的。[2] 实际上,当威廉姆森按照他所说的"事实性静态态度"来理解知识时,他不仅没有考虑各种形式的怀疑论论证,而且似乎也忽视了我们在按照这些态度来获得知识时所面临的一些复杂性,例如下一章的讨论中会提到的一些复杂性。威廉姆森的观点无疑是以放弃对盖蒂尔问题的解决为代价,但这样做是否合理仍然值得进一步思考。此外,"知识在先"立场实际上也没有说明我们

---

[1] 关于前一种批评,参见 Anthony Brueckner (2009), "E = K and Perceptual Knowledge", in Greenough and Pritchard (2009), pp. 5-11; Baron Reed (2005), "Accidentally Factive Mental States", *Philosophy and Phenomenological Research* 71: 134-142; John Turri (2010), "Does Perceiving Entail Knowing?" *Theoria* 76: 197-206; Dennis Whitcomb (2008), "Factivity Without Safety", *Pacific Philosophical Quarterly* 89: 143-149。

[2] 例如,参见 Quassim Cassam (2009), "Can the Concept of Knowledge Be Analysed?", in Greenough and Pritchard (2009), pp. 12-30; Elizabeth Fricker (2009), "Is Knowing a State of Mind? The Case Against", in Greenough and Pritchard (2009), pp. 31-59, especially pp. 46-47; McGlynn (2014), chapter 8。

对知识持有的一个直观看法，即与真信念相比，知识不仅更加稳定可靠，而且在某种意义上也是我们取得的一项**成就**。

七、盖蒂尔问题的重要性

在知识论乃至整个分析哲学的核心领域中，大概没有任何一篇文章像盖蒂尔的文章那样产生了如此持久而深远的影响，改变了知识论研究的方向并塑造了当代知识论的基本面貌。自柏拉图以来，哲学家们都一致同意知识要求辩护。盖蒂尔式反例所要表明的是，即使我们具有在某种意义上得到辩护的真信念，我们也不能被认为具有知识。我们或许已经尽自己所能去获得我们所能拥有的证据，但我们不知道的是，其他证据或许也与我们对目标信念的辩护有关，而一旦了解到这一点，我们原来对目标信念提出的辩护就是不充分的或不适当的，因此我们就不能被认为拥有知识。在某种意义上说，盖蒂尔式反例实际上并未挑战我们对知识的传统理解，即知识是得到辩护的真信念，而只是表明我们所能提出的**辩护条件**对于知识来说仍不充分，尽管在某种意义上是必要的。就此而论，盖蒂尔问题首先是对证据主义知识概念提出的问题，因为不管我们如何扩展自己的认知视角，有可能仍然存在对立的证据，会削弱或摧毁我们原来对目标信念的辩护。在为了回应盖蒂尔挑战而对传统知识概念补充的第四个条件中，正如我们已经看到的，一些条件太强，排除了我们在直观上认为是知识的东西；一些条件又太弱，不能将知识所要求的辩护与有缺陷的或仅仅是不完备的辩护区分开来。此外，一些理论家为了回应盖蒂尔挑战而提出的知识概念并不具有一般性。这就提出了知识论需要研究的一个重要问题：我们对知识（或者知识的条件）的理解是否必须具有某种普遍性？抑或我们需要针对不同的知识领域对知识（或者知识的条件）

提出不同的理解？

在盖蒂尔式反例的情形中，目标信念并不是根本上没有得到辩护，只不过其辩护来自认知主体所持有的其他信念，而这些信念具有潜在的对立证据，因此认知主体对它们的辩护是有缺陷的。有人或许会说，既然如此，目标信念所得到的辩护也是有缺陷的，因此就达不到知识所要求的那种辩护的要求。然而，正如我们已经看到的，通过修改辩护条件来回应盖蒂尔挑战的尝试也会面临一些严重困难。外在主义者由此认为，知识所要求的是那种能够将有辩护的信念转变为真信念的东西，例如可靠的认知过程，或者满足了反运气理论家所说的敏感性或安全性条件的东西。然而，这种进路也存在两个主要问题。首先，若不借助于某些内在主义资源，彻底的外在主义者就很难说明一个认知过程究竟在什么意义上是可靠的。一个恰当的知识概念或许需要将某些内在主义要素和外在主义要素适当地结合起来。这样做是否能够取得成功是第六章要探究的一个问题。其次，如果我们试图按照"可靠地追踪实在"这一想法来寻求第四个条件，那么我们就必须引入可能世界的概念，但这种做法产生了一个难题，即如何界定与实际世界密切临近的可能世界。我不是在说诉诸可能世界的概念根本上无助于解决盖蒂尔问题；而是，这种做法实际上已经暗中预设了我们对知识或知识赋予的某种理解，因此很有可能不会对知识得出一种严格意义上的分析。进一步说，假若我们采纳后面会讨论的一种观点，即知道一个命题要求排除与之不相容的**一切**可能性，那么我们似乎就对知识提出了太高的要求，因为在这种理解下，我们自以为知道的大多数东西实际上是我们不知道的。大多数盖蒂尔式的例子旨在表明，即使我们对目标信念具有某种辩护，它也只是碰巧为真。我们的知识主张受制于运气，因为一个信念的辩护条件可以与其真值条件相分离或脱节，也就是说，我们缺乏**直接的**证据表明目标信念必定是真的。

但是，如果目标信念就其辩护而论需要这种证据，也就是说，它不是按照认知主体所持有的其他信念来辩护的，那么我们又会碰到任何一个信念可能都会面临的问题：在存在潜在的对立证据的意义上，我们对信念的辩护仍然是有缺陷的。为了避免这个困境，威廉姆森试图将"知道"理解为一种衍推真理的事实性精神态度，但是，他并未令人信服地表明这个意义上的知识究竟是如何可能的。即使威廉姆森（以及其他具有类似思想倾向的理论家）可以表明知识是信念、断言和行动的规范，但这仍然不等于对知识的可能性提出了一种**实质性**的论述。

由此看来，盖蒂尔问题的重要性就在于，它敦促我们重新思考知识和辩护的概念，由此激发了后盖蒂尔时代知识论的发展。如果知识不可能是碰巧为真的信念，那么知识论的核心任务就是要回答如下问题：如何避免一个有辩护的真信念只是碰巧为真？或者说，如何恰当地看待和理解关于知识的反运气直觉？当然，如果知识是一项成就，我们就要说明它需要满足的能力条件。对与知识相关的运气和能力的探究因此就构成后盖蒂尔时代知识论的基本议程。我们现在熟悉的很多知识论论题，例如模态知识论、认知闭合原则与语境主义、可错论和内在主义与外在主义的争论、美德知识论（以及知识与理解的关系，或者甚至对认知目标和认知合理性的重新设想），都可以被认为是从回应盖蒂尔挑战的尝试中直接或间接地产生出来的。当然，就盖蒂尔式反例利用了我们对于我们是否拥有知识的直观判断而论，盖蒂尔问题也与其他领域（例如自由意志领域）中的相关问题一道激发了关于直觉的本质的哲学讨论，实际上产生了一门关于直觉的认识论，并因此激发了关于**哲学方法**的讨论。[1]

---

1 例如，参见 Elijah Chudnoff (2019), "Intuition in the Gettier Problem", in Hetherington (2019), pp. 177-198。

第四章 基础主义

不管知识是否可以在根本上被分析为信念以及与之相关的辩护条件，也不管知识与真信念的相对价值如何，信念在我们的生活中具有独立的重要性。在很多情形中，我们是按照自己持有的信念来生活和行动。但是，无论是在理论推理还是在实践推理中，我们使用的信念都需要得到辩护。在本章和下一章中，我们将探讨知识论理论家们对于辩护的结构和来源的理解。这实际上是知识论的一个经典论题。其重要性至少体现在三个方面：首先，它是分析哲学诞生之前知识论的核心论题，而哲学史上对知识和辩护的探讨具有当今分析传统的知识论所不具有或者很难具有的重要性，了解这一论题更有助于我们理解人类知识的本质和来源；其次，它是我们恰当地理解当代知识论一些重要论题的基础，例如，对自我知识的讨论与基础主义具有重要关联；最后，本书不会专门探究知识的来源问题，例如知觉、记忆、意识、理性、证言等，而对基础主义和融贯论的论述在某种程度上可以弥补这方面的缺陷。

大致说来，说一个信念得到辩护，就是说它得到了某些理由或证据的适当支持。[1] 假设我告诉你我现在不打算做任何事情，因为地球即将毁灭。这是一个令人惊异的结论，我用如下主张作为证据来支持

---

[1] 就证据可以提供理由而论，我们可以交替使用这两个概念。在下文中，除非另外指明，我将只使用"证据"这个说法。

这个结论：在未来五小时内将有一颗巨大的小行星闯入太阳系并与地球相撞。你很自然地问我："你有什么理由认为有这样一颗小行星将与地球相撞？"我回答说我就是有这个预感。然而，只要你发现我没有任何认知理由持有这个主张，你就会认为我的说法全然不合理。由此我们可以提出这样一个原则：

> **证据辩护原则**：为了有辩护地按照证据 E 来相信命题 P，一个人必须有辩护地相信 E，也要有辩护地相信 E 很有可能使得 P 为真。

该原则背后的核心思想是，一个得到辩护的信念不能没有适当证据或充分理由的支持。在很多情况下，我们往往是通过引用其他信念来辩护一个信念。比如说，我之所以相信我的朋友今天不会来拜访我，是因为我相信天正在下雨，而他明确地告诉我，如果天下雨，他就不会出门，因为他不喜欢在雨天出门。我相信他对我说的话，因为我相信他是一个说话算数的人。在这个例子中，我指出我的信念之间的某种联系，以此来说明我为什么认为我的目标信念得到了辩护。在用某些信念来作为目标信念的基础时，我是在声称它们为我的目标信念提供了辩护性的支持。证据辩护原则所要说的是，在试图通过推理来扩展有辩护的信念或知识时，只有当用来推出结论的前提本身已经是有辩护的，或者是我们所知道的东西时，我们才会取得成功。本章主要讨论如下问题：证据辩护原则如何导致了关于认知辩护的基础主义？然后，我们将讨论基础主义的一些变种，以审视这种观点的合理性。

一、辩护的结构与认知回溯论证

上述例子旨在传达这样一个思想：一个信念，若要得到辩护，就必须得到某些证据的支持。如果用来支持目标信念的证据是由其他信念来提供的，那么，为了让目标信念得到辩护，那些信念也必须是有辩护的，而假若那些信念是由某些进一步的信念来提供的，那么后者也必须得到辩护。因此，对于任何一个被用来作为证据的信念，看来我们总是可以问它为什么得到了辩护。但是，如果任何信念都需要得到进一步证据的支持，我们似乎就会陷入一种认知上的无穷后退。在《后分析篇》中，[1] 亚里士多德对所谓"非论证性（non-demonstrative）知识"的存在提出了一个论证：

> **亚里士多德的论证**：每当你知道某个东西时，你的知识要么是论证性的（来自某些前提），要么是非论证性的（不是从前提中推导出来的）。如果你所知道的东西来自某些前提，那么你必须知道这些前提本身，因为一个人不可能从自己不知道的前提中推出知识。但是，如果你对这些前提的知识又是论证性的，那么它们必定来自某些进一步的前提，而这些前提要么是你非论证性地知道的，要么是你在另一些前提的基础上知道的，在后面这种情况下，你也必须知道后面那些前提。因此，

---

[1] Aristotle, *Posterior Analytics* (translated by Jonathan Barnes, Oxford: Clarendon Press, 1993). 这个论证在文献中经常被称为"回溯论证"（the regress argument），例如，参见 Robert Audi, *Epistemology* (London: Routledge, 2003), pp. 184-193; Richard Feldman, *Epistemology* (New Jersey: Prentice Hall, 2003), pp. 49-51; Richard Fumerton, *Epistemology* (Oxford: Blackwell, 2006), pp. 40-42; Noah Lemos, *An Introduction to the Theory of Knowledge* (Cambridge: Cambridge University Press, 2007), pp. 47-48; Matthias Steup, *An Introduction to Contemporary Epistemology* (New Jersey: Prentice Hall, 1996), p. 93。

每当你知道某个东西时,你的知识要么来自一套无限的前提,要么归根结底在非论证性知识中有其根据。然而,知识不可能来自一套无限的前提。因此,如果你根本上知道任何东西,你的一些知识必定是非论证性的。

在这个论证中,亚里士多德针对的是知识。他所要表明的是,如果我们根本上具有知识,那么我们所具有的一些知识必定是非论证性的。不过,我们同样可以将其基本思想应用于辩护的情形。如果我们总是要用某个或某些信念作为证据来支持某个信念,而前者必须本身是有辩护的,那么我们似乎就会陷入一种无穷后退。亚里士多德用这样一个论证来表明必定存在非论证性的知识,而我们可以用它来表明什么呢?在用某些信念作为证据来支持某个信念时,我们是在它们之间建立某种推理联系。就此而论,我们可以说一些信念是用推理的方式得到辩护的:通过推理,我们把作为证据的信念所具有的辩护力量传递给目标信念。如果我们把这样一个目标信念称为"推理上得到辩护的信念",那么亚里士多德的论证所要表明的是,推理辩护取决于存在**不是**经过推理来形成的、但本身又有辩护的信念。认识论的基础主义者认为,如果我们具有的大多数信念都是在推理的基础上得到辩护的,那么,为了终止辩护的无穷后退,就必定存在**非推理地**得到辩护的信念,即不是通过推理并根据其他信念来辩护的信念。这种信念构成了推理辩护的基础,其本身又不是由其他信念来辩护的,因此可以被称为"基本信念"。这样我们就可以对基本信念的存在提出如下论证:

对基本信念的存在的无限回溯论证:假设一个信念 B_1 得到辩护。B_1 要么是基本的,要么是非基本的,即通过推理而得到辩护的。如果 B_1 是非基本的，那么就必定存在一个信念 B_2 为它提供了辩护。但是，如果 B_2 要为 B_1 提供辩护，它本身也必须是有辩护的。如果 B_2 是非基本的，那么就必定存在一个信念 B_3 为它提供了辩护。如果 B_3 本身必须是有辩护的，那么，它要么本身就是一个基本信念，要么就必定存在一个信念 B_4 来辩护它。这种回溯要么终止于一个基本信念，要么无限继续下去。然而，一系列无限回溯的辩护性信念不能辩护任何东西。因此，既然我们已经假设 B_1 是有辩护的，这种回溯就必须终止于一个基本信念。

这个论证的有效性显然取决于如下假定：一系列无限回溯的辩护性信念不能辩护任何东西。[1] 但这个假定并不明显，基础主义者必须表明他们有什么理由捍卫它。大致说来，他们对这个假定提出了两个论证。首先，一种无穷后退不能辩护任何信念，因为人类心灵是有限的，既不能形成无限多的信念，也不能完成无限长的推理。假设你总是需要用一个信念来辩护另一个信念，用第三个信念来辩护第二个信念，等等。在这种情况下，如果推理辩护链条要无限延伸下去，而你最终又达不到那个在无限远处的信念，那么你的所有中间信念实际上

---

[1] 古希腊皮浪派怀疑论哲学家阿格里帕（Agrippa）提出了一个关于辩护的三难困境：在试图回答"什么东西辩护了我们的信念"这一问题时，我们面临三个令人讨厌的取舍：其一，我们的信念得不到任何东西的支持；其二，我们的信念是由一个无限的辩护链来支持的；其三，我们的信念是由一个循环的辩护链来支持的，也就是说，其中的一个支持性根据出现了不止一次。这三个取舍之所以"令人讨厌"，是因为它们似乎都意味着我们在持有目标信念上实际得不到辩护。基础主义和融贯论可以被理解为对这个困境的回应。当然，正如下面即将指出的，也有一些理论家认为我们可以接受第二个取舍。对这个困境的一个相关讨论，参见 Robert Fogelin, *Pyrrhonian Reflections on Knowledge and Justification* (Oxford: Oxford University Press, 1994), pp. 113-117。

第四章　基础主义

都没有得到辩护，因此你的目标信念也无法得到辩护。其次，为一个信念提供一系列无限后退的辩护是逻辑上不可能的。在这里我们需要区分两个问题：其一，用一系列无穷后退的理由来辩护一个信念是不是**心理上**不可能的？其二，按照一系列无穷后退的理由来辩护一个信念是不是**逻辑上**不可能的？先来处理第一个问题。考虑如下例子：

B_1：至少有一个偶数（因为我记住了 2 是个偶数）。

B_2：至少有两个偶数（因为我记住了 2 和 4 是偶数）。

B_3：至少有三个偶数（因为我记住了 2、4、6 是偶数）。

有人或许认为，如果我相信 B_1、B_2 和 B_3，那么我也能够形成这种类型的无限多的信念，因为对于任何 n 来说，我可以相信：

B_n：至少有 n 个偶数（因为我记住了 2、4、6、8……n 是偶数）。

然而，在这里我们必须将两件事情区分开来。一件事情是，对任何 n 来说，你原则上容易相信 B_n；另一件事情是，对任何很大的数目 n 来说，你实际上有能力形成这样一个信念。罗伯特·奥迪论证说，在某个点之外，一个有限的心灵不可能形成这种信念。我们可以将其论证要点阐述如下：对于一个有限的心灵来说，总是存在着某个点，在那个点上，那个相关的性质（例如"得到辩护"这一性质）是这样一个心灵无法把握的；在通向无限的某个点上，我们对有关命题的表述就会变得很长，以至于我们无法理解这样一个表述；因此，即使我们可以一部分一部分地阅读或持有这样一个表述，但在临近终点的时候，我们就无法记住前面的部分，因此也无法相信这样一个表述所表示的东西。[1] 如果奥迪的论证是可靠的，那就表明我们在心理上不可能形成一系列无穷后退的信念。

---

[1] 参见 Robert Audi, *The Structure of Justification* (New York: Cambridge University Press, 1993), pp. 208-209。

现在转到第二个问题。为了便于论证，不妨假设我们确实能够在心理上形成一系列无穷后退的理由或信念。例如，我们可以假设，对任何n来说，我们实际上能够形成B_n。在这样一个无穷后退的序列中，第一个信念B_1能够用在它之后的无限多的信念来辩护吗？回答似乎是否定的，因为如果B_1的辩护取决于B_2，B_2的辩护取决于B_3，等等，如果这个序列并不终止于这样一个信念，即该信念的辩护并不取决于该序列中的另一个信念，那么B_1就仍然没有得到辩护。有人可能会说，为何不能用这个序列中的某个中间信念来辩护后面的信念，因此形成一个循环的辩护呢？然而，对基础主义者来说，这种可能性是直观上不合理的。一个类比足以说明这一点。假设我想从你这里借20块钱，你对我说，"我现在没有20块钱，但张三就在那里，他欠了我20块钱。如果我从他那里得到20块钱，我就会借给你"。现在，当我问张三时，他用同样的说法来回答我："我现在没有20块钱，但李四就在那里，他欠了我20块钱。如果我从他那里得到20块钱，我就会借给你"。显然，如果这种追索要无限延续下去，我就不会得到我想得到的20块钱。同样，如果由B_1、B_2、B_3等构成的信念序列无限延伸下去，那么B_1就绝不会得到辩护。我们或许可以用如下例子来说明这一点。[1]假设在看一眼会议室中的桌子时，我突然形成了一套无限的信念，大概是说，对于任何自然数n，桌子上至少有n只彼得兔。你或许质疑我太疯狂了，但我可以这样来辩护我的信念：桌子上至少有两只彼得兔是我相信桌子上有一只彼得兔的结论性理由，桌子上至少有三只彼得兔是我相信桌子上有两只彼得兔的结论性理由，等等，因此，我的任何一个目标信念似乎都得到了辩护；然

---

[1] 参见 Laurence BonJour, *Epistemology: Classic Problems and Contemporary Responses* (second edition, Lanham, Maryland: Rowman & Littlefield Publishing Group, Inc., 2010), p. 180。

而，我的任何一个目标信念实际上都没有得到辩护，因为我是通过**假设**桌子上有 n+1 只彼得兔来辩护"桌子上至少有 n 只彼得兔"这个信念，而在这样一个辩护链中，每一步所授予的辩护都是临时性的，取决于辩护链中进一步向前"延伸"的信念是否得到了辩护。为了能够辩护我的任何一个目标信念，我必须对辩护链**末端**的信念拥有辩护，但是，如果辩护链是无限延伸的，那么我不可能对末端的信念具有辩护。因此，无限延伸的辩护链似乎不会为其中的任何一个信念提供辩护。基础主义者由此认为，只有通过假设存在基本信念，我们才能有效地终止推理辩护的无穷后退。[1]

正如我们已经看到的，无穷回溯论证有两个基本预设：第一，很多信念是推理上得到辩护的；第二，用来辩护一个目标信念的任何信念必须本身是有辩护的。基础主义者认为，正是这两个预设产生了辩护链条无穷后退的可能性。然而，有人可能会说，当我们考虑证据链并追溯任何特定的信念所得到的辩护时，实际上有四种可能性，而不仅仅是基础主义者所设想的那种可能性：第一，一个辩护序列终止于一个没有得到辩护的信念；第二，这个序列并不终止，但包含了无限多的支持性信念；第三，这个序列是循环的；第四，这个序列终止于一个得到辩护的基本信念。如果基础主义者希望得到他们想要的那个

---

[1] 在这里，我将不讨论如下问题：基础主义者是否成功地反驳了"辩护不可能无限继续下去"这一主张？在当代知识论中，仍然有一些无限主义的捍卫者，例如参见 Peter Klein (1998), "Foundationalism and the Infinite Regress of Reasons", *Philosophy and Phenomenological Research* 58: 919-925; Peter Klein (2003), "When Infinite Regresses Are Not Vicious", *Philosophy and Phenomenological Research* 66: 718-729; Peter Klein, "Infinitism", in Sven Bernecker and Duncan Pritchard (eds.), *The Routledge Companion to Epistemology* (London: Routledge, 2011), pp. 245-256. 对无限主义的系统讨论，见 Scott Aikin, *Epistemology and the Regress Problem* (London: Routledge, 2011); John Turri and Peter D. Klein (eds.), *Ad Infinitum: New Essays on Epistemological Infinitism* (Oxford: Oxford University Press, 2014)。

论证,他们就必须排除其他三种可能性。这样,基础主义的无穷回溯论证看来就是这样的:

基础主义者对基本信念的无穷回溯论证:

(1)要么存在着有辩护的基本信念,要么每一个有辩护的信念都有这样一个证据链,这个链条要么终止于一个没有得到辩护的信念,要么是一系列无穷后退的信念,要么是循环的。

(2)但是,如果用来支持一个信念的其他信念本身是没有辩护的,那么这个信念也没有得到辩护,因此,任何一个有辩护的信念都不可能具有这样一个证据链,它终止于一个没有得到辩护的信念。

(3)没有任何人能够有一系列无穷后退的信念,因此,任何一个有辩护的信念都不可能具有这样一个证据链,它终止于一系列无穷后退的信念。

(4)没有任何信念能够为其自身提供辩护,因此,任何一个有辩护的信念都不可能具有一个循环的证据链。

(5)因此,存在着基本信念,即自身就得到辩护的信念。

对这个论证有三种可能的反应。基础主义者认为,这个论证是可靠的,存在着得到辩护的基本信念,所有其他有辩护的信念在辩护上都取决于基本信念。融贯论者认为,这个论证在第四个前提上发生了错误。对一个命题的辩护可以是另一个命题,后者本身仍然是由其他信念来辩护的。具体地说,当一个信念用一种融贯的方式与一个人信念系统中的其他信念保持一致时,它就得到了辩护。因此,一个信念是由一个人的整个信念系统来辩护的,任何一个信念都是该系统的一部分。在这个意义上说,一个信念部分地是由其自身来辩护的,因此第四个前提是假的。怀疑论者认为，不论是基础主义还是融贯论都有问题，因此，如果这个论证在其他地方没有出错，那么其错误就必定在于它一开始就假设存在着有辩护的信念，但实际上根本就没有这样的信念。

就认知辩护而论，融贯论构成了对基础主义的一个重要取舍。实际上，一些理论家主要是在批评基础主义的基础上提出了融贯论。下一章会详细讨论这个理论。现在我们需要弄清楚为什么基础主义者认为融贯论者所设想的那种辩护是不可接受的。在最简单的情形中，融贯论的辩护好像是这样的：$B_1 \leftarrow B_2 \leftarrow B_3 \leftarrow B_1$。这种辩护模式似乎意味着一个信念可以将辩护授予自身。然而，无穷回溯论证的倡导者认为这是不可能的。考虑如下直观例子：你相信布朗是诚实的，你相信这一点是因为你相信琼斯是诚实的，而琼斯对你发誓说布朗是诚实的；而且，你相信琼斯是诚实的，是因为布朗对你发誓说琼斯是诚实的，而你相信布朗是诚实的。在这种情况下，我们显然不能认为你的信念"布朗是诚实的"是有辩护的。

亚里士多德的论证表明，如果存在着论证性知识，那么必定存在非论证性知识。与此相似，基础主义者试图用这样一个论证来表明，除非存在着非推理的辩护，否则我们就不能有辩护地相信任何东西。一个哲学家可以接受这个主张，但他会进一步论证说，既然没有非推理辩护这样的东西，我们在相信任何事情上都没有得到辩护。读者可以去思考这个论点是否成立。不过，只要一个哲学家提出了这样的论证，他就是一个极端的怀疑论者。在本书最后两章中我们会详细讨论怀疑论，不过，目前有一点是明显的：即使基础主义者相信无穷回溯论证表明必定存在着基本信念，但只要他们不能恰当地说明基本信念究竟是如何得到辩护的，融贯论和怀疑论就会乘虚而入。

现在，为了不致轻易误解基础主义，我们需要阐明基本信念的认知地位。基本信念被定义为不需要按照其他信念来辩护的信念,也就是说,其辩护的根据就存在于这种信念的本质中。然而,我们需要将一个信念在**认知上**的依赖性与它在**因果上**的依赖性区分开来。假设我看见桌子上有一只红色的咖啡杯,并形成了相应的信念。在这种情况下,我的信念在如下意义上可以被认为是基本的:它是**直接**来自我所具有的知觉经验。但是,为了在这个知觉经验的基础上持有一个信念,我需要具有某些关于杯子、咖啡和颜色的概念和信念,因为唯有如此我的知觉经验才能导致我形成某个信念。由此来看,基本信念在心理上可以因果地依赖于其他信念。然而,基础主义者强调说,即便如此,那也不意味着基本信念是由其他信念来辩护的——那些其他信念并没有**说明**我关于那只咖啡杯的信念为什么很有可能是真的,因此在这个意义上它们并不是**辩护**我的基本信念的东西。我的基本信念的认知地位完全是由这样一个信念的本质来说明的。就此而论,认知上基本的信念无须也是心理上基本的——拥有或形成一个信念可能取决于具有某些其他信念,但这无须意味着该信念的认识地位是由那些信念来决定的。

总的来说,基础主义有两个核心信条。第一,基本信念是所有其他信念的辩护的根本来源。具体地说,一个基本信念,若要起到终止后退的作用,就必须将辩护授予其他信念,但其本身又不是从辩护链中的任何其他信念那里得到了辩护。第二,基本信念和非基本信念之间的联系是推理的。当然,正如我们即将看到的,对于这种推理联系的本质,不同的基础主义者可以有不同的看法。不过,既然他们都是基础主义者,他们就必须阐明三个共同的问题:第一,基本信念究竟是关于什么东西的信念?哪些信念是有辩护的和基本的?第二,如果基本信念不是由其他信念来辩护的,那么它们究竟是如何得到辩护的?第三,一个非基本信念,若要得到辩护,必须与基本信念具有什么样的联系？[1] 下面我们将通过考察两种主要的基础主义理论来审视基础主义者对这些问题的回答。

二、古典基础主义

2.1 古典基础主义的基本观念

在《第一哲学沉思集》中，笛卡尔通过其极端的怀疑论方法得出了这样一个结论：知识必须建立在对认知主体来说确定无疑的东西的基础上。不少哲学家将这个主张（以及笛卡尔所使用的方法，正如我们即将看到的）视为基础主义的一个经典来源，尽管笛卡尔自己是否持有现在赋予他的那种基础主义是一个有争议的问题。[2] 为了不介入这个争论，我们不妨把从笛卡尔的思想中概括出来的那种基础主义称为"笛卡尔式基础主义"。[3] 这种基础主义把关于我们自己的精神状态的信念挑选出来作为基本信念，因为这种信念被认为是直接的，而且免除了错误的可能性，因此被认为是"不可错的"（infallible）。在笛卡尔那里，我关于自己存在的信念是不可错的，因为甚至当我怀疑我在某件事情上是否受到了恶魔的欺骗时，怀疑作为我自己开展的一种精神活动已经直接暗示了我的存在。当然，笛卡尔不可能仅仅从"我存在"这个信念来建构其知识大厦，但他相信，只要有了这个信念，

---

[1] 参见 Feldman (2003), p. 52。

[2] 讨论笛卡尔知识论（特别是其怀疑论）的论著有很多，其中两部著作值得特别推荐：Harry Frankfurt, *Demons, Dreamers, and Madmen: The Defense of Reason in Descartes's Meditations* (Princeton: Princeton University Press, 2007); Bernard Williams, *Descartes: The Project of Pure Inquiry* (Harmondsworth, UK: Pelican, 1978)。

[3] 在这里，我对这种基础主义的讨论主要遵从费尔德曼的论述，参见 Feldman (2003), pp. 52-55。亦可参见 Lemos (2007), pp. 50-55; Steup (1996), pp. 105-107。

通过借助某些假定，我们就有了知识事业所需的根基。例如，只要"我存在"这一点是确定无疑的，通过假设良善的上帝绝不可能欺骗我，就可以推出我不可能弄错自己精神状态的内容，而我们可以从这种内容（或者相关信念的内容）中推出我们关于物理对象的知识。

现在的问题是，一个信念必须满足什么条件才能被称为"不可错地得到辩护的信念"？如果我们要求信念是不可错的，显然就限制了这种信念的范围，因为很多信念实际上是可错的。笛卡尔有时认为，关于简单的逻辑真理或算术真理的信念不可能是错误的，因此是不可错地得到辩护的。然而，在我们对知识大厦的构建中，即便这种信念仍然是根本的，其作用也很有限。在试图按照基本信念来构造我们关于外部世界的知识时，仅仅具有这种信念是不够的。笛卡尔进一步认为，对于我们自己有意识的精神状态的内容，我们具有不可错的信念。一般来说，我们是通过**内省**认识到自己的精神状态具有什么内容。因此，按照笛卡尔的说法，从内省中得到的信念就是基本信念。这种信念具有多种多样的内容，例如，它们关系到一个人正在具有的某些感觉或感受，或者正在思想的东西。那么，有什么理由认为这种信念是不可错的呢？为了回答这个问题，我们首先可以把内省信念与知觉信念做比较。很容易看出，甚至简单的知觉信念也容易出错。我相信那是一个红色的物体，然而，如果光照条件不正常，或者我的知觉系统突然发生了故障，我可能就会把一个棕色的物体错误地看作红色的。[1] 既然知觉信念容易出错，为什么内省信念就不太可能出错呢？

---

[1] 想要进一步了解关于知觉或知觉经验的哲学争论的读者，可以参考如下论著：William Fish, *Perception, Hallucination and Illusion* (Oxford: Oxford University Press, 2009); Ali Hasan, *A Critical Introduction to the Epistemology of Perception* (London: Bloomsbury Academic, 2017); Barry Maund, *Perception* (Chesham, UK: Acumen, 2003); Howard Robinson, *Perception* (London: Routledge, 1994)。

笛卡尔的回答是，内省信念在某种意义上是直接的——在一个知觉信念和它所关涉的对象之间可能存在某些中间"间隔"，但在内省信念及其所关涉的对象之间似乎就没有这种间隔。如果我正在思想某事，那么一般来说我不太可能弄错自己正在思想的东西；如果我确实觉得头痛，"我头痛"这个信念大概也不会是错的。与此相比，对于知觉信念来说，一个物体是不是红色的似乎并不取决于我。因此，如果内省信念是不可错的，那么大概正是其**直接性**保证了它们是不可错的。

一个人的精神状态的内容可以是**他自己**的思想和感觉，也可以是他对外部事物所具有的感觉。我可能有对一个红色的物体的感觉印象，因此可能相信那里有一个红色的物体。我在这个感觉印象的基础上形成的信念涉及事物对我来说**看起来是什么样子**。关于某个声音对我来说听起来是什么样子，或者某种气味对我来说闻起来是怎样的，我也可以形成类似的信念。所有这些信念都关系到事物向我显现出来的样子，即通常所说的"现象"。我们对现象持有的信念可以被称为"现象信念"，这种信念以一个人目前精神状态的内容为目标。如果某物向我显现为某种样子，那么它就向我显现为那个样子。例如，如果我看见那个东西像一棵树，它对我来说就像一棵树。一些理论家就此认为，一个人不太可能弄错一个现象的内容，因为这样一个内容确实就是他目前的精神状态的内容，是在他对自己精神状态的内省中直接呈现出来的东西。只要我通过内省发现我有一棵树的感觉印象，我就可以认为我相信自己看见了一棵树，或者更确切地说，我相信自己具有关于一棵树的感觉印象，尽管我是否**确实**看见了一棵树取决于某些其他的条件，例如对于知觉的本质及其条件的论述。笛卡尔当然认为一个人对其当下精神状态的内容的内省是不可错的。按照这个观点，基本信念之所以得到辩护，是因为其对象就是我们在这种情况下无法怀疑的命题。这似乎回答了前面提到的第一个问题，但说不上是对第二个问题的一个合理回答,因为即使一个命题在笛卡尔的意义上对于认知主体来说是无可置疑的,这也不意味着相信它就是认知上有辩护的。你可能无法怀疑自己被免试推荐为研究生的资格,但是,不能进行这种怀疑并不意味着你在相信自己有推免资格上就得到了辩护(除非我们在这里将"不能怀疑"理解为排除了与你目前用来支持目标信念的证据不相容的**一切**证据)。你可能只是没有充分认识到获得推免资格的条件,或者甚至是因为某种心理偏执而无法怀疑。当然,如果笛卡尔坚持认为一个人不可能弄错自己当下的精神状态的内容,那么他就以这种方式回答了第二个问题。但是,正如我们即将看到的,笛卡尔的假定是成问题的。

至于第三个问题,笛卡尔很明确地认为,所有其他有辩护的信念都是通过**演绎推理**从得到辩护的基本信念中推出的。如果前提本身是有辩护的,那么演绎推理确实可以将辩护有效地传递给结论。然而,在现象信念的情形中,笛卡尔的推理辩护策略就碰到了严重困难。当我具有(或者通过内省发现)一棵树的感觉印象时,我确实可以说我相信自己**似乎**看到了一棵树,但我不能由此断言我相信自己**确实**看到了一棵树,因为即使我不可能弄错自己目前精神状态的内容,但我可能(比如说)发生幻觉。在这种情况下,我有一棵树的感觉印象这一事实并不能保证在我面前确实有一棵树。在笛卡尔看来,为了解决这个问题,或者更确切地说,为了得到关于外部世界的有辩护的信念,我们就必须以一种能够保证关于外部世界的信念为真的方式将基本信念组合起来。他由此认为,某些关于逻辑问题和概念问题的信念在如下意义上也是基本的:仅仅通过反思我们在这些问题上的信念,我们就可以"看到"它们是真的。例如,下面这些命题据说都是真的:每一个东西与其自身同一;如果 P 和 Q 是真的,那么 Q 是真的。我们对这些命题持有的信念也是有辩护的基本信念。笛卡尔进而声称,他可以按照这样一些命题结论性地证明上帝存在,上帝不是或不可能是骗子。反过来说,如果我们的现象信念完全是欺骗性的,那么上帝就是骗子。但是,既然上帝不是骗子,他就会确保我们在清楚明晰的情况下持有的现象信念真实地反映了实在。也就是说,在这种情况下,我们可以从现象信念的内容中推出关于外部世界的知识。然而,这个奇妙的解决方案面临众所周知的"笛卡尔循环问题"。

当然,上面介绍的这种基础主义并不精确地对应于笛卡尔本人的观点。笛卡尔确实认为关于逻辑真理和概念真理的信念是不可错的,他也认为一个人不可能弄错自己精神状态的内容,但他似乎并不认为我们不可能弄错自己感觉经验的内容。一些当代理论家继承了笛卡尔的某些基本主张,但对基本信念提出了不同的说法。他们的观点有时被称为"**新古典基础主义**"。[1] 新古典基础主义者接受了一个直观认识:我们是通过知觉认识到外部世界的。因此他们认为基本信念必须是知觉信念。如果基本信念要充当为其他信念提供辩护的角色,它们本身必须具有一个可靠的认知地位。那么,基础主义者能否将这种地位赋予知觉信念呢?在日常意义上说,我们往往把关于物理对象的信念视为知觉的直接结果。例如,我**看见**窗户开着或者**听见**有人在上楼,因此就相信窗户开着或者有人在上楼。然而,知觉信念有可能是错误的,例如因为知觉系统出错,知觉环境或知觉条件不正常。此外,期望也会影响知觉经验。如果我迫切希望看到某个朋友,我可能会在大街上把一个看起来像他的人看作他。有些实验心理学家认为,甚至感觉也会受到期望的影响。这样一来,如果日常的感知觉信念是可错

---

[1] 这个名称大概是蒂莫西·麦格鲁最先提出的,并在伯特兰·罗素的知识论中有其思想根源。参见 Timothy McGrew, *The Foundations of Knowledge* (Lanham, MD: Littlefield Adams, 1995), p. 57; Bertrand Russell, *The Problems of Philosophy* (Oxford: Oxford University Press, 2001, first published in 1912), especially chapter 5。

的，那么它们就像其他信念一样也需要得到辩护，因此不能成为辩护的基础。

基础主义者对这个批评的回答很简单：他们直接否认基本信念是日常的知觉信念，即关于物理对象的知觉信念，但强调基本信念仍然是某种意义上的知觉信念。什么意义上的知觉信念呢？当然就是关于一个人自己当下的感觉经验的信念。我可以对某个东西**实际上**是什么颜色做出错误判断，因此形成错误信念，但我好像不太可能对它**对我来说看起来是什么**颜色做出错误判断。基础主义者认为，在知觉中我有感觉经验，这种经验导致我形成了关于周围世界的信念。当然，我仍有可能对周围世界做出错误判断，但我好像不太可能弄错我目前的感觉经验的特征。因此，我们好像确实可以把关于感觉经验的信念看作基本的，由此间接地推出关于物理对象的信念。

关于感觉经验的信念就是前面所说的"现象信念"。不过，此前我们并没有具体说明现象信念在什么意义上是不可错的。现象信念是对于在感觉经验中呈现出来的东西的信念。如果我们用"某个东西对我来说好像是什么样的"或者"某个东西对我来说显现为什么样子"这样的说法来表征感觉经验，那么感觉信念好像确实是不可错的，因为感觉经验就是直接呈现到一个人心灵中的东西，是一个人可以通过内省把握到的。如果我感觉到有一棵松树呈现在我面前，那么一般来说，在缺乏对立证据的情况下，我似乎就只能相信我面前有一棵松树。当然，我或许事后发现我的信念是错误的，例如，只要认真看看，我就会发现那是人们为了迎接圣诞节而在那里放的一棵假松树。然而，有趣的是，甚至在这种情况下，我好像仍然是通过感觉经验而发现那是一棵假松树。为了让后面这个信念成为推翻前一个信念的证据，我就必须相信我此时看到的是一棵假松树。换句话说，后面这种感觉经验向我提供了我持有后一个信念的直接证据。因此，基础主义者似乎可以合理地说，如果感觉经验就是直接呈现到心灵中的东西，那么我们就不可能弄错自己感觉经验的内容，即使我们可以弄错引起感觉经验的物理对象，因此持有错误的物理对象信念。这样，如果我们不是在日常意义上将知觉信念理解为关于物理对象的信念，而是理解为关于自己感觉经验的内容的信念，那么这种信念似乎就是不可错的。只要我感觉到面前有一棵树，我至少可以说我相信自己好像看见了一棵树。如果感觉经验的内容对于认知主体自己来说是自明的，那么这种内容就向他提供了相信相应命题的根据。罗素就持有这种观点，并用"亲知"（acquaintance）这个概念来描述一个人与自己感觉经验的内容的关系。所谓"亲知"，指的是"直接意识到或经验到"。在罗素看来，一个人不仅能够直接意识到自己感觉经验的内容，也能直接意识到自己的思想、感受和记忆。直接性是亲知的一个显著特点：通过亲知得到的信念被认为与其对象没有间隔。[1] 在这个意义上，这种信念被认为是不可错的。

古典基础主义者将辩护设想为真理的一个保证。理性主义导向的基础主义者认为理性是真理的保证，经验主义导向的基础主义者则认为经验能够保证基本信念为真。无论采取何种立场，对他们来说，基本信念之所以是基本的，是因为基本信念不可能是假的。如果理性能够直观到某些基本的概念真理和逻辑真理，那么理性至少在这些问题上是真理的保证。与此相比，我们仍然不太清楚**经验**如何能够保证基

---

[1] 希望进一步了解罗素知识论的读者，可以参考 Bertrand Russell, *Theory of Knowledge: The 1913 Manuscript* (edited by Elizabeth Eames, London: Routledge, 1992); Elizabeth Eames, *Bertrand Russell's Theory of Knowledge* (London: Routledge, 2013, first published in 1969); Sajahan Miah, *Russell's Theory of Perception 1905-1919* (London: Continuum International Publishing Group, 2006)。罗素的"亲知"概念与"直接经验"概念具有重要联系，对后者的一般考察，参见 BonJour (2010), chapter 6。

本信念是真的。一些基础主义者试图用"不可矫正"（incorrigible）这个概念来说明基本信念在什么意义上是真的。直观上说，一个不可矫正的信念是这样的：具有该信念的那个人在相信自己所相信的事情上不可能出错。按照这种理解，内省信念或现象信念似乎是不可矫正的，因为这种信念关系到一个人自己有意识的精神状态的内容，而他被认为不可能弄错这种内容。不过，基础主义者仍然需要进一步说明这种信念究竟在什么意义上是不可错的。一个解释是，说这样一个信念是不可错的，就是说它出错这件事情是**逻辑上**不可能的，而说一个命题是逻辑上不可能的，就是说它在任何一个可能世界中都不成立。例如"约翰有一个女性兄弟"这个命题是逻辑上不可能的。这样，基础主义者就可以对"不可矫正"这个概念提出如下初步定义：[1]

> **初步定义**：信念 P 对一个人 S 来说是不可矫正的，当且仅当，"S 相信 P 而 P 是假的"这件事情是逻辑上不可能的。

我们需要弄清楚基础主义者为什么要这样来定义"不可矫正"这个概念。如果"一个人相信 P 而 P 是假的"这件事是逻辑上不可能的，那么，既然他确实相信 P，由此似乎就可以推出 P 是真的。[2] 如此理解，一个不可矫正的信念就保证了其自身是真的。然而，上述定义有一个明显的问题。设想任何逻辑上必然的命题，例如"2+7=9"。说一个命题是逻辑上必然的就是说其否定命题是逻辑上不可能的。因此，"2 加 7 不等于 9"是逻辑上不可能的。假设我们就此断言下面这

---

[1] 以下对"不可矫正"这个概念的讨论主要根据 Keith Lehrer, *Theory of Knowledge* (second edition, Boulder: Westview Press, 2000), pp. 51-54。

[2] 读者可以进一步思考为什么是这样，例如通过与逻辑不可能性的概念联系起来。

件事情是逻辑上不可能的：某个人相信"2+7=9"而"2+7=9"又是假的。那么，按照上述定义，他的信念"2+7=9"是不可矫正的："他相信'2+7=9'，但其信念又可能出错"这件事情是逻辑上不可能的。然而，即使一个人相信的是一个必然命题，直观上说，其信念仍有可能是错误的，因为就像我们需要理由来相信任何或然性命题一样，我们也需要理由来相信一个必然命题，但我们的理由有可能是错误的。假设一个学生正参加数学考试，其中有一道他觉得很难解决的问题。他想了一下后发现，如果存在某个定理，他就可以引用那个定理来解决这个问题。但他从未见过这个定理，实际上也没有理由相信它。然而他认为，要是他相信这个定理是真的，就可以解决那个问题。这种一厢情愿的想法导致他相信了那个定理，然而，他在持有这个信念上显然没有得到辩护。如果这个案例是正确的，那就表明甚至关于必然真理的信念也不是不可矫正的，因此上述定义是成问题的。实际上，即使一个人的信念满足了上述定义的要求，这一事实与他的信念是否得到了辩护也毫无关系，因为他很有可能是在尚未**正确**把握 P 何以为真的情况下就相信 P，而在这种情况下，其信念就说不上有辩护。

因此，如果基础主义者仍然打算用"不可矫正"这个概念来表征基本信念，他们就必须重新提出一个定义，以避免上述定义碰到的问题。原来的定义意味着"一个人相信某个必然真理，但其信念又出错"这件事情是逻辑上不可能的。然而，即使一个人相信某个必然真理，但他可能没有恰当的理由持有这个信念，或者其理由根本上是错误的，而这样的事情是逻辑上可能的。基思·莱勒进一步论证说，如果一个人出于**正确的**理由相信一个必然为真的命题，例如"$1735 \times 6987 = 12122445$"这个算术命题，那么他当然不会出错，但我们也可以设想一个人完全有可能不相信这样一个必然真理，例如因为他计算出来的是另一个结果。"不可能弄错一个命题 P"这个说法的直观含义是，认知主体相信P这件事应该能够保证P是真的,而他不相信P这件事应该能够保证P是假的。这样,如果我们将不可矫正的信念理解为对一个不可矫正的命题的信念,那么这样一个命题就可以被定义如下:一个命题P对一个人S来说是不可矫正的,当且仅当下面两件事情都是逻辑上必然的——第一,如果S相信P,那么P是真的;第二,如果S不相信P,那么P是假的。我们可以按照这个定义对一个不可矫正的信念提出如下修正定义:

修正定义:信念P对S来说是不可矫正的,当且仅当下面两件事情都是逻辑上不可能的:第一,S相信P,而P是假的;第二,P是真的,但S不相信P。

这个定义抓住了如下思想:关于P是否为真的信念为P是否为真提供了最终的判决。一个信念,只要满足这两个条件,就可以被说成是不可矫正的。在这个定义下,数学真理或逻辑真理不一定是不可矫正的,因为即使一个人不相信这样的命题,它们依然是真的。不过,按照这个定义,关于一个人自己当下的有意识的精神状态的信念似乎确实是不可矫正的。如果一个人对于其当下的精神状态能够有直接的内省,那么,当他具有这样一个精神状态时,他相信自己具有这样一个状态;另一方面,如果他确实相信自己具有这样一个精神状态,那么他就大概具有这样一个精神状态。不太可能的是,他相信自己有这样一个精神状态但实际上并没有,或者,他确实有这样一个精神状态但不相信自己有。[1] 当然,我们或许不能在"逻辑上不可能"的意义

---

[1] 当然,这种主张要求一些其他条件,例如,一个人必须是诚实的,在某种意义上是一个正常人;此外,对有意识的精神状态的内省必须是直接的;最终,它也依赖于我们对意识的本质的一些理解。在这里我们将不讨论这些进一步的问题。

上来理解这里所说的"不可能"。同样,"我相信我存在"这个信念大概也是不可矫正的,因为只要我相信我存在,我具有这样一个精神状态这件事就直接暗示了我存在;另一方面,如果我以某种方式意识到了我存在,那么我大概不能不相信我存在。然而,即使我们确实可以对自己当下的有意识的精神状态持有不可矫正的信念,我们实际上也不清楚这种信念**如何**可以被用来作为辩护其他信念的基本信念。我们当然可以承认,当我疼痛的时候我相信(或者甚至知道)我疼痛,当我在思想的时候我相信(或者甚至知道)我在思想。只要这些精神状态是有意识的,只要我在精神上是正常的,我似乎就不可能弄错这些东西。然而,基础主义者需要做的是,按照关于一个人自己精神状态的**内容**的信念来推断关于外在世界的信念,不管这种推断是通过演绎推理还是通过归纳推理(前者是笛卡尔式的基础主义者所强调的推理辩护方式,后者是新古典基础主义者所采取的推理辩护方式)。但是,一旦回到内容问题,我们就会发现古典基础主义面临进一步的困难。

2.2 对古典基础主义的批评

大多数理论家都愿意承认,通过演绎推理或广泛意义上的归纳推理从有辩护的信念中推出的信念也是有辩护的。因此,对基础主义的挑战主要是针对基本信念的概念。古典基础主义者将基本信念设想为不可错的,并进一步按照"不可矫正"这个概念来描绘基本信念的本质特征。因此,只要批评者能够表明基础主义者所设想的基本信念并不是不可错的,他们就反驳了这种基础主义。

正如我们已经初步看到的,"一个人不可能弄错自己目前的精神状态"这一主张是含糊的,有两个可能的解释:其一,一个人不可能弄错自己是否具有**某种类型**的精神状态,其二,一个人不可能弄错自己当下有意识的精神状态的**内容**。前一个主张很可能是正确的。

如果我正在思考某事，意识到自己正在思考某事，那么我大概会相信我正在思考；如果我此时具有某种感觉，意识到自己此时具有的那种感觉，那么我大概会相信我有某种感觉。不过，基础主义者主要是在第二个意义上提出其主张——他们所要强调的是，一个人不可能弄错自己正在思想什么、感觉什么、欲望什么等等。假设你问我正在想什么，我告诉你我正在寻思周末去哪里度假。如果我是诚实的，一般来说你就会认为那就是我正在想的。如果我当下的精神状态的内容不是通过直接内省揭示出来的，那么还有什么东西能够将它们揭示出来呢？[1] 即使我的精神状态总是与大脑中的神经活动相联系，但神经科学的观察并不能直接揭示我的精神状态。这样，如果在内省的时候我不可能弄错自己精神状态的内容，那么我通过内省得到的信念就是不可错地得到辩护的。在古典基础主义者这里，这种信念之所以是不可错地得到辩护的，是因为内省本身是直接的和不可错的。因此，只要内省并不必然具有这个特征，古典基础主义者对基本信念的设想就是成问题的。在这里，为了便于讨论，我们首先考虑关于思想的信念，然后再考虑关于感觉的信念。[2]

莱勒论证说，一个人对自己的思想持有的信念并不是不可错的。假设我正在想弗朗西斯·培根是《哈姆雷特》的作者。我有这个想法，是因为很多学者都认为培根就是莎士比亚（历史上确实有过莎士比亚究竟是谁的争论）。"培根就是莎士比亚"这个信念当然是错误的，但需要注意的是，这个信念不是一个正在发生的信念：在具有"培根是《哈姆雷特》的作者"这一思想时，我不是**有意识地**持有这个信念。

---

[1] 我们能够通过内省（或者某种内在意识）认识到自己目前的精神状态及其内容，这有可能是一个进化优势。至于这在人类心智的发展中是如何产生的，则是另一个问题。

[2] 以下讨论的批评来自 Lehrer (2000), pp. 55-58。但是，正如我们即将看到的，莱勒提出的某些反例并不具有充分的说服力。

现在，假设你问我正在想什么，我回答我正在想莎士比亚是《哈姆雷特》的作者。我之所以有这个想法，是因为我相信培根就是莎士比亚（注意，这个信念可以是一个倾向性信念），因此我也相信持有"培根是《哈姆雷特》的作者"这一想法就等于持有"莎士比亚是《哈姆雷特》的作者"这一想法。然而，莱勒认为，在相信我正在想莎士比亚是《哈姆雷特》的作者时，我的信念是错误的。莱勒对此提出了如下解释。思想在某种意义上可以被理解为一个人的默默自语，宛如一个人在无声地对自己说话。因此我们就可以认为"培根是《哈姆雷特》的作者"这个思想是由我对自己说出的这样一句话构成的：培根是《哈姆雷特》的作者。但是，对自己说"培根是《哈姆雷特》的作者"不同于对自己说"莎士比亚是《哈姆雷特》的作者"。因此，即使我有"培根就是莎士比亚"这样一个**倾向性**信念（当然是一个错误信念），思考"培根是《哈姆雷特》的作者"并不必然等同于思考"莎士比亚是《哈姆雷特》的作者"，因为可以设想的是，在思考前者的时候我可以不在思考后者。因此，当我报告说我正在思考莎士比亚是《哈姆雷特》的作者并因此而相信自己所说的话时，我错了。莱勒由此认为，相信自己正在思考某个命题在逻辑上并不意味着自己正在思考那个命题。换句话说，一个人可以弄错自己思想状态的内容。

如果在这种情形中我确实弄错了自己思想状态的内容，那么我是如何出错的呢？在上述例子中，明显的是，我之所以相信我正在思考莎士比亚是《哈姆雷特》的作者，是因为我持有一个假的倾向性信念，即"培根就是莎士比亚"。正是因为我持有这样一个信念，我的思想才从"培根是《哈姆雷特》的作者"不知不觉地滑向"莎士比亚是《哈姆雷特》的作者"。但是，既然"培根就是莎士比亚"这个信念是错误的，我最终向你报告出来的那个思想也是错误的。换句话说，我之所以弄错自己思想状态的内容，是因为我是按照一个错误的推理来持有我最终具有的那个思想状态。由于持有错误的信念或者在思想中做出错误的推理，我的思想状态的内容**从第三人的观点来看**确实可以是错误的，即**事实上**是错的。然而，这并不意味着当我内省自己的思考状态时，我会弄错自己思想状态的内容。虽然我在 T_1 时刻思考"培根是《哈姆雷特》的作者"，因为我持有"培根就是莎士比亚"这一倾向性信念，但我在 T_2 时刻思考"莎士比亚是《哈姆雷特》的作者"时，我对那个思想状态的内容的内省好像是不可错的。而且，在 T_2 时刻，我确实由此相信我在想莎士比亚是《哈姆雷特》的作者，而这个信念本身似乎也是不可错的。为了说明这一点，不妨考虑一个不太令人困惑的例子。假设我正在想"培根是《哈姆雷特》的作者"，通过内省，我说"我相信我正在想培根是《哈姆雷特》的作者"。如果我能确信那就是我正在想的事情，那么我的信念"我正在想培根是《哈姆雷特》的作者"是不可错的。当然，如果我由此断言我相信培根是《哈姆雷特》的作者，那么这个信念就是错误的，因为它事实上是错误的。基础主义者所要说的是，我不可能弄错自己思想状态的内容。因此，如果我确信我正在思想 P，那么我只能相信我正在思想 P，我在这个信念上不可能出错。我相信我正在思想 P 当然不一定意味着 P 就是真的，基础主义者承认这一点。因此，莱勒的反例似乎误解了基础主义者提出的主张。

在这里，我们需要回想一下基础主义的动机。基础主义者认为，只有当存在基本信念时，才能有效地终止辩护的无穷后退。如果基本信念已经被赋予这种作用，那就意味着基本信念不是通过其他信念来辩护的。因此，如果确实存在基本信念，它们必定在某种意义上是自我辩护的。如果内省能够**直接**揭示我目前的精神状态的内容，那么我由此形成的信念似乎就是自我辩护的——如果我通过内省确信自己有如此这般的一个精神状态，就会自然地相信我有这样一个精神状态。

能够直接内省自己的精神状态及其内容可能是一个进化优势：要是我们不能这样做，就不能有效地反思自己的思想和感觉，而具有这种反思对于我们处理与周围环境的关系、调整自己的行动方案来说可能很重要。[1] 当然，我的精神状态的内容有可能是**事实上错的**，例如，我可能会思考地球是方的或者相信火星上存在智慧生物。但是，如果内省本身是直接的和不可错的，那么，当我确实具有某个特定的精神状态时，我大概不会弄错一件事情，即我具有这样一个精神状态。如果我明确意识到自己正在思考如何理解"不可矫正"这一概念，我大概不可能弄错我正在思考这个概念这一事实，或者，如果我明确意识到我有一个红色物体的感觉印象，我大概不可能弄错我有一个红色物体的感觉印象这一事实，因为只要我确实具有这样一个有意识的精神状态，我具有它这件事情是在内省中对我直接呈现出来的。由此来看，我相信自己正在想什么或者具有什么样的感觉经验这样的事情似乎也是不可错的。当然，我的精神状态的内容有可能是**事实上错的**，因此我持有的相应信念也是**事实上错的**，但这不等于说我会弄错自己精神状态的内容。这就是说，如果精神状态的内容是在内省中对我**直接**呈现出来的，那么我至少不会在它显现出来的样子上弄错它，尽管我可能对它做出错误的鉴定或判断。另一方面，只要我们不是极端的怀疑论者，就没有理由否认，在我们有意识的精神状态中，一些精神状态的内容可以正确地反映外部世界的某些特点。因此，基础主义者就可

---

[1] 内省可以被理解为一种元认知能力，或者至少可以被看作这种能力的一个必要条件。大多数理论家并不否认内省是自我知识的一个来源，尽管他们可以对自我知识的本质持有不同看法，例如自我知识是不是可错的，或者是否在某种意义上是直接的。相关的讨论，参见 Jesse Butler, *Rethinking Introspection: A Pluralist Approach to the First-Person Perspective* (London: Palgrave Macmillan, 2013); Declan Smithies and Daniel Stoljar (eds.), *Introspection and Consciousness* (Oxford: Oxford University Press, 2012)。

以认为，关于我们自己精神状态的信念能够充当基本信念。

莱勒的例子其实是要表明，对于我们通过内省得到的任何信念，我们也可以通过**推理**得到，或者内省本身就涉及无意识的推断，在这个意义上并不是直接的。如果内省确实涉及无意识的推断，而推理立足于错误前提，或者推理本身是有缺陷的，那么由此得到的信念就不是不可错。更加麻烦的是，有可能我们无法辨别内省什么时候是直接的，什么时候是无意识推理的结果。内省能力或许取决于一定的实践和训练，其结果只有在某些条件下才是可靠的。例如，按照威廉·莱昂斯的说法，内省实际上并不是一种"观看"精神内容的机制，就像传统观点所认为的那样；相反，内省是通过采纳知觉记忆和想象来发现动机、思想、希望、欲望之类的精神状态。因此，内省更像是对知觉的一种创造性"回放"。[1] 按照这种理解，只要我们的知觉系统会出错，我们通过知觉获得的东西也会出错，而如果内省是对知觉的创造性"回放"，那么它至少在某些情况下是不可靠的，更不是不可错的。不过，直观上说，内省与知觉确实有一些重要差别。如果内省在某种意义上是直接的，那么它是否会出错就部分地取决于哲学家对内省的定义，部分地取决于相关经验科学（例如认知心理学和认知神经科学）的研究结果。就此而论，莱勒论证的有效性仍然取决于我们能否有意义地将内省与无意识的推理区分开来。

现在让我们转向关于感觉的信念。所谓"感觉"（sensations），在这里指的是一个人自己感觉经验的内容。戴维·阿姆斯特朗论证说，[2]即使一个人可以在言语上正确地报告他具有的某个感觉，但他报告出

---

[1] William Lyons, *The Disappearance of Introspection* (Cambridge, MA: The MIT Press, 1986), especially chapter 7.

[2] David Armstrong (1963), "Is Introspective Knowledge Incorrigible?", *Philosophical Review* 72: 417-432.

来的内容可以是错误的。例如,当一个人说自己具有某个感觉时,有很好的证据表明他没有撒谎,或者在言语上没有出错,但同时也有很好的证据表明他其实并不具有他所说的那个感觉。阿姆斯特朗试图用一个思想实验来说明这一点。假设我们从神经科学的研究中得出这样一个观察:只有当一个人处于某个脑状态时,他才经验到某个感觉。进一步说,假设一个人有一个视觉经验,例如正常人在白天面对红色的物体时具有的那种经验。阿姆斯特朗说,我们让某人服用一种会让他诚实地回答问题的药物。他服用了这种药物,并报告自己有一个红色的感觉,但我们观察到他并不处于与那种感觉相对应的脑状态。既然他服用了那种药物,我们就只能断言他相信自己所说的东西。但是,按照神经科学的证据,他并不处于那个指定的脑状态,因此我们可以认为他此时并不具有那个感觉。阿姆斯特朗认为,这种情形至少是逻辑上可能的,因此一个人可以弄错自己的感觉经验,例如相信自己具有某个感觉经验,但他其实没有那个经验。然而,阿姆斯特朗的论证是有缺陷的。我们可以承认,在正常情况下,当一个人具有某个感觉经验时,有某个指定的脑状态与那个经验相对应。但是,如果一个人服用了那种药物,其脑状态就会发生变化(除非阿姆斯特朗能够表明服用这种药物不会影响他所设想的那种对应关系),也就是说,与他的感觉经验相对应的那个脑状态现在可能就不再是原来的那个状态了。

莱勒意识到阿姆斯特朗的论证是有缺陷的,因此就设想了另一个反例。这个例子关系到一个人将两种不同的感觉混淆起来。约翰受教育程度不高,往往将痛的感觉和痒的感觉混淆起来。他去看医生时,倾向于相信医生对他所说的一切。医生对他说,他的感觉有时候是痛的感觉,有时候是痒的感觉,这并不奇怪,因为痒实际上就是痛。于是约翰就不再怀疑痒就是痛,这样,当他觉得有点痒的时候,他坚定地相信自己处于痛的状态。但他的信念是错误的。莱勒由此断言，一个人实际上可以弄错自己的感觉，因此，关于感觉经验的信念也不是不可错的。很不幸，莱勒的论证也有缺陷。约翰实际上持有一个错误信念，而他对自己感觉经验的报告受到了该信念的影响：他实际上具有的是痒的感觉，但由于他错误地相信痒就是痛，因此就错误地报告他有一个痛的感觉，并由此错误地相信他有这样一个感觉。约翰缺乏辨别两种不同感觉的能力，他所报告的那个感觉实际上不是他通过内省直接意识到的感觉，而是其错误信念的结果。换句话说，他的错误在于他对自己感觉经验的**鉴定**或**描述**是错误的。这种错误的出现并不难理解。在试图弄清楚我的思想或感觉经验的内容时，我需要用概念来鉴定或描述这样一个内容，但我可能错误地使用一个概念。此外，我如何描述自己的思想或感觉经验的内容也取决于我的一些背景信念，其中有一些信念可能是错误的，因此我在内省的基础上报告出来的思想或感觉经验的内容也是错误的。

基础主义的批评者或许就此认为，即使我不可能弄错我在想什么、在感觉什么，我也可以弄错我的思想或感觉经验的内容。然而，这个批评对于基础主义来说或许不是致命的。基础主义者可以回答说，我不会在自己的思想或感觉经验的本质上出错，我只是**错误地鉴定或描述**了自己的思想或感觉经验的内容。如前所述，我们有时候会发生幻觉或错觉。此外，我们把某个东西**知觉为**什么东西也受到了背景信念或期望的影响。假若基本信念要起到基础主义者赋予它们的那种辩护作用，它们当然就必须具有特定内容，而对这些内容的鉴定和描述则涉及将某些概念和信念应用于它们，因此总有可能会出错。但是，一般来说，我们似乎不太可能认为我们的知觉经验**总是**错误的，因为若是这样，我们大概就不会在世界上幸存下来了。即使我们有时候会错误地鉴定或描述自己的经验，我们似乎也不能认为这种错误一

第四章　基础主义

直都在发生，或者本质上不可避免。[1]

现在来考虑对古典基础主义的另一个批评。[2] 这个批评的要点是，我们很少用古典基础主义者所设想的那种方式来形成信念，即首先形成关于自己内在状态的信念，然后从这种信念中推出关于外在世界的信念。例如，当我此时坐在阁楼上的桌子前写这部书稿时，我看见桌上有咖啡机，听到雨落到天窗上的声音。一般来说，我并不形成"我**好像**看见桌上有咖啡机"或者"我**似乎**听见某种像雨声一样的声音"这样的信念，然后再推断出桌上有咖啡机、天在下雨了。要是我们用这种方式来形成信念，我们不仅需要经历烦琐而复杂的思想和推理过程，而且能够具有的信念也会很少。在我们所具有的信念中，有很多信念显然不是这样形成的。当走进阁楼房间时，我发现有点暗，但我想要工作，因此就打开了灯。我可以这样来说明我的行动：我想工作，需要足够的光，我相信开灯就会有足够的光。在这种情况下，我似乎并不需要明确持有"开灯就会有足够的光"这样一个信念，也无须将它有意识地表达出来。当然，我们或许觉察到某些感觉刺激，但这并不等于持有关于它们的信念。说我觉察到某些感觉刺激，就是说我对它们具有一个有意识的经验。在进入房间、看见桌子上的咖啡机时，我就有了一个具有某些特征的知觉经验。我可能确实注意到了某些刺激，但这并不意味着我因此形成了"我相信我正在经验到某些刺激"这样一个信念。为了形成这样一个信念，我似乎就需要**监控**自己

---

[1] 在这里我们无法进一步讨论感知觉的本质。一些相关的论述，参见 William Fish, *Philosophy of Perception: A Contemporary Introduction* (London: Routledge, 2021); Fiona Macpherson (ed.), *The Senses: Classical and Contemporary Philosophical Perspectives* (Oxford: Oxford University Press, 2011); Alva Noe and Evan Thompson (eds.), *Vision and Mind: Selected Readings in the Philosophy of Perception* (Cambridge, MA, The MIT Press, 2002); Tamar Szabo Gendler and John Hawthorne (eds.), *Perceptual Experience* (Oxford: Oxford University Press, 2006)。

[2] 参见 Feldman (2003), pp. 57-59。

的经验，例如首先要去关注自己是否具有某种经验以及具有什么样的经验。然而，在日常情境中，我们似乎并不这样做。如果这些关于信念形成的直观认识是合理的，那么批评者就可以提出如下反驳基础主义的论证：

一个反对古典基础主义的论证：
（1）人们很少把关于外部世界的信念建立在他们关于自己内在状态的信念的基础上。
（2）如果古典基础主义是真的，那么，只有当关于外部世界的信念是立足于关于一个人自己内在状态的信念时，它们才具有充分的根据。
（3）如果古典基础主义是真的，人们具有的关于外部世界的有充分根据的信念就很少。
（4）人们具有的关于外部世界的有充分根据的信念并非很少。
（5）因此，古典基础主义不是真的。

在这个论证中，第一个前提得到上述分析的支持，第二个前提是古典基础主义的一个推论，第三个前提来自前两个前提，第四个前提来自这样一个直观认识：我们确实具有很多关于外部世界的信念和知识。只要你不是极端的怀疑论者，就应该接受这个认识。古典基础主义者认为，物理对象信念并不具有任何认知上优越的地位，只有现象信念才有这种地位。因此，如果基本信念必须具有这样一个地位，那么就只有现象信念才算得上是基本的。然而，一般来说，我们并不形成任何现象信念。因此，如果古典基础主义者认为基本信念必须具有一种认知上优越的地位，那么这个要求就会导致如下结论：我们的物理对象信念往往没有得到辩护。这个结论会把基础主义转化为一种形式的怀疑论。[1]

三、适度的基础主义

古典基础主义要求基本信念是不可错的,因此就把基本信念设想为关于一个人自己内在状态的信念(以及关于逻辑真理和概念真理的信念)。然而,正如我们已经看到的,古典基础主义者并未**结论性地**表明这种信念确实是不可错的。这种基础主义还面临两个严重问题:第一,一般来说,我们并不形成现象信念;第二,即使我们确实形成了这种信念,如何从这种信念推出关于外部世界的信念仍然是不清楚的。[2] 为了避免这些问题,一些仍然同情基础主义立场的哲学家试图发展其他形式的基础主义,其中最为著名的就是所谓"适度的基础主义"或"可错论的基础主义"。这种基础主义持有三个基本主张:第一,基本信念是关于外部世界的日常知觉信念;第二,尽管这种信念并不是不可错的,但它们仍然可以得到辩护;第三,如果非基本信念得到了基本信念的适当支持,那么它们就能得到辩护。适度的基础主义来自一个看似合理的观察:在日常生活中的人们不断受到感觉刺激的冲击,于是就定期形成信念,但形成的不是关于感觉刺激的内在影响的信念,而是关于外部世界的信念。人们相信很多日常的东西,例

---

[1] 对基础主义与怀疑论的关系的进一步论述,参见 Michael Huemer, *Skepticism and the Veil of Perception* (Lanham: Rowman & Littlefield Publishers, Inc., 2001); Michael Williams, *Unnatural Doubt* (Princeton: Princeton University Press, 1996), pp. 114-121。

[2] 这实际上就是所谓"现象主义"面临的一个众所周知的困难。现象主义在逻辑经验主义那里有其思想渊源。对这种知识论的一个典型表述,见 A. J. Ayer, *The Foundations of Empirical Knowledge* (London: Macmillan Company, 1940)。亦可参见莱勒对现象主义的简要讨论和批评:Lehrer (2000), pp. 63-67。

如天会下雨，桌子上有一本书，乌鸦的叫声不同于喜鹊的叫声等。适度的基础主义者将这些信念看作得到辩护的基本信念。当然，他们并不认为我们不可能在这些事情上出错，但他们强调这种信念往往是有辩护的。最终，他们也认为这些有辩护的基本信念能够为关于外部世界的其他信念提供辩护性理由，即使后面那些信念不是通过严格意义上的演绎推理从基本信念中推出的。

3.1 适度的基础主义的基本观点

适度的基础主义之所以是"适度的"，是因为它放宽了古典基础主义对辩护提出的那个很强的要求，即基本信念必须是不可错的。[1] 此外，它也不要求基本信念和非基本信念之间的推理关系必须是严格的演绎推理，而可以是广泛意义上的归纳推理，包括枚举归纳和最佳解释推理。假设有一天从学校回到家中后，我发现我种在阳台花盆中的红薯被刨开了，红薯皮和花土散乱地洒在地面上。此外，我曾经观察到阳台地面上有鸟粪，也发现有斑鸠从阳台附近飞过，由此我相信正是斑鸠刨开了花盆中的泥土，吃了红薯。当然，我也曾考虑这桩事情是不是松鼠干的，但松鼠已经很长时间不来光顾了。在这个案例中，如果我的知觉信念算得上是基本信念，那么我的目标信念是按照最佳解释推理从这些基本信念推出的并因此而得到了辩护。当然，与演绎推理不同，归纳推理只是对结论提供了或然性支持。如果我并未排除红薯是被松鼠吃了的可能性，那么我按照知觉信念对目标信念的辩护就不够强。强的归纳推理要求一个人对其目标信念的辩护要有**总**

---

[1] 以下对适度的基础主义的论述主要根据 Feldman (2003), pp. 70-75。亦可参见 Noah Lemos, *An Introduction to the Theory of Knowledge* (second edition, Cambridge: Cambridge University Press, 2021), pp. 57-58。

体上有利**的证据。按照这种理解，适度的基础主义者可以对推理辩护提出如下说法：[1]

> **适度的基础主义者对推理辩护的说明：** 当如下条件得到满足时，非基本信念就得到了辩护（具有充分的根据）：第一，它们从有辩护的基本信念中得到了强的归纳推理的支持；第二，它们没有被认知主体所能得到的其他证据击败。

现在的问题是，既然适度的基础主义者承认基本信念是可错的，基本信念在什么意义上是基本的而且得到了辩护呢？对他们来说，基本信念之所以是基本的，是因为它们是**自发地**形成的（或者非推理地形成的）。很多知觉信念显然是自发地形成的，因为我们对某些对象的知觉**直接**让我们具有了相应的知觉经验。当然，一个信念是否自发地形成可能取决于认知主体的认知能力。刚入学的林学院学生可能需要对照教科书、通过仔细观察才能发现一棵树究竟是什么树，但林业专家只需看一眼就形成了（比如说）"那是一棵山毛榉"这一信念。基础主义者承认自发性是相对于特定的认知主体（或认知群体）而论的，但是，只要我们承认某些信念相对于其他信念来说是认知上自发的，适度的基础主义者就可以认为，一个信念之所以得到辩护，是因为它是自发地形成的。但是，这个说法似乎有点仓促，因为并非所有自发地形成的信念都是有辩护的。我可能因为听见天窗上滴滴答答的声音而自发地形成"下雨了"这个信念，但我可能不知道的是，有人在顶楼用喷水龙头浇花，水滴到了天窗上。在这种情况下，我自发地形成的信念就没有得到辩护，因为我实际上没有充分的理由持有那个

---

[1] 参见 Feldman (2003), pp.72-73。

信念。但是，只要有人在顶楼用喷水龙头浇花这件事情是我无论如何都想不到的，我的信念仍然是有辩护的——我们可以说，我的信念得到了**初步辩护**。这个说法就类似于法律中的一个原则：除非有充分的证据表明某人确实有罪，否则就应该认为他是无辜的。同样，当一个人自发地形成了一个信念时，只要**他自己**没有理由或证据削弱这个信念，该信念就算得到了辩护。[1] 换言之，对适度的基础主义者来说，所有自发地形成的信念都是有辩护的，除非它们被认知主体在其认知视角内具有的其他证据所击败。在这个意义上说，知觉信念、记忆信念以及关于自己的精神状态的信念都可以被认为是基本的并具有初步辩护。简而言之，对适度的基础主义者来说，只要一个自发地形成的信念是对经验的恰当回应，而且没有被认知主体所能具有的其他证据所击败，它就是有辩护的。

3.2 关于基本信念的难题及其解决方案

适度的基础主义在直观上有吸引力，但它仍然受到了一些重要批评。威尔弗里德·塞拉斯在其经典著作《经验主义和心灵哲学》中对基础主义提出了一个一般性的批评，其中包含两个部分。[2] 首先，塞拉斯认为知识属于所谓"理由的逻辑空间"：如果我们将某个状态称为知道某个东西的状态，那么我们就必须能够辩护（即提出理由来支持）自己提出的知识主张。其次，对基础主义者来说，我们对一切经验信念的辩护根本上都是来自知觉经验的内容，这种内容是外部世界直接给予我们的；然而，塞拉斯论证说，若是这样，知觉经验就缺乏

---

1 参见 Lehrer (2000), pp. 73-74。
2 Wilfrid Sellars, *Empiricism and the Philosophy of Mind* (Cambridge, MA: Harvard University Press, 1997).

概念内容，因此不能被用来辩护任何东西。下一节我们会详细考察塞拉斯的论证。对基础主义的系统反驳是由劳伦斯·邦茹提出的，[1] 他用来反对基础主义的一个重要论证体现在下面这段话中：

> 如果基本信念要为经验知识提供一个安全可靠的基础，而且在基本信念的基础上进行的推理要成为辩护其他经验信念的唯一基础，那么，使得一个特定的信念有资格成为一个基本信念的那个特点，不管它可能是什么，也必须构成一个很好的理由，以便我们可以据此认为那个信念是真的。若非如此，适度的基础主义，作为对认知辩护的一个说明，就是不可接受的。关键的思想可以被表述如下。如果我们用 φ 来表示将基本的经验信念与其他经验信念区分开来的那个特点，那么，在一个可接受的基础主义论述中，只有当下列辩护论证的前提得到适当辩护时，一个特定的经验信念B才能有资格成为一个基本信念：
>
> （1）B有特点 φ。
>
> （2）具有特点 φ 的信念很有可能是真的。
>
> （3）因此，B很有可能是真的。
>
> 如果B实际上是基本的，那么上述论证的第一个前提大概也必须是真的。但是……对于任何可接受的适度的基础主义论述来说，在上述论证的两个前提中，至少有一个前提是经验前提。……若是这样，我们就得到了如下令人不安的结果：B根本就不是基本的，因为其辩护至少取决于一个其他的经验信念的

---

1 Laurence BonJour, *The Structure of Empirical Knowledge* (Cambridge, MA: Harvard University Press, 1985). 有趣的是，邦茹现在已经转变为一个基础主义者，尽管是一位**理性主义**导向的基础主义者。

辩护。由此可见，适度的基础主义，作为对回溯问题的一个解决，是靠不住的。[1]

这段话的基本要点可以被阐述如下。如果寻求真理和避免错误是我们的认知目标，那么辩护就必须充当实现该目标的手段。因此，如果某个特点使得一个信念得到辩护，那么认知主体就必须有理由相信那个特点就是将真理指示出来的一个东西，而如果他没有这样一个理由，那么其信念就得不到辩护。这样，如果基本信念是因为具有了某个特点而是基本的，认知主体就必须有理由相信它具有那个特点，有理由相信那个特点使得它很有可能是真的。但是，如果他所能提供的理由本身是由某些信念构成的，那就表明基本信念需要得到这些信念的支持，因此，就没有任何信念能够既是基本的又得到了辩护。由此我们就得到了如下反对基础主义的论证：

（1）假设存在基本的经验信念，即满足如下条件的经验信念：第一，这样一个信念是认知上有辩护的；第二，其辩护并不取决于任何进一步的经验信念的辩护。

（2）为了让一个信念在认知上得到辩护，就必须有一个理由说明它为什么很有可能是真的。

（3）为了让一个信念对某人来说在认知上得到辩护，这个人自己就必须在认知上拥有这样一个理由。

（4）在认知上拥有这样一个理由的唯一方式是有辩护地相信这样一些前提，从这些前提中可以推出这个信念很有可能是真的。

（5）在对一个经验信念提出一个辩护论证时，这样一个论证

---

[1] BonJour (1985), pp. 30-31.

的前提不可能完全是先验的，至少其中一个前提[必须]是经验的。

（6）因此，对一个被认为是基本的经验信念的辩护必须取决于对（至少一个）其他经验信念的辩护，这与（1）相矛盾，因此，不可能存在基本的经验信念。

邦茹在这里采纳了下一章要讨论的**内在主义**辩护概念。大致说来，这种观点认为辩护必须由认知主体有理由相信的东西来完成。因此，上述论证的核心思想是，基本信念必须具有将真理指示出来的特点，而认知主体必须相信这一点，或者至少必须对它具有某种认知存取。现在，假设一个信念被认为是基本信念，但并不具有这个特点，那么，从寻求真理和避免错误的认知目的来看，它就不可能为其他信念提供辩护。认知主体必须提出邦茹所说的那样一个辩护论证来表明基本信念很有可能是真的。如果他必须这样做，那么基本信念就不可能是基本的，或者说，就没有任何信念能够是基本的。例如，如果某人有一个立足于知觉或内省的信念，那么，只有当他相信知觉或内省往往会得出正确的结果时，那个信念才得到辩护。邦茹认为其论证对基础主义提出了一个严重挑战。按照前面所说的推理辩护原则，如果一个信念要充当为其他信念提供辩护的角色，它必须本身是有辩护的。但邦茹的辩护论证提出了一个更强的要求：认知主体必须能够提出一个辩护论证来**表明**具有某个特点的信念很有可能是真的。这个要求意味着，如果基本信念是来自内省或知觉，那么，只有当认知主体能够表明知觉或内省倾向于产生真信念时，其基本信念才算得到辩护。对基础主义者来说，基本信念是因为具有某个特点而得到辩护。但邦茹提出了一个进一步的要求：认知主体必须表明具有这个特点的信念很可能是真的，因此在这个意义上得到了辩护。正如我们已经看到的，即使一个人不可能弄错自己精神状态的内容，但如果精神状态的内容并没有**正确地**反映外部世界，那么在内省或知觉经验的基础上形成的信念就不是真的。因此，即使现象信念在基础主义的意义上是"不可矫正的"，基础主义者也仍然面临如下问题：现象信念如何能够使得关于外部世界的信念得到辩护？如果只有通过表明一个信念很有可能是真的，这个信念才算得到辩护，那么基础主义者所面临的问题就是，他需要说明基本信念如何可能是真的。在这里，"是真的"这个概念要在对应论的意义上来理解——只有当一个信念的内容正确地反映或表达了外部世界时，它才是真的。

当然，基础主义者对邦茹的挑战可以做出一个回答，尽管这个回答不会让邦茹自己感到满意。回想一下，邦茹要求认知主体必须能够表明具有某个特点的信念很有可能是真的，并因此而得到辩护。换句话说，为了让一个信念得到辩护，认知主体必须提出邦茹所设想的那种论证来表明其信念是有辩护的。基础主义者可以承认，如果信念的辩护必须用这种方式来理解，那么就需要邦茹所说的那种辩护论证，或者某种类似的东西。但是，基础主义者并不认为我们必须这样来理解信念的辩护。具体地说，他们可以将两件事情区分开来。一件事情是，一个人有辩护地相信某个命题；另一件事情是，**表明**一个人的信念是有辩护的。我可以有辩护地相信某事，但不能表明我的信念是有辩护的。假设怀尔斯亲口告诉我费马定理已经得到证明，那么，按照我对怀尔斯这个人的了解，我相信费马定理被成功地证明了，我的信念是有辩护的。然而，为了表明我的信念是有辩护的，我可能就需要去弄清怀尔斯是否已经成功地证明了费马定理，但这显然是我做不到的。因此，基础主义者可以认为，一个信念是否得到辩护并不依赖于一个人能否表明它得到了辩护。表明一个人的信念得到了辩护实际上是要提出一种二阶辩护，但基础主义者并不认为这种辩护对基本信念来说是必要的。对他们来说，基本信念是因为满足了某些（非信念性的）条件而得到辩护。假设我们有这样一个认知原则：恰当地形成的记忆信念是有辩护的。如果我确实记住了"2003年发生了非典"这件事，那么我就可以有辩护地持有"2003年发生了非典"这样一个记忆信念。这个信念是否得到辩护似乎并不依赖于我能否提出如下论证：

（1）我关于2003年非典的信念是一个记忆信念。
（2）记忆信念很有可能是真的。
（3）因此，我的信念很有可能是真的，因此得到了辩护。

当然，是否能够提出这样一个论证也不是与我的辩护毫无关系。只要我能够提出这样一个论证，我对一个信念的辩护就有了一种二阶保证。不过，基础主义者想要强调的是，**表明**一个信念得到了辩护并不是它得到辩护的一个必要条件。小孩显然无法提出邦茹所要求的那种辩护论证，但他们可以有很多有辩护的信念。目前对动物行为的研究也表明某些动物很可能有信念，[1] 但我们很难认为它们具有邦茹所要求的那种反思性信念。实际上，大多数普通成年人都不能对自己知觉系统的可靠性提出任何论证，即表明通过知觉获得的信念很有可能是真的。即便如此，在他们通过知觉得到的信念中，有很多信念确实是真的。因此，基础主义者无须接受邦茹的论证预设，因为在他们看来，基本信念的辩护并不取决于我们能够表明自己的认知过程是可靠的，而是取决于如下事实：在基本信念的情形中，经验和信念之间有某种更直接的联系。基础主义者会说，如果我确信自己看见了一个红

---

1 例如，参见 Kristin Andrews, *The Animal Mind: An Introduction to the Philosophy of Animal Cognition* (second edition, London: Routledge, 2020), pp. 116-120。

色的物体，并由此直接形成"那里有一个红色的物体"这个信念，那么经验本身就为该信念提供了辩护。我的信念是对那个经验的恰当回应，而即便我可以对我的知觉系统的可靠性形成某些信念，这种信念对于辩护来说也不必要。简言之，基础主义者可以通过采取一种外在主义转向来回答邦茹的挑战。不过，具有内在主义承诺的基础主义者能否成功地回答这个挑战，则是一个有待探究的问题。

上述争论揭示了基础主义的倡导者和批评者之间的一个重要差别。邦茹的辩护论证是基于如下直观认识：一个得到辩护的信念必定是认知主体有理由支持的信念。但是，这个论证，一旦被接受，就会对一个人何时具有有辩护的信念施加一个重要限制。邦茹可能对辩护提出了太高的要求。为了持有一个有辩护的信念，一个人当然必须有理由相信自己相信的事情。但邦茹也提出了一个额外的要求：一个人必须能够认识到这些理由**为什么**是**辩护性**理由——他必须有理由断言或相信自己持有某个信念的理由与真理具有恰当的联系。他不仅需要具有一阶理由，即持有某个信念的理由，而且需要具有二阶理由，即相信其一阶理由很有可能使得那个信念为真的理由。如果我们要用一个术语来表述邦茹的观点，就可以说，他的观点要求认知主体具有关于用来进行辩护的信念的**认知地位**的信念，例如必须认识到具有某个特点的信念很可能是真的。然而，如果认知主体必须满足这个要求，那么认知辩护的无穷后退问题就不会得到解决。[1] 从这个争论可以看出，知识论理论家对有辩护的信念提出了三个不同的要求：

---

1 当然，除非我们认为无限主义是对认知回溯问题的一个解决。关于这方面的争论，参见 Peter Klein, "Infinitism Is the Solution to the Regress Problem"; Carl Ginet, "Infinitism Is Not the Solution to the Regress Problem", both in Matthias Steup, John Turri and Ernest Sosa (eds.), *Contemporary Debates in Epistemology* (second edition, Oxford: Blackwell, 2014), pp. 274-282, 283-290。

（1）认知主体有理由相信某个命题。

（2）认知主体根据某些理由相信某个命题，并在某种意义上能够认识到这些理由。

（3）认知主体必须相信自己相信某个命题的理由是辩护性理由，也就是说，他必须相信其信念因为得到了这些理由的支持而很有可能是真的。

很多基础主义者都愿意接受前两个要求，尽管他们对于如何理解这两个要求持有不同看法。[1] 但第三个要求对他们来说显然是不可接受的，因为这个要求意味着认知主体必须具有关于辩护性理由的认知地位的信念，而如果辩护性理由是由信念来提供的，那就意味着认知主体必须对那些信念的认知地位具有信念。认知主体必须相信那些用来辩护目标信念的信念很可能是真的。这样一来，如果这些信念本身就需要辩护，那么他也必须相信它们本身很可能是真的，如此就陷入了无穷后退。基础主义者设定基本信念，本来就是为了阻止认知辩护的无穷后退，因此他们不可能接受邦茹的观点。

作为融贯论者的邦茹对基础主义提出了一个难题。有趣的是，当邦茹转变为一个基础主义者后，他对自己制造的难题提出了一个初步的解决方案。[2] 回想一下，这个难题是这样的。基础主义者认为，其他信念是在基本信念的基础上得到辩护的，基本信念是通过直接诉诸感

---

1 例如，奥迪和阿尔斯顿都接受了这两个要求。参见 Robert Audi, *The Structure of Justification* (Cambridge: Cambridge University Press, 1993), chapter 9; William Alston, *Epistemic Justification* (Ithaca: Cornell University Press, 1989), chapter 9。

2 Laurence BonJour, "A Version of Internalist Foundationalism", in Laurence BonJour and Ernest Sosa, *Epistemic Justification: Internnalism vs. Externalism, Foundations vs. Virtues* (Oxford: Blackwell, 2003), especially pp. 61-76.

觉经验来辩护的。如果感觉经验的特征是在一个具有**概念内容**或**命题内容**的精神状态（例如信念状态）中被把握到的，那么这样一个状态就向我们提供了一个理由，让我们认为某些进一步的信念很有可能是真的，但是，按照邦茹的辩护论证，那个信念本身也需要辩护。另一方面，如果感觉经验的特征不是按照概念或命题来把握的，比如说，这种把握并不涉及断言或判断一个感觉经验具有什么特征，那么就不需要寻求进一步的辩护了，但这种把握也因此不能为任何进一步的信念提供辩护，因为按照融贯论者的说法，只有具有概念内容或命题内容的东西才能辩护一个信念。

邦茹并没有声称他可以一般性地解决这个难题，但他认为，通过考虑一种特殊情形，我们至少可以发现解决这个难题的基本思路。这种情形就是一个人在当下有意识地持有一个信念的情形。如果一个人处于一种有意识的经验状态，具有某种有意识的感觉经验，那么他大概会自发地形成一个当下信念。例如，在外面散步时我觉得阳光耀眼，在抬头看天空的时候，我有了一片蓝色的感觉经验，于是大概就会形成"此时阳光明媚"这样一个信念。这是一个有意识的当下信念，因为它是在我的有意识的经验的基础上直接形成的。邦茹认为，具有这样一个信念涉及有意识地觉察到其内容的两个相互关联的方面：一方面是其命题内容，另一方面是自己倾向于确认"我持有这样一个内容"这件事情。对这两件事情的觉察有可能是同时发生的，因此可以被理解为同一个觉察活动的两个方面。这种觉察并不涉及（或者并不要求）一个分离的二阶精神活动（这个精神活动的内容当然可以是那个当下信念的内容），但它使得那个当下的信念就是那个信念，而不是某个其他的当下信念。在这个意义上说，这种觉察可以被认为（至少部分地）**构成**了那个当下的信念状态。为了理解这种觉察对于一个当下的信念状态来说为什么是构成性的，我们只需记住：第一，当下的信念状态本身是一种有意识的状态,而不只是一个人可以通过另一个独立的状态来意识到的状态;第二,在具有一个当下信念时,一个人主要意识到的是其命题内容以及他对自己持有那个内容这件事情的确认。如果一个人没有意识到那个特定的内容并对自己具有那个内容采取一种肯定态度,那么他就不会具有那个特定的有意识的当下信念。因此,对当下信念的这种觉察本质上不是反思性的或"二阶的",而是部分地构成了那个第一层次的当下信念状态。换句话说,如果一个当下的信念本身是一个有意识的状态,那么对其内容的那种**非反思性**觉察就是它的一个内在特征——对一个信念的内容的那种有意识的觉察是任何有意识的当下信念的一个内在特点。每当我具有这样一个信念时,这种觉察总是出现。

现在,为了解决上述难题,邦茹必须表明,对一个人自己的当下信念的那种内在觉察,既不是一个**本身要求得到辩护**的状态,例如一个分离的信念状态,也不是某种非认知状态。之所以如此,是因为:如果那种觉察是一个与有意识的感觉经验相分离的信念状态,那么按照推理辩护原则,为了对其他进一步的信念提供辩护,它本身就必须得到辩护;另一方面,如果它是一个非认知状态,其所具有的内容不能用概念或命题的形式表达出来,那么它就不能为任何东西提供辩护。邦茹认为,一个人对自己当下信念的内容所具有的那种觉察满足这个要求。一个当下信念是一个有意识的状态。因此,如果我确实有意识地觉察到这样一个信念的内容,那么这种觉察就是那个信念状态本身固有的,因此不需要任何辩护,甚至也不允许任何辩护。只要我此时是有意识地持有一个一阶信念,我就自然地对其内容有了一种内在觉察。当然,我可以因为具有一个二阶意识状态而觉察到我的一阶信念,这样一个状态将后者作为其对象。例如,如果我此时相信天很冷,那么一个二阶意识状态的内容就是"我此时相信天很冷"这个命题。如果我是通过这样一个二阶状态而意识到一阶信念的内容,那么我对那个内容的觉察就是**反思性的**。然而,对邦茹来说,我对一个有意识的当下信念的内容的觉察是内在于这个信念状态的,因此是非反思性的。正是因为这个非反思性的特征,这种觉察不需要辩护。邦茹进一步论证说,这种觉察在古典基础主义的意义上是不可错的,因为正是这种觉察将特定内容**赋予**一个有意识的当下信念,使之成为一个特定信念,具有它确实具有的那个内容,而不是成为某个其他信念,或者某个非信念性的状态。这种觉察不可能是错误的,因为没有独立于这种觉察的事实或状况让它出错。我们或许可以这样来阐明邦茹的基本想法。假设我意识到我面前有一个东西,意识到它是红色的。在具有这个有意识的经验的同时,只要我倾向于确认我具有这个经验,我也因此而进入一个信念状态。不妨假设这个状态同样是一个有意识的状态,或许因为它是由有意识的经验状态触发的。这样,我对自己信念状态的内容就有了邦茹所说的那种内在觉察。这种觉察与我确认自己具有那个经验这件事情可能是同时出现的。既然我已经**确认**自己具有这样一个经验,而我的信念状态的内容在某种意义上就是我的经验状态的内容,那么我对自己信念的内容的那种内在觉察就不可能是错的。

然而,如果这种解释是正确的,那么我们就不太清楚那种觉察在什么意义上是不可错的。当然,那种觉察确实内在于我的信念状态,它所指向的就是我的信念的内容。邦茹似乎认为,正是通过这种觉察,我一方面意识到了那个内容,另一方面又对它持有一种接受态度。因此,除了那个内容外,似乎没有什么其他东西可以让这种觉察出错。如果我已经确认了那个内容,那么在觉察到那个内容的时候我看来就不可能出错,否则我就会陷入一种自相矛盾。不过,这里出现了一个重要问题。邦茹好像明确认为那种觉察是对信念状态的内容的觉察，这意味着在具有这种觉察之前，认知主体已经形成了一个当下信念。如果这个信念是因为认知主体已经具有一个有意识的感觉经验而形成的，而感觉经验的内容是非概念性的，那么我们就不太清楚这个信念究竟是如何形成的。另一方面，如果一个有意识的感觉经验的内容是非概念性的，而为了按照这个经验来形成一个信念，认知主体必须首先对经验进行概念化（用概念来描述经验，或者以命题的形式来表达那个经验），那么认知主体在这种描述或表达中就有可能出错，由此得到的信念也有可能是错误的。在这种情况下，即使他确实倾向于确认自己持有那个经验，因此在对信念内容的内在觉察中不可能弄错那个内容，但从第三人的观点来看，这个信念本身有可能是错误的。

这个问题当然不是原则上无法解决的，因为认知主体可能有**其他的思想资源判断**其信念究竟是不是错的。不过，这样一来，基础主义者所设想的基本信念的认知地位可能就会受到威胁。为了弄清楚邦茹如何解决这个问题，我们需要先考察一下他如何处理那个难题的另一个方面。邦茹认为，就一个人自己当下的信念状态的内容而言，如果他对那个内容的内在觉察不可能是错的，那么这种觉察就值得被称为"基本的"。因此，假设我在这种觉察的基础上形成了一个反思性信念，例如"我相信我有一个具有那个内容的当下信念"，那么这种觉察似乎就可以为那个反思性信念提供一个辩护性理由，因为在正常情况下，我是用一种构成性的方式觉察到我的当下信念的内容，因此，只要我进行反思，反思就会让我形成"我具有如此这般的一阶信念"这样一个反思性信念。当然，只要我不进行反思，就不会有这样一个反思性信念，此外，反思也可能会使我放弃那个一阶信念。不管怎样，邦茹想说的是，如果反思确实导致我形成了一个反思性信念，那么那种构成性的觉察就可以为这样一个信念提供一个辩护性理由，但对内容的这种构成性的、非反思性的觉察本身似乎不需要辩护。当我在总体上考虑我的当下信念时，确实可以对它提出一个辩护问题，例如可以问"我真的有理由认为此时阳光明媚吗？"但是，对于我对那个信念内容的非反思性觉察，我就不能提出任何辩护问题了。邦茹试图用一个类比来支持其观点。设想我处于一个有意识的视觉经验状态，比如说，在从窗户向外看时，我对某些东西有了有意识的感觉经验。既然我的经验状态是有意识的，只要我处于这样一个状态，就自动地对这个经验的现象内容有了一种构成性的或非反思性的觉察。这种觉察不需要辩护，在某种意义上也是不可错的。邦茹认为，对感觉内容的这种觉察显然能够辩护关于那个内容的反思性信念，例如"我正经验到视域中一块蓝色的东西"这个信念。通过诉诸那种内在于我的感觉状态的觉察，我就可以辩护这个反思性信念，因为正是通过这种觉察，那个经验成为它所是的那个特定经验。类似地，邦茹认为，如果我对一个当下信念的内容的内在觉察让我具有了一个反思性信念，那么前者就可以为后者提供一个辩护性理由。

因此，对邦茹来说，对内容（不管是感觉经验的内容，还是在感觉经验的基础上形成的一个当下信念的内容）的那种构成性的、非反思性的觉察是不可错的，因此在这个意义就可以被看作"基本的"。邦茹也认为，一个反思性的二阶信念可以通过诉诸这种觉察来辩护。这样一个信念关系到我自己的有意识的当下信念的存在和内容。因此，如果我有一个可以内在地得到的理由来说明这个二阶信念为什么很有可能是真的，而这个理由并不依赖于本身需要得到辩护的任何进一步的信念或者其他认知状态，那么这种二阶信念也可以被认为是基本的。当然，严格来说，只有对内容的那种构成性的觉察是基本的，二阶信念所具有的那种基础地位是从这种觉察中派生出来的。在邦茹这里，我的当下信念是在我的有意识的感觉经验的基础上自发形成的，这样，即使我对自己当下信念的那种直接觉察是我的总体的直接经验的一部分，因此可以在辩护中起到作用，但就辩护而论，最重要的是我对感觉内容的直接觉察。然而，这个说法为邦茹制造了新的问题。即使对内容的内在觉察是不可错的，但邦茹并不认为这种不可错性可以被扩展到反思性的二阶信念。反思性的二阶信念的形成当然与一个人对其当下信念的内容的觉察有关，但这个信念之所以是反思性的，不同于那个一阶的当下信念，是因为它涉及对一阶信念的存在和内容的**判断**。在做出这种判断时，一个人显然有可能会出错，而只要他出错了，其二阶信念也是错误的。发生错误的根源有很多，比如说，我可能很不留心，或者对一个当下信念的内容的**概念把握**是错误的，或者我的当下信念的内容很复杂、很模糊，因此无法用概念清楚地表达出来。不过，邦茹认为，在特定情形中，只要我们没有特别的理由认为发生错误的可能性很大，就仍然可以认为由此得到的二阶信念是有辩护的。换句话说，在诉诸第一层次的构成性觉察来辩护二阶信念时，这种辩护并不是不可废止的，但是，除非这种辩护被击败了，否则我们仍然可以认为它具有初步的适当性。

我们现在可以明白邦茹是如何解决反基础主义者提出的那个难题的。一方面，一个人对自己一阶信念的内容的那种觉察是非反思性的和构成性的，因此在这个意义上不需要辩护；另一方面，这种觉察又能为二阶反思性信念提供辩护，而且，只要我们没有特殊的理由认为这种辩护被击败了，由此形成的二阶信念就可以为其他进一步的信念提供辩护。因此，这种非反思性的内在觉察似乎满足了基础主义者为基本信念指定的要求：它是那种本身并不需要得到辩护，但又能提供辩护的东西。然而，问题不是这么简单。下面我们就会看到，我们有理由认为感觉经验的内容是非概念性的，至少不能完全用概念来描述。从邦茹的论述中可以看出，他似乎认为我们是在有意识的感觉经验的基础上形成一个有意识的当下信念。如果感觉经验本质上是非概念性的,那么为了形成一个当下信念,认知主体就必须对感觉经验的特征进行某种概念化,因为信念是具有概念内容的精神状态。唐纳德·戴维森等人明确认为,感觉与信念的关系不是逻辑关系,而是因果关系——具有某些感觉经验引起我们具有某个信念。但对一个信念提出一个因果解释并不等于表明它是如何得到辩护的,或者为什么得到了辩护。[1] 邦茹同意戴维森的主张,认为这种关系确实不是逻辑关系,但他强调这种关系也不只是因果关系。感觉经验具有特定的内容,而即便这种内容是非概念性的,也不意味着我们不能在概念上描述非概念内容,尽管这种描述在精确性和细节上都会有差别。因此,在邦茹看来,非概念对象和概念描述之间的关系是一种**描述**关系。如果我在一个感觉经验的基础上形成了一个当下信念,那么,在具有这个信念之前,我必须对感觉经验有某种概念描述。我们可以自然地假设,一旦我有意识地觉察到感觉经验的内容,这种描述就发生了。

邦茹进一步提出两个主张:第一,被描述的那个非概念对象(例如一个物理对象或物理状况)的特征决定了我们的描述是否正确或是否为真;第二,对于一个有意识的精神状态的内容,我们有一种直接的内在觉察,通过这种觉察,我们就可以意识到这个状态的特征,而不需要依靠任何进一步的概念描述。[2] 为了便于论证,先来考虑第二个主张。如果我具有一个有意识的经验,而有意识地经验到某个东西

---

[1] 参见 Donald Davidson (1983), "A Coherence Theory of Truth and Knowledge", reprinted in Ernie LePore and Kirk Ludwig (eds.), *The Essential Davidson* (Oxford: Clarendon Press, 2006), pp. 225-241。

[2] 参见 BonJour and Sosa (2003), pp. 72-73。

涉及对它的某些特征有一种内在的非反思性觉察，¹ 那么，在通过这种觉察而意识到那些特征时，我可能并不需要依靠任何进一步的概念描述。但这个说法是含糊的。如果我对一个有意识的精神状态的特征的觉察本身是**非概念性的**，邦茹就不可能声称通过这种觉察我就"能够直接认识到一个在概念上被表述出来的信念"，更不用说认识到它是真的了。² 之所以如此，是因为：如果那种觉察本身是非概念性的，那么即使我有了这样一种觉察，我大概也不能形成一个信念。反过来说，如果我在这种觉察的基础上立即承认我有这样一个信念，那么这种觉察本身就必须是概念性的，也就是说，在觉察到我的内在状态的某些特征时，我用有关的概念来描述它们。例如，在逛水果摊时，我对某个东西有了一个经验；如果我的经验是对一个圆形的、红色的、发出某种香味的东西的经验，那么在觉察到我的经验具有这些特征时，我可能会把"红苹果"这个复合概念应用于我的经验，并由此相信我面前有一个红苹果。在这种情形中，我对自己所具有的那个经验的特征的鉴定和描述显然取决于我的一项背景知识，即我是在一个水果摊前。与此相比，如果在一家卖圣诞蜡烛的店铺中，我很可能形成的是"那是一个有水果香味的圆形蜡烛"这个信念。因此，如果具有这种背景知识属于邦茹所说的"进一步的概念描述"，那么他的第二

---

1. 邦茹的观点预设了他对"意识"的这种理解，这就是为什么他要反对某些哲学家对意识提出的另外一种理解，即意识到某个东西是要对它具有一种二阶或高阶的思想。参见 BonJour and Sosa (2003), pp. 65-68。在这里我假设邦茹对意识的理解是正确的。关于意识作为高阶思想的主张以及相关的讨论，参见 Peter Carruthers, *Consciousness: Essays from a Higher-Order Perspective* (Oxford: Oxford University Press, 2005); Rocco Gennaro (ed.), *Higher-Order Theories of Consciousness: An Anthology* (John Benjamins Publishing Company, 2004); Rocco Gennaro, *The Consciousness Paradox: Consciousness, Concepts, and Higher-Order Thoughts* (Cambridge, MA: The MIT Press, 2011); David Rosenthal, *Consciousness and Mind* (Oxford: Oxford University Press, 2006)。
2. BonJour and Sosa (2003), p. 73.

个主张大概是错误的。换句话说,若没有某些背景知识或背景信念,我大概就不能正确地用某些概念来描述我的经验,即使我对自己的经验所具有的那些特征的觉察是直接的和非反思性的。当然,邦茹并不否认二阶的反思性信念是可错的,但正如我们刚才看到的,如果我需要判断我的二阶信念出错的可能性有多大,可能就需要利用某些背景知识或背景信念。因此,如果我对经验特征的那种觉察必须是概念性的,那么就不太清楚这种觉察在什么意义上是不可错的。实际上,很容易看出,如果我是因为具有了某个有意识的感觉经验而形成了一个当下信念,那么这种一阶信念至多是我接受我具有如此这般的经验内容的**倾向**,很难说是一个具有确定的命题内容的信念,即严格意义上的信念。

以上论述为我们评价邦茹的第一个主张提供了一个基础。按照这个主张,一个非概念对象的特征决定了我们对它所提出的描述是否正确或是否为真。这个说法意味着,通过指称一个非概念对象的特征,就可以评价我们对它做出的概念描述。如果我们所要描述的东西是本身不具有概念内容的感觉经验,而感觉经验是由物理对象的某些特征引起的,那么邦茹的说法似乎就意味着我们可以通过指称那些特征来判断我们的概念描述是否正确。换句话说,我们好像可以将概念描述与外部世界的非概念性特点**直接**做比较。然而,如果这种直接比较已经是可能的,我们就没有必要把邦茹所说的那种内在觉察设想为经验知识的基础了。事实上,邦茹并不认为我们可以直接比较概念描述与实在的非概念性特点,正如他所说:"这种比较只能发生在这样的地方,在那个地方,那个实在本身就是一个有意识的状态,而描述就关系到那个状态的有意识的内容。"[1] 然而,即使我们可以比较概念描述

---

1 BonJour and Sosa (2003), p. 75.

与我们通过这种觉察而意识到的经验特征,但只要经验内容本身是非概念性的,我们仍然无法判断自己的描述是否正确或是否为真。由此可见,邦茹仍然无法摆脱这一困境:即使我们因为具有了一个有意识的感觉经验而能够觉察到它的某些特征,但只要我们不能将那些特征概念化,它们就无法为形成任何信念提供基础,不管这样一个信念是邦茹所说的当下信念还是反思性的二阶信念;另一方面,如果我们必须将那些特征概念化,那么就不清楚邦茹所说的那种非反思性的内在觉察在什么意义上仍然是"基本的"。因此,与其说邦茹解决了基础主义的批评者提出的难题,倒不如说他帮助澄清了这个难题的本质。

四、经验的认知地位与塞拉斯的批评

正如我们已经看到的,基础主义者是为了避免辩护的无穷后退问题而设定了基本信念。基本信念是能够对其他信念提供辩护、其本身又不需要从其他信念那里得到辩护的信念。这意味着基本信念必须具有某种内在可信性(intrinsic credibility):如果一个基本信念是有辩护的,那么它是由其内容(或许加上某些与此相关的特点)来辩护的。在这里,一个信念的内容就是它所关涉或意指的东西。因此,按照基础主义者的观点,基本信念的内容决定了其认知地位。

理解基本信念所具有的内在可信性的一种方式是将基本信念说成是不可矫正的,即免于理性纠正的。当一个信念的内容表达了一个必然真理时,它似乎就满足了这个要求。然而,如果基础主义者试图将这个思想应用于经验知识,他就必须说明一个基本的经验信念如何可能是不可矫正的。此前我们已经看到基础主义者对这个问题的回答:一个人对自己的精神状态(尤其是当下的思想和感觉)具有**直接**知识。我们对事物客观上是什么样子的判断经常会出错,不过,基础主义者认为，我们不可能弄错事物**对我们来说显现为**什么样子（或者我们将它们**看作**什么样子）这件事。在事物客观上是什么样子这件事情上，即使我们受到了笛卡尔所设想的恶魔的欺骗，这种欺骗实际上也取决于事物对我们来说显现为什么样子。因此，甚至怀疑论者也必须承认，直接经验并不受制于我们对外部世界的知识所遭受的那种怀疑。即使我无法确定地断言某个东西是蓝色的，但至少可以说它对我来说**看起来**是蓝色的。"看起来是蓝色的"是我的一个有意识的内在经验。只要我确实具有这样一个经验，我似乎就不可能弄错它，因此只能相信我具有这个经验。这样一个经验在这个意义上就具有了一种内在可信性，因此似乎可以为我的知觉信念提供辩护。基础主义者由此认为，感觉经验就是这样一种东西：它直接为基本信念提供了辩护，但其本身又不需要得到辩护。感觉经验不需要得到辩护，是因为一个人能够直接内省其感觉经验状态的内容，也就是说，这种内容是被**直接给予**到心灵中的——我们对这种内容的认识既不依赖于推理，也不取决于我们可能具有的其他信念或知识，正如普赖斯所说：

> 在说［某个东西］"直接"呈现到我意识中时，我的意思是说，我对它的意识不是通过推理达到的，不是由任何其他思想过程（例如抽象或者直观归纳）达到的，也不是由从符号到含义的任何其他思想过程达到的。显然必须有某种对意识的呈现，这种呈现在这个意义上可以被称为"直接的"，要不然就会有一种无穷后退。[1]

因此，对基础主义者来说，如果有什么东西可以为基本信念提供

---

[1] H. H. Price, *Perception* (London: Methuen, 1950), p. 3.

辩护的话，那么这种东西就必定是一种被直接给予我们的东西，而被直接给予我们的东西就是我们有意识的精神状态的内容。然而，这种内容如何能够为基本信念提供辩护仍然是基础主义者需要解决的一个问题，实际上是困扰着基础主义纲领的一个严重问题。即使我不可能弄错自己感觉经验的内容，我的感觉经验也有可能没有正确地反映物理对象的特点和性质。在这种情况下，即便我可以在感觉经验的基础上形成一个信念，但不清楚的是，这样一个信念如何能够为我们关于外部世界的其他信念提供辩护。因为如果知觉信念事实上是错误的，那么知觉信念就不可能为关于外部世界的其他信念提供辩护。当然，基础主义者可以说，在知觉经验的基础上形成的信念一般来说是正确的，因此，除非我们有特别的理由认为它们是错误的，否则就应该相信这种信念很有可能是真的。然而，只要一个基础主义者采取了这个举措，他就倾向于采纳一种外在主义观点，即可靠主义，由此也就面临这种理论所遭受的批评。[1] 因此，**内在主义**的基础主义似乎面临一个困境：如果经验能够为基本信念提供辩护，那么经验就需要得到辩护，但是，如果经验本身需要得到辩护，那么我们似乎就无法终止辩护的无穷后退；另一方面，如果经验本身不需要得到辩护，那么它们就不能成为基本信念的辩护的来源。[2] 如果这是一个真实的困境，那么它显然取决于如下预设：只有**本身**具有辩护的东西才能为其他东西提供辩护。基础主义者当然可以争辩说，经验本身确实可以为基本信念提供辩护。然而，基础主义的批评者会反驳说，如果经验本身并不具有概念内容，那么它们就不可能为基本信念（实际上，任何信念）

---

[1] 参见本书第六章中的讨论。

[2] 参见 BonJour (1985), chapter 4。

提供辩护。这就是塞拉斯对基础主义提出的挑战的基本要点。[1]

为了充分理解这个挑战，先来考虑如下问题：在说基本信念的辩护不依赖其他信念时，基础主义者究竟是在说什么？如果基本信念能够为其他信念提供辩护，那么基本信念必须在某种意义上**独立地**得到辩护，也就是说，其辩护并不取决于任何其他信念。因此，对基础主义者来说，具有基本信念首先要求认知主体具有**独立**信息。这种信息**仅仅**关系到一个基本信念的内容的本质和特征，而通过诉诸这种信息，就可以为基本信念提出一个辩护。那么，经验本身如何为基本信念提供辩护呢？假设我有一个感觉经验，例如对某个红色的东西的经验，我可能由此形成一个相应的信念。但是，为了形成一个信念，我首先需要对我的经验的内容做出一个判断。通过将注意力集中到我的经验的某个方面，我可以用一个指示词来说"**这是红色的**"或者"**这看起来是红色的**"。这是一种精神指向活动，通过这种活动，我用一个指示词来指称我的感觉经验的某个方面，而在这样做时，我也因此做出了一个判断。只要足够细心，我大概就不会在判断上出错。因此，通过这种精神指向活动，我所形成的信念似乎也是不可错的。

这种论述显然预设了对意义和理解的某些理解。具有某些概念能力对于理解一门语言显然是必要的。一般来说，有两种规则决定了这种能力。我可以通过其他概念来理解某个概念，例如，假设我已经具有"熊"和"猫"这两个概念，我大概就可以理解"熊猫"这个概念。

---

[1] Sellars (1997). 塞拉斯撰写了很多著作，在这里我们只关心他在这部著作中针对基本信念对基础主义的反驳。有兴趣了解塞拉斯的一般哲学观点的读者，可以参见：Willem A. deVries, *Wilfrid Sellars* (Chesham, UK: Acumen, 2005); Jay Rosenberg, *Wilfrid Sellars: Fusing the Images* (Oxford: Oxford University Press, 2007); James R. O'Shea (ed.), *Wilfrid Sellars and His Legacy* (Oxford: Oxford University Press, 2016). 对于《经验主义与心灵哲学》的解释性评注，见 Willem A. deVries and Timm Triplett, *Knowledge, Mind and the Given: Reading Wilfrid Sellars's Empiricism and the Philosophy of Mind* (Indianapolis: Hackett Publishing Company, 2000)。

另一方面，如果一个人指着一头动物对我说出"熊猫"这个词，我大概也能学会把握它的意义。我们似乎可以按照自己已经把握的其他概念来学会理解某个概念。然而，并非所有的概念都是以这种方式获得其意义的。有些概念是通过所谓"实指定义"而获得其意义的，例如，当我把一块红布放在一个小孩面前并指着它说"红色"时，他大概就获得了"红色"这个概念。实指定义基本上应用于我们在经验中能够直接把握的对象和性质。"红色的"这个词与呈现到我们经验中的一个现象性质相联系，因此，一般来说，我们不可能一方面理解了这个词，另一方面在将它细心地应用于"这是红色的"这种判断时又出错。基础主义者可以声称基本的经验信念在这个意义上不可能是错的。但是，为了把某个东西把握为红色的，我们首先需要把握概念分类系统。基础主义者可以进一步认为所有基本的颜色概念都是通过实指确立的：通过语言约定，我们将某个词与某种颜色联系起来。一旦我们用这种方式学会了基本的经验概念，在做出"这是红色的"这种判断时，我们大概不会出错。为了便于讨论，我们不妨将这种判断称为"基本的指示性判断"。

然而，问题不是如此简单，因为基本的指示性判断并不完全是指示性的，而是包含了一个描述性成分。之所以如此，是因为：当我在某个特定场合把某个东西看作"红色的"时，我是在做出这样一个判断——那个东西类似于我在其他场合看作红色的东西。当然，基础主义者可以强调说，对"红色的"这种词的使用是纯粹现象学的，并不涉及任何比较。但是，如果对这种词的使用根本就不是比较性的，我们如何将"这是红色的"与"这是这"区分开来？基础主义者认为，具有基本的指示性判断并不涉及具有其他的知识或信念，但这个主张看来是错误的。假设我有这样一个知觉信念：我面前有一台电脑显示器。为了持有这个信念，我至少需要把这种类型的对象与其他类型的对象区别开来。为了做出这种区别，我必须具有电脑显示器看起来是什么样的信息，这种信息必须让我能够将电脑显示器与键盘区别开来。如果我不知道电脑显示器看起来是这样而不是那样，那么我的知觉信念就得不到辩护。因此，为了说明我的知觉信念是如何得到辩护的，我似乎就需要依靠其他信念，尤其是某些经验信念。基础主义的批评者就此认为，倘若如此，就没有基本信念这样的东西。

基础主义者有一个策略回应这个批评——他们可以说，我们需要把**因果**依赖性和**认知**依赖性区分开来。信念的因果依赖性在直观上可以被理解为：要是我不具有某些其他信念，我就不可能有某个基本信念，因为其他信念提供了必要的独立信息。例如，为了具有"我面前有一台电脑显示器"这个信念，我必须相信显示器不同于键盘。基础主义者可以承认基本信念因果地依赖于其他信念，但强调这种因果依赖性并不意味着基本信念**在认知上**也依赖于其他信念。对基础主义者来说，为了说明我的信念为什么很有可能是真的，我只需指出那个信念是我的知觉经验的结果。当然，为了相信我所看到的是一台显示器，而不是别的东西，我必须持有一些相关信念，比如说，我必须相信显示器能够显示图像，键盘不能显示图像。这些其他信念确实有助于我确定我的知觉信念的内容，但仅凭它们还没有说明为什么我的知觉信念很可能是真的。例如，如果我根本就没有这样一个知觉经验，那么，即使我具有其他信念，也不会形成一个知觉信念。基础主义者由此认为，正是知觉经验，而不是那些提供了独立信息的信念，说明了我的信念为什么很有可能是真的并因此得到了辩护。如果我们认为我们只是通过**建立概念体系**来鉴定、指称和表达在经验中呈现出来的特点，并假设概念是习得的，而经验是一种更加直接的东西，那么基础主义者的回应看来是合理的。

因此，如果基础主义的批评者试图反驳上述回答，他们就需要提出一个论证来表明经验本身对于基本信念的辩护是不充分的。既然适度的基础主义者并不否认基本信念是可错的，他们就比较容易应对上述批评。对他们来说，经验在认知辩护方面仍然具有基础地位，而即便一个认知主体对经验中的某个特点做出了错误的鉴定或描述，他仍然可以按照自己持有的某些背景信念来纠正这种错误。[1] 但是，如果一个基础主义者强调我们对感觉经验内容的内省是不可错的，而对这种内容（或者其中某些特点）的鉴定或描述则有可能出错，那么他似乎就面临一个两难困境。如果他坚持认为这种内省是不可错的，那么内省就必须是非推理的和无预设的：内省不是有意识的推理的结果，也不需要预设一个人以前获得的信念。如果基础主义者必须在这个意义上来理解在精神状态中被直接给予我们的东西，那么，按照塞拉斯的说法，他们就不得不认为知觉经验**没有概念内容**，也就是说，是没有被概念化的东西。然而，如果知觉经验没有概念内容，它们就不可能为任何东西提供辩护，尤其是不能为我们由此获得的知觉信念提供辩护，因为任何能够担当辩护作用的东西似乎都必须具有概念内容。塞拉斯之所以持有这个观点，是因为他认为辩护一个信念是要提出理由来表明持有它是正当的。信念是有概念内容或命题内容的精神状态，因此，没有概念内容的东西不可能为一个信念提供辩护。另一方面，如果基础主义者认为知觉经验本身就有概念内容，那么他们就不能认为知觉经验是被**直接**给予我们的。于是，按照塞拉斯的说法，基础主义者不可能一致地持有基本信念的概念，也就是说，实际上没有基本信念这样的东西。我们可以将其论证表述如下：

---

[1] 参见下一章第五节中的讨论，在那里我们可以看到某些理论家如何试图将基础主义与融贯论结合起来。

塞拉斯关于非信念辩护的两难困境论证：

（1）非信念性的经验要么是认知状态，要么是非认知状态。

（2）如果它们是认知状态，那么它们能够辩护信念，但其本身必须得到辩护。

（3）如果它们是非认知状态，那么它们不需要得到辩护，但也不能提供辩护。

（4）因此，非信念性的经验要么不能提供辩护，要么必须本身得到辩护。

（5）基础主义承诺了如下观点：非信念性的经验能够提供辩护，但同时本身不需要辩护。

（6）因此，基础主义是假的。

塞拉斯认为，这个论证不仅决定性地反驳了基础主义，也对融贯论提供了重要支持。不过，为了看清楚这个论证是否可靠，或者在多大程度上合理，我们必须详细考察其中所涉及的一些观点。在早期基础主义者那里，有一个问题一直没有得到明确阐述，即经验知识的基础究竟是感觉经验本身，还是我们对经验持有的信念或者对它们做出的判断？假设我们将这种判断称为"经验性判断"（experiential judgments），那么它们就立足于我们对经验的直接把握（例如通过内省），因此在这个意义上是非推理的。但是，经验性判断之所以具有这个认知地位，是因为我们直接意识到了经验的内容，而这种意识先于我们对经验做出的判断，或者先于我们对经验持有的信念。例如，当我头痛的时候就直接意识到我头痛，而如果在我的有意识的知觉经验中有一个红色的东西，我就直接意识到有这样一个东西。对基础主义者来说，经验涉及一种特殊的精神殊相，例如在意识中直接呈现出来的感觉内容。仅仅通过具有这种东西，我们就有了关于它们的知识，或者至少拥有为知觉信念和内省信念提供辩护的基础。在这个意义上，经验内容被认为是"直接给予"我们的，我们对它们的意识无须以任何概念表征或信念为中介。基础主义者必须坚持这一观点，因为如果感觉印象在意识中的呈现涉及表征，而表征总有可能出错，那么这种呈现就可能出错，对思想和感觉的意识就不能满足基础主义者对基本信念提出的要求。

然而，对经验直接性的强调也给基础主义认识论带来了严重困难。不管基本信念是什么，这种信念必须与它们所要辩护的东西具有逻辑联系和推理联系。因此，基本信念必须具有命题内容，正如任何信念都必须具有命题内容。如果基本信念是一个人在自己有意识的经验的基础上直接形成的，而且要具有基础主义者赋予它们的那种辩护作用，那么经验本身似乎也必须具有命题内容。换句话说，只有当经验本身已经涉及**判断**活动时，经验才有可能为基本信念的形成提供一个基础。倘若如此，经验和判断（或者相信）这两种精神活动就不应该（或者不能）被截然区分开来。然而，不少基础主义者往往把经验的直接给予性与判断进行对比，其中一个典型例子就是罗素。罗素用"亲知"这个概念来表示我们与感觉经验的直接关系，并认为所有其他知识都是通过亲知而获得的。罗素认为，只要一个人亲知到自己具有的某个感觉经验，他就可以被认为知道自己的感觉经验的某个方面。另一方面，罗素也认为通过亲知感觉资料获得的知识是一种非命题知识。但是，如果这种知识缺乏命题内容，而信念本身有命题内容，我们就很难理解这种知识如何能够成为基本信念的证据，或者为基本信念提供了一个基础。罗素或许认为，在亲知感觉资料时，我把某个经验亲知为具有某个特点的经验，例如是红色的，或者是一个三角形。但这种说法好像与如下说法没有什么本质差别：**我意识到**我视域中某个东西**是**红色的，或者**是**三角形的。也就是说，罗素似乎认为，在亲知某个感觉资料时，我也对自己意识到的感觉经验做出一个判断，例如将它判断为对一个红色的东西的经验，或者对一个三角形的经验。塞拉斯据此认为，当基础主义者笼统地用"感觉资料"这个概念来指称经验时，他们实际上混淆了我们对"经验"这个概念的两种不同理解：

> ［第一种理解是］这个思想：存在着某些内在事件，例如对红色的感觉或对某个特定声音的感觉，这种感觉可以出现在人和动物那里，但不需要任何先前的学习过程或概念形成过程；若没有这种感觉，在某种意义上我们（或者动物）就无法看到一个物体的表面是红色的、是三角形的，或者听见具有某个特征的声音。［第二种理解是］这个思想：存在着某些内在事件，它们是一种非推理地知道某些东西的活动，例如知道某些东西是红色的，或者发出某个特定声音；这些事件是经验知识的必要条件，因为它们为所有其他经验命题提供了证据。[1]

如果我们是具有意识或感受性的存在者，那么我们就能意识到或经验到某些特征，例如某种颜色或某个声音。第一种理解中所说的"意识"或"经验"就是这种类型的意识或经验。但第二种理解中所说的意识或经验是相当不同的东西，因为具有这种意识或经验涉及一种不同的能力，即用概念和命题来表达和提出知识主张的能力。当然，具有前一种意识或经验也是一种能力。塞拉斯并不否认我们具有识别某些性质的天赋倾向，但他认为这种能力是我们与动物以及没有语言能力的婴儿所共享的，因此在这个意义上是原始的，无须通过学

---

[1] Sellars (1997), pp. 21-22.

习或教育就能具有。然而，后一种能力不能被合理地看作原始的。具有第一种能力意味着我们能够直接意识到某些特征。但是，为了意识到某个东西具有某个特征，例如，为了意识到此时在我视域中呈现出来的那个东西是一个红色的三角形，我至少必须已经把握到概念分类系统，为此我就必须接受有关的学习和训练。通过这种训练，我可以知道各种描述性范畴的界限在哪里。在塞拉斯看来，这种能力依赖于语言学习。

  基础主义者至少有两种方式回应塞拉斯。首先，他们承认经验已经涉及概念和判断，但强调我们按照自己习得的概念来鉴定和描述经验中的某些特点并不意味着经验本身不具有某种认知优先性。至少就经验知识而论，经验毕竟就是我们认知外部世界的起点，即使经验可能不是我们用来辩护信念的**唯一**证据。当我断言降温了的时候，假若你问我为什么这样想，我的回答自然是：**我觉得**冷。当然，我的回答涉及使用"冷"这个概念，但是，即便这个概念是我习得的（例如通过学会在语言和思想中将某种感觉与某个概念相联系），那也不意味着我的有意识的感觉经验在认知上不是优先的。其次，基础主义者可以提出一个更强的回应：他们可以说，在我们这里，不仅识别到事物的某些特点的能力是先天的，概念能力（至少那种与基本的可观察事实相联系的能力）也是先天的。不管我们如何用概念或者用什么概念来鉴定和描述经验中呈现出来的特点，我们首先必须在经验中意识到（比如说）圆形的东西不同于方形的东西，冷的东西不同于热的东西。事物的差异（或者说，外在世界中的不同特点）是在经验中相对直接地呈现出来的。当然，塞拉斯仍然可以进一步反驳这个说法。他可以说，我们需要把作为物理刺激的感觉和认知状态区分开来。很多时候我们的感官都受到了物理对象的刺激，但我们并未觉察到这些刺激。比如说，在四处看看房间的时候，房间中的各个物体都会对我产生刺激,但我或许不会觉察到这些刺激。当然,我会因为受到刺激而具有感觉,但我的感觉无须是认知的。如果一个小孩子不知道钟是什么,那么,即使他可以意识到墙上有一个圆形的东西(假设他有"墙"和"圆形"的概念),他也不会意识到那是一只钟,因为他没有钟的概念。塞拉斯由此认为,如果我们是在"把某个东西意识为什么东西"的意义上来谈论感觉,那么为了具有这种意义上的感觉,我们就必须具有适当的概念。因此,即使我们感受物理刺激的能力确实是先天的,但若没有先前的经验和学习,也很难说我们就识别到了某种特定的颜色、某个特定的形状。换言之,为了对某个东西具有**认知意义上的**感觉,我们必须意识到那个东西具有某个性质,而要是我们对那个性质没有适当的概念,我们就无法意识到它具有那个性质。因此,一切认知都依赖于判断,意识到某个东西是要意识到它属于某个谓词或者某个一般的概念。

塞拉斯反对基础主义的论证本质上是立足于一种康德式的知识论框架,[1] 其中包含了一个基本预设:概念思想(包括信念、识别和意识)依赖于语言。这个预设意味着没有语言能力的生物不可能有信念,也不可能进行思想。情况或许如此,但我们不能先验地假设必定如此。动物或许不能构造论证或具有抽象观念,但它们可能仍然有思想,甚至可能有信念。有思想至少必须满足两个条件:第一,具有将对象指示出来的能力;第二,具有识别相似性的能力,也就是说,能够指称不同的个体和事件,然后将它们与其他个体和事件进行分类。某些没有语言的动物似乎具有这些能力。由此来看,塞拉斯的论证是否可靠就取决于某些经验研究的结果,而不只是取决于他的某些康德

---

[1] 关于塞拉斯自己对康德哲学的解读,特别参见 Wilfrid Sellars, *Kant and Pre-Kantian Themes* (edited by Pedro V. Amaral, Atascadero, CA: Ridgeview Publishing Company, 2002)。

第四章　基础主义

式假定。不过，这并未从根本上消除塞拉斯的论证的力量。基础主义者假设我们有意识地经验到感觉资料的能力是先天的。只要有了这种感觉，我们就可以**直接**知道那个感觉资料具有某个特征，比如是红色的。知道某个东西是红色的意味着已经把握了"红色的"这个概念，但这需要事先的学习和训练，因此在这个意义上不是先天的。基础主义者当然可以进一步声称我们至少具有概念学习的**先天倾向**。不过，这个问题有一些复杂，例如，人们显然并非天生就知道自己正在观察的那个东西是阿尔法粒子的裂变径迹。即使基础主义者可以合理地认为我们有意识地经验到感觉资料的能力是被经验所**触发**的，他们也不能由此断言，我们把某个东西有意识地知觉为具有某个或某些特点的能力不是由以前的经验和学习来**塑造**的。经验与认知的关系可能比基础主义者所设想的更复杂。[1]

总体上说，塞拉斯似乎对基础主义提出了一个严重挑战。塞拉斯表明，仅仅具有第一个意义上的感觉对于知识和辩护来说并不充分。然而，值得指出的是，这个主张并不意味着经验与知识和辩护无关。经验肯定与我们的信念和判断具有某种**因果**关系。例如，若不首先对天空具有某种视觉经验，我大概就不会说出"多么湛蓝的天空啊"之类的话。而且，这种因果关系有时候显然是认知上相关的。假设我因为受到操控或洗脑而具有一个很奇怪的信念，那么，通过指出我的信念的因果来源，我就可以声称我不对持有那个信念负责。不管我们如何理解知识及其条件，为了具有关于外在世界的知识，我们首先需要在某个点上与它发生接触。我们通过感官获得了关于外在世界的信息，我们的感知觉状态是有内容的，而对于知识和辩护来说，我们

---

[1] 在这方面的一个相关论述，参见 Alan Millar, *Knowing by Perceiving* (Oxford: Oxford University Press, 2019)。

需要做的是以某种方式将物理信息转换为可以为我们所理解的心理信息。这种转换是如何实现的显然不只是一项哲学任务，也关系到我们的认知系统的神经构造和心理构造，因此在很大程度上是一个要由**经验科学**来解决的问题。[1] 然而，如果我们用来把握感觉经验内容的概念系统完全是任意的，本身与实在毫无关系，那么我们也很难设想具有概念内容或命题内容的信念如何能够提供辩护。因此，不管我们对感觉经验的内容的鉴定和描述是否会出错，我们必须假设直接经验及其内容以某种方式**约束**了我们所能持有的信念以及我们对其认知地位的判断，在这个意义上具有认知优先性。塞拉斯的挑战无疑对于内在主义的基础主义更有破坏性，因为这样一个内在主义者大概不会认为，对信念提出一个纯粹的因果解释就足以使得信念得到辩护。外在主义的基础主义者可以说，当我们与环境中的物理对象具有适当的因果联系时，我们就有了有辩护的基本信念。当然，内在主义的基础主义者不可能接受这个观点，否则他就没有必要绕弯子，试图用"经验的内在可信性"之类的想法来说明基本信念的辩护了。塞拉斯想说的是，假若基础主义者要以这种方式来处理辩护问题，他们就必须将经验内容设想为非命题内容，因为命题内容涉及概念或描述性内容，而只要描述有可能出错，命题内容也有可能出错。通过将经验内容设想为非命题性的，基础主义者似乎就保证了直接经验的不可错性。塞拉斯旨在表明，如果直接经验没有命题内容，它们就不能成为经验知识的基础，因为不管我们如何理解知识，知识至少必须是具有命题内容的东西。

因此，对基础主义者来说，关键的问题是，支持基本信念的现象

---

[1] 例如，就知觉与行动的关系而论，参见 Wolfgang Prinz and Bernhard Hommel (eds.), *Common Mechanisms in Perception and Action* (Oxford: Oxford University Press, 2002)。

或经验是否在某种意义上既是直接的又是认知的？**直观上说**，我们似乎无法否认我们对某些经验的内容及其特征具有**直接的**（即不需要经过推理的）认知存取。如果基础主义者能够进一步表明至少某些经验的内容是可以被直接地和确定地决定的，[1] 那么我们就无须接受塞拉斯所谓"所予（the given）的神话"的说法。正如我们已经看到的，即使经验内容受制于概念表征，这个事实也不构成对基础主义的致命异议。实际上，可错论基础主义者承认对经验内容的鉴定和描述可以出错。为了弥补这个缺陷，他们可以将基础主义与某些融贯论的观念结合起来，例如通过诉诸某些背景信念来纠正这种错误，但仍然强调经验在认知上的基础地位。直观上说，感知觉状态确实能够**引起**信念，例如，如果我觉得今天很闷热，就可以**直接**形成"今天很闷热"这个信念。为了形成这个信念，我当然需要具有"闷热"这个概念以及用这个概念来指称或描述我的感觉（或感觉状态）的能力。但是，基础主义者可以不否认这一点，他们只需强调经验及其内容在认知上的先在性。假设我们已经有了概念能力，那么一个感知觉判断在如下意义上就是**经验性的**：首先，它是直接由一个感知觉经验引起的；其次，其内容与认知主体在这个经验中自发地具有的内容相吻合。[2] 我们当然无须认为一个感知觉经验的出现本身就会在逻辑上保证它所引起的经验性判断为真，因为不仅我们对经验的概念描述可能是错误的，而且经验本身也有可能是错误的，例如在发生幻觉的情况下，[3] 或者在感知觉系统未能正常运作的情况下。但是，如果产生某个感知觉经验的过程是**可靠的**，而我们也能**正确地**使用概念来描述经验内容（包括

1　某些基础主义者已经对这一点提出了极为复杂的论证，例如参见 Evan Fales, *A Defense of the Given* (Lanham, Maryland: Rowman & Littlefield Publisher, Inc., 1996)。

2　参见 Christopher Hill, *Perceptual Experience* (Oxford: Oxford University Press, 2022), p. 217。

3　例如，参见 Fish (2009)。

指称或挑出其中的某些特点,例如与"闷热"这个概念相关的特点),那么我们就具有正确的经验性判断,由此就可以形成真信念。简言之,即使信念的形成要求概念能力,这个事实也没有直接表明经验本身在认知上不具有优先性。信念形成是一种涉及经验状态和概念运用的复杂过程,至少可错论的基础主义者可以承认这一点。

五、知觉经验与直接辩护

基础主义的吸引力部分地来自两个直观上合理的思想的组合所导致的一个结果。一个是内在主义的认知辩护概念,另一个是此前提到的推理辩护原则:为了在按照证据 E 来相信某个命题 P 上得到辩护,一个人不仅必须有辩护地相信 E,而且也必须有辩护相信 E 使得 P 很有可能为真。后一个信念是关于一个信念的辩护地位的信念,因此可以被称为"元层次信念",或者简称"元信念"。如果认知辩护总是要求元信念,那么这两个思想的组合就意味着,为了有辩护地持有一个信念,认知主体必须有理由表明任何层次的元信念很有可能是真的。但这样似乎就会陷入辩护的无穷后退。[1] 基础主义认为,为了避免辩护的无穷回溯,我们就必须假设存在着直接的或非推理的辩护。基本信念被认为充当了终止无穷回溯的角色。就经验知识而论,基本信念被认为是通过感觉经验或知觉经验而直接得到了辩护。[2] 塞拉斯旨在为基础主义制造这样一个困境:如果知觉经验没有概念内容,那么它们就不可能为任何东西提供辩护,而如果它们具有概念内容,那么就

---

1 参见下一章中的相关论述。
2 在以下讨论中,我们将以知觉经验为例,尽管相关的结论也可以扩展到其他种类的感觉经验以及相关的信念,例如感觉信念或内省信念。

没有直接辩护这样的东西，因此无论如何都没有基础主义意义上的基本信念。由此来看，塞拉斯对基础主义的批评是否真正可靠，关键取决于知觉经验究竟有没有概念内容。进一步说，即使知觉经验在某种意义上被认为具有概念内容，这个事实本身是否构成了对基础主义的决定性反驳？这些问题涉及知觉哲学、心灵哲学和语言哲学中一系列复杂的争论。不过，为了评估塞拉斯的批评，我们可以简要地介绍一下相关争论。

经验当然有现象学特征：当我们有意识地经验到某个东西时，我们觉得（不管是在知觉上还是在单纯的感觉上）它像是什么样子。与此相比，思想、判断和信念似乎不具有这个特征。由此产生了一个问题：如果经验具有内容，那么经验到底具有什么样的内容？不同的知觉理论对这个问题提出了不同的回答：日常观点认为经验就是经验主体的原初感觉（raw feelings），[1] 与我们对事物实际上是什么样子的判断无关；现象理论认为知觉经验就是在一个人心灵中显现出来的东西，因此经验本身并未**直接**呈现对象或者其中的某些性质或特点；直接实在论认为，我们知觉到的东西确实就是外部世界中的对象；感觉资料理论则认为，我们直接知觉到的是经验中的精神对象，即所谓"感觉资料"，不过，至少在某些情形中，通过直接知觉到感觉资料，我们也间接地知觉到物理对象或者其性质或特点。这四种观点都承认经验是有内容的，但没有明确指出经验内容的本质。不过，我们可以通过考察经验与信念的关系来弄清经验内容的本质。大多数理论家都倾向于认为，不管经验具有什么样的内容，经验和信念之间有某种构成性的联系。当然，不同的理论家对这种联系的本质有不同的说法，

---

[1] 对于这种感觉及其与意识的关系的详细分析，参见 Robert Kirk, *Raw Feeling: A Philosophical Account of the Essence of Consciousness* (Oxford: Clarendon Press, 1994)。

大致说来有三种主要观点。

　　第一种观点认为经验就是信念的获得：一旦我们有了某个经验，我们就获得了某个信念。[1] 比如说，只要我看见面前有一个像是红苹果的东西，就获得了"我面前有一个红苹果"这个信念。按照这种观点，经验的内容就等同于通过经验而获得的那个信念的内容。这种观点显然过于简单，例如，如果我具有某些背景知识或信念，或许就不会相信我面前有一个红苹果，尽管我仍然具有那个经验。因此，即使具有经验与获得信念具有某种本质联系，这种联系也不可能是同一关系。有些哲学家由此发展出第二种观点：经验就是经验主体形成信念的倾向——具有一个经验就是倾向于形成某个信念。[2] 当然，一个经验会导致什么倾向取决于经验对象在经验中是如何对经验主体呈现出来的。比如说，如果我好像看见面前有一个红苹果，我就有了形成相应信念的倾向，我的经验就等同于这个倾向。这样，只要一个经验倾向于让我形成某个信念，由此形成的那个信念的内容就是我的经验的内容。然而，这个观点也有一个明显问题：它认为具有一个经验就在于倾向于形成信念，但有些信念显然不是由直观上被称为"经验"的那种东西形成的。假设我相信隔壁有人在放音乐，但我形成这个信念，并不是因为听到隔壁有人在放音乐（有可能的是，即使隐约听到有音乐声，但我因为沉浸在写作中而没有形成这个信念），而是因为我妻子过来告诉我隔壁有人在放我喜欢的一首乐曲。在这种情况下，严格地说，我的信念不是在听觉经验的基础上形成的，而是立足于我

---

[1] George Pitcher, *Perception* (Princeton: Princeton University Press, 1971)，其中第三章批判性地讨论了这种观点。

[2] 这种观点的倡导者包括：Pitcher (1971); David Armstrong, *A Materialist Theory of Mind* (London: Routledge, 2022, first published in 1968), especially chapter 10; Daniel Dennett, *Consciousness Explained* (New York: Back Bay Books, 1992)。

所信任的证言。这样我们就有了第三种观点,经验只是形成信念的倾向的**根据**——具有一个经验或许让我倾向于形成某个信念,但也未必如此。这样一来,即使经验和信念之间确实有某种构成性联系,但经验的内容不一定等同于在经验的基础上形成的信念的内容。

不管经验内容和信念内容之间具有怎样的联系,直观上说,如果我们确实形成了关于外部世界的信念,那么至少其中一些信念是通过知觉经验形成的。一些哲学家由此认为,既然信念具有**断言式的命题内容**,在形式上表现为通过概念做出的判断,知觉经验就必定具有概念内容。我们可以把"精神状态具有概念内容"这一观点称为"**内容概念论**"。麦克道尔对这个观点提出了如下说法:"按照我一直在推荐的那种图景,知觉经验的内容已经是概念性的。对经验的判断并没有引入新的内容,而只是认同了作为其根据的那个经验已经拥有的概念内容,或者其中的部分内容。"[1] 信念往往用"x 是 F"这样的形式来表达,在这里,x 表示任何对象,F 表示任何一个性质,包括内在性质和关系性质。因此,为了形成一个信念,认知主体至少必须具有关于某个对象及其性质的概念,能够在其信念形成过程中采纳这些概念。如果知觉经验本身具有概念内容,那么我们就很容易说明知觉经验如何能够成为信念的基础。现在的问题当然是,有什么理由认为信念至少必须是概念性的?一个理由是这样的:信念是按照一个人具有的概念而相互区分开来的。我可能相信鲸鱼会游泳,但不相信海洋中大型哺乳动物会游泳,即使鲸鱼就是海洋中的一种大型哺乳动物。之所以如此,是因为我没有哺乳动物的概念,或者不知道鲸鱼是一种大

---

[1] John McDowell, *Mind and World* (Cambridge, MA: Harvard University Press, 1994), pp.48-49. 内容概念论的另一位主要倡导者是比尔·布鲁尔。在如下重要著作中,布鲁尔试图表明有意识的知觉经验在经验知识的获得中发挥了重要作用: Bill Brewer, *Perception and Reason* (Oxford: Clarendon Press, 1999)。

型哺乳动物。当然，如果我根本就没有鲸鱼的概念，大概也不会形成"鲸鱼会游泳"这个信念。如果信念具有概念内容，而经验确实能够为信念提供辩护，那么看来我们就必须假设经验也有概念内容。这个说法产生了一个进一步的主张，即所谓**"经验概念论"**：对任何对象 x 和任何性质 F，只有当认知主体具有 x 和 F 的概念，在其经验中利用这些概念时，他才具有用"x 是 F"的形式表达出来的经验，例如觉得某个声音是一首乐曲或者草丛中那朵花是黄色的。

与内容概念论相比，经验概念论提出了一个很强的主张。如果具有概念是具有经验的一个必要条件，而动物实际上没有概念，那么动物就没有经验。动物是否具有概念能力当然是一个经验问题，但我们至少可以在直观上认为动物是有经验的。动物可能没有抽象的概念思维能力，但由此断言它们没有经验看来也不合理，因为要是动物没有经验，不能设法回应周围世界，它们大概就不会幸存下来。一些哲学家已经提出两个论证来反对经验概念论。按照所谓的**"经验丰富性论证"**，[1] 经验无论是在其现象学特征上，还是在传递给我们的信息上，都很丰富，其中包含的东西远远多于我们能够用概念来表达的东西，因此，我们无法合理地假设经验主体能够将一切经验内容都用概念表达出来，或者用概念去描述它们。我们当然可以承认知觉经验具有不能用概念来完备地表征或描述的丰富性。然而，这里的问题显然是：为什么经验的丰富性意味着经验概念论**必定**是假的呢？理由可能是，如果对某个对象或性质采纳一个概念对于**注意到**那个对象或性质是充分的，而一个人能够知觉到某个东西却没有注意到它，那就意味着一

---

[1] 关于这个论证，参见 Fred Dretske, *Knowledge and the Flow of Information* (Cambridge, MA: The MIT Press, 1981), chapter 6; Richard Heck (2000), "Nonconceptual Content and 'Space of Reason'", *Philosophical Review* 109: 483-523; M. G. F. Martin (1992), "Perception, Concept and Memory", *Philosophical Review* 101: 745-764。

个人能够知觉到某个东西却没有对它形成一个概念。直观上说，即便没有信念或概念，知觉能力仍然可以辨别出一个知觉经验中的很多东西。例如，即使我们没有概念来描述某种颜色在连续渐变的某个位置呈现出来的特征，我们仍然在知觉中经验到那个特征。因此，经验至少在**心理上**先于知觉信念。

第二个论证（即所谓"**知觉的精细性论证**"）利用了类似的想法。[1] 它所说的是，与思想相比，经验内容往往提供了确定的详细信息，具有很精细的特征。颜色经验说明了这一点。当我对某个红色的东西具有经验时，我不仅经验到它是红色的，也经验到它有某个特定的色度，甚至能够在经验中把握到不同色度之间的细微差别。与此相比，当我对桌子上红色的咖啡杯有一个**思想**时，我的思想显然并不涉及这种精细的辨别能力。实验心理学表明，人们能够在知觉上辨别出来的颜色色度要比他们能够记住和能够用概念表达出来的多得多。[2] 按照经验概念论的批评者的说法，如果经验主体确实能够在知觉上辨别有细微差别的颜色，但又不能用概念来表达它们，那就表明经验概念论是假的——经验内容本质上无须是概念性的。

然而，不管经验具有多么丰富的细节，仅仅认为我们无法在概念上表征或描述经验的细微特征实际上不足以反驳经验概念论，因为有可能的是，我们**此前**可能也不具有我们**目前**用概念来表达的某些经验特征，例如我们目前使用的主要颜色范畴。实际上，从进化的角度来

---

1 关于这个论证，参见 Christopher Peacocke (2001), "Does Perception Have a Conceptual Content?", *Journal of Philosophy* 98: 239-264; Michael Tye, *Ten Problems of Consciousness: A Representational Theory of the Phenomenal Mind* (Cambridge, MA: MIT Press, 1995)。此外，皮科克还论证说，人类的知觉与低等动物（不具有语言能力的动物）的知觉至少具有某种重叠或连续性，而既然动物没有概念能力，我们就不能一般地认为知觉经验是概念性的。

2 参见 Diana Raffman, "On the Persistence of Phenomenology", in Thomas Metzinger (ed.), *Conscious Experience* (Ferdinand-Schoningh: Paderborn, 1995), pp. 293-308。

看，我们可能并不需要概念化或范畴化经验中呈现出来的**所有**特点并用概念的形式将它们保留在记忆中——我们对外部世界的知觉必然是**选择性的**，取决于某些实用的目的。当然，必要时我们也可以发明新的概念来鉴定和描述某些经验特征。例如，麦克道尔论证说，经验主体可以通过使用"这是……""那是……"之类的指示词概念来指示颜色知觉中出现的特定色度，而这意味着经验主体具有（或者能够发展出）精细区分的颜色概念。这个提议当然会碰到一些问题。例如，我们并不清楚指示词概念究竟是不是真正意义上的概念。此外，也不清楚一个人在什么意义上具有（或者可以被认为具有）了指示词概念，因为对某个东西具有一个概念至少意味着能够在随后的场合将它重新鉴定出来。进一步说，如果色度的指示词概念只能挑出被指示出来的那个东西实际上具有的色度，那么麦克道尔的提议就变得不合理了，因为有可能的是，在幻觉的情形中，我们也会经验到不能用概念来表达的某个色度。退一步说，即使麦克道尔的提议是正确的，他也似乎颠倒了经验与概念运用的关系：他认为指示词概念抓住了某种颜色在感觉经验中呈现出来的方式，但更有可能的是，正是颜色在感觉经验中呈现出来的方式说明了经验主体如何能够在思想中具有这种指示性的色度概念。[1]

知觉经验是否具有概念内容仍然是一个有争议的问题。[2] 对这个

---

[1] 对这些争论的一个相关讨论，参见 S. D. Kelly (2001), "The Non-Conceptual Content of Perceptual Experience: Situation Dependence and Fineness of Grain", *Philosophy and Phenomenological Research* 62: 601-608。

[2] 除了前面指出的文献外，对这个问题的一些相关讨论，参见 Berit Brogaard (ed.), *Does Perception Have Content?* (Oxford: Oxford University Press, 2014); Tim Crane (ed.), *The Contents of Experience: Essays on Perception* (Cambridge: Cambridge University Press, 1992); Gendler and Hawthorne (2006); Adrian Haddock and Fiona Macpherson (eds.), *Disjunctivism: Perception, Action, Knowledge* (Oxford: Oxford University Press, 2008); Hill (2022); Susan Siegel, *The Contents of Visual Experience* (Oxford: Oxford University Press, 2010)。

问题的解决部分取决于我们对概念和概念形成的理解，部分取决于经验科学研究。知觉经验具有**内容**是一个不可否认的事实，关键的问题显然在于知觉经验是否具有**概念内容**。**如果**知觉经验确实为知觉信念提供了辩护，或者至少充当了这种辩护的一个来源，那么，只要我们假设辩护涉及对经验的判断以及由此形成的信念，就必须认为知觉经验具有概念内容。由此来看，为了表明知觉经验具有概念内容，概念论者就需要表明感觉经验状态确实为持有相应的经验信念提供了理由。考虑布鲁尔提出的如下论证：[1]

（1）能够提供辩护的东西必须能够在一个论证中充当前提。也就是说，如果某个东西 X 有能力使得认知主体 S 在相信命题 P 上得到辩护，那么，它之所以具有这种能力，是因为它是那种可以被用来支持对 P 的某个论证的东西。

（2）如果 X 有能力为 S 相信 P 提供辩护，那么它必定是 S 自己相信 P 的一个理由。

（3）X 若要成为 S 相信 P 的一个理由，它就必须是 S 所拥有的一个理由。

（4）如果 X 是 S 所拥有的一个理由，那么 X 必定具有一个可以由 S 拥有的概念来表达的内容。

（5）知觉经验可以为 S 持有知觉信念提供辩护。

（6）因此，按照（2）和（5），知觉经验必定是 S 持有知觉信念的理由。

（7）因此，按照（3）和（6），知觉经验必定是 S 所拥有的理由。

（8）因此，按照（4）和（7），知觉经验必定具有一个可以

---

[1] 关于布鲁尔对这个论证的详细讨论以及对可能异议的回答，参见 Brewer (1999), chapter 5.

由 S 拥有的概念来表达的内容。

（9）因此，知觉经验必定具有概念内容。

前四个前提显然是上述论证的主要前提。如果我们是在谈论推理辩护，那么第一个前提看来就是理所当然的。第二个前提实际上所说的是，能够为一个人的信念提供辩护的东西必定也是他持有该信念的理由。假设我们将理由一般地理解为能够对某个东西提供支持的那种东西，那么概念论者的主张就是，只有理由才能辩护信念。因此，如果知觉经验确实能够为知觉信念提供辩护，那么知觉经验本身必须是理由，或者必须以某种方式构成理由。但这样说还不等于表明知觉经验必定具有概念内容。为了表明知觉经验必定具有概念内容，概念论者不能仅仅认为，只有当知觉经验具有概念内容的时候，知觉经验才能成为一个人持有知觉信念的理由，因为这样说等于**断言**而不是论证知觉经验必定具有概念内容。知觉经验或许可以为一个人相信某事提供理由，但其本身或许没有概念内容，这不是逻辑上不可能的。例如，如果我的经验告诉（或者我通过内省意识到）我看到了某个东西，我可能就会形成"那里有某个东西"这个信念，即使我不能通过概念指出我所看到的究竟是什么。这种信念可能很琐碎，但概念论者不能否认我确实形成了一个信念。当然，概念论者或许会说，甚至在这种情况下，我仍然必须具有一些概念，例如"那里"这个概念。信念当然必须具有命题内容，但能够形成一个信念与能够用概念来表达信念内容显然不是同一回事。动物可能也有某些信念，但它们似乎没有概念资源表达信念的内容。因此，概念论者需要对知觉经验为什么必定具有概念内容提出一个**实质性**说明。这个说明的关键大概就是上述论证的第三个前提：如果某个东西要成为一个人相信某事的理由，它就必须是一个人**所具有**的理由。"有理由相信某事"这个说法当然是不明确的。例如，在一种客观的意义上，或者说从第三人称的观点来看，如果今天温度是 40 摄氏度，那么一个具有正常感知能力的人有理由相信今天很热。但他有可能并不相信这一点，因为（比如说）他被囚禁在阴森的洞穴中。一个人相信某事的理由必须是他在某种意义上明确地认识到的理由，或者是他通过有意识的认知存取可以获得的理由，例如当那个人从洞穴中被放出来、走出洞口的时候。在这种情况下，他自己的感觉经验向他提供了相信今天很热的理由，也就是说，他相信今天很热的理由是他确实觉得今天很热。如果一个人在其认知视角的合理限度内并没有一个理由相信某事，那么那个理由就不是**他**相信某事的理由，即使它可以是另一个人相信某事的理由。例如，一个失去感觉能力的人或许不能按照感觉经验来形成"今天很热"这一信念，但他可以通过看温度计来形成这个信念。在这种情况下，感觉经验所提供的理由就不是他相信今天很热的理由。因此，我们也可以说，当一个人确实出于某个理由而相信某事时，他的信念是以那个理由为基础的——那个理由必须在某种意义上**导致**他持有那个信念。

因此，我们可以认为，正是一个知觉经验的某些特点导致一个人具有了某个信念，或者说，一个人处于某个知觉状态这件事情将他置于有某个理由相信某事的地位。如果概念论者采取了一种内在主义的辩护概念，那么他们当然可以认为一个人相信某事的理由必须是他所持有的理由，例如他通过反思或内省而认识到的理由。现在的问题显然是，概念论者是否可以进一步认为，一个人持有的理由必须是他可以用自己拥有的概念表达出来的东西？概念论者对这个问题给出了肯定的回答，其论证大概是这样的：

（1）一个认知主体 S 若要有理由相信（比如说）桌上那本书是蓝色的，就必须首先相信那个理由。

（2）相信某事是要处于某个精神状态。

（3）因此，S有理由相信那本书是蓝色的就在于S处于那个精神状态。

（4）那个精神状态有"那本书是蓝色的"这个命题作为其内容。

（5）按照假设，那个精神状态是一个知觉状态。

（6）因此，S的知觉状态具有"那本书是蓝色的"这个内容。

（7）因此，知觉状态具有概念内容。

在评价这个论证之前，我们需要看看直接辩护是如何可能的。假设我相信桌上那本书是蓝色的。我持有该信念的理由是，那本书对我来说看起来是蓝色的。非概念论者并不否认，即使我的知觉状态本身没有概念内容，它仍然可以向我提供一个理由，让我相信那本书具有某个特点，因为即使我的知觉状态没有概念内容，它也是一种信息状态。如果我已经有能力识别和辨别物理对象的某些性质或特点，那么我对一本蓝色的书的感知就不同于我对一本红色的书的感知，因为一个蓝色的物体对我的感觉刺激不同于一个红色的物体对我的感觉刺激。然而，通过一种概念化，或者通过做出一个判断，我可以从一种不具有概念内容的**信息**状态过渡到一种具有概念内容的**认知**状态。当然，既然概念化涉及使用概念来指称或描述我的非经验内容的某些特征，我就有可能出错，而只要我的判断是错误的，由此得到的信念也是错误的。但是，不管我在进行概念化的时候会不会出错，不可否认的是，要是我根本就没有经验，我也不会形成任何经验信念，而要是我所具有的是一个不同的经验，我可能就会形成另一个信念。我们甚至可以设想，两个具有同样概念背景和信念背景的人，在面对不同的知觉对象时，可以形成不同的信念。就此而论，我们确实无法否认经验为信念的形成提供了基础。为了能够从知觉经验中形成某个信念，我当然需要具有包含在这个信念中的概念。具有这些概念或许要求我相信某些其他命题。比如说，为了形成"那棵树上有一只松鼠"这个信念，我必须有"树"和"松鼠"的概念，为此，我必须相信某些关于树和松鼠的东西。若没有相关的概念和信念，我就无法在概念上鉴定和描述我的知觉经验的某些特点。然而，我的知觉经验就是这样一种东西：它**触发**我使用有关的概念和信念来概念化经验内容的某些特征。在这个意义上我们可以说，不管经验本身有没有概念内容，只要有了经验，我就**初步**处于为我的信念提供辩护的地位上。事实上，若不首先具有经验，我们就不可能具有那些与外部世界的可观察性质相联系的基本概念，因此也不可能形成其他更加复杂的概念。概念和语言可以丰富我们对世界的描述，但通过知觉来识别事物的特点并在知觉中将它们辨别开来的能力显然更加根本。

因此，我们似乎有理由认为知觉经验本身在某种意义上为知觉信念提供了辩护。为了进一步阐明这个观点，我们不妨区分对"辩护"这个动词的两种解释。按照一种解释，辩护一个信念就在于**表明**它是合理的、适当的或可信的，这是认知主体所做的一件事情。例如，我可以通过一个数学论证来表明相信某个数学命题是合理的。从引申的意义上说，如果我能够使用某个东西来表明自己的信念是合理的，那么在持有那个信念上我就得到了辩护。按照另一种解释，"辩护"这个动词在某种意义上就类似于"美化"这样的动词。光与色彩的某种组合能够美化一个房间。但是，在产生这个效果时，它不是表明房间是美的，而是**使得**房间是美的——它以某种方式制作出房间的美感。按照这种理解，辩护一个信念就相当于使得一个信念是合理的或适当的，而不是表明它是合理的或适当的。当然，这两个辩护概念之间可能具有一定联系，但这不是我们目前要关心的问题。目前我们只需注意的是，它们是不同的概念。尤其是，我们不能先验地认为，只有当某个东西**表明**一个信念得到辩护时，它才**使得**那个信念得到辩护。因此，即使知觉经验本身没有概念内容，它也可以使得一个信念得到辩护，或者至少初步得到辩护。

现在我们可以来考察上述论证。第一个前提来自推理辩护原则。但是，如果概念论者认为一切辩护都是推理的，并由此否认直接辩护的可能性，那么其论证就是成问题的，因为为了表明直接辩护是不可能或不可理解的，他们首先需要表明一切辩护都是推理的——他们不能将这个主张**预设**为一个前提。另一方面，如果概念论者试图用"经验具有概念内容"来表明一切辩护都是推理的，那么他们的论证就会陷入循环。第二个前提和第三个前提至少是直观上可接受的。因此，如果我们假设第一个前提也是可靠的，那么这个论证的关键就是第四个前提。假设我们认为 S 持有"那本书是蓝色的"这个信念的理由就是那本书是蓝色的，那么我们就需要问：在 S 这里，那个理由究竟从何而来？当然，S 确实对他面前桌子上的那本书具有知觉经验。如果 S 将其知觉经验（或者其中的某些特点）**在概念上**表达出来，那么其经验就包含了"那本书是蓝色的"这个命题内容。概念论者似乎认为，正是这个命题内容为 S 相信那本书是蓝色的提供了一个理由。然而，即使 S 能够在概念上将其知觉经验（或者其中的某些特点）表达出来，这个事实本身也不意味着其知觉经验本身就是概念性的。为了按照知觉经验来形成一个**信念**，一个人确实需要对其知觉经验进行某种概念化。这样一来，知觉经验是否具有概念内容似乎就变成了一个**约定**问题：如果具有一个知觉经验就是指倾向于形成一个信念（当然不一定要**实际上**形成一个信念），那么知觉经验就必须包含概念内容；另一方面，如果知觉经验与信念形成之间并不具有必然联系，那么知觉经验可以是没有概念内容的。换句话说，知觉经验是否具有概念内容这个问题本身涉及如何界定知觉经验。对于具有基本概念能力的认知主体来说,知觉经验显然有概念内容。或者更确切地说,知觉经验呈现出某些可以被概念化的特点,即使并非其中的所有内容都可以或都需要被概念化。但是,当一个人对其知觉经验进行概念化时,他所处的那种精神状态或许就不是严格意义上的知觉状态。不过,这样说无疑更合理:对于具有适当的概念能力的认知主体来说,知觉状态本身就包括了概念内容,即使他无须用命题的形式来表达其知觉内容,而信念的形成则需要对经验及其所包含的特点进行判断。在批评基础主义的核心主张(即经验能够**直接**为信念提供辩护)时,邦茹指出:

> 所予(givenness)的基本观念……是要区分普通认知状态的两个方面,即它们辩护其他认知状态的能力和它们自身对辩护的需求,然后试图找到一种只具有前一个方面而不具有后一个方面的状态——即一种直接把握的状态,或者说直觉状态。但是……任何这样的尝试在根本上都是错误的和本质上无望的。因为经过反思,我们可以清楚地看到,一个认知状态的断言内容(或者至少表达内容)是它具有的同一个特点,而正是这个特点使得它既能辩护其他状态,又能产生它自身要求辩护的需要,从而使它原则上不可能将这两个方面分开。[1]

邦茹的要点是,如果知觉经验本身没有概念内容,那么它们就不可能像基础主义者所声称的那样能够发挥这样一个作用,即能够为其他认知状态提供辩护,但其本身又不需要辩护。但是,正如我们已经看到的,知觉经验是否具有概念内容实际上是一个很难判定的问题,

---

1 BonJour (1985), p. 78.

在很大程度上取决于如何理解和界定知觉经验。我们有理由认为，当一个人正在知觉某个东西时，其知觉活动与知觉经验的内容的关系不可能一开始就是概念性的，例如，我们似乎不能合理地否认动物或者没有概念能力的小孩子具有知觉经验。实际上，如邦茹自己正确指出的，至少对于成年人来说，有意识地知觉某个东西意味着他对知觉经验的内容有一种内在觉察。如果他具有概念能力，就会通过这种有意识的内在觉察将其经验的某些特点或某个方面用概念表达出来。我们确实不能认为他在进行这种概念化的时候不会出错。然而，真正重要的是，具有一个有意识的知觉状态确实为他形成某个信念提供了一个必要的基础。如果处于这样一个状态使得他由此形成的信念很有可能是真的，那么前者确实为辩护后者提供了一个基础，即使这种辩护只是初步性的，例如可能被他所持有的其他信念或证据所推翻。但是，甚至对于具有概念能力的认知主体来说，当其知觉经验已经具有概念内容的时候，他在知觉经验的基础上形成的信念也有可能被他所持有的其他信念或证据所推翻。然而，正如我们已经初步表明的，这仍然不是否认知觉经验（不管有没有概念内容）能够直接构成辩护的一个基础的理由。

实际上，塞拉斯反驳基础主义的论证涉及一些有争议的预设，其中一些预设关系到严格意义上的知识论问题，另一些则涉及心灵哲学、知觉哲学和语言哲学中的某些复杂问题。基础主义者认为他们发现了一种不需要推理就能直接知道的真理，塞拉斯则继承了一种康德式的知识概念，认为没有判断就不可能有真值的载体，而判断涉及运用概念。运用一个概念是要对某个特定事物属于什么种类做出判断。如果我能够把"红苹果"这个概念运用到某个苹果，那就意味着我已经学会将某个特定的东西分类为红色的、分类为苹果。但做出这样一个判断总是涉及将我们所要判断的那个事物（或者它的某个特点）与某个种类的典型成员联系起来。因此，相似性判断至少涉及关于过去的信念。只要我们不能直接认识到关于过去的事实，相似性判断就必定是推理的。如果塞拉斯的论证取决于他对判断的本质提出的这种理解，那么基础主义者就可以通过拒斥这种理解来抵制其批评。按照塞拉斯信奉的那种康德式理解，知识是心灵将其结构施加于实在的结果。基础主义者按照对应来理解真理，对这个概念提出了一种很强的实在论解释，而康德传统在某种意义上是反实在论的。对康德主义者来说，举个例子，若没有颜色**概念**所提供的某个概念框架，我们就不能有意义地追问有多少颜色在世界上被例示出来。康德主义者假设，心灵原则上能够将一个结构施加于一个实际上没有结构的世界。然而，这个假设并非没有问题。比如说，我可以用很多方式来整理书籍，一些方式就像其他方式一样有用。但是，要是书籍本身没有将它们区分开来的特点，我就无法开始整理书籍。同样，如果外部世界本身没有结构，我们大概也不可能将一个概念框架应用于它。基础主义者相信世界本身具有一个结构，这个结构不依赖于心灵所施加的任何概念框架。正是因为世界本身具有一个结构，我们对世界的认知才有可能展现出基础主义所设想的那种辩护结构。这个思想看来是合理的。思想和判断当然可以表达关于外部世界的事实，这些事实在某种意义上是非语言的，其存在与否并不依赖于我们的思想和判断。可想而知，要是首先没有这种事实，我们就无法理解认知主体和事实之间的那种亲知关系，而对于基础主义者来说，正是这种关系构成了非推理辩护的基础。[1]

---

[1] 一些基础主义者试图按照这个思路来捍卫基础主义，例如，参见 Paul Moser, *Knowledge and Evidence* (Cambridge: Cambridge University Press, 1989)。此外，麦克道尔在其后来的一个讲稿中论证说，不管知觉能力是不是理性的，只要它们被看作认知主体（包括动物）回应其所生活的环境中的某些特点的方式，它们就可以成为知识的一个来源：John McDowell, *Perception as a Capacity for Knowledge* (Milwaukee, Wisconsin: Marquette University Press, 2011)。

从知识和辩护的结构来看，基础主义无疑是一个很有吸引力的观点，因为我们所生活的世界本身是有结构、有秩序的，因此我们所具有的知识必定建立在某个基础上，不管我们如何理解或设想这样一个基础。此外，我们的知识不仅具有内在联系，而且某些知识领域显然是以某个其他的知识领域为基础。在自然科学中，这一点是最明显的；但是，甚至在其他的知识领域中，我们也可以发现类似特点。在笛卡尔知识论纲领的激励和启发下，古典基础主义者将基本信念设想为不可错的，而这个主张已经受到了严重挑战，其中所涉及的最重要的问题大概就是：知觉经验是否能够对知觉信念提供直接辩护？基础主义的批评者认为，只有具有概念内容的东西才能为辩护信念提供基础，因此，如果知觉经验本身没有概念内容，它们就不可能为知觉信念提供辩护。然而，只要基础主义者承认辩护是可错的，塞拉斯等人对基础主义的批评就会被大大削弱。当然，作为一种辩护理论的基础主义是否可以被合理地接受，也取决于其竞争对手是否能够对辩护提出更加合理的解释。这是我们接下来要处理的核心问题。

第五章　融贯论

古典基础主义之所以会面临塞拉斯和邦茹制造的困境，主要是因为它采取了一种原子主义的辩护概念：它不仅认为存在着一类具有特殊地位的"自我辩护"的信念，即基本信念，而且认为基本信念可以独立地发挥辩护作用。基础主义的批评者认为，甚至在知觉信念的辩护中，为了恰当地确定这种信念，我们也需要利用某些独立信息，这种信息不仅关系到一般而论的外部世界，也关系到我们的认知能力以及我们在追求真理方面取得成功和遭受失败的频率。知觉信念的辩护要求这种一般信息，对成功和失败的评价也依赖于特定信念。举个简单的例子来说，假设有一天你从外地回到家中时，发现餐桌上有一台浅蓝色的仿古咖啡机。不妨假设你已经拥有相关的概念，例如"浅蓝色""仿古"和"咖啡机"这样的概念，因此你形成了"桌子上有一台浅蓝色的仿古咖啡机"这一信念。表面上看，你的知觉经验以及你已经具有的相关概念能力**直接**为你的信念提供了辩护。然而，基础主义的批评者会认为事情不是这么简单。在你出差的那一周，你确实收到了快递通知，也请求小区管家将门口的快递放进家中。此外，当你很好奇这台咖啡机从何而来时，你可能想起一个月前与一位朋友在一家餐厅吃饭，在随便翻看附近书架上的杂志时，你看到对那台咖啡机的介绍，并对朋友说你很喜欢，因此你猜测朋友给你送了这台咖啡机。当然，为了辩护你的信念，你不仅需要记住这些事情，将它们与你的信念恰当地联系起来,你大概也需要确信自己的知觉系统是正常的,能够履行鉴定某种对象及其颜色的常规任务。由此看来,正是你对这个知觉信念与其他相关信念发生联系的方式的确认提高了其认知可信度。基础主义的批评者由此认为,辩护是一件**相互依赖**和**彼此支持**的事情。这个思想构成了所谓"融贯论的辩护理论"的根本依据。在以下论述中,我们将首先介绍融贯论的基本思想,然后考察其两个典型代表,最终分析这种理论所面临的主要问题。

一、融贯论的动机和基本观念

融贯论承诺了所谓"信念假定"(doxastic presumption),因此大概是最地道的内在主义理论。这个假定包含两个基本思想。第一,我们从外部世界得到的一切信息都被"压缩"在信念中,而且,在试图辩护我们所相信的事情时,除了对它们持有的信念外,我们不能考虑任何其他的东西。第二,除了我们已经具有的信念外,也没有什么东西能够充当认知辩护的根据。因此,一个信念是否可以得到辩护,就完全取决于认知主体的信念状态,即取决于他具有什么信念。融贯论者否认存在着基础主义者所设想的那种在认知上具有特权的基本信念,转而认为一切信念都具有**同样的**认知地位:某个信念是否可以得到辩护,是由认知主体的整个信念系统共同决定的,其中没有任何一个信念能够具有特殊地位。如果我们可以用建筑物的比喻来理解古典基础主义,那么我们也可以用蜘蛛网的比喻来理解融贯论。在前一种情形中,高层次信念建立在低层次信念的基础上,低层次信念建立在基本信念的基础上。在后一种情形中,就没有这种层级结构了,而是,一切有辩护的信念都宛如蜘蛛网中的节点,共同形成了一个相互支持的网络,其中并不存在用来支持所有其他信念的基础,也不存在

"基本节点"这样的东西。

一般来说,融贯论是从两个基本动机中产生出来的。第一个动机直接来自古典基础主义所面临的困难。融贯论者是典型的内在主义者,认为一个信念的认知地位必定以某种方式取决于其他信念。对他们来说,如果基础主义者对基本信念的设想是错误的,那么融贯论的辩护理论就必定是真的。第二个动机来自一些哲学家对知识的本质提出的某种理解。在讨论怀疑论的时候我们就会看到,怀疑论者不仅质疑信念,也质疑用来形成信念的认知过程。然而,在试图修改和改进信念时,我们仍然需要采用同样的认知过程。因此,我们不可能既取消信念又取消认知过程——只要我们这样做,就丧失了经验研究和哲学反思的起点。维也纳学派哲学家奥托·纽拉特认为,在知识事业上我们恰好处于这种状况。如果知识事业可以被比作在海上航行的船只,那么不论是知识事业,还是知识本身,都不具有绝对确定的基础。作为航海者,我们只能在无根基的海洋上来修理船只。同样,我们总是从已有的信念和认知过程入手,尽量**从内部**来修理和调整它们。就像纽拉特一样,融贯论者认为,在改进我们的知识和信念时,最好的策略是从既有的信念入手,利用其中一些信念来引导我们对其他信念的接受和修改,从而让我们的信念系统最终具有某种内在融贯性。

从以上论述中可以看出融贯论的一个核心观念:信念是相互支持的。对于融贯论者来说,信念是"齐心协力"或"相互适应"的。如果我们发现某些信念彼此适应得更好,就倾向于将更大的认知分量赋予它们。这个想法不难理解。从认识论的角度来说,每一个特定信念都向我们提供了关于世界的一些信息。我们可能会怀疑一个特定信念,不过,只要发现某个信念符合我们持有的其他信念,我们对它的信任度就会提高。例如,假设我判断自己现在站的地方曾经是海洋,因此形成了"这里曾经是海洋"这个信念。但是，我也对自己持有的信念是否正确有点怀疑。为了消除怀疑，我在附近四处查看，以便查找有没有某些浅海生物化石。我确实发现了某种化石，并按照古生物学知识鉴定出它是某种浅海生物化石，并由此形成如下信念：这里曾经有某种浅海生物。如果我确信这个信念很有可能是真的，那么我的前一个信念也很有可能是真的。反过来说，如果我有更强的证据断言这个地方曾经是浅海，但不太确信我所发现的化石究竟是不是一种浅海生物化石，那么前一个信念也可以提高我对后一个信念的信任。实际上，一旦我们看到各个信念是如何彼此适应和相互支持的，一旦整个图景开始形成，我们就更好地理解了个别信念的作用和重要性。这是一个直观上合理的思想，而融贯论者正是由此认为辩护就在于信念之间的相互支持关系。

相互支持的思想包含了一个隐含的规定，即认知责任的概念。融贯论者认为，作为认知主体，为了把一个信念看作认知上正当的，我们就必须满足两个条件：第一，必须有其他信念支持该信念；第二，必须有理由认为该信念是真的或者很有可能是真的。如果我们在形成一个信念的时候无视了这两个要求，我们就是认知上不负责任的。假设你相信自己买彩票会中奖，你相信这一点，是因为你相信一旦中奖，你的生活就会变得更加容易，于是你就去买了彩票。在这种情况下，你的信念是不负责任的。正如我们即将看到的，正是认知责任的概念激发了劳伦斯·邦茹对融贯论的承诺。对融贯论者来说，认知辩护的目的是要获得真理。因此，只有当有理由表明一个信念很可能为真时，该信念才算得到辩护。更确切地说，只有当认知主体在认知上拥有一个理由，并据此认为一个信念很可能为真时，他在接受该信念上才算得到辩护。当然，并非所有融贯论者都持有如此强的主张，但他们普遍认为，对于一个负责任的认知主体来说，只有当一个信念得到他所持有的其他信念的支持时，该信念才算得到辩护。

到目前为止，我们只是对"融贯"提出了一种直观解释，即把它理解为信念之间的相互适应关系。然而，融贯论者可以用不同的方式来解释这个概念。按照一种解释，信念相互适应，是因为任何信念都以某种方式与某些其他信念相联系。这种解释对信念的辩护提出了较弱的要求：只要一个信念与一个人的信念系统中的某些信念相融贯，它就得到了辩护。例如，假设我形成了"办公室桌上有一只咖啡杯"这个信念。它与我的某些其他信念相融贯，例如我看见那个杯子，记得半小时前用它喝过咖啡。我的信念在这个意义上是有辩护的。如果一个融贯论者接受这种解释，他就需要进一步说明这种融贯关系的本质。后面我们会看到，基思·莱勒将这种关系理解为一种比较合理性（comparative reasonability）关系。按照另外一种解释，融贯不只是一种关系性质，而且是一种**整体论**性质。在这种解释下，只有当一个信念是一个总体上融贯的信念系统的成员时，它才算得到辩护。一个人的信念系统是由他所具有的所有信念构成的。这样一个信念系统可以被分为若干子系统，每个子系统（比如说）都与某种特定的题材相联系。每个子系统中的信念都具有很紧密的联系，但是，如果各个子系统之间的联系很松散，那么整个信念系统就不具有很强的融贯性。一个子系统甚至有可能与另一个子系统发生冲突。整体论的融贯论者认为，融贯必须是整个信念系统的一个性质，也就是说，一个人的信念系统中的所有信念都必须是相互融贯的。任何一个信念的辩护都是从一个整体上融贯的信念系统中产生出来的。在邦茹这里，融贯被设想为一个整体论性质。

融贯论的支持者对于如何理解"融贯"这个概念可以持有不同看法。不过，他们在两个基本的方面是一致的。首先，他们都否认某些信念在认知上优先于其他信念。其次，他们都强调任何信念的认知地位都取决于其他信念。换句话说,他们都接受了所谓"正面融贯论":任何信念的辩护都要求认知主体具有某个**正面**的理由来支持它。与这种观点相对比的是所谓"负面融贯论",它所说的是,对于一个认知主体来说,如果他的其他信念无法提供理由来质疑某个信念是真的,那么该信念就与那些信念相融贯。这种融贯论可能为知觉信念的辩护提供了一个模型,因为我们通常认为,只要提不出理由来表明一个知觉信念是假的,我们就可以认为它是有辩护的。我们可以从另一个角度来说明这两种观点的差别。考虑如下两个例子。哈里对医疗持有极其苛求的态度:在相信某种治疗方案之前,他总想看到证据;他不仅拒绝别人的说法,也很怀疑广告上宣传的所谓灵丹妙药,但是,眼看自己的头发很快就要掉光了,他很苦恼。有一天有人告诉他某种毛发再生精可以治疗秃头,于是他就相信了这个说法。对哈里来说,这个信念显然是没有辩护的,因为它不符合哈里已经接受的有关信念。例如,他本来就认为,只有当有可靠的证据表明某种治疗方案确实有效时,这种方案才是有效的;此外,他也相信没有可靠的证据表明哪种毛发再生精能够治疗秃头。因此,他关于那种毛发再生精的信念实际上没有得到辩护,因为这个信念违背了他自己持有的某些一般原则,因此与他的信念系统并不融贯。这是负面融贯性的一个例子。与此相比,假设哈里斯有两辆汽车,一辆是旧车,另一辆是刚买的,两部车都停在家门口外面。有天晚上下起暴风雪,哈里斯听到大雪压断树枝的声音,也听到了树枝砸到车上的声音,于是就相信树枝砸到的是旧车。就像前一个例子一样,哈里斯的信念也是一厢情愿地形成的。既然他不知道压断的树枝掉下来的确切位置,他就没有理由相信树枝究竟砸到了哪一辆车上。哈里斯的信念缺乏**正面**融贯性,因为其信念系统中没有什么东西支持该信念。一般来说,如果一个信念总体上得到一个信念系统的支持,它就具有正面融贯性,而如果它总体上不与一个信念系统相冲突，它就具有负面融贯性。融贯论者认为，一个有辩护的信念要么必须得到信念系统中其他信念的正面支持，要么不会被其他信念所否决。

因此，融贯论者可以对其主张提出如下初步表述：一个人在相信命题 P 上得到辩护，当且仅当信念 P 与其信念系统相融贯。在这里，一个人的信念系统就是他所相信的一切。但是，到目前为止，尽管我们将融贯理解为信念之间的一种相互支持的关系，却还没有说这种关系究竟在于什么。对这个问题的最简单的回答是按照逻辑一致性来理解"融贯"：只要一个信念系统中的各个信念是逻辑上一致的，它就是融贯的。更确切地说，在一个信念系统中，如果一个信念必然蕴含其中的每个其他命题，或者在逻辑上被那些命题所蕴含，那么它就与其他信念相融贯。因此，当且仅当某个命题 P 在逻辑上来自认知主体所相信的每一个命题的合取时，他在相信 P 上就得到了辩护。[1]

然而，很容易表明逻辑一致性对于辩护来说既不充分又不必要。假设有一个逻辑上一致的信念系统 B，其中包含一些逻辑上偶然的命题，例如"雪是白的""盐在水中溶化"等。在这个信念系统中，每个命题要么必然地蕴含每一个其他命题，要么被某个或某些其他命题所蕴含。现在，如果我们从 B 中挑出逻辑上偶然的命题，对它们加以否定，我们就得到了那些命题的否定命题。将这些否定命题与 B 中原来的非偶然命题加在一起，我们就得到了另一个新的系统 B*。很容易看出，如果 B 是一致的，那么 B* 也是一致的，而且，B* 中的每

---

[1] 关于这种简单的融贯论，参见 Richard Feldman, *Epistemology* (New Jersey: Prentice Hall, 2003), pp. 60-64; Noah Lemos, *An Introduction to the Theory of Knowledge* (second edition, Cambridge: Cambridge University Press, 2021), pp. 72-75; Keith Lehrer, *Theory of Knowledge* (second edition, Boulder: Westview Press, 2000), pp. 100-101; Michael Williams, *Problems of Knowledge: A Critical Introduction to Epistemology* (Oxford: Oxford University Press, 2001), pp. 119-121。

个命题要么必然地蕴含每一个其他命题，要么被某个或某些其他命题所蕴含。就各个命题之间的联系而论，B* 就像 B 一样融贯。但是，既然 B* 中的每个命题是 B 中的每个命题的否定，它所告诉我们的东西就与我们对这个世界持有的信念相对立，例如，雪不是白的、盐在水中不会溶化等。如果这种融贯对于辩护来说是充分的，融贯论证就必须承认，只要一个人在接受某个偶然命题上得到了辩护，那么他在接受其否定命题上也会完全得到辩护。这显然是一个有悖于直觉的结果。另一方面，逻辑一致性对于辩护来说也不必要，因为有很多命题可以满足逻辑一致性要求，但它们之间并不存在任何实质性的联系。我们可以持有一套互不相关的信念，例如"草是绿的""今天是星期四""凡·高是一位伟大的画家""罗素曾在 20 世纪初造访中国"等。这套信念显然是一致的，因为至少表面上看各个信念之间毫无关系，因此也不会发生冲突。如果融贯论者认为融贯产生辩护，那么我们就不清楚单纯的逻辑一致性如何能够为一个信念提供辩护。如果信念之间并不存在某种实质性的联系，那么仅仅没有内部冲突这一事实不可能为一个信念提供辩护。

上述批评给融贯论者提出了两个不同的问题。第一，应该如何理解融贯，才能让信念系统的融贯性为信念提供辩护？第二，一个信念的辩护要求什么样的信念系统？如果融贯论者尚未说明融贯**为什么**会产生辩护，他们就不能按照"信念之间的相互融贯"这个说法来辩护一个信念。按照逻辑一致性来表征融贯不可能回答第二个问题，因为逻辑一致性是一个很弱的概念，并未触及一个信念的本质及其与其他信念的确切联系。融贯论者当然可以对融贯提出进一步的说法，例如按照信念之间的**说明关系**来理解融贯。不过，在探究这个可能性之前，我们还需要看看他们可以对融贯论的辩护概念提出什么一般的设想。考虑如下说法：只要一个信念属于一个融贯的信念系统，它就得到了辩护。既然一个人的信念系统包含他所具有的一切信念，这个说法就具有这样一个含义：如果他的某个或某些信念得到了辩护，那么他的所有其他信念也是有辩护的；另一方面，如果他的某个或某些信念没有得到辩护，那么他的所有其他信念也没有得到辩护。这个结论显然也是直观上不可接受的。我们的某些信念可能来自一厢情愿的想法、偏见或者不充分的证据，这些信念很可能是没有辩护的，但这并不意味着我们具有的其他信念也没有辩护。例如，我对自己存在的信念一般来说是有辩护的，而且往往得到了充分辩护，但是，我或许在其他问题上持有完全没有辩护的信念，比如说，我可能在国际关系问题上是一个极端的悲观主义者，因此（错误地）相信国际关系完全无法得到改善，人类的未来毫无希望。

回应这个批评的一种方式是指出信念系统的内部融贯性可以有程度上的差别。如果一个人的信念系统包含某些明显有矛盾的命题，那么它就不太融贯。另一方面，如果一个人的信念系统不仅是逻辑上一致的，而且他也能利用其中某些信念来充分地**解释**某些其他信念，那么其信念系统就有了很强的融贯性。[1] 例如，在宇宙起源问题上，天体物理学家的信念系统很可能比普通人的信念系统更融贯，因为前者可能持有一个具有充分经验证据的宇宙起源理论，而后者的有关信念可能是冲突的，例如一方面相信宇宙是上帝创造的，另一方面也相信现代宇宙学中的一些说法。当然，哲学家们对"解释"这个概念可以有不同的理解。大致说来，解释某个东西是要用我们已经理解的某些东西来使得它变得更可理解，例如表明它为什么就是那样或者如何是那样。天体物理学家可以按照某些经验证据来解释为什么必定存在黑洞以及它可能具有什么特征，或者，我可以按照我对一个学生的学习

---

[1] 关于莱勒按照解释的概念对融贯性的表述，参见 Lehrer (2000), pp. 105-108。

情况的了解来解释他为什么在研究生论文竞赛中并未获奖。这种解释利用了通常所说的"最佳解释推理",即按照证据来寻求或发现能够让某个现象或某件事情得到最好(或者最合理)的理解的东西。当然,解释也可以利用归纳推理或演绎推理,或者我们所能得到的推理形式的某种组合。

假若我们能够在这些更加具体的意义上理解融贯,那么融贯论者就可以认为,一个信念是因为与信念系统中的其他成员具有相互支持的关系而得到辩护,不过,某个或某些信念对目标信念提供的支持可能要比另一个或另一些信念对它提供的支持更强。这种相互支持的强度往往被称为一个信念的"融贯值"。通过利用这个概念,融贯论者就可以提出如下建议:一个人在相信命题 P 上得到辩护,当且仅当,与其信念系统不包含 P 的情形相比,包含 P 的信念系统具有更大的融贯值。[1] 这个建议似乎是直观上合理的。假设我基于其他证据相信宇宙在时间上有一个开端,并且不相信其他宇宙学理论,例如平行宇宙理论。现在,如果我相信大爆炸宇宙理论,那么我关于宇宙起源的信念系统就会显得更加融贯,而如果我移除这个信念,我的信念系统的融贯值就会降低。在这个意义上说,"宇宙起源于大爆炸"这个信念对我来说就是有辩护的。我们很容易按照这个建议来表明,在前面提到的例子中,哈里和哈里斯的信念都是没有辩护的。逻辑一致性本身并不表明一个信念是有辩护的或者可以得到辩护,因为信念的认知地位确实取决于一个信念自身的特点以及(按照融贯论者)它与某些相关信念的实质性关系。如果一个人的信念系统包含许多有冲突的信念,那么它就是不融贯的。但是冲突并不只是按照"逻辑上不一致"这个概念来表征的。如果我相信今天既有可能下雨又有可能不下雨,

---

[1] 费尔德曼设想了这个建议,但对它提出了一些批评,参见 Feldman (2003), pp. 64-66。

我的信念并非在明显的意义上是逻辑上不一致的，因为今天既有一定的概率下雨，又有一定的概率不下雨，究竟是哪一种情况取决于气象证据以及天气变化的实际状况，而这可能是不确定的。简而言之，从融贯论的观点来看，辩护取决于信念之间的**证据支持关系**。我们现在就来考察对这种关系的两种主要设想。

二、莱勒的融贯论

在历史上，融贯论的知识和辩护理论首先是由一些受到黑格尔思想影响的英国观念论者发展起来的。当代融贯论的主要代表人物是基思·莱勒和早期的劳伦斯·邦茹。他们拒斥了传统融贯论者对融贯的理解，将解释关系看作融贯的一个本质要素。不过，他们两人对融贯的理解仍有一些重要差别。邦茹的观点是在深入批评基础主义的基础上提出的。因此，为了便于考察基础主义与融贯论的争论，我们先来考察莱勒的观点。[1] 莱勒按照"接受""接受系统"和"比较合理性"这三个核心概念来设想融贯，其核心主张可以被总结如下：一个人在接受命题 P 上得到辩护，当且仅当在接受 P 的时候，P 与他的接受系统相融贯。

---

[1] 莱勒的知识论在其思想的发展中经历了一些变化。在这里，除了在某些需要特别指出的地方外，我将不讨论这些变化。关于莱勒在知识论方面的著作，参见 Keith Lehrer, *Knowledge* (Oxford: Clarendon Press, 1973); Keith Lehrer, *Theory of Knowledge* (first edition, Boulder: Westview Press, 1990); Keith Lehrer, *Self-Trust: A Study of Reason, Knowledge, and Autonomy* (Oxford: Clarendon Press, 1997); Lehrer (2000), especially chapters 5-7; Keith Lehrer, *Art, Self and Knowledge* (Oxford: Oxford University Press, 2011). 以下对莱勒的观点的讨论部分立足于斯特普的分析：Matthias Steup, *An Introduction to Contemporary Epistemology* (New Jersey: Prentice Hall, 1996), pp. 120-128。

2.1 接受、值得信赖与比较合理性

为了理解和评价莱勒的理论，我们首先需要弄清楚他所使用的三个核心概念。首先需要问的是，为什么莱勒用"接受"而不是用"信念"这个概念来谈论辩护？此前我们已经看到，持有一个信念的理由是各种各样的，其中某些理由显然不是严格意义上的认知理由。例如，按照帕斯卡的著名论证，不管上帝是否真的存在，相信上帝对一个人来说有利无弊。[1] 信念状态首先是一种心理状态，一个人可以出于非认知的考虑而进入这种状态。因此，在莱勒看来，"信念"这个概念并没有明确地或唯一地与获得真理、避免错误的认知目标相联系，而按照他对"接受"这个概念的说法，接受与认知目标的联系是明确的：只有当一个人反思性地判断一个命题为真（或者很有可能为真）时，他才接受该命题。[2] 在这个意义上说，当一个人准备接受一个命题时，他是作为**认知主体**来活动的，其目的是要达到追求真理、避免错误的认知目标。作为认知主体，我们需要按照这个目标来确定自己是否应该接受一个信念的内容。在这样做时，我们就严格履行了自己的认知责任。因此，尽管接受也是一种精神状态，但它不同于一般而论的信念状态，正如莱勒所说：

> 接受是一种具有特定作用的精神状态，这种作用就是它在思想、推理和行动中所具有的功能作用。在接受某个命题 P 时，一个人是在假设 P 为真的情况下做出某些推理，履行某些行动。

---

[1] 对帕斯卡的论证的讨论，参见 Jeff Jordan, *Pascal's Wager: Pragmatic Arguments and Belief in God* (Oxford: Clarendon Press, 2006)。

[2] 参见 Lehrer (2000), pp. 25-44, 123-126。对于信念与接受的区别及其关系的深入讨论，参见 L. Jonathan Cohen, *An Essay on Belief and Acceptance* (Oxford: Clarendon Press, 1992)。

因此，如果一个人接受 P，那么他就准备在适当情况下确认或承认 P。[1]

在这里，莱勒是按照心灵哲学中的功能主义来理解"接受"：接受某个东西的状态就是这样一种状态，它把某种东西当作输入，把在推理和行动中显示出来的某种东西当作输出。假设你听见门铃响，这个听觉经验是一种输入，它导致你处于接受门铃响这样一个状态，然后你推断出有人在门外，并走到门口开门。这个推断和行动是你处于这样一个接受状态的结果。

心灵哲学中的功能主义者不仅试图将精神状态理解为一种功能状态，而且也尝试按照功能作用来定义精神状态的**内容**，认为一个精神状态的内容来自它与充当输入和输出的那些东西的关系。然而，这种观点面临一个严重问题，即一个精神状态的内容是否完全是由输入和输出关系来决定的。我们可以设想，即使一个人没有受到任何实际的物理刺激，他也可能处于疼痛状态；或者，即使他处于疼痛的状态，他在思想或行动上可能没有任何表现。当莱勒试图按照功能主义观点来理解接受时，其观点也会碰到同样问题。假设你在楼下水果店买水果，你把一些苹果放入塑料袋中。在这里，输入是由某些感觉经验以及你对苹果持有的某些背景信念构成的，输出是由某些行为构成的，例如你弯腰看苹果，打开塑料袋，将苹果放进去等。既然你有这些感觉经验和背景信念，而且也有上述行为表现，我们大概可以认为你处于接受那里有苹果这样一个状态。你的接受状态有这样一个功能作用：这个功能作用是由你的感觉经验和某些背景信念触发的，并导致了一些行为表现。然而，这个功能作用是否足以决定你所接受的东西

---

[1] Lehrer (2000), pp. 39-40.

的具体内容？我们之所以提出这个问题，是因为同样的功能作用也允许你接受一些不同的东西（即使这些东西在某种意义上是相关的），例如，那是一些红香蕉苹果，那是一些漂亮的青苹果，那是一些你喜欢吃的苹果等。按照功能作用语义学，一个精神状态的内容是由它与其他精神状态和非精神事物的**关系**来决定的。不过，有可能的是，一个精神状态的**非关系性的内在特征**也决定（或者至少部分地决定）了其内容。

  这个问题会对莱勒的观点产生如下冲击。按照莱勒对信念和接受的区分，并非一切信念都是接受，但一切接受都是信念。换句话说，如果你接受命题 P，那么你相信 P，但是，并非只要你相信 P，你就会接受 P。如果一个人只是在以某种方式**确信** P 的情况下才接受 P，那么我们确实可以认为他相信 P。例如，如果我通过自己的感觉经验确信刚才买的那杯咖啡很烫，那么我自然相信它很烫。与此相比，按照莱勒的说法，信念往往是在习惯、本能和需求的基础上形成的，并不必然以获得真理、避免错误为目标，而在这种情况下，我们所相信的东西未必就是我们自己所接受的。[1] 当然，如果我们怀着上述认知目标来形成信念，那么接受就可以被看作信念的一个亚类。[2] 不过，如果输入和输出关系并不足以决定一个接受的内容，那么至少就有一些接受不是信念。设想上述例子的两种情形，在第一种情形中，你相信那是一些漂亮的青苹果，但不相信那是一些漂亮的大苹果；在第二种情形中，你相信那是一些漂亮的大苹果，但不相信那是一些漂亮的青苹果。在这两种情形中，有可能输入条件和输出条件都是相同的，

---

[1] Lehrer (2000), p. 124.

[2] 尽管莱勒认为知识蕴含接受，但到目前为止他还没有说接受如何成为知识的一个必要条件。我们稍后会处理这个问题。关于莱勒对知识与接受的关系的论述，见 Lehrer (2000), pp. 37-41。

也就是说，你所具有的感觉经验、所做出的推理、关于苹果的背景信念以及你的行为表现都是同样的。然而，在第一种情形中，你接受那是一些漂亮的大苹果，但不相信这一点，而在第二种情形中，你接受那是一些漂亮的青苹果，但不相信这一点。如果这种可能性确实存在，那么接受就不像莱勒所说的那样是信念的一个亚类。实际上，正如我们即将看到的，有进一步的理由表明并非所有接受都是信念。

当然，即使并非所有接受都是信念，这个问题也不是莱勒的观点面临的主要问题。莱勒之所以用接受而不是用信念的概念来设想其融贯论，是因为他认为一般而论的信念并不满足获得真理、避免错误的认知目标，而接受能够满足这个目标——只有当一个人能够确信一个命题为真时，他才应该接受这个命题。因此，为了确定我们是否应该接受一个信念，我们就需要反思性地评价其内容。在这个意义上，接受是一种二阶精神状态，因为它关系到评价其他精神状态。为了理解这个说法的含义，我们需要看看信念是如何形成的。在我们所持有的信念中，有些信念是有意识的慎思的结果，有些信念是通过细心的观察形成的，但也有一些信念是不经意地形成的，或者在某种意义上是自发地形成的。比如说，很多知觉信念是我们受到感觉刺激的直接结果。在这种信念中，有一些信念可能不满足获得真理、避免错误的认知目标。在莱勒看来，不管我能否控制这种信念的形成，我能够控制自己对它们的**评估**。我看见前面不远处有一棵松树，因此形成了"那里有一棵松树"这个信念。但是，我可能是因为几分钟前服用了一种致幻剂而形成这个信念，因此我的信念有可能是假的。只要我是认知上负责任的，就应该考虑到后面这个事实，并以此来评估我原来形成的信念。在进行这种评估时，我可以采纳某些认知原则，例如在发生幻觉的情况下形成的信念一般来说是不可靠的。莱勒相信我们确实在推理和行动中承诺了这样一些原则，即使在评估一个信念的时候，我们可能不需要通过有意识的反思将这种原则明确地表达出来。当然，有些认知主体可能并没有在推理和行动中承诺这样的原则，或者一些认知主体承诺了某些原则，另一些认知主体承诺了其他原则。对莱勒来说，辩护是相对于一个人的实际认知能力和认知实践而论的，在这个意义上是"个人的"。个人辩护是相对于一个人的接受系统而论的。一个接受系统是由一些陈述构成的，它们描述了认知主体在特定时刻所接受的东西。在从事认知活动的过程中，认知主体在推理和行动中承诺了这些命题，后者构成了其接受系统的基础，他在任何特定时刻的接受都是按照这样一个接受系统来决定的。

为了进一步阐明这个思想，莱勒引入了"认知竞争者"和"比较合理性"这两个概念。[1] 第一个概念所说的是，只有当我对某个命题的接受击败了与之竞争的所有命题时，我对它的接受才与我的接受系统相融贯。第二个概念所说的是，假若我对某个命题的接受要与我的接受系统相融贯，就必须接受这样一件事情：我对它的接受是基于一个**值得信赖的来源**。先来考察第一个概念。按照莱勒的说法，当一个命题在与竞争对手的竞争中获胜时，它就击败了其竞争对手。为了理解这个说法，我们首先需要弄清楚一个命题在什么意义上可以与另一个命题相竞争。假设我**认为**自己看见了一只猫。在这种情况下，如果接受要满足获得真理、避免错误的认知目标，我就需要思考是否应该接受"我看见面前有一只猫"这个命题。如果我以某种方式发现自己产生了幻觉，那么就不能认为我确实看见面前有一只猫。在这个意义上，"我看见面前有一只猫"（命题 A）和"我因为产生了幻觉而认为面前有一只猫"（命题 B）这两个命题是相竞争的。我们需要思考接受哪一个命题更合理。对莱勒来说，答案当然取决于我的接受系统是

---

[1] 参见 Lehrer (2000), pp. 125-142。

第五章 融贯论

什么样的。如果我的接受系统包含了"我尚未服用任何致幻剂"和"我目前的经验中没有任何产生幻觉的迹象"这两个命题,那么接受 A 就比接受 B 更合理。另一方面,如果我的接受系统包含这样一些命题,例如几分钟前我服用了致幻剂,使我产生面前有猫的幻觉,而我家中实际上没有猫,那么接受 B 就比接受 A 更合理。简言之,在面临竞争命题的情况下,接受哪个命题更合理是由该命题与我的接受系统的关系来决定的。按照莱勒的说法,为了与一个人的接受系统相融贯,一个命题就必须击败与之竞争的所有命题。融贯就是按照这种比较合理性来定义的。对于一个人可能接受的任何一个命题来说,如果这样一个命题与其接受系统相融贯,即相比较而言具有更大的合理性,那么他在接受该命题上就得到了辩护,因为这个命题更好地适合他所接受的其他命题。比较合理性总是取决于一个人所接受的其他东西,辩护也总是取决于一个人所接受的其他命题。因此,并不存在任何**独立地**可接受的命题。由此我们可以看到,为什么莱勒对"接受"的理解表达了一种融贯论立场。

在莱勒的理论框架中,只有得到辩护的接受或信念才能辩护其他的接受或信念。但是,即使一个接受是因为与一个人的接受系统相融贯而得到辩护,莱勒仍然需要回答如下问题:一个接受系统中已经存在的那些要素是如何得到辩护的?当然,一个接受系统或许是逐渐形成的,也就是说,通过发现某个要素与一个人的接受系统相融贯,一个人就把该要素添加到其接受系统中。接受系统可以动态地发生变化。但是,无论它如何变化,首先得有一些东西是一个人已经有辩护地接受的。我们现在要追问的是,这些东西本身如何得到辩护?既然莱勒将其理论设想为对基础主义的一个取舍,他就不能认为一开始出现在接受系统中的东西就是基础主义者所说的"基本信念"。他也不能认为那些东西是用基础主义者所设想的那种方式"直接"得到辩护的。如果我们将这个问题称为接受系统的"初始辩护问题",那么莱勒就必须设法解决这个问题,而且在解决该问题时不能诉诸基础主义的观念。

实际上,莱勒需要解决的问题不只是涉及初始辩护的情形。假设我认为自己看见了一只棕色猫头鹰。既然隼形目鸟类中有一些长得像猫头鹰,而我是在茂密的树林中看见了这样一种猫头鹰,"我看见了一只棕色猫头鹰"这个命题可想而知就有一些竞争命题,例如我看见了一只红色的猫头鹰和我看见了一只棕色的鹙。我现在需要思考应该接受哪一个命题。如果我的接受系统中已经有一些相关的东西排除了竞争命题,那么,在接受我看见一只棕色猫头鹰这件事上,我可能是有辩护的。但是,有可能我的接受系统并未向我提供做出相对合理性判断的资源,例如因为其中并不包含任何相关的背景信念。在这种情况下,只要我确实接受了"我看见了一只猫头鹰"这个命题(或者某个竞争命题),莱勒就需要说明我的接受是如何得到辩护的。基础主义者可以回答说,知觉经验直接提供的特定内容可以不依赖于我们所接受的其他东西,因此相应的知觉信念是**独立地**得到辩护的。此外,只要一个基础主义者也是可靠主义者,他也可以说,知觉过程一般来说是可靠的,因此,假若我们没有特别的理由怀疑知觉经验,就应该接受在此基础上形成的知觉信念。[1] 然而,这不是莱勒所能接受的回答,因为对他来说,知觉的内容不是我们已经接受的命题,因此这种内容就不能告诉我们对知觉信念内容的接受是不是一种更加合理的做法。

正如我们在下一节(以及最后一节)中即将看到的,融贯论者不

---

[1] 对于感知觉的可靠性的一个论证,参见 William Alston, *The Reliability of Sense Perception* (Ithaca: Cornell University Press, 1993)。

是不能回答上述问题,例如,他们可以认为接受或相信我看见了一只棕色猫头鹰是对我的经验的最佳解释。不过,莱勒对知觉信念的认知可信度提出了另外一种说法。在他看来,既然我们作为认知主体的目的是要获得真理、避免错误,因此,只要我接受我在对某些物理对象的知觉方面是一个**值得信赖**的评价者,就有理由认为,我对"那里有一只棕色猫头鹰"这个命题的接受会导致真理。更确切地说,假设我接受下面这件事情:在我目前所处的情境中,我能够将红色的东西与棕色的东西辨别开来,或者能够将猫头鹰与其他隼形目鸟类辨别开来。那么,我就有理由接受"那里有一只棕色猫头鹰"这个命题。换句话说,只要我接受自己是一个值得信赖的评价者,对我来说,接受"那里有一只棕色猫头鹰"这个命题就比接受竞争命题更合理。莱勒的意思是说,如果我有辩护地接受"那里有一只棕色猫头鹰"这个命题,那么这个辩护就取决于我接受了如下命题:在我目前所处的情境中,在看见棕色猫头鹰之类的事情上,我是值得信赖的。此外,从莱勒对基础主义的评论中也可以看出,他并不认为辩护取决于我们持有一个支持目标信念的论证。我接受自己在某些事情上值得信赖,这种背景接受在认知上与我有辩护地接受某个命题有关,但并不充当一个论证的前提。只要我接受自己在某些事情上是值得信赖的评价者,接受某个命题就比接受其竞争者更合理。由此可见,对莱勒来说,辩护在根本上取决于认知主体已经接受的其他东西,尤其是这样一件事情:我在某些问题上是值得信赖的。例如,我可以接受如下说法:在目前的情形中,在我的感觉、记忆、内省向我传达出来的事情上,我是值得信赖的。我对一个知觉信念的辩护取决于它是否与我目前持有的其他信念相融贯,而这些信念可以包括关于我自己、我的能力以及我所处的环境的信念。

当然,我们或许会进一步追问那些其他信念**本身**究竟是如何得到辩护的。尤其是，我们需要问：我有什么理由认为，在我的感觉、记忆、内省向我传达出来的事情上，我是值得信赖的？莱勒的回答大致说来是这样的。[1] 假设我接受"那里有一只棕色猫头鹰"这个命题，如果我的接受系统中有一些要素排除了其竞争对手，那么，只要该命题符合我的接受系统，在接受它的时候我就是有辩护的。但是，特别需要考虑的是，在我的接受系统中，**没有**什么东西能够击败一个命题的竞争对手。莱勒认为，为了处理这种情形，我就需要接受另一个命题，比如说，在那里是否有一只棕色猫头鹰这种事情上，我是值得信赖的评价者。一般来说，为了有辩护地在适当条件下接受某个命题，我的接受系统就必须包含这样一个命题：在这些条件下，我可以信任自己用来接受该命题的信息来源。这种命题不是关系到知觉、记忆和内省的对象，而是关系到我按照知觉、记忆和内省来接受特定命题的条件。换句话说，在接受这种命题时，我上升到了一个更高的层次，在这个层次上，我对特定条件下的信息来源是否值得信赖做出评估，由此形成了某些层次较高的命题，这些命题断言那些来源是值得信赖的。我们通常认为知觉、记忆和内省是某些信念的来源，而在莱勒看来，只有当接受系统包含了那些层次较高的命题时，我们从这些来源中得到的信念才是有辩护的。之所以如此，是因为我们已经接受了这件事情：知觉、记忆和内省是值得信赖的信息来源。为了便于讨论，我们可以将莱勒的要求总结如下：

层次上升要求：

(L_0) 我面前不远处有一只棕色猫头鹰。

(L_1) 我接受（L_0）。

---

[1] 参见 Lehrer (2000), pp. 138-144。

我对（L_0）的接受得到辩护，是因为我接受了（L_2）：

（L_2）在我面前不远处是否有一只猫头鹰这个问题上，我是值得信赖的评价者。

我对（L_2）的接受得到辩护，是因为我接受了（L_3）：

（L_3）在特定的条件下，对于知觉向我传达出来的无论什么东西，我是值得信赖的评价者。

现在的问题是，我对（L_3）的接受是否需要在一个更高的层次上得到辩护？若需要，我们似乎就会陷入辩护的无穷后退。莱勒认为并非如此，因为在这些层次上的辩护是**相互支持**的：一方面，我对（L_3）的接受支持我对（L_2）的接受；另一方面，我对（L_2）的接受也支持了我对（L_3）的接受。比如说，我逐渐接受（L_2），是因为在过去我已经成功地鉴定出我碰到的所有猫头鹰。（L_3）或许是从类似的归纳经验中总结出来的。因此，如果我感知到自己原来具有知觉经验的某个类的成员，大概就可以按照（L_3）来辩护我由此形成的信念，或者我对有关命题的接受。当然，莱勒提出了一个更深的理由来支持其观点。假设有人问："为什么你应该认为你是值得信赖的？"莱勒就会回答说："我接受我是值得信赖的，因为我已经尽自己所能让我值得信赖。"回想一下，莱勒已经将接受与获得真理、避免错误的认知目标联系起来。作为负责任的认知主体，在接受一个命题时，我们应该满足这个目标。因此，只要我承诺了这个目标，就会尽量避免错误，只接受那些有合理的概率为真的命题。倘若如此，对特殊命题的接受与对一般原则（比如 L_3）的接受就是相互支持的。

我们可以这样来理解莱勒的思想。在很多重要事情上，为了避免犯错误，我们都采取小心谨慎的态度。但这并不意味着只要采取了这种态度，我们就能避免出错，因为能否避免出错取决于我们是否有能力做到这一点。换句话说，在试图小心谨慎做某事时，我是否取得成功取决于我是否**能够**小心谨慎——在某事上取得成功取决于我具有某些相关能力。如果这个说法是可靠的，我们也可以说，一个人在评价某些事情上是否值得信赖，取决于他是否能够成功地做出这种评价。因此，对一个人来说，将自己**接受为**值得信赖的不同于他**实际上是**值得信赖的。[1] 前面这个说法只是意味着，从认知的观点来看，一个人应该接受这样一件事情：他是在尽自己所能来从事认知活动，或者是在认真履行自己的认知责任。但这并不表明他因此就能成功地获得真理和避免错误。不过，莱勒论证说，有一种方式可以让我们避免这个困境。假设我认为，在我不远处是否有一只猫头鹰之类的事情上，我是值得信赖的。这个说法表达了一种特殊的值得信赖原则。莱勒认为，我对这种原则的**有辩护**的接受依赖于某些更一般的原则，比如说如下原则：在接受感官传达给我的事情上，我是值得信赖的评价者。如果我对特殊原则的有辩护的接受确实取决于这种一般原则，那么就会出现这样一个问题：为什么接受后面这种原则是合理的？莱勒的回答有两个方面。

首先，他提出了一个从值得信赖到合理性的论证，[2] 大概是说，只要一个认知主体是怀着追求真理、避免错误的认知目标来接受命题 P（也就是说，只有当他有证据表明 P 为真时，他才接受 P），而且在这样做时是值得信赖的，那么他在接受 P 这件事情上就是合理的，因为他这样做是为了实现那个认知目标。当然，莱勒承认这个论证要

---

[1] 怀疑论者可能会说，不管我如何认为自己是值得信赖的，只要我们的一切经验都是一个恶魔让我具有的，我实际上就不是值得信赖的。关于莱勒自己对待怀疑论的态度，参见 Lehrer (2000), chapter 9。

[2] Ibid., pp. 139-140.

求两个限制。第一,"值得信赖"这个说法并不意味着我在接受无论什么事情上都值得信赖,而只是说我有一种值得信赖的能力和倾向,但是,我们对自己能力的行使可能会出错,因此在某些情况下我可能会接受一个假命题。第二,"值得信赖"也不仅仅是指我**目前**在自己所接受的事情上实现那个认知目标的成功率,因为即使我承诺要按照这个目标来接受我所接受的东西,我也可能会出错,而错误的原因并不在于我。例如,我可能会受到笛卡尔所设想的恶魔的欺骗。此外,甚至在完全正常的环境中,当我以值得信赖的方式接受某个东西时,也可能不会取得成功。因此,值得信赖也在于,为了切实履行我的认知责任,当我发现自己目前接受的东西错了时,我放弃自己已经接受的、但事实上是错误的东西,甚至有意识地改变此前使用的方法。这样,"我目前的值得信赖就超越了那个静止的时刻,动态地投射进未来。我是否值得信赖取决于我如何从经验、从他人那里学习,以及如何评估经验和他人"。[1]

其次,与上述论证相关,莱勒认为,我对特殊原则的接受实际上也支持了我对一般原则的接受,因为只要我的认知活动的目标就是要获得真理和避免错误,这种兴趣就会在我对任何特殊原则的接受中显示出来。我可能会逐渐发现,我可以有辩护地接受某种知觉经验告诉我的东西,并由此形成这样一个一般原则:在某些条件下,在接受知觉经验向我传达出来的东西这件事情上,我是值得信赖的。一旦持有这样一个原则,我可能也有理由认为,在接受其他类型的知觉经验向我传达出来的东西这件事情上,我是值得信赖的评价者。因此,对莱勒来说,特殊原则和一般原则是相互支持的。他将这种相互支持称

---

[1] Lehrer (2000), p. 140.

为"基础回路"(keystone loop),¹ 并认为正是这种回路成为我们有辩护地接受特殊原则和一般原则的基础。"基础回路"这个说法表达了认知主体的这样一个认识:他对"自己值得信赖"这件事的接受与他对"自己在某些具体问题上值得信赖"这件事的接受是相互支持的。换句话说,一方面,正是因为我在具体情形中在接受某些事情上一直是正确的,并且我在接受这些事情上一般来说是正确的,因此我可以接受我在接受这些事情上一般来说是正确的;另一方面,当我在具体情形中接受同样的或类似的事情时,我可以确信我在接受这些事情上是值得信赖的。因此,按照莱勒的说法,我之所以值得信赖,本质上是因为:只要我是怀着追求真理和避免错误的目标来从事认知活动,我就会"评价和融合我从他人和自己的经验中获得的信息",我是因为拥有这样一种理性能力以及在认知活动中形成的认知美德而值得信赖。² 我们现在可以将莱勒的融贯论的基本思想总结如下:

(1)一个人在接受命题P上得到辩护,当且仅当P与他的接受系统相融贯。

(2)为了使得一个人对P的接受与其接受系统相融贯,P必须击败其所有竞争对手,也就是说,P必须比其任何竞争对手都更合理。

(3)一个人的接受系统必须包括某个或某些这样的命题,

---

1 建筑中的楔石(keystone)指的是位于拱门顶部的石头,它将所有其他石头固定在适当位置。莱勒在这里显然是在一种比喻的意义上使用这个术语,将它理解为任何结构中将所有东西连接在一起的核心要素,若没有这个核心要素,整个结构就会崩溃。因此我们将"keystone loop"译为"基础回路"。参见 Lehrer (1997), pp. 9-10。

2 Lehrer (2000), p. 140. 莱勒在如下文章中明确提及认知美德:Keith Lehrer (2000), "Discursive Knowledge", *Philosophy and Phenomenological Research* 60: 637-653。

这样一个命题所说的是,在目前的条件下,一个人用来接受某个命题的来源是值得信赖的。

(4)只有当一个人的接受系统包含了基础回路时,其接受系统才能为一个命题提供支持。

2.2 对莱勒的融贯论的一般批评

莱勒从解释融贯性的概念出发,对融贯论的知识与辩护提出了一种精致的理解,并将他所说的"基础回路"看作辩护的根本来源,因此,与我们一开始考虑的那种简单理论相比,其理论无疑具有更大的吸引力。然而,他的理论也受到了批评。[1] 在这里我们只考虑一些最为一般的批评。

最重要的批评关系到层次上升要求。对莱勒来说,层次上升是融贯的一个本质要素:为了有辩护地接受一个特殊命题,一个人也需要接受某个或某些一般命题,例如关于其知觉的可靠性的命题。当然,莱勒认为对一般命题和特殊命题的辩护是相互支持的,因此层次上升不会产生辩护的无穷后退问题。但是,将层次上升设想为辩护的一个本质要素仍然会产生一些问题。一般来说,普通人不会对自己的知觉是否值得信赖进行莱勒所要求的那种二阶反思,因此也不会形成相关信念。然而,按照莱勒的说法,如果我实际上不相信自己的知觉在某些条件下是值得信赖的,那么我所形成的任何特殊的知觉信念就得不到辩护。这会产生一个怀疑论结果:如果辩护必须满足层次上升要

---

1 后面我们会讨论对于融贯论的一般批评。对莱勒的理论的批判性讨论,参见 John W. Bender (ed.), *The Current State of the Coherence Theory* (Dordrecht, The Netherlands: Kluwer Academic Publishers, 1989), pp. 29-104; Erik J. Olsson (ed.), *The Epistemology of Keith Lehrer* (Dordrecht, The Netherlands: Kluwer Academic Publishers, 2003)。

求,那么我们日常所形成的经验信念大概都是没有辩护的。莱勒或许会回答说,融贯并不要求我们**相信**知觉是一个值得信赖的信息来源,只要求我们接受这样一件事情:只要我们看看人们是如何形成信念、做出推断、按照信念来行动的,就会发现他们确实将知觉接受为一个值得信赖的信息来源(除非有对立的证据表明并非如此)。但是,这个回答似乎并没有在根本上解决问题。回想一下,莱勒之所以用"接受"而不是"信念"来谈论辩护,是因为他认为只有接受才与获得真理和避免错误的认知目标相联系。因此,只有当一个人有理由表明某个命题很有可能为真时,他才应该接受该命题。为了将知觉接受为一个值得信赖的信息来源,一个人就需要提出理由来表明"知觉是一个值得信赖的信息来源"这个命题很有可能是真的,并由此而相信该命题。与此相比,如果接受一个命题与将它看作为真的倾向没有任何联系,那么我们大概就只能在如下意义上来理解"接受":我只是出于论证需要而接受某个命题。例如,我自己并不认为死刑是道德上错误的,但为了与某人辩论这个问题,我暂时接受死刑是道德上错误的,然后看看会产生什么结果。但莱勒显然不是在这个意义上来使用"接受"这个概念。当然,他强调说,负责任的认知主体是怀着追求真理和避免错误的认知目标来接受命题。但是,除非莱勒已经设法表明一个**总体上融贯**的系统很有可能是真的,否则按照一个人在其融贯的信念系统中的其他相关命题来接受某个命题并不必然意味着该命题就是真的,或者很有可能是真的。融贯论者能否表明这一点而不丧失自己立场,例如强调融贯论是对基础主义的一个有效取舍,仍是一个未决问题。[1]

---

[1] 后面我们会表明,莱勒并不是原则上无法回答层次上升要求所产生的问题,但解决这个问题需要以某种方式将基础主义与融贯论结合起来。

实际上，莱勒对"比较合理性"的论述也会产生类似问题。莱勒认为，为了有辩护地相信"我面前有一只猫头鹰"这个命题，我必须首先排除其竞争对手，比如"我正在发生我面前有一只猫头鹰的幻觉"。如果根本就没有考虑到发生幻觉的可能性，我大概也不会相信一些与此相关的命题，例如我没有服用致幻剂，我目前的知觉经验中没有任何迹象表明我正在发生幻觉等。在这种情况下，按照莱勒的说法，在接受或相信"我面前有一只猫头鹰"这个命题上我就得不到辩护。这也是一个有悖于直觉的结果，因为我们通常认为，为了有辩护地相信某个命题，我并不需要排除**所有**竞争命题。如果辩护必须满足这个要求，那么我们具有的大多数日常信念可能都没有辩护。不过，在莱勒看来，我们只需按照"比较合理性"概念来接受某个命题或拒斥竞争命题。他的**个人辩护**概念所说的是，认知主体 S 在接受命题 P 上拥有个人辩护，当且仅当，按照 S 的接受系统，作为 P 的一个异议的任何东西或是得到了回答，或者变得无效。在这里，说一个异议得到了回答就是说，对 S 来说，接受 P 比接受该异议更合理；而说一个异议变得无效就是说，对 S 来说，该异议确实是对 P 的异议，但是，当我们将它与 S 接受的某个主张结合起来时，它就不再构成对 P 的异议，而且，对 S 来说，按照其接受系统来接受二者的合取比单独接受那个异议更合理。[1] 现在，假设你提出一个你接受为真的命题，怀疑论者或批评者用一个异议来质疑你的主张，那么，只要能够回答该异议或者使得它变得无效，你在接受该命题上就有了个人辩护。例如，你声称自己在动物园里看到了一匹斑马，批评者指出你或许是在睡梦中梦见自己看到了一匹斑马；然后，你回答说，接受自己看到了一匹

---

1 Lehrer (2000), pp. 137, 131, 136. 在这里，我忽视莱勒在其表述中对时间因素的考虑，即异议是在某个特定时刻得到回答或变得无效的。

斑马比接受在睡梦中梦见自己看到了一匹斑马更合理，因为你可以辨别出自己不是在睡觉；批评者可以承认你是醒的，但指出你产生了看到一匹斑马的幻觉；然后，你可以进一步声称接受自己看到了一匹斑马比接受自己产生了幻觉更合理，因为你有经验证据表明自己并未产生幻觉；批评者转而认为，即便没有产生幻觉，你看到的也不是一匹斑马，而是一匹被伪装成斑马的骡马；你可以接着提出反驳，例如声称你正在访问的动物园声誉很好，不会用伪装成斑马的骡马来愚弄观众；批评者或许进一步认为你受到了笛卡尔所设想的恶魔的系统欺骗，然后你可以指出接受自己看到了一匹斑马比接受自己受到了这种欺骗更合理，因为从你自己的证据来看，"你受到了恶魔欺骗"这一假说完全是不可靠的。莱勒由此认为，通过这种辩护游戏，你就可以捍卫自己对某个命题的接受，因此在接受该命题上拥有个人辩护。

很明显，通过辩护游戏来完成的个人辩护仍然取决于莱勒的一个基本假定，即在某些事情上，认知主体将自己看作值得信赖的信息来源。莱勒认为，只要接受这个假定，个人辩护就完全取决于其接受系统的内部融贯性，我们并不需要为有辩护的接受设想任何其他东西。如果莱勒只是在谈论辩护而不是知识，他当然可以**规定**辩护就是以这种融贯论的方式来设想的。但是，他也强调接受一个命题就是将它接受为真或者很有可能为真，因此接受不同于一般而论的信念。现在我们需要问：一个人何以可能将某个命题接受为真？有两个可能的回答。其一是，一个总体上融贯的接受系统很有可能是真的，因此，如果认知主体是通过这样一个接受系统接受了某个命题，那么该命题也很有可能是真的。然而，这样一来，融贯论者就需要进一步说明一个总体上融贯的接受系统**为什么**很有可能是真的。后面我们会探究这种可能性。其二是，一个接受系统之所以能够是总体上融贯的，本质上是因为它与外部世界保持某种可靠的联系。[1] 例如，我们可以假设，与其他信念相比，有一类特殊信念很有可能是真的，它们为一个信念系统的融贯性提供了基础。但是，不管我们如何设想这类信念的本质，采取这个策略显然意味着采纳了基础主义的核心思想，因为基础主义者并不否认信念之间的相互融贯能够强化信念的辩护，只是否认融贯本身对于辩护（特别是导向知识的辩护）来说是充分的。莱勒似乎承认这一点（尽管是用不同的方式），因为他指出："在接受某个东西时，按照一个人的评价系统 [来断言] 接受它比接受对它的异议更合理是不够的。一个人必须具有某个信息来保证这种接受是真理的值得信赖的指南。"[2] 那么，这种信息从何而来呢？我们或许是通过所谓"基础回路"而变得在某些事情上值得信赖，而作为负责任的认知主体，我们大概也是在确信某个命题为真的情况下接受它。我们固然可以认为这种确信来自接受系统或信念系统中的某些相关要素，但是，假如那些要素**本身**都不是真的，我们如何确信所要接受的那个命题只是因为与那些要素保持融贯而**必定**是真的呢？举个例子，说我们的知觉系统是一个值得信赖的信息来源就是说，在知觉系统正常运作和环境配合的情况下，知觉向我们传递出关于可观察的物理对象的可靠信息。这与知觉经验本身是否具有概念内容无关。如果知觉经验本身没有概念内容，因此为了产生信念就需要概念化，那么只要我们具有适当的概念能力，知觉经验就仍然向我们提供了形成关于外部世界的信念的基础；另一方面，如果知觉经验本身具有概念内容，那么即使我们对其内容（或者其中的某些特点）的描述和鉴定可以出错，

---

[1] 实际上，这个回答并非与说明一个总体上融贯的信念系统为什么很有可能为真无关。我们之所以将这两个回答区分开来，是因为知识论领域中的融贯论者可以采纳融贯论的**真理**概念，即把真理理解为融贯。但是，若要说明知识与辩护的紧密联系，这并不是一个好的取舍。

[2] Lehrer (2000), pp. 137-138.

我们也可以利用自己拥有的一些背景信念来纠正错误，但这仍然没有否认知觉在信念形成中的基础地位，而只是使得知觉信念的辩护变得复杂。

实际上，当莱勒声称认知活动要求我们在某些事情上将自己接受为值得信赖的信息来源时，他已经把这种接受看作基本的，因为这种接受一方面是他所设想的辩护的一个核心要素，另一方面也不需要进一步的辩护。就此而论，莱勒的理论至少**在结构**上类似于一种基础主义，[1] 因为按照他的说法，一个人对命题 P 的接受得到辩护，当且仅当，第一，在其接受系统中，P 的所有竞争者都被击败了；第二，在 P 所产生的情形中，他接受自己是有关信息的值得信赖的来源。与此类似，这种基础主义所说的是，只有当两个条件得到满足时，一个信念才是基本的，因此是有辩护的：其一，认知主体没有证据表明有什么东西击败了他对该信念的辩护；其二，他有证据相信该信念是可靠地形成的。这两个条件大致对应于莱勒对个人辩护提出的条件。就像莱勒的理论一样，这种基础主义让辩护负面地取决于认知主体的整个信念系统：一个信念，若要得到辩护，就必须没有任何进一步的信念击败它。此外，这种基础主义也让辩护取决于层次上升，因为第二个条件所说的是：第一，认知主体相信其特殊信念是可靠地形成的，而这是一个元层次信念；第二，他有证据支持这个元层次信念。如果这种基础主义者采纳了一个可靠主义辩护理论，他们就可以把第二个条件转变为一个更弱的要求：那个信念是通过可靠的认知过程形成的。比如说，可靠主义者将知觉接受为一般来说是可靠的，并不要求认知主体提出进一步的理由来辩护其知觉过程的可靠性。因此，如果我们

---

1 迈克尔·威廉斯从另外的角度论证说，融贯论有可能是一种伪装的基础主义。参见 Williams (1991), pp. 134-136。

要说明莱勒的辩护概念的第二个条件，就可以说这个条件从可靠主义观点得到了说明。

莱勒当然会否认其辩护理论是一种可靠主义理论，不过，他也承认，个人辩护若要转变为**知识**就必须满足某些**外在主义**条件，例如必须是一种没有被对立证据击败的辩护。只有当内在约束以某种方式与外在约束相匹配时，我们才拥有知识——"为了将个人辩护转变为没有被击败的辩护和知识，外在条件[必须]在个人辩护中得到内化，必须与成真条件相匹配外在地得到实现"。[1] 因此，他并不认为将融贯论的知识论简单地看作一种内在主义理论是合适的，反而声称自己宁愿被看作一位"匹配理论家"——"一个人必须在内部状态和外部条件之间找到正确的匹配，才能点燃知识的火焰"。[2] 由此来看，莱勒的理论与基础主义理论的差别，并不是出现在辩护结构上，因为二者实际上都认为在辩护中必须有某种东西要被看作基本的；二者的差别仅仅出现在如下问题上：如何最好地解释上述两个条件？我们目前所能达到的结论是，从个人辩护的角度来看，莱勒必须诉诸某种可靠主义才能说明一个人在某些事情上何以是值得信赖的信息来源，因此才能说明与一个接受系统的融贯如何能够保证认知主体所接受的东西有可能是真的。因此，正如后文将要说明的，尽管莱勒的理论是一种极为精致的融贯论，但它仍然难以逃脱对融贯论的一般异议。

三、邦茹的融贯论

邦茹认为，对认知责任的承诺是辩护的核心。他对内在主义和融

---

[1] Lehrer (2000), "Discursive Knowledge", p. 650.
[2] Ibid., p. 651.

贯论的承诺是通过他对认知责任的承诺体现出来的。[1] 认知责任要求认知主体根据理由来相信，而在邦茹看来，只有当认知主体**意识到**某些理由时，这些理由才是**他的**理由。一个认知主体是因为某些理由而接受一个信念，他接受该信念的理由原则上必须是他在认知上可以存取的。在这里，说一个理由是认知上可存取的，就是说认知主体可以通过反思或内省意识到该理由。假设我坐在湖边看风景，在准备离开、不经意地回顾四周时，我看见手机落在椅子上了。在具有这个视觉经验时，我可能没有意识到我的视觉是在正常条件下运作的。但是，经过反思，我可以意识到自己是在这些条件下具有那个视觉经验，因此就可以有辩护地形成相应的信念。内在主义的辩护理论要求一个人持有信念的理由必须是他可以在认知上存取的。另一方面，按照邦茹对认知责任的理解，只有当一个人有理由持有一个信念时，该信念才算得到辩护。如果理由是由一个人具有的其他信念构成的，那么一个信念的辩护就取决于他所具有的其他信念。由此我们可以看到邦茹对认知责任的承诺如何导致他采取了一种融贯论观点。

3.1 整体论、融贯和辩护

邦茹的辩护理论具有很复杂的结构，在这里我们只勾画其理论的基本特征。如前所述，对邦茹来说，辩护要求认知主体能够提出一个**辩护论证**来表明其信念是有辩护的。这样一个论证具有如下结构：

（1）某个信念 B 具有特点 F。
（2）具有特点 F 的信念很有可能是真的。

---

[1] 参见 Laurence BonJour, *The Structure of Empirical Knowledge* (Cambridge, MA: Harvard University Press, 1985), pp.1-14, 101-106。

（3）因此，信念 B 很有可能是真的。

既然邦茹试图按照融贯来设想辩护，可想而知，在他那里，对一个信念的充分辩护就涉及如下四个阶段：第一，表明一个目标信念与认知主体的信念系统中的其他信念恰当地相联系；第二，表明该信念系统是融贯的；第三，表明该信念系统很有可能是真的；第四，表明目标信念是一个融贯的、有辩护的信念系统的一个成员，因此也是有辩护的。

按照邦茹对认知责任的理解，只有当一个人有理由支持一个信念时，其信念才算得到辩护。邦茹并不相信经验本身可以直接为信念提供辩护，因此，对他来说，如果一个人的信念得到了辩护，他用来辩护该信念的理由必定来自他所持有的其他信念。因此，作为辩护的一个准备阶段，认知主体必须表明自己所要辩护的信念与其信念系统中的其他信念具有恰当的联系。大致说来，融贯论者都一致认为，一个信念的辩护地位是由信念之间的某些关系所决定的。不过，邦茹对这种关系的理解不同于莱勒的理解：莱勒将融贯设想为一种**关系性**性质，而邦茹将融贯看作一种**整体论**性质：一个信念并非因为与信念系统中的某个子系统相融贯就得到了辩护，而是要与整个信念系统相融贯才算得到辩护。那么，邦茹为什么以这种方式看待融贯呢？答案在于他对辩护的理解——辩护一个信念是要表明该信念很有可能是真的。因此，如果邦茹希望将融贯与辩护联系起来，他就必须设法表明一个融贯的信念系统很有可能是真的。正如我们即将看到的，他实际上认为，只有一个整体上融贯的信念系统才有可能是真的，而对这一点提出一个说明也是其理论的独特之处。不过，在处理这个问题之前，我们需要看看他是如何理解"融贯"这个概念的。

一个融贯的信念系统是由"团结一致"的信念构成的系统。但这只是对融贯的一种直观理解。融贯论者需要对这个概念提出更精确的说明。一个初步的说明是：就一个认知主体的信念系统而论，如果在各个特殊信念之间有充分数量的联系，那么其信念系统就是融贯的。融贯论者可以认为，信念是因为在它们之间的某种关系而相互联系，正如人们可以通过血缘关系、朋友关系或同事关系而发生联系。但是，既然信念是具有认知内容的东西，它们之间也有其他联系，例如广泛意义上的逻辑联系。如果一个信念系统中的所有成员同时都是真的，那么该系统就是逻辑上一致的。然而，如前所述，逻辑联系仅仅是对信念系统的一个约束，对于辩护来说既不充分也不必要。

邦茹认为，我们可以在一种更加具体的意义上来谈论信念之间的关系。假设某人相信自己明天中午更有可能吃披萨而不是汉堡，他也相信自己明天中午更有可能吃汉堡而不是饺子，那么我们就会指望他明天中午更有可能吃披萨而不是饺子。在这里有一种传递关系：如果 A 比 B 更可能，B 比 C 更可能，那么 A 比 C 更可能。如果一个人的信念具有这种传递性，其信念就可以被认为在一种或然性的意义上是一致的，否则在这个意义上就是不一致的。这种不一致之所以出现，是因为他持有某些非理性信念。邦茹认为，只要一个信念系统避免了这种不一致性，它就具有更大的融贯性。同样，在一个信念系统中，如果存在着充分数量的归纳推理和演绎推理关系，那么该系统也有较大的融贯性。在邦茹看来，在考虑一个信念系统的融贯性时，我们应该特别重视信念之间的这些联系，因为只要我的信念系统中的某些信念与其他信念相脱节，从认知责任的角度来看，我就没有理由持有那些信念。只有当信念以正确的方式相联系时，一个人的信念系统才具有融贯性。在这里，正确的联系就是这样一种联系：这种联系满足了逻辑一致性和或然性一致性的要求，具有正确的演绎推理关系和恰当的归纳推理关系。

第五章 融贯论

邦茹认为一个信念是通过与整个信念系统相融贯而得到辩护。然而，按照他的辩护论证要求，辩护一个信念就是要表明它很可能是真的。如果信念是通过与信念系统相融贯而得到辩护，那么，按照辩护性论证要求，只有当一个信念系统本身很可能为真时，通过与它相融贯而得到辩护的一个信念才有可能是真的。因此，邦茹必须设法表明一个融贯的信念系统包含了很可能为真的信念，这样，一个特定的信念就因为属于该系统而得到辩护。具体地说，一个信念的辩护根本上是通过一个辩护论证来表明它很可能是真的；如果与一个信念系统相融贯能够为一个信念提供辩护，那么这个系统本身必须很有可能是真的；但是，如果在一个信念系统中只有部分信念很可能是真的，那么，即使一个信念与这些信念相融贯，这也不足以表明它很可能是真的，并因此而得到辩护；反过来说，如果一个信念系统本身很可能是真的，那么融贯就保证了与它相融贯的一个信念也很可能是真的。如果一个融贯的系统所包含的信念很可能都是真的，那么它就在**总体**上得到了辩护；与此相比，如果一个信念只是与**某些**信念具有融贯关系，那么它就只有局部的辩护。邦茹由此认为融贯必须是一个整体论性质。当然，就实际辩护而言，融贯与辩护的关系是在两个不同层次上运作的。根本的层次是对一个信念系统的总体辩护，即表明该信念系统本身很可能是真的。但是，为了表明一个信念系统本身很可能是真的，就需要表明其中每一个信念都很可能是真的。因此，总体辩护实际上是由局部辩护构成的，也就是说，为了用一个信念与整个信念系统的融贯关系来辩护该信念，邦茹首先需要表明构成该系统的信念都很可能是真的。如何做到这一点既是邦茹理论的一个特点，也是该理论所面临的一个挑战。

在考察这个问题之前，我们首先需要看看信念假定在邦茹理论中的地位和作用。邦茹将认知责任看作辩护的核心思想：只有当一个人有理由支持一个信念时,该信念才算得到辩护。根本上说,辩护一个信念是要通过一个辩护论证来表明它很可能是真的。为此,一个人必须首先表明自己确实有理由支持一个信念,必须对自己相信的东西有所理解。进一步说,如果一个信念是通过与信念系统相融贯而得到辩护,那么他首先就得知道其信念系统是融贯的。假设你形成如下信念:教学楼门前那块大石头是太湖石。为了辩护你的信念,你首先必须理解你所相信的究竟是什么,因为这是你反思或思考你的信念的一个必要条件。如果你试图按照自己具有的其他信念来辩护这个信念,例如,你听说那块石头是江苏校友会捐赠的,那种石头一般产自太湖,那么你也必须设法认识到或确信这些信念是融贯的。对邦茹来说,负责任地形成一个信念要求认知主体在认知上具有持有该信念的理由,或者至少能够通过反思或内省认识到这些理由。因此,如果一个信念是因为与整个信念系统相融贯而得到辩护,那么认知主体首先就必须意识到其信念系统是融贯的。因此,邦茹对认知责任和内在主义的承诺不仅要求一个信念系统是融贯的,也要求认知主体意识到其信念系统是融贯的。这样一来,信念假定在他那里就具有两个含义:第一,只有信念才能辩护信念;第二,为了辩护一个信念,认知主体必须对自己相信的东西有某种把握或理解。邦茹认为,信念假定描述了认知主体与其整个信念系统的关系,认知主体的认知努力预设了他对自己相信的东西有某种理解或把握。因此,信念假定是认知实践的一个不可避免的要素。不过,邦茹也强调说,信念假定本身不是辩护论证的一个前提,或者不是一个元信念,即关于一个人所相信的东西的信念。

在邦茹的理论中,只有当一个信念是一个融贯的信念系统的成员时,它才是有辩护的。在这里,一个信念系统的融贯性必须是其**实际**融贯性,仅仅**相信**自己的信念系统是融贯的是不够的。邦茹当然认为，为了辩护一个信念，你不仅需要表明该信念与你的整个信念系统相融贯，也需要意识到你的信念系统本身就是融贯的。这个要求是其辩护论证的一个自然结果。例如，考虑如下辩护论证：

（1）信念 B 是一个实际上融贯的信念系统的一个成员。
（2）一个实际上融贯的信念系统很可能是真的。
（3）因此，B 很可能是真的。

在这样一个辩护论证中，为了接受结论（3），我必须有理由持有前提（1）和（2）。有理由持有前提（2）的一个条件是，我首先必须意识到我的信念系统实际上是融贯的。但是，"**意识到我的信念系统实际上是融贯的**"这一说法显然是含糊的，因为我们可以对"意识到"这个概念提出不同的解释。作为一个内在主义者，邦茹原来想说的是，你的信念系统的实际融贯性必须是你通过内省或反思能够认识到的。邦茹现在对这个要求提出了一个很强的解释：你对你的信念系统的融贯性的认识必须采取一个实际信念的形式，即必须实际上相信你的信念系统是融贯的。为此，你就必须考察你的信念系统中各个成员之间的关系，并正确地把握这种关系。对于日常的认知主体来说，这显然是一个太强的要求。不过，邦茹对这个批评有一个回答：一个人对其信念系统的融贯性的认识可以有程度上的差别——一个人可以大体上觉得其信念系统是融贯的，也可以很确信其信念系统是融贯的。既然辩护在程度上有差别，这种认识也可以有程度上的差别。

3.2 观察输入与整体辩护

以上我们考察了邦茹融贯论的一些基本特点，现在让我们转到其理论的核心问题：如果辩护一个信念根本上在于表明它很可能是真的，而信念是通过与一个信念系统相融贯而得到辩护，那么与一个信念系统相融贯如何表明（或者有助于表明）一个信念很可能是真的？从真理的符合理论的角度来看，说一个信念是真的就是说，其命题内容正确地表达了外部世界中的某个事实或事态。但是，如果一个信念是通过与一个信念系统相融贯而得到辩护，那么，除非我们已经表明该信念系统本身就是真的或者很可能是真的，否则我们就无法表明具有这种融贯关系的一个信念是真的或者很可能是真的。完全由错误信念构成的一个信念系统也有可能是内部融贯的，因此信念之间的融贯性本身并不保证一个信念是真的或者很可能是真的。邦茹承认，如果我们具有关于外部世界的有辩护的信念，那么就必定有一种方式可以让我们把关于外部世界的信息吸收到我们的信念系统中。然而，知觉信念的辩护似乎对融贯论提出了一个挑战。按照邦茹的理论，在辩护一个信念时，首先要做的就是将它从一个人具有的其他信念中推导出来，这要求认知主体提出一个辩护论证，并对这样一个论证有所把握。现在，设想我有这样一个知觉信念：我看见一本紫色的书。有一个问题不是很清楚，即我所具有的哪个其他信念使得该信念比"我看见一本淡黄绿色的书"这个信念更有可能？一个融贯的信念系统中的其他信念似乎不足以辩护一个知觉信念。另一方面，按照邦茹的观点，如果我的信念系统并不包含有关的支持性信念，那么我所获得的一个知觉信念似乎就没有资格成为我的信念系统的成员，因此就得不到辩护。然而，从日常的观点来看，我们倾向于认为知觉信念是有辩护的。为了消除这个困难，邦茹引入了"认知上自发的信念"这一思想。这种信念的本质特征是，它们不是认知主体通过推理从其他信念中推出的，而且似乎也不是任何明确的或隐含的慎思过程的结果。换句话说，这种信念在某种意义上是不自愿的。即使我只是不经意地看看桌上，可能也会形成"那里有一本紫色的书"这个信念。当然，对邦茹这样的融贯论者来说，仅仅具有这样一个信念不足以表明它就得到了辩护。为了辩护这样一个信念，我必须提出理由来接受它。我的理由可能包含这样一些东西：那本书就在离我不远的桌上，具有某种形状和颜色，我观看它的光照条件是正常的，我的知觉系统在正常运作。于是，我们就可以对这样一个信念提出如下辩护论证：[1]

对认知上自发的信念的辩护论证：
（1）我有某种类型的一个认知上自发的信念 P（例如知觉信念）。
（2）某些条件（例如，光照条件是正常的等等）成立。
（3）在这些条件下，所有这种类型的认知上自发的信念都很可能是真的。
（4）因此，信念 P 很可能是真的。

按照邦茹的辩护要求，为了接受该论证的结论，我必须有理由接受每一个前提。在这个论证中，关键的是前三个前提。很容易发现支持前两个前提的理由，因此让我们集中考察第三个前提。从融贯论的观点来看，这个前提很令人困惑，因为除非邦茹已经表明与其他信念相融贯能够保证一个信念为真，否则他就不能断言这个前提的内容。而为了表明这一点，邦茹就得首先表明一个实际上融贯的信念系统是真的，或者至少很可能是真的。然而，为了表明这样一个信念系统是真的，邦茹就得表明它在总体上与实在具有某种对应关系。第三个前提所说的是，如果我在某些条件下具有一个认知上自发的信念，那么该信念很可能是真的。但是，有什么理由认为如此形成的信念很可能

---

[1] 参见 BonJour (1985), p. 118。

是真的呢？如果邦茹尚未表明一个信念系统本身很可能是真的，他就不能通过诉诸一个信念与这样一个信念系统的融贯关系来表明它很可能是真的。因此，邦茹就只能认为，在某些条件下自发形成的一个信念之所以是真的，是因为在这些条件下具有该信念就是它为真的一个可靠标志。如果在某些条件下自发形成的信念都很可能是真的，那么在这些信念的基础上形成的信念系统也很可能是真的。这样一来，邦茹就必须承认这种信念在某种意义上实际上是基本的，因此其观点就与某种形式的基础主义没有本质差别。

邦茹当然不希望接受这个结果——如果他确实认为在某些条件下自发形成的信念很可能是真的，那么他实际上已经引入了一个独立的视角，通过这个视角来判断哪些信念很可能是真的。这个视角是独立的，因为我们通过它对一个信念是否为真的判断并不依赖于它与信念系统的融贯关系。然而，对邦茹来说，这是不可能的：首先，他否认知觉经验本身能够为信念提供辩护，而是主张任何信念都只能通过其他信念来辩护；其次，他的辩护理论要求认知主体提出一个辩护论证来表明一个信念是有辩护的，而这样一个论证是由其他信念构成的。邦茹确实认为，一个信念系统，若要有可能是真的，就必须接受来自外部世界的观察信息。他把这个要求称为"观察输入要求"。但是，作为一个内在主义的融贯论者，他不可能认为我们有一个独立的视角（不依赖于一个信念系统的视角）来判断知觉信念是否有可能是真的。为了解决这个难题，邦茹提出了如下思想：在满足观察输入要求的情况下，一个长期稳定且融贯的信念系统很可能是真的。邦茹其实是按照最佳解释推理来说明这个思想。假设我的信念系统是融贯的，而且长期以来一直如此；假设我的信念系统也满足了观察输入的要求，也就是说，我把某些信念（比如知觉信念）看作可靠的。当然，对于邦茹来说，这些知觉信念所具有的可靠性并不完全独立于我的其他信念，但它们具有一种**初步的**可靠性，也就是说，除非我们有其他理由表明它们是不可靠的，否则就应该将它们看作可靠的。那么，我有什么理由持有"那里有一本紫色的书"这个知觉信念呢？邦茹的回答是，那里确实有一本紫色的书。同样，在他看来，对一个稳定的、融贯的、观察上敏感的信念系统的最佳解释是，世界确实就是该信念系统将它表达出来的那个样子。如果这就是世界的本来面目，那么我的信念很可能是真的。反过来说，如果一个观察上敏感的信念系统没有正确地表达实在，那么它就不可能具有长期的稳定性和融贯性。因此，如果我发现自己的整个信念系统具有这个特征，那么它就得到了辩护，它所包含的信念很可能是真的。由此我们也可以看到，为什么邦茹认为一个信念系统的融贯性不仅必须是整体论性质，而且也必须是实际融贯性。

然而，怀疑论者可能会问：有什么理由认为，说明一个长期稳定且融贯的信念系统的最佳方式，就是假设它正确地表达了实在呢？邦茹的回答是，按照信念与世界的对应来说明一个信念系统的融贯性和稳定性，比按照其他可能的方式来说明更合理。邦茹考虑了两个竞争解释：巧合解释（chance explanation）和恶魔解释（demon explanation）。[1] 按照巧合解释，一个信念系统的融贯性和稳定性纯属偶然：认知主体只是碰巧具有融贯的信念，即使这些信念并未表达事物的本来面目。他的认知系统的稳定性纯属巧合。按照恶魔解释，一个信念系统的融贯性来自这样一个恶魔：它引起认知主体具有某些信念而不是其他信念，并使得他实际上具有的信念是融贯的。邦茹论证说，在这三种解释中，对应解释是最好的，因为我们有更多的理由相信这种解释，而不是其他两种解释。

---

[1] 参见 BonJour (1985), pp. 182-188。

由此可以看到邦茹解决上述难题的策略。为了维护融贯论的基本主张，邦茹认为，一个信念是通过成为一个实际上融贯的信念系统的成员而得到辩护；另一方面，为了维护他所持有的另一个基本主张，即辩护一个信念根本上就在于表明它很可能是真的，邦茹引入了"认知上自发的信念"这个思想，并用整个信念系统的融贯性和稳定性来说明为什么这样一个系统很可能是真的。如果一个人的整个信念系统仍然是融贯的，那么，通过继续接受认知上自发的信念，其信念系统的融贯性就会得到进一步的提高。在邦茹用来反对一种高级的恶魔解释的论证中，我们可以看到他的这一思路。设想有这样一个恶魔：它不仅有能力引起一个认知主体具有认知上自发的信念，而且也打算这样做，而它所引起的认知上自发的信念有助于提高认知主体信念系统的融贯性。这样一个恶魔在我们的信念形成中所扮演的角色，就类似于大自然在我们的信念形成中所扮演的角色。倘若如此，我们似乎就没有理由认为对应解释是最好的。不过，邦茹要我们考虑如下可能性：这个恶魔实际上不关心一个人具有什么信念。它关心的只是，在把一个物理世界的幻觉产生出来这件事上，那些看似知觉信念的信念有助于促进融贯。例如，它不关心一个知觉信念究竟是关系到羚羊还是独角兽；它关心的只是，不管那些看似知觉信念的信念具有什么内容，一个人的认知系统继续是融贯的。然而，邦茹认为有两件事情不太可能**同时**成立：其一，有一个恶魔引起我们具有那些有助于促进融贯的信念；其二，我们正在具有的认知上自发的信念是关系到羚羊而不是独角兽。与此相比，对应解释向我们展现了这样一个世界，其中，我们通常期望自己形成的信念关系到真实存在的对象，例如羚羊，而不是虚构出来的对象，例如独角兽。如果真实世界就类似于对应解释所描绘的那个世界，那么我们就可以合理地预言自己在这样一个世界中所具有的信念的内容，就会指望我们的信念具有某种秩序和规律性。因此，与任何其他可能解释相比，对应解释更好地说明了我们实际上具有的信念。我们可以将邦茹的基本思想总结如下：

（1）辩护一个信念是要通过提出一个辩护论证来表明它很可能是真的。

（2）认知主体必须能够通过反思或内省认识到这样一个论证，以至于他拥有这个论证就可以构成他持有一个信念的理由。

（3）信念假定被用来说明认知主体可以认识到其信念系统的融贯性。

（4）但是，不是一般而论的融贯产生了辩护，而是，认知主体对其信念系统的辩护不仅要求一个融贯的信念系统，也要求一个将可靠性赋予认知上自发的信念的信念系统。

（5）对一个稳定的、融贯的、观察上敏感的信念系统的最佳解释是，这个系统多少精确地表达了实在，因此我们有理由认为它很可能是真的。

（6）因此，任何特定的信念是因为属于这样一个系统而得到辩护。

（7）不过，辩护的终极来源是一个将可靠性赋予某些认知上自发的信念的信念系统，也就是说，这样一个系统是一个满足了观察输入要求的稳定的、融贯的系统。

四、对融贯论的主要批评

融贯论具有一个极为简单的核心观念：认知辩护取决于一套信念

的融贯性，而不是取决于一个信念与基本信念的推理关系，或者与知觉经验的证据关系。然而，将这个观念发展为一个充分发达的辩护理论并非易事。前面已经指出，一个信念系统的**逻辑一致性**对于辩护来说既不充分亦不必要。实际上，一些哲学家持续不断地对融贯论提出了批评：融贯论的辩护理论允许**任何**信念通过与一个信念系统相融贯而得到辩护，不管那个信念多么荒诞。如果一个信念的辩护地位完全取决于它与一个信念系统的内在联系，那么，不仅我们可以构造出一个自相一致却荒诞不经的信念系统（只要我们有充分的想象力），而且有可能会存在许多各自融贯却互不相容的信念系统。这样一来，一个合理的信念系统与具有非凡的推理能力的偏执狂构造出来的幻觉还有什么区别呢？一些具有基础主义倾向的理论家已经试图按照这个思想来反驳融贯论。假设我们已经具有一个融贯的信念系统，在此基础上，我们可以构造出另一个不同的信念系统，它具有同样程度的融贯性，但完全缺乏辩护。[1] 假设我们已经在宇宙起源问题上持有一个融贯的信念系统，我们的信念得到了现代宇宙学和有关经验证据的支持。如果我们否定这个信念系统中的所有命题，就得到了另一个信念系统。只要前面那个信念系统是融贯的，后面这个信念系统也是融贯的。但是，如果前者完全得到了辩护，那么后者就得不到任何辩护。只要一个辩护理论旨在对我们可以合理地相信什么提出某些约束，这样一个理论就不会允许一个人在相信自己所相信的不论什么事情上都得到辩护。即使我们无法得出唯一一个最好的信念系统，但一个辩护理论必须有办法评价可供取舍的信念系统。如果融贯论不能将理性的

---

[1] 例如，参见 Roderick Chisholm, *Theory of Knowledge* (third edition, New Jersey: Prentice-Hall, 1989), pp. 87-89; Ernest Sosa, *Knowledge in Perspective* (Cambridge: Cambridge University Press, 1991), pp. 76-77。

信念系统与纯粹幻想之类的东西区分开来，那么它就无法满足这个基本要求。

对融贯论的这一批评可以被归结为两个异议。[1] 第一个异议被称作"**多元性异议**"，它所说的是，如果融贯仅仅被理解为逻辑一致性，而对逻辑上一致的陈述系统的数量又没有任何限制，那么就有可能存在许多各自融贯但又互不相容的信念系统。这样一来，融贯论者如何在这些信念系统之间进行选择呢？对基础主义者来说，这个问题比较容易得到解决：如果一个信念的辩护至少部分地取决于某种外在于它的东西，例如它与实在的关系，那么我们就可以通过指称实在来淘汰竞争的信念系统。例如，在科学哲学中，通过利用理论的解释能力的概念，我们就可以表明氧化说比燃素说更可取。基础主义者可以用经验或实在来约束可供取舍的信念系统。然而，融贯论者认为一个信念只能由其他信念来辩护，因此就否认基础主义者所设想的那种可能性，正如唐纳德·戴维森所说：

> 我们一直试图用这种方式来看到这一点：一个人具有所有关于世界的信念，也就是说，他的一切信念都是关于世界的。他如何能够知道它们是否都是真的或者倾向于是真的？我们一直在假设，只有通过将其信念与实在相联系，让他的一些信念逐一面对感官传递出来的东西，或者让他的全部信念面对经验的法庭，他才能对其信念是否为真做出判断。然而，任何这样的面对都没有意义，因为我们当然无法脱离自己来发现究竟什

---

1 这两个异议往往被看作对融贯论的经典批评，例如，参见 Feldman (2003), pp. 66-70; Lemos (2021), pp. 85-90; Steup (1996), pp. 132-136。

么东西引起了我们意识到的内部事件。[1]

戴维森的要点是,如果我们对世界的一切认识都是通过感觉经验得到的,那么我们就无法将在感觉经验基础上形成的信念与实在直接相比较,以此来发现我们的信念是否为真。此外,戴维森强调说,即使感觉确实引起一些信念,因此在这个意义上是那些信念的基础或根据,但对一个信念的**因果**说明并不表明它是如何得到辩护的,或者为什么是有辩护的。因此,如果一个信念根本上是有辩护的,那么其辩护的根源必定在其他信念当中。然而,如果一个信念是否可以得到辩护完全取决于它与一个人持有的其他信念的关系,与世界究竟如何毫不相关,那么似乎也没有什么东西能够阻止人们形成一系列自我封闭的信念系统。这样一来,他们就失去了对这些信念系统进行选择的理性根据。即使一个信念系统是内在融贯的,这种融贯性可能并不意味着其中的信念可以理性地得到辩护。因此,一旦融贯论者将辩护与世界割裂开来,他们就没有办法让我们从世界中得到经验约束。然而,在寻求知识时,我们的目标是要发现世界究竟是什么样的。在这个意义上,融贯论就变得很不恰当。这就是第二个异议,它被称为"**隔离异议**",因为融贯论似乎将辩护与关于外部世界的经验证据割裂开来。

与此相关,融贯论者似乎不太可能对知觉信念提出一个令人满意的说明。我们当然可以承认,我们在持有一个信念上得到辩护,是因为它与我们所持有的其他信念相融贯。融贯论者认为,信念修改的基础是**整个**信念系统,我们只能按照其他信念来决定要不要修改某些信

---

[1] Donald Davidson (1983), "A Coherence Theory of Truth and Knowledge", reprinted in Ernie LePore and Kirk Ludwig (eds.), *The Essential Davidson* (Oxford: Oxford University Press, 2006), pp. 225-237, at p. 230.

念；在信念发生冲突的情况下，我们就只能按照自己对它们的相对信任度来权衡它们。但这种做法并不构成对信念变化的完整说明，因为对知觉信念来说，如果我们在持有这些信念上确实是有辩护的，那么辩护并不在于知觉信念与其他信念相联系的方式，而在于它们与知觉经验相联系的方式。尽管一个知觉本身不是信念，但它可以为一个信念提供某种证据基础，因此大概就可以为一个信念提供辩护。知觉是我们获得信念的一个重要来源，因为我们主要通过感知周围环境来获得相关信息。然而，在某种意义上，知觉确实不是我们从其他信念中推断出来的东西。知觉不是我们以前持有的信念的推论，尤其是，在具有一个知觉时，一般来说，我们并不需要以一个二阶信念（关于我们如何获得一个知觉信念的信念）为中介。[1] 例如，在看见一块红色的东西时，我们可以在其中区分出三个分离的项目：第一个项目就是那个红色的东西，它在外部世界中存在，而且原则上可以被其他观察者看到；第二个项目就是我对那个红色的东西的经验，这个经验只有我自己才有，并且为我自己所意识到；第三个项目是我的一个信念，大概是说，我面前有一块红色的东西。从日常的观点来看，第三个东西，即我的信念，至少部分地是由那个经验的出现来辩护的，而不只是由其他信念来辩护的。当然，为了能够担当辩护作用，知觉经验确实要求概念和判断，但这并不意味着知觉经验或经验观察在认识论中没有占据一个基础地位。因此，只要融贯论者无法恰当地说明知觉在信念的辩护中具有的作用，融贯论就是有缺陷的。

为了回应这些批评，融贯论者就要回答两个问题：首先，他们必须说明与其他信念相融贯这个事实为什么能够为接受一个信念提供**完**

---

[1] 参见 John Pollock, *Contemporary Theories of Knowledge* (London: Hutchinson Education, 1986), pp. 69-71。

备的辩护；其次，他们必须设法说明与外部世界的直接接触在知识和辩护中的地位和作用。而且，既然融贯论者有意将融贯论发展为对基础主义的一个取舍，他们对这两个问题（尤其是对后一个问题）的回答就必须有意义地不同于基础主义者的回答。以下我们将依次考虑融贯论者对这两个问题的回答。

4.1 多元性问题与说明融贯性

为了解决"多元性问题"，融贯论者就不能将融贯理解为单纯的逻辑一致性。他们必须认为，融贯不仅意味着信念之间没有冲突，也意味着它们之间必须有某种**正面**联系，例如一种比逻辑一致性更强的逻辑蕴含关系。不过，很多融贯论者强调的是信念之间的解释关系：我们的信念不仅要在逻辑上相互一致，也应该在解释上相互支持——辩护所要求的那种融贯是**解释上**的融贯（explanatory coherence）。[1] 在这里，"解释"是一个技术性概念。大致说来，解释某个东西是要以某种方式使它对我们来说变得可理解。一个系统吸收的东西越多，它记录、解释和允许我们预测的事实越多，它就越融贯。例如，通过将开普勒天体力学与伽利略关于地面上物体运动的科学整合起来，牛顿力学就获得了一种强有力的融贯性，因为其基本定律将原来被认为分离的规律在解释上统一起来。一个融贯的信念系统必须具备类似的系统性和综合性。在强调这个原则时，一些融贯论者也是在强调一个**保守原则**：在信念系统面临问题时，为了消除困难，我们应该尽可能对信念系统做出最小的修改。如果通过添加一个假说我们就能解释一颗行星在运动位置上发生的异常，例如通过假设它附近出现了一颗尚未被观察到的小行星，那么我们就不需要修改主要的运动定律。同样，

---

1 参见 Lehrer (2000), pp. 101-111；BonJour (1985), pp. 93-100; Williams (1991), pp. 119-121。

第五章　融贯论

尽管我们为了简化量子力学描述而引入三值逻辑，但我们还是可以认为，在宏观世界和日常生活中，这种修改是不必要的。在这个意义上说，保守原则仍然可以视为系统性和综合性的一个要求，而不是一个独立的要素，因为让我们的信念系统尽可能具有系统性和完备性实际上意味着，在出现问题时，为了防止整个系统解体，我们只能进行有限的修改。然而，我们不太清楚这种修改的根据在融贯论者那里究竟是什么。就逻辑而论，表面上的想法是，经典逻辑对于描述宏观世界和日常生活就足够了，而量子逻辑只适用于一个极为有限的领域，即基本粒子领域。因此，对这两种逻辑的选择似乎是按照解释能力和解释范围来确定的。不过，选择也依赖于一个重要的经验信念：在思考宏观物理世界和日常生活世界时，我们普遍利用经典逻辑规则，而我们对这些规则的使用被认为已经取得了富有成效的结果。由此可见，对这两个逻辑系统的选择不只是按照内在的解释融贯性来确定的，而且是在根本上取决于我们对外部世界的认识，而这种认识也不只是从一个"实用的"观点来评价的。因此，融贯论者不可能合理地认为，内在融贯性本身足以充当信念修改和理论选择的根据，正如稍后我们就会看到的。

不管怎样，融贯论者现在认为，一个信念是否得到辩护，取决于它是否符合一个最好的解释性论述。[1] 若不以某个特定的信念系统为参照系，我们就无法判定一个信念是否得到了辩护——正是一个信念与某个相关的信念系统中其他信念的关系决定了其辩护地位。融贯论者认为，即使这样一个系统仍然无法解释某些东西，它也必须解释尽可能多的东西。如果一个系统具有最大的解释融贯性，它就可以辩护

---

[1] 参见 Wilfrid Sellars, "Some Reflection on Language Games", in Sellars, *Science, Perception and Reality* (London: Routledge, 1963), pp. 321-358; Gilbert Harman, *Thought* (Princeton: Princeton University Press, 1973); Keith Lehrer, "Justification, Explanation, and Induction", in Marshall Swain (ed.), *Induction, Acceptance and Rational Belief* (Dordrecht: Reidel, 1970), pp. 100-133。

其中包含的所有信念。因此，如果融贯所要求的那种辩护是解释性的，那么正是一个信念在解释上发挥的作用为其提供了辩护。一个信念可以按照两种方式来发挥这种作用：它可以完整地或部分地解释某个东西，也可以被其他东西完整地或部分地解释。当然，基础主义者并不否认解释与辩护的关系，而且可以按照一个信念在解释上所发挥的作用来评价它。既然基础主义者将辩护关系处理为推理关系或证据关系，他就可以按照一个信念所提供的证据作用来判断它是不是基本信念。因此，就解释与辩护的关系而论，基础主义者与融贯论者其实并没有明显分歧。不过，融贯论者强调说，辩护不是按照经典基础主义者所设想的那种"线性模型"来运作的。

如前所述，融贯论是作为解决认知回溯问题的一种方案提出来的。但是，如果推理辩护链条产生循环或者最终绕回自身，那么融贯论者似乎就没有真正地解决这个问题。为了应对这个批评，融贯论者首先指出，推理辩护之所以会产生认知回溯问题，可能是因为推理辩护关系是按照一种单向的、不对称的线性模型来设想的。他们进而认为，推理辩护应该被设想为整体论的，而不是线性的。如果一个融贯的信念系统具有充分的丰富性和复杂性，那么融贯论的辩护就不会导致上述问题。然而，"与整个信念系统相融贯"似乎是一个很含糊的思想，在极为广泛的信念系统中很难得到切实的应用，因为在这样一个信念系统中，信念之间可能并不存在可辨别的联系，或者认知主体无法**在心理上**完整地把握这种联系。实际上，甚至一致性要求也很难在这样一个系统中得到满足。另一方面，如果我们希望在一个信念系统中鉴定出某些"**相关**"信念，或者某个相关的子系统，那么我们大概就不能仅仅按照"内在融贯性"来判断这种相关性。假设我获得了一个新信念，按照融贯论者的说法，只有当这个信念符合我已经接受的其他有辩护的信念时，它才算得到辩护。对莱勒来说，这意味着从我的接受系统来看，接受这个新信念比接受其竞争对手更合理。在邦茹那里，这意味着我必须按照自己的其他信念对该信念提出一个辩护论证。现在，假设我获得了一些与该信念发生冲突的新信息，例如我所相信的一切都为"我把手机落在办公室桌上了"这一信念提供了辩护，然而，当返回办公室时，我发现桌上没有手机。假设我也有理由确信没有谁进入我办公室拿走了手机。在这种情况下，我是否应该接受我原来持有的那个信念呢？在莱勒看来，为了接受这个信念，我必须接受这样一件事情：在我是否将手机放在了办公室桌上这种问题上，我是值得信赖的。如果我有理由认为我的记忆出了问题，就不应该接受这个信念。然而，这个回答至少意味着，一个信念是否得到辩护，不仅取决于我已经具有的某些背景信念，也取决于记忆告诉我的东西。邦茹的观点允许我们将可靠性赋予认知上自发的信念，例如知觉信念。因此，如果我的背景信念为我相信"我把手机落在办公室桌上了"提供了支持，而我的知觉经验不支持我持有这个信念，而且我的知觉经验更可信，那么我似乎就应该按照知觉经验来修改我持有的某些其他信念。然而，只要融贯论者允许我们按照来自世界的观察输入修改信念，那就意味着信念辩护和信念修改不只是取决于信念之间的关系，也取决于信念与世界的联系。

罗素曾经暗示说，即使不知道物理对象存在，我们还是可以合理地推断它们存在，因为**假设**物理对象存在可以为如下问题提供一个最简单、最好的解释：为什么我们经验到了我们确实经验到的感觉资料？[1] 融贯论者同样认为，我们可以按照解释融贯性概念来解决如何根据感觉陈述来辩护知觉信念的传统问题。只要融贯论者可以用一种

---

[1] 参见 Bertrand Russell, *The Problems of Philosophy* (Oxford: Oxford University Press, 2001), pp. 22-26。

不依赖于内在融贯性概念的方式来阐明解释上的融贯性，那个想法大概就是有希望的。融贯论者进一步暗示说，从关于知觉和人的精神状态的主张中，我们可以推出关于遥远的时间和地点的陈述，最终推出关于理论状态和理论实体的陈述。因此，如果我们可以对过去、物理上遥远的东西以及理论上不可观测的实体提出某些假说，而这些假说为我们试图理解的东西提供了合理的解释，那么我们完全可以有辩护地接受这些假说。

现在的问题是，在接受那些有待解释的事情上，我们究竟是如何得到辩护的？如果有待解释的东西由基本的事实和信念构成，那么我们就是在用"解释"这个概念来辩护从基本信念到非基本信念的推理。这是基础主义者所采取的策略。融贯论者当然不相信有基本信念这样的东西，而是强调一切信念都是通过其解释作用来辩护的。解释预设了要加以解释的东西（例如某个理论实体）和提供解释的东西（例如某些观察和某个理论或假说）。如果有一些信念本身向我们提供了有待解释的问题，而不是作为充当辩护作用的东西出现，那么是什么东西辩护了这些信念？融贯论者的回答是，如果一些信念是因为它们要加以解释的东西而得到辩护，那么其他信念则是因为被解释而得到辩护。而且，我们似乎可以认为，一些信念是因为得到了很好的解释而得到辩护。假设我观察到威尔逊云雾室中的某个径迹，我推测并因此相信那是一个阿尔法粒子的裂变径迹。不过，只要我不理解一个阿尔法粒子如何能够产生径迹，我对那个信念的辩护就是不完全的。现在，如果一位粒子物理学家向我详细解释了阿尔法粒子的基本属性，而我理解并接受他的说法，那么我的信念就可以得到完全的辩护。通过提供这种解释，我们就可以将一个可疑的信念转变为一个完全得到辩护的信念。而且，一个信念既可以因为解释了某个东西而得到辩护，又可以因为被某个东西所解释而得到辩护。例如，阿尔法粒子的裂变径迹一方面解释了我为什么观察到了我确实观察到的东西，另一方面又在基本粒子理论中得到了解释。同样，知觉陈述既对感觉资料提供了解释，又得到了感觉理论的解释。同一个信念可以既提供解释又得到解释，因此就从这两种作用中得到了辩护。融贯论者认为，对信念的这种辩护实际上是最充分的。

由此看来，一旦融贯论者按照解释的概念来理解融贯，其理论就可以避免循环辩护的指责。当然，融贯论者必须认为，对于一个认知主体来说，一个信念是通过与他持有的其他信念相融贯而得到辩护。不过，坚持这个主张并不妨碍他们可以采取一种**心理基础主义**观点。[1]这种观点所说的是，假如我们有任何信念的话，我们必定有一些**直接的**（即不是通过推理得到的）信念，例如知觉经验所提供的信念，或者理性可以直接把握的信念。融贯论者不否认知觉经验在心理上具有一种基础地位；他们所要强调的是，即使我在知觉经验的基础上形成了一个知觉信念，这个信念是否得到辩护取决于它与我所持有的其他信念的关系。例如，莱勒论证说，如果我的信念系统中有一些信念与一个知觉信念不相容，而一旦去掉那些信念，我的信念系统的融贯性就会降低，那么那个知觉信念大概就得不到辩护；另一方面，如果我的信念系统中的某些信念具有独立的来源，例如与我目前形成的那个知觉信念的来源不同，那么，只要那个知觉信念与那些信念相融贯，它就得到了辩护。然而，这个回答并不令人满意，因为至少在知觉信念的情形中，正如我们即将看到的，我们不可能合理地认为这种信念的辩护仅仅取决于一个人所具有的某些背景信念。

因此，融贯论者似乎确实可以利用解释融贯性的概念来回答多元

---

[1] 关于心理基础主义，参见 Robert Audi, *Epistemology: A Contemporary Introduction to the Theory of Knowledge* (second edition, London: Routledge, 2003), pp. 196-197。

性异议。大致说来,他们可以说,这个异议在一种意义上是正确的却是无害的,在另一种意义上是有害的却是错误的。它是正确的,是因为信念形成过程中总是会出现一些松散的要素。因此,应该如何补充和修改信念系统确实不只是由在我们这里碰巧发生的事情所决定,也不只是由在我们周围出现的东西所决定。假设你正在调查一桩谋杀案,按照你获得的证据你推断谋杀者具有某些特征。不过,这些证据同样符合一个对立的假说:谋杀者不具有这些特征。你之所以做出一个错误判断,或许是因为你已经不言而喻地认定自己以前处理的某个案件中的嫌疑人就是谋杀者,因此无意中将你获得的证据与他进行对比来进行推断。但是,证据实际上不支持你持有那个信念。假若我们需要对信念进行修改,融贯论者就会认为,我们决定修改哪些信念,如何按照新的证据来修改那些信念,不仅是由我们目前得到的证据的本质来决定的,而且也受到一系列背景信念的影响。正是在这个意义上,多元性异议是正确的,却没有任何害处。例如,就天文学而论,也许哥白尼的理论和托勒密的理论都同样融贯,尽管也互不相容。认识论不应该先验地决定哪些经验信念系统是可接受的,哪些是不可接受的。另一方面,如果多元性异议所说的是,我们绝对无法在某些竞争的信念系统之间做出理性选择,因此它们并不比虚构的东西更值得接受,那么融贯论者就会认为这个异议是错误的,因为在这种情况下,它忽视了一个重要事实:融贯论者其实很强调融贯与解释的关系。如果一个信念系统包含了丰富的历史事实和科学事实,那么,与一个不具有这个特征的信念系统相比,它就显得更加系统和完备。设想某位历史学家告诉我们一个关于文明演化的故事,而为了充分地理解这个故事,我们就需要添加大量**特设性**假设,以便理解其中的一个说法:早在智人出现之前,地球上就有了比我们当前的文明更加璀璨的文明。在这种情况下,既然这个故事的完备性是通过添加特设性假设而获得的,它就不如我们今天对人类文明及其演化所持有的信念系统融贯。

由此可见,融贯论者对多元性异议的回答取决于两个基本思想:第一,对一个信念系统的修改不只是取决于我们目前具有的证据或者获得的经验,而且需要考虑后者与整个信念系统的关系;第二,信念系统必须不断接受来自外部世界的观察输入。为了接受第二个思想,融贯论者至少需要采取一种心理基础主义的观点。对这种观点的承诺可能不同于对基础主义的承诺,因为基础主义强调经验本身可以**直接**产生有辩护的信念,或者是辩护的一个**独立**来源。然而,我们立即就会看到,如果融贯论者必须引入观察输入的概念来处理信念的辩护和修改问题,他们就不能一致地维护信念假定。

4.2 隔离异议

如前所述,为了恰当地处理如何在互不相容的信念系统之间做出理性选择的问题,融贯论者就需要引入观察输入的思想——他们必须假设信念系统与外部世界之间具有某种联系,并以此来说明一个信念系统的融贯性和持续稳定性。不过,即使融贯论者可以通过承诺一种心理基础主义来解决这个问题,他们也始终强调一个信念的辩护地位取决于它与一个融贯的信念系统的关系,不太愿意承认经验本身可以是辩护的一个直接来源。因此融贯论仍会面临一个普遍的批评,即既然融贯论者认为信念只能由信念之间的关系来辩护,不是由信念与外部世界的关系来辩护的,融贯论就切断了辩护与外部世界的联系。我们可以用如下论证来阐明融贯论所面临的这一问题:

一个反对融贯论的论证:

(1)辩护一个信念是要表明它很可能是真的。

（2）真理并不仅仅取决于信念之间的内部关系。

（3）融贯论的辩护仅仅取决于信念之间的内部关系。

（4）因此，融贯论的辩护无法保证一个信念很可能是真的。

（5）因此，融贯论切断了辩护与世界的联系。

第一个前提表达了我们对认知辩护的一个直观理解：辩护一个信念归根到底是要表明它是真的或者很有可能是真的。如果融贯论的真理概念是不可接受的，那么第二个前提也来自我们对"真理"的一种直观理解：信念是否为真取决于世界究竟是什么样子。第三个前提是对融贯论辩护概念的陈述：在按照与一个信念系统的融贯性来设想辩护时，融贯论者或是将辩护理解为信念之间的一种关系，或是将它理解为这种关系的一种整体论性质。因此，只要这三个主要前提是可靠的，融贯论看来就将辩护与世界割裂开来。

当然，这个批评取决于如下预设：只有当信念和外部世界之间存在某种**不依赖于**信念的联系时，辩护才告开始。即使一些信念是通过诉诸其他信念而得到辩护，我们也必须承认，至少有一些信念不是由其他信念来辩护的；它们之所以能够得到辩护，是因为我们的认知官能和周围世界之间存在某种联系，正是这种联系的存在说明了信念为什么是真的或者很可能是真的。可想而知，如果辩护一个信念**根本上**就在于表明它是真的或者很可能是真的，那么，即使我们可以用一些信念来辩护这个信念，但为了取得认知上的可信性，那些信念就必须首先与外部世界具有某种联系。只要这种联系被切断，我们就不清楚信念之间的关系**本身**如何能够表明一个信念是真的。假设我形成了"桌子上有一杯咖啡"这个知觉信念。为了便于论证，不妨假设该信念是我的知觉系统与桌子、杯子和咖啡相互作用的结果。当然，为了从我的知觉经验中形成这个信念，我必须能够正确地鉴定桌子、杯

第五章　融贯论

子和咖啡之类的东西，而这预设我已经对那些东西具有某些信念。不过，这些**背景**信念只是帮助我正确地鉴定那些东西，并没有在根本上辩护我的信念。理由很简单：一旦我有了那些背景信念，就有能力鉴定出桌子、杯子和咖啡之类的东西，但是，要是我没有知觉经验，大概就不会开始这项鉴定工作。换句话说，正是知觉经验触发了我对某些背景信念的利用。我们当然也可以设想：要是没有某个特定的知觉经验，即便我具有那些背景信念，我可能形成的也是另一个信念。因此，如果我的知觉信念是真的，那么正是我在正常条件下具有某些经验这个事实说明了它为什么是真的。只要我能够确信自己的经验与那些对象具有这种联系，我的信念就得到了辩护。另一方面，要是我仅仅依靠自己的其他信念，大概就没有理由认为我面前的桌子上有一杯咖啡。比如说，如果我对桌子、杯子和咖啡及其关系所具有的经验都是幻觉，不是由真实对象及其关系引起的，那么我确实可以通过某些背景信念将那些东西鉴定出来，但由此形成的信念并不是真的。当然，莱勒或许认为，为了有辩护地接受我面前的桌子上有一杯咖啡，我的接受系统必须有资源击败所有的竞争命题。但是，如果我的接受系统与外部世界毫无联系，我大概也无法判断自己所具有的经验是不是真实的，抑或只是幻觉。外部世界对我产生影响和冲击，引起我具有某个信念内容。按照定义，外部世界对我的这种作用超越了我的其他信念的内容。只要我在这种作用下具有某些非信念性的精神状态，例如知觉经验，这个事实就揭示了这种影响、冲击和因果作用的存在。即使我需要依靠我的其他信念来确定经验的内容，那些信念之间的关系也不可能向我提供外部世界的影响、冲击和因果作用所能向我提供的内容，除非它们本身就与外部世界具有某种联系。既然正是外部世界使我具有了某个特定的经验内容，形成了相应的信念，我们就可以合理地认为辩护链条是由外部世界来启动的。这样，如果融贯论者认为信念的辩护仅仅取决于信念之间的内部关系,那么他们似乎就将我们的信念从外部世界中隔离出来。

然而,只要融贯论者认为只有信念才能辩护信念,他们就会否认信念之外的任何因素能够对辩护产生影响。因此,融贯论者就会认为,不管周围世界如何变化,一个信念系统仍然可以保持不变,或者,即使周围世界仍然保持不变,一个信念系统也可以发生变化。这些极端的结论直观上是不合理的。你可能固执地相信动物园中的老虎不会吃人,因为(比如说)你相信动物园中的老虎都被驯化了,而就你所知,到目前为止你访问过的动物园中都没有老虎吃人的事情发生。有一天,当你带侄子去动物园玩时,看见一个小孩因为拥挤不幸地掉到下面的老虎园中,几分钟内就被老虎吃掉了。在这种情况下,如果你继续持有你关于动物园中的老虎的信念,那么你的信念系统就是不融贯的,或者,如果你仍然相信老虎没有吃人,那么,即使这个信念与你已经具有的相关信念相融贯,但它实际上没有得到辩护。只要一个人是理性的,在知觉到世界发生了变化时,其信念系统就不可能不发生相应的变化。因此,如果融贯论者承认信念系统的融贯性需要通过知觉来回应世界上发生的变化,那么他们就不能认为辩护**仅仅**取决于信念之间的内部关系。然而,他们显然想要强调的是,信念与世界的联系不足以为信念提供辩护,因此,在面临一个观察输入时,一个人是否要修改其信念系统,仍然是由其信念系统的本质来决定的。即使认知主体有了某个新的观察输入,其信念系统仍然可以保持不变。我们当然不是不能设想这种可能性:如果一个新的观察输入与你的整个信念系统相融贯,那么它自然会进一步加强你的信念系统的融贯性;另一方面,即使它与你的某个或某些信念有冲突或张力,但只要你确信放弃那个或那些信念会危及你的信念系统的总体融贯性,你也可以选择拒斥那个观察输入。在科学理论中,我们很容易发现这样的例子：科学家会为了维护一个理论的**内核**而拒斥某些似乎与该理论的**边缘**要素发生冲突的观察，或者对它们提出另外的解释。但是，只要一个理论与观察发生持续不断的冲突，继续坚持这个理论似乎就是不合理的，除非有更强的理论背景支持该理论。但是，如果甚至某个基础理论都受到了经验观察的挑战，那又如何呢？由此我们可以看到融贯论与基础主义的一个本质差别。融贯论对信念之间的认知冲突很敏感，因为一旦信念发生冲突，整个信念系统就会变得不融贯。但是，既然融贯论者认为知觉经验本身不足以为信念提供辩护，他们就不太重视信念和知觉经验之间的认知冲突。与此相比，基础主义者则认为非信念性的知觉经验与辩护有关：它们既可以为其他信念提供辩护，也可以使得其他信念得不到辩护。正如我们即将看到的，融贯论与基础主义的核心分歧就在于这一问题：非信念性的认知状态是否具有辩护作用？融贯论者对这个问题的否定性回答会导致一些荒谬的结果。

实际上，融贯论者对上述批评提出的回应是不充分的。邦茹试图引入观察输入来回应这个批评。在他看来，辩护必须满足两个基本要求：当信念是通过与一个信念系统的关系而得到辩护时，该信念系统本身必须是融贯的，而且必须满足观察输入的要求——只有当它对观察输入保持充分敏感时，它所包含的信念才有可能是真的。因此邦茹就允许如下可能性：即使一个信念系统在某个时候是融贯的，它也可以因为随后的观察输入而变得不融贯。[1] 邦茹的意思是说，融贯论者可以承认知觉和观察是将信念与世界联系起来的重要环节。但仅仅承认这一点并没有消除融贯论会产生的荒谬结果，因为融贯论者只承认知觉在知觉信念的形式上是相关的，否认知觉在用**非信念性的知觉**

---

[1] 参见 BonJour (1985), p. 144。

经验表现出来的时候也是相关的。但是，批评者可以设想这样一种情形：一个信念的辩护不是被其他信念所削弱，而只是被知觉经验所削弱。只要这种情形确实存在，那就表明融贯论是错误的，因为它得不出正确的分析结果。当然，邦茹可以坚持认为信念只能由其他信念来辩护，因此也只能被其他信念所削弱——他可以否认知觉经验本身能够削弱信念的辩护。倘若如此，他也必须承认，当知觉经验告诉你实际上有三只麋鹿时，你仍然可以有辩护地相信只有两只麋鹿。这样一来，邦茹仍然需要回答如下问题：如何理解知觉经验和信念之间的冲突？如果知觉经验确实能够为信念提供辩护，那么在发生冲突的情况下，直观上说，我们倒宁愿认为其他信念出了问题。

莱勒的回答也面临同样问题。对莱勒来说，一个信念若要得到辩护，就必须击败与之相竞争的所有其他信念。现在，假设当你实际上看见有三只麋鹿的时候，你仍然坚信只有两只麋鹿。在这种情况下，在你按照知觉经验来接受的那些事情上，你的信念就有很多竞争对手；除非你也将知觉经验纳入考虑，否则那个信念就不会击败所有竞争对手。因此，莱勒可以承认我们是通过知觉与世界相联系的，因此世界上发生的变化就可以在知觉信念中得到反映。然而，作为融贯论者，莱勒必须承认，只有当知觉经验采取了信念或接受的形式时，它们才能为信念或接受提供辩护。批评者同样可以构造这样一种情形，其中，一个信念的辩护不是被其他信念所削弱，而只是被知觉经验所削弱。为了反驳这一点，莱勒就必须表明这种可能性不可能存在。但这种可能性并非不存在。莱勒强调说，信念与世界的**因果联系本身**不具有辩护作用，具有辩护作用的是我们对这种联系的**评估**。为了评估这种联系，我们就必须假设自己在某些问题上是值得信赖的。然而，只要我们首先否认信念与世界的因果联系在认知辩护中具有任何地位，就无法合理地说明我们是如何成为值得信赖的评价者的，因为说我们在某些事情上值得信赖不外乎是说，我们信任自己是某些信息的可靠来源。但是，我们相对于什么东西而言是可靠的呢？当然是相对于那些被我们视为**事实**的东西。不管信念之间有什么关系，只要这种关系脱离了事实，或者完全不受世界的约束，它就不可能是辩护的**根本**来源。实际上，基础主义者并不否认信念之间能够具有某种支持关系，他们所要强调的是，我们不可能总是**仅仅**按照其他信念来表明某个信念的认知可信性，在某个环节上，我们必须用信念与世界的因果联系来说明一个信念为什么很有可能是真的。因此，一旦融贯论者切断了心灵与世界的联系，他们就无法在根本上说明信念为什么很有可能是真的。

五、非信念状态与信念假定

从以上论述可以看出，基础主义者和融贯论者之间的争论根本上可以归结为如下问题：究竟有没有**非信念性**辩护，或者这种辩护到底是不是正当的？戴维森论证说，我们不可能通过让一个信念直接面对经验或实在来表明它是否为真，因此只能通过让它面对其他信念来表明它是否为真。戴维森的主张直观上很有吸引力，因为辩护一个信念似乎就在于用一些理由来表明我们可以合理地或正当地持有它。然而，在谈到"非信念性辩护"时，基础主义者关心的不是这种辩护活动，而是"得到辩护"这一性质以及信念如何获得这个性质。基础主义者会将两件事情区分开来：其一，信念可以由非信念性的认知状态（例如知觉或内省）来辩护，而且其辩护并不要求任何其他信念；其二，认知主体提出一个辩护论证来表明其信念是以这种方式得到辩护的，在这种情况下，他大概就需要相信其信念也是如此得到辩护的。基础主义者往往对辩护采取前一种理解，当然，他们因此也需要说明非信念性的认知状态如何辩护基本信念。内在主义的融贯论者往往采取后一种理解,当然,为此他们就需要反驳基础主义者对辩护的理解。正如我们已经看到的,为了表明不存在非信念性辩护(因此,基本信念)这样的东西,融贯论者已经为基础主义者制造了一个两难困境。[1] 这个"困境"旨在表明,不管我们如何设想在知觉或内省中呈现出来的经验,都不可能存在基础主义者所说的基本信念。

然而,融贯论者提出的论证并不是没有预设的。他们显然假设只有一个信念才能为另一个信念提供辩护。但是,为什么要如此假设呢?对融贯论者来说,理由显然是,辩护一个信念就是要提出理由来表明它是真的或者很可能是真的。用邦茹的话来说,为了有辩护地持有一个经验信念,认知主体必须有辩护地相信该信念具有某个特点,相信具有这个特点的信念很可能是真的。作为内在主义者,邦茹拒斥如下主张:只要一个信念因为具有某个特点(例如是由可靠的认知过程或认知官能产生出来的)而是真的,它就得到了辩护,即使认知主体对那个特点没有认知存取。但是,满足邦茹对有辩护的信念提出的那两个要求,实际上是在要求认知主体对其信念持有一种**元层次**的辩护:对于认知主体持有的任何一个信念,只有当他能够提出一个辩护论证来表明那个信念是因为具有某个特点而为真(或者很有可能为真)时,该信念才算得到辩护。现在,如果我们对认知辩护采取一种显然合理的理解,那么邦茹的元辩护要求同样会让他陷入一个困境。这种理解所说的是,一个信念的**认知**地位(或者其评价性特点)随附在它

---

[1] 参见前面第四节。关于邦茹自己对这个困境的阐述,参见 BonJour (1985), pp. 30-33; Laurence BonJour, *Epistemology: Classic Problems and Contemporary Responses* (second edition, Lanham: Rowman & Littlefield, 2010), pp. 183-186。亦可参见 Ernest Sosa (1980), "The Raft and the Pyramid: Coherence versus Foundations in the Theory of Knowledge", reprinted in Sosa (1991), pp. 165-191, especially pp. 169-170。

所具有的某些**非认知**（或者非评价性）的属性或特点上。[1] 当我说这是一个**好**苹果时，我是在说它**甜美多汁**，这些是它所具有的非评价性特点，即它作为一个特定的苹果具有的内在属性。同样，按照古典功利主义，一个行动的**道德正确性**是由它对相关个体的快乐和痛苦所产生的影响的总体结果来决定的。只要一个行动从不偏不倚的观点来看产生了总体上最坏的结果，它就是道德上错的，不管行动者是否对其行动的结果形成任何信念或者持有什么信念。那么，我们是否可以对一个信念的**辩护地位**提出类似的理解呢？当然，无须否认一个信念可以因为与其他信念具有某种联系而得到辩护，但是，只要我们追溯辩护的**根本**来源，至少在直观上说，一个信念是因为它与某些**非认知性**的事实或事态具有适当联系而得到辩护。例如，我的知觉信念"桌子上有一只红色的杯子"是因为桌子上确实有这样一只杯子而得到辩护，"我头痛"这个内省信念是因为我确实头痛（或者至少我真切地感到头痛）而得到辩护。[2] 这样一来，如果一个信念与某些其他信念相融贯也可以被理解为它所具有的一个内在属性或特点，那么从融贯论的观点来看，辩护也可以被认为随附在融贯这样一种**非信念性**的属性或特点上。在这种理解下，融贯论的辩护本身是非信念性的，因为它取决于信念之间的某种不是由信念来表征的属性或特点。

如果正是融贯这样一种非信念性的属性或特点使得一个信念得到辩护，那么融贯论者有什么理由否认基础主义的核心主张——非信念性的精神状态可以为一个信念提供辩护，但其本身又不需要辩护？即使融贯论者声称一个信念是通过与信念系统相融贯而得到辩护的，但

---

[1] 参见 Sosa (1991), pp. 169-173, 178-181。

[2] 当然，融贯论者或许会反驳说，非信念性的精神状态不可能为一个信念提供辩护。稍后我们会考虑这个异议。

他们用来设想融贯的那些关系（例如逻辑一致性、相互解释关系以及推理支持关系）本质上都是非信念性的。融贯论者当然会否认非信念性的精神状态可以将"得到辩护"这一性质授予信念。但是，基础主义者同样可以反驳说：既然融贯论者否认通过经验状态的非信念性辩护是可能的，而通过融贯的辩护同样是非信念性的，他们有什么理由认为这种辩护是可能的和正当的呢？为了回答这个问题，融贯论者就只能说，为信念提供辩护的东西其实不是融贯性本身，而是认知主体对其信念系统的融贯性所持有的**信念**。换句话说，一个信念得到辩护，当且仅当它与一个信念系统相融贯，而且认知主体相信其信念系统是融贯的，也相信那个信念与其信念系统相融贯。然而，一旦融贯论者采取这个举措，基础主义者就可以为融贯论制造一个类似困境：[1]

> **融贯论的困境**：按照融贯论，辩护要么来自融贯本身，要么来自关于融贯的信念。如果辩护来自融贯本身，那么原则上就要承认非信念性辩护，因为一个信念系统的融贯性本质上是非信念性的。另一方面，如果辩护来自关于融贯的信念，那么结果得到的辩护概念就有两个缺陷：第一，它产生了一种令人讨厌的无穷后退；第二，它不符合如下论点，即得到辩护这一性质，作为一个评价性性质，随附在非评价性性质之上。

如果融贯论者允许将融贯性本身当作辩护的来源，那么他们就不能否认非信念性的经验状态也可以充当辩护的来源，除非他们能够提出一个**独立的**论证来表明这一点。然而，至少在邦茹那里，对基础主义的反驳似乎不是独立的。回想一下，邦茹的核心论证所要表明

1　参见 Steup (1996), p. 145。

的是，不管基础主义者如何设想按照非信念性的经验状态来进行的辩护，只要辩护必须满足其辩护论证的要求，就不可能存在基本信念，因为在经验信念的情形中，一个辩护论证的前提至少要包含一个经验信念。[1] 既然邦茹的论证取决于假设非信念性的经验状态不可能充当辩护的来源，他反驳基础主义的论证就不是独立的。上述困境当然取决于假设一个信念的辩护地位随附在非评价性特点或性质之上。因此，对融贯论者来说，为了摆脱这个困境，他们可以进一步声称辩护并不仅仅在于融贯。莱勒认为，对信念与世界的关系进行评估对于辩护来说是关键的。在提出这个主张时，他是在强调信念的认知可信性就在于这种评估。邦茹同样认为，辩护要求认知主体提出一个辩护论证来表明其信念是真的或者很有可能是真的。这个要求似乎是合理的。然而，融贯论者否认我们可以将信念与实在直接相比较来表明一个信念是真的或者很有可能是真的，与此同时，他们也强调非信念性的经验本身不可能提供辩护。因此，他们就只能认为，一个信念的辩护在根本上取决于认知主体相信该信念与其信念系统中的其他信念是融贯的。这个要求意味着，为了让一个信念得到辩护，认知主体必须持有一个元层次信念。但问题是，这个元层次信念，若要得到辩护，也必须满足融贯论者提出的要求，也就是说，认知主体也必须相信这个信念与其信念系统中的其他信念相融贯。这样一来，认知主体不仅需要持有一个第三层次的信念，也需要表明该信念本身是有辩护的。融贯论的辩护因此就会陷入无穷后退。欧内斯特·索萨指出："这种后退是恶性的，因为它们在逻辑上与随附不相容，即认知辩护随附在非认知事实之上，例如认知主体的全部信念，他在认知和经验方面的

---

[1] 参见 BonJour (1985), p. 32。

历史，以及许多其他相关的非认知事实。"[1] 如果辩护取决于认知主体相信其信念具有某个特点，例如是真的或很有可能是真的，或者取决于某些因素，而这些因素会使得认知主体在其所相信的事情上出错，那么辩护就总是包含一个认知要素，但这不符合随附论点。基础主义者显然接受了随附论点，因此，只要他们能够表明这个论点是合理的，基础主义就比融贯论更可取。

  不难理解融贯论的辩护要求为什么会产生无穷后退。对融贯论者来说，辩护要求认知主体**有理由相信**其信念具有某个特点，非信念性的东西不能终止对这种理由的寻求。对于我提出来支持自己的信念的某个理由，即某个信念，融贯论者总是可以问：你有什么理由相信那个信念与你的其他信念相融贯？如果只有信念才能辩护另一个信念，那么我就必须再有一个信念来支持自己的辩护主张。也就是说，我必须相信这样一件事情：我的任何一个信念，不管处于什么层次，必须具有融贯论者规定的那个辩护特点。这样一来，辩护层次的上升似乎就会产生无穷后退问题。为了避免这个困境，邦茹指出，尽管一个有辩护的信念总是由进一步的信念来辩护，但后者无须是元层次信念，即关于所要辩护的目标信念的信念。[2] 为了理解邦茹的主张，我们需要看看他在两种信念之间做出的区分。邦茹认为，有一些信念是这样的：我们能够对它们提供**日常的**推理辩护，而且，只要我们能够通过推理表明它们与一个信念系统相融贯，它们就算得到了辩护。这种辩护不要求我们实际上持有一个元信念，即相信它们与一个信念系统相融贯。另一方面，有一些信念不能用日常的推理辩护来辩护。这种

---

[1] Sosa (1991), p. 183.
[2] Laurence BonJour (1989), "Reply to Steup", *Philosophical Studies* 55: 57-63, at p. 58. 这篇文章是对如下文章的答复：Matthias Steup (1989), "The Regress of Metajustification", *Philosophical Studies* 55: 41-56。亦可参见 Steup (1996), pp. 148-150。

信念就是基础主义者所说的基本信念。邦茹认为,只有这种信念才需要元层次辩护:对于每一个这样的信念来说,我们必须有辩护地相信它具有某个特点,也必须有辩护地相信具有这个特点的信念很可能是真的。

那么,为什么对前一种信念的辩护不需要元层次信念呢?邦茹的回答大概是这样的。他首先声称:"一个人在经验上得到辩护的信念形成了一个复杂的、多维的融贯系统,其中每个信念都能通过诉诸其他信念来辩护。因此这样一个人已经具有一种像有说服力的理由一样的东西,以此认为任何特定的信念是真的。"[1] 但是,一个信念系统的融贯性本身并不表明与它相融贯的一个信念是真的。邦茹进一步认为,如果一个信念系统在满足观察输入要求的情况下仍然具有长期的稳定性和融贯性,那么它就很有可能是真的。因此,只要一个信念与这样一个信念系统相融贯,它就不仅得到了辩护,而且也很有可能是真的。如果我们已经能够以这种方式来辩护一个信念,那么就不需要将辩护上升到更高的层次,即对一个信念的辩护持有一个元层次信念。只有当我们有特定的理由认为第一层次的辩护并不适当时,例如支持某个信念的理由并不足以表明它为真时,我们才需要上升到更高的辩护层次。既然邦茹并不否认(实际上,他反而强调)一个融贯的信念系统需要对观察输入保持敏感,我们不妨假设一个信念系统的核心成员就是他所说的认知上自发的信念,因为只有这种信念才满足观察输入的要求。只要一个信念系统首先是由这种信念构成的,我们就不难理解,在这些信念中,至少有些信念不是通过日常的推理辩护得到辩护的,例如在如下意义上:我们不能通过表明它们与信念系统中其他信念相融贯来辩护它们。邦茹认为,只有在这种情况下,我们才

---

[1] BonJour (1989), p. 60.

需要他所设想的那种辩护论证来辩护这些信念。既然只有信念才能辩护信念，在这种情况下，这种信念的辩护就要求元层次信念。例如，仅仅说我们通过知觉经验发现某个信念具有某个特点还不算对它提供一个辩护，而是我们也必须相信它确实具有那个特点。

但是，邦茹回答上述困境的方式会产生一个奇怪的结果。基础主义者相信认知上自发的信念可以得到辩护，而不会导致辩护的无穷后退。例如，具有外在主义倾向的基础主义者认为，只要一个信念是由可靠的认知过程产生的，它就得到了辩护；而具有内在主义倾向的基础主义者则认为，我们可以通过诉诸所谓"自明性"（self-evidence）来终止对一个认知上自发的信念的辩护。假设我的知觉经验告诉我面前有一个红苹果，那么在相信"面前有一个红苹果"这件事情上我就得到了辩护——当然，除非有其他证据表明并非如此。然而，鉴于邦茹对内在主义和认知责任的承诺，他不接受这种解决方案，正如他所说："假若一个人要在接受某个信念上在认知上得到辩护，他就必须在自己的认知储备中有一个完备的和有说服力的理由认为该信念是真的，或者至少很有可能是真的；只要缺乏这样一个理由，他就是认知上不负责任的，在接受该信念时就未能恰当地关注寻求真理的认知目标。"[1] 但是，如果对认知上自发的信念的辩护必须满足辩护论证和层次上升要求，那么只要层次上升无法终止，无穷后退就变得不可避免。现在，假设我们认为无穷后退的辩护链不可能产生辩护，那么认知上自发的信念似乎就得不到辩护；另一方面，如果一个信念系统首先是由这些信念构成的，那么，即便这样一个系统在某种意义上是融贯的，它似乎也不能为一个与之相融贯的信念提供辩护。邦茹当然可以认为，一个融贯的信念系统确实可以为一个与之相融贯的信念提

1　BonJour (1989), p. 58.

供辩护，尽管我们并不清楚这种辩护如何能够将所辩护的信念转化为知识。然而，在这种情况下，他对两种信念的区分似乎就会产生一个令人不快的结果：当推理信念可以得到辩护时，非推理信念却得不到辩护。这是一个很怪异的结果，因为它违背了如下直观认识：对于一个经验信念来说，它与知觉经验的关系越密切，它得到辩护的潜力就越大。与此相比，如果一个信念没有直接的经验基础，其辩护完全取决于它与其他信念的推理关系，那么推理链条越长，它得到辩护的潜力就越小。大多数认知上自发的信念是关于周围环境的信念，而不管我们如何设想这种信念的辩护，我们倾向于认为它们在某些条件下是有辩护的。如果邦茹为了避免这个不受欢迎的结果转而认为，用来辩护这种信念的理由无须是元层次信念，那么它们会是什么呢？为什么我们必须认为非信念性的精神状态及其内容不可能为这种信念提供辩护呢？[1]

由此看来，邦茹的理论自身存在一种张力：他一方面强调只有信念才能为信念提供辩护，因此就坚持一种融贯论的辩护立场，另一方面又认为一个信念系统的持续融贯性和稳定性是通过满足观察输入要求而得到实现的，而观察输入本身不是信念。他声称，在一个持续融贯和稳定的信念系统中，"认知上自发的信念是……系统地由它们的内容所描绘的状况引起的。因此，整个信念系统在合理的近似程度上对应于它旨在描述的独立实在"[2]。对这个主张的一个合理解释是，实在通过观察输入对一个持续融贯和稳定的信念系统施加了约束，唯有如此，这样一个系统才有可能近似地对应于它所描述的实在。然

---

[1] 斯特普表明莱勒的融贯论也无法处理上述困境。大致说来，为了解决辩护的无穷后退问题，莱勒就需要将其辩护理论分裂为两部分：一部分处理一阶接受，另一部分处理元层次接受，但这个区分并不具有可靠的根据。参见 Steup (1996), pp. 152-156。

[2] BonJour (1985), p. 171.

而，为了使得这件事情成为可能，我们似乎就不能将信念看作辩护的**首要**来源。我们或许认为，正是外部世界对我们认知官能的冲击和影响使得我们倾向于形成某些信念，即认知上自发的信念。不管认知上自发的精神状态本身有没有概念内容，或者具有什么样的内容，它们是我们作为认知主体去表征实在的根本来源。而当我们在这个基础上形成一系列信念时，就可以按照信念之间的融贯关系来修改和调整一个自发形成的信念。例如，假设我相信自己看见了一个外星人，但我持有的一些根深蒂固的背景信念不允许我持有那个信念，那么我就可以按照前者来修改或调整后者。我可能会认为自己产生了幻觉，或者经过仔细审视后发现有人给我制造了一个虚拟世界。按照这种理解，融贯性在信念的辩护中仍然发挥了一定作用，但其作用不可能是根本性的。如果我们否认独立的实在对我们信念系统的融贯性施加了实质性约束，那么就不能合理地认为一个持续融贯和稳定的信念系统在某种程度上对应于它旨在描述的实在。因此，为了消除其理论中的张力，邦茹实际上应该承认索萨所说的"实质性基础主义"，即如下观点：存在着比信念之间的关系更加根本的辩护来源。[1] 此外，他似乎也应该承认，如果一个信念在认知上得到辩护，那么它是因为其特征（例如其内容）以及它在知觉、记忆或推理中的基础而得到辩护。当然，承认这两个观点并不意味着否认信念也为辩护提供了一定的思想资源和概念资源。

这把我们引向最后要讨论的一个问题：为什么邦茹否认非信念性的精神状态及其内容能够提供辩护？换句话说，为什么他如此坚持他所说的"信念假定"？如前所述，只要融贯论者无法合理地解决辩护层次上升问题，其观点就倾向于导致一种怀疑论，而对信念假定的承

---

1 Sosa (1991), p. 184.

第五章 融贯论

诺是产生这种怀疑论的主要根源。如果融贯论者放弃这个假定,在随附论点的意义上将融贯本身看作辩护的一个来源,那就意味着他们实际上允许非信念性辩护的可能性。但是,一旦承认这种可能性,他们对基础主义的批评就会变得不再有说服力,因为这个批评的关键恰好是要反驳非信念性辩护的可能性。实际上,基础主义者可以表明信念假定根本上是不可接受的。我们可以用知觉为例来说明这一点。[1] 不管知觉经验本身是否能够提供辩护,我们都必须承认,正是通过知觉,我们把关于外部世界的信息引入信念系统中。按照信念假定,只有信念才能辩护信念,也只有通过某些信念,我们才能合理地修改信念系统。融贯论者并不否认关于知觉状况的事实与我们对知觉信念的认知评价有关,但他们强调说,只有当我们已经对那些事实形成了某些信念时,它们才是相关的。现在,假设一般来说我们并不形成所谓的现象信念,即关于事物如何对我们显现出来的信念,那么,在获得知觉信念之前,我们所具有的信念就不足以唯一地决定我们应该获得什么知觉信念。当我看见一个物体时,一般来说,我此前持有的信念不足以决定我应该相信它是红色的还是绿色的。只要我已经具有基本的颜色概念,我对一个物体的颜色的辨别就是由知觉提供的,但知觉并不是从我此前持有的信念中推断出来的。因此,如果我在知觉经验的基础上确实形成了一个知觉信念,那么它就不可能完全是从我此前持有的其他信念中推断出来的。融贯论者或许会说,我们可以用一种反事实的方式来思考这个问题:要是我接受了一个潜在的知觉信念,它是否与我的信念系统相融贯?然而,问题在于:只有当我实际上具有了一个知觉信念时,我才能知道我需要评价哪一个潜在的知觉信

---

[1] 参见 John Pollock and Joseph Cruz, *Contemporary Theories of Knowledge* (Rowman & Littlefield, 1999), pp. 84-86。

念。在我实际上具有一个知觉信念之前,"我面前的那本书是红色的"和"我面前的那本书是绿色的"这两个说法都可以与我的其他信念相融贯。因此,融贯性本身不足以决定我究竟应该形成哪一个知觉信念。

当然,我们无须由此否认其他信念在一个知觉信念形成中的作用。如果我知道或相信一个物体表现出来的颜色与光照条件有关,那么我就需要思考一下自己看到的那本书究竟是不是红色,比如说,我是在一个使用红光的实验室中看到那本书。在这种情况下,"我面前的那本书是红色的"可能就是不适当的。不过,甚至在这种情况下,我仍然需要通过知觉来了解实验室环境。因此,我们可以合理地认为,若首先没有知觉输入,我就不能形成一个知觉信念,或者不能对一个知觉信念做出评价。我当然可以利用其他相关的背景信念来评估我形成的知觉信念。但下面这件事同样也是真的:除非我已经实际形成了一个知觉信念,否则我也不能按照其他信念来评估它。因此我们就必须接受如下主张:通过知觉来形成信念是认知上允许的,而且,只要我们没有充分的理由认为知觉信念与其他信念相冲突,知觉信念就自动得到了辩护。然而,按照信念假定,我们只能按照其他信念来评估一个信念。如果确实有知觉信念这样的东西,那么知觉信念也只能按照其他信念来评估。其他信念或许提供了非知觉的理由让我们持有或拒斥一个知觉信念,尽管在认同信念假定的理论家那里,我们不太清楚这件事情是如何可能的。不管怎样,我们确实有理由认为知觉信念至少具有**初步**辩护。倘若如此,信念假定就是错误的。

信念假定断言任何信念的辩护都来自其他信念。但是,如果知觉信念确实具有初步辩护,而这种辩护又不取决于其他信念,那么至少在知觉信念的情形中,乃至在内省信念的情形中,信念假定并不成立。融贯论者或许会进一步声称知觉经验的内容本身不可能为知觉信念提供辩护。在考察他们提出的论证之前,让我们进一步说明为什么其他信念在知觉信念的辩护中并不具有**独立的**辩护作用，即使它们可以帮助鉴定知觉经验的内容和评估知觉信念。为此，让我们假设一个信念的辩护随附在一组非评价性性质之上。随附论点意味着，如果两个信念在所有可能世界中都具有同样的非评价性性质，那么就不可能出现一个信念得到辩护、另一个信念得不到辩护的情况。如果亚当和夏娃都看到了苹果树上的红苹果，而他们具有的知觉经验与他们的信念系统相融贯（或者与他们的信念系统不相一致），那么当他们都相信苹果树上有红苹果时，不可能是亚当的信念得到了辩护，而夏娃的信念没有得到辩护，反之亦然。如果他们各自看到的是不同的果树，并且其知觉经验是真实的，那么他们就会持有不同的信念，而且有可能都得到了辩护。如果他们持有同样（或者几乎同样）的信念系统，而且其信念系统都同样（或者几乎同样）是融贯的，那么在其信念内容上的差别就需要按照他们不同的知觉经验来说明，而如果他们的信念都得到了辩护，其辩护也关键地取决于他们各自具有的不同的知觉经验。这个事实表明非信念性辩护是可能的。

为了否认非信念性辩护的可能性，融贯论者可以再次调用信念假定，强调能够提供辩护的东西必须本身是有辩护的，否认知觉经验本身能够具有辩护作用。当然，我们无须否认，对于任意两个信念 B_1 和 B_2 来说，如果 B_1 由 B_2 来辩护，那么为了给 B_1 提供辩护，B_2 必须本身是有辩护的。但是，如果我们必须终止辩护的无穷回溯，就得假设，对于任意两个东西 X 和 Y 来说，如果 X 是 Y 的辩护的来源，那么 X 必须是本身有辩护但又无须得到进一步辩护的东西。基础主义者显然认为一个信念的知觉根据就是这样一种东西。如果知觉就是我们与外部世界**直接**发生相互作用的途径，是把关于物理对象的信念引入信念系统的因果过程，那么认为知觉信念**只能**由其他信念来辩护似乎就没有什么道理。当然，无须否认我们在知觉经验的基础上直接形成的一个知觉信念可以按照其他信念来评估。但是，如前所述，只有当我们已经实际上形成了一个知觉信念时，我们才能这样做。融贯论者当然会认为知觉经验只是外部世界中的物理对象对我们产生**因果影响**的结果，进而强调因果影响不可提供辩护。但是，如果知觉经验已经具有概念内容，那为什么要否认知觉经验至少能够提供初步辩护呢？为了探究这个问题，让我们看看邦茹在这方面提出的说法。

邦茹坚持认为感觉经验特有的内容本质上是非命题性的和非概念性的。假若我从阳台上往下看，我的视觉经验中就会呈现各种杂七杂八的东西：夏天各种树木特有的沁绿，树丛底下粉红色和淡紫色的绣球花，停在树枝上的小鸟，枯叶与新叶交织的竹林，等等。邦茹指出，如果我们仔细观看，可能就会对自己正体验到的东西形成很多命题性的和概念性的判断。"但是我对感觉内容本身的最为根本的经验似乎并非以这种方式成为命题性的和概念性的判断。"因此，当"经验性内容被归于[我通过判断而具有的]这些范畴或共相"时，它们并非主要是一种经验性的意识。邦茹由此认为，我经验到的感觉内容是我形成的那些一般性的或分类性的判断的对象，因此不仅不同于各种概念表征，也比后者要具体得多，这样一来，我们似乎就不能用概念性的措辞来完整地描述这种内容。[1]

然而，邦茹的说法至多只是表明感觉经验的内容是一种康德意义上的"杂多"，并未像他所说的那样表明感觉经验必定就是非概念性的，因此不能为信念提供辩护——说感觉经验具有无法完全用概念来描述或把握的内容，并不等于说感觉经验的内容**必定**就是非概念性的。即使我可以按照自己的某些兴趣或关注来选择性地鉴定感觉经验中出现的某些东西（例如，我想知道目前停在树枝上、发出悦耳叫声

---

[1] BonJour (2010), pp. 183-184.

的那只鸟究竟是什么鸟,或者我想知道隐藏在树丛下的绣球花究竟是什么颜色),因此使它们受制于概念表征,那也不意味着感觉经验本身没有概念内容。当然,我的知觉鉴定或概念描述可能是错误的,但这个事实本身也不表明感觉经验没有概念内容。当然,在我进行鉴定或做出判断之前,感觉经验本身可能是**非命题性的**,就此而论不能被用来辩护一个信念——如果我们坚持邦茹的信念假定的话。但是,感觉经验是非命题性的并不意味着它们不能成为辩护的一个来源,因为只要我们能够对感觉经验中呈现出来的内容(或者其中的某些特点)做出判断,它们就可以成为辩护的一个来源。事实上,邦茹承认感觉经验的内容就是使得认知主体对其做出的判断为真或为假的东西。[1] 如果感觉经验的内容具有这个特点,那么感觉经验为什么不能成为辩护的一个来源呢?邦茹或许认为,为了满足认知责任的要求,辩护要求认知主体在其认知储备中提出充分完备和有说服力的理由表明一个信念是真的或者很可能是真的。然而,正如我们已经看到的,正是这个要求在融贯论者那里产生了棘手的层次上升和无穷后退问题。因此,除非邦茹能够提出**独立**的论证来表明外在主义的辩护概念全然不可接受,否则他就不能合理地否认感觉经验可以是辩护的一个基本来源。退一步说,即使我们认为感觉经验本身没有概念内容,因此只有在**概念化**的感觉经验的基础上形成的信念才有可能提供辩护和得到辩护,但是,认为概念能力是认知的一个必要条件仍然并未**直接**表明感觉经验不是(或者不能成为)辩护的一个基本来源,至多只是表明经验知识取决于我们的概念框架,特别是通过使用概念对经验内容做出的判断。但是,如果经验知识本质上依赖于概念框架,那么,只要我们已经**决定**使用某个概念框架来鉴定和描述经验内容,不管我们持有

---

[1] BonJour (2010), p. 183.

什么信念，它们都同样是在这个概念框架下形成的。

　　实际上，从邦茹对其理论的整体构想来看，他最好承认非信念性的精神状态及其内容在辩护中占据一个基础地位。回想一下，邦茹自己认为，为了说明一个信念系统的持续稳定性和融贯性，我们最好认为它满足了观察输入的要求，而且，满足这个要求其实也是对它为什么为真（或者很可能为真）的最佳解释。融贯论者当然倾向于强调知觉经验本身没有概念内容，因此不可能为知觉信念提供辩护，而为了让知觉信念得到辩护，我们首先就需要概念化知觉经验。对融贯论者来说，我们只能通过诉诸自己已经具有的信念来概念化知觉经验，而这意味着知觉信念的形成已经受到其他信念的影响。然而，如果我们只能用这种方式来形成知觉信念并判断其辩护地位，那么只有那些与既定的信念系统相融贯的知觉信念才能被吸收到该系统中。这种做法否认知觉经验可以具有独立的辩护地位，因此就会导致一种保守的认知策略，即只有与一个既定的信念系统相融贯的知觉信念才会被接受。此外，既然知觉经验是按照既定的信念系统所提供的资源来概念化的，如果我们发现某个知觉经验不能以这种方式被概念化，那么它在融贯论的思想框架中就变得不可理解，就很有可能被放弃。因此，假设我们已经设法具有了一个融贯的信念系统，那么，从融贯论的角度来看，我们似乎不太可能形成与它发生大规模冲突的知觉信念。但是，如果我们确实形成了这样一个知觉信念系统，那么就只有两种可能性：第一，我们有其他资源（不是来自那个特定的信念系统的资源）形成知觉信念；第二，我们无法理性地解决这个知觉信念系统与我们原来持有的那个内在融贯的信念系统的冲突。为了理解第一种可能性，我们只能假设知觉经验在知觉信念的形成中能够具有独立的证据作用，因此基础主义者在这一点上终究是正确的。另一方面，只要我们认为那种冲突实际上是可以解决的，就必须认为知觉经验确实具有独立的证据作用。融贯论的辩护理论,若要在根本上变得合理,就必须承认这种可能性。具体地说,不管一个经验信念是如何得到辩护的,融贯论者首先必须承认我们与外部世界的因果相互作用是形成这种信念的首要基础。当然,承认这一点并不妨碍我们可以进一步按照其他信念来评价知觉信念的认知地位。

因此,总的来说,我们实际上并不需要在基础主义和融贯论之间做出选择。[1]如果我们对外在世界的认识**首先**来自它对我们认知官能的因果作用,那么各种感觉经验在经验知识的辩护中确实占据了基础地位。当然,不论是感觉经验本身,还是我们对感觉经验内容的概念鉴定,都有可能出错。因此,我们确实可以认为,认知辩护并不仅仅是由感官直接释放出来的东西之间的融贯性来提供的。正如莱勒所说,我们首先必须确信自己的认知官能是值得信赖的。但是,如何判断我们的认知官能是值得信赖的或可靠的呢?仅仅诉诸一个信念系统的内在融贯性显然不能解决这个问题,因为只要这样一个系统不满足观察输入的要求,它很有可能完全是假的。我们必须有理由相信一个融贯的信念系统是真的或者很有可能是真的,而理由必定来自这样一个事实:"世界所是的方式比我们具有的其他信念更紧密、更直接地约束了知觉传达给我们的东西。"[2]因此,即使知觉经验只能为知觉信念提供初步辩护,但它们具有基础地位。而为了更充分地辩护一个知觉信念,必要时我们就需要考察它与某个既定信念系统的融贯性。另

---

[1] 某些作者已经试图将这两种理论的优点结合起来,提出一种更加合理的辩护理论。例如,参见 Susan Haack, *Evidence and Inquiry: Towards Reconstruction in Epistemology* (Oxford: Blackwell, 1993)。

[2] Catherine Z. Elgin, "Non-foundationalist Epistemology: Holism, Coherence, and Tenability", in Matthias Steup, John Turri and Ernest Sosa (eds.), *Contemporary Debates in Epistemology* (second edition, Oxford: Blackwell, 2014), pp. 244-255, at p. 249.

一方面，我们也需要审视一个既定信念系统在面对大量观察输入时是否会变得不太融贯、不太稳定，乃至在某种意义上产生危机。简而言之，辩护需要在观察输入和信念系统之间达成一种合理的反思平衡。只有当一个信念系统满足这个要求并保持持续稳定和融贯时，我们才有理由认为它在总体上近似地表达了实在。由此我们就明白了邦茹为什么最终会转变为一位基础主义者，尽管不是传统意义上的基础主义者。

第六章　外在主义与内在主义

基础主义和融贯论都将自己设想为解决辩护回溯问题的方案。然而，融贯论者对元辩护的要求也会产生无穷后退问题。为了避免这个困境，融贯论者看来就必须假设有某些东西也在辩护中占据了一个基础地位。例如，劳伦斯·邦茹设定了认知上自发的信念，基思·莱勒则认为，只要我们是怀着寻求真理和避免错误的目标来接受命题，在使用认知能力来从事认知活动时，我们就可以接受自己在某些条件下是值得信赖的。这种元层次接受似乎也具有一种基础地位。因此，就辩护的结构而论，这两种理论其实并没有本质差别，其主要分歧体现在它们对辩护要求的理解上。当融贯论者否认经验本身可以成为辩护的一个来源时，他们实际上是在强调经验对于辩护来说并不充分。通过采取信念假定和认知责任的观念，他们对辩护提出了更强的要求。

不过，基础主义和融贯论在某种意义上都仍然是**证据主义**的辩护理论：二者都认为，为了有辩护地持有一个信念，认知主体必须具有某些证据，不管证据是如何被设想的，例如是经验状态还是信念状态，抑或二者皆是。辩护在根本上取决于让一个人的信念符合他所持有的总体证据。不过，也有一些理论家拒斥证据主义的观点。当然，一般来说，他们并不否认证据往往与辩护有关；他们想要强调的是，让信念符合证据只是辩护的一部分，对辩护的完整论述也需要考虑信念的产生和维护过程。他们进一步认为，证据主义理论反而会陷入某种形式的怀疑论。因此，为了从根本上抛弃怀疑论，其中一些理论家就采取了一个极端的举动,认为辩护并不在于(或者并非主要在于)认知主体自己提出证据来支持信念的能力。这就是知识论中的外在主义转向。[1]

就像基础主义与融贯论的争论一样,外在主义与内在主义的争论归根结底关系到对于辩护的本质的理解,进而涉及如下问题:一个合理的认知辩护理论应该采取什么形式?这个问题其实就是这两种辩护理论之间争论的焦点。本章将考察这个争论以及调和它的一些尝试。为此,我们首先需要看看"内在主义"和"外在主义"这两个概念。心灵哲学和知识论都会使用这两个概念,在某些情形中,例如在讨论自我知识的本质时,它们在这两个领域中的应用具有某些联系。在心灵哲学中,外在主义指的是,信念和欲望之类的意向状态具有**构成性地**取决于环境因素的内容,例如在如下意义上:心理状态的内容是由其因果历史或演化历史来决定的,或者对行动的理性说明要求意向状态的内容部分地取决于它们与外在世界的联系。内在主义则采取了对立的说法,认为与行动的说明相关的意向状态的内容完全是由内在于一个人的因素所决定的。在知识论中,如何界定或理解这两个概念本身就是一个有争议的问题,而且会进一步影响对于这两种辩护理论的评价。大体上说,知识论中的内在主义可以被理解为如下主张:信念的辩护所需的**一切**要素都必须是认知主体可以在认知上存取的,例如是他可以通过反思或内省认识到的。与此相比,外在主义则认为,至少其中的某些要素外在于认知主体的认知视角,因此不是他可以在认知上存取的。当然,也有一些其他的方式界定知识论中的内在主义,例如从认知义务论的观点来界定。

---

[1] 限于篇幅,下面我们将围绕阿尔文·戈德曼的可靠主义来阐明外在主义知识论。外在主义的其他重要变种还包括诺齐克的可靠追踪理论以及下面会简要考察的阿尔文·普兰廷加的恰当功能理论。

第六章　外在主义与内在主义

一、可靠主义

在第二章中，我们讨论了一种外在主义理论，即知识的因果理论，并试图揭示它所面临的一些问题。尽管这种理论不是很合理，它似乎仍然抓住了我们对知识的一个直观认识：具有知识在某种意义上意味着认知主体的信念恰当地回应了外部世界的某些特点。一个适当的信念必须与外部世界的某些特点具有正确的因果联系。在很多盖蒂尔式反例中，认知主体之所以被认为没有知识，是因为其目标信念与外部世界的某些特点没有因果联系，或者缺乏正确的因果联系。可靠主义也是从类似的直观认识中发展出来的。例如，戴维·阿姆斯特朗认为，只要温度计以可靠的方式正确地指示环境温度，它就可以被认为（当然只是在一种隐喻的意义上）"知道"环境温度。[1] 同样，如果我们的知觉系统在适当条件下能够正确地指示周围环境中的某些特点，那么它们就很有可能是真的，因此我们可以通过知觉获得关于外部世界的知识。因果理论使用了"正确地指示环境中的某些特点"这一思想，因此是一种可靠主义理论。大致说来，可靠主义者认为，只要产生一个信念的因果过程在认知上是可靠的，这个信念就得到了辩护，不管认知主体自己是否认识到或意识到这个过程是可靠的，也就是说，不管认知主体对产生信念的过程或机制的可靠性是否持有信念。进一步说，如果这样一个过程或机制在适当条件下导致了很高比例的真信念，那么它就是可靠的，因此，只要一个信念来自这样一个过程或机制，它就是有辩护的。当然，正如我们即将看到的，为了回应对这种简单的可靠主义的批评，可靠主义者可以对其进行限定或补

---

[1] 参见 David Armstrong, *Belief, Truth and Knowledge* (Cambridge: Cambridge University Press, 2008), pp. 166-171。

充,从而提出更加精致的可靠主义理论。

阿尔文·戈德曼的可靠主义理论就是在批判性地反思因果理论的基础上发展出来的。[1] 通过提出一些直观上没有辩护的信念的例子,戈德曼论证说,一个正确的辩护理论必须对有辩护的信念施加一个因果要求。他也列举了一些与有辩护的信念相联系的因果过程,以及一些与没有辩护的信念相联系的因果过程,进而指出前一种过程是可靠的,后一种过程并不可靠。他还指出一个信念得到辩护的程度与产生它的过程的可靠性程度相联系。在他看来,为了解释这些特点,我们最好假设信念的辩护地位取决于将其产生出来的过程的可能性,因此,当且仅当一个信念是由可靠的认知过程所产生的,它才是有辩护的,正如他自己所说:

> 如果我们承认有辩护的信念的原则必须提到信念的原因,那么什么类型的原因可以让一个信念得到辩护呢?通过考察一些有缺陷的信念形成过程,即这样一种过程,它们产生的信念将被划分为没有得到辩护的信念,我们就可以对这个问题获得一些见识。这种过程的一些例子包括含混的推理、一厢情愿的思想、对情感的依赖、纯粹的猜测以及对信念的草率产生。这些有缺陷的过程有什么共同之处呢?它们都具有不可靠这个共同特点:它们在大部分时候都倾向于产生错误。相比较,哪些类型的信念形成过程直观上能够产生辩护呢?这些过程包括知觉过程、记忆、可靠的推理和内省。可靠性似乎就是这些过程具

---

1 参见 Alvin Goldman, "What is Justified Belief?" (first published in 1979), reprinted in Goldman, *Liaisons: Philosophy Meets the Cognitive and Social Sciences* (Cambridge, MA: The MIT Press, 1992), pp. 105-126。关于戈德曼对可靠主义及其含义的系统阐述,参见 Alvin Goldman, *Reliabilism and Contemporary Epistemology* (Oxford: Oxford University Press, 2012)。

有的共同点。一个信念的辩护地位取决于产生它的那个（或者那些）过程的可靠性，在这里，说一个信念产生过程是可靠的，大概就是说它倾向于产生真信念而不是假信念。[1]

戈德曼的说法直观上很有说服力：我们确实认为某些形成信念的方法或过程不太可能产生真信念，某些其他的方法或过程倾向于产生真信念。若用"可靠性"这个概念来表征倾向于产生真信念的认知方法或过程，可靠性似乎就在辩护中具有某种核心地位。一个可靠的认知过程是：它在实际情况下倾向于产生真信念，在本质上类似的情况下也倾向于产生真信念。当然，一个认知过程在这个意义上是否可靠，显然也取决于它是在什么环境中产生一个信念。比如说，即使一个人具有正常的知觉能力，但要是环境不理想，例如缺乏适当的光照条件，或者知觉对象不是其知觉能力能够正确把握的，他很可能就无法形成一个真信念。戈德曼由此认为，一个可靠的过程必须具有充分的辨别力：它在**正确的**环境条件下倾向于产生真信念。[2] 为了便于讨论，我们可以将戈德曼的可靠主义的基本思想表述如下：

过程可靠主义的最初版本（PR1）：一个人的信念 B 得到辩护，当且仅当 B 是由一个可靠的认知过程产生的，在这里，只要一个认知过程在正确的环境条件下倾向于产生真信念，它就可以被认为是可靠的。

---

[1] Goldman (1992), p. 113.

[2] 参见 Alvin Goldman (1976), "Discrimination and Perceptual Knowledge", reprinted in Goldman (1992), pp. 85-103。

戈德曼旨在按照其可靠主义对知识或辩护提出一种实质性分析，也就是说，在分析知识或辩护的时候不使用"知道""有辩护""好的证据""合理的"之类的评价性措辞。既然可靠主义试图按照"可靠""产生""认知过程"之类的非评价性属性来说明认知辩护，它可以被看作一种最高级别的认知随附论点。当然，戈德曼不只是认为其过程可靠主义为知识或辩护提供了一种解释性分析，他还认为可靠主义揭示了辩护的根本来源（即辩护仅仅在于产生信念的认知过程的可靠性），而通过这样做，可靠主义就可以让我们理解为什么有辩护的信念确实是有辩护的，没有辩护的信念确实没有辩护。从分析的角度来看，(PR1)似乎成功地避免了因果理论或者诺齐克的理论所面临的一些困难。考虑此前提到的谷仓例子。一般来说，知觉是一种可靠的信念形成过程，但在史密斯的情形中，由于出现了假谷仓，知觉环境变得不正常。如果史密斯不知道自己路过的那片田野上有一些假谷仓，那么，不管他实际上看到的是真谷仓还是假谷仓，他的知觉经验在有关方面都是相似的（这里假设真假谷仓在表面上没有差别），因此他就形成了"那里有一个谷仓"这一信念。如果史密斯停下车来，到自己看见的一个谷仓前仔细看看，就会发现那是个假谷仓，因此就不会形成他此前形成的那个信念，或者，即使他形成了那个信念，也会发现它实际上没有辩护。作为一种信念形成机制，知觉在正常条件下是可靠的，但是，只要环境不正常，知觉经验中呈现出来的东西就不能可靠地指示事物的本来面目，知觉也就不能产生真信念。

其实是：戈德曼仿效威拉德·奎因，试图提出一种**自然化的认识论**。这种认识论不同于传统认识论，尤其是不同于证据主义理论：只要一位理论家承诺了奎因的自然主义纲领，他就不希望用规范性语言来分析和解释认知辩护概念。在戈德曼这里，对自然主义纲领的承诺与外在主义转向具有重要联系：从自然化认识论的立场来看，一个信念是否得到辩护，不是认知主体可以通过反思来决定的事情，而是一个要由**科学**（例如认知科学和神经心理学）来解决的问题。[1] 因此，按照戈德曼原来的观点，一个信念是否得到辩护**仅仅**取决于它是不是由可靠的认知过程产生的，不管认知主体是否可以通过反思或内省来发现其信念是如此产生的，这都与他的信念有没有辩护无关。戈德曼认为我们的一个直观认识也为其观点提供了支持，即小孩或某些动物能够具有某些信念（特别是知觉信念），而且其信念是有辩护的，但他们显然并不反思（或者不能反思）其信念究竟是如何产生的。如果一个信念的辩护地位并不在于认知主体是否有内在地可得到的理由支持它，而是根本上取决于它与外部世界中的某些特点的可靠联系，那么可靠主义似乎就是正确的，正如戈德曼所说：

> [可靠主义] 实际上只要求关于外部世界的信念是被合适地引起的，在这里，"合适地"这个说法旨在把握这样一个过程或机制，它不仅在实际状况中产生真信念，而且在有关的反事实状况中不会产生假信念。当然，只要你愿意，你也可以采用"辩护"这个术语，以便信念的这种因果产生算作辩护。在这个意义上说，我的理论确实要求辩护，但这完全不同于笛卡尔主义所要求的那种辩护。[2]

这里所说的笛卡尔主义就是知识论中的一种关于认知辩护的观点，它具有两个特点：首先，它是内在主义的，即认为知识或辩护要

1　特别参见 Alvin Goldman, *Epistemology and Cognition* (Cambridge, MA: Harvard University Press, 1986); Alvin Goldman, "Epistemic Folkways and Scientific Epistemology", in Goldman (1992), pp. 155-175。

2　Goldman (1992), p. 101.

求认知主体有好的理由持有其信念；其次，它也要求认知主体没有理由怀疑其信念是错误的。戈德曼声称可靠的认知机制所产生的信念是有辩护的，在提出这个主张时，他是在拒斥笛卡尔式的辩护模型。但是，在用这种方式来理解辩护时，他所拒斥的不只是笛卡尔式的知识论，因为他实际上也拒斥了传统知识论的一个核心主张：辩护要求认知主体根据好的理由来持有一个信念，而好的理由就是使得该信念很有可能为真的理由。因此，按照戈德曼对辩护的理解，一个人是否有好的理由相信其信念是由这样一个认知机制所产生的这一点与其信念的辩护无关。换句话说，就辩护而论，关键并不在于一个人是否有理由相信其信念是有辩护的，甚至也不在于他是否意识到其信念是由可靠的认知机制所产生的，而在于其信念究竟是如何与世界相联系的。与此相比，按照内在主义理论，决定一个信念的认知地位的特点必须在认知主体的信念中被反映出来，或者可以通过内省或反思在其信念中被反映出来。这些特点必须是认知主体自己可以在认知上得到的。戈德曼拒斥了这个要求，因此其理论是外在主义的。

然而，戈德曼对假谷仓问题的处理暗示了其理论的一些复杂性。他明确认为，如果认知环境发生异常，那么一个通常可靠的认知机制就不能产生真信念。在谷仓案例中，即使史密斯的信念是通过知觉产生的，即使知觉在正常环境中是认知上可靠的，史密斯的信念也得不到辩护，因为按照戈德曼的说法，在史密斯的情形中，有另外一个认知途径不仅是史密斯可以得到的，也是他**应该**利用的，即史密斯可以停下车去仔细看看他看到的那个谷仓是不是真的。换句话说，在史密斯的知觉信念形成的环境中，有一个潜在的因素会击败他的信念：即使知觉一般来说是一种可靠的认知机制，因此可以成为辩护的一个来源，但在史密斯所处的环境中，假谷仓的存在破坏了其知觉的可靠性。为了处理这个困难，戈德曼转而认为："一个信念的辩护地位不仅取决于实际产生它的认知过程,也取决于[认知主体]能够加以利用和应该加以利用的过程。"[1]因此他就对其可靠主义的最初版本提出了如下改进:[2]

> **过程可靠主义的最终版本(PR2):** 一个人的信念 B 得到辩护,当且仅当,第一,B 是由可靠的认知过程产生的;第二,不存在他所能得到的其他认知过程,以至于除了他实际上使用的那个过程外,只要他还使用某个其他的认知过程,就不会形成信念 B。

在这里我们当然可以看到诺齐克的观点对戈德曼的影响:只有当一个信念可靠地追踪实在时,它才可以得到辩护。在诺齐克那里,我们需要设想某些反事实的情形来检验一个信念是否可靠地追踪实在。戈德曼似乎弱化了诺齐克对辩护的要求,只要求认知主体有办法表明其信念不是由不可靠的过程形成的。"停下车去仔细看看"当然是史密斯可以得到的一种做法。要是他采取这种做法,大概就不会形成"那里有一个谷仓"这个信念,或者就不会认为他原来形成的信念是有辩护的。我们还可以用一个例子来说明(PR2)的基本思想。[3]假设史密斯觉得自己失去了童年时代的记忆,于是就去请教神经科学家布朗。布朗对史密斯说,他童年时代的记忆很不可靠。为了便于论证,不妨假设史密斯童年时代的记忆其实是可靠的,不过,既然他相信布

---

[1] Goldman (1992), p. 123.

[2] Ibid.

[3] 这个例子(或者任何类似的例子)来自戈德曼用来支持(PR2)的一般考虑。参见 Goldman (1992), p. 123。

朗是权威，他就**有辩护地**相信布朗的说法。在这种情况下，尽管记忆在正常情况下是辩护的一个可靠来源，但布朗的判断击败了史密斯的记忆的可靠性。这样，如果史密斯仍然保持自己对童年时代的记忆的信念，这些信念就没有辩护。然而，按照（PR1），它们是有辩护的，因此（PR1）并未对史密斯的情形提出正确的分析。为了将（PR2）应用于史密斯的情形，不妨假设史密斯无视布朗提出的判断，继续持有自己对童年时代的记忆的信念。在这样做时，他也无视了有可能削弱那些信念的证据。既然他有办法审视那些信念是否可靠，却没有加以利用，那些信念就得不到辩护，因为他没有满足（PR2）的第二个条件。另一方面，如果他没有其他办法表明其信念并不可靠，那么在持有那些关于童年时代的记忆的信念时，他就仍然得到了辩护。(PR2)似乎对史密斯的情形提出了正确的分析。

然而，由此也可以看出，（PR2）似乎不太符合**简单的**可靠主义。（PR2）背后的核心观念是，认知主体**应该**利用自己所能得到的其他认知资源来判断一个通常可靠的认知过程所产生的信念是否有辩护。这些其他的认知资源在戈德曼的意义上当然也必须是可靠的。但是，"**应该**利用自己所能得到的所有证据来判断信念是否可靠"这个思想已经不再是一个简单的外在主义观念，因为外在主义者强调辩护仅仅取决于认知过程的可靠性，而上述思想不仅提到了认知责任概念，也利用了证据主义的基本观念。当然，如果其他可靠的认知资源是认知主体得不到的，其信念是否有辩护就仍然取决于它是不是由可靠的认知过程所产生的。然而，为了应对困难，戈德曼必须将（PR1）修改为（PR2）。(PR2)背后的核心思想是不是内在主义的，当然取决于如何理解内在主义。如果我们将内在主义理解为"有关的辩护特点必须是认知主体的内在认知过程"，那么（PR2）背后的核心思想就是内在主义的。另一方面，如果我们将内在主义理解为"说明信念的辩护地位的那些特点必须在认知主体的信念中被反映出来",那么(PR2)背后的核心思想就不是内在主义的。不过,只要戈德曼强调认知主体应该利用自己所能得到的认知资源来判断其信念是否得到辩护,他就已经在利用一个内在主义观念了。

二、对可靠主义的批评与回应

当然,即使(PR2)似乎包含了一个内在主义要素,这也不表明可靠主义必定是有缺陷的,因为一个合理的辩护理论可能既需要考虑外在主义要素,又需要考虑内在主义要素。既然内在主义和外在主义各自都会面临一些困难,一种尝试将二者结合起来的混合型理论也会面临困难。如何发展这样一种理论,这种理论是否稳定,是后面要考虑的问题。现在我们来考察对可靠主义的三个一般批评:第一个批评旨在表明可靠性对于辩护来说并不充分;第二个批评试图表明可靠性对于辩护来说也不必要;第三个批评可以被理解为一种内部批评,针对的是可靠主义的可应用性——可靠主义理论在实际应用中会碰到一些很难解决的问题。

2.1 不充分性批评

(PR2)的第二个条件实际上表达了戈德曼对可靠性概念的理解:如果与认知主体所能得到的其他信念形成过程相比,某个过程倾向于产生真信念,那么它就是可靠的。因此,(PR2)对有辩护的信念提出了两个要求:其一,这样一个信念必须有一个合适的因果来源;其二,它必须与真理具有适当联系。批评者已经试图表明,过程可靠主义对辩护的理解要么太弱要么太强,因此不会得出正确的分析结果。例如,按照邦茹等批评者的说法,可靠性对于辩护来说是不充分的。[1] 尽管邦茹的批评主要针对可靠主义的知识概念，但其基本思想也适用于可靠主义的辩护理论。这个批评声称，接受可靠主义会产生一个不可接受的结果：可靠主义把一些**非理性信念**算作知识。对邦茹来说，只要一个信念得不到一个融贯的信念系统中其他信念的支持，持有该信念就是非理性的，因为认知主体在意识到自己没有理由支持该信念的时候还继续持有它。邦茹认为可靠主义恰好会导致这样一个结果：即使一个人没有理由相信或知道命题 P，但按照可靠主义的观点，他在相信或声称自己知道 P 上仍然是有辩护的。这样，如果我们直观上认为这个人没有辩护，那就表明可靠性对于辩护来说并不充分。

在考察这个批评之前，我们首先需要看看可靠主义为什么会面临这样一个问题。如果可靠主义者必须坚持自己对外在主义的承诺，他就必须认为，一个信念的辩护地位仅仅取决于它是否来自一个可靠的认知过程，认知主体有没有理由相信该认知过程是否可靠并不重要。如果一个人使用某个可靠的过程来形成信念，却没有理由认为这个过程是可靠的，那么其信念就像是纯粹的猜测。戈德曼自己意识到了这个问题，并提出了这种情形的两个变种：在一种形式上，一个人没有理由相信某个过程是可靠的，尽管它实际上是可靠的；在另一种形式

---

[1] Laurence BonJour, "Externalist Theories of Empirical Knowledge" (first published in 1980), reprinted in Ernest Sosa, Jaegwon Kim, Jeremy Fantl, and Matthew McGrath (eds.), *Epistemology: An Anthology* (second edition, Oxford: Blackwell, 2008), pp. 363-378; Richard Foley (1985), "What's Wrong with Reliabilism?" *The Monist* 68: 188-202; Steven Luper-Foy (1985), "The Reliability Theory of Rational Belief", *The Monist* 68: 203-225. 对这个批评的讨论，参见 Richard Feldman, *Epistemology* (New Jersey: Prentice Hall, 2003), pp. 95-96; Noah Lemos, *An Introduction to the Theory of Knowledge* (second edition, Cambridge: Cambridge University Press, 2021), pp. 98-103; Matthias Steup, *An Introduction to Contemporary Epistemology* (New Jersey: Prentice Hall, 1996), pp. 164-165; 以及如下文集中的相关文章：Brian McLaughlin and Hilary Kornblith (eds.), *Goldman and His Critics* (Oxford: Blackwell, 2016)。

上,一个人有理由相信这个过程是不可靠的,但它其实是可靠的。戈德曼认为第二种情形比第一种情形更糟。为了处理这个问题,他对辩护提出了一个进一步的条件(必须没有潜在地击败一个信念的因素),并将(PR1)修改为(PR2)。[1] 我们可以看到(PR2)如何能够处理上述第二种情形。假设一个人有理由认为自己用来形成一个信念的过程是不可靠的。如果他能够利用另一个推理过程来表明那个过程确实不可靠,就不会继续持有那个信念。另一方面,假设那个过程实际上是可靠的,而他也能利用其他认知资源来表明它确实是可靠的,那么他就会放弃自己原来认为那个过程并不可靠的理由,并由此表明他原来持有的信念仍然是有辩护的。总之,不管(PR2)有没有超越简单的可靠主义,它解决了(PR1)面临的一些困难。

邦茹对可靠主义的批评涉及另外一种情形:认知主体**没有**其他认知资源表明自己用来形成一个信念的过程是否可靠,尽管它实际上是可靠的。假设诺尔曼在某些事情上有一种"千里眼式"的预感(即一种知道遥远事情的认知能力,而且这种能力的运用并不依靠感知觉或者我们日常使用的其他认知过程),而且其预感总是可靠的,但他没有任何证据或理由表明这种认知能力究竟是否可靠。现在,假设诺尔曼对总统的行踪抱有浓厚兴趣,对于总统每天在什么地方,他经常有自发的预感,而且这种预感总是正确的。[2] 然而,他不仅很少去留心关于总统及其行踪的新闻报道,而且也从来不去独立检查他的那种预感。对于这种预感是如何产生的,或者产生这种预感的过程是否可靠,他一点想法都没有。他从这种预感中得到的信念确实满足了

---

[1] 参见 Goldman (1992), pp. 121-123。
[2] 邦茹用来反对可靠主义的著名案例经历了几个发展阶段,我们现在介绍的是他的最终案例,参见 BonJour (2008), pp. 368-369。

(PR1)指定的条件,因此是有辩护的。然而,既然诺尔曼提不出任何证据来支持其信念,甚至也没有理由认为产生这种预感的过程是可靠的,直观上说,其信念就是不合理的。

这里需要注意的是,诺尔曼声称自己具有的那种能力完全不同于日常的知觉能力。如果你是通过知觉形成了一个信念,那么当有人对你的信念提出挑战时,你就可以向他说明为什么你持有这个信念是合理的,例如,你可以向他指出桌子上确实有一本书,你的知觉系统正常地运作,知觉环境也是正常的。但是,如果有人问诺尔曼:"你如何相信总统今天在纽约?"他就不能以这种方式来回答了,因为他声称自己具有的那种预感既不是来自知觉,也不是来自媒体之类的证言,抑或我们日常使用的任何其他认知方式。在这个意义上说,即使诺尔曼的信念是真的,它也只是**碰巧**为真,因为他没有任何证据表明其信念是真的,或者很有可能是真的。如果有辩护地持有一个信念就在于认知主体能够提出适当的理由来支持它,那么诺尔曼的信念就没有辩护。然而,可靠主义者会把诺尔曼的信念算作有辩护的,因为在他们看来,辩护仅仅取决于认知过程的可靠性,与认知主体自己是否有理由支持其信念无关。

当然,邦茹不只是满足于表明可靠主义者对辩护的理解是直观上不合理的。他也提出一个进一步的论证来反驳可靠主义。[1] 首先,假设一个行动者打算采取某个行动,但对于该行动可能产生的后果,他一点想法也没有。这个行动事实上碰巧产生了很好的结果,实际上在他所能采取的行动中产生了最好的结果。邦茹认为,即便如此,这个行动也是道德上没有辩护的,因为从道德的观点来看,行动者是极端

---

[1] BonJour (2008), pp. 371-372. 亦可参见 Laurence BonJour, "Internalism and Externalism", in Paul Moser (ed.), *The Oxford Handbook of Epistemology* (Oxford: Oxford University Press, 2002), pp. 234-263, at p. 249。

不负责任的，在没有对行动可能产生的结果提出任何评价的情况下就采取了行动。然后，邦茹要我们考虑一下理性行动和认知辩护的关系。假设诺尔曼就像此前所描述的那样对总统在纽约持有一个完全可靠的千里眼式的信念，但对其信念是否为真或者是否有可能为真毫无想法，或者对于他所具有的那种能力的可能性或可靠性毫无想法。作为对比，假设诺尔曼**按照日常的经验证据和证言证据**形成了"首席法官在芝加哥"这一信念，而这个证据足以使得其信念充分合理，尽管不一定使得它完全得到辩护或者甚至满足了知识的要求。在这种情况下，如果有人就总统或首席法官的行踪跟诺尔曼打赌，那么他很可能就会赌首席法官在芝加哥——这样做对他来说显然更加合理。

对可靠主义者来说，只要一个信念是由可靠的认知过程产生的，它就是有辩护的，而且，可靠性无须在认知主体的信念中被反映出来。然而，只要可靠主义者坚守这个承诺，他们就很难回应邦茹的批评，因为在这种情况下他们只能说，我们或许只是直观上觉得诺尔曼的信念没有辩护，但我们不应该相信直觉。这个回答显然不能令人满意。回想一下，戈德曼用来反对内在主义的一个理由是，小孩或某些动物可以持有有辩护的信念，[1]而内在主义则会否认他们的信念是有辩护的，因为他们不能通过反思意识到其信念形成过程是可靠的。这个理由显然也是一个直观认识。因此，如果可靠主义者用某些直觉来维护自己观点，他们就不能一致地用其他直觉来反对内在主义，除非他们能够提出**独立**的论证来表明某些直觉是合理的，而其他的并不合理。[2]因此，戈德曼仍然需要认真对待内在主义的批评：直观上说，诺尔曼的信念是没有辩护的，因为他无法说明自己究竟是如何具有了

---

[1] Goldman (1992), p. 122.
[2] 戈德曼对直觉在哲学方法论中的地位有自己的说法，参见 Alvin Goldman, "Philosophical Naturalism and Intuitional Methodology", in Goldman (2012), pp. 280-316。

那种预感的。[1]另一方面，只要戈德曼承认诺尔曼的信念没有辩护，他就必须修改自己原来对辩护提出的要求。正如我们已经看到的，在(PR2)中，戈德曼补充了可靠主义辩护的另一个条件：在认知主体那里，没有其他认知过程削弱他对原来形成信念的那个过程的使用。在后来出版的一部著作中，戈德曼试图按照（PR2）的基本思想来回答邦茹的挑战：

> 邦茹将诺尔曼的情形描述为这样一种情形：诺尔曼没有任何一种证据或理由支持或反对那种千里眼式的预感的一般可能性，或者支持或反对他拥有这种能力这一论点。然而，很难想象这种描述是成立的。诺尔曼应该按照如下路线来进行推理："要是我拥有一种千里眼式的能力，我肯定就会发现一些支持这种能力的证据。我会发现我是用某些在其他方面可以阐明的方式来相信某些事情，而在用其他可靠的过程来检查这些事情时，就得出了肯定的结果。"既然诺尔曼应该用这种方式来进行推理，在相信自己并不具有可靠的千里眼式的过程这件事情上，他就因此得到了辩护。[2]

戈德曼的要点是，诺尔曼应该反思一下自己的认知状况，形成这样一个元信念：他没有证据或理由信任产生其信念的那个过程，即一种"千里眼式"的预感。因此，如果诺尔曼相信他没有理由认为自己有这种能力，或者认为这种过程是可靠的，那么在持有那个信念上他

---

1 当然，鉴于戈德曼承诺了自然主义知识论，他或许认为这是一个需要由科学来解决的问题，正如大多数普通人实际上并不知道自己的知觉系统如何运作，但知觉在适当条件下可以是可靠的。也许未来的科学研究会说明为什么某些人具有千里眼式的认知能力。
2 Goldman (1986), p. 112.

就得不到辩护。然而，若以这种方式来理解戈德曼的回答，他就不能一致地认为可靠性本身对于辩护来说是充分的，因为他的回答实际上意味着他承认关于可靠性的信念对于辩护来说也是**必要的**。戈德曼肯定会认为对证据的恰当使用也是一种可靠的过程，但这种运用现在似乎包含了认知主体对各种认知过程的可靠性持有的信念。因此，为了成功地回答邦茹的挑战，戈德曼就必须把一些内在主义要素整合到其可靠主义理论中。当然，戈德曼有可能不是以这种方式来回答邦茹的挑战。他可能是在说，诺尔曼的辩护被另一个认知过程所削弱，而这个过程原本是他可以得到和利用的。诺尔曼应该用他所设想的那种方式进行推理，应该反思自己的状况，看看他声称自己具有的那种能力是否可靠。只要诺尔曼认识到这种能力是可靠的，他就有了关于其可靠性的证据，因此其信念就有了辩护。另一方面，如果他没有证据表明那种能力是可靠的，其信念就得不到辩护。如果这种推理反思的过程对他来说是可得到的却没有加以利用，那么他对那个信念的辩护就被削弱了。很不幸，这个回答并没有在根本上摆脱不一致的嫌疑，因为戈德曼所建议的那个推理过程的**内容**，实际上是诺尔曼对他特有的那种能力的可靠性持有的**信念**——为了辩护他从那种能力中获得的信念，诺尔曼必须相信那种能力本身是可靠的。但是，既然他对这种能力提不出任何说明，而认知科学家也无法说明这种能力是如何可能的，他的信念在什么意义上是合理的就变得很神秘。

将某些内在主义考虑整合到可靠主义理论中或许并非不合理。但这样做确实会使得过程可靠主义变得不一致。记住，戈德曼旨在将其可靠主义设想为一种自然主义认识论。严格地说，这种认识论要求我们在评价信念时不采用证据主义考虑。然而，即使一个信念是由可靠的认知过程产生的，它也可能被对立的证据所击败，而为了处理这个问题，戈德曼就不得不引入某些证据主义考虑，例如"考虑对立的证据"这样一种过程。在诺尔曼的案例中，戈德曼认为诺尔曼应该思考一下他的那种千里眼式的能力是否可靠。只要他没有证据表明这种能力是可靠的，其信念就得不到辩护。因此，为了得到正确的分析结果，戈德曼就必须引入证据主义考虑。这样一来，他的可靠主义就不可能像他所说的那样构成了对传统证据主义的一个真正的取舍。

2.2 不必要性批评

另一些理论家则试图表明可靠性对辩护来说并不必要。[1] 这或许是可靠主义面临的最严重的挑战，因为说可靠性对辩护来说并不必要就是说，即使一个信念**不是**可靠地产生出来的，它可能也是有辩护的。因此，只要这个挑战成功，那就表明可靠主义根本上是错误的。为了提出这样一个批评，我们需要设想如下可能性：在形成一个信念时，只要我们已经利用了我们所能得到的一切认知资源，由此形成的信念就可以得到辩护，但它们却是假的。笛卡尔在其思想实验中已经设想了这种可能性。假设你生活在一个由恶魔支配的世界中并身受其害：这个恶魔操控你的知觉经验，以至于即使并不存在一个物理世界，你还是会具有对于这样一个世界的知觉经验，但你由此形成的一切知觉信念都是假的。比如说，当你相信面前有一头北极熊时，既然在你生活的世界中实际上没有北极熊这样的动物，你的信念就是假的。

当然，在这里需要特别说明的是，既然你生活在这样一个世界中，在什么意义上你的信念被认为是有辩护的呢？首先需要注意的

---

[1] Stewart Cohen (1984), "Justification and Truth", *Philosophical Studies* 46: 279-295, especially pp. 281-284; Foley (1985), pp. 192-194. 对这个批评的讨论，参见 Feldman (2003), pp. 94-95; Lemos (2021), pp. 101-103; Steup (1996), pp. 163-164。以下分析部分地受益于斯特普。

第六章 外在主义与内在主义

是,这个思想实验有一个关键假定:恶魔在你这里诱发出来的经验在现象学上与生活在真实世界中、和你具有同样的认知构成的认知主体所具有的经验不可区分。换句话说,要是没有这样一个恶魔在欺骗你,而你生活在真实世界中,你就会具有与他一样的经验。我们通常认为自己生活在一个**正常的**世界中,我们在其中所形成的知觉信念往往是有辩护的。知觉信念取决于我们具有的知觉经验,或者说,对于知觉信念来说,具有必要的知觉经验就是辩护的来源。因此,如果你在真实世界中具有的知觉经验与你在那个假想世界中具有的经验在现象学上没有差别,如果前一种知觉经验为你的知觉信念提供了辩护,那么你在后一个世界中形成的知觉信念也应该是有辩护的。实际上,只要我们接受了前面所说的**随附原则**,我们就必须认为,如果你在正常世界中的知觉信念是有辩护的,那么你在那个假想世界中的知觉信念也是有辩护的。此外,就像在正常世界中一样,在那个假想世界中,你也尽自己所能利用了一个认知过程,即知觉。可靠主义者认为,在正常世界中,你对知觉的使用倾向于产生真信念,因此你的知觉信念在这个意义上得到了辩护。然而,在那个假想世界中,你的知觉信念都是假的,[1] 因此是被不可靠地产生出来的。由此我们可以看到可靠主义者面临着一个困境:他们可以认为知觉是不可靠的,因此你在那个假想世界中形成的知觉信念没有辩护,但这样一来,他们就必须承认你在正常世界中形成的知觉信念也没有辩护;另一方面,如果他们认为你在正常世界中形成的知觉信念是有辩护的,那么他们就必须承认你在那个假想世界中形成的知觉信念也是有辩护的。当然,

---

[1] 或者至少大部分都是假的,因为有一些很一般的信念或许仍然是真的,比如说,周围有人存在。笛卡尔当然可以认为甚至这种信念也有可能是假的,例如,在那个被恶魔支配的世界中只有你是真实存在的,其他一切(包括其他人)都是恶魔制造出来的假象。不知道笛卡尔会不会认为,如果你只是一只缸中之脑,你仍然是一种真实的存在?

既然可靠主义者认为知觉是一种可靠的认知过程,他们就宁愿承认知觉信念一般来说是有辩护的。实际上,戈德曼自己明确指出,其可靠主义是要对**日常的**辩护概念提出一个说明,在可靠主义的观点下得到辩护的信念与在日常的辩护概念下得到辩护的信念可以大致吻合。[1] 如果我们把这个思想应用于那个假想世界,就应该认为,在那个世界中形成的知觉信念与在真实世界中形成的知觉信念一样是有辩护的,因为按照日常的辩护概念,立足于知觉证据的信念总的来说是有辩护的。因此可靠主义者就必须承认,我们在那个假想世界中形成的信念也是有辩护的。然而,承认这一点似乎意味着可靠性不是辩护的一个必要条件。

有两个进一步的问题值得指出。第一,可靠主义者或许认为,只有当一个人**有辩护地相信**自己用来形成一个信念的认知过程是可靠的,他的信念才是有辩护的。因此,如果生活在假想世界中的那个人有理由确信其知觉信念不是可靠地产生的,那么他就会认为自己形成的知觉信念没有辩护。然而,如果可靠主义者用这种方式来回应批评,那么在他们所承诺的那种自然主义框架下,他们的分析就是循环的,因为为了使得目标信念得到辩护,他们已经假设认知主体有辩护地相信其信念的形成过程是可靠的。第二,实际上,按照上述思想实验的预设,生活在假想世界中的那个人无法区分他在那个世界中具有的经验和他在真实世界中具有的经验,因此也无法判断其知觉经验是不是可靠地产生的。戈德曼后来试图用两种方式来回应这个挑战。在《认识论与认知》中,他用所谓的"规则可靠主义"来取代原来提出的过程可靠主义。他的策略就类似于行为功利主义者为了回应一些批评而采取的策略,即转向规则功利主义,并对行动的道德正确性提出

---

[1] 参见 Goldman (1992), pp. 155-175。

如下定义：一个行动是道德上正确的，当且仅当它符合一套优化规则（在这里，说一套规则是优化的就是说，与其他任何一套规则相比，对这套规则的普遍服从能够产生最大效用）。类似地，对于"一个有辩护的信念"这个概念，戈德曼提出了如下理解：如果一个信念是一套正确的认知规则所允许的，那么它就是有辩护的。在这里，一套辩护规则的正确性取决于可靠性，也就是说，与采纳其他任何一套规则相比，对这套规则的采纳和运用倾向于产生更多的真信念。戈德曼将这种规则称为"辩护规则"，并对信念的辩护提出如下两阶段的分析：[1]

规则可靠主义：

(RR1) 一个人的信念 B 得到辩护，当且仅当，第一，B 是一个正确的辩护规则系统所允许的；第二，这种允许没有被他的认知状态所削弱。

(RR2) 一个辩护规则系统 R 是正确的，当且仅当 R 允许某些基本的心理过程，而对这些过程的实际使用倾向于产生更多的真信念而不是假信念。

按照过程可靠主义，一个认知主体对于自己在某个世界中形成的信念的辩护取决于他在该世界中的认知过程。在一个被恶魔控制的世界中，知觉过程实际上是不可靠的，因此，按照过程可靠主义，在其中形成的知觉信念就没有辩护。但是，如果知觉信念确实立足于我们具有知觉经验的状态，那么，一个人在这样一个世界中形成知觉信念的过程并非不同于他在正常世界中形成知觉信念的过程。因此，可靠主义者就没有理由否认一个人在恶魔世界中形成的信念也是有辩

---

[1] 参见 Goldman (1986), pp. 59-74。

护的。我们或许认为恶魔世界在某种意义上是"不正常的",这似乎是一个直观上合理的想法。为了利用这个想法来处理上述难题,可靠主义者必须设法将"正常"世界与"异常"世界区分开来,并在这样做时继续坚持可靠主义的基本承诺。规则可靠主义就是戈德曼为此而提出的一种设想。按照他的说法,一套辩护规则的正确性不会在不同的可能世界之间发生变化,但其正确性被严格地固定在他所说的"正常世界"中,而一个正常的世界就是我们的**一般信念**在其中为真的世界。例如,我们相信知觉是一种可靠的认知过程,这个一般信念在实际世界中是真的,但在恶魔世界中并不是真的。因此,在任何一个可能世界中,如果知觉不是一种可靠的认知过程,那么这样一个世界就是不正常的。戈德曼认为,通过采纳规则可靠主义,我们就可以对恶魔问题提出一个解决办法。假设我们在正常世界中已经形成一套辩护规则,这套规则允许没有被击败的知觉过程所产生的信念。也就是说,只要我们发现自己没有理由怀疑知觉过程的可靠性,我们通过采纳这套规则而形成的知觉信念大体上都是真的。通过考察这套规则在一个世界中的输出,我们就可以确定其正确性。然而,在恶魔世界中,这套规则就不能算作是正确的,因为在这样一个世界中,它会允许基本上为假的信念。因此我们就可以认为恶魔世界中的知觉信念没有辩护。

然而,不难看出这个方案也是有问题的。这个方案要求我们以正常世界为标准来衡量一套辩护规则的正确性:如果在正常世界中我们发现采纳这套规则倾向于产生真信念,那么这套规则就是正确的。但是,既然这套规则在不同的可能世界之间并不发生变化,在将它应用于一个可能世界时,我们首先需要判断那个世界是不是正常的。戈德曼似乎认为,在评价一个认知过程的可靠性时,我们不仅需要考虑它在现实世界中取得成功的概率,也需要考虑它在可能世界中**被假设**具有的成功率。为了做出这种判断，我们就需要指定一系列**相关的**可能世界：我们需要鉴定和挑出在某些相关的方面与实际世界相似的可能世界。为了表明这套规则在恶魔世界中是不正确的，我们首先需要表明恶魔世界在有关方面不同于实际世界。但是如何表明这一点呢？一个真正可靠的认知过程确实倾向于产生真信念。在戈德曼所谓的"正常世界"中，知觉过程一般来说是可靠的。然而，甚至在这样一个世界中，知觉过程仍然会产生一些假信念：我们的知觉系统至少在某些情况下会出错，例如在大脑功能紊乱的情况下。戈德曼当然会说，在这种情况下，就不能认为我们的知觉系统是可靠的。但是，如何判断和鉴定我们的知觉系统出错了呢？也许知觉系统并不具有独立的可靠性，而是，其可靠性除了取决于其自身的功能外，也取决于一些其他东西，例如认知主体的背景信息和背景信念。此外，一种认知过程相对于一种信念来说可以是可靠的，但相对于另一种信念就不可靠。因此我们就需要追问一个进一步的问题：是否有原则上切实可行的方式为一类特定的信念（例如知觉信念和推理信念）指定一个可靠的方法？为了确定一个特定的方法的成功率，我们就需要提出某些标准，利用它们将一个方法与另一个方法区分开来。但是如何确定这些标准呢？我们当然不能说这个问题没有答案。例如，我们都知道通过电话簿去查某人的电话号码比胡乱猜测更可靠。然而，如果**粗略的**判断可以帮助我们解决问题，那么可靠主义还能对认识论做出什么独特贡献呢？既然知觉在所谓"正常世界"中也会出错，我们大概也需要利用某些标准将其正常运作的情况与不正常运作的情况区分开来。但是，我们并不清楚这种进一步的细化应该在哪里终止。[1]

当然，戈德曼认为，我们可以按照一个认知过程倾向于产生真信

---

[1] 这个问题与对可靠主义的第三个主要批评具有重要联系。

念的概率来确定其可靠性。但是，为了确定一个认知过程是否可靠，我们至少必须有其他的认知渠道来判断它是否已经产生了大量真信念，至少必须**知道**可靠主义者为可靠性所规定的条件是否都得到了满足。在实际世界中，通过考察一套规则的输出是否为真，我们可以判断有关的认知过程的可靠性。但是，为了将这套规则应用于恶魔世界之类的可能世界，我们首先必须知道这样一个世界是否正常。如果规则可靠主义本身不能解决这个问题，那么戈德曼对恶魔问题的解决就是特设性的：通过**假设**恶魔世界不是正常世界，他试图表明知觉过程在这样一个世界中并不可靠。但是，如果知觉信念的基础完全在于我们具有知觉经验的状态，那么，就知觉信念而论，我们其实很难将正常世界与恶魔世界区分开来。这对戈德曼的解决方案提出了严重挑战，因为按照他的说法，正常世界就是与我们关于实际世界的一般信念相一致的世界。这些一般信念描述了一个具有某些特点的世界。例如，就知觉信念而言，这些特点包括光在某些条件下的表现，它对视觉系统产生的影响。在实际世界的真实特点上我们可以出错，因此，我们在实际世界中持有的一般信念也有可能是假的。这样，实际世界本身就有可能不是戈德曼意义上的正常世界。即使我们假设实际世界就是他所说的正常世界，在恶魔世界的情形中，一个人用来形成知觉信念的证据（例如知觉经验，可能也包括其他背景信念）与他在实际世界中用来形成知觉信念的证据是一样的。为了处理这个问题，戈德曼必须表明我们有**独立的**理由区分正常世界与恶魔世界，正如理查德·弗默顿所说：

> 我们有可能生活在一个恶魔世界中，但仍然因为信念产生过程相对于正常世界——相对于我们对这个世界的本质的（错误）预设——来说是可靠的而持有得到辩护的信念。这些有辩护的

信念都将是假的，而且，当它们碰巧为真时，它们也都是由完全无效的过程产生的。除非一个人有独立的理由相信恶魔控制的世界是一个正常世界，否则甚至在具有得到辩护的信念如此明显地不一定会使得 [一个人] 很可能具有真信念的情况下，为什么辩护的概念对于一个寻求真理的人来说还如此重要呢？[1]

我们之所以对有辩护的信念感兴趣，是因为这种信念与真理具有本质联系。但是，戈德曼的正常世界解释似乎恰好切断了这种联系，因为它所说的是，有辩护的信念**在正常世界中**是真的。然而，根本的问题在于，有什么理由认为我们确实生活在戈德曼所说的正常世界中？假设戈德曼回答说，我们可以用可靠主义的方式来判断我们的世界是否正常，那么其理论就会陷入循环：为了用这种方式来判断某个特定的信念是否为真，我们首先需要知道它是在一个正常世界中形成的；另一方面，为了确定一个世界是否正常，我们首先需要知道在其中形成的信念是否为真。这是一种与著名的笛卡尔循环类似的循环。认知辩护是否能够避免这种循环或者类似的循环，抑或这种循环是不是恶性的，当然是知识论中的一个重要问题。[2] 但是，可靠主义本身似乎没有思想资源解决这个问题。实际上，正如邦茹指出的，通过区分所谓"正常世界"与"异常世界"来回应批评是一种特设性的做法：如果通过可靠的认知过程形成的信念客观上很有可能是真的，而恶魔世界中的受害者使用的认知过程实际上也是我们在实际世界中使用的认知过程，而且被认为是可靠的，那么戈德曼有什么理由将恶魔世界

---

1 Richard Fumerton, *Metaepistemology and Skepticism* (Lanham, MD: Rowan & Littlefield, 1995), pp. 114-115.
2 对这个问题的系统探究，参见 Robert Amico, *The Problem of the Criterion* (Lanham, MD: Rowan & Littlefield, 1993); Ernest Sosa, *Reflective Knowledge* (Oxford: Clarendon Press, 2009)。

划分为"异常世界"呢?[1]实际上,通过采纳规则可靠主义来回答批评也不令人满意。通过引入这种观点,戈德曼确实可以认为,即使一个信念不是可靠地产生的,它也可以得到辩护,因为它符合某个认知规则;另一方面,即使它是可靠地产生的,它也未必是有辩护的,因为它不符合某个认知规则。但是,既然对辩护的这种双重探讨并非直截了当地以追求真理的根本目标为目的,戈德曼就需要提出强有力的理由来说明他为何要采取这种探讨,而不是仅仅为了应对批评采取了规则可靠主义。[2]

戈德曼很快就意识到上述解决方案是成问题的,因此试图对恶魔问题提出另外一个解决方案。[3]这个方案立足于他在两种辩护之间所做的区分。如果一个信念是由一个可靠的认知过程产生的,而且这个过程没有被认知主体的认知状态所削弱,例如他有理由相信这个过程并不可靠,那么这个信念就得到了所谓"强辩护"。另一方面,只要一个信念满足三个条件,它就具有所谓"弱辩护":第一,它由一个不可靠的过程产生;第二,认知主体不相信这个过程是不可靠的;第三,他没有可靠的办法表明这个过程是不可靠的。弱辩护的概念显然旨在把握这样一个思想:认知主体并非因为自己的过错而持有某个信念,在这种情况下,他在持有这个信念上是有辩护的,因为我们没有理由责备他。戈德曼用一个例子来说明弱辩护的概念。[4]设想在某个传统社会中,人们经常用占星术来预测事情的发生,而且无法通过其他认知资源认识到占星术实际上并不可靠。比如说,如果实际结果不符合了从占星术中得出的预言,这个社会的占星术专家就会说,这

---

[1] 参见 BonJour (2002), p. 247。
[2] Ibid., p. 250.
[3] Alvin Goldman (1988), "Strong and Weak Justification", reprinted in Goldman (1992), pp. 127-141.
[4] Goldman (1992), p. 132.

些预言是立足于对占星术的错误运用。在这个社会中,既然人们没有其他认知资源表明占星术并不可靠,在相信占星术专家所说的话上,就没有理由责备他们。在这个意义上,他们通过占星术持有的信念就具有弱辩护。戈德曼认为,通过区分这两种辩护,他就可以处理恶魔问题。一个具有弱辩护的信念有两个特点:这样一个信念实际上是由不可靠的认知过程产生的,但是,既然没有理由责备认知主体,他所形成的信念在这个意义上就是有辩护的。如果一个人生活在恶魔世界中,那么他所形成的信念就得不到强辩护,因为在这样一个世界中,知觉显然不是一种可靠的认知过程。按照假设,这个人无法认识到自己生活在一个不正常的世界中。如果在正常世界中我们是通过知觉经验认识到了一个物理世界的存在,那么我们就不能因为生活在恶魔世界中的那个人相信一个物理世界存在而责备他,因为他在那个世界中具有的知觉经验就类似于他在正常世界中具有的知觉经验。换句话说,即使他生活在恶魔世界中(但认识不到这一点),对他来说,知觉也好像是在"正常地"运作,尽管知觉所产生的信念都是假的,而他自己也不知道这一点。因此,在相信知觉告诉他的事情上,他似乎是有辩护的。由于他所生活的世界的特殊性,他无法发现自己的信念其实是假的,但这不是他的错。

很不幸,戈德曼的新方案也面临两个问题。第一,如果信念能够具有所谓"弱辩护",那就意味着辩护在某种意义上**不要求可靠性**。这样一来,即使可靠主义者能够对某些信念的辩护提出看似合理的说明,可靠主义也不可能是对辩护的完整论述。第二,内在主义者可以指出,戈德曼对两种辩护的区分实际上是不合法的。例如,认知义务论者可以论证说,在恶魔世界中,即使一个人的知觉过程实际上不可靠,但只要他已经充分利用自己所能得到的认知资源、尽到了自己的认知责任,他的信念就有了**充分**辩护,而不是戈德曼所说的弱辩护。实际上，对戈德曼来说，这样一个信念之所以能够得到辩护，恰好是因为认知主体尽到了自己的认知责任，即使有关的认知过程并不可靠。因此，如果戈德曼实际上是按照认知责任的思想来说明恶魔世界中信念的辩护，但又将这种辩护说成是"弱的"，其做法就会涉及一种自相矛盾：他用一种内在主义的方式来设想辩护，但又不接受内在主义者提出的主张。当然，戈德曼可以强调这两种辩护是不同的：弱辩护是主观的，具有这种辩护的信念未必是真的，而强辩护是客观的，具有这种辩护的信念很有可能是真的，尽管认知主体自己提不出理由或证据来表明这一点。但是，戈德曼所说的强辩护显然很容易受制于盖蒂尔式反例，或者至少不符合我们对"有辩护的信念"的一些直观认识。而为了处理这个问题，戈德曼似乎就不得不利用某些内在主义资源。当然，戈德曼还有第三种方式处理恶魔问题。不过，在讨论这个方案之前，我们需要看看可靠主义面临的一个普遍问题：如何鉴定可靠的认知过程？

2.3 可靠的认知过程的鉴定

上述两个批评旨在表明可靠性对辩护来说既不充分又不必要。现在要考虑的第三个批评则试图表明，可靠主义的基本思想根本上说是不可应用的。可靠主义者认为有辩护的信念是由可靠的认知过程产生的。这个辩护概念的应用要求首先解决一个问题：哪些认知过程是可靠的，哪些是不可靠的？戈德曼原来将认知过程理解为"内在于有机体的信息处理设备的运作"，[1] 或者更简单地说，一个有机体的内在设备（例如其神经系统）所进行的信息处理，其中输入的是有机体的精神状态，例如经验、信念或欲望，输出的则是相信或不相信之类的精

---

[1] Goldman (1992), p.116.

神状态。例如，当我看桌面上的东西时，我有了一只红色的杯子的视觉经验，并由此相信桌子上有一只红色的杯子。在这里，输入的是视觉经验，输出的则是某个特定的信念。而说一个认知过程是可靠的，就是说它倾向于产生真信念而不是假信念。当然，对戈德曼来说，说一个认知过程是可靠的并不是说它是完美的，而只是意味着它在大多数情形中倾向于产生更多的真信念而不是假信念，例如产生真信念的频率接近98%。

因此，从可靠主义的观点来看，为了判断一个信念是否得到了辩护，我们首先需要知道产生它的认知过程是否可靠。这种可靠性是从第三人的角度来看的，比如说，认知科学家或神经生理学家可以发现知觉过程在某些条件下是可靠的，这样，只要一个人的知觉信念是在满足这些条件的情况下从知觉过程中产生出来的，它就是有辩护的，而他自己是否知道这个认知过程的可靠性并不重要。然而，在前面的讨论中可以看出，为了恰当地处理某些问题，可靠主义者就需要利用某些内在主义资源。如果可靠主义者坚持认为我们必须从一个外在主义观点来理解辩护，那么其理论就会面临一种不一致性。后面我们再来讨论可靠主义者能否回答这个批评。不过，可靠主义者显然不能用如下方式来分析辩护：一个人在相信某个命题上得到辩护，当且仅当他**有辩护地**相信他用来产生那个信念的过程是可靠的。这样一个定义是循环的，因为在试图解释或定义辩护时，它已经明确使用了辩护的概念。为了避免循环定义，可靠主义者可以对辩护提出一种递归分析：首先鉴定出一些信念，这些信念是从**不依赖于信念**的认知过程中产生出来的，并对这种信念的辩护提出一个说明；然后说明从依赖于信念的认知过程中产生出来的信念如何得到辩护。[1]比如说，

---

[1] 参见 Goldman (1992), pp. 122-125。

某些基本的知觉过程可能不依赖于信念的认知过程，因为在这种情形中，一个特定的知觉经验在不需要借助其他信念的情况下就能产生一个信念。我们具有的很多信念是通过推理从其他信念中得来的。如果后面那些信念都是真的，而推理过程也倾向于产生真信念，那么这样一个过程就是**有条件地**可靠的。戈德曼由此提出了他对辩护的理解：[1]

> **戈德曼的可靠主义：**
> （1）如果一个人在某个时刻的信念 P 来自一个不依赖于信念的可靠过程，那么他在那个时刻的信念 P 就是有辩护的。
> （2）如果他在某个时刻的信念 P（直接）来自一个依赖于信念的过程，而这个过程至少是有条件地可靠的，而且它用来产生信念 P 的那些信念本身是有辩护的，那么他在那个时刻的信念 P 就是有辩护的。
> （3）信念能够得到辩护的唯一方式是通过满足上述两个条件。

由此可见，对可靠主义辩护来说，关键就在于如何鉴定和判断一个认知过程的可靠性。然而，正是这个问题对可靠主义提出了严重挑战。[2] 实际上，从上述批评中，我们已经可以看到这个问题的端倪。

---

[1] Goldman (1992), p. 117.
[2] 这个挑战往往被称为"一般性问题"（the generality problem），它所说的是，对每一个产生真信念的过程，将存在一个对它很具体的描述，以至于**那种类型**的过程将总是产生真信念。批评者所要说的是，即便这样一种描述是可能的，它也不会让我们在信念是不是有辩护的（或者一个过程是否有助于产生真信念）方面取得多少见识。参见 Richard Feldman (1985), "Reliability and Justification", *The Monist* 68: 159-174; Earl Conee and Richard Feldman, *Evidentialism: Essays in Epistemology* (Oxford: Oxford University Press, 2004), chapters 3 and 6。

在邦茹的例子中，诺尔曼有一种千里眼式的预感，由于具有这种能力，他从这种预感中得到的信念都是真的，因此这种预感在可靠主义的意义上是可靠的。然而，假若我们可以将这种过程描述为"用自己没有理由信任的方式来形成信念"，那就意味着这种过程是不可靠的。于是就产生了一个问题：有什么理由认为诺尔曼使用的过程是可靠的而不是不可靠的？类似的问题也出现在恶魔世界的情形中。假设布朗生活在恶魔世界中，他的孪生弟弟鲍勃生活在正常世界中。他们两人具有同样的认知构成，例如具有一模一样的背景信念系统，用同样的方式来思想和推理，按照类似的经验来形成类似的信念等。按照这些假设，如果两人用来形成知觉信念的过程都是可靠的，那么戈德曼的理论就意味着他们的知觉信念都是有辩护的；另一方面，如果那个过程是不可靠的，那么他们的知觉信念就都得不到辩护。但是，如果我们假设布朗的知觉信念没有辩护，或者仅仅具有所谓"弱辩护"（相比较，鲍勃具有强辩护），我们就必须认为他们用来形成知觉信念的过程在可靠性上是有差别的。然而，要是两人都是通过知觉来形成知觉信念，他们用来形成知觉信念的认知过程究竟有什么差别呢？直观上说，即使两人都是通过所谓"知觉过程"来形成知觉信念，我们还是可以对可靠主义者笼统地称为"知觉过程"的那种东西提出不同的描述，例如像戈德曼那样将布朗的知觉过程描述为"异常世界中的知觉"，将鲍勃的知觉过程描述为"正常世界中的知觉"。实际上，对于在任何特定情形中产生一个信念的认知过程，我们都可以提出很多不同的描述。假设我在10楼阳台上看到楼下草坪上有一只狗，由此形成了一个关于狗的信念。我们可以用许多不同的方式来描述这个认知过程，比如说如下典型的描述：最一般意义上的知觉；视觉；正常光照条件下的视觉；正常光照条件下、通过一副适当的眼镜具有的视觉；正常光照条件下、通过一副适当的眼镜，在50米开外看到一个运动物体。

如果一个信念的辩护地位是相对于产生它的认知过程来确定的，那么可靠主义者就必须以恰当的方式来**个体化**这样一个过程。如何个体化一个认知过程显然会影响我们对一个信念的辩护地位的判断。例如，在上述例子中，假若我的认知过程被描述为一般而论的视觉，而我形成的信念是"那里有一只黄色的拉布拉多犬"，那么我的信念很可能就没有辩护，例如因为我高度近视；而如果我的认知过程是用最后一种方式来描述的，而我形成的信念是"那里有一个运动物体"，那么我的信念很可能是有辩护的。戈德曼或许认为一个认知过程的可能性要由认知科学家来确定，例如，经过详细的经验研究，认知科学家可以发现某人通过记忆获得某个信念的过程是不可靠的，虽然记忆在某些情况下可以是可靠的。但是，就信念的辩护而论，认知过程的可靠性显然不是经验科学可以单方面解决的问题，因为一切信念要么都可以算作一个可靠的认知过程的输出，要么都不能算作一个可靠的认知过程的输出，这取决于我们如何指定一个认知过程。这样一来，我们就无法区分有辩护的和没有辩护的信念。

为了处理一般性问题，戈德曼引入了一个有用的区分，即**类型**（type）和**标志**（token）之间的区分。举个例子说，知觉是一种类型的认知过程，但它在不同的具体情形中会有不同的表现形式，正如一分钱的硬币在不同时期有不同的表现形式，但它们仍然可以被归结在"一分钱"这个名目下。一种类型的东西的具体表现形式就可以被称为其标志。同样，任何特定的信念也可以是很多不同类型的信念形成过程的一个标志，取决于我们将它看作一个什么样的信念。在上述例子中，假设我形成了"那是一只黄色的拉布拉多犬"这一信念。在最一般的意义上说，我的信念是通过视知觉产生的，但这并不足以说明我的信念是否得到了辩护。即使我的知觉是可靠的，鉴于我缺乏关于狗的分类的知识，我也可能错误地鉴定了那只狗，因为它实际上是一只中华田园犬。或者，即使我具有这方面的知识，我可能是在阴雨连绵的黄昏，从 10 楼阳台上在 50 米开外具有那个视觉经验，有可能那根本就不是一只狗，而是附近山上跑下来的某种野生动物。因此，为了从可靠主义的观点来辩护我的信念，我必须有办法将它鉴定为一种信念形成过程的一个标志，而不是另一种信念形成过程的一个标志。此外，我也必须详细说明我鉴定出来的那个信念形成过程究竟是什么样的过程。例如，我不能只是说我的信念由视觉产生，我也需要说明这个视觉过程的某些相关的具体特征。这个要求为可靠主义制造了一个严重问题：如何恰当地描述信念形成过程？通过利用类型与标志的区分，戈德曼可以对其可靠主义观点提出如下表述：[1]

简单的过程可靠主义（SPR）：信念 B 得到辩护，当且仅当产生它的那个过程标志例示了一个可靠的过程类型。

在上述例子中，我的信念是在某个特定场合由视知觉产生的。视知觉被认为是一种可靠的认知过程，因此，既然我在那个场合对视知觉的利用产生了那个信念，我的信念就是有辩护的。然而，如前所述，如果我们仅仅按照一般而论的视知觉来说明那个信念的辩护地位，那么我的信念可能就没有辩护。为了表明我的信念究竟有没有辩护，我就进一步指定一个过程标志的某些相关特点。那么，哪些特点才算是相关的呢？就信念的辩护而论，我必须把一个认知过程的特点鉴定到什么程度才算合适？第一个问题可能比较容易回答。比如说，除了通过知觉经验发现那是一只狗外，对其品种的正确鉴定要求我具有某些关于狗的知识或信念；在鉴定那只狗时，我是通过记忆来利用

---

[1] 参见 Goldman (2012), pp. 15-18, 75-78。

那些知识或信念，因此我的记忆也与我对那个信念的辩护有关。如果我的有关知识或信念都是正确的，我的记忆也没有问题，那么，我的信念是否得到辩护就仅仅取决于我在那个特定场合的知觉是否可靠。与此相比，第二个问题对可靠主义者来说就显得比较棘手。假设史密斯把他的狗带到附近公园来玩，不小心让它跑丢了。他在四处寻找，隐约看见在一片树林背后有一只狗，因此就形成了"我的狗在那里"这个信念。然而，他实际上并没有看清那只狗，因此他的知觉证据不足以辩护其信念。实际上，他的信念很可能是一厢情愿地形成的——他急于找到自己丢失的狗，于是就把任何一只相似的狗都看作他的狗，即使他模模糊糊地看到的那只狗确实是他的，因此他的信念碰巧是真的。如果可靠主义者笼统地认为知觉是一种可靠的认知过程，而不详细指定一个知觉经验所产生的条件，那么史密斯的信念就是有辩护的，尽管实际上得不到辩护。为了处理这个问题，可靠主义者或许认为，我们需要详细指定一个知觉经验所产生的条件。例如，他们或许认为，史密斯的信念若要得到辩护，其形成过程就必须是如下过程的一个标志：他在正常光照条件下在10米开外的地方清楚地看见一只狗。现在，假设史密斯的知觉满足这个条件：他清楚地看见一只狗，没有理由怀疑那就是他的狗，因此就形成了"我的狗在那里"这一信念。假若那只狗实际上不是他的，他的信念就是假的。然而，他显然满足了可靠主义者为一种特殊的知觉过程的可靠性指定的条件，因此其信念是有辩护的。另一方面，按照可靠主义的观点，可靠的过程就是倾向于产生真信念的过程，而在史密斯的情形中，一个被认为可靠的过程却产生了假信念。这样，简单的可靠主义似乎就陷入了一种自相矛盾。

当然，可靠主义者不是原则上不能解决这个问题。回想一下戈德曼对可靠主义提出的最终说明：即使一个信念是由一个可靠的过程产生的,但是,如果有另一个可靠的过程是认知主体可以得到的,而一旦他对其加以利用,就不会形成自己本来会形成的那个信念,那么那个信念就没有得到辩护。在史密斯的情形中,可靠主义者或许认为,如果他有理由怀疑自己看到的那只狗就是他的(尽管二者长得极为相似),他的信念就得不到辩护。然而,这个回答并不充分,因为史密斯是在附近丢失了他的狗,而他所看见的那只狗几乎完全一样,因此,从日常观点来看,他似乎没有理由怀疑那就是他的狗,除非有其他证据表明那只狗其实不是他的。为了处理这个问题,可靠主义者就需要进一步强调说,史密斯的信念形成过程应该是如下过程的一个标志:他在正常光照条件下在10米开外的地方清楚地看见一只狗,他没有任何证据表明自己看到的那只狗不是他的。按照这个思路,可靠主义者应该这样来设想信念的辩护:

经过修正的过程可靠主义(RPR):只有当三个条件得到满足时,一个人的信念 B 才算得到辩护:第一,B 是由一个可靠的认知过程产生的;第二,这个人有辩护地相信那个过程实际上是可靠的;第三,当 B 是因为从一个可靠的认知过程中产生出来的而得到初步辩护时,这个人有辩护地相信其辩护没有被他所能得到的任何其他证据所推翻。

这种修正对于可靠主义者处理上述问题显然是必要的。直观上说,如果一个人有理由怀疑自己用来产生某个信念的认知过程是可靠的,他大概就没有理由持有这个信念。戈德曼对诺尔曼的例子的回答实际上暗示了这个思想。[1] 此外,在史密斯的例子中,即使他相信其

---

[1] 参见 Goldman (2012), pp. 140-146。

知觉信念由一个可靠的过程产生,但只要他有证据表明这一知觉信念实际上是假的,他就不会有辩护地持有这个信念。然而,如果可靠主义者必须做出这种修正,那么他们对辩护的分析就不忠实于他们对可靠主义基本精神的承诺。按照戈德曼对可靠主义辩护提出的说法,一个信念只能通过满足两个条件而得到辩护:第一,它来自一个**不依赖**其他信念的可靠的认知过程;第二,它来自一个**依赖于**其他信念的认知过程,而这个过程在如下意义上具有一种有条件的可靠性——如果它用来产生目标信念的那些信念本身是真的,那么目标信念也倾向于是真的。[1] 戈德曼或许认为,在(RPR)的第三个条件中,认知主体的信念满足了他所说的第二个条件:这个信念是通过一个可靠的过程(例如推理过程)从其他有辩护的信念中产生出来的。即使那些有辩护的信念都是从不依赖于信念的认知过程中产生出来的,但戈德曼对这个条件的表述显然利用了证据主义的基本思想。更麻烦的是(RPR)的第二个条件。如果一个信念的辩护取决于认知主体**有辩护地**相信产生它的认知过程是可靠的,那么(RPR)就碰到了一个困难:在"有辩护地相信"这个说法中,如果"辩护"必须按照可靠主义的方式来理解,那么(RPR)提出的分析就是循环的;另一方面,如果这个辩护概念不是按照可靠主义的方式来理解的,那么戈德曼最终就不能**完全**按照可靠主义的方式来分析辩护概念,也就是说,他似乎不能认为**一切**有辩护的信念都是通过可靠的认知过程产生出来的。戈德曼的观点当然是立足于一个直观上合理的认识:如果信念根本上是从被称为"认知过程"的那种过程中产生出来的,那么信念的辩护在根本上就取决于这些过程的可靠性。这里的问题显然在于:信念的辩护是否完全可以按照可靠主义的方式来说明?换句话说,我们能否指定一个可

---

[1] 参见 Goldman (1992), pp. 116ff。

靠的认知过程，而不利用其他关于辩护的思想资源？

由此可见，如何指定一个可靠的认知过程就变成了可靠主义面临的一个难题。若对一种认知过程的描述过分一般，就不能将有辩护的信念和没有辩护的信念区分开来。例如，仅仅将视觉描述为一种可靠的过程是不够的。一些视觉信念是有辩护的，但也有一些视觉信念没有辩护。对过程的过分宽泛的个体化不能有意义地将有辩护的信念和没有辩护的信念区分开来。另一方面，如果我们对一个认知过程的描述过分具体，以至于每一个认知过程在这种描述下实际上都只有一个单一的标志，例如再也没有可以被笼统地称为"知觉"的那种认知过程，而只有在每一个具体场合对知觉的使用，那么我们就会得到一个不合理的结果：所有真信念都是有辩护的，而所有假信念都没有辩护。史密斯的例子就说明了这一点：一个原本被认为可靠的认知过程产生了假信念。为了避免这个问题，可靠主义者就需要进一步具体化一个信念产生的过程，以保证它所产生的信念是真的。这个要求的根据是，一个可靠的过程是倾向于产生真信念的过程。这样，如果一个过程类型只产生一个标志，而且由此产生的信念是真的，那么它就是可靠的。假设我形成了"桌子上有一只红色的咖啡杯"这个真信念。我们可以把产生该信念的认知过程鉴定为这样一个过程：在某个特定时刻看见桌子上有一只红色的咖啡杯。在某些规定的条件下（例如桌子上没有任何其他物体，视觉系统正常运作等），这个过程类型只有一个标志，它所产生的信念是真的。因此我们可以认为这个过程类型总是产生真信念，但它也只是碰巧产生一个真信念。既然它所产生的每一个信念都是真的，我的信念就是有辩护的。然而，在某些其他条件下，我们也可以设想这个过程所产生的信念是假的，因此在可靠主义观点下没有辩护，例如在史密斯的情形中。退一步说，虽然认知科学家可以在经验研究的基础上鉴定出每一个只产生真信念的过程，发现每一个只产生假信念的过程，但普通人或许无法做到这一点。

一个合理的辩护理论应该能够将有辩护的信念和没有辩护的信念区分开来。为了满足这个要求，可靠主义者就不能过分宽泛地鉴定过程类型。但是，如果他们试图具体比较个体化过程类型，就会碰到一些难以克服的困难。可靠主义者试图按照可靠性来分析信念的辩护。他们正确地认识到辩护与真理具有内在联系，因此就把可靠的过程定义为倾向于产生真信念的过程。这种做法似乎意味着，为了判断一个信念究竟有没有辩护，我们首先必须知道产生它的过程是否可靠。戈德曼一开始试图从日常的观点来指定可靠的过程类型，认为与一厢情愿的思想、草率的推断、单纯的猜测等过程相比，知觉、记忆和内省等过程是可靠的。但这种做法确实过于简单。例如，知觉显然并不具有无条件的可靠性，只是在所谓"正常条件"下才是可靠的，这些条件包括理想的光照条件、知觉系统的正常运作、知觉对象的本质及其与认知主体的空间关系等。但是，甚至在被正常地产生出来的知觉信念中，也有一些信念缺乏辩护。例如，在正常的知觉条件下，"那是一只狗"这个信念可能是有辩护的，而"那是一只苏格兰牧羊犬"这个信念可能就没有辩护，因为我或是没有充分的信息将那只狗鉴定为某个特定品种的狗，或是完全缺乏这方面的知识。为了处理这个问题或者类似问题，戈德曼认为一个认知主体应该利用自己所能得到的其他认知过程，以便弄清楚其信念是否可能会被其他证据削弱或推翻。但是，甚至这种经过修改的可靠主义也解决不了如何鉴定一个过程类型的问题。[1] 我的信念"那是一只苏格兰牧羊犬"是在正常条件下由知觉过程产生的，而如果知觉在正常条件下是可靠的，那么我的信念在可靠主义的意义上就是有辩护的。但我的信念可能得不到辩护，因

---

1 对这一点的详细论述，参见 Conee and Feldman (2004), pp. 141-159。

为（比如说）我只是在很久以前偶然在一本书上见过苏格兰牧羊犬，而现在我已经记不住对这种狗的具体描述了。因此，如果我用某种方式认识到我的信念可能没有辩护，因此不再继续持有这个信念，那么对这件事情的唯一合理的解释是，在思考这个信念有没有辩护时，我已经使用了自己所能得到的其他认知过程。如果我对这个过程的使用让我不再继续持有一个没有辩护的信念，那么这个过程就必定具有如下特点：在其中，我反思我的知觉信念，考虑支持和反对它的证据，并由此认识到这个过程在认知上是有分量的，因为否则我对它的使用就不足以使我放弃原来的信念。由此可见，这样一个过程至少包含了一个反思性过程，[1] 而如何个体化这种过程在戈德曼那里是不清楚的。然而，如果我们不能用可靠主义的方式将这种过程鉴定出来，那么甚至（RPR）也派不上用场。

当然，这并不意味着可靠主义在根本上是错误的。正如戈德曼后来的努力所表明的，为了对知识和辩护提出合理的论述，我们就需要将可靠主义与其他观点结合起来。[2] 不管我们如何理解"因果产生"这个概念，按照一个因果产生过程的可靠性来说明辩护至少是不充分的，因为信念的辩护不只是取决于因果上相关的性质。实际上，为了知道哪些性质是因果上相关的，我首先必须知道一个信念形成过程究竟是哪一种过程——正是通过知道有关的过程类型，我才能知道因果上相关的性质，而不是反过来。只有当我们已经知道相关的过程类型时，戈德曼对这种性质的诉求才有用。然而，这样一来，我们就不能通过诉诸因果上相关的性质来决定有关的过程类型。因此，总的

---

1 关于反思在知识论中的重要性，参见 Hilary Kornblith, *On Reflection* (Oxford: Oxford University Press, 2012)。
2 例如，见 Goldman (2012), especially chapters 3-6。

来说，单纯的可靠主义似乎无法在根本上解决如何鉴定可靠的过程类型的问题，或者，为了解决这个问题，可靠主义者就不得不引入某些内在主义或证据主义思想。这当然是戈德曼自己认识到的一个发展方向。不过，在考察他对可靠主义的进一步发展之前，我们需要简要地讨论另一种主要的外在主义知识论，即阿尔文·普兰廷加的恰当功能理论，[1] 因为这种理论在某些方面暗示了戈德曼自己的理论在后来的发展以及目前所说的"美德知识论"。

三、担保与恰当功能

普兰廷加的恰当功能理论在某种意义上也可以被理解为尝试回应盖蒂尔提出的挑战，当然，普兰廷加对其理论的发展也基于他的一个基本认识，即内在主义（包括证据主义）和戈德曼早期的可靠主义都不能令人满意地解决盖蒂尔问题。按照普兰廷加的判断，盖蒂尔问题实际上表明内在主义或证据主义的知识和辩护理论都是成问题的：不管内在主义者为了处理盖蒂尔问题如何设想知识需要满足的第四个条件，他们所设想的条件都仍有可能受制于进一步的反例，因为任何满足内在主义辩护要求的信念都仍有可能只是碰巧为真，也就是说，内在主义的辩护不足以**担保**（warrant）一个信念是真的。[2] 普兰廷加用

---

1 Alvin Plantinga, *Warrant: The Current Debate* (Oxford: Oxford University Press, 1993); Alvin Plantinga, *Warrant and Proper Function* (Oxford: Oxford University Press, 1993). 前一部著作 [以下简称为 Plantinga (1993a)] 是普兰廷加对当时主流知识论的批判性分析，而在后一部著作 [以下简称为 Plantinga (1993b)] 中，他系统地阐明了自己的理论。对普兰廷加的知识论的相关讨论，参见 Jonathan L. Kvanvig (ed.), *Warrant in Contemporary Epistemology: Essays in Honor of Plantinga's Theory of Knowledge* (Lanham, Maryland: Rowman & Littlefield Publishers, Inc., 1996); Feldman (2003), pp. 99-105; Michael Bergmann, *Justification without Awareness: A Defense of Epistemic Externalism* (Oxford: Clarendon Press, 2006), pp. 109-152。

2 参见 Plantinga (1993a), chapters 1-10。这部著作实际上是对内在主义理论的系统批评。

第六章　外在主义与内在主义

笛卡尔式的思想实验来表明，即使传统知识概念的第三个条件在内在主义的辩护概念下得到满足，如此得到辩护的信念也是真的，但直观上说它也不是知识。例如，考虑他提出的如下思想实验：

> 假设……我被半人马座阿尔法星球上的智慧生物或者笛卡尔所设想的恶魔任意操控，又或者我受制于其他病理诱发条件，然后考虑与我实际上知觉到40码外的一棵大橡树这件事情相伴随的现象学或纯粹心理属性：假设半人马座阿尔法星球上的智慧生物在随机的时间间隔给予我这些属性，这些属性与我在橡树面前[这个事实]毫无关联。很自然，在这些场合，我相信自己看到了一棵橡树。然而，这些信念对我来说肯定没有什么担保，尽管它们有证据基础相伴随，而在其他更加幸运的情况下，这些证据基础与信念对我来说有很高的担保相伴随。在这种情况下，正如在其他情况下，在接受了我所接受的这些信念上，我当然会在义务论的意义上得到辩护，我也会经历正确的现象学；但是，由于病理学方面的原因，这些信念对我来说几乎没有任何担保。[1]

普兰廷加的意思是说，即使事实上在我面前有一棵橡树，但如果我的认知官能并未在适当条件下正常运作，例如我对那棵树的知觉经验是在外星人的操控下具有的，那么我由此形成的信念就不是知识，尽管它是真的，而且在内在主义的意义上得到了辩护。内在主义的辩护对于知识来说并不充分。对普兰廷加来说，知识要求他所说的担保。他接着对一个"有担保的信念"提出了如下说法：[2]

1　Plantinga (1993a), pp. 59-60.

2　Plantinga (1993b), pp. 46-47.

有担保的信念：只有当一个信念满足三个条件时，它对我来说才有担保。第一，在一个与我所具有的那些认知官能相称的认知环境中，它是由在我这里正在恰当地运作（就像它们应当运作的那样运作，没有受制于任何功能失调）的认知官能产生的；第二，制约着那个信念产生的那部分设计计划旨在产生真信念；第三，在那些条件下产生的一个信念有很高的统计概率将是真的。

为了理解普兰廷加提出的说法，我们首先需要理解他在这里使用的一些特殊概念。"担保"是普兰廷加为了将其知识论与内在主义理论区分开来而提出的一个概念，指的是能够将真信念转变为知识的东西。对普兰廷加来说，不管是什么东西将一个真信念转变为知识，它不可能按照内在主义的方式来界定。尽管普兰廷加并未正面说明担保究竟是什么（除了把它说成是将真信念转变为知识的那种东西外），但他提出了有担保的信念得以产生的一些条件或要求。首先，这样一个信念必须是恰当地运作的认知官能的产物，而且认知官能要在合适的认知环境中运作。例如，假设心脏具有特有的功能，其正常运作取决于它在人体中特有的环境，而一旦将心脏植入其他环境中，它很可能就不会正常运作。那么，究竟是什么东西保证了一个认知官能在适当环境中的正常运作产生了有担保的信念呢？按照普兰廷加的说法，这种保证是由一个认知官能或认知系统的**设计**来决定的。任何人工制品都是按照某个或某些特定目的设计出来的，具有与履行其目的相应的特定功能。例如，咖啡机被设计出来以制作咖啡，不同形式的咖啡机具有不同功能（或者同一台咖啡机也具有不同功能），可以制作和烹调不同口味的咖啡。普兰廷加显然相信我们的认知官能也是被设计来履行某个目的，例如在适当条件下产生真信念，不管这种设计是由

第六章　外在主义与内在主义

上帝来完成的，还是由自然选择来完成的。如果设计使得我们的认知官能在适当条件下倾向于产生真信念，那么一个由此产生的信念就是有担保的，正如一台咖啡机在适当条件下正常运作时可以产生一杯在指定的方面有保证的咖啡，例如一杯卡布奇诺。第三个条件表面上看是一种可靠性条件，而只要我们暂不考虑普兰廷加所使用的特殊概念，例如"担保"和"设计"，他对前两个条件提出的说法至少在某些方面类似于戈德曼对可靠的认知过程提出的要求。因此我们很想知道普兰廷加的观点究竟如何不同于一般而论的可靠主义。实际上，可靠主义也是普兰廷加想要批评的一种理论。考虑一下他用来反驳戈德曼早期可靠主义的一个案例：

> 假设[凯文]患有严重的异常，例如脑部病变。这种损伤严重破坏了他的思想结构，导致他相信各种各样的命题，其中大多数都是错误的。然而，这也使他相信自己患有脑损伤。凯文根本没有证据表明自己在这方面是不正常的，他认为他不寻常的信念是由一种迷人的原创性思维所产生的。……但是凯文肯定不知道自己患有脑损伤。他没有任何证据（感觉、记忆、内省等）表明自己有这种损伤；从认知的角度来看，他持有这个信念只不过是一种幸运的（或不幸的）意外。[1]

不管普兰廷加对这个案例的设想是否可靠，[2] 他想要说的是，凯

---

[1] Plantinga (1993a), p. 195. 亦可参见 Plantinga (1993b), pp. 28-31, 在那里普兰廷加利用类似的思想实验来批评戈德曼的过程可靠主义。

[2] 彼得·克莱因认为，不仅普兰廷加对这个案例的设想并不可靠，而且这个案例本身也不足以反驳内在主义。参见 Peter Klein, "Warrant, Proper Function, Reliabilism, and Defeasibility", in Kvanvig (1996), pp. 97-130, especially pp. 100-103。

文关于自己患有脑损伤的信念之所以不构成知识，**并不是**因为从可靠主义的观点来看它只是偶然为真（例如在缺乏证据来支持其信念的意义上），而是因为它是一种认知上异常的精神官能的结果。换言之，如果我们宽泛地个体化认知过程，那么那个信念当然就只是偶然为真；但是，我们也可以很狭窄地个体化一个认知过程，从而使得那个信念可以被看作由**可靠的**认知过程所产生的。当然，只要戈德曼未能解决一般性问题，其可靠主义就会产生错误的分析结果——"假设[凯文]患有这种功能紊乱，因此相信自己遭受了脑损伤。进一步假设他没有任何证据支持这个信念。……这样，[与他产生那个信念相关的过程]肯定是高度可靠的；但结果得到的那个信念对他来说却几乎没有什么担保"。[1] 在普兰廷加看来，凯文的那个信念之所以不构成知识，是因为它是异常的认知官能的产物。我们当然可以设想一个设计不良的装置尽管在某种意义上仍然是可靠的，但这并不会产生有辩护或担保的信念，正如一台设计不良的咖啡机虽然可以可靠地（也就是说，在其原来的设计上是可靠的）制作出一杯咖啡，但这杯咖啡可能不会有好味道。由此来看，普兰廷加为"有担保的信念"指定的条件似乎解决或避免了可靠主义者面临的一般性问题和偶然可靠性问题。

普兰廷加认为上述三个条件对于拥有一个有担保的信念来说是必要的，但在其他地方他也认为这些条件是充分的。[2] 然而，普兰廷加的批评者论证说，在我们对知识的某种直观理解下，这些条件既不是必要的也不是充分的。为了表明普兰廷加所指定的条件并不充分，我们只需表明一个满足这些条件（因此得到担保）的真信念并不构成知识。例如，考虑劳伦斯·邦茹提出的如下案例：伯里斯彻头彻尾是由

---

[1] Plantinga (1993a), p. 199.
[2] 例如，参见 Plantinga (1993b), pp. 22-23, 267。

上帝设计出来的一个人，上帝在他那里安置了很狭窄的专属模块，以保证他在某个极为重要的问题上将持有一个真信念，而且，这个模块被构造出来是为了在世俗世界随着基督重降而即将终结之前的某个合适的时间间隔，引起伯里斯相信那件事要发生，而且其信念与具有算术知识的任何人对"2+2=4"持有的信念一样坚定和确信；此外，除了导致那个信念的那种强大的推动力外，那个信念本身并不伴随任何与众不同的现象学性质。[1] 伯里斯的信念显然满足了普兰廷加为有担保的信念所指定的条件：第一，那个模块是在恰当地运作；第二，伯里斯所生活的环境并不存在任何异常；第三，那个模块旨在产生一个真信念；第四，它在现存条件下的可靠性很高。此外，按照假设，伯里斯对那个信念的担保显然具有最高的程度，因此有效地排除了任何关于冲突证据的担忧。然而，在邦茹看来，这个得到最大程度担保的信念并不构成知识。就像此前讨论的"千里眼"案例一样，我们可以高度怀疑伯里斯会合理地按照这个信念来行动，例如卖掉自己的房子买整版广告来宣称那个事件要发生，或者立即取消自己的人寿保险。

同样，我们可以表明普兰廷加提出的条件对于知识来说也不必要。为此，我们需要设想一个人的认知官能并不是被设计出来的，却可以产生我们直观上认为是知识的东西。[2] 假设弗兰克的认知官能完全是通过某种随机的基因突变产生的，但他最终具有了与正常人同样或极为接近的认知官能。这种情况在实际世界中当然不太可能发生，

---

[1] Laurence BonJour, "Plantinga on Knowledge and Proper Function", in Kvanvig (1996), pp. 47-71, at pp. 58-59. 关于类似的案例以及相关的分析，亦可参见 Klein (1996), pp. 103-108; Richard Feldman, "Plantinga, Gettier, and Warrant", in Kvanvig (1996), pp. 199-220。

[2] 参见 BonJour (1996), pp. 61-62; Klein (1996), pp. 109-112; Ernest Sosa, "Proper Function and Virtue Epistemology", in Kvanvig (1996), pp. 253-270, especially pp. 255-260。

但不是逻辑上不可能的。¹ 弗兰克可以接受我们看作正常教育的那种教育，可以在认知要求很高的领域（例如物理学或哲学）中获得一份工作，因此他就可以持有很多我们认为是知识的东西。然而，既然他的认知官能是随机产生的，他显然没有普兰廷加所说的那种认知设计计划，因此，其认知官能就不能被正确地说成是在恰当地运作，或者是以获得真理为目的。就此而论，按照普兰廷加的定义，他的认知官能所产生的一切信念都没有担保，因此不能构成知识。但是，既然弗兰克的认知官能的运作在每一个方面都不是不同于所谓"正常人"的认知官能的运作，那么，只要其他人的认知官能的运作被认为满足了普兰廷加所指定的条件，有什么理由认为弗兰克的认知官能未能产生有担保的真信念乃至知识呢？实际上，普兰廷加自己承认，"假若 [弗兰克] 的认知官能会按照 [通过随机的基因突变而产生的] 那个新的设计计划恰当地运作，……那么就没有理由否认其信念是有担保的"。²当然，普兰廷加或许是在说，即使弗兰克的认知官能是通过随机的基因突变产生的，但上帝**保证**基因突变的**最终结果**将会符合他在创造世界时拟定的全部设计计划。

然而，以这种方式来回应批评意味着，在普兰廷加那里，与环境条件相称的认知官能的恰当运作本身实际上不足以保证认知主体获得有担保的信念或知识，因为是否如此**在根本上**取决于支撑这些官能恰当运作的那个设计计划或者其中的相关部分。正如我们已经看到的，一个设计不良但可靠运作的装置可以可靠地产生拟定结果，但它仍然说不上是在良好地运作。一般的吸尘器会可靠地产生吸尘的效果，但肯定不会产生戴森吸尘器所产生的那种效果。我们可以用一些

---

1 实际上，普兰廷加自己设想了类似的可能性。见 Plantinga (1993b), pp. 29-31。
2 Plantinga (1993b), p. 30.

说法来评价它所产生的效果，例如把它说成是"在吸尘方面不太管用"。同样，一个认知系统在既定条件下仍然可以恰当地运作，正如一辆 20 世纪早期的老爷车仍然可以缓慢地行驶，但它产生的信念可能不如一个性能更好的认知系统产生的信念那么有辩护。例如，一位没有学过逻辑的人通过推理产生的信念可能不如一位逻辑学家通过推理产生的信念那么有辩护。由此来看，按照既定的设计来产生的功能运作有可能不是导致辩护或担保的东西。如果普兰廷加声称正是设计保证了认知官能在适当的环境条件下的恰当运作导致担保，那么他似乎就没有对担保**如何**将真信念转换为知识提供一个正面论述。实际上，他的说法就类似于笛卡尔的说法——正是上帝保证一个人在清楚明晰的情况下对其精神状态的内省是不可错的。然而，正如邦茹指出的，这个主张会产生一个不可接受的怀疑论结果："即使我们**在正确的条件得到满足的情况下**可以具有'担保'乃至知识，但我们显然没有办法从内部辨别那些条件是否得到了满足，也完全没有理由认为它们得到了满足。"[1] 既然我们不知道这一点，或者无从对其进行判断，我们很有可能就仍然只是具有碰巧为真的信念。另一方面，如果普兰廷加所说的"设计计划"不是由上帝这样的有意识或有意图的设计者产生的，而是通过自然选择产生的，那么我们同样无法保证认知官能在适当的环境条件下的恰当运作会产生真信念，因为自然选择并不以产生真信念为目标。当然，我们可以承认自己的某些认知官能在**适当**条件下是可靠的，但是，什么样的条件才是适当的呢？如果普兰廷加将适当性条件与产生真信念的观念联系起来，那么他不仅并未对担保**何以**可能提出任何**实质性**论述，而且也会碰到可靠主义面临的一般性问题，因此其理论就不像他所声称的那样构成了对可靠主义的

1　BonJour (1996), p. 63.

一种取舍。

当然,我们不是不能认为,只要我们的认知官能恰当地运作,它们在适当的环境条件下就可以让我们获得关于周围世界的真实信息。例如,在正常的光照条件下,只要我们的视觉系统正常运作,就能正确地认识到中等尺度的物理对象,乃至正确地形成关于它们的信念。换句话说,我们可以以具有欧内斯特·索萨所说的"**动物性知识**",即在不需要通过多少反思或理解的情况下作为对各种环境刺激的直接回应而具有的知识。在邦茹看来,普兰廷加的理论至多能够说明这种知识。但是,他的理论无法说明我们如何具有索萨所说的"**反思性知识**",因为这种知识涉及广泛地理解我们的信念是如何产生的,又如何与作为其对象的事实相联系。[1] 而在邦茹看来,只有内在主义理论才能说明反思性知识的可能性,因为这种理论要求认知主体必须提出理由来说明其信念为什么是有辩护的。与此相比,尽管普兰廷加声称,在脑损伤的案例中,那个认知过程的可靠性从认知主体的设计计划的观点来看是偶然的,并以此来反驳戈德曼的过程可靠主义,但是,就算我们具有他所说的"设计计划",这样一个计划对我们来说似乎是认知上不可存取的。实际上,普兰廷加对内在主义的批评旨在表明这一点,并因此用一种外在主义的方式来设想那种将真信念转变为知识的东西,即所谓"担保"。然而,如果我们实际上不知道设计计划究竟是如何运作的,就无法利用关于它的任何观念来判断我们的信念究竟有没有辩护,因为普兰廷加事实上并没有将设计计划看作我

---

1 关于这两种知识的区分,参见 Ernest Sosa, "Knowledge and Intellectual Virtue", in Sosa, *Knowledge in Perspective* (Cambridge: Cambridge University Press, 1991), pp. 225-244; Ernest Sosa, "Human Knowledge, Animal and Reflective", in Sosa, *Reflective Knowledge* (Oxford: Clarendon Press, 2009), pp. 135-153。

们可以在认知上存取的东西。¹ 因此，尽管普兰廷加的理论貌似解决了过程可靠主义面临的一些主要问题，但它作为解决盖蒂尔问题的一种方案显然并不令人满意。

在批评戈德曼的可靠主义时，普兰廷加指出，在脑损伤的案例中，认知主体的那个特定的真信念之所以不能算作知识，并不是因为（就像戈德曼所认为的那样）它只是偶然为真，而是因为认知官能不是在恰当地运作。如果我们放弃了按照神学观念来理解恰当功能的做法，那么就需要对认知官能的恰当运作提出另外的说明。戈德曼在回应普兰廷加的时候提出了如下说法：

> 普兰廷加那些以触发疾病或精神失常过程为特色的例子包括脑瘤和辐射之类的东西所导致的过程。在每一种情况下，他都认为那个过程是可靠的，但宣称我们不会将它判断为会产生辩护。我的诊断是……普兰廷加所设想的那些过程不符合一个典型的评价者清单上的任何美德。因此那些过程所产生的信念至少是没有辩护的。进一步说，对于作为认知恶习的例子的病态过程，评价者可以有预先的表征。普兰廷加的案例可以被判断为（在相关的方面）类似于那些恶习，因此它们产生的信念就会被宣告为是没有辩护的。²

1　普兰廷加明确地通过诉诸上帝的设计来说明其理论中的核心概念，例如"恰当功能"和认知系统的"适当环境"，但是，他也将其理论看作一种自然主义倡议。一些批评者已经论证说，二者的结合是不融贯的。例如，参见 Earl Conee, "Plantinga's Naturalism", in Kvanvig (1996), pp. 183-196。关于普兰廷加对待自然主义的态度，参见 James K. Beilby (ed.), *Naturalism Defeated?: Essays on Plantinga's Evolutionary Argument Against Naturalism* (Ithaca: Cornell University Press, 2002); Alvin Plantinga, *Where the Conflict Really Lies: Science, Religion, and Naturalism* (Oxford: Oxford University Press, 2011)。

2　Goldman (1992), p. 159.

按照戈德曼的说法，一个信念的辩护地位并不是（或者不只是）由产生它的过程的特征来决定的，而是，辩护取决于（或者也取决于）认知主体在获得信念的过程中利用和行使认知美德。接下来我们就来考察戈德曼如何将这个思想与其可靠主义立场相结合。

四、美德可靠主义与经验研究

如前所述，戈德曼试图按照规则可靠主义来解决恶魔问题，这种观点在结构上类似于规则后果主义。戈德曼早期的解决方案实际上并不成功，但在后来发表的一篇文章中，[1] 他继续采取类似的思路，区分了认识论的两个层次或使命。第一个层次或使命是描述性的，旨在描述我们日常的认知概念和认知规范。第二个层次或使命是规范性的，旨在对日常的认知概念和认知规范做出批判性评价。对于某些知识论理论家来说，我们日常使用的知识论概念和原则从根本上说是原始的和不系统的，而且并不了解概率演算之类的逻辑或数学资源。因此，在他们看来，严格而论的知识论既不应该从这些原始的概念和原则入手，也不应该以它们告终。戈德曼摒弃了这种观点，转而认为知识论应该在日常的认知概念与规范和相关的经验研究之间实现一种反思平衡，例如用认知科学的研究成果来阐明和改进日常的认知概念和规范——"不管知识论可以在其他方面做什么，它至少应该在普通人的概念和实践中有其根源。……改革或超越我们的认知习俗可能是令人向往的。……但是维护连续性也很重要，而只有当我们对认知习俗有了令人满意的描绘时，连续性才能被认识到。"[2]

1　Alvin Goldman, "Epistemic Folkways and Scientific Epistemology", in Goldman (1992), pp. 155-175.
2　Goldman (1992), pp. 155-156.

戈德曼现在放弃了**直接**按照过程可靠主义的观念来理解知识和辩护的做法，转而认为有辩护的信念需要按照**理智美德**（intellectual virtues）来理解——某些心理过程体现了美德，通过这种过程获得或保留的信念是有辩护的，而部分地通过认知恶习获得的信念则没有辩护。[1] 为了阐明这一点，戈德曼首先假设，认知评价者具有一系列认知美德和恶习的心理储备，在被要求对信念进行评价时，可以考虑信念产生的过程，并将它们与自己具有的美德和恶习进行比较。也就是说，在评价一个信念时，我们首先鉴定出产生它的心理过程，然后看看它是否与认知美德或认知恶习相匹配。戈德曼认为，通过这样做，我们就可以对信念提出三种可能的评价：

从认知美德的角度对辩护的分析：
（1）如果鉴定出来的那个过程只与认知美德相匹配，它所产生的信念就是有辩护的。
（2）如果鉴定出来的那个过程完全地或部分地与认知恶习相匹配，它所产生的信念就没有辩护。
（3）如果鉴定出来的那个过程不在认知共同体鉴定出来的认知美德和认知恶习的清单上，它所产生的信念就被划分为未加以辩护的（nonjustified）。

在这里，一个未加以辩护的信念既不是有辩护的，也不是没有辩护的，而仅仅是这样一个信念：其辩护地位不能在一个认知共同体目前的认知实践中来确定，换句话说，在认知共同体目前的认知实践中，这个信念缺乏**正面的**辩护地位。在这种情况下，为了确定它能否

---

1 当然，正如我们即将看到的，戈德曼**在根本上**仍然按照可靠性来定义认知美德和恶习。

得到辩护，我们就需要反思日常的认知实践。戈德曼认为认知科学可以为这种反思提供一个基础，正如我们稍后就会看到的。戈德曼进一步认为，他现在从认知美德的角度对辩护的探讨比原来提出的**单纯的可靠主义**更优越（即使本质上仍然是可靠主义的），因为这种探讨能够处理此前的观点面临的一些问题。为了看到这一点，考虑前面讨论过的一个例子。史密斯相信他看到的那只狗就是他的。在我们设想的第一种情形中，史密斯的信念是真的，却没有辩护，因为在这种情形中，他的信念不仅是通过知觉形成的，也是通过一厢情愿的想法形成的。按照戈德曼的说法，知觉是一种与认知美德相匹配的认知过程，一厢情愿的想法则是一种认知恶习，因此史密斯的信念就没有辩护。在第二种情形中，尽管史密斯的信念实际上是假的，却是有辩护的。如果没有令人信服的证据表明史密斯看到的那只狗不是他的，那么，即使那只狗实际上不是他的，他的信念仍然是有辩护的，因为在他形成这个信念的时候，提供这种证据的过程是他无法得到的。此外，这个信念的形成涉及史密斯行使一个与知觉相关的认知美德，但不涉及任何认知恶习。因此，一旦我们从美德认识论的角度来评价信念，就可以对史密斯的信念提出正确的分析。

那么，戈德曼的美德可靠主义是否也能令人满意地回答对此前讨论的三个批评呢？首先考虑所谓"千里眼问题"。戈德曼把这个问题分为两种情形。在第一种情形中，诺尔曼无视相反的证据。按照美德认识论的观点，无视相反的证据是一个认知恶习。在这种情况下，即使诺尔曼的信念来自他的那种被认为是完全可靠的千里眼式的预感，其信念也没有辩护。在第二种情形中，诺尔曼既没有证据支持其预感，也没有证据反对其预感。戈德曼说，在这种情况下，诺尔曼的信念是否有辩护，就取决于我们（即认知共同体）是否将那种预感看作一个认知恶习。如果我们认为那种预感是一个恶习，诺尔曼的信念就没有辩护；如果我们不这样认为，就必须承认诺尔曼的信念形成过程并不涉及任何认知恶习。另一方面，如果我们也没有理由认为那种千里眼式的预感是一个认知美德，那么诺尔曼的信念就是一个未加以辩护的信念。我们必须依靠认知科学来发现一个人是否确实具有这种预感。如果科学研究得出肯定的答案，我们就可以将这种预感看作一个认知美德。在这种情况下，诺尔曼的信念就有了辩护。

美德可靠主义似乎对千里眼问题提出了一个还算令人满意的回答。然而，在利用这个理论来解决恶魔问题时，戈德曼就碰到了一些进一步的困难。直观上说，在恶魔世界中，知觉并不是可靠的认知过程；然而，恶魔世界中的认知主体也没有认知资源发现自己受到了欺骗，因此我们就可以认为其知觉信念是有辩护的。倘若如此，我们就可以说，即使一个信念不是由可靠的过程产生的，它也可以是有辩护的——在戈德曼的"弱辩护"的意义上是有辩护的。现在的问题是，美德可靠主义如何说明恶魔世界中认知主体的知觉信念是有辩护的呢？在恶魔世界中，知觉显然是不可靠的，因此就不能认为一个认知主体的知觉信念是他运用认知美德的结果。为了处理这个问题，戈德曼说，在美德可靠主义中，并不是**事实上的可靠性**决定一个认知过程是否体现了认知美德，而是**被一个认知共同体看作可靠的**认知过程决定它是否体现了认知美德。例如，在真实世界中，我们认为知觉是可靠的，因此对知觉的运用就体现了一个认知美德。既然恶魔世界中的认知主体不知道（也没有认知资源知道）自己受到了欺骗，他就会把知觉过程看作可靠的，因此就会认为自己在那个世界中形成的知觉信念是有辩护的。然而，这个回答产生了一个问题：我们（生活在正常世界中的认知主体）应该如何判断恶魔世界中的知觉信念呢？我们确实认为知觉过程在**我们的**世界中是可靠的，因此将知觉看作一个认知美德。既然我们知道知觉在恶魔世界中是不可靠的,是否就应该认为知觉在恶魔世界中是一个认知恶习呢?如果戈德曼坚持认为,生活在恶魔世界中的认知主体认为知觉是可靠的,那么其理论就会对恶魔世界问题提出两个回答:生活在恶魔世界中的认知主体认为其知觉信念是有辩护的,而生活在正常世界中的我们认为他们的知觉信念没有辩护。因此,一个信念是否得到辩护,取决于认知共同体是否**认为**将它产生出来的认知过程体现了认知美德,而且不涉及任何认知恶习。换句话说,信念的认知评价是相对于一个认知共同体的观点而论的。

那么,戈德曼的观点是否会导致一种认识论的相对主义呢?为了回答这个问题,我们需要转到戈德曼对认知美德和认知恶习的界定上。我们通常认为,认知美德涉及在视觉、听觉、记忆、推理的基础上以某些获得认可的方式来形成信念,而认知恶习则涉及用猜测、一厢情愿的想法、无视对立证据之类的方式来形成信念。戈德曼由此认为,我们可以通过参考**可靠性**来理解认知美德和恶习:前一种信念形成过程之所以可以被认为是有美德的,是因为它们产生了高比例的真信念,后一种过程之所以被认为是有谬误的、不完善的或者有缺陷的,是因为它们产生了低比例的真信念。按照这种理解,认知美德可以被看作产生真信念的稳定倾向,而认知恶习则可以被看作不会产生真信念(或者极有可能产生假信念)的稳定倾向。在日常的伦理生活中,我们会内化社会上形成的道德规范,形成按照它们来行动的稳定倾向,并因此而具有了所谓的"伦理美德"。当然,也有一些人形成了不遵守道德规范的稳定倾向,因此就具有了所谓的"伦理恶习"。同样,戈德曼认为,一个认知共同体可以通过长期的认知实践而认识到某些认知规范,认知主体也因此而形成各种认知美德和认知恶习。因此,大致说来,认知美德就是与可靠的认知过程相联系的心理属性，认知恶习就是与不可靠的认知过程相联系的心理属性，在这里，一个认知过程的可靠性是按照它产生真信念的概率来定义的。之所以使用"概率"这个说法，是因为任何一个认知过程都不是无条件地完美的，也就是说，它是否会产生真信念也取决于某些其他条件，正如一个具有伦理美德的行动者在按照美德来行动时也未必会取得拟定结果，因为一个行动是否会取得拟定结果也取决于外部世界是否合作。

戈德曼指出："我们无须假设每个认知评估者都是通过直接应用可靠性测试来选择其美德和恶习清单。认知评估者可能部分地继承了语言共同体中其他说话者的美德和恶习清单。不过，[我们可以假设]美德和恶习的选择最终取决于对可靠性的评估。"[1] 如果我们认为道德旨在实现或促进某些社会生活目标，那么我们就可以认为有美德地行动往往可以实现或促进这些目标。但是，已经生活在一个道德共同体中的行动者或许只是通过道德教育和训练而学会遵守某些道德规范，并在适当条件下培养和形成有关美德，因此他们可以**直接**按照自己习得的美德来行动，而无须考虑有美德的行动与那些目标的确切联系。他们的行动的道德地位取决于生活在同一个道德共同体中的成员的评估和判断，尽管行动者自己也可以做出这样的评估和判断。同样，对戈德曼来说，一个信念的辩护地位取决于认知共同体成员的评估和判断。这种评估和判断当然可以直接按照认知主体在形成其信念时是否运用了认知美德或遭受了认知恶习来做出，抑或按照对二者的综合考虑来做出。但是，在某些特殊情形中，这种评估和判断可能也需要按照可靠性来做出。这当然预设了至少认知共同体**有证据**对认知过程的可靠性做出判断。对戈德曼来说，对认知过程的可靠性的评估和判断

---

[1] Goldman (1992), p. 160.

至少需要受到一个约束，即认知主体没有认知资源怀疑自己正在使用的认知过程是可靠的。由此来看，戈德曼似乎已经将证据主义观念整合到他对一种合理的美德可靠主义的设想中。[1] 我们可以将这种设想表述如下：[2]

> **证据主义的美德可靠主义（EVR）**：认知主体在相信某件事情上得到辩护，当且仅当其信念是由具有如下特点的认知过程产生的：第一，这个认知过程例示了一个认知美德；第二，它并不例示任何认知恶习。在这里，如果认知主体有充分的证据认为一个认知过程是可靠的，这样一个过程就例示了一个认知美德；如果认知主体有充分的证据认为一个认知过程是不可靠的，这样一个过程就例示了一个认知恶习。

（EVR）对千里眼问题和恶魔问题做出了更好的解决。在千里眼的情形中，只要诺尔曼持有对立的证据，其信念就得不到辩护，因为其信念不满足（EVR）的第二个条件。另一方面，如果诺尔曼知道自己的那种千里眼式的预感是可靠的，而且他以这种方式形成的信念不涉及任何认知恶习，那么其信念就有辩护。在恶魔世界的情形中，既然认知主体没有理由认为自己受到了欺骗，他就有适当的证据认为知觉是可靠的，因此，只要其知觉信念的形成不涉及任何认知恶习，那

---

[1] 戈德曼后来更明确地表明，证据主义若要克服其自身面临的一些困难，就必须设法将可靠主义整合于其中。参见 Alvin Goldman, "Toward a Synthesis of Reliabilism and Evidentialism?", in Goldman (2012), pp. 123-150。

[2] 参见 Steup (1996), p. 173。

个信念就是有辩护的。¹ 这种解释假设辩护是随附在认知主体的总体证据之上。

然而,直观上说,认知主体在恶魔世界中形成的知觉信念并不具有**充分的**辩护,因为产生信念的知觉经验实际上是恶魔诱导出来的。当然,如果我们没有办法将这种经验与真实经验区分开来,那么我们就只能陷入怀疑论的困境。按照证据主义者的说法,为了让一个知觉信念得到辩护,其形成就必须恰当地回应经验,例如其内容必须"接近"经验的直接内容。然而,戈德曼认为这个建议并不可行,因为恰当的回应并非总是与内容相匹配。在他看来,我们可以借助过程可靠主义的两个基本要素来处理证据主义面临的问题:第一,信念形成是一个过程而不是一个状态;第二,信念形成过程可以是可靠的或不可靠的,或者在可靠性程度上具有差别。假设我们放弃了极端的怀疑论,就可以发现一个认知主体形成某个信念的过程是不可靠的,即使从他自己的认知视角来看其信念是有辩护的,例如当他不知不觉地受到了某位神经科学家的操控而具有某些知觉经验的时候。

另一方面,戈德曼承认,我们应该将证据主义所强调的某些要素整合到可靠主义理论中,以便对一个认知过程的可靠性做出更精确的评估。例如,假设两个认知主体 A 和 B 相对于他们所要相信的命题 P 来说都持有同样的总体证据,但与 B 不同,A 能够利用其精准的技能来决定证据确认或支持 P 的程度。在这种情况下,A 对 P 所持有的信念就更有辩护。² 此外,戈德曼指出:"虽然可以有这样一些情形,其中一个信念态度的辩护地位完全由 [认知主体在做出信念决定时]

---

1 参见 Alvin Goldman, "Immediate Justification and Process Reliabilism", in Quentin Smith (ed.), *Epistemology: New Essays* (Oxford: Oxford University Press, 2008), pp. 63-82。

2 Goldman (2012), p. 133.

发生的事件来决定,但一般来说,一个信念态度的辩护地位部分地由在[那个时刻]之前的事件和状态来决定。因此,一个信念的辩护地位并不随附在那个时刻发生的精神状态上。"[1] 在记忆信念的辩护的情形中,这一点是最明显的。一个人可以在某个早期时刻按照知觉经验形成一个有辩护的信念 P,但他在某个晚期时刻是否也相信 P,则取决于他在那个时刻是如何达到那个信念的。如果他在那个晚期时刻对 P 持有的信念是他在那个时间区段内维持记忆操作的结果,而且并未碰到有可能会击败 P 的证据,那么他在那个晚期时刻对 P 持有的信念就是有辩护的。与此相比,如果他已经完全忘记了自己在早期时刻形成的信念,但在某个晚期时刻出于完全无聊的或荒谬的理由而相信 P,那么他在晚期时刻的信念就没有辩护。因此,一个信念究竟是由什么样的因果过程所导致的会对其辩护地位产生关键的影响。

美德可靠主义是戈德曼为了回应对其早期观点的批评而发展出来的。回想一下,过程可靠主义面临的一个主要问题是如何个体化认知过程。为了恰当地解决这个问题,我们既不能对过程类型提出一种过于宽泛的描述,也不能提出一种过分具体的描述。认知美德和认知恶习是相对灵活的概念,允许程度上的差别。例如,在美德伦理学中,一个行为是否例示了美德并不仅仅取决于它是否符合某个规则,也取决于行动者对自己处境的认识和理解以及他的某些其他特点。因此,如果我们把可靠的认知过程看作运用认知美德的过程,那么认知过程的可靠性可能也有程度上的差别。换句话说,由一个过程产生出来的信念是否有辩护,可能取决于一个认知主体及其境况的某些具体特征。对戈德曼来说,如何个体化认知过程,或者说如何确定被选择为认知美德或恶习的心理单元,是一个要由认知科学来解决的问题。

---

1 Goldman (2012), p. 137.

举例来说，视觉分类可以出现在一系列逐渐降级的条件下。视觉刺激可以从一种不同寻常的方向来看，也会因为受到阻挡而只有其中某些部分是可见的，等等。这些因素都会对分类过程的可靠性产生影响。因此，即使我们日常都把产生视觉经验的过程看作同一种认知过程，它也可以因为一系列参量值而具有不同程度的可靠性。为了进行认知评估，我们就需要鉴定与可靠性程度具有重要关联的参量和参量值。因此，戈德曼认为认知美德和恶习并不是与一般而论的认知过程相联系，而是与按照**规定的**参量值来运作的过程相联系。[1] 例如，按照所谓"对象识别理论"，一个普通物体在心理上被表征为某些简单的原始要素的某种安排。对象识别首先取决于在知觉上抽取所谓边缘特征，在此基础上检测出不依赖于观察点的属性，并进而发现它们之间的关系，然后，存储在记忆中的简单物体的模型被激活，认知主体将某个模型与其视觉经验进行匹配，并由此对知觉对象进行分类。这个最终导致正确的对象识别和鉴定的过程涉及三万个基本层次。

戈德曼旨在用这类例子（他也提到了语言学习的例子）来表明，以对认知活动的**规范评价**为目标的规范认识论不能脱离认知科学的经验研究，因为对认知过程的可靠性的评估依赖于这种研究。他进一步指出，甚至一些内在主义理论也需要利用认知科学的研究成果。[2] 例如，某些内在主义者将辩护看作认知上负责任的过程的结果，认为只要一个信念的获得从认知主体自己的观点来看是无责备的或不应受责备的，这个信念就是有辩护的，即使其产生过程从可靠主义的标准来看并不是有美德的。希拉里·科恩布利思试图用一个例子来表明一个

---

1 参见 Goldman (1992), pp. 165-169。
2 Ibid., pp. 169-175.

信念的辩护地位并不完全取决于产生它的推理过程。[1]很自负的年轻物理学家琼斯在会议上报告一篇论文，报告结束后，一位资深物理学家提出了一个致命的批评，然而，由于琼斯无法忍受批评，他完全无视后者提出的异议。这个批评并没有对琼斯的信念产生影响，因为他根本就没有去听那位资深物理学家究竟在说什么。按照科恩布利思的说法，琼斯从自己实际上拥有的证据（当然不包括那位资深物理学家的证据）进行的推理完全无可挑剔。然而，戈德曼指出，尽管琼斯不相信那位资深物理学家提出的证据，但他却因为没有相信那个证据而应受责备，因为作为研究客观实在的物理学家，他本来就不应该无视同事提出的批评意见，因此，他按照自己实际上具有的证据对某个物理问题持有的信念就没有辩护。在这里我们将不讨论是否确实如此。戈德曼所关心的问题是，在什么情况下一个行动者因为未能相信某事而应受责备？这当然是一个困难的问题，但戈德曼相信经验科学至少可以部分地帮助我们回答这个问题。例如，为了弄清楚琼斯的信念是否得到辩护，我们可以去做进一步的物理研究，去考察他存储在长期记忆中的信息。为了表明推理过程与信念的辩护有关，戈德曼引用了在所谓"可得性启发法"（availability heuristic）方面的研究结果。人们往往使用他们可以通过记忆提取、想象或知觉而想起的典型事例来估计某些东西属于某个范畴的频率，但通过这种方法想起的典型事例不一定与客观频率具有恰当关联，因为各种成见都有可能会导致偏差。当然，这并不意味着人们在从事启发式推理方面**必定**应受责备，因为这种推理在某些情况下至少可以节约认知成本；不过，在进行这种推理时，认知主体应该意识到自己是在使用一种含有系统成见的推

---

[1] Hilary Kornblith (1983), "Justified Belief and Epistemically Responsible Action", *Philosophical Review* 92: 33-48, especially p. 36.

理——"这是人们应该承认的一项证据。未能承认这一点或未能将它纳入考虑,会使得他们的判断行为应受责备。"[1] 因此,即使经验科学不能完全解决认知活动的规范评价问题,它们也至少可以在一定程度上帮助我们解决这个问题。

五、内在主义

以上我们考察了外在主义认识论的基本观点及其所面临的主要问题。我们已经看到,为了恰当地处理一些问题,外在主义者大概就需要引入一些内在主义要素。当然,这并不意味着外在主义在根本上是不可接受的,因为有可能的是,不论是外在主义还是内在主义,都只是**部分地**表达我们对知识和辩护的理解。然而,自外在主义在 20 世纪 70 年代兴起以来,其倡导者就试图将外在主义发展为对内在主义的有力取舍,二者之间的争论目前仍在继续,尽管是以更复杂的形式表现出来,例如在蒂莫西·威廉姆森的"知识在先"立场的刺激下,引发了关于知识的价值的进一步争论。外在主义者可以提出一些论证来反对内在主义,内在主义的捍卫者也可以对批评提出反驳,认为他们的论证或是不成功,或是误解了内在主义的基本观念。这个重要的争论在如下意义上类似于形而上学领域中关于自由意志的争论:两种主要观点之间的交锋产生了真正意义上"辩证对话"的可能性,推进了对一些传统问题的澄清和理解,产生了新的见识或理论。在当代认识论中,内在主义和外在主义之间的争论之所以占据了核心地位,本质上是因为它不仅涉及我们对知识和辩护的理解,也关系到如何理解知识论本身,因此属于所谓"元知识论"的一个重要部分。为了充分

---

1 Goldman (1992), p. 174.

理解这个争论并阐明其中的一些主要问题，我们首先需要考察一个重要问题：如何理解内在主义？

从最根本的意义上说，这个争论是围绕如下问题展开的：哪些状态、事件和条件能够对认知辩护做出贡献？在这里，辩护被理解为知识的一个必要条件，因此这个争论也涉及我们对知识的本质的理解。实际上，外在主义一开始是为了回应盖蒂尔问题而提出的一种观点。盖蒂尔试图表明，甚至一个有辩护的真信念也不能算作知识。这就引发了一个问题：如何理解传统知识概念中的第三个条件？或者具体地说，什么样的辩护条件对于知识来说才是充分的？外在主义者认为，知识要求信念条件可靠地追踪使得一个信念为真的事态，或者要求信念是由可靠的认知过程所产生。他们进一步认为，这种条件超出了认知主体在其认知视角中所能得到的东西，因此就无须体现在认知主体的认知视角中，例如用信念的形式反映出来。相比较而言，内在主义者则坚持认为，为了满足知识的第三个条件，一个信念所要求的一切要素都必须是认知主体在其认知视角中所能得到的，也就是说，必须在其信念（包括他对有关认知过程的信念）中反映出来。考虑对内在主义的如下典型表述：

> 一个辩护理论是内在主义的，当且仅当它提出了这样一个要求：对于一个特定的认知主体来说，为了让一个信念在认知上得到辩护而需要的所有要素都应该是他可以在认知上存取的，是内在于其认知视角的。[1]

---

[1] Laurence BonJour, "Externalism/Externalism", in Jonathan Dancy, Ernest Sosa and Matthias Steup (eds.), *A Companion to Epistemology* (second edition, Oxford: Blackwell, 2010), pp. 364-368, at p. 364.

一个辩护理论之所以是内在主义的,是因为它对决定一个信念是否得到辩护的因素施加了某个条件。这些因素可以是信念、经验或认知标准。这个条件要求那些因素应该是内在于认知主体的心灵的,也就是说,是他可以通过反思而认识到的。[1]

认识论中的内在主义是这一观点:只有认知主体的内在状态才与决定他的哪些信念得到辩护有关。[2]

因此我们大概可以认为,从内在主义观点来看,能够充当辩护作用的要素必须是认知主体能够以某种方式(例如通过内省或反思)认识到的。值得注意的是,外在主义者无须否认充当辩护作用的一些因素在这个意义上是内在主义的。他们所要强调的是,辩护并不是完全由内在主义要素来决定的。例如,外在主义者可以认为,即使一个认知过程的可靠性并不是认知主体能够设法认识到的,但可靠性是决定信念的辩护地位的一个重要因素。由此可见,内在主义与外在主义的分歧就在于,内在主义者认为充当辩护作用的因素必须是认知主体在其认知视角中可以设法认识到的,而外在主义者否认这一点。因此,为了理解这个争论,我们必须考察内在主义的动机:内在主义者为什么认为辩护一个信念的东西必须是认知主体能够以某种方式认识到的?

对内在主义者来说,这个问题其实有一个很明显也很自然的回答:辩护一个信念就在于提出理由来表明它是真的,或者很有可能是真的,而如果这样一个理由不是认知主体在其认知视角内能够认识到的,它就不可能为一个信念提供辩护,或者更确切地说,不能为认

---

[1] Steup (1996), p. 84.
[2] John Pollock, "At the Interface of Philosophy and AI", in John Greco and Ernest Sosa (eds.), *The Blackwell Guide to Epistemology* (Oxford: Blackwell, 1999), pp. 383-414, at p.394.

知主体持有这个信念提供辩护。因此,虽然一个信念确实是真的,但只要认知主体不能提出理由来表明它为什么是真的,或者他提出的理由是错误的或不充分的,他在持有这个信念上就得不到辩护。内在主义者认为,一个有辩护的信念必须得到好的理由的支持。这个观点在一种双重的意义上是内在主义的。第一,有这样一个很自然的想法:用来支持一个信念的理由是认知主体的认知视角的一部分。假设我相信克里普克的模态同一性原则,是因为我首先相信莱布尼茨的同一性原则,然后我具有模态逻辑方面的知识并充分理解克里普克的有关学说。这方面的知识和理解已经存储在我的记忆中,而我是通过一番推理在这些知识和理解的基础上相信克里普克的模态同一性原则。因此,我用来支持这个信念的理由在这个意义上是内在于我的认知视角的。第二,只要一个认知主体是认知上负责任的,在决定究竟要不要接受一个信念时,他就必须按照某些认知标准来评价自己持有这个信念的理由。如果这种标准不是内在于其认知视角的,他就不可能对相关理由做出恰当评价,因此就不能有辩护地持有这个信念。因此我们可以认为,对于一个认知主体来说,一个信念是不是合理地可接受的,是相对于其认知视角而论的。在这个意义上,辩护就好像是一个内在问题——只有当认知主体能够通过内省或反思认识到自己用来支持一个信念的证据或理由,并由此而确信该信念很有可能为真时,该信念才算得到辩护。总的来说,内在主义**被认为**认同了三个核心主张:第一,认知辩护是按照认知责任之类的概念来引导的;第二,决定认知辩护的一切因素都必须是认知主体在认知上可以存取的;第三,可存取性约束意味着,只有内在条件才有资格成为辩护的正当决定因素。[1]当然,在内在主义内部,对于这些主张的相对重要性和关

---

[1] Alvin Goldman (2008), "Internalism Exposed", in Sosa etal. (2008), pp. 379-393, at p. 379.

系是有争议的。

内在主义的辩护概念确实是直观上合理的,因为按照我们日常对"辩护"的理解,辩护某个东西就在于提出好的理由来说明它是正当的或合理的。如果我对你采取某个态度,你对此表示反对,那么,为了辩护我对你采取的态度,我必须提出理由来表明我对你采取这种态度是正当的或合理的。当然,为了接受我的辩护,你必须认同我提出的理由,但这些理由必须是我自己首先能够认识到的——要是我无论如何都发现不了理由来说明我为什么对你采取这种态度,我在对你采取这种态度上就得不到辩护。

大概除了托马斯·里德外,传统知识论理论家基本上都对辩护采取了一种内在主义立场。[1] 尽管笛卡尔和洛克的知识论在细节上有一些重要差别,但他们两人都一致认为,辩护必须按照一个人可以内在地得到的证据来理解。洛克认为,只有当一个信念得到了一个人所持有的总体证据支持时,他才应该接受这个信念。笛卡尔同样认为,只有当某个命题对一个人来说具有他所设想的那种确定无疑的特征时,这个人才应该接受这个命题。洛克和笛卡尔也认为,我们至少能够控制某些信念的形成。例如,在洛克看来,我们不能不同意真正自明的东西,我们也能按照自己持有的证据来决定要不要同意某个命题,而且这样做就是我们的责任。笛卡尔同样认为,尽管有很多命题一开始看上去不是自明的,但它们具有这样一个特点:不论是接受还是拒斥它们都是我们有能力做的事情。由此可见,笛卡尔和洛克都明确地将认知辩护概念与满足认知责任的思想联系起来——只有当一个人在接受某个信念的过程中已经切实履行了自己的认知责任时,其信念才能

---

[1] 托马斯·里德在形而上学问题上是一位常识实在论者,其知识论大致可以被理解为可靠主义的一种形式。参见本书第十章第七节。

得到辩护。

传统知识论往往被认为是内在主义的，其典型代表不仅承诺而且强调义务论的辩护概念。因此，很多外在主义者就把认知义务论鉴定为内在主义的一个理论基础，[1] 而一些内在主义者似乎也认同这个观点。[2] 在其早期著作中，邦茹对认知辩护和认知责任这两个概念之间的联系提出了一个很明确的说明：

> 我们之所以成为认知主体，就是因为我们有相信某些事情的能力，而我们的认知努力的目标就是真理：我们想要我们的信念正确地、精确地描绘世界。然而，真理不是我们能够直接地和不成问题地认识到的，因此辩护就进入了这个图景。辩护的根本作用就是要充当达到真理的手段，在我们的主观起点和客观目标之间充当我们所能得到的一种更加直接的联接。至少在大多数情况下，我们无法直接使得我们的信念为真，但我们大概可以直接使得它们是认知上有辩护的。由此可见，只有当一个人的认知努力旨在获得这个目标时，其认知努力才是认知上有辩护的。在这里，努力获得这个目标大概意味着只去接受一个人有理由认为是真的信念。如果一个人在缺乏这样一个理由的情况下就接受一个信念，他就忽视了对真理的追求。我的论点是，认知辩护概念的核心就是如下思想：避免这种不负责任，在形成一个信念时在认知上负责任。[3]

---

1 例如，参见 Goldman (2008), Plantinga (1993a), especially chapter 1。

2 例如，参见 Carl Ginet, *Knowledge, Perception and Memory* (Dordrecht: D. Reidel, 1975), pp. 36-37; Matthias Steup, "A Defense of Internalism", in Louis Pojman (ed.), *The Theory of Knowledge* (Belmont, CA: Wadsworth, 1999), pp. 373-384。

3 Laurence BonJour, *The Structure of Empirical Knowledge* (Cambridge, MA: Harvard University Press, 1985), p. 8.

第六章 外在主义与内在主义

不过，我们需要恰当地理解认知责任与认知辩护的关系。上述引文的核心要点是，如果我们的认知目标是尽可能获得真理和避免错误，那么，既然我们无法直接实现这个目标，即用某种直接的方式使得我们的信念为真，就只能间接地通过认知辩护来实现这个目标。一旦一个目标得以确立，就有了采取恰当的手段来实现它的问题。如果认知目标就是要尽可能获得真信念和避免错误，那么，作为认知上负责任的认知主体，我们就应该留心自己持有或形成一个信念的方式（认知过程）是否满足这个目标的要求。在这个意义上我们可以被认为具有了某些认知责任，例如，我们应该去审视自己用来支持一个信念的证据是否可靠，我们是否因为粗心大意或一厢情愿而忽视了本来能够得到的对立证据，等等。认知上负责任的认知主体应该尽自己所能实现这个目标，也就是说，只有在有理由确信某个信念为真（或者很可能为真）的情况下才接受它。由此可见，认知责任的概念确实与认知辩护的概念具有重要联系：认知责任要求认知主体只有在有理由表明一个信念很有可能为真的情况下才去接受它，而只要他尽力满足这个要求，他在持有这个信念上就得到了辩护——他得到了辩护，至少因为他已经在其认知视角内尽到了认知努力；他不仅按照某些理由来形成信念，而且从他自己的认知视角来看，他用来支持一个信念的理由也是他所能得到的最好的理由，例如，他没有进一步的理由怀疑那些理由会被其他理由推翻或削弱。因此，认知责任的概念显然预设了一种内在主义的辩护概念，因为认知上负责任的认知主体需要按照获得真理和避免错误的认知目标来评价自己持有一个信念的理由，而这些理由必须是他在自己的认知视角内所能得到的，否则他就不能做出这种评价。

然而，对认知责任与认知辩护的关系的这种理解并不意味着内在主义者必须将认知责任的概念看作内在主义的一个核心基础。[1] 之所以需要特别澄清这一点,是因为对内在主义的一些批评正是立足于对内在主义的这种解释。[2] 因此,一些内在主义者觉得他们需要将**义务论**的辩护概念与**内在主义**的辩护概念区分开来。按照义务论的辩护概念,只要认知主体在接受一个信念时满足了自己的认知责任,其信念就得到了辩护。因此,满足认知责任对于认知辩护来说是充分的。另一方面,内在主义的辩护概念所说的是,能够充当辩护作用的因素必须是内在于认知主体自己的认知视角的。如前所述,为了履行认知责任,认知主体就需要审视自己用来形成一个信念的认知过程是否满足认知目标的要求。这种评价取决于他在其认知视角内所能得到的经验、证据和理由。正是在这个意义上,认知责任的概念要求对辩护采取一种内在主义理解。然而,内在主义者可以否认满足认知责任对于辩护来说是充分的。如果内在主义者成功地表明辩护不要求满足认知责任,同时又能从内在主义的观点对辩护提出一种不同于认知义务论的论述,他就可以表明认知责任的概念其实不是内在主义的一个核心基础。

为此,内在主义者必须设想这样一种情形:即使认知主体在义务论的意义上履行了其认知责任,但他在内在主义的意义上仍然没有得到辩护。[3] 也就是说,内在主义者必须表明,甚至从内在主义的观点来看,认知辩护也不能被简单地等同于满足认知责任。设想一个人处于一种极度贫乏的认知状况,他所能得到的证据、认知工具和研究方法都很有限,因此,他就很难或者不可能得到有力的证据或者好的理

---

[1] 参见 Laurence BonJour, "Internalism and Externalism", in Paul Moser (ed.), *The Oxford Handbook of Epistemology* (Oxford: Oxford University Press, 2002), pp. 234-263, especially pp. 235-239。

[2] 例如 Goldman (2008)。

[3] BonJour (2002), pp. 236-237。

第六章　外在主义与内在主义

由来持有某些重要信念。当然，在这种情况下，他可能也会形成某些信念，但也只能按照不太充分的证据或理由来持有这些信念。在他没有好的理由或充分的证据来判断的事情上，他就采取不做出判断的态度。即便如此，在这种不幸的状况中，他仍然切实履行自己的认知责任，例如认真考察自己所能得到的证据，小心地进行推理等，因此我们就不能认为他在认知上是值得责备的或不负责任的。按照义务论的辩护概念，不论是悬置判断还是仅仅形成很少的信念，他都是有辩护的。同样，威廉·阿尔斯顿指出，义务论的辩护概念并没有用正确的方式将辩护和有助于获得真理的适当根据联系起来。一个人可能满足了所有认知责任，但没有理由认为其信念很可能是真的。设想一个人想要改进其知觉信念的形成习惯，于是自觉地学习逻辑和概率论，竭尽全力了解视觉系统的运作。就履行认知责任而言，他超过了我们对一般人的理性期望，但他所做的一切无助于表明其信念很有可能是真的。[1]

邦茹由此认为，在这种特殊情形中，义务论者对辩护的理解不太符合我们的两个直观认识。第一，在这种特殊情形中，认知主体满足其认知责任的主要方式是避免犯错误，因为他实际上没有好的理由或充分的证据正面地形成信念，而这意味着，如果认知义务论者认为那个人的做法是有辩护的，他们就必须认为，与寻求真理的目标相比，避免错误的目标有一种绝对的优先性。但是，我们的认知目标既包括避免错误也包括寻求真理。第二，在那种很糟糕的认知状况中，尽管认知主体已经尽量满足认知责任的要求，但他用来接受一个信念的理

---

[1] 参见 William Alston, "Concepts of Epistemic Justification", in Alston, *Epistemic Justification* (Ithaca: Cornell University Press, 1989), especially p. 95. 阿尔斯顿也把内在主义和义务论的认知辩护概念联系起来，他主要是为了批评内在主义而提出这个观点。

由或证据不足以保证该信念是真的或者很有可能是真的，因此其信念就说不上得到了辩护。邦茹由此认为，在这种认知贫困的情形中，一个人很可能确实满足了自己的认知责任，却没有在认知上得到辩护。与此相比，我们很难设想这样一种情形：认知主体有充分的理由表明其信念是真的，因此在认知上得到辩护，却没有满足自己的认知责任。这一点不难理解，因为寻求好的认知理由和证据、按照这种理由和证据来持有一个信念，其实就是满足认知责任的一种重要方式。因此，只要一个信念在内在主义的意义上得到辩护，它也就自然地成为一个认知上负责任的信念；与此相比，一个在义务论的意义上得到辩护的信念未必在内在主义的意义上也是有辩护的。因此，在邦茹看来，一些内在主义者过分夸大了认知责任的概念和内在主义的辩护概念之间的联系。但是，只要我们将注意力集中到认知贫困的情形，我们就会发现内在主义的辩护概念与义务论的辩护概念实际上是可以分开的——内在主义者无须接受认知义务论者对辩护的理解。内在主义者只是强调认知主体用来辩护其信念的东西必须是他可以通过内省或反思而认识到的。因此，为了成为内在主义者，我们无须将认知责任的概念接受为认知辩护的一个条件。[1]

内在主义往往被认为与如下主张相联系：认知辩护的核心目的是要在"决定相信什么"这个问题上引导人们。笛卡尔很明确地认为认识论的一个核心目的就是要引导人们的认知行为，一些当代理论家也提出了类似的看法。例如，约翰·波洛克指出："认识论的根本问题是决定要相信什么。认知辩护就关系到这个问题。对认知辩护的考虑

---

[1] 例如，奥迪的辩护理论就回避了对认知责任的承诺，但在其他方面仍然是内在主义的。参见 Robert Audi, *The Structure of Justification* (Cambridge: Cambridge University Press, 1993), pp. 299-321。

引导我们决定要相信什么。我们可以把认知辩护的这个含义称为'信念引导'或'理由引导'含义。"[1] 同样，戈德曼论证说，既然内在主义者认为能够充当辩护的东西必须是认知主体在形成信念时可以知道得到或得不到的东西，认知主体就必须有办法决定他是否能够得到那些东西。[2] 如果一个信念是否得到辩护取决于认知主体是否有总体证据支持它，或者是否有好的理由（能够表明它很有可能为真的理由）持有它，那么我们就很容易看到对认知辩护的这种理解与内在主义的关联，因为这种理解实际上对辩护施加了一个约束：决定信念辩护地位的所有要素都必须是认知主体在某种意义上能够认识到的。如果寻求真理和避免错误就是认知活动的目的，那么我们就必须反思自己的信念是否满足了这个目的的要求，例如，我们必须思考证据是否充分，理由是否恰当，在此基础上决定要不要相信某个命题。为此，我们首先必须认识到有关的证据或理由。由此可见，对认知辩护的这种理解似乎预设或要求一种内在主义的辩护概念，甚至在如下意义上为内在主义提供了一个理论基础：如果认知辩护必须具有这种引导职能，那么似乎就只有内在条件才有资格成为辩护的决定因素，因此辩护必定是一件纯粹内在的事情。

然而，如果对认知辩护的上述理解确实是内在主义的一个理论根据，那么按照某些外在主义者的说法，内在主义就变得不可接受，因为我们具有的很多信念实际上不是**自愿**形成的，也就是说，它们的形成并不取决于我们通过意志施加的努力。例如，我们的很多知觉信念是自发形成的。如果在理想的光照条件下我看见桌子上有一个杯子，我大概就会形成相应的信念，而这个信念的形成在某种意义上不

---

[1] 转引自 Goldman (2008), p. 379。

[2] Ibid., pp. 380-381.

是我所能控制的。内在主义者当然可以对这个批评提出合理的回答。例如,他们可以说,即使在某些情形中我们不能决定要相信什么、不相信什么,但我们可以决定要**有辩护地**相信什么、不相信什么。基思·莱勒在信念和接受之间的区分有助于阐明这一点。按照莱勒的说法,即使我们无法控制一个信念的形成,也可以在接受的层次上来思考要不要接受某个信念,也就是说,思考我们是否能够有辩护地持有一个信念。不管一个信念是如何形成的,我们都可以反思其形成过程是否可靠,其支持证据是否充分,在我们的认知视角中我们是否具有所能得到的对立证据,等等。通过这种反思,我们可以评价原来形成的一个信念的辩护地位,决定要不要接受它。实际上,批评者过分夸大了信念形成的不自愿性。当我清楚地看见一只狗时,大概会自发地形成"那是一只狗"这个信念。但是,假若我试图形成"那是一只阿拉斯加雪橇犬"这一信念,我就需要仔细察看那只狗的特征。当然,我可能不自愿地相信或接受某个自明的东西,例如"所有十二面体都是多边形"这个命题,但这首先取决于我能够把它看作自明的。面对确定无疑的证据,我只能相信证据向我呈现出来的东西,但这首先取决于我能够把那个证据接受为确定无疑的。如果我习惯于不加批判地接受热情洋溢的演讲者的观点,但后来逐渐发现此类演讲者的话多半不可靠,我就可以改变自己的信念形成习惯,学会有意识地听取对立的观点。这些例子表明,即使一个信念的形成不是我能直接控制的,但通过审视信念形成过程,反思有关的证据或理由,或者改变信念形成习惯,我至少可以决定要不要接受一个信念,因此就可以**间接地**控制信念的形成。这样,只要我们将认知辩护与寻求真理、避免错误的目标联系起来,就不仅有理由认为我们只应该接受从自己的认知视角来看有辩护的信念,而且实际上也能有意识地引导信念的形成。因此,直观上说,即使信念被认为不是自愿形成的,我们还是可以将一般而论的信念与**有辩护**的信念区分开来，而内在主义似乎对信念的辩护提出了合理的理解。

以上我们简要考察了内在主义的基本观念以及支持它的主要论证。对内在主义者来说，一个信念的辩护地位取决于认知主体能够在其认知视角内提出证据或理由来表明它很有可能是真的。然而，使得一个信念为真或很有可能为真的东西是一种**外在**的事实或事态。如果内在主义者否认满足认知责任的要求对于辩护来说是充分的（尽管可能是必要的），那么他们就需要表明认知主体**如何**具有可能使得其信念对象为真的证据或理由。这个问题实际上是内在主义面临的最严重的挑战，特别是当我们考虑怀疑论论证的时候。从融贯论（一种典型的内在主义理论）面临的问题中我们不难看出这一点。进一步说，如果用来辩护信念的**一切**因素都必须是内在于认知主体的，那么内在主义者首先就需要说明认知主体在什么意义上对这些因素具有认知存取，即能够以某种方式知道或意识到这些因素。

六、认知可存取性要求

如前所述，邦茹反对将义务论的辩护概念看作内在主义的一个思想基础，其主要理由是，至少在某些情形中，满足认知责任并不意味着信念是认知上有辩护的。邦茹的论证明确地假设认知辩护与获得真理的认知目标具有内在联系。然而，外在主义者可以论证说，在内在主义者那里，根本就没有从认知责任通向真理的途径：对内在主义者来说，决定认知辩护的一切因素都必须内在于认知主体自己的认知视角，但一个信念是否为真是一件外在的事情，并不（或者并不仅仅）取决于认知主体自己的认知视角。采纳证据主义辩护概念的内在主者或许回应说,[1] 我们可以承认使得一个信念有可能为真的东西确实外在于认知主体的认知视角,但是,为了成为**真正的**内在主义者,说认知主体必须按照证据来形成信念是不够的,而是,他也必须能够在某种意义上将证据看作他自己的证据,至于究竟是什么东西(知觉经验、因果关系或者其他信念等)使得一个信念为真,这是一个**事实**问题。这个回应旨在强调辩护**在根本上**取决于认知主体在其认知视角内可以得到的东西。如果我们不是怀着追求真理、避免错误的目标来审视自己的信念形成,那么我们就不是认知上负责任的;但是,我们用来评估信念的辩护地位的因素必定是我们在自己的认知视角内所能得到的。普兰廷加之类的外在主义者固然可以将他们所说的"担保"设想为将真信念转变为知识的东西,但是,即便确实有这种外在设想做担保,我们由此获得的可能也只是动物性知识,而不是人类特有的知识。

至少在经验信念的情形中,使得信念为真的东西在某种意义上确实外在于我们的认知视角。内在主义者可以承认这一点,但他们想要强调的是,不管是什么使得一个信念为真,只要我们无法认识到这样一个东西,它就不能为我们的信念提供辩护的来源。假设我形成了"桌子上有一只红色的咖啡杯"这一信念。这个信念或许是因为在知觉对象和我的视觉系统之间具有可靠的因果联系而为真,但这种联系本身不能让我的信念得到辩护,除非它用知觉经验(或者在此基础上形成的证据)的形式出现在我的认知视角中。辩护是要按照一个人所能得到的证据或理由来接受一个信念,并据此认为它很有可能为真。

---

[1] 例如,参见 Richard Feldman (1988), "Epistemic Obligations", *Philosophical Perspectives* 2: 235-256. 在这篇文章中,费尔德曼旨在表明,我们确实有认知义务,但认知义务无须用唯意志论的方式来设想,而仅仅在于认知主体按照自己所能得到的证据、用负责任的方式来追求获得真理的认知目标。

因此，能够提供辩护的东西必须是认知主体在其认知视角中可以设法认识到的。我们不妨把这个要求称为"认知可存取性"要求。现在的关键问题是，既然内在主义者认为辩护取决于认知主体能够提出理由来表明其信念很有可能是真的，他们就必须表明认知主体**如何**能够认识到这些理由。

费尔德曼等人区分了内在主义的两种形式，即邦茹认同的可存取主义（accessibilism）和他们所说的"精神主义"（mentalism）。[1] 前者所说的是，一个信念的辩护地位由认知主体具有的某种特殊存取的东西来决定，例如合适的意识、内省或反思。后者所说的是，一个信念的辩护地位由内在于认知主体精神生活的东西来决定。可存取主义显然来自传统的内在主义观点，例如笛卡尔的如下观点：我们对自己有意识的精神状态的内容可以具有直接的存取，因为这种精神状态是我们的心灵所固有的。不过，内在主义者无须把"可存取性"概念限制到这种理解。从认知主体的认知视角中能够得到的东西，不一定是内在于其心灵的东西，甚至也不一定是内在于其人身的东西。例如，如果你向我指出我用来支持某个信念的理由忽视了一个对立证据，那么，只要我在自己的认知视角内可以通过反思意识到那个证据的存在，这样一个认识就会影响我对信念的辩护：我可能会取消我的信念，或者提出进一步的理由来说明这个证据实际上并没有削弱我对信念的辩护。在这种情况下，我是在利用你向我提供的证言，而这个证言是我可以按照我既有的认知资源认识到的，但它在某种意义上并不是内在于我的心灵的（即使我对它的认识是我所具有的一个精神状态）。实际上，有意识的精神状态之所以能够发挥它们在内在主义辩护概念中所发挥的那种作用，并不是因为它们内在于一个人的心灵，

---

1 Richard Feldman and Earl Conee, "Internalism Defended", in Sosa etal. (2008), pp. 407-422, at p. 408.

而是因为它们的某些性质（例如它们所反映出来的内容以及认知主体对待这些内容的态度）是认知主体可以存取的。相比较而言，有一些精神状态是我们无法意识到的，因此，即使它们在某种意义上是内在于一个人的心灵的，它们也像各种神经生理状态一样与内在主义辩护无关，因为它们所表达的内容不能在有意识的精神状态中可靠地反映出来。因此，内在主义者无须赋予内在的精神状态以某种特殊地位——他们无须把内在主义辩护所要求的东西限制到关于一般而论的精神状态及其性质的事实。任何东西，只要是认知主体可以从自己的认知视角得到的，都有资格成为内在主义的辩护要素。例如，如果认知主体能够先验地认识到某些事实，那么这些事实也是他可以从自己的认知视角中得到的。因此，费尔德曼等人认为，我们最好是按照精神主义来理解内在主义，认为辩护完全是由内在于认知主体的精神生活的东西来决定的，例如他当下的和倾向性的精神状态、事件和条件。而这意味着只要两个可能的个体在精神上是严格相似的，他们在辩护上也是严格相似的，也就是说，同样的信念对他们来说都在同样的程度上得到辩护。[1]

不过，为了捍卫一种合理的内在主义观点，内在主义者就需要区分可存取性要求的两种形式。在这个要求的强形式上，为了有辩护地持有一个信念，认知主体必须**实际上**意识到他用来支持该信念的理由导致了它。假设我相信哲学学院学生会将在 6 月 28 日晚上举行 2023 届毕业晚会，因为我记得前几天的电子邮件中有一个参加毕业晚会的邀请。通过内省，我可以想起这样一件事情。我也相信那封邮件来自一个值得信赖的来源。因此我的信念就有了充分的辩护，因为我用来支持它的理由表明它很有可能是真的。在这种情形中，可以认为我是

---

[1] Feldman and Conee (2008), p. 408.

通过内省和反思而意识到支持一个信念的理由。现在，如果我实际上认识到自己具有用来支持这个信念的理由，那么我的信念就在一种强意义上得到了辩护。在可存取性要求的弱形式上，为了有辩护地持有一个信念上，认知主体只需**能够**意识到他用来支持该信念的理由。例如，我相信桌子上有一只咖啡杯。在正常情况下，我对杯子的视觉经验足以让我持有这个信念，而我用来支持它的理由是我看见了那只杯子。一般来说，我只是按照自己的视觉经验来形成这样一个信念，而不需要通过有意识的反思把我看见杯子这件事视为我持有该信念的理由，即使我确实能够以某种方式意识到我具有某个视觉经验是我持有该信念的一个理由。

邦茹对认知辩护的论述似乎要求他对可存取性要求采取一种强解释。但我们有理由认为采取弱解释对内在主义者来说更合理。首先，要求认知主体在形成一个信念的时候必须**实际上**意识到有关的支持性理由是心理上不现实的。在我们形成的信念中，有很多信念是有辩护的，即使在形成这样一个信念时我们并没有明确考虑支持它的理由。只有当一个信念受到怀疑或挑战时，我们才需要通过反思来"复原"支持它的理由。例如，一个精于数字计算的人可能相信自己通过心算从一长串数字中得到的结果是正确的。若有人挑战他的信念，他就可以在纸上写下计算过程，表明其信念是有辩护的。内在主义仅仅要求决定辩护的因素在如下意义上是认知主体可以在认知上存取的：他能够通过内省或反思意识到自己用来支持一个信念的理由。其次，各种形式的基础主义并不要求对可存取性要求提出这种强解释，但它们在如下意义上仍然是内在主义的：辩护性证据或支持性理由必须是认知主体在其认知视角内可以得到的。[1] 因此，对这个要求采取一种弱

---

[1] 例如，下面两位作者都将其基础主义看作内在主义的：Audi (1993), especially Part II; Timothy McGrew, *Foundations of Knowledge* (Lanham, MD: Rowman & Littlefield, 1995)。

解释可以让内在主义具有更广泛的应用范围。最后，最为重要的是，强解释很容易招致外在主义批评，而一旦内在主义者采取了一种弱解释，他们就可以回避或反驳这些批评。

这一点值得详细说明。按照内在主义辩护概念，只有当一个人能够意识到自己用来支持一个信念的证据或理由时，这个信念才是有辩护的。也就是说，对证据或理由具有认知存取是辩护的一个必要条件。外在主义批评者旨在表明，这个要求要么不可能得到满足，要么根本上是错误的，即得不出正确的分析结果。因此，他们就针对这个要求对内在主义提出了一些重要批评。批评的要点是，甚至有能力的认知主体也不追踪其信念的理由，或者有时候会弄错其信念的原因。在这里我们只考察两个典型批评。[1] 在某些情形中，持有一个信念的**理由**不同于产生它的**原因**，因此有时候我们就会弄错一个信念的实际原因。即使一个认知主体是根据某个理由持有一个信念，他有时也会将另一个理由算作该信念的原因。假设某大学 MBA 项目决定今年优先录取少数民族考生，萨姆由于不满足这个条件而未被录取，即使他的考分达到了录取要求。他相信自己受到了不公平的对待，因为他相信这项政策违背了机会公平原则。然而，实际情况是，他相信自己受到了不公平的对待，是因为他持有这样一个信念：正是因为大学采纳了那项政策，他才没有被录取。在这种情况下，他错误地鉴定自己持有一个信念的实际理由。我们不妨假设，在**辩护**其信念时，萨姆想起的是前一个理由，而不是他在**形成**那个信念时**实际上**持有的理由——他或许忘了自己实际上形成目标信念的理由，但更有可能的是，他对

---

[1] 对相关批评的典型表述，参见 Goldman (2008); Ernest Sosa, "Skepticism and the Internal/External Divide", in Greco and Sosa (1999), pp. 145-157。在分析内在主义者对批评的回答时，我主要介绍如下文章中的观点：Conee and Feldman (2008)。

自己的信念采取了一种过分理性化的辩护。倘若如此，外在主义者就可以说，萨姆的情形削弱了内在主义的核心主张——辩护要求认知主体能够意识到自己用来支持一个信念的理由。

然而，我们不是很清楚萨姆的情形为什么表明内在主义辩护概念是不合理的。即使萨姆不是用他实际上形成其信念的理由来辩护其信念，而是用我们提到的那个理由来辩护其信念，但他的信念**在他自己的认知视角内**仍然是有辩护的。在这种情况下，如果萨姆并未忘记自己形成那个信念的实际理由，我们充其量只能认为他在思想上不诚实。另一方面，如果萨姆是诚实的，而且能够通过反思认识到自己对那项政策的反对不是立足于他对机会公平的信念，而是立足于他对自己为什么没有被录取的想法，那么他的情形就没有削弱内在主义辩护概念，因为按照对可存取性要求的弱解释，辩护并不要求一个人实际上意识到他用来支持一个信念的理由，只要求他**原则上能够**认识到这样一个理由。在我们用来支持一个信念的理由中，有些理由是我们在当下就能意识到的，有些理由则需要我们通过一段时间的思考或反思才能意识到。只要认知主体在其认知视角中能够认识到这些理由，它们就可以成为支持一个信念的理由。

这个回答似乎假设认知主体能够设法追踪自己形成信念的理由。但是，外在主义批评者认为，如果内在主义辩护必须满足这个假定的要求，内在主义就会碰到一个严重困难，即所谓"被遗忘的证据"问题。[1] 戈德曼认为，这个问题构成了对内在主义的一个重要挑战：即使内在主义者对可存取性要求提出一种弱解释，他们也不能解决这个问题。

---

[1] 参见 Goldman (2008), pp. 283-284。亦可参见 Gilbert Harman, *Change in View: Principles of Reasoning* (Cambridge, MA: The MIT Press, 1986), pp. 61-63; Thomas Senor (1993), "Internalist Foundationalism and the Justification of Memory Beliefs", *Synthese* 94: 453-476; Robert Audi (1995), "Memorial Justification", *Philosophical Studies* 23: 31-45。

按照弱解释,充当辩护作用的要素是认知主体在持有信念的时候能够以某种方式(内省、反思、恢复记忆等)认识到的。存储在记忆中的信念显然可以为信念的形成或辩护提供证据。假设我相信知识论导论课程期末考试安排在6月21日,因为我记住教务处已经通知我这个考试时间。如果这个信息来源是可靠的,那么,只要我能够回想起存储在记忆中的那个信念,就能辩护我的前一个信念。然而,即使我存储在记忆中的信念都是有辩护的,一旦回想起来就可以充当辩护作用,但我也有可能忘记了这些信念,或者至少忘记了其中一些信念。假设萨娜多年前在《纽约时报》科学栏目中读到一篇讲述甘蓝的文章,其中详细阐述了甘蓝如何有益于健康,因此她就有辩护地相信吃甘蓝有益于健康。她继续保留这个信念,但后来忘记了自己是如何获得它的,也就是说,她想不起该信念的证据来源。内在主义者认为,甚至在这种情况下,萨娜的信念仍然是有辩护的,因为她**过去**获得这个信念的方式是认知上可靠的。然而,戈德曼争辩说,内在主义者的主张不可能是正确的,因为过去发生的一切事件都是"外在的"——既然内在主义者认为只有一个人**目前的**精神状态才与一个当下信念的辩护有关,过去发生的事情就与信念的辩护无关。

然而,对内在主义者来说,戈德曼的批评有欠考虑。[1] 如果我们接受了对可存取性要求的弱解释,那么内在主义者所说的是,能够充当辩护作用的东西是认知主体在其认知视角中可以设法认识到的东西。过去发生的事情在某种意义上确实外在于一个人的心灵,正如外部世界中发生的一切在这个意义上也外在于一个人的心灵,但这种事件能够在记忆中保留下来。如果一个人在辩护一个信念的当下时刻就能想起过去发生的相关事情,后者就构成了他目前精神状态的内容

---

[1] 参见 Conee and Feldman (2008), pp. 413-415。

的一部分。因此，戈德曼对内在主义的理解至少是不准确的或有偏见的。即使萨娜已经记不住其信念的具体证据，但只要她能记住自己是通过阅读《纽约时报》科学栏目中的文章而持有这个信念，而且相信该栏目的权威性，她的信念就仍然是有辩护的。类似的例子也有助于阐明这一点。假设我相信某个公式是模态逻辑中的一个定理，因为多年前在选修模态逻辑课程时我证明过这个定理，但我现在已经记不清具体证明了。即便如此，只要我能够记住自己证明过这个定理，我的信念就仍然是有辩护的。如果内在主义认为，一个信念是否得到辩护，取决于我是否能够通过记忆或内省"复原"用来支持它的理由，那么内在主义当然是不合理的，因为如果辩护必须满足这个要求，那么许多存储在记忆中、原来得到辩护的信念都不再有辩护。当然，内在主义者无须提出这样一个不合理的要求。在萨娜的情形中，即使她已经忘记其信念的具体证据，但只要存储在记忆中的信念原来是有辩护地形成的，她就可以有辩护地继续持有这些信念。而且，只要她能够想起这些信念，或者持有关于它们的二阶信念，例如相信她关于甘蓝的信念是可靠地形成的，她就仍然可以把后面这些信念用作辩护的资源。实际上，如果辩护要求我们有**直接**证据支持每一个信念，那么我们所能拥有辩护的信念就会很少，知识传播也会变得不可能。

戈德曼意识到他一开始提出的批评可能是不充分的，于是就设想另外一种可能性：一个信念原来是由不可靠的来源产生的。他把这种设想应用于萨娜的情形，并提出如下描述：

> 假设在一个不同的情形中，萨娜仍然具有同样的背景信念，也就是说，她记住的大多数东西是她以前用一种认知上恰当的方式了解到的，但她实际上是从 [某个不可靠的来源]，而不是从《纽约时报》上获得了那个关于甘蓝的信念。因此这个信

念不是用认知上可靠的方式获得的，或者不是以这种方式被证实的。这样，即使她具有那些当下的背景信念，我们也不能认为，在相信甘蓝有益于健康这件事情上，她是有辩护的。她过去如何获得这个信念，这个问题仍然是相关的，而且是决定性的。只要我们是在考虑"辩护"这个概念的认知含义，也就是说，将辩护理解为把一个真信念合理地推向知识的那种东西，这个问题至少就是相关的。萨娜对甘蓝的健康作用持有的信念在这个意义上没有辩护，因为既然 [那个不可靠的来源] 是她的信息的唯一来源，她实际上就不知道甘蓝有益于健康。[1]

按照戈德曼的说法，在他现在设想的情形中，既然萨娜的信念来源是不可靠的，而她也忘记了其信念是如何形成的，她就不能被认为知道甘蓝有益于健康。进一步说，如果认知辩护的目的在于通过辩护将真信念推向知识，那么萨娜的信念在这个意义上就没有辩护。内在主义者可以对这个批评提出两个回答。首先，内在主义者可以同意戈德曼的说法：在他所设想的条件下，萨娜确实不知道甘蓝有益于健康。不过，内在主义者可以争辩说，即使萨娜的信念不足以算作知识，这也不意味着其信念没有辩护。为了看清这一点，我们需要注意戈德曼在设想上述情形时做出的一个假设：萨娜"仍然具有同样的背景信念，也就是说，她记住的大多数东西是她在以前用一种认知上恰当的方式了解到的"。如果萨娜总是以认知上负责的方式来形成信念，相信其信念形成方法是认知上恰当的，那么，即使她实际上是从一个不可靠的来源形成了那个关于甘蓝的信念，在她当时的认知视角中，她大概也不知道那个来源是不可靠的。既然她当时没有理由怀疑

---

[1] Goldman (2008), p. 384. 为了与前面的论述一致，我用"萨娜"替代了戈德曼原文中的"Sally"。

那个来源的可靠性,她就可以合理地持有这个信念。反过来说,既然萨娜总是以认知上负责的方式来形成信念,要是她已经知道那个来源是不可靠的,她本来就不会形成那个关于甘蓝的信念。就她所处的认知状况而言,对于"甘蓝有益于健康"这个命题,既然她既没有理由悬置判断,也没有理由采取不相信的态度,采取相信的态度对她来说就是唯一合理的选择。因此,她的信念即便算不上知识,但在内在主义的意义上仍然是有辩护的。一个对比足以说明这一点。假设萨娜相信甘蓝有益于健康,也相信橙子有益于健康。前一个信念的来源并不可靠,后一个信念的来源是可靠的。现在,萨娜忘记了这两个信念的来源,但她仍然正确地和合理地相信她总是从值得信赖的来源获得这种信念。按照戈德曼的说法,萨娜的第一个信念没有辩护,因为其来源实际上不可靠,而她忘记了这个来源,相比较而言,她的第二个信念是有辩护的。但问题是,从萨娜自己的认知视角来看,这两个命题在认知条件上是相当的。因此,对她来说,持有一个信念而放弃另一个信念完全是不合理的。实际上,只有从外在主义的角度来看,这两个信念在辩护地位上才有差别。但是,既然这样一个角度在萨娜的认知视角中是得不到的,看来她就没有理由认为她的第一个信念缺乏辩护。

其次,内在主义者可以回答说,萨娜的第二种情形实际上是一种盖蒂尔式案例。萨娜相信自己是从一个可靠的来源了解到甘蓝有益于健康。如前所述,她的信念大概是有辩护的。但是,她在这个信念的来源上出错了,只是碰巧持有一个关于甘蓝的真信念。从她自己的认知视角来看,她持有这个信念是合理的,但是,既然这个信念的来源不可靠,她的信念就不能算作知识。如果在形成这个信念的时候她就有理由怀疑其来源的可靠性,但仍然形成这个信念,那么从内在主义的观点来看,她的信念就没有辩护。因此,如果她继续持有这个信念，但又忘记了其来源，那就意味着她失去了一个对立证据。然而，在这种情况下，如果萨娜有辩护地相信自己一直都以认知上恰当的方式来形成信念，她保留在记忆中的所有信念（包括那个关于甘蓝的信念）都有内在的相互支持，那么，只要她在自己的认知视角中没有发现任何不利于其信念的证据，她保留的信念就是有辩护的。

因此，被遗忘的证据问题似乎还没有严重威胁内在主义，内在主义者仍然可以继续捍卫对可存取性要求的弱解释。不过，还有一个重要问题值得探究。在前面关于模态逻辑的例子中，我们已经得出了这样一个结论：可存取性不一定要求认知主体能够存取自己原来用来支持信念的理由。假设萨娜相信桌上有一个杯子。从日常观点来看，只要她诚实地告诉我们她确实有相应的视觉经验，她的信念就是有辩护的。这样一个经验提供了其信念很有可能为真的证据。当然，萨娜具有这个视觉经验，是因为在那个经验和杯子之间存在某种因果联系，正是这种联系的存在使得其信念很有可能为真。为了让自己的信念适当地得到辩护，萨娜是否也需要存取这个事实呢？更一般地说，为了适当地辩护一个信念，认知主体是否需要意识到他用来支持其信念的理由**为什么**是充分的，例如意识到产生一个真信念并说明它为什么为真的物理机制？这个问题的重要性在于：只要内在主义者希望表明其观点是合理地可接受的，他们就必须设法说明从内在主义观点得到辩护的信念为什么很有可能是真的。戈德曼对内在主义的挑战旨在表明内在主义的辩护概念不可能满足这个要求。在他看来，外在主义很容易满足这个要求，因为至少在经验信念的情形中，认知科学家可以诉诸各种因果过程来说明一个信念为什么很有可能是真的。例如，在知觉信念的情形中，物体将光线折射到视网膜上，引起一个视觉经验，后者在认知主体那里产生了一个知觉信念，由此我们就可以说明一个知觉信念为什么很有可能是真的。然而，一般来说，这种因果关系不是认知主体在其认知视角中能够存取的。因此，如果一个信念为什么很有可能为真是通过诉诸因果过程来说明的，那么内在主义就不符合因果说明的要求。从内在主义观点来看，为了满足这个要求，认知主体不仅需要认识到自己用来支持一个信念的理由，也需要认识到这些理由是**如何**说明那个信念很有可能是真的。

然而，内在主义者有理由抵制这个进一步的要求。[1] 如前所述，内在主义被认为是由如下主张启动的：辩护一个信念的东西必须是认知主体在辩护它的时候可以得到的。费尔德曼由此认为，一个信念的辩护地位应该以一种强的方式随附在认知主体当下的和倾向性的精神状态、精神事件和心理条件上。因果说明要求意味着，为了辩护一个信念，认知主体不仅需要提出理由或证据来支持它，也需要表明它是如何与世界相联系的。按照这种理解，辩护的根本依据是由世界的某个特点来产生或维持的，认知主体必须表明他所要辩护的信念也与这样一个特点相联系。在某些情形中，因果产生的最终结果可以在经验中反映出来的，因此认知主体也可以设法（例如通过直接觉知、反思或内省）认识到物理世界的某些特点，或者认识到相应的精神事件。这一点在视知觉的情形中最为明显。只要我们不是极端的怀疑论者，就有理由认为物理对象的某些特点或性质能够在知觉经验中反映出来。内在主义不仅承认这种可能性，实际上也要求这种可能性。然而，与因果产生关系不同，因果维持关系一般来说不是我们能够经验到的。比如说，当我看到远处的一个物体时，我只是对通过光线折射到视网膜上的那个对象具有经验，并没有经验到光线**如何**将那个物体折射到视网膜上，也没有经验到大脑中的神经生理过程如何处理视觉

---

1 例如，参见 Earl Conee (1988), "The Basic Nature of Epistemic Justification", *The Monist* 71: 389-404; Audi (1993), pp. 334-340。

系统所接受的信息。如果认知辩护不仅要求我们提出适当的理由或证据来支持一个信念,也要求我们知道或有辩护地相信它们如何辩护一个信念,那么我们所能持有的有辩护的信念大概就会很少。这样一个要求显然是不合理的,因为不仅内在主义的辩护概念不能满足这个要求,甚至外在主义的辩护概念也不能满足这个要求——外在主义者并不认为辩护要求认知主体意识到可靠地产生一个信念的因果过程的细节。[1]

实际上,内在主义者可以认为这个要求混淆了属于不同层次的两件事情:其一,一个人有辩护地持有一个信念;其二,**证明**自己在持有一个信念上是有辩护的。当然,如果认知主体有理由表明自己有辩护地持有某个信念,也有理由(或许不同于前一种理由)表明自己对那个信念的辩护本身是有辩护的,而这些理由都是他在其认知视角内能够得到的,那么他就强化了自己对那个信念的辩护。然而,这种情形显然不同于如下要求:辩护不仅要求认知主体认识到产生(或者维护)一个信念的适当根据,也要求他认识到有关的因果联系。内在主义者有理由拒斥这个进一步的要求,因为即使一个信念是由某个因果过程产生的,这个过程的具体细节一般来说也不是认知主体所能认识到的。实际上,内在主义者有理由怀疑辩护必须满足这个进一步的要求。理由之一是,同一个信念可以由不同的因果过程产生。如果这些过程所产生的信念同样都是有辩护的(即使在辩护程度上可以有所差

---

[1] 实际上,戈德曼自己指出,我们从认知科学中得知"只有很少一部分认知过程是按照可以有意识地存取的输入来运作的",因此"对于认知上有美德的过程的一种修正设想就应该取消'可存取性'要求"(Goldman [1992], pp. 164-165)。然而,内在主义者可以同样认为,既然如此,我们就没有理由要求认知主体诉诸产生信念的**因果机制**来说明支持一个信念的理由**为什么**是充分的。

别），那就表明因果细节实际上与辩护无关。[1] 只要一个人有理由支持一个信念，能够设法认识到该理由的辩护力量，那么不管这个理由是如何产生的，当他按照该理由来持有这个信念时，他就是有辩护的。

现在我们可以总结一下内在主义者对因果说明要求的回答。如果辩护像内在主义者所设想的那样是通向知识的必要途径，那么辩护就需要表明一个信念很有可能是真的。在很多情形中，确实是按照一个因果故事来说明为什么一个信念很有可能是真的。如果我们能够逐一列举一个因果过程所涉及的因果关系，就会发现，认知主体用来形成或支持一个信念的理由是作为其中的一个环节而出现在这个因果过程中的，因此也是一个维护信念的特点。辩护只要求认知主体认识到这个特殊的因果环节，而不需要认识到整个因果过程（实际上，按照以上分析，这是不可能的）。只要认知主体能够在正确的位置上与整个因果过程发生认知联系，他由此形成的信念就是有辩护的。因此，不管他能否完整地理解他用来支持一个信念的理由何以使得那个信念为真，他的理由都是这种因果过程中的一个重要环节。承认这个说法似乎意味着，只要认知主体是怀着追求真理和避免错误的目标来负责任地形成信念，他由此持有一个信念的理由很可能也是那个信念为真的根据。认知成功要求世界的合作，但是，如果我们不能以满足认知责任要求的方式来从事认知活动，那么我们获得真信念的概率可能就会很低。因此，尽管内在主义者强调认知辩护在他们指定的意义上是内在的，但他们也不得不承认，认知成功取决于外部条件。正是这一点暗示了将内在主义与外在主义相调和的基本想法，正如我们在最后一节中将会看到的。

---

[1] 参见 Conee and Feldman (2008), pp. 416-417。

七、对内在主义的一般批评

内在主义者正确地强调义务论的辩护概念并不直接等同于内在主义的辩护概念，但二者之间仍然具有某种联系。认知责任的概念必须相对于认知目标来指定：如果认知目标就是尽可能获得真理和避免错误，那么，只要一个人有能力按照这个目标来引导其认知活动，实际上却没有这样做，他就可以被认为是认知上不负责任的。道德上不负责任的行动往往得不到辩护。同样，如果一个信念是以认知上不负责任的方式形成的，它大概就没有辩护，尽管认知主体是否因此而应受责备仍然是一个有争议的问题。道德责任要求行动者能够以某种方式来控制其行为，例如控制自己对能动性的行使（比如说，不是在外在力量的强制下采取行动），能够理性地估计行动的直接后果。在这个意义上说，能够对行动实施自愿控制是道德责任的一个必要条件。同样，认知责任可能也要求认知主体能够对信念的形成实施某种控制。在信念的形成过程中，如果某些有关的因素外在于认知主体的认知视角，也就是说，不是他原则上可以在其认知视角的范围内认识到的，那么他就不能对一个信念的形成负责。因此，认知责任似乎完全取决于内在于认知主体认知视角的因素。这样，如果只有当认知主体的信念是认知上负责任的信念时，其信念才有辩护，那么认知辩护似乎就应该完全取决于内在于其认知视角的因素。义务论的辩护概念看来就要求对辩护采取一种内在主义理解。如果这个辩护概念是合理的，那么按照认知责任来设想认知辩护的做法就为内在主义提供了一个支持。

然而，如果内在主义者确实将义务论的辩护概念看作内在主义的一个根据，内在主义就会面临一些重要挑战。此前我们考察了一个挑战，即很多信念的形成不是我们能够自愿控制的。内在主义者其实能

第六章　外在主义与内在主义

够回应这个挑战，因为虽然一些信念是自发形成的，但我们至少能够控制自己对它们的评价，并因此而决定要不要接受一个信念。此外，在形成一个信念时，我们也能有意识地采纳某些恰当的信念形成政策，改变不恰当的信念形成习惯。因此，即使不能**决定**要相信什么，我们还是可以决定要不要接受一个自发形成的信念。如果不自愿地形成的信念不是认知上负责任的，这种信念就没有辩护。内在主义者可以接受这个说法。换句话说，不管一个信念是如何形成的，内在主义者仍然可以认为认知责任是认知辩护的**一个**必要条件：在尽可能满足获得真理、避免错误这个认知目标的意义上，有辩护的信念至少必须是认知上负责任的。内在主义者能否承认切实履行认知责任对于辩护来说也是**充分的**，是一个有待探究的问题。外在主义者可以同意认知辩护就在于满足认知责任，但他们试图表明，一个信念是否算作一个认知上负责任的信念，部分地取决于它是**如何**形成的，尤其是取决于它所形成的因果历史，因此认知责任不可能完全取决于内在于一个人认知视角的因素。[1]

为了看清外在主义者是如何论证这个主张的，考虑一个类似于"被遗忘的证据问题"的例子。[2] 玛丽亚是曼哈顿音乐学院的学生，她相信马丁院长是意大利人。她持有这个信念，是因为她似乎很清楚地记得马丁是意大利人，而且目前没有理由怀疑这一点。不过，玛丽亚最初是以一种粗心大意、不负责任的方式形成这个信念（尽管她现在忘记了这一点）：她母亲相信所有优秀的歌唱家都是意大利人，因此多年前告诉她马丁院长是意大利人。不过，玛丽亚当时就知道她

---

[1] 参见 John Greco, "Justification Is Not Internal", in Matthias Steup and Ernest Sosa (eds.), *Contemporary Debates in Epistemology* (second edition, Oxford: Blackwell, 2014), pp. 325-337。

[2] 参见 Greco (2005), pp. 328-330。

母亲在这些事情上不是可靠的来源，因此意识到接受她母亲的说法是不合理的。在道德责任领域中，我们经常把关于道德责任的判断与行动者在做了某件事情上是否应受责备的判断联系起来。比如说，如果我们认为某人的行动是无可责备的，就可以断言其行动至少不是不负责任的。同样，在认知评价领域中，我们也可以将两种判断联系起来：一种关系到一个人在持有某个信念上是不是认知上负责的，另一种涉及他在持有这个信念上是否应受责备。现在，按照约翰·格雷科的说法，即使玛丽亚的信念确实是真的，但在持有这个信念上她不是无可责备的，因为她当时在形成这个信念的时候就得不到辩护。因此，尽管她现在忘了其信念是如何形成的，她现在持有的信念也没有辩护。玛丽亚当时粗心大意地形成了这个信念，这个过去的事实是决定其信念的辩护地位的一个因素。但是，既然她忘了自己当时是在这种条件下形成信念，这个因素就不是内在于她目前的认知视角。然而，按照内在主义观点，辩护仅仅取决于内在于一个人认知视角的因素，因此内在主义者就会错误地认为玛丽亚目前的信念是有辩护的。

　　内在主义者可以对这个批评提出如下回答。按照格雷科对这个例子的描述，玛丽亚以前就有理由不信任其信念的来源，因此，从内在主义观点来看，如果她仍然持有这个理由，她的信念就没有辩护，因为这个理由实际上构成了其信念的一个对立证据。换句话说，要是玛丽亚是认知上负责任的，她当时就不会形成这个信念。另一方面，按照格雷科提出的假设，玛丽亚现在似乎很清楚地记得马丁院长是意大利人，而且目前没有理由怀疑这一点。因此，即使她现在持有的信念可能有一个不可靠的因果来源，而她目前忘了这件事，我们也还是可以认为，在持有这个信念时，她的信念是由她**目前**具有的理由和证据来辩护的。有可能玛丽亚只是在过去听母亲说马丁是意大利人，因此就在其记忆中保留了这样一个印象,但并没有对"马丁是意大利人"这个命题采取一种**接受**态度。不过,她现在持有的理由和证据让她倾向于接受该命题,因此就形成了一个有辩护的信念。退一步说,即使玛丽亚在过去确实形成了那个信念,但是,既然她忘了其信念的一个因果来源,**从她现在的观点来看**,她的信念仍然是有辩护的。要求一个人能够记住自己生活中发生的一切事情、别人对他所说的每一句话,显然是心理上不现实的和不合理的。即使玛丽亚仍然能够记住母亲对她提到的说法,即使她母亲在这些事情上并不可靠,但是,只要玛丽亚现在有充分的理由或证据支持其信念,她的信念就仍然是有辩护的。当然,我们无须由此否认戈德曼提出的一个说法,即一个信念的因果历史与其辩护有关。但是,在目前讨论的情形中,玛丽亚在过去形成的相关印象或信念不足以削弱或推翻她目前用来支持其信念的理由或证据。为了对内在主义提出一个真正的挑战,批评者就必须设想这样一种情形:一个人用一种不负责任的方式形成一个信念,现在忘了其信念的来源,而且在他目前的认知视角中没有理由或证据支持这个信念,但该信念对他来说仍然是有辩护的。外在主义者似乎很难设想这种可能性。

因此,我们至少不是很清楚一个信念的因果历史在什么意义上是决定其辩护地位的一个因素。正如前面指出的,我们不能合理地期望一个认知主体能够以某种方式认识到产生(或维护)一个信念的因果过程的细节。外在主义者的一个忧虑是:如果这样一个过程本身是不可靠的,而认知主体又认识不到这一点,那么,即使他能够在其认知视角中提出理由或证据来支持其信念,他的信念至少没有充分的辩护,例如他的理由或证据不足以表明其信念很有可能是真的。外在主义者由此认为,这个事实表明内在主义辩护概念是有缺陷的,因为按照这个概念,一个信念的辩护地位仅仅取决于认知主体在其认知视角中原则上能够认识到的东西。另一方面,从外在主义角度来看,即使一个认知主体无法认识到其信念形成过程是否可靠,但只要这个过程实际上是可靠的,其信念就是有辩护的。然而,我们已经看到外在主义在这个问题上碰到了一些严重困难,而为了处理这些困难,外在主义者就需要诉诸一些内在主义的考量。当然,只要外在主义者能够表明信念的辩护地位不是完全由内在主义因素来决定的,外在主义就仍然是一个值得考虑的主张。外在主义者已经强调说信念形成的因果历史对于辩护来说是相关的,但是,如果信念产生的因果过程是**任何**一个认知主体**原则上**都无法认识到的,那么内在主义者就可以合理地认为这种过程与辩护无关。比如说,如果只有上帝才知道我们的知觉经验如何精确地表达外部实在,那么我们就不能合理地要求一个人能够说明他从知觉经验中得到的证据如何使得其信念很有可能是真的。另一方面,如果认知科学家能够向我们表明,在正常情况下形成的知觉经验如何使得知觉信念很有可能是真的,那么,只要我们理解和接受了他们提出的说法,这种说明就可以作为证言在辩护中发挥作用。只要一个证言是认知主体在其认知视角中能够得到的,内在主义者就不会否认其辩护作用。换句话说,内在主义者可以接受一种**集体**内在主义观点。

实际上,在我们所具有的知识和信念中,很多知识和信念是通过认知上的分工和合作得到的。当然,为了让这件事情变得可能,认知主体可能就需要具有认知美德,例如心胸开放,能够按照其他人的意见来评价自己的理由和证据,摆脱某些偏见和成见的影响,在信念形成过程中自觉地采纳和遵守合理的认知原则。这些要求只是不符合一个以自我为中心的辩护概念,但它们与内在主义的基本精神并不矛盾。外在主义者强调说,一个信念是否为真,或者是否很有可能为真,取决于形成它的方式;一个很有可能为真的信念是在正确的环境中、在适当的条件下形成的。然而，即使一个信念所形成的环境和条件在某种意义上可以被看作**外在的**，这也不一定意味着这些特点不能在认知主体的认知视角中反映出来。如前所述，如果这些特点是任何一个适度理性的认知主体原则上都无法认识到的，那么我们实际上就不知道它们如何与辩护有关，因为我们无法设想自己原则上不能认识到的东西如何能够担当辩护作用。另一方面，如果这些特点至少是一些认知主体（例如认知科学家）能够认识到的，它们就可以成为认知共同体的认知实践的一部分，因此是其成员原则上可以认识到的，而这符合刚才提到的那种经过扩展的内在主义。

以上我们已经试图表明，认知可存取性要求在弱解释下是合理的。现在让我们简要地考察一下对内在主义的另外两个批评。第一个批评是，内在主义不能对不老练的认知主体（某些非人类动物、小孩子或者甚至某些相对不老练的成年人等）的认知条件提出一个可接受的说明。这个批评是特别针对邦茹的那种内在主义提出的，因为按照邦茹的观点，辩护要求认知主体提出一个辩护论证来表明其信念是有辩护的。但是，如果内在主义者强调辩护要求认知主体有理由支持其信念，那么这个批评也适用于一般而论的内在主义。外在主义者论证说，我们有理由认为某些动物确实能够形成某些信念，即使它们不能进行推理，也不能理解复杂的论证。如果内在主义的辩护要求这些东西，我们就不能认为这些动物具有信念。然而，直观上说，某些动物不仅有信念，其信念也是有辩护的。比如说，狗在碗前闻一下就知道碗中有食物，通过辨别主人上楼的脚步声就知道主人回家了。如果知识要求有辩护的信念，那么否认狗能够有辩护地持有一些信念就不太合理。对于小孩子或者认知上不太成熟的成年人，也可以提出类似的说法。外在主义者就此认为，不论是知识还是信念都不要求内在主义者所设想的那种辩护。第二个批评与此相关，它所说的是，如果内在主义的辩护概念所要求的那种辩护论证是很多普通人都提不出来的，那么从内在主义的观点来看，他们的很多信念都没有辩护。但这不仅有悖于直觉，也会产生一种不可接受的怀疑论。如果内在主义者坚持认为普通人的大多数信念都没有满足内在主义的辩护要求，那么内在主义显然就是不合理的。内在主义者本来就想通过其辩护概念来回应怀疑论挑战，但他们对认知辩护的理解反而产生了一种关于辩护的怀疑论，因此是自我挫败的。[1]

这两个批评不仅关系到应该如何理解辩护，也关系到应该如何理解知识与辩护的关系。如果具有一个信念就在于在适当条件下倾向于以某种方式行动，那么至少某些动物在这个意义上也有信念。[2] 但是，如果辩护就在于提出理由或证据来表明一个信念很有可能是真的，因此将辩护理解为通向知识的途径，那么我们就不清楚动物或小孩子是否可以**有辩护地**持有某些信念。因此，内在主义者似乎可以通过区分一般而论的信念和有辩护的信念来回应第一个批评。另一方面，如果知识就像外在主义者所说的那样并不取决于内在主义辩护，[3] 那么内在主义者也可以像索萨那样将所谓"动物性知识"和"反思性知识"区分开来，认为前者并不需要内在主义辩护，但强调后者仍然需要内在主义辩护。然而，如果内在主义者认为严格意义上的知识要求辩护，那么他们就会否认动物或小孩具有知识。就此而论，内在主义与外在主义的争论就取决于如何看待知识论中的两个核

---

1 Greco (2014), pp. 333-336. 亦可参见 BonJour (2002), pp. 241-243。

2 关于对于动物认知的相关讨论，参见 Kristin Andrews, *The Animal Mind: An Introduction to the Philosophy of Animal Cognition* (second edition, London: Routledge, 2020); Mark Rowlands, *Can Animals Be Persons?* (Oxford: Oxford University Press, 2019)。

3 例如，按照蒂莫西·威廉姆森的说法：Timothy Williamson, *Knowledge and Its Limits* (Oxford: Oxford University Press, 2002)。

心问题：其一，如何理解知识以及辩护的范围或程度；其二，如何理解怀疑论的范围和限度。极端的怀疑论会导致我们否认我们根本上能够认识到外部世界。如果这种怀疑论是不可取的，那么我们就需要寻求对知识的某种恰当理解。从目前对知识和辩护的讨论来看，我们似乎可以将知识理解为认知主体在其认知视角的最大限度内所持有的没有被击败、并且有充分的理由来支持的真信念。如果这种理解是恰当的，那么内在主义的辩护概念看来就更可取，内在主义也比外在主义更能抵抗怀疑论的威胁。之所以如此，是因为：如果辩护并不要求认知主体有理由表明一个信念很有可能是真的，那么，即使这个信念是从可靠的过程中产生的，而认知主体并不知道（或者有辩护地相信）这个事实，我们也不清楚其信念在什么意义上是有辩护的，因此能够构成知识。当然，假若内在主义者认真看待盖蒂尔提出的挑战，他们就确实需要表明在内在主义辩护概念下得到辩护的真信念如何有可能是真的。邦茹曾经认为，我们可以将如下主张看作一个康德意义上的**先验**真理：与一个充分融贯的信念系统相融贯的信念很有可能是真的，即对应于实在的某个部分。但是，正如我们已经看到的，邦茹的设想的可行性恰好取决于如何理解内在主义与外在主义的关系。另一方面，如果盖蒂尔问题根本上是无法解决的，那么内在主义者就可以转而认为，对于生活和行动来说，也许具有适当地得到辩护的真信念就够了。[1]

---

1 理查德·弗雷论证说，我们可以假设具有信息就在于具有真信念，而一个真信念是否算作知识取决于一个人具有或缺乏的信息的重要性，因此知识问题不能与关于人们的关切和价值的问题分离开来。弗雷似乎是按照一种广泛的语境主义来处理真信念何时算作知识这一问题。参见 Richard Foley, *When Is True Belief Knowledge?* (Princeton: Princeton University Press, 2012)。

八、调和内在主义与外在主义的尝试

从以上论述中可以看出,外在主义和内在主义各有优点和缺陷。内在主义者坚持认为辩护是知识的一个本质要素,能够用来辩护一个信念的东西必定在某种意义上是我们能够认识到的。外在主义批评者则论证说,认知责任和认知可存取性对于辩护信念来说并不充分,在这两个概念当中,没有什么东西能够说明一个信念为什么很有可能是真的。一个信念是否很有可能为真取决于它是如何产生的,真信念是在适当条件下在正确的环境中形成的,但信念产生的条件和环境是外在主义特点,这些特点不能或无须在认知主体的认知视角中反映出来。

外在主义的兴起与盖蒂尔问题具有某种内在联系:自从盖蒂尔对传统知识概念提出挑战以来,知识论理论家们就试图在不放弃这个概念的本质要素的条件下来回应挑战,其中一些理论家逐渐认识到知识必然有一个外在主义要素,对辩护的本质的理解也随之产生了如下争论:在什么程度上辩护的条件是内在于或外在于认知主体的认知视角的。这个争论导致一些哲学家将辩护概念与知识概念分离开来,对前者提出一个内在主义说明,对后者提出一个外在主义说明。然而,即使这个举动在某种意义上是可理解的,但它也产生了一些严重问题,因为我们确实有理由认为辩护是知识的一个本质要素。一些理论家对知识论中的这种分裂局面感到不满,因此就试图调和内在主义和外在主义。在这里,我们将考察两种主要观点,二者都试图将内在主义和外在主义的某些特点结合起来。一种观点是威廉·阿尔斯顿的所谓"外在主义的内在主义",[1] 另一种观点是欧内斯特·索萨的美德视角

---

[1] William Alston (1988), "An Internalist Externalism", *Synthese* 74: 265-283.

主义（virtue perspectivism）。[1]

8.1 外在主义的内在主义

阿尔斯顿声称，为了有辩护地持有一个信念，这个信念就必须**基于**（based on）某个**适当的**根据（adequate ground）。为了理解和阐明其主张，我们首先需要解决两个问题：第一，如何理解"基于"这个说法？第二，什么样的根据才算是"适当的"？阿尔斯顿承认"基于"是一个困难的概念，他认为尚未有人对它提出一个恰当的和一般的说明。[2] 不过，他指出这个概念的两个主要特点：第一，如果一个信念因果地取决于一个根据，它就可以被认为是基于那个根据；第二，如果一个信念的形成受到了一个根据的引导，它就可以被认为是基于那个根据。不管一个信念是基于其他信念还是直接基于经验，这种关系都会涉及某种**因果依赖性**。假设我形成"昨晚下雨了"这一信念，因为我相信路面是湿的，那么我是**因为**相信路面是湿的而相信昨晚下雨了——我持有后一个信念说明了我持有前一个信念。同样，如果"路面是湿的"这个信念是立足于我的知觉经验，即路面在我看来是湿的，那么这个知觉经验就说明了我的信念。一般来说，一个信念的根据就是其因果基础，即让一个人持有那个信念的东西。这样一个根据

---

[1] 关于索萨在美德知识论方面的论著，参见 Sosa (1991); Ernest Sosa, "Beyond Internal Foundations to External Virtues", in Laurence BonJour and Ernest Sosa, *Epistemic Justification: Internalism vs. Externalism, Foundations vs. Virtues* (Oxford: Blackwell, 2003), pp. 97-170; Ernest Sosa, *A Virtue Epistemology* (Oxford: Oxford University Press, 2007); Ernest Sosa, *Epistemology* (Princeton: Princeton University Press, 2017), especially chapters 9, 11 and 12. 美德知识论是一个复杂而有趣的领域，值得专门加以讨论。限于篇幅，在这里我们只介绍索萨的美德视角主义。

[2] 关于目前对这种关系的讨论，参见 J. Adam Carter and Patrick Bondy (eds.), *Well-Founded Belief: New Essays on the Epistemic Basing Relation* (London: Routledge, 2019)。

既可以是其他信念，也可以是某个经验。然而，"基于一个根据"这个说法包含了比因果依赖性更多的东西，因为显然并非一个根据的所有特点都与随后形成的信念有关。哪些特点是相关的取决于所要形成的信念的内容。例如，假设我形成了"果盘中有一些杨梅"这一信念。在这种情况下，杨梅作为一种水果的颜色、形态和气味是最相关的。若要形成那个信念，我就必须特别考虑这些特点并对它们保持敏感，杨梅与桌子上其他事物的关系则与我所要形成的信念无关——或许是因为我特别喜欢杨梅，一回到家就把注意力放到餐桌上的杨梅上，即使桌面上还有一瓶我历来喜欢的向日葵。同样，如果我是在其他信念的基础上形成一个信念，那么那些信念的内容就是相关的。简而言之，我必须按照一个根据的相关特点来形成一个信念，或者说，那些特点在信念形成过程中必定具有某种引导作用。当然，为了引导我的信念形成活动，我所关注的相关特点必须是我能够设法认识到的，例如通过知觉经验、记忆或反思。在这个意义上，"基于一个根据"这个说法其实是一个内在主义概念：一个信念的根据是某种内在于认知主体的东西，是他能够设法认识到的东西。

通过强调一个信念的根据（具体地说，它的某些相关特点）必须在信念形成中具有某种引导作用，阿尔斯顿实际上接受了内在主义观点。他进一步区分了三种形式的内在主义。**认知视角内在主义**所说的是，只有在认知主体的认知视角中的东西才能充当辩护作用，在这里，说某个东西在一个人的认知视角中，就是说他知道或有辩护地相信那个东西。**可存取性内在主义**所说的是，只有认知主体在认知上能够得到的东西才能担当辩护作用。所谓**"意识内在主义"**说的是，只有认知主体实际上意识到的事态才能担当辩护作用。出于两个考虑，阿尔斯顿拒绝了第一种形式的内在主义：首先，这种内在主义只能从义务论的辩护概念中得到支持，而这个辩护概念要求我们对信念的形成具有自愿控制，因此是不现实的；[1]其次，这个辩护概念排除了通过诉诸经验和内省来直接辩护一个信念的可能性，因此是不合理的。第三种形式的内在主义也是不可接受的，因为它不仅要求认知主体要实际上意识到自己用来辩护一个信念的一阶根据，也要求他要实际上意识到一阶根据的根据（二阶根据）、二阶根据的根据（三阶根据）等，从而会导致认知辩护的无穷后退。阿尔斯顿由此认为，唯一可接受的内在主义是可存取性内在主义。[2]

阿尔斯顿的主张立即引出一个问题：为什么辩护要求某种认知上的可存取性？为了回答这个问题，他将一个信念得到辩护这一事实和辩护一个信念这一活动区分开来。阿尔斯顿不打算证明可存取性对于辩护来说是必要的，他只想说明为什么辩护要求一种可存取性条件。外在主义者当然可以满足于指出任何可靠形成的信念**事实上**都是有辩护的。但是，世界的某些根深蒂固的特点会挑战我们的信念，其他人可能也会挑战我们的信念。在受到挑战时，我们就需要思考自己的信念到底有没有充分根据，反思我们用来形成一个信念的理由是否适当。面对挑战，我们必须设法表明自己确实有资格持有一个信念，否则我们就必须放弃或修改自己的信念。然而，能够对信念的辩护产生影响的唯一考虑，就是认知主体在认知上能够认识到的考虑。换句话说，能够辩护一个信念的东西就是我们为了成功捍卫自己的信念而需要引用的东西，因此必定是我们原则上能够具有认知存取的东西。阿尔斯顿由此认为辩护理论需要一个可存取性要求：如果信念的根据是我们在辩护信念的过程中将会引用的东西，那么在某种意义上说，我们就必须设法认识到那些根据究竟是什么。如果这种根据必须出现在

1　参见第二章第七节对义务论辩护概念的讨论。
2　参见 Alston (1988), pp. 270-272。

认知主体对信念的辩护中，它也必定是认知主体能够在认知上存取的东西。当然，阿尔斯顿并不认为这种根据必须是**直接**可存取的，但他强调说，经过充分反思，认知主体必须能够鉴定出一个信念所立足的根据。阿尔斯顿认同前面对可存取性要求提出的那种弱解释，其理论的内在主义方面就显示在这个要求中。

那么，阿尔斯顿为何将其理论称为一种"**内在主义的外在主义**"，而不是"**外在主义的内在主义**"呢？也就是说，尽管他强调辩护必定涉及一个内在主义要求，但他为什么认为其理论根本上仍然是一种外在主义？为了回答这个问题，我们必须回到上述区分。认知辩护的必要性就在于我们的信念会受到挑战，在这种情况下，我们需要表明自己的信念确实是有辩护的，否则就要放弃或修改它们。认知辩护是一种社会实践，在某些情况下我们需要回应它所提出的要求——"'得到辩护'这一**事实**并不取决于任何特定的辩护活动。……[但是]，如果我们不参与一种要求辩护并回应这种要求的社会实践，那么那些辩护事实对我们来说就不会有它们确实具有的兴趣和重要性。"[1] 辩护是一种要求理由的活动，因此本质上是一种社会实践。然而，一个人是否有辩护地持有一个信念，并不（或者不只是）取决于他实际上能够成功地**表明**其信念是有辩护的。从事这种辩护活动要求某些智识技能，但是，即使很多人没有这种技能，他们仍然可以有辩护地持有信念。例如，即使一个小孩无法说明他的某个知觉信念何以是有辩护的，他仍然可以有辩护地持有该信念。

为了说明辩护为什么也涉及外在主义要素，阿尔斯顿将一个信念的根据与其辩护效力或适当性区分开来。一个信念的根据，若要充当辩护作用，必须是认知主体经过反思可以直接存取的。但是，这样一

1　Alston (1988), p. 273.

个根据只能维持**初步**辩护，因为它所提供的辩护可能会被对立的充分理由所推翻。有两种理由会推翻一个初步辩护：其一，有一些对立的理由足以表明一个原来有辩护的信念是假的；其二，有一些理由加上原来的根据不能充分表明这样一个信念是真的。例如，即使我目前的视觉经验有力地表明我面前有一棵树，但总体上说，我在持有这个信念上可能得不到辩护，因为我有更强的理由假设我面前没有一棵树，或者假设我的视觉系统不是在正常运作。因此，对一个信念的初步辩护（该信念的因果基础直接提供的辩护）不同于对它的**无条件**辩护。只有当一个人的知识、有辩护的信念以及经验总体构成了一个信念的适当根据时，该信念才会得到无条件的辩护。然而，这个意义上的无条件辩护仍然不是阿尔斯顿所说的"适当辩护"。不论是初步辩护还是无条件的辩护，其命运都是由出现在认知主体认知视角中的东西所决定的，而不是由世界的本来面目所决定的，而认知主体看待世界的视角不一定反映世界的本来面目。阿尔斯顿于是就将这两种辩护与适当辩护区分开来。在他看来，只有当一个信念的根据使得它很有可能为真时，这样一个根据才是适当的。认知主体可以提出一个信念的理由，但是，只有当他所引用的理由或根据使得该信念很有可能为真时，这个信念才算得到了适当辩护。

在这里，我们可以看到可靠主义观念对阿尔斯顿的影响。阿尔斯顿并不相信一个信念为真的可能性受制于内在主义的可存取性要求，也就是说，他并不认为认知主体**总是**能够认识到一个信念的根据实际上是充分的。如果使得一个信念为真的东西并不必然出现在认知主体的认知视角中，那么我们很容易理解阿尔斯顿提出的主张。当然，他并没有详细论证这一点，但他试图从一个不同的角度来论证其观点。他试图表明，能够认识到一个根据是适当的并不是辩护的必要条件。

他的论证采取了归谬论证的形式。[1] 我们不妨首先假设：

（I）只有当一个人知道或有辩护地相信 P 的根据是一个适当根据时，他在持有信念 P 上才得到辩护。

按照阿尔斯顿对"适当根据"的解释，上述说法可以转变为：只有当一个人有辩护地相信 P 的根据很有可能使得 P 为真时，他在持有 P 上才算得到辩护。"相信 P 的根据很有可能使得 P 为真"是另一个信念。按照（I），为了有辩护地持有这个信念，一个人必须有辩护地相信其根据很有可能使得它为真。但是，如果一个人也需要有辩护地相信这个**二阶**信念的根据很有可能使得它为真，那么他就会陷入无穷后退。为了避免这个困境，我们可以将（I）修改为：

（II）只有当一个人很容易通过反思获得"他的信念 P 的根据是一个适当根据"这个有辩护的信念时，他在持有信念 P 上才得到辩护。

（II）并不要求认知主体对每个层次的信念都要持有一个更高层次的有辩护的信念，因此不会导致辩护的无穷后退。它只是提出如下要求：对一个人实际上持有的每个有辩护的信念，他能够以某种方式获得一个恰当地相关联的有辩护的高层次信念。比如说，假设我持有"果盘中有一些杨梅"这个信念，其根据是我的知觉经验。为了有辩护地持有这个信念，我只需有辩护地相信我的知觉经验是适当的就行了。为此，我可能需要指出这样一些事实：我的知觉系统在正常运

---

[1] 参见 Alston (1988), pp. 276-281。

作，我具有将杨梅和其他东西辨别开来的能力，我是在正常的光照条件下看见那些杨梅。我可以进一步声称，因为这个信念是基于这样一个知觉经验，它很有可能是真的。只要我能够表明这一点，我的目标信念就是有辩护的。

然而，阿尔斯顿也提出了两个理由来反对（II）。第一个理由是外在主义者用来反对内在主义的一个理由。（II）要求认知主体表明其信念很有可能是真的，即表明这个信念是基于阿尔斯顿意义上的适当根据。但是，一个小孩可以对那些杨梅具有知觉经验，也有能力将杨梅与其他东西区别开来，不过，由于缺乏必要的概念思维能力，他不能说明如下这一点：因为他的信念是基于他的知觉经验，而基于那种知觉经验的信念很有可能是真的，因此其信念的根据是适当的。如果我们认为一个小孩可以有辩护地持有这样一个信念，那就表明内在主义约束是不必要的，因为小孩往往不能满足这样一个约束。为了引入第二个理由，不妨首先考虑如下内在主义论证。内在主义者可以说，即使一个小孩缺乏必要的概念思维能力表明其信念的根据是适当的，因此不能提出内在主义者所要求的那种辩护论证，他也确实具有他所需的一切证据。比如说，他已经具有数不清的知觉经验，而这些经验倾向于导致真信念。如果一个小孩在这个方面类似于成年人，他就有很好的证据得出这样一个归纳论证：他的日常知觉信念的根据是适当的，因此，他关于杨梅的信念很有可能是真的。当然，内在主义者可以承认小孩没有能力用归纳论证的形式提出其证据，但他确实具有这种证据，而且，只要我们恰当地问他，他就可以认识到相关证据。因此，内在主义者可以提出如下表述：

（III）只有当一个人有适当的根据判断其信念 P 的根据是适当根据时，他在持有信念 P 上才得到辩护。

与（II）相比，（III）表达了一个更弱的要求：它不要求认知主体实际上能够获得一个关于适当性的有辩护的信念，不论是通过反思还是通过其他方法，而只要求认知主体具有某些根据（证据或经验）——只要其信念是基于这些根据，他就可以用它们来辩护其信念。因此，即使一个人没有能力提出邦茹所要求的那种辩护论证，他也可以满足（III）的要求。然而，阿尔斯顿甚至怀疑（III）的要求能否得到满足，因为在他看来，为了通过归纳得到这样一个论点，即"正常的知觉经验是我们关于周围环境的信念的一个适当根据"，我们就需要在记忆中储存足够多的观察证据，并确信这些证据构成了这个论证的适当证据。阿尔斯顿并不认为这个要求能够得到满足，但他也不反对这个论点本身。他所要说的是，典型的认知主体所具有的证据的**数量**不足以辩护如下主张：知觉经验构成了日常的物理对象信念的适当根据。也就是说，典型的认知主体并没有存储足够多的观察证据，因此可以有辩护地相信知觉经验是产生知觉的正常因果关系的结果。这种理解符合阿尔斯顿的一个观点：一般来说，认知主体无法认识到信念的根据是否适当，因为使得一个信念为真的那些特点并不必然出现在其认知视角中。例如，即使我的知觉信念"果盘中有一些杨梅"是一个知觉经验的结果，但我可能没有充分的证据表明那个知觉经验是构成知觉的那些因果关系的产物。只要我无法认识到这样一个事实，就无法认识到我的知觉信念很有可能是真的。这样，如果一个信念很有可能为真是它得到辩护的必要条件，或者用阿尔斯顿的话说，如果具有适当根据是一个信念得到辩护的必要条件，而这种适当性不是认知上可存取的，那么在辩护中就有一个不是内在主义的特点。

总的来说，阿尔斯顿认识到辩护涉及两个方面，二者有时会发生冲突。一方面，当我们将辩护理解为提出理由来支持一个信念的认知活动时，辩护要求认知主体满足一个内在主义约束，即能够以某种方式把握到一个信念的根据的某些特点,因此能够认识到自己用来支持一个信念的理由;另一方面,辩护也与"一个信念很有可能是真的"这个事实具有密切联系。阿尔斯顿认为,一般来说,我们无法认识到信念的根据是否适当。因此他就否认一个辩护理论能够完全是内在主义的。如果使得一个信念为真的东西并不必然出现在任何认知主体的认知视角中,而辩护在根本上必须与信念的真值条件具有内在联系,那么一个辩护理论就必然有一个外在主义方面。阿尔斯顿试图将这两个方面容纳在一个辩护理论中。

然而,我们仍然不清楚这两个方面**如何**能够被整合在一个理论中。对阿尔斯顿来说,辩护一个信念就在于表明它具有适当根据,适当根据被理解为使得一个信念有很高的概率为真的东西。阿尔斯顿接下来假设,唯有通过引入一个外在主义要素,例如可靠性方面的考虑,才能阻止传统内在主义的辩护概念会导致的无穷回溯问题。然而,如果可靠性方面的考虑已经是认知主体在其认知视角内所能得到的,那么那个所谓的"外在主义方面"就转化为一个内在主义方面。另一方面,如果那个外在主义方面是认知主体原则上在其认知视角内得不到的,那么它就无法充当内在主义者所设想的辩护因素。当然,整个问题的症结似乎在于阿尔斯顿并未清楚地阐明辩护所要求的那种奠基关系。他将适当根据理解为使得一个信念很有可能为真的东西,因此在一种客观的意义上将奠基关系理解为一种因果关系。但是,从内在主义观点来看,辩护取决于认知主体能够对用来辩护一个信念的根据具有认知存取——为了辩护一个信念,他必须能够认识到产生该信念的某些相关特点。但是,甚至在知觉信念的情形中,产生一个信念的一切东西并非认知主体都能认识到的。阿尔斯顿明确承认一个信念的根据的**适当性**并不是认识主体所能认识到的,因为适当性是一个外在事实。如果适当根据不是认知主体在内在主义的意义上可以存取的,那么阿尔斯顿似乎就只能将它理解为普兰廷加所说的"担保",并诉求某种设计计划来保证认知主体在适当条件(例如形成信念的认知过程是可靠的,认知主体恰当地满足了认知责任的基本要求)下用来辩护一个信念的理由就是该信念的适当根据。在这里,辩护一个信念的**理由**当然是从认知主体的主观视角来设想的。换句话说,阿尔斯顿必须假设,在理想的认知条件下,一个信念为真的主观概率与客观概率是吻合的,或者至少是相接近的。但是,除了通过诉诸设计计划的观念外,他实际上未能表明这一点。

此外,阿尔斯顿也承认,并非产生一个信念的因果过程的所有特点都与辩护有关。在阿尔斯顿自己的例子中,两个人A和B都基于**性质上同样的视觉经验**而相信一只柯利牧羊犬在房间中,但A是根据柯利牧羊犬特有的特征将那只狗识别为一只柯利牧羊犬,B则把任何相当大的狗都看作柯利牧羊犬。阿尔斯顿指出:"看来A在持有其信念上得到了辩护,而B则没有得到辩护,尽管他们对一个具有同样命题内容的信念持有同样的根据。"[1] 然而,如果辩护是随附认知主体对其信念持有的证据上,那么我们就很想知道阿尔斯顿为什么会得出如此怪异的结论。合理的解释是,即使他们看到的是同一只狗,但他们**在形成各自信念时**的视觉经验的**内容**是不一样的。正是主观经验(以及相关的背景信念)的不同导致二者的信念具有不同的辩护。那么,当阿尔斯顿说他们都对一个具有同样命题内容的信念持有**同样的根据**,他所说的"根据"究竟是指什么呢?显然指的是触发他们具有视觉经验的那只狗。然而,他们的信念的辩护地位却是按照他们的视觉经验的概念内容来设想的。当然,A的信念之所以是有辩护的,是因为他**正确地**识别到其信念对象的相关特征。换言之,他的信念的辩护地位

---

[1] Alston (1988), p. 268.

仍然是由他在其认知视角内所能得到的东西来决定的，而不是（或者不完全是）由信念对象所提供的**客观根据**来决定的——只要这种根据（或者其中的相关特征）不是认知主体在认知上所能存取的。我们当然可以向 B 指出其信念是错误的，但是，我们能这样做，是因为认知共同体已经将一种具有某些特征的狗命名或分类为柯利牧羊犬。只要认知共同体拥有在认知问题上判断对错的标准，它就有资源解决错误鉴定问题。当然，既然阿尔斯顿自己强调辩护是认知共同体所要求的一种实践活动，他就无须否认这一点。然而，这样一来，他所尝试的那种调和就只能在一种**社会认识论**的意义上来理解。[1]

8.2 美德视角主义

可靠主义者认为，只要一个信念从可靠的认知过程中产生出来，它就具有正面的认知地位，不管认知主体能否意识到这个过程是可靠的，或者甚至能够说明其可靠性。然而，我们已经看到，不管戈德曼如何修改其过程可靠主义，这种理论仍然无法合理地说明我们对认知辩护的一些深思熟虑的认识。可靠主义者正确地认识到辩护有一个外在主义方面，即辩护必须与真理具有本质联系。然而，如果使得一个信念为真的事实或特点是认知主体在其认知视角内得不到的，而辩护本质上在于认知主体按照自己所能得到的理由来行使认知责任，那么

---

[1] 社会认识论当然不只是涉及认知辩护问题，其核心关注仍然可以被理解为在一种**扩展的**意义上来探究知识的可能性。这方面的相关论著，参见 Adrian Haddock, Alan Millar and Duncan Pritchard (eds.), *Social Epistemology* (Oxford: Oxford University Press, 2010); Alvin Goldman and Dennis Whitcomb (eds.), *Social Epistemology: Essential Readings* (Oxford: Oxford University Press, 2011); J. Adam Carter, Andy Clark, Jesper Kallestrup, S. Orestis Palermos, and Duncan Pritchard (eds.), *Socially Extended Epistemology* (Oxford: Oxford University Press, 2018); Miranda Fricker, Peter J. Graham, David Henderson, and Nikolaj Pedersen (eds.), *The Routledge Handbook of Social Epistemology* (London: Routledge, 2019)。

我们就很难理解可靠性**本身**如何能够让一个信念得到辩护。至少从日常观点来看,辩护确实具有一个内在主义方面。索萨明确地认识到了辩护理论中存在的这种张力,认为这种张力可以通过引入认知美德的概念而得到缓解或调和。

美德知识论有各种形式,索萨的理论只是其中的一种,但正是他首先将认知评价与认知美德的概念明确联系起来,开创了当代知识论中的美德转向。在索萨这里,认知美德指的是一种可靠的信念形成能力,美德认识论一开始也是作为可靠主义的一种形式而出现的。[1] 按照这种形式的美德认识论,如果一个认知主体的真信念来自某些稳定和可靠的倾向,那么这样一个倾向就具有将真信念转变为知识的价值。大致说来,从美德认识论的角度来看,只要我们的信念显示了认知美德,它们就得到了辩护,可以被看作知识的实例。美德大致可以被理解为一种倾向、技能或能力,它使得一个人擅长于获得某个目标。在亚里士多德那里,美德被理解为这样一种内在禀赋或能力:只要一个人拥有这种禀赋或能力,对于如何通过行动和选择来追求和实现好的生活,他就可以做出正确的判断,并恰当地将其判断的结论付诸行动。总而言之,拥有美德被认为有助于实现特定的目标(或者某种特有的功能)。例如,资深花样滑冰运动员拥有高超的技能,因此在适当条件下就可以成功地实现滑得好的目标。同样,如果认知活动的目标是要尽可能获得真理和避免错误,那么拥有认知美德的认知主体就倾向于成功地实现这个目标。从美德认识论的观点来看,信念的

---

[1] 美德知识论往往被分为可靠主义美德知识论和责任主义美德知识论,索萨提出的理论属于前一种。关于这种划分,参见 Guy Axtell (1997), "Recent Work in Virtue Epistemology", *American Philosophical Quarterly* 34: 1-26。对于这种划分的批评性讨论,参见 Will Fleisher (2017), "Virtuous Distinctions: New Distinctions for Reliabilism and Responsibilism", *Synthese* 194: 2973-3003。

第六章　外在主义与内在主义

辩护取决于拥有和行使认知美德，而不是取决于一个信念是否满足了某个认知规则的要求。纯粹的可靠主义认为知识的条件无须是认知主体在其认知视角中可以存取的，因此是一种外在主义理论。与此相比，认知美德被认为本身就含有与认知目标和认知责任相联系的**动机**，从而具有了内在主义特点。

为了进一步理解索萨的观点，我们首先需要考虑他引入美德知识论的动机。在我们所具有的认知能力中，知觉、记忆和归纳推理之类的能力使我们能够应对周围环境。一厢情愿的思想或白日梦也可以被看作人类具有的能力，在某种意义上说，甚至这些能力也能帮助我们应对周围环境，例如可以使日常生活变得不太枯燥乏味。但是，在索萨看来，使我们能够有效地应对周围世界的能力是那种与获得真理和避免错误相关的能力。只有当某个能力可以让我们获得更多的真信念而不是假信念时，它才能被称为一个认知美德。在这个意义上说，知觉是一个认知美德，因为它在适当条件下可以让我们形成更多的真信念而不是假信念。如果这些能力都可以被理解为进化的产物，那么**在正常条件下**对它们的恰当行使就倾向于让我们获得关于周围世界的真信念。[1] 我们或是通过遗传具有了这些能力，或是可以通过学习和训练强化这些能力。如果认知主体恰当地行使这些能力，比如说确信自己的视觉系统在正常运作，光照条件也是正常的，那么他就可以形成一个**有辩护**的视觉信念。如果知觉一般来说是一种可靠的信念形成机制，那么一个认知主体在这种条件下形成的信念也有可能是真的，即使他自己不知道这样一个信念何以为真。这样，对作为认知美德的认

---

[1] 当然，进化出来的认知能力并非任何时候都以获得真信念为目标。是否如此取决于进化的核心目标，即设法具有最大的适应度。不过，我们仍然可以认为，获得关于周围环境的真实信息是进化适应的一个结果。

知能力的恰当行使就能产生有辩护的真信念，这种信念可以被看作知识的实例。

索萨进一步将认知美德定义为这样一种能力：由于具有了这种能力，认知主体在某些条件下、在某个命题领域中最有可能获得真理和避免错误。具有一个认知美德是要有一种经过内化的稳定能力。但是，对这种能力的行使并非在任何情况下都有助于获得真理和避免错误。例如，视觉能力的行使涉及很多东西，比如眼睛、大脑和神经系统。在正常环境条件下，通过行使这种能力，我们很有可能会对周围世界中的宏观对象及其可观察性质形成真信念。不过，即使我们具有这种能力，相对于其他的条件和领域来说，我们也未必能够形成真信念。我们很容易通过知觉正确地认识到一个不太复杂的几何对象，并对它形成一个真信念。但是，我们不太可能通过知觉本身对极为复杂的几何对象形成真信念。相对于这些对象来说，知觉不再是一个认知美德。同样，我们大概也不能通过知觉对一块煤炭在色度上的细微差别形成真信念。一种能力对我们来说是否构成一个认知美德，是相对于某些条件和某个领域而论的。换句话说，并非一种认知能力的恰当行使在任何条件下都有助于获得真信念。

对认知美德的理解导致索萨提出了一个重要区分。按照一个认知美德来相信某个命题是获得真理的一个可靠过程。然而，并非任何可靠的信念形成过程都是按照认知美德来相信某个命题的过程。索萨用一个例子来说明这一点。[1] 假设某人一旦听到柴可夫斯基《1812序曲》中加农炮的声音，就相信附近有一个很大的灰色物体。他的信念碰巧是真的，因为附近恰好有一只大象，其脖子上挂着一台收音机，收音机里碰巧正在播放《1812序曲》的那个片段。索萨认为，相对于这种

---

[1] 参见 Sosa (1991), pp. 276-277。

高度特殊的情境来说，这个的信念形成过程是可靠的。不过，他否认这个过程具有一般意义上的可靠性，因为使得那个信念为真的情境不太可能在任何人的生活中反复出现。然而，即使在这种极为特殊的情形中，那个信念是由一个可靠的过程产生的，我们也不应该认为那个人在获得其信念上值得赞扬，因为他并不是按照一个认知美德来形成信念。只有在某个指定的环境中，一种认知能力的恰当行使才能让认知主体倾向于获得关于某类命题的真信念，而且，也只有在这种情况下，这样一种能力才能成为认知美德。

索萨对认知美德的界定实际上利用了亚里士多德的一个核心观点，即有美德的行动者能够敏锐地认识到其处境的**评价上**相关的特点，例如，在道德行动的情形中，道德上相关的特点。因此他的例子也对有关环境提出了一个要求：这种环境应该是充分可重复的。当一个认知主体接受某些输入，并产生某个作为输出的信念时，有两方面的因素会影响他由此获得的信念的恰当性或正确性。一方面，即使他已经拥有某些认知美德，但只要他没有恰当地行使美德，他最终得到的信念可能就是有缺陷的；另一方面，如果认知环境并不适当，例如是异常的或者与认知对象不相称，他最终得到的信念也可能是有缺陷的。如前所述，使得信念为真的事实或特点可能不是认知主体在其认知视角中所能得到的。在这种情况下，即使认知主体尽到了自己的认知责任，按照自己所能得到的认知资源做出了最大努力，他最终得到的信念也有可能不是真的，但他在这个意义上仍然得到了辩护——从他自己的观点来看，他可以合理地声称自己可以有辩护地持有这个信念。另一方面，我们也可以设想一个信念是在正常环境中由可靠的认知过程（或者通过可靠的认知能力）产生的，但认知主体可能没有认识到该信念与他有辩护地持有的其他信念的关系。索萨由此将信念的辩护与信念的适宜性（aptness）区分开来，并对这两个概念提出了如下说法：

> 一个信念的"辩护"要求该信念在它与认知主体所具有的其他信念的推理关系或融贯关系中具有一个基础，比如说，从某些更深的原则中得到辩护，或者由于认知主体认识到该信念符合他的原则而得到辩护，这些原则包括什么信念在认知主体所认识到的环境中是可允许的。[相比较而言，]一个信念相对于某个环境的适宜性则要求，这个信念来自那些相对于这个环境来说是认知美德的东西，也就是说，来自这样一种信念形成方式：这种方式在特定的命题领域和环境中倾向于产生更多的真信念而不是假信念。[1]

简言之，一个信念是否有辩护，取决于它与认知主体所持有的其他信念是否融贯，在这里，认知主体所持有的信念可以是某些元层次信念或原则，例如关系到什么信念在特定的领域和认知环境中是合理的或可允许的。一个信念是否适宜，则取决于它是不是由认知美德产生的。在可靠主义的可靠性概念的意义上，适宜的信念是在特定环境中可靠形成的信念，因此适宜性取决于环境条件之类的外在因素。一些认知能力适宜于某些环境，而其他认知能力可能不适宜于这些环境。更具体地说，适宜的信念是相对于特定环境从有认知美德的认知能力或认知过程中产生出来的——从可靠的认知过程中产生出来的信念是否适宜，不仅取决于它是否涉及认知美德的行使，也取决于能够让有关的认知能力正常地发挥作用的环境。就此而论，适宜性是信念的一个**外在**特点，而辩护则是信念的一个**内在**特点，因为辩护仅仅

---

1 Sosa (1991), p. 144.

在于目标信念与认知主体已经持有的其他信念的认知关系，而这种关系是认知主体原则上可以在其认知视角中得到的。例如，我通过知觉形成了"桌子上有一只红色的咖啡杯"这一信念，相对于我目前所处的环境来说，知觉是一个认知美德，我由此形成的信念是适宜的。当然，如果它与我持有的其他信念相融贯，那么它也得到了辩护。另一方面，如果我是在同样的环境中通过知觉形成了"桌子上有一个一千面体的水晶制品"这个信念，那么这个信念就不是适宜的，因为在这种情况下它未必是真的，即使我的知觉在一般的意义上是在正常地运作。简言之，适宜性是一个与**适真性**（truth-conduciveness）相联系的概念，一个适宜的信念是认知主体在适当的环境条件下、通过行使其认知能力或认知美德而获得的真信念。

现在我们可以看到索萨如何将内在主义与外在主义结合起来。按照我们对"辩护"的直观理解，若要在相信某事上得到辩护，认知主体至少必须有理由支持其信念，而这些理由必须是他在自己的认知视角中能够提出的，因此，一个信念是从它与其他信念的关系中获得了辩护。内在主义部分地是在这个思想的驱动下发展起来的，于是，面对可靠主义立场，内在主义者经常会产生这样一个忧虑：可靠主义者认为从可靠的认知过程中产生出来的信念是有辩护的，即使认知主体缺乏关于其可靠性的信念。然而，索萨倾向于同意可靠主义的如下说法：可靠的认知过程所产生的信念在某种意义上是认知上适宜的。另一方面，他也认识到一个适宜的信念可以用各种方式产生出来，其中的一种方式是让信念在内在主义的意义上得到辩护。对索萨来说，辩护取决于认知主体意识到目标信念的来源，或者对其来源持有某些信念。在这个意义上说，辩护实际上是一个内在主义概念。不过，在索萨这里，辩护与认知美德相联系，因此就取决于认知美德。与此相比，一个信念的适宜性不依赖于认知主体持有的其他信念。当然，在形成一个信念时，我有可能也会逐渐意识到我的信念是我所信赖的某个认知能力的结果；如果我有理由相信这个认知能力值得信赖，并且是在正常的环境中发挥作用，那么那些其他信念就对我的目标信念提供了支持，使之成为有辩护的信念。与阿尔斯顿不同，索萨认为我们确实能够通过归纳认识到一个认知能力是值得信赖的。比如说，我们会逐渐发现，当某种认知能力在某个特定的环境中被使用时，它倾向于产生更多的真信念而不是假信念。索萨认为我们有能力逐渐意识到信念的来源，并将这种能力称为"我们看待信念来源的视角"。辩护是内在主义的：辩护不仅要求目标信念与认知主体的其他信念具有认知联系，也要求他逐渐意识到这种联系。就此而论，索萨的美德视角主义承诺一种可存取性要求。不过，需要强调的是，对他来说，适宜性是更根本的概念，因为它是将一个信念转变为知识的东西。[1] 因此，信念的适宜性处于辩护的根基：辩护出现，仅仅是因为我们认识到信念来自正确的来源，而只要一个信念具有正确来源，它就是适宜的。

然而，有辩护的信念不一定是适宜的。如果一个认知主体生活在一个受到恶魔欺骗的世界中，那么，尽管他关于周围环境的信念拥有很大程度的融贯性，这些信念相对于他所生活的环境来说并不是适宜的。反过来说，一个信念可以是适宜的但却不具有多大的辩护。例如，小孩或动物的知觉信念可以是适宜的，但可能没有多大辩护，因为他们显然不能对知觉能力和知觉信念形成任何元信念，也就是说，他们缺乏索萨所说的那种相关的认知视角。为了说明这种差别以及适

---

[1] 当然，除了必须具有这个特征外，一个能够成为知识的信念也必须是真的，而且不受制于盖蒂尔式反例。

宜性与知识的联系，索萨区分了所谓"动物性知识"和"反思性知识"。[1] 动物性知识是我们对周围环境的非反思性的直接回应。想要拥有这种知识，认知主体只需具有适宜的真信念，即在适当条件下通过可靠的认知能力形成的真信念。例如，假设一个小孩看见桌上有个苹果，因此就形成了相应的知觉信念。这种信念来自一个人辨别性地回应环境中某些特点的能力，在某种意义上是拥有正常的知觉能力和有关概念能力的认知主体自动形成的。相比较，如果那个小孩的父亲形成了同样的信念，那么这个知觉信念也是适宜的，然而，除此之外，这个信念也因为与他的其他信念相融贯而得到支持。比如说，如果这位父亲相信其信念有一个正确来源，而且是在有利的环境条件下形成的，而且他对其认知能力和认知美德有一个融贯的视角，那么他的信念也在一种很强的意义上得到了辩护。具有这样一个视角是有价值的，因为它有助于我们认识到自己是**如何**形成一个信念的，这样一个信念在什么条件下很有可能是真的。一旦我们对自己的认知能力及其可靠性和限度具有某些思想，就可以更好地利用它们来满足获得真理和避免错误的认知要求。为了具有反思性知识，认知主体必须能够理解其信念的来源以及该信念与他具有的其他信念的联系。反思性知识同样来自通过认知美德形成的信念，但为了具有这种知识，认知主体必须意识到自己是在按照认知美德来形成信念。由此可见，这两种知识的根源都在于恰当地行使可靠的认知能力。不过，就辩护而论，反思性知识也要求认知主体认识到其信念来自某个来源，这个来源不仅处于适当的环境中，而且实际上体现了认知美德。因此，在反思性知识的情形中，信念不仅是适宜的，而且也是有辩护的。这样，反思性知识就有

---

[1] 关于索萨对这个区分的进一步论述，参见 Sosa (1991), pp. 240-241; Sosa (2007), pp. 24, 30-43, 92-112。

了一个明确的内在主义要素，因为辩护对于索萨来说是内在主义的。不过，在索萨这里，适宜性概念仍然是根本的，因为反思性知识和辩护的可能性都取决于如下事实：我们具有那些特别适宜于产生真信念的能力。

索萨的美德知识论是在批判性地考察基础主义和融贯论、内在主义和外在主义的基础上发展起来的。在这里，我们可以简要地考察他的理论与戈德曼早期的可靠主义的一些重要差别。正如我们已经看到的，这种可靠主义面临一些严重的问题，特别是，如果认知主体对其信念形成过程的可靠性毫无想法，那么我们就不清楚他由此形成的信念究竟在什么意义上是"有辩护的"。[1] 索萨的理论不仅包含辩护概念，而且也引入了适宜性概念。对他来说，适宜性概念有两个独特的重要性。首先，适宜性是知识的一个必要条件：一个信念若要成为知识，就不仅应该是由可靠的信念形成机制产生的，而且也应该来自认知美德，或者来自将认知美德体现出来的认知能力。在伦理美德的情形中，并非只是因为一种内在倾向产生了一个**符合**道德要求（或者满足某个道德规则）的行动，它就可以被称为一个美德；而是，拥有美德意味着行动者对其行动或选择的道德正确性或恰当性具有深入的认识和理解，而且能够做出与其对特定境况的认识相称的判断和采取相应行动。因此，美德的行使一方面要求行动者拥有理解力和判断力之类的理智能力，另一方面也要求其行动能够达成拟定目标，例如亚里士多德用"中道"这个概念来描绘的那种目标。因此，美德的恰当行使似乎既包含了内在方面又涉及外在方面。如果认知美德与伦理美德具有相似性，那么一种能力（或者一种稳定的内在倾向）是否算作认知

---

[1] 当然，除非我们把普兰廷加所说的"担保"看作一个辩护因素，但普兰廷加自己之所以刻意使用这个概念，就是为了将其理论与内在主义的辩护理论区分开来。

第六章　外在主义与内在主义

美德，就不仅取决于认知主体对认知合理性原则的理解和内化，而且也取决于其恰当行使是否有助于产生真信念。认知美德的行使同样有内在和外在两个方面：内在方面体现在认知主体在认知活动中对认知美德的**有意识**的利用和行使上，而外在方面则在于环境条件的配合。我们当然可以认为认知美德一开始是以外在主义的方式来定义的——那些在指定条件下和特定的领域中倾向于产生真信念的认知官能或机制可以被称为"有美德的"，而一旦被称为"美德"的内在倾向以某种方式（例如通过道德共同体或认知共同体）得以确立，它们就取得了一种相对独立的地位。[1] 但是，这里也隐藏着一个危险：一个在常规情况下被认为是有美德的认知官能或机制，在其他情况下可能不会倾向于产生真信念，例如通过视觉形成一个关于极为复杂的几何体的信念。

从索萨对认知美德的论述中可以看出，他实际上认为认知美德的概念可以在适宜性概念和辩护概念之间建立某种联系。只要他能够将这两个概念区分开来，他似乎也能处理戈德曼的外在主义面临的一些挑战。例如，按照戈德曼原来提出的外在主义辩护概念，当一个人生活在恶魔世界中时，他根据感觉经验形成的关于外部世界的信念是没有辩护的，因为其信念形成机制实际上并不可靠。但是，他的信念不仅是相互融贯的，也与他关于自己认知能力的信念相融贯。实际上，这样一个认知主体能够切实履行认知责任，因此其信念是有辩护的——至少从内在主义或证据主义的观点来看是有辩护的。纯粹的外在主义很难容纳这个直观上合理的认识。不过，通过将辩护和适宜性这两个概念区分开来，索萨就可以声称这样一个认知主体的信念是有辩护的，但不能成为知识，因为其信念相对于他所生活的那个环境来

---

[1] 这实际上就是戈德曼对认知美德的理解。参见 Goldman (1992), p. 163。

说并不是适宜的。

　　对索萨来说，只要一个信念在他所指定的意义上是适宜的，它就可以构成知识。索萨认为对知识的这种理解可以应对笛卡尔怀疑论的挑战，[1] 特别是这样一个令人困惑的问题：为什么有些经验能够为知觉信念提供辩护（尽管只是初步辩护），而有些经验却不能提供这种辩护？例如，我对桌子上一个杯子的知觉经验能够为相应的信念提供初步辩护，但我对一个一千面体的水晶制品的知觉经验则不能为相应的信念提供这种辩护。按照索萨的说法，这两种情形的差别在于：我对前一种对象形成的知觉信念是适宜的，而我对后一种对象形成的知觉信念则不是适宜的。被称为"认知美德"的那样一种能力是相对于特定的环境和某类命题而论的：同一种能力，虽然在某些情形中算作认知美德，但在另一些情形中就不能成为认知美德。在恶魔世界中，即使一个认知主体的知觉信念在其认知视角下是相互融贯的，因此是有辩护的，但对知觉能力的行使却导致他产生了假信念，因此在这种环境中知觉不能成为认知美德。然而，相对于实际世界来说，知觉和融贯性都是认知美德。因此，相对于实际世界来说，生活在恶魔世界中的那个人的信念至少在如下意义上具有一种弱辩护：他无法知道自己正受到恶魔的系统欺骗，因此他所形成的信念就不应该受到责备。同样，如果一个人具有一种千里眼般的可靠能力，但不具有支持或反对这种能力存在的证据，那么他由此形成的信念是适宜的，但没有辩护，因为从他的认知视角来看，他没有理由相信其信念是真的。当然，在这种情况下，他可以被认为具有动物性知识而不是反思性知识。

　　更有趣的是，索萨认为他的理论也可以解决知识论中的一个难

1　参见 Sosa (2007), pp. 22-43。

题，即知识与运气的关系。[1] 为了避免认知运气，认知主体至少需要表明他所形成的信念是安全的。索萨对安全性提出了如下解释：一个认知行为是安全的，当且仅当对于它所具有的某个基础来说，只要它基于那个基础，它就不容易是不正确的。[2] 在这种解释下，一个信念的安全性与其适宜性可以是分离的，比如说因为认知主体不能在适当条件下发挥自己形成某个信念的能力。在盖蒂尔原来的案例中，史密斯的信念"他办公室中有人拥有一辆福特牌轿车"是真的，而且他确实是运用自己的认知能力形成了这个信念。然而，史密斯的真信念并不构成知识。之所以如此，是因为：即使史密斯按照自己通常可靠的推理能力形成了那个真信念，这种推理能力在史密斯所处的实际情形中也并未得出正确的结果。在索萨看来，为了理解这个直观判断，我们需要一个东西来确立史密斯在那件事情上**如何**持有信念和那件事情的真相之间的联系。也就是说，我们需要一种能够将认知主体持有一个信念的方式与其信念对象为真的条件联系起立的东西。索萨认为，他对适宜性的设想能够满足这个要求，因为说一个信念是被适宜地形成的，就是说它是在环境条件配合的情况下，由认知主体对其认知美德的恰当行使产生出来的真信念。

索萨强调说，只有在特定的认知环境中，相对于一类特定的命题，认知美德（或者可靠的认知能力）的恰当行使才能产生真信念。因此，他的理论同样会面临可靠主义所面临的"一般性问题"。具有一个认知美德实际上是要拥有这样一种能力：在某些条件下，相对于某个特定的领域而论，这种能力的恰当行使很有可能让认知主体实现获得真理和避免错误的认知目标。那么，如何指定有关的条件和领

---

[1] 参见 Sosa (2007), pp. 92-111。

[2] Ibid., p. 92.

域，以至于对某个认知美德的行使倾向于产生真信念而不是假信念？既然认知美德的概念只有相对于认知目标才变得可理解，但又不是在任何情况下对一个认知美德的行使都有助于实现这个目标，索萨就明确地认识到需要限制美德和能力所要应用的领域和环境。显然不是任何限制都能保证认知目标的有效实现。在索萨看来，这种限制必须满足两个要求：首先，对领域和环境的指定不能太具体，以至于每当一个人的信念为真时，他总是完全可靠并得到辩护；其次，对领域和环境的指定也不能太一般化，以至于我们无法说明一个认知主体如何可能具有这样两个信念：二者都来自同一个认知能力，但其中一个得到了辩护，而另一个却得不到辩护。[1] 从前面对一般性问题的讨论中，不难看出为什么索萨会提出这两个要求。虽然索萨并没有详细说明什么样的限制是合适的，但他提出了两个一般的思想。第一，正如阿尔斯顿所指出的，认知辩护的目的是要回应认知共同体对信念的辩护地位的挑战，比如说，一个信念是不是合理地可接受的，认知主体在形成该信念时是否已经切实履行其认知责任。为此，我们就需要对人类认知提出某些一般概括，例如指出知觉、记忆和归纳推理之类的认知能力在什么情况下确实有助于获得真信念。就像戈德曼一样，索萨认为这种概括要由对人类认知的经验研究来发现。因此，可想而知，哲学在这个方面不能得出最终结论。第二，我们之所以关心辩护，是因为认知辩护倾向于将认知主体的某种状态指示出来，而这种状态对于人们分享和交流信息具有至关重要的意义。一般来说，我们希望这种状态在某些环境中、在某个领域上是一个可靠的信息来源。因此，当我们试图鉴定与一个认知美德相联系的领域和环境时，这两个因素必须是可投射的，也就是说，在认知共同体的正常成员的认知活动中，

---

[1] 参见 Sosa (1991), pp. 283-284。

它们应该是可重复的。就一个认知美德而论,哪个领域和哪种环境是可投射的,当然也是一个要由经验科学来解决的问题。由此可见,尽管索萨并未在根本上解决一般性问题,但他对这个问题的处理将认识论引向自然化认识论的方向。

总的来说,索萨的理论明显优越于简单的可靠主义。尽管他把适宜的信念理解为我们对周围环境的动物性回应,但他也强调这种非反思性的回应就是我们**本来应该**相信的东西:在人类认知的情形中,如果知觉、记忆和推理这样的认知能力是进化的结果,而进化倾向于让我们对外部世界的刺激做出正确回应,那么,在适当条件下通过恰当地行使这些能力而得到的信念,也是我们在某些情景中**应该**持有的信念。适宜的信念向我们提供了一个基础,使我们可以将这种信念自然地扩展到有辩护的信念,甚至扩展到反思性知识。索萨进一步认为,人有能力反思其信念的来源及其可靠性,在此基础上决定要不要修改或接受一个信念。人有能力按照他们具有的其他信念来评价某个信念。这种反思性能力,与我们所具有的那种更加原始的非反思性能力相比,有助于我们更好地利用认知能力和认知资源,有助于我们实现获得真理和避免错误的认知目标。

然而,尽管索萨试图将内在主义和外在主义整合到一个单一的理论中,也有一些批评者对这种尝试表示怀疑。[1] 内在主义者把认知可存取性要求看作对辩护理论的一个本质约束。尽管他们并不否认可靠性能够对信念的辩护做出贡献,但他们也强调说,我们首先必须有理

---

[1] 对索萨的理论的较为集中的批判性讨论,见 John Greco (ed.), *Ernest Sosa and His Critics* (Oxford: Blackwell, 2004), Part I; John Turri (ed.), *Virtuous Thoughts: The Philosophy of Ernest Sosa* (New York: Springer, 2013)。中国哲学界对索萨的知识论表现出更友好的态度,参见 Yong Huang (ed.), *Ernest Sosa Encountering Chinese Philosophy: A Cross-Cultural Approach to Virtue Epistemology* (London: Bloomsbury Academic, 2022)。

由相信某些类型的信念确实是由可靠的认知过程产生的。因此，在内在主义者这里，认知可存取性要求仍然是根本的。另一方面，外在主义者正确地认识到，即使一个信念在认知主体的认知视角中得到了充分辩护，这样一个信念也有可能不是真的，因此不能构成知识。外在主义者强调知识与真理的联系，因此就走向另一个极端，认为只要一个信念是由可靠的认知过程产生的，它就是有辩护的，不管认知主体是否认识到其认知过程是可靠的。因此，即使外在主义者被认为严重偏离了传统知识论的方向，他们也强调可靠性对于辩护来说是根本的。由此可见，只要一位理论家试图调和内在主义和外在主义，他就会面临如下问题：可存取性要求和可靠性，究竟哪一个在认知辩护中更根本？在某些批评者看来，我们实际上无法调和这两种观点。如果我们无法实现这种调和，知识论就会分裂为两个互不相干的部分：一个部分处理知识，可靠性是其中的核心概念；另一个部分处理信念的合理性，辩护是其中的核心概念。我们或是将辩护作为关注焦点，由此走向内在主义；或是将知识作为关注焦点，由此走向外在主义。既然在认知主体的认知视角中得到充分辩护的信念并不必然是真的，而知识要求真理，我们似乎就无法将内在主义和外在主义整合到一个**单一**的理论中。是否如此当然值得进一步探究。不过，不管我们如何理解知识与辩护的关系，知识论理论家确实必须寻求一种方式来说明辩护如何导向知识，或者以一种回避盖蒂尔问题的方式来说明对传统知识概念的某种修正为什么是合理的或可取的。

当代知识论导论

下

An Introduction to Contemporary Epistemology

徐向东 著

目录
CONTENTS

第七章　先验知识与先验辩护　　477
　　一、先验辩护的概念　　481
　　二、先验性与必然性　　486
　　三、康德论先验综合命题的可能性　　497
　　四、先验性与分析性　　507
　　五、先验辩护与理智直观　　514
　　六、对先验知识的批评　　528

第八章　自然主义认识论　　544
　　一、传统认识论与自然主义　　546
　　二、奎因对传统认识论的攻击　　556
　　三、极端自然化的困境　　571
　　四、自然主义与认知随附　　583
　　五、经验研究与哲学方法　　592

第九章　怀疑论、知识与语境　　612
　　一、怀疑论的本质和范围　　615
　　二、知识、确定性与错误　　622
　　三、认知传递原则与缸中之脑假说　　641

646	四、摩尔的反驳与最佳解释策略
665	五、语义外在主义
676	六、认知闭合原则与相关取舍学说
693	七、怀疑论与语境主义
720	八、语义标准与语境转换
735	九、标准问题：语境主义、不变论与相对主义
752	十、知识、行动与实用入侵
768	**第十章 经验、实在与知识**
769	一、休谟时代的知识概念
778	二、事实问题与因果关系
788	三、休谟的怀疑论论证
808	四、怀疑论与自然主义
817	五、维特根斯坦论知识与确定性
845	六、先验论证与怀疑论
878	七、里德论知觉、证据与认知原则
908	八、析取主义与怀疑论
935	九、结语：反思人类知识
939	**参考文献**

第七章　先验知识与先验辩护

在前面几章中，我们主要讨论了**经验知识**的辩护问题。经验无疑为我们认识外部世界提供了一个必要基础。不过，我们拥有的相当一部分知识不是**直接**通过经验获得的，而是通过推理获得的——我们通过推理来扩展知识。即使我们相信经验本身能够为基本的经验信念提供辩护，但非基本信念的辩护往往是通过推理来实现的。在融贯论的思想框架中，在试图按照信念之间的融贯性来辩护某个信念时，我们也需要推理。任何推理都必须利用相关的推理规则，例如演绎推理规则或者某些归纳推理原则，而只要这些规则本身没有得到辩护，按照它们来进行的经验辩护就是成问题的。例如，如果归纳推理原则本身得不到理性辩护，我们就无法合理地声称我们具有关于外部世界的知识。在劳伦斯·邦茹看来，如果我们确实能够为推理规则提供辩护，这种辩护就不可能是经验性的——我们不可能合理地按照经验来辩护推理规则。因此，只要经验知识是可能的，就必定存在先验知识和先验辩护这样的东西，否则我们就只能陷入极端的怀疑论。[1] 那么，推理规则本身是如何得到辩护的呢？一种标准的观点是，我们对推理规则的知识是所谓"先验知识"。在传统意义上说，也就是说，康德在知识论领域中发起其"哥白尼革命"之前，说我们对一个命题具有先

1　参见 Laurence BonJour, *In Defense of Pure Reason* (Cambridge: Cambridge University Press, 1998), chapter 7。

验知识即指，仅仅通过所谓"理性的自然光芒"，我们就能知道这个命题。这样一个命题对我们来说在理性或理智上是自明的，本质上不依靠任何经验。在笛卡尔那里，以这种方式得到辩护的命题构成了所有其他知识（包括经验知识）的真正基础。

先验知识是基于先验辩护的知识，先验辩护往往被理解为在某种意义上不依赖于经验的辩护。逻辑命题和数学命题被认为提供了先验知识的典范。例如，通常认为，我们在相信如下命题上具有先验辩护：$2+3=5$；如果A大于B，B大于C，那么A大于C；两点之间直线最短。当然，在前康德的理性主义哲学家那里，先验知识不限于关于逻辑命题和数学命题的知识，例如，我们在相信如下命题上也被认为具有先验辩护：每一个事件都有原因，没有任何红色的东西能够同时是绿色的，谋杀在道德上是错的，惩罚无辜者是不公正的。甚至在一些涉及上帝、灵魂、自由意志等题材的形而上学问题上，我们也被认为有先验知识。柏拉图在一些著作中将存在的世界和变化的世界区分开来，认为我们是通过感觉经验认识到后者，但这种认识并不构成真正意义上的知识，只有对世界永恒不变的形式的认识才能构成真正的知识。对柏拉图来说，这种知识就在于心灵直接把握形式的能力，既不需要经验，也不能基于经验。柏拉图的意思是说，对形式的知识本身就来自理念，而理念是我们先于经验而具有的，因此在某种意义上可以被称为"先天的"，经验只是促使我们回想起本来就"潜伏"在心灵中的理念。[1] 当然，先验知识的可能性或许不要求我们承诺柏拉图意义上的先天观念。

---

[1] 关于这里提到的柏拉图的知识概念，参见 Gail Fine, *Plato on Knowledge and Forms* (Oxford: Clarendon Press, 2003)；对柏拉图知识论的一般论述，参见 Jessica Moss, *Plato's Epistemology: Being and Seeming* (Oxford: Oxford University Press, 2021); Nicholas P. White, *Plato on Knowledge and Reality* (Indianapolis: Hackett Publishing Company, 1976)。

第七章　先验知识与先验辩护

　　我们是否能够具有先验知识当然首先取决于如何理解"先验"这个概念。[1] 我们大致可以鉴定出用来支持先验知识的两个主要理由。第一个理由所说的是，经验信念（即立足经验的信念）本身不足以值得信赖。笛卡尔是这个观点的典型代表。接受这个观点意味着承认一些知识可能取决于某种不是经验的东西。当然，可以声称我们具有先验知识，但无须认为感觉经验是不可靠的。由此产生了第二个理由：一些哲学家承认感官确实向我们提供了知识，或者至少提供了有辩护的信念的根据，但也强调我们有先验知识。他们进一步认为，我们可以在推理能力中发现先验知识的来源。作为一种高阶认知能力，推理能力要求我们承诺某些真理，例如逻辑推理规则，或者某些关于世界的本质和结构的形而上学主张。在这些真理中，至少有一些是先验可知的，否则我们就无法真正地认识和理解世界。例如，经验认知被认为要求**预设**世界上发生的一切都有原因。然而，如果这个主张本身被认为要求经验辩护，那么我们就会因为辩护的无穷回溯而陷入极端的怀疑论。对这种怀疑论的唯一合理取舍就是假设认知辩护必定涉及一个不可或缺的先验要素。[2] 因此，知识的可能性必定取决于我们对世界的本质和结构（或者至少其中某些关键要素）具有先验知识。在某种意义上说，对先验辩护的需要为论证先验知识的可能性提供了

1　这当然是一个很有争议的问题，限于篇幅，本章只能简要地介绍对这个概念的一些标准理解和争论。关于目前对这个概念的一些深入讨论，参见 Paul Boghossian and Christopher Peacocke (eds.), *New Essays on the A Priori* (Oxford: Oxford University Press, 2001); Paul Boghossian and Timothy Williamson (eds.), *Debating the A Priori* (Oxford: Oxford University Press, 2020); Albert Casullo, *Essays on A Priori Knowledge and Justification* (Oxford: Oxford University Press, 2012); Albert Casullo and Joshua C. Thurow (eds.), *The A Priori in Philosophy* (Oxford: Oxford University Press, 2013)。

2　关于这样一个论证，参见 Laurence BonJour, "A Rationalist Manifesto", in Philip Hanson and Bruce Hunter (eds.), *Return of A Priori* (Calgary, Alberta: The University of Calgary Press, 1992), pp. 53-88, especially pp. 54-56。

一个基础。

尽管很多哲学家相信我们对某些命题具有先验知识，但这种知识的本质及其辩护来源历来是一个令人困惑的问题。先验知识和先验辩护也就构成了一个极为复杂的问题领域，其与理智直观、分析性和必然性、经验内容与概念框架等问题具有错综复杂的联系。在这里我们只能对这个领域给出一个初步介绍。传统知识论对先验知识的兴趣很大程度上要归因于康德的影响。[1]在《纯粹理性批判》中，康德引入了一个概念分析框架，为后来的哲学家讨论先验知识奠定了一个基础。首先，他从**知识论**角度将先验知识和经验知识区分开来；其次，他从**形而上学**角度将必然命题和偶然命题区分开来；最后，他从**语义学**角度将分析命题和综合命题区分开来。康德在这个概念框架中提出了四个问题：第一，什么是先验知识？第二，先验知识是否存在？第三，先验的东西和必然的东西之间具有什么关系？第四，是否存在着先验综合知识？[2]

在这里，我们对先验知识和先验辩护的讨论也将主要围绕康德提出的问题来展开。我们将首先阐明先验辩护和先验知识的概念，然后结合对先验命题的本质之分析来探究对这种命题的说明和辩护，接下来讨论康德在这个问题上的观点，最后总结性地讨论经验主义者和理性主义者对先验性概念的理解以及某些相关批评。一般来说，哲学家

---

[1] 当然，康德在这方面受益于休谟对知识来源的探讨。对休谟的知识论的分析性论述，参见 Georges Dicker, *Hume's Epistemology and Metaphysics: An Introduction* (London: Routledge, 1998)，其中第二章特别阐明了休谟对知识来源的理解及其对知识的划分。

[2] 关于康德对先验知识的论述，参见 Robert Greenberg, *Kant's Theory of A Priori Knowledge* (University Park, PA: The Pennsylvania State University Press, 2001)。对于康德在"分析的"与"综合的"之间所做的区分的历史来源以及这个区分与其形而上学的关系的系统阐述，参见 R. Lanier Anderson, *The Poverty of Conceptual Truth: Kant's Analytic/Synthetic Distinction and the Limits of Metaphysics* (Oxford: Oxford University Press, 2015)。

第七章 先验知识与先验辩护

们采取两种方式来分析先验知识的概念。[1] 第一种方式是还原性的，即试图按照先验辩护来分析先验知识。按照这种探讨，如果一个人在相信某个命题上得到了先验辩护，而知识的其他条件也都得到满足，那么他就对该命题具有先验知识。第二种探讨是非还原性的，即试图按照那些并不涉及先验概念的条件来分析先验知识。这种探讨试图直接对先验知识的概念提出一个说明。

一、先验辩护的概念

哲学家们往往认为知识有两个主要来源：或是来自各种感官，或者更确切地说，通过感官获得的经验；或是完全来自理性或理智。康德按照知识的来源将知识分为先验知识和后验知识：在"先验知识"(a priori knowledge)这个概念中，"a priori"这个拉丁语原来指的是"先于证据"，因此，先验知识指的是不依赖于感官所提供的经验证据的知识，而后验知识则被认为取决于这种证据。我们对外部世界持有的很多信念是通过感觉经验形成的，例如"桌子上有一杯橙汁"这个信念。如果这个信念得到了充分辩护并且是真的，它就可以构成一项经验知识。与此相比，有些命题似乎是我们无须通过诉诸经验就能知道的，例如"2 + 3 = 5""所有单身汉都是未婚男人"或者"没有任何红色的东西能够同时是绿色的"。即使先验知识被认为并不取决于感官所提供的证据，但先验知识同样需要得到辩护。一个先验知识理论必须说明先验辩护的来源。只有当一个信念先验地得到辩护时，它才有资格成为先验知识的实例。因此，为了理解先验知识，我们首先需要弄清楚一个信念先验地得到辩护是怎么回事。我们需要提出理由来

---

[1] 参见 Albert Casullo, *A Priori Justification* (Oxford: Oxford University Press, 2003), p. 10。

说明在什么意义上一个信念是先验为真的。

这实际上是一个不易回答的问题，因为答案又取决于我们如何理解"先验"这个概念。按照对先验辩护的一种初步理解，如果一个信念的辩护根本上不依赖于认知主体具有的任何经验或经验信念，它就得到了先验辩护。[1] 但是，也有一种特别从**理性主义**观点来看的先验辩护概念，它所说的是，"当心智直观上或直接地辨别、把握或者领悟了一个关于实在的本质或结构的必然事实时，先验辩护就出现了"。[2] 当然，我们可以认为后面这种理解阐明了"不是在经验上得到辩护的"这一说法，但它也会产生一个更令人困惑的问题：心智或理性如何能够直接把握这样一个事实？尤其是，这样一个事实所蕴含的那种必然性是如何在心智或理性中直接出现的？后面我们会探究这个问题，目前我们只考虑前一种理解。假设我相信"所有单身汉都是未婚男人"这个命题是真的。我相信它为真的理由似乎不是由某些经验或经验信念提供的，例如我看到一个单身汉，注意到他手指上没有结婚戒指等。实际上，即使我具有这样的经验证据，这种证据也不可能向我提供一个理由来认为"所有单身汉都是未婚男人"这个命题**必定**是真的。就此而论，我相信它为真的理由不依赖于我的经验，因此我对它持有一个先验辩护。

然而，我们需要进一步阐明这种理解，因为有人会说，先验辩护在某种意义上仍然取决于经验。比如说，只要我理解了"没有任何红色的东西能够同时是绿色的"这个命题，我立刻就会发现它是真的。我相信它为真的理由显然不是来自我的经验或经验证据。与此相比，

---

[1] 卡索罗区分了先验辩护的两种形式：弱的先验辩护只要求一个信念不是在经验上得到辩护的，强的先验辩护还要求这样一个信念不能被经验证据所击败。参见 Casullo (2003), pp. 33-34。

[2] BonJour (1992), p. 56.

第七章　先验知识与先验辩护

假设我持有"萨姆有一双蓝宝石般的眼睛"这个信念，那么其辩护显然取决于我对他眼睛颜色的观察。但是，不管一个命题是不是先验的，为了能够理解它，我似乎就需要首先具有某些经验。若不首先对红色的物体具有某些经验，我大概就不能具有"红色"这个概念并将它与其他颜色概念区分开来。只要**概念**不是我们**先天**就拥有的，[1] 概念的习得和理解看来就要求某些经验。同样，假设我相信 16 的平方根是 4。这个**信念**（而不是那个数学命题本身）似乎也具有某种经验来源，例如数学老师在课堂上向我们讲解过相关知识，然后我们记住了。这样一来，如果我对这些信念的辩护与我的某些经验有关，那么那些相关命题在什么意义上被认为具有先验辩护呢？进一步说，如果"经验"不仅是指通过各种感官获得的感觉经验，也包含一个人对自己有意识的精神状态和过程的内省经验，或者通过内省对过去发生的事情的记忆经验，那么好像就没有先验辩护这样的东西，因为在辩护一个先验命题的过程中，我们无论如何都在依靠某种经验。例如，如果某些推理规则被认为是先验的，那么以它们为前提、通过演绎推理获得的一个命题就应该具有先验辩护；但是，在这个推理过程中，内省经验或记忆经验似乎也起到了某种作用。

　　先验辩护的捍卫者当然可以承认经验通常是我们拥有各种概念的来源，但他们想要强调的是，一旦我们已经通过经验把握或理解了有关概念，对一个命题的先验辩护就不取决于任何特定经验。例如，我可能是通过看到某些红色的东西而获得了"红色的"这个概念，我对它的把握确实取决于我如此获得的经验。不过，我的信念"红色是一

---

[1] 当然，我们无须否认概念能力（或者更确切地说，对事物的种类和特点进行分类的能力）可能是人类心智固有的，尽管这种能力的实际行使可能也需要经验。例如，我们在知觉上将球体看作不同于立方体，但我们是通过学习而拥有了这两个几何体的概念。

种颜色"不是由这些经验来辩护的：我对这个信念的辩护并不取决于我具有这种经验，或者并不取决于有人对我说"瞧，那个苹果是红色的"。有可能的是，即使我从来没有见过任何红色的东西，但只要我已经设法具有了"红色"和"颜色"这两个概念，我就可以有辩护地相信红色是一种颜色。如果我能够用一个理由来支持这个真信念，那么这样一个理由并不是来自让我拥有或获得那个概念的经验。为了便于讨论，我们可以简单地引入蒂莫西·威廉姆森做出的一个区分：我们可以把经验在一个人**获得**或**使用**概念方面发挥的作用称为"促成作用"（enabling role），把经验在**辩护**命题或信念方面发挥的作用称为"证据作用"（evidential role）。[1] 因此，先验知识的捍卫者可以承认先验辩护要求前一种意义上的经验，但不要求后一种意义上的经验。具体地说，如果先验辩护确实是可能的，那么，只要一个命题满足了如下条件，它就可以被认为得到了先验辩护：不管我们可能具有什么样的经验，这个命题都会得到辩护。换句话说，不管我们通过经验获得了关于世界的无论什么信息，这样一个命题的辩护地位都仍然保持不变。这个说法当然很容易产生一种联想：具有先验辩护的命题是所谓**"分析命题"**，即概念上为真的命题，或者通过定义或语言约定而为真的命题。当然，既然具有先验辩护的命题也被看作是其辩护既不依赖于经验，也不会被经验所击败的命题，这种命题有时也被理解为所谓**"必然命题"**，即在我们所能设想的一切可能世界（其中当然包括我们实际上所生活的世界）中都为真的命题。然而，值得指出的是，先验辩护的范围可能超出了这两种类型的命题。

当然，直观上说，我们仍然可以按照辩护与经验的关系将所谓

---

1 Timothy Williamson, "How Deep Is the Distinction Between A Priori and A Posteriori Knowledge?", in Casullo and Thurow (2013), pp. 291-312, especially pp. 292-295.

第七章　先验知识与先验辩护

"经验信念"与"先验信念"区分开来。"经验信念"指的是只能通过诉诸经验来辩护的信念，例如通过感知觉、记忆、内省、见证等渠道获得的辩护；"先验信念"指的是可以被先验地辩护的信念。假设你问我"冰箱中有橙汁吗？"我回答说我相信冰箱中有橙汁。这个信念不是被先验地辩护的，因为其辩护取决于我记住我昨天买了橙汁并把它放在冰箱中。相比较，假设我相信所有单身汉都是未婚男人，我对这个信念的辩护似乎并不取决于我是否记住萨姆是个单身汉，或者我是否参加过他的婚礼。不管我是如何获得"单身汉"和"未婚男人"这两个概念的，只要我已经理解了这两个概念，那些经验细节似乎就与我对这个信念的辩护无关。因此，一个先验可知的命题大概可以被理解为这样一个命题：只要一个人已经获得了有关概念，他对该命题的辩护就不依赖于他可能具有的任何经验。这就是说，无论一个人具有什么经验，只要他对一个命题的辩护仍然保持不变，他就可以被认为拥有一项先验知识。比如说，不管你具有什么样的经验，你都仍然相信所有红色的东西都是有颜色的。在这种情况下，如果你能够对那个信念提供一个辩护，你的辩护就是先验的。除了为了获得有关概念而需要的经验外，先验辩护是不依赖于任何其他经验的辩护。实际上，甚至我们得以获得有关概念的经验在先验辩护中也没有起到任何本质作用，因为它们并不构成我们用来支持一个先验信念的理由。我可能实际上是通过某些经验获得了正方形的概念，但是，只要我理解了"是正方形的"这个性质排除了"是圆形的"这个性质，在相信"没有任何正方形的东西是圆形的"这个命题上，我大概就得到了先验辩护——我的辩护似乎并不取决于我拥有我得以获得相关概念的经验。

二、先验性与必然性

到目前为止,对"先验辩护"的论述仍然是负面的。我们所说的是,所谓"先验辩护"就是这样的辩护:这种辩护不以这样一种方式取决于经验(包括感觉经验、内省经验或记忆经验)的辩护,以至于经验构成了辩护(或者用来支持辩护的理由)的一个本质部分。然而,这种理解仍然没有充分说明先验辩护的本质,例如并未回答如下问题:先验辩护究竟是如何可能的?为了便于讨论,让我们把无须诉诸经验就能知道或就能得到辩护的命题称为"先验命题",把需要诉诸经验才能知道或才能得到辩护的命题称为"后验命题",这样,我们就可以自然地认为一个命题的辩护地位必定与其本质有关。为了进一步阐明先验辩护的本质,我们可以引入另一个有用的区分,即在必然命题和偶然命题之间的区分。这两个区分是相关的,但却是不同的:前一个区分是从认识论的观点来考虑命题,后一个区分是从形而上学的角度来考虑命题;前者关系到我们如何知道或有辩护地相信某些事物具有某些性质,后者关系到某些事物本身就具有的性质。大致说来,如果一个命题的真值不可能是别的样子,它就是一个必然命题;如果一个命题有可能具有与它实际所具有的真值不同的真值,它就是一个偶然命题。比如说,"第一次世界大战爆发于1914年"是一个偶然命题,因为即使从目前来看第一次世界大战确实爆发于1914年,但有可能它不会爆发,或者不是在1914年爆发。在这个意义上,即使这个命题是真的,它也只是偶然为真。与此相比,如果不论世界发生什么变化,7加5都等于12,那么"7 + 5 = 12"这个命题就是一个必然为真的命题。总的来说,如果一个命题的真值取决于世界中实际所发生的事情,它就是偶然的;如果一个命题的真值不取决于世界的实际面目或可能面目,它就是必然的。换句话说,必然命题就是这样的命题：不管世界实际上发生了什么变化，或者可能已经发生什么变化，其真值都仍然保持不变。如果一个命题不具有这个特点，它就是一个偶然命题。

尽管这两个区分有所不同，但很容易设想它们之间的联系。既然偶然命题的真值取决于世界上所发生的事情，就很容易理解对这种命题的辩护为什么必定是后验的，因为对其真值的判断依赖于我们对世界上实际所发生了什么的认识。因此，所有偶然命题都只能是后验可知的。另一方面，如果一个命题是先验可知的，它似乎就是必然的：对这样一个命题的真值判断不需要依靠任何经验，因此其真值似乎也不依赖于世界上实际所发生的事情。如果经验不会向我们提供任何理由，让我们认为一个命题是真的或假的，那么其真值好像就不依赖于世界中发生的事件历程。如果一个命题的真值在这个意义上是独立的，那么它就是必然的，因为不管世界上发生什么，其真值都不可能是别的样子。这当然就是"必然命题"这个概念的意义所在。因此，任何先验命题似乎也都是一个必然命题。这种联系有助于我们看到先验辩护的可能性：如果先验命题也是必然命题，那么，通过某种方式"洞察到"或"领悟到"一个命题必然是真的，我们就对它有了一个先验辩护。按照理性主义哲学家的说法，先验辩护的根源就在于对一个命题的必然性有一种"纯粹理智把握"或"纯粹知性直观"，就好像心灵能够直接"洞察"其必然性。例如，只要一个人有了颜色概念，他似乎就能立即发现"没有任何红色的东西能够同时是绿色的"这个命题必然是真的。只要他能够以这种方式把握到这种必然性，他就可以有辩护地相信这个命题，他所具有的辩护就是先验的。这样，对一个命题的必然性的认识似乎就构成了相应信念的先验辩护的基础。

莱布尼茨用一种方式阐明了先验性和必然性的联系：[1] 在他看来，矛盾原则提供了一种方式，让我们可以把仅仅通过理性就能知道的命题和只有借助感官才能知道的命题区分开来。这个原则所说的是，一个命题不可能同时既是真的又是假的。如果一个命题违背了这个原则，它就是自相矛盾的。例如，"萨姆是一位未婚的丈夫"这个说法是自相矛盾的。假若有人提出这样一个主张，我们就只能说他其实不理解"丈夫"这个概念。尽管莱布尼茨并没有使用"先验辩护"这个概念，但他认为存在着所谓"理性的真理"，这种真理是先验可知的，因此也是可以先验地辩护的。如果我们对某些命题的知识取决于感官，这些命题就是莱布尼茨所说的"事实的真理"。莱布尼茨认为，理性的真理是必然的，而事实的真理是偶然的。他进一步声称，通过使用矛盾原则，我们就可以鉴定出理性的真理。这个主张并不难理解：如果理性的真理是必然的，那么它们就不可能是别的样子，也就是说，它们不可能是假的；因此，对这样一个真理的否定就会产生不可能的命题，或者导致自相矛盾。自相矛盾的命题是仅凭理性就能认识到的。一旦我们理解了一个命题，我们就可以通过反思来发现其否定命题是不是自相矛盾的。例如，我们很容易发现"所有吸烟者都患有肺癌"这个命题的否定命题不是自相矛盾的，因为有经验证据表明有些吸烟者并不患有肺癌，与此相比，"所有红色的东西都是有颜色的"这个命题的否定命题是自相矛盾的。莱布尼茨将这种反思能力看作一种天赋能力。在他看来，通过利用这种能力，任何理性的人都

---

[1] 莱布尼茨对先验性和必然性的看法主要出现在其逻辑、知识论和形而上学著作中。一些相关的讨论，参见 Nicholas Jolly (ed.), *The Cambridge Companion to Leibniz* (Cambridge: Cambridge University Press, 1994), Chapters 6-8; Benson Mates, *The Philosophy of Leibniz: Metaphysics and Language* (Oxford: Oxford University Press, 1986); Christina Mercer, *Leibniz's Metaphysics: Its Origins and Development* (Cambridge: Cambridge University Press, 2002)。

第七章　先验知识与先验辩护

能"看到"某些命题是必然的。不过，他也认识到一个命题是不是必然的并不总是显而易见的。尽管有些命题是必然的，但我们不能一下子就看出其否定命题是自相矛盾的。比如说，莱布尼茨曾经声称"每一个事件都有原因"是一个必然命题，但我们并不是很清楚这个命题究竟在什么意义上是必然的。[1] 为了处理这样的问题，莱布尼茨进而提出了两个主张：第一，同一性陈述是必然命题的基本形式；第二，任何必然命题都总是可以被转译为一个等价的同一性陈述。同一性陈述是诸如"单身汉就是单身汉"或者"理性动物是动物"之类的陈述，这种陈述在某种意义上显然是必然的。莱布尼茨认为，如果我们不能一下子发现一个命题是不是必然的，我们可以将它转化为由同一性陈述构成的命题，由此判断它是不是必然的。考虑一下"红色是一种颜色"这个简单命题。有些人可能会认为其真值是通过经验来确定的，但是，通过将它转化为"红色这种颜色是一种颜色"这个等价命题，我们就可以发现它是必然的，因为否定后面那个命题是自相矛盾的。莱布尼茨由此认为，通过诉诸矛盾原则和同一性陈述的必然性，就可以说明我们如何能够逐渐认识到所谓"理性的真理"是必然的。

　　莱布尼茨的观点是否正确并不是我们现在要追究的问题。不过，我们可以看到事情并不像他所说的那么简单。在莱布尼茨的形而上学体系中，他把所有关于世界的本质和结构的主张都看作所谓"理性的真理"。例如，他认为简单实体既没有自然的开端，也不能被摧毁，而他认为所有复杂实体都是由简单实体构成的，如此构成的实体因此就必然有一个开端，因为构成是一种过程。此外，尽管复杂实体可以

---

[1] 当然，对康德来说，我们可以通过所谓"先验演绎"推导出经验认知的条件，而这些条件（以某些原则的形式表现出来）在他的意义上必定是先验的和必然的，否则经验认知就不是可能的。"每一个事件都有原因"大概就属于这样一个原则。

被摧毁,但我们发现仍然有新的复杂实体被构成,这意味着构成它们的那些东西(即简单实体)是永恒存在的。[1]因此,在莱布尼茨看来,"简单实体没有自然的开端"这个命题是一个理性的真理,因为通过反思我们就可以发现它是真的。然而,虽然这个命题在莱布尼茨的意义上是一个理性的真理,但我们仍然不太清楚它如何能够被转译为一个等价的同一性陈述,经过这种转化后其否定命题在逻辑上是自相矛盾的。换句话说,我们不清楚他所说的"理性的真理"如何能够按照他所设想的那种方式来分析。不过,不管这种分析是否可行或可靠,莱布尼茨显然想把先验知识的条件与对必然性的某种理解结合起来。大致说来,他似乎认为,只要我们认识到一个命题必然是真的,我们也就先验地知道它。因此,必然为真的命题属于先验知识的范畴。

然而,必然性概念如何与先验性概念相联系实际上是一个很复杂的问题。莱布尼茨的观点似乎意味着,如果一个人把握到某个命题必然是真的,他在相信这个命题上就先验地得到了辩护。在这里,对必然真理的把握被设想为先验辩护的一个必要条件。换句话说,如果一个命题是先验可知的,它就是必然的。那么,我们可否反过来说,如果一个命题是必然的,它也是先验可知的?不难看出,这两个主张实际上都有问题。首先考虑第一个主张:任何先验可知的命题必定是必然的。有一些特殊的命题好像也是先验可知的,也就是说,也是我们无须通过诉诸经验就能知道的。考虑笛卡尔提出的那个著名命题:我思,故我在。如果我反思一个一般事实,即我具有将一系列信念产生出来的各种经验,那么我就有理由认为我存在,因为只要我有经验,我就会具有信念;进一步说,只要我意识到我具有信念,我就有理由

---

[1] 参见 Lloyd Strickland, *Leibniz's Monadology: A New Translation and Guide* (Edinburgh: Edinburgh University Press, 2014), especially pp. 14-15。

第七章　先验知识与先验辩护

相信自己存在，因此可以有辩护地持有这个信念。然而，"我存在"这个信念并不依赖于我所具有的任何特定经验，即使我具有各种具体的经验，例如对环境中各种可观察对象的经验，或者对我所从事的某些活动的经验，但这些经验对于我获得"我存在"这个概念来说都不是必要的。笛卡尔实际上认为，只要我在思想，我就会对我在思想这件事有一种**直接的**意识，而正是这种意识暗示或揭示了我的存在，因为思想预设了一个思想主体：如果这个主体并不预先存在，就没有思想这样的存在。因此，即使我的大多数信念都来自经验，并通过经验而得到辩护，但"我存在"这个特殊信念与任何具体的经验无关，就此而论具有先验的辩护。然而，"我存在"确实是一个极为偶然的事实，比如说，要是我父母尚未相遇，我就不会已经存在。在这个意义上说，即使我用笛卡尔所设想的那种方式具有"我存在"这个信念，"我存在"这个命题也并不是必然的，但"我存在"这个**信念**却好像有一个先验辩护。如果这个案例是可靠的，那就表明我能够对一个偶然命题具有先验知识，因此，先验地知道一个命题未必意味着它就是必然的。

关于第二个主张，如果克里普克的论证是可靠的，[1] 那么就有这样一种可能性：有些必然命题是通过经验得知的，因此其辩护是后验的。如果我们接受了莱布尼茨的观点，即同一性陈述是必然的，那么就很容易看到我们正在设想的这种可能性。考虑"水是 H_2O"这个陈述。任何物质，若要成为我们称为"水"的那种东西，就必须具有 H_2O 这种特定的分子结构；另一方面，任何具有这种分子结构的物质也必定是我们称为"水"的那种东西。因此，按照莱布尼茨的观点，"任何具有 H_2O 这种分子结构的东西是水"这个命题是一个必然命题。

1　Saul Kripke, *Naming and Necessity* (Cambridge, MA: Harvard University Press, 1972).

然而，我们对这个同一性陈述的知识实际上来自经验，我们相信这样一个陈述的理由也来自经验。因此，尽管"水是 H_2O"表达了一个必然命题，但我们对它的知识是后验知识。即使我们确实不可能通过经验来发现某个地方被称为"水"的东西不是 H_2O，但也不意味着经验绝不可能向我们提供相信水就是 H_2O 的理由。因此，即使"水是 H_2O"这个命题在克里普克的意义上是必然的，但这个事实并不排除如下可能性：这个信念是**在经验上**得到辩护的。因此，只要克里普克关于"后验必然真理"的说法是可靠的，那就意味着并非所有必然命题都是被先验地知道的，或者是先验可知的。克里普克想说的是，先验知识的概念是一个**认知概念**，而必然真理的概念是一个**形而上学概念**，因此，我们不能不加论证就假设它们具有共同的外延。因此就存在这样一种可能性：有些必然命题是被后验地知道的，而有些偶然命题是被先验地知道的。

当然，批评者会论证说，克里普克得出的结论不符合前一个对必然性和先验性的关系的论述。[1] 前一个论证所说的是，如果一个命题是先验可知的，它就是必然的。这个观点似乎是直观上合理的，因为按照先验知识的定义，具有先验知识意味着我们相信一个命题的理由并不取决于任何担当证据作用的经验，而按照上面提到的那种理解，这意味着这个命题必定是必然的，也就是说，它描述或指称的那个事态不可能是别的样子。但这个推理可能是有问题的。为了弄明白

---

[1] 克里普克的论述涉及模态认识论和模态形而上学中的一些核心问题，因此在这里无法详细讨论。一些相关的讨论，参见 Anders Berglund, *From Conceivability to Possibility: An Essay in Modal Epistemology* (Umeå, 2005); T. S. Gendler and John Hawthorne (eds.), *Conceivability and Possibility* (Oxford: Oxford University Press, 2002); Bob Hale and Aviv Hoffmann (eds.), *Modality: Metaphysics, Logic and Epistemology* (Oxford: Oxford University Press, 2010); Penelope Mackie, *How Things Might Have Been: Individuals, Kinds, and Essential Properties* (Oxford: Clarendon Press, 2006)。

这一点，我们需要审视一个命题的真值与世界中某些事件或特点的关系。有些命题（例如"所有单身汉都是未婚男人"）具有这样一个特征：不管世界上发生了什么，或者可能发生什么，其真值都不会受到影响。然而，也有这样一些命题，其真值是由世界中的事件历程和我们对那些事件的经验来确定的，不过，这些命题的真值，一旦确定下来，就不会受到世界中事件历程的影响。前一种命题是严格意义上的必然命题，后一种命题其实是偶然命题，例如"我存在"这个命题：我存在以及我相信我存在这两件事情都是偶然的。但是，只要我已经存在，只要世界中的其他事件已经以某种确定的方式发生了，"我存在"这个信念就有了一个固定的真值，未来的事件历程不会改变其真值。此外，只要我已经通过某些经验获得了"存在"这一概念，我对"我存在"这个信念的辩护就不取决于任何特定经验，在这个意义上我就对这个信念有了一种先验辩护。

克里普克旨在表明，有一些关于偶然事实的真命题是先验可知的，另一方面，也有一些必然的同一性陈述是只能通过经验得知的。由此我们可以看到为什么对先验辩护的如下理解是错误的：[1]

(AJ1) 一个人在相信命题 P 上先验地得到辩护，当且仅当他相信 P，而且 P 是一个必然真理。

(AJ1) 的主要问题在于它没有对认知主体相信一个必然命题的方式施加任何约束，例如不要求认知主体用一种使得其信念得到辩护的方式来形成它。你可能相信一个复杂的数学定理，因为你认为你已经

---

[1] 参见 Matthias Steup, *An Introduction to Contemporary Epistemology* (New Jersey: Prentice Hall, 1996), pp. 31-32。

证明了它。然而,你构造出来的证明是有缺陷的,因此在相信这个定理上你实际得不到辩护,即使它是一个必然真理。既然你可以没有辩护地相信一个必然命题,这个事实就表明,即使你所相信的是一个必然命题,这一点对于先验辩护来说也不充分。(AJ1)的另一个问题在于它具有这样一个含义:每当你相信一个必然真理时,你对它的辩护是先验的。然而,克里普克的案例表明我们可以后验地相信一个必然真理,因此(AJ1)也没有得出正确的分析结果。为了避免这两个问题,我们或许可以把(AJ1)修改为:

(AJ2)一个人在相信命题 P 上先验地得到辩护,当且仅当他以某种方式"把握到"P 是必然真的。

(AJ2)要求我们把握到某个命题是必然真的,因此就对我们相信一个必然命题的方式施加了一个约束。例如,如果一个数学家正确地把握到某个数学定理是必然真的(比较:一个学生可能需要通过证明才能认识到那个定理确实是真的),他在相信这个定理上就有了先验辩护。此外,(AJ2)也允许我们用一种后验的方式有辩护地相信某些必然真理。例如安德鲁·怀尔斯可以告诉自己的学生费尔马定理是真的,因此后者在相信该定理上就有了一种后验辩护(即使他们没有"把握到"那个定理必然是真的),因为至少从日常的观点来看,我们所具有的很多有辩护的信念都是以这种方式获得的。

然而,(AJ2)也有其自身的问题:它是按照"把握必然性"这个概念来定义先验辩护,而必然性概念是一个模态概念,因此,有可能我们能够把握到某个命题是真的,却没有把握到它**必然**是真的。来考虑"所有红色的东西都是有颜色的"这个命题。你可以相信它是真的,比如说因为你在理智上觉得它是自明的,不过,你可能对于其模态地位毫无想法，甚至不曾考虑它是否**必然**为真。同样，你可以在相信"2＋3＝5"这个命题上具有先验辩护，但未必具有必然性的概念，或者你是一个关于模态概念的怀疑论者（你可能理解"必然性"和"可能性"的含义，但否认任何命题实际上具有这些性质）。在这种情况下，按照（AJ2）的定义，你在相信这个命题上就得不到先验辩护。然而，直观上说，即使你不曾考虑这个命题是否必然是真的，但只要你已经用这种方式相信它是真的，你的信念就有了先验辩护。换句话说，一个人可以在相信某个命题上具有先验辩护，但无须相信它必然是真的。因此，（AJ2）似乎对先验辩护提出了过强的要求，因为它要求我们按照"把握必然性"这个概念来定义先验辩护。

（AJ2）也有另一个问题。按照（AJ2）的定义，具有先验辩护取决于把握到某个命题必然是真的，而这至少涉及相信它必然是真的，相信它必然为真在逻辑上衍推相信它为真。因此（AJ2）就有了这样一个含义：在相信某个**假命题**上我们不可能得到先验辩护。为了反驳（AJ2），我们可以设想这样一种可能性：你在相信某个命题为真这件事情上具有先验辩护，但这个命题实际上是假的。换句话说，如果先验辩护是可错的，那么（AJ2）就没有对先验辩护提出正确的分析。堆积悖论的例子被认为说明了这一点。[1] 我们直观上相信，从一个沙堆中取走一粒沙子后，所剩下来的仍然是个沙堆。如果我们相信这一点，我们也应该相信如下假定：如果两堆沙粒的聚集体仅仅相差一粒沙子，那么二者要么都是沙堆，要么都不是沙堆。直观上说，如果我们相信这个假定，那么我们并不是通过对沙堆进行经验研究而相

---

[1] 见 Steup (1996), p. 54。当然，这个例子以及与此相关的悖论本身并不是没有争议的。对这种悖论及其解决方案的讨论，参见 R. M. Sainsbury, *Paradoxes* (third edition) (Cambridge: Cambridge University Press, 2009), pp. 44-66; Michael Clark, *Paradoxes from A to Z* (London: Routledge, 2002), pp. 69-76。

信它。因此，只要我们确实是有辩护地相信这个假定，我们拥有的辩护就是先验的。然而，这个假定会导致一个悖论性结果：存在着只由一粒沙子构成的沙堆（设想这两个沙堆都是由10万粒沙子构成的，我们每次从中各自取出一粒沙子，将这个操作重复9.9999万次）。如果意识到这个悖论，我们就不再有辩护地相信上述假定。然而，在意识到这个悖论之前，我们可能仍然有辩护地相信那个假定。具体地说，在相信下面两个命题的合取上，我们似乎是有先验辩护的：如果你从一个沙堆中取走一粒沙子，剩下来的仍然是一个沙堆；如果剩下来的只有一粒沙子，那么你就没有一个沙堆了。但是，我们知道其中一个命题必定是假的，因为前者导致了对后者的否定。于是我们就得到了这样一个结果：我们是在用一种有辩护的方式先验地相信一个命题，而它实际上是假的。如果这个案例可靠，那就表明（AJ2）有缺陷。[1]

总的来说，如果我们试图按照必然性概念为先验辩护提出一个恰当的定义，那么这个定义看来就必须满足如下要求：第一，它必须对我们相信一个命题的方式施加某些约束；第二，它必须允许为必然真理提供后验辩护的可能性；第三，它必须允许这样一种可能性——在相信某个命题为真这件事情上，我们可以先验地得到辩护，但无须相信那个命题必然是真的；第四，它必须允许先验辩护是可错的。读者可以去思考我们是否可以为先验辩护提出一个满足这些要求的定义，但又不受制于进一步的困难。

---

[1] 参见 George Bealer, "Intuition and the Autonomy of Philosophy", in Michael R. Depaul and William Ramsey (eds.), *Rethinking Intuition: The Psychology of Intuition and Its Role in Philosophical Inquiry* (Lanham, Maryland: Rowman and Littlefield Publishers, Inc.,1998), pp. 209-239, especially p. 202。

三、康德论先验综合命题的可能性

我们一直在试图理解先验知识和先验辩护的本质。将先验性概念和必然性概念（以及下面要讨论的分析性概念）联系起来是其中的一种尝试。然而，我们已经看到这种尝试是有问题的。在引入和考察其他尝试之前，我们需要简要地考察一下康德在这个问题上的观点。这样做有两个理由：首先，康德在思考有关问题时引入的一个区分对于我们考察其他尝试来说是必要的；其次，康德的思考在扩展我们对先验知识的理解上起了重要作用。即使先验性和必然性确实具有某种联系，但正如我们已经看到的，对先验知识的传统理解完全限制于某些"琐碎的"命题，例如"没有任何红色的东西能够同时是绿色的"或者"所有单身汉都是未婚男人"。即使我们对这些命题确实具有先验知识，但也不清楚这种知识对于扩展我们的整个知识体系来说究竟能够做出什么贡献。当然，莱布尼茨试图把某些关于世界的本质和结构的主张也划归在先验知识的范畴内，但他对这些主张的先验性说明至少是不清楚的。但是，如果某些先验可知的命题描述了知识的先决条件和我们对外部世界的经验的本质，那么这个意义上的先验知识就不仅有了实质性内容，在整个知识体系中也占据了一个根本地位。最终，正如我们即将看到的，如果我们确实具有这个意义上的先验知识，那么就可以合理地拒斥经验主义哲学家对"先验性"提出的理解。

正如莱布尼茨将我们所能具有的知识区分为理性的真理和事实的真理，休谟认为我们只能对两种命题具有知识：一种命题仅仅报告我们从经验中了解到的东西，另一种命题描述观念之间的联系。按照休谟的知识论框架，前一种命题属于经验知识的范围。但在后一种命题中，如果我们仅凭理智就能发现其否定命题是不可设想的（涉及自相矛盾),那么它就是一个必然命题;反之,如果一个命题的否定命题是可设想的,那么它所表达的事态就是逻辑上可能的,甚至也是物理上可能的,因此可以被看作一个偶然命题。大致说来,休谟对必然命题提出了这样一种理解:一个必然命题是它的概念之间的**概念联系**为真的命题,例如"理性动物是一种动物"这个命题,其中"理性动物"的概念已经包含了"动物"的概念。休谟进一步认为,必然命题要么是数学命题或逻辑命题,要么是通过定义或语言约定而为真的命题,例如"所有单身汉都是未婚男人"这个命题。休谟认为必然命题并没有向我们传达关于世界的任何**实质性**信息。通过利用所谓"可设想性原则",即"凡是可以无矛盾地设想的东西都是可能的"这个原则,休谟也否认我们对某些形而上学原则具有先验知识。例如,我们可以无矛盾地设想一个东西没有原因就可以存在,因此,"事物中发生的一切变化都有原因"这个命题就不像莱布尼茨所说的那样是先验可知的。

通过休谟的观点,我们可以看到理性主义者和经验主义者在对待先验知识的态度上的本质差别。**极端的**经验主义者认为一切知识都来自经验,因此没有所谓"先验知识"。不过,也有一些**适度的**经验主义者并不否认先验知识的可能性,但把先验知识的领域完全限制在所谓"分析命题"。如何理解分析命题也是一个有争议的问题,下文会讨论一些主要观点。不过,按照康德的说法,分析命题就是谓词概念已经被包含在主词概念中的命题,例如"姐妹是**女性氏族成员**"这个命题。在这里,"女性氏族成员"这个概念已经被包含在"姐妹"的概念中,因此那个命题是分析的。在康德看来,分析命题要么是重言式(例如"玫瑰就是玫瑰"),要么其中的谓词概念只是以某种方式阐明主词概念的某些性质或特征(例如"红色是一种颜色")。因此,分析命题并没有向我们传达任何新信息。就像莱布尼茨和休谟一样，康德也认为分析命题具有这样一个本质特点：其否定命题是自相矛盾的。相比较，如果一个命题的谓词概念并未包含在其主词概念中，它就是一个综合命题，例如"地球是圆的"这个命题。很容易看出综合命题具有这样一个特点：我们不能仅仅通过分析或阐明主词概念就辨别出谓词概念所提供的信息，比如说，"是圆的"这个概念并没有包含在"地球"的概念中。因此，综合命题被认为向我们提供了新信息。

分析命题只是列举或说明概念之间的定义性联系，因此可以被认为先验的和必然的。实际上，康德认为必然性是先验命题的一个本质特点，因此我们就可以有意义地谈论"先验分析命题"这个说法。另一方面，既然综合命题向我们提供了关于世界的新信息，对这种命题的认知就取决于经验，因此是后验的和偶然的。这样，我们也可以有意义地谈论"后验综合命题"这个说法。只要略加反思就很容易看到，对康德来说，没有"后验分析命题"这样的东西：没有什么东西既是必然的但又是通过经验而被认识到的。"先验"和"后验"，"分析"和"综合"这四个概念产生了四种逻辑上可能的组合。康德和休谟在三种可能的组合上达成一致：他们都确认有先验分析命题和后验综合命题，都否认后验分析命题的可能性。然而，在是否存在先验综合命题这个问题上，康德和休谟发生了根本分歧：康德认为存在着这种命题，并把它们设想为经验的必要条件，而休谟则否认这种命题的可能性。不过，为了理解康德的观点，我们首先需要熟悉适度的经验主义者和理性主义者对先验性的理解。

如前所述，适度的经验主义者并不否认先验命题的存在，但对于如何解释这种命题的本质，他们与理性主义者发生了分歧。考虑"所有红色的东西都是有颜色的"这个命题。尽管经验主义者承认这个命题是先验的，但他们认为它只是一个重言式，即仅仅关系到我们对语言的使用,并不向我们提供关于物理世界的任何信息。另一方面,理性主义者则强调这个命题确实陈述了一个关于物理对象的事实:把"是红色的"这个性质例示出来的任何物体也例示了"有颜色的"这个性质。理性主义者进一步认为,通过所谓"理性的自然光芒",我们就能看到(或者把握到)其中有一些关于物理世界的必然事实,这些事实是我们可以先验地知道的。经验主义者否认这一点,因为他们认为先验命题只是表示语言真理或逻辑真理,因此缺乏事实内容。然而,对于理性主义者来说,先验命题描述了物理世界的必然性质和必然关系,例如红色的物体必定是有颜色的,圆形的东西不可能是正方形的,任何事件的发生都必定有一个原因等。理性主义者也相信这些性质和关系是我们可以通过理性认识到的。实际上,他们进一步认为,通过纯粹理智,我们不仅能认识到世界**看起来**是什么样子,也能认识到世界**必定**是什么样子。然而,在经验主义者眼中,单纯的思想不可能向我们揭示任何关于物理世界的东西——若不借助于经验,我们只能知道概念真理和逻辑真理。对经验主义者来说,我们把握逻辑真理和概念真理的能力实际上并不神秘,因为他们倾向于认为这两种真理都与我们在语言实践中做出的约定有关。然而,他们并不相信我们具有理性主义者所设想的那种"直接把握"物理世界中所谓"必然真理"的能力。

当康德认为先验综合命题是可能的时候,他不仅对适度的经验主义者的主张提出了挑战,实际上也是在挑战传统理性主义者对先验性的理解。让我们回想一下,综合命题是这样的命题:包含在谓词中的信息超越了仅仅通过分析主词就能得到的信息。与此相比,先验命题是这样的命题:我们对这种命题的知识或辩护并不依赖于经验。由此来看,先验综合命题的概念似乎很令人困惑(如果说不是明显自相矛盾的话):如果一个先验综合命题是真的,既然它是综合的,它为真

第七章 先验知识与先验辩护

的理由就不可能仅仅来自我们对它所包含的概念意义的理解；另一方面，既然它也是先验的，我们也不能通过诉诸经验来辩护它。如果我们既不能诉诸意义也不能诉诸经验，那么还有什么理由认为先验综合命题是真的？这样的理由又从何而来？这个问题变得很迫切，因为按照康德的说法，先验命题（不管是分析的还是综合的）也是必然的（康德实际在某种意义上将"先验性"和"必然性"等同）。因此，如果我们确实知道先验综合命题，那么我们就必须发现一个理由来说明为什么这样一个命题在为真的时候不可能是假的。经验不可能提供这样一个理由，而我们也不能通过分析这样一个命题所包含的概念来判断它是不是真的。但是，如果经验和概念分析都不能向我们提供先验综合命题所需的辩护，这种命题如何能够得到辩护呢？在某种意义上说，正是康德对这个问题的回答将他与经验主义者和传统理性主义者区分开来：一方面，康德不同于经验主义者，他确认了先验综合命题的可能性；另一方面，他也有别于传统理性主义者，他所说的先验综合命题实际上不是被笛卡尔和莱布尼茨称为"理性的真理"的那种东西——与他们不同，康德并不认为先验综合命题是我们可以通过所谓"理智直观"而**在世界中**发现的东西。

那么，康德究竟如何理解先验综合命题的本质呢？对这个问题的完整回答至少要求我们考察一下他在《纯粹理性批判》中建立的那个知识论体系，以及他建立这样一个体系的动机。在这里，我们只能满足于勾画他在这个问题上的一些主要思想。在康德的知识论中，先验综合命题的概念占据了一个核心地位，实际上也是将其知识论与经验主义和传统理性主义知识论区分开来的一个本质要素。经验主义者坚持认为我们对外部世界的一切知识都只能来自经验，对于无法通过经验得知的东西，我们不可能具有知识。因此，按照经验主义者的假定，既然我们对物理对象之间的必然的因果联系没有任何经验，这种东西也就不是人类知识的对象。这种观点倾向于导致关于外部世界的怀疑论，因此就自然引起康德的不满。[1] 另一方面，理性主义者认为，诸如"每一个事件都有原因"这样的原则是先验可知的，即可以通过理性直观地认识到，因为这种原则实际上表达了外部世界的本质特点。然而，康德通过一系列复杂论证表明，只要理性被当作一种对事物的本质进行直观的**认知**能力来使用，理性就会产生一系列矛盾，即康德所说的"二律背反"。因此，不像笛卡尔和莱布尼茨这样的理性主义者，康德并不相信理性具有直接直观世界的本质结构和本质特点的能力。在康德看来，笛卡尔和莱布尼茨仅仅是**断言**了这种能力的存在，但没有对之给出任何说明，因此他们的知识论是教条主义的。康德的主张简单地说是这样的：我们对外部世界的经验或知识需要一些必要条件，这些条件并不存在于外部世界之中，因此实际上也不是经验或知识的**对象**，而是使我们对外部世界的经验和知识变得可能的东西。先验综合命题所阐述的就是这些条件。

我们可以用一些简单例子来阐明康德的观点。我们对外部世界的认识确实取决于我们具有某些观念，例如物理对象是持续存在的，它们之间具有因果联系。若不假设物理对象可以在时间上持续存在，我就不会认识到我前几天看到的那只狗就是我此时在这里看到的这只；若不假设物理对象之间具有时间上的前后关系或相继关系，我就不会认识到同一河流上有的船在上游、有的船在下游；若不假设物理对象之间具有因果联系，我就不会断言酸雨会致使某些树木死亡。康德想说的是，我们对外部世界具有**可以理解**的经验，并因此形成有辩护的信念，而这一切都取决于我们已经具有必然的因果联系、物理对象的

---

[1] 关于康德对待怀疑论的态度以及他应对怀疑论的方式，参见 Michael N. Forster, *Kant and Skepticism* (Princeton: Princeton University Press, 2008)。

第七章　先验知识与先验辩护

持续存在之类的观念，就好像这些观念已经存在于我们的认知构造之中，我们利用它们来组织和构造对外部世界的经验，因此在这个意义上使得外部世界对我们来说变得可理解、可认识。换句话说，按照康德的观点，我们的认知构造本质上具有这样一个特点：我们**必定**将对物理对象的经验设想为持续存在、具有因果联系的。另一方面，康德也同意休谟的观点，即经验并不向我们提供持续存在和因果性的概念。因此他就认为，把物理对象经验为持续存在和具有因果联系是我们具有任何经验的一个先决条件。他进一步论证说，理性能够向我们揭示出那些构造我们经验的概念，就好像它们已经是我们的认知构造的一部分。既然我们能够通过理性理解这些概念，而不需要借助于经验（实际上，这些概念被认为是我们具有任何经验的一个先决条件），这种理解在这个意义上就是先验的。但是，我们也从这些概念中了解到一些新东西，例如一些关于经验的本质的东西，因此包含这些概念的命题也是综合命题。

　　进一步说，如果我们确实具有康德认为我们所具有的那种认知构造，那么我们可能具有的任何经验都必定是由那些概念塑造出来的。比如说，作为具有特定认知构造的存在者，我们只能把物理对象经验为具有因果联系、在时间上相对持续存在的三维物体，而不可能把它们经验为其他样子。在这个意义上说，包含这些概念的命题也是必然的。不过，需要注意的是，康德所说的这种必然性既不是以矛盾原则为基础的逻辑必然性，甚至也不是一种本来就在物理世界中存在的必然性（就像莱布尼茨所认为的那样）。这种必然性似乎在我们的认知构造中有其根源，使我们对外部世界的经验不可能是其他样子。因此，在康德看来，我们对外部世界的经验和知识是我们作为人类而具有的经验和知识。由此可能的是，如果某种非人类存在者对外部世界也有经验和知识，它们的经验和知识将不同于我们的。比如说，蝙蝠知觉物理对象的方式就不同于我们知觉物理对象的方式。

当然，康德并不否认我们对概念之间的关系具有先验知识。然而，就像休谟一样，他认为分析命题并不向我们提供关于世界的任何信息，而正是这个事实说明了为什么分析命题是先验的。康德认为我们可以有辩护地相信先验综合命题，这种辩护就在于我们仅仅通过理性就能认识某些概念对于我们根本上具有经验来说是必要的。这些概念不是来自经验，却能揭示经验的某些本质特点，因此包含这些概念的命题也是综合的。由此可见，对康德来说，先验综合命题的可能性就在于，这种命题所描述的并不是物理世界的本质特点，而是我们的经验的本质特点。正是因为我们在自己特有的认知构造中已经具有了这些概念，我们对外部世界的经验就不可能是别的样子——我们必定是用先验综合命题所描述的那种方式来经验世界，因此就对它具有了与人类认知相称的知识。在这个意义上说，先验综合命题是必然的，因为它们描述了我们经验的一个必然特点。

对先验综合命题的可能性的肯定和论述是康德对知识论做出的一个独特贡献。[1] 不过，就像康德的整个知识论一样，尽管他对先验知识的论述影响深远，但也很有争议。正如我们已经看到的，康德对先验综合命题的可能性的说明关键取决于如下两个主张：其一，我们的心灵已经被如此构造出来，以至于我们**必然**要相信或持有某些先验综合命题；其二，就这些命题构成了所谓"思想的法则"而论，它们是我们具有关于现象世界的知识的必要条件或根本前提。但是，伯特

---

[1] 关于康德在这方面对当代分析哲学（包括逻辑经验主义）的持久影响，参见 J. Alberto Coffa, *The Semantic Tradition from Kant to Carnap: To the Vienna Station* (edited by Linda Wessels, Cambridge: Cambridge University Press, 1993); Robert Hanna, *Kant and Foundations of Analytic Philosophy* (Oxford: Clarendon Press, 2001)。

第七章 先验知识与先验辩护

兰·罗素提出了如下异议:

> 当我们相信矛盾律的时候,我们所相信的不是心灵是被如此构造出来的,以至于它必定相信矛盾律。这个信念是后来的心理反思的结果,这种反思预设了对矛盾律的信念。对矛盾律的信念是一个关于事物的信念,而不仅仅是关于思想的信念。例如,它不是这样一个信念:如果我们思想一棵树是山毛榉,我们就不能同时思想它不是山毛榉。它而是这样一个信念:如果那棵树是山毛榉,它不可能同时不是山毛榉。因此,矛盾律是关于事物的,而不只是关于思想的;虽然对矛盾律的信念是一个思想,但矛盾律本身不是一个思想,而是一个关于世界上的事物的事实。如果在相信矛盾律的时候我们所相信的那个东西不是对世界上的事物为真,那么我们就必须认为,即使矛盾律是真的,这个事实也不会使之免于"它是假的"这一可能性。这表明矛盾律不是一个思想规律。[1]

罗素的意思是说,必然性只能存在于事物的本质及其属性中,因此,将我们的认知构造视为必然性的来源是一个严重错误。可能的情况是,康德视为先验综合命题的那种东西只是我们对事物的本质及其属性进行反思的结果,一旦它们通过反思成为一般的结论,它们就可以在经验认知中派上用场。因此,正如罗素进一步指出的,"我们的先验知识……不只是关于我们心灵的构造的知识,而且也可以应用于世界可能包含的无论什么东西"。[2] 当然,康德通过其特有的先验演绎

---

[1] Betrand Russell, *The Problems of Philosophy* (Oxford: Oxford University Press, 2001), p. 50.
[2] Ibid.

方法表明先验综合命题必定是必然的，但是，表明这种命题是经验知识的一个**必要**条件并不等于表明它们必定是必然的，即在所有可能世界中都是真的。[1] 人类心灵也有可能被构造为其他样子，而在这种情况下，我们可能就会具有与我们目前所具有的不一样的知识，或者以一种符合罗素的论点的方式来说，我们首先必须认为世界**本身**对心灵的构造施加了约束。

同样，邦茹指出，即使康德通过承认先验综合命题的存在而扩展了先验知识的范围，他也仍然将这种知识限制在**现象**领域，而不是外在于认知主体的独立对象（即康德所说的"物自体"）领域，因为在康德看来，只有当知识的对象必须设法符合我们的认知官能时，先验综合知识才变得可能。在试图解释我们如何对于先验综合命题具有先验知识时，康德只不过是说，我们之所以对这样一个命题具有先验知识，是因为人类心灵在构造或者"综合"经验的时候是如此运作的，以至于使得该命题在经验领域中总是真的。然而，在邦茹看来，就我们如何对先验综合命题具有知识来说，康德的解释存在两个主要问题。首先，它不符合我们的直觉——我们直观上认为，如果一个命题具有先验综合的地位，那么正是这个命题**本身**具有这个地位，例如它是真的，或者它是先验可知的或有辩护的。而康德所提供的是对另一种不同命题的解释，即**在经验的限度内**，某个先验综合命题是真的，或者是先验可知的或有辩护的。其次，假若我们追问那个进一步的命

---

[1] 这里的真正问题是，我们实际上并不清楚如何从"某个东西对于经验认知来说是**必要的**"推出"它必定是**客观上必然的**"。康德之所以认为他可以确立二者之间的联系，是因为在其先验观念论体系中，"普遍的"和"必然的"这两个概念几乎是等价的。但是，不管我们是否接受那个体系，有一点是很明显的，即康德至多只是表明，他通过先验演绎推出的那些作为经验认知的先决条件的东西，充其量只是对于**人类**认知才是普遍的。但这显然不等于表明那些东西本身在本体论上是绝对必然的。实际上，认知模态与本体论意义上的模态究竟具有什么关系，这本身是一个有争议的问题。对此参见本章第六节的讨论。

题的认知地位，例如它是先验的还是后验的、是分析的还是综合的，那么康德的解释就会变得很成问题。比如说，如果"在经验的限度内，某个先验综合命题是真的（或者是先验可知的或有辩护的）"这个命题是真的（或者是先验可知的或有辩护的），那么，按照康德的解释进路，他就只能说，在经验的限度内，人类心灵是如此运作的，以至于使得那个命题是真的（或者是先验可知的或有辩护的）。然而，即使这个主张在某种意义上是可理解的，我们总是可以对它提出同样的问题，从而导致恶性的无穷后退。另一方面，如果康德认为我们必须按照一个关于心灵运作的先验论点来说明那个进一步的命题，而且这个论点必须是分析的（以避免无穷后退问题），那么那个命题本身也必须是分析的。由此来看，康德对先验知识的论述并没有为我们真正地理解先验综合知识的可能性提供任何基础。[1] 这些问题当然是我们在这里无法进一步探究的。我们指出对康德的这些批评，只是为了表明，如果先验知识不限于适度的经验主义者所说的那种知识，那么其可能性仍然是一个未决问题。但是，正如我们即将看到的，甚至我们是否对**分析命题**具有**先验**知识也是一个问题。

四、先验性与分析性

对先验辩护的上述探讨试图按照必然性概念来理解先验辩护。我们已经看到这种探讨是有问题的。我们介绍康德的有关思想，主要是为了引入对先验辩护的另一种主要探讨，即试图按照**分析性**概念来理解先验辩护。尽管康德努力阐明先验综合命题的可能性，但经验主义者仍然倾向于对这种命题持怀疑态度。当然，也有一些经验主义者不

1　参见 BonJour (1992), pp. 59-61。

打算否认先验性概念,但他们对这个概念的解释不同于理性主义者的解释。理性主义者认为,通过所谓"理性的光芒",我们就能先验地认识存在着一些关于物理世界的必然事实。对他们来说,先验命题所描述的是物理世界的必然性质和必然联系,这些性质和关系是我们仅凭理性就能认识到的:仅仅通过理性或思想,我们不仅能认识世界看起来是什么样子,也能认识世界**必定**是什么样子。然而,经验主义者坚持认为理性或思想本身不能向我们揭示任何关于物理世界的东西,其正面主张是,若不借助于经验,我们就只能知道概念真理和逻辑真理。

经验主义者进一步论证说,经验向我们揭示出来的东西并不具有绝对的确定性和必然性,我们也没有那种直观("直接看到")物理世界中"必然真理"的神秘能力。当然,经验主义者可以承认分析命题和综合命题的区分,但他们所要强调的是,分析命题实际上不是关于物理世界的命题,而是关于语言和逻辑的命题,与此相比,综合命题确实是关于物理世界的命题,因此其内容也只有通过经验才能把握。对他们来说,分析命题和综合命题是彼此排斥的,它们之间并不存在康德所说的"先验综合命题"。他们试图用这个区分来实现两个目的:首先是要表明一切先验命题都是分析的——这种命题不关系到物理世界,只关系到语言和逻辑;其次是要表明我们对这种命题所具有的知识并不涉及理性主义者所设想的那种神秘能力。尽管罗素批评康德对先验知识的论述,但他仍然相信,在我们并不具有适当的观察知识的情形中,比如说在关于共相、命题形式以及数学和逻辑公理的知识的情形中,**非经验性的直观**说明了我们为什么会具有某些有辩护的信念。然而,卡尔纳普之类的逻辑经验主义者并不满意罗素的说法,因为他们认为罗素是在向一种不能在"科学"哲学的框架中来分析的形而上学退缩。在《世界的逻辑构造》中,卡尔纳普试图表明,对一般意义上的逻辑及其含义的恰当论述,对于说明我们的知识(包括逻辑知识、数学知识以及所有其他类型的知识）来说既是必要的又是充分的，尤其是，传统知识论对于直观和先验综合命题之类的东西的诉求可以用他所设想的科学逻辑来取代，而逻辑只是由关于符号使用的**约定**以及在此基础上形成的**重言式**构成的。[1] 按照对卡尔纳普方案的某种主要解释，他所要表明的是，一种关于我们的概念框架的**约定主义**如何能够说明客观知识的可能性，即使我们的知识似乎在个人经验中具有主观起源。简而言之，他借助了康德在知识论中的基本观念，但试图取消康德对先验综合命题的承诺。[2]

卡尔纳普的约定主义促成了对先验性的如下理解：如果一个命题是先验必然的，那么它是因为其构成要素的**意义**而具有这个特征。更具体地说，在经验主义者看来，分析命题的必然性要么来自矛盾原则，要么来自语言约定。前面我们已经看到莱布尼茨如何利用矛盾原则来分析先验性和必然性的概念。经验主义者仍然将矛盾原则设想为语言约定的一个根据，他们与莱布尼茨的不同之处仅仅在于：莱布尼茨认为一个命题的矛盾特征就在于它否定了一个同一性陈述，而经验主义者则把一个命题的矛盾特征与语言规则联系起来。按照经验主义的观点，语言规则制约着我们对词语和语句的恰当使用，例如，假如你对我说"萨姆是一个很幸福的已婚单身汉"，那就表明你其实并未理解"单身汉"这个概念的含义。在语言规则中，"单身汉"已经被定义为"未婚男人"，既然你的话不符合语言规则，它就是无意义的。

---

1 Rudolf Carnap, *The Logical Structure of the World and Pseudoproblems in Philosophy* (Berkeley: University of California Press, 1967). 对卡尔纳普方案的批判性讨论，见 Alan Richardson, *Carnap's Construction of the World* (Cambridge: Cambridge University Press, 1998)。

2 关于对卡尔纳普的这种解释，参见 Coffa (1991); Michael Friedman (1987), "Carnap's Aufbau Reconsidered", *Nous* 21: 521-545; Richardson (1998)。另一种主要解释则认为，卡尔纳普对传统知识论的不满是由他对激进经验论的承诺启动的。但这种由威拉德·奎因首先倡导的观点现在已经被广泛拒斥。

经验主义者于是就把分析性理解为语句所具有的一个性质:一个陈述是分析的,当且仅当它**仅仅**因为其意义而为真。在这里,"仅仅"这个说法具有关键的重要性,因为若不加这个限制,上述说法就不能将分析陈述与综合陈述区分开来。例如,"雪是白的"这个综合陈述显然是真的,但它之所以为真,不仅因为雪事实上是白的,也因为"雪"这个概念的含义,就像我们日常所理解的那样,已经包含"雪是白的"这层含义。如果我们已经对这个概念采取了这种理解,那么"雪是白的"这个语句也是因为其意义而为真。然而,在根本上说,它是否为真取决于我们用"雪"这个概念来指称的那种对象是否确实是白的。因此我们可以认为,实际上有两种东西使得这个陈述为真:一种是意义,另一种是事实。这样一来,若不添加"仅仅"这个限制,对分析性的上述定义实际上就适合于任何陈述,不管它们是分析的还是综合的。但经验主义者想要强调的是,分析陈述仅仅是由于其意义而为真。按照这种理解,"所有红色的东西都是有颜色的"这个陈述是分析的,因为按照日常的语言约定,"是红色的"这个概念已经包含在"有颜色"这个概念中,因此,仅仅通过理解其意义,我们就知道它是真的。假设我们说"所有红色的东西**必定**是有颜色的",那么,按照经验主义的观点,我们同样可以认为,如果确实存在着必然命题,其必然性也是来自语言规则。这样,经验主义者就否认我们可以将"必然性"概念合法地应用于任何关于物理世界的命题。这个主张对于经验主义知识论来说具有重大意义,正如我们可以在休谟那里看到的。

弗雷格也尝试按照类似的想法来理解分析性:一个命题是分析的,当且仅当它要么是一个逻辑真理,要么可以通过同义词替换被归结为一个逻辑真理。[1] 在这里,一个逻辑真理可以被简单地理解为其

---

[1] 参见 Cory Juhl and Eric Loomis, *Analyticity* (London: Routledge, 2010), pp. 13-16。

第七章　先验知识与先验辩护

逻辑形式具有如下特点的命题：它的所有具体实例都是真的。例如，假设"如果 P，那么 P"是一个逻辑真理，那么，不管我们用什么具体实例来替换 P，结果得到的命题都是真的，如"如果天下雨，那么天下雨"或者"如果雪是白的，那么雪是白的"。弗雷格进一步认为，通过同义词替换，我们就可以判定一个命题是不是分析的。例如，在"所有单身汉都是未婚的"这个命题中，如果我们已经将"单身汉"定义为"未婚成年男人"，那么，通过同义词替换，我们就得到"所有未婚成年男人都是未婚的"。这个命题显然是真的，而且，既然它是由于意义而为真，它就是分析的。经验主义者认为，如果确实有先验命题，那么所有先验命题在这个意义上都是分析的。

对分析性的这种理解意味着，在经验主义者这里，知识的内容被划分为两个看似互不相干的部分。一方面，我们对外部世界的知识被限制为感官所提供的东西；另一方面，我们可以知道某些类型的先验命题，而这些先验可知的命题是否为真仅仅取决于其意义。经验主义者以这种方式解决了先验知识的可能性问题。但是，这两个主张的结合会产生一个让理性主义者无法接受的结论：我们对外部世界没有先验知识，因为意义本身并不决定世界所是的方式。在考察理性主义者如何正面地设想这种先验知识的可能性之前，我们需要简要讨论一下他们对经验主义的先验性概念的批评。大致说来，这个批评包含两个方面：第一，经验主义者对分析性的理解甚至无法实现他们为自己规定的目标，即表明一切先验真理都是分析的；第二，不管我们如何理解语词的意义，意义本身不足以说明任何命题或陈述（包括分析命题或分析陈述）是否为真。

从弗雷格对分析性的理解中，我们可以看到这个批评的第一个要点。考虑"所有红色的东西都是有颜色的"这个命题。按照弗雷格的提议，如果我们将这个命题转译为"所有具有红颜色的东西都是有颜色的"，那么我们很容易就看出它是真的，而且是由于意义为真。因此，按照经验主义者对分析性的理解，"所有红色的东西都是有颜色的"是分析的。然而，一旦我们可以这样来分析这个命题，"具有红色的颜色"就必定与"红色"是同义的，也就是说，二者必定恰好具有**同样的**意义。然而，这两个词语显然并不具有同样的意义："具有红颜色"这个词语显然是两个不同概念（"有颜色"和"红色"）的合取，因此与"红色"这个概念并不是严格的同义词。进一步说，如果"红色"这个概念实际上是一个不能被进一步分析的概念，正如理性主义者倾向于认为的那样，那么我们就不能通过同义词替换把"所有红色的东西都是有颜色的"转化为一个分析命题，这就意味着这个命题是综合的。但是，在直观上说，我们倾向于认为它是分析的。理性主义者或许认为，这个命题之所以是分析的，并不仅仅是因为通过理解其意义我们就可以知道它是真的，而是因为"是红色的"这个性质包含了"是有颜色的"这个性质，但这种包含关系是物理世界的一个必然特点。倘若如此，我们就不能否认存在着关于物理世界（尤其是它的某些特点或性质）的先验真理。理性主义者可以进一步认为，虽然我们可以通过同义词替换把一个命题转化为一个逻辑真理，因此在这个意义上表明它是分析的，但除非经验主义者已经首先说明逻辑真理的先验地位，否则他们仍然没有在根本上说明先验命题的可能性。经验主义者不能简单地说，逻辑真理之所以是先验可知的，就是因为它们是分析的，只要他们采纳这个主张，但又继续按照一个命题与逻辑真理的关系来说明分析性，其说明就会陷入循环。例如，只要将他们对分析性的定义应用于上述主张，我们就得到如下表述：逻辑真理之所以是先验可知的，是因为它们要么是逻辑真理，要么可以归结为逻辑真理。但这种分析显然没有对逻辑真理的先验地位提出任何实质性论述。

　　实际上，在理性主义者看来，如果经验主义者必须按照他们对分析性的理解来说明先验性，他们的说明就是根本上不成功的，因为任何命题的真值条件都不是仅仅按照意义就能说明的。对经验主义者来说，"所有单身汉都是未婚的"是一个典型的分析命题。但是，它是否为真不仅取决于用来表述它的那个语句所包含的概念，也取决于"单身汉"的这个词项所指称的对象是否具有那个特定属性，即任何被称为"单身汉"的那种人都是未婚的。经验主义者或许认为，在语言使用的某个阶段，我们用"单身汉"这个词来挑出某种类型的对象，用"未婚的"这个词来挑出某种属性，然后，通过语言约定，我们将二者联系起来，例如让后者成为前者的一个规定性质。一旦这种约定得以确立，仅仅通过理解"所有单身汉都是未婚的"这句话的意义，具有相关概念和熟悉语言规则的人们就知道它是真的。然而，理性主义者可以回答说，即使我们可以通过语言约定来确立词语的意义，这也不意味着一个语句的真值条件仅仅取决于它所包含的词语的意义。如果我们接受真理的符合理论，我们就可以说，一个命题是否为真取决于它是否准确地表达了实在。按照这种理解，任何语句的真值条件都至少部分地取决于世界所是的方式，但世界实际上是什么样子并不是由意义本身来决定的，因此，从根本上说，意义本身也不能决定命题的真值条件。当然，如果我们理解了用来表述一个命题的词语，并以某种方式把握到其必然性，那么我们在相信这个命题上就有了先验辩护。然而，这仍然不等于说一个命题仅仅是因为它所包含的词语的意义而为真，因为在理性主义者看来，如果一个命题（或者用来陈述它的语句）必然是真的，那是因为它表达了某些性质之间的必然联系。即使这样一个关系性的事实是我们可以在认知上得到的，那也不意味着它取决于有关的语言表述。换句话说，理性主义者并不认为，某些性质之间的必然联系可以被归结为用来表示这样一个联系的语词之间的意义关系；毋宁说，正是因为首先存在着这种必然联系，在用语句来表达这样一个联系时,我们才可以通过理解这个语句而"看到"相应的命题必然是真的。例如,在"如果阿里森高于比利,比利高于克莱因,那么阿里森高于克莱因"这个命题中,按照理性主义者的说法,如果我们"看到"这个命题必然是真的,那是因为"A 高于 B"这个关系性质是传递性的,上述命题仅仅是因为这种传递性而必然为真。如果世界中的某些性质并不具有这种必然联系,我们也不可能通过理解一个语句就"看到"它所陈述的那个命题是真的。最终,理性主义者可以论证说,虽然经验主义者可以通过同义词替换将某些先验命题转化为分析命题,并由此表明先验知识的可能性,但并非所有先验命题在经验主义的意义上都是分析的,因此,经验主义者对先验性的理解从最好的方面来说也是不完备的。例如,经验主义者或许认为"每一个结果都有原因"是一个先验命题,因为只要把"结果"分析为"一个原因的产物",我们就很容易看出这个命题是分析的。然而,我们似乎不能用这种方式来分析"每一个事件都有原因"这个命题,而在莱布尼茨之类的理性主义者看来,它确实是一个先验命题。

五、先验辩护与理智直观

由上述内容得出的结论是,先验性概念似乎不能仅仅按照必然性或分析性概念来把握。实际上,我们已经表明并非所有必然真理都是先验地可辩护的,我们也表明有些偶然真理可以具有先验辩护。另一方面,直观上说,即使有些命题不是分析的,它们仍然可以具有先验辩护。理性主义者据此认为经验主义者对先验知识的分析是不恰当的。这样一来,他们就有义务对先验知识的可能性提出一个**正面**论述——他们需要表明,如果先验辩护不能按照必然性或分析性来说明,那么它是如何得到说明的。

第七章　先验知识与先验辩护

　　这样一个论述的基本起点仍然是我们一开始对先验辩护提出的那种理解：先验辩护是不依赖于经验的辩护。[1] 理性主义者认为，直观上说，我们对一个命题的信念可以用两种方式得到先验辩护。首先，我们或许对某个命题具有一个直观，这样一种直观仅仅立足于我们对它所包含的概念的理解。例如，只要我们理解了"所有单身汉都是未婚男人"这个命题，我们就会看到它是真的。其次，假若无论如何都不能设想一个命题的反例，我们大概就会认为它是真的。例如，"没有任何物体能够同时处于两个完全不同的位置"这个命题似乎是真的，因为我们不能设想其反例。在这两种情形中，我们似乎都有一种理智直观将某个命题"看作"是真的。我们视之为真的根据不是来自任何经验渠道，而是来自我们在理智上具有的那种洞察力，即理性主义者所说的"理智直观"。然而，为了利用这个思想来说明先验辩护的可能性，理性主义者首先需要阐明两个问题：第一，理智直观究竟是什么？第二，为什么理智直观能够为先验辩护提供证据？只有在令人满意地回答了这两个问题后，他们才能按照理智直观的概念来说明先验辩护的可能性。

　　理性主义者对"理智直观"提出了很多不同的理解。有些人把"直观"理解为一种"理智上看到"，并对后者作出如下说明：理智上看到某个命题，就是直接相信并确信它是必然的，在这里，"确信"意味着认知主体"不能"将那个命题思考为假的——对于认知主体来说，将它看作是假的是一件不可思议或不可设想的事情。然而，很容易表明这种理解是不恰当的。我们知道某些命题是偶然的，即使我们也会认为其否定命题是不可思议的。考虑"不存在直径为一英里的天然金

---

[1] 当然，如前所述，这个主张并不排除如下观点：为了对一个命题具有先验辩护，我们首先需要把握或理解它所包含的概念，而这样做可能就需要经验。

球"这个命题。我们知道这个命题是偶然的,至少因为在某个其他星球上,有可能存在这样一个金球,不过,我们也会发现这个命题的否定命题是不可思议的。另一方面,我们大概无法设想一条狗和一只大象的混合体,但这并不因此就意味着不可能存在这样的东西。为了避免这个观点所面临的困难,有些哲学家建议说,我们应该将理智直观理解为"用一种非推理的方式看到或把握到某个命题是真的(必然是真的或可能是真的)"。[1] 如果仅仅通过理解一个命题的内容,就能看到或把握到它是真的,我们就可以将这样一个命题视为理性上自明的:对于一个恰当地把握了其命题内容的认知主体来说,这个内容本身就向他提供了一个能够直接得到的理由,由此可以断言该命题是真的。这些哲学家进一步认为,我们并不需要把理智直观看作一种神秘的东西,因为其中涉及的那种能力实际上就是理解和思考的能力。比如说,只要我们已经正确地把握了"红色"和"绿色"这两个概念,在经过仔细反思后,我们就可以清楚地看到"没有任何红色的东西能够同时又是绿色的"这个命题是真的,因为对这两个概念的正确把握意味着"是红色"和"是绿色"这两个性质是不相容的或相互排除的,于是我们就可以直接和立即看到这个命题不可能不是真的。如果物理世界本来就具有这样的特点,理性的恰当运用就不能不将这种特点反映出来。

然而,为了按照对理智直观的这种理解来说明先验辩护的可能性,这些理性主义者就不能像传统理性主义者那样将理智直观看作是不可错的。此外,如果先验辩护取决于理智直观,那么他们也不能将先验辩护看作是不可错的。对于传统理性主义者来说,先验辩护和先

---

[1] 参见 BonJour (1998), pp. 106-110。在这里我主要介绍和讨论邦茹在其著作第四章中的观点,当然,必要时我也会提到某些其他哲学家的见解。

第七章　先验知识与先验辩护

验知识必须具有**确定性**（实际上，他们认为确定性就是区分先验知识和经验知识区分的一个本质特征），在这里，确定性概念大致可以理解为：一个先验地得到辩护的命题不可能不是真的。很容易就可以表明对先验辩护的这种理解为什么是错误的。在本章第二节中，我们已经初步看到对某些命题的先验辩护是可错的。甚至在数学和逻辑中，我们也可以发现可错的先验辩护的例子。[1] 例如，在广义相对论出现前的数个世纪，欧几里得几何学被认为描述了空间的必然特征，古希腊人在接受这种几何学上被认为具有先验辩护。然而，在广义相对论出现后，我们就不能认为欧几里得几何学对空间的本质所提出的主张具有先验辩护了。同样，罗素悖论被认为表明了素朴集合论是错误的。[2] 如果哲学命题在根本上得到了辩护，那么它们在某种意义上是先验地得到辩护的，因此，在盖蒂尔提出其反例之前，"知识是得到辩护的真信念"这个命题就可以具有先验辩护。然而，一旦我们承认盖蒂尔论证的有效性，哲学家们此前对那个命题的先验辩护就被击败了。康德相信每一个事件都有原因，在他所处的时代，他的这个信念是有先验辩护的。不过，随着亚原子物理学的兴起，我们在接受这个命题上可能就没有先验辩护了，因为按照对这种物理学的某种解释，随机发生的事件是没有原因的。如果这些例子是可靠的，它们就表明先验辩护不仅是可错的，而且是可以被击败的：一个深思熟虑的先验辩护可以被进一步的证据所击败。

"先验辩护是可错的"这个主张不仅有点令人困惑，也会导致一些哲学家否认先验知识和先验辩护的可能性，正如我们即将看到的。按照康德的说法，如果确实存在先验知识和先验辩护这样的东西，它

1　当然，这取决于那些**被认为**具有先验辩护的东西确实具有先验辩护。
2　BonJour (1998), pp. 111-112.

们必定是独立于经验的（当然，除了为了获得有关概念所需的经验外）。如果先验辩护并不取决于经验，而是在于认知主体直接看到或把握到自己所思考的命题必然是真的，那么先验辩护怎么会是可错的呢？如果理智直观的对象就是认知主体所把握到的那种必然性，这种直观似乎就不可能出错，否则就没有资格被称为"理智直观"了。然而，先验辩护的可错性并非不可理解。为此，让我们再次考察先验辩护的概念。根本上说，先验辩护是不依赖于经验的辩护，因此其根源就是某种无须诉诸经验证据的能力。有些哲学家认为，如果我们可以这样来理解先验辩护，那么，当一个人对某个命题具有一个深思熟虑的先验辩护时，则意味着他有资格忽视经验信息，或者不管他面对什么样的经验证据，相信那个命题对他来说都是合理的。[1] 按照这种理解，先验辩护就是这样一种辩护：如果我们对一个命题具有先验辩护，不管我们具有什么经验信息，它们都不会削弱或击败那个命题的辩护地位。但这不是对先验辩护的唯一理解，可能也不是正确的理解，因为"独立于经验得到辩护"这个说法只是意味着经验来源并不提供辩护——辩护是由某个非经验性的来源提供的。然而，这个解释并不意味着经验证据不可能**以某种方式**削弱或击败一个非经验性辩护。[2] 一个类比有助于说明这一点。设想一些人生来只能用两种方式感知周围物理对象：一种是通过触觉，另一种是通过某种声呐式的感觉，就像蝙蝠那样。在这样的人对周围世界的感知中，这两种方式可以独立地发挥作用。因此，他可以根据声呐式的感觉来形成某个信

---

1 关于这种观点，参见 Philip Kitcher, *The Nature of Mathematical Knowledge* (New York: Oxford University Press, 1983), especially pp. 24, 30, 80-87; Hilary Putnam, "'Two Dogmas' Revisited", in Putnam, *Realism and Reason* (Cambridge: Cambridge University Press, 1996), p. 90。

2 我强调"以某种方式"这个说法，是因为我们现在讨论的这种观点实际上否认经验能够**直接**击败或反驳一个先验辩护。

念，并认为这个信念独立于他的触觉而得到了辩护，因为他的触觉并不对那个信念提供任何辩护。不过，即使他在某个场合按照那种声呐式的感觉形成了一个有辩护的信念，也不意味着在其他场合他的触觉提供的证据不可能削弱或击败他原来通过声呐式的感觉得到的证据。同样，即使一个人在某个特定场合对某个命题具有一个先验辩护，这也不意味着他在其他场合对同一个命题形成的经验证据不可能以某种方式削弱或击败那个先验辩护。有些命题的辩护可能完全不依赖于经验，有些命题的辩护可能完全取决于经验，但可能也有这样一些命题：尽管对它们的辩护不取决于经验，但这种辩护也可以被经验所削弱或击败。

先验辩护只是不以经验为证据的辩护，其根源就在于某种非经验性的能力，例如理智直观。因此，如果理智直观是可错的，先验辩护也是可错的。例如，我们对理性的应用（理性反思、推理、计算、证明等）可能会出错，于是就有了这样一种可能性：即使我们通过理智直观把握到某个命题必然是真的，但该命题实际上既不是必然的也不是真的。传统理性主义者可能会反驳说，倘若如此，在这种情况下就不能认为我们具有真正的理智直观，因为"真正的"（genuine）理智直观必定是不可错的，涉及对一个命题的必然性的"直接洞见"（direct insight），而这种洞见不可能出错。然而，这种观点面临一些很难克服的困难。[1] 其中一个困难是这样的：为了将"真正的"理智直观与"似然的"（apparent）理智直观区分开来，我们就必须为前者设定一个标准——我们必须有办法判断什么样的理智直观是"真正的"，也就是说，通过这种直观对一个命题的必然性的把握是不可错的。假设我们提出如下标准：只有当一个似然的理智直观涉及真实地把握了实在的

---

1 参见 BonJour (1998), pp. 112-114。

必然特征时，它才是一个真正的理智直观。然而，为了能够应用这个标准，我们必须**预先**知道一个理智直观是否确实把握到了实在的必然特征。但是，如果我们已经具有这样一项二阶知识，就没有必要将理智直观处理为一个独立的和自足的辩护基础了，因为具有这种知识意味着我们实际上知道自己是否把握到了实在的必然特征，因此也就是知道了是否把握到了将这样一个特征表达出来的那个命题的必然性。然而，既然先验辩护实际上是可错的，我们就不能接受传统理性主义者的主张，即先验辩护是不可错的。放弃这个主张的理性主义就是所谓"适度的理性主义"。这种理性主义的核心观念是，在某些限制性条件下，似然的理智直观仍然向我们提供了一个理由（尽管是一个可错的理由），由此可以认为我们所考虑的命题是真的。这些限制性条件包括：我们必须对自己所考虑的命题有清晰的理解，必须真正地意识到它是必然的，或者至少在我们理性能力的限度内把它看作是必然的。

在进一步考察这种理解之前，我们必须回答前面提出的第二个问题：在什么意义上理智直观被认为向先验辩护提供了证据？如前所述，理智直观涉及对一个命题的必然性的直接把握，这种把握是通过对其命题内容的理性反思而得到的。如果我已经充分理解一个先验命题的各个要素，比如用来表述它的语句所包含的各个概念，那么，通过这种理解，我就能直接看到或把握到那个命题不可能不是真的。例如，只要我已经充分理解"圆形"和"正方形"这两个概念，我就能直接把握到"没有任何东西能够同时是圆形的和正方形的"这个命题是真的。在这种命题以及类似命题的情形中，直观之所以能够向我们提供先验辩护的证据，是因为直观取决于我们拥有和理解概念的能力。拥有一个概念至少意味着，在将它应用到某个假定情形时，一个人能够对这种应用提出一个可靠判断，即使这样一个判断无须是不可错的。比如说，只要你具有和把握了"单身汉"这个概念，你就倾向于不把它应用于已婚者或女性；另一方面，在将它应用于未婚成年男人时，一般来说你会对这种应用做出可靠判断，比如说，你倾向于断言"所有单身汉都是未婚的"这个命题是真的。实际上，我们往往用这种方式来判断一个人是否已经拥有一个概念，例如，如果一个人对包含某个概念的命题做出一个正确判断，比如说相信它是真的，那么他就可以被认为已经具有这个概念。[1] 在经验辩护的情形中，知觉经验能够向我们提供直接证据，与此相似，在先验辩护的情形中，通过概念拥有能力对一个命题内容的把握也能向我们提供直接证据。在传统分析命题的情形中，这种可靠性是我们的概念拥有能力的结果，因为通过反思我们所拥有的有关概念，就可以发现自己对某个命题做出的判断是否可靠。比如说，如果你断言一个 30 岁左右的未婚男人不是单身汉，那就表明你还没有充分把握"单身汉"这个概念。

然而，康德意义上的先验综合命题显然不是以这种方式来辩护的。例如，我们或许直观上认为"每一个事件都有原因"这个主张是真的。这种直观好像来自我们**不能**设想这个主张的任何反例，或者**不能**想象我们怎么有充分的证据反驳它。然而，直观上说，我们似乎也不能想象某些传统的分析命题不可能不是真的，例如"2 + 3 = 5"或者"没有任何东西能够同时既是圆形的又是正方形的"。在这两种情形中，由此产生的直观似乎是现象学上不可区分的。既然如此，有什么理由认为，在前一种情形中，那种"不能"为我们相信先验综合命题提供了辩护？先验辩护的反对者可能会说，我们只是因为想象

---

[1] 对这个思想的进一步论述，参见 George Bealer, "The *A Priori*", in John Greco and Ernest Sosa (eds.), *The Blackwell Guide to Epistemology* (Oxford: Blackwell, 1999), pp. 243-270, especially pp. 255-256。

力的限制而不能设想这样一个主张的反例。比如说，古希腊人之所以相信我们所生活的宇宙在空间上必然是欧几里得式的，是因为他们无法想象非欧几何空间是如何可能的，而爱因斯坦的相对论却向我们提供了这种想象的可能性，因此那个原来被认为得到先验辩护的主张实际上就没有先验辩护。当然，适度的理性主义者承认先验辩护是可错的，但他们仍然需要回答上述问题。一个可能的回答是这样的：一个具有良好想象力的人不能想象某个主张怎么可能是假的，不仅他自己不能设想这种可能性，他也知道有关领域中的其他人不能提出那个主张的反例。为了说明这个事实，我们最好假设那个主张是真的，或者，如果我们具有必然性概念，我们最好假设它必然是真的。然而，反对者会反驳说，在这种情形中，对那个主张的辩护实际上是后验的而不是先验的，因为我们对那种"不能"的认识不仅立足于个人内省，也立足于我们在经验观察的基础上做出的归纳（最佳解释推理其实是一种归纳推理）。总而言之，我们对那种主观的可靠性提出的辩护是经验性的，因为我们是按照经验证据来表明那种直观是可靠的，而说明这一点的最佳方式就是假设那个主张是真的，或者必然是真的。适度的理性主义者对这个批评提出了一个复杂的回答，[1] 大致可以分为两个阶段。第一阶段是要表明，立足于理智直观的先验辩护并不需要某种元层次辩护——不需要诉求理由或论证来表明立足于理智直观的信念很可能是真的。第二阶段试图进一步论证说，不仅先验辩护具有一种独立性或自主性，而且经验辩护在某种意义上取决于先验辩护。

现在让我们简要地考察一下这个两阶段的回答。如前所述，适度

---

[1] 参见 BonJour (1998), pp. 115-124, 142-147。为了便于理解，在这里我已经颠倒了邦茹的论证顺序。

第七章 先验知识与先验辩护

的理性主义者否认我们需要按照某个标准来区分"真正的"理智直观和"似然的"理智直观。如果传统理性主义者强调先验辩护要求真正的理智直观，即能够**不可错地**把握到一个命题的必然性的那种直观，那么他们就会陷入一个困境。一方面，即使他们能够以这种方式来**定义**"真正的理性直观"，但只要他们提不出一个切实可行的标准来判断一个理智直观是不是"真正的"，那个定义就无助于表明任何似然的理智直观在这个意义上是真正的，因此也不能**在认识论上**为他们希望得到的那种不可错性提供保证。另一方面，即使他们能够提出一个标准，这个标准本身也必须以某种方式得到辩护。如果它是在经验上得到辩护的，那么就会出现一个问题：通过诉诸它来辩护的那些主张在什么意义上具有先验地位？这个问题之所以产生，是因为，如果一个主张的辩护地位本质上依赖于一个经验上得到辩护的前提，那么对它的辩护也将是经验性的；另一方面，如果它是先验地得到辩护的，那么，按照论证逻辑，传统理性主义者也必须表明它是如何得到先验辩护的，如此就会陷入先验辩护的无穷后退。后面这种可能性并不难理解，因为要求这样一个标准就意味着，每当一个认知主体判断自己按照某个似然的理智直观将一个信念接受为真时，他也必须提出一个二阶的理由或辩护来表明其判断很有可能是真的。这样一个理由或辩护大概是说，以某些理智直观为内容的信念很有可能是真的。若没有这样一个理由或辩护，从理智直观中得到的辩护在相关的认知意义上就不能算作辩护。然而，如果这样一个二阶的理由或辩护本身是通过另一个理智直观得到的，那么也必须对它提出一个进一步的先验辩护。这样一来，如果理性主义者一方面坚持认为"真正的"理智直观必须是不可错的，另一方面又承认一般而论的理智直观是可错的，那么他们就会认为，当一个认知主体将某个先验直观接受为认知辩护的一个来源时，他也需要一个元辩护。在这种情况下，理性主义者就会陷入一个更深的困境：他们不可能声称这样一个二阶的理由或辩护是来自于经验，因为这样做其实就等于放弃先验辩护的主张；另一方面，假若他们声称这样一个二阶的理由或辩护本身必须得到先验辩护，他们就会陷入循环或无穷后退，因此就不得不放弃从理性主义角度来说明先验辩护的可能性，或者就会直接陷入一种关于先验辩护的怀疑论。

适度的理性主义者由此得出的教训是，只要一个理性主义者已经承认理智直观是可错的，他就不能认为基于理智直观的先验辩护要求元辩护，也就是说，需要二阶的（或者高阶的）理由或论证来表明基于那种直观的信念很有可能是真的。在适度的理性主义者看来，只要一个认知主体在某种合理的程度上仔细考虑一个命题（包括对它有一个清晰的理解），比较充分地理解了逻辑必然性或形而上学必然性概念，对这个命题既不持有教条态度也不抱有偏见，并由此而把握到其必然性，那么，当他相信该命题很有可能为真时，他就有了先验辩护。例如，在考虑"没有任何东西能够同时完全是红色的又完全是绿色的"这个命题时，我将它接受为真的理由是，我看到或把握到它在任何可能的情形中都必定是真的，或者用一种等价的方式来说，我不能理解它如何可能是假的，不能合理地设想它的任何反例。这种理智直观本身就向我提供了一个很好将它看作是真的（或者必然是真的）理由，因此我就无须提供进一步的理由或论证来表明我所具有的那个理智直观本身是可靠的。换句话说，对于适度的理性主义者来说，理智直观应该被理解为**认知上自主的**，其辩护只取决于其自身，而不取决于任何其他东西。就此而论，任何理智直观的实例所提供的辩护被认为是原子式的而不是整体论的。

由此得到的结论是，除非我们有强有力的理由表明一个先验直观是不可靠的，否则我们就应该将它看作是可靠的。当然，与极端的理

第七章 先验知识与先验辩护

性主义者不同，适度的理性主义者强调先验直观是可错的。实际上，正是因为他们强调这一点而为了表明先验辩护是可能的，他们才论证说基于理智直观的先验辩护不要求元辩护。理智直观所提供的先验洞见是由一种理智上的理解和反思产生的，这样一种认知过程，就像我们所熟悉的经验性认知过程一样，实际上是可错的。适度的理性主义者承认我们无法合理地设想一个将"真正的"先验洞见和"似然的"先验洞见区分开来的标准。不过，在他们看来，我们可以设想两种方式来纠正似然的理性洞见中产生的错误。一种错误是这样的：没有任何内在于认知状态或认知过程的东西能够将其本质特征向我们揭示出来。在经验认知的情形中，系统的错误或幻觉都会产生这种错误。例如，要是我在知觉上受到恶魔的系统欺骗，我就无法通过反思一个似然的知觉状态来判断它究竟是幻觉还是真实知觉。也许只有通过诉诸一个外在于这种状态的标准，我才能确定这样一个状态是不是幻觉。我们可以认为这种错误只能被外在地纠正，而其他类型的认知错误则可以被内在地纠正，也就是说，只要我们反思产生这样一个错误的认知状态或过程，我们就可以发现它是一个错误，并用正确的结果来取代它。例如，在经验认知的情形中，我们可以用这种方式来纠正由于粗心大意而产生的知觉错误。同样，适度的理性主义者认为，似然的理性洞见所涉及的很多错误是可以被内在地纠正的。通过进一步的反思，我们也许就可以"从内部"发现某些错误。与此相补充的一种方式是诉诸融贯性，也就是说，去反思一下似然的先验洞见是否相互适应，如何相互适应或者不能相互适应。例如，通过各种可能的检查手段，我们就可以发现在计算或论证中出现的错误。不过，需要指出的是，对融贯性的诉诸是有限的，因为不管如何理解"融贯性"，我们提出的任何一种理解都预设了某些根本的原则或前提，它们规定了这种理解，因此就不能按照这种理解来评价。比如说，假若我们将融贯性理解为逻辑一致性，那么，为了利用这个原则去检验其他主张，我们就必须认为非矛盾原则具有免于受到挑战的地位。如果融贯性检验的应用产生了真正的先验辩护，我们预设的那些根本原则或前提就必须本身有先验辩护。就此而论，用融贯性的思想来排除理性洞见中可能出现的错误就有很大的局限性。不过，在发现和纠正似然的理性洞见中出现的错误方面，融贯性的思想仍然具有一个派生作用。因此，即使没有外在标准将真正的理性洞见和错误的理性洞见区分开来，我们也没有理由认为这种错误根本上是无法纠正的。

然而，只要适度的理性主义者承认先验辩护是可错的，就会产生这样一个问题：经验是否能够击败或反驳一个先验辩护？按照某种观点，如果确实存在先验辩护这样的东西，那么不可错性就是先验辩护的一个必要条件。这样，承认先验辩护是可错的似乎就等于放弃了先验辩护和先验知识的可能性。既然适度的理性主义者试图同时维护这两个主张，即先验辩护既是可错的又是可能的，他们就必须对上述问题给出一个合理回答。一些哲学家之所以将不可错性理解为先验辩护的一个必要条件，其中的一个理由是，只有不可错的辩护方式才允许我们无视对立的经验证据，而传统意义上的先验辩护被认为满足了这个要求。[1] 适度的理性主义者已经放宽传统理性主义者对先验辩护的理解，认为只要在经验保持沉默的地方，对一个命题的先验洞见就为我们接受它提供了一个先验基础。然而，一些一度被认为先验的主张，后来被表明其实不具有当时赋予它们的那种先验地位。例如，欧几里得几何学就宇宙空间提出的主张不再被视为先验的，此外，也有一些哲学家认为量子力学否定了二值逻辑的先验地位。适度的理性主义者倾向于否认这样一种可能性：经验能够**直接**挑战先验主张，例

---

1 参见 Kitcher (1983), p. 24。

如，某个知觉经验直接反驳了某个先验主张。在他们看来，这种可能性即便存在，也很罕见。不过，他们并不否认经验可能会以一种**间接**的方式挑战先验主张。例如，一系列经验可能表明，与将某个先验主张包含在内的物理理论相比，一个不包含这个主张的理论对物理现象提出了更简单的总体描述。在这个意义上说，这个先验主张就受到了挑战。适度的理性主义者承认这种可能性，但他们更想强调的是，即使这种可能性存在，那也不意味着我们应该在根本上放弃先验辩护，或者认为根本就没有先验辩护这样的东西。经验对先验主张的**间接**挑战大概是这样发生的：虽然某些经验并不直接与一个先验主张相矛盾，但我们可以从这些经验（或者对它们的某个描述）中推出一个与那个先验主张相冲突的结论，并有较强的理由认为这个结论是真的。然而，适度的理性主义者论证说，只有当存在这样一个推理时，那些经验才真正地向我们提供一个理由，使我们认为那个先验主张是假的，因此相应的先验辩护是错误的。他们进一步强调说，任何这样的推理都不得不依赖某些根本的推理原则，它们将有关经验与那个进一步的结果联系起来，而且也需要与如下思想相联系：一个拥有某些理论优点（例如简单性）的理论很有可能是真的。

但是，有什么理由认为这些原则是真的或者很有可能是真的，那样一个理论是真的或者很有可能是真的？有什么理由认为这些原则有助于我们发现真理呢？在适度的理性主义者看来，既然直接经验本身不可能辩护一个超越了直接经验的推理，例如经验本身不可能为归纳推理原则的有效性提供辩护，[1] 既然推理原则或推理前提本身显然不是直接经验的题材，上述问题就只有三个可能的答案：第一，这些原则或前提本身是先验地得到辩护的；第二，它们是通过诉诸一个

---

1 关于邦茹对这一点的详细论述，见 BonJour (1998), pp. 187-216。

先验地得到辩护的推理，从某些进一步的经验主张中得到辩护的；第三，它们根本上就没有辩护。如果先验辩护的批评者采取第三个观点，他们当然就不能提出自己的挑战，因为在这种情况下，他们其实没有理由认为从一系列经验陈述中推出的一个经验主张是有辩护的。另一方面，如果他们不得不接受前两个观点，那么他们就不能否认先验辩护的可能性和必要性。总的来说，如果并不存在经验**直接**推翻或反驳一个先验主张的情形，而只有通过与某些先验原则相结合，某些经验才能与某个其他的先验主张相冲突，那就表明先验辩护不仅是可能的，而且对于经验辩护来说也是必要的或不可或缺的。这样，适度的理性主义者就对先验辩护的可能性和必要性提出了一个**间接**论证。

六、对先验知识的批评

与笛卡尔和莱布尼茨之类的传统理性主义者相比，以邦茹为代表的适度的理性主义者已经对先验知识和先验辩护的概念做出了很大让步：他们不仅认为先验主张和先验辩护是可错的，而且也只是从一种康德式的先验演绎的角度来说明先验辩护的可能性。他们当然可以声称某些命题在如下意义上是先验的：只要一个人理解和仔细思考这样一个命题，他就能立即看到或把握到它必然是真的。然而，先验知识的反对者至少会提出两个主要批评。首先，他们可以论证说这种直观印象纯属幻觉，而即使他们不这样看问题，他们也会声称这种印象完全可以从经验主义或自然主义角度得到说明。其次，在某些哲学家看来，既然到目前为止理性主义者和经验主义者都没有令人满意地说明先验知识和先验辩护，那就意味着先验知识与后验知识的**区分**实际上是不自然的，其对知识论的重要性已经被高估了，放弃这个区分反而

第七章　先验知识与先验辩护

更有益于知识论研究。[1] 我们或许在某种意义上具有已经被称为"理智直观"的那种认知能力，或者更确切地说，有些知识主张及其辩护或许更少地依赖经验证据，但这并不表明就存在着先验知识和先验辩护。

面对第一个批评，先验知识的捍卫者可以进一步争辩说，即使我们在经验辩护上采取一种广泛的基础主义观点，认为经验的内容本身就能为所谓"基本信念"提供辩护，但大多数经验信念是被间接地辩护的——其辩护地位取决于它们与基本信念的推理关系。有很多信念，例如关于没有被观察到的过去的信念，关于目前尚未观察到的情境的信念，关于未来的信念，关于自然规律的信念，关于不可观察的实体和过程的信念等，若要在根本上得到辩护，必定是以这种方式来辩护的。那么，经验如何为这些信念提供辩护呢？适度的理性主义者认为，我们只能提出这样一个回答：只有当我们有**逻辑上在先**的理由相信某个条件命题（即这样一个命题：它把某些基本信念的合取作为前提，把所要辩护的信念作为结论）时，经验才能提供一个好的理由，让我们认为它是真的，因为唯有如此，我们才能在经验和某种不能直接用经验来辩护的东西之间建立联系。现在的问题是，有什么理由认为这样一个条件命题是真的呢？如果一切可以直接用经验理由来辩护的东西都已经被包含在前提中，而结论实际上超越了前提的内容，那么经验就不可能提供任何直接的理由让我们认为这样一个条件命题是真的。适度的理性主义者由此认为，这种命题的辩护只能是先验的。实际上，如果非基本信念的辩护地位取决于它们与基本信念的推理关系，那么，除非有关的推理或论证本身已经得到辩护，否则非

---

[1] 例如，参见 John Hawthorne, "A Priority and Externalism", in Sanford C. Goldberg (ed.), *Internalism and Externalism in Semantics and Epistemology* (Oxford: Oxford University Press, 2007), pp. 201-218; Philip Kitcher, "A Priori Knowledge Revisited", in Boghossian and Peacocke (2001), pp. 65-91; Timothy Williamson, *The Philosophy of Philosophy* (Oxford: Blackwell, 2007)。

基本信念就得不到辩护。如果推理或论证涉及使用逻辑规律，那么除非逻辑规律本身已经得到辩护，否则通过利用逻辑规律从基本信念中推出的信念就不能被认为有辩护的。理性主义者由此认为，如果逻辑规律在根本上得到了辩护，那么它们是先验地得到辩护的。因此，我们似乎不能怀疑对某些先验命题具有知识，因为只要怀疑论者要用论证来表明这一点，他们就不能怀疑其论证的**逻辑有效性**。

然而，即使怀疑论者无法否认某些命题是被先验地知道的，极端的自然主义者也可以否认这一点，因为在他们看来，所有知识，包括理性主义者所说的关于先验命题的知识，实际上都是经验的。对于先验知识的捍卫者来说，首要的任务是要表明先验辩护是如何可能的。如前所述，按照适度的理性主义者的说法，对一个先验命题的辩护就在于直接把握到它必然是真的：一旦我们认识到它是一个必然真理，这样一个认识就向我们提供了接受它的一个理由。对于先验知识的反对者来说，其任务则是双重的。首先，他们必须说明为什么似然的先验命题不是通过所谓"理性洞见"而得知的；其次，他们必须表明我们如何具有关于这种命题的**经验**知识。适度的经验主义者并不否认先验知识的可能性，但将先验知识的对象限制到分析命题。与此相比，理性主义者则相信，对于某些不能满足经验主义的分析性概念的命题，我们也能具有先验知识。然而，理性主义者对此提出的说明很容易遭受攻击。按照理性主义观点，"当心灵直接地或直观上看到或把握到……关于实在的本质或结构的一个必然事实时，先验辩护就出现了"。[1] 按照这种理解，说明先验知识或先验辩护的问题就转变为说明这种理性洞见的问题。那么，心灵如何能够直接把握到实在的本质特

---

[1] BonJour (1998), pp. 15-16. 对于这种观点的解释和捍卫，亦可参见 Andrew Chapman, et al., *In Defense of Intuitions: A New Rationalist Manifesto* (London: Palgrave Macmillan, 2013)。

点或本质结构呢？在邦茹对先验辩护所能提出的正面论述中，他只是指出，如果一个人充分理解了一个命题（包括其中所包含的概念），发现它必然是真的，或者发现自己不能设想它的任何反例，那么这种理性洞见就向他提供了断言那个命题为真（或者必然为真）的一个理由。这个说法暗示了两个主张：第一，我们是通过某种概念能力直接把握到一个命题的必然性；第二，通过把握到一个命题的必然性，我们也由此把握到实在的一个本质特点。按照我们对"概念"这个术语的日常理解，对 X 具有一个概念意味着具有某些理智能力，例如思考 X 的能力，将某些东西分类为 X 的能力，在适当条件下认识到 X 的能力等。不过，邦茹并不接受这种理解，其中一个理由是，他认为这种理解不能说明一个概念如何能够成为知识对象，从而使我们可以通过概念知识来获得关于世界的知识。邦茹自己对"概念"提出了如下理解：

> 具有一个概念……是要有能力表达和思考某个性质、某个关系、某种事物，在这里，这个性质、关系或事物往往被表达为客观世界的一个特点或方面。这样，如果我具有"红色"这个概念，我就有能力将事物思考为红色的，反思红色这种性质，将事物识别为红色的。进一步说，假设我有了这样一个先验洞见或者说有辩护的信念：没有任何东西能够同时既完全是红色的又完全是绿色的。在这种情况下，我们固然可以说这个洞见或信念关系到我对"红色"持有的概念；不过，在我看来，这个说法只是意味着，它关系到我所表达的那个客观性质，而不是某个不同的主观实体。[1]

---

[1] BonJour (1998), pp. 151.

对邦茹来说，概念能够表达实在的本质特点。因此，通过对概念以及由概念构成的命题具有知识，我们就对实在具有了知识。假设理性让我发现我不能把某个命题设想为假的，那么它就表达了实在的一个必然特点。然而，正如邦茹自己意识到的，我用某个概念来表达的性质在这个世界中可能根本就没有被例示出来，或者，即使被例示出来，我可能错误地表达了它。在这种情况下，显然不能认为概念知识能够向我们"传达"关于实在的知识。事实上，即使我们排除这两种可能性，也就是说，即使我们所具有的一切概念都是对实在的本质特点的表达，邦茹仍然需要说明我们如何具有用概念来准确地表达实在的本质特点的能力。他显然不能简单地认为所有这样的概念都是我们先天拥有的，因为在似然的先验主张所涉及的概念中，至少有一些概念不能被认为是先天的。如果他认为心灵有洞察实在的本质特点的能力，那么他就会陷入一种柏拉图式的神秘主义。另一方面，既然邦茹承认我们通过理智直观获得的洞见是可错的，那他为什么不干脆承认实际上并没有"纯粹理智直观"这样的东西——所谓"理智直观"其实仍然渗透着我们的经验认知？由此我们不难明白为什么极端的自然主义者会对邦茹的先验知识理论提出如下批评：

> 一个人思想的内容是由某种关系性质构成的："内在"性质涉及思想之间的推理关系，"外在"性质涉及思想与世界之间的某些直接因果联系。[邦茹只是]考虑了其中一种关系[即内在关系]。即便如此，为什么假设，仅仅是因为一个人的思想具有一种内在关系，反思就必定会导致他相信这一点？即使反思确实导致他相信其思想具有一种内在关系，又为什么假设，仅仅是因为这样一种关系部分地构成了其思想的内容，反思就必定导致他相信这一点？最重要的是，即使反思确实导致了这些信

念，为什么假设，仅仅是因为他具有概念能力，这种信念形成过程就辩护了那些信念，因此将它们转变为知识？这些假设看来都毫无根据。[1]

这个批评的要点是，邦茹其实没有理由假设，只要认为我们通过理性把握到了一个命题的必然性，就可以认为我们所把握到的那种必然性并不只是语言或语言约定的一个本质特点，而且也是**实在**的一个本质特点，因此我们就具有了一项关于实在的先验知识。因此，在邦茹这里，被认为向我们提供先验辩护的那种理性洞见至少仍然是模糊不清的。为了阐明这一点，考虑如下命题：[2]

（1）雪是白的。
（2）每一个事件都有原因。
（3）没有什么东西能够同时既是圆形的又是正方形的。
（4）如果某人已经许诺做某事，那么他有一个初步的义务做那件事。
（5）如果你知道一个容器中有1000个大理石球，其中999个是黑色的，一个是白色的，在没有其他相关信息的情况下，你从中随机取出一个球，那么你可以合理地相信你取出的那个球是黑色的。

除了第一个命题外，在理性主义者眼中，其他四个命题都可以被

---

[1] Michael Devitt, "There Is No a Priori", in Matthias Steup, John Turri and Ernest Sosa (eds.), *Contemporary Debates in Epistemology* (second edition) (Oxford: Blackwell, 2014), pp. 185-194, at p. 192.

[2] 邦茹列举了类似命题。参见 Laurence BonJour, "in Defense of the a Priori", in Steup, Turri and Sosa (2014), pp. 177-184, at p. 180。

看作先验主张。理性主义者并不否认，在判断一个命题是不是先验命题时，我们可以利用为了把握或理解有关概念而需要的经验。倘若如此，批评者就可以论证说，如果一个人已经具有了"雪"这个概念，那么仅仅通过理解第一个命题，他就可以发现它是真的，因为"雪"这个概念已经包含了"是白色的"这一思想。理性主义者或许反驳说，我们实际上可以设想"雪是白的"这个命题在其中并不成立的可能情形。然而，至少在我们所生活的实际世界中，在相对理想的认知条件下，只要我们恰当地把握了"雪"这个概念，我们就不能发现这样一种情形。理性主义者或许进一步反驳说，就第一个命题而论，理智直观无法让我们得出"雪不可能不是白的"或者"雪必然是白的"这个结论。然而，必然性概念是一个模态概念。一些人可能相信"2 + 3 = 5"是真的，但不一定能够断言"2 + 3 = 5"**必然**是真的，因为为了能够做出这样一个断言，他们就必须设想在我们所能设想的任何一个可能世界中，"2 + 3 = 5"这个命题都是真的。那么，如何设想这种情形呢？我们的想象力主要来自我们在这个世界中获得的经验以及对它们的反思，这些东西对我们的想象力施加了限制。如果我们对其他可能世界毫无认识，我们也不能合理地断言"每一个事件都有原因"这个命题**必然**是真的——事实上，在基本粒子的世界中，它可能就不是真的。

在我们所生活的世界中确实无法设想一个圆形的物体能够同时是正方形的。但是，既然我们对其他的可能世界没有认知上的存取，在这样一个可能世界中，这种物体的存在或许就不是不可能的，例如，因为那个世界具有与我们的世界不同的时空结构。当然，理性主义者或许就此认为，至少在**我们的**世界中，"没有什么东西能够同时既是圆形的又是正方形的"这个命题必然是真的。然而，这样一来，我们至少就不清楚如何理解这里提到的那种必然性，因为假如可以在这个意义上来理解必然性概念，我们实际上也可以说"雪是白的"在我们的世界中必然是真的。

就第四个命题而论，如果我们直观上认为它是先验的，那是因为许诺的概念已经包含义务的概念，因此这个命题是一个经验主义意义上的分析命题。不过，如果理性主义者认为它不只是在这个意义上是先验的，他们就必须认为它表达了一种实质性的必然性。如何理解这种必然性呢？对这个问题的唯一合理的回答或许是，做出许诺和遵守许诺是人类生活的一种**实践**必然性——正是人类的生活条件和生活需要使得这件事变得必然。倘若如此，我们就可以设想如下可能性：如果某个遥远的星球上存在着智慧生物，其生活条件和生活需要与人类截然不同，那么他们可能就没有许诺这样的社会实践。因此，即使上述第四个命题可以被看作是先验的，它也只是具有一种相对的先验性，因为它表达了一种相对于人类生活而论的实践必然性。

最后一个命题实际上是哲学命题的一个实例，它所说的是，如果你看到某个东西具有某个特点，那么在相信它具有那个特点上你就有了初步辩护。理性主义者倾向于认为哲学命题是先验的，因此也会认为这个命题具有先验辩护。然而，这个命题实际上是经验上可废止的：如果你实际上取出的那个球恰好是那个白球，那么，在这种情况下，这个命题表达的主张实际上是假的。当然，适度的理性主义者并不否认先验辩护是可错的，因为他们承认先验辩护所依据的那种理性洞见是可错的。事实上，这个命题表达了一个归纳概括，因此对它的辩护其实是一种经验辩护：在这个命题所假设的情形中，当每次从容器中随机取出一个球时，我们取出来的球在绝大多数情况下都是黑色的，因此我们才认为我们可以合理地相信，当从中随机取出一个球时，它是黑色的。换句话说，我们对这个哲学命题的辩护有可能不是先验的，而是后验的。

总的来说，适度的理性主义者面临一个困境。他们不仅承认先验辩护是可错的，也承认先验辩护在某种意义上可以被经验所废止，因此他们就需要对先验辩护为什么具有这些特征提出一个说明。他们几乎不加论证地否认经验能够直接击败一个似然的先验主张，转而认为只有当我们按照某个推理从某些经验（或者对它们的某个描述）中推出一个与该先验主张相矛盾的主张时，我们才有理由认为那个先验主张是假的。但是，他们也由此论证说，其中所涉及的推理只能先验地得到辩护，因此先验主张不仅必须被预设，而且对于经验辩护来说也是不可或缺的——若没有先验辩护，就没有经验辩护。然而，这种"辩证"策略实际上并没有**正面**说明先验辩护是如何可能的。另一方面，至少在极端的经验主义者或自然主义者看来，适度的理性主义者对先验辩护提出的正面论述是成问题的。即使经验辩护确实涉及使用逻辑规律和其他推理规则，但极端的经验主义者无须否认，相对于其他已经得到辩护的经验主张来说，逻辑规律和推理规则具有一种相对免于修改的地位。这不是说它们根本上是不可修改的，因为对于极端的经验主义者来说，没有什么东西在面对进一步的经验证据时是不可修改的。当然，对于如何修改一个主张，或者是否应该修改一个主张，经验主义者有自己的原则，例如简单性原则、解释的有效性原则以及融贯性原则等。因此他们可以认为，比如说，与量子力学所暗示的三值逻辑相比，至少在宏观物理世界中，二值逻辑的应用不仅是充分的，也能使我们对宏观世界的观察和经验具有合理的融贯性，有关理论具有一种值得向往的简单性和解释力。因此，我们是否可以合理地认为某个原则或主张具有相对不可修改的地位，取决于包含它的理论与不包含它的理论相比时是否能够在总体上面对"经验的法庭"，即是否能够长期地和比较稳定地接受经验考验。理性主义者固然可以认为这种原则或主张具有"先验"地位，但对于经验主义者来说，这

第七章 先验知识与先验辩护

只不过意味着，相对于我们目前从事的经验研究和经验辩护来说，它们可以在逻辑上具有某种优先性。然而，经验主义者会强调说，如果这种原则或主张得到了辩护，它们归根结底是在经验上得到辩护的。当然，只要经验主义者采取这个观点，他们就会面临一个问题：如何从经验上说明某种似然的先验主张，尤其是说明逻辑和数学被认为所具有的那种必然性？[1]

在以上论述的基础上，我们现在可以考察一下第二种批评的核心观念。[2] 如前所述，威廉姆森区分了经验在知识的获得中所能发挥的两种作用，即促成作用和证据作用。威廉姆森指出，如果存在着先验知识的话，这种知识就与经验的证据作用不兼容，但可以允许经验的促成作用。他反对"先验／后验"区分的论证取决于两个主张：第一，关于必然真理的知识可以被还原为关于反事实条件句的知识；第二，我们可以被认为对某些反事实条件句具有知识，但经验在这种知识中所发挥的既不是严格而论的促成作用，也不是严格而论的证据作用。在他看来，这意味着这种知识既不能被分类为先验知识，也不能被分类为后验知识，因此这两种知识的区分对于深层的理论分析来说毫无用处。在这里，我们将不考虑他的第一个主张，只关注他对第二个主张的论证以及一些相关的见解。

对先验知识的捍卫取决于表明先验知识就是以先验的方式获得的

---

[1] 这个问题当然不只是涉及如何理解那些被认为是逻辑上必然的命题的本质，在根本上也涉及如何看待经验与我们用来构造和理解经验的那些东西的关系。因此，不管我们如何设想先验性和分析性的本质和来源，要彻底摧毁"先验的／分析的"和"后验的／综合的"之间的区分可能并非易事。在这方面的一个相关论述，参见 Gillian Russell, *Truth in Virtue of Meaning: A Defense of the Analytic/Synthetic Distinction* (Oxford: Oxford University Press, 2008)。

[2] 威廉姆森在《哲学的哲学》中对先验知识提出的批判性审视极为复杂，这里对其论证的介绍主要立足于他在如下文章中的论述：Williamson (2013)。

知识。理性主义者可以承认经验的促成作用，但否认经验在先验辩护中的证据作用。特别是，对他们来说，所有必然为真的命题都是被先验地知道的，而所有偶然为真的命题都是被后验地知道的。威廉姆森首先提出一个反例来表明并非如此。[1] 假设玛丽擅长于数学但拙于地理，而约翰则与之相反，不过，他们两人都能进行基本的演绎推理。现在，假设玛丽按照通常的标准先验地知道 289 + 365 = 654，但完全不知道瑞士有观光缆车，约翰则按照通常的标准后验地知道瑞士有观光缆车，但不知道 289 + 365 = 654。从"289 + 365 = 654"这个前提中，玛丽有能力推出如下析取结论：要么 289 + 365 = 654，要么瑞士有观光缆车。因此，她通过通常的标准**先验地**知道这个结论。同样，尽管约翰类似地推出这个结论，但他关于这个结论的知识是后验的，因为这项知识部分来自他对一个前提的经验知识。不过，既然这个析取结论从第一个析取项中继承了必然性，我们也可以认为约翰**后验地**知道一个必然真理。因此，在威廉姆森看来，我们似乎不能按照"是否独立于经验"这样的说法来鉴定知识的来源，尤其是区分所谓先验知识和后验知识。当然，先验知识的捍卫者或许认为，如果那个析取结论是一个必然真理，那么在玛丽和约翰的情形中，经验在其先验知识中至多只发挥了促成作用。为了反驳这个主张，威廉姆森要我们考虑如下两个真命题：[2]

（1）所有深红色的东西都是红色的。
（2）所有最近出版的各卷《名人录》的封面都是红色的。

---

[1] Williamson (2013), pp. 292-293.
[2] 关于威廉姆森对这两个知识主张的本质的详细分析，见 Williamson (2013), pp. 295-230.

第七章 先验知识与先验辩护

我们往往认为对于（1）的知识是先验的，对于（2）的知识是后验的。但是，威廉姆森有不同的说法。假设诺尔曼是通过实指的方式彼此独立地获得"深红色"和"红色"这两个概念，例如，人们向他显示"深红色"这个概念所要应用的样本以及不适用于这个概念的样本，他就掌握了这个概念。他也以同样的方式独立地掌握了"红色"这个概念。此外，人们并没有教他任何将这两个概念联系起来的规则。通过实践和反馈，诺尔曼可以通过眼睛熟练地判断某个东西是不是深红色的，某个东西是不是红色的。现在，假设人们问他（1）是否成立。这个问题是他此前未曾考虑过的，但是，按照威廉姆森的说法，诺尔曼可以轻而易举地知道（1），而在具有这项知识时，他不需要看任何深红色的东西以检查一下它们是不是红色的，或者甚至无须记住任何深红色的东西以检查一下它们是不是红色的，又或者要再次利用知觉或记住任何有颜色的东西。他只需略微反思一下这两种颜色，通过想象每一种颜色在视觉上的样本，就可以对每种颜色做出视觉判断，并由此同意（1）。这涉及一种一般的人类能力，即把原来在知觉中发展出来的"在线"认知技能转换为后来在想象力中所要应用的"离线"认知技能。因此，诺尔曼对（1）的接受也不涉及任何记忆情节。威廉姆森进一步认为，诺尔曼对于（2）的知识实际上也是以**同样**的方式获得的：他通过掌握"最近""卷"、《名人录》等概念而掌握"最近出版的各卷《名人录》"这个复杂短语。此外，人们也没有教他把这个短语与"红色"这个概念联系起来的规则。通过实践和反馈，他可以通过眼睛熟练地判断某个东西是不是一卷《名人录》，是不是红色的。按照标准的说法，对于（1）的知识被认为是先验的，对于（2）的知识被认为是后验的。但是，威廉姆森论证说，既然诺尔曼用来形成这两项知识的认知过程几乎都是严格类似的，它们之间就不可能有深层的认识论差别。

威廉姆森预见到其主张可能会受到两个批评。第一个批评所说的是，也许诺尔曼反而对于（1）具有后验知识，对于（2）具有先验知识。威廉姆森认为这个批评策略是无效的，因为关键并不在于如何对知识进行分类，而在于分类的**根据**是否可靠。第二个批评则质疑威廉姆森用来描述诺尔曼的知识主张的认知过程，即认为这些认知过程是不可靠的，因此不能产生真正的知识。对此，威廉姆森回答说，这种批评对于先验／后验区分的捍卫者来说毫无希望：首先，它为知识施加了一个人类认知很难满足的理想化标准，要求认知官能总体上是不可错的；其次，即使我们怀疑诺尔曼在这种情形中具有知识，我们也可以用信念来描述其认知状况，而在这种情况下，先验／后验的区分仍然可以在某种形式上适用。

真正有意义的问题是，在诺尔曼的情形中，经验究竟是发挥促成作用还是证据作用？威廉姆森认为，甚至在（1）的情形中，经验所发挥的作用似乎多于单纯的促成作用。我们可以设想另一个人诺伯特，他以通常的方式获得了"深红色"和"红色"这两个概念，但不像诺尔曼那样可以娴熟地将视觉上呈现的样本分类为"深红色的"或者"不是深红色的"。这样，他就不能像诺尔曼那样娴熟地想象一个深红色的样本，因此，他对"深红色的东西是不是红色的"这个问题的反思就不会得到确定的结论。在这种情况下，我们就不能说他**知道**（1）。因此，"诺尔曼**过去的经验**不仅使他掌握了命题（1），还磨炼和校准了他应用'深红色'和'红色'这两个概念的技能，从而使他能够成功地进行想象练习。如果诺尔曼的经验在他对于（1）的知识中不只起到了单纯的促成作用，那么，更不用说，在他对于（2）的知识中，它也不只是起到了单纯的促成作用"。[1] 同样，尽管诺尔曼对于

---

[1] Williamson (2013), pp. 297-298. 强调系笔者所加。

(1)的知识并不取决于情节记忆,甚至对任何相关的特定的颜色经验缺乏所有的情节记忆,但他还是从这些经验中保留了关于深红色的东西是什么样子和红色的东西是什么样子的一般事实记忆,而他对于(1)的知识依赖于这些记忆。相比较而论,诺伯特对于深红色的东西是什么样子和红色的东西是什么样子的一般记忆并不是很清楚。因此,如果我们认为诺伯特不知道(1),而诺尔曼知道(1),那么诺尔曼的颜色经验就在他关于(1)的知识中发挥了一个**证据作用**,从而使得其知识是后验的。当然,即便这种解释不可接受,我们仍然可以认为诺尔曼在识别和想象颜色方面的技能在他关于(1)的知识中发挥了积极作用。因此,不管我们如何界定先验知识和后验知识,经验所发挥的作用是不可否认的。

反对者或许指出,威廉姆森提出的解释还是无法说明关于(1)和(2)的知识之间的差别,即前者是一个必然命题,后者只是一个偶然命题,因此,对于这两个命题的知识必定还是有重大差别。然而,威廉姆森认同克里普克的一个主张,即我们不应该从一个命题的**形而上学**地位来推断其**认知**地位。他进一步论证说,知道一个必然真理并不意味着知道它是必然的。例如,在前面的例子中,约翰是通过知道瑞士有观光缆车而知道"要么289 + 365 = 654,要么瑞士有观光缆车"这个命题,但他不知道289 + 365 = 654。更不用说,他不知道那个析取命题是必然的,即使它确实是必然的。实际上,如果知道一个必然真理同时要求知道它是必然的,那么就会产生无穷后退。当然,某些哲学家可以尝试按照可靠性、安全性和敏感性之类的原则,从命题的模态地位的差别中来推断它们在认识论上的差别。但是,威廉姆森并不相信这种做法有助于阐明先验知识和后验知识的区分。他接下来将其论述扩展到逻辑和数学这两个先验知识的标准典范,以表明我们对逻辑或数学的知识本质上类似于他所理解的诺尔曼关于(1)

的知识。[1] 因此，按照他最终得出的结论，在先验知识的情形中，尽管经验被认为更多地发挥了促成作用，但它根本上也不是没有发挥证据作用。因此，按照是否"依赖于经验"这个说法来区分先验知识与后验知识至少是误导性的，严重地妨碍了对知识论的深入研究。

当然，威廉姆森的观点和论证并非无懈可击。例如，按照卡索罗的说法，威廉姆森的反对先验/后验的区分在认识论上具有重要性的论证取决于两个基本思想：首先是一个关于知识和辩护的背景理论，该理论为经验引入了一种非证据性的认知作用；其次是对先验知识的一种理解，这种理解认为先验知识与对经验性证据的依赖是不相容的。卡索罗论证说，威廉姆森的论证是有缺陷的，因为他在其论证中并未明确地将两种分析目标区分开来：一种是理论中立的，目的在于在不预设任何更加一般的知识或辩护概念的情况下，对先验知识或先验辩护的概念提出一个分析；另一种是理论依赖的，目的在于在某个特定的知识或辩护理论的一般框架内，对先验知识或先验辩护的概念提出一个分析。[2] 我们当然不难理解一些理论家捍卫这个传统区分的基本动机。直观上说，我们确实不得不借助于某个**概念框架**来形成关于外在世界的经验知识，或者获得关于外在世界的有辩护的经验信念。如果经验知识或经验信念必须得到辩护，那么辩护就必定**在根本上**取决于我们认为可以合理地接受但其本身在某种意义上又不要求辩护的东西。基础主义者将这种东西设定为基本信念，而理性主义者则倾向于将它们视为在某种意义上仅凭理性就能把握的东西。因此，关于先验知识和先验辩护的争论本质上涉及对于理性的本性和来源及其

---

[1] 参见 Williamson (2013), pp. 300-306; Williamson (2007), chapter 5。

[2] Alberto Casullo, "Articulating the A Priori-A Posteriori Distinction", in Casullo and Thurow (2013), pp. 249-273, especially pp. 265-271. 值得指出的是，卡索罗的批评是针对威廉姆森在《哲学的哲学》中的观点和论证，并未触及我们在这里所介绍的威廉姆森的观点。

在人类认知中的地位的理解，尽管它也涉及（模态）形而上学、心灵哲学以及语言哲学等领域中一些相关的复杂论题。因此，除非我们充分理解了理性与经验的关系，并对二者在认识论上的优先地位有了明确的认识，否则我们就无法指望能够在根本上解决或消除关于先验知识和先验辩护的争论。因此，尽管威廉姆森否认先验知识和后验知识的区分在认识论上具有重要性，但关于这个区分的争论和讨论无疑促进了我们对人类思想的本质和结构的理解，不管这种理解是以什么样的方式来完成的，例如站在理性主义立场，还是站在经验主义立场，抑或尝试采取某种中间立场。

第八章　自然主义认识论

正如我们已经看到的，蒂莫西·威廉姆森试图利用认知心理学来表明所谓的"先验知识"涉及经验。实际上，对于极端的经验主义者来说，根本就没有先验知识这样的东西——一切知识都是经验知识。因此，如果经验证据在某种意义上取决于我们对自然（包括人类认知能力）的经验研究，那么对经验知识的哲学探究似乎就与经验研究有关。在试图按照认知过程的可靠性来理解认知辩护时，外在主义理论家往往假设这种可靠性无需认知主体在认知上存取。对他们来说，认知过程是否可靠是要由认知科学来解决的问题。知识论是要探究我们如何具有关于外部世界的知识，或者我们关于外部世界的信念如何得到辩护。不管知识论理论家如何理解知识和辩护，他们都一致同意知识必须与真理相联系。但是，如果我们确实是通过认知官能或机制来获得关于外部世界的知识，那么，除了通过考察这些官能或机制外，如何确定我们的知识主张是真的，我们的信念是有辩护的呢？不少知识论理论家并不相信单纯的概念分析能够解决这个问题。对他们来说，对这个问题的探究至少部分地依赖于经验科学，或者甚至应该完全交给经验科学来处理。正是这个想法导致了当代知识论中的一种重要转向，即所谓"自然化的认识论"或者"自然主义认识论"，[1]

---

[1] 对于自然化认识论的总结性讨论，参见 Robert Almeder (1990), "On Naturalizing Epistemology", *American Philosophical Quarterly* 27: 263-279; Philip Kitcher (1992), "The Naturalist's （转下页）

并最终产生了所谓"实验哲学",即用**实验方法**来处理哲学问题的系统尝试。

为了恰当地理解自然主义认识论的动机和本质,我们首先需要看看认识论事业中通常被区分出来的两种计划。所谓"**描述性计划**"旨在理解一系列与认知活动相关的东西(认知性质、认知状态、认知规范、认知目标以及认知评价的实践等)的本质。这种认识论所要追问的是这样一些问题:知识是什么?一个信念是如何得到辩护的?什么规范或原则制约着我们的认知活动?另一方面,所谓"**规范性计划**"则寻求发展和辩护认知实践,它所要考虑的是这样一些问题:什么东西使得一个信念成为一个有辩护的信念?我们是在正确地采纳我们在认知实践中所依赖的认知规范吗?我们应当如何改进我们的认知实践?传统知识论被认为主要是从事规范性计划,因此使用的是所谓"严格而论的哲学方法",例如概念分析和语言分析、先验见识和理智直观,以及反思平衡。哲学方法被认为只诉求我们在无须对外部世界进行经验研究的情况下就能知道(或者就能有辩护地相信)的东西,因此在这个意义上是非经验性的。自然主义认识论所要挑战的正是这个主张。换句话说,在自然主义认识论的倡导者看来,知识论研究应当与自然科学具有更紧密的联系,不仅描述性计划可以交由经验科学来完成,或者至少离不开经验科学的研究,而且对认知实践的规范评价也要建立在经验研究的基础上,例如,我们应该按照某些自然性质来说明规范性质。

(接上页)Return", *Philosophical Review* 101: 53-114; Hilary Kornblith, "Introduction: What Is Naturalized Epistemology?" in Kornblith (ed.), *Naturalizing Epistemology* (second edition, Cambridge, MA: The MIT Press, 1994), pp. 1-14; James Mafffie (1990), "Recent Work on Naturalizing Epistemology", *American Philosophical Quarterly* 27: 281-293。本章的论述部分地受益于这些作者提出的思想框架。

不过,"自然主义知识论"这个说法也包含一系列有所不同的观点和主张。在倡导这种认识论的理论家当中,一些人强调方法论问题,认为知识论研究有必要利用有关经验科学的成果,另一些人则持有一种更强的立场,认为一切关于知识论问题的陈述都要按照自然科学中认识到的对象和性质(所谓"自然对象"和"自然性质")来表述和说明,知识论的合法地位取决于它能够展现所谓"自然主义凭证"。因此,围绕自然主义认识论而展开的争论不仅涉及关于知识和辩护的一阶问题,也涉及对于知识论本身的地位和哲学方法论的思考,因此与所谓"元知识论"有关,或者可以被理解为后者的一个方面。这里的核心问题是,如果知识论在某种意义上必须是**规范性的**,那么究竟要如何理解知识论与自然主义立场之间的关系,传统知识论所使用的规范性质或概念是否完全可以从自然主义观点得到说明。在本章中,我们将首先阐明传统认识论的基本主张以及自然主义认识论的主要动机;然后,为了恰当地评价这种认识论,我们将区分其极端形式和适度形式;最后,我们将结合当代认知科学对知识论研究的贡献,对自然主义认识论提出一个基本评价。

一、传统认识论与自然主义

自然主义认识论,作为当代认识论中的一个主要思潮,往往被认为始于美国哲学家威拉德·奎因对传统认识论的批评和攻击,[1] 笛卡

---

1 参见 W. V. O. Quine, "Epistemology Naturalized", reprinted in Roger F. Gibson (ed.), *Quintessenee: Basic Readings from the Philosophy of W. V. Quine* (Cambridge, MA: Belknap Press of Harvard University Press, 2004), pp. 259-274. 对奎因哲学思想的总体论述,参见 Edward Becker, *The Themes of Quine's Philosophy: Meaning, Reference, and Knowledge* (Cambridge: Cambridge University Press, 2012); Christopher Hookway, *Quine: Language, Experience and Reality* (Cambridge: Polity Press, 1988); Peter Hylton, *Quine* (London: Routledge, 2007)。(转下页)

尔的基础主义认识论则被认为这种认识论的典型代表。因此，为了充分地认识和评价奎因对基础主义的批评，我们首先需要回顾一下传统认识论的一些基本特征，并对自然主义观点有一个大概了解。

　　传统认识论的首要任务是要表明知识是如何可能的，其中至少涉及回应两个问题：第一，我们是否具有知识？第二，人类知识具有什么样的限度（或者说，我们根本上能够知道什么）？在传统认识论中，哲学家们试图通过确立一些标准来回答这两个问题。在《第一哲学沉思集》中，笛卡尔试图为人类知识构建一个牢固的基础，因此他一开始就提出了这样一个知识标准：只有被清楚明晰地把握到的东西才能被称为知识。为了履行这项任务，笛卡尔首先采取了一种怀疑论策略，尽管他最终达到的结论不是怀疑论的，因为在他看来，我们最终还是能够表明我们对物理世界具有知识，因此或多或少地知道我们自以为知道的东西。按照笛卡尔的自我描述，为了给人类知识寻求一个切实可靠的基础，他坐在火炉旁，开始沉思和反思，并制定出如下策略：提出最强的怀疑理由，只允许自己接受免于这种怀疑的命题。笛卡尔设想自己受到一个恶魔的系统欺骗，通过利用这种极端的怀疑论策略，他表明我们只能使用两种命题来作为认知活动的前提：一种是关于自己有意识的精神状态的命题，另一种是认知主体认为具有确定性的先验命题。按照笛卡尔的说法，我们对自己有意识的精神状态及其内容具有**不可错**的认知存取。在外部世界并不存在的情况下，笛卡尔所设想的那个恶魔固然可以让他相信外部世界存在，但它不可能使得笛卡尔并非在思想的时候却相信自己正在思想。因为在笛卡尔自己看来，既然怀疑本身也是一种思想状态，所以不管他在怀疑什么，他

（接上页）关于奎因的自然主义，特别参见 Sander Verhaegh, *Working from Within: The Nature and Development of Quine's Naturalism* (Oxford: Oxford University Press, 2018)。

不可能怀疑自己正在思想。因此,"我在思想"这个命题是免于怀疑的,表达了一个人对自己精神状态的内省意识。笛卡尔还认为,我不可能弄错我相信自己正在思想这件事,因此"我在思想"是一个自明的先验命题。上述两种命题都满足了笛卡尔为知识规定的标准。他进而声称,通过使用严格的演绎推理,就可以将所有其他知识建立在这两种命题的基础上。[1]

从笛卡尔对认识论的探讨中,我们可以发现两个方法论假定:唯我论和理性主义。"唯我论"(solipsism)这个术语来自拉丁文"*solus ipse*",其字面含义是"只有我自己",引申含义是"只有我存在"或者"只有我是有意识的"。笛卡尔认为,在其认识论纲领中,他只能使用那些免于最强的怀疑的前提。既然只有个人自己有意识的精神状态才能满足这个要求,笛卡尔就只能假设这种精神状态的存在,而不能假设任何其他东西的存在。他的唯我论就体现在这个主张中。此外,笛卡尔也假设,可允许的前提是被理性清楚明晰地把握到的前提,因此我们就可以将理性看作知识的一个可靠来源。理性让我们认识到,我们不可能弄错自己有意识的精神状态的内容。因此,对自己精神状态的那种直接的、不可错的认识就为我们的信念和知识提供了部分基础。不仅如此,理性也能向我们揭示某些一般的证据规则,告诉我们在什么条件下我们的信念是有辩护的。这些证据规则被视为可以先验地认识到的必然真理。笛卡尔知识论中的理性主义要素就是通

---

[1] René Descartes, *Meditations on First Philosophy* (edited by John Cottingham, Cambridge: Cambridge University Press, 1996). 对于笛卡尔在《第一哲学沉思集》中的论证的批判性分析,参见 Joseph Almog, *Cogito?: Descartes and Thinking the World* (Oxford: Oxford University Press, 2008); John Carriero, *Between Two Worlds: A Reading of Descartes's Meditations* (Princeton: Princeton University Press, 2007); Harry Frankfurt, *Demons, Dreamers, and Madmen* (Princeton: Princeton University Press, 2008); Catherine Wilson, *Descartes's Meditations: An Introduction* (Cambridge: Cambridge University Press, 2003)。

过这些主张体现出来的。在笛卡尔所开创的基础主义认识论传统中，尽管不少理论家抛弃了他的一些主张，例如唯我论，但他们仍然坚持认为，某些命题具有所谓"基础命题"的地位，能够为我们所持有的其他命题提供辩护，而其本身又不需要任何辩护。基础命题所具有的这种特殊地位是我们通过理性反思就能认识到的。此外，就像笛卡尔一样，他们也相信我们具有某些先验的证据规则。因此，为了回答或解决根本的认识论问题，我们只需坐在扶手椅上进行一番沉思和反思就行了，不需要从事任何经验研究。在这个意义上说，知识论具有一种"独立自主"的地位。

实际上，笛卡尔本人对当时的科学有深入的认识和了解，但他显然并不认为经验科学与他在《第一哲学沉思集》所要尝试的认识论计划有关。之所以如此，大概是因为在他看来，我们首先需要对我们可以**合理地**或**正当地**持有的知识主张提出一个**标准**。如果我们要为一切知识提供一个基础，那么这些标准或原则就必须是由理性本身揭示出来的，对理性来说在某种意义上是自明的和无可置疑的，因此对它们的知识就可以被看作一种先验知识。与此相比，经验科学只是旨在鉴定和描述物理对象及其性质，进而提出一些理论来说明它们之间的**因果联系**。因此，经验科学不仅不能解决或回答"我们**应当**相信什么"这个问题，而且它所提出的知识主张也必须受制于规范评价标准。如果经验科学纯粹是**描述性的**，它们当然就无法回答我们应当相信什么的问题，正如视觉心理学可以告诉我们一个视觉信念是如何产生的，但它并未告诉我们持有这个信念是不是合理的或有辩护的。自笛卡尔以来的传统认识论认为，为了从事认识论研究，只需反思我们的知识和信念体系，由此提出一些用来评估我们的信念和信念形成方法的标准或原则。既然认识论是一门**规范性**学科，其研究本质上就与经验科学无关。

我们也可以从传统认识论对待**怀疑论**的方式中发现其基本主张。为了表明我们确实具有关于外部世界的知识，传统认识论理论家就必须尝试反驳怀疑论。正如我们在下一章中即将看到的，怀疑论是在三个看似合理的基本假定下产生的：首先，外在世界是独立于我们的感觉经验以及我们由此形成的证据或理论而存在的，也就是说，经验主体与经验对象原则上是分离的；其次，经验主体对外在世界缺乏直接的认知存取，因此需要可以"内在地"得到的知识或辩护标准；最后，真理是由信念和世界之间的非认知关系构成的。[1] 如果认识论必须为我们关于外在世界的信念提供根据，那么按照第二个假定，这种根据就只能来自某种内在标准，例如理性上自明的命题或者康德所说的先验综合命题，抑或来自基础主义者所说的基本信念。但是，如果真理是一种外在的东西，那么任何内在地可得到的标准或许不足以表明我们关于外在世界的知识主张或有辩护的信念必定是真的。传统知识论理论家认为，既然实际上不知道哪些经验信念是值得信赖的，为了尝试反驳怀疑论，我们就不能首先依靠关于外部世界的其他信念。我们不得不首先拥有一些原则或方法，利用它们来判断哪些经验信念是我们能够接受的。理性主义者和经验主义者对这种原则或方法有完全不同的设想，但他们都承认这种原则或方法本身需要设法得到捍卫。对他们来说，知识论之所以成为奎因所说的"第一哲学"，就是因为传统知识论理论家认为这种捍卫不能依靠我们关于世界的信念以及经验科学方法。在这个意义上说，传统认识论的方法和原则不仅是先验的，而且在概念上或逻辑上先于日常知识主张和科学知识。

奎因所要挑战的就是对认识论的这种理解。在声称要用经验科学来**取代**传统认识论时，他实际上是在试图颠覆传统认识论的核心主

---

[1] 参见 Mafffie (1990), p. 281。

张，即认识论研究必须既是规范的又是自主的。甚至在那些确认知识论应该与经验科学具有某种联系的理论家当中，也有很多人不认同奎因的激进立场。因此，为了恰当地评价奎因自然化认识论的方案并恰当地理解认识论与经验科学的关系，我们首先需要简要地阐明自然主义这个概念。在当代哲学中，这个概念实际上没有特别精确的含义。[1] 在最一般的意义上，自然主义可以被认为包含两个核心论点：**本体论论点**和**认识论论点**。本体论论点所说的是，世界上存在的一切都是自然的，不存在任何"超自然"的东西——一切对象和性质都仅仅是因为它们是自然对象而真实存在。不过，本体论论点并未告诉我们哪些对象和性质是自然的。认识论论点则试图回答这个问题：自然的东西就是出现在自然科学所提供的理论和解释中的东西。按照这种理解，只有在自然科学领域中，或者只有通过自然科学研究，我们才能鉴定和描述实在。认识论的自然主义由此导致了一种**方法论的自然主义**：我们需要按照自然科学的方法来定义和解释自然事物，这些方法包括进行观察和实验，在此基础上提出假说和形成理论，按照假说或理论进行预测等。自然科学方法的本质特征就在于以经验为根据。如果所有真实的对象和性质都是通过自然科学的经验研究而鉴定出来的，或者原则上可以被这样鉴定出来，如果人类认知本质上是一种自然现象，[2]

---

1 对自然主义的一般讨论，参见 Bana Bashour and Hans D. Muller (eds.), *Contemporary Philosophical Naturalism and Its Implications* (London: Routledge, 2013); Kelly James Clark (ed.), *The Blackwell Companion to Naturalism* (Oxford: Blackwell, 2016); William Craig and J. P. Moreland (eds.), *Naturalism: A Critical Analysis* (London: Routledge, 2000); David Papineau, *Philosophical Naturalism* (Oxford: Blackwell, 1993).

2 爱德华·克雷格对知识的传统分析（包括各种试图解决盖蒂尔问题的方案）感到失望，并由此认为我们最好将知识（或者我们用这个概念来表征的东西）理解为人类为了回应某些需求或追求某些理想而发明出来的一种东西。这个说法接近于在自然主义的意义上将知识理解为一种自然现象。参见 Edward Craig, *Knowledge and the State of Nature: An Essay in Conceptual Synthesis* (Oxford: Clarendon Press, 1990).

那么认识论的原则也可以用同样的方法鉴定出来。于是，对自然主义的承诺就构成了自然主义认识论的一个本质动机。尤其是，这种承诺被认为排除了如下主张：认识论原则是可以通过先验推理和先验反思而得到的。

自然主义者认为，凡是不能通过科学方法鉴定出来的东西都不是真实存在的。因此，即使我们日常认为某些这样的东西确实存在，它们也不具有任何合法地位。反过来说，对于日常话语中的任何一个对象或性质，只有当我们已经表明它可以被分析为自然科学鉴定出来的对象或性质时，这样一个对象或性质才是真实存在的。按照这种观点，比如说，只要我们日常称为"自由意志"的那种东西无论如何都不能按照某些自然性质（例如大脑中的神经生理性质）来说明，自由意志实际上就不存在。从自然主义观点来看，并非明显地属于自然属性的性质，例如心理性质或道德性质，若要取得合法地位，就必须以某种方式被分析为自然性质，或者可以设法从自然性质中得到解释。不过，对于如何按照自然性质来分析或解释所谓"非自然性质"，具有自然主义承诺的理论家持有不同的观点。大致说来有两种主要观点：**还原主义**和**随附论点**。还原主义认为，只有当一个对象或性质可以被还原为某些自然的对象或性质时，它才可以被认为是真实存在的。"还原"这个说法当然预设了存在着不同层次的性质和对象，"还原"被理解为一个对象或性质与某些更根本的自然对象或性质之间的严格同一关系。换句话说，如果一个对象或性质可以被鉴定为某些其他的对象或性质，那么它就是可还原的。例如，在心灵哲学中，疼痛这种精神状态据说可以被还原为大脑中某些神经纤维的激活。假若神经科学可以发现二者之间的确切联系，疼痛就可以被看作一种自然属性。还原主义的一个理论根据是，真实存在的东西必定是具有因果作用力的东西，即能够对其他东西产生因果影响，因此，如果我们能够以这种方式表明某个对象或性质并不具有因果作用力,那么它实际上就不存在。例如,如果我们无论如何都不能发现日常被称为"幽灵"的那种东西能够对我们产生因果影响,那么这种东西就不存在。

还原主义实际上表达了一个很强的主张。按照对"还原"的某种标准理解,为了把一个对象或性质还原为另一个(或另一套)对象或性质,我们必须通过所谓"桥接规律"(将二者联系起来的自然规律)在它们之间建立一种严格的对应关系。然而,至少按照唐纳德·戴维森的说法,心理的东西和物理的东西之间不可能存在这种规律。[1] 此外,不少理论家已经尝试表明,意识经验本身不可能在物理主义框架下得到说明。[2] 进一步说,即使我们接受进化心理学的观点,认为我们所说的"人性"是人类进化的产物,但我们称为"人性"的那种东西实际上也不能仅仅从**生物进化**的角度得到说明,而是与**文化进化**具有更重要的联系。[3] 实际上,甚至在某些科学领域中,还原主义的要求也不能得到满足。例如,在某些学者看来,我们无法将生物学完全还原为物理科学(甚至包括生物化学)。此外,还有不少理论家认为,评价性判断不能被还原为事实判断。例如,即使我们已经鉴定出关于一幅画的所有相关事实,如关于色彩和构图的事实,我们大概也不能

---

[1] 参见 Donald Davidson (1970), "Mental Events", reprinted in Ernie Lepore and Kirk Ludwig (eds.), *The Essential Davidson* (Oxford: Clarendon Press, 2006), pp. 105-118。

[2] 心灵哲学中有很多这方面的论著,例如,参见 David J. Chalmers, *The Character of Consciousness* (Oxford: Oxford University Press, 2010); Joseph Levine, *Purple Haze: The Puzzle of Consciousness* (Oxford: Oxford University Press, 2004)。物理主义可以被看作自然主义的一种特殊形式,它所说的是,时空世界中的一切根本上都是物理的。对于物理主义的一般介绍,见 Daniel Stoljar, *Physicalism* (London: Routledge, 2010)。

[3] 例如,参见 Peter J. Richerson and Robert Boyd, *Not by Genes Alone: How Culture Transformed Human Evolution* (Chicago: The University of Chicago Press, 2006)。

完全按照这些事实（或者对它们的描述）来说明我们对其美感做出的判断。实际上，甚至作为经验主义者的休谟也不认为道德判断在于他所说的"事实问题"，而是将道德判断的本质来源置于人类情感中。

鉴于还原主义所面临的困难，某些持有自然主义承诺的理论家提出了一个较弱的主张，即随附论点，大致说来主张如下：某些性质是自然性质，不是因为它们可以被还原为其他自然性质，而是因为它们随附在自然性质之上。[1] 在这里，说一套性质 A 随附在另一套作为奠基性质的 B 之上就是说，只要在 B 当中不存在任何差别，在 A 当中也不会有任何差别，换句话说，只要 B 发生变化，A 就会发生相应变化。因此，随附并不要求存在着将两个领域（例如生物学和物理学，或者心灵哲学与脑科学）联系起来的规律，而只是声称一个具有某些基本性质的对象也必定具有某个高层次性质。例如，如果两幅画具有同样的物理特征，在构图和色彩结构上都是相同的，那么，相对于具有同样审美能力和审美品位的人来说，它们就应该呈现出同样的美感，从而让他们得出同样的审美判断。因此，如果自然主义认识论的倡导者认为传统认识论应该被拒斥，或者至少应该以经验研究来加以补充，那么他们就需要说明传统认识论所承诺的规范性质如何可以按照自然主义性质来界定。正如我们即将看到的，奎因基本上采取了一条还原主义路线，而某些同情自然主义认识论基本立场的理论家则对认识论与经验科学的关系提出了一种较为温和的理解。

在转向奎因对传统认识论的批评之前，我们首先需要了解一下

---

[1] 尽管大概是乔治·摩尔在哲学中最早提出了这个概念，但它在心灵哲学中的广泛应用要归于金在权。参见 Jaegwon Kim, *Supervenience and Mind: Selected Philosophical Essays* (Cambridge: Cambridge University Press, 1993)。

知识论理论家们是如何设想知识论与经验研究之关系的。按照希拉里·科恩布利思的说法，通过考察他们对于三个问题及其答案之间的关系的理解，就可以鉴定出他们对待自然主义认识论的态度。[1] 第一个问题是，我们**应当**如何达成我们的信念？第二个是，我们**是**如何达成我们的信念的？第三个是，我们用来达成信念的过程**是否**就是我们应当用来达成信念的过程？在这里，不妨假设第一问题要由哲学家来回答，第二个问题要由心理学家或认知科学家来回答。如果一位知识论理论家声称对第二个问题的回答与对第一个问题的回答毫无关系，正如某些哲学家认为我们绝不可能从对人们实际上如何行动的描述中得出他们应当如何行动的结论，那么他就是传统认识论的捍卫者。如果一位理论家认为我们不能独立于第二个问题来回答第一个问题，也就是说，他确认我们对于如何获得信念的描述和理解能够影响我们对于信念及其获得的规范评价，那么他就可以对经验研究与知识论的关系采取两种不同的态度。一种极端的态度是，认识论研究完全可以被心理学或认知科学的研究所取代（称之为"**取代论点**"）。这实际上就是奎因自己采取的态度。另一种较为温和的态度则认为，知识论和经验科学在某种意义上可以相互影响和渗透（称之为"**相互影响论点**"）：尽管知识论仍然可以在某种意义上保持其自主地位，但相关的经验研究可以改进我们在知识论中做出的规范判断和评价，因此可以更好地促进获得真理和避免错误的认知目标。当然，在这种情况下，知识论理论家就需要进一步说明知识论究竟在什么意义上仍然是自主的和规范的，正如承认人类道德具有进化起源的伦理学家也需要说明道德如何具有我们日常赋予它的那种规范地位。

---

[1] Kornblith (1994), "Introduction".

二、奎因对传统认识论的攻击

对自然主义的承诺是奎因整个哲学体系的核心特征。他对"自然主义"这个概念提出了略有不同的表述,例如,"[自然主义承认]实在要在科学本身当中,而不是在某个在先的哲学中来鉴定和描述","[自然主义]放弃了第一哲学先于自然科学的目标","自然主义并未抛弃知识论,而是将它同化为经验心理学"。[1] 这些说法至少暗示了两个基本主张:第一,我们探求知识的一切努力,包括在认识论中做出的努力,都受制于在自然科学中得到最明确的显示和最成功的实施的证据标准和辩护标准;第二,假若我们追问一个问题,即有什么理由相信自然科学向我们提供了认识世界的最好方法,那么我们也只能依靠自然科学来回答这个问题。因此,奎因对自然主义的承诺显然是全面性的——在他那里,自然主义要应用于本体论、认识论和方法论。由此他也认为先验的哲学反思在认识论中没有任何地位。甚至当哲学家试图反思自然科学的方法论和认识论时,他们也必须自觉地接受科学标准的约束。因此,自然科学必须**全面**取代传统认识论。奎因对这个主张的论证来自多方面的考虑,在这里,我们将考察两个特别相关的论证:第一,他对卡尔纳普的认识论纲领的批评;第二,他对"先验性"的拒斥。

尽管奎因拒斥认识论作为第一哲学的主张,他对传统认识论的批评仍然是由某些问题启动的,而这些问题实际上也受传统认识论的首要关注。例如,他很关心在传统认识论中占据主导地位的一个问题:我们对外部世界的信念在什么意义上得到了辩护?通过审视传统认识论(尤其是基础主义)对这个问题的回答,奎因认为,他发现了用来

---

[1] W. V. O. Quine, *Theories and Things* (Cambridge, MA: Harvard University Press, 1981), pp. 21, 67, 72.

拒斥传统认识论的一个首要根据。基础主义不仅体现在笛卡尔认识论中，也体现在所谓"现象主义"中，大致说来其观点如下：关于物理对象和物理世界的命题，就其内容而论完全关系到知觉经验的直接对象的特点和关系，而知觉经验的直接对象就是所谓"感觉资料"。在现象主义者看来，相信某个物理对象存在就是相信各种感觉资料已经被经验到、正在被经验到，或在适当条件下将会被经验到。[1] 现象主义是经验主义哲学家倾向于持有的一种观点，在他们看来，假若我们根本上具有关于物理世界的知识，那么正是感觉经验向我们提供了这种知识。用约翰·密尔的话说，物理对象会发生变化，甚至有可能被摧毁，因此，只要我们在某些条件下确实意识到了感觉经验中某些**恒定**的特点和关系，我们就可以据此断言物理对象存在。换句话说，物理对象是在经验上被构造出来的。当然，密尔使用了最佳解释推理来说明关于物理对象的这种理解为什么可以是合理的：为了说明经验为什么具有我们意识到的那些特点，我们最好假设存在着具有相应特点的物理对象。在洛克、贝克莱和休谟之类的传统经验主义者那里，我们也可以发现对现象主义的某种承诺。[2]

当现象主义作为一个认识论论点在早期现代哲学中出现时，它就受到了严厉批评。[3] 然而，逻辑经验主义哲学家鲁道夫·卡尔纳普仍

---

[1] 这个观点往往被赋予贝克莱。贝克莱的观点当然很容易遭受误解，但是参见如下两个相关的讨论：Georges Dicker, *Berkeley's Idealism: A Critical Examination* (Oxford: Oxford University Press, 2011); Samuel C. Rickless, *Berkeley's Argument for Idealism* (Oxford: Oxford University Press, 2013)。

[2] 例如，参见 Jonathan Bennett, *Locke, Berkeley, Hume: Central Themes* (Oxford: Oxford University Press, 1971)。

[3] 对现象主义的批评当然与如下观点相联系：现象主义是经验主义的一种特殊形式，而经验主义与所谓"认识论的实在论"的结合将会导致极端的怀疑论（参见本书第九章）。在早期现代哲学中，对现象主义的批评主要来自托马斯·里德之类的常识实在论者以及理性主义哲学家。对现象主义的一个简要阐述，参见 Richard Fumerton,（转下页）

然试图发展一种精致的现象主义认识论。奎因对传统认识论的拒斥主要就是立足于他对卡尔纳普纲领的批评。[1] 回想一下,为了回答怀疑论挑战,基础主义者假设存在着基本信念,这种信念本身不要求辩护,但又能为辩护其他信念提供一个基础。按照强的基础主义观点,基本信念不要求辩护,因为它们是不可错的。基本信念来自我们对自己感觉印象的不可错的意识,从这种意识中,我们就可以推出关于物理世界的信念。比如说,假设我有意识地经验到一个红色的、圆形的、有苹果味的东西,我大概就可以相信我面前有一个苹果。为了贯彻基础主义认识论纲领,基础主义者就必须表明,我们可以从关于自己精神状态内容的信念中推出关于外部世界的信念。这个想法在卡尔纳普那里得到了具体实现。在《世界的逻辑结构》中,卡尔纳普试图表明,我们可以按照感觉经验、逻辑和集合论来"重建"对于物理对象和物理世界的谈论和描述。

奎因对卡尔纳普纲领提出了两个质疑。首先,卡尔纳普纲领部分取决于将数学还原为逻辑(或者逻辑加上集合论)。即使这种还原是成功的,也就是说,即使所有数学概念都可以按照逻辑概念来说明,所有数学真理都能被转变为逻辑真理,但这种还原并未揭示数学知识的根据,因此就无法说明数学被认为具有的那种确定性是如何可

(接上页)"Phenomenalism", in Jonathan Dancy, Ernest Sosa and Matthias Steup (eds.), *A Companion to Epistemology* (second edition, Oxford: Blackwell, 2010), pp. 586-590。

1 奎因和卡尔纳普在很多哲学问题上有重要的思想交锋,但他们之间也有深厚和持久的友谊。参见 Richard Creath (ed.), *Dear Carnap, Dear Van: The Quine-Carnap Correspondence and Related Work* (Berkeley, CA: The University of California Press, 1991)。正如在前一章中已经提及的,奎因可能在一定程度上误解了卡尔纳普在《世界的逻辑结构》中的论证计划,但这与他对激进经验主义的承诺具有重要联系。关于他们的思想承诺如何导致了他们在研究方法上的不同,参见 Gary Ebbs, *Carnap, Quine, and Putnam on Methods of Inquiry* (Cambridge: Cambridge University Press, 2017)。

能的。其次，即便卡尔纳普已经成功地实现了他对物理世界（或者我们对物理世界的谈论和描述）的理性重建，但他仍然面临这样一个问题：如何确信他由此得到的那个理性重建是正确的？这个问题之所以产生，因为卡尔纳普是按照他所说的"意义公设"（一种分析性原则）来重构物理事物或者我们对物理事物的理解，这样一个公设将关于物理事物及其属性的主张与用所谓"记录语句"来表示的观察主张联系起来。例如，考虑如下用来决定"可溶解"这个概念之意义的意义公设：如果一个物体在正常的温度和压力下被放在水中，那么只要它是可溶解的，它就会溶解。按照这个规则，当一个物体在指定条件下被放在水中时，如果它并不溶解，我们就可以否认它是可溶解的。然而，卡尔纳普的分析方案会导致这样一个结果：只是相对于某个既定的概念框架，观察或计算才会导致问题的客观答案。当然，只要所有的研究都采纳或分享同一个概念框架，问题就可以得到理性解决。但是，关于要采纳哪一个概念框架的争论是不能直截了当地解决的。卡尔纳普自己并不相信我们可以按照一个独立的实在来决定要采纳哪一个概念框架，因为就像康德一样，他并不认为我们可以不依赖于任何概念框架来认识世界。奎因论证说，既然卡尔纳普实际上认为感觉经验刺激就是我们达到关于物理世界的信念的最终证据，为了回答上述问题，他就只能去研究我们是**如何**具有感觉经验刺激的。[1] 当然，奎因并没有直接断言卡尔纳普纲领是不可实现的；他所要说的是，为了彻底落实这样一个纲领，卡尔纳普就需要用心理学来取代传统认识论，因为这种认识论无法说明我们如何从关于精神状态内容的信念达

---

1 参见 Quine, "Epistemology Naturalized", at Gibson (2004), pp. 262-271。亦可参见 Quine, "Carnap on Logical Truth" and "On Carnap's Views on Ontology", reprinted in Gibson (2004), pp. 64-87, 249-256。

到关于物理世界的信念。奎因如此阐明了其正面主张：

> 旧认识论致力于在某种意义上将自然科学包含在内，设法从感觉资料中建构自然科学。新认识论要反过来将其自身作为心理学的一个篇章包含在自然科学中。但那个旧的包含关系依然以其方式有效。我们现在是在研究我们所研究的认知主体如何从其感觉资料来设定物体和规划其物理学；我们认识到我们在世界中的地位就像他那样。不论是我们的认识论事业，还是将这项事业作为一个篇章包含在内的心理学，以及将心理学作为完整的一章包含在内的整个自然科学，都是从我们自己的感觉刺激中建构出来的……因此就有了一种互惠的包含关系，尽管是在不同的意义上，即认识论被包含在自然科学中，自然科学被包含在认识论中。[1]

奎因在这里所说的"旧认识论"实际上就是传统经验主义认识论。在他看来，这种认识论有如下五个特征：第一，认为认识论先于经验科学并为之提供辩护，或者为经验科学的发现提供卡尔纳普所说的"理性重构"；第二，认为通过不可错的方法获得的确定性对于成功实现认知目标来说是必要的；第三，将有意识的感觉经验看作既是确定性又是意义的基础；第四，将物理事物分析为感觉经验的集合；第五，认为认知循环是认识论不可接受的。奎因当然相信我们所能具有的一切知识都来自经验，因此他并不否认传统认识论所蕴含的**经验主义**主张。然而，他进一步声称，即便我们确实能够发现一些可以用来评价或检验经验信念的规范和原则，它们必定也是来自经验研究，

---

[1] Quine, "Epistemology Naturalized", at Gibson (2004), p. 269.

而不是先验推理和先验反思的结果。奎因为何如此认为呢？为了回答这个问题，我们需要先看看他对先验知识的态度。

传统认识论理论家之所以认为认识论必须在概念上或逻辑上先于科学，是因为他们坚信知识和辩护的原则在某种意义上必须是先验的。奎因对这个观点的拒斥意味着他否认这些原则的先验地位。正如我们在前一章中看到的，适度的经验主义者并不否认先验辩护的存在，虽然他们将具有先验地位的命题限制于分析命题。奎因并没有直接否认适度的经验主义，但他提出了一个假设性主张：**如果**存在着任何先验地得到辩护的主张，它们就只能是分析的。换句话说，如果确实有这样的主张，对它们的唯一解释就是适度的经验主义提供的解释。因此，在奎因看来，通过攻击分析性概念，他就可以否认先验辩护。他的论证可以概述如下：在他看来，如果我们试图理解分析性概念，我们就只能通过使用一些可以互相定义的概念来理解它，这些概念包括"同义的""必然的""定义""矛盾""语义规则"等。例如，弗雷格认为，只要一个命题可以通过同义词替换被转译为一个逻辑真理，它就是分析命题。然而，奎因论证说，在我们用来定义分析性的其他概念中，没有任何概念是可以**独立地**理解的——就像分析性概念本身一样，它们同样是不清楚的。奎因由此断言分析性概念在根本上是不可理解的。[1]

奎因对其主张提出的论证与其本体论和语言哲学具有重要联系，因此是我们在这里无法详细处理的。不过，通过考察他对"认知意义"的论述，我们可以看到他攻击分析性概念的要点。在奎因看来，哲学家们之所以认为分析性概念是可理解的，因为他们倾向于假设我们可以对认知意义的概念提出这样一种理解：一个语句的认知意义是可以

---

[1] 参见 Quine, "Two Dogmas of Empiricism", reprinted in Gibson (2004), pp. 31-53。

由经验观察**独立**确定的,因此我们可以将每个语句与某个(或某些)经验联系起来。在这种理解下,我们似乎可以合理地认为,综合命题就是其真值与经验相关的命题,分析命题就是其真值完全不依赖于经验的命题。在奎因看来,这种原子主义的认知意义理论要求卡尔纳普在《世界的逻辑结构》中所采取的那种还原主义,而既然这种还原主义是不可接受的,那种认知意义理论也是不可接受的。作为对这种理论的取舍,奎因提出了一种**整体论**的意义理论,其核心思想是,大多数语句,在孤立地看待时,对经验来说并不具有什么含义,因为在大多数情形中,能够具有经验含义的不是个别语句,而是整个理论。

奎因对意义整体论的论证主要来自两方面的考虑。第一个考虑来自如下观察:经验证据不足以充分决定理论——不管我们具有多少证据,总可能有一些不同的理论,它们都能同样好地解释和消化观察资料。例如,宇宙学中目前的观测结果都符合两个看似不相容的观点:一个观点认为宇宙具有固定尺度,另一个观点认为宇宙正在以一定速度膨胀。观察资料之所以不足以充分决定理论,是因为不同的理论可以具有同样的观察结果。奎因对这个观点的论证主要体现在其"翻译的不确定性"学说中,其基本思想是,在观察语句的层次上,这样一个语句的刺激意义提供了将一种语言中的一个语句翻译为另一种语言的语句的客观标准,但刺激意义不足以对可能的翻译做出判断,因为互不相容的翻译手册可以符合一切可能证据。[1] 第二个考虑来自皮埃尔·迪昂提出的一个论点:非观察陈述不是"个别地"面对经验法庭,而是"集体地"面对经验法庭。[2] 换句话说,我们的感觉经验提供的

---

[1] 参见 Quine, "Translation and Meaning", reprinted in Gibson (2004), pp. 119-168。

[2] Pierre Duhem, *The Aim and Structure of Physical Theory* (translated by P. P. Wiener, Princeton: Princeton University Press, 1954).

第八章 自然主义认识论

证据不能结论性地确认或否认个别的非观察陈述，因为这种陈述不是孤立地出现的，反而总是作为一个理论的一部分而出现，因此就必须与辅助假说、测量理论、背景条件假定等一道面对经验法庭。这样一来，当我们发现某个理论有问题时，我们可以**选择**在某个地方来修改它，而不是仅仅按照观察资料就断言它已经被否证。而且，修改理论的方式可以是多种多样的，例如，我们可以调整所涉及的工具理论，或者调整一个辅助假说，又或者调整一个低层次的条件陈述等。我们可以决定不接受经验引诱我们所做出的观察陈述，也可以暂时接受某个成问题的观察陈述，希望在未来有办法容纳它，例如牛顿在处理水星近日点的进动现象时的情况。奎因由此认为，甚至在面对强有力的经验证据的情况下，我们可能也不会强制自己去改变某个非观察陈述，因为一切东西在认知上都与其他东西相联系。同样，个别的非观察陈述永远不会得到经验的确认。经验可以确认一个理论，因此确认构成它的陈述，但经验不能单个地和直接地确认这些陈述。不管经验表现得多好，它只能按照某个理论来确认一个非观察陈述，而且，一旦改变那个理论，这个非观察陈述可能就得不到经验确认。

这两个论点显然是密切相关的，尽管在着重点上有所差别。第二个论点所要强调的是，个别的非观察陈述本身不可能得到结论性的确认或否认。第一个论点所要强调的是，能够被证实的东西（即理论）绝不可能结论性地得到证实，因为观察资料本身不足以充分决定理论。通过将这两个论点与意义证实主义结合起来，[1] 奎因就得出了如下结论：个别的非观察陈述本身不具有独立的意义。他由此进一步认为，在我们所具有的任何理论中，没有任何陈述是免于修改的。整个理论可以被形象地看作一个由几个同心圆构成的圆圈，观察陈述位

---

[1] 意义证实主义所说的是，一个陈述的意义就在于其真值对感觉证据产生的影响。

于边缘，非观察陈述位于内部；从外向内大致可以区分出这样几个层次：关于物理事物的日常陈述、理论陈述、物理科学规律，最终是逻辑规律。如果边缘上出现了某种"骚动"，那么我们既可以选择修改某些观察陈述，也可以选择在内部某个地方进行修改，采取哪一种方式取决于如何理解骚动的本质。一般来说，修改总是从边缘开始，不过，如果我们发现经过修改后整个理论仍然无法协调那种骚动，那么我们就可以在内部进行修改，正如奎因所说：

> 分析语句和综合语句之间并不存在卡尔纳普等人所说的那种截然分明的界限。在学习语言时，我们每个人都学会将某些语句直截了当地看作是真的；我们当中很多人就是用这种方式了解到一些语句的真值，但也有一些语句，其真值是我们当中很少有人能够以这种方式了解到的。前一种语句比后一种语句更接近于是分析的。分析语句就是这样一种语句，其真值是我们所有人都用这种方式了解到的；但是，这些极端的情形并非显著地不同于其邻居，我们也很难说它们到底属于哪一种情形。[1]

这段话对于理解奎因的认识论（或者他对传统认识论的批评）具有两个重要含义。首先，按照基础主义者的说法，基本命题与非基本命题的关系本质上是一种确认关系，而确认至少部分地取决于把握和理解有关命题的意义。因此，如果观察陈述本身不具有独立的意义，而是，其意义取决于它与一个理论的关系，那么大概就没有基础主义者所说的那种具有"特权地位"的观察陈述，即使观察陈述仍然可以被认为在某种意义上构成了经验知识的基础。因此，如果意义整体论

---

[1] W. V. O. Quine, *Roots of Reference* (La Salle, Ill.: Open Court, 1974), p. 80.

是正确的，它就削弱了基础主义的一个核心论点。其次，奎因的观点意味着，没有任何陈述可以免于修改——为了回应经验研究的要求，甚至逻辑规律也是可以修改的。例如，一些哲学家认为，海森堡不确定性原则为拒斥经典逻辑的排中律提供了一个理由。因此，即使表面上存在我们称为"分析命题"的那种东西，这种命题也只是相对于我们已经决定采纳的某个语言框架或概念框架才是分析的。[1] 例如，如果我们发现，一个使用经典逻辑的数学-物理学理论不仅具有某种简单性，也能在总体上更好地解释和预测宏观物理世界中的现象，那么在面对某些"异常的"经验观察时，我们可能就倾向于调整该理论的其他部分，而不是放弃经典逻辑。在这个意义上说，经典逻辑就获得了一种"**相对先验的地位**"——相对于我们目前具有的总体经验来说是免于修改的。然而，对奎因来说，即使经典逻辑具有这样一种地位，也不意味着在面对经验时，它在根本上是无法修改或免于修改的。因此，即使奎因能够允许一种相对的先验性，但他并不认为分析命题与综合命题的区分**在认识论上**具有任何重要性：如果我们能够拒斥一个似然的分析命题，那么拒斥它的理由并非本质上不同于拒斥一个综合命题的理由。我们拒斥二者的理由都是来自经验，唯一的差别是，在决定要不要拒斥一个似然的分析命题时，我们也需要考虑某些其他因素，例如包含它的理论所具有的某些理论优点，比如说简单性和解释力。对奎因来说，所有知识，包括通常被分类为先验知识的那种知识，例如数学知识，都有同样的地位。当然，奎因不是在说对某个特定的数学真理的知识是立足于我们很容易鉴定出来的某些经验；

---

[1] 在奎因后来的一些著作中，他确实声称，按照他的标准，所有一阶逻辑都是分析的。但是，他后来对分析性的理解已经不能充当卡尔纳普原来想要利用分析性概念来充当的职能。参见 Quine, "Two Dogmas in Retrospect", reprinted in Gibson (2004), pp. 54-63。

他想要说的是，数学作为一个整体，是由它在某个关于世界的理论中发挥的作用来辩护的，而这样一个理论之所以得到辩护，是因为与任何其他理论相比，它能够让我们更好地处理经验。当我们因此而决定接受这个理论时，可能只是暂时接受它，因为未来的经验研究或许会表明它是不合适的。在康德那里，先验综合命题被设想为感觉经验的组织原则，也可以被看作为经验认知提供了概念框架，卡尔纳普对先验知识的理解本质上是康德式的，而从奎因的观点来看，所谓先验知识并非独立于我们的总体经验而具有特殊地位。[1]

总的来说，奎因试图拒斥传统认识论的核心论点，即知识和辩护的原则不仅是外在于科学的，而且在概念上或逻辑上是先于科学的。奎因的论证涉及其哲学体系的很多方面，因此在这里很难全面地加以评价，不过，我们仍然可以发现其论证并非无懈可击。在质疑传统认识论时，奎因主要的攻击目标实际上是前面讨论过的那种强的基础主义（这种基础主义将基本信念看作是不可错的），尽管他对分析／综合区分的攻击若成立的话，则对于以笛卡尔和康德为代表的理性主义知识论来说也是致命性的。强的基础主义当然不是传统认识论的全部。传统认识论理论家可以采纳一种可错论的基础主义，也可以像劳伦斯·邦茹那样转向所谓"适度的理性主义"。但是，奎因仍然强调说：

> 我们所谓的知识或信念的总体，从地理和历史的最随便的题材，到原子物理学乃至数学或逻辑的最深奥的规律，都是一种只是沿着边缘对经验产生影响的人为结构。或者用另一个比

---

[1] 因此，我们实际上可以认为，奎因就像他所批评的卡尔纳普那样，也采取了一种关于语言框架或概念框架的约定主义，尽管他比卡尔纳普更明确地指出正是总体经验决定了我们对这样一个框架的选择。关于奎因的约定主义，参见 Yemima Ben-Menahem, *Conventionalism: From Poincare to Quine* (Cambridge: Cambridge University Press, 2006), especially chapter 6。

喻来说，整个科学就像一个将经验作为其边界条件的力场。在边缘与经验发生的冲突为内部的重新调整提供了机会。真值必须在一些陈述之间重新分配。对一些陈述的重新评价也要求重新评价其他陈述，因为它们在逻辑上是相互联系的——逻辑规律只是对体系的某些进一步的陈述，是那个力场的某些进一步的要素。一旦我们重新评价一个陈述，我们也必须重新评价某些其他陈述，后者或许在逻辑上与前者相联系，或者就是对逻辑联系本身的陈述。但整个力场的边界条件即经验不足以充分决定它，因此，在按照任何一个对立的经验来决定要重新评价什么陈述方面，就有了很大的选择空间。没有任何特定的经验与这个力场内部任何特定的陈述相联系，我们只能通过考虑影响整个力场的平衡来间接地确定它们之间的关系。[1]

这段话仍然是在为尝试拒斥基础主义提出一个说法。因此，对于那些放弃古典基础主义的传统认识论理论家来说，只要他们能够表明先验辩护不仅确实存在，而且在认识论中占据一个不可或缺的地位，那么奎因对基础主义的批评，即便成功，也不能导致他对传统认识论的全盘拒斥。正如金在权所指出的，"在敦促我们接受'自然化的认识论'时，奎因不是在暗示我们放弃笛卡尔式的基础主义解决方案，在同样的框架中来探究其他方案。……他的提议比这要极端得多。他是在要求我们抛弃以辩护为中心的认识论。……是在要求我们将一种关于人类认知的纯粹描述性的因果规律科学放在适当位置"。[2] 因

---

[1] W. V. O. Quine, *From a Logical Point of View* (New York: Harper & Row Publishers, 1963), pp. 42-43.

[2] Jaegwon Kim, "What Is 'Naturalized Epistemology'?", in Kornblith (1994), pp. 33-55, at pp. 39-40.

此,奎因必须提出一个正面的论证来支持其根本上放弃传统认识论的主张。他对分析／综合(或者先验／后验)区分的批评实际上构成了他所提出的论证的核心。正如我们已经看到的,他对分析性概念的攻击主要立足于如下主张:我们能够用来定义"分析性"的其他概念都是可以相互定义的,因此不可能对这个概念提出一个不循环的定义。但是,不仅这个主张本身是有争议的,而且奎因在这方面提出的论证也不足以彻底反驳传统认识论,或者更明确地说,反驳他所理解的卡尔纳普的经验主义。他所能提出的进一步论证首先体现在他对意义整体论的承诺中。在他看来,如果意义整体论是真的,那么"谈论个别陈述的经验内容就是误导性的,特别是如果它是一个与领域的经验外围相去甚远的陈述。此外,在偶然地取决于经验的综合陈述和无论如何都不依赖于经验的分析陈述之间寻找界限是愚蠢的。如果我们在系统的其他地方进行足够大的调整,任何陈述在任何情况下都可以被认为是真的"。[1] 简而言之,在奎因看来,我们不可能以**绝对的**方式按照分析／综合的区分来划分科学理论的陈述。他进一步推广迪昂论点,认为原则上我们可以通过修改或放弃一个信念系统中的**任何**要素来消解它与经验的冲突,这样一个要素甚至可以是一个逻辑原则,或者是一个被认为具有先验辩护的主张。这种修改或放弃当然必须遵循某个原则,例如必须得出最简单的解决方案,因此在某种意义上是总体上合理的。奎因由此认为,如果我们可以用这种方式来修改或放弃表面上具有先验地位的主张,那么实际上就没有任何东西是被先验地辩护的。

然而,通过借助确认整体论,奎因至多只是表明,在如何最好地解决一个信念系统中的某个(或者某些)要素与经验的冲突这个问题

1　Quine (1963), p. 43.

上，**如果**唯一的考虑就是简单性之类的实用考虑，那么放弃其中任何一个主张可能都是合理的。做出这个假定实际上就相当于假设合理性仅仅与协调经验、解决信念系统与经验的冲突有关，因此就等于假设一切辩护都是经验辩护，先验考虑没有独立的理性力量。奎因并没有对自己做出的假设提出任何进一步的论证。不过，理性主义者至少可以强调说，**如果**存在着真正的先验辩护，那么这种辩护就会提供**独立的**理由来表明为什么我们不应该放弃某个主张，尽管这样做可以消除整个信念系统或理论与某个经验的冲突。因此，即使我们必须从整体论的观点来考虑要如何修改或者调整一个信念系统或理论以应对与经验的冲突，这也不意味着经验的东西和先验的东西之间的界限因此就彻底消解了。根本的问题显然在于如何面对感官直接传递出来的经验来谈论和理解"先验"这个概念。我们当然希望让我们的信念系统尽可能简单，因此，如果我们发现为了应对某个与经验的冲突，就不得不大规模地修改或调整信念系统或理论，从而得到了一个极为复杂的信念系统或理论，例如在托勒密天文学的情形中，那么我们当然可以暂时不考虑与信念系统或理论发生冲突的那个经验。但是，直观上说，我们会觉得自己至少很难在心理上放弃逻辑陈述和数学陈述，正如当我现在在坐在桌前写作时，我很难在心理上否认面前有一台电脑，除非我能够确信自己发生了幻觉。对这一点的一个合理解释是，逻辑陈述和数学陈述具有与物理学陈述或常识陈述不同的认知地位，因为它们反映了对各种抽象的必然结构的直观意识（尽管我们也需要说明这种意识是如何可能的），正如我们在心理上倾向于回应感官直接提供的证据。之所以对逻辑命题和数学命题持有更大的确定性，或许是因为它们在我们的信念系统或理论中发挥了系统性的组织作用，即使这并不意味着它们在根本上不依赖于经验检验。因此，我们仍然可以按照各种陈述所发挥的认知作用，在一种**相对的**意义上将先验的东西与经验的东西区分开来。

实际上，奎因最终并没有无条件地接受迪昂的确认整体论，而是对它施加了两个限制：第一，一些陈述是分离地受制于观察检验——实际上，受制于观察检验是一个程度问题；第二，科学既非不连续的，也不是单一的，对科学实践更精确的描述是，科学的重要延伸可以被认为具有可观察到的结果，而不是整个科学具有这样的结果。[1] 他更明确地指出：

> 我们应该注意，科学之间的联系确实比那些忘记逻辑和数学的人易于认识到的要更加系统；因为逻辑是所有科学分支共有的，而数学的大部分也是许多分支共有的。人们往往不恰当地认为科学的逻辑和数学组成部分与其他部分在性质上是不同的，因此没有看到这些组成部分是所有分支的共同之处。具有讽刺意味的是，正是这种中立性被所有科学分支所分享这一事实，鼓舞人们认为逻辑和数学的组成部分与其他的组成部分在性质上是不同的，因而不能认识到它们所赋予的统一性。[2]

在这里，奎因仍然强调我们不应该认为逻辑和数学本质上不同于一般而论的经验科学，但他也承认正是逻辑和数学赋予了经验科学以某种统一性。那么，如何理解这种统一性呢？奎因进一步指出："将一种迪昂式的整体论扩展到整个科学，将整个科学看作对观察负有责任的单元是不现实的。"[3] 如果这里所说的"不现实"可以被理解为"不

---

[1] 参见 W. V. O. Quine (1975), "On Empirically Equivalent Systems of the World", *Erkenntnis* 9: 313-328。

[2] Ibid., p. 314.

[3] Ibid.

合理",那么奎因似乎是在说,必须承认逻辑和数学为我们提供了用来组织、调整或修改直接经验的思想工具或概念框架。这当然并不意味着逻辑和数学本质上或原则上是免于经验修正的,但至少表明它们相对于我们直接获得的经验具有一种认知上的优先性,就此而论是先于直接经验的。因此,奎因最终对整体论的承诺,正如他自己所说,是"适度的"。我们显然并**不只是**为了维护信念系统或理论的**简单性**而选择修改或放弃其中某个或某些与直接经验相冲突的要素。即使这样做是为了使得信念系统或理论保持融贯,但是,正如在讨论融贯论的时候就已经看到的,我们也需要让一个融贯的信念系统或理论在总体上反映或表征实在,或者实在的某个部分。但是,为此我们首先需要某些原则来组织经验并使之变得可理解。因此,总的来说,奎因无须否认我们至少可以**在相对的意义上**将先验的东西和后验的东西区分开来。对于自然化认识论的倡导者来说,关键问题仍然是要表明规范的认知原则如何能够从自然主义的观点得到说明。

三、极端自然化的困境

奎因实际上并不否认,在**日常的**语言实践或科学研究中,我们可以将分析语句和综合语句区分开来;他所要否认的是这个区分具有根本的认识论含义。对卡尔纳普来说,哲学的任务就在于分析和澄清科学的语言,将各种可能的语言或者语言框架表述出来,并把其中一个推荐给科学。卡尔纳普承认不同的语言或语言框架可以具有不同的表达能力,例如牛顿力学的语言在这方面就不同于相对论力学的语言,正如直觉主义逻辑不同于经典逻辑。他也认为不同的语言对于不同的目的来说可能都是有用的,因此并不存在一个"唯一正确"的语言。这个思想往往被称为"宽容原则",在卡尔纳普对哲学的本质及其与科学之差别的理解中占据一个根本地位,因为对他来说,这个原则意味着一种语言的分析语句与其综合语句是有明显差别的。在一种特定语言中,分析语句构成了我们用来处理其他问题的思想基础,具有一种相对稳定的地位——用卡尔纳普的话说,分析语句是"通过约定而为真",因此对于这样一个语言来说是构成性的。这样,如果改变了我们对这样一个语句的真值的考虑,那就意味着我们实际上采纳了一种新的语言。另一方面,一旦一个语言框架已经得以确立,综合语句的真值就是由证据来确定的,与我们采纳的语言框架无关,因此我们对这样一个语句的接受就涉及经验辩护,即立足于经验证据的辩护。尽管决定采纳哪个语言框架是相对于我们的目的而论的,但在卡尔纳普这里,一旦一个语言框架已被确定,分析语句和综合语句就在认识论上有了重要差别。这实际上就是奎因在批评卡尔纳普时想要否认的。在他看来,即使我们能够用卡尔纳普所设想的那种方式将分析语句和综合语句区分开来,也不意味着这个区分在认识论上具有任何重要性。对奎因来说,我们的一切认知努力,不管是涉及表述一个新的语言,还是做出一种小规模的理论变化,就其辩护而论本质上都是同样的——一切认知努力都旨在让我们能够更好地处理这个世界并促进这个目的。因此,即使哲学的关切比其他学科的关切更抽象、更一般,但哲学并非原则上不同于科学。如果说它们之间有任何差别的话,那也只是在着重点和程度上的差别。哲学不具有任何特殊的优越地位,也没有特殊的方法和获得真理的特殊渠道。因此,在奎因看来,如果并不存在先验知识和先验辩护这样的东西,如果认识论旨在理解我们如何具有关于外部世界的知识,那么我们就应该将认识论转变为"心理学的一个篇章",正如他在下面这段著名的话中所说:

第八章　自然主义认识论

> 我认为这样说可能更有用：认识论仍然在继续前进，即使是在一个新的背景、一个得到澄清的地位上继续前进。认识论，或者某种类似的东西，只是作为心理学，因此作为自然科学的一个篇章而变得明朗。它研究一个自然现象，即一个物理上的人类主体。这个人类主体被赋予了某种实验上受控的输出，……并在适当的时候把对三维外部世界及其历史的某种描述作为输出给产生出来。少量输入和大量输出之间的关系是我们要去研究的一种关系，这样做的理由在某种意义上也是历来促成认识论研究的理由：都是为了看到证据如何与理论相联系，人们对自然所持有的理论以什么方式超越了任何可得到的证据。……但是，在旧认识论和新心理学背景下的认识论事业之间有一个显著区别，即我们现在可以自由地使用经验心理学。[1]

怀疑论产生的一个根源，正如我们将在下一章中看到的，就在于对外部世界的感觉证据似乎不足以支持我们由此推断出来的结论。这也直接产生了认知辩护问题。奎因认为传统认识论和他所说的自然化认识论实际上都是由同一个愿望所激发的，即要去理解我们对世界所持有的信念的基础。然而，与传统认识论理论家不同，奎因认为我们现在应该完全从经验科学（尤其是心理学或者目前所说的认知科学）的角度来研究人类认知主体的认知活动，例如去详细考察感官提供的信息和我们最终得到的信念之间的因果联系。因此，对他来说，认识论所要做的工作就是尽可能详尽地描述从最初的感觉刺激到信念

1　Quine, "Epistemology Naturalized", at Gibson (2004), pp. 268-269.

的心理过程。[1] 传统认识论理论家当然也关心信念产生的原因，但他们并不认为因果关系就是辩护关系。即使认识到我们持有的一个信念实际上是如何产生出来的，这种认识**本身**也不足以表明我们就**应当**接受它，正如我们不能因为很多人都采取某个行为就认为它必定是正确的。我们是否应当持有一个信念显然是一个规范问题，而对传统认识论理论家来说，对信念形成过程的因果描述，不管多么完备，也不足以解决这个问题。这里的问题并不在于（或者仅仅在于）自然科学是否完全是描述性的。一门学科，若想成为科学，就必须有某些原则将它提出的主张与某些其他主张区分开来，例如，天文学必须有某些原则将其主张与占星术的主张区分开来。天文学家可以说，天文学是因为它所使用的特殊方法而不同于占星术。奎因同样会说，科学旨在理解自然世界并获得关于它的真理，因此，它所提出的任何主张都受到"发现真理和提高我们的预测能力"这一规范的约束。在这个意义上说，科学仍然保留了其规范特征。

如果科学可以在上述规范的引导下逐渐提出某些更加具体的规范原则，那么自然主义认识论是否也能提出某些这样的原则，并由此提供将"正当的"信念和"不正当的"信念区分开来的根据？换句话说，从对信念形成的因果过程的描述中，我们是否能够提出某些**评价**信念的原则？如果认识论的主要任务就是要提出能够用来确定信念的辩护地位的原则，那么，自然主义认识论是否能够被合理地接受，就部分取决于它是否能够解决上述问题。然而，在经验主义认识论框架中，这个问题似乎很难得到解决，因为按照这种认识论的观点，感觉经验本身并不直接揭示世界的本来面目，将实在的本质向我们传达出来。只要经验和实在之间存在着断裂，就无法直接判断我们从感觉经

---

1 例如，参见 W. V. O. Quine, *From Stimulus to Science* (Cambridge, MA: Harvard University Press, 1995)。

第八章 自然主义认识论

验中得到的信念究竟是不是真的。如果一切经验信念本质上都具有这个特点，我们好像就无法通过这种信念来提出与获得真理和避免错误的认知目标相关的认知原则。[1] 如果经验本身不能向我们提供将真信念和假信念区分开来的标准，我们似乎也很难将产生（或者倾向于产生）真信念的因果机制鉴定出来。这实际上是阿尔文·戈德曼早期的可靠主义面临的一个难题。因此，奎因不能简单地声称认知评价或认知辩护原则就是经验科学所接受的原则。要么我们根本就没有这样的原则，这种情况下我们就陷入了认识论的怀疑论；要么这些原则必须在某种程度上是独立于科学提出来的，可以用来评价我们在科学领域和日常认知活动中获得的信念。认识论不仅要鉴定出这样的原则，也要说明它们在什么意义上是合法的。与此相比，即使奎因的自然化认识论在他赋予科学以规范特征的意义上可以是规范的，但它还不够规范，因为奎因并未说明从科学实践中继承下来的原则为什么本身是有辩护的或可接受的。如果我们不能仅仅在经验科学的基础上鉴定和说明认知原则，那就表明认识论不能被**完全**处理为"心理学的一个篇章"。

自然主义者可以对这个挑战提出两种回应。强硬的自然主义者试图继续表明认知规范完全可以被自然化，因此彻底否认认识论作为"第一哲学"的先验地位。与此相比，适度的自然主义者只是试图以某种方式表明规范性质如何可以在自然主义的框架中得到理解或解释。在这里我们首先考察第一种观点。对于奎因来说，认识论只需研究感觉刺激如何导致我们形成关于外部世界的信念，因此我们实际上并不需要传统认识论的辩护概念或者任何类似的规范概念。这种研究

---

[1] 实际上，正如我们已经看到的，这就是邦茹之类的理性主义者认为辩护必定涉及先验原则的一个理由。

是通过详细考察信念产生的因果过程来实现的。通过经验研究，我们或许可以发现将作为输入的感觉刺激与作为输出的关于外部世界的信念联系起来的因果规律。认识论由此而变成一门研究感觉输入和认知输出之间的因果关系的科学，并最终被彻底取代。但是，这种因果关系显然不是传统认识论所要谈论的证据关系。取消"证据"和"辩护"之类的概念无异于取消了认识论本身。实际上，即使一个信念是从认知过程或认知机制产生出来的，但它也未必与这样一个过程或机制的**输出**具有直接联系。奎因对基础主义的批评本身旨在表明并不存在所谓"基本信念"这样的东西。例如，知觉信念的辩护不仅取决于认知主体直接的知觉经验及其内容，或许也取决于他所持有的某些背景信念，以及他在这些信念和他所把握的经验内容之间所能确立的推理关系。此外，正如一些理论家所指出的，信念赋予与**合理性**具有重要联系，根本上要求认知主体对其言语和意向状态采取一种"根本解释"。因此，在一个由信念和其他意向状态构成的网络中，根本上为这样一个网络奠定基础的，是可以用而且必须用合理性之类的概念来表征的**证据**关系。[1] 而且，如果信念**态度**（或者一般地说，意向性）不能用奎因所设想的那种方式来自然化，那么我们就不能指望对信念产生的因果过程的描述本身来完成传统认识论的基本任务。

既然传统认识论和奎因所设想的那种"认识论"在感觉经验和信念之间所关心的是两种完全不同的关系，那么我们就很想知道奎因为何仍然将其主张称为"自然化的**认识论**"。也许奎因想说的是，对于人类认知的经验研究所产生的结果就是我们在理解认知活动时**应当**接受的东西，因此并不存在，也无须存在一种与经验科学分离的认

---

[1] 参见 Kim (1994), pp. 43-46。这里提到的观点源自戴维森，参见 Donald Davidson (1973), "Radical Interpretation", reprinted in Lepore and Ludwig (2006), pp. 184-195。

识论。但是，在什么意义上我们应当接受这种结果呢？我们的很多信念是通过归纳推理得到的，奎因认为我们对归纳推理的使用是"有效的"，它让我们获得真信念。但是，即使我们承认通过恰当的归纳推理得到的信念都是真的，或者很有可能是真的，这又如何意味着我们就**应当**接受或使用归纳推理呢？我们显然不能说，到目前为止我们发现通过归纳推理得到的信念都是真的，因此就应当使用归纳推理，因为正如休谟已经表明的，我们无法以这种方式来证明归纳推理的有效性或正当性。自然主义者必须寻求另外的方式来说明这种幸运的巧合，这种方式就是诉诸自然选择的思想。奎因认为，达尔文为我们理解归纳推理的有效性提供了某些激励——如果人们进行归纳的先天倾向是一种"与基因相关的特性"，那么"导致最成功的归纳的那种[做法]将倾向于通过自然选择而占据主导地位"。[1] 当然，奎因并不认为自然选择的观念本身就证明了归纳推理的有效性，但他强调这个观念为他所理解的归纳问题提供了一个显然合理的部分解释。因此，对他来说，"哲学不是科学的一种先验的预备基础或框架，而是与科学相连续"。[2] 他甚至认为，既然怀疑论是在科学内部产生的，因此也需要从科学内部来解决。然而，尽管他明确声称我们进行归纳的先天倾向从自然选择的角度来看具有幸存价值，但他仍然没有将其自然化认识论与传统认识论的核心议程联系起来，即说明经验科学如何表明我们的信念是真的或者很有可能是真的。

奎因相信传统认识论所做的一切最终都可以由对人类认知主体的经验研究来取代。在认识论能够被彻底自然化之前，"我们**应当**如何

---

[1] Quine, "Natural Kinds", in Kornblith (1994), pp. 57-75, at pp. 65-66. 亦可参见 Quine, "The Nature of Natural Knowledge", in Gibson (2004), pp. 287-300。

[2] Quine, "Natural Kinds", in Kornblith (1994), p. 66.

形成信念"的问题不能脱离"我们**实际上**是如何形成信念的"这一问题而得到答案。对于这两个问题之间的关系，自然化认识论的倡导者实际上可以有两种不同的理解。其中大多数人认为对信念形成过程的经验研究有助于阐明我们的认知事业。但是，若要彻底自然化认识论，自然主义者就需要进一步表明我们实际上形成信念的过程就是我们应当用来形成信念的过程。能够将二者合理地联系起来的唯一选项大概就是如下假设：相信真理具有幸存价值，因此自然选择已经让我们先天地具有了相信真理的思想倾向。大致说来，达尔文式的进化过程已经导致人类的成功繁殖——通过自然选择，人类在复杂多变、险象环生的环境中成功地幸存下来，并不断繁衍后代，要是没有关于外部世界的真信念，人类就不可能做到这一点。也就是说，自然选择让我们保留了一般来说会导致真信念的认知能力。如果我们天性就倾向于获得真信念，我们事实上获得信念的方式也是我们应当获得信念的方式。比如说，我们通过视知觉获得了很多信念，如果这些信念基本上都是假的，它们就没有幸存价值。从认知心理学中我们了解到，视网膜的神经末梢主要是检测运动，而在检测色彩方面就不会有同样好的表现。视觉系统的这个特点似乎有某种幸存价值，因为世界中的运动物体最有可能对我们产生伤害。因此，在正常情况下，视觉系统倾向于产生真信念，这些信念有助于维护或促进我们的幸存，在这个意义上也是我们应当持有的信念，正如科恩布利思所指出的，"如果大自然已经用这样一种方式来构造我们，以至于我们的信念产生过程不可避免地倾向于产生真信念，那么我们达到信念的过程就必定恰好也是我们应当达到信念的过程"。[1] 这个说法暗示了用来支持奎因的自然

---

1 Kornblith (1994), p. 5.

化方案的所谓"达尔文论证"。¹ 为了便于讨论，我们可以将这个论证简要地表述如下：

（1）自然已经赋予我们一种达到真信念的内在倾向。
（2）如果自然已经赋予我们这样一种倾向，那么我们用来形成信念的过程就是我们应当用来形成信念的过程。
（3）因此，我们用来形成信念的过程就是我们应当用来形成信念的过程。

第一个前提据说是达尔文进化论所暗示的。然而，这个前提及其所表达的结论本身就备受争议。一些学者已经试图表明，自然选择实际上并不总是导致那种倾向于产生真信念的认知过程——在某些情形中，在达尔文为"幸存价值"这个术语所指定的意义上，反而是假信念有助于我们的幸存和繁衍。在特殊的情况下，也许正是一厢情愿的思想、草率的概括、对权威的盲目崇拜、对无知的诉求之类的东西有助于幸存和繁衍，而这些东西通常并不形成真信念。从日常的观点来看，这一点并不难理解——如果自然选择的根本目标就是幸存和繁衍，² 那么，只要持有假信念可以让我们避免危及我们幸存和繁衍的状况，自然选择可能就会偏向产生假信念的机制。如果自然选择只在乎我们在幸存和繁衍方面的成功，它可能就与产生真信念的机制无

1　Kornblith (1994), especially pp. 5-6. 对这个论证的简要介绍和讨论，亦可参见 Noah Lemos, *An Introduction to the Theory of Knowledge* (second edition, Cambridge: Cambridge University Press, 2021), pp. 221-225; Matthias Steup, *An Introduction to Contemporary Epistemology* (New Jersey: Prentice Hall, 1996), pp. 196-200。

2　这样说实际上并不准确，因为尽管自然选择促成了进化，但自然选择的力量是盲目的，其本身并没有目的。自然选择只是产生了**事后**看来具有进化优势的结果。不过，我们不妨姑且认为，从结果来看，自然选择可以被认为有一个目标。

关。如果一个人发现附近有老虎足迹，为了确信是不是真的有一只老虎而在深林中仔细查寻，那么他很可能就会被老虎吃掉。当然，我们可以认为，具有关于外在世界的真信念对于生活和行动来说是必要的。但是这样说也是合理的：如果幸存和繁衍就是进化的根本目标，那么，至少在某些情况下，追求真理和避免错误的认知目标就要受制于这个目标。当科学研究旨在获得关于外部世界的真信念时，我们仍然不太清楚这些信念是否或者如何有助于我们的幸存和繁衍。进化可能只是选择出生物体在其特定的环境条件下具有优化效应的特性或心理倾向，但可能并不**直接**关心这些特性或倾向是否要求或导致真信念。对此，自然化认识论的倡导者可能会说，当然无须假设自然选择会导致**在任何情况下**都倾向于产生真信念的内在倾向，但我们可以认为，如果自然选择导致了具有最大适应度的生物体，那么我们就可以在自然选择和认知系统的合理性之间建立某种联系。斯蒂芬·斯蒂克对这个设想提出了如下描述：

> 自然选择和合理性之间的联系……就在于如下进一步的主张，即一般来说会产生真信念的推理策略能够加强适应度，因此自然选择就会偏向这种策略。这是因为一般来说，具有真信念比具有假信念更有适应能力。真信念能够让一个生物体更好地应对环境，发现食物、住处和伴侣，避免危险，因此就可以让它更有效地幸存和繁衍。当然有一些例外。很容易想象一些离奇的状况，其中一个人或一个动物在按照假信念来行动时比按照真信念来行动时过得更好。……但这种情况显然是罕见的和例外的。[达尔文论证的]倡导者只需声称，总体上说和长期来看，如果生物体拥有更多的真信念而不是假信念，那么它们就会更加适应。倘若如此，我们就会指望自然选择将偏向……

在产生真理、避免错误方面做得更好的推理系统。[1]

斯蒂克实际上是要反驳达尔文论证的倡导者想要获得的结论,即自然选择偏向可靠地产生真信念的认知系统。[2]进化生物学的研究表明,我们实际上不能认为自然选择将会导致最具适应性表现型的固化。斯蒂克论证说,就算我们假设自然选择是一种完美的优化设施,假设它是生物进化的唯一原因,我们也不能由此认为我们的推理策略系统是被优化地设计出来的,因为即使自然选择在形成我们目前的推理策略方面发挥了很大作用,但在导致我们目前的推理系统的过程中,在很大程度上独立于生物进化的因素也发挥了重要作用。例如,人类特有的语言具有广泛的可变性,但我们几乎没有理由认为这种可变性是立足于遗传基因。人们所使用的推理策略,就像语言一样,在很大程度上是由环境变量来决定的。斯蒂克由此认为:"为了表明目前的人类推理系统在促进幸存和繁殖成功方面是优化的或接近于优化的,我们就需要对它最终如何占据了统治地位具有大量知识。既然我们在这个问题上几乎没有什么证据,我们就不能断言目前盛行的那个推理倾向系统是优化的或接近于优化的。"[3]实际上,就算人们在推理中经常使用的所谓"可得性启发法"确实是进化的产物,但目前的研究表明,对这种启发法的应用未必会产生真信念或导致正确的结果。对这个事实的一个合理解释是,我们的认知过程或认知机制并不以产生或获得真信念为**唯一**目的,人类生活所造就的复杂性必然使得我们的认知目标具有多样性,而

1　Stephen Stich, *The Fragmentation of Reason* (Cambridge, MA: The MIT Press, 1990), pp. 58-59.
2　当然,斯蒂克的核心目的是要论证一种认知多元论,更具体地说证如下主张:"即使所有人类认知系统都是在遗传上编码的,也没有可靠的理由假设一切正常的认知系统都是类似的。"(Stich [1990], p. 59)不过,他对其主张的论证关键取决于对所谓"达尔文论证"的批评。
3　Stich (1990), pp. 69-70.

且，这些目标也可以发生错综复杂的联系。

因此，我们大概不能认为，大自然赋予我们的**一切**认知过程都倾向于让我们具有真信念。这样一来，如果我们转而认为只有某些认知过程具有这个特点，那么达尔文论证至多只能让我们得出如下结论：我们形成信念的**一些**过程就是我们应当形成信念的过程。这个结论意味着，在我们所具有的认知过程中，只有一些过程具有倾向于产生真信念的特点，而其他过程不具有这个特点。那么，我们实际上使用的哪些过程具有这个特点，哪些过程不具有这个特点呢？既然自然选择并不以产生真信念为目标，在此诉求进化论就无助于解决这个问题。[1] 此外，从逻辑上说，为了让达尔文论证的第二个前提变得合理，我们就必须为它添加一个规范预设，即我们用来形成信念的过程**应当**具有一种产生真信念的倾向，若没有这个预设，我们就无法在这个论证的前提和结论之间建立合理联系。但是，假若我们需要这个预设来辩护第二个前提，一个问题自然就会出现：我们如何知道这个预设是真的呢？既然并非我们用来形成信念的**一切**过程都具有产生真信念的倾向，那个预设是否为真就成为一个未决问题，一个似乎不能仅仅从进化的角度来解决的问题。因此，如果上述论证并没有成功地表明我们实际上用来形成信念的过程就是我们应当用来形成信念的过程，那么奎因所倡导的那种彻底自然化认识论的尝试就是无望的，即使了解到一个信念实际上是如何产生的有助于我们评价其辩护地位，但认知辩护原则并不是（或者至少不完全是）由我们关于信念产生过程的知识

---

[1] 在这里，值得指出的是，对这个问题的讨论是复杂的，目前并没有达成一致看法。一个相关的争论涉及阿尔文·普兰廷加反对自然主义的进化论论证，参见 Alvin Plantinga, *Warrant and Proper Function* (Oxford: Oxford University Press, 1993), chapter 12。有关的讨论，见 James Beilby (ed.), *Naturalism Defeated: Essays on Plantinga's Evolutionary Argument against Naturalism* (Ithaca: Cornell University Press, 2002)。

来确立的。

四、自然主义与认知随附

对于具有自然主义倾向的理论家来说，即使奎因彻底自然化认识论的尝试并不成功，这也不意味着规范性质在根本上不能在自然主义框架下得到理解或说明。自然主义认为世界上存在的一切都是自然的。当然，如果我们将"自然"理解为世界上所存在的一切事物的总体，那么自然主义在这个意义上显然是琐碎的。因此，为了在拒斥奎因的激进主张的同时维护一种自然主义认识论，自然化认识论的倡导者（或者同情这种思想倾向的理论家）可以采纳两个策略。首先，他们可以否认奎因的取代论点，但强调认知事实在某种意义上仍然是一种自然事实，因此仍然可以从自然主义观点得到说明。其次，他们可以确认传统认识论本来就具有的地位和所要履行的使命，但强调经验科学研究可以为传统认识论提供有益的补充。稍后我们会讨论这种可能性，目前先来考虑第一个策略。

奎因自然化认识论的计划本质上类似于心灵哲学中的还原主义：如果精神性质／状态可以被完备地还原为（比如说）大脑中的性质／状态，那么它们实际上就是后者，[1] 同样，对于奎因来说，传统认识论所做的一切工作完全可以由经验科学来取代。但是，心灵哲学中的还原主义至少并未完全取得成功，即使我们相信人脑为我们所能具有的精神属性提供了物质－功能基础，我们的精神活动似乎也不能还原为大脑中的神经生理过程以及相关活动。因此，如果自然化认识论的

---

[1] 在这里，"完备"这个说法指的是，在经过这种还原后，我们原来按照精神性质／状态来说明的一切也可以**完全**按照大脑中的性质／状态来说明。

倡导者必须在自然主义框架中为各种关于认知的事实寻求一个地位，为了让自己的观点变得合理，他们就不能采取将显然具有规范地位的东西还原为"原始的"自然事实（例如物理科学中所发现的那些事实）的做法，例如表明二者之间具有严格的同一关系。他们只需表明认知事实以某种方式与自然事实相联系。

伦理学中的自然主义或许有助于阐明这一点。在某些伦理自然主义者看来，道德性质，例如道德上的对与错、公正与不公正等性质，即使不是以物理性质的方式存在于自然界中，也可以从某些"自然事实"中得到说明。例如，在断言滥杀无辜是道德上错的时候，我们不是在说这种行为的错完全是由某些物理事实构成的，甚至可以被鉴定为这些事实，而是会认为，若没有某些相关的自然事实，我们就不会把这种行为看作道德上错的。对于伦理自然主义者来说，滥杀无辜之所以是道德上错的，至少部分原因在于人类生命是有限的和脆弱的，而这是一个关于人类及其存在条件的自然事实，尽管为了充分合理地说明为什么滥杀无辜是道德上错的，伦理自然主义者还需要进一步表明人类生命的有限性和脆弱性如何导致了如下观念：每个人的生命都值得尊重，因此不能被无端剥夺。总而言之，对这些伦理自然主义者来说，尽管道德性质并不是自动进入世界中，但若没有某些事实或事态出现在世界中，就不会有道德性质这样的东西。[1] 认识论的自然主义者同样认为，确定性、合理性、可能性以及辩护之类的认知性质在

---

[1] 人类道德是否完全可以从自然主义的观点得到说明当然是一个极具争议的问题，答案部分取决于我们对于"自然"或"本性"这个概念的理解，部分取决于我们对于人类能动性的本质和来源的认识。参见如下特别相关的讨论：Richmond Campbell and Bruce Hunter (eds.), *Moral Epistemology Naturalized* (Alberta, Canada: University of Calgary Press, 2000); Terry Horgan and Mark Timmons (eds.), *Metaethics after Moore* (Oxford: Oxford University Press, 2006); Susana Nuccetelli and Gary Seay (eds.), *Ethical Naturalism: Current Debates* (Cambridge: Cambridge University Press, 2011)。

这方面就类似于道德性质：即使它们不是作为原始的、根本的事实自动进入世界中，它们也以某种方式被"固定在"描述性事实之上。他们试图用"随附"这个概念来阐明规范性事实和描述性事实之间的关系。例如，金在权对信念的辩护地位与描述性事实的关系提出了如下说法：

> 如果一个信念得到了辩护，那么它必定是因为具有某些事实性的、非认知的性质而得到辩护，例如它是"无可置疑的"，它被认为从一个独立地得到辩护的信念所推出，它是被知觉经验恰当地引起的，等等。它是一个有辩护的信念这件事情，不可能是一个与这种信念的本质无关的原始的、根本的事实。必定有一个理由支持它，而这个理由的根据必定就在于那个特定信念的事实性的描述性质。[1]

这段话的基本要点是，一个信念的辩护地位取决于它所具有的某些事实性的性质或特征。在这里，"事实性"这个说法旨在指出，让一个信念具有"得到辩护"这一属性的那些性质是自然主义者所说的"自然性质"。例如，在类似的意义上说，保温杯是因为具有某些自然性质而具有让液体保温这样一个属性。因此，在说一个信念是因为具有某些事实性的非认知性质而得到辩护时，金在权实际上是在说，一个信念是因为具有某些内在的或者关系性的自然性质而得到辩护，抑或是因为具有这两种性质而得到辩护，而这些性质是非认知的。例如，假设我的信念"书桌上有一只红色的咖啡杯"得到了辩护，那么，它之所以得到辩护，是因为我的知觉经验直接告诉我书桌上有一只红

---

1 Kim (1994), p. 51.

色的咖啡杯，或者因为我记得把那只红色的咖啡杯放在书桌上了，当然也有可能是二者共同所致，比如说当我妻子问我那只红色的咖啡杯在哪里时。不管是以哪种方式来辩护我的信念，我用来进行辩护的东西似乎是关于某些事情（例如我的知觉经验或记忆）的描述性性质，而这些性质似乎是非认知的。当然，知觉或记忆是一种认知状态，但知觉或记忆的**内容**可以是纯粹描述性的。实际上，严格地说，我的信念并不是（或者并不只是）由我所知觉到或记住的东西的**内容**来辩护的，而是由**我知觉到**或者**记住了**一件具有特定内容的事情这件事来辩护的。当然，如果这种说法可以被理解为在描述关于我（即一个特定的认知主体）的某些事实性性质，那么我们也可以说辩护取决于这些性质。但是，如果这些性质本身不能完全按照自然主义的方式来说明（比如在如下意义上：知觉本身就是一种意向状态，而意向性不能完全在自然主义框架中得到说明），那么，即使辩护确实可以按照某些低层次性质来说明，这也未必意味着它可以被"自然化"。按照戴维森的说法，在把某些信念赋予认知主体时，我们是在假设他满足了某些基本的合理性标准——除非我们发现他已经满足了这些标准，否则我们就不能合理地将一个信念赋予他。就此而论，信念是规范的，也就是说，一个精神状态不可能是一个信念，除非它属于一个具有基本合理性的系统。当然，这并不意味着我们绝不会持有非理性信念；而是，为了合理地或有辩护地持有一个信念，我们至少必须假设认知主体的信念之间有某种证据关系。这样，如果信念概念根本上是规范性的，那么，只要知识论必须研究信念辩护问题，它本身就必须是一门规范学科。

出于两个原因，"自然化"认识论的任务实际上不如"自然化"伦理学的任务来得紧迫：首先，至少在西方伦理传统中，伦理思想或道德观念一度被认为在上帝那里有其来源，然而，一旦有神论在现代科学的冲击下解体（尽管并未完全消亡），人们就需要重新设想伦理思想或道德观念的来源；其次，伦理思想或道德观念是能够对人们的行动产生实际影响的东西，因此就需要迫切理解道德动机的来源。在现代科学的成功和达尔文进化论的双重影响下，理论家们希望在某种自然主义框架下来理解人类道德的本质和来源。当然，自然化认识论的动机确实来自一个类似主张，即人类生活中所有其他东西都要（或者都应该）从自然科学那里获得最终凭证。在这里，我们无须对这个主张的合理性或恰当性做出评估。不过，对于具有自然主义承诺的理论家来说，规范认识论的可能性取决于我们能够对规范的认知性质提出某种自然主义说明——只有当我们能够对"得到辩护的信念"这一概念提出一种自然主义说明时，规范认识论才能成为一个切实可行的研究领域。在明确认识到奎因的极端还原主义方案面临的困难后，他们引入了"随附"这一概念，认为认知性质是随附在所谓"自然事实"之上。举例来说，假设我相信天在下雨。为了合理地持有这一信念，我必须表明我的信念是有辩护的。为此，我可以指出我对某些相关的事实或事态（例如地面是潮湿的，或者大雨淋到身上）具有知觉经验，而这些经验是在适当条件下（例如在我没有发生幻觉或者被恶魔欺骗的情况下）由那些事实或事态引起的，我的知觉经验进一步以适当的方式引起了我的信念。对自然主义理论家来说，"由某个知觉经验引起"是一个事实性质，可以为辩护知觉信念提供一个自然主义根据。因此，辩护作为一个规范性质，本身就是立足于某些具有因果关联的自然性质。为了能够将一个自然性质用作一个信念的证据基础，我当然需要以某种方式认识到这个性质，以及用来表述它的语句与我的其他信念之间的逻辑推理关系。不过，按照自然主义理论家的说法，认识某个东西本身就是一种心理过程，因此对逻辑推理联系的认识也可以充当辩护的一个自然主义根据。总而言之，每一个信念的辩护地位都是随附在其描述性的自然性质之上——每当一个信念得到辩护时,它就具有一组描述性的自然性质,以至于任何具有这些性质的信念都必定是有辩护的。[1]

通过使用"随附"这一概念,认识论的自然主义者保留了对自然主义的承诺,同时又可以确认存在真正规范的认知性质。然而,为了落实这种自然主义纲领,他们必须首先鉴定出认知性质所要随附的自然性质,例如,他们必须告诉我们要去哪里寻找相关的自然性质。要解决这个问题并非易事,因为信念获得过程可能涉及无限多的自然性质。自然主义理论家必须有办法鉴定出与认知评价**直接**相关的自然性质。按照戈德曼早期提出的建议,[2] 我们可以相对于某个目标来评价对象或性质。我们赞扬一个自愿为灾区捐助的人,因为其行为缓解了某些人的艰难处境或者促进了社会和谐。同样,我们可以认为认知辩护也是相对于某个目标而论的,例如获得真理和避免错误的认知目标。按照这种理解,得到辩护的信念之所以具有正面的评价地位,是因为它们很可能是真的。因此我们可以按照一个信念与认知目标的关系来鉴定相关的自然性质,例如把有关自然性质鉴定为那些有助于形成或获得真信念的性质。因此,**只要能够说明我们为什么选择了某个特定目标,就有办法鉴定出相关的自然性质**。

然而,不管戈德曼的建议是否具有实际可行性(回想一下其过程可靠主义面临的困难,特别是在个体化认知过程方面),采纳这个建议意味着认识论研究**不是**完全从自然主义路线入手的。戈德曼意识

---

[1] 注意,这个主张不同于此前提到的证据主义:尽管证据主义者同样认为辩护是随附在证据之上,但他们可以不对证据本身的认知地位做出任何特定承诺,例如,他们无须认为证据的概念必须以某种自然主义的方式来理解。

[2] 这个建议与戈德曼对规则可靠主义的讨论相联系,参见 Alvin Goldman, *Epistemology and Cognition* (Cambridge, MA: Harvard University Press, 1986), chapter 4。

到"辩护"至少在日常语言中是一个很模糊的概念,因此他声称知识论研究必须首先**澄清这个概念**,进而按照规范概念(实际上,义务论概念)对它提出一个语义分析——"说一个信念得到辩护意味着它是一个恰当的信念态度,认知主体对之具有一个认知权利或资格的态度。"[1] 戈德曼当然也把具有或获得真信念设想为辩护的目标,但他不是根据经验研究得出这个主张,而是按照一种概念分析提出这个主张。概念分析的结果表明,一个信念为真就是它得到辩护的一个必要条件。而我们之所以对认知评价感兴趣,是因为我们"尝试为信念选择提供劝告、决策指南或诀窍"。[2] 既然我们对可接受的辩护原则的探寻首先来自概念分析,认识论的**起点**就是概念性的而不是经验性的。只有在已经通过概念分析澄清了辩护概念、确立了辩护目标后,我们才能去思考哪些认知过程有助于实现该目标。在这个阶段,如前所述,戈德曼采取了一种过程可靠主义观点,认为认知性质是随附在可靠的认知过程的某些功能性质之上。为了鉴定可靠的认知过程和相关性质,我们就需要诉诸经验研究。经验科学与知识论的关联是在这个方面或以这种方式体现出来的。在这个意义上说,认知评价并非完全独立于我们所认知的自然秩序。既然认知性质不是一种根本上不依赖于自然秩序的特殊性质,认识论的合法性就取决于它是否能够揭示自然性质和认知性质之间的关系。

这里值得指出的是,尽管戈德曼同样认为认知评价是随附在纯粹的事实性事态之上,但他对于认知评价的自然主义理解超越了奎因的极端还原主义。对戈德曼来说,一旦我们已经通过概念分析确立了辩护概念和辩护目标,我们就需要探究任何适当的辩护理论必须满足的

---

[1] Goldman (1986), p. 59.
[2] Ibid.

必要条件。基础主义者和融贯论者对"什么样的辩护是适当的"都有自己的理解。戈德曼的可靠主义当然也提出了一种理解。知识论理论家可能需要在这些不同的理解之间做出取舍，以便对有辩护的信念提出更加合理的解释。那么，如何履行这项任务呢？戈德曼认为我们应该按照**反思平衡方法**来解决这个问题。一方面，按照我们对于一个信念的辩护地位的直观认识来检验某个特定的辩护理论，对理论进行适当调整或修改。另一方面，按照一个辩护理论提出的原则来修改我们原来持有的认知直觉。这样一种过程是双向的，二者之间需要相互调整和校准，直到达到某种反思平衡，而一旦原则（或理论）和直觉之间达到了反思平衡，我们就可以对信念的辩护提出深思熟虑的判断。[1] 反思平衡方法当然不限于在各个可能的辩护理论之间做出选择。实际上，戈德曼对其知识论的发展本身就体现了他对这种方法的自觉利用，尽管他总体上仍然持有一种可靠主义立场。由此来看，戈德曼不仅保留了对认识论的规范特征的承诺，而且其自然主义承诺也是适度的。

自然主义是一个本身没有明确内涵的概念。在最广泛的意义上，它被理解为一切超自然东西的对立面。物理科学在解释和预测我们所认识到的世界方面取得了巨大成功，而这就导致人们认为，凡是不能在物理科学的概念框架下得到说明的东西都不是"自然的"。物理科学的认识论和方法论也因此而成为用来衡量其他领域之正当性的一个标准。当自然主义从物理科学的模板中产生出来时，它也倾向于导致还原主义——在方法论上来说，我们应该按照简单的或容易理解的东西来说明复杂的或不容易理解的东西；从本体论上来说，一切复杂实

---

[1] 对于反思平衡方法在知识论中的应用，参见 Catherine Z. Elgin, *Considered Judgment* (Princeton: Princeton University Press, 1996)。

体或高层次性质都要还原为简单实体或低层次性质。当单纯的还原面临困难，例如高层次性质不能充分合理地按照低层次性质来说明时，自然主义理论家就发明了随附的概念。[1] 但是，正如斯蒂克指出的，[2] 就意向性质而论，如果我们将随附基础（supervenience base）理解为一个生物体目前的、内在的物理性质，或者甚至简单地理解为一个生物体所有的物理性质，那么意向性质就不能被自然化。另一方面，当我们将随附基础理解为所有非意向性质时，我们当然就不能否认意向性质可以被自然化，因为这样做是不一致的。然而，这种做法无助于对意向性质提出任何实质性的理解，因为它**直接断言**一切看似不是物理性质的东西实际上都是物理性质的。当然，随附论点的倡导者可以进一步论证说，如果我们将物理性质理解为物理规律中所援引的性质，那么意向性质就可以被认为**总体上**随附在物理性质上，也就是说，并不存在这样两个可能世界，它们具有同样的物理规律和因果历史，但意向性质在这两个世界中的分配是不一样的，例如，一个世界中的存在者具有与另一个世界中的存在者不同的意向性质。总体随附的观念不外乎是说，物理规律决定了世界上展现出来的一切，不论后者是什么。但是，我们很难看到总体随附的观念如何能在认知辩护的情形中得到应用。实际上，斯蒂克进一步论证说，有很多性质并不是总体上随附在物理性质之上，例如"是真正的毕加索"这个性质或者"是艾滋病病毒"这个性质。而且，我们也不能认为意向性质总体上随附在一切非意向性质之上，因为"在逻辑上肯定存在这样一个世界，它是现实世界的一个无意向的分身，但其中树木、汽车或死人有

---

[1] 当然他们也可以提出"突现"的概念，但鉴于自然化认识论的倡导者并未使用这个想法，在这里我们也不讨论。具有自然主义承诺的心灵哲学家更倾向于用突现来说明各种精神属性。

[2] Stephen Stich and Stephen Laurence, "Intentionality and Naturalism", in Stich, *Deconstructing the Mind* (Oxford: Deconstructing the Mind, 1998), pp. 168-191.

信念、欲望或者其他一些意向状态"。[1] 这里的问题显然并不在于我们不能相信精神性质（或者更一般地说，被称为"心灵"的那种东西）在我们所生活的世界中有任何基础——我们甚至可以认为，按照对"自然"的某种恰当理解，人类心灵确实有一个自然的基础。[2] 真正有意义的问题显然是，如何以一种**实质性**的方式说明意向性质与自然性质的关系？奎因的极端自然主义确实提供了一种实质性论述（尽管被认为并不成功），与此相比，按照随附概念提出的说明，正如它在心灵哲学中的运用那样，并未像其倡导者所设想的那样对知识论研究产生了实质上的促进作用。[3]

五、经验研究与哲学方法

当奎因首次提出自然化认识论的主张时，他将这种认识论设想为对传统认识论的一个取舍。然而，正如我们已经看到的，奎因的批评焦点实际上是一种笛卡尔式的基础主义以及他所理解的卡尔纳普的

---

[1] Stich (1998), p. 187.

[2] 例如，在现在所谓"宽泛的自然主义"（liberal naturalism）的意义上。这种自然主义据说可以追溯到古希腊爱奥尼亚学派，在亚里士多德那里得到了明确表述，在休谟和斯宾诺莎那里得到明确承诺，在当代则为希拉里·普特南和约翰·麦克道尔等哲学家所发展。对这种自然主义的一个集中讨论，见 Mario De Caro and David Macarthur (eds.), *The Routledge Handbook of Liberal Naturalism* (London: Routledge, 2022)。

[3] 尽管金在权在其晚期著作中仍然在捍卫其随附论证，但他承认包括信念和欲望在内的意向性精神现象构成对物理主义的一个严重挑战。参见 Jaegwon Kim, *Physicalism, or Something Near Enough* (Princeton: Princeton University Press, 2008); Jaegwon Kim, *Mind in a Physical World: An Essay on the Mind-Body Problem and Mental Causation* (Cambridge, MA: The MIT Press, 2010)。对金在权在这方面的观点的集中讨论，参见 Terence Horgan, Marcelo Sabatés and David Sosa (eds.), *Qualia and Mental Causation in a Physical World: Themes from the Philosophy of Jaegwon Kim* (Cambridge: Cambridge University Press, 2016)。

经验主义。奎因的自然化认识论与基础主义确实有一些重要差别，主要体现在三个方面。第一，基础主义认识论部分地是为了回应怀疑论挑战而发展起来的，而奎因的理论不仅没有认真看待这个挑战，反而**预设**了外部世界存在，因为在他看来，将认识论自然化就意味着，认识论理论家所要研究的是认知主体从物理世界中接受的感觉刺激和他们由此获得的世界观之间的关系。为此我们就必须预设物理对象和物理世界的存在。因此，自然化认识论实际上并未正视传统认识论的一个核心问题，即怀疑论问题。第二，对奎因来说，认知主体接收到的感觉资料并非像传统基础主义者所认为的那样是某种精神状态，而是可以用自然科学措辞来描述的物理刺激，或者在感官和物理环境之间的物理相互作用。然而，在传统认识论理论家看来，即使物理刺激确实引起一个人具有某个信念，但这本身不足以表明其信念就得到了辩护，至少因为物理刺激是没有概念内容的东西。第三，与此相关，传统认识论关注的是辩护问题，而不是实际上相信什么的问题，而奎因只关心如何说明什么东西引起人们最终具有某些信念或持有某个理论。

即使奎因宣称要用自然化认识论来取代传统认识论，但只要仔细地加以审视，我们就会发现二者之间的差别并不像他所说的那么大。奎因的理论确实预设了外部世界的存在，但这是因为他相信由此就可以"消除"传统的怀疑论挑战。他为此提出了两个反怀疑论论证。第一个论证诉诸"最佳解释推理"策略：奎因认为，我们有理由相信存在着一个外部世界，因为这个信念为感觉资料提供了最佳解释（当然，他并没有像休谟那样从某种自然主义观点来辩护我们对这种信念的接受）。这种反驳怀疑论的策略实际上是密尔之类的古典经验主义者已经使用过的。奎因的第二个论证试图表明关于外部世界的怀疑论是自我反驳的。怀疑论者指出一些经验是虚幻的，并由此暗示我们的一切经验有可能都是虚幻的。因此他们就提出如下主张：如果我们只能通过感觉经验来获得关于外部世界的知识，那么我们实际上就没有这样的知识，因此并不知道存在着一个外部世界。然而，奎因指出，只有当一个人已经接受存在着一个真实世界，而幻觉可以与这样一个世界形成对比时，在他那里才有可能存在实在与幻觉的对比。换句话说，要是一切都是幻觉，我们就不能有意义地把任何东西都说成是幻觉。[1] 通过以这种方式来消除怀疑论挑战，奎因认为可以假设我们对外部世界确实具有大量知识。对他来说，认识论问题是在这个假设的基础上提出的，因此他就格外关心这样一个问题：如何通过处理"贫乏的输入"和"大量的输出"之间的关系来提出对物理世界的一种正确理解？由此我们可以看到，即使奎因的自然化认识论忽视了传统认识论所关心的一些问题，提出了后者并未提出的一些问题，但二者之间仍有一些实质上的重叠，例如都旨在理解人类知识的可能性（虽然奎因好像完全抛弃了辩护概念）。而且，从他对待怀疑论问题的态度中也可以看出，在谈到"感觉资料"时，他实际上不能将它理解为纯粹物理刺激，因为在利用一个最佳解释推理策略来回答怀疑论挑战时，他必须假设我们对感觉资料具有认知存取——他必须认为这种资料是由有意识的感觉经验构成的，就像传统经验主义者所认为的那样。

对奎因来说，其认识论与传统认识论最重要的差别，就在于它否认认识论是自主的。不过，他后来也承认，否认认识论具有传统意义上的自主性并不意味着放弃"我们应当相信什么"这一问题。[2] 戈德曼的思想或许有助于我们理解这个说法。在戈德曼这里，有辩护的信

---

[1] 参见 Quine (1974), p. 3。
[2] 参见 Robert B. Barrett and Roger F. Gibson (eds.), *Perspectives on Quine* (Oxford: Blackwell, 1990), p. 229。

念是从可靠的认知过程中产生出来的,一个可靠的认知过程是按照它产生真信念的概率来定义的。因此,**如果**因果性和概率这两个概念都可以在自然主义框架下得到说明,[1] 那么我们应当相信什么的问题想必也有一个自然主义说明。正如我们已经指出的,这个问题是否能够得到一个自然主义说明在根本上取决于如何理解"自然"这个概念。如果我们相信所认识到的世界根本上具有物理起源,例如不是上帝所创造的,而生命和意识之类的东西也是在物理宇宙中出现的(尽管是在很罕见的条件下),那么我们大概可以认为一切存在的东西都是自然的。比如说,即使我们不能通过某种物理规律将精神性质与物理性质联系起来,但我们至少可以认为,要是大脑没有足够精致的神经生理基础及其与周围世界错综复杂的相互作用,就不会有我们现在称为"心灵"的那种东西。然而,真正有挑战性的问题是,若要彻底地"自然化"认识论,这种认识论的倡导者就必须用一种**非循环**的方式来指定知识和辩护的条件——对这些条件的指定不能包含合理性和辩护之类的规范概念。

我们已经看到这项任务所面临的困难。不过,在这里,我们可以用一个类比来进一步阐明这一点。对休谟来说,正义作为一个道德性质和道德设施,起源于某些关于人类生活的**事实**。例如,要是我们不是处于物质资源相对匮乏的环境,要是社会合作不具有互惠互利的特征,可能就不会有正义这样的东西。然而,一旦正义的观念已经产生并在社会生活中被稳固地确立,它似乎就获得了一种不能完全按照自然性质来说明的特征。有可能的是,人类生活(包括人类认知活动)已经深深地沉浸在人类所发明的规范概念中,这样,一个规范概念的

---

[1] 这两个概念是否可以被自然化当然是一个有争议的问题,取决于我们如何理解它们的本质和来源以及模态形而上学中某些核心问题。

含义在某种意义上就超越了有关自然性质的含义。当乔治·摩尔认为任何相关的自然性质的组合,不管怎么完备都不能穷尽"是好的"这一规范性质的含义时,他大概就是在表达这样一个思想。[1] 在这个意义上说,规范性质或规范概念获得了一种相对的自主性,逐渐具有比有关自然性质更丰富的含义。另一方面,如果人类认知能力确实是漫长的进化历程的产物,我们就有理由认为,对我们实际上如何获得信念的经验研究有助于回答我们应当相信什么的问题。在"自然主义"这个概念最为广泛的意义上说,我们确实有理由相信人类认知是一种自然现象。但是,也不应该忽视人类精神生活赋予我们的一切活动的规范内涵。因此,合理的想法不是将经验科学设想为对知识论的**取代**,而是认为相关的经验科学(例如认知科学)的成果有助于我们理解和改进认知实践,并在这个意义上形成对传统认识论事业的一种有效补充。戈德曼对知识论的研究示范了这个合理的主张。下面我们将简要介绍他的一些相关论述,[2] 以便对经验研究与哲学方法论的关系提出一些必要反思。

早在《认识论与认知》中,戈德曼就尝试阐明知识论与认知科学的关联,这本书的第一部分是戈德曼对其认知辩护理论的澄清和说明,受到当时哲学家的重要关注,然而,第二部分往往被认为在处理认知科学问题,在当时并未得到认真考虑。二者之间的关联是后来随着所谓"实验哲学"的兴起才开始受到重视的,并由此激发了对于哲

---

[1] 参见 G. E. Moore (1903), *Principia Ethica* (Cambridge: Cambridge University Press, 2000), especially chapter 2. 对摩尔的观点的一个集中讨论,见 Susana Nuccetelli and Gary Seay (eds.), *Themes from Moore: New Essays in Epistemology and Ethics* (Oxford: Oxford University Press, 2007)。

[2] Alvin Goldman, "The Sciences and Epistemology", in Paul Moser (ed.), *The Oxford Handbook of Epistemology* (Oxford: Oxford University Press, 2002), pp. 144-176;Alvin Goldman and Matthew McGrath, *Epistemology: A Contemporary Introduction* (Oxford: Oxford University Press, 2016), chapter 7.

学方法论的反思,特别是反思直觉的本质及其在哲学分析和哲学论证中的作用或地位。[1] 对戈德曼来说,如果人类认知可以被理解为一种自然现象,那么知识论理论家就不能仅仅满足于进行纯粹的思辨或反思,例如通过设想各种**思想实验**来诱发对于某些知识论问题的直觉,并由此提出论证和主张,他们也必须诉诸相关的经验研究来检验其理智思辨的结果。戈德曼相信哲学与经验科学至少从方法论的角度来看是**连续的**,哲学家也应该像科学家那样通过从事某种实验来检验他们在哲学论证的基础上提出的哲学假说,特别是他们对直觉的利用。戈德曼自己倾注了大量笔墨来讨论认知科学与哲学的关系。[2] 在他看来,有两种主要的方式将认知科学应用于知识论:一种方式是将它应用于认知主体的问题,通过将认知主体设想为信息处理机制来探究其认知活动;另一种方式是将它应用于认知评价者,考察人们在将知识和辩护之类的认知成就赋予自己和他人时,究竟会发生什么样的认知活动,以此对认知活动取得更好的理解。[3] 戈德曼用很多例子来阐明这

---

[1] 实验哲学的观念在各个哲学领域都产生了重大影响。例如,参见 Eugen Fischer and Mark Curtis (eds.), *Methodological Advances in Experimental Philosophy* (London: Bloomsbury Academic, 2019); Edouard Machery and Elizabeth O'Neill (eds.), *Current Controversies in Experimental Philosophy* (London: Routledge, 2014); Jennifer Nado (ed.), *Advances in Experimental Philosophy and Methodology* (London: Bloomsbury Academic, 2016); Justin Sytsma (ed.), *A Companion to Experimental Philosophy* (Oxford: Blackwell, 2016)。关于知识论研究与经验科学和实验哲学的关联,特别参见 James R. Beebe, *Advances in Experimental Epistemology* (London: Bloomsbury Academic, 2014)。

[2] 例如,参见 Goldman (1986); Alvin Goldman, *Liaisons: Philosophy Meets the Cognitive and Social Sciences* (Cambridge, MA: The MIT Press, 1991); Alvin Goldman, *Philosophical Applications of Cognitive Science* (London: Routledge, 2018, first published in 1993); Alvin Goldman (ed.), *Readings in Philosophy and Cognitive Science* (Cambridge, MA: The MIT Press, 1993); Alvin Goldman, *Joint Ventures: Mindreading, Mirroring, and Embodied Cognition* (Oxford: Oxford University Press, 2013)。

[3] Goldman and McGrath (2016), p. 163.

两种应用，在这里，我们将只是结合此前讨论过的两个问题来阐明其基本观念。

知觉经验是否具有概念内容是基础主义和融贯论之间的一个争论焦点。正如我们已经看到的，哲学家们并没有对这个问题获得统一的认识，但它却影响我们对于认知辩护的本质和结构的理解，而戈德曼的可靠主义本身也对基本信念的存在持有实质性承诺。杰克·莱昂斯试图对知觉信念及其基础地位提出一种不同于传统观点的论述。[1] 莱昂斯论证说，一个信念是基本信念还是知觉信念，这是由产生它的认知系统或模块的本质来决定的，通常与知觉信念相伴随的感觉经验在这些信念的**辩护**中并没有不可或缺的作用——甚至在没有任何感觉经验的情况下，一个人也可以有得到辩护的知觉信念。之所以如此，因为知觉模块是产生基本信念的一种专用模块，而只要某些信念不是这类认知模块的输出，它们就是非基本的，其辩护要求其他信念的推理支持。在莱昂斯看来，感觉经验对于知觉来说并不是本质性的，因为尽管僵尸（zombies，一种与人类极为相似的可能生物）占据了与人类同样的功能状态，但它们完全缺乏有意识的经验。然而，它们仍然可以被描述为"看到"和"听见"事物，或者用莱昂斯自己的话说，"僵尸根本就没有感觉，但[仍然]具有得到辩护的知觉信念"。[2] 这个论证当然还是立足于哲学上的思想实验，其基本设想也可以从心理学研究中得到支持。[3]

---

[1] Jack C. Lyons, *Perception and Basic Beliefs: Zombies, Modules and the Problem of the External World* (London: Routledge, 2009).

[2] Lyons (2009), p. 54.

[3] 参见 Lyons (2009), pp. 52-54。莱昂斯在这里指的是詹姆斯·吉布森有关"无感觉的知觉"的案例，例如盲人可以发现墙和椅子之类的障碍物，却没有任何有意识的感觉。见 James Gibson, *The Senses Considered as Perceptual Systems* (London: George Allen &Unwin Ltd., 1983, first published in 1966), pp. 55-56, 265-266。

正如我们此前看到的，融贯论者给基础主义者制造的困境是，如果感觉没有概念内容，它们就不可能为信念提供辩护；另一方面，如果它们能够为信念提供辩护，它们就必须被解释为信念本身；因此，无论如何都不可能有基础主义者所说的"基本信念"。戈德曼指出，这个论证的这两个阶段可以在视觉心理学家关于"早期"视觉和"晚期"视觉之间的区分那里获得支持。早期视觉开始于视网膜刺激，晚期视觉则以对象或场景认定而告终，视觉的早期部分确实没有概念内容或命题内容，因此就不能为信念辩护提供证据基础。但是，若没有感觉，感知（percepts）就与单纯的猜测或臆想没有区别。因此，如果知觉确实能够为信念辩护提供证据基础，我们就必须设法说明这样一个问题：不伴随有意识的感觉经验的知觉如何能够提供这样一个基础？莱昂斯对这个问题的回答大致可以分为两个部分。首先，他修改了杰里·福多等人对认知模块提出的传统理解，采取了一种弱化的认知模块概念，将认知系统理解为在特定领域（例如知觉或记忆）中实现认知任务、在功能上显示出某种统一性的孤立的认知机制。[1] 按照这种理解，具有一个知觉信念仅仅在于具有一个与知觉系统的某个输出相当的信念。其次，莱昂斯引入了一个**非经验性**意义上的"观看"（look）概念，也就是说，我们实际上可以鉴定出一种不伴随有意识的感觉经验的知觉，而这样一种非经验性的知觉方式同样可以被理解为一个知觉系统的输出。按照莱昂斯自己对认知机制的界定，他认为知觉系统所产生的信念输出是基本的；但是，这样一个信念是基本的并不意味着它必定是有辩护的。莱昂斯对辩护采取了一种可靠主义理解，认为只要一个信念输出是由可靠的知觉系统产生的，它就是有辩护的。因此，只要我们不去追究其论证细节，例如他对认知机制（特

---

[1] 关于莱昂斯对知觉机制的详细论述，参见 Lyons (2009), pp. 88-98。

别是知觉机制）的界定，[1] 我们就可以看到经验研究如何有助于解决知识论中的一个长期争论。

现在让我们转到将认知科学应用于知识论的第二种方式。盖蒂尔自己实际上是利用某些关于**知识赋予**的直觉来表明知识不等于得到辩护的真信念。一些理论家已经设想一些实验来检验盖蒂尔结论的可靠性。例如，按照一项实验研究的结果，在盖蒂尔所设想的情形中，欧洲裔美国学生倾向于赞同他的结论，而印度裔美国学生则倾向于不赞成他的结论。[2] 然而，其他哲学家后来从事的类似实验研究并未得出同样的发现。这导致了对于实验哲学及其方法论的批评和质疑。不过，也有一些理论家认为，我们无须因此就放弃实验哲学，而是要**改进**实验哲学的方法论。例如，按照约翰·图瑞的说法，职业哲学家比外行具有更专业的知识，能够更好地注意和领会盖蒂尔案例的微妙特点的含义，只有他们的直觉才有更好的证据价值。因此，在从事实验哲学研究时，应该让受试者首先具有相关的哲学知识，以便让他们具有像受过训练的哲学家一样的敏感性。[3] 按照戈德曼的描述，一旦对哲学实验方法加以改进，就可以在实验受试者那里诱发出可靠的直

---

1 人类心灵是不是模块性的（或者在多大程度或什么意义上是模块性的），在认知科学和心灵哲学中，本身就是一个有争议的问题。一些学者试图从进化心理学的角度来支持模块性论点，例如参见 Peter Carruthers, *The Architecture of the Mind: Massive Modularity and the Flexibility of Thought* (Oxford: Oxford University Press, 2006); Robert Kurzban, *Why Everyone (Else) Is a Hypocrite: Evolution and the Modular Mind* (Princeton: Princeton University Press, 2011)。然而，也有一些理论家论证说，知觉是认知渗透的，而不是一种相对孤立或封闭的信息处理系统。对这一点的相关讨论，参见 John Zeimbekis and Athanasios Raftopoulos (eds.), *The Cognitive Penetrability of Perception: New Philosophical Perspectives* (Oxford: Oxford University Press, 2015)。

2 Jonathan M. Weinberg, Shaun Nichols, and Stephen Stich, "Normativity and Epistemic Intuitions", reprinted in Ernest Sosa, Jaegwon Kim, Jeremy Fantl, and Matthew McGrath (eds.), *Epistemology: An Anthology* (second edition, Oxford: Blackwell, 2008), pp. 625-646.

3 John Turri (2013), "A Conspicuous Art: Putting Gettier to the Test", *Philosophers' Imprint* 13 (10).

觉，结果表明，在盖蒂尔案例中，在受控条件下，84%的参与者断言认知主体有知识，而在所谓"真实的盖蒂尔条件"下，89%的参与者断言认知主体只是以为自己有知识。因此，盖蒂尔在其论证中使用的直觉被认为是可靠的，换言之，实验哲学证实了盖蒂尔自己按照直觉提出的论证。[1]

自然主义理论家的主张在哲学中产生了一个重要争论：如何理解哲学方法论（或者更一般地说，如何做哲学），特别是，如何理解直觉在哲学论证和哲学反思中的地位和作用？[2] 不少著名哲学家都是按照思想实验诱发出来的直觉来论证其重要的哲学结论，例如，罗伯特·诺齐克利用"经验机器"的思想实验来表明经验本身并不充分，这个思想实验也被用来反驳古典功利主义；德里克·帕菲特则借助于关于个人同一性的一系列思想实验来表明，严格意义上的个人同一性并不重要，重要的是一个人的心理生活能够以某种方式保留下来，而帕菲特自己则相信他由此得出的结论能够支持功利主义观点。[3] 思想实验所诱发的直觉可以得出具有**规范性**的结论。比如说，面对诺齐克和帕菲特的论证，我们究竟要如何看待功利主义这种规范伦理理论？功利主义是否值得信任？当然，你或许认为，功利主义只是表达了我

---

1 参见 Goldman and McGrath (2016), pp. 176-177。
2 这个争论目前已经成为哲学中的一个热点问题，与对所谓"实验哲学"的地位的讨论相联系。例如，参见 Herman Cappelen, Tamar Szabó Gendler and John Hawthorne (eds.), *The Oxford Handbook of Philosophical Methodology* (Oxford: Oxford University Press, 2016); Albert Casullo and Joshua C. Thurow (eds.), *The A Priori in Philosophy* (Oxford: Oxford University Press, 2013); Max Deutsch, *The Myth of the Intuitive: Experimental Philosophy and Philosophical Method* (Cambridge, MA: The MIT Press, 2015); Tamar Szabó Gendler, *Intuition, Imagination, and Philosophical Methodology* (Oxford: Oxford University Press, 2010); Manhal Hamdo, *Epistemic Thought Experiments and Intuitions* (Berlin: Springer, 2023); Serena Maria Nicoli, *The Role of Intuitions in Philosophical Methodology* (London: Palgrave Macmillan, 2016)。
3 Derek Parfit, *Reasons and Persons* (Oxford: Oxford University Press, 1986).

们对伦理生活和道德要求的**部分**理解,而我们对伦理生活和道德要求的理解可以是错综复杂的。然而,至少在某些情形中,比如说在电车难题所示范的一类情形中,我们面临(比如说)在功利主义的道德要求和义务论的道德要求之间进行选择的问题。当然,我们有可能做不出选择,但是,一旦需要做出选择,我们就必须寻求和思考做出选择的根据。在一些哲学家看来,直觉是在特定情形中被诱发出来的,因此其可靠性取决于特定条件。正如有人会愿意成为诺齐克所设想的经验机器一样,也有人在面对帕菲特的"心灵传输"设施时不想进行这种传输,即便经过传输后他的整个心理生活会永久保留下来——**他在地球上消失了**,但另一个具有与他完全一样的心理构成的个体可以在孪生地球上永久生活。这种情况会导致一个重要问题:直觉或者直觉性的状态是否能够充当证据,或者在什么意义上能够充当证据?坚持传统哲学方法论的哲学家或许回答说,我们可以设想进一步的思想实验来解决这个问题。但是,如果这种思想实验实际上也只是旨在诱发**进一步**的直觉,那么它们也会碰到与认知辩护的无穷回溯本质上类似的问题。实际上,在哲学家所设想的思想实验中,至少某些实验是**特设性的**,旨在通过设想这样一个实验来产生有利于他们希望得到的结论的"直觉"。例如,为了支持一种强的道德实在论立场,反对关于道德价值的主观主义或建构主义,帕菲特设想了一个极为怪异的思想实验:一个人毫不在乎自己在未来的任何星期二遭受的痛苦,即使他在这个特定的日子遭受的痛苦远远强于他在任何其他时间可能遭受的痛苦。[1] 然而,正如莎伦·斯特里特指出的,即便帕菲特所设想的那

---

[1] 参见 Derek Parfit, *On What Matters*, Vol. 1 (Oxford: Oxford University Press, 2011), pp. 73-82。帕菲特的这部论著在正式出版前,其初稿就在哲学界广为流行。

种可能性确实存在，它也最好是从进化的角度来加以说明。[1]

直觉往往被理解为具有所谓"自明性"的东西。但是，一个作为"直觉"的东西并非**在任何条件下**都是自明的。正如我们已经指出的，直觉往往是在适当条件下、在特定情境中被诱发出来的。天才数学家或许对某个数学命题的可证性具有某些直觉，但数学专业的新生未必如此；资深植物学家可以一眼看出一棵树究竟是什么树，但业余植物学家未必如此；基础主义者坚信存在基本信念，但融贯论者否认这一点。因此，一旦需要追问直觉作为证据的可靠性，我们就必须探究一个进一步的问题：被称为"直觉"的那种东西在什么条件下、相对于什么认知官能或认知机制来说是自明的？如果直觉可以被用作哲学论证的证据，那么，就哲学问题具有一般性而论，我们就必须问相关的直觉在什么条件下、相对于什么认知构成来说是**普遍可分享的**。对于认识论的自然主义者来说，只有经验研究才能解决这个问题，或者至少对这个问题的解决不能脱离经验研究。人类认知取决于我们已经被赋予的认知官能或认知机制；我们当然可以在哲学上反思、在经验上审视它们的可靠性，但一般来说，我们不能**以怀疑论的方式**来否认它们在适当条件下能够是可靠的，否则就不得不承认我们对作为人类认知对象的一切东西（外部世界、自我、他人等）都没有知识，甚至也没有得到辩护的真信念。然而，如果人类知识在某种意义上已经是可能的，那么这就相当于对极端的哲学怀疑论提出了一个归谬论证。

奎因实际上意识到怀疑论只有在他所说的"科学知识"的情境中才能被有效地反驳。对于戈德曼等认识论的自然主义者来说，反驳怀疑论的一种主要方式，就在于通过经验研究来阐明我们用来支持知识

---

[1] Shron Street (2009), "In Defense of Future Tuesday Indifference: Ideally Coherent Eccentrics and the Contingency of What Matters", *Philosophical Issues* 19: 273-298.

主张的证据在什么情况下是可靠的,而且,直觉本身也应当受制于经验分析。戈德曼把关于直觉或直观判断的证据作用的问题分为"一阶问题"和"二阶问题",前者涉及直觉或直观判断在根本上是否可以成为证据以及它们作为证据的质量或强度,后者则关系到我们将直觉或直观判断视为一阶证据的理由或证据。[1] 就像我们可以追问直觉具有或能够赠予什么样的证据一样,我们也可以问这样一个二阶问题:什么是我们获得最合适的或最有益的二阶证据的方法,比如说,是经验方法还是先验方法?戈德曼并不否认直觉或直观判断可以具有先验的一阶证据地位,但他强调说,它们的二阶证据地位主要是经验性的,也就是说,"直觉的一阶证据地位是不是先验的,部分取决于我们如何定义'先验'这个概念,部分取决于认知科学在为直觉的分类奠定基础的认知过程方面告诉我们的东西"。[2] 在戈德曼看来,我们从哲学思想实验中抽取出来的证据不应该被解释为哲学家所经历的精神状态,即通常被称为"直观"的那种**精神活动**,而应该被解释为这种精神状态的**内容**,即被直观到的客观事实或事态。因此,认知主体可以通过考虑导致这样一个事实或事态的认知过程来评估其一阶证据地位,而因果过程就为这种二阶评估提供了基础。同样,作为一阶证据的直觉是否值得尊重,取决于如何选择要用证据来源来支持的命题。例如,当一位侦探声称在犯罪现场发现的某个东西具有关键的证据作用时,他必须记住"某人犯了罪"或者"某人在犯罪现场"之类的命题。同样,当哲学家宣称或否认直觉是证据时,他们通常指的是直觉对于某些具有哲学兴趣的命题来说是证据。正如我们已经指出的,直觉往往是在适当条件下、在特定情境中被诱发出来的,因此我们不能简单

---

[1] 参见 Alvin Goldman, "Philosophical Naturalism and Intuitional Methodology", in Casullo and Thurow (2013), pp. 11-44, especially pp. 12-13。

[2] Ibid., p. 13.

地认为某个直觉的可靠性就在于其内容是真的。即便实验哲学家可以利用哲学实验来检验直觉的可能性，他们也必须首先解决一个问题，即如何利用他们从实验哲学中获得的那种资料来评估直觉的一般可靠性，特别是对直觉进行分类。在最一般的意义上，用来进行分类的东西当然往往是哲学分析的候选目标，例如知识、正义、因果性、个人同一性之类的哲学观念。但是，哲学家需要进一步阐明这些观念具体的满足条件，例如说明知识或正义究竟在于什么。为此，哲学家就需要研究知识或正义的各种实际的和可能的实例，以发现它们所共有的东西。

但是，哲学家们需要确定对进行分类的东西的**选择**在某种意义上是正确的或恰当的。有两种处理这个问题的传统进路，即经验主义和理性主义。经验主义当然在一定程度上符合哲学自然主义，因此，在这里我们只考察戈德曼对理性主义进路的批评。理性主义者认为我们具有一种进行理智把握的理性官能，由此我们就可以先验地把握抽象对象的构成或组成。然而，如何理解这种能力呢？在传统理性主义哲学家那里，理智把握要么是一种神秘的能力，要么是仿照知觉过程来理解的。即使知觉在最广泛的意义上被理解为将信息从外部对象传递到内在认知状态的过程，而且在某些条件下是可靠的，这种传递在直觉的情形中如何运作至少也还是不清楚的。理性主义的解决方案还面临一个难题，即它使得日常的哲学实践变得毫无意义。例如，我们之所以认为知识要求辩护，就是因为我们认为我们无法**直接**认知外部世界的本来面目。要是我们已经对外部世界的本来面目具有理智把握，知识论就变得不必要了。实际上，尽管邦茹之类的"适度的"理性主义者仍然保留了先验知识和先验辩护的概念，但他们已经不再认为所谓"理智直观"是不可错的。但是，承认这一点无异于承认我们至多只具有一个"**相对先验**"的概念，大致说来思想如下：我们利用某些特定的概念和某个既定的概念框架来组织和理解我们的直接经验。当然，理性主义者或许认为，先验知识的对象是通过诉诸其命题内容的模态性质来表征的。但是，正如戈德曼和威廉姆森所指出的，我们不能简单地将先验担保与必然性之类的模态概念联系起来，除非顽固的理性主义者能够充分有力地阐明先验性和模态地位之间的联系，并对模态知识的可能性提出有说服力的论述。

诉求直觉是哲学家们在进行哲学分析和理性反思时经常使用的一种方法，实际上也往往被看作哲学的一个本质特征。然而，近来对直觉的本质和来源的经验研究对这种做法提出了质疑和批评。例如，乔纳森·温伯格等人论证说，我们实际上不能依靠直觉来产生可信的规范结论和解决规范问题，因此我们应该抛弃所谓"直觉驱动的规范认识论"（他们称之为"认知浪漫主义"）。[1] 规范认识论旨在回答的核心问题是，在形成和修改信念方面我们应当如何入手？认知浪漫主义者的回答是，"对于正确的认知规范（或者能够导致这种规范的信息）的知识已经以某种方式被植入我们当中，而通过恰当的自我探索，我们就可以发现这些规范"。[2] 认知直觉就是这种自我探索经常使用的一个策略：认知直觉被用作输入来产生关于我们应当如何形成和修改信念的规范主张。温伯格等人旨在表明，认知直觉具有文化上的变异性，也就是说，生活在不同文化中（或者具有不同文化背景）的人会在某些认识论问题上持有不同的认知直觉。例如，按照他们所引用的理查德·尼斯贝特等人的一项实验研究结果，东亚人和西方人在推理和信念形成方面具有和使用不同的策略：西方人习惯于分析性思维，东亚人则习惯于整体论思维，此外，西方人具有更强的能动性和独立

---

[1] Weinberg, Nichols, and Stich (2008).
[2] Ibid., p. 627.

性意识，东亚人则对社会和谐具有更强的承诺。他们由此提出了两个假设：第一，认知直觉会随着不同文化而发生变化；第二，认知直觉会随着社会经济条件而发生变化。在此基础上，他们也通过实验研究提出了另外两个假说：第一，认知直觉会随着实验受试者的哲学背景而发生变化；第二，认知直觉在一定程度上取决于提出相关案例的顺序。他们设想了一些实验来检验这两个假设，并最终提出如下说法：具有正常能力和正常心态的人们在认识论问题上持有一系列具有重要差别的直觉，因此，我们就不能依靠直觉（或者至少不能仅仅依靠直觉）来得出规范结论或提出规范主张。他们认为其实验结果表明，"当知识论理论家在尝试描绘认知概念或引出规范结论而提到'我们的'直觉时，他们是在从事一种基于特定文化的努力。……实际上，在我们的研究中，20世纪认识论的一些最有影响的思想实验在不同文化中产生了不同的直觉。因此，直觉驱动的认识论看来是一种决定正确的认知规范的极为怪异的方法"。[1]

在声称实验研究表明直觉驱动的认识论并不足信时，温伯格等人当然也是在提出一个哲学主张。经验研究是否足以支持或反驳一个哲学主张，当然是一个有争议的问题，涉及我们对**哲学知识**的本质和来源的理解。[2] 批评者可以用两种方式来回应温伯格等人的论证：首先，他们可以指出，甚至在温伯格等人的实验所设想的那些相对理想化的受试者当中，某些直觉比其他直觉更值得信任（尽管温伯格等人已经尝试回应这个批评）；其次，他们可以直接指出温伯格等人的实验设

1　Weinbereg, Nichols, and Stich (2008), p. 642.
2　对这个问题的一些相关讨论，参见 Christian Beyer and Alex Burri (eds.), *Philosophical Knowledge: Its Possibility and Scope* (New York: Rodopi, 2007); Timothy Williamson, *The Philosophy of Philosophy* (second edition, Oxford: Blackwell, 2021), 特别是其中对于实验哲学的分析和批评以及对于哲学自然主义的回应。

计本身是有缺陷的。如果经验研究本身不足以得出一个具有普遍含义的哲学结论,那么这些批评显然是可理解的。不过,具有自然主义承诺的哲学家仍然会坚持认为,对人类心灵乃至人类道德的研究无论如何都不能脱离经验视角,因为我们有理由认为人类心灵和人类道德本身就是人类进化的结果,可以作为一种自然现象来加以研究。因此,当我们关注各种具有哲学兴趣的现象时,就需要利用实验方法来检验我们对它们的直观认识和理性反思是否真正可靠,正如科恩布利思所指出的,"哲学研究若要取得任何真正的理解,哲学家就必须对自己寻求追问的现象具有精准的看法。然而,正如慎思和记忆之类的例子所表明的,一种不借助于经验研究来探究哲学的方法不适合于取得这种理解。只有对这些现象的经验研究才会提供所需的精确论述"。[1] 就知识论而言,概念分析和先验论证固然有助于确立知识和辩护的标准,但是,举例说,如果我们发现人类认知能力对于实现这样一个标准并不适当,那么,只要我们不是怀疑论者,我们就应该修改或拒斥这样一个标准。我们固然可以在哲学上争辩修改或拒斥这样一个标准是否恰当,但不可否认的是,经验研究对于哲学讨论确实是相关的,传统的哲学方法本身也需要得到审视。人类认知活动根本上说关系到我们与外部世界的因果联系,各种认知机制也是在我们与环境的互动中得以形成和塑造的。因此,即使对认知机制的经验研究并不是认识论的全部故事,它显然有助于促进我们对认识论中某些传统问题的理解和解决,因此,我们无须认为自然主义认识论与传统认识论是根本上不相容的,而是应当认为它们在某种意义上是相互补充和彼此支持的,正

---

[1] Hilary Kornblith, "A Naturalistic Methodology", in Giuseppina D'Oro and Søren Overgaard (eds.), *The Cambridge Companion to Philosophical Methodology* (Cambridge: Cambridge University Press, 2017), pp. 141-160, at p. 148.

如我们无须认为进化伦理学取代了传统规范伦理学，而从进化的角度来探究人类道德的本质和来源显然有助于深化规范伦理学和元伦理学的研究。同样，我们大概也应该认为，认知规范是具有特定认知构成的人类认知主体在与外部世界的因果－认知互动中逐渐产生出来的。

当然，经验研究如何变得与知识论相关，或者在多大程度上相关，取决于我们如何设想知识论研究的目标以及如何理解自然主义。正如我们已经看到的，对于自然化知识论的反对者来说，知识论旨在告诉我们**应当**如何形成信念，而不是我们实际上如何形成信念，知识论的规范维度不仅不能在自然主义框架下得到解释，反而要为评价和规范经验研究提供必要的基础。但是，如果道德规范可以在一种宽泛的自然主义的意义上得到说明，为什么认知规范不能在类似的意义上得到说明呢？这里的关键显然在于如何理解自然主义，或者更一般地说，如何理解道德或知识在人类生活中的地位和作用以及道德行动者或认知主体与他们所生活的世界的关系。因此，不管奎因自然化知识论的计划是否在根本上可行，将知识论与广泛地设想的认知科学联系起来无疑会促进我们对知识论事业本身的思考。就像心灵哲学中的物理主义可能不足以把握我们对心灵的理解一样，仅仅按照认知主体的生理－心理过程及其与环境的因果互动来理解人类知识可能确实过于简单化。但是，值得指出的是，奎因自己实际上更加强调一种**方法论**自然主义，而不是一种**实质性**自然主义。他实际上提出的是一个元认识论主张，即认识论**应该**在根本上与心理学相联系。二者之间究竟应该具有什么样的联系于是就成为方法论自然主义的一个核心论题。

奎因自然化认识论的尝试不仅导致了对于哲学方法本身的反思，而且也是如今蓬勃发展的实验哲学的一个直接来源。[1] 自奎因以来，

---

1 关于实验哲学以及实验认识论目前的状况，参见 Sytsma (2016); Beebe (2014)。

自然主义认识论的发展经历了三个阶段：第一个阶段主要是围绕奎因的倡议纲领性地讨论关于自然化的论证，例如如何"自然化"某个规范概念或性质；第二个阶段则超越了这种关注，试图将知识论建立在相关经验研究的基础上；第三个阶段则超越了对于这种研究的依靠，直接对各种哲学问题进行实验研究。前两个阶段不仅促进了对于知识的本质的进一步审视，例如知识究竟是不是一个自然类，而且也产生了一个极为重要的争论，即关于规范性的本质和地位的争论，而对于认知规范的本质的理解将直接影响我们对待自然主义的态度。[1] 目前的实验哲学本质上是一种实验认识论，因为它旨在通过实验方法来探究如下问题：直觉是否在根本上揭示了我们的思想和概念的轮廓？如果实验研究的结果表明并非如此，那么我们在哲学研究中就不应该满足于依靠直觉。这个结果会对知识论中的一些重要问题产生影响，例如盖蒂尔问题和怀疑论问题，因为它们在很大程度上都与认知直觉有关。实验哲学的研究所得出的结论究竟具有多大可靠性，目前仍然是一个有争议的问题，而这进一步促进了哲学家们对于哲学方法的反

---

[1] 这方面的讨论，例如参见 Stephen Stich, "Naturalizing Epistemology: Quine, Simon, and the Prospects for Pragmatism", in C. Hookway and D. Peterson (eds.), *Philosophy and Cognitive Science* (Cambridge: Cambridge University Press, 1993), pp. 1-17; Hilary Kornblith, *Knowledge and Its Place in Nature* (Oxford: Clarendon Press, 2002); Tom Kelly (2003), "Epistemic Rationality as Instrumental Rationality: A Critique", *Philosophy and Phenomenological Research* 66: 612-640; Jonathan Knowles, *Norms, Naturalism and Epistemology: The Case for Science without Norms* (London: Palgrave Macmillan, 2003)。对于认知规范和认知合理性的一些集中讨论，参见 Clayton Littlejohn and John Turri (eds.), *Epistemic Norms: New Essays on Action, Belief, and Assertion* (Oxford: Oxford University Press, 2014); Patrick Bondy, *Epistemic Rationality and Epistemic Normativity* (London: Routledge, 2018); Andy Muller, *Beings of Thought and Action: Epistemic and Practical Rationality* (Cambridge: Cambridge University Press, 2021); Matthew Chrisman, *Belief, Agency, and Knowledge: Essays on Epistemic Normativity* (Oxford: Oxford University Press, 2022)。

思。[1] 因此，这样说是公正的：不管奎因自己的自然化认识论纲领取得了多大成就，它不仅代表了对传统认识论的一个重要批评，而且也促使当代知识论研究发生了一些重要转向。

---

[1] 例如，参见 Cappelen (2012), Deutsch (2015), Fischer and Collins (2015)。

第九章 怀疑论、知识与语境

到目前为止，对知识和辩护的讨论都假设我们能够具有关于外部世界的知识，或者至少持有关于外部世界的有辩护的真信念。在这个假定下，知识论理论家主要探究知识和辩护的标准以及知识和信念产生的方式。然而，甚至当知识论理论家在这个假定下去处理知识和辩护问题时，怀疑论挑战也不时浮现在其处理问题的背景中。如果知识主张要求辩护，那么辩护的无穷回溯就会产生一种关于辩护的怀疑论。笛卡尔的基础主义纲领本质上是为了应对怀疑论挑战而提出的，但基础主义的知识和辩护概念反而成为怀疑论的一个主要根源。一旦经验被赋予了认知优先性，一旦我们认识到人类认知能力不足以让我们把握世界的本来面目，怀疑论就会乘虚而入，正如迈克尔·威廉斯所说：

> 怀疑论者论证说，我们通过感官不成问题地获得的东西与我们想要知道的东西相去甚远。我们通过感官"直接"知道的东西无论如何都只是事物向我们显现出来的样子，而我们想要知道的是它们实际上是什么样子。如果我们对于它们实际上是什么样子的知识不得不来自我们对于它们显现为什么样子的知识，那么我们既有了一个怀疑论问题的素材，又有了评价我们

对于整个世界的知识的余地。[1]

换言之，怀疑论本质上来自两个直观上合理的主张：第一，外部世界是独立于我们而存在的；第二，我们是通过感官给予我们的经验来认识外部世界。只要我们放弃其中任何一个主张，怀疑论就不会产生。但是，我们有什么理由放弃其中任何一个主张呢？否认外部世界的独立性要求我们采纳各种形式的观念论，即认为世界本身并不存在，我们称为"外部世界"的那个东西完全是我们自己构造出来的。这个举措显然是不可取的，因为若不首先存在一个外部世界，我们在认知事业中用来构造它的观念从何而来？当然，这样说是完全可以理解的：**我们所认识到**的世界与人类心灵的想象（在"想象"这个概念的最广泛的意义上）具有重要联系。但是，难以理解的是，我们所生活的世界完全是人类心灵虚构出来的。另一方面，似乎也不能否认我们对于外部世界的认识根本上说不是来自感官向我们提供的经验。否认这一点将会走向一种柏拉图式的理性主义，大致说来观点如下：我们天生就拥有在适当条件下通过一种理智把握来直接认识实在的能力。康德在知识论中的革命性贡献就在于，他表明这种理性主义是教条式的，而即便理性可以被当作一种认知能力来使用，我们也必须首先批判性地审视其能力和限度。当然，康德自己并不认为理性可以被（或者，只是被）用作一种认知能力——理性的首要职能在于它向我们提供了用来组织经验的原则。由此来看，哲学怀疑论之所以难以避免，是因为它本身就是理性反思的一个结果，或者说反映了人类认知的一个困境。

---

1 Michael Williams, *Unnatural Doubts: Epistemological Realism and the Basis of Scepticism* (Princeton: Princeton University Press, 1995), p. 51.

在知识论中，怀疑论主要提出了这样一个问题：我们用来支持日常信念的理由是否足够好，以至于可以让我们拥有知识？证据主义的认知辩护理论对待这一问题十分认真，因此就把回答怀疑论挑战作为它的一个基本动机。与此相比，非证据主义的知识和辩护理论基本上采取了一种外在主义立场，认为知识和辩护仅仅要求因果联系、可靠追踪、认知过程的可靠性或恰当功能之类的东西，而不是在根本上要求证据或理由。这种理论的捍卫者基本上拒斥了怀疑论论证，认为它们是立足于对知识本质的某种错误理解。然而，外在主义的知识和辩护理论所面临的一个主要批评恰好是，这种理论要么不能解决怀疑论问题，要么实际上回避了这个问题，因此是有缺陷的。在我们对知识和辩护的哲学理解中，怀疑论似乎成了一个无法回避的问题。事实上，怀疑论在知识论中之所以如此重要，就是因为它是对知识的**哲学**反思的一个不可避免的结果：我们寻求对知识和辩护的理解，试图为知识或有辩护的信念提出一个可能标准，但经过反思，我们发现这个标准大概无法得到满足。盖蒂尔问题实际上旨在表明传统的知识标准得不到满足，并由此导致哲学家或是试图寻求知识的第四个条件，或是以某种方式修改知识概念。事实上，即使怀疑论似乎否认了我们具有某些类型的知识，但甚至那些接受外在主义立场的理论家也发现他们需要思考怀疑论论证的价值，因为这些论证提出了如下问题（以及一些相关问题）：我们用来支持日常信念的理由是否足以将得到辩护的真信念转变为知识？

在日常生活中，人们可以对很多东西持有怀疑态度，例如，我可能怀疑某人是否值得信赖，全球气候变化是否就像某些官方媒体所说的那样不是一个真实现象，政府颁布的某些关于抑制房价上涨的政策是否能够在根本上解决问题，宇宙是否有一个开端和终结，等等。与此类似，哲学中也有各种各样的怀疑论见解，例如关于抽象对象（如数学对象)的怀疑论,关于过去或他心的怀疑论,关于普遍道德价值的怀疑论,等等。在这里,我们主要关心关于外部世界的怀疑论,[1] 因为这种怀疑论不仅构成了其他种类怀疑论的一个思想基础,本质上也涉及我们格外关心的一个问题:我们是否能够知道一个独立于我们而存在的外部世界,或者在什么意义上能够对它具有知识?关于外部世界的怀疑论本身也是一个极为复杂的问题领域,因此,本章并不旨在处理所有相关问题,只是满足于勾画怀疑论论证的基本思想以及应对怀疑论挑战的一些主要策略。[2] 我们将首先介绍怀疑论的基本预设,由此了解怀疑论者对知识提出的要求,然后考察一些主要的怀疑论论证,最终考察回应怀疑论挑战的一些主要方式,特别是认识论的语境主义。

一、怀疑论的本质和范围

在日常生活中,人们会对很多东西持有怀疑态度。假设我们两人在山中观察鸟,当一只鸟从前面树林中飞过时,我对你说我知道那是一只画眉,而你对我的主张提出怀疑,因为你认为那只鸟胸脯上的颜色不同于画眉的颜色,它飞行的方式也不同于画眉飞行的方式。你用这些证据来挑战我提出的知识主张。为了维护我的主张,我可以用两种方式

---

[1] 休谟对因果关系和归纳推理的论述实际上也产生了一种形式的怀疑论。鉴于休谟的怀疑论具有与笛卡尔的怀疑论不同的含义,我们将在下一章中单独讨论。

[2] 怀疑论可以被看作知识论中除了知识和辩护问题之外的另一个主要问题,这一领域的研究积累了大量文献。对于希望适当地了解怀疑论及其含义的读者来说,如下文献特别值得推荐:Annalisa Coliva and Duncan Pritchard, *Skepticism* (London: Routledge, 2022); Bryan Frances, *Scepticism Comes Alive* (Oxford: Clarendon Press, 2005); A. C. Grayling, *Scepticism and the Possibility of Knowledge* (London: Continuum, 2008); John Greco (ed.), *The Oxford Handbook of Skepticism* (Oxford: Oxford University Press, 2008); Diego E. Machuca and Baron Reed (eds.), *Skepticism: From Antiquity to the Present* (London: Bloomsbury Academic, 2018); Williams (1995); Barry Stroud, *The Significance of Philosophical Scepticism* (Oxford: Clarendon Press, 1984).

回答你的挑战。首先，我可以引用很权威的《鸟类大全》向你表明，某些画眉确实具有我观察到的那些特征，尽管大多数常见的画眉不具有那些特征。其次，我可以承认你提出的理由都是真的，但可以将它们打发掉，比如说，最近一项研究表明某些画眉胸脯的颜色发生了变异。我还可以指出，那只鸟受了伤，因此它飞起来就跟其他画眉不太一样。这样，即使你用来怀疑我知识主张的理由都是真的，我还是可以设法消除它们的证据力量。当我们在日常生活中怀疑某事时，怀疑总是出现在某些东西没有受到怀疑的情形中。例如，你对我的主张的怀疑预设了我们都知道普通画眉有什么颜色模式和飞行方式。也就是说，这种怀疑预设了我们都相信对世界的某种描述是正确的。日常意义上的怀疑是相对于我们对世界持有的其他信念来表达的——我们不是在怀疑我们对世界具有任何知识，我们反而假设我们知道世界上很多东西，而我们对世界具有的一般知识可以消除我们对某些东西的怀疑。

然而，当我们在**哲学语境**中来谈论怀疑论时，就不能以这种方式来消除怀疑了。对于我们自以为知道的一类命题，哲学怀疑论者都可以设法表明其中每一个命题都是可疑的，因此我们就无法用其他命题或信念来消除对某个命题或信念的怀疑。哲学怀疑论者设想了各种怀疑论假说，例如笛卡尔的做梦假说和恶魔假说，或者诺齐克的"缸中之脑"假说，试图以此表明我们不可能具有任何可以将真实世界与虚假世界区分开来的证据。如前所述，哲学怀疑论根本上来自两个看似合理的论点：第一，外部世界是独立于人类心灵而存在的；第二，经验在认知上具有优先性。通过利用这两个论点，怀疑论者就可以提出如下一般论证：[1]

---

1 对怀疑论论证的一般结构的深入分析，见 Richard Fumerton, *Metaepistemology and Skepticism* (Lanham: Rowman & Littlefield Publishers, Inc., 1995), chapter 2。

对怀疑论的一般论证。

（1）任何关于外部世界的知识主张都需要辩护。

（2）辩护在证据上取决于直接的主观经验。

（3）只有当我们已经表明经验能够可靠地指示实在的本质时，直接的主观经验才能为关于外部世界的知识主张提供辩护。

（4）按照怀疑论假说，直接的主观经验在逻辑上独立于实在的本质。

（5）因此，我们关于外部世界的知识主张绝不可能得到辩护。

（6）因此，严格地说，我们不具有关于外部世界的知识。

这个论证可以被用来说明怀疑论的一些本质特点。怀疑论者的明确目标是知识：他们所要怀疑的是我们是否具有某些类型的知识，例如关于外部世界的知识，关于其他人的心灵的知识，关于未来的知识，等等。然而，只要承认我们并不能**直接地**和**不可错地**认识到外部世界的本来面目、其他人的心灵以及未来等，能够被称为知识的那种东西就必须满足某些标准，例如传统知识概念所指定的那三个标准，加上能够处理盖蒂尔反例的某个条件。我们通过感觉经验认识到的东西总是与实在的本来面目具有一定差距，这是古希腊以来的认识论就已经广泛承认的一个思想。[1] 因此，如果我们接受这个思想，那就

---

1 关于古代怀疑论，参见 Richard Bett (ed.), *The Cambridge Companion to Ancient Scepticism* (Cambridge: Cambridge University Press, 2010); Leo Groarke, *Greek Scepticism: Anti-Realist Trends in Ancient Thought* (Montreal: McGill-Queen's University Press, 1990); Casey Perin, *The Demands of Reason: An Essay on Pyrrhonian Scepticism* (Oxford: Oxford University Press, 2010)。关于怀疑论在现代时期的发展，参见 Richard H. Popkin, *The History of Scepticism: From Savonarola to Bayle* (Oxford: Oxford University Press, 2003)。

意味着与知识相关的信念总是需要得到辩护，否则我们就只能采取某种教条主义态度，而这被认为是不允许的。例如，我们必须有充分的理由表明我们的信念很有可能是真的，而且不是偶然为真（盖蒂尔式反例主要涉及偶然为真的信念）。就此而论，关于知识的怀疑论主要是通过关于辩护的怀疑论体现出来的——怀疑论者所要怀疑的是，我们的信念是否能够具有知识所要求的那种辩护。因此，如果怀疑论者能够捍卫其假说，例如通过表明这种假说是可设想的，因此是可理解的，那么他们就可以表明我们实际上不具有**某些类型**的知识。

在这里，我强调"某些类型的知识"这个说法，是因为怀疑论挑战有一个范围问题：怀疑论者所要挑战的是所有（或者几乎所有）信念的辩护，抑或只是某个特定范畴中的信念，例如关于外部世界的信念。如果一个怀疑论者声称的是根本上没有任何人知道任何东西，那么他就是在倡导一种"全面"怀疑论；如果他只是否认我们在某些领域或范畴中具有知识，那么他就是在倡导一种"局部"怀疑论。[1] 有些学者已经指出全面怀疑论实际上是自我反驳的，因为怀疑论者也需要用某个论证来提出其怀疑论主张，为此他们就得首先确认其论证是有效的。比如说，如果他们认为自己提出的主张是被先验地辩护的，那么他们就得承认其论证前提是先验为真的，他们对这样一个论证的有效性具有先验知识。在这种情况下，怀疑论者就不能否认某种先验知识的可能性，因此就不能断言根本上没有任何人知道任何东西。更有趣也更难反驳的怀疑论是局部怀疑论，即对某个特定知识领域所提出的怀疑论。例如，在笛卡尔的怀疑论论证中，他不仅承认某些自明的真理，而且也认为一个人对自己有意识的精神状态的内容具有不可错的认知存取，因此关于这种内容的信念是免于怀疑的。然而，笛卡

---

[1] 关于这个区分，亦可参见 Richard Fumerton, *Epistemology* (Oxford: Blackwell, 2006), pp. 118-120。

尔所要追究是这样一个问题：我们是否能够在这个基础上对关于外部世界的信念提出一种足够强的辩护，以至于可以声称我们对外部世界具有知识？换句话说，即使笛卡尔承认某些命题是可知的，但他提出的怀疑论挑战极为严重，因为关于外部世界的信念实际上包含了一系列很广泛的信念，这些信念涉及日常的物理对象、其他人及其心灵的存在、自然规律和不可观测的物理实体、历史和未来等。

怀疑论可以在怀疑的范围上有所不同。同样，不同形式的怀疑论也可以因为它们提出的主张的强度而有所差别。考虑关于未来的怀疑论，这种怀疑论否认我们对未来具有任何知识。当怀疑论者声称"任何人都不可能对任何关于未来的东西具有知识"时，这里所说的"不可能"或许指的是逻辑上不可能。在这个意义上，上述怀疑论主张就类似于"任何人都不可能用五块同样大小的铁板，在不允许分割的情况下造出一个正方形铁盒"，或者"没有任何人能够是一个已婚的单身汉"。这种事情之所以是不可能的，是因为它们不可能存在于我们所生活的世界中——在我们所生活的世界中，事物的构成方式或是受到了物理规律的约束，或是受到了语言实践或某些社会实践的约束。我们不能在这个意义上来理解怀疑论主张中所说的那个"不可能"，因为它实际上要断言的是，实际的人类个体没有能力知道任何关于未来的事情，正如任何实际的人类个体都不能在不借助任何设施的情况下从平地上跳到 20 米高的悬崖顶上。因此，怀疑论者实际上所要说的是，某些东西超越了人类认知能力的限度，甚至是我们**原则上**无法知道的。怀疑论之所以在哲学上有趣，就是因为它提出了人类知识的限度问题。当然，你或许认为，既然人类的认知构成使得我们**必然**不知道某些东西，比如说，我们或许永远不知道宇宙的真实来源或者其未来，我们当然就可以将人类知识限制到我们所能知道的东西的范围中，如此一来，怀疑论还能有什么意义呢？不过，怀疑论者也可以提出一个更弱的主张——不是声称没有任何人**能够**知道任何关于未来的事情,而是声称没有任何人**实际上**知道任何关于未来的事情。"实际上不知道"这个说法并不意味着"**原则上无法知道**"。如果我们需要在哲学上反思为什么我们实际上不知道某些事情,那么怀疑论怀疑就会变得有意义。在古代世界中,特别是在所谓"皮罗主义怀疑论"那里,怀疑论本质上被理解为一种生活方式:当我们无法在某些事情上做出判断时,我们最好悬置判断,这样我们就可以保持心灵的宁静,过一种"不受纷扰"的生活。[1] 实际上,正如我们即将看到的,甚至那个更弱的主张也会对人类知识的可能性造成严重威胁。

这里需要指出的是,认识论的怀疑论不同于形而上学意义上的怀疑论。如果某个东西实际上并不存在,我们就不可能具有关于它的知识(这也是为什么我们不能认为自己知道某个虚假的命题,即使我们在某种意义上可以对它持有信念)。例如,在形而上学领域中,某些理论家认为虚构对象并不存在(当然是在与"物理对象存在"相比较的意义上),因为他们认为存在的东西必定具有因果作用力。但是,按照某些哲学家的说法,我们可以具有关于虚构对象的知识,例如,即使数学对象在某种意义上被看作是虚构对象,我们也可以具有数学知识。[2] 在日常生活中,当人们提出"我怀疑存在地外生命"之类的

---

[1] 关于这种怀疑论及其实践含义,参见 Richard Bett, *How to Be a Pyrrhonist: the Practice and Significance of Pyrrhonian Scepticism* (Cambridge: Cambridge University Press, 2019)。

[2] 对于虚构对象的本体论地位的讨论,参见 Stuart Brock and Anthony Everett (eds.), *Fictional Objects* (Oxford: Oxford University Press, 2015); Amie L. Thomasson, *Fiction and Metaphysics* (Cambridge: Cambridge University Press, 1998)。关于反对存在着虚构对象的论证,参见 Anthony Everett, *The Nonexistent* (Oxford: Oxford University Press, 2013)。对于数学知识的可能性的讨论,例如,参见 Mark Balaguer, *Platonism and Anti-Platonism in Mathematics* (Oxford: Oxford University Press, 2001); Mary Leng, Alexander Paseau, and Michael Potter (eds.), *Mathematical Knowledge* (Oxford: Oxford University Press, 2007); Mary Leng, *Mathematics and Reality* (Oxford: Oxford University Press, 2010)。

说法时，他们是在本体论的意义上提出这种说法，即很有可能并不存在地外生命。他们不是在怀疑假若存在地外生命，我们很可能就会知道其存在。因此，在知识论中，怀疑论者是在说，即使确实存在某些客观真理，我们也很有可能不知道它们。在这个意义上说，怀疑论指向的是人类知识的限度，所要怀疑的是人类知识在某些领域中的可能性。因此，知识论理论家有两种方式回应怀疑论挑战。一种方式是认为，唯有通过回答怀疑论怀疑，我们才能表明知识实际上是可能的。[1] 另一种方式则是要在根本上拒斥如下主张：怀疑论在知识论事业中占据任何核心地位。这是自然化认识论的倡导者通常采取的策略。这些理论家相信我们基本的认知官能或认知机制在适当条件下是可靠的，知识论在很大程度上就在于借助于经验研究来发现和阐明其可靠性条件，而认知辩护也必须以此为基础开展。当怀疑论者在根本上质疑知觉或记忆之类的基本认知官能或机制的可靠性时，自然主义理论家则坚持认为，彻底怀疑我们的认知能力是可靠的无异于放弃知识论事业本身。前一种策略的倡导者必须提出理由来表明为什么怀疑论者的怀疑是没有根据的。那么，自然主义理论家全然无视怀疑论挑战的策略又如何呢？实际上，只要认识论不能被彻底自然化，也就是说，仍然在某种程度上保留了规范承诺，怀疑论挑战就仍然存在，因为怀疑论者在质疑一般意义上的知识的可能性时，也把**哲学知识**本身当作一个攻击目标。为了理解这一点，我们首先需要考察一下怀疑论者对怀疑论假说的基本论证。

---

[1] 这就是巴里·斯特劳德所说的"英雄式策略"，参见 Barry Stroud (1994), "Scepticism, 'Externalism', and the Goal of Epistemology", *Aristotelian Society Supplement Volume* 68: 219-307。

二、知识、确定性与错误

在关于我们知道什么、不知道什么的争论中，关键问题是，我们认为自己知道的命题是否确实得到了辩护，或者说，我们是否有足够好的理由或证据支持这些命题？我们日常认为我们知道很多东西，或者有辩护地相信很多事情。然而，怀疑论者所要表明的是，在相信我们日常认为我们知道的东西上，我们其实根本就没有辩护。怀疑论者试图通过攻击辩护来攻击知识，这项任务涉及了两个步骤。为了表明我们在某个领域中不具有知识，怀疑论者必须表明：其一，知识要求某种程度的辩护；其二，该领域中的命题不可能在这个程度上得到辩护。换句话说，怀疑论论证预设了某个知识标准并提出了如下要求：某个信念，若要有资格成为知识，其辩护就必须满足这个标准。按照这种理解，怀疑论者可以提出如下论证：

（1）为了知道命题 P，P 必须在某种程度上得到辩护。
（2）P 没有在所要求的程度上得到辩护。
（3）因此，我们不知道 P。

一般来说，不论是内在主义者还是外在主义者都能接受上述论证的第一个前提，尽管他们可以对辩护提出不同的理解，或者不使用"辩护"这个概念，而是使用某个其他概念来表示可以将有辩护的真信念转变为知识的东西。因此，对于怀疑论者来说，关键是要证明第二个前提，而这就涉及运用所谓"怀疑论假说"。但是，怀疑论假说往往是相对于某个特定的知识概念提出来的。在最基本的怀疑论论证中，怀疑论者通常会利用对知识的两种理解：一种将知识与确定性（certainty）概念联系起来，另一种将知识与不可错性（infallibility）概念联系起来。下面我们将首先考察从这两个知识概念中提出的论证，然后再来考察笛卡尔的恶魔论证的某个现代变种。[1]

2.1 基于确定性的论证

关于外部世界的怀疑论论证旨在表明，感觉经验不足以保证我们关于外部世界的信念是真的，因此，不管它们如何得到辩护，它们都不能被转变为关于外部世界的知识。为此，怀疑论者设想了各种怀疑论假说，试图以此表明感觉经验提供的证据不足以为经验信念提供知识所要求的那种辩护。在《第一哲学沉思集》中，笛卡尔设想了这样一种可能性：他被一个恶魔欺骗，这个恶魔操纵他的感觉经验，在他那里产生了关于一个物理世界（包括他自己身体）的幻觉，并欺骗性地让他相信自己有一个身体、他周围有各种物理事物，但他实际上只是在其感觉经验中相信自己有一个身体，相信有一个物理世界。[2] 如果笛卡尔不能将他在受到欺骗的情况下具有的感觉经验与他在正常世界中具有的感觉经验区分开来，他就不能根据感觉经验提供的证据来断言他知道外部世界存在。在当代认识论中，也有一些本质上与笛卡尔的思想实验相似的思想实验，例如所谓"缸中之脑"思想实验。假设你在睡梦中被一个疯狂的神经科学家绑架，他将你的大脑从头颅中取出，放在一个装满营养液的缸中，以便让你的大脑在物理上和生物学上保持存活状态，然后把它与一部超级计算机连接起来。这台计算机可以完备地解码你的整个记忆，并由此而决定你的品格特征，然

---

1 下文对怀疑论论证的论述借助了如下作者的分析框架：Richard Feldman, *Epistemology* (New Jersey: Prentice Hall, 2003), pp. 114-119; Noah Lemos, *An Introduction to the Theory of Knowledge* (second edition, Cambridge: Cambridge University Press, 2021), pp. 153-159。

2 参见 Descartes, *Mediations on First Philosophy* (translated and edited by John Cottingham, Cambridge: Cambridge University Press, revised edition, 1996), p. 15。

后为你构造出一部看似完全合理的传记,因此你就能经历到这部传记并按照它"生活下来",但仅仅是在你的"心灵"中生活下来。通过直接刺激你大脑的神经末端,这台计算机让你具有在正常情况下将会继续具有的感觉。比如说,在被绑架后的第二天早上,你觉得自己刚从床上醒来,睡眼惺忪地刷牙洗脸,开始吃早餐,然后出门去学校上课,这天老师正好要讲笛卡尔怀疑论。这台计算机也考虑到你的这个习惯,因此就刺激你的大脑,让你觉得自己按时抵达教室,积极参与讨论笛卡尔的思想实验,并热情地捍卫如下观点:你**绝对确定地**知道自己不是缸中之脑。然而,此时的你就是一只缸中之脑,因此你其实不是在课堂上;在你一开始觉得自己从床上醒来时,你其实也不是在床上。你所具有的只是你对这些事情的经验,而后者是由计算机产生的幻觉,尽管与你在真实世界中的经验不可区分。

怀疑论假说其实只是用极端的方式来表达我们在正常世界中已经具有的一个认识,即我们的感觉经验很可能没有真实地表达外部世界的本来面目,因此在这个意义上是可错的。然而,如果我们**只能**按照感觉经验来认识外部世界,而且无法判断我们是否受到了恶魔的欺骗,或者是不是一只缸中之脑,那么一切感觉经验都无法保证我们确实知道存在着一个外部世界(或者它实际上是什么样子)。通过利用我们对知识的一种理解,怀疑论者就可以达到这个结论。这种理解所说的是,只有当一个人在某个命题上具有绝对的确定性时,或者只有当他在某个命题上不可错时,他才能被认为知道该命题。怀疑论者可以按照对知识的前一种理解提出如下怀疑论论证:

基于确定性的论证。

(1)只有当一个人对某事具有绝对的确定性时,他才知道那件事。

（2）没有任何人对任何关于外部世界的东西具有绝对的确定性。

（3）因此，没有任何人知道关于外部世界的任何东西。

如果怀疑论者设想的那些思想实验是合理的（至少在如下意义上：它们不是不可设想的或逻辑上自相矛盾的），那么上述论证的第二个前提就是真的。实际上，日常反思也表明，对于外部世界中发生的事情，我们并不具有绝对的确定性。例如，即使我可以按照一些证据断言明天会下雨，但我不能绝对确信明天会下雨。这倒不是说天气预报并不准确；我们当然知道，既然大气层是一个极为复杂的动态系统，其中很多因素就不是我们能够事先准确地预测，而且此后就不会发生变化的。而是，我们用来支持一个主张或信念的证据有可能出错，或者就像盖蒂尔案例所表明的，我们只是碰巧相信某个真命题，而我们实际上具有的证据不支持我们的主张或信念。当然，我可以说我确信明天会下雨。但在知识论中，我们需要将心理上的确定性和认知上的确定性区分开来。心理确定性关系的是一个人在主观上确信某事的程度（对某事**感到**确信）。假设最近都是40度左右的高温闷热天气，因此令人心情烦躁，而我觉得我目前对某个哲学问题的思考仍不够深入，因此确信自己不能在月底交出会议论文。这是一种心理意义上的确定性；有可能只要我克服懒散情绪，努力工作，我就可以按时提交论文。对某事具有**绝对的**心理确定性就是在主观上觉得它是真的。与此相比，认知确定性关系的是一个人用来支持某个命题的理由的强度。对某个命题具有绝对的认知确定性就是在自己的认知视角内提出最强的理由来支持它。例如，一个刚开始学算术的小孩逐一计算两堆苹果的数目，得出"总共有10个苹果"这一结论。此时，他在这件事情上可能具有绝对的心理确定性。而当一个数学家严格地证明了某个数学定理时,他在这件事情上可能就具有绝对的认知确定性。

因此,我们不妨假设,如果一个人在其认知视角的最大限度内有理由或证据支持命题 P,而且排除了不利于 P 的理由或证据,那么 P 对他来说就是绝对确定的——在其认知能力的限度内,他没有理由或证据怀疑 P。在这个意义上说,笛卡尔会认为,"我存在"这个命题在他正在思想的时候对他来说是绝对确定的。同样,对于一个正确把握"正方形"这个概念的人来说,"由四条同样大小、相互垂直的直线构成的封闭图形是正方形"这个命题对他来说是绝对确定的。只要我们可以在这个意义上来理解"绝对的认知确定性"这个概念,上述论证的第二个前提也是真的。我们对外部世界持有的很多信念是高度有辩护的。例如,只要我们的知觉系统正常运作,只要我们具有相关的概念能力,我们对周围世界中可观察物体及其关系持有的信念往往是有辩护的。但是,某些信念可能没有得到最大限度的辩护,因此对我们来说不具有绝对的确定性。例如,当我在树林中看到一只鸟时,我可以形成"那里有一只鸟"这一信念;如果我不是鸟类专家,却形成了"那是一只绣眼鸟"这一信念,那么该信念在认知上的确定性就不如我的前一个信念。同样,我对某个古生物在地史上的确切年代持有的信念的确定性可能不如我在牙疼时形成的感觉信念。因此,直观上说,并非一切关于外部世界的信念对我们来说都具有绝对的确定性。换言之,即使一个信念在我自己的认知视角内得到了最大辩护,我用来支持它的证据可能也无法确保它**必定**是真的。[1] 因此,如果上述论

---

[1] 在这里,有人或许认为,既然关于外部世界的命题都只是**偶然**命题,当然无法保证我们拥有的证据可以表明它们必定是真的。休谟关于归纳的怀疑论就旨在表明这一点:我们对于尚未发生的事情所持有的信念取决于我们将目前观察到的规律性投射到未来,但我们无法在理性上证明未来总是与过去相似。因此,我们没有理由认为,我们目前观察到的任何情况在未来必定还是那样。参见下一章对休谟的讨论。

第九章 怀疑论、知识与语境

证的第二个前提是可靠的,那么拒斥其结论的唯一方式就是否认第一个前提,即否认知识要求绝对的确定性。

但是,有什么理由否认这一点呢?怀疑论者毕竟会认为,我们不能因为大多数信念达不到这个标准就否认知识要求绝对的确定性。为了反驳怀疑论的结论,我们就必须**正面**说明知识为什么不要求绝对的确定性。一个可能的说明是这样的:如果知识要求绝对的确定性,那就意味着所有知识主张都必须拥有同样的最大辩护,在它们所拥有的辩护程度上不能有差别。然而,这似乎不符合我们对知识的直观理解,因为在日常生活中我们确实可以将知道某事与绝对确定地知道它区分开来,而在做出这样一个区分时,我们预设知识并不要求绝对的确定性,只要求我们有很好的理由或证据支持我们的知识主张或信念。这个回答可以被称为"可错论回答",因为按照这一观点,知识只要求我们的信念在很大程度上得到辩护,不要求绝对确信我们的信念是真的。假设我形成了"前面有一张桌子"这个知觉信念。如果确实有一张桌子在我面前,而我的视觉系统也处于良好的光照条件下并恰当地运作,那么我之所以相信前面有一张桌子,是因为我具有相关的视觉经验和背景信息。在这种情况下,即使在我的认知视角中仍有发生错误的可能性,例如,有可能这张桌子是用一种特殊材料做成的,因此几秒钟后就不再是一张桌子了,但是,只要我可以确信这种可能性不太可能发生,它就与我此时对那个知觉信念的辩护无关,因此我也没有理由认为在持有那个信念时我犯了错误,反而有很好的理由认为我没有犯错误。因此,至少按照日常的知识概念,可以认为我确实知道前面有一张桌子。值得指出的是,可错论者不是在说我能够知道一件完全虚假的事情,因为要是根本就没有任何桌子出现在我面前,我就不可能知道前面有一张桌子。可错论者所说的是,如果那里确实有一张桌子,而我有很好的(尽管不是完美无缺的）理由确认这一点，那么我就可以被认为知道前面有一张桌子。

上述回答取决于如下主张：怀疑论者在其论证中使用的知识概念不符合我们对知识的日常理解——它对知识提出了过高的要求，从而否认了我们在日常生活乃至科学实践中持有的大多数知识主张。当然，这不是说任何信念都有资格成为知识；为了能够成为知识，信念确实必得到某种程度的辩护，但可能不需要怀疑论者所要求的那种辩护。我们的语言直觉似乎表明知识与绝对确定性是有差别的。在日常的语言实践中，我们可以认为我们知道某事，但无须对它具有绝对的确定性。假设你问我是否知道我们在出门时锁门了，我回答说我知道，因为我清楚地记得我锁上了门。然而，你过分小心或天性多疑，因此就进一步问："你绝对确信锁上了门吗？"我可能回答说："我当然没有绝对的确定性，你知道，任何事情都有可能发生。"如果绝对确定性要求我排除所有与"我锁上门"这一命题不相容的可能性，包括那些在现实世界中不太可能发生的可能性，那么在这件事情上我确实没有绝对的确定性。然而，缺乏这种确定性并不意味着我的知识主张是不合理的，因为我清楚地记得我出门时关上了门，将钥匙插入锁孔转到底并取出，而钥匙此时就在我口袋里，而且，我一直都有出门就带钥匙并锁上门的习惯。

实际上，绝对确定性不是一个易于把握的概念。我们可能对某些特殊命题（例如简单的数学命题和某些先验命题）具有这种确定性，因为我们不仅能够确信它们是真的，甚至必然是真的，而且也很难设想它们是假的。然而，大多数经验命题不具有这个特征。因此，如果绝对确定的命题是最大程度地得到辩护的命题，那么，若不首先指定知识赋予的特定情境，我们就很难阐明"最大程度地得到辩护"这个概念，因为在那种情况下，总是有无限多的可能性不符合我用来辩护一个命题的证据，人类认知能力因此就很难满足"最大程度地得到辩护"这一要求。由此看来，当怀疑论者将一种**不加限制**的绝对确定性设想为知识的一个必要条件时，他们对知识提出了一般的人类认知能力很难满足的要求。如果不管我们如何行使自己的认知能力和认知美德，我们都无法拥有怀疑论者所设想的知识，那么他们当然就可以否认知识对我们来说是可能的。但是，在这种情况下，我们也很难明白怀疑论能够对**人类**知识事业做出什么正面贡献。怀疑论者本来就旨在揭示人类知识的限度，但是，通过设立任何人都不能满足或很难满足的知识标准来完成这项任务，显然不是一种有说服力的做法。

2.2 基于不可错性的论证

当然，怀疑论者可以改变策略。他们可以论证说，即使知识不要求绝对的确定性，它也至少要求一个人在他声称自己知道的命题上是不可错的。这个主张背后的思想是，如果一个人知道某事，那么他在这件事上是不可错的。在《第一哲学沉思集》第二个沉思中，笛卡尔声称他至少确定地知道一件事情：即使一个恶魔在欺骗他，他也必定存在。这当然不是在说，如果笛卡尔自己不存在，他就不可能受到欺骗，尽管事实上也是如此。笛卡尔想说的是，思想暗示了思想主体的存在，而即便他所具有的各种思想都是恶魔导致的，即便他可以怀疑自己的思想和感觉是不是真实的，怀疑本身也是一种思想活动，而正是这种思想活动暗示了他的存在。因此，即使一个人可以弄错自己精神状态的**内容**，有思想或有感觉这件事对他来说也是确定无疑的。一个人不可能一方面声称自己知道某事，另一方面又认为自己在这件事上有可能出错。例如，我似乎不可能一方面声称自己**知道**星巴克在10月份出售桂花咖啡，另一方面又认为事实有可能不是这样——我至多只能说,我知道星巴克在**最近几年**的 10 月份都出售桂花咖啡,但我不知道或不确信今年是否如此。这样,上述思想就可以被转化为这样一个逻辑上等价的说法:如果一个人在某件事情上持有的信念是可错的,那么其信念就不是知识的一个实例。怀疑论者由此可以提出如下论证:[1]

基于不可错性的论证。

(1)如果一个信念是可错的,那么它就不是知识的一个实例。

(2)我们持有的任何关于外部世界的信念(几乎)都是可错的。

(3)因此,我们持有的任何关于外部世界的信念(几乎)都不是知识,也就是说,我们几乎对外部世界没有知识。

这个论证的经典来源就是笛卡尔的"做梦论证"。[2] 笛卡尔试图用这个论证来表明,"我存在"这个命题是不可错的,因为哪怕我是在做梦、在犯错误或者在怀疑其他东西,我的存在对我来说也是确定的或不可错的——不存在的东西不可能做梦、犯错误或者怀疑其他东西。[3] 当然,笛卡尔还提出了一个更强的主张:一个人对自己精神状态的内容所持有的信念是确定的或不可错的。然而,如果我们不能将梦与现实区分开来,或者不能将恶魔导致我们具有的经验和我们对真实世界的经验区分开来,那么我们对外部世界的信念就有可能都是错

---

[1] 参见 Feldman (2003), 114-115; Lemos (2021), pp. 136-137。

[2] 参见 Descartes (1996), pp. 13ff。

[3] 当然,这个主张预设了对实体与属性的关系的一种特定理解,但不是所有哲学家都认同这种理解。

觉或幻觉，因此在这个意义上是可错的。对笛卡尔来说，除了"我存在"这个信念外，[1] 我们具有的任何关于外部世界的信念几乎都是可错的。知觉错误和知觉幻觉被认为示范了这一点。[2] 如果我们在根本上主要是通过感知来认识外部世界，如果我们放弃了笛卡尔自己提出的那个更强的主张，那么看来我们就没有理由质疑上述论证的第二个前提。假若这个前提是可靠的，那么，为了反驳上述论证的结论，我们就只能反驳第一个前提，也就是说，我们需要表明知识不要求不可错性。这里的关键显然在于如何理解"在某件事情是可错的"这个说法。考虑费尔德曼对这个说法提出的分析。[3] 假设我们将"可错的"理解为"有可能是错误的"（could be mistaken），上述论证的第一个前提就变成：

（F1）如果一个信念有可能是错误的，那么它就不是知识的一个实例。

在费尔德曼看来，可错论者不可能接受（F1），因为他们认为知识符合错误的**可能性**。当然，可错论者不是在说知识符合**实际错误**——他们不是在说一个人能够知道一件不真实的事情。他们也不是在说，当你实际上有某个正面的理由认为自己已经在某件事情上出错时，你仍然可以声称你知道那件事。例如，如果福尔摩斯有一个正面的理由

---

[1] 实际上，不太清楚在笛卡尔这里，"我存在"这个信念中所说的"我"是否包含一个人自己的身体。如果这个"我"只是一种纯粹精神性的存在，那么这个信念就不是一个关于外部世界的信念。但是，如果这里所说的"我"包含了思想主体自己的身体，那个信念仍然可以被看作一个关于外部世界的信念。

[2] 对知觉错误和知觉幻觉的相关讨论，参见 Clotilde Calabi (ed.), *Perceptual Illusions: Philosophical and Psychological Essays* (London: Palgrave Macmillan, 2012)。

[3] Feldman (2003), pp. 123-125.

认为约翰**不是**犯罪嫌疑人，那么他就不可能声称他知道约翰是犯罪嫌疑人，即使按照某些其他证据，他仍然可以怀疑约翰是犯罪嫌疑人。可错论者所要说的是，知识要求认知主体有强有力的理由相信自己持有的信念是真的，而且不是碰巧为真。关键的问题当然是，有强有力的理由相信某个命题是真的可能并不意味着它就是真的。我们具有的一切理由或证据可能只是**倾向于**让我们将某个命题接受为真的，却无法保证它就是真的。然而，就像在第一个论证中一样，只要怀疑论者认为知识要求排除**所有**错误的可能性，他们就对知识提出了过高的要求，因为我们事实上无法排除所有潜在的错误。设想福尔摩斯有一切证据表明约翰就是犯罪嫌疑人，没有负面的证据表明约翰不是犯罪嫌疑人，也就是说，他在自己认知能力的限度内排除了他所能得到的一切负面证据。按照日常的知识概念，福尔摩斯知道约翰就是犯罪嫌疑人。然而，他或许不能在根本上排除一个错误，即一切有关的东西，例如他作为职业侦探长期积累的经验，和一个名叫约翰的人及其种种作案证据，实际上都是一个恶魔构造出来的。如果"有可能是错误的"这个说法涉及这种错误，那么我们大多数人持有的大多数知识主张大概都不能算作知识。我们日常认为自己知道太阳总是从东方升起，然而，宇宙结构发生的某种重大变化导致太阳不再从东方升起。这种可能性在逻辑上不是不可能的，甚至在物理上也不是不可能的。但是，从日常的知识概念来看，要求我们排除这种错误的可能性既不合理，也不必要。因此，除非反怀疑论者已经相对于某个特定的语境阐明了"有可能是错误的"这一概念，否则我们就不清楚为什么一个信念有可能是错误的就使得它不能成为一项知识。实际上，我们不是特别清楚（F1）在什么意义上是真的。为了阐明这一点，考虑对上述论证的第一个前提的另一种解释：

（F2）如果一个人知道某个命题，那么他就**不可能**在这个命

第九章　怀疑论、知识与语境

题上出错。

这是一个涉及模态概念（在这里，可能性概念）的条件句。这种条件句的真值条件是一个极为令人困惑的问题。实际上，在第三章讨论按照敏感性或安全性原则来分析知识的时候，我们就碰到了类似问题。那么，我们要如何理解（F2），特别是理解它得以成立的条件呢？假设我们暂时不考虑"不可能"这个模态概念，而是将（F2）简单地理解为：如果一个人知道某个命题，那么他在这个命题上没有出错。在这种情况下，既然知识蕴含了信念，我们就可以推出：如果一个人知道某个命题，那么他在相信该命题上没有出错。例如，如果你知道单身汉是未婚男人，那么你在相信"单身汉是未婚男人"上没有出错——你不会错误地相信单身汉不是未婚男人，因为知道这个命题意味着知道如下条件命题：如果某人是单身汉，那么他是未婚的。按照语言约定，这个命题是真的，实际上必然是真的。但是，我们是否可以由此认为如下命题也是真的：如果某人是单身汉，那么他不可能结婚？在费尔德曼看来，这个命题显然是假的。比如说，一个三岁小孩不可能已婚，因为他不可能履行法定的结婚程序，但他可能在成年后结婚。另一方面，即使一个目前未婚的成年男人属于可能结婚者的群体，但他实际上尚未结婚。因此，"如果某人是单身汉，那么他没有结婚"不同于"如果某人是单身汉，那么他不可能结婚"。费尔德曼论证说，我们同样可以认为，"如果一个人知道某个命题，那么他**没有**在这个命题上出错"不同于"如果一个人知道某个命题，那么他**不可能**在这个命题上出错"。即使我们认为前一个主张是真的，也不能由此断言后一个主张同样是真的。因此，至少认识论的可错主义者无须接受怀疑论者提出的论证，因为他们可以接受前一个主张，但拒斥后一个主张。

诺亚·莱莫斯试图进一步表明，我们应该在根本上拒斥怀疑论者基于不可错性提出的论证。[1] 首先，让我们假设如下主张（称之为C1）是一个关于知识的真理：如果一个人知道某个命题，那么他在这个命题上没有出错。如果 C1 确实是一个关于知识的真理，那么它就不可能碰巧是真的，也就是说，它必须被理解为一个关于知识的必然真理。之所以如此，大概是因为：如果一个**哲学**命题是真的，那么它必然是真的，例如在康德的意义上，即具有普遍必然性的东西必定是在一切可能世界中都成立的东西。这样我们就可以说：必然地，如果一个人知道某个命题，那么他在这个命题上没有出错（不妨将这个主张称为 C2）。然而，按照莱莫斯的说法，在将知识概念与不可错性概念联系起来时，怀疑论者似乎要求的是如下主张 C3：如果一个人知道某个命题，那么，必然地，他在这个命题上没有出错。这个主张具有这样一个含义：如果一个人知道某事，那么他无论如何都不会在这件事情上出错——他具有第一个怀疑论论证中所说的那种"绝对的确定性"。然而，C2 在逻辑上并不蕴含 C3。莱莫斯并未对此提出严格论证，不过，就像费尔德曼一样，他认为我们可以用一个类比来阐明这一点。考虑如下两个主张：其一，如果李林是一个兄弟，那么李林有一个兄弟姐妹；其二，必然地，如果李林是一个兄弟，那么李林有一个兄弟姐妹。这两个主张都是真的：只要我们注意到它们都是用条件句的形式来表述的，"是一个兄弟"这个概念的定义就表明二者都是真的。然而，我们不能由此推出如下主张：如果李林是一个兄弟，那么，必然地，李林有一个兄弟姐妹。之所以如此，是因为这个主张所说的是，如果李林是一个兄弟（即父母的男性子嗣），那么他没有一个兄弟姐妹这件事情就是**不可能的**，换句话说，他有一个兄弟姐妹这

---

[1] 参见 Lemos (2021), pp. 156-157。

件事情是**必然的**。然而，这个主张显然是假的，因为即使李林是一个兄弟，他**可能**是父母唯一的孩子：他有（或者将有）一个兄弟姐妹这件事情既不是必然的，也不是不可能的。倘若如此，怀疑论者就不能通过从 C1 或 C2 推出 C3 来表明知识要求不可错性。

怀疑论者声称知识必须是不可错的。然而，即使我们接受他们由此提出的怀疑论论证的第二个前提，这个论证也是有缺陷的。根本问题在于，我们（或者怀疑论者自己）并不清楚究竟要如何理解"不可错"这个概念。笛卡尔只是声称我们不可能弄错自己精神状态的内容。但是，笛卡尔的主张是否正确，取决于如何理解精神状态的**内容**。如果这种内容指的是在有意识的经验中**直接**呈现出来的主观感觉，是用（比如说）"我似乎觉得自己牙疼"或者"我似乎觉得面前有一棵树"这样的说法来描述的，那么经验主体大概不会弄错自己精神状态的内容，因为那就是经验向他呈现出来的方式。但是，一旦我们需要概念化经验内容，就有可能出错。可错论者允许这种错误，认为它不是原则上不可矫正的。我们当然只能使用在自己的认知视角内所能得到的证据来矫正错误。怀疑论者所要强调的是，即便如此，我们仍有可能在自以为知道的命题上出错。但是，在将知识与"不可能出错"这一说法联系起来时，怀疑论者并没有对这个说法提出任何明确的规定或限定，从而使得它在知识赋予中变得模糊不清或毫无用处。既然人类认知主体实际上不是全能全知的，就必定有一些东西超越了其认知视角，甚至有可能超越了整个人类的认知视角。如果"不可能出错"这个说法要求我们排除与辩护条件不相容的**一切**可能性，那么，只要存在着**无限多**的这种可能性，我们就永远无法在辩护条件和使得一个命题为真的条件之间建立任何合理联系，因为我们根本就不知道如何建立这种联系。实际上，正是辩护条件和成真条件之间的断裂使得怀疑论者有机可乘。

2.3 基于证据的不可区分性的论证

前面考察的两个怀疑论论证实际上都利用了如下想法：知识要求一个人有结论性的证据用来表明他所持有的信念是真的。如何理解"结论性证据"这个概念显然是一个有争议的问题，不过，绝对确定性或不可错性的概念表达了怀疑论者对这个概念的理解。按照这种理解，用第二章使用过的一个术语来说，知识要求两个条件须得到满足：第一，一个人有强有力的证据以表明他所持有的命题是真的；第二，不存在任何实际的和潜在的负面证据击败他对该命题的辩护，而他知道这一点。显然，如果除了满足第一个要求外，知识也必须满足第二个要求，那么我们实际上就很少能具有知识。这就是为什么怀疑论者对知识提出了过高标准，相对于人类的一般认知能力来说，第二个要求其实很难得到满足。试图反驳怀疑论的理论家可以指出，怀疑论者对知识的理解不符合日常的知识概念，因此我们应该拒斥怀疑论。

不过，有趣的是，怀疑论者无须通过对知识提出过高标准来确立其结论。正如我们已经看到的，怀疑论的主要动机来自如下观察：我们对外部世界的感觉经验，或者说在这个基础上获得的证据，不足以揭示外部世界的本来面目。怀疑论者可以设想某些情境（即怀疑论假说），在这些情境中，我们无法将对外部世界的感觉经验与我们在受到恶魔欺骗或者是缸中之脑的情况下具有的感觉经验区分开来。通过利用这个主导思想，怀疑论者就可以得出其结论，但无须使用直观上不可接受的知识标准。为了看到这一点，考虑如下例子：[1]

---

[1] Feldman (2003), p. 115. 亦可参见 Lemos (2021), pp. 157-158. 为了与前面的一个案例保持一致，我已经用"福尔摩斯"来取代费尔德曼所说的"琼斯"。此外，费尔德曼指出，这个例子原来来自如下文章：John Tienson (1974), "On Analyzing Knowledge", *Philosophical Studies* 25: 289-293, at pp. 289-291. 这位作者想用这个例子来表明："如果不允许真理成为知识分析的一个独立要素，那么我们就会被导向怀疑论。但如果我们允许（转下页）

第九章　怀疑论、知识与语境

侦探故事：福尔摩斯正在分析一桩犯罪案件。他有完全相同的证据认为布莱克和怀特都是清白的。他的证据也很有力，以至于从日常的知识概念来看，他可以被认为知道二者都是清白的。不过，他的证据并不是绝对结论性的，因为存在着一个错误的可能性。然而，不管福尔摩斯的证据如何，怀特实际上是罪犯；怀特用重金收买目击者，要他们在法庭上为他撒谎，并制造了另外的证据来表明他是清白的。

从福尔摩斯自己的认知视角来看，"布莱克是清白的"和"怀特是清白的"这两个命题是完全相同的。每个命题对他来说显然都是真的，但不是因为他在这件事情上持有偏见或自己犯了错误，而是因为他确实有很好的理由认为二者都是真的。与此相比，他也有很好的理由认为某个第三者有罪。因此，如果我们假设知识或辩护是随附在证据之上，那么就可以说，要么福尔摩斯知道布莱克和怀特都是清白的，要么他既不知道布莱克是清白的，也不知道怀特是清白的，因为他关于二者持有的证据对他来说实际上是不可区分的。在这里我们利用了"可错的证据"这个概念。如果我们用来支持一个主张的证据在逻辑上符合"这个主张是假的"这一可能性，那么该证据就是可错的。例如，在上述例子中，即使福尔摩斯按照自己得到的证据认为怀特是清白的，但怀特可能确实有罪。因此，相对于"怀特是清白的"这一主张来说，他的证据是可错的。既然这个主张实际上不是真的，我们就可以认为福尔摩斯不知道怀特是清白的。然而，只要做出这个断言，我们似乎也应该认为他不知道布莱克是清白的，因为相对于这两

（接上页）这一点，就会得出这样一个有悖于直觉的结论：一个人可以对两个命题持有同样的证据，但只知道其中一个命题，因此就无法确定他究竟知道哪一个命题"（第291页）。

个主张来说，他所具有的证据实际上是相同的。如果我们用 P 和 Q 来表示两个命题（或者相应信念），并接受知识与证据的随附原则，那么我们就可以将以上想法一般地表述为如下论证：

基于证据的不可区分性的论证。
（1）如果一个人不知道 P，而他对 Q 的总体证据不好于他对 P 的总体证据，那么他不知道 Q。
（2）他不知道 P。
（3）他对 Q 的总体证据不好于他对 P 的总体证据。
（4）因此，他不知道 Q。

不难看出，这仍然是一种形式的错误论证（不可错性论证当然也是一种错误论证），因为在该论证的第二个前提中，一个人之所以不知道 P，是因为他在相信 P 上出了错（在上述例子中，与此相应的是"福尔摩斯实际上不知道怀特是清白的"）。这个论证的怀疑论含义是明显的：对于你按照经验证据来相信的任何命题 Q，存在着这样一种可能的状况——你按照某个证据来相信一个假命题 P，而这个证据与你相信 Q 的证据是严格相似的。怀疑论者由此可以论证说，既然我们关于外部世界的信念的证据不好于我们在怀疑论假说中对相应信念持有的证据，因此，要是我们在后面那种情形中没有知识，我们对外部世界也没有知识。

在上述论证中，第二个和第三个前提都是论证所假设的，也就是说，它们被假设是真的。因此，如果我们不希望接受其结论，就只能反驳第一个前提。有些理论家指出，如果我们接受这个前提，就会得出不符合日常的知识概念的结果。为了看到这一点，考虑如下例子：

第九章　怀疑论、知识与语境

孪生兄弟：星期五下午我按惯例去参加哲学系研讨会，演讲者是研究知识论的著名学者迈克尔·威廉斯。我的同事都参加了会议，一部分人围着大圆桌坐着，其他人坐在墙边的椅子上。在我对面是马丁（或者在我看来就是马丁），他旁边坐着阿尔文。然而，我所不知的是，马丁有一个跟他长得完全一样的孪生兄弟戴维；碰巧的是，今天来参加会议的不是马丁自己，而是戴维。这样，当我相信马丁坐在我对面时，我在相信这件事情上出了错。另一方面，我也相信阿尔文坐在我对面。

既然我没有意识到马丁有一个孪生兄弟，更不知道正是戴维而不是马丁来参加会议，看来我就不能被认为知道马丁坐在我对面。然而，在我目前持有的两个信念（"马丁坐在我对面"和"阿尔文坐在我对面"）上，我有同样好的知觉证据。这样，如果我不知道马丁坐在我对面，那么，按照上述论证，我也不能被认为知道阿尔文坐在我对面。然而，按照我们对知识的日常理解，我确实知道阿尔文坐在我对面。因此，上述论证就得出了与日常的知识概念不相一致的结果，因为它暗中否认了如下在直观上合理的主张：即使一个证据是可错的，但只要足够强，它就可以充当知识的基础。因此，按照费尔德曼的说法，为了容纳对知识的直观认识，我们就只能采取一种可错论的观点。对可错论者来说，知识不是一种纯粹的"精神状态"。一个人知道什么不仅取决于他处于什么样的精神状态，例如他相信什么和为什么相信，而且也取决于世界是什么样子。在上述例子中，即使我所持有的那两个信念在知觉证据上是相同的，但"阿尔文坐在我对面"这个命题是真的，而"马丁坐在我对面"这个命题是假的。从这一点来看，就可以认为我知道阿尔文坐在我对面，但不知道马丁坐在我对面。按照可错论的知识概念，知识来自世界和认知主体之间的一种合作。只要认知主体用恰当的方式形成和持有一个信念,他就已经做了他为了获得知识而必须做的一切,但他是否因此就具有知识则取决于世界的合作,比如说,如果盖蒂尔式的情形出现在其信念形成过程中,他就不会有知识。

外在主义者可以用这种方式来回答怀疑论者在这个论证中提出的挑战。然而,如果一个怀疑论者坚持内在主义立场,他很可能就不会接受上述回答。这样一个怀疑论者会认为,能够用来辩护信念的一切东西就是我们在自己认知视角中所能得到的理由或证据;因此,如果我们在认知视角的最大限度内对两个命题都持有同样证据,那么它们要么都得到了辩护,要么都得不到辩护,或者要么都算作知识,要么都不算作知识,不管其中一个命题是否实际上是假的。进一步说,除非我们已经设法认识到世界是如何与我们合作的,否则这件事情对于认知辩护(因此对于知识)来说就是无关的。当然,这并不意味着我们不能以某种方式(例如通过证言)将其他人的认知视角整合到自己的认知视角中,而只要我们能够这样做,知识就有了一个社会维度。然而,怀疑论者所要强调的是,即使我们每个人都以这种方式获得了一个最大的认知视角,并由此构成了一个认知共同体,但甚至这样一个认知共同体也不能保证我们在自己的认知视角下获得的有辩护的信念能够成为知识。如果个别认知主体有可能受到恶魔欺骗,因此不能将他在这种情况下具有的经验与他在正常情况下的经验区分开来,那么同样的事情对一个认知共同体来说也可能会发生。某些哲学家确实已经很认真地考虑了我们生活在一个被模拟出来的世界中的可能性。[1]然而,即使我们所生活的世界确实是被模拟出来的,但只要不知道这一点,我们仍然可以有关于它的知识。怀疑论者需要向我们表明这种

---

[1] 例如,参见 David J Chalmers, *Reality+: Virtual Worlds and the Problems of Philosophy* (New York: W. W. Norton & Company, 2022)。

全面怀疑论在什么意义上是可理解的或有意义的。但是,只要他们能够表明这一点,可错论者对上述论证的回答可能就不充分。怀疑论者在其主张中所假设的那种全面怀疑论是否合理,是我们稍后会考虑的问题。

三、认知传递原则与缸中之脑假说

到目前为止,对怀疑论论证的回应大致都采取如下策略:怀疑论者对知识提出了人类认知能力很难满足的标准,因此其知识概念不符合我们日常对知识的理解。然而,怀疑论者也可以针对辩护而不是直接针对知识来提出论证,例如表明我们关于外部世界的信念实际上得不到辩护。这种形式的论证更难反驳。在这里,我们将考察怀疑论者按照所谓"认知传递原则"(有时也被称为"认知闭合原则")和怀疑论假说提出的论证。这个原则所说的是,如果你知道命题 P,知道 P 在逻辑上衍推另一个命题 Q,那么你知道 Q。表面上看,这个原则是高度合理的,而且我们也往往用它来扩展知识。如果你知道第 19 届亚运会在杭州举行,你也知道杭州被称为"电商之都",那么你知道第 19 届亚运会在被称为"电商之都"的那个城市举行。认知传递原则对辩护来说似乎也成立。假设你相信华沙爱乐乐团将于 2023 年 9 月 6 日在杭州大剧院举办一场音乐会,你的信念是有辩护的,因为你有杭州大剧院的公众号,从公众号上了解到这个信息,并且预订了票。此外,你也知道或有辩护地相信,如果华沙爱乐乐团 2023 年 9 月 6 日在杭州举行演出,那么那天它不在华沙。因此,你有辩护地相信华沙爱乐乐团 2023 年 9 月 6 日那天不在华沙。在将传递原则应用于辩护时,它所说的是,通过我们有辩护地相信的一个逻辑衍推,辩护就可以得到传递。也就是说,如果你有辩护地相信命题 P,也有辩护地相信 P 在逻辑上衍推命题 Q，那么你有辩护地相信 Q。

怀疑论者认为，通过利用传递原则并引入怀疑论假说，他们就可以表明我们对外部世界持有的经验信念得不到辩护。怀疑论假说包括前面提到的一些可能情境，例如你是缸中之脑，你正在做梦或者受到恶魔欺骗等。所有怀疑论假说都具有两个特征：第一，如果你处于这样一个假说所设想的情境中，那么你在某个领域中的一切信念都是假的，或者几乎都是假的；第二，即使你处于这样一个情境中，但你仍然对自己在该领域中的信念具有证据，例如从感觉经验中得来的证据。我们现在可以这样来描述怀疑论者即将提出的论证的基本思想。我们日常所相信的东西意味着怀疑论假说是假的，比如说，如果你有辩护地相信自己正在阅读笛卡尔《第一哲学沉思集》，那么你就不可能只是一个被连接到超级计算机上的缸中之脑，[1] 因为为了在日常意义上阅读一本书，你必须用手拿着书，用眼睛去读它，而如果你只是缸中之脑，那么你既没有手也没有眼睛，因此你可能只是具有阅读一本书的经验，而不是实际上在读一本书。因此，如果你确实有辩护地相信自己正在阅读《第一哲学沉思集》，那么你就不是缸中之脑。然而，怀疑论者论证说，你实际上不可能知道怀疑论假说是假的。如果处于怀疑论假说所设想的情境中意味着你持有的一切信念都是假的，那么，既然你不知道怀疑论假说是假的，你的一切信念都没有辩护。这个论证可以被表述如下：[2]

---

[1] 在这里，"只是"这个说法旨在强调：如果你处于怀疑论者所设想的那种情境中，那么你就是一个完全没有身体的大脑，例如你没有手。

[2] 这个一般的论证是从笛卡尔怀疑论中提炼出来的，往往被称为"对怀疑论的笛卡尔式论证"。对这个论证的详细说明，参见 Peter Klein, *Certainty: A Refutation of Skepticism* (Minneapolis: University of Minnesota Press, 1981), Chapter 2; Stroud (1984), Chapter 1。亦可参见 Feldman (2003), pp. 118-119; Steup (1996), pp. 206-207。这个论证的基本思想也是一些科幻电影的经典来源，例如，参见 William Irwin (ed.), *The Matrix and Philosophy* (La Salle: Open Court, 2002)。

基于认知传递原则的怀疑论论证。

（1）如果我在相信一个关于外部世界的命题上得到辩护，在相信这个命题衍推对怀疑论假说的否定上得到辩护，那么我在否定怀疑论假说上得到辩护。

（2）我在相信这个命题衍推对怀疑论假说的否定上得到辩护。

（3）我在否定怀疑论假说上得不到辩护。

（4）因此，我在相信这个命题上得不到辩护。

为了便于讨论，我们用 A 来表示"我正在读《第一哲学沉思集》"，用 B 来表示"我是缸中之脑"这个怀疑论假说。从以上论述中可以看出，如果我有辩护地相信 A，那么我不是一个缸中之脑，因此在否定 B 上我就得到了辩护。因此，这个论证的第一个前提是可靠的。第二个前提所说的是，在相信 A 衍推 B 的否定这件事情上，我是有辩护的。怀疑论者当然可以把我设想为缸中之脑，但他无须否认我作为缸中之脑仍然具有正常的逻辑推理能力，或许也对逻辑具有先验知识，因为怀疑论者现在旨在表明的是，我们对外部世界没有经验知识，或者我们对外部世界的经验信念根本得不到辩护。不过，一旦接受了这两个前提，我们就面临如下状况：要么我在相信 A 上得到辩护，因此在否认 B 上得到辩护；要么我在否认 B 上得不到辩护，因此在相信 A 上得不到辩护。怀疑论者试图表明只有第二个选择是真的。那么，怀疑论者有什么理由认为第三个前提是真的呢？换句话说，为什么在否认我是缸中之脑上我得不到辩护呢？怀疑论者提出的回答是，从我自己的主观观点来看，无法判断我究竟是不是缸中之脑，因为为了做出这样一个判断，只能诉诸自己的经验，但不管我是不是缸中之脑，我在这两种情形中具有的经验是不可区分的。例如，按照怀疑论者对缸中之脑情形的设想，我在这种情况下具有的经验和我在正常情况下具有的经验毫无分别。[1] 在正常情形中，我就是自己认为的那个样子，正在读《第一哲学沉思集》；而在缸中之脑的情形中，我是缸中之脑，我只是认为我正在读《第一哲学沉思集》，但我实际上既没有手也没有眼睛，因此不可能在读一本书。既然在这两种情形中我具有的经验完全一样，我就无法通过诉诸经验来判断我究竟处于哪一种情形中，因此我在相信我不是缸中之脑上就得不到辩护。简言之，怀疑论者可以对第三个前提提出如下论证：

对第三个前提的论证。
（1）没有什么东西能够表明我实际上处于哪一种状况。
（2）如果没有什么东西能够表明我实际上处于哪一种状况，那么我在否认 B 上就得不到辩护。
（3）因此，我在否认 B 上得不到辩护。

我在否认我是缸中之脑上真的一点都得不到辩护吗？有人或许认为，生物医学技术尚未发展到能够让一个大脑在营养液中保持存活的地步，更不用说通过电刺激让它具有与生活在真实世界中的正常人一样的经验了。因此，不管我实际上是不是一个缸中之脑，只要我的经验对我来说具有高度的连续性和系统的可理解性，就可以怀疑自己实际上是缸中之脑。倘若如此，怀疑论者就不能认为我没有任何证据支持一个特殊信念，即关于我究竟处于哪一种状况的信念。怀疑论者可以同意我确实有一些证据相信我不是缸中之脑，但他们会强调说这种证据不是结论性的。如果有结论性证据持有某个命题意味着这个证据

---

[1] 参见 Jonathan Dancy, *Introduction to Contemporary Epistemology* (Oxford: Blackwell, 1985), pp. 10-11。

在逻辑上保证那个命题是真的，那么我们就必须承认，对于"我不是缸中之脑"这一信念，我所持有的证据不太可能是结论性的，因为按照怀疑论者对这种情形的设想，有可能的是，不管我有什么理由相信自己不是缸中之脑，这些理由都是疯狂的神经科学家通过超级计算机在我这里诱发出来的。这样，怀疑论者就可以说，如果我没有结论性的理由支持那个信念，就不能**有辩护地**否认我是缸中之脑，并进而否认怀疑论假说。换句话说，如果怀疑论者坚持认为辩护必须是结论性的或不可错的，那么我们对外部世界持有的任何信念都得不到辩护。由此可见，怀疑论者与其反对者之间的争论根本上涉及他们对辩护的理解。当怀疑论者声称我们对外部世界的信念得不到辩护时，为了维持怀疑论结论，他们要求辩护必须是结论性的或不可错的，而反怀疑论者则认为我们可以接受可错的辩护。如果知识要求不可错的辩护，基于传递原则提出的怀疑论论证就转变为一个反对我们对外部世界具有知识的论证：

按照"缸中之脑"对经验知识的不可能性的论证。

（1）为了知道我不是缸中之脑，在相信我不是缸中之脑这件事情上，我必须具有不可错的辩护。

（2）在相信我不是缸中之脑这件事情上，我不具有不可错的辩护。

（3）因此，我不知道我不是缸中之脑。

（4）如果我不知道我不是缸中之脑，那么我对外部世界没有知识。

（5）因此，我对外部世界没有知识。

如果知识确实要求不可错的辩护，那么上述论证的结论就是可靠的。因此，只要反怀疑论者同意知识要求不可错的辩护，他们就不得不接受怀疑论结论。当然，他们无须接受怀疑论者设定的那个知识概念，因为对他们来说，在日常的认知实践中，我们已经普遍承认感官是可错的。这样，按照日常的知识概念，知识并不要求不可错的辩护，只要求一种以强有力的理由或证据来支持的辩护。因此他们就会说，除非怀疑论者有很强的理由表明我们必须放弃日常的知识概念，采用怀疑论者的知识概念，否则怀疑论者就还没有表明在日常知识概念的意义上，我们不具有关于外部世界的知识。这样，怀疑论者与其对手之间的争论就变成这样一个问题：怀疑论者有什么理由要求我们接受怀疑论假说的可能性？

四、摩尔的反驳与最佳解释策略

我们可以认为，摩尔对怀疑论挑战的回应为上述问题的提出提供了一个**逻辑**起点。摩尔试图从**常识哲学**的角度来反驳怀疑论。[1] 常识哲学是在 18 世纪和 19 世纪早期由苏格兰哲学家托马斯·里德、亚当·弗格森（Adam Ferguson）、杜格尔德·斯图尔特（Dugald Stewart）等人为了回应休谟和贝克莱的怀疑论而提出的一种观点，其基本主张是，在普通人的实际知觉中，感觉不是单纯的观念或主观印

---

1 摩尔反驳怀疑论的大多数文章收集在如下文集中：G. E. Moore, *Philosophical Papers* (London: Routledge, 2013, first published in 1959)。亦可参见他在如下著作中对休谟的怀疑论论证的评论：G. E. Moore, *Some Main Problems of Philosophy* (New York: Macmillan, 1953), pp. 89-126。对于摩尔反驳怀疑论的策略的详细论述，见 Annalisa Coliva, *Moore and Wittgenstein on Certainty: Scepticism, Certainty and Common Sense* (Palgrave Macmillan, 2010)。

象,而是本身就含有关于外部对象的相应属性的信念。[1] 为了讨论摩尔反驳怀疑论的论证,让我们首先回想一下笛卡尔怀疑论论证。这种论证采取了如下形式:

笛卡尔怀疑论论证。

(1)只有当我能够知道(在我具有两只手方面)我没有受到恶魔的欺骗或者不是缸中之脑时,我才知道我有两只手。

(2)我不能知道(在我具有两只手方面)我没有受到恶魔的欺骗或者不是缸中之脑。

(3)因此,我不知道我有两只手。

摩尔对怀疑论的反驳开始于一个直观上合理的主张:怀疑论论证的前提(怀疑论假说)显然不如它们旨在攻击的命题(日常的知识主张)那么有道理。例如,考虑如下两个命题:

(P1)在相信我不是缸中之脑这件事情上,我没有得到辩护。

(P2)在相信我正在读《第一哲学沉思集》这件事情上,我得到了辩护。

摩尔同意怀疑论者的说法:如果 P1 是真的,那么 P2 就是假的——如果无法排除我是缸中之脑这一可能性,我当然就不知道我正

---

[1] 关于苏格兰常识哲学,参见 Rik Peels and René van Woudenberg (eds.), *The Cambridge Companion to Common-Sense Philosophy* (Cambridge: Cambridge University Press, 2020)。对常识哲学(更确切地说,作为一种哲学立场的常识)的一般论述或捍卫,参见 Stephen Boulter, *The Rediscovery of Common Sense Philosophy* (London: Palgrave Macmillan, 2007); Noah Lemos, *Common Sense: A Contemporary Defense* (Cambridge: Cambridge University Press, 2004)。

在读《第一哲学沉思集》。那么，我是否能够按照 P2 来反驳 P1，或者按照 P1 来反驳 P2 呢？怀疑论者认为，既然不能有辩护地相信我不是缸中之脑，因此也不能声称我知道（或者有辩护地相信）我正在读《第一哲学沉思集》。然而，摩尔采取了对立的做法：在他看来，既然怀疑论论证的前提（即 P1）不如他们想要否认的命题（即 P2）那么可信，我们就更有理由肯定 P2 而不是 P1。于是他就提出了如下简单论证：

摩尔反驳怀疑论的论证。

（1）如果在相信我不是缸中之脑这件事情上我没有得到辩护，那么在相信我正在读《第一哲学沉思集》这件事情上我也没有得到辩护。

（2）然而，在相信我正在读《第一哲学沉思集》这件事情上我得到了辩护。

（3）因此，在相信我不是缸中之脑这件事情上我也得到了辩护。

这是一个通过否定后件来否认前件的逻辑推理，因此是一个形式上有效的论证。实际上，这个论证的直观吸引力就在于，如下三个主张是逻辑上**不一致**的：其一，只有当我能够知道（在我具有两只手方面）我没有受到恶魔欺骗或者不是缸中之脑时，我才知道我有两只手；其二，我不能知道（在我具有两只手方面）我没有受到恶魔欺骗或者不是缸中之脑；其三，我知道我有两只手。因此，如果它们不可能都是真的，那么至少其中一个主张就必须被放弃。摩尔相信第三个主张比前两个主张都更明显和确定。然而，怀疑论者会反问：你有什么理由认为，在相信你正在读《第一哲学沉思集》这件事情上，你得到了辩护呢？摩尔的回答是，我们确实知道我们日常认为所知道的很多东西，例如其他人是存在的，我有两只手，多年来我们一直生活在地球上，月亮比地球小，等等。[1] 既然我们确实知道这些东西，那就表明怀疑论假说必定是错误的，因为怀疑论假说意味着我们不知道这些东西。然而，摩尔的论证不可能让怀疑论者感到满意，因为他们所要质疑的恰好就是日常知识主张——他们所要表明的是，即使日常自以为知道很多东西，但我们实际上不知道这些东西。摩尔所能给出的唯一回答是，日常的知识主张比怀疑论假说看起来更合理。摩尔自己并没有进一步说明为什么何以如此。但是，他极有可能持有两个主张：第一，怀疑论假说不太符合常识；第二，知识并不要求认知主体能够提出一个论证来支持其知识主张，正如他自己所说：

> 我要如何证明"这是一只手，那是另一只手"呢？我认为我做不到。为了做到这一点，正如笛卡尔指出的那样，我就需要证明我现在不是在做梦。但我怎么能证明我不是在做梦呢？毫无疑问，我有结论性的理由断言我现在不是在做梦；我有结论性的证据表明我是清醒的，但这与能够证明这一点是完全不同的。[2]

摩尔似乎是在说，我们有日常的感官证据**表明**某件事情确实就是那样，即使没有能力提出一个**论证性的论证**来证明我们的知识主张。假设我很熟悉邻居家那只狗，那么，当我有一天在楼下草坪上碰到那只狗时，我可以通过面貌识别而知道那就是邻居家的狗，即使它的主

---

[1] 参见 Moore (2013), pp. 32-32。
[2] Ibid., p. 149.

人目前不在场。但我可能在如下意义上不能证明那就是邻居家的狗：我不能清晰地表述或描述那只狗的相貌特征。不难看出，某些外在主义理论家和"知识在先"立场的倡导者采纳了摩尔的这种非论证性的知识概念。

当然，也有一些同情摩尔基本思想的哲学家试图进一步回应怀疑论者对其论证的质疑。为了理解他们的回应，我们首先需要注意的是，怀疑论者与其对手之间的争论到此为止归结为这一问题：我的证据的什么特点向我提供了如此之好的理由，以至于可以认为我确实是在读《第一哲学沉思集》，而不是在做梦、受到恶魔欺骗或者只是缸中之脑？这个问题不是关系确定性或不可错性，因为提出它的怀疑论者现在可以承认：为了具有知识，我们并不需要确定性或不可错性。怀疑论者现在想说的是，如果知识要求我们具有足够好的证据，那么我们的证据就必须足够好，以便有理由认为日常信念是真的，而怀疑论假说是假的。怀疑论者论证说，只要我们不能表明这一点，日常信念就仍然没有辩护，我们就仍然没有关于外部世界的知识。这样，怀疑论者就将证明负担抛给反怀疑论者——他们必须表明为什么怀疑论假说是不合理的或不可接受的。怀疑论假说旨在表明，我们在这些假说所设想的情形中具有的经验与我们在正常情况下具有的经验是不可区分的。就我们对外部世界的信念或知识而论，如果我们所具有的一切证据**根本上**都来自经验，[1] 那么看来我们就很难抵制怀疑论论证的结论。在日常的情形中，我们具有的大多数证据来自目前的经验和记忆。当然，我们最终会发现记忆经验和知觉经验通常是有规律、有秩序的。如果经验和记忆都是混乱不堪的，我们就很难应对周围环境，

---

[1] 我强调"根本上"，是因为也可以通过推理来扩展我们在经验的基础上获得的证据。

也很难组织和协调我们的生活。[1] 这样，我们就可以对经验的有规律性和有序性提出如下假说：

> **常识假说**：在我们所生活的世界中，物理对象是在时间上持续和相对稳定的对象，经验一般来说是由刺激感官的物理对象引起的。

在日常做梦的情形中，我们的经验看起来确实很怪异，与我们在正常情况下具有的经验很少具有可理解的联系。因此，笛卡尔的做梦假说确实不太符合我们对经验的日常理解。不过，这并未排除从其他怀疑论假说来说明上述观察的可能性。例如，怀疑论者可以对经验的规律性和有序性提出两种解释，即所谓"恶魔假说"和"缸中之脑假说"：[2]

> **恶魔假说**：我的经验是由恶魔引起的，它使得我具有有规律、有秩序的经验，其目的是要引诱我相信常识解释。
>
> **缸中之脑假说**：我是一个被连接到超级计算机上的缸中之脑，这台计算机通过刺激我的大脑而让我具有感觉经验，而且，它所安装的部分程序就是为了让我具有有规律、有秩序的经验。

---

1 以下论述部分受益于 Feldman (2003), pp. 141-142。
2 实际上，贝克莱对我们经验的有规律性和有序性的解释并非本质上不同于怀疑论者提供的那两种解释，不同之处在于：他用上帝来取代这里所说的缸中之脑或恶魔。参见 George Berkeley, *Philosophical Writings* (edited by D. M. Clarke, Cambridge: Cambridge University Press, 2008), especially pp. 92ff。

如果上述三个假说都能解释经验的规律性和有序性，那么，为了反驳怀疑论，反怀疑论者就必须表明我们没有理由接受后两个假说。但这显然是一项艰难的任务，因为怀疑论者可以论证说，我们所具有的证据并没有向我们提供足够好的理由来接受常识假说，而不是接受恶魔假说或缸中之脑假说。我们固然可以通过经验来发现记忆经验和知觉经验是不是有规律、有秩序的，但是，如果不能区分我们在怀疑论假说的情形中具有的经验和我们在正常情况下具有的经验，那么经验**本身**就不能向我们提供任何证据，以便我们可以有辩护地相信常识假说比恶魔假说或缸中之脑假说更合理。实际上，怀疑论者可以提出如下进一步的论证：

备选假说论证。
（1）人们对"我具有有规律、有秩序的记忆经验和知觉经验"这一观察持有的证据并没有提供更好的理由，让他们相信常识命题和常识假说，而不是相信其他竞争假说，例如恶魔假说和缸中之脑假说之类的怀疑论假说。
（2）如果一个人的证据并没有提供更好的理由让他相信某个假说而不是其他竞争假说，那么他在相信那个假说上就没有得到辩护。
（3）因此，人们在相信常识命题和常识假说上没有得到辩护。

这个论证是有效的，而且得出了一个怀疑论结果。不过，第二个前提需要一点说明。如果我们认为辩护随附在证据之上，那么具有同样证据或相当证据的两个命题要么都有辩护，要么都没有辩护。这样，如果反怀疑论者提不出很好的理由来表明常识假说在解释经验的规律性和有序性上比恶魔假说和缸中之脑假说更合理，他们就无法反驳上述论证的结论。那么，反怀疑论者是否有很好的理由说明为什么应该拒斥怀疑论者对经验的规律性和有序性的解释？在这里我们将考虑两个流行的回答。

第一个回答立足于在讨论基础主义的时候已经提到的一个观点：知觉经验为关于外部世界的知觉信念提供了**直接**辩护。[1] 对某些基础主义者来说，如果存在某个可以感觉到的特征，以至于一个人相信自己将某个东西**知觉为**具有那个特征的东西，那么对他来说明显的是，他知觉到那个东西具有那个特征，存在着一个具有那个特征的东西。[2] 例如，如果我确信我把桌面上的某个东西知觉为一个立方体，那么我知觉到的那个东西就具有"是立方体"这一特征，存在着一个具有这个特征的东西，例如一个魔方。基础主义者提出的这个主张往往被视为一个**认知原则**。然而，我们不是特别清楚它本身是如何得到辩护的。罗德里克·齐硕姆在处理所谓"知识标准问题"时区分了两种观点，即条理主义和特殊主义。[3] 条理主义认为，在知识论中，我们首先必须回答关于知识本质的问题，例如知识是否要求确定性，或者是否要求认知主体能够对其知识主张提出一个辩护论证，正如内在主义者通常所要求的那样。因此，按照这种观点，我们应该首先系统地提出一个知识理论，然后再按照这个理论来看看我们知道什么。特殊主义则认为，我们并不具有关于一般认知原则的先验知识，这种知识只

---

[1] 费尔德曼把这个回答称为"直接知觉辩护"。关于他对这个回答的分析，见 Feldman (2003), pp. 145-148。

[2] 参见 Roderick Chisholm, *Theory of Knowledge* (New Jersey: Prentice Hall, 1966), p. 47。不过，齐硕姆后来对这个主张提出了更谨慎的说法。参见 Roderick Chisholm, *Theory of Knowledge* (third edition, New Jersey: Prentice Hall, 1989), pp. 18-22。

[3] 参见 Roderick Chisholm, *The Foundations of Knowing* (Minneapolis: University of Minnesota Press, 1982), pp. 65-69。

能来自我们对特殊的认知命题的知识。也就是说，应该首先看看我们究竟知道什么具体的东西，在此基础上提出一个知识理论来说明知识的范围。齐硕姆将摩尔归为特殊主义者。按照这种观点，也许每当我通过知觉相信某个东西是一个苹果时，我就知觉到那个东西是一个苹果，有一个苹果这件事对我来说是明显的；每当我通过知觉相信某本书具有红色的封面时，我就知觉到其封面是红色的，有一本封面是红色的书这件事对我来说是明显的。我可以在这些特殊的认知命题的基础上总结出一个认知原则，例如上述原则。然而，如果一个理论家试图以这种方式来确立知识或辩护的标准，他首先就得认同如下主张：知觉经验不仅能够为知觉信念提供直接辩护，而且与知识的其他可能来源相比具有某种权威。因此我们就可以认为，知觉经验为知觉命题提供的证据好于它为怀疑论命题提供的证据，例如下面这个怀疑论命题：我们是在恶魔的欺骗下认为物理对象存在。如果知觉经验确实能够为知觉信念提供直接辩护，而知觉经验为我们相信知觉命题所提供的证据好于它为我们相信怀疑论命题所提供的证据，那么知觉信念就可以免于怀疑论怀疑。

然而，即使知觉经验在某种意义上可以为知觉信念提供直接辩护，但有什么理由认为知觉经验为知觉信念提供的证据，要好于它为我们相信怀疑论命题所提供的证据呢？回想一下，怀疑论产生的一个主要根源就在于知觉经验是可错的，而怀疑论者认识到并强调这一点。当然，对于可错论的基础主义者来说，知觉经验的可错性并不意味着知觉经验根本上不能为知觉信念提供辩护。不过，他们也需要承认，只有当知觉经验能够为知觉信念提供足够好的证据时，知觉经验才能辩护知觉信念。可错论的基础主义者承认，知觉经验能够直接为知觉信念提供的辩护仅仅是一种初步辩护，也就是说，除非发现有其他证据击败我们用来辩护一个知觉信念的证据，否则就可以认为那个

第九章 怀疑论、知识与语境

信念是有辩护的。然而，即便可错论的基础主义者承认这一点，他们有什么理由否认知觉经验有可能是恶魔产生出来的，或者是一个缸中之脑所具有的经验呢？显然不能先验地排除这种可能性。另一方面，既然知觉经验的可错性是我们都能承认的一个事实，如果可错论的基础主义者要用上述策略来回避怀疑论挑战，他们就必须**正面**回答如下问题：为什么怀疑论者所设想的那种可能性不应该是知觉错误的一个原因呢？

这些基础主义者并没有对这个问题提出一个正面论述。就像摩尔一样，他们相信接受我们日常认为所知道的命题比接受怀疑论命题更合理。这种态度无异于完全回避了怀疑论挑战，因为怀疑论者实际上要求反怀疑论者说明为什么接受日常的知识主张比接受怀疑论假说更合理，这些基础主义者只是**断言**这样做更合理，而没有提出任何进一步的说明。当然，如果知觉经验是不可错的并能为知觉信念提供直接辩护，那么基础主义者大概就可以认为我们无须接受怀疑论假说的可能性，因为说知觉经验是不可错的大概就是说，一旦知觉到某个东西具有某个特征，我们不仅有理由相信它具有那个特征，而且它也确实具有那个特征。但是，这一点似乎是没有保证的，除非假设有一位仁慈的上帝保证我们具有不可错的知觉经验，正如笛卡尔所假设的那样，或者假设正是所谓的"设计"使得我们具有不可错的知觉经验，就像普兰廷加所设想的那样。然而，以这种方式来回答怀疑论者实际上等于直接取消了怀疑论论证的力量——如果我们无论在什么情况下具有的知觉经验都是正确的，那么真实世界就与怀疑论者所设想的世界变得不可区分。但是，怀疑论假说旨在表明，既然在真实世界中具有的知觉经验是可错的，我们就无法按照知觉经验来排除怀疑论者所设想的那些可能性。采纳上述策略的基础主义者因此就面临一个两难困境：一方面，如果承认知觉经验是可错的，他们就无法在根本上回答怀疑论挑战；另一方面，如果否认知觉经验是可错的，他们就无法容纳我们对知觉经验的直观认识。实际上，正如在讨论基础主义的时候我们已经看到的，"知觉经验能够直接辩护知觉信念"这一主张是含糊的。我们知觉到什么取决于我们的认知能力、概念资源以及相关的背景信息和背景信念。对于出现在眼前的同一个物理对象，例如一棵不太常见的乔木，不同的人对它的知觉经验可能是不同的。一位植物学专家可以把它精确地知觉为某种乔木的一个亚种，一个植物学专业的新生可以把它知觉为一种乔木，而一个外行可能根本就不能把它知觉为乔木。当然，有人或许认为，他们其实都具有同样的视觉经验，只是对其经验持有不同的描述。但是，基础主义的批评者会说，辩护所要求的是具有**概念内容**的知觉经验，而不仅仅是出现在一个人眼中的视网膜影像，倘若如此，就不能认为知觉经验本身（即没有经过任何概念化的知觉经验）能够为知觉信念提供直接辩护。

当然，无须就此否认知觉经验是我们认识外部世界的一个重要渠道（假若我们确实具有这种知识的话）。但是，即使知觉经验能够为知觉信念提供初步辩护，二者之间的关系可能比基础主义者所设想的要复杂得多。为了有说服力地表明按照知觉经验提供的证据来接受日常的信念或知识主张比接受怀疑论假说更合理，基础主义者就不能只是声称知觉经验能够直接为知觉信念提供初步辩护。不过，我们或许可以用另一种方式来表明接受常识假说比接受恶魔假说或缸中之脑假说更合理，即采用所谓"最佳解释推理"策略。[1] 在科学哲学中，这个策略往往被用来选择竞争的假说或理论。对于所观察到的某

---

1 对最佳解释推理的系统论述，参见 Peter Lipton, *Inference to the Best Explanation* (second edition, London: Routledge, 2004)。

些现象或经验事实,我们需要提出一个解释。能被用来解释它们的假说或理论可能有好几个,其中一些在某种意义上可能是相互竞争的。最佳解释推理所说的是,在可供取舍的假说或理论中,我们应该接受对有关现象或事实给出最佳解释的那个假说或理论。[1] 罗素和奎因等哲学家也认为,为了合理地解释我们的感觉经验,我们最好认为存在着日常的物理对象。[2] 为了阐明这一点,考虑费尔德曼提出的如下案例:[3]

变化多端的同事的例子:彼得是你办公室的同事。你注意到他的行为变化多端,即使不是很怪异。有些日子他情绪高昂,其他日子则情绪低落。你对他的行为提出两个可能的解释。其一,彼得目前正在谈恋爱,他女朋友最近因为工作方面的事情情绪时上时下。她很希望去的一家投资公司前几天通知她去面试,因此她就兴高采烈,对彼得也格外好,然而,就在她要去面试的前一天,那家公司通知她不用去了,于是她就情绪低落,对彼得大发脾气。类似的事情在此期间不断反复出现。其二,彼得实际上是两个不同的人,一对孪生兄弟,但性

---

[1] 某些采纳这个思想的理论家进一步声称,如果为了解释某些现象或经验事实,我们必须假设某个没有被观察到的实体(例如黑洞),而假设这个实体存在对这些现象或事实提供了最佳解释,那么我们就有理由认为那个实体确实存在,尽管它没有被观察到,或者甚至原则上无法观察到。

[2] Bertrand Russell, *The Problems of Philosophy* (Oxford: Oxford University Press, 2001); W. V. O. Quine, *Word and Object* (Cambridge, MA: The MIT Press, 1960). 实际上,罗素显然诉诸最佳解释推理策略来质疑怀疑论:"在哲学中,两个竞争假说都能解释所有事实似乎并不是不寻常的。因此,比如说,有可能生活是一场漫长的梦,外部世界只具有梦中的对象所具有的那种程度的实在性;但是,尽管这样一种观点似乎不是不符合已知事实,但也没有理由认为它比常识观点更好,后者认为其他人和其他事物确实存在。"(Russell [2001], p. 71)

[3] Feldman (2003), p. 148.

格和脾气截然不同，他们两人轮流在你所在的公司上班，但公共场合从来不一道出现，因此没有人知道他们两人是孪生兄弟。

这两个假说都能解释你在彼得身上观察到的行为，但第二个假说有点不同寻常，它不仅显得有点复杂，而且所设想的情形在现实世界中也不太可能（当然不是逻辑上不可能）。与此相比，第一个假说更自然和简单，尤其是因为你知道彼得目前正在谈恋爱，了解他女朋友的情况。在评价竞争的假说或理论时，一些科学哲学家假设，如果一个假说或理论与其竞争对手相比更加简单和经济，具有更大的解释力和预测力，更符合背景信息，那么接受它就比接受其竞争对手更合理；尤其是，如果这个假说或理论不仅能够解释其竞争对手所能解释的现象或经验事实，也能解释后者不能解释的现象或经验事实，那么我们就应该接受它。通过利用这个思想，一些理论家试图这样来回答怀疑论者挑战。[1] 首先，我们观察到经验不是变幻无常的，而是有规律、有秩序的，不仅显示出某种融贯性，也显示出某些可以预测的模式。其次，为了说明这一观察，最好假设我们的经验与持续存在和相对稳定的物理对象所构成的外部世界具有因果相互作用，因为若不假设存在着这样一个世界，就无法说明我们在经验中观察到的这些特征。正如彼得·里普顿所说：

笛卡尔式的怀疑论者追问我们如何知道这个世界不只是一场梦，或者我们不只是缸中之脑，作为对怀疑论者的部分

---

[1] 参见 Feldman (2003), pp. 148-151; Lemos (2021), pp. 172-176; Weintraub (1997), pp. 98-108。对这种回应怀疑论的方式的深度讨论，参见 Kevin McCain and Ted Poston (eds.), *Best Explanations: New Essays on Inference to the Best Explanation* (Oxford: Oxford University Press, 2018), especially Part II and IV。

回答，实在论者可以论证说，若假设外部世界存在就可以对我们的经验提供最佳解释，我们就有权相信外部世界存在。有可能一切都是梦，或者我们实际上都是缸中之脑，但这些［怀疑论假说］对我们的经验历程的解释，不如我们都相信的那些解释好，因此我们在理性上有权持有关于外部世界的信念。[1]

如果反怀疑论者想要利用最佳解释策略来反驳怀疑论，他们就必须声称常识假说而不是恶魔假说或缸中之脑假说对我们的经验证据提供了更好的解释。然而，怀疑论者可以进一步质疑这个主张并提出如下问题：即便如此，反怀疑论者有什么理由认为我们在相信其主张上得到了辩护？在提出其主张时，反怀疑论者大概是在说，与按照怀疑论假说提出的解释相比，常识假说提出的解释更简单，因此相比较而论是最好的解释。然而，恶魔假说提供的解释也具有同样的简单性。例如，按照贝克莱的观点（实际上是这种解释的一个变种），我们的感觉经验不是各种各样的物质对象引起的，而是上帝引起的。贝克莱的理由是，我们已经观察到在我们的观念（即感觉印象）之间存在着有规律、有秩序的联系，而观念本身并不具有产生另一个观念的能力，因此，为了说明这个观察，我们就只能假设存在着一个"无限有智慧、无限善良、无限有能力的精神"，其存在"很充分地说明了一切自然现象"。[2] 因此，对贝克莱来说，一切感觉经验以及我们从中观察到的规律性和有序性都是来自一个天赐的原因。常识假说假设世界是由各种持续存在且相对稳定的物理对象构成的，以此来说明我们的

---

[1] Lipton (2004), p. 69.
[2] Berkeley (2008), p. 111.

经验。相比较，贝克莱的解释似乎比常识假说提出的解释更简单：上帝本身不仅被设定用来说明外部世界的存在，也被设定用来说明我们在经验中观察到的那种规律性和有序性的根本原因。当然，一旦接受了贝克莱的观点，我们也需要进一步说明一个问题：上帝这样一种非物质性的存在如何让其他非物质性的存在（贝克莱所说的灵魂或精神）具有感觉？并不清楚贝克莱如何回答这个问题。但是，同样不清楚的是，与其他竞争假说相比，"存在着一个外部世界"这一假说如何对我们的经验提供了更好的说明。反怀疑论者或许回答说，只要假设外部世界确实存在，而且物理对象引起我们具有各种经验，我们就很容易说明我们所具有的经验。例如，如果假设存在着一只手，而我们知道这件事是真的，那么我们就很容易说明对一只手的经验。然而，贝克莱的观点对这件事情的解释似乎并不比常识假说提出的解释更糟。因此，如果没有理由表明正是常识假说而不是恶魔假说或缸中之脑假说更好地说明了我们的经验证据，那么在相信这个主张上我们似乎就得不到辩护。

　　常识假说是否对我们的经验提供了最佳解释，实际上是一个有争议的问题。即使不考虑这个问题，通过诉诸最佳解释推理策略来反驳怀疑论似乎也是成问题的。一个假说在解释上好于其他竞争假说，因此在这个意义上接受它是合理的，但我们也不能由此认为，当它对某个特定证据提供了最佳解释时，它由此产生的辩护就足以将一个信念转变为知识。换句话说，关于最佳解释的考虑不足以表明一个人按照相关证据（即得到这种解释支持的证据）持有的信念就是知识。莱莫斯试图以如下例子来说明这一点。[1] 警方知道博物馆昨晚被盗，有人看见一个名叫约翰的家伙昨晚某个时间在博物馆周围徘徊，而约翰

---

[1] Lemos (2021), pp. 174-175.

几年前就曾因偷窃被警方拘捕。此外，没有证据表明其他人在馆藏文物被盗期间出现在博物馆。按照这个假定，与任何其他可能的假说相比，"约翰盗窃了文物"这一假说似乎对这个事件提供了较好的解释，从目前所能得到的证据来看是一个最佳解释。然而，这个假说（或者有关考虑）可能不足以将"约翰盗窃了文物"这个信念转变为知识，也就是说，警方不能仅仅由此就断言正是约翰盗窃了文物。同样，怀疑论者或许会说，即使"存在着一个外部世界"这一假说为我们的经验提供了一个好的解释，甚至与我们目前所能得到的所有竞争假说相比提供了更好的解释，但它对我们的经验所提供的那种辩护对知识来说仍然是不充分的——我们不能因为这一假说对经验提供了最佳解释，就认为我们的经验真实地表达了外部世界，我们的经验信念因此就是知识。

将最佳解释推理用作反驳怀疑论的一个策略还会碰到三个主要困难。第一，一些理论家已经指出，最佳解释推理并非不同于归纳，[1]实际上，就经验知识而论，归纳可能是我们用来形成和确认某个假说的唯一根据。因此，如果归纳就像休谟所说的那样本身得不到理性辩护，或者对它的辩护是循环的，[2]那么，为了利用最佳解释推理来反驳怀疑论假说，使用这个策略的理论家就必须首先表明这种推理本身是有辩护的，或者认知循环在某种意义上是可接受的，但这显然并非

1　例如，参见 Richard Fumerton, "Reasoning to the Best Explanation", in McCain and Poston (2018), pp. 65-79。

2　当然，如果最佳解释推理在某种意义上能够得到先验辩护，那么我们或许就可以避免休谟的批评。一些理论家已经试图表明这种推理可以得到先验辩护，例如，参见 Ali Hasan, "In Defense of Rationalism about Abductive Inference", in McCain and Poston (2018), pp. 150-169。

易事。[1] 第二，最佳解释推理意味着，与任何其他竞争假说相比，如果一个假说为某个或某套特定的证据、经验观察提供了最佳解释，我们在相信这个假说上就得到了辩护。但是，为了获得一个最佳解释，就必须比较和权衡我们所能得到的一切可能假说的价值，并由此相信某个假说提供了最佳解释。因此，就算我们承认为某个证据或经验观察提供了最佳解释的假说能够设法将相关信念转变为知识，但普通人显然很少用这种方式来获得关于外部世界的知识。因此，对知识的这种理解，就像怀疑论者提出的理解那样，将会排除我们日常具有的大多数知识。当然，这不是说最佳解释推理原则上不可能是知识的一个来源，而是说我们对外部世界的知识可能不要求这种推理。第三，最佳解释推理是通过诉诸简单性和解释力之类的解释美德（explanatory virtues）来选择假说或理论，但这些理论美德（或者对它们的考虑）

---

[1] 认知循环指的是，在捍卫一个信念**来源**的可能性时，使用本身就立足于那个来源的东西作为前提，例如，在最明显的情形中，使用知觉或内省来捍卫一个知觉信念或内省信念的可靠性。认知循环可能会让知识来得太容易，而为了避免这个结果，我们就需要假设，只有当我们首先知道某个来源是可靠的时候，它才能产生知识。但是这个假设会导致极端的怀疑论。目前有两种方式避免这个结果：一种方式是要表明我们关于可靠性的知识是非推理性的或基本的，另一种方式是要表明我们有一种"非证据性"的资格将知识的来源看作是可靠的。但这两种方式都会引起争议。到目前为止，认知循环问题尚未得到令人满意的解决。限于篇幅，我们将不讨论这个重要问题。一些特别相关的论述，参见William P. Alston, "Epistemic Circularity", reprinted in Alston, *Epistemic Justification: Essays in the Theory of Knowledge* (Ithaca: Cornell University Press, 1989), pp. 319-349; William P. Alston, *The Reliability of Sense Perception* (Ithaca: Cornell University Press, 1993); Michael Bergmann (2004), "Epistemic Circularity: Malignant and Benign", *Philosophy and Phenomenological Research* 69: 709-727; J. Adam Carter and Duncan Pritchard, "Inference to the Best Explanation and Epistemic Circularity", in McCain and Poston (2018), pp. 133-149; Richard Fumerton, *Metaepistemology and Skepticism* (Lanham: Rowman & Littlefield, 1995), chapter 6; Peter Markie (2005), "Easy Knowledge", *Philosophy and Phenomenological Research* 70: 406-416; Ernest Sosa, "Philosophical Scepticism and Epistemic Circularity", reprinted in Keith DeRose and Ted A. Warfield (eds.), *Skepticism: A Contemporary Reader* (Oxford: Oxford University Press, 1999), pp. 93-114; Jonathan Vogel (2000), "Reliabilism Leveled", *The Journal of Philosophy* 97: 602-623。

可能只是反映了人类特有的旨趣，而不是表达了对有益于产生真理的认知价值的关注，正如范弗拉森特别指出的：

> 对简单性和解释力的判断是表达我们认知评价的直观和自然的工具。经验主义者如何看待这些如此明显地超越了他视为典型美德的其他美德呢？有一些人类特有的关注使得一些理论比其他理论对我们来说更有价值和吸引力，而这些关注取决于我们的兴趣和乐趣。然而，这类价值……不能理性地指导我们的认知态度和决定。例如，即使回答一类问题对我们来说比回答另一类问题更重要，也没有理由认为更多地回答了第一类问题的理论更有可能为真。[1]

范弗拉森所要说的是，既然最佳解释推理用来选择理论或假说的标准未必表达了真正的**认知**关注，通过这种推理选择出来的理论或假说就不一定表达了实在。对范弗拉森来说，简单性和解释力都是所谓"实用美德"，而不是与认知目标真正相关的美德，正如一个信念系统**单纯的**融贯性不足以保证与它保持融贯的一个信念是真的，除非融贯论者已经设法表明一个融贯的信念系统总体上与实在（或者实在的某个部分）"相对应"。某些理论物理学家使用简单性和对称性之类的观念来构想或选择物理理论，但是，我们似乎不能先验地认为具有这些特征的理论比不具有它们的理论更有可能是真的，更有可能与实在相匹配。

---

[1] Bas Van Fraassen, *The Scientific Image* (Oxford: Oxford University Press, 1980), p. 87.

不过，威廉·莱肯有不同的说法。[1] 首先，莱肯论证说，我们不可能将真理看作唯一的认知目标，因为信念也旨在引导我们的行动，因此，信念所具有的实用美德（而不仅仅是严格而论的认知美德）也有助于它在总体上取得有益于认知的东西。这些实用美德可以使得认知在引导行动方面变得切实有效，例如，更加简单的假说在运用上更有效率，而复杂性则会在运用中增加错误风险。莱肯由此认为，简单性本身是一种形式的效能，谈论理论的"简单性"并不是在说"世界是简单的"，而是偏爱简单的理论而不是复杂的理论本身是一个**认知规范**。其次，莱肯指出，我们实际上不能接受如下主张：只有当人们首先已经以某种实质性的方式表明某个实用美德有益于真理时，它才可以被认为能够进行辩护。莱肯认为我们无法确立这个主张，因为"对思想史做出一个归纳，以表明（比如说）更加简单的理论比更加复杂的理论有追踪真理的更好记录，这种做法不仅是不可行的，而且也要求我们（此时）独立于对简单性和其他实用美德的诉求而接触过去的真理"。[2] 如果人类对于外部世界的认识在任何时候都是以莱肯设想的这种方式获得的，例如已经使用各种实用美德，那么我们当然就无法独立于这些美德、通过归纳而获得过去的真理。我们应该做的和所能做的，正如莱肯所说，是在我们的认知直觉与我们通过使用各种认知美德和实用美德而尝试建立的理论之间实现一种反思平衡。因此，在莱肯看来，"真理不是独立于我们所持有的有辩护的信念而接触到的东西。要求一种独立的'与真理的联系'是误导性的"。[3] 如果莱肯的说法是可靠的，那么最佳解释推理仍然可以被用作反驳怀疑论

---

[1] William Lycan, "Explanation and Epistemology", in Paul K. Moser (ed.), *The Oxford Handbook of Epistemology* (Oxford: Oxford University Press, 2002), pp. 408-433.

[2] Lycan (2002), p. 421.

[3] Ibid., p. 422.

的一种策略,但是,为了让怀疑论者信服,其倡导者显然还需要做大量工作。

五、语义外在主义

到目前为止,我们考察了几种支持怀疑论的论证以及反驳怀疑论论证的传统策略。现在我们将审视一些尝试反驳怀疑论的新策略及其在知识论中所产生的进展。为此,让我们首先将怀疑论论证的一般形式表述如下:

怀疑论论证的一般形式。
我不知道某个怀疑论假说(例如恶魔假说或缸中之脑假说)是假的。
如果我不知道某个怀疑论假说是假的,那么我不知道某个日常命题(例如我有两只手)。
因此,我不知道这个日常命题。

这是一个形式上极为简单、逻辑上有效的论证。面对这样一个论证,人们一般会有两种反应。一些人会认为怀疑论假说不可理解,或者至少不如日常命题那么确定,因此认为怀疑论论证荒唐可笑,不会产生什么威胁。摩尔就对怀疑论论证采取这种态度。不过,也有一些人会接受巴里·斯特劳德的说法:"当我们首次碰到怀疑论推理时,就立即发现它很有吸引力。它诉求我们本性中某种深刻的东西,似乎对人类处境提出了一个真实问题。"[1] 斯特劳德的意思是说,既然我们

---

[1] Stroud (1984), p. 39.

不能直接认识到外部世界的本来面目，只能通过感觉经验来认识外部世界，我们就不知道感觉经验是否真实地表达了外部世界，而怀疑论假说只不过是揭示了这一事实。既然怀疑论论证是逻辑上有效的，为了反驳其结论，我们就只能拒斥其前提。在前面所讨论的反驳怀疑论挑战的尝试中，大多数反怀疑论者都试图直接反驳怀疑论假说，即试图表明接受怀疑论假说在某种意义上是不合理的。例如，摩尔明确认为，接受怀疑论论证试图否认的结论，比接受怀疑论假说更合理或更确定。然而，除了捍卫常识外，摩尔并未对此给出进一步的说明。摩尔或许认为我们应该接受日常知识主张，但这种主张恰好是怀疑论者所要挑战的。在这个意义上说，摩尔回应怀疑论论证的方式实际上并未正视怀疑论挑战。不过，有些理论家试图通过否认怀疑论论证的第一个前提来反驳怀疑论。在广泛的意义上说，这实际上也是一种摩尔式的方式，只不过他们利用了更加精致的思想资源。我们首先考察从语义外在主义的角度来回答怀疑论挑战的尝试。

语义外在主义本来是希拉里·普特南对于精神状态内容的本质提出来的一个论点。[1] 它所说的是，在我们的精神状态中，至少有些精神状态的内容不是完全由大脑内部发生的事情或者关于它们的事实来决定的，而是部分地由所谓"外在事实"来决定的，例如与认知主体发生因果接触的那些东西及其本质。举例说，如果你还没有与一棵树发生恰当的因果联系，你就不可能有"树"这个概念，也不可能有包

---

[1] Hilary Putnam, "The Meaning of 'Meaning'", reprinted in Putnam, *Philosophical Papers,* Vol. 2 (Cambridge: Cambridge University Press, 1975), pp.251-271. 对普特南的观点的一些相关讨论和应用，参见 Jesper Kallestrup, *Semantic Externalism* (London: Routledge, 2011); Joseph Mendola, *Anti-Externalism* (Oxford: Oxford University Press, 2009); Andrew Pessin and Sanford Goldberg (eds.), *The Twin Earth Chronicles: Twenty Years of Reflection on Hilary Putnam's "The Meaning of 'Meaning'"* (London: Routledge, 1996); Mark Rowlands, *Externalism: Putting Mind and World Back Together Again* (Acumen Publishing Limited, 2003)。

含这个概念的精神内容或思想。因此，语义外在主义也可以被理解为如下论点：精神状态的内容不随附在个人的内在特点之上。语义内在主义则持有对立的主张，即认为精神状态的内容随附在个人的内在特点之上。普特南试图用著名的"孪生地球"思想实验来论证其主张。假设有两个在物理上一模一样的孪生兄弟奥斯卡和托斯卡，奥斯卡生活在地球上，而托斯卡生活在孪生地球上，孪生地球是宇宙中一个在表观上与地球完全一样的星球。奥斯卡和托斯卡不仅在身体上具有同样的分子结构，其大脑结构也完全一样，此外，对于在江河湖泊中的那种洁净液体，他们具有某些信念。然而，在孪生地球的那种液体事实上是 XYZ 而不是 H_2O。因此，当托斯卡在孪生地球上看到那种东西时，其思想内容不同于奥斯卡的思想内容，但按照假设，他们头脑中的一切东西都是同样的。普特南认为，这个思想实验表明思想内容不是完全由头脑中的东西来决定的。按照这个观点，如果一个缸中之脑实际上没有与外部世界发生真实的因果接触，它就不可能有"有一棵树""有一只手"之类的思想，大概也不可能有"我不是缸中之脑"这一思想。当然，一个缸中之脑被认为仍然具有经验，因此可以具有对于一棵树、一只手的经验。这就产生了一个问题：当我们说一个缸中之脑具有经验时，它所具有的经验究竟是**对什么东西**的经验？普特南认为，不管一个缸中之脑具有什么经验，其经验不是对任何真实对象的经验，而是对（比如说）一棵树或一只手的影像的经验，这种影像是由电刺激产生的。与一个缸中之脑具有因果联系的唯一东西，就是那台通过电刺激向它提供感觉信息的超级计算机。因此，当一个缸中之脑用"这里有一棵树""那里有一只手"之类的语句来表示它所具有的经验时，其中所说的"树"和"手"并不是指任何真实存在的对象，至多只是指有关的影像，或者甚至有关的电刺激。

语义外在主义是一个很有争议的论点。不过，仍然有一些哲学家认为，如果这种外在主义是真的，它就提供了一种反驳怀疑论的方式。不过，在阐明这一点之前，我们需要指出语义外在主义与前面讨论知识和辩护的时候所说的外在主义的差别。**知识论**的内在主义者和外在主义者之间的争论涉及两个相关问题：第一，我们能否通过反思或内省来发现究竟是什么将知识与真信念区分开来？第二，辩护资源是否必须是认知主体在其认知视角内可以得到的？与此相比，语义外在主义提出的是一个**形而上学**问题，即什么东西决定了思想的内容。这两种外在主义者所关心的问题是不同的。一个理论家可以是知识论的外在主义者，但无须是关于语义内容的外在主义者。例如，他可以认为思想内容完全是由大脑内在的计算状态来决定的，因此是一个语义内在主义者，但也可以认为知识要求认知机制可靠地追踪真理，因此是一个知识论的外在主义者。

在将语义外在主义应用于缸中之脑的怀疑论假说时，普特南断言"我是一个缸中之脑"这一主张是自相反驳的。[1] 在一般的意义上，说一个陈述是自相反驳的就是说它为真蕴含了它是假的。例如，"'所有一般陈述都是假的'这个一般陈述"是自相反驳的。不过，普特南是在一种更强的意义上来使用"自相反驳"这个说法——他所要说的是，"缸中之脑假说是充分可理解的"这一假设意味着它是假的。为了理解普特南的说法，不妨首先考虑一下"我不存在"这个主张。当我断言或思想这个主张时，它不是真的，因为不管我在断言或思想什么，我能够这样做已经预设了我存在。就此而论，"我不存在"这个主张是自相反驳的。不过，我们并不清楚"我是一个缸中之脑"这一主张在类似的意义上也是自相反驳的。假设我持有"我是一个缸中之脑"这一思想。如果我确实是缸中之脑，那么按照怀疑论者的假定，在这种情况下我

1　Hilary Putnam, "Brain in a Vat", reprinted in DeRose and Warfield (1999), pp. 27-42.

就无法发现自己不是缸中之脑，因此"我是缸中之脑"这一主张是真的。另一方面，如果我实际上不是缸中之脑，那么"我是缸中之脑"这一主张就是假的，但在这种情况下，它就不是自相反驳的。

因此，为了表明"我是缸中之脑"这一主张是自相反驳的，普特南就必须表明，如果我思想"我是缸中之脑"，那么我实际上不是缸中之脑。不难看出，只要采取语义内在主义的观点，我们就得不出普特南想要的结论，因为按照这种观点，既然思想内容完全"在头脑中"，一个缸中之脑就可以具有与任何真实的个体同样的思想。不过，普特南论证说，只要我们采取语义外在主义的观点，情况就不同了。如果我确实是一个缸中之脑，那么在持有"我不是缸中之脑"这一思想时，我用来表述它的那句话实际上指的是"我不是一个影像中的缸中之脑"，而在这种情况下，这个说法是真的。另一方面，如果我实际上不是缸中之脑，那么，在持有"我不是缸中之脑"这一思想时，我用来表述它的那句话实际上指的是"我不是缸中之脑"，而在这种情况下，这个说法是真的。因此，不管我是不是缸中之脑，我对"我不是缸中之脑"这句话的使用都是真的。既然如此，它就是真的。因此，无论如何我都不是缸中之脑。大概正是在这个意义上，普特南认为"我是缸中之脑"这一主张是自相反驳的。然而，普特南的语义学论证实际上很难构成对怀疑论论证的反驳，因为只要仔细审视一下，我们就会发现它其实只是得出了如下结论：在说我不是缸中之脑时，我说出来的那句话是真的。为了便于讨论，我们不妨采纳安东尼·布鲁克纳对普特南的论证的总结：[1]

---

1 Anthony Brueckner, "Semantic Answers to Skepticism", reprinted in DeRose and Warfield (1999), pp. 43-60, at pp. 46-47. 布鲁克纳相信他对普特南的论证的重构是准确的。他也详细考察了按照语义外在主义来回应怀疑论的策略，参见 Anthony Brueckner, *Essays on Skepticism* (Oxford: Oxford University Press, 2010), especially pp. 115-176。

普特南的语义外在主义论证。

（1）要么我是缸中之脑，要么我不是缸中之脑。

（2）如果我是缸中之脑，那么，当且仅当我具有是一个缸中之脑的感觉印象时，我对"我是缸中之脑"的言说才是真的。

（3）如果我是缸中之脑，那么我不具有是一个缸中之脑的感觉印象（而是，我具有是一个有躯体的正常人的感觉印象）。

（4）如果我是缸中之脑，那么我对"我是一个缸中之脑"的言说是假的。[按照（2）和（3）]

（5）如果我不是缸中之脑，那么当且仅当我是缸中之脑时，我对"我是缸中之脑"的言说才是真的。

（6）如果我不是缸中之脑，那么我对"我是一个缸中之脑"的言说是假的。[按照（5）]

（7）我对"我是缸中之脑"的言说是假的。[按照（1）、（4）和（6）]

（8）因此，我对"我不是缸中之脑"的言说是假的。[按照（7）]

为了反驳怀疑论，反怀疑论者需要得出"我确实不是缸中之脑"这一结论。我们显然不能直接从"我对'我不是缸中之脑'的言说是真的"推出"我确实不是缸中之脑"这个所需的结论。实际上，如果我确实是缸中之脑，那么，即使我对"我不是缸中之脑"的言说是真的，但作为一个缸中之脑，我实际上不知道它是真的，因为"它是真的"这件事不是我从自己的认知视角所能知道的。另一方面，如果我实际上不是缸中之脑，那么我对"我不是缸中之脑"的言说当然是真的，但我是否能够从自己的认知视角来辩护这个知识主张至少是一个未决问题。如果我没有充分有力的证据辩护"我不是缸中之脑"这一

第九章 怀疑论、知识与语境

主张，也不能声称我知道自己不是缸中之脑。在这种情况下，怀疑论论证依然成立。因此，如果反怀疑论者仍然试图按照语义外在主义来反驳怀疑论，他们就必须回答如下问题：有什么理由认为，如果"我不是缸中之脑"这一主张是真的，那么我就不是缸中之脑？在普特南那里，认知外在主义只是一个否定性论点，仅仅指出一个缸中之脑不可能意指或思想什么。例如，在说出"有一棵树"这句话时，一个缸中之脑不可能意指或思想日常意义上所说的树。一些对普特南的思路表示同情的哲学家认为，为了反驳怀疑论，我们需要将一些正面的论点与语义外在主义结合起来，例如，需要假设日常个体确实具有"有一棵树"或"有一只手"之类的思想，而一个缸中之脑不具有类似思想。[1] 在这里，只能概述一下这种论证的基本要点，深入的讨论要求处理心灵哲学、语言哲学和模态形而上学中的一些相关问题，而这是我们目前无法做到的。

普特南认为自己已经表明，不管一个人是不是缸中之脑，在说出"我不是缸中之脑"这一思想时，他说出来的话是真的。为了由此进一步表明一个人确实不是缸中之脑，我们可以引入对语句或陈述的真值条件的一种理解。按照所谓"真理的去引号学说"，"雪是白的"这句话是真的，当且仅当雪是白的。如何理解这个学说不是我们目前要考虑的问题，但它至少包含了这样一个含义：一个语句是真的，当且仅当它所表示或陈述的那个命题成立。比如说，在真实世界中雪是白的，因此"雪是白的"这句话是真的；如果"雪是白的"是一个人所持有的一个思想，那么他的这个思想是真的。同样，我们可以说，我对"我不是缸中之脑"的言说是真的，当且仅当我不是缸中之脑。一个缸中之脑当然仍具有某些思想，例如，当它具有某些经验时，它可

---

[1] 对这个论证的进一步讨论，参见 DeRose and Warfield (1999), chapters 3-5。

以在思想中表达这些经验，比如说，它可以持有"有一棵树"或"是一只手"之类的思想。然而，在一个缸中之脑的思想中提到的那些东西，例如"树""手""缸"等，并不指称真实世界中的对象，而是指称电刺激产生出来的树的影像、手的影像、缸的影像等。一个缸中之脑的思想仍然是有内容的，尽管这种内容不同于正常人的思想内容。为了便于讨论，让我们假设正常人的思想内容指称真实世界中的对象，而缸中之脑的思想内容只是指称那些对象的影像。进一步假设，如果思想确实具有指称（不管指称什么），那么思想就有真值条件。我们可以把正常人的思想所具有的内容称为"正常内容"，把有关的真值条件称为"正常的真值条件"，把缸中之脑的思想所具有的内容称为"非正常内容"，把有关的真值条件称为"非正常的真值条件"。这样，按照布鲁克纳的说法，[1] 为了从"我对'我不是缸中之脑'的言说是真的"推出"我不是缸中之脑"，我们就可以初步提出如下论证：

语义论证。
（1）如果我是缸中之脑，那么我对我的思想的言说具有非正常的真值条件，表示非正常内容。
（2）我对我的思想的言说具有正常的真值条件，表示正常内容。
（3）因此，我不是缸中之脑。

按照我们对一个缸中之脑的思想内容的理解，从第三人称观点来看，第一个前提显然是真的。不过，需要强调的是，仅仅从这个角度来看，这个前提才是真的，因为如果我自己就是缸中之脑，那么当我

---

[1] Brueckner (1999), pp. 47-48.

具有一棵树的感觉印象并说出"有一棵树"这句话时,我的言说至少在如下意义上是真的:我是因为具有了一个感觉印象而具有"有一棵树"这个思想,然后将它用言语表达出来。然而,作为缸中之脑,我实际上不知道我的言说的真值条件的本质,例如,不知道它是不是正常的。实际上,按照怀疑论者的假设,甚至在真实世界中,我所具有的思想和经验也都是通过感觉刺激产生出来的,因此,感觉刺激所提供的思想和经验不足以让我判断我究竟是不是缸中之脑。倘若如此,上述论证的第二个前提就成问题了。我们固然可以说,我对"桌上有一个杯子"的言说是真的,当且仅当桌上有一个杯子。然而,我如何知道桌上有一个杯子呢?在真实世界的情形中,我可能是通过知觉而持有这一主张的,而在我是缸中之脑的情形中,我大概是通过电刺激而具有"桌上有一个杯子"这一感觉印象。因此,不管处于哪一种情形中,如果我的知识主张的证据基础只能来自感觉经验,那么我就无法判断我究竟是不是缸中之脑。换句话说,为了知道第二个前提是真的,必须首先知道我不是缸中之脑——如果我无法知道我不是缸中之脑,那么我也无法知道我的思想的真值条件是正常的,表示了正常内容。由此可见,语义论证面临一个困境。一方面,这个论证要求我通过知道我的思想具有正常的真值条件来断言我不是缸中之脑;另一方面,为了知道我的思想具有正常的真值条件,我首先必须知道我不是缸中之脑。既然这个论证的思想基础就是语义外在主义,这种观点因此就产生了一种怀疑论,而且本质上就类似于它试图攻击的笛卡尔式怀疑论。笛卡尔式怀疑论关系到我们对外部世界的知识,而语义外在主义所导致的怀疑论则涉及我们对思想的内容及其真值条件的知识。

那么,有没有办法摆脱这个困境呢?按照语义外在主义,为了知道我的思想具有正常的内容和真值条件,我必须设法知道我的思想确实是由外在于我心灵的因素来决定的,例如由外部环境以及其中的物理对象来决定的。但我如何知道这一点呢？回答这个问题的一种方式是认为思想能够**直接**指称真实世界中的对象。[1] 例如，当我具有"水是湿的"这一思想时，"水"指称的是真实世界中的水，"是湿的"指称一个真实性质，而不是指称（比如说）我对这样一个性质的经验或感觉印象。然而，为了采纳这个观点，语义外在主义者就必须解决一个极为困难的问题——他们需要说明心灵或思想如何具有那种不可错地直接指称或直接把握真实世界及其对象的能力。迄今为止，这个观点仍然没有得到一致认同。与此相关，语义外在主义者或许认为，为了知道我的思想具有正常的内容和真值条件，我并不需要首先知道外在于我心灵的环境以及其中的物理对象（就这些东西决定了我思想的内容而论）。例如，假设我正在思想"水是湿的"，那么，按照语义外在主义者目前的说法，为了知道我的思想具有正常内容，我并不需要知道其中提到的"水"指的是地球上江河湖泊中由 H_2O 构成的那种液体。然而，这个观点显然有悖于直觉。实际上，如果我无法排除一个相关的可能性，即我正在思想的是由 XYZ 构成的那种东西，那么我就不能声称我知道自己正在思想的是"由 H_2O 构成的那种液体是湿的"。为了判断我的思想是否具有正常的内容和真值条件，我首先必须知道决定我的思想的那些外部事实，知道我的思想的构成要素确实指称那些事实。[2] 由此可见，为了消除语义外在主义产生的那种关于思想内容的怀疑论，我们首先需要消除关于外部世界的怀疑论。然

---

[1] 关于这种观点，参见 Tyler Burge, *Foundations of Mind* (Oxford: Oxford University Press, 2007)。关于布鲁克纳对这种观点的批判性讨论，见 Brueckner (1999), pp. 50-58。

[2] 参见 Robert Stalnaker, *Our Knowledge of the Internal World* (Oxford: Oxford University Press, 2008)。按照斯托纳科尔在这部重要著作中的论证，只有通过从外面来看待自己，将我们的内在生活视为世界本身的特点，我们才能理解对于自己的思想和感受的知识，从而也才能避免笛卡尔式的基础主义所导致的怀疑论。

而,语义外在主义者是如何逃避这个困境的还不清楚。

当然,以上论述并不意味着按照语义外在主义来回答怀疑论挑战的尝试必定会失败。不过,明显的是,为了让这条思路具有基本的合理性,其倡导者就必须对思想和指称的本质提出一个令人满意的说明,并由此阐明心灵与实在的关系。然而,我们有理由怀疑这条思路能够在根本上回答怀疑论挑战。普特南的思想实验取决于所设想的一直都是缸中之脑的情形——在他所设想的情形中,只要一个人已经是缸中之脑,他无论如何都无法知道其真实处境。然而,考虑如下可能的设想:到昨天夜里 12 点为止,我就像每一个其他正常人一样生活在真实的物理对象所构成的真实世界中,也未曾有恶魔或者疯狂的科学家对我制造麻烦;然而,就在昨天夜里刚过 12 点的时候,我在睡梦中被一个疯狂的科学家绑架,他在我不知不觉的情况下将我的大脑移植下来,放在一个装满营养液的缸中,自那时起我就成了缸中之脑。然而,既然在此之前我有正常的身体,与周围世界的真实对象发生因果接触,那么,当我持有"有一棵树"这一思想时,我确实指的是日常意义上的树;当我持有"我不是缸中之脑"这一思想时,我的思想所指称的确实是日常意义上的缸和脑。因此,我似乎不是在虚假地持有"我不是缸中之脑"这一思想。按照笛卡尔的怀疑论假设,为了知道任何关于外部世界的东西,我必须首先排除"我不是缸中之脑"这一可能性。但是,既然我现在(作为一个缸中之脑)具有的经验或思想与我认为对这个世界具有的经验或思想不可区分,我就仍然不能排除怀疑论者所设想的那种可能性。值得指出的是,在这种情况下,我的思想实际上满足了语义外在主义的要求——它们可以具有正常内容,可能也有正常的真值条件。因此,即使某些理论家可以利用普特南所设想的那种特殊情形来反驳怀疑论,但他们由此为应对怀疑论挑战所给予的回答并不适用于其他怀疑论假说,因此至少并不构成对怀疑论的决定性反驳。

六、认知闭合原则与相关取舍学说

因此，对于反怀疑论者来说，如果我们不能通过反驳怀疑论假说来反驳怀疑论，就只能去表明怀疑论的一般论证的第二个前提是成问题的。这个前提所说的是，如果我不知道一个怀疑论假说是假的，那么就不知道任何日常命题。比如说，如果我不知道我不是缸中之脑，那么就不知道我正在读《第一哲学沉思集》。这个前提的根据是，"我是缸中之脑"这件事情衍推"我不是在读《第一哲学沉思集》"，换句话说，如果我是缸中之脑，那么我就不是在读《第一哲学沉思集》——我至多只是具有在读一本书的经验。因此，如果"我知道我是一个缸中之脑"衍推"我不是在读《第一哲学沉思集》"，那么，只要我不知道我不是缸中之脑，我也不会知道我正在读《第一哲学沉思集》。由此可见，在上述怀疑论论证中，怀疑论者明确使用了前面提到的认知闭合原则。因此，在某些理论家看来，如果我们能够表明这个原则是假的，就可以反驳上述论证，因为这个原则本质上构成了怀疑论论证的一个思想基础。我们经常使用认知闭合原则来扩展知识：如果你知道某事，那么，通过知道它在逻辑上衍推的东西，你就知道了后面那些东西。如果这个原则不成立，那么我们就很难通过推理来扩展知识，我们的知识因此就会变得极为有限。因此，不少理论家相信这个原则是直观上合理的。那么，试图通过攻击这个原则来反驳怀疑论的理论家是如何反驳这个原则的呢？我们可以鉴定出两种否定这个原则的尝试：诺齐克试图利用自己对知识的特定理解来否定这个原则；弗雷德·德雷茨克则试图按照他对认知算子（epistemic operators）的某种解释来否定这个原则，并由此对知识提出了一种特定理解，即所谓"相关取舍学说"。[1]

先来考察诺齐克的观点。诺齐克希望表明的是，即使不知道我不是缸中之脑，但我确实知道我正在读《第一哲学沉思集》。他尝试反驳怀疑论的论证取决于他对知识提出的如下理解：

> **诺齐克的知识概念**：一个人知道命题 P，当且仅当，第一，P 是真的；第二，他相信 P；第三，要是 P 不是真的，他就不会相信 P；第四，要是 P 是真的，他就会相信 P。

正如我们在第三章中已经看到的，诺齐克是为了回应盖蒂尔挑战而修改了传统知识概念的第三个条件。盖蒂尔式反例主要出现在一个信念只是碰巧为真的情形中。有两种方式会使得一个信念碰巧为真：其一，即使一个信念实际上是假的，一个人仍然相信它；其二，在一个略有不同的环境中，这个信念是真的，但一个人不再相信它。诺齐克试图用"追踪真理"这一概念来排除这两种可能性，并进一步用上述定义中的最后两个反事实条件句来把握这个说法。因此，为了弄清楚诺齐克如何利用这个知识概念来反驳怀疑论论证，我们需要大致了解一下如何解释反事实条件句的真值条件。诺齐克对这个极为复杂的问题提出了如下说法：

> **诺齐克对反事实条件句的真值条件的解释**："要是 P，那么 Q"这个反事实条件句在实际世界中是真的，当且仅当，在一系列合理地与实际世界相接近的世界中，"如果 P，那么 Q"这个

---

[1] 参见 Robert Nozick, *Philosophical Explanation* (Cambridge, MA: Harvard University Press, 1981), pp.197-217; Fred Dretske, "Epistemic Operators", reprinted in DeRose and Warfield (1999), pp. 131-144。

条件句是真的。

在这里,"如果P,那么Q"这个普通条件句的真值条件是按照标准逻辑来解释的。诺齐克的想法是,为了决定一个反事实条件句的真值条件,我们可以考虑与实际世界最接近,而且P在其中为真的世界,然后看看Q在那些世界中是否也是真的。如果在P为真的情况下,Q是可能的(有一定概率为真),那么,在这样一个世界中,P和Q的合取就比P和非Q的合取更有可能,这样,在P于其中为真的那些最接近的世界中,Q也将是真的。按照这种解释,诺齐克试图表明,"我不是缸中之脑"这一信念不满足他的知识定义的第三个条件。为了大概理解他的基本想法,我们用P来表示"我坐在椅子上读《第一哲学沉思集》",用Q来表示"我不是缸中之脑"。为了否定认知闭合原则,诺齐克需要表明,即使我知道P,也知道"P在逻辑上衍推Q",但我不知道Q。也就是说,即使我知道我坐在椅子上读《第一哲学沉思集》,也知道"如果我坐在椅子上读《第一哲学沉思集》,那么我不是缸中之脑",但我不知道我不是缸中之脑。按照诺齐克的说法,我之所以不知道我不是缸中之脑,是因为:在Q于其中为假的那些最接近的世界中,也就是说,在我实际上是一个缸中之脑的那些最接近的世界中,我仍然相信Q是真的,因为缸中之脑具有我所具有的一切感觉经验,因此就会相信我所相信的一切,包括"我不是缸中之脑"这一命题。为什么甚至在我实际上不是缸中之脑的情况下,我仍然会相信我是缸中之脑呢?诺齐克的回答是,缸中之脑仅仅具有感觉经验,而按照怀疑论假说,我在真实世界中具有的感觉经验与一个缸中之脑的感觉经验(或者我作为缸中之脑而具有的感觉经验)不可区分;因此,我确实无法仅仅根据感觉经验来判断我是不是缸中之脑;这样一来,不管我是不是缸中之脑,我都有可能相信我是缸中之脑,或者不是缸中之脑。这样，按照诺齐克的说法，"我是缸中之脑"这一信念就不满足他为知识提出的第三个条件，大概也不满足第四个条件。与此相比，我知道我坐在椅子上读《第一哲学沉思集》，因为在P于其中为真的那些最接近的世界中，我相信P；而P在其中并不为真的那些最接近的世界就是这样一些世界，在其中我是站着（或者躺着或跪着）读《第一哲学沉思集》，或者是坐着（或者躺着或跪着）看电视等，但却不是这样的世界，在其中一个疯狂的科学家将我变成缸中之脑，并让我认为我坐在椅子上读《第一哲学沉思集》。因此，即使我不知道我不是缸中之脑，我仍然可以知道我坐在椅子上读《第一哲学沉思集》。诺齐克由此认为，怀疑论论证的第一个前提是真的，但第二个前提是假的，因此作为其思想基础的认知闭合原则也是假的。

由此我们可以看出诺齐克的论证策略：他首先对知识提出了一种理解，然后引入对反事实条件句的真值条件的一种分析，并以此表明"我是缸中之脑"这一信念不满足他的知识条件。诺齐克提出了两个理由来支持他对知识的理解。首先，他认为这种理解可以应对一系列标准的盖蒂尔式反例。我们此前已经讨论过这一点。其次，他认为他的知识概念在怀疑论和反怀疑论之间实现了一种"平衡"：一方面，他对知识的理解允许我们知道日常自以为知道的很多东西，例如我正在读一本书；另一方面，它也允许我们不知道自己日常认为不知道的一些事情，例如各种怀疑论假说是假的。但这会产生一个问题：如果我不知道缸中之脑假说是假的，那么我如何知道我在读一本书呢？诺齐克回答这个问题的策略是否认认知闭合原则。只有当一项知识的所有必要条件在已知的逻辑蕴含下都闭合时，它在已知的逻辑蕴含下才是闭合的。但是，诺齐克试图表明，按照他对反事实条件的真值条件的理解，他的知识概念中的第三个条件（通常被称为"敏感性条件"）不是认知上闭合的——不管"我是缸中之脑"这一怀疑论假说是不是真的，我都有可能相信它或不相信它。因此，对诺齐克来说，知识在已知的逻辑蕴含下也不是闭合的。

诺齐克的论证当然并非无懈可击。正如我们已经在第三章中看到的，反事实条件句的真值条件是一个很令人困惑的问题，甚至比"知识是什么"还要令人困惑。因此，即使诺齐克正确地认为，通过引入其知识定义中的最后两个条件，他就可以避免盖蒂尔式反例，这种试图消除反例的方式反而也会使得知识变成一种更难以捉摸的东西。我们实际上并不清楚如何应用这两个条件。按照日常的理解，即使一个命题不是真的，我仍然有可能相信它；而即使它是真的，我也有可能不相信它。此外，直观上说，假若为了应用这两个条件，我首先必须知道一个命题是不是真的，那么我就不需要事先对它持有一个信念了，因为只要我已经知道它不是真的，当然就不会相信它；另一方面，如果我已经知道它是真的，我就不必再去相信它——知识毕竟被认为一种比信念更强的认知状态。因此，如果这两个条件很难得到应用，我们就不清楚如何可以通过诉诸它们来反驳怀疑论。实际上，有理由认为诺齐克的做法根本就没有彻底反驳怀疑论。比如说，在他对与实际世界最接近的可能世界的解释中，他已经以一种**特设性**的方式排除了一个人是缸中之脑的可能性。按照"与实际世界相似或接近"这个概念来定义可能世界当然是一种常见做法。而虽然诺齐克可以利用这个概念来定义反事实条件句的真值条件，并进而提出他对知识的理解，但在将其知识定义中的最后两个条件应用于怀疑论的情形时，他似乎完全忽视了怀疑论者提出的另一个重要论证，即证据的不可区分性论证。[1] 除非诺齐克提出了独立的理由来反驳这个论证，否则他就不能通过一

---

[1] 实际上，按照布鲁克纳的说法，诺齐克对知识的分析让他得出了一些与对怀疑论的传统讨论很相似的怀疑论结论。见 Anthony Brueckner, "Why Nozick is a Sceptic?", reprinted in Brueckner (2010), pp. 274-280。

第九章　怀疑论、知识与语境

个规定（即是缸中之脑的可能性并不包含在他自己对最接近的可能世界的指定中）来提出如下主张："我不是缸中之脑"这一信念不满足最后两个条件。

相比较而论，弗雷德·德雷茨克似乎提出了一个较好的论证来试图否定认知闭合原则。不过，为了理解和评价这个论证，我们首先需要了解其中的一个核心概念，即认知算子。我们有时用一个形容词来修饰一个语句，例如，我们说"珍妮弄丢了汽车钥匙，这是不同寻常的"。[1] 我们特别补充"这是不同寻常的"这个说法，是因为我们知道珍妮一向小心谨慎，因此弄丢了汽车钥匙的可能性很小。德雷茨克将补充到一个语句上的那种前缀称为"语句算子"。通过把一个语句算子补充到一个语句上，我们就得到了一个新语句，例如"兔子在草地上，这是真的"，或者"兔子在草地上，这是可能的"。这种语句不同于"兔子在草地上"之类的简单语句。在目前的语境中，我们所关心的是，在把语句算子补充到某些语句上时，它们之间的逻辑关系能否得到维护。考虑两个语句 P 和 Q，在这里，P 在逻辑上衍推 Q。一些语句算子具有这样一个特征：如果在被补充到 P 上时它们形成一个真语句，那么在被补充到 Q 上时它们也形成一个真语句。例如，"如果天下雨，那么我们就要关窗"这个语句在逻辑上衍推"要么天不会下雨，要么我们就要关窗"。当我们把"是真的"这个语句算子补充到这两个语句上时，它们仍然具有同样的真值。德雷茨克将这种语句算子称为"完全渗透性算子"。不是所有语句算子都具有完全的渗透性。例如，假设我们把"这是不同寻常的"添加到"珍妮弄丢了汽车钥匙"上，我们就得到"珍妮弄丢了汽车钥匙，这是不同寻常的"。如果珍

---

[1] 在英语中，这被表述为"It is unusual that Jane lost her car keys"。在汉语表述中，我们将用"这"或者"这件事情"来表示这样一个形容词所修饰的语句或描述的事情。

妮一向小心谨慎，那么后面这句话就是真的。"珍妮弄丢了汽车钥匙"在逻辑上衍推"某人弄丢了汽车钥匙"，但"某人弄丢了汽车钥匙，这是不同寻常的"这句话可能是假的。这种语句算子被称为"部分渗透性算子"：在把这样一个算子补充到一个语句上时，它形成一个真语句，而当把它补充到该语句在逻辑上衍推的某些语句上时，它形成假语句。

认知算子是语句算子的一个子集，它们包括"相信""知道""有辩护地相信""怀疑""有理由怀疑"等。德雷茨克试图表明所有认知算子都仅仅具有部分的渗透性，并由此论证认知闭合原则并不成立。然而，至少就"知道"和"有辩护地相信"这两个认知算子而言，我们似乎很难发现能够反驳认知闭合原则的反例——既然你知道或有辩护地相信P，也知道或有辩护地相信P在逻辑上衍推Q，你怎么可能不知道Q，或者怎么可能在相信Q上得不到辩护呢？实际上，在某些情形中，"知道"这个认知算子显然具有完全的渗透性。例如，"天在下雨，今天是周末"在逻辑上衍推"天在下雨"。这样，如果我知道天在下雨、今天是周末，那么我知道天在下雨。当然，有可能的是，一个人知道某个命题，但不知道它在逻辑上衍推或者等价于某个命题。在这种情况下，他当然不知道后面那个命题。例如，有可能的是，我知道"晨星就是启明星"这一命题，但不知道"晨星就是黄昏星"这一命题，因为我不知道启明星其实就是黄昏星。不过，这种情形并不构成对认知闭合原则的反驳。当然，不论是尝试捍卫还是反驳这个原则，我们首先都需要弄清楚"知道P在逻辑上衍推Q"这个说法究竟是什么意思。按照一种标准的理解，这个说法意味着：第一，你**认识到**P在逻辑上衍推Q；第二，你**能够**从P推出Q。假设你知道集合论中某些公理是真的，但不知道它们在逻辑上衍推的某个定理，在这种情况下，如果你能够通过证明表明那个定理是真的，你就可以被认为知道那个定理是真的。当然，日常的知识主张或许不会涉及这种严格的证明，但是，如果你在知道 P 的情况下确实能够以某种方式从 P 推出 Q，那么看来我们就应该认为你知道 Q。因此，知识或辩护似乎是传递性的。

然而，德雷茨克争辩说，我们可能都被认知闭合原则在逻辑形式上具有的这种直观魅力蒙蔽了。德雷茨克并未直接反驳在"知道"这个算子下的认知闭合原则，但他试图表明这个原则在"有理由相信"这个认知算子下并不成立。当然，如果知识是一种命题态度，而信念也是一种命题态度，那么只要德雷茨克能够表明命题态度在已知的衍推下不是闭合的，他当然就可以认为知识在已知的衍推下不是闭合的。他试图用如下例子来说明这一点：

假设你有一个理由相信教堂里没有人。你**必定**有一个理由相信那是一个教堂吗？我不是在问是否一般来说你有这样一个理由。我是在问是否一个人能够有一个理由相信教堂里没有人，却没有一个理由相信那是一个没有人的教堂。你相信教堂里没有人的理由**本身**肯定不是你相信那是一个教堂的理由，或者无须是这样。你相信教堂里没有人的理由可能是，你刚好仔细地观察了一下教堂，发现里面没有人。这是你相信教堂里没有人的一个很好的理由。然而，很明显那不是［你］相信那个空无一人的东西是一个教堂的理由，更不用说，不是你相信后面那件事情的一个很好的理由。事实上，或者在我看来就是这样，我无须有任何理由相信那是一个教堂。当然，我绝不会**说**教堂里没有人，或者我有一个理由相信教堂里没有人，除非我相信——大概有一个理由相信——那**是**一个里面没有人的教堂，但这是我们在**说**某件事时必须假设的一个条件，而不是有一个理由相信某事的一个条件。假设我只是假定那个建筑物是一个教堂,这就会表明我没有理由相信那个教堂里没有人吗?[1]

这段话有点令人费解,因此我们必须仔细考察德雷茨克在其中想要表达的思想。德雷茨克大概是在说,如果我**说**我相信教堂里没有人,那么,既然在我说出来的那句话中我已经提到了"教堂","我相信教堂里没有人"这个信念似乎就衍推"我相信那是一个教堂"。然而,德雷茨克想要强调的是,我相信教堂里没有人可能不是相信那是一个教堂的理由。如果在形成这样一个信念时,在我的意识中主要针对的是"里面没有人"这件事,那么德雷茨克的说法似乎就是正确的。但他的说法显然是含糊的。如果在形成我的信念时我所关心的仅仅是这个建筑物里到底有没有人,那么我就会形成"这里面没有人"这一信念,而不是明确地形成"**教堂**里没有人"这一信念;另一方面,如果我所关心的是**教堂**里到底有没有人,例如因为总统明天要来这个教堂做礼拜,而作为联邦调查局官员,为了确保总统安全,我在封闭教堂前检查一下里面到底有没有人,那么我就必须首先认识到这个建筑物是一个教堂,然后才形成"教堂里没有人"这一信念。换句话说,如果我的信念必须包含"这是一个教堂"和"里面没有人"这两个要素,或者用德雷茨克的话说,如果我的信念所要针对的是"那是一个里面没有人的教堂",那么我相信教堂里没有人的理由就确实包含了我相信那是一个教堂的理由——实际上,只有在这种情况下,"我相信教堂里没有人"才在逻辑上衍推"我相信那是一个教堂"。而在这种情况下,只要我有理由相信教堂里没有人,我似乎也有一个理由相信那是一个教堂。因此,德雷茨克似乎还没有成功地表明,"有理由相信"

---

[1] Dretske (1999), p. 136.

这个认知算子在认知主体有理由相信的逻辑衍推下不是传递性的。

不过,也许只是德雷茨克的例子出了问题,并非他的基本思想是错误的。也就是说,虽然一个人有理由相信"P在逻辑上衍推Q",也有理由相信P,但有可能的是,他仍然没有理由相信Q。因此,为了否定认知闭合原则,我们必须设想这样一种情形:一个人相信P和相信"P在逻辑上衍推Q"的理由并不是他相信Q的理由,或者,即使他在相信前两个命题上得到了辩护,但在相信Q上却没有得到辩护。德雷茨克接着论证说,一个人可以知道某事,但不知道他所知道的事情必然衍推的东西。很容易设想这种例子。例如考虑德雷茨克自己提出的例子:德雷茨克的弟弟到纽约旅游,抢到了一辆观光车上的最后一个座位,站在他面前的一个老太太对他怒目而视,暗示他让座,但在几分钟后发现他没有让座的意思,于是就叹了一口气,自己走到旅游车后面去了。直观上说,我们可以认为她确实知道面前那个年轻人拒绝让座。然而,她不知道拒绝让座的那个年轻人是德雷茨克的弟弟。这个结论确实是正确的,因为她确实不知道这一点。既然她不知道这一点,她当然也不知道"面前那个年轻人拒绝让座"在逻辑上衍推"德雷茨克的弟弟拒绝让座"。然而,这个例子仍然不是认知闭合原则的一个反例,因为这个原则所说的是,如果一个人知道P,知道"P在逻辑上衍推Q",那么他知道Q;这个原则并不是说:如果一个人知道P,而P在逻辑上蕴含Q,那么他知道Q。当然,也许"知道P在逻辑上衍推Q"这个说法本身就不清楚。但我们可以对认知闭合原则略加修改,以便更清楚地阐明这个说法的含义。考虑如下原则:[1]

---

[1] 这个原则是霍索恩提出的原则的一个修正版本。他原来提出的原则是,如果一个人知道P,并有能力从P推出Q,因此在保留对P的知识的同时进而相信Q,那么他知道Q。参见John Hawthorne, "The Case for Closure", in Matthias Steup, John Turri and Ernest Sosa (eds.), *Contemporary Debates in Epistemology* (second edition, Oxford: Blackwell, 2014), pp. 40-56, at p. 43。

经过修改的认知闭合原则：如果一个人知道 P，能够从 P 推出 Q，因此在保留对 P 的知识的同时进而相信 Q，并在这个过程中了解到不存在任何会削弱这个信念的没有被击败的证据，那么他知道 Q。

上述原则利用了我们对知识的条件的一种理解，但它仍然是一种形式的认知闭合原则。德雷茨克提出的例子显然不能有效地反驳这个原则。不过，也许德雷茨克实际上想要论证的是，一个人能够知道 P 而不知道 Q，或者一个人能够有辩护地相信 P，但在相信 Q 上却得不到辩护，尽管 P 在逻辑上衍推 Q，而他不知道这一点，或者对此没有任何信念。在这种情况下，德雷茨克确实正确地论证了自己想要得到的结论。我每天早上起床后就开始煮咖啡，按照我的经验，我可以有理由地相信咖啡正在沸腾。德雷茨克说，如果需要用一个语句来表达我的信念，例如暗自对自己说"咖啡正在沸腾"，那么我的信念就包含了对"咖啡"的明确指称。德雷茨克认为，这是我们在用语言来表示一个陈述时必须做出的一个预设。但是，当我说我有理由相信咖啡正在沸腾时，我不是在说这个理由适用于"正在沸腾的就是咖啡"这一事实，即使语言用法预设了这一点，因为尽管"咖啡正在沸腾"在逻辑上衍推"正在沸腾的就是咖啡"，但这两个命题表达了不同的东西。说咖啡正在沸腾时，我想要表达的可能是"咖啡就快要煮好了"这样一个意思，或者包含了这样一个意思；而在说"正在沸腾的就是咖啡"时，我可能想要强调的是，不是水在沸腾，而是咖啡在沸腾。因此，如果这两个命题都是我所相信的，那么我相信它们的理由可能是不同的，尽管这两个理由之间可能也有某种联系，例如都包含了我对"沸腾"这个事实的经验证据。于是我们就可以说，我可以知道或有辩护地相信一个命题，但无须知道或有辩护地相信它的某个（或者任何）逻辑衍推。这是一个可靠的结论。现在的问题是，即使德雷茨克实际上还没有成功地反驳认知闭合原则，他是否可以**仅仅**通过利用这个结论就能反驳怀疑论的一般论证？

如前所述，这个论证实际上利用了我们都能接受的一个直观认识：如果我声称我知道某个命题，那么我必须首先排除我所知道的一切与之不相容的取舍。例如，假设我知道只有一个人盗窃博物馆，我知道那个人实际上不是约翰，而是弗雷德，那么我就不能说我知道约翰盗窃了博物馆。或者说，如果我知道某些证据与我用来支持某个信念的证据是不相容的，例如，它们削弱了我用来支持那个信念的证据，那么在持有那个信念上我就得不到辩护。这样一个原则对于怀疑论者来说很有吸引力，因为怀疑论者可以论证说，我们实际上无法排除所有这样的取舍，例如我不是缸中之脑的可能性，而这个可能性的存在与我声称所具有的任何日常知识主张都不相容。为了反驳怀疑论论证，德雷茨克提出了这样一个基本思想：知识并不要求排除与一个特定的知识主张不相容的**一切**可能性，而仅仅要求排除与之不相容的**相关**可能性，即所谓"相关取舍"。这样我们就得到了对知识概念的如下理解：

> **知识的相关取舍学说：**只有当一个人能够排除与某个命题不相容的任何相关取舍时，也就是说，只有当他知道它们为假时，他才知道那个命题。

相关性实际上不是一个很容易确定的概念。例如，约翰曾经犯有盗窃罪显然是相关的；如果科学研究表明基因特征可能与一个人的犯罪倾向有关，那么约翰的基因具有什么特征可能也是相关的，即便只是具有遥远的相关性。约翰出生于哪家医院这件事看来是无关的，但是，如果警方发现，在约翰出生的那家医院出生的男性婴儿中，很多人在成人后都有犯罪记录,那么约翰在那家医院出生可能就是相关的。如果这样的事情都有可能是相关的,那么一个人处于怀疑论者所设想的情形中,例如受到恶魔欺骗,或者是一个缸中之脑,就应该是相关的。按照前面讨论的怀疑论论证,如果我不知道我不是缸中之脑,那么我就不能声称我具有任何日常知识主张,因为是一个缸中之脑排除了我确实知道一件事情的可能性,例如我在读《第一哲学沉思集》。这个怀疑论论证明显地利用了认知闭合原则。因此,为了反驳这个论证,反怀疑论者就必须表明,即使我不知道自己不是缸中之脑,这也不会妨碍我知道某个日常命题。由此我们可以看到摩尔的反怀疑论策略的影子——摩尔的论证所要说的是,如果我实际上知道我在读《第一哲学沉思集》,那么我就知道自己不是缸中之脑。然而,摩尔并没有对其论证的一个前提(我确实知道我在读《第一哲学沉思集》,或者我确实知道我有两只手)提出任何进一步的说明。相关取舍理论家现在想要说的是,"我是缸中之脑"这一可能性**不是**我持有某个日常知识主张的一个相关取舍,也就是说,在日常的知识语境中,"我是缸中之脑"这一可能性是无关的。那么,为什么日常知识主张及其辩护与怀疑论假说成立与否无关呢?

为了探究反怀疑论者对这个问题的回答,我们必须回到德雷茨克的观点。如前所述,德雷茨克的例子并没有成功地反驳认知闭合原则,因为我们确实很难设想上述经过修改的认知闭合原则的反例。不过,这些例子似乎暗示了两个要点:第一,即使一个人确实知道 P,但他无须知道 P 在逻辑上所衍推的一切东西;第二,即使 P 确实在逻辑上衍推 Q,但他知道 P 的理由无须是他知道 Q 的理由。例如,即使一个人知道罐子里有些糖果,但他无须知道罐子里有些独立于心灵而存在的物理对象,即使前一个命题蕴含后一个命题。他可以不知道后者,因为他可能没有"独立于心灵而存在的物理对象"这一思想。

当然，他可能知道"罐子里有些糖果"这一命题所蕴含的某些其他命题，例如"罐子不是空的"，因为知道或相信这个命题的证据已经明确地包含在知道或相信"罐子里有些糖果"这个命题的证据中：即使你认识到罐子里有些东西，也认识到罐子不是空的，但你可能没有因此而**认识到**"独立于心灵而存在"这样一个抽象事态。当然，如果你有"独立于心灵而存在"这个概念，你也知道你所看到的任何东西都是物理对象且独立于心灵而存在，那么，在没有明显对立证据的情况下，只要你有理由断言你知道罐子里有些糖果，你也就知道罐子里有些独立于心灵而存在的物理对象。不过，在这种情况下，"罐子里有些糖果"这一知识主张的知觉证据，即使自动传递到了"罐子不是空的"这一主张，也没有自动传递到"罐子中有些独立于心灵而存在的物理对象"这一主张。假设 P 在逻辑上蕴含 Q，如果支持 P 的证据可以用一种相对自动的方式传递到 Q，那么我们就可以将这种蕴含称为 P 的"轻型蕴含"（lightweight implications），否则就把它们称为 P 的"重型蕴含"（heavyweight implications）。[1] 德雷茨克想要说的是，知道一个命题的某些方式（例如知觉方式）并不能把它的证据根据（evidential grounding）传递到其重型蕴含。然而，即使这个主张是真的，它仍不足以反驳上述经过修正的认知闭合原则，因为这个原则表明，除了具有支持 P 的证据根据外，为了知道 P 的一个逻辑蕴含 Q，一个人也需要有适当证据支持"我知道 P 蕴含 Q"这一主张。在这种情况下，用来支持"我知道 Q"这个主张的证据不仅包含了"我知道 P"的证据根据，也包含其他证据根据，例如，我也必须知道物理对象是独立于心灵而存在的，并具有用来支持该主张的适当证据。不过，德雷茨克

---

[1] 德雷茨克在如下文章中引入了这两个说法：Fred Dretske, "The Case against Closure", in Steup, Turri and Sosa (2014), pp. 27-39。

论证说，如果 P 的证据根据并不传递到其重型蕴含，那么我们就发现了一种回答怀疑论挑战的方式：

> 我们通过知觉知道的日常事物总是具有超出其范围的重型蕴含：我们不可能看到（听到、闻到或感觉到）这些蕴含是真的。如果我们不希望认知闭合原则导致关于外部世界的全盘怀疑论，那么看来就必须总是有其他办法知道这些重型蕴含是真的。我能够看到罐子里有些糖果，但我不能看到存在着一个外部世界。因此，如果为了看到罐子里有些糖果，我们不得不知道存在着一个外部世界，就像认知闭合原则要求我们做的那样，那么就必须有（不是视觉的）其他方式让我们知道存在着一个外部世界。必须有一种不是知觉的方式让我知道我不是缸中之脑，我不是在受到大规模的欺骗，唯我论是假的，并非一切都碰巧是一场梦。……很难看到可能有什么其他的方式，因为每一种知识方式或是不能达到这些重型蕴含，或者会产生其自身的重型蕴含。没有任何证据能够被传递到得到证据支持的那个东西的所有蕴含上。[1]

如果我们将这段话中表达出来的思想应用到怀疑论论证的情形，就很容易看到德雷茨克想要得到的结论。按照怀疑论论证，如果我不知道我不是缸中之脑，那么我就不能声称知道自己在读《第一哲学沉思集》，因为我在读《第一哲学沉思集》（这件事是真的）在逻辑上衍推我不是缸中之脑，而怀疑论者假设我知道这一点。德雷茨克试图

---

[1] Dretske (2015), pp. 34-35. 为了保持一致，我已经用"罐子里有些糖果"取代德雷茨克原来的"罐子里有些饼干"。

通过否定认知闭合原则来回答怀疑论挑战。为此，他声称，为了持有一个特定的知识主张，我并不需要排除与之不相容的一切可能性。例如，为了知道我有两只手，我只需排除这样一些可能性：我没有手，或者我只有一只手，或者我只有手掌而没有胳膊。但是，为了知道我有两只手，我不需要知道我是否正在被一个恶魔所欺骗，或者是不是缸中之脑，因为在日常的知识语境中，这样一个可能性被认为是无关的。按照这种观点，知道一个命题就在于排除与之不相容的一切相关取舍，而且，不与那个命题相对立的一切可能性就都是相关的。例如，在日常的情形中，当我声称知道杭州动物园有斑马时，我不需要知道它们不是由被画上了条纹的骡马装扮而成的，因为这样一个可能性不是一个与我的知识主张相关的取舍，因此，不管它是否存在都不会影响我的知识主张。这个论点的基础就是前面所说的知识的相关取舍学说：在声称我知道某事时，尽管我的知识主张可能会衍推与之不相容的一切可能性，但是，为了知道那件事，在所有这些可能性中，我只需知道某些相关的可能性。当然，在声称我知道某事时，我确实不知道我是不是处于怀疑论假说所设想的情形中，但是，如果那些可能性与日常的知识主张毫无关系，它们就不应该被看作**相关**取舍。于是，德雷茨克就可以提出如下论证：

德雷茨克反对闭合原则的论证。

（1）从日常观点来看，我完全可以合理地声称我知道我在读《第一哲学沉思集》。

（2）如果我能够合理地持有这个知识主张，那么我在读《第一哲学沉思集》这件事就不仅仅是出现在一个缸中之脑的经验中的东西。

（3）但是，既然我无法断言我不知道我是缸中之脑，我的感觉经验就永远无法排除那个可能性。在这个意义上，那个可能性是无关的。

（4）怀疑论论证意味着，如果我不知道我是缸中之脑，我也不知道我在读《第一哲学沉思集》。

（5）然而，我确实知道我在读《第一哲学沉思集》。

（6）因此，怀疑论论证是错误的。

（7）怀疑论论证预设了认知闭合原则。

（8）因此，认知闭合原则是错误的，或者至少不具有普遍有效性。

读者可以自己去判断这个论证是否成功。不过，需要注意的是，这个论证关键取决于德雷茨克对证据传递性的考虑以及他按照相关取舍概念对知识的理解。在德雷茨克看来，即使我知道"如果我在读《第一哲学沉思集》，那么我就不是一个缸中之脑"这个逻辑蕴含是真的，但是，由于"我在读《第一哲学沉思集》"这个知识主张的证据根据并不自动传递到我不是缸中之脑这件事情上，我实际上不能由此推出我究竟是不是缸中之脑，因此实际上也不知道我在读《第一哲学沉思集》能否在逻辑上衍推我不是一个缸中之脑，因为我实际上无法知道我到底是不是缸中之脑，就像怀疑论者自己所假设的那样。正是在这个意义上，德雷茨克断言怀疑论假说是无关的——它们不是日常知识主张的一个相关取舍。由此也可以看到，即使诺齐克并未说明他为什么将怀疑论者所设想的那些可能性排除在他对"最接近的可能世界"的指定中，但德雷茨克确实对此提供了一个说明。

七、怀疑论与语境主义

然而，有什么理由认为怀疑论假说不是一个知识主张的相关取舍呢？按照相关取舍学说，只有当认知主体能够排除与命题P不相容的**所有**相关可能性时，他才能声称自己知道P。因此，虽然相关取舍学说对知识的概念提出了一个直观上合理的分析，但它是否根本上可接受，仍然取决于其倡导者能否成功解决了三个问题：第一，相对于一个命题来说，什么东西是对它的一个**取舍**？第二，什么东西是对它的一个**相关**取舍？第三，**排除**一个相关取舍意味着什么？

第一个问题比较容易回答。一般来说，对于某个特定命题P来说，如果命题P和命题Q不可能同时成立，那么Q就可以被说成是对P的一个取舍。例如，"那只鸟是山雀"是"那只鸟是噪鹛"的一个取舍，因为同一只鸟不可能既是山雀又是噪鹛。换句话说，给出任何特定命题P，对任何命题Q来说，如果它们的合取**实际上**蕴含着逻辑矛盾，或者**被认为**蕴含着逻辑矛盾，那么Q就构成了对P的一个取舍。前一个说法表达了一种客观判断，后一个说法表达了一种主观判断。不过，不难看出，如果我们必须接受认知闭合原则，那么由P的一切取舍构成的命题空间可能就很大，因为一个命题总是可以通过某些命题而与其他任何命题发生逻辑联系。至于第二个问题，相关取舍理论家认为，一个相关取舍就是认知主体必须按照自己所能得到的证据来排除的取舍。这是一个直观想法，但按照它来理解"相关取舍"可能并没有多大帮助，因为为了让这个说法变得有意义，我们首先就需要问：为什么某些取舍会具有这样一个特点，以至于认知主体必须加以排除？当然，如果认知主体已经意识到他必须排除某些取舍，那就意味着他已经**知道**哪些取舍是相关的，哪些取舍是无关的。

在这种情况下，他就不需要利用"按照证据来排除"这个想法来确定一个取舍的相关性。实际上，他只是利用它来**定义**一个"相关取舍"。直观上说，在声称我知道某事时，我必须有某些证据表明我的知识主张是有辩护的，而只要我已经认识到与我的知识主张不相容的可能性，这种辩护就涉及排除这些可能性。但是，或许有一些我尚未认识到或者甚至原则上无法认识到的可能性，它们构成了我目前持有的证据的反例。相关取舍理论家对于如何解决这个问题并没有一致看法。一些理论家认为，只有当某个命题是一个**客观**的可能性时，它才是相关的。另一些理论家则认为，只要我们**认为**某个命题是可能的，它就是一个相关取舍。按照第一种解释，在斑马的例子中，"被画上条纹的骡马"这个假设就是一个相关取舍，因为那个动物园有可能一直都在用被画上条纹的骡马来愚弄观众。因此，即使在我逛动物园的那一天，我碰巧赶上动物园使用了真正的斑马，但只要我无法排除"被画上条纹的骡马"这一假设，我就不能声称我知道自己看到了斑马。按照第二种解释，在把一个知识主张赋予某人时，只要赋予者确实能够设想怀疑论者所设想的那种可能性存在，这样一个可能性就变成了一个相关取舍，尽管它在日常的知识语境中可能是无关的。因此，为了回答怀疑论挑战，相关取舍理论家就必须提出**独立**的理由来表明，为什么怀疑论假说在日常的知识语境中确实是无关的。更确切地说，为了回答怀疑论挑战，我们不能仅仅声称怀疑论假说是荒谬的，而必须具体地说明我们为什么不能接受怀疑论者通过其假说和论证得出的结论。

德雷茨克不仅没有正面回答上述问题，他对怀疑论的回应也是以否认认知闭合原则为代价——在他看来，我们之所以错误地相信闭合原则，是因为我们未能看到"知识追踪真理"这一条件如何否证了这

第九章　怀疑论、知识与语境

个原则。然而，正如我们已经表明的，否认这个原则是不合理的，因为不管我们如何解释这个原则，至少在经验知识的情形中，通过推理来扩展知识都依赖于这个原则。另一方面，摩尔对怀疑论的回答也不令人满意。回想一下，摩尔对怀疑论论证的直接反应是，与知道怀疑论论证的那两个前提相比，知道"一个人有两只手"这件事显得更加确定。但是，摩尔并未说明究竟是什么使得怀疑论论证的第二个前提为假，也就是说，他并未提出理由来表明我们如何知道我们不是缸中之脑。当然，直观上说，为了有辩护地声称"我有两只手"，摩尔必须有理由认为，与"我只是一个没有手的缸中之脑"这个怀疑论假说相比，"我有两只手"更好地说明了他用来支持其主张的感觉证据。但是，摩尔并未对此提出任何说明。其他一些理论家试图按照最佳解释推理策略来解决摩尔留下的问题。但是，这种尝试或是未能完全回答怀疑论挑战（正如在诺齐克那里），或是要求否认认知闭合原则（正如在德雷茨克那里）。上一节中提出的经过修正的认知闭合原则显然是合理的：如果你知道 P，完全有能力从 P 推出 Q，在你所知道 P 的证据根据以及有关的背景信息和背景信念的基础上相信 Q，并通过进一步的推理发现没有任何未被击败的对立证据会削弱 Q，那么看来你确实知道 Q，或者至少在相信 Q 上得到了强有力的辩护。而且，这个原则也有助于说明我们如何通过演绎推理知道某些事情，因此用一种重要的方式扩展了我们的知识。如果我们不可能以这种方式从已经得到辩护的信念中进行推理，并有辩护地接受推理结果，那么我们就很难看到有辩护的信念究竟具有什么价值。实际上，正是通过利用这个原则，怀疑论者论证说，虽然我有理由相信一个命题是真的，但只要这个理由并不排除与之不相容的一切可能性，它就不是一个好的理由。因此，如果我相信我在读《第一哲学沉思集》的理由无法排除我是缸中之脑,那么我就不能声称知道我在读《第一哲学沉思集》。[1]

这种状况导致一些理论家认为,我们不应该只是简单地拒斥怀疑论论证的前提,而是应该首先说明我们是如何陷入怀疑论者所设置的陷阱中的。回想一下,笛卡尔式的怀疑论论证具有如下一般结构:

(1)我不知道我是缸中之脑。
(2)如果我不知道我是缸中之脑,那么我不知道我有两只手。
(3)因此,我不知道我有两只手。

第一个前提在如下理由的基础上得到了捍卫:不管假设我处于怀疑论者所设想的情境(例如是一个缸中之脑)中是多么不可能或多么古怪,我都不知道我没有处于这样一个情境中。如果我不知道我是否处于怀疑论的情境中,那么看来我也不知道很多关于外部世界的事情。这个主张从认知闭合原则中获得了力量。因此,只要我们接受闭合原则,怀疑论论证似乎就是可靠的。然而,这个论证的结论却与我们所持有的一个强有力的信念相冲突,即我们确实具有各种各样的日常知识。因此,怀疑论论证就导致了一个**悖论**,可以被简要地阐明如下:

---

[1] 当然,认知闭合原则是否成立仍然是一个未决问题。德雷茨克为了否定这个原则而提出的论证也是有争议的。一些特别相关的讨论,参见 Richard Feldman (1995), "In Defense of Closure", *Philosophical Quarterly* 45: 487-494; Hawthorne (2014); Jonathan Kvanvig, "Closure and Alternative Possibilities", in Greco (2008), pp. 456-483; Gail Stine, "Skepticism, Relevant Alternatives, and Deductive Closure", reprinted in DeRose and Warfield (1999), pp. 145-155; Jonathan Vogel, "Are There Counterexample to the Closure Principle?" in Michael Roth and Glenn Ross (eds.), *Doubting: Contemporary Perspectives on Skepticism* (Dordrecht: Kluwer, 1990), pp. 13-28。

第九章 怀疑论、知识与语境

怀疑论悖论。

（1）我们有各种日常知识。

（2）我们不知道我们处于怀疑论者所设想的情境中。

（3）如果我们不知道我们处于怀疑论者所设想的情境中，那么我们不具有各种日常知识。

怀疑论论证的结果之所以是悖论性的，是因为上述三个主张各自来看似乎都是真的。显然有三种方式可以避免这个悖论：其一，否认认知闭合原则；其二，承认怀疑论论证的结论，即我们实际上不知道我们自以为知道的东西；其三，坚称我们确实知道我们并不处于怀疑论者所设想的情境中。如果闭合原则是合理的，或者否认它需要付出很大代价，那么第一种方式就不可取。选择第二种方式无异于允许怀疑论者剥夺我们的知识，尤其是所有或大多数日常知识，因此似乎也不可取。第三种方式实际上是一种无根据的教条主义，因此从对知识的哲学反思的角度来看更不可取。那么，我们有更好的方法避免怀疑论悖论吗？一些理论家试图通过对"知识"提出一种**语境主义**理解来逃避怀疑论悖论，即试图在不否认认知闭合原则的情况下同时承认摩尔的主张和怀疑论论证的力量——一方面确认日常知识主张可以是真的，另一方面又承认，在怀疑论者所设想的情形中，我们不知道我们日常自以为知道的东西。[1]

1　参见 Keith DeRose (1992), "Contextualism and Knowledge Attributions", *Philosophy and Phenomenological Research* 52: 913-929; Keith DeRose (1995), "Solving the Skeptical Problem", *Philosophical Review* 104:1-52; Keith DeRose, "Contextualism: An Explanation and Defence", in John Greco and Ernest Sosa (eds.), *The Blackwell Guide to Epistemology* (Oxford: Blackwell, 1999), pp. 187-205; Keith DeRose, *The Case for Contextualism: Knowledge, Skepticism, and Context*, Vol. 1 (Oxford: Oxford University Press, 2009); Keith DeRose, *The Appearance of Ignorance: Knowledge, Skepticism, and Context*, Vol. 2 (Oxford: Oxford University [转下页]

为了恰当地理解和评价语境主义的解决方案，我们首先需要了解一下语境主义究竟是什么。在严格意义上说，语境主义是一种关于**知识赋予**（knowledge ascription）的观点，其核心主张是，知识赋予是语境敏感的——"认知主体 S 知道命题 P"这样的主张在一个语境所设立的知识标准下可以是真的，但一旦语境和知识标准发生了变化，它就不再是真的。换句话说，"知道"这个动词对于一个语句的意义或真值条件的贡献是随着它所产生的对话语境而发生变化的，而如何变化则取决于说出这样一句话的说话者的目的和意图、听者（或者评价者）的期望、对话预设以及某些显著性关系等，后面这些东西被认为确立了知识赋予的标准。在这里，特别值得指出的是，知识论的语境主义不是在说一句话所表达的**命题**在某个特定语境中是真的，而在另一个语境中就不是真的；它甚至也不是在简单地断言一个人在某个语境中知道某个命题，但在另一个语境中就不知道这个命题了。语境主义者所要强调的是，知识主张的真值条件是由语境及其所设

[接上页] Press, 2017); Stewart Cohen (1998a), "Contextualist Solutions to Epistemological Problems: Skepticism, Gettier, and the Lottery", *Australasian Journal of Philosophy* 76: 289-306; Stewart Cohen (1998b), "Two Kinds of Sceptical Argument", *Philosophy and Phenomenological Research* 58: 143-159; Stewart Cohen (1999), "Contextualism, Skepticism, and the Structure of Reasons", *Philosophical Perspectives* 13: 57-89; Stewart Cohen, "Contextualism Defended", in Steup, Turri and Sosa (2014), pp. 69-74。在这里，我主要是按照基思·德罗斯和斯图尔特·科恩的观点来讨论语境主义解决方案，一方面是因为他们对语境主义的讨论与怀疑论问题具有更直接的关联，另一方面是因为很多后续讨论都是从他们的讨论中衍生出来的。不过，我将不详细处理认知语境主义中与语言哲学特别相关的问题。对认知语境主义的一些相对集中的讨论，参见 Peter Baumann, *Epistemic Contextualism* (Oxford: Oxford University Press, 2016); Michael Blome-Tillmann, *The Semantics of Knowledge Ascription* (Oxford: Oxford University Press, 2022); Jonathan Jenkins Ichikawa, *Contextualising Knowledge: Epistemology and Semantics* (Oxford: Oxford University Press, 2017a); Jonathan Jenkins Ichikawa (ed.), *The Routledge Handbook of Epistemic Contextualism* (London: Routledge, 2017b); Gerhard Preyer and Georg Peter (eds.), *Contextualism in Philosophy: Knowledge, Meaning, and Truth* (Oxford: Clarendon Press, 2005)。

立的知识标准来确定的。日常语言中有很多语境敏感的措辞，例如"我""他""这里""那里"之类的人称代词和指示代词，以及高矮、大小这样的形容词。例如，"今天这里温度高达40度"这个说法是否为真，取决于其中所说的"这里"指的是什么。如果它指的是2023年7月10日的杭州，那么那句话就是真的，而如果它指的是2023年7月10日的贵州，那么那句话就是假的。此外，假设一位朋友来杭州玩，我先领他去看西湖，然后我们去了滨江区，朋友指着附近的高楼对我说，"滨江区的楼太高了"；然后他又独自去了上海，参观了浦东，在微信里对我说："你们杭州滨江区的楼太矮了。"在这种情况下，我显然不能指责他的说法是自相矛盾的，因为他的说法都可以同时是真的——相对于西湖周边的建筑物，他的说法是真的，而相对于浦东的建筑物，他的说法也是真的。简而言之，一般来说，相对于某个特定的语境来说，一个主张可以是正确的，而相对于某个其他语境来说，它可能就不正确了，或者与之相对立的某个主张可以是正确的。

语境主义者类似地认为，"知道"这个词在某些方面就类似于"大小""胖瘦""高矮"之类的词语，在不同的语境中可以有不同的应用标准。假设我跟一位鸟类学家去深林里考察，他指着树上一只鸟对我说："看，那是一只珠颈斑鸠。"然后他详细告诉我这种鸟的一些特征，例如它总体上是棕色的，胸部是粉色的，并有一块布满白色斑点的黑色颈项等。我将他的说法看作是真的，不去考虑那只鸟究竟是不是珠颈斑鸠，或者甚至根本上就不是一只鸟，而是一只高度逼真的机器鸟。之所以如此，不仅因为我信任他作为一位鸟类学家的学识，而且也因为我相信他不会欺骗我，正如他相信自己并没有在知觉上发生幻觉或错觉。语境主义者由此认为，我们是否可以正确地声称知道某事取决于语境——只有相对于特定语境，我们才能有意义地谈论知识主张并对其正确性做出判断。

在这里，特别需要指出的是，知识论的语境主义者往往对知识采取了一种**可错论**的理解，大致说来观点如下：知识并不要求绝对的确定性，例如，为了算作知道某个命题，认知主体并不需要对与知识主张相应的信念具有最大的辩护，因此也不需要排除与特定的知识主张不相容的**一切**可能性。[1] 在这种理解下，即使存在着对命题 P 的某个取舍，而这个取舍也符合认知主体用来支持其知识主张的证据，但认知主体仍然可以被认为知道 P。例如，一个人可以声称知道他所搭乘的那班从洛杉矶飞往纽约的航班会在芝加哥停靠，因为行程单告诉了他这一点，即使行程单有可能是错误的；或者，我可以声称我今天在动物园看到了斑马，因为我每次去动物园游玩时，都看到了斑马，而动物园明确标明这是斑马园，即使**这一次**我看到的可能是被画上条纹的骡马。对可错论知识概念的承诺是语境主义的一个基本预设，否则语境主义者就无法说明知识标准如何能够随着语境而变化。

在语境主义者看来，怀疑论者在提出怀疑论论证时巧妙地利用了知识的语义标准，因此就制造出这样一个语境，其中，怀疑论者可以诚实地断言我们什么都不知道。例如，假设怀疑论者认为，为了具有关于外部世界的知识，我们首先就需要知道我们不是缸中之脑。这样一来，一旦我们接受怀疑论者提出的知识标准，就只能否认我们知道外部世界，因此就不能把关于外部世界的知识主张赋予自己或他人。另一方面，如果我们发现自己处于日常的对话语境中，那么，我们不仅能够正确地声称我们知道怀疑论者所否认的东西，而且否认我们知道这些东西也是错误的或不合理的。当然，语境主义者也承认，这并不意味着怀疑论者提出的观点就是错误的或荒谬的，或者他们提出的

---

[1] 例如，参见 Cohen (1999), pp. 57-60; Jeremy Fantl and Matthew McGrath, *Knowledge in an Uncertain World* (Oxford: Oxford University Press, 2009), chapter 1。

论证是无效的；而是，怀疑论者只是提出了我们在日常的知识语境中并不接受的知识标准。在怀疑论者提出其论证的那个语境中，他们可以正确地否认我们知道某些东西，而在日常语境中，我们也可以正确地声称我们知道那些东西。因此，怀疑论者对日常知识的否认和我们对这种知识的赋予都是正确的，因为我们可以在不同语境中为知识确立不同的标准。只要认识到这一点，我们就可以让日常的知识主张免受怀疑论攻击，同时又可以承认和说明怀疑论论证的力量。怀疑论者固然可以对"知识"提出我们在日常语境中无法满足的高标准，但这并不意味着我们没有满足在日常语境中对"知识"提出的比较松弛的标准，因为在日常的语境中，知识赋予并不要求我们考虑怀疑论假说的可能性。

为了表明知识是语境敏感的，语境主义者必须表明不同的知识主张在不同语境中都可以是真的。对语境主义者来说，论证这一点的一种主要方式就是诉诸案例及其所诱发的直觉。[1] 例如，考虑德罗斯提出的如下案例：

---

[1] 当然，这也产生了直觉在根本上是否可靠的问题。一些哲学家试图按照实验哲学的研究成果来反驳语境主义，但语境主义者也可以提出自己的回应。限于篇幅，在这里我将不讨论这个重要问题。一些相关的讨论，参见 Jennifer Nagel and Julia Jael Smith, "The Psychological Context of Contextualism", in Ichikawa (2017b), pp. 94-104; Jennifer Nagel (2008), "Knowledge Ascriptions and the Psychological Consequences of Changing Stakes", *Australasian Journal of Philosophy* 86: 279-294; Jennifer Nagel (2010), "Knowledge Ascriptions and the Psychological Consequences of Thinking about Error", *Philosophical Quarterly* 60: 286-306; Keith DeRose (2011), "Contextualism, Contrastivism, and X-Phi Surveys", *Philosophical Studies* 156: 81-110; Joshua May, Walter Sinnott-Armstrong, Jay W. Hull, and Aaron Zimmerman (2010), "Practical Interests, Relevant Alternatives, and Knowledge Attributions: An Empirical Study", *Review of Philosophy and Psychology* 1: 265-273; Jonathan Schaffer and Joshua Knobe (2012), "Contrastive Knowledge Surveyed", *Nous* 46: 675-708; Nat Hansen and Emmanuel Chemla (2013), "Experimenting on Contextualism", *Mind and Language* 28: 286-321。

银行案例（第一种情形）：一个周五下午，我和妻子开车回家。我们计划在回家的路上在银行停一下，以便存入我们的工资支票。但当开车经过银行时，我们注意到里面队伍很长，周五下午都像这个样子。虽然我们一般都喜欢尽快存入工资支票，但在这种情况下，立即存入并不是特别重要，所以我建议直接开车回家，在周六早上再来存入支票。我妻子说："也许明天银行不开门了。很多银行周六都不营业。"我回答说："不，我知道它会开门。两周前的周六我刚去过那里。它一直开到中午。"

银行案例（第二种情形）：我和妻子在一个周五下午开车经过银行，就像第一个案例那样，我们注意到那里排着长队。我再次建议我们在周六上午存入工资支票，并解释说，两周前的周六上午我还在这家银行，发现它一直开到中午。但在这种情况下，我们刚刚开出了一张非常大而且很重要的支票。如果我们的支票在周一上午前没有存入账户，我们写的那张重要支票就会被退回，让我们陷入非常糟糕的境地。当然，银行星期天不营业。我妻子提醒我这些事实。她接着说："银行确实会改变营业时间。你知道银行明天会开门吗？"我仍然像以前一样自信地认为银行会开门，但我还是回答说："嗯，不会。我最好进去确认一下。"[1]

按照德罗斯自己的说法，在这两种情形中，说话者（不妨称之为"史密斯"）说的话都是真的，但在第一种情形中，史密斯说的是"我知道银行明天会开门"，而在第二种情形中，史密斯说的是"我不

---

[1] DeRose (1992), p. 913.

知道银行明天会开门"——若脱离语境,二者是相矛盾的。那么,为什么这两个说法都可以被认为是真的呢?语境主义者的回答是,知识的标准在第二种情形中比在第一种情形中更高——看来正是我们所要知道的事情的重要性程度提高了知识标准。在日常的环境中,在谈论世界和提出关于它的知识主张时,日常标准发挥作用而且经常得到满足。然而,在某些情境中,例如在讨论怀疑论论证时,我们就会提高"知道"这个词的应用标准。在这种情况下,怀疑论者是正确的:我们没有满足在怀疑论语境中所设定的标准。这样,如果我们承认"知道"这个词在不同语境中有不同的应用标准,那么就可以说明我们对知识主张的不同反应。例如,在日常语境中,我们毫无保留地接受一系列知识主张,认为它们是正确的。然而,一旦怀疑论开始出现,人们认识到了怀疑论论证的力量,他们可能就会否认自己原以为知道的东西。不过,一旦回到日常语境中来,他们又会自信地声称知道很多东西。即便如此,在怀疑论语境中,他们对日常知识主张的否认仍然是正确的。因此,在斑马的例子中,我可以声称我知道自己看到的是斑马,即使它们其实是乔装打扮的骡马,因为在日常语境中,怀疑杭州动物园会用伪装的骡马来愚弄游客是不合理的,而且,在以前访问动物园时,我不仅看到的都是斑马,还有几次是跟一位研究动物学的朋友去参观动物园,而他向我详细介绍了我们看到的各种动物的特征。因此,总的来说,我没有理由怀疑我看到的实际上是伪装的骡马,因为即便有这种可能性,其出现的概率也很低,在日常的知识语境中可以被合理地排除。语境主义者由此认为,语境主义者解决了怀疑论悖论——它一方面确认了日常的知识主张,另一方面又承认怀疑论论证的力量,正如德罗斯所说:

> 根据语境分析,当怀疑论者提出其论证时,她操纵了各种

提高知识的语义标准的对话机制,从而创造了一个语境,在这个语境中,她可以真正地说我们一无所知或知之甚少。然而,尽管怀疑论者可以因此而设定我们达不到的高标准,但这并不意味着我们不能满足在日常对话中就位的更宽松的标准。因此,我们希望日常的知识主张将会受到保护,免受怀疑论者明显有力的攻击,与此同时,怀疑论者论证的说服力得到了解释。[1]

换句话说,通过否认日常的知识赋予要求满足怀疑论者提出的知识标准,语境主义在摩尔的主张和怀疑论者的主张之间实现了一种妥协,认为二者都是可靠的。由此我们可以看到语境主义者如何能够以一种**不否认**认知闭合原则的方式来消除怀疑论悖论。如前所述,这个悖论之所以出现,是因为其中提到的三个命题似乎各自都是真的,但共同出现时就是不一致的。语境主义者试图表明这种不一致实际上不是真实的:我们是相对于日常标准来确认日常的知识主张,而在面对怀疑论挑战时,我们是相对于高标准来说不知道我们日常所知道的东西;在这两个不同的语境中,"知道"这个词的意义发生了转变,而既然相关的语境规定了不同的标准,当我们在一个语境中说"我知道银行明天会开门",而在另一个语境中说"我不知道银行明天会开门"时,我们就无须是逻辑上自相矛盾的。在上述例子的第一种情形中,既然史密斯认为是否要在当天存入支票对他(以及整个家庭)来说无关紧要,他在两周前的星期六观察到银行开门这一事实就向他提供了"我知道明天银行会开门"的充分证据。但在第二种情形中,则有一些东西对史密斯来说极为重要,例如,假设他是为了支付房租而存支票,而如果房租下周一不到账,他租住的房屋就会因为违约被收

1　DeRose (1992), p. 917.

回，这会给他带来很大麻烦，比如说，他会被迫放弃这幢居住了多年而且家人都很喜欢的房屋，他的孩子将会离开他们正在就读的好学校（假设附近已经没有其他房屋可租了），他自己将会失去工作之余在附近河边休闲娱乐的机会，等等。在这种情况下，他必须**确信**银行明天是否会开门。也许两周前的星期六银行是因为调整放假时间而临时开门，若不排除这种可能性，史密斯的知识主张就没有充分保证。看来，正是所要知道的事情的重要性程度提高了知识赋予的标准，即使在这两种情形中，史密斯用来支持其知识主张（或者对某个知识主张的否定）的认知证据似乎都是同样的。因此，对语境主义者来说，既然知识赋予在不同语境中有不同的标准，我们就无须接受怀疑论者的说法，即怀疑论论证的结论不符合我们日常的知识主张。

严格地说，语境主义不是一个关于知识或辩护的结构的论点，而是一个关于"知识赋予"的真值条件的观点——它所要说的是，"赋予和否认知识的语句（某人知道 P 和某人不知道 P 之类的语句以及这种语句的相关变种）的真值条件是以某种方式随着它们被说出来的语境而变化的"。[1] 这种语境主义所关心的是，在什么条件下我们可以说"某人知道某事"或"某人不知道某事"这样的陈述是真的。语境主义者认为，为了使得这样一个陈述为真，一个人就必须满足某些指定的认知标准，但认知标准可以随着不同的语境而变化。例如，在某些语境中，为了使得这样一个陈述为真，一个人必须相信某事是真的，而且有强有力的证据表明其信念是真的，比如说在银行案例的第二种情形中。而在另外一些语境中，为了使得这样一个陈述为真，一个人只需满足某些较低的认知标准。这样，按照语境主义观点，我们就可以说，在某个语境中，一个说话者可以诚实地说"某人知道某事"，

---

[1] DeRose (1999), p. 187.

而在另一个具有更高认知标准的语境中,另一个说话者也可以诚实地说"那个人不知道那件事",尽管二者都是在谈论同一个认知主体、同一件事情。

不过,需要指出的是,即使语境主义只是一种关于知识赋予的观点,这并不意味着它完全与辩护问题无关——既然语境主义者是相对于语境来谈论知识赋予,他们也可以认为,一个人的信念是否得到辩护也是相对于语境而论的。[1] 怀疑论者提出的挑战是对全面辩护的挑战,与此相比,语境主义者则认为,一切有意义的辩护问题本质上都只能是**局部的**——辩护问题只关系到在一个**明确地加以限定**的语境中来辩护某个信念,而在该语境中,人们将大多数其他信念看作是理所当然的或不成问题的。局部辩护问题来自某些具体的争论或关注,后者部分地界定了有关的语境和背景假定。语境主义者认为,局部辩护问题是人们在日常生活中针对各种有限的实际目的提出来的,因为在日常生活中,人们并不关心怀疑论者提出的那种全面辩护问题。这种问题只是哲学家在理论上虚构出来的东西,是普通人在"自然的"语境中不可能提出的,而且在实际生活中也没有任何可以想象的重要性。因此,我们不需要考虑这些问题以及相关的怀疑论观点。

那么,语境主义究竟在多大程度上回答了怀疑论挑战,或者真正地消除了怀疑论悖论呢?按照斯图尔特·科恩的说法,为了消除这个悖论,一方面需要维护我们的一个强有力的直觉,即我们日常确实知道很多东西,另一方面也需要说明怀疑论论证的不可否认的吸引力——"既然这个悖论是在我们思考知识的内部产生的(因为怀疑论

---

[1] 有些语境主义者否认语境主义与辩护问题有关,但也有一些哲学家明显地强调这个联系。例如,参见 David Annis (1978), "A Contextualist Theory of Epistemic Justification", *American Philosophical Quarterly* 15: 213-219。

论证的前提是我们倾向于接受的），对这个悖论的任何成功的回答就必须说明我们最终是如何陷入（飘摇在认为我们知道和担心我们不知道之间的）状况"。[1] 换句话说，为了消除怀疑论悖论，我们既不能像摩尔那样简单地直接诉求常识，也不能像诺齐克或德雷茨克那样试图否定认知闭合原则，因为这个原则既是直观上合理的又是解释上有价值的。银行案例以及语境主义者提出的类似案例表明，知识赋予的真值取决于认知主体相对于特定的语境标准是否持有足够强的理由支持其知识主张。在银行案例的第二种情形中，如果史密斯进去问银行经理"明天银行是否开门？"并得到了肯定回答，那么，与第一种情形相比，他就可以更自信地声称他知道银行明天会开门；另一方面，如果他得到的是否定回答，那么他也可以撤回自己原来的知识主张。因此，知识赋予的真值或是可以随着认知主体所持有的理由的强度而变化，或是可以随着标准的严格程度而变化。当所要知道的事情对认知主体来说具有某种重要性时，某些因素就会变得显著或突出而被要求予以考虑，对这些因素的考虑就会转变知识赋予的语境并提高知识标准。例如，如果怀疑论者指出我们可能受到了恶魔的系统欺骗，或者可能是缸中之脑，那么在尚未排除这种可能性之前，我们就不能声称我们知道自己有两只手，正如只要一位专家指出我看到的不是斑马，而是被伪装的骡马，我就不能声称知道自己看到了斑马。这样一来，一个在原来的语境中为真的知识主张在新的语境中可能就不再是真的。换句话说，即使认知主体用来支持其知识主张的理由仍然保持不变，但只要知识赋予的语境发生了变化，用来衡量理由强度的标准也可以发生变化。科恩认为，通过假设知识赋予具有这种语境敏感性，既可以公正地对待我们日常认为我们知道很多东西的有力倾向，又可

---

[1] Cohen (1999), p. 63.

以公正地对待怀疑论论证的不可否认的吸引力。[1] 因此，**如果**怀疑论悖论不存在其他更加合理的解决方案，那么，至少按照最佳解释推理策略，语境主义就是可取的。

为了进一步阐明这一点，我们不妨回到本节一开始提出的第三个问题：排除一个相关取舍意味着什么？采纳这个概念的理论家承认，我们无法一般地或精确地回答这个问题，正如在可靠主义理论的情形中，我们无法**一般地**指定认知过程的可靠性。科恩通过考察一些相关文献暗示说，相关性标准最好被理解为证据与环境的某些特点之间的条件概率关系。[2] 按照他的分析，我们大概可以认为，只有当一个认知主体满足下列条件中的**任何一个**条件时，他才能排除一个相关取舍 Q：第一，他对非 Q 的证据非常强，因此允许他**知道**非 Q；第二，他对非 Q 的证据足够强，因此他有很好的理由相信非 Q；第三，他相信非 Q 的证据不是认知上不合理的。从证据主义观点来看，这些条件是有差别的。一般来说，信念的强度是随着证据而变化的：结论性证据允许我断言确实**知道**某事；强有力的非结论性证据允许我合理地持有一个信念；最终，如果我对某个命题没有直接证据，只能按照我持有的其他信念来判断是否要相信它，那么相信它对我来说就不是认知上不合理的。对信念与证据的关系的这些看法是证据主义者普遍持有的，与是否应该接受证据主义的辩护概念无关。然而，当相关取舍理论家试图回答第三个问题时，他们所面临的不是"上述三个标准是否合理"这一问题，也不是这样一个问题：为了有权声称我知道某个命题，我是否必须满足其中一个标准？而是，为了解决"'按照证据来

---

[1] Cohen (2009), p. 66. 亦可参见 Cohen (2014), p. 71。

[2] Stewart Cohen (1988), "How to be a Fallibilist", *Philosophical Perspectives* 2: 91-123, especially pp. 94-97.

排除一个相关取舍'意味着什么"这个问题，他们就需要首先解决另一个问题，即哪一个取舍与特定的知识主张相关？换句话说，如果他们尚未解决相关性问题，就无法解决第三个问题。

相关取舍理论家确实没有对相关性问题给出令人满意的解决方案。实际上，按照德雷茨克提出的相关取舍学说，我知道我有两只手，但我不知道我不是没有手的缸中之脑。即使德雷茨克认为怀疑论假说并不构成一个相关取舍，直观上我们也仍然可以认为，只要我知道我有两只手，我就知道我不是没有手的缸中之脑。这样，既然我知道我有两只手，我怎么不知道我不是没有手的缸中之脑呢？此外，相关取舍学说似乎也很难说明通过归纳推理获得的知识。归纳推理的结论并不必然为真，因此，在一个归纳推理中，一个人具有的证据不可能排除推理结论为假的可能性。另一方面，按照相关取舍学说，如果一个人的证据绝不可能排除某个取舍，那就表明它是无关的。因此，一个归纳推理的结论为假的可能性是无关的。然而，这个结论显然是错误的，或者至少不是合理地可接受的。[1]

语境主义可以被理解为一种解决相关性问题的尝试——语境主义所要强调的是，我们只能相对于知识赋予的特定语境来判断一个取舍是否相关。例如，当我将"我知道我有两只手"这个知识主张赋予自己时，我不需要考虑"我其实是没有身体的缸中之脑"这一可能性。假设怀疑论者对我说，既然你不知道你是一个没有身体的缸中之脑，你就不能声称你知道你有两只手。语境主义者会回答说，怀疑论者是在提出一种"全面"怀疑论，而这种怀疑论不符合我们日常对认知闭合原则的使用。不过，很容易看出，甚至在日常的情形中，"局部"

---

1 参见 Jonathan Vogel (1999), "The New Relevant Alternatives Theory", *Philosophical Perspectives* 13: 155-180, especially pp. 158-160。

怀疑论者也可以用闭合原则来表明,我不知道我在动物园中看到的是斑马,因为只要我无法排除"那些动物不是乔装打扮的骡马"这一可能性,我就不能正当地声称我知道它们是斑马。进一步说,只要我有一些理由猜测我看到的那些动物实际上是乔装打扮的骡马,我就不能诚实地声称我知道它们是斑马。换句话说,只有当我已经有一些理由猜测我看到的实际上是被画上了条纹的骡马时,"那些动物不是被画上了条纹的骡马"这个可能性才在证据上变得相关。这个事实表明,语境主义者与怀疑论者的争论,其实不是关系到"究竟要有多少证据我们才能声称知道某事"这个问题,而是关系到"什么东西算作**相关证据**"这一问题。然而,后面这个问题似乎也不能在语境主义框架内得到解决,因为不管我们把一个知识主张放在什么语境中,只要它必须得到适当证据的支持,"什么证据是相关的"这个问题就总是会出现。实际上,正如一些语境主义者所承认的,一旦怀疑论假说的可能性在一个对话语境中变得显著,它就变成了一个相关取舍。[1] 由此看来,语境主义者似乎不能通过确认一个日常的知识主张来反驳怀疑论,因为一旦怀疑论假说的可能性变得显著,就不能声称我们仍然采纳的是日常语境中的知识标准。[2]

当然,语境主义者或许认为,当我们在一个特定语境中为知识主张的赋予确立标准时,我们就同时解决了证据的相关性问题。例如,如果我们接受了全面怀疑论,那么"我不是缸中之脑"这个可以设想

---

[1] 参见 Cohen (1988); David Lewis, "Elusive Knowledge", reprinted in Ernest Sosa, Jaegwon Kim, Jeremy Fantl, and Matthew McGrath (eds.), *Epistemology: An Anthology* (second edition, Oxford: Blackwell, 2008), pp. 691-705。

[2] 当然,语境主义者或许认为他们不是原则上不能解决这个问题。但是,如果怀疑论者所假设的可能性已经成为一个相关取舍,我们至少就不清楚语境主义能够在摩尔的主张和怀疑论者的主张之间实现一种"和解"。关于处理这个问题的一种尝试,参见 Keith DeRose, "Single Scoreboard Semantics", in DeRose (2009), pp. 128-152。

第九章 怀疑论、知识与语境

的可能性就成为"我知道我有两只手"的相关证据。语境主义者承认，在局部情形中，我们总是可以扩展相关证据的集合。例如，如果我声称知道自己在动物园看到的就是斑马，那么就可以扩展相关证据的集合，例如将"那些动物不是被画上了条纹的骡马"这个可能性也包括在内。**理论上说**，我们总是可以扩展相关证据的集合。但是，没有什么东西保证我们在这样做时总是能够取得成功。比如说，如果确实有一些证据表明那些动物只是被画上了条纹的骡马，那么，不管这些证据多么微不足道，怀疑论者都可以合法地提出如下要求：为了能够诚实地声称我知道那些动物是斑马，我就应该首先排除"那些动物只是被画上了条纹的骡马"这一可能性。

语境主义者如何应对这个挑战呢？怀疑论者通过提及一个怀疑论假说的可能性而否认了日常的知识主张。但是，德罗斯论证说，"我们认识到，在我们发现自己所处的大多数对话情境中，即使我们不能排除怀疑论假说，那也不会妨碍我们真诚地声称知道我们有两只手之类的事情"。[1] 之所以如此，并不是因为（就像摩尔所认为的那样）知道我们有两只手比知道怀疑论假说是假的更加明显或确定，而是因为我们不能按照"我们不能排除怀疑论者所假设的那种可能性"这一主张的看似合理性来说明"我们不知道那种可能性并不存在"这一主张的看似合理性。我们确实无法认识到我们不是缸中之脑，因此也无法用这个事实来说明"我不知道我是缸中之脑"这一主张的看似合理性，因为无法用我们认识不到的某个事实来说明其他东西。同样，按照"我不知道我是缸中之脑"来说明我们无法排除怀疑论假说也没有在理解上做出什么进步。因此，对德罗斯来说，怀疑论者设想的那种可能性似乎是无法排除的，但这并不妨碍我们可以真诚地声称我们在

---

[1] DeRose (1995), pp. 13-14.

日常的知识语境中确实知道很多东西。德罗斯似乎认为，日常的知识主张满足了**可断言性**条件，而关于怀疑论假说的知识主张则不满足这个条件，因此，如果语境主义是正确的，那么**在日常的对话语境中**，我们确实可以不考虑怀疑论者所设想的那种可能性——我们无须将这种可能性看作一个**有效的**相关取舍。

然而，对怀疑论悖论的语境主义解决还没有得到一致认同。相关的批评可以分为两类：一类关系到语境主义本身的地位，例如它是否确实可以被看作一种关于知识和辩护的理论；另一类则特别涉及语境主义对怀疑论挑战的回应。在这里，我们将简要地介绍第一种批评，然后再来考虑第二种批评的几个典型。对语境主义的最直接、最简单的批评是指出**语言问题**与知识主张的真值条件无关。[1] 如果你想知道任何人在根本上是否爱你，去了解什么时候人们真诚地或真实地说出"我爱你"这件事情并没有什么帮助，因为"我爱你"这句话中的"你"是语境敏感的——除非你知道那个"你"实际上指的是你，否则人们真诚地或真实地说出"我爱你"这件事情就与你想知道是否根本上有人爱你无关。我们当然可以承认"知道"这个词可以随着语境而变化，但是，在欧内斯特·索萨看来，这并不意味着我们不可以按照**辩护条件**来确定一个知识主张在某个特定语境中是否为真。如果一个知识主

---

[1] 例如，参见 Richard Feldman (2001), "Skeptical Problems, Contextualist Solutions", *Philosophical Studies* 103: 61-85; Peter Klein (2000), "Contextualism and the Real Nature of Academic Skepticism", *Philosophical Issues* 10: 108-116; Hilary Kornblith (2000), "The Contextualist Evasion of Epistemology", *Philosophical Issues* 10: 24-32。关于德罗斯自己对这个批评的回应，参见 DeRose (2017), especially chapter 4。对于这个争论的总结性论述，参见 Brian Montgomery, "Epistemological Contextualism and the Shifting the Question Objection", in Ichikawa (2017b), pp. 121-130。在这里，一方面是由于篇幅所限，另一方面是因为笔者承认语境主义（至少在科恩和德罗斯那里）能够对知识论问题做出贡献，笔者将只考虑索萨的批评：Ernest Sosa (2000), "Skepticism and Contextualism", *Philosophical Issues* 10: 1-18。

张在几个不同的语境中都是真的，那必定是因为我们可以在这些语境中鉴定出某个**最低限度**的辩护条件，它使得我们可以声称那个主张在那些语境中都是真的，尽管在其中某些语境中，它所具有的辩护条件可以超出那个最低限度辩护条件，正如当我们对于"爱"有一种基本理解时，爱也可以具有比基本理解更丰富的内涵。索萨由此认为，"如果相关的语境变异只涉及某种（最低限度的辩护）所要求的标准，那么语境主义就获得了**认知**相关性。毕竟，如果有一个相关的维度（例如认知辩护），其高度是我们可能永远都达不到的，更不用说让怀疑论者感到满意了，那么认知语境主义可能就与认识论相关，而我们在日常生活中确实经常达到较低的水平"。[1]索萨的意思是说，如果语境分析有助于我们判断知识主张是否达到了我们普遍认同的最低限度辩护条件，那么语境主义就是认识论上相关的，但也仅仅在这个意义上是相关的。但是，如果认知辩护的条件的界定可以独立于语境而做出，或者可以跨过一系列不同的语境而做出，那么语境主义就并非**在根本的意义上**与知识论相关。

对语境主义的另一个主要批评是，虽然我们可以承认语境主义者的说法，即辩护与语境有关，但他们对辩护问题提出的理解也是成问题的。[2]我们可以承认，普通人在实际生活中很难提出那种要求"全面辩护"的认识论问题，例如归纳问题或外部世界问题。我们也可以

1　Sosa (2000), p. 5.
2　例如，参见 Earl Conee, "Contextualism Contested", in Steup, Turri and Sosa (2014), pp. 60-69。语境主义的吸引力在于，它似乎解决了怀疑论论证中呈现出来的一个难题：即使我们不知道怀疑论假说，我们仍然可以被认为知道一个日常命题。然而，科尼论证说，语境主义者实际上没有充分的动机采纳他们为了消除这个难题而采用的语义假说，而且，为了解释这个难题，我们实际上不需要采用语境主义者关于知识赋予的假说，只需要采用（比如说）关于知识赋予的所谓"不变论语义学"（invariantist semantics）。但是，也有一些理论家试图从其他角度（例如可靠主义）来捍卫语境主义，例如 Baumann (2016), chapter 2。

承认，这种问题对我们实际生活的含义并不是很明显（尽管事实上并非总是如此，例如，从事经验研究的科学家有时候可能会提出这样的问题）。因此，我们不妨同意，在日常生活中，人们确实只是按照语境主义者指出的那种方式来提出辩护问题，也就是说，他们总是在一个有限的、具体的情境中来提出辩护问题。但这只是表明怀疑论者提出的那些要求"全面辩护"的问题主要是哲学家所要关心的理论问题，而没有表明这些问题本身是无意义的，或者甚至是错误地设想出来的。因此，没有理由认为我们不应该关心和考虑这些问题。在一些日常语境中，确实只是满足于我们的认知官能（知觉、记忆、内省、推理等）告诉我们的东西；只要我们并未明确地意识到存在着与那些东西相对立的证据或理由，就会声称我们具有知识。然而，正如厄尔·科尼所指出的，甚至在这些语境中，追问一个认知主体是否确实知道他自以为知道的东西也是有意义的，特别是所要知道的东西对他来说具有重大意义的情况下。而在这种情况下，认知主体就会觉得自己不太确信是否知道此前认为知道的东西。当然，我们确实可以认为，在这种情况下，知识标准被提高了，以至于此前被认为是知识的东西不再是知识。但在这里，真正的问题不在于语境的转变，而在于**为什么**我们提高了知识标准。语境主义本身并未回答这个问题。实际上，认识论之所以变得可能和重要，就是因为我们有理由对日常知识主张进行哲学反思。语境主义者只能说，一旦我们认真考虑这些问题，就会发现我们无法对之提出令人满意的解决之道，因此必然被引向怀疑论。但是，没有能力解决一个问题并不意味着这个问题是无意义的或者是错误地设想出来的。由此可见，既然语境主义者只是满足于说，在日常语境中，我们确实可以声称知道某些东西，他们就没有认真对待"辩护"这个具有**规范意义**的问题。仅仅承认人们在不同语境中可以对同一个知识主张提出不同的评价，可能并没有**在根本上解**

决认知辩护问题，因为有可能的是，这样一个知识主张在那些语境中都是没有辩护的。无须否认，当我们说"某人知道某事"时，我们确实是在某个特定的语境中、按照我们对其信念背景的理解来提出我们的主张。但是，确实有一些东西超越了这两个方面，决定了一个人的知识主张是否真正地或完备地得到了辩护。

科恩和德罗斯等人认为，对怀疑论悖论的有效消解要求我们公正地对待怀疑论论证不可否认的吸引力，因此他们实际上采取了一种"善待"怀疑论的态度。这种态度会导致一个异议，即从语境主义的观点来看，知识论的语境必然是怀疑论语境。[1] 尽管德罗斯认为，在日常的对话语境中，我们不应该将怀疑论假说看作一个相关取舍，但是，一旦怀疑论者所设想的那种可能性由于认知主体所要知道的事情的重要性而变得显著，这种可能性看来就是我们必须考虑的。换句话说，知识标准的提高使得怀疑论假说变成了一个相关取舍，而只要无法排除我们实际上处于怀疑论者所设想的情形中这一可能性，我们就不能声称真正地知道我们所知道的很多东西。这种状况会产生一个古怪结果：我们越是更多地反思我们的知识，知识就会变得越少，反过来说，我们越是更少地反思我们的知识，反而会有更多的知识。[2] 这实际上等于**承认**怀疑论（或者怀疑论语境）剥夺了我们日常具有的知识。

为了应对这个批评，语境主义者就不能仅**仅**声称语境转移使得知

---

[1] 参见 Feldman (2001); Duncan Pritchard (2002), "Two Forms of Epistemological Contextualism", *Grazer Philosophische Studien* 64: 19-55; Anthony Brueckner (2004), "The Elusive Virtues of Contextualism", *Philosophical Studies* 118: 401-405. 亦可参见下一节中对刘易斯的语境主义的讨论。

[2] 参见 Elke Brendel and Christoph Jäger (2004), "Contextualist Approaches to Epistemology: Problems and Prospects", *Erkenntnis* 61: 143-172; Mylan Engel (2004), "What's Wrong with Contextualism, and a Noncontextualist Resolution of the Skeptical Paradox", *Erkenntnis* 61: 203-231。

识标准发生了变化,从而使得我们在一个语境中提出的知识主张在新的语境中变得不再成立。为了真正地表明怀疑论并未剥夺我们日常拥有的知识,语境主义者必须能够提出一个**独立的**理由来说明为什么怀疑论假说在日常语境中是无关的。然而,语境主义者对这个问题的回答有点模棱两可。他们认为,怀疑论者在提出那个一般论证时**提到了**一个怀疑论假说,例如缸中之脑假说,而提到这样一个假说意味着使它变得相关。因此,一旦我们已经以这种方式让怀疑论假说变得相关,我们就正确地觉得,若无法排除我们是缸中之脑的可能性,就不能**诚实地**声称我们知道任何与之不相容的事情。既然我们无法排除这个可能性,而这个怀疑论假说是对"我不是缸中之脑"以及"我有两只手"这两个命题的一个取舍,我们就会正确地觉得我们只能**虚假地**声称知道那两个命题。这样,怀疑论者就可以诚实地断言,我们其实不知道他们假设的那种可能性不会出现。因此,他们也可以诚实地断言,我们其实不知道我们有两只手。语境主义者觉得这个结论很令人困惑,因为我们同时也意识到缸中之脑假说在日常语境中是无关的。我们意识到,在我们所处的大多数对话情境中,即使无法排除我们是缸中之脑的可能性,这也不会妨碍我们诚实地声称我们知道自己有两只手。因此,即使我们发现怀疑论对知识的否定很有说服力,我们也认识到,当发现自己处于日常语境中时,我们不仅可以正确地声称我们知道那些东西,而且,仅仅是以无法排除我们是缸中之脑的可能性为由来否认我们知道那些东西反而是错误的。在语境主义者看来,我们处于这样一个困境,只是因为我们没有意识到,当我们持有某些日常的知识主张时,"我们具有这些知识主张"这件事完全符合怀疑论者对它们的否定。

那么,我们何以能够一方面相信和确认怀疑论论证的有效性,另一方面又认为我们知道怀疑论者所要否定的那些东西呢?语境主义者

第九章　怀疑论、知识与语境

归根结底只是在说,即使我们无法排除怀疑论假说的可能性,我们仍然必须确认我们知道某些东西——不管怀疑论者所假设的那种可能性是否确实存在,我们完全知道那些东西。这个回答显然不能令人满意,因为与其说它回答了怀疑论挑战,倒不如说它用一种伪装的方式屈从于怀疑论论证的力量。语境主义实际上是一种妥协的产物:语境主义者一方面承认怀疑论挑战是不可回答的,因此其"不可否认的吸引力"应当得到尊重或维护,另一方面又认为我们的日常知识也是不可置疑的,因此他们就只能假设知识赋予的标准是相对于特定语境而论的。但是,在批评者看来,这种说法说不上真正回答了怀疑论挑战。

　　语境主义者将怀疑论者和非怀疑论者之间的争论描述为较为严格的知识赋予标准和较为宽松的知识赋予标准之间的差别。对他们来说,正是因为我们在怀疑论的对话语境中提高了标准,我们才会失去在日常语境中有权持有的知识主张。表面上看,这种理解似乎协调了怀疑论论证的力量和我们确认日常知识主张的倾向之间的张力。然而,在某些批评者看来,以这种方式来描绘怀疑论者和非怀疑论者之间的争论完全是误导性的,因为即使语境主义者声称怀疑论语境暗示或要求高标准,并以此来说明为什么仍然可以继续维护我们在日常语境中提出的知识主张,怀疑论者要求我们怀疑的也是我们是否实际上满足了自以为满足的**同样**标准,而不只是某个不可实现的高标准。[1]换句话说,怀疑论者并非只是在高标准的情形中才提出其怀疑论怀疑,而是提出了一种全面怀疑,例如,怀疑论者会认为,不管我们对关于外部世界的知识主张提出了**什么程度**的辩护,所有这样的主张实

---

[1] 参见 Feldman (2001); Klein (2000); Kornblith (2000); Peter Ludlow, "Contextualism and the New Linguistic Turn in Epistemology", in Preyer and Peter (2005), pp. 11-50。

际上都是没有辩护的，笛卡尔的怀疑论论证被认为就表明了这一点。高标准的怀疑论者当然愿意承认我们对这种知识主张的辩护在程度上是有差别的，而语境主义者也可以用如下说法来容纳这一点，即语境转换会导致知识赋予的标准发生变化。因此，批评者指出，语境主义者并未将高标准的怀疑论与全面的怀疑论区分开来。科恩意识到这个挑战，并将所谓"限制性的怀疑论取舍"和"全面的怀疑论取舍"区分开来：

> 限制性的怀疑论取舍不受基于某种特定证据的拒斥。我看到的是一只伪装得很巧妙的骡子，这是对"我看到的是一匹斑马"这一命题的限制性取舍。它不会因为事物对我显现出来的样子而被拒斥。在这种情况下，它有可能会因为其他证据而被拒斥，例如关于这种欺骗的可能性的归纳证据。（与此相比）全面的怀疑论取舍则不会因为任何证据而被拒斥。"我是缸中之脑"这一取舍是对任何经验命题的一个全面取舍。既然这个取舍要求我拥有实际上拥有的一切经验证据，就很难看出这些证据如何能够反对它。[1]

科恩承认，他是按照限制性的怀疑论取舍来探讨如何消除怀疑论悖论。在这种情况下，如果有归纳证据表明我实际上没有受到系统的欺骗，那么我们就完全可以不考虑怀疑论者提出的限制性取舍。高标准的怀疑论则取决于如下主张：这个归纳证据不足以让我声称确实知道我看见的是斑马。因此，语境主义者可以承认，相对于怀疑论语境的高标准来说，怀疑论者是正确的。但是，科恩论证说，我们实际上

---

1 Cohen (2009), p. 67.

不能将这种语境主义进路扩展到按照**全面的**怀疑论取舍来表述的怀疑论悖论，因为按照定义，这种取舍是我们具有的无论什么证据都无法反驳的取舍，因此我们就不能认为我们所具有的证据相对于日常标准来说足够好。直观上说，如果我们确实无法排除我们是缸中之脑的可能性，那么我们用来支持任何日常的知识主张的证据都不足以证明它们是真的，即使我们确实可以有辩护地持有它们。这似乎意味着语境主义无法回答全面的怀疑论挑战。

然而，对科恩来说，事实上并非如此，因为即使我们没有任何**认知**证据表明我们不是缸中之脑，但至少可以在某种程度上**合理地相信**我们不是缸中之脑。之所以如此，是因为：对语境主义者来说，语境不仅决定了一个人需要多强的证据才能声称自己具有知识，而且也决定了一个人的信念是**多么合理**才能被称为知识。传统观点认为信念的合理性程度**仅仅**取决于认知证据的强度。不过，按照科恩的说法，简单性和保守性之类的**实用**考虑也与我们对信念的合理接受有关。[1] 极端的怀疑论假说只是表达了一种逻辑上可设想的可能性，而只要我们承诺了经验的认知优先性论点，笛卡尔怀疑论论证的结论似乎就是无法反驳或不可避免的。因此，在科恩看来，既然怀疑论假说是一种我们无法用任何经验证据来支持或反驳的"人为的"东西，从某些实用考虑来看，接受我们不是缸中之脑就比接受我们是缸中之脑更合理。我们可以诉求这个事实来对付全面怀疑论。这个策略在某种意义上类似于休谟的自然主义态度：即便归纳推理无法得到理性担保，或者我们无法在理性上证明外部世界存在，我们还是出于生活的需要而继续

---

[1] 科恩引证如下论著来支持其主张：Gilbert Harman, *Change in View* (Cambridge, MA: The MIT Press, 1986); Jonathan Vogel (1990), "Cartesian Skepticism and Inference to the Best Explanation", *Journal of Philosophy* 87: 658-661。

使用归纳推理和相信外部世界存在。[1]因此，如果我们能够允许实用考虑影响我们对信念的合理接受，那么语境主义者就同样可以用处理高标准怀疑论的方式来处理全面的怀疑论。在这个意义上说，语境主义消除怀疑论悖论的方式是一致的。

八、语义标准与语境转换

不管语境主义是否在根本上回答了怀疑论挑战，它确实为我们理解人类知识的本质提出了一些有益见识。按照语境主义的观点，若不考虑某些语境上相关的因素，一个知识主张就没有合理的认知地位：我们既无法判断它是否能够得到辩护，也无法决定它要求怎样的辩护。与此相比，按照巴里·斯特劳德的说法，对知识的传统理解则预设了某种形式的认知优先性论点：

> 在知识的哲学理论中，我们所寻求的是一个在几个方面完全一般的论述。我们想要理解任何知识在根本上是如何可能的——我们目前所接受的东西如何成为知识。或者用一种不太有雄心的说法来说，我们想要以完全的一般性来理解我们在某

---

[1] 实际上，休谟在这个方面很像一位语境主义者，因为在讨论极端的怀疑论怀疑让我们陷入的困境时，他指出："对人类理性中种种矛盾和不完善的强烈看法使我如此激动，使我头脑发热，以至于我准备拒斥一切信念和推理，并且不能认为任何观点比另一种观点更可能发生或更可能。……最幸运的是，既然理性无法驱散这些乌云，自然本身就足以达到这个目的，并治愈了我的哲学忧郁和精神错乱。……我吃饭，下双陆棋，与他人交谈，和朋友们玩得很开心；过了三四个钟头，我又回到这些推测，但它们却显得那么冷酷、牵强和可笑，使我在内心深处再也不去想它们。"（David Hume, *A Treatise of Human Nature* [edited by L. A. Selby-Bigge, second edition, Oxford: Clarendon Press, 1978], pp. 268-269）参见下一章中的相关讨论。

个特定领域中最终是如何知道任何东西的。[1]

"以完全的一般性来理解人类知识的可能性"这一说法具有这样一个含义：我们必须寻找某种"认知上优先"的知识来作为某种知识（或者甚至整个人类知识）的根据或基础。这个想法导致了各种形式的基础主义。进一步说，如果我们假设外部世界是独立存在的，我们只能通过感觉经验来获得关于外部世界的知识和信念，那么按照笛卡尔的怀疑论论证，我们就得到了一种极端的怀疑论。换言之，经验的认知优先性论点本身就是怀疑论的一个根本来源。对语境主义者来说，经验的认知优先性论点是有争议的，因此，如果怀疑论依靠一个本身就有争议的观点，而我们日常思考认识论问题的方式不要求我们接受这个观点，那么怀疑论就是不自然的。语境主义者由此认为，假若怀疑论要具有任何可信性，怀疑论者就必须表明，我们日常思考认识论问题的方式要求经验的认知优先性论点，而只要怀疑论者无法承担这个证明负担，我们就不需要认真对待怀疑论。[2]

此外，语境主义者也正确地指出，在说某人是否知道某事时，我们的判断是随着对话语境而发生变化的，我们按照某些**具有实践含义的关切**来判断我们是否应该接受一个知识主张。假设你问我："你知道开往上海的下一趟高铁什么时候开吗？"我回答说："当然知道，两点钟。"既然我已经在网上预订了那趟高铁票，我确实可以声称知道你要问的那件事情。在日常生活中，我们确实是按照某些实际兴趣来排除**某些**错误的可能性和进行知识赋予，我们的知识主张是相对于特定的语境或背景而论的。例如，我可以声称我知道哲学领域中的很

---

1 Barry Stroud, *Understanding Human Knowledge* (Oxford: Oxford University Press, 2000), p. 101.
2 对这个观点的详细论证，参见 Williams (1995), especially chapters 2-3。

多东西，但对于生物学所知甚少；而与资深哲学家相比，我可以声称我在哲学领域中知道得并不多，或者我在知识论方面的知识不如我在伦理学领域中的知识。对知识的这种理解会产生两个值得进一步探究的问题：第一，如果知识赋予的标准与某些实用考虑相关，那么，只要知识赋予的条件在某种意义上也与辩护条件相联系，知识是否也是一个"实用"问题？第二，语境主义的知识概念是否会导致认知相对主义？第一个问题很可能会激发证据主义者的强烈反弹，因为在他们看来，辩护是随附在证据上——如果两个认知主体具有同样的证据，那么他们都在同等程度上得到辩护或没有得到辩护，实用考虑不应该影响他们的信念或知识主张的辩护地位。不过，尝试将知识与行动联系起来的理论家可能会设法容纳对实用因素的考察，并因此而拒斥证据主义。[1] 第二个问题对于尝试反驳怀疑论来说极为重要，因为历史上某些怀疑论观点就是来自认知相对主义。[2] 不管我们如何处理这两个问题，怀疑论者认为，在哲学反思的层次上，我们需要排除**一切**错误的可能性，否则我们就不能声称自己拥有知识。换句话说，怀疑论者制造出一个语境，在这种语境中，有**无限多**的错误的可能性会影响我们的知识主张，因此，为了尽可能排除这些可能性，我们就必须最大限度地提高知识标准，而这些标准在日常的知识语境中很难得到满足。怀疑论代表了哲学反思的极致。通过这种反思，怀疑论者试图表明，我们不可能声称知道外部世界中的任何事情。因此，正是极度的哲学反思成就了哲学怀疑论，却与日常观点发生了冲突，因为在日常

---

[1] 例如，参见 Jeremy Fantl and Matthew McGrath (2002), "Evidence, Pragmatics, and Justification", *Philosophical Review* 111: 67-94。

[2] 例如，参见 Steven Bland, *Epistemic Relativism and Scepticism: Unwinding the Braid* (London: Palgrave Macmillan, 2018)。对于认知相对主义的一个系统阐述，参见 Markus Seidel, *Epistemic Relativism: A Constructive Critique* (London: Palgrave Macmillan, 2014)。

第九章　怀疑论、知识与语境

生活中，不管我们的知识是否根本上是个幻觉，我们认为我们确实知道怀疑论者所要否定的那些东西。

语境主义旨在将日常的知识主张从怀疑论的破坏性活动中隔离出来。对语境主义者来说，我们既不能否认日常的知识主张，又必须承认怀疑论论证的力量。但是，怀疑论论点与日常的知识主张发生了冲突。为了消除这个悖论，我们就只能将知识赋予固定到特定语境。语境主义者承认怀疑论很难被随便打发掉，因为怀疑论者确实正确地表明，在哲学反思的"纯粹"语境中，知识是不可能的。不过，语境主义者认为怀疑论者犯了一个可以理解的错误——他们错误地认为其论证已经表明知识一般来说是不可能的。然而，语境主义者强调说，怀疑论者只是发现，在从事知识论研究时，知识是不可能的，但他们却**错误地**推广这个结果，认为在不从事这种研究的时候，我们的知识也是不可能的。[1]

有两种方式理解这个观点。第一种方式来自大卫·刘易斯。刘易斯按照相关取舍的概念提出了一种语境主义：在刘易斯看来，当且仅当一个认知主体的证据排除了在一个语境中对命题 P 的一切相关取舍时，他才能被认为在该语境中满足了"知道 P"这个谓词。刘易斯指出，"可错的知识"这个说法是自相矛盾的，因为说一个人知道 P 却不能排除与 P 不一致的一切可能性显然是矛盾的。因此，假若存在着知识的话，知识必定是不可错的。在这里，特别值得指出的是，与科恩不同，刘易斯并没有按照证据达到了知识赋予所要求的强度或者与一个语境上确立的标准相匹配来谈论知识赋予，而是完全按照"证据

---

[1] 在怀疑论传统中，这产生了一个令人棘手的问题：怀疑论者要如何过自己的生活？对这个问题的一个经典讨论，参见 M. F. Burnyeat, "Can the Sceptic Live His Scepticism?", reprinted in Burnyeat, *Explorations in Ancient and Modern Philosophy*, Vol. 1 (Cambridge: Cambridge University Press, 2012), pp. 205-235。

排除了对P的相关取舍"这一说法来谈论知识赋予。然而，对于我们日常提出的任何知识主张，有一些可能性显然是我们无法排除的。因此，看来我们无论如何都不具有知识，但这个结论似乎也是不可接受的。在刘易斯看来，摆脱这个困境的唯一方式就是采纳语境主义。按照刘易斯对知识的理解，在某个特定语境中，为了有资格持有一个知识主张，你所拥有的证据必须排除使得它为假的一切可能性，或者你可以恰当地忽视这些可能性。如果我们无法排除这些可能性，那么怀疑论者所倡导的那种极度的哲学反思就会"临时"摧毁我们的知识。

刘易斯所说的"证据"大概可以被理解为知觉经验和狭窄地个体化的记忆状态。然后，他尝试提出一些认知规则来说明如何决定一个取舍是不是相关的。这些规则包括，**现实性规则**：现实的东西总是相关的，例如，如果实际情况是非P，那么非P就是相关的，因为它阻止你知道P；**信念规则**：如果认知主体充分确信（或应该充分确信）一个可能性实际上是真的，那么它是相关的；**相似性规则**：如果某个取舍是相关的，那么任何与之相似的可能性也是相关的；**可靠性规则**：我们有权无视我们的认知过程或认知机制是不可靠的这一可能性，除非我们有理由表明并非如此；**方法规则**：我们有权假设我们搜集的样本是有代表性的，除非我们有理由表明并非如此；**保守规则**：如果认知共同体中的人们都忽视某些可能性，并将此作为一个已知的约定，那么我们有权忽视这些可能性，除非我们有理由表明并非如此；**注意规则**：注意到一个取舍使得它变得相关，特别是，如果你注意到你可能是缸中之脑，那么这个可能性就变得相关。[1] 前三个规则和最后一个规则可以被看作所谓"禁止规则"，因为它们告诉我们某些可能性是相关的或者不可以被恰当地忽视的；其他三个规则可以被

---

[1] 参见 Lewis (2008), pp. 695-698。

看作"准许规则",因为它们允许我们忽视某些可能性,而且在与禁止规则发生冲突时可以被这种规则所推翻。

这些规则显然具有一些重要的认识论含义。例如,现实性规则旨在确保知识的**事实性**地位:如果认知主体在任何语境中都知道 P,那么 P 是真的。此外,刘易斯自己认为,这个规则加上相似性规则就可以解决盖蒂尔问题和彩票难题。[1] 对语境主义者来说,一个特别关键的问题是要说明语境转移如何会使得知识标准发生变化,而刘易斯的注意规则似乎对这个问题给出了一个很好的回答,因为这个规则旨在把握话语的语境和知识主张的内容之间的相互作用。说话者忽视(或者没有注意到)某个可能性是有关对话语境的一个特点,而在刘易斯看来,只要说话者注意到了某个可能性(不管它多么牵强或难以置信),它就变得相关。例如,在银行案例中,只要史密斯注意到了银行有可能改变了营业时间,他就处于一个高标准的语境中,而不再处于原来低标准的语境中。同样,在斑马的例子中,如果有专家提醒我动物园中的斑马可能是乔装打扮的骡马,那么我就应该撤回我原来的知识主张,即我看到的是斑马——注意到这个可能性改变了知识赋予的标准。

然而,即使刘易斯认为,在日常的知识语境中,我们可以利用这些规则来处理相关性问题,但他也明确承认,一旦我们开始从事知识论研究,从日常语境转移到哲学反思的语境,那么以前无关的取舍就会变得相关。一旦我们在日常生活中提出的知识主张受到了不加约束的哲学反思的破坏,知识就变成了一种"漂浮不定"的东西——"认识论……很快就变为研究对各种科学的忽视。但是研究对各种可能性

---

[1] 对这一点的相关讨论,参见 Michael Blome-Tillmann, *Knowledge and Presuppositions* (Oxford: Oxford University Press, 2014), chapter 6。后面我会提到科恩对刘易斯的主张的批评。

的忽视事实上是不要忽视它们。除非这项研究对认识论来说完全没有代表性,否则认识论必然会摧毁知识。一旦对知识进行考虑,它就消失了"。[1]

第二种方式是承认,尽管从日常标准来看确实可以认为我们知道很多东西,但我们无法按照任何明确的反怀疑论声明来捍卫日常的知识主张。这就是说,在**日常**生活中,即使我们倾向于认为怀疑论者所假设的那些可能性并不出现,但无法用任何明确的主张来表达这样一个认识,因为我们实际上无法知道那些可能性不会出现,也无法证明它们不可能出现。在刘易斯的证据概念下,证据无法排除怀疑论者所设想的可能性,因此,在怀疑论语境中,在断言"我不知道我有两只手"时,我们的主张也是真的。因此,不管语境主义者是否成功地回答了怀疑论挑战,他们至少认为他们对怀疑论的拒斥并不是教条主义的,因为他们已经对怀疑论造成的麻烦提出了一个"诊断"。

正如我们已经看到的,笛卡尔怀疑论本质上来自两个看似合理的论点:其一,我们能够用来辩护知识主张的一切东西都只能来自经验;其二,知识必须是不可错的——当且仅当一个人用来支持一个命题的证据排除了一切有可能使之为假的东西时,他才算知道那个命题。因此,为了抵制怀疑论,就只能拒斥其中每一个论点,或是表明我们的知识主张无须来自经验,其辩护也不依靠经验;或是修改我们的知识概念,认为有资格成为知识的东西无须是不可错的。然而,这两种尝试看来都很艰难。就第一种尝试而言,既然我们只是有限的理性存在者,就不可能认为我们能够不可错地直接洞察实在。因此,如果确实具有知识,我们的知识也只能来自经验以及我们对经验做出的反思。就第二种尝试而言,如果我们降低知识标准,但仍然希望将某

---

[1] Lewis (2008), p. 698.

些知识主张称为"知识",那么就必须发现某些能够将知识与纯粹的意见区分开来的标准。然而,一旦我们采取这种做法,很可能就会丧失一切知识标准。

语境主义可以被理解为消除这个困境(即怀疑论悖论)的一种尝试。语境主义者认为,我们不是不能排除与一个知识主张不相容的一切可能性,关键的是,需要认识到与一个知识主张不相容的可能性是随着语境而变化的,因此我们用来判断"可错"或"不可错"的标准也是随着语境变化的——在一些语境中那些标准比较严格,而在其他一些语境中则比较宽松。既然我们的证据在一个语境中可以排除每一个相关的错误可能性,而在另一个语境中不能排除所有这样的可能性,知识就确实是一种"漂浮不定"的东西:在前一个语境中可以说我们有知识,而在后一个语境中就不能说我们有知识了。然而,从三个方面来看,这个回答也不是特别令人满意。

首先,它可能会使我们陷入一种认知相对主义,就好像我们在一个语境中具有知识,而在另一个语境中就不再具有知识了。为什么会出现这种情况呢?一个明显的答案是,在后一个语境中我们提高了知识标准,因此就使得在前一个语境中被称为"知识"的东西不再有资格成为知识。倘若如此,那就表明我们在前一个语境提出的知识标准是有问题的,因为它们不恰当地排除了一些与知识主张实际上相关的可能性。有可能的是,我们在过去持有一个知识主张,并按照过去的标准来评价它,但后来发现某个可能性也与我们的评价有关。例如,我们发现,如果那个可能性确实存在,它就会削弱我们原来持有的知识主张。在这种情况下,我们就需要确立新的知识标准,而按照这些标准,原来被认为是知识的东西就不再有资格成为知识了。语境主义者明确接受这个观点。例如,德罗斯认为,一旦知识标准已被提高,我们就必须按照这些高标准来判断知识赋予的真值条件,在新的标准下，一旦发现我们无法排除那个新的可能性，就必须否认我们具有知识。[1] 这个事实当然表明知识赋予是相对于语境而论的，但语境主义本身并未说明为什么我们应该提出这些高标准。真正的理由在于，为了有资格声称我们知道某些东西，只要发现某些可能性与我们的知识主张不相容，我们确实就应该排除所有这样的可能性。但这实际上就是怀疑论论证所依靠的一个论点。

其次，语境主义者论证说，只要我们确定了一个语境，就可以排除与一个知识主张不相容的**一切**可能性，因此，在**这个**语境中，确实可以声称我们有知识。然而，这里有一个关键问题：我们究竟是按照什么来确定一个特定的语境呢？就任何特定的知识主张而论，只有当（或者只是因为）我们已经知道哪些可能性相关、哪些可能性无关时，我们才能排除一切相关的错误可能性。在日常语境中，我们认为笛卡尔所设想的恶魔是一种"遥不可及"的可能性，因此是不相关的。然而，在动物园的例子中，假设我鉴定为斑马的那些动物实际上只是被画上了条纹的骡马，或者甚至是巧妙地伪装的外星人，那么我有什么理由认为这些可能性不相关呢？针对第一个可能性，语境主义者可以回答说，一般来说，动物园不会欺骗我们。在这种情况下，为了声称我们知道那些动物确实是斑马，就必须指望动物园是诚实可信的，因此就必须做出如下预设：一般来说，我们应该相信其他人是诚实可信的。如果知识或可靠的信息传播对于人类生活来说极为重要，那么我们当然有理由相信这一点，并由此认为**日常知识**有一个社会维度。例如，如果天气预报员系统地欺骗我们，那么日常生活就会变得很错乱，即使不会在根本上变得不可能。针对第二个可能性，语境主义者或许回答说，没有谁见过外星人，因此我们不应该相信外星人存在。

---

[1] 参见 DeRose (1992)。

这个说法可以被理解为刘易斯所说的"保守规则"的一个应用。倘若如此，我们似乎就需要追问这个规则本身是如何确立的，为什么一个认知共同体认为某些可能性可以或应该被忽视？一个合理的回答当然是，目前没有证据表明那些可能性是真的或者有可能是真的。然而，这似乎表明毕竟有一些知识主张具有不依赖于语境的有效性，因此，不是一切知识主张都需要按照特定的语境来判断其真值条件。当然，语境主义者可以扩展他们所说的"语境"的外延，例如将整个人类知识看作最大的语境，或者更确切地说，看作赋予任何特定知识主张的背景语境。但是，怀疑论者可以进一步声称，有一些可能性是人类总体**原则上**无法知道的。对语境主义者来说，这种全面的怀疑论或许是不可理喻的。但需要注意的是，也有一些可能性是任何个别的认知主体原则上都无法知道的。语境主义者至少需要说明，在这种情况下，知识赋予是如何可能的。如果我们实际上只能按照经验证据以及对它们的理性反思来处理相关性问题，那么语境主义者看来就不能否认经验的认知优先性论点，也就是说，他们不能先验地认为笛卡尔怀疑论假说是无关的。在这个意义上说，语境主义对怀疑论挑战的回答并不彻底。

最终，语境主义者至少在很大程度上是为了解决相关性问题而确立知识赋予的语境，因此他们就需要做出某些预设，例如认为怀疑论者所设想的可能性在日常知识语境中是无关的。然而，如果认知活动的根本目的就是要寻求真理和避免错误，而不只是按照某些具有实践含义的关切来赋予知识，那么我们就不应该忽视怀疑论者所设想的可能性，因为即使语境主义者做出的预设本身可能不是任意的，但仍然有一些东西会否证这些**预设**。语境主义似乎没有独立的资源解决这个问题，因为它已经假设只有相对于特定语境，我们才能进行知识赋予。当然，无须否认，只有相对于特定语境，我们才能有意义地说某人是否知道某事。假设一个三岁的小孩对我说他知道黑洞存在,那么按照我对其知识背景的了解,我并不认为他说的话是有意义的——也许他不是在谈论天体物理学中所说的"黑洞",而是在谈论他最近在一本童书中读到的"黑洞"。然而,弄清一个知识主张在一个特定语境中是否有意义,并不等于已经鉴定出其辩护条件。即使语境主义者可以在一个特定语境中为知识赋予的真值条件确立标准,但有可能的是,一个知识主张的真值条件也取决于**语境本身的预设**。在这种情况下,如果语境主义者认为,为了让知识赋予变得有意义,我们就不能询问一个特定语境的预设,那么他们或是会陷入教条主义,或是没有**在根本上**解决知识主张的辩护问题。当然,语境主义者或许认为辩护对知识来说并不必要。[1] 不过,即使人类知识是可错的,这也不意味着我们称为"知识"的那种东西不应该具有某种特殊的认知地位。假若语境主义者要在根本上回应怀疑论挑战,他们就必须正视认知辩护问题,而这也有助于他们将自己与认识论的相对主义者区分开来。

当然,既然语境主义本质上是一种关于**知识赋予**的观点,它是否能够在根本上回答怀疑论挑战,甚至其本身是否可以被看作一种知识论,实际上都是有争议的。除了依靠具体对话语境所诱发的直觉外,语境主义者往往并未明确说明知识赋予的**内容**(即"S 知道 P"这样的陈述)**为什么**会随着语境而变化,而即便他们能够回答这个问题,答案也不尽相同。例如,科恩认为,知识赋予的内容之所以会发生变

---

[1] 刘易斯就持有这种观点,其理由是,我们无法提出非循环的论证来支持我们对知觉、记忆、证言之类的认知机制的依靠,而且,甚至不知道我们究竟是如何知道的。他由此认为我们具有并不是以理由或辩护为基础的知识。此外,刘易斯也否认知识要求信念。就此而论,他可以被看作"知识在先"立场的一位早期倡导者。参见 Lewis (2008), pp. 692-693。

化，是因为知识要求辩护，而辩护的分量会跨过语境而发生变化。[1] 也就是说，为了真正地将某个知识主张赋予说话者，他的辩护就必须足够强，但什么算作足够强则可以随着知识赋予者或评价者的语境而发生变化。但是，刘易斯不同意科恩对语境主义提出的这种解释，因为他否认知识要求辩护。对刘易斯来说，语境主义之所以值得偏爱，是因为它一下子解决了知识论中三个重要问题，即怀疑论问题、彩票问题以及盖蒂尔问题。科恩并不争辩刘易斯就前两个问题提出的说法，但他认为语境主义并未解决盖蒂尔问题。为了表明这一点，他提出了一个标准来鉴定语境主义声称可以解决的问题，即所谓"**直觉的不稳定性**"。大致说来，当一个问题被认为可以从语境主义角度得到解决时，我们会对如何回答这个问题有两种想法。例如，在日常的语境中，我们发现我们在直观上可以合理地持有"我们知道很多关于外部世界的东西"这个主张，而在怀疑论者所设想的情形中，我们的主张就开始飘摇不定——我们觉得，在这种情况下，若要赋予知识，就是在断言一些错误的东西。但是，在另一个语境中，知识赋予可以是真的。因此，我们关于知识赋予的知识的直觉在跨过不同的语境时是不稳定的。科恩论证说，在盖蒂尔问题的情形中，并不存在这种不稳定性。假设史密斯在开车路过田野时看见山上有一只显然像羊的东西，因此就相信山上有一只羊，其信念是有辩护的。但是，他实际上看到的是一块经过雕刻并被漆成一只羊模样的岩石，而岩石背后碰巧有一只羊。因此，史密斯有一个得到辩护的真信念，即山上有一只羊。按照科恩的说法，史密斯其实不知道山上有一只羊，因此，不管知识赋予者处于什么语境中，他都不能声称史密斯知道山上有一只

---

[1] Stewart Cohen, "Contextualist Solutions to Epistemological Problems: Scepticism, Gettier, and the Lottery", reprinted in Sosa, Kim, Fantl, and McGrath (2008), pp. 706-721.

羊。换言之，在盖蒂尔问题的情形中，我们关于知识赋予的直觉是"有力的和稳定的"，[1]因此，刘易斯的语境主义似乎并未合理地解决盖蒂尔问题。

刘易斯认为，只要我们注意到了某个可能性，它就变得相关，而这个观点也会受到强有力的批评。假设我去电影院看《黑客帝国》，这部电影让我注意到一个可能性，即人其实是通过数据库系统来维护的现代缸中之脑，其所具有的一切经验都是幻觉。但是，"我们并不想说看这部电影的人们就自动地处于不能真正地说'我知道我在电影院'的语境中"。因此，如果仅仅通过提到一个可能性就使它变得显著，从而变得相关，那么"刘易斯就使得怀疑论的可能性的相关性变得过于容易"。当然，刘易斯或许认为，我们可以通过**认真考虑**（而不仅仅是提及）某个事态而使它变得相关。但是这个回答仍然是模糊的，因为"在某种意义上说，当某人问我是否有两只手时，我可以完全认真地考虑他，但这并未破坏'我知道我有两只手'这一知识赋予"。[2]换言之，刘易斯实际上并未说明注意到某个可能性**为什么**会使它变得相关。反过来说，如果仅仅注意到某个可能性就会使它变得相关，那么知识主张就很难得到满足，因为在任何知识语境中，怀疑论者所设想的可能性都可以被提到或注意到。事实上，正是这一点导致刘易斯认为，每当我们从知识论研究的角度来审视知识时，知识就会变得漂浮不定并立即消失，因为知识论的语境引入了怀疑论假说的可能性。

德罗斯的语境主义能够摆脱这个困境吗？就像科恩一样，德罗斯实际上也将知识赋予与辩护的概念联系起来，对他来说，如果一个说

---

1 Cohen (2008), p. 716.
2 John Hawthorne, *Knowledge and Lotteries* (Oxford, Oxford University Press, 2004), p. 64.

话者在某个特定语境中满足了"知道 P"这个谓词，那么他关于 P 的信念在认知上就足够强，因此可以算作在那个语境中满足了"知道 P"这个谓词。科恩对辩护采取了一种内在主义的证据主义解释，而德罗斯则采取了一种外在主义理解，按照第三章中讨论的敏感性原则来设想一个信念的认知强度——如果一个人不仅在实际世界中真正地相信 P，而且他对"是否 P"持有的信念在所有切近的可能世界中也是真的，那么他关于 P 的信念就是敏感的。因此，只要他关于 P 的信念在某个指定的语境中足够敏感，以至于可以算作在该语境中满足了"知道 P"这个谓词，他就可以被认为知道 P。[1] 那么，敏感性原则如何说明知识赋予可以随着语境而发生变化，或者更确切地说，这个原则如何说明知识赋予所要求的那种认知状况？德罗斯提出了如下说法：

> 随着知识标准的提高，认知上相关的世界的范围就变得更大——一个人的信念若要算作知识，该信念对于真理的追踪就必须从实际世界进一步扩展。在这个描述下，敏感性规则可以被表述如下：在断言[说话者]知道（或者不知道）P 时，若有必要，就扩展认知上相关的世界的范围，以至于该范围至少包括 P 在其中为假的切近世界。[2]

例如，为了声称我知道我把车停在了学院背后的场地上，我就需要扩展认知上相关的世界的范围，以至于它至少包括这样一些可能世界，在其中，我的车不是停在学院背后的场地上，而是（比如说）停在学院地下停车场或者校门外的停车场。我需要扩展认知上相关的世

---

[1] 参见 DeRose (1995), especially pp. 33-35。
[2] Ibid., p. 37.

界的范围，或许是因为（比如说）我那天喝醉了酒，找了代驾，告诉他把车停到某个位置，但我随后就忘了让他停到什么位置，又或者是因为学院那天有重要活动，车被拖到校门外的停车场了。同样，在怀疑论的语境中，为了声称我不知道我不是缸中之脑，我就需要扩展认知上相关的世界的范围，使之至少包括我在其中是缸中之脑的世界。当然，这种可能性或许离实际世界更遥远，但这两种情形表明了认知标准的差别，也就是说，在怀疑论者所设想的情形中，知识赋予要求较高的标准，而只要我们无法排除怀疑论者所设想的可能性，我们就不能声称（比如说）"我知道我有两只手"，或者反过来说，我们可以诚实地声称"我知道我有两只手"。

然而，德罗斯的语境主义实际上也面临刘易斯的观点所面临的同样问题：它对怀疑论者做出了过多的让步，使得知识主张很难得到满足，或者对知识主张的否认变得过于容易。不管我们如何扩展认知上相关的世界的范围，一旦怀疑论者所设想的可能性被提到，而证据无法排除这种可能性，我们似乎就丧失了知识。此外，德罗斯的语境化的追踪观点，正如科恩所指出的，面临诺齐克原来的观点所面临的问题，即说明我们如何知道我们不是缸中之脑，而且它也导致了对认知闭合原则的否认。[1] 实际上，在德罗斯后来的著作中，他完全放弃了敏感性原则，转而认为说话者在其语境中可以或多或少地自由选择认知标准，甚至采用与其所面对的实践状况极不相称的标准。[2] 但是，在采取这个举动后，德罗斯也没有对语境如何决定认知标准或者说话者如何选择标准提出任何其他论述。

---

[1] 参见 Cohen (1999), pp. 70-74。
[2] 参见 DeRose (2009), pp. 53-56。

九、标准问题：语境主义、不变论与相对主义

在前两节中，我们考察了语境主义的基本观念、它对怀疑论悖论的"消解"以及它所面临的一些主要批评（包括内部批评和外部批评）。语境主义的主要吸引力在于，通过相对于特定的语境来确定什么取舍对于有辩护地或合理地持有一个知识主张是相关的，它可以说明某些关于知识赋予的直觉。这一点具有极为重要的意义，因为作为知识赋予者，我们扩展相关证据集合的能力总是有限的，而假若没有具体的语境来限制我们对证据相关性的考虑或判断，我们用来支持某个知识主张的证据就可以有**无限多**的对立证据。在这种情况下，知识赋予就会变得不可能，或者至少变得格外艰难。但是，正如我们已经看到的，语境主义是否真正地回答了怀疑论挑战至少是有争议的。如果怀疑论假说的可能性至少在某些情境中是相关的，那么我们确立的任何知识标准很有可能都会受到怀疑论挑战。语境主义者或是否认我们在怀疑论的语境中具有知识，因此就对怀疑论做出了很大让步；或是转而诉诸某些实用考虑来说明为什么拒斥**全面**怀疑论可以是合理的。但是，除非我们有强有力的理由认为知识赋予**应当**受制于某些实用考虑，否则后一种尝试就是不成熟的。语境主义者当然可以指出，怀疑论者所设想的可能性是**不可判定的**——既无法通过诉诸经验来判定，又无法通过理性论证来判定。但是，对怀疑论者来说，这种可能性既不是根本上不可设想的，也不是逻辑上不连贯的。由此来看，语境主义者似乎还没有令人满意地说明怀疑论假说究竟在什么意义上是相关的或无关的，尽管通过假设知识赋予的真值条件取决于语境，他们维护了我们对知识赋予的某些直观认识。此外，语境主义者也未能令人满意地回答如下关键问题：究竟是什么使得知识赋予的标准可以跨过语境而发生变化？为了恰当地处理这个问题，我们首先需要简要地考

察一下从语义角度对语境主义提出的一些主要批评。

按照传统的语境主义,"知道"这个动词的语义功能就类似于某些人称代词和指示代词的功能,在不同语境中可以指示不同的内容。一些语境主义者也进一步按照"高低""大小""胖瘦"之类可以**逐级变化**的形容词来说明知识赋予的语境敏感性。按照这种类比,知识赋予的内容可以按照一种与众不同的认知方式随着说出一句话的语境而变化。但是,批评者指出,有一些例子明确表明这种类比并不成立。[1] 例如,如下说法直观上说都是可理解的:X 非常平坦或空旷;X 比 Y 更平坦或空旷;X 是最平坦或最空旷的东西。这就是说,如果一个表达式可以逐级变化,那么它在概念上就应该与一种自然的比较级相联系。然而,与此相比,如下说法至少是不自然的:X 非常知道 P;X 比 Y 更知道 P;X 最知道 P。如果"知道 P"并不是一种可以逐级变化的状态,那么其内容并不与一种认知强度的等级相联系,而这意味着"知道 P"不可能像可以逐级变化的形容词那样是语境敏感的。约翰·霍索恩进一步指出,德罗斯和科恩在"知道 P"和可以逐级变化的形容词之间所做的类比,也因为其他的缘由而是不可信的:能够逐级变化的形容词可以被用来指出或澄清相关性质(例如"平坦的"或"空旷的")的具体标准,但"知道 P"这一说法却不能。[2] 例如,假设我说出"那块草坪很平坦"这句话,你可以通过指出那块草坪上有一些鼠丘来挑战我的说法。在这种情况下,我有三个策略回应你的挑战。首先,我可以承认我此前的说法是错误的,然后试图发现一些新的共同根据,例如,我可以回答说:"我想你是对的,我错了。它实

---

[1] 例如,参见 Jason Stanley (2004), "On the Linguistic Basis for Contextualism", *Philosophical Studies* 119: 119-146; Jason Stanley, *Knowledge and Practical Interest* (Oxford: Oxford University Press, 2005), chapter 2。

[2] Hawthorne (2004), pp. 104-105.

际上并不平坦,不过,让我们同意……"其次,我可以坚持自己的说法,指出即便草坪上有一些很小的鼠丘,但它仍然算得上很平坦。最后,我可以澄清我原来提出的说法,指出你的挑战表明你没有理解我说的话。例如,假设我说出"那个玻璃杯是空的"这句话,而你挑战说"它实际上不是空的,因为里面有空气"。在这种情况下,我可以做出这样的澄清:"我说的是它里面已经没有红酒。"与此相比,似乎并不存在这样的自然语言表达式:它们可以被用来澄清对于**认知**标准的敏感性。

倘若如此,如何说明我们关于知识赋予的语境敏感性的直觉呢?比如说,在银行案例中,史密斯在第一种情形中可以真诚地断言他知道银行明天会开门,而在第二种情形中同样可以真诚地断言他不知道银行明天会开门,即使在这两种情形中他都是按照**同样的证据**来提出其主张。为了充分地处理这个问题,我们需要看看对于知识赋予的一些其他论述,以便弄清楚知识赋予的标准究竟是由什么来确定的。在前面对语境主义的讨论中,我们主要关注的是知识的第一人称赋予的情形,即说话者与知识赋予者(或评价者)都是同一个人。但是,有一些更加复杂的情形。首先让我们考虑银行案例的两个其他变种:

> **银行案例(第三种情形)**:一个周五下午,史密斯和妻子开车回家。他们计划在回家的路上在银行停一下,以便存入工资支票。他们是否要在当天存入支票对他们来说并不重要,因为他们没有要到期的账单。但在开车经过银行时,他们注意到里面的队伍很长,周五下午都像这个样子。史密斯的妻子想知道银行是否周六会开门。史密斯指出,两周前的周六上午他在那家银行,银行是开着的。但是,史密斯的妻子指出,银行确

实会改变营业时间。史密斯说："我想你是对的。我不知道银行明天会开门。"他妻子同意他的说法并说道："那让我们进去问问。"

银行案例（第四种情形）：一个周五下午，史密斯和妻子开车回家。他们计划在回家的路上在银行停一下，以便存入工资支票。他们有一张房租账单要到期了，而账户上的余额不够付账，因此在周六前存入工资支票对他们来说就极为重要。但当他们开车经过银行时，他们注意到里面的队伍很长，周五下午都像这个样子。史密斯的妻子想知道银行是否周六会开门。史密斯指出，两周前的周六上午他在那家银行，银行是开着的。但是，史密斯的妻子指出，银行确实会改变营业时间。史密斯说："我想你是对的。我不知道银行明天会开门。"史密斯的妻子同意他的说法并说道："那让我们进去问问。"

在这两种情形中，当史密斯否认自己具有知识时，他是在真诚地说话。就像在银行案例的前两种情形一样，某些具有**实践重要性**的考虑（或者说对某些重要利益的关切）似乎影响知识赋予，但史密斯在这些情形中具有的**认知证据**都是同样的。特别是，第三种情形是所谓"低风险"（low-stake）情形，因为是否要在周六前存入支票对史密斯和他妻子来说并不重要，而第四种情形是所谓"高风险"（high-stake）情形，因为是否要在周六前存入支票对史密斯和他妻子来说极为重要。但是，如果史密斯在这两种情形中做出的否定性的知识主张都是正确的，那就表明知识赋予似乎也不仅仅会受到实践利益的影响，因为在目前讨论的情形中，看来正是史密斯的妻子提到的那个可能性（即"银行确实会改变营业时间"）影响了知识赋予，利益方面的关切反而没有影响我们关于知识赋予的直觉。不过，让我们再考虑如下

第九章　怀疑论、知识与语境

四种情形：[1]

银行案例（第五种情形）：史密斯和妻子租住的房屋的房产公司最近因为资金短缺，给所有租户紧急发信，要求他们在下周一前支付当月房租，否则就要收回房屋。但是，他们习惯于不看邮箱中的信件（大概是因为大多数这样的信件都是广告或无关紧要的公告），因此就没有注意到房产公司的提醒。在周五路过银行时，他们看到里面排队的人很多，因此就犹豫要不要在当天存入支票。史密斯说："我知道银行明天上午会开门，因为两周前的周六上午我在那里，看到银行开着。"

银行案例（第六种情形）：史密斯和妻子实际上没有充分的理由保证在下周一前存入支票。但是，他们记错了房产公司的通知，因此错误地相信若不在周一前存入支票就太晚了。即使史密斯两周前到过那家银行并发现银行开着，但在面对妻子提到的可能性时，他还是说："你是对的，我假设我实际上不知道银行明天上午会开门。"

银行案例（第七种情形）：史密斯和妻子有一张房租账单要到期了，而账户上的余额不够付账，因此在周六前存入工资支票对他们来说就极为重要。但是，在路过银行时，他们注意到里面的队伍很长，因此就犹豫要不要在当天存入支票。史密斯问从银行里出来的一位顾客约翰："你知道银行明天会开门吗？"约翰回答说："当然知道，我碰巧在两周前的周六在那里，它是开着的。"史密斯对妻子说："呃，那家伙并不比我们知道得多，

---

[1] 以下案例的设想部分地受益于如下文章：Crispin Wright, "The Variability of 'Knows': An Opinionated View", in Ichikawa (2017b), pp. 13-31。

我们最好进去问问。"

银行案例（第八种情形）：其他情节就类似于第七种情形，但是，在史密斯听完那个顾客的回答后，他对妻子说，"太好了，我们现在出去逛逛商场吧。"然而，在被问道史密斯夫妇为什么不去排队后，那位顾客说："因为他们现在知道银行明天会开门。"

第五种情形是所谓"没有察觉的高风险"情形，在这种情况下，假若我们直观上认为史密斯的知识主张是假的，那必定是因为知识赋予不仅受到了对于重要利益的考虑的影响，而且也要求排除错误的可能性。第六种情形属于所谓"没有察觉的低风险"情形，在这种情况下，如果我们直观上认为史密斯的主张是假的，那必定是因为知识要求排除错误的可能性。第七种情形显然更加复杂，涉及高风险的知识赋予者和低风险的说话者；在这种情况下，如果我们直观上认为史密斯的主张是真的，那么看来正是实践利益决定了知识赋予，另一方面，从说话者的观点来看，史密斯的主张则是错误的。在第八种情形中，如果我们的直觉是，那位顾客的主张是假的，那必定是因为史密斯夫妇面临高风险，而在这种情况下，他们就不能靠那位顾客的证言来获得知识。

在以上关于知识赋予的直观判断中，我们至少发现有三类因素影响或决定了知识赋予的真值条件：第一，由于认知主体的状况的某些特点而变得显著的相关取舍；第二，实践利益；第三，错误的可能性。此外，第七种情形也产生了一个额外的问题：知识赋予的标准是要从（或者应该从）赋予者或评价者的观点来确定，还是要从（或者应该从）说话者或认知主体的观点来确定？语境主义的批评者指出，在我们提出的这些案例中，至少有一些案例（例如第七种情形和第八种情形）表明语境主义是假的，因为即使传统的认知语境主义者将知识赋予的标准限制到特定语境，他们仍然认为知识赋予的真值条件完全是由**认知**因素来确定的。例如，对科恩来说，辩护的强度是随着语境而变化的，因此，就知识要求辩护而论，知识赋予的真值条件也会随着语境发生变化；对德罗斯来说，"S 知道 P"这一主张是真的，仅当 S 相信 P，P 是真的，而且 S 的认知状况使得其信念是敏感的；对刘易斯来说，"S 知道 P"这一主张是真的，当且仅当 S 的证据排除了 P 在其中为假的一切可能性。语境主义者只是利用语境来确立知识赋予的标准，而一旦标准已被确定，一个知识主张的真值条件就仅仅取决于相关辩护的强度（在科恩这里），说话者的信念的本质（在德罗斯这里），或者关于相关取舍的判断（在刘易斯这里）。然而，批评者指出，至少在某些情形中，我们关于知识赋予的直觉表明，当语境部分地决定了我们是否知道的时候，正是**说话者**或**认知主体**的语境，而不是**知识赋予者**或**评价者**的语境，影响了说话者或认知主体是否知道，而且，一个人在某个特定场合是否知道某个命题，不是由赋予者或评价者的实践利益、目标和预设来决定的，而是由说出或使用那个命题的人的实践利益、目标和预设来决定的。这种观点就是所谓"**主体敏感的不变论**"（subject-sensitive invariantism），[1] 其核心要点是，"知

---

[1] 参见 Hawthorne (2004), especially chapters 3-4。"主体敏感的不变论"这个说法本身来自德罗斯，参见 Keith DeRose (2004), "The Problem with Subject-Sensitive Invariantism", *Philosophy and Phenomenological Research* 68: 346-350。斯坦利将这种观点称为"利益相对的不变论"，参见 Stanley (2005)。其他一些理论家也将它称为"不纯粹主义"或者"实用入侵理论"，因为主体所处的状况的实用因素"入侵"了与真理相关的认知条件，或者使得这种条件变得"不纯粹"。对这种观点的充分讨论涉及语言哲学和形而上学中的一些问题，而且有时也与实验知识论有关，因此是我们无法细致处理的，尽管我们会在下一节中进行简要的讨论。对这种观点的一些特别相关的讨论，参见 DeRose (2009), chapters 6-7; Keith DeRose (2005), "The Ordinary Language Basis for Contextualism, and the New Invariantism", *The Philosophical Quarterly* 55: 172-198; Alexander Dinges (2016), "Epistemic Invariantism（转下页）

道 P"这个谓词在每一个语境中都表示同一种关系,但这个关系本质上具有这样一个特点:它是否适用取决于主体的语境,更确切地说,取决于主体的目标、意图和实践利益。或者更简单地说,为了声称知道 P,认知主体在某个世界中、在某个时刻所需的证据的强度,取决于他在那个世界、那个时刻所处的实践状况的某些方面。这种观点之所以被称为"主体敏感的",是因为它认为"一个主体是否知道某事"这件事情敏感于主体的实践状况;它之所以是一种不变论,因为它认为知识赋予所表达的命题不会随着赋予者的语境而发生变化,例如,不管赋予者处于什么样的语境,主体提出的某个知识主张都可以是真的或假的。

在不变论的倡导者看来,在银行案例(或者任何类似案例)中,德罗斯原来设想的那两种情形的主要差别在于**对认知主体来说利害攸关的东西**:在第一种情形中,几乎没有什么东西对史密斯来说至关重要,而在第二种情形中,则有一些东西对他来说极为重要,例如,假设他是为了支付房租而存支票,而如果房租下周一不到账,他租住的房屋就会因为违约而被收回,这会给他带来很大麻烦。当然,我们还可以设想更极端的情形。假设史密斯得到可靠消息:若不及时赶到他父母居住的城市布雷西亚,他父母就会被黑手党杀害。史密斯匆忙赶到火车站,但车票已经售完,情急之下他想办法上到站台,准备搭乘下一趟从米兰开往威尼斯的列车。由于惦念父母安危,他想知道这趟

(接上页) and Contextualist Intuitions", *Episteme* 13: 219-232; Davide Fassio (2020), "Moderate Skeptical Invariantism", *Erkenntnis* 85: 841-870; Jennifer Nagel (2010), "Epistemic Anxiety and Adaptive Invariantism", *Philosophical Perspectives* 24: 407-435; Jonathan Schaffer (2006), "The Irrelevance of the Subject: Against Subject-Sensitive Invariantism", *Philosophical Studies* 127: 87-107; Stephen Schiffer (2007), "Interest-Relative Invariantism", *Philosophy and Phenomenological Research* 75: 188-195; Timothy Williamson (2005), "Contextualism, Subject-Sensitive Invariantism and Knowledge of Knowledge", *The Philosophical Quarterly* 55: 213-235。

第九章　怀疑论、知识与语境

列车究竟会不会停靠在布雷西亚，因此就问旁边的一个人："这趟列车在布雷西亚停靠吗？"对方回答说："嗯，会停靠，我刚刚才看了行程表。"语境主义者可以按照"知道"这个动词的语境敏感性来说明这两种情形中知识赋予的差别。不过，詹森·斯坦利认为，正是对实践利益的考虑让史密斯真诚地认为他确实不知道这趟列车会停靠在布雷西亚，与此相比，如果史密斯只是要搭乘这趟列车去中途停靠的随便哪个地方转转，那么他从旁边的乘客那里得到的证言就足以使他真诚地认为他知道这趟列车会停靠在布雷西亚。因此，在斯坦利看来，虽然在银行案例的原来两种情形中，史密斯的证据都同样好，但他在知识的自我赋予方面的差别最好是按照知识与行动之间的关系来说明：在第一种情形中，一旦史密斯按照某个假定的知识主张来行动，他将会面临的风险很低，而在第二种情形，他将会面临的风险很高，因此，为了持有一个知识主张，他就需要有更多的证据或者提出更强的辩护。简言之，一个人是否知道某事部分地取决于他会面对什么样的风险，正如斯坦利所说：

> 关于一种情况的实用事实是关于一个人的信念是对还是错的代价的事实。（德罗斯的）案例涉及人们具有同样的非实用基础来支持"银行明天上午会开门"这一信念。但是，与知识赋予者是否能够真正地将"知道银行将会开门"这个谓词赋予认知主体而相关的事实则会变化。而且，这些事实是随着银行开门对于某个人（不论是知识赋予者，还是假定的认知主体）的重要性而变化的。这为如下论点提供了一个初步根据：知识不仅仅在于非实用事实，还在于有多少利害关系。[1]

1　Stanley (2005), p. 5.

语境主义者可以认为，实践利益**影响**知识赋予的标准，因此使得某些相关的取舍变得显著，在这种情况下，在一个语境中为真的知识主张在另一个语境中就不是真的。但是，语境主义者不会声称知识赋予的真值条件是**直接**由实践利益来决定的。与此相比，主体敏感的不变论强调实用因素决定了知识赋予的真值条件。此外，**在逻辑上说**，认知语境主义者不是不能持有一种不变论立场，例如，他们可以承认知识赋予具有这样一个语境上不变的特点：不管我们如何扩展相关证据的集合，只要我们**没有**证据表明某些可能的对立证据是假的，或者不能用有利于辩护目标信念的方式来排除它们，就不应该将那些证据包括在**相关**证据中。例如，即使知道我有两只手与知道我是缸中之脑是不相容的，但是，只要我没有证据表明我**不是**缸中之脑，我就不应该把"我是缸中之脑"这一可能性包含在我的相关证据的集合中。然而，这种做法可能只是一种权宜之计，因为除非我们已经表明一个命题无论如何都是不可判定的，否则就不可能合理地断言它所表达的可能性是无关的。与此相比，不变论者则强调说，有一些主张（例如"地球是方的"）无论在什么语境中都不是真的。如果语境主义者需要说明这个事实，那么他们就需要指定某些条件，在这些条件下，一个知识主张的真值条件可以跨过不同的语境保持不变。一旦语境主义者采取了这个举动，他们就不再是严格意义上的语境主义者，而是采纳了所谓"**适度的不变论**"。[1] 这种不变论确认主体敏感的不变论的一般主张，即"知道"这个词的语义值（因此，其外延）并不跨过其使用语境而发生变化，但它也进一步认为我们在日常生活中做出的大多数知识赋予都是真的。与此相比，**怀疑论的不变论**所说的是，为了声称知道 P，认知主体在某个世界中、在某个时刻所需的证

---

[1] 对这种观点的详细论述，参见 Hawthorne (2004), Stanley (2005)。

据必须足够强,以至于可以排除任何 P 为假的可能性,而既然我们在日常生活中做出的知识主张不能满足这个要求,它们就基本上都是假的。[1]

对主体敏感的不变论的论证主要来自我们在某些情形中对知识赋予的直观认识,就此而论,这种观点也会面临一些明显反例。首先,至少在我们所讨论的一些案例中,关于知识赋予的直觉不能仅仅按照实用因素来说明。实际上,如前所述,语境主义者不是原则上不能说明实用因素对知识赋予的影响。而且,有可能的是,实用因素只是影响认知主体对他所持有的命题的**确信程度**,或者说影响他的信念度,而不是决定了知识赋予的**认知**条件。其次,主体敏感的不变论很难说明一种涉及第三人的知识赋予,即如下情形:其中,赋予者的语境是由高认知标准来制约的,而说话者或认知主体的语境则是由低认知标准来制约的。例如,在银行案例的第七种情形中,约翰处于具有低认知标准的语境中,而史密斯夫妇则处于具有高认知标准的语境中。当史密斯夫妇断言"约翰实际上不知道银行明天会开门"时,他们似乎是在真诚地表达其主张,但这与主体敏感的不变论的预测发生了冲突,因为按照这种观点,正是约翰的低认知标准决定了他是否知道银行明天会开门,而约翰自己显然满足了这个标准。因此,按照主体敏感的不变论,史密斯夫妇在否认约翰的相关知识时是在做出虚假的主张,而这似乎也不符合直觉。当然,斯坦利和霍索恩都承认,当主体敏感的不变论被处理为对于知识条件的一种论述时,它会产生一些不符合直觉的结果。[2] 他们试图按照一种错误论(error theory)来说明

---

1 对这种不变论的相关讨论,参见 Hawthrone (2004), chapter 3; Christos Kyriacou and Kevin Wallbridge (eds.), *Skeptical Invariantism Reconsidered* (London: Routledge, 2021)。

2 参见 Stanley (2005), especially chapter 6; Hawthrone (2004)。

我们在相关情形中的直觉为什么是错误的。[1]

　　当然,不变论者也可以按照某些关于知识与行动之关系的原则来论证其主张,在讨论这种可能性之前,我们还需要看看对知识赋予标准的另一种论述,即所谓"认知相对主义"或者"关于知识赋予的相对主义"。[2] 这种观点确认语境主义的核心观念,但强调知识赋予的真值条件的可变性既不是由赋予者的语境来说明的,也不是由说话者或认知主体的语境来说明的,而是,知识赋予的真值条件是相对于所谓"评价的语境"来确定的。为了阐明这一点,考虑如下案例:[3]

　　银行案例(第九种情形): 史密斯和妻子有一张房租账单要到期了,而账户上的余额不够付账,因此在周六前存入工资支票对他们来说就极为重要。但是,在路过银行时,他们注意到里面的队伍很长,因此就犹豫要不要在当天存入支票。约翰是史密斯夫妇租住房屋的房产公司的一位经理,他也在银行里等待处理一些事务,在无意中听到史密斯夫妇的交谈后,他对这对夫妇产生了同情,于是就走过去对他们说:"伙计,别太担心,说句悄悄话,那个关于'最终提醒'的通知其实是虚张声势。在没有做出一切努力与租户协商的情况下,我们是绝不会收回房屋的。只要你们在下周末前交付这个月的房租,那就一

---

[1] 对他们的尝试的批判性讨论,参见 John MacFarlane, "The Assessment Sensitivity of Knowledge Attributions", in T. Gendler and J. Hawthorne (eds), *Oxford Studies in Epistemology*, Vol. 1 (Oxford: Oxford University Press, 2005), pp. 197-234; Michael Blome-Tillmann (2009), "Contextualism, Subject-Sensitive Invariantism, and the Interaction of Knowledge", *Philosophy and Phenomenological Research* 79: 315-331。

[2] 这种观点的主要倡导者是约翰·麦克法兰,参见 MacFarlane (2005); John MacFarlane, *Assessment Sensitivity: Relative Truth and Its Applications* (Oxford: Oxford University Press, 2014)。

[3] 参见 Wright (2017), p. 27。

点问题都没有。"在听了约翰的话后,史密斯夫妇感到很宽慰,史密斯对妻子说道:"太好了,那我实际上确实知道银行明天会开门,让我们去喝杯咖啡吧!"

在目前所设想的情形中,如果我们直观上确认史密斯的知识主张,那么其知识主张的真值条件似乎不是由史密斯的证据来确定的,也不是由其实践利益来确定的,而是由他们从与约翰的交谈中得到的承诺来决定的。既然史密斯处于高风险情形中,他原来的证据以及他妻子的提醒("银行可能会改变营业时间")似乎就不足以让他得出他实际上提出的知识主张。因此,按照认知相对主义者的说法,若没有评价的语境,我们就无法确定史密斯的知识主张的真值。用麦克法兰自己的话说:"'知道'这个谓词的外延并不(只是)由世界在某个时刻的状态来决定的,也取决于我们所说的'认知标准'",而相关的认知标准"处于评价语境中",因此"对于一个断言或信念是否准确这个问题,就没有'绝对的'答案——准确性是一个对评价保持敏感的问题"。[1]

在上述案例中,其实不清楚评价者的**承诺**如何影响说话者的**认知**状况。也许约翰的承诺让史密斯的语境发生了变化,从必须在下周一前存入支票的高风险语境转移到无须这样做的低风险语境。语境主义者和不变论者都可以设法容纳这个解释。但是,认知相对主义实际上是出于对这两种观点的不满而提出的。相对主义者分享了不变论者对语境主义的某些批评,但他们进一步指出语境主义不能恰当地处理知识赋予问题上的一致和分歧,以及对断言的纠正和撤回。在这里,我

---

[1] John MacFarlane, "Relativism and Knowledge Attributions", in S. Bernecker and D. Pritchard (eds), *The Routledge Companion to Epistemology* (London: Routledge, 2011), pp. 536-544, at p. 536.

们将以对断言的纠正和撤回来说明这一点。假设史密斯夫妇周末要去国外度假,将车钥匙留给他们的邻居约翰和他妻子丽莎,以便他们周末开车去附近城市看望父母,考虑如下对话:[1]

丽莎:你知道他们的车停在哪里吗?

约翰:当然知道,史密斯告诉我,他们把车停在小区门口的停车场了。

丽莎:但是,你知道,最近附近有一些车被盗了。我们最好早一点去看看,万一它被盗了呢?

约翰:好吧,我还没有想到这一点。我想我不知道他们把车停在小区门口的停车场了——我们最好去看一下。

上述对话表明,约翰撤回了他原来做出的知识主张。很明显,丽莎提出的问题并未改变约翰的**认知**状况,即他从史密斯那里通过证言获得的证据,但却暗示史密斯需要更严格的证据标准来做出知识主张。按照语境主义的批评者的说法,史密斯对其原来提出的知识主张的否认要被理解为一种撤回。为了明白这一点,不妨假设丽莎继续问道:"在我提出那辆车被盗的可能性之前,你的第一个答案是真的吗?"史密斯可以提出两个可能回答。首先,他可以回答说:"嗯,是真的,但一旦你提醒我车被盗的事情,我就不能真正地重复我说出的话。"其次,史密斯也可以回答说:"不是真的,正如我所说,我那时没有去想车被盗的可能性。我本来就不该说我知道车停在小区门口的停车场了。"语境主义者会认为,丽莎提到的可能性提高了认知标准,因此使得约翰在原来的语境中做出的知识主张不再为真。这当然就是

---

[1] 参见 Wright (2017), p. 24。

约翰的第一个回答所暗示的。但是，在相对主义者看来，第二个回答才是自然的，而这被认为意味着知识主张的内容并未随着标准的变化而变化，而是随着语境的转换仍然保持不变。

另一方面，相对主义者也对不变论感到不满，因为不变论者无法说明启动语境主义的基本资料。正如我们已经看到的，对语境主义者来说，"知道P"这个谓词的外延是随着语境因素而变化的，而这被认为解释了知识赋予的可变性。不变论者试图通过设置一种错误论来说明这种可变性：在他们看来，说话者之所以认为知识赋予是可变的，是因为他们对认知主体的认知地位的强度做出了系统的错误判断，因此就很容易认为某人在某些情境中具有知识，而在另一些情境中就不再具有知识。然而，我们不太可能认为有能力的认知主体会发生这种系统的错误。另一方面，主体敏感的不变论似乎很难解释知识赋予的可变性，因为按照这种观点，一个认知主体为了声称具有知识而需要满足的标准是由其实践状况来决定的，因此，只要相关的认知标准已经由主体的状况来确定，就不存在从赋予者或评价者的观点来看的可变性问题——当然，在第一人称知识赋予的情形中，既然说话者的语境与认知主体所处的环境是同样的，也不存在这个问题。但是，如前所述，这个观点也不符合我们在某些情形中对于知识赋予的直观判断。

相对主义者试图在这方面实现一种综合：一方面，不像不变论，相对主义认为与评价特定的知识主张相关的认知标准是由语境来确定的；另一方面，不同于语境主义，相对主义认为这个标准是由**评价者**的语境的特点来确定的，而不是由**认知主体**的语境的特点来确定的。例如，假设史密斯说"摩尔知道自己有两只手"，而笛卡尔说"摩尔不知道自己有两只手"，那么哪一个说法是准确的就取决于评价的语境中相关的标准，而这种标准可以随着评价者的视角而变化。相对主义者认为，这种观点可以说明真正的认知分歧，[1]即使相关的知识主张是在不同的语境中做出的。相对主义者由此认为，语境主义和不变论对于知识赋予的可变性或不变性的理解都只是部分正确，而不可能是完全正确的。[2]

然而，尽管相对主义语义学在涉及个人品位谓词（例如在"那个辣椒粉太可口了"或者"那个辣椒粉并不可口"之类的话语中）的情形中看似很有吸引力，但在知识赋予的情形中就不是这样了。假设小学教师史密斯带孩子们去参观动物园，当一个小孩约翰指着一些动物说"看啊，斑马！"的时候，史密斯对另一位教师说："约翰知道那些动物是斑马。"史密斯的妻子也随同参观动物园，但她却说："约翰不知道那些动物是斑马"，因为作为一位行为艺术家，她想到了那些动物是乔装打扮的骡马这一可能性。相对主义者会认为史密斯和他的妻子都是在真诚地说出自己的话，因此相对主义似乎把握了我们对于认知分歧的直观认识。然而，史密斯和他的妻子可能是在谈论不同的事情：史密斯是在谈论他在课上教学生将斑马和羚羊辨别开来的能力，而他的妻子则是在谈论排除那些动物是乔装打扮的骡马的能力。在这种情况下，他们两人的说法并不表达一种认知分歧。此外，也有一些学者指出，史密斯的说法是在一种低标准的语境中提出的，而他妻子

---

[1] 认知分歧是知识论中的一个重要论题，限于篇幅，我们在这里无法加以讨论。对于认知分歧的一些集中讨论，参见 David Christensen and Jennifer Lackey (eds.), *The Epistemology of Disagreement: New Essays* (Oxford: Oxford University Press, 2013); Richard Feldman and Ted Warfield (eds.), *Disagreement* (Oxford: Oxford University Press, 2010); Diego E. Machuca (ed.), *Disagreement and Skepticism* (London: Routledge, 2012); Jonathan Matheson, *The Epistemic Significance of Disagreement* (London: Palgrave Macmillan, 2015)。

[2] 参见 MacFarlane (2014), chapter 6。当然，认知相对主义本身是否可靠，首先取决于"相对真理"这个概念是不是可理解的。对这个概念的相关讨论，参见 Manuel García-Carpintero and Max Kölbel (eds.), *Relative Truth* (Oxford: Oxford University Press, 2008)。

的说法则是在一种高标准的语境中提出的。因此，如果史密斯的妻子后来转移到低标准的语境，那么她就会撤回自己原来提出的主张。相对主义者会认为，有能力的说话者在承诺撤回其知识主张时，犯了系统的错误。然而，这个观点显然是不合理的。[1]

到目前为止，我们简要地考察了对于知识赋予标准的几种主要论述，我们发现这些观点都不是完全令人满意。也许知识赋予不仅取决于说话者或认知主体的**认知**状况，也取决于某些**实用的**因素或考虑。按照传统知识论的观点，知识和辩护都仅仅取决于纯粹认知的证据或理由，一个人是否知道某事不应该受到他所处的状况的实用因素的影响。斯坦利将这种观点称为"理智主义"并加以拒斥。在他看来，如果我们一方面拒斥了语境主义者对知识赋予的可变性的说明，另一方面又确认具有同样证据的知识主张在不同语境中可以具有不同的真值（或者得到不同的知识赋予），那么我们就必须承认实用因素影响我们的知识赋予或者我们对于知识主张的判断。这就是对知识论的所谓"实用入侵"。实用入侵理论的倡导者已经利用关于知识赋予的直觉来支持其主张，但是，正如我们已经指出的，直觉在哲学分析和哲学研究中的地位本身就是一个有争议的问题。我们确实可以合理地认为信念或者我们对某个命题的接受会受到实用因素的影响，但"我们是否具有知识也取决于实用因素"至少是一个需要捍卫的说法。接下来我们就来考察实用入侵理论的倡导者从另一个不同的角度对其主张提出的论证。

---

[1] 参见 Martin Montminy (2009), "Contextualism, Relativism and Ordinary Speakers' Judgments", *Philosophical Studies* 143: 341-356。

十、知识、行动与实用入侵

我们往往认为，知识涉及**理解**我们知道为真的事情**为什么**是真的，因此，与单纯的信念或意见相比，知识可以更可靠地引导我们的行动，使我们可以正确地取得我们希望通过行动来取得的目的。因此，在前面提到的案例中，如果史密斯希望拯救自己父母，或者希望自己租住的房屋不会因违约而被收回，那么他就应该**确信**他赶上的那趟列车是否真的会在布雷西亚停靠，或者银行明天上午是否真的会开门。他想要知道的事情是否为真与他的某些切身利益休戚相关：如果他自以为知道那趟列车会在布雷西亚停靠，或者银行明天上午会开门，但事实上并非如此，那么他就会蒙受重大损失。与此相比，如果他只是因为不想排队而决定不在周五下午存入支票，或者只想在那趟列车停靠的无论哪一站下去转转，那么他所具有的证据就足以支持其知识主张。斯坦利由此认为，在知识本身和按照知识来行动（或者按照某些信念来行动的恰当性）之间存在一种直接的**概念**联系，因此我们就可以反过来按照**行动的合理性**来理解知识赋予。行动的合理性当然是一种形式的实践合理性。因此，知识论的实用入侵也会产生一个密切相关的问题：**认知**合理性应该受到**实践**合理性的影响吗？

然而，即使我们直观上确认知识主张或知识赋予受到了实用因素的影响，具有不同倾向的理论家也可以对这个直觉提出不同的解释。例如，尽管德罗斯的著名案例实际上也在某种程度上促成了关于知识赋予的其他观点，但他对实用因素如何影响知识赋予提出了一种解释。[1] 他首先提出了一个语境主义主张，承认说话者或认知主体使用"知道"这个谓词来挑出的认知关系可以随着其实践状况而变化，

---

[1] DeRose (1992).

第九章 怀疑论、知识与语境

例如，说话者或认知主体在按照某个拟定的知识主张来行动时所面临的风险越高，那个认知关系就越严格。换句话说，德罗斯承认实用因素可以影响知识赋予的**内容**。但是，他否认知识本身取决于实用因素——对于说话者或认知主体在某个语境中用"知道"这个谓词来挑出的每一个认知关系，实用因素不会影响说话者或认知主体是否与某个特定命题处于这样一个认知关系中。如果这个说法对于所有这样的关系都成立，那就表明实用因素不会影响一个人是否具有某项知识。简言之，对德罗斯来说，对实用因素的考虑只是帮助我们在不同语境中确立不同的认知标准，而一旦标准已经确定，一个人是否具有知识就只是取决于他是否满足传统知识论设立的条件，例如德罗斯早先提出的敏感性原则。

如果我们坚持传统知识论的思想框架，那么我们可能就会觉得德罗斯的解释是合理的。那么，实用入侵理论的倡导者还有什么理由认为实用因素**直接**影响了知识主张或知识赋予呢？正如我们已经看到的，在德罗斯的案例以及任何类似案例中，说话者或认知主体在两个不同的语境中持有的证据都是相同的，或者都同样好，但我们直观上认为他在一个语境中具有知识，而在另一个语境中则没有知识。实际上，我们可以设想高风险的主体在一个语境中具有的证据甚至好于低风险的主体在类似情境中具有的证据，但在确认后者具有知识的时候，我们可以否认前者具有知识。德罗斯当然可以继续声称，这个事实只是意味着实践状况会影响知识赋予的**内容**，也就是说，实用因素使得错误的可能性变得突出，因此提高了知识标准，而按照新标准，原来的知识主张或知识赋予就可以是假的。即便这个说法是可理解的，但它仍然留下了语境主义者并未回答的一个重要问题：为什么实践状况或实用因素会使得知识赋予的标准发生变化？

为了回答这个问题，我们首先需要澄清实用入侵理论中所说的

"实用"究竟指的是什么。按照这种观点的某些倡导者的说法,所谓"实用因素"不仅仅是指与行动和偏好有关的因素,也包括说话语境的这样一些特点:这些特点从传统观点来看与被说出来的一句话的内容无关,而只是关系到说出它的合适性,例如,如果某些错误的可能性变得突出并被说话者注意到,那么,只要这句话的内容无视了这些可能性,或者在某种意义上与之不相容,说出这句话就是不合适的。[1] 在对"实用因素"的这种广泛理解下,我们就可以发现一些将知识与实用条件联系起来的原则。例如,霍索恩论证说,任何合理的知识理论都必须受制于如下三个基本约束:第一,知识是实践推理的规范;第二,知识是断言的规范;第三,如果一个有能力的说话者诚实地说出"S 知道命题 P",那么他相信 S 知道 P。[2] 在这里我们只考虑第一个约束。

说知识是实践推理的规范就是说,知识为你在决定要如何行动时是否**应该**依靠某个信念设立标准。只要你应该做的事情取决于 P 是否为真,那么,在任何这样的情形中,当且仅当你知道 P 为真时,你才应该按照 P 来行动。例如,当你通过实践推理来决定如何行动时,如果一个信念不是**知识**,那么将它作为实践推理的一个前提就是不可接受的,因为只要你把它作为一个前提来进行实践推理,在按照推理的结果来行动时,你的行动可能就会失败,即无法取得拟定目标。与此相比,语境主义在这方面据说就会陷入困境。假设博雅经常在上海和杭州之间出差,往往乘坐晚上 7 点的那趟高铁。因此,在决定当天下午的工作安排时,她依靠了"晚上 7 点有一趟从上海开往杭州的高铁"

---

[1] 参见 Jeremy Fantl and Matthew McGrath, "Pragmatic Encroachment", in Bernecker and Pritchard (2011), pp. 558-568, at p. 561。

[2] 参见 Hawthorne (2004), chapter 4。霍索恩旨在表明适度的不变论能够满足这三个约束,而语境主义则不能。

第九章 怀疑论、知识与语境

这一主张。按照我们对博雅的情况的假设以及语境主义者对其情境所设立的知识标准，她可以被认为真诚地断言"我知道晚上 7 点有一趟从上海开往杭州的高铁"。然而，博雅的同事碰巧知道高铁从今天起启用夏季运行时间表，因此他就可以真诚地说："博雅其实不知道晚上 7 点有一趟从上海开往杭州的高铁。"如果知识是实践推理的规范，那么那个同事就可以推出"博雅不应该按照'晚上 7 点有一趟从上海到北京的高铁'这个信念来行动"。但是，如果语境主义是正确的，那么这个推断就显得很奇怪，因为语境主义者确实认可博雅在其情境中做出的知识主张。在霍索恩看来，他所倡导的那种适度的不变论就不会碰到这个麻烦，因为它不允许博雅及其同事的说法都是真的。如果语境主义者只能通过修改知识赋予的标准来回应这个批评，那么他们就需要说明我们可以按照**什么要求**来修改或调整知识赋予标准。在实用入侵理论的倡导者看来，我们只能通过诉诸实用因素（特别是认知主体在特定情境中对其重要利益的考虑）来回答这个问题，否则就无法说明为什么甚至在说话者或认知主体持有**同样**证据的情况下，知识主张或知识赋予的真值在不同的情境中可以是不同的。例如，在德罗斯的银行案例中，当一个实用因素发生变化时，即使我们让所有其他的一切都保持不变，史密斯的知识主张也可以具有不同真值。因此，如果实用因素确实可以影响知识主张或知识赋予的真值，那么证据主义（更确切地说，辩护或知识随附在证据之上的观点）就是错误的，因为它声称具有同样证据的两个认知主体在类似情况下要么都得到辩护，要么都得不到辩护，或者要么都具有知识，要么都不具有知识。[1]

---

[1] 方特和麦格拉斯将传统的随附论观点称为"纯粹主义"，进而试图从实用入侵观点来表明纯粹主义是假的：Fantl and McGrath (2002), pp. 84-87; Jeremy Fantl and Matthew McGrath (2012), "Pragmatic Encroachment: It's Not Just about Knowledge", *Episteme* 9: 27-42。

我们大概都会承认知识会影响信念的形成和修改。假设我知道第19届亚运会在杭州举办，那么我就会形成"我喜欢的某个跳水运动员在亚运会期间将会出现在杭州"这一信念；如果我知道第19届亚运会具体的比赛项目，那么我就会修改此前形成的一个信念，即"电竞不是亚运会比赛项目"。我们所知道的事情似乎也会影响我们生活中那些与偏好、意图、决定和行动相关的方面。例如，在前面提到的一个案例中，如果史密斯必须在布雷西亚下车，那么他就不会搭乘不在布雷西亚停靠的高铁，或者在他所能搭乘的高铁班次中，他偏爱在布雷西亚停靠的高铁，即使他所能得到的其他班次的高铁在某种意义上更快捷或更舒适。柏拉图在《美诺篇》中讨论了知识与真信念究竟哪一个更有价值的问题，其中，苏格拉底一度认为知识和真信念都是以正确的方式来行动的好向导。[1] 不过，也有一种观点认为，知识比真信念更有价值，因此更值得成为行动的向导，因为对一件事情具有知识意味着把握了它**为什么**"是其所是"，知识也因此比真信念更稳固。拥有知识就好像在某些相关的方面得到了**担保**。倘若如此，我们似乎就可以提出如下关于知识与行动之关系的原则（不妨称之为"知识与行动原则"）：[2]

知识与行动原则：如果你知道P，那么，只要P是否确实如此的问题与究竟要做什么的问题有关，按照P来行动对你来说

---

[1] 参见 Plato, *Meno and Phaedo* (edited by David Sadley and Alex Long, Cambridge: Cambridge University Press 2010), 97a-c。相关的讨论，参见 Dominic Scott, *Plato's Meno* (Cambridge: Cambridge University Press, 2006), chapters 7 and 14。

[2] 对这个原则的捍卫，参见 Fantl and McGrath (2002); Jeremy Fantl and Matthew McGrath (2007), "On Pragmatic Encroachment in Epistemology", *Philosophy and Phenomenological Research* 75: 558-589; John Hawthorne and Jason Stanley (2008), "Knowledge and Action", *Journal of Philosophy* 105: 571-590。

就是合适的或合理的。

知识与行动之间的所谓"内在联系"当然也可以用其他方式来表述，例如，按照霍索恩的说法，"如果 P 是否确实如此的问题是实践上相关的，那么，只有当一个人知道 P 的时候，他在慎思中使用 P 作为前提才是可接受的，而假若他不知道 P，他在实践推理中使用 P 作为前提就是不可接受的"。[1] 有些作者甚至按照充分必要的条件将知识与行动原则表述为：在实践推理中将 P 用作一个前提对 S 来说是可允许的或可接受的，**当且仅当** S 在其所处的语境中满足"知道 P"这个谓词。如果我们只是按照充分性条件来表述这个原则，那么实用入侵理论的倡导者就可以利用关于知识赋予的直觉来说明知识与实践状况的关联，例如提出如下论证：

（1）在低风险的情形中，我们知道 P。
（2）在高风险的情形中，我们不被允许将 P 用作我们的实践推理的一个前提。
（3）因此，在高风险的情形中，我们不知道 P。

当然，这个论证实际上只是意味着，将 P 用作一个人的实践推理的前提是不是可允许的，是随着其实践状况而变化的。斯坦利对此提出了这样的解释："当某人认识到出错的代价特别高的时候，他的自信就会动摇。这样一来，他的信念度就会降低到知识所要求的阈限之下，或者他对其信念持有的证据就会以某种方式被击败。"[2] 知识显然

1　Hawthorne (2004), p. 30.
2　Stanley (2005), p. 6.

可以对行动产生有意义的影响。例如，如果我确实**知道**我在国内哪家网店上可以买到斯坦利的《知识与实践利益》，那么，一般来说，这项知识就会引导我**成功地**取得我想要通过行动来实现的目标，即买到这本书。但是，假设我只是偶然听人说这本书在本地某家实体书店有售，但到了那家书店后却没有买到这本书，那么其他人就可以这样来批评我——"你只是**相信**这本书在那家实体书店有售"。如果知识确实能够以这种方式引导行动，那么我们似乎就可以认为，一个人只**应该**按照自己所知道的东西来行动，而不是（比如说）按照单纯的信念或意见来行动，或者知识很有可能是因为与行动（更确切地说，行动的合理性）具有内在联系而成为实践推理的一个规范。霍索恩和斯坦利认为，有很多例子为这个主张提供了支持。例如，假设有人要用1元来买你花10元购买的彩票，你购买的这期彩票发行了100万张，其中一等奖将会获得10万元的奖金。你当然不知道你购买的彩票是否会中一等奖，但你可能做出这样的实践推理：

（1）我的彩票不会中奖。
（2）如果我保持这张彩票，我将会一无所获。
（3）如果我出售这张彩票，我就会得到1元钱。
（4）因此，我应当出售这张彩票。

这个推理显然是荒谬的，因为即使你不知道是否会中一等奖，但你仍然有一定的中奖概率，而既然你中一等奖的概率是随机的和公平的，你推理的第一个前提就只是立足于你的信念。因此，如果这个实践推理的结论是不合理的，那只能因为你是按照信念而不是知识来进行推理。霍索恩和斯坦利也进一步指出，信念的内容不是行动的适当根据。例如，假设一个患有多疑症的人在洗了很多次手后仍然相信他的手是脏的。在这种情况下，如果他强迫自己在行动中无视这个信念，那么为了说明他由此而取得的恰当行为，我们就只能认为他知道那个信念不是知识。如果知识与行动确实具有霍索恩和斯坦利等人所说的那种内在联系，那么知识与行动原则就为论证实用入侵观点提供了一个基础。为了阐明这一点，我们可以将这个原则略微改写为：

知识与行动的辩护原则：如果你知道 P，那么 P 就有了足够的担保，从而可以为你按照 P 来行动提供辩护。

这样，支持实用入侵观点的核心论证可以被简要地表述如下：[1]

（1）如果认知主体 S 知道 P，那么 P 就有了足够的担保，从而可以为 S 按照 P 来行动提供辩护。

（2）存在着一对情形，其中两个认知主体相对于 P 来说处于同样的认知状态（或具有同样的认知地位，例如拥有同样或同样好的证据），但他们的实践状况不同，而当一个主体在按照 P 来行动时得到辩护，另一个主体却没有得到辩护。

（3）在按照 P 来行动时得到辩护的那个主体知道 P。

（4）因此，在确定一个主体是否知道 P 时，其实践状况是相关的。

在这个论证中，第一个前提来自知识与行动原则，第二个前提

---

1 实用入侵理论的倡导者有很多方式表述这个论证，这里重构的是方特和麦格拉斯提出的论证形式。关于他们对这个论证的详细论述，参见 Fantl and McGrath (2002); Fantl and McGrath (2009), chapter 3。

来自我们对各种关于知识主张或知识赋予的案例所持有的直觉或直观判断。因此,我们需要说明的是第三个前提。为了在不丧失讨论要点的情况下把问题复杂化,我们不妨将"在按照P来行动时得到辩护"直观地理解为"按照P来行动是合理的"。[1] 例如,假设一个人在没有弄清楚周杰伦的演唱会是否今天晚上在黄龙体育馆举行的情况下,就匆匆赶到体育馆,以便从黄牛那里得到一张票,那么其行为就可以被认为不合理或不理性,并因此在这个意义上没有得到辩护。方特和麦格拉斯实际上采取了这种理解。例如,他们对信念的辩护地位提出了如下说法:S在相信P上得到辩护,仅当S在将P接受为真的情况下(或者在仿佛知道P的情况下)行动是合理的。而对于知识与行动的合理性的关系,他们则提出了如下论述:假设你在两个行动方案之间面临一个选择,哪一个选择更好则取决于某件事情是否确实成立。例如,你在考虑暑假仅有的一周剩余时间是要去瑞士还是去佛罗伦萨旅游,这两个地方对你来说都同样有吸引力,但有一件事情会影响你的选择——如果佛罗伦萨有一个特别的画展,那么你就会选择去佛罗伦萨。现在,如果你确实知道佛罗伦萨有你特别想观看的那个画展,那么选择去佛罗伦萨对你来说就是合理的——那就是你在经过全盘考虑下应当做出的选择。另一方面,如果你实际上不知道佛罗伦萨有那个画展,或者只是听某人说有那个画展,那么选择去佛罗伦萨就显得不太合理了,因为有一个多年未见的好友约你去瑞士滑雪,尽管这件事情与你去看画展相比并不占据绝对的优先性。在这种情况下,如下说法似乎是不一致或不连贯的:不管怎样,你最好去瑞士,即使你知道要是佛罗伦萨有那个画展,选择去佛罗伦萨就是你应当做的事情。如果你实际上知道佛罗伦萨有那个画展,并且知道假若佛罗

---

1 Fantl and McGrath (2002), p. 77.

伦萨有那个画展,去佛罗伦萨就是你所要做的事情,那么,按照方特和麦格拉斯的说法,我们就很难明白你如何未能知道去佛罗伦萨就是你要做的事情。进一步说,如果我们把"所要做的事情"解释为一个人在审视自己持有的所有目标的情况下所能做的最好的事情,那么他选择做这件事就可以被认为合理。由此我们就可以得出如下简要论证:

(1) S 知道 P。
(2) S 知道"如果 P,那么 A 就是所要做的事情"。
(3) 因此,S 知道 A 就是所要做的事情。
(4) A 是 S 在审视自己持有的所有目标的情况下所能做的最好的事情。
(5) 因此,做 A 对 S 来说是合理的。

由此我们可以引出如下结论:S 知道 P,仅当对任何行动 A 来说,如果 S 知道"如果 P,那么 A 就是他所能做的最好的事情",那么做 A 对 S 来说就是合理的。假若行动的合理性至少在一定程度上是按照一个人的某些实践利益或关切来表征的,那么这个结论就暗示了知识与实用因素的关系,也就是说,知识对于理性行动来说是充分的。方特和麦格拉斯进一步认为,我们无须将上述分析限制到行动或者对于所要做的最好事情之判断的情形,也可以将它扩展到实践意义上的偏好以及信念的辩护。例如,我们可以说,S 知道 P,仅当对于两个事态 A 和 B 来说,假若 S 知道"如果 P,那么 A 对他来说就好于 B",那么偏好 A 而不是 B 对他来说就是合理的。同样,S 在相信 P 上得到辩护,仅当对于两个事态 A 和 B 来说,假若在 P 成立的情况下偏好 A 而不是 B 对他来说是合理的,那么事实上偏好 A 而不是 B 对他来说

就是合理的。¹

我们或许可以确认在知识和理性地行动（或者更一般地说，在某种实践的意义上合适地行动）之间具有内在联系，因此可以承认对实用入侵观点的核心论证的第一个前提。但是，这个论证也依赖于对于知识主张或知识赋予的直观认识，即第二个前提。某些批评者论证说，这方面的直觉存在反例。例如，考虑巴伦·里德提出的如下案例：²

> **奖惩案例（第一种情形）**：你正在参与一项旨在测量压力对记忆影响的心理学研究。研究人员会问你一些关于罗马史的问题，而这是一个你很熟悉的主题。每当你给出一个正确的答案时，研究人员就会奖励你一颗软糖；每当你答错一个问题时，你就会受到极其痛苦的电击。没有给出答案既不会得到奖励也不会受到惩罚。第一个问题是，凯撒大帝是什么时候出生的？你很自信地认为答案是公元前100年，尽管并不是绝对确定。你也知道，鉴于凯撒出生于公元前100年，所要做的最好的事情就是提供这个答案（也就是说，这个行动方案将会有最好的结果——你会多一颗软糖！）。

很明显，当你对微不足道的奖励与遭受巨大痛苦的可能性进行权衡时，不管那个可能性多小，试图回答这个问题对你来说都是实践上不合理的。但是，这并不表明你不知道凯撒是在公元前100年出生的（你只是因为缺乏绝对的确定性而不愿给出答案），因为只要我们采取了可错论的知识概念，就可以合法地声称我们知道某事，即使我们的

1　参见 Fantl and McGrath (2002), pp. 72-77。

2　Baron Reed (2010), "A Defense of Stable Invariantism", *Nous* 44: 224-244, especially pp. 228-231.

知识主张的根据并不具有绝对的确定性。因此，我们可以认为我们知道 P，同时仍然可以承认 P 为假的可能性是存在的，而在这种情况下，只要那个可能性在变成现实的时候会导致很糟糕的结果，不按照 P 来行动对我们来说就可以是最合理的。若是这样，在上述核心论证中，我们就不能从"S 知道 A 是所要做的最好的事情"推出"做 A 对 S 来说是合理的"。杰西卡·布朗同样试图表明，知识对于合理地行动来说并不充分，也就是说，即使认知主体知道 P，他在其实践推理中依靠 P 的做法也未必是实践上合理的或合适的。考虑她提出的如下案例：[1]

> 一个实习生整天跟着一位外科医生。早上他看到她在诊所检查左肾病变的病人，并决定当天下午将其移除。后来，他在手术室观察外科医生，那个病人在麻醉后躺在手术台上。手术尚未开始，因为外科医生正在查看病人的记录。学生很困惑，问其中一名护士发生了什么事。
>
> 学生："我不明白。她为什么要看病人的记录呢？她今天早上在诊所对病人进行诊断。难道她不知道是哪个肾吗？"
>
> 护士："她当然知道是哪个肾。但是，想象一下如果她取错了肾会是什么结果。她不应该在检查病人的记录之前做手术。"

在这个例子中，外科医生显然知道病人究竟是哪个肾发生了病变，但按照这项知识来行动对她来说是不合适的。因此，她不应该在其实践推理中依靠她所知道的那个前提——她不应该推断说，既然

---

[1] Jessica Brown (2008a), "Subject-sensitive Invariantism and the Knowledge Norm for Practical Reasoning", *Nous* 42: 167-189, at p. 176. 亦可参见 Jessica Brown (2008b), "Knowledge and Practical Reason", *Philosophy Compass* 3: 1135-1152; Jessica Brown (2012), "Practical Reasoning, Decision Theory and Anti-intellectualism", *Episteme* 9: 1-20。

正是左肾发生了病变，她就应该立刻移除左肾；而是，她应该在手术前首先检查一下。当然，实用入侵理论的倡导者或许反驳说，在这个案例以及任何类似案例中，认知主体实际上不知道那个相关的命题。例如，他们可以声称高风险削弱了认知主体的信念，从而使得认知主体不能知道那个相关命题。但是，这个回答不可能是令人满意的，因为"如果高风险削弱了行动者的信念，那么我们也可以通过诉诸信念上的差别，在不假设知识部分地取决于风险的情况下，来说明为什么认知主体在低风险情形中具有知识，而在高风险情形中则不具有知识"。[1] 布朗进一步表明，实用入侵理论的倡导者回应这个批评的其他方式也不能令人满意。

另一个重要的批评是，如果我们采纳了实用入侵理论的倡导者提出的原则，那么我们就会得到一个不可接受的结果：如果一个认知主体能够同时处于两个不同的实践语境中，那么他就会陷入既知道 P 又不知道 P 的状况。为此，考虑奖惩案例的另一种情形：

> **奖惩案例（第二种情形）**：其他细节就像第一种情形所描述的那样，不过，现在当研究人员向你询问一个关于罗马史的问题时，有两种奖惩情况。第一种情况就像此前所描述的那样，每当你给出一个正确答案时，你就会得到一颗软糖；每当你答错一个问题时，你就会受到极其痛苦的电击。在第二种情况下，正确的答案会得到 1000 元钱的奖励，而不正确的答案则只会导致轻微的处罚。在这两种情况下，不给出答案则既没有奖励也没有惩罚。虽然你必须同时考虑这两种情况，但你不一定要在每种情况下给出相同的答案。

---

[1] Brown (2008), p.178.

里德论证说，我们可以对这种案例提出三个可能的回答。[1] 首先，假设你在第一种情况下没有给出答案，而在第二种情况下则给出了"公元前 100 年"的答案，那么按照实用入侵理论，你在第二种情况下是合理的，但在第一种情况下是不合理的，因为你在第二种情况下有知识，而在第一种情况下没有知识。但这会产生一个自相矛盾的结果：你同时既知道凯撒在公元前 100 年出生又不知道凯撒在公元前 100 年出生。为了避免这个困境，实用入侵理论的倡导者或许声称我们应该**相对于**实践语境来谈论知识赋予。但这个提议不仅会使得避免这个困境变得过于容易，而且也未能对认知分歧提出任何实质性的解决。实际上，即使我们相对于特定语境来谈论知识，在上述案例中，我们仍然需要说明为什么你在一种情况下知道凯撒在公元前 100 年出生，但在另一种情况下就不知道这件事了。主体敏感的不变论似乎不能解决这个问题，因为它强调知识赋予的真值条件是由说话者或认知主体的实践状况来决定的。其次，我们可以承认在这两种情况下你都知道正确答案，但你之所以采取了不同的行动，是因为知识并非总对于理性行动来说是充分的。这个提议显然是合理的，但它并不符合知识与行动的辩护原则。最后，实用入侵理论的倡导者或许回答说，你恰好不知道凯撒是什么时候出生的，因为你在第一种情况下面临的高风险（若回答错误，就会遭受极为痛苦的电击）阻止你甚至在第二种情况下具有知识。然而，这种回答并未对如下问题提出任何解释：为什么你在第二种情况下确实给出了一个答案？在第二种情况下，你确实是在行动，但上述回答意味着你的行动**不是**立足于知识。如果不是立足于知识，那么是立足于什么呢？为什么我们不可以认为实践合理

---

[1] 参见 Baron Reed (2012), "Resisting Encroachment", *Philosophy and Phenomenological Research* 85: 465-472, especially pp. 467-468。

性总是与有辩护的信念之类的其他认知状态相联系呢？假若使用入侵理论的倡导者尚未反驳这种可能性，他们就不能断言，只要一个人在按照 P 来行动时是实践上合理的或合适的，那就意味着他**知道** P，因此知识受到了实践状况的影响。

对于实用入侵理论还有其他批评，例如，一些批评者指出实用入侵理论不符合反运气的知识论，有些批评者则认为我们最好按照信念度来说明实用入侵，而斯图尔特·科恩则试图表明方特和麦格拉斯提出的如下原则是假的：如果你有辩护地相信 P，那么 P 就得到了足够的担保，从而能够为你采取的行动提供辩护。[1] 限于篇幅，我们将不再讨论这些批评。[2] 当然，该理论的捍卫者也可以用各种方式来回应批评，例如，他们可以指出批评者对可错论的知识概念的理解是有缺陷的，或者对直觉的解释是成问题的。当然，他们也可以诉诸某些其他的工具来正面回应批评，例如通过区分期望效用与实际效用。[3] 我们之所以简要地讨论这种理论，主要是因为它提出了知识论中一些值得关心的重要问题，例如理论合理性与实践合理性（或者更一般地说，知识与行动）的关系、决策论或理性选择理论与知识论的关联，以及知识的价值等。实用入侵观点当然也暗示了一个重要的元认识论问题，即对知识的传统探讨是否恰当，特别是，我们是否可以从一种

---

[1] Nathan Ballantyne (2011), "Anti-luck Epistemology, Pragmatic Encroachment, and True Belief", *Canadian Journal of Philosophy* 41: 485-504; Jacob Ross and Mark Schroeder (2014), "Belief, Credence, and Pragmatic Encroachment", *Philosophy and Phenomenological Research* 88: 259-288; Stewart Cohen (2012), "Does Practical Rationality Constrain Epistemic Rationality?", *Philosophy and Phenomenological Research* 85: 447-455。

[2] 对于这种观点的一个集中讨论，参见 Brian Kim and Matthew McGrath (eds.), *Pragmatic Encroachment in Epistemology* (London: Routledge, 2019)。

[3] 例如，参见 Blake Roeber (2020), "How to Argue for Pragmatic Encroachment", *Synthese* 197: 2649-2664。

第九章 怀疑论、知识与语境

纯粹理智主义的角度来看待知识与理解和行动的关系。

对实用入侵理论的批评当然并不意味着知识和行动（或者更一般地说，实践性的东西）之间并不存在重要联系，因为这种联系确实存在；重要的是要以恰当的方式来理解这种联系。例如，即使拥有知识是正确行动的一个条件，但鉴于行动的合理性确实取决于某些实用考虑，我们似乎就不能认为，只要一个人在按照某个命题 P（或者在接受 P 为真的情况下）来行动时在某种意义上是合理的，他就可以被认为知道 P，正如帕斯卡关于上帝存在的实用论证并未表明上帝确实存在，虽然**持有**关于上帝存在的信念在某种意义上可以是合理的。我们当然可以承认信念之类的认知状态会受到认知主体或说话者的实践状况的影响。但是，我们至少不清楚实用因素究竟是影响了认知主体或说话者在接受某个命题为真方面的倾向或自信，还是影响了与知识相关的认知条件，或者认知主体或说话者的认知地位。高风险的情形可能会提高知识赋予的认知标准，但一个人的知识主张是否满足了相关的标准，可能并不是由与语境相关的**实用**因素来决定的，而仍然是由**认知**条件来决定的。[1] 实用因素在知识赋予方面所导致的差别，可能也可以按照我们处理道德分歧的方式来说明。我们需要做的是在维护理智主义（或者实用入侵理论的倡导者所说的"纯粹主义"）的优点的同时，说明我们的知识赋予倾向为什么会具有或能够具有一种语境依赖性。[2] 当然，我们也需要进一步审视语境主义究竟在什么意义上"消除"了怀疑论悖论，要不然就必须重新审视怀疑论在知识论中的地位和作用。目前，语境主义、怀疑论和不变论之间的争论仍然是知识论中的一个热门话题。

---

[1] 在我看来，费尔德曼对这一点的论证是有力的。参见 Feldman (2001)。
[2] 德罗斯的语境主义本身就承诺了一种理智主义立场，参见 DeRose (2009), chapter 6。

第十章 经验、实在与知识

在前一章中，我们考察了笛卡尔怀疑论以及对这种怀疑论的一些典型回应。当我们按照"支持性证据"的概念来解释这种怀疑论时，它似乎就变得不可避免。不过，以这种方式来解释对笛卡尔论证的重构关键地依赖于休谟的怀疑论论证。一般地说，休谟的怀疑论论证有两个方面：关于感官的怀疑论最终将他引向关于外部世界的怀疑论；关于理性的怀疑论则与他对因果关系的本质和来源的探讨具有重要联系，并最终将我们引向关于归纳推理的怀疑论。[1] 在本章中，我们将特别关注休谟关于因果推理的怀疑论，然后考察对休谟的怀疑论遗产的一些重要回应。大致说来，这些回应将涉及从自然主义、先验论证以及常识哲学的角度来审视怀疑论的限度，因此在根本上涉及如何恰当地理解怀疑论的理性反思与日常的知识主张之间的关系。知识论归根到底关系到如何按照我们对于外部世界的经验来认识和理解外部世界。因此，本章也可以被理解为对这个重要论题的总结性论述。在此基础上，我们最终将对人类知识的本质提出一些必要反思。

---

1 结合休谟的文本对其怀疑论的详细解说，参见 Robert Fogelin, *Hume's Skeptical Crisis: A Textual Study* (Oxford: Oxford University Press, 2009)。特别针对休谟的归纳怀疑论对归纳合理性的一个系统论述，参见 D. C. Stove, *The Rationality of Induction* (Oxford: Oxford University Press, 1986)。

第十章　经验、实在与知识

一、休谟时代的知识概念

为了理解休谟的怀疑论论证，我们首先需要理解他对人类知识的一般看法。休谟将人类理智能够知道的命题分为所谓"观念的关系"和"事实问题"(matters of fact)。这个划分现在通常被称为"休谟之叉"(Hume's Fork)，它不仅对于休谟的经验主义以及在其基本精神鼓舞下发展起来的 20 世纪经验主义具有根本意义上的重要性，实际上也是康德的所谓"先验综合命题"的一个思想来源。在《人类理解研究》中，休谟对这个区分给出了如下阐述：

> 人类理性或探究的一切对象都可以被自然地分为两类，即观念的关系和事实问题。属于第一类的有几何学、代数和算术；总而言之，任何东西，如果不是直观上确定的就是论证上确定的，都属于前一类。"直角三角形斜边的平方等于其两条直边的平方和"是一个表示这些图形之间关系的命题。"三乘五等于三十的一半"是一个表示这些数字之间关系的命题。仅凭思想的操作我们就可以发现这类命题，而不需要依靠宇宙中任何地方存在的东西。即使自然界中永远没有一个圆，或者永远没有一个三角形，欧几里得所证明的真理也会永远保留其确定性和明白性。
>
> 人类理性的第二种对象，即事实问题，就不能按照同样的方式来确定了；而且，我们对其真实性具有的证据，不论多大，也永远无法按照同样的方式来确定。每一个事实问题的对立面仍然是可能的，因为它绝不可能蕴含一个矛盾，而且也很容易清晰地被人类心灵设想出来，就好像对立的东西也与实在相吻合。"太阳明天不会升起"这个命题，与"太阳明天会升起"

这个断言，都是同样可理解的，同样不蕴含矛盾。因此，如果我们试图证明它是假的，就只是白费力气。如果它可以被证明是假的，那么它就蕴含一个矛盾，因此永远是人类心灵无法清楚地设想的东西。[1]

按照休谟的说法，观念之间的关系有两个特征：它们或是直观上确定的，或是论证上确定的。与此相比，事实问题既不是直观上确定的又不是论证上确定的，因为断言一个事实问题的对立面并不涉及矛盾，而对休谟来说，凡是能够被清楚明晰地设想的东西总有可能存在。[2] 为了理解休谟做出这个区分的根据以及他尝试引出的含义，我们需要简要地考察一下17世纪对"知识"这个概念的理解。

休谟的区分实际上可以追溯到古希腊哲学家在"知识"和"意见"之间做出的区分。巴门尼德大概是做出这个区分（以及现象与实在、变化与存在等类似区分）的第一位古希腊哲学家。柏拉图对这个区分重新加以解释，将意见与感觉经验的可变世界相联系，将知识与科学的普遍原则相联系，并进一步认为这些原则的对象就是永恒不变的先验形式。柏拉图认为，尽管感觉经验促进了我们对普遍事物的把握，但感官本身无法直接把握那些事物，相反，共相是由心灵的一种更加高级的官能来把握的。亚里士多德保留了由理智来把握的普遍知识和由感觉经验来提供的知识的区分，但认为前者建立在后者的基础上。之所以如此，是因为他并不认为普遍知识的对象关系到柏拉图所说的

---

[1] David Hume, *Enquiries concerning Human Understanding and concerning the Principles of Morals* (edited L. A. Selby-Bigge, third edition, Oxford: Clarendon, 1975), p. 25.

[2] 在这里我们将不追究休谟的可设想性原则，即凡是可以无矛盾地设想的东西都有可能存在。对可设想性与可能性关系的一个集中讨论，参见 Tamar Gendler and John Hawthorne (eds.), *Conceivability and Possibility* (Oxford: Clarendon Press, 2002)。

第十章 经验、实在与知识

"先验共相",而是试图说明我们如何从对特殊事物的知觉中逐渐把握普遍的解释原则。对亚里士多德来说,对普遍的解释原则的把握经历了四个阶段:首先对殊相的知觉;其次对殊相的记忆;再次从对许多殊相的记忆中形成经验,在这种经验的基础上把握殊相的共同属性;最终把握所谓"科学论证"中使用的普遍的解释原则和定义。[1]亚里士多德显然已经勾画出按照归纳来建立一门科学的基本思想。

斯多亚学派哲学家拒斥了柏拉图的"永恒不变的先验共相"的说法,认为普遍知识的原则只不过是经验施加于灵魂的"种属概念"。不过,不同于亚里士多德,他们也不认为当我们从特殊知觉过渡到普遍原则时,我们在对外部世界的理解上就完成了一种质变。相反,在他们看来,我们对于外在世界永远都不可能达到确定的认识,只能按照经验来决定是否同意或者接受一个我们对之具有感觉印象的东西。例如,当我清楚明晰地看到呈现在眼前的某个东西时,只要我没有对立的理由否认它的存在,我对它形成的印象就自然地要求我同意它的存在。但是,即使我们**现在**同意或接受一个对象的存在,我们随后具有的对立经验可以要求我们取消先前的同意。只有得到一致同意的东西才能算作知识,否则就只能被称为"意见"。古代怀疑论哲学家后来将斯多亚学派的观点推到极端,认为感觉绝对不可能向我们提供关于外在世界的确定知识。在古代怀疑论的两个主要流派中,柏拉图学园派怀疑论者否认知识是根本上可能的,皮浪派怀疑论者则只是认为没有充分合适的证据来决定知识是否在根本上是可能的。在怀疑论者看来,当我们用任何命题来断言关于世界的某个知识主张时,该命

---

[1] 参见 Aristotle, *Posterior Analysis* (translated and noted by Jonathan Barnes, Oxford: Clarendon Press, 1975), 99b15-100b17。对亚里士多德的观点的相关讨论,参见 David Bronstein, *Aristotle on Knowledge and Learning: The Posterior Analytics* (Oxford: Oxford University Press, 2016)。

题总是包含了某些超出我们对世界的经验观察的东西。因此，说我们具有知识就是说，我们知道一个关于世界的命题，而这个命题不仅断言了某个"非经验"或"超经验"的主张，而且我们也必须确信该主张不是假的。而如果这个命题有可能是假的，它就不值得被称为"知识"，只能被称为"意见"。但是，既然我们对任何这样的命题持有的证据都只能立足于感觉或者从感觉经验中进行的推理，就没有知识的终极标准，因为这两个来源在某种程度上都是不可靠的。相反，对于任何"非经验"或"超经验"的命题，我们总是能够有所怀疑。这样，学园派怀疑论者就否认了知识在根本上是可能的，而皮浪派怀疑论者只是将怀疑论看作一种反对教条主义的健全态度，并不否认知识的可能性。[1]

早期现代哲学家对古代怀疑论产生了浓厚兴趣，因此也将古代哲学家对"知识"和"意见"的区分引入他们对知识问题的讨论中。正如我们已经看到的，笛卡尔完全是出于方法论的考虑而采纳怀疑论。就像后来的休谟一样，笛卡尔认为，如果我们将感觉经验看作人类知识的**唯一**来源，那么我们就只能陷入关于外部世界的怀疑论。不过，笛卡尔也相信，通过借助于理性，我们就能把握某些清楚明晰的观念，而这些观念就构成了人类知识的基础。笛卡尔也相应地将人类知

---

[1] 对于古代怀疑论的一般论述，参见 Richard Bett, *The Cambridge Companion to Ancient Scepticism* (Cambridge: Cambridge University Press, 2010); Harald Thorsrud, *Ancient Scepticism* (Acumen Publishing Limited, 2009); 关于塞克斯都·恩披里柯的皮浪派怀疑论，参见 Alan Bailey, *Sextus Empiricus and Pyrrhonean Scepticism* (Oxford: Oxford University Press, 2002); Benson Mates, *The Skeptic Way: Sextus Empiricus' Outlines of Pyrrhonism* (Oxford: Oxford University Press, 1996)。在这里，值得指出的是，尽管休谟提出了关于归纳推理的怀疑论论证，但他并不是提出这种论证的第一位哲学家，大多数这样的论证其实都可以追溯到塞克斯都·恩披里柯。参见 Sextus Empiricus, *Outlines of Scepticism* (edited by Julia Annas and Jonathan Barnes, Cambridge: Cambridge University Press, 2000)。

第十章　经验、实在与知识

识分为两类：一类是理性能够把握的、具有绝对确定性的知识；另一类是感觉经验提供的、只具有或然性的知识。几乎所有现代哲学家都接受这个区分，不论他们是理性主义者还是经验主义者。然而，当休谟将认知的对象分为"观念的联系"和"事实问题"时，他并不是在简单地重复一个古老的区分，而是引入了一个极为重要的问题：有一些东西没有被包含在我们目前的感觉和记忆中，而如果我们对这些东西确实持有信念，那么这些**事实**信念的本质和来源究竟是什么？这是洛克留下的所没有讨论的问题。假设你在荒岛上发现一只手表，你就会断言这个岛上以前一定有人出现过。但是，除非你已经在这两个事件之间建立了一种因果联系，否则你就不能认为这个**目前的**事实为你的主张提供了证据。但是，如果因果关系不是目前出现在感觉和记忆中的东西，也不能从这些东西中通过推理构造出来，那么有什么理由相信因果关系存在呢？对休谟来说，我们只能通过因果推理来获得关于外部世界的认识，因为只有这种推理超越了目前的感觉和记忆。如果我们对外部世界的认识必须以对因果关系的承诺为基础，那么这种知识与我们通过分析观念之间的关系而得到的知识又有什么本质区别呢？正是对这些问题的思考将休谟推向其怀疑论论证。

按照当时对"知识"的理解，知识必须是绝对确定的，因此知识的对象就必须是观念之间的关系。在休谟这里，这个思想有两层含义。首先，按照其经验主义原则，假若我们能够具有知识的话，一切知识都是来自我们的感觉印象以及在此基础上形成的观念。没有观念就不可能有知识。其次，知识必须是对"关系"的知识。这个主张很容易理解。当我们说某人知道某个东西（或者对它具有某些看法）时，我们显然不只是在说他"了解"那个东西——我们也是在说，他认识到**处于某种关系之中**的那个东西。根本上说，知识是以命题的形式出现的，而命题断言了思想对象之间的关系。现在，如果我们假设知识必须是确定的,而且必定涉及观念之间的联系,那么我们就会自然地提出这样一个问题:什么样的关系能够产生知识?休谟提到了七种可能的"哲学"关系:类似关系、同一关系、时空关系、数量关系、质量关系、相反关系和因果关系。这些关系可以被进一步分为两类:"一类完全取决于我们放在一起进行比较的观念,另一类在我们的观念没有发生变化的时候就可以发生变化。"例如,一旦我们发现任何三角形的内角和总是等于180度,那么只要三角形的观念保持不变,这个关系就不会发生变化。休谟由此认为,同一关系、数量关系、质量关系和相反关系是可以通过直观和论证得知的。但是,两个物体之间的远近关系可以随着其位置的改变而变化,尽管它们本身没有发生变化,或者我们对它们形成的观念没有发生变化。同一关系也有类似特点,因为"两个对象虽然完全类似,甚至在不同时间出现在同样的位置,但它们可以在数量上有所不同"。这就是说,对两个观念之间的同一关系的判断不仅要求它们是类似的,也要求它们具有同样的来源。因果关系更不是我们仅凭推理或直观就能在观念的联系中发现的,因为仅仅考察出现在心灵中的观念,我们无法确定它们是否具有因果联系——"原因和结果显然是我们从经验中了解到的关系,而不是从任何抽象的推理或反思中了解到的关系"。[1]

休谟由此认为,在他所列举的七种关系中,只有四种关系**完全**取决于观念,因此才成为"知识和确定性的对象"。[2] 与此相比,同一关系、时空关系和因果关系都涉及对事实问题或存在问题的断言,因此并不是知识和确定性的对象,至多只是所谓**"或然性判断"**的对

---

1 上述引文都出现在 David Hume, *A Treatise of Human Nature* (edited by L. A. Selby-Bigge, second edition, Oxford: Clarendon Press, 1978), p. 69。

2 Ibid., p. 70.

象。也就是说，我们只能按照目前所得到的证据来推断它们**有可能**是什么样子或者处于什么关系中，但不能**确定地**断言它们就是那个样子或者处于某种特定的关系中，而且，我们的推断不具有确定性，甚至可能是错误的。简而言之，对于**存在**问题的断言既不是通过直观就能得到的，也不是仅仅通过在观念之间进行推理就能得到的，正如休谟所说：

> 我们不应该把我们就同一关系、时间和空间关系所做的任何观察看作（论证性）推理，因为在这两种关系的任何一种关系中，心灵都不能超出直接呈现到感官面前的对象，而去发现对象的真实存在或者它们之间的关系。只有因果关系才会产生这样一种联系，使我们从一个对象的存在或活动中断言此前或此后有任何其他的存在或活动。[1]

如果或然性判断就在于把握这三种关系中的一种或多种关系，而对于那些超越了直接经验的对象之间的关系，我们无法从前两种关系中得出任何或然性判断，那么我们就只具有通过因果推理形成的信念。休谟接下来试图表明，如果我们对外部世界的认识关键地取决于我们对因果关系的信念，那么，只要这个特殊信念得不到理性辩护，我们对于外部世界的认识就是成问题的。不过，在考察休谟的怀疑论论证之前，我们还需要审视一下"休谟之叉"的一些具体含义。

对休谟来说，观念之间的关系要么是直观上确定的，要么是论证上确定的，就此而论，它们并不断言外在对象的存在；另一方面，尽管关于事实问题的陈述确实断言了外在对象的存在，但这种断言超出

---

[1] Hume (1978), pp. 73-74.

了我们能够通过直观或抽象推理来把握的东西，因此，事实问题既不是直观上确定的也不是论证上确定的。在这里，说一个命题是直观上或论证上确定的大概就是说，仅仅通过理解其**意义**，我们就能判断其真假。因此，"7 + 5 = 12"或者"三角形有三条边"之类的数学命题是直观上确定的，而尽管笛卡尔自己相信"我思故我在"这个命题可以被确定地知道，但它不是直观上确定的，因为我们并非通过理解其意义就知道它是真的。而是，为了知道这个命题是否为真，我们不仅需要理解它，也需要对自己的精神状态有一种不可错的直接内省。因此，在休谟这里，一个直观上确定的命题就是对认知主体来说自明的命题，对其真值的判断不需要诉求任何超越其意义的东西。换言之，直观上确定的命题就是此前所说的分析命题，而论证上确定的命题则是从自明的命题中通过逻辑推理推出的。这样一个命题的真值是可论证的。按照这种理解，观念之间的关系并不断言存在，或者用休谟自己的话说，用来表述这种关系的命题是我们"不需要依靠在宇宙中任何地方存在的东西就可以发现的"。[1] 例如，即使物理世界中并不存在任何直角三角形，而且也没有谁曾去思考过这样一个三角形，但毕达哥拉斯定理仍然是真的，因为它是否为真并不取决于物理世界中是否存在这样一个三角形，也不取决于是否有人去思考过它。因此，不管是否存在非抽象实体，这样的命题总是真的。由此可见，这种命题并不断言外在对象的存在，因为如果它们确实断言了外在对象的存在，那么其真值就取决于是否存在这样的对象。与此相比，用来表示事实问题的命题确实断言外在对象的存在。除了多次将"事实问题"和"存在"这两个术语并列起来外，休谟也对这个主张提出了一个间接论证：否认一个用来陈述事实问题的命题总是可能的，因为这样做

---

[1] Hume (1975), p. 25.

不会涉及矛盾。例如，断言"太阳明天会升起"和断言"太阳明天不会升起"**在逻辑上**并不矛盾。即使我们相信前一个命题是真的，但只有当太阳明天确实会升起时，它才是真的。就此而论，这个命题断言了一个物理对象的存在。

不过，休谟认为有一种命题表示了事实问题，尽管它们并不断言存在。这种命题具有如下特点：当将它们与一些观察陈述结合起来时，我们就可以推出某个外在对象存在。在这种命题当中，休谟最感兴趣的是所谓"因果原则"。这个原则所说的是，每一个事件都有一个原因。从其自身来看，这个命题并不断言任何东西的存在。但是，只要我们将它与一个观察陈述（例如"事件 X 在此时被观察到"这个陈述）结合起来，就可以推出 X 有一个原因。另一个这样的命题是所谓"归纳原则"，该原则断言未来和过去是一致的。这样，如果我们假设未来总是与过去相似，那么通过观察到过去的闪电总是跟随雷声，而此时我们观察到闪电，我们就可以推出将会有一个雷声出现。因此，归纳原则加上特定的观察陈述就断言了某个对象的存在。休谟认为归纳原则表述了一个事实问题——"一切或然性推理都建立在'未来和过去之间有某种一致性'这个假设下。……这种一致性是一个事实问题"。[1] 对休谟来说，关于事实问题的命题或是直接地或是间接地断言了外在对象的存在，因此它们既不能通过理性又不能通过感觉**绝对确定地**确立起来。在这个意义上说，这种命题既不是自明的又不是可论证的。倘若如此，唯一自明的或可论证的命题就是表示观念之间的关系的命题，但这种命题并不直接地或间接地断言存在。这样一来，假若理性主义哲学家试图**通过理性来证明**各种形而上学实体（上帝、灵魂、物质、单子，或者甚至整个物质世界）的存在，那么他们

1　Hume (1978), p. 651.

的计划就不可能取得成功。

由此可见,对休谟这样的经验主义者来说,所有直观上明显的或可论证的命题都是由语言约定或意义公设来确立的,这些命题是由于意义而为真,因此是所谓"分析命题";而所有断言事实或存在问题的命题都只能通过经验得知,因此是所谓"综合命题"。然而,对于理性主义哲学家来说,有一类特殊命题既描述了实在,而我们对它们的知识又不需要依靠经验,比如说下面这些命题:每一个事实问题都有一个理由或说明;每一个事件都有一个原因;如果存在着一个性质,那么必定有一个它所属的实体;存在是一种完善;如果我能够清楚明晰地设想 X 不依赖于 Y 而存在,那么 X 确实不依赖于 Y 而存在。这些命题被认为对于理性来说是自明的,其应用可以帮助我们获得关于外部世界的知识。然而,休谟否认存在这样的命题,其理由是,如果任何命题旨在向我们提供关于实在的信息,那么它们就必须立足于经验,因此就不可能有这样的命题——它们一方面向我们提供了关于实在的信息,另一方面又是仅仅通过思想就能知道的。休谟希望由此表明,如果我们对于外部世界的知识根本上是立足于因果推理,而因果推理取决于归纳原则,那么只要这个原则本身没有**理性担保**(即理性本身无法证明归纳推理的正当性),我们对于外部世界的知识也没有理性辩护。

二、事实问题与因果关系

在休谟看来,事实问题既不是自明的又不是可论证的。他对这个主张的详细论证主要体现在他对因果推理和归纳推理的分析中。不过,他的论证也取决于一些一般想法。一个关键的想法是,用来陈述事实问题的命题或是直接地或是间接地断言了外在对象的存在,因此这种命题不可能是自明的,例如,我们无法只是通过分析"太阳系

第十章 经验、实在与知识

存在"这个命题的**意义**就能断言它是真的。即使我此时很清楚地看到前面有一棵树,因此可以断言或相信前面目前有一棵树,但我能够由此断言或相信这棵树在未来也存在吗?可能会有很多因素使得那棵树不再存在,而这些因素或许超越了一个有限的人类心灵所能把握的范围。倘若如此,此时呈现在我心灵中的感觉和记忆就不足以构成我用来断言或相信那棵树将继续存在的充分证据。如果直接对存在进行断言的命题不是自明的,那么那些并不直接断言存在、但在添加了某些观察陈述后就能对存在进行断言的命题是自明的吗?在这里,不妨考虑一下"每一个事件都必定有一个原因"这个命题。即使这个命题是真的,它显然也不是由于意义而为真——我能够理解这个命题的意义,但我不知道是否存在着**没有原因**的事件。某些高层次的普遍原则(例如"未来总是与过去相似"这个原则)似乎也有类似特点:我们无法仅仅通过理解其意义就能判断它们是不是真的。既然事实问题不是自明的,那么接下来我们就可以问:它们是不是可论证的呢?休谟对这个问题的回答也是否定的,并提出了如下论证:

(1)如果一个命题 P 是可论证的,那么它在逻辑上来自某些自明的陈述。

(2)如果 P 确实来自某些自明的陈述,那么在确认那些陈述但否认 P 时就会导致矛盾。

第一个前提直接来自休谟对一个"可论证的陈述"的定义,第二个前提则依据如下主张:"每一个事实问题的对立仍然是可能的,因为它绝不可能意味着一个矛盾。"[1]在这里,休谟是在提出一个逻辑观

---
1 Hume (1975), p. 25.

点：如果你确认了一个论证的前提，而且你的论证是有效的，那么否认其结论就总是涉及一个矛盾。同样，休谟试图表明，对"存在"做出间接断言的命题是不可论证的——不管你提出什么样的陈述 P，只要 P 间接地断言存在，那么，非 P 加上你所能发现的任何一组自明的陈述就绝不可能导致一个矛盾。休谟由此认为断言关于事实问题的陈述是不可论证的，并给出了如下说明：

> 每个结果都是与其原因不一样的事件。因此我们就不能在其原因中发现它。先验地发明或设想一个结果必定是一种完全任意的做法。甚至在结果被揭示出来后，它与原因的联结看来也必定同样是任意的，因为总是有许多别的结果在理性看来也是充分一致的和自然的。因此，不借助观察和经验就妄加决定任何单一的事件，或者去推断任何原因或结果，都纯属徒劳。[1]

这段话包含了三个论点：第一，原因对于其结果来说只是偶然充分的；第二，因果关系只能被后验地发现；第三，原因必定不同于其结果。第一个论点实际上说的是，即使作为原因的事件已经出现，但可能并没有与之相伴随的结果。划一根火柴并不**必然**导致火柴燃烧，因为火柴是否燃烧取决于许多条件，而这些条件或许不是我们能够完备地列举或预测的。退一步说，即使我们能够完备地列举或预测一个事件发生的充分条件，这些条件是否应该算作**因果上**充分的条件至少也是一个有争议的问题——也许它们只是因果上必要的而不是充分的，但因果关系要求我们鉴定的是**充分必要**条件，否则我们就可以说任何东西都有可能引起任何其他东西，而这显然是无意义的。对休谟

---

[1] Hume (1975), p. 30.

第十章　经验、实在与知识

来说，更为重要的是，因果产生（即一个事件引起另一个事件）的条件是否得到满足是很偶然的事情。因此，甚至当原因出现的时候，相应的结果是否就会出现也是一件偶然的事情。休谟对此提出了这样的论证：对于归结在一个因果规律下的任何原因和结果，甚至在原因已经出现的情况下，我们还是可以设想结果并未出现；在这种情况下，有原因而没有结果就是可能的；因此，这样的原因足以产生那样的结果只是一个偶然事实。类似的论证可以表明，原因对于其结果只是偶然充分的。在《人性论》中，休谟声称，他完全能够设想一个事件没有原因就可以发生，因此这种可能性是存在的。[1] 此外，只要休谟按照"事件"的概念来定义原因和结果，他就很容易表明原因与其结果是不同的。稍后我们就会看到休谟如何阐明第二个论点。不管怎样，在休谟看来，存在问题不是理性可以先验地决定的，而是必须诉诸经验和观察。那么，经验和观察是否能够向我们提供关于外部世界的确定知识？休谟对因果关系的分析表明答案是否定的。

《人性论》第三部分主要探究两个问题。第一个问题是，究竟是什么让我们相信目前没有观察到的事实问题，或者用休谟的话说，究竟是什么让我们确信"我们没有看到或感觉到的存在和对象"？[2] 休谟论证说，只有通过因果关系，我们才能对目前没有观察到的事实问题产生信念。因此，为了说明事实信念的来源，我们首先需要对"因果关系"提出一个正面论述。休谟由此提出了他所要关心的第二个问题：说一个东西引起另一个东西究竟是什么意思？我们先来考察第一个问题。

如前所述，我们对于事实问题的认识至多只是或然性的——对于

---

[1] 参见 Hume (1978), pp. 78-82。
[2] Ibid., p. 74.

一个特定的事实问题，我们至多只能**推断**它是如此这般，而不是断言它**必定**是如此这般。因此，对于事实问题，我们至多只能形成信念而不是知识。那么，究竟是什么可以让我们对事实问题形成信念呢？在休谟所讨论的七种哲学关系中，通过使用排除法，休谟试图表明，"只有因果关系才会产生这样一种联系，使我们从一个对象的存在或活动中断言此前或此后有任何其他的存在或活动"。[1] 为了论证这个结论，休谟必须表明为什么时空关系和同一关系不具有这个特点，即使它们也涉及我们对事实问题的断言。就同一关系而论，我现在可以看到，我此时知觉到的一个对象就像我以前知觉到的那个对象。然而，这个事实不足以表明我现在看到的这个对象与我以前看到的那个对象是同一个对象，因为为了做出这个断言，我至少需要假设我此前看到的那个对象到我现在看到它的那个时刻为止尚未发生任何变化。同样，为了断言我目前看到的这个对象**在将来**还是那个样子，我需要假设它在未来不会发生变化。但这个假设超出了感觉印象的范围。在这里，休谟实际上想说的是，我们对对象的同一性的判断实际上是基于因果关系，正如他所说：

> 虽然一个对象好几次在我们感官面前若隐若现，虽然我们对它的知觉有所间断，我们还是很容易假设，一个对象的个体可以继续是同一不变的。每当我们断言，如果我们的眼睛不停地看着它，或者我们的手不断地触摸它，那么它就会传递一个不变的、不间断的知觉，在这个时候，我们就把一种同一性赋予它。但这个结论超出了我们的感觉印象，因此只能建立在因果关系之上；此外，不管一个新的对象与以前呈现到我们感官

---

[1] Hume (1978), p. 74.

第十章 经验、实在与知识

的那个对象如何相似，我们都无法保证原来的对象对我们来说没有变化。每当我们发现这样一种完全的相似性时，我们就会考虑，这种相似性在那种对象中是不是共同的，是否可能有什么原因在产生那种变化和相似上正在发挥作用，因此，当我们在决定这些原因和结果时，我们就形成了对那个对象的同一性的判断。[1]

休谟显然不是在否认同一性判断涉及对存在的断言。他是在说，我们对对象的同一性的判断**预设**了我们对因果关系的承诺。因此，根本上说，如果我们能够对存在和事实问题产生信念，那么这种信念必定是以因果关系为基础的。

同样的想法也适用于时间和空间关系。从对对象的**非关系**性质的描述中，我们无法推出它们在时间和空间上的关系，不管这种描述多么细致和完备，因为对象的关系性质不是随着它们的非关系性质而变化的。例如，两个对象在它们固有的非关系性质上可以完全没有变化，但它们的时间或空间关系可以发生变化。如果这种变化不是由它们的非关系性质引起的，我们就需要寻求一个原因来说明这个变化。例如，我们需要寻求一个原因来说明一对恋人为什么现在决定分手，而这个原因或许并不在于他们两人各自的非关系性质。休谟由此认为，不管我们是否可以"通过经验和观察"发现两个对象的关系是不变的，"我们总是断言有某个秘密的原因将它们分开或联结起来"。[2] 这表明，我们对时间和空间关系的断言首先也是建立在我们对因果关系的承诺上。因此，归根结底，"在不单是由观念来决定的那三种关

---

1 Hume (1978), p. 74.
2 Ibid.

系中,能够追溯到我们的感官之外,并且把那些我们看不见、摸不着的存在和对象告诉我们的唯一东西,就是因果关系"。[1] 简言之,因果推理是使我们能够超越目前的经验和观察,对没有观察到的对象和存在进行推断的唯一一种推理。

如果只有因果推理才能使我们超越目前的经验而对存在进行推断,那么我们就需要追问一个重要问题:我们有什么理由相信因果推理?显然,为了能够进行因果推理,我们必须首先具有因果关系的观念,否则就不可能按照这个观念来进行推理。对因果信念的正当性的说明是休谟的因果性理论的核心。他对这个观念的来源的说明可以分为两个部分。否定性部分旨在批评和反驳对因果性概念的两种传统解释,并导致了一个怀疑论结果。肯定性部分旨在对这个结果提出一种自然主义回应,或者更确切地说,休谟将自然主义设想为对怀疑论论证力量的一种承认或让步。

让我们看看我们如何有可能对因果关系形成一个观念。按照休谟经验主义的第一原则,一切观念都是从印象中复制出来的。因此,如果我们能够对因果关系形成一个独立的印象,那么我们就很容易解决这个观念的起源问题。为了寻求这样一个印象,休谟建议我们去考察一下我们称为"原因"和"结果"的那两种东西,看看能够从中发现什么。假设我们发现一个黑色大理石球撞向一个白色大理石球,并使后者产生运动。在这种情况下,很多人都希望在产生那个结果的原因中寻求某个性质来说明它们之间的因果联系。然而,休谟论证说,不管我们在第一个物体中选择什么性质作为具有"因果效力"的东西,不具有那个性质的物体也可以作为原因发挥作用。例如,我们发现一个大理石球也会击碎一块玻璃,因此我们就会问道:"究竟是物体的

---

[1] Hume (1978), p. 74.

第十章 经验、实在与知识

哪个性质使它成为一个变化中的某个事件的原因?"有人或许会说,第二个球之所以产生运动,是因为第一个球迅速撞击它,这种**冲击力**就是第二个球运动的原因。但是,在休谟的时代,"力"这个概念并不指称我们在经验中能够直接观察到的东西,而是按照物体的质量和运动速度来定义的一个理论术语。因此,就算我们正确地认为力就是物体运动的原因,我们对那个原因并不具有一个直接的印象。也就是说,如果我们断言两个事件之间具有因果联系,那么我们的断言不可能是立足于对相应对象的**内在性质**的观察,因为原因和结果对休谟来说是不一样的东西。这样,我们就无法仅仅通过考察一个对象的内在性质来确定它与另一个对象的因果联系。换言之,既然一切东西都有可能引起所有其他东西,我们就没有理由在物体的某个特定性质中去寻求一个原因。不过,有人也许会说,一个原因就是**有能力**产生或引起一个变化的东西,不管那个变化是在一个物体内部发生的,还是在另一个物体中发生的;因此,因果关系的观念必定是从我们对"因果作用力"的印象中引申出来的。很不幸,休谟并不持这一观点,因为在他看来,我们无法仅仅通过审视观念本身就能发现它们所表达的对**象必定**具有某种因果联系。这种联系只能通过经验来发现。然而,一旦我们开始诉求经验,就会发现对一个对象产生或引起另一个对象的那种所谓"因果作用力",我们并没有一个**直接的**和**单一的**印象——我们至多只能发现这两个对象具有某些类型的关系,正如休谟所说:

> 当我们看看周围的外在对象,考察原因的作用时,在一个单一的例子中,我们发现不了任何能力或必然联系,发现不了将原因和结果联结起来,并使一个东西是另一个东西的确实可靠结果的那种性质。我们只能发现,结果确实是跟着原因出现的。……宇宙中的景象总是在不断变化,一个对象在一种不间

断的前后相继关系中跟随另一个对象；但是推动宇宙机器的那种力量对我们来说完全藏而不露，从来不会在物体的任何可感性质中将自身揭示出来。……因此，在物体作用的任何单一的例子中，我们都无法通过对物体进行思辨就能得到"作用力"的观念，因为任何物体都不可能向我们揭示出作为那个观念之来源的任何能力。[1]

因此，休谟并不认为，通过观察物理世界中的任何一对个别事件，我们就能发现**必然联系**的观念。对于这样一对事件，我们至多只能借助感觉经验发现它们具有某些类型的联系，于是，说"原因就是**能够产生**其他东西的那种东西"等于"什么也没有说"。[2] 休谟由此认为，不存在任何能够将必然联系的观念产生出来的原始印象。既然我们不可能在对象的**非关系**性质中来寻找因果关系的观念，我们就只能在对象的关系中来发现其来源。通过考察**日常**被认为具有因果联系的对象，我们发现因果关系涉及三种不同的和分离的关系：空间上的临近关系、时间上的先后关系以及必然联系。在一对被认为具有因果关系的事件中，我们很容易发现前两种关系。然而，在某些情形中，即使两个对象确实具有这两种关系，我们还是很难认为它们之间有因果联系。对象之间的某些联系可能只是**偶然的**概括，具有这些联系对具有因果关系并不充分。这产生了一个问题：什么才是因果关系的最根本的要素？在直观的意义上，说一个事件是另一个事件的原因就是说，在某些条件得到满足的情况下，前一个事件**必然**会产生或引起后一个事件。因果相连的事件之间必须具有某种必然性，否则它们之间

1　Hume (1975), pp. 63-64.

2　Hume (1978), p. 77.

第十章　经验、实在与知识

的联系很可能只是偶然的。休谟实际上并未忽视这一点，他反而强调说："有一个必然联系要考虑，而且这个关系比其他两个关系中的任何一个都要重要。"[1] 这一说法不难理解。休谟之所以对因果关系感兴趣，主要是因为他想阐明一种特殊推理的本质，即按照我们已经观察到的事实来推断我们尚未观察到的事实。此外，他还强调说："不应该将我们对同一关系以及时间和空间关系所做的观察看作推理，因为在这两种关系的任何一种中，心灵都不能超越直接呈现到感官面前的东西，去发现对象的真实存在或者它们的关系。"[2] 这意味着只有因果关系才能让心灵超出直接呈现在感官面前的东西。但是，因果关系具有这种能力，显然不是因为它涉及邻近关系和先后关系这两个要素，而是因为它包含了**必然联系**这个要素——若没有这个要素，我们甚至无法判定对象的同一关系或它们之间的时空关系，因为对这两种关系的判断要求对我们尚未观察到的东西进行推断，而必然联系显然就是这种推断的**根据**，因为如果我们对某种类型的一个对象具有知觉，那么只要我们对这个对象与另一种对象之间的必然联系也有一个知觉，我们似乎就可以从那个已被知觉到的对象的存在推出另一个尚未被知觉到的对象的存在。

然而，即使我们忍不住假设两个对象具有因果联系，是因为作为原因的对象有某种"能力"产生或引起作为结果的对象，但休谟否认我们对这种"能力"能够具有任何直接的和单一的印象。现在，如果必然联系的概念与"能力"具有任何联系，那么，既然休谟否认我们能够对"能力"有一个原始的印象，他势必也会否认我们能够**通过感官**来发现一个必然联系。实际上，休谟认为，在被看作原因和结果的

1　Hume (1978), p. 77.

2　Hume (1978), p. 73.

那些对象中，我们只能发现对象的已知性质，例如，颜色、形状、气味等，但"因果关系丝毫不依赖于这些性质"。[1] 当然，我们也发现了时空关系，但这种关系对于说明和理解因果关系并不充分。因此，在我们通过感官从对象那里所能发现的所有东西中，似乎都没有一个"必然联系"的印象。这样，如果我们没有可靠的理由相信两个对象之间必定存在某种"必然联系"，那么因果推理就丧失了正当根据，因为这种推理取决于我们确认"必然联系"的存在。休谟似乎陷入了一个困境。一方面，他确认我们对"因果关系"的一个**直观**认识，即因果相关的事件之间必定有一种"必然联系"；另一方面，他又否认这种必然性是一种可以**在经验中**呈现出来的东西。面对这个困境，休谟采取了一个策略上的举动：他暂时放弃说明必然联系的观念的本质和来源，转向一些其他问题，因为这些问题的解决可以为我们探究必然联系的观念提供某些线索。[2]

三、休谟的怀疑论论证

休谟提出来要考察的两个问题是：首先，"我们有什么理由声称，其存在有一个开端的每个东西也应该有一个原因这件事是**必然的**？"其次，"为什么我们断言，那样一些特殊的原因**必然**会有那样一些特殊的结果？我们按照一个东西来推断另一个东西的那种推理的本质又是什么？我们在这种推理的基础上建立起来的信念的本质又是什么？"[3]

---

[1] Hume (1978), p. 77.

[2] Ibid., pp. 77-78。

[3] Ibid., p. 78.

第十章　经验、实在与知识

休谟的怀疑论论证要求两个结论作为其前提：首先，感觉经验无法向我们提供"因果联系的必然性"的观念；其次，因果推理不是先验推理，而这意味着因果推理的主要前提不是先验命题。休谟认为自己已经确立第一个结论，他现在试图证明第二个结论。他指出："每一个开始存在的东西必定有一个原因是哲学中的一个普遍准则。"[1] 这个原则（不妨称之为"因果原则"）所说的是，每一个存在的开始都有一个原因，这是一个**必然真理**。休谟评论说，人们往往把这个原则视为理所当然的，从未试图加以怀疑。"然而，如果我们按照前面所说明的知识观念来考察这个准则，在它之中我们就发现不了任何直观确定性的标志，反而可以发现这个原则本质上完全不符合这种信念。"[2] 休谟提出的第一个问题旨在质疑因果原则的先验必然性。需要注意的是，这个问题不同于他要处理的第二个问题，因为即使特定的原因并不必然与特定的结果相联系，因果原则仍然有可能是一个必然真理。同样，即使它不是一个必然真理，特定的原因也可以与特定的结果具有必然联系。不过，尽管这两个问题不同，休谟仍然认为我们可以用同一个回答来解决这两个问题，其理由是，因果原则并不是建立在先验推理的基础上，因此，我们必定是从观察和经验中了解到每一个新产物必定有一个原因。"经验是如何产生这个原则的"这一问题于是就可以归结为第二个问题。

休谟提出了几个论证来表明因果原则为什么不是一个必然真理。首先，在他看来，一个必然真理或是直观上确定的，或是论证上确定的。因果原则不是直观上确定的，因为其否定显然并不涉及任何矛盾，但它也不是论证上确定的，因为其否定命题并不是对一种不可

1　Hume (1978), p. 78.

2　Ibid., p. 79.

能性的陈述，而且，我们无须借助复杂的推理就能表明这一点，因为"事件 X 产生，但它没有原因"这个命题并不涉及逻辑矛盾。休谟对此提出了如下论证：

> 在这里有一个论证，可以立刻表明（因果原则）既不是直观上确定的又不是论证上确定的。如果我们不能同时表明"若没有某种产生性原则，任何东西就不可能开始存在"这个命题，那么我们也绝不能证明，每一个新的存在，或者存在的每一个新的变异，都必定有一个原因；如果我们无法证明前一个命题，那么我们肯定也没有希望能够证明后一个命题。但前一个命题是绝对无法通过论证来证明的。为此，只需考虑下面这一点就够了：既然所有不同的观念都是可以相互分离的，而原因和结果的观念显然是不同的，因此我们就很容易设想任何对象在这个时刻并不存在，但在下一个时刻就存在了，而不需要把一个原因或者一个产生性原则的不同观念附加给它。所以，对想象力来说，"一个原因"和"一个存在的开始"这两个观念的分离显然是可能的。因此，这些对象的实际分离也是可能的，因为这种分离既不蕴含任何矛盾又不是荒谬的，所以不是仅仅通过对观念进行推理就能反驳的。但若没有这种推理，我们就不可能证明一个原因的必然性。[1]

休谟一开始直截了当地断言，如果我们尚未证明"一个东西没有原因就可以开始存在"，那么我们也就不可能证明"每一个开始存在

---

[1] Hume (1978), pp. 79-80. 在这里，休谟继承了古代哲学家的说法，将"原则"理解为对某个事件的出现在根本上负责的东西。

的东西必定有一个原因"。既然我们无法证明前者,我们就无法证明后者。但是,他何以认为我们不可能证明没有原因就可以开始存在的东西是不可能的呢?回答这个问题的关键就在于休谟的**可分离性原则**和**可设想性原则**。按照可分离性原则,所有不同的观念是可以相互分离的。因此,如果一个存在物的原因的观念不同于它开始存在(结果)的观念,那么我们就可以通过想象力将它们区分和分离开来。因此,按照休谟的经验主义原则,与这两个观念相应的对象实际上也是可分离的。这样我们就可以设想如下可能性:某个东西没有一个原因就可以开始存在。例如,我们可以设想一个此时并不存在,但下一个时刻就可以存在的东西。这意味着我们可以设想一个没有原因就可以存在的事件,例如上帝,但不是设想一个没有原因的结果,因为"结果"的观念蕴含了"原因"的观念,因此设想这种可能性是荒谬的。接下来,按照可设想性原则,一切可以无矛盾地设想的东西都是可能的,或者反过来说,凡是不蕴含矛盾的东西也不可能被证明是不可能的。现在,既然"X 开始存在和 X 没有原因"这个合取命题是可设想的,它就不蕴含一个矛盾。但是,如果一个命题不蕴含一个矛盾,那么我们就无法证明它是不可能的。因此,我们无法证明"一个东西没有原因就可以开始存在"这个命题是不可能的。另一方面,只有当我们能够证明"一个东西没有原因就可以开始存在"这个命题是不可能的时候,我们才能证明"每一个开始存在的东西必定有一个原因"这个命题。然而,既然我们无法证明前一个命题,我们也无法证明后一个命题。为了把握休谟的论证的实质,我们可以将它总结如下:[1]

---

[1] 参见 Georges Dicker, *Hume's Epistemology and Metaphysics: An Introduction* (London: Routledge, 1998), pp. 140-141。

（1）一切不同的观念都是可以相互分离的。（前提）

（2）"存在的原因"和"开始存在"是两个不同的观念。（前提）

（3）我们能够设想某个没有原因就可以开始存在的东西。[按照（1）和（2）]

（4）凡是可以按照一个清楚明晰的观念来设想的东西都不蕴含一个矛盾。（前提）

（5）"X开始存在和X没有原因"这个命题并不蕴含着一个矛盾。[按照（3）和（4）]

（6）如果命题P并不蕴含一个矛盾，那么我们就不能证明P是不可能的。（前提）

（7）我们不能证明"没有存在的原因就开始存在的东西"是不可能的。[按照（5）和（6）]

（8）我们能够证明"每一个开始存在的东西必定有一个原因"，只有当我们能够证明"没有存在的原因就开始存在的东西是不可能的"。（前提）

（9）我们不能证明"每一个开始存在的东西必定有一个原因"。[按照（7）和（8）]

这个论证的关键显然就在于设想"一个东西没有原因就可以开始存在"这个可能性。对我们来说，设想这个可能性有点困难，因为我们习惯于认为，大概除了上帝外，一切存在的东西都有原因。[1] 然而，休谟恰好希望通过其论证来破除这个习惯性想法。此外，值得指出的

---

[1] 巴里·斯特劳德由此对休谟的论证提出一个批评：Barry Stroud, *Hume* (London: Routledge, 1977), pp. 46-50。不过，也有一些作者认为斯特劳德用来批评休谟的论证是有缺陷的。例如，参见Dicker (1998), pp. 141-143。

第十章 经验、实在与知识

是,休谟只是否认因果原则是可论证的,因此是先验的,但他并不否认一个开始存在的东西**可能**有一个原因。他想要强调的是,一切存在的原因都只能通过经验来发现。

对于理性主义哲学家以及洛克和贝克莱之类的经验主义者来说,作为原因的东西已经以某种方式预先"包含"了作为结果的东西,就像胎儿已经被包含在子宫中,因此,一个原因**必定**能够将其实质性传递给结果。对因果关系的这种理解导致这些哲学家认为因果原则是一个仅凭理性就能发现的必然真理。如果结果已经被包含在原因当中,那么通过直接审视原因,我们想必就可以发现结果。然而,休谟对这种想法提出了如下反驳:

> 就算借助最精确的审视和考察,心灵也绝不可能从那个假设的原因中发现那个结果。因为原因和结果是完全不一样的,因此从原因当中绝不可能发现结果。第二个弹子的运动与第一个弹子的运动是完全不同的事件;在后者当中,没有什么东西给前者提供了些许的暗示。一块石头或金属若被悬挂在空中,没有任何支撑物,它立刻就会掉下来。但是,先验地考虑这件事,在这种状况中,难道我们可以发现任何东西能够产生石块或金属块向下运动的观念,而不是产生向上运动或者向任何其他方向运动的观念吗?……总之,每个结果都是一个有别于其原因的事件,因此不可能在那个原因当中就被发现,我们一开始对它的先验制作或设想必定是完全任意的。[1]

在这段话中,休谟提出了如下论证:

---

[1] Hume (1975), p. 29.

（1）如果结果已经被包含在原因中，那么我们就可以在原因中发现结果。

（2）结果与原因是完全不同的事件。

（3）如果结果与原因是完全不同的事件，那么我们就不可能在原因中将结果辨别出来。

（4）我们确实无法在原因中将结果辨别出来。

（5）因此，结果不可能已经被包含在原因中。

这个论证的关键之处是如下主张：结果与原因是完全不同的事件。将原因和结果描述为"事件"反映了休谟的一个重要见识：因果关系的真正成员不是对象，而是事件。这个区分极为重要，因为事件是由具体事物例示出来的事态，而一个特定的事态可以由不同的事物例示出来。在日常语言中，我们可以说"石块击破了窗户"。在这种说法中，好像原因和结果都是一个对象，即石块与窗户。但是，实际上发生的是石块撞击窗户引起了窗户破碎。石块撞击窗户和窗户破碎不是对象，而是事件。一旦理解了这一点，我们就很容易看到上述论证的结论是正确的——如果一个原因及其结果是两个不同的个别事件，那么我们就不能先验地断言结果可以从原因当中被辨别出来。之所以如此，不是因为一个事件不可能被包含在另一个"更大的"事件中，也不是因为结果总是在原因之后出现，而是因为**仅仅**通过考虑作为原因而出现的那个事件，我们不可能发现或辨别那个被看作结果的事件。例如，在某些情况下，石块撞击窗户并不必然导致窗户破碎，而假若我们要追问何以如此，就需要其他经验信息，而不能仅仅依靠先验推理，正如休谟所说，"仅仅通过思考对象，而不诉求经验，我们不能决定任何对象是其他对象的原因，也不能以同样的方式确定任

何对象不是其他对象的原因"。[1] 休谟进一步指出:

> 在不参考经验的时候,在一切自然作用中,我们最初对一个特定结果的制作或想象完全是任意的,因此我们也必须认为,将原因和结果联结起来,并且让那个原因不可能产生任何其他结果的那个假设纽带或联系也是任意的。例如,当我看见一个弹子球沿着直线向另一个弹子球运动时,就算我偶然假设第二个弹子球的运动是由第一个弹子球的接触或冲击引起的,难道我不能设想有一百个不同的事件也是由那个原因引起的吗?难道这两个球就不可以处于绝对静止的状态吗?难道第一个球不可以沿直线返回,而第二个球可以沿着任何直线或任何方向跳出去吗?所有这些假设都是一致的和可设想的。为什么我们竟然会偏爱一个假设,认为它比所有其他假设都更一致、更可设想呢?任何先验的推理都不能向我们揭示这种偏爱的任何基础。[2]

休谟的意思是说,我们完全可以设想一个原因可能具有完全新的、从未预料到的结果。这样,我们就没有理由假设原因和结果之间总是存在着一种特定的"联结"。如果休谟的论证是可靠的,那就表明从原因到结果的**先验推理**毫无根据。当然,如果因果关系是一种逻辑蕴含关系,那么这种推理就是有辩护的。然而,休谟已经表明因果关系不是先验可知的。换句话说,从原因到结果的推理不是一个演绎上有效的论证。从"天在下雨或者天在下雪"这个前提中,只要你补

---

1 Hume (1978), p. 173.

2 Hume (1975), pp. 29–30.

充"天不在下雨"这个前提,你就可以推出"天在下雪"这个结论。然而,从"存在着闪电"到"马上就有雷声出现"的推理不是演绎推理。当然,只要你补充"如果存在着闪电,那么就会有雷声出现"这个前提,你可以将这个推理转变为一个演绎推理,但这个前提本身不是被先验地知道的。[1]

既然因果关系绝不是先验可知的,我们就只能依靠经验才能知道这种关系。接下来,休谟决定考察一种特殊的推理的本质。这种推理就是日常所说的"归纳推理",即按照我们对恒定结合的经验,从已经观察到的原因推出一个尚未观察到的结果。在考察归纳推理的本质时,休谟试图表明这种推理的结论必然是没有理性担保的,因此,我们通过归纳而对外部世界持有的信念也没有理性辩护。休谟对因果推理问题给出了如下描述:

> 我们从一个呈现在记忆或感官中的印象转移到我们称为"原因"或"结果"的那个对象的观念上,这个过程看来是建立在过去的经验之上,建立在我们对它们的恒定结合的记忆之上,既然如此,接下来的问题就是:经验是借助知性来产生这个观念的,还是借助想象来产生这个观念的?究竟是理性决定我们做出这种转移,还是知觉的某种联想和关联决定我们做出这种转移?[2]

在这里,休谟是用"转移"这个措辞来描述心灵从一个印象过渡到一个观念的活动。这表明他不愿意将我们按照恒定结合的经验、从

---

[1] 参见 Hume (1975), p. 29.

[2] Hume (1978), pp. 88-89.

第十章　经验、实在与知识

已被观察到的原因推断出尚未观察到的结果的那个过程称为"推理"。而且，他想弄清这种转移究竟是由想象力来实现的，还是由理性来实现的。休谟明确地给出的答案是："当心灵从一个对象的观念或印象过渡到另一个对象的观念或信念时，它不是被理性所决定的，而是被某些原则所决定的，这些原则将那些对象的观念联结起来，并且在想象中将它们结合起来"。[1] 休谟显然否认这种转移是由理性来实现的，其理由是，假若这种转移是由理性来决定的，那么它或是建立在论证性论证的基础上，或是建立在或然性论证的基础上。在休谟的时代，理性的唯一职能就是执行这两种形式的推理。[2] 倘若如此，心灵的这种活动就不可能是由理性来决定的。这样一来，如果我们对因果关系的知识不是通过先验推理得到的，而是完全来自经验，那么当我们按照经验来推断未知的东西时，这种推断的本质和基础究竟是什么呢？这个问题之所以产生，是因为因果推断对休谟来说取决于一个"致命的"假定，即自然的齐一性原则：我们没有经验过的例子必然类似于我们经验过的例子，而自然的进程总是继续齐一地保持不变。[3] 这个假定之所以是"致命的"，是因为休谟认为它本身没有任何理性担保：一方面，我们不可能对它提出任何论证性的论证；另一方面，只要我们试图对它提出任何或然性的论证，我们的论证必定会陷入循环。为了阐明休谟的论证，让我们先来看看他对因果推断的分析。这种推断往往采取了如下形式：

1　Hume (1978), p. 92.
2　关于休谟对"理性"的理解，参见 David Owen, *Hume's Reason* (Oxford: Oxford University Press, 1999)；亦可参见 Henry Allison, *Custom and Reason in Hume: A Kantian Reading of the First Book of the Treatise* (Oxford: Clarendon Press, 2008)。
3　Hume (1978), p. 89.

(1) 过去的 A 事件总是被 B 事件跟随着。
(2) 如果有一个 A 事件,那么就会有一个 B 事件。
(3) 有一个 A 事件。
(4) 因此,将会有一个 B 事件。

这里,第一个前提来自我们对恒定结合的经验,第二个前提是我们从这种经验中得出的一个信念,也就是说,从恒定结合的经验中,我们逐渐形成了这样一个**期望**:每当一个 A 事件出现时,一个 B 事件也会随之出现。一旦我们已经具有这样一个信念,当观察到一个 A 事件已经出现时,我们就会自然地推断一个 B 事件将会出现。休谟的问题是,即使我们已经经验到两种类型的事件**在过去**的恒定结合,是否就可以由此得出像第二前提这样的结论?当我们试图按照经验从(1)推出(2)时,究竟是什么为我们的推理提供了保证呢?休谟明确地否认这个推理是由理性来保证的,因为"甚至当我们已经经验到原因和结果的作用之后,我们从这个经验中得出的结论不是建立在推理的基础上,也不是建立在知性的任何过程之上"。[1] 这个推理显然不是直观的,因为为了在这两个命题之间建立联系,我们就需要做出如下假设:"B 类型的事件总是跟随 A 类型的事件"这个**在过去**已被观察到的事态**在未来**不会发生变化。简言之,我们需要假设未来总是类似于过去。如果自然的历程在未来某个时刻已经不知不觉地发生了变化,那么我们就不能按照目前的经验,在经验到一个 A 类型的事件时就断言一个 B 类型的事件也会接着发生。而且,我们甚至也不能假设这两种类型的事件之间有一种"秘密的力量"来帮助我们逃避困境,因为为了进行这种推理,我们也必须假设那个"秘密的力量"在未来不会

---

[1] Hume (1975), p. 32.

第十章 经验、实在与知识

发生变化。休谟非常有力地表明自然的齐一性原则是不能通过任何推理来确立的。为了便于讨论，我们可以将其论证重构如下：

（1）我们只有两种可能的方式通过推理来确立一个命题：或是通过从自明的前提中进行论证性推理，或是通过从理性上可接受的前提中进行或然性推理。

（2）我们不可能通过论证性推理来确立齐一性原则，因为其逆命题并不蕴含一个矛盾。

（3）我们也不可能通过或然性推理来确立齐一性原则，因为所有这样的推理本身就依赖于这个原则，因此就使一个或然性论证陷入循环。

（4）因此，我们不可能通过推理来确立齐一性原则。

对于第一个前提，有人可能会说，也许我们有不止两种方式确立一个命题。例如，我们可以从一个命题 P 有效地推出命题 Q，而 P 不是一个自明的命题。既然 P 不是一个自明的命题，从 P 到 Q 的论证在休谟的意义上就不是论证性的。另一方面，既然 Q 被假设是从 P 论证性地推出的，这个推理也不是或然性的。不过，休谟很容易回应这个异议，因为他会说，倘若如此，我们就必须问 P 的基础或根据究竟是什么。如果 P 本身是从一些自明的前提推出的，那么对 Q 的完备论证根本上也是论证性的；如果 P 不是从自明的前提推出的，那么我们就需要考虑四种可能性。首先，P 可能得到了一些自明前提的**或然性**支持，在这种情况下，从 P 到 Q 的论证本身也是或然性的。其次，如果 P 得到一些自明前提的**或然性**支持，而这些前提在休谟的意义上不是自明的，比如说，它们是通过内省得知的命题，那么从 P 到 Q 的论证也是或然性的。再次，P 要么以论证性的方式要么以或然性的方式立足于某些既不是自明的也不是通过内省而得知的命题，例如一个人对其周围环境的观察或者他的记忆。但是，按照休谟的观念学说，关于物理世界的陈述必须在根本上立足于感觉经验，而当我们按照后者来推断前者时，我们的推断只能是或然性的。所以，按照这样的陈述从 P 到 Q 的论证也必定是或然性的。最终，P 是以一种**论证性**的方式从某些通过内省得知的陈述中推出的。对休谟来说，关于内省的陈述不是自明的，因此，按照这些陈述来推断 P 就不是一种论证性的论证。另一方面，既然 P **被假设**是论证性地推出的，这个论证也不是或然性的。在这种情况下，从 P 到 Q 的论证既不是论证性的又不是或然性的。那么，我们必须接受这种可能性吗？休谟对"命题"这个概念的使用消除了这种可能性，因为对他来说，从通过内省得知的命题中以**论证性**的方式推出的任何命题，其本身也是我们通过内省就能知道的。因此，我们并不是通过论证性的方式从内省陈述中推出某个其他陈述。

休谟对第二个步骤的论证其实类似于他用来反对因果原则的先验地位的论证。对休谟来说，说 P 是可论证的就是说，存在着一组陈述 S，以至于 S 的所有成员都是自明的，而且 P 的逆命题加上 S 会导致一个矛盾。按照这个思想，休谟已经表明，"太阳明天会升起"之类的陈述不是可论证的，因为其逆命题并不蕴含一个矛盾。同样，很容易表明齐一性原则也不是可论证的，因为"未来将不相似于过去"这个命题加上任何由自明的前提构成的集合都不会导致一个矛盾。我们总是可以无矛盾地设想未来将不相似于过去。实际上，如果我们能够以一种论证性推理的方式证明"我们的经验将总是保持不变"，尤其是，如果我们能够以这种方式证明"未来将总是相似于过去"，那么我们就无法设想我们的经验竟然会发生变化，但我们确实可以设想我们的经验已经变得有所不同。例如，我们可以无矛盾地设想存在着不产生热量的火焰。按照休谟的可设想性原则，我们可以按照经验来设想的东西必定是可能的，因此否认齐一性原则也是可能的。然而，这意味着这个原则不是一个论证上明显的原则，因此不可能有论证性的证明。

不过，有人会说，即便我们不可能提供一个论证性的论证来支持我们按照经验来进行的推理，我们也可以提供或然性的论证来支持这种推理。或然性论证指的是这样一种论证：否认该论证的结论不会导致任何矛盾。这种论证是或然性的，因为用来支持结论的理由并没有对其真假提供确定性的支持。因此，如果一个被推断出来的结论不仅取决于观念之间的概念联系，也取决于一个事实，即我们对于与那些观念相对应的对象并不具有**绝对确定**的观念或信念，那么那个推理就是或然性的。实际上，正是这个事实使得我们的推理变成或然性的。休谟由此认为，或然性推理是混合性的，一方面涉及观念之间的关系，另一方面又涉及我们对有关对象持有的不确定的观念或信念。现在，休谟试图表明，按照或然性推理对齐一性原则的一切论证都必定会陷入循环：

> 我们不可能通过任何或然性论证来表明未来与过去必定是一致的。既然一切或然性论证都是建立在"未来和过去之间存在着这种一致性"这个假定之上，我们就无法证明这个假定。这种一致性是一个事实问题，而如果它必须得到证明，它就只能从经验中得到证明。但是我们在过去的经验不可能证明任何未来的东西，如果我们试图提出这样的证明，我们就得首先假设"未来和过去之间有一种相似性"。这就是这个原则无法得到证明的真正原因。[1]

1　Hume (1978), pp. 651-652.

在其他地方，休谟指出，我们无法证明这个原则，是"因为同一个原则不可能既是另一个原则的原因又是其结果"。[1] 这个主张并不难理解。假设你看见远处有一团火焰，推断它是热的。现在我问你，你如何辩护你的结论？你可能会回答说："我以前经验到的一切火焰都是热的。"你的回答显然预设那个特定的火焰必定会类似于过去所有发热的火焰。那么，你如何辩护这个预设呢？只要你试图通过诉诸经验来回答这个问题，你至多只能说："到目前为止我经验到的一切火焰因为都是热的而彼此类似。"你的回答尚未触及如下根本问题：你尚未经验到其热量的那个火焰必定会类似于其他已经发热的火焰吗？如果你必须回答这个问题，那么你就只能假设，在能够发热这一点上，这个火焰与你以前已经经验到的一切火焰都是类似的。然而，这个假设就是你需要证明的东西，因此，一旦你在论证中使用了这个假设，你的论证就会陷入循环。[2]

不过，你还可以用如下说法来回应休谟的批评：如果在过去的经验中，我们已经观察到某种类型的事件 A 总是被另一种类型的事件 B 所跟随，那么我们就可以合法地推断事件 A 有某种**能力**产生事件 B；因此，当我们观察到事件 A 的一个实例时，我们就可以合法地推断事件 B 会随之而来。这实际上是休谟预料到并加以反驳的一种回应。[3] 休谟会继续认为你的论证涉及一个明显的循环，因为说一个事件 A "有能力"产生一个事件 B 其实就是说 A 引起 B。但在这里，我们所要分析的恰恰是因果关系本身。这样，如果你所说的那种因果作用力确实存在，那么它本身就需要分析。实际上，即使你假设事件 A 引起事件

---

[1] Hume (1978), p. 90.
[2] 在下面第七节中，我们将会讨论这种循环是否会对认知辩护构成致命威胁。
[3] 参见 Hume (1978), p. 90。

第十章　经验、实在与知识

B，是因为 A 的微观结构中有一种能够使得它以某种方式产生 B 的能力，你仍然没有解决休谟提出的问题，因为为了说明 A 在将来仍然能够产生 B，你就必须假设 A 所具有的那种能力在将来也会保持不变——你仍然必须预设未来将总是相似于过去，以便 A 被假设具有的那种能力在未来的任何例示中也是不变的。因此，即便我们承认一个对象"有能力"产生另一个对象，但通过诉诸过去的经验不可能为我们断言一个类似的对象在未来也会具有那种能力提供任何辩护。这样一来，如果你总是试图以同样的方式来回答这个问题，同样的问题就总会产生，你试图寻求的那种辩护就总会陷入循环。这一点并不难理解。假设我们问你："为什么你相信未来将总是相似于过去？"你的回答只能是："因为总是这样！"现在，你的论证采取了如下简单的形式：

（1）到目前为止，未来已经总是相似于过去。
（2）因此，未来将总是相似于过去。

你的论证是一个归纳论证，而一个归纳论证的前提至多只能表明结论是可能的，而不能对结论提供决定性支持。在很多情形中，这种论证涉及按照一个已被观察到的试样来推断尚未观察到（或者目前无法观察到）的事情。未来将总是相似于过去是一件尚未被观察到的事情，因此上述论证本身就是一个归纳论证。当然，如果我们略微改变一下其形式，我们就会发现它确实是一个归纳论证：

（1a）过去的未来已经相似于过去。
（2a）因此，未来的未来将也相似于过去。

这个论证使用所要论证的结论为前提，因此显然是循环的。当然，使用结论为前提的论证可以是一个演绎上有效的论证，因为如果 P 作为前提是真的，那么 P 作为前提也必定是真的。因此，所有循环论证都自动成为演绎上有效的论证——任何具有"P；如果 P，那么 P"这种形式的推理在形式上都是有效的。因此，一个归纳上正确的论证绝不可能是循环的，因为演绎推理和归纳推理是以相互排除的方式来定义的。那么，休谟在什么意义上认为对齐一性原则的**或然性论证**是循环的呢？这种循环就在于，"未来将总是相似于过去"这个命题被用来**辩护**一切归纳推理，但是，从"到目前为止，未来已经总是相似于过去"到"未来将总是相似于过去"的推理本身就是一个归纳推理。简言之，这种循环就在于**使用归纳来辩护归纳**，因此是循环的。[1]

休谟的论证可以被认为产生了一个怀疑论结论：如果因果推理没有理性担保，那么我们是凭借什么来进行因果推理呢？当我们利用这种推理来断言存在问题时，我们究竟在什么意义上得到了辩护呢？因果推理的可能性在于我们相信齐一性原则。但是，如果我们将"理性"理解为对论证性论证或或然性论证的**接受**，那么理性显然不可能为这个信念提供任何辩护。因果推理本身是一种推理活动，但我们从事因果推理的倾向既不是由理性来决定的又不是由理性来辩护的。由此来看，休谟关于因果推理的怀疑论同时也是关于理性的怀疑论。更为严重的是，休谟也可以将这种怀疑论扩展到关于外部世界的怀疑论。为了明白何以如此，让我们先来总结一下休谟的第一个怀疑论论证，即关于"尚未观察到的事实问题"的怀疑论：

（1）所有推理要么是论证性的，要么是或然性的。

（2）"尚未观察到的事例将类似于已被观察到的事例"这个

---

[1] 参见 Hume (1975), pp. 35-36。

原则不能由论证性推理来辩护,因为否定这个原则并不涉及一个矛盾。

(3)这个原则也不能由或然性推理来辩护,因为这种推理恰好预设了它本来就要说明的东西,因此这种辩护是循环的。

(4)这个原则也不能由直观、目前的感觉或者记忆来辩护,因为在这些东西中,没有任何一个东西与关于尚未观察到的事例的事实假设有关。

(5)因此,"尚未观察到的事例将类似于已被观察到的事例"这个假设无法在根本上得到辩护。

(6)我们对尚未观察到的事实问题持有的一切信念,就其辩护而论,都取决于这个假设。

(7)因此,所有这样的信念本身都是没有辩护的,因为它们都取决于那个没有得到辩护的假设。

(8)因此,我们对尚未观察到的事实问题没有任何知识。

在这里,我们是按照"尚未观察到的事实问题"这个说法来表述这个论证。有些事实问题是目前我们没有观察到的,但所有关于未来的事实问题都是我们没有观察到的。因此,休谟的论证自然地表明,我们对"未来"也没有任何知识。通过利用这个论证,我们就可以引出休谟关于外在世界的怀疑论论证。[1] 这个论证的关键是,"我们的感觉经验是否由外部实在所引起"这个问题本身是一个事实问题。因此,如果这个问题能够得到解决的话,它也只能通过诉诸经验来解决。然而,休谟立即指出:"在这里,经验保持沉默,而且必定完全

1　参见 John Creco, *Putting Skeptics in Their Place* (Cambridge: Cambridge University Press, 2000), pp. 25-34。

保持沉默。"休谟之所以提出这样的说法，显然是因为一切呈现到心灵中的东西都是以知觉的形式呈现出来的，因此我们无法将知觉与它们被认为要表达的对象直接相比较，或者用休谟的话说，我们"不可能对知觉与对象的联系形成任何经验"。[1] 这样一来，我们就没有理由在推理中假设知觉和对象之间存在这样一种联系。休谟的论证很容易让我们想起笛卡尔的怀疑论假说。不过，笛卡尔的怀疑论论证是立足于感觉经验的不可区分性论点，而休谟则进一步表明为什么我们没有理由认为感觉经验可靠地指示了外部实在。实际上，为了证明知觉与其所表达的对象具有某种相似性，我们就必须诉求经验。这样一来，我们的推理就会陷入循环，因为我们是在试图通过感觉经验来证明"感觉经验可靠地指示了外部实在"这个假设。事实上，按照休谟的第一个怀疑论论证，我们按照目前的经验对一切存在问题的推断都是没有理性担保的。与此同时，就像在因果原则的情形中一样，休谟也不相信这个假设可以通过某个论证被先验地确立起来，因为它本身是一个事实问题。[2] 由此我们就得到了休谟的第二个怀疑论论证：

（1）我们关于外部世界的一切信念在证据上都取决于感觉经验以及"感觉经验是对外部实在的一个可靠指南"这个假设。

（2）但是，这个假设本身是一个关于外部世界的信念。

（3）因此，这个假设在证据上不可能取决于其自身。

（4）循环推理不可能产生知识。

（5）因此，这个假设是我们所不知道的。

（6）所有我们关于外部世界的信念都取决于一个我们不知

1　Hume (1975), p.153.
2　Ibid.

道的假设。

（7）取决于一个未知假设的信念本身是未知的。

（8）因此，没有任何人知道关于外部世界的任何东西。

这个论证在很大程度上取决于休谟关于因果推理的怀疑论论证的结果。如果只有因果关系才能使我们超越目前的经验对事实问题进行推断，那么我们就必须追问这样一个重要问题：当我们诉求因果关系来辩护关于外部世界的信念时，究竟是什么为我们这样做提供了辩护？休谟已经表明原因和结果之间的理性联系不可能是由先验推理（即他所说的论证性推理）来确立的。在休谟的理性概念的意义上，这意味着因果推理没有理性担保。我们关于因果关系的信念本身属于他所说的"事实问题"，因此其来源也只能在经验中寻求。我们或许可以通过经验和观察来发现各种特定事件之间的因果联系。然而，如果我们要按照由此得出的经验概括来推断进一步的因果联系，我们就必须假设自然的历程始终保持不变。而当我们试图按照归纳来辩护这个原则时，我们所能提出的辩护是循环的。如果循环论证不可能为任何东西提供实质性的辩护，那么我们对事实问题形成的一切信念也就得不到辩护。进一步说，如果呈现到心灵中的一切东西只是休谟所说的知觉，那么为了按照知觉来推断它们被认为要表达的外在对象，我们就必须假设知觉经验可靠地指示了外在对象及其联系。然而，只要我们是通过归纳提出这个假设的，它也得不到辩护。由此可见，休谟的怀疑论论证实际上**不是**立足于一些理论家赋予他的那个笛卡尔式主张，即证据不足以决定我们的推理。[1] 也就是说，休谟的怀疑论并不

---

1 关于对休谟的怀疑论论证的这种错误解释，参见 Peter Lipton, *Inference to the Best Explanation* (second edition, London: Routledge, 2004), pp. 22-23; Karl Popper, *The Logic of Scientific Discovery* (London: Routledge, 2005), p. 4。

是立足于笛卡尔在其怀疑论论证中所使用的证据的不可区分性论点。在某种意义上说，休谟的怀疑论不仅比笛卡尔的怀疑论更深刻，也更具破坏性，因为它不仅表明理性自身不能为某些重要的认知原则提供辩护，而且也暗示了对经验主义的承诺如何必然会导致怀疑论。这导致了一个亟需探究的问题：休谟的怀疑论论证的结果是否表明我们的知识事业根本上是不可能的，或者经验主义本身是自我挫败的？

四、怀疑论与自然主义

《人性论》的首要使命是要按照所谓"实验方法"来阐明人性的根本原则，进而表明我们究竟是如何持有某些信念并做出我们所做出的判断。休谟所说的"实验方法"本质上就是经验观察和经验分析方法——通过谨慎地观察人类生活以及在我们生活的世界中呈现出来的现象，来确定我们所能具有的知识的范围和限度。[1] 因此，经验主义是休谟哲学的第一承诺。当经验主义的基本原则导致了怀疑论结果时，休谟旨在使用怀疑论来揭示人类知性（或者他所说的"理性"）的限度，表明理性主义哲学家按照理性来辩护我们所持有的某些根本信念（例如关于归纳推理、外部世界以及自我的信念）的尝试是脆弱的。然而，与笛卡尔不同，休谟并非一开始就对我们的认知官能采取一种全盘怀疑的态度，而是通过审视我们的认知活动的来源和根据来揭示**知性**或**理性**自身的限度，并由此反驳教条主义。[2] 休谟的怀疑论之所以可被理解为旨在揭示理性主义者所设想的理性的限度，是因为

---

[1] 参见 Hume (1978), p. xix。

[2] 就此而论，正是休谟为康德的批判哲学事业提供了基本的灵感和思想框架，尽管康德用其特有的语言来阐述他对理性进行批判性反思的事业。

第十章 经验、实在与知识

他认为信念不是我们通过使用理性来进行推理的结果,而是"一种特殊的情感或者习惯所产生的活生生的观念"。[1] 我们可以用两个例子来简要地说明这个主张以及休谟对自然主义的承诺。

如前所述,休谟的怀疑论论证产生了一个极具破坏性的结果——按照经验来进行的因果推理不可能产生具有理性担保的信念。为了在经验的基础上推断一个原因**必然**会产生特定的结果,我们就必须假设原因和结果之间具有某种必然联系。但是,经验本身并没有向我们提供必然联系的观念,而既然因果关系是一个事实问题,理性也不能证明特定原因必定会产生特定结果,正如它不能证明因果原则本身是真的。如果我们无法以任何方式表明原因和结果之间必定存在必然联系,那么一切因果推理就失去了其正当根据。然而,在日常生活中,我们不仅倾向于进行因果推理,而且似乎也相信一个原因在适当条件下必然会产生其结果。休谟对这个特殊信念的来源给出了如下说明:

> (我们已经)发现,在许多情况下,任何两种物体,例如火焰和热、雪和冷,总是联系在一起;如果火焰或雪再次呈现到我们感官,心灵就会在习惯的推动下期待热或冷,并相信这样一种性质确实存在,而且不久后就会呈现出来。这种信念是将心灵置于这种环境中的必然结果。当我们处于这样的境地时,它是灵魂的一种运作,就像我们在受到恩惠的时候不可避免地感受到爱的激情,或者在受到伤害的时候不可避免地感受到恨的激情。所有这些运作都是一种自然本能,既不是任何推理或

---

[1] Hume (1978), p. 657. 对于休谟的信念理论及其含义的详细阐述,参见 David Pears, *Hume's System: An Examination of the First Book of His Treatise* (Oxford: Oxford University Press, 1990)。

者思想和理解的过程所能产生的，又不是推理或者这样一种过程所能阻止的。[1]

按照休谟的说法，我们对于特定的因果关系的信念是这样形成的：首先，我们观察到两种类型的对象或事件总是相联系，具有临近的空间关系并在时间上前后相继；在对它们之间的联系具有大量经验后，一旦我们发现第一种对象或事件的一个实例出现了，我们就不可避免地期望第二种对象或事件的一个实例也会出现。这种期望或预期是经验对心灵的影响和观念联想的结果，并不是理性推理的产物。也就是说，过去的经验驱使**想象力**将这两个东西在我们的心灵中联系起来，"让我们期望与过去已经出现的事件相似的事件在未来（也会出现）。"[2] 这种期望当然不是理性推理的结果，而是心灵在接受了大量经验刺激后形成的一个推断或判断习惯。我们之所以**不可避免地**做出这种推断，是因为若非如此"我们就永远不会知道如何调整手段来适应目的，或者采纳我们的自然能力来产生任何结果"。当然，从获得知识的角度来看，若非如此，"我们就完全不知道每一个超越了在记忆和感官中直接呈现出来的东西的事实问题"。[3] 例如，若不相信外部世界是真实存在的，我们很可能就无法实现我们在生活中想要取得的各种目的；若不相信我在明天依然是同一个人，我在此时大概就不

---

[1] Hume (1975), pp. 46-47.
[2] Ibid., p. 44. 想象力在休谟哲学中具有至关重要的意义。实际上，对休谟来说，正是想象力**构造**了经验不能直接提供的各种形而上学实体（例如物质实体、灵魂和自我）和关系（例如必然联系、个人同一性以及无限）的观念。一些相关的讨论，参见 Timothy Costelloe, *The Imagination in Hume's Philosophy: The Canvas of the Mind* (Edinburgh: Edinburgh University Press, 2018); Stefanie Rocknak, *Imagined Causes: Hume's Conception of Objects* (Springer, 2013)。
[3] Hume (1975), pp. 44-45.

会去规划明天的写作任务。因此,对休谟来说,正是**生活的必然性**要求我们承诺理性不能提供担保的基础信念。而且,也正是这种**实践意义**上的必然性驱使我们做出因果推断,并假设每当一个被看作原因的事件出现时,在适当条件下就必然有一个结果随之而出现。对休谟来说,我们对于因果联系的**必然性**的信念来自一个反思性印象:

> 当我们在足够多的例子中观察到了(两个对象的恒常结合的实例的)相似性后,我们立即就会感受到心灵的一种决定,即从一个对象转移到通常伴随它的那个对象,并根据这种关系来更有力地考虑它。这种决定是这种相似性的唯一结果,因此就必定与我们从这种相似性中获得的观念具有同样效力。相似的结合的几个实例将我们带入影响力或必然性的概念。这些实例本身彼此完全不同,除了在观察它们并收集其观念的心灵中外,它们之间没有任何联系。因此,必然性就是这种观察的结果,只不过是心灵的一种内在印象,或者是一种将我们的思想从一个对象转移到另一个对象的决定。[1]

如前所述,休谟是使用"转移"这个说法来描述心灵的这样一种活动:当心灵已经反复经验到两个对象 A 和 B 之间的恒常结合后,一旦它发现 A 的实例已经出现,它就不可避免地预期或相信 B 的实例即将出现。这种转移"不是由理性来决定的,而是由某些将这些对象的观念在想象中联系和结合起来的原则来决定的"。[2] 想象力发挥了**扩展**直接经验的作用,在习惯的影响下从已经观察到的东西来推断尚未观

---

[1] Hume (1978), p. 165.

[2] Ibid., p. 92.

察到的东西。因此，对休谟来说，作为原因和结果的对象之间**本身**并不存在必然联系，更确切地说，经验并未告诉我们对象之间本身存在必然联系。如果说我们对因果关系有一个必然联系的观念，那么这个观念就只能是一个反思性印象的结果——我们只是在与随着我们的因果推断而产生的必然联系的印象中发现那个观念。这个观念，作为过去的经验对想象力作用的结果，只存在于心灵中，而不存在于外部世界中。然而，一旦我们具有了必然联系的观念，我们就倾向于将它"投射到"外部世界中去，因为心灵"有一种将其自身扩展到外在对象并将它们与它们所引起的内部印象结合起来的倾向"。[1] 休谟由此说明了我们在日常的因果认知中（而不是在极度的哲学反思下）所持有的必然联系的观念的来源。

在休谟看来，我们的**本性**就是被如此构成的，以至于在我们对两个对象之间的恒常结合具有大量经验后，我们就倾向于在一个对象的印象或观念出现的时候形成另一个对象的观念，或者相信另一个对象即将出现。这种倾向不是心灵的理性产物，尤其是，它不是心灵对那个恒常联系进行**理性反思**的结果，因为"我们发现想象力在没有对过去的经验进行反思的情况下就能做出这种推断"，[2] 即按照已经观察到的东西来推断尚未观察到的东西。实际上，休谟进一步指出："野兽肯定从未知觉到对象之间的任何真实联系。它们是通过经验从一个对象来推断另一个对象。它们绝不能通过论证来形成这样一个一般的结

---

[1] Hume (1978), p. 167. 这个观点当然产生了休谟哲学中一个有争议的问题，即休谟是否对因果关系持有一种实在论立场。相关的讨论，参见 Helen Beebee, *Hume on Causation* (London: Routledge, 2006); P. J. E. Kail, *Projection and Realism in Hume's Philosophy* (Oxford: Oxford University Press, 2007); Galen Strawson, *The Secret Connexion: Causation, Realism, and David Hume* (second edition, Oxford: Oxford University Press, 2014); John P. Wright, *The Sceptical Realism of David Hume* (Manchester: Manchester University Press, 1983)。

[2] Hume (1978), p. 104.

第十章　经验、实在与知识

论，即它们没有经验到的对象类似于它们经验到的对象。因此，经验是通过习惯本身而对它们产生作用。"[1] 如果因果推断不是理性反思的产物，而是习惯性影响的结果，那么其根据或原则就不是由理性来辩护的。但是，对休谟来说，这并不意味着因果推理在根本上是不合法的，而是，其正当性来源于实际生活的需要——我们是出于生活的需要，在经验的影响下倾向于相信恒常结合的对象具有必然联系。[2]

我们的第二个例子将涉及休谟对所谓"关于感官的怀疑论"的讨论。休谟区分了我们对于外部世界的信念的两种看法，即所谓"通俗看法"和"哲学家的看法"。他对前一种看法提出了如下描述：

> 显然，人们是通过一种自然的本能或先入之见而倾向于相信自己的感官；而且，在不进行任何推理的情况下，或者甚至几乎在使用理性之前，我们就总是假设一个不依赖于我们的感知就会存在的外部宇宙。……同样明显的是，在遵从这种盲目而有力的自然本能时，人们总是假设感官所呈现的印象本身就是外在对象，而从不怀疑前者只不过是后者的表象。我们看作白色、感到坚硬的这张桌子被认为独立于我们的知觉而存在的，是一种对它进行感知的心灵之外的东西。[3]

换言之，通俗看法不仅直接确认外部世界的存在，而且也相信我们能够直接感知外在对象——当我们具有一个对象的经验时，我们感

---

[1] Hume (1978), p. 178.
[2] 在《人性论》中，休谟也通过诉诸人类心灵的这种一般倾向来说明我们为什么相信实际上没有空间位置的声音和气味与某些可见的和延展的物体处于同样的位置，以及我们为什么将道德属性赋予事物。
[3] Hume (1975), p. 150.

知到的就是那个对象本身。但是,我们对一个对象的知觉在不同的时期可以是不同的,或者从不同的角度来看可以是不同的。如果我们的知觉就像休谟所说的那样是分离的,那么我们如何确信一个外在对象的**持续**存在呢?而且,有可能的是,一个对象在没有被知觉到的时候并不存在。总之,知觉经验并没有向我们提供一个物理对象的持续存在和独立存在的证据。倘若如此,休谟就需要说明为什么人们会具有外在对象持续存在和独立存在的信念。休谟的回答是,想象力有一种自然的倾向将同一性赋予彼此相似的知觉,因此,外在对象的持续存在和独立存在是想象力虚构出来的。这个说法当然意味着我们关于外部世界存在的信念没有理性担保。而一旦我们在**哲学**上进行反思,就会发现我们并不是用通俗看法所设想的那种简单的实在论方式来知觉对象。如果我在盯着桌子的时候闭一下眼睛,我对那张桌子的知觉就会发生变化,但我可能不会认为那张桌子本身发生了变化。按照休谟所说的哲学家的看法,知觉只不过是独立存在的外在对象在心灵中的表象。这种看法一方面确认外在对象的独立存在,另一方面又认为知觉只存在于心灵中。因此,这种"双重存在"学说就面临一个问题:我们如何确立一个标准来区分真实知觉与幻觉或错觉之类的虚假知觉?换句话说,我们如何按照知觉来推断外在对象?如果在心灵中呈现出来的一切都只不过是知觉,那么我们显然无法"离开"我们的心灵将知觉表象与其对象直接比较。我们的知觉是否准确地表达了对象显然属于休谟所说的"事实问题",因此,假若能够解决这个问题的话,我们也只能在经验的基础上进行推断。然而,正如休谟已经表明的,这种推断没有理性担保,因此我们关于外部世界的信念也就没有**理性**辩护。

然而,假若人们实际上仍然相信外部世界的独立存在,休谟就需要对这个信念的来源提出一个说明。休谟首先论证说,感官不可能是我们持有这个信念的原因,因为感官每次只能传递一个单一的知觉,因此绝不可能向我们提供**持续存在**的概念。与此相关,既然我们无法将知觉与它们被认为要表达的对象进行比较,感官也不可能向我们提供**独立存在**的观念。因此,只要我们假设外部世界是由独立存在和持续存在的对象构成的,感官就不可能是我们关于这样一个世界的信念的来源。休谟接下来试图表明,这个信念也不是由理性产生的,因为即使我们可以将知觉与对象区分开来,就像双重存在学说所暗示的那样,我们也仍然不能从一者的存在推出另一者的存在。休谟对此提出了如下说明:

> 我们所确信的唯一存在就是知觉,而知觉是通过意识直接呈现给我们的,因此就得到我们最强烈的赞同,而且是我们一切结论的最初基础。只有通过因果关系,我们才能从一个事物的存在推断另一个事物的存在。……因果关系的观念是从过去的经验中得来的,我们根据过去的经验发现两种东西经常结合在一起,并且总是同时出现在心灵中。但是,除了知觉外,没有任何东西在心灵中呈现出来,因此,我们可以观察到不同的知觉之间的联系或因果关系,但绝不能观察到知觉和对象之间的联系或因果关系。因此,从前者的存在或任何性质出发,我们都不可能得出任何关于后者存在的结论。[1]

实际上,既然存在涉及休谟所说的事实问题,它就不是理性本身所能决定的。如果感官和理性都不是我们关于外部世界的信念的来源,那么这个"全然不合理"的信念就只能来自想象力。更具体地说,正是知觉的某些特点在作用于想象力的时候让我们相信知觉具有一种独立的和持续的存在,并由此而相信它们被认为要表达的对象也

---

1 Hume (1978), p. 212.

具有类似属性。这些特点包括:知觉在某种意义上是不自愿的,一系列知觉具有某种程度的恒定性和融贯性。一旦我们认识到这些特点,想象力就导致我们将同一性赋予知觉及其对象,进而让我们相信外在对象的独立存在。因此,我们关于外部世界的信念同样是想象力构造出来的。在这里,我们似乎面临一个悖论:一方面,从原因到结果的推理导致我们认为关于因果关系和外部世界的信念纯属虚构;另一方面,在经验的冲击和影响下,想象力又导致我们相信因果必然性和外部世界的独立存在。尽管理性和想象力都是我们本性的构成要素,但它们可以发生冲突。不过,在休谟看来,我们并非在二者之间别无选择——当二者发生冲突时,正是我们的本性让我们摆脱了困境。即使无法通过理性来辩护我们在日常认知活动中使用的概念和原则,生活也驱使我们继续使用它们。我们不能不相信外部世界存在,不能不相信因果联系的必然性,尽管理性无法证明它们是真的,或者为它们提供充分有力的根据,因为"自然已经以一种绝对的、无法控制的必然性,决定了我们不仅要呼吸和感觉,也要进行判断"。[1] 正是这种实践意义上的必然性让我们摆脱了极端怀疑论给我们制造的困境,正如休谟进一步指出的:

> 怀疑论者仍然继续推理和相信,即使他断言他不能用理性来捍卫自己的理性;根据同样的规则,他必须同意关于物体存在的原则,即使他不能用任何哲学论证来假装维持其真实性。在这方面,大自然还没有将选择留给他,而且无疑认为这件事情极为重要,不应该由我们不确定的推理和猜测来决定。我们可以问什么原因导致我们相信物体的存在。但问物体是否存在

---

[1] Hume (1978), p. 183.

就是徒劳的，（因为）这是我们在所有推理中都必须视为理所当然的一点。¹

对于休谟来说，当其经验主义原则在抽象的理性反思下导致怀疑论时，正是一种"自然的本能"将我们从怀疑论的**理论性**态度中解放出来。而且，当我们将信念理解为一种接受或认同的倾向时，其来源是休谟所说的情感或感受，而不是对真理的某个指针的纯粹理论认知。当然，自然的本能或者我所说的"生活的实践必然性"导致我们所做的事情，例如关于物体或外部世界存在的信念，从**理性自身**的角度来看仍然是没有辩护的，仍然是想象力在经验的冲击或影响下的结果。然而，不管怎样，休谟似乎认为，正是自然主义承诺让我们摆脱了怀疑论困境，不过，我们大概也可以将其自然主义理解为对怀疑论论证的力量的承认或让步。² 至于如何解释这段话中的最后一句话，则是下面第六节中要探究的问题。

五、维特根斯坦论知识与确定性

在某些评论者看来，休谟对其经验主义所导致的怀疑论的回应实际上是要求我们回到常识立场，确认我们在日常生活中为了生活而必须确认的东西。休谟似乎认为，尽管怀疑论**在理论上**很难反驳，但它

1　Hume (1978), p. 187.
2　如何理解休谟的怀疑论与自然主义的关系，当然是休谟哲学中一个很有争议的论题。一些相关的讨论，参见 Donald Ainslie, *Hume's True Scepticism* (Oxford: Oxford University Press, 2015); Graciela De Pierris, *Ideas, Evidence, and Method: Hume's Skepticism and Naturalism concerning Knowledge and Causation* (Oxford: Oxford University Press, 2015); Paul Russell, *The Riddle of Hume's Treatise: Skepticism, Naturalism, and Irreligion* (Oxford: Oxford University Press, 2008)。

在面对**生活实践**时是脆弱的，因为不管怀疑论者如何坚持他从极端的理性反思中得出的结论，他仍然要依靠某些基本信念来继续生活。然而，不加审视地接受常识观点也是一种教条主义做法，因为我们持有的日常见解可能是错误的。假设我们发现，确实无法放弃我们在日常生活中持有的一些根深蒂固的信念，例如不得不相信有一个独立存在的外部世界，但同时又无法抵抗怀疑论论证的力量。那么，为了摆脱这个困境，我们就只能采取一种折中的办法，例如设法表明那些信念不仅是合理的，而且对我们的认知实践来说也是必不可少的。然而，为了避免再次陷入怀疑论者设置的圈套，我们对那些信念的接受就不能采用用其他信念来辩护它们的方式。不少哲学家都试图对这个困境提出一个解决方案，其中最值得考虑的大概就是维特根斯坦提出的一个策略。维特根斯坦相信，常识本身不可能对怀疑论论证提供任何哲学回答——如果一位哲学家试图将常识信念作为**直接**回答怀疑论的一个基础来使用，那么他就显得既荒谬又教条。不过，维特根斯坦认为，一旦仔细审视我们的认知实践，我们就会发现，其中有些东西本质上是免于怀疑论挑战的——只要试图怀疑它们，我们的认知实践就会在根本上变得不可能。

维特根斯坦对知识问题的思考集中地体现在《论确定性》中。[1]

---

1 Ludwig Wittgenstein, *On Certainty* (edited by G. E. M. Anscombe and G. H. von Wright, New York: Harper & Row Publishers, 1969. 下面对《论确定性》的引用将直接标注在引文后面。鉴于对维特根斯坦的研究不是笔者的专业领域，以下论述受益于如下作者的讨论和分析：Stanley Cavell, *The Claim of Reason: Wittgenstein, Skepticism, Morality and Tragedy* (New York: Oxford University Press, 1979); Annalisa Coliva, *Moore and Wittgenstein: Scepticism, Certainty and Common Sense* (London: Palgrave Macmillan, 2010); Annalisa Coliva, *Wittgenstein Rehinged: The Relevance of On Certainty for Contemporary Epistemology* (New York: Anthem Press, 2022); Marie McGinn, *Sense and Certainty: A Dissolution of Scepticism* (Oxford: Blackwell, 1989); Daniele Moyal-Sharrock, *Understanding Wittgenstein's On Certainty* (London: Palgrave Macmillan, 2004); Avrum Stroll, *Moore and Wittgenstein on Certainty* (Oxford: Oxford University Press, 1994)。

实际上，维特根斯坦在其生活的最后两年撰写这部著作，是为了回应摩尔对"确定性"和"怀疑论"提出的评论。摩尔认为，通过显示他的两只手，他就可以证明外部世界存在。而且，他认为这个行为本身就是知识的一种展示。当然，摩尔认识到，按照怀疑论者的要求，他必须知道其论证前提。尽管摩尔承认他无法满足怀疑论者的要求，但他并不认为这就会使得其论证无效。他反而强调说，当他显示自己的一只手时，他就是知道这里有一只手，尽管他无法对此提出任何证明。从传统知识概念来看，摩尔的说法显然是成问题的，因为按照这个概念，为了持有一个知识主张，认知主体就必须提出理由或证据来表明它很可能是真的。既然摩尔无法表明其知识主张满足这个要求，他就不应该说他知道这里有一只手。

维特根斯坦认为，当摩尔说"我确信这里有一只手"时，他无疑是正确的，但摩尔并没有正确地使用"知道"这个概念。在维特根斯坦看来，我们不应该将"知道"这个概念应用于摩尔提到的那种命题，例如"我有两只手"，"我的名字是XXD"，"世界在我出生很久以前就存在了"，"每个人颅腔中都有一个大脑"，"那是一棵树"，"我是一个人"，"我从未到过月球"，"我正在讲台上讲课"，等等。之所以如此，是因为这种命题，作为相当明显的判断，作为我们不加怀疑地接受的东西，实际上构成了一切认知活动的**背景**——若没有这些命题，我们就无法开展经验研究，无法对世界进行描述，无法对信念进行确认和否认，等等。实际上，正是以这种命题为背景，我们才能处理对其他信念和知识主张进行辩护的问题。在这个意义上说，这种命题构成了我们从事一切认知活动的基本框架，因此可以被称为"框架命题"（framework propositions）。

那么，维特根斯坦何以认为框架命题不受制于哲学怀疑论者的怀疑呢？摩尔自己对这个问题其实有一个回答：这些命题是很多人（包括哲学家）都持有而且完全有资格持有的信念——我们在从事经验研究时**预设**了它们是真的，就此而论，它们是一种**实践态度承诺**，这种承诺划定了对信念辩护所提出的日常挑战的界限。这个主张在某种意义上类似于知识论的语境主义：任何辩护问题都只能在特定情境中才能被有意义地提出。当怀疑论者采取了一种纯粹理论性态度时，他们当然可以对这种信念的正当性进行挑战，而摩尔旨在表明这种挑战毫无意义。但是，摩尔对怀疑论的反驳本身就采取了一种**论证**的形式：怀疑论者声称，如果我不知道我处于怀疑论者所设想的情形（例如一只缸中之脑，或者受到恶魔的系统欺骗）中，那么我就不知道自己有两只手；而摩尔则认为，我有两只手是一个极为明显的事实，不需要任何辩护，并以此来反驳怀疑论论证的前提。在以这种方式来反驳怀疑论时，摩尔实际上是在声称，与"我是缸中之脑"相比，"我有两只手"是知识的典型案例。即使摩尔用维护常识的实践态度来反对怀疑论者的理论态度，但在维特根斯坦看来，摩尔对常识的承诺依然是"教条式的"——他未能阐明他提出的那些命题的本质，反而将它们划归为"知识"范畴。维特根斯坦认为这是一个错误，一方面，在他看来，一旦哲学家完全被思辨的兴趣占据了头脑，他们就会将自己与日常生活实践割裂开来，觉得需要对框架命题提出辩护，或者对它们提出知识主张。这样一来，他们就会发现，或是无法说明他们是如何知道那些命题的，或是认为他们根本不知道那些命题，就像怀疑论者所认为的那样。另一方面，如果我们只是像摩尔那样声称我们确实知道这些命题，以便为它们确立一个知识主张，那么我们的做法就不满足对知识主张的传统要求，即提出理由来表明我们是如何知道某事的。维特根斯坦由此认为，一旦哲学家们对框架命题提出知识主张，他们对这种命题的承诺就显得"既没有根据而又独断"（§553）。

《论确定性》旨在表明为什么我们不应该将框架命题看作知识的

第十章 经验、实在与知识

对象。简单地说，维特根斯坦认为，我们与这种命题的关系是不能用**认知措辞**来恰当地描述的。既然它们构成了一切认知活动的背景，我们就只能以某种完全不同的方式来理解我们与它们的关系。维特根斯坦希望阐明，一旦我们试图将这些命题处理为知识、信念和怀疑之类的认知态度的对象，就会出现某种"语法"错误。在阐明这一点之前，维特根斯坦试图表明，在涉及框架命题的知识主张中，"我知道"这个说法的一个含义无法得到满足。

对此，维特根斯坦第一个批评的思想基础是这样的：在提出一个知识主张时，我们认为我们具有某些信息，而其他人不具有这些信息，因为他们缺乏有关证据，或者缺乏有关专业知识。因此，提出一个知识主张是为了向别人传达一些他们不具有的信息。比如说，当我对你说"我知道明天会下雪"时，我有一个明确的意图想要向你传达我在某些证据（例如天气预告）的基础上获得的信息，或者向你传达一点专业知识，例如，我可以按照温度、气压和云层的状况向你说明为什么明天会下雪。只要这个含义得不到满足，我对你说"我知道明天会下雪"就没有什么意义了。比如说，假设我要断言的东西，或者我明确声称我知道的东西，实际上是一个极为普通的性质，或者是大家通常都毫无疑问地接受的东西，又或者是我们没有必要提出证据问题或专业知识问题的东西。在这种情况下，当我使用一个涉及"知道"这个概念的说法时，我就丧失了日常语言游戏的要旨。"每个正常人都有两只手"是一个人人皆知的事实。因此，如果我对你说"我知道我有两只手"，那么你可能就会很诧异——你将无法理解我为什么竟然会费力说出没有人不知道或者不可能没有意识到的东西，正如维特根斯坦所说：

> 某人文不对题地说"那是一棵树"。他说这句话，或许是因

为他记住在类似情境下听说过这句话；或者是因为他突然被这棵树的美所打动，因此那句话是一个感叹句；又或者是因为他把那句话作为一个语法实例读给自己听，等等。现在我问他："你这样说是什么意思？"他回答说："这是特意告诉你的一件事情。"既然他精神失常到了竟然想要向我传达这项信息的地步，难道我不可以随便假设他其实不知道自己在说什么？（§486）

当然，维特根斯坦并不认为"这是一只手"或者"我知道这里有一只手"这样的语句（以及一般地说，涉及框架命题的知识主张）是无意义的。他也不想否认，在日常的语言游戏中，我们确实可以合法地使用这些主张。但他指出："对每一个这样的语句，我都能想象出某个情境，通过这个情境，那个语句就成为我们语言游戏中的一个步骤。"例如，当我对你说"我知道我是一个人"时，也许我不是在**陈述一个事实**，而是想要强调那句话的**道德含义**。然而，即使我确实是在认知语境中说出那句话，它也不具有我们日常使用"知道"这个概念时想要传达的那种含义。"这样一来，那句话就丧失了它在哲学上令人惊奇的成分。"（§622）"我知道这里有一只手"确实是可理解的，但我不可能用它来向听众传达任何真正的信息。因此，在认知语境中，在说出这句话时，我其实是在错误地使用"知道"这个概念。维特根斯坦由此认为，如果摩尔是在传统认识论的意义上说"我知道这里有一只手"，那么他对"知道"这个概念的使用就没有传达我们在日常使用它时想要传达的要点。因此，我们与框架命题的关系不是一种认知关系，因为这种命题实际上表达了我们大家都自动做出或者都确定无疑地接受和确认的判断。能够对这种判断持有这种态度，是因为我们都是某个实践的参与者。

维特根斯坦提出的第二个批评关系到"知道"与"具有根据"这

第十章　经验、实在与知识

两者之间的关系。在他看来，当我们使用"我知道"这个表达式时，我们对它的使用"在语法上"是与这样一个可能性相联系：我能够说我是如何知道的，因此能够阐明我所提出的知识主张的根据。维特根斯坦指出：

> 只有当一个人准备给出令人信服的根据时，他才说"我知道"。"我知道"这个说法乃是与证明真理的可能性相关联。假设一个人确信自己知道某个东西，那么他是否确实知道那个东西是可以显示出来的。
>
> 但是，如果他相信的东西具有这个特点，即他能够提出的根据并不比他的断言更确实可靠，那么他就不能说他知道自己所相信的东西。（§243）

这是怀疑论者乐意接受的一个思想，因为怀疑论者本来就要追问我们的信念或知识主张的根据。对于我们声称自己知道的任何东西，怀疑论者都可以问："你是如何知道那个东西的？"怀疑论者只是试图表明，在怀疑论假定下，我们没有理由声称自己知道任何东西。但在这里，维特根斯坦想要表明的是，我们无法合理地把"根据"和"提供根据"的概念应用于框架命题，因此就不能合法地将这种命题包含在认知语境中，其理由是，我们并不是通过分析、研究和检验的结果而获得这种命题的。相反，"我得到我的世界图景，并不是因为我现在确信这个图景是正确的，也不是因为我曾经确信它是正确的。而是，它就是我继承下来的图景，我是按照这个图景来区分真假的"（§94）。换言之，在我们所生活的世界中，有一些语言使用规则决定了我们提出的说法是否正确。

怀疑论者可以承认，摩尔所说的那种命题是我们**日常**无须追问进一步的根据就能接受的命题。但是，怀疑论者强调说，哲学反思要求我们重新审视如下问题：我们是否确实有理由相信我们自以为知道的那种命题？或许我们只是**假设**我们知道那种命题，却对我们的假定提不出任何根据。因此，怀疑论者就可以提出这样一个要求：我们必须首先寻求这样的信念，它们在认识论上先于我们对外部世界的判断，然后构造一个经验概念，以便用它来充当检验那些判断的独立证据基础。但是，既然怀疑论假说表明我们的主观经验逻辑上独立于那些判断，我们就无法证明那些判断具有正当根据。与此相比，维特根斯坦则认为，框架命题不仅构成了我们得以从事认知活动的基础，而且构成了用来判断我们在认知活动中提出的知识主张是否正确的背景。在这个意义上，我们已经将框架命题处理为**确定性的极限**。既然如此，我们就无法理解在什么意义上我们还能为那些命题提供进一步的根据。在这种命题上，我们已经达到了我们的信念的根基，正如维特根斯坦所说：

> 如果有人说自己知道某事，那么他是对谁这样说呢？是对他自己还是对别人？如果他是对自己说的，如果他断言他**确信**事物就是那样，那么那句话与这个断言如何区分开来呢？在我知道某事这件事情中并不具有任何主观的确定性。确定性是主观的，知识却不是。[1] 所以，如果我说"我知道我有两只手"，

---

[1] 维特根斯坦信奉传统知识概念，将知识理解为得到辩护的真信念。但是，在将知识与确定性相比较时，他区分了主观确定性和客观确定性：如果一个人在完全缺乏怀疑的情况下持有一个命题，那么他就是主观上确定的；如果一个人在持有一个命题上完全排除了错误的可能性，那么他就是客观上确定的。此外，对维特根斯坦来说，只有那种完全不依赖于辩护的客观确定性才与知识绝对地区分开来，因为知识要求辩护。对这个区分及其与维特根斯坦的知识概念的关联的详细论述，参见 Moyal-Sharrock (2004), chapter 1。

那么我所说的东西不应该被认为只是表示了我的主观确定性，而是，我必须能够让自己确信我是正确的。但我做不到这一点，因为我有两只手这件事在我观看两只手之前并不比我观看它们之后更不确定。但我可以说："我有两只手是一个不可修改的信念。"这种说法就表达了如下事实：我不愿意让任何事情作为对这个命题的否证。（§245）

在正常情况下，"我有两只手"这件事情，就像我能够提出证据来支持的任何事情一样确定。

因此，我无法把我看到自己的手作为我有两只手的证据。（§250）

一方面，维特根斯坦的意思是说，我们对某些东西具有**绝对**确定性，而且，这种确定性不会因为我们对它们持有的任何证据的增减而受到削弱。因此，如果知识主张要求辩护，那么这些东西实际上就不能被看作是要用"知道"这个概念来描述或断言的对象。不过，即使我们对框架命题具有这种确定性，那也不意味着我们就能表明它们不可能是假的，或者我们确定地知道它们是真的。但是，维特根斯坦想要强调的是，这种确定性实际上表达了我们信念的基础，因此，只要我们将它解释为我们对于客观真理的确定知识，我们就会陷入一种不可接受的教条主义。另一方面，维特根斯坦也明确地意识到摩尔对怀疑论的回答所面临的困难。摩尔试图把自己确信某个东西的状态用作建立一个客观的知识主张的根据。但他无法回答"他是如何确信那个东西的"这一问题。按照维特根斯坦的判断，摩尔的麻烦就在于，他把自己确信的那种命题处理为一种形式的知识主张，因此就陷入了怀疑论者设置的圈套。怀疑论者本来就希望看到我们无法为框架命题提供任何辩护根据，并将我们的失败看作一种认知上的失败。因此，如果我们必须以一种非教条的态度来接受或确认那些命题，我们就必须在认知上"修补"这个失败。然而，怀疑论者表明这恰恰是我们做不到的。维特根斯坦试图转变我们对这个问题的看法。在他看来，即使我们无法为框架命题提供任何辩护根据，这也说不上是一种失败，而是表达了我们与那些命题关系所具有的这样一个逻辑特点：我们**必须**接受它们，尽管我们无法提供证据基础来表明它们必定是真的。

维特根斯坦提出的第三个批评涉及如下问题：我们是否能够将框架命题处理为要求得到证据支持，因此也可以加以怀疑的东西？对怀疑论者来说，所谓"框架命题"确实只是这样的假说：它们构成了我们的世界观，使我们将世界设想为独立的物理实在。但是，如果笛卡尔的怀疑论假说本身是可靠的，或者至少是逻辑上可能的，那么它就表明我们的世界观只是一系列得到同等证据支持的世界观当中的一个，因为只要无法辨别我们究竟是不是生活在一个被恶魔控制的世界，"世界是一个独立的物理实在"这个观念就只能是一个假说。维特根斯坦希望表明，我们不可能合理地将我们的世界观仅仅视为一个假说。怀疑论者将框架命题处理为有待证实的假说，因而也是可以怀疑的东西。维特根斯坦则认为，怀疑论者在这里犯了一个错误，因为一旦开始怀疑我们的世界观，我们甚至就不能说我们的世界观实际上是什么样子。这表明我们根本上不能将我们自己与用来表达我们的世界观的那些判断分离开来。

当然，我们日常认为，我们只能从某个观点出发来审视另一个观点。然而，一旦怀疑论者开始其全面怀疑，他就摧毁了他用来怀疑其他东西的基础，从而使得怀疑论本身成为一项自我挫败的事业。我们可以问，如果怀疑论者试图怀疑一切，他如何能够按照自己的信念来生活？这是一个早在古代怀疑论中就已经被提出的问题，而维特根斯

第十章 经验、实在与知识

坦则使之变得进一步明确。在维特根斯坦看来,怀疑论怀疑完全没有生命力,这个事实不仅表明这种怀疑并不真实,而且也表明我们对框架命题的承诺不应该被解释为日常所说的"信念"。在日常意义上,当我们说相信一个命题时,我们是在说我们有证据支持它,而一旦我们发现所具有的证据不足以支持该命题,我们就会取消对它的同意,或者对它采取一种怀疑态度。我们可以对某些命题采取怀疑、相信或悬置判断的态度,按照证据和辩护之类的概念来评价它们,因此就在认知上与它们拉开一段距离。但是,维特根斯坦认为,在框架命题的情形中,这种做法完全不合适。这表明,我们与这种命题的关系,并不是按照可以得到的证据来决定要不要相信它们的关系。相反,我们**只是**接受这种命题,并将它们处理为我们评价其他信念或其他知识主张的基础和背景。归根结底,我们不可能合理地将框架命题看作知识和信念的对象。

维特根斯坦提出的第四个批评关系到如下问题:我们是否可以把"错误"这个概念恰当地应用于框架命题?在日常意义上,当我们使用"我知道P"这个表达式时,一般来说我们会认为它具有这样一个含义:在"命题P是否为真"这件事上我们可能会出错。我们理解什么样的证据可能会使我们修改原来对这个命题的评价。而一旦我们发现新的证据不支持我们原来持有的某个信念,或者不支持我们对相关命题的断言,我们就会承认,我们其实不知道那个命题,正如维特根斯坦所说:

> 我对实在做出断言,这些断言的确信程度并不相同。那么确信程度是如何出现的呢?它具有什么样的后果呢?
>
> 比如说,我们可以考察记忆或知觉的确定性。我可以确信某事,但仍然知道什么检验可以使我相信自己出了错。例如,

> 我相当确信一场战役的日期，但如果我在一本公认的历史书上发现不同的日期，那么我就应该改变我的意见，而这并不意味着我对自己的判断完全丧失了信心。（§66）

在维特根斯坦看来，在日常意义上，当我说我犯了一个错误时，我是在说我持有一个假信念。但这并不意味着我因此就完全丧失了我的判断的根据。相反，我总是可以按照某些东西来修改我的信念，或者重新解释证据。然而，这种做法对框架命题并不适用。

我们对认知概念的使用意味着"出错"不仅是可能的，而且也是有意义的。怀疑论者接受这个思想，并将它扩展到用来表示我们世界观的框架命题。维特根斯坦承认，如果这个思想可以被扩展到框架命题，那么就会产生这样一个结果：我们做出的每一个判断都会陷入受到怀疑的境地。如果"这是一只手"是一个框架命题，而我怀疑这个命题，那么我就没有理由不怀疑一切，因为没有任何东西比这个命题更确定了。所以，在这种命题的情形中，"怀疑似乎将一切都置入怀疑之下，并且使一切都陷入混乱"（§613）。因此，"一切判断的基础也就被取消了"（§614）。在每一个判断都受到了削弱的情况下，我们就无法确立任何东西。因此，一旦怀疑论者将"错误"这个概念应用到那些在日常意义上构成了我们的研究背景的判断上，我们就丧失了任何"连贯而坚定的判断"的概念。

当然，维特根斯坦并不否认我们甚至可以在框架命题上出错。例如，在精神错乱的情况下，我可能会在我叫什么名字这件事情上出错。不过，一般来说，我不可能弄错（make a mistake about）我叫什么名字。对维特根斯坦来说，对框架命题产生错觉与具有错误信念不是一回事。"假设有一天我的朋友试图想象自己在某某地方已经生活了很长一段时间，那么我不会把这件事情叫作错误，而是叫作精神失常，或许是暂时的精神失常。"（§71）维特根斯坦持有这种观点，大概是因为他认为，如果我确实已经在某个地方生活了很长一段时间，那对我来说就是一件极为明显和相当确定的事情，我不需要对此加以想象。因此，即使我陷入了一种与框架命题相关的虚假状况，那也不意味着我**在认知上**犯了一个错误，而只是表明我在某些方面不健全，或者未能理解自己说出来的话。更一般地说，如果我确实陷入了这样一种状况，那只是表明我未能正确地理解我正在参与的实践，尤其是其"语法规则"。然而，正确地理解框架命题就是参与日常实践的一个先决条件。因此，我们只能说我们是否正确地理解了那些涉及框架命题的判断，但不能将知识、同意和信念之类的认知概念应用于那些判断。当然，我们可能会试图理解框架命题所具有的那种确定性的本质。不过，对维特根斯坦来说，这种理解不属于经验知识的范畴，因此我们也不需要按照经验证据来支持和辩护我们的理解。同样，即使我们可以对框架命题提出某些判断，这些判断也不是怀疑论怀疑的对象，因为在根本上说，我们与那种判断的关系不是一种认知关系；相反，既然它们实际上构成了我们的一切认知活动的基础和背景，我们与它们的关系就是先于我们的知识而存在的。因此，维特根斯坦实际上想说的是，即使我们在框架命题上有可能出错，这些命题也不是我们的认知对象，因为它们实际上是为我们的认知活动提供基础和背景的东西。

由此可见，维特根斯坦试图表明，知识和信念之类的认知概念不可能恰当地应用于他（以及卡尔纳普）称为"框架命题"的那种东西。因此，在试图回答怀疑论挑战时，摩尔就犯了一个错误——他误解了这种命题的本质，最终就陷入了怀疑论者设定的圈套。框架命题，或者涉及它们的判断，构成了我们认知实践的基础和背景，因此并不受制于怀疑论怀疑。"怀疑本身只能立足于无可怀疑的东西。"（§519）

既然在从事任何认知活动时，我们都必须坚定地持有某些框架命题，它们就不应该受到辩护和证明、怀疑和否证的影响。我们在框架命题的基础上获得的知识和信念有可能是错误的，但我们也只能依靠框架命题来获得知识和信念。因此，"知识和确定性属于不同范畴"（§308），摩尔的错误就在于将二者混淆起来。通过对摩尔的错误提出这种诊断，维特根斯坦认为，他既避免了摩尔的教条主义，又回答了怀疑论挑战。

维特根斯坦的策略是否成功是我们需要考虑的问题。不过，在这样做之前，我们需要简要地看看他反驳怀疑论的策略的理论根据——他的"语言游戏"概念。维特根斯坦对怀疑论的回答，根本上立足于他对语言和语言实践之本质的理解，其中的核心思想是，知道一个语言及其所包含的词语的意义，与从事各种社会实践的能力具有不可分离的联系。维特根斯坦将这些实践通称为"语言游戏"。在他看来，具有语言知识就类似于知道如何玩一个游戏。但是，一个游戏的存在要求某些先决条件，例如各种游戏规则。为了玩一个游戏，你必须首先理解和遵循其规则。如果在开始玩一个游戏时，你声称自己将不遵循规则，那么你的话就显得毫无意义，或者至少表明你其实不想玩那个游戏。对维特根斯坦来说，每一个语言都不过是一个社会实践，因此，如果那个语言要存在，就有一些关于它的事实是我们不能拒斥的，因为这些事实就是**构成**一个语言实践的事实。若没有这样的事实存在，就无法判断我们说出来的一句话是否有意义，我们是否正确地理解了一个语句，某个词语是否可以被嵌入一个特定的语句中，等等。在这个意义上，这些事实对于我们的语言实践来说是"构成性的"。一旦我们开始质询这些事实，我们就丧失了参与一个语言实践的能力。维特根斯坦由此认为，当怀疑论者将其怀疑扩展到框架命题时，他们所要问的就类似于这样一个问题："你怎么知道在下象棋的时候'象'只能那样移动?"或者,"你怎么知道'红色'这个概念可以用来指称红色的物体?"

每个实践都有其不可置疑的先决条件,这个特点充当来限制怀疑和错误的逻辑可能性。例如,只有当我们已经确信某些关于颜色及其名称的事实,我们才能怀疑对某个东西的颜色提出的主张是否正确,因此我们就不能怀疑语言共同体对颜色名词提出的约定用法。倘若如此,极端的怀疑论就是不可接受的,因为我们只能依据某些东西来怀疑另一些东西,否则怀疑就会丧失意义和要点。设想一个怀疑论者正在玩一个游戏,玩了一会儿后,他突然声称我们对游戏规则持有的一切信念都是假的。那么,我们会对他做出什么反应呢?大多数人会认为他的话显得不可理解,因为他毕竟已经在成功地玩游戏。维特根斯坦希望用这个例子来表明,只有在某个实践的限度内,怀疑某些特殊事实才变得有意义。极端的怀疑论怀疑之所以不可接受,就是因为它摧毁了我们的整个实践。实际上,维特根斯坦认为,怀疑作为一种游戏,本身就是日常实践中的一个实践;这个实践之所以能够取得成功,是因为它预设了确定性。因此,"怀疑一切的怀疑就不成其为怀疑"(§450),没有目的的怀疑甚至也不是怀疑"(§652)。当怀疑论者倡导"怀疑一切"时,他显然是站在我们的语言游戏之外,并假定自己不参与这个游戏。

问题于是就变为:站在一个语言游戏之外对它采取一种反思性态度究竟是不是可取的和一致的做法?维特根斯坦对待怀疑论的态度表明,他似乎对这个问题提出了一个否定回答。然而,维特根斯坦所说的"确定性"显然也是站在语言游戏之外的。那么,他何以能够批评怀疑论但又确认"确定性"呢?维特根斯坦的回答是:尽管二者都是站在语言游戏之外的,但它们与语言游戏的关系是不同的——怀疑论对语言游戏造成了威胁,而确定性则支持它并且使之变得可能。因此，当维特根斯坦谈论处于怀疑之外的东西时，或者当他断言"怀疑"这个概念不可应用于某个东西时，他不是在暗示怀疑论，而是在暗示确定性。即使怀疑论者的实践不属于语言游戏，我们也不可能对怀疑论说，怀疑论本身是超越怀疑的。因此我们可以认为，在《论确定性》中，维特根斯坦旨在对极端的怀疑论本身提出一种怀疑。但是，为什么他并不认为我们应该怀疑所谓"框架命题"，或者怀疑涉及这些命题的判断呢？既然他认为怀疑论和确定性都处于语言游戏之外，为什么他对二者采取了截然不同的态度呢？答案是只要我们在根本上怀疑框架命题，我们就丧失了从事语言游戏的能力。[1] 与此相比，维特根斯坦似乎认为，若没有极端的怀疑论，语言游戏仍然可以进行。但是，既然他对这两种东西采取了判然有别的态度，那么在声称框架命题根本上免于怀疑论怀疑时，难道他不是在对这种命题采取一种教条主义态度吗？[2] 为了弄清这些复杂性并进一步澄清维特根斯坦对待怀疑论的态度，我们需要再看看他是如何理解框架命题和确定性的本质。

如前所述，维特根斯坦认为，传统认识论者将我们与框架命题以及涉及这种命题的判断的关系看作一种纯粹认知关系。一旦我们这样来理解这些命题和判断，就必定会产生对它们寻求辩护和提出怀疑的问题，因为按照传统观点，如果确实有一些信念构成了我们的经验信

---

[1] 这似乎是在对框架命题提出一个先验论证。参见下一节中的讨论。
[2] 当然，我们也可以认为维特根斯坦是在采取一种相对主义，即认为我们可以怀疑什么、不可以怀疑什么是由我们在生活实践中已经决定采纳的概念框架来决定的。对于这种相对主义解释的讨论，参见 Coliva (2022), chapters 7-8; Duncan Pritchard, "Epistemic Relativism, Epistemic Incommensurability, and Wittgensteinian Epistemology", in S. Hales (ed.), *A Companion to Relativism* (Oxford: Blackwell, 2011), pp. 266-285; Michael Williams (2007), "Why (Wittgensteinian) Contextualism Is Not Relativism", *Episteme* 4: 93-114。

第十章 经验、实在与知识

念系统的基础，那么它们就必须具有如下特点：我们必须确定无疑地知道它们是真的——一方面，若没有这样的信念，我们就无法终止认知辩护链条；另一方面，如果我们的信念要得到辩护，那么我们就不能武断地终止辩护链条。因此，若没有确定无疑的信念，一切信念都是任意的，知识也将变得不可能。怀疑论者认为，我们只能在主观经验中来寻求具有所谓"内在确定性"的东西，而这种经验的内容并不超出在感觉予料中得到证实的东西。但是，怀疑论者提出各种怀疑论假说，其目的就在于表明，在我们的主观经验和我们关于客观世界的判断之间并不存在逻辑上必然的联系。因此，在根本上说，我们不具有关于实在的知识。由此看来，传统认识论的知识和辩护概念为哲学怀疑论制造了一个契机。传统认识论者认为，如果试图表明我们的经验信念系统是有充分根据的，或者至少不是任意的，那么我们就必须把辩护这些信念的根据设想为一种具有内在确定性的东西。然而，如果怀疑论假说是可靠的，那么这种对"内在确定性"的理解本身就排除了试图对关于客观世界的信念进行辩护的希望。因此，至少就这种信念而言，我们最终就会落入怀疑论者手中。怀疑论者要求我们表明我们的经验信念系统具有充分合理的根据。因此，如果我们仍然确信满足这个要求的唯一方式就是发现确定无疑的信念，并认为这些信念必定在认知上先于我们关于客观世界的信念，那么就会发现，要么我们只能具有一套相当有限的信念，要么我们完全没有可以得到辩护的信念。

通过重新解释确定性概念，维特根斯坦试图回答怀疑论挑战。如前所述，维特根斯坦认为，我们与框架命题的关系不是一种认知关系，而且，被视为框架命题和框架判断的那些东西在某种意义上是无可置疑的，却不是知识和信念的对象。在传统认识论者那里，确定性被设想为心灵的一种状态。例如，对笛卡尔来说，具有确定性的东西就是心灵"领悟"为确定无疑的东西,或者不可能弄错的东西。确定性由此被看作一种特殊的认知性质。笛卡尔甚至认为,仅仅通过所谓"理性的光芒",我们就能"直接看到"数学命题和逻辑命题所表达的真理不可能是另外的样子。维特根斯坦试图攻击这种观点。[1]他论证说,我们应该放弃"逻辑和数学形成了一个真的命题系统"这个思想,把逻辑命题和数学命题设想为只是我们日常在从事逻辑推理和进行数学运算时所采纳的一个"技术系统"。这些技术,就像我们采用的其他技术一样,是在人类生活的历程中产生和发展的。因此,逻辑命题和数学命题本身是真是假的问题,从根本上说,是一个完全空洞的问题,因为假若我们这样来理解它们,就忽视了它们在我们的思想、推理和运算中的作用。逻辑命题和数学命题**规定**了我们进行思想、推理和运算的技术,这就是说,我们只能按照公认的实践来接受和运用这些命题,否则我们就无法进行思想、推理和运算。如果我们发现逻辑命题和数学命题在某个实践中具有这种特殊作用,那么在那个实践中,我们就可以按照"有效性"来评价论证,按照"正确性"来评价运算,但不能以同样的方式来评价我们正在使用的技术。例如,我们不能追问这样一个问题:我们用来处理一个论证的逻辑规则是否正确?当然,我们有可能做出不正确的推理或者错误的运算,但这种错误是反映在我们做出的推理或运算步骤与我们的实践的关系上,而不是体现在思想与客观事实的关系上。换句话说,逻辑命题和数学命题界定了我们进行思想、推理和运算的实践,它们是在实践生活的历程中凸现出来的,并在其中处于根深蒂固的地位。它们确实具有某种必然性,但不是因为它们反映了客观实在,而是因为除了这样来进行思想、

---

1 例如,参见 Ludwig Wittgenstein, *Remarks on the Foundations of Mathematics* (edited by G. H. von Wright and G. E. M. Anscombe, Cambridge, MA: The MIT Press, 1983)。

推理和运算外,对我们人类来说,没有什么其他东西算作思想、推理和运算。

逻辑命题和数学命题的作用是要规定我们的思想、推理和运算。既然如此,我们就不能对这些命题提出"它们是真是假"这一问题。因此,如果我们觉得这些命题具有某种确定性,那么这种确定性不是"确信某些事情是如此这般"的确定性;相反,具有这种确定性只是表明我们已经**可靠地**把握了那个实践的技术。我们不是用"这是真的"这样的说法来表达我们对这些命题的确信,而是用"那就是**我们所做的**"这一说法来表达那种确信。当一个人尚未理解和把握这些命题时,我们并不说"他不知道那些命题是真的",而是说"他尚未成为这个实践的有能力的参与者"。因此,作为参与者,我们是否接受那些命题,就成为我们是否把握了相关技术的一个核心标准。例如,我们是否把握了推理和运算的技术,部分取决于我们是否能够可靠地确认规定那些技术的命题。假设你在计算中得出了"2 + 2 = 5"这个结果,那就表明你尚未把握进行加法运算的技术;假设你从"[(p → q) ∧ p]"中推出"非 q",那就表明你还没有学会如何推理。在维特根斯坦看来,你的失败不是知识上的失败,而是在理解和把握一个实践的基本规则的实践能力上的失败,因为这种失败并不在于你不知道一个规则,而在于你不确信自己是否已经理解和把握了那个规则。维特根斯坦由此认为,我们对一个语言游戏的基本规则所持有的确定性不是用"辩护和证据"的概念来描述的,而是用"理解和把握"的概念来描述的。当然,在把逻辑规则和数学规则应用于物理科学之类的经验研究时,我们会得到某些经验结果。我们确实可以对这些结果提出辩护和证据的问题。不过,维特根斯坦坚持认为,我们对这些规则持有的确定性不仅不是一个认知问题,反而先于我们对经验结果的知识。正确地理解这些规则,将它们处理为无可争辩的,就是我们能够进行思想、推理和运算的标准。[1]

如果维特根斯坦对逻辑命题和数学命题地位的论述是正确的,那么我们就可以问:同样的观点是否也适用于所谓"框架命题",例如这是一只手、世界在很久以前就存在了、我名叫XXD等?维特根斯坦对这个问题给出了肯定的回答,但其回答主要依赖于他对"语言理解"的看法。按照一个传统观点,理解一个语言表达式的意义仅仅在于按照某些其他表达式对它提出一个解释。然而,维特根斯坦论证说,只要我们仍然将"意义"看作一种解释,把"理解"解释为对一个解释的把握,我们就无法让意义和理解变得确定,因为当我们按照某个或某些表达式来理解某个表达式的意义时,按照那个传统观点,用来进行解释的表达式也需要得到进一步的解释。例如,如果理解"斑马"这个表达式就在于按照"条纹斑"和"马"这两个表达式来解释它,那么为了让我们的理解变得确定,我们就需要对后两个表达式提出进一步的解释,也需要对用来解释它们的表达式提出进一步的解释,这样我们就会陷入一种不确定状态,因为总是有多种多样的方式解释一个表达式,而这取决于我们使用它的语境和意图。维特根斯坦声称这个语言理解概念不可能是正确的。他转而认为,理解一个语言表达式的意义只在于在特定的语言实践中正确地**使用**它。因此,"理解"不应该被设想为一种"知道某些命题"的精神状态,而应该被设想为一种**实践能力**。一个说话者是否具有这种能力,取决于他是否能够正确地使用语言表达式,更确切地说,取决于他的做法是否符合采用那个表达式的日常实践。

维特根斯坦由此认为,用语言来描述世界,就像思想、推理和运

---

[1] 对维特根斯坦的晚期数学哲学以及与其语言哲学关系的讨论,参见 Crispin Wright, *Wittgenstein on the Foundations of Mathematics* (Cambridge, MA: Harvard University Press, 1980)。

算一样，预设了某些规则和技术的存在，而这些规则和技术是由参与语言实践的全体成员的共同判断来决定的，这些判断构成的系统因此就在整体上确立了采用语词来描述对象的实践。[1] 这些判断以及相关的规则和技术在我们描述世界的实践中所起的作用，本质上类似于逻辑命题和数学命题在我们的思想和推理实践中所起的作用。在这里，维特根斯坦强调说，起着这种特殊作用的判断就是由框架命题来表示的判断。当然，这些命题并不像逻辑命题和数学命题那样不依赖于语境，或者是每个人都普遍接受的。不过，在特定语境中，它们对我们来说仍然是坚实的和确定的，它们决定或构成了我们用来描述经验世界的技术和规则。例如，只有通过将"这是一只手"这个判断置于无可争辩的地位，我们才能成功地做出某些有意义的或传达信息的陈述，例如我曾经摔断过我的手，我觉得这只手很痛，我的右手比左手更有力等。"如果我想怀疑这究竟是不是我的手，那么我怎么能够避免怀疑'手'这个词是否有任何意义呢？"（§369）维特根斯坦的意思是说，某些东西构成了语言使用规则的基础，而一旦我们试图怀疑这些东西，就不再有我们实际上已经拥有的语言实践。

因此，对维特根斯坦来说，框架命题起到了确定我们经验概念的作用，是否确信这些命题就自然成为我们是否已经掌握语言的一个标准。然而，"怀疑"这个概念本身是我们语言实践中的一个概念，为了获得对任何东西表示怀疑的手段，我们就得接受那些用来确定"怀疑"这个词的意义的判断，或者准备承认这些判断。为了学会如何判

---

[1] 克里普克是这种解释的主要倡导者。参见 Saul Kripke, *Wittgenstein on Rules and Private Language: An Elementary Exposition* (Cambridge, MA: Harvard University Press, 1984)。这种解释当然会导致一种认识论的相对主义，例如，参见如下文集中的讨论：Natalie Ashton, et al. (eds.), *Social Epistemology and Relativism* (London: Routledge, 2020)。对克里普克的解释的捍卫，参见 Martin Kusch, *Sceptical Guide to Meaning and Rules: Defending Kripke's Wittgenstein* (Acumen Publishing Ltd., 2006)。

断或描述这个世界，并最终具有对它发表意见的能力，我们就得首先拥有做出判断的实践，唯有如此，我们才能发展和捍卫（或者批评和抛弃）我们对世界的某些看法。这导致维特根斯坦认为，"怀疑是在信念之后出现的"，"我必须从某个地方开始不再怀疑，这就是判断的一部分"。简言之，在维特根斯坦看来，框架命题，作为一种**前认知**态度，部分地**构成**了我们用来谈论和描述世界的能力，因此，这种命题就不是我们在证据的基础上知道或相信的经验命题，正如他所说：

> 不管怎样，提出理由或辩护证据终会有个尽头，但其尽头不是某些让我们直接觉得为真的命题，也就是说，不是我们自己进行的某种**观察**，而是我们的**行动**，而行动处于语言游戏的根基。（§204）
>
> 如果我说"**我们假设**地球在过去已经存在了多年（或者类似的东西）"，那么我提出这样的说法似乎就很奇怪。但是这个假设在我们的整个语言游戏系统中属于基础，……它构成了行动的基础，因此自然地构成了思想的基础。（§411）

在这里，维特根斯坦明确地将确定性与知识（更确切地说，知识的对象）区别开来。他并不否认知识主张需要得到理由或证据的支持。但是，辩护就像怀疑一样，其本身是一种实践活动，因此预设了确定性——"如果你试图怀疑一切，那么你实际上不会达到怀疑一切的地步，（因为）怀疑的游戏本身预设了确定性"（§115）。进一步说，"如果某人想在我这里挑动怀疑，对我说'你的记忆正在欺骗你'，……如果我不允许自己受到动摇，而是坚持自己的确定性，那么我这样做就不可能是错的，哪怕只是因为这就是规定了一个游戏的东西"（§497）。既然确定性就像维特根斯坦所说的那样"居于语言游戏的本质中"(§457),构成它的那些框架命题本身就不应该受到怀疑,因为它们本来就是让我们的一切活动变得有意义或可理解的东西。在这个意义上说,它们不是知识的对象,正如我们从事各种游戏的能力不是知识,而是在实践中获得的技能,因此,我们是按照界定一个游戏的规则来判断人们是否已经具备了适当的能力,他们由此提出的说法或主张是否恰当。既然正确把握框架命题就是我们有意义地从事任何其他活动(包括怀疑或辩护之类的活动)的基础,这些命题本身就是免于怀疑论怀疑的。

到目前为止我们已经表明,维特根斯坦试图通过转变我们对"确定性"的理解来回应怀疑论挑战。那么,他是否成功地回应了这个挑战呢?他对怀疑论的反驳显然取决于他对"语言游戏"和"语言理解"持有的一种特殊看法。从外在的观点来看,他对"语言理解"以及相关问题的论述本身是有争议的,此外,也有不少哲学家质疑他对逻辑命题和数学命题的本质所给出的说明。在这里我们无法处理这些争论,但我们可以对他回答怀疑论挑战的**方式**提出一些疑问。

正如我们已经看到的,维特根斯坦基本上是按照他对语言实践的本质的理解来诊断怀疑论面临的问题。他声称所谓"框架命题"是不可怀疑的,因为它们作为**规则**构成了我们的一切意指和判断活动的基础。他也似乎认为,为了获得用来支持或反对经验命题的证据,我们就必须假设物理对象存在——"'A 是一个物理对象'是一项指令,只是在一个人还没有理解 A 意味着什么或者'物理对象'意味着什么的时候,我们才把这个指令给予他"(§36),因此,"存在着物理对象"这样的说法,在被看作一个**经验命题**时"是无意义的"(§34),因为不管我们是要证实还是要反驳一个经验命题,我们都必须**假设**物理对象存在。既然框架命题是作为规则来使用的,或者至少充当了规则的作用,当怀疑论者对它们进行怀疑时,这种怀疑就不仅是不自然的,实际上也是无意义的或不合法的。举例来说,只要我开始怀疑"我有两只手"这样一个极为明显的事实,我就不能有意义地谈论那些与手相关的说法(§§369-370,456)。因此,对维特根斯坦来说,我们能够有意义地谈论的东西(实际上,我们的语言实践)为怀疑论者的怀疑施加了限度——要么我们只能在日常意义上来怀疑某事,在这种情况下我们就需要寻求怀疑的理由,要么怀疑论者的怀疑本身只是一种现象或幻觉。实际上,维特根斯坦认为笛卡尔的怀疑论假说在根本上是无意义的——"我可能在做梦"这一说法在其日常用法上只意味着说话者在某个情形中不太确信,或者只是被用来表明某个记忆并不真实,而当它在笛卡尔所设想的情形中被使用时,它所包含的词语就不再保留任何意义,因为语词的意义是由其日常使用规则来决定的(§§383,676)。

那么,从意义和语言理解的角度对怀疑论的批驳是否真正解决了怀疑论者提出的**知识论**问题呢?维特根斯坦的基本想法是,与怀疑论者采取的理论态度相比,实践活动占据更加优先的地位,而实践活动预设了一些东西,因此,为了让实践活动变得可能,我们就不能动摇和怀疑那些被预设的东西。我们当然无须否认实践相对于理论来说具有某种优先性,因为若没有任何实践活动,就不会有任何理论,更不用说对理论提出批判性反思了。然而,当怀疑论者要求我们对经验信念提出辩护时,他们不是在否认实践的优先地位,而是在反对一种教条主义态度。怀疑论者认识到,如果怀疑论假说是可靠的,那么我们关于客观世界的知识就成为一个根本问题。而且,怀疑论论证就其可靠性而言并不取决于任何特定的知识和辩护概念。除了承认经验与实在之间存在"断裂"外,怀疑论者只是假设我们称为知识和信念的那种东西必须不同于我们随意采纳的意见。因此,严格地说,怀疑论者并不像维特根斯坦所说的那样"站在我们的语言游戏"之外,因为

第十章　经验、实在与知识

他们提出来支持其论证的基本依据也是每一个普通人愿意接受的，只要他不对自己的信念和知识主张采取教条主义态度。换句话说，怀疑论者并没有"超越"日常认知活动来提出怀疑论问题，他们提出的问题反而是我们的认知实践本身固有的，也就是说，是从实践内部产生出来的。当然，维特根斯坦正确地指出："怀疑是随着信念而来的"（§160），"怀疑本身只依靠无可置疑的东西"（§519）。不过，只要细加追究，我们就会发现维特根斯坦的说法并不适用于怀疑论者，因为哲学怀疑论者并非不相信任何东西——在开始对经验信念进行怀疑之前，他们确实相信某些东西，比如说下面这个"元层次"信念：我们的知识主张必须得到合理证据的支持。怀疑论的怀疑本身具有非常明确的目的，即寻求具有理性辩护的知识和信念。因此，怀疑论者就不会接受维特根斯坦的一些说法，例如，"一种关于存在的怀疑只是在一个语言游戏中才奏效"（§24），而"语言游戏就是那个样子"，一旦脱离了语言游戏，"怀疑就逐渐丧失意义"（§56）。在声称"描述一个语言游戏的一切东西都是逻辑的一部分"（§56）时，维特根斯坦当然是在说语言游戏是规则制约的，而一旦我们对规则本身进行怀疑，我们就不是在从事语言实践。但是，将认知实践简单地比作日常的游戏可能是误导性的。在任何日常的游戏中，人们规定了游戏规则，而如果一个人质疑某个游戏的规则，那就意味着他实际上并未理解一个游戏是什么。但是，游戏规则本身也不是不可修改的，尽管一旦采纳了新的规则，原来那个游戏就不复存在了。就科学是我们认知实践的典范而论，我们当然可以说，一旦科学家们不再把寻求关于外部世界的真理看作他们所从事的那种特殊活动的基本目标，他们就不再是科学家了。因此，无须否认某些规则构成和界定了一种特定的实践。但是，怀疑论者并未放弃他们对"寻求真理和避免错误"这一认知目的的承诺；他们只是试图表明，如果怀疑论假说可以被连贯地设想而且是可能的,那么我们就不具有关于外部世界的知识。但这并未使得怀疑论者的事业遭遇自我挫败,因为他们实际上分享了普通人对认知目标的承诺。他们只是试图从**哲学反思**的角度表明,我们的认知目标可能得不到实现,尤其当我们将知识与**绝对确定性**联系起来时。

在尝试反驳怀疑论时,维特根斯坦根本上所说的是,一切经验命题的意义和内容都是由某个特定的概念框架来决定的,因此我们就不能怀疑构成这样一个概念框架的核心概念和基本命题——为了能够有意义地怀疑其他东西,我们首先必须相信这些东西。维特根斯坦说,当我们把"知道"这个概念应用于框架命题时,我们发现这些命题并不具有我们在将它应用于"糖块在水中溶解"这样的经验命题时所具有的含义。不错,当我说出"我知道我是人"这句话时,我可能并不是想用它来传达关于外在世界的某个经验信息,而是要对某人表达某种态度。例如,我说出这句话,或许是因为有人强迫我去做一件我认为违背了自己人格的事情。因此,即使那句话并不表示其字面意义,但它表达了我的一种自我理解,而假若我尚未认识到某些关于"人"的规范事实,我就不可能具有那种理解。因此,只要自我理解至少要求我们对自己和周围世界具有适当的**认知接触**,那句话就不只是表达一个非认知态度。而且,我们对"人性"的理解也不是原则上无可争议的。当某些人在这个问题上对我们显示出一种我们无法接受的理解时,我们可以询问他们是否恰当地理解了"人性"这个概念,甚至可以怀疑他们的理解。此外,如果一个小孩尚未获得"手"这个概念,那么当他逐渐获得这个概念,并第一次对妈妈说"我知道这是一只手"时,他的话就表达了他对世界的某种理解。这个理解确实在于维特根斯坦所说的"具有了理解和把握一个语言的实践能力",但这种实践能力的获得是以对周围世界的**认知接触**为中介的。维特根斯坦认为,仅仅通过对知识、信念和怀疑这样的认知概念进行**概念分析**或者所谓"语法分析",我们就

第十章 经验、实在与知识

能消解怀疑论挑战。这个主张显然过于简单化——现在很少有哲学家相信哲学问题完全是由于语言混乱和概念混乱而产生的,怀疑论挑战显然也不是仅仅通过分析语言用法和意义的条件就能消除的。

维特根斯坦似乎认为,为了回答怀疑论挑战,我们就只能改变传统认识论对"确定性"的看法,因此将我们与框架命题的关系处理为一种"前认知"关系。然而,有什么理由辩护我们对这种命题的承诺呢?维特根斯坦当然会认为这是一个"错误"的问题,因为在他看来,假若我们提出了这样的问题,那就意味着我们像摩尔那样误解了这种命题的本质。然而,事情并非如此简单。我们确实想知道为什么我们对框架命题具有一种坚定和确定的承诺,为什么我们采取了某个特定的概念框架来描述和理解我们所生活的世界,就像我们想知道为什么我们的知觉经验会具有它们所具有的那种规律性。实际上,维特根斯坦一方面相信我们不可能通过任何鉴定性特征挑出涉及框架命题的判断,另一方面,他也在不止一个地方强调说,在这种判断和日常的**经验命题**之间实际上没有截然分明的界限。例如,他指出:

> 人们可以想象,某些具有经验命题形式的命题变得坚实,成为那些尚未变得坚实,而是流动的经验命题的渠道;而这种关系是随着时间而变化的,因为具有流动性的命题可以变得坚实,而坚实的命题也可以变得具有流动性。(§96)
> 在一些情况下,怀疑是不合理的,而在另一些情况下,怀疑则似乎是逻辑上不可能的。二者之间似乎没有明确的界限。(§454)

如果维特根斯坦确实这样认为,那就意味着他其实并不认为框架命题本身是不可变化的,或者甚至是无法更改的。那么,是什么东西使得这些命题发生了变化呢?维特根斯坦认为,我们必须把我们现在具有的各种实践设想为人类历史进程中出现的"自然现象",可以随着这个历程的发展而变化。因此,在各种各样的语言游戏中,我们继承了人类历史上已经发展出来的各种规则和技术。就像怀疑论者一样,维特根斯坦开始对人类实践采取一种反思性态度,其结果表明,当怀疑论者将框架命题和框架判断评价为没有合理根据的东西时,他们误解了这种命题和判断的本质。维特根斯坦论证说,我们对这些命题和判断所持有的确定性不应该被设想为对于经验命题的真理的确定性。他由此认为他消解了怀疑论者提出的挑战。然而,即使我们接受他的说法,即框架命题和框架判断构成了我们的一切认知活动的背景和基础,这也不意味着我们与那些命题和判断的关系不是一种认知关系。实际上,正是出于某些认识论考虑,我们才把那些命题和判断接受为基本的,但不是原则上不可怀疑和修改的。科学史上有很多例子表明了这一点。我们按照经验反思性地认同某些东西,而随着认识的发展,我们也许会怀疑那些东西,甚至按照进一步的经验来修改或放弃它们。就经验知识而论,我们已接受为确定无疑的东西或许永远都只是暂时性的——在我们接受为"框架命题"的东西与我们视为"经验命题"的东西之间并没有原则上的界限。[1]因此,维特根斯坦至多只能说,一旦我们已经决定按照某个概念框架来描述和理解世界,我们就不应当怀疑用来构成它的基本规则或者用来描述这些规则的框架命题,因为一旦对这些东西加以怀疑,我们就不能有意义地从事我们希望利用这个框架来从事的活动,正如只要一个人发现哲学研究毫无意义,他就不可能有效地从事哲学研究(当然,在这种情况下,他最好放弃从事这项

---

1 如果维特根斯坦的观点就像某些评论者所指出的那样,确实是一种关于概念框架的相对主义,那么这就是他应当得出的一个结论。然而,在这种情况下,维特根斯坦如何能够有效地反驳怀疑论就变得很不清楚了。参见 Anthony Grayling, *Scepticism and the Possibility of Knowledge* (London: Continuum, 2008), chapter 4。

活动）。但这并不意味着我们在根本上不能怀疑那个概念框架——当我们对任何东西进行反思并希望由此取得富有成效的结果时，我们只是不能怀疑反思本身。当休谟发现怀疑论者极度的理性反思导致了不自然的结果，并转向一种自然主义态度时，他只是表达了对他所设想的理性的不信任，但不是在根本上放弃反思，因为反思可以有其他来源。

总的来说，与其说维特根斯坦对"知识"和"确定性"的分析回答了怀疑论挑战，倒不如说它再次揭示了怀疑论和常识之间的张力。怀疑论者要求我们按照一种批判反思的态度来对待我们的经验信念，这种态度体现了一种值得倡导的理性批判精神。而维特根斯坦则正确地指出，怀疑论怀疑是有限度的：一旦我们发现怀疑论者对日常实践提出的哲学评价，与我们在从事这个实践时做出的评价格格不入时，我们就需要反思到底哪一方出了错。完全放弃理性反思将使我们陷入教条主义，而采取极端的怀疑论又会导致我们的认知事业遭受破坏，因此我们只能在二者之间寻求某种反思平衡。怀疑论者正确地认识到，人类知识没有绝对确定的基础。但是，如果怀疑论的目的就是要寻求具有理性辩护的信念，那么怀疑论就总是任何理性的人类实践不可或缺的一个要素。

六、先验论证与怀疑论

维特根斯坦旨在表明，确定性本质上是一种不同于知识的东西。确定性概念只适用于我们用来从事认知实践的框架命题，而如果没有这些命题，我们就无法开展任何认知活动；与此相比，知识的概念只适用于我们在认知活动基础上提出的经验命题，只是对于这些命题，我们才能提出辩护和证据的问题。当维特根斯坦声称若没有框架命题，我们就无法从事认知实践时，他实际上是在提出一种形式的"先验论证"（transcendental argument）。怀疑论的根本来源，正如我们已经看到的，就在于经验和实在之间的断裂——如果经验并不（或者，不能）直接表达实在，而且被认为是认知上优先的，那么我们可能就没有关于独立存在的外部世界的知识。只要一位哲学家希望回应怀疑论挑战，他就需要设法说明经验与实在之间的联系。在最一般的意义上说，先验论证旨在从某些关于经验的**无可置疑**的事实中，推出有关外部世界**必定**是什么样子的结论。也就是说，这种论证旨在跨越经验与实在之间的鸿沟，确立我们的信念和它们所关涉的世界之间的联系。不少哲学家已经试图利用先验论证来回答怀疑论挑战。例如，除了刚才讨论的维特根斯坦的论证外，此前所说"最佳解释论证"在如下意义上实际也是一种先验论证：为了理解和说明在经验中呈现出来的规律性，我们就必须假设外部世界存在，而且本身呈现出规律性。尽管康德并未正式使用"先验论证"这个术语，但他对休谟怀疑论的回答被认为暗示了这种论证的基本观念。在本节中，我们将简要考察先验论证是否成功地回应了怀疑论挑战，或者在什么意义上可以被理解为对这个挑战的理想回应。

6.1 先验论证的基本观念

对这个问题的处理首先会面临一个众所周知的困难：对于先验论证是什么以及它究竟要取得什么目的，哲学家们实际上并未取得共识。[1] 先验论证，作为一种直接地或间接地用来反驳怀疑论的论证形式，可

---

[1] 例如，参见 Mark Sachs (2005), "The Nature of Transcendental Arguments", *International Journal of Philosophical Studies* 13: 439-460; Barry Stroud, "The Goal of Transcendental Arguments", reprinted in Stroud, *Understanding Human Knowledge* (Oxford: Oxford University Press, 1998), pp. 203-223。

以追溯到康德在《纯粹理性批判》中使用的先验演绎方法。[1] 康德对"先验的"这个术语提出了如下说法："一切知识，只要它们不是主要关注对象，而是关注我们认识对象的方式（就这种认识方式是先验可能的而言），都可以被称为'先验的'。"[2] 康德认为，我们需要对经验进行**先验反思**，这种反思并不意味着超越一切经验来进行反思，而是意味着发现和审视经验认知得以可能的**普遍条件**。也就是说，在康德这里，这个概念不被用来表明对一切经验的**超越**，而是被用来表明某种虽然先于经验，却能让经验认识变得可能的东西，或者用康德自己的话说，那种**构成**经验而且必须在经验中体现出来的东西。在《纯粹理性批判》中，康德旨在通过先验演绎方法来寻求经验认知的可能性条件，以便表明形而上学（更确切地说，形而上学知识）在什么意义上不仅是可能的，而且能够成为一门"严格科学"。

先验论证方法在当代的复兴主要归功于彼特·斯特劳森。在1959年出版的一部著作中，通过采用这种方法，斯特劳森试图表明，各种形式的怀疑论不仅是荒谬的，而且是不合法的。在1966年出版的另一部著作中，斯特劳森则对康德的先验演绎进行了一种系统

---

[1] 有大量文献讨论康德在《纯粹理性批判》中对先验论证方法的使用，例如参见 Henry Allison, *Kant's Transcendental Deduction: An Analytical-Historical Commentary* (Oxford: Oxford University Press, 2015); Alison Laywine, *Kant's Transcendental Deduction* (Oxford: Oxford University Press, 2020); Eva Schaper (ed.), *Reading Kant: New Perspectives on Transcendental Arguments and Critical Philosophy* (Oxford: Blackwell, 1989); Dennis Schulting, *Kant's Radical Subjectivism: Perspectives on the Transcendental Deduction* (London: Palgrave Macmillan, 2017); Thomas C. Vinci, *Space, Geometry, and Kant's Transcendental Deduction of the Categories* (Oxford: Oxford University Press, 2014)。

[2] Immanuel Kant, *Critique of Pure Reason* (translated and edited by Paul Guyer and Allen Wood, Cambridge: Cambridge University Press, 1998), A11-12/B25-26.

重构。¹ 在康德学界，斯特劳森的解释具有极为重要的意义，因为此前的传统解释认为，在《纯粹理性批判》中，康德只是表明纯粹知性的原则只不过是他那个时代物理学的预设。² 倘若如此，康德只是旨在发现他那个时代的基本概念框架，提出当时的科学家在那个框架中提出的问题，并在哲学上阐明他们对这些问题的解决。也就是说，康德至多只是揭示了我们用来认识和思考世界的**一种**概念框架，而尽管这个概念框架不可能直接受到反驳，但它可能会随着科学的发展而最终被抛弃。这种解释因此就会产生这样一个含义：康德根本就没有寻求和发现我们的整个经验得以可能的普遍必要条件。斯特劳森认为，这种解释完全不符合康德对其目的和成就提出的说法。在他看来，康德对"经验的可能性"的说明实际上示范了一种先验论证方法。斯特劳森的解释之所以重要，是因为它意味着，如果让经验认知变得可能的条件并不具有某种意义上的普遍性和必然性，先验论证就不能实现它本来要实现的那个目的，即反驳怀疑论。正如我们即将看到的，这一点对于理解和评价先验论证计划至关重要。

在斯特劳森的鼓舞下，一些当代哲学家开始将先验论证用于各个哲学领域，其中包括认识论、形而上学、语言哲学、心灵哲学以及伦理学。例如，希拉里·普特南试图用这种论证来反驳"缸中之脑"怀疑论假说；³ 唐纳德·戴维森试图用它来表明，为了根本上具有信

1　Peter Strawson, *Individuals: An Essay in Descriptive Metaphysics* (London: Methuen, 1959); Peter Strawson, *The Bounds of Sense: An Essay on Kant's Critique of Pure Reason* (London: Methuen, 1966).

2　参见 Manfred Baum, "Transcendental Proof in the Critique of Pure Reason", in Peter Bieri et. al (eds.), *Transcendental Arguments and Science* (Boston D. Reidel Publishing Company, 1977), pp. 3-26, especially pp.3-8。

3　Hilary Putnam, *Reason, Truth and History* (Cambridge: Cambridge University Press, 1981), Chapter 1.

念，我们就必须假设我们的大多数信念一般来说都是真的。[1] 此外，维特根斯坦的"私人语言"论证，梅洛－庞蒂在《知觉现象学》中对身体感觉的讨论，以及胡塞尔和海德格尔提出的某些论证，也都是一种形式的先验论证。大致说来，先验论证采取了这样一种形式：首先考虑某个**无可争议**的现象 Y 的可能性条件，发现某个**有所争议**的东西 X 就是让 Y 变得可能的条件，然后断言 X 存在或者 X 是现实的。简言之，先验论证采取了如下论证形式：

（1）只有当 X 是现实的，Y 才是可能的。
（2）Y 是可能的。
（3）因此，X 必定是现实的。

由此可见，先验论证是以演绎推理的形式来进行的，因此是一种形式上有效的论证。但是，在特定的先验论证中，一个先验论证所要达到的结论显然超越了其前提所陈述的内容。例如，按照康德的说法，对于事件或变化的知觉若要变得可能，经验世界就必须遵守因果规律。如果休谟的论证是可靠的，一方面表明我们无法从观察和经验中推出我们的知觉必定具有因果联系，另一方面，既然因果原则并不是论证上确定的，我们也不能将它理解为单纯的概念真理。实际上，在先验论证中，用来表达论证前提的命题都是**偶然**命题，例如我们具有不同的经验，我们经历到变化，或者我们是有自我意识的，而先验论证所要达到的结论不仅不是偶然的，而且还向我们提供了实质性

---

1 Donald Davidson (1974), "On the Very Idea of a Conceptual Scheme", and (1983), "A Coherence Theory of Truth and Knowledge", both reprinted in Ernie Lepore and Kirk Ludwig (eds.), *The Essential Davidson* (Oxford: Clarendon, 2006), pp. 196-208, 225-237.

的信息。这个事实至少暗示了两个要点。第一，在一个先验论证中，作为结论的命题所具有的内容显然超越了作为前提的命题的内容，因此，在从前提推出结论时，用来表示中间推理步骤的命题（例如"Y是可能的"这个命题）就需要以一种实质性的方式来确立，而不能被处理为前面的步骤的逻辑衍推。另一方面，假若先验论证要被用来反驳怀疑论，这样一个命题也不能是一个在经验上得到证实的陈述，否则它就会受制于怀疑论者的怀疑。简言之，先验论证所要确立的是康德意义上的先验综合命题。第二，在先验论证中，当我们说"X是Y的一个必要条件"时，我们提出的主张被假设是**形而上学的**和**先验的**——假若我们有理由认为，若没有X，Y就不可能出现，那么，Y不可能出现，并不是因为一些可以通过经验研究来发现、制约着**实际**世界的自然规律使得Y不可能得到，而是因为有某些形而上学约束使得在每一个**可能**世界中X都是Y的一个条件。这些约束不是通过经验研究来发现的，只能在先验论证中由反思来确立。在这个意义上说，各种形式的先验论证提出的主张都是形而上学的和先验的，而不仅仅是自然的和后验的。例如，康德认为，如果我们只是出于所谓"自然的本能"而相信外部世界存在，那么我们就还没有**权利**声称外部世界存在，因为那种本能很可能是**偶然的**——可以设想的是，我们不是被如此构造的，以至于在经验的冲击或影响下**必然**要相信外部世界存在。

当然，先验论证也有一些其他特点，尽管不是规定性特点。其中一个特点涉及我们为之寻求条件的那种题材的本质。按照康德原来的说法，我们应该将这种题材看作**经验**。康德是在一种广泛的意义上来理解"经验"这个概念，即把经验理解为我们**主观上**具有的一切东西，包括信念、判断、概念以及直观。在康德看来，知性的各种范畴就是让我们的经验变得可能的条件，它们可以通过先验演绎来确立。先验

第十章　经验、实在与知识

论证的另一个特点关系到它们试图确立的那种必要条件的本质。在先验论证中，所要寻求的那种条件是某个"**非心理的**"事实或事态，也就是说，是实在的某个特点，其存在是怀疑论者所要质疑的。先验论证的起点当然就是某些关于经验的"不可否认"的事实，然后，通过考察这些事实的特点，从中得出"客观世界必定是什么样子"的结论。就此而论，先验论证试图将现象（即事物向我们显现出来的样子）与实在（即事物本来所是的方式）联系起来。先验论证的最后一个重要特点据说就在于，这种论证不仅对怀疑论挑战给出了一个回答，而且它们给出的回答具有某种"辩证"力量——这种论证利用怀疑论者所玩弄的游戏来反对怀疑论，以表明我们必须放弃他们理所当然地认为可能的东西。例如，怀疑论者认为，我们对自己心理状态具有直接的认识，但不能直接认识外部世界，或者我们具有信念，却没有可靠的信念形成方法，而先验论证则旨在表明，要是没有后面这些东西，我们就不可能有前面那些东西。因此，先验论证据说就向我们提供了一种方法，使我们可以辩护我们对外部世界、未来和他心的合法信念，而按照传统认识论，这些东西超越了我们的直接经验，对它们的知识因此就成为怀疑论者所要挑战的目标。

如前所述，斯特劳森对《纯粹理性批判》的解释之所以重要，是因为在这种解释下，这部著作中不再被认为只是尝试辩护当时所采纳的物理科学的概念框架，而是要证明经验认知的可能性并确立其条件。至少在康德自己看来，他已经阐明了人类经验认知的一般条件，这些条件不只是人们因为生活在特定的历史时期或具有某种特定的思想框架而具有的。换句话说，至少按照康德自己的设想，他为经验认知确立的一般条件不是相对于任何特定的概念框架或语言框架而论的，而是表达了人类心智的普遍特点。正是因为先验论证被认为具有这些特点，当一些哲学家试图利用这种论证来回答怀疑论挑战时，他们由此对经验信念提出的辩护就不仅仅是一种"**实用的**"辩护。按照巴里·斯特劳德的说法,[1] 实用辩护的一个典型例子就是卡尔纳普在一些地方发展起来的一个思想。[2] 康德旨在通过其先验观念论来表明人类知识的可能性。对他来说,既然通过先验演绎得出的东西是经验认知的先决条件,而经验认知是可能的,那些条件就是不能质疑的。卡尔纳普将这个主张应用于我们对于陈述的"意义"的理解,并进而区分了两种类型的问题,即日常的经验问题和那些与概念框架的构成有关的问题。对卡尔纳普来说,我们只能在一个特定的概念框架中来提出和解决日常的经验问题。一旦一个概念框架得以确立,这种问题就属于所谓"内部问题",可以得到"客观的"回答,因为它们是通过诉求这个概念框架提供的标准来解决的,实际上也只有在一个概念框架中才有意义。但是,当怀疑论者针对一个框架本身提出问题时,他们是在"从外面"来提出的问题。如果一个问题只有相对于某个特定的概念框架才有意义,那么怀疑论者提出的问题就是无意义的,因为这些问题不可能**在经验**上得到证实或否证。例如,在一个特定的概念框架中,我们可以有意义地追问和回答"黑洞是否存在"这样一个问题,但我们不能有意义地追问和回答"是否根本上存在着物质对象"这一问题,因为提出这个问题意味着我们必须决定我们是否**应该**按照"物质对象"的概念来从事经验研究,当然,我们不是不能提出后面这个问题,但这样做会产生如下结果:我们或是放弃按照物质对象的概念来从事研究的实践,或是采取某个其他的概念框架。但是,不

---

[1] Barry Stroud, "Transcendental Arguments", reprinted in Stroud (2000), pp. 9-25, especially pp. 10-11. 亦可参见 Barry Stroud, *The Significance of Philosophical Skepticism* (Oxford: Clarendon Press, 1984), chapter 5。

[2] 例如,Rudolf Carnap (1950), "Empiricism, Semantics and Ontology", *Revue Internationale de Philosophie* 4: 20-40。

管我们决定采纳什么概念框架来从事经验研究，对卡尔纳普来说，一旦已经决定采纳某个特定的概念框架，我们就不能对它提出所谓"外部问题"，例如整个物质对象系统是否存在。卡尔纳普认为，只要必须用我们回答日常经验问题的方式来回答外部问题，我们就陷入了怀疑论者所设置的陷阱，反过来说，通过否认我们能够以这种方式来回答外部问题，就可以避免怀疑论。因此，在卡尔纳普看来，"存在着物质对象"这样的陈述并不断言关于外部世界的任何东西——相反，我们只是用这种陈述来表示我们在处理外部世界时所采纳的政策或约定。实际上，维特根斯坦是以本质上类似的方式来回应怀疑论挑战：在他看来，所谓"框架命题"为我们有意义地谈论任何其他东西提供了一个基础，而且设立了我们的主张或判断是否正确的标准，因此其本身并不受制于怀疑论怀疑。

然而，对于卡尔纳普来说，物质对象的存在只是我们为了以一种"有利的"方式从事经验研究而做出的约定。有可能的是，我们完全可以不按照"物质对象"来设想世界。比如说，如果我们发现按照某个其他的概念来理解世界可以让我们提出的理论在某种意义上变得更简洁，那么我们就可以采纳其他的概念框架。康德认为，如果假设我们的经验本身就是由他所说的先验观念和先验范畴构成的，那么我们就可以避免传统知识论的一个难题，即我们如何对于超越经验的东西具有知识（康德对先验观念论的承诺当然导致他否认我们能够知道这些东西）。但是，在斯特劳德看来，如果卡尔纳普只是按照某些**实用的**考虑来说明我们为什么决定采纳某个特定的概念框架，而不是按照严格意义上的认知考虑来说明我们对不同的概念框架的选择，那么他就没有在根本上解决物质对象和外部世界是否存在的问题。因此，假若先验论证的倡导者希望利用这种论证来反驳怀疑论，他们就不能停留在各种实用辩护上。他们必须表明，通过先验论证而确立的那些概念和命题不仅对于我们的思想和经验来说是**绝对必要的**，而且至少相对于人类心灵来说是**普遍的**——假若我们是在试图理解**人类**知识的可能性的话。换句话说，为了成功地反驳怀疑论，先验论证所要确立的结论就不能被限制到某个特定领域，例如某种语言或思想框架。如果对我们的思想方式的唯一可能的辩护就是"实用的"辩护，或者，如果我们只能通过收集直接的经验证据来辩护我们的思想方式，那么怀疑论就尚未被反驳。

6.2 康德与斯特劳森的先验论证

康德首次在《纯粹理性批判》中提出的批判哲学是在一系列复杂的哲学关注下发展起来的，其中有两个紧密相关的核心关注，即尝试回答怀疑论挑战以及在此基础上提出一种经过改革的形而上学，[1] 正如康德在《纯粹理性批判》第二版序言中明确指出的：

> 就形而上学的本质目的来说，不管观念论可以被认为多么无害（虽然事实上并非如此），哲学以及一般来说人类理性的丑闻仍然是，我们只能按照**信仰**来接受我们之外的事物的存在，而且，如果有人想要怀疑它们的存在，那么我们就无法用任何令人满意的证明来反对其怀疑。[2]

当然，康德也明确认识到笛卡尔式的怀疑论，即对于从知觉经验的特征推出独立存在的外在对象特征的怀疑论怀疑。不过，这种怀疑

---

1 对康德的批判哲学的来源及其与怀疑论的关系的一个论述，参见 Michael Forst, *Kant and Skepticism* (Princeton: Princeton University Press, 2008)。
2 Kant (1998), B xl.

第十章　经验、实在与知识

论不是康德所主要关注的。康德自己声称正是休谟将他从教条主义的迷蒙中唤醒，[1] 因此他就把尝试回答休谟的怀疑论看作其理论哲学的一项主要使命。大致说来，康德旨在对怀疑论提出一种"内在"反驳。这个反驳是"内在的"，因为它所依据的一个前提本身就形成了怀疑论见解的一部分，或者是怀疑论者准备接受的东西。这个关键前提就是，一个人是自己意识经验的主体。康德试图表明，一旦我们仔细考察这种经验得以可能的条件，我们就会发现，怀疑论者力图否认的那些东西就是其中的一个条件。因此，只要怀疑论者承认自己具有这种经验，他就无法正当地否认那些东西。康德认为，这样他就反驳了怀疑论的观点。康德试图通过他所说的"先验演绎"来确立这一点。在《纯粹理性批判》中，他提出了三种类型的先验论证：第一种论证直接针对休谟关于因果关系和归纳推理的怀疑论，旨在对因果原则提出一个证明；第二种论证是要对知性的范畴提供一个先验演绎，以确立经验得以可能的条件；第三种论证是要表明时间和空间是感性直观的先验形式，因此试图表明在时间和空间中可以表达的对象只是现象。[2] 在这里，我们将主要关注康德对休谟怀疑论的回答，以便简要地阐明先验论证的本质和限度。

如前所述，先验论证采取了这样一种论证形式：首先提出一个"先验"主张，即 X 是 Y 的可能性的一个必要条件，这里 Y 是关于"我们"或者"我们的精神生活"的一个无可争议的事实，X 是某个"非心理"事实或事态；然后，通过表明 Y 已经是现实的，由此断言 X 必定存在。这种论证有一个直观上具有吸引力的特点：只要它取得成功，它

1　对康德的批判哲学与休谟怀疑论的本质联系的论述，参见 Abraham Anderson, *Hume, Kant and the Interruption of Dogmatic Slumber* (Oxford: Oxford University Press, 2020)。

2　关于康德如何通过其先验演绎来说明经验知识的可能性，参见 Paul Guyer, *Kant and the Claims of Knowledge* (Cambridge: Cambridge University Press, 2020)。

似乎就以一种演绎推理的方式确立了一些关于外部世界的东西，因此似乎就能回答怀疑论者的挑战。为了恰当地理解康德对休谟怀疑论的回答，我们首先需要指出他们的共识和根本分歧。康德在两个方面与休谟达成共识：首先，因果原则不是一个分析命题；其次，因果原则不是通过巧妙地处理"存在""存在的开始""原因"和"结果"之类的概念就能得到证明的，也就是说，它在休谟的意义上并非论证上确定的。不过，与休谟不同，康德试图表明，除非这个原则是真的，否则我们就不可能具有我们实际上具有的经验。在"第二类比"中，康德试图更具体地表明，若不假设因果原则是真的，我们就绝不可能**通过知觉**而知道任何事件已经发生。这意味着，就像休谟一样，康德认为因果原则只适用于我们可以观察到的事件，而不能被用来论证存在着某些原则上不可观察的实体，例如上帝。不过，通过将因果原则处理为一个"先验综合命题"，康德试图证明我们利用这个原则来进行推断的正当权利。也就是说，他试图通过先验论证表明，被限制到可观察事件的因果原则可以得到论证，我们对因果联系的**必然性**所持有的信念不是来自想象力的虚构，就像休谟所认为的那样，而是理性反思的结果。按照刘易斯·贝克对康德论证的重建，[1]这个论证采取了如下形式（在这里，A 和 B 表示事物的状态或部分，α 和 β 表示认知主体对 A 和 B 的表象）：

> （1）我们能够决定一个表象序列 α — β 是某个事件（即一个状态序列 A — B）的证据，只有当我们相信 α 不可能在 β 之后出现，也就是说，没有任何 α 类型的表象直接跟随着 β 类型的表象。

1　Lewis Beck (1967), "Once More unto the Breach: Kant's Answer to Hume", *Ratio* 9: 33-37.

第十章　经验、实在与知识

（2）如果我们相信 α 不可能在 β 之后出现，那么我们相信 B 不可能在 A 之前出现，也就是说，没有任何 B 的成员领先于任何 A 的成员。

（3）我们能够决定一个表象序列 α — β 是一个状态序列 A—B 的证据，只有当我们相信 A 不可能在 B 之后出现。[来自（1）和（2）]

（4）如果一个状态 B 不可能在一个状态 A 之前出现，那么 A 是 B 的一个原因。

（5）我们能够决定一个表象序列 α — β 是一个状态序列 A—B 的证据，只有当我们相信 A 是 B 的原因。[来自（3）和（4）]

（6）因此，对某个事件的经验是可能的，只有当我们假设相继出现的两个现象是由先前的状态决定的。

这个论证旨在表明，我们不可能决定我们知觉表象的时间决定关系，除非我们已经假设不仅我们的表象对应于客观世界中的物理状态，而且它们的时间决定关系也是由那些物理状态之间的因果关系决定的；因此，既然我们已经在经验中发现表象之间的时间决定关系，我们就必须假设对象之间**本身**就存在因果关系。用康德自己的话说：

如果我们经验到某事发生了，那么我们就总是预设某个其他东西领先于它，后者按照一条规则跟随前者。因为若非如此我就不会对那个对象说它是随后而来的。这是因为：如果没有任何规则在与那个先行的东西的关系中决定了我在现象中感知到的那个序列，那么那个序列本身就无法辩护对象中的任何序列。因此，我总是相对于一条规则来使得我对统觉的主观综合变得客观，而按照这条规则，相继出现的现象（即被感知到的对象或事件）是通过先前的状态被决定的，而且，只有在这个预设下，对某事的经验才变得可能。[1]

在这里，康德显然想说的是，如果我们确实经验到了休谟所说的那种两个事件之间的恒常结合和前后相继关系，为了说明我们特有的这种经验，我们就必须**假设**对象之间也有因果关系。休谟明确地认为，因果关系的观念是我们从两种事件之间的恒常结合和前后相继关系的印象中得来的，因此所谓"因果原则"本身并没有理性担保，因为当我们把它处理为一个经验概括时，我们的推理本身就预设了我们所要证明的东西。面对这个挑战，康德希望表明，因果原则并不是**来自**我们对事件的知觉，而是被后者所**预设**。康德对这一点的论证来自他提出的一个重要见识：在探究因果原则的本质和来源之前，我们需要看看我们是如何在知觉上鉴别或鉴定事件的，更确切地说，我们是如何将事件与持续的事态区分开来的。在康德看来，不管我们是在知觉一个事件，还是一个持续的事态，我们的知觉在时间上都可以是前后相继地出现的。例如，一只船从上游某个位置漂到下游某个位置是一个事件，一座房子各个部分的存在是一个持续的事态。当我对二者进行观察时，我对船从一个位置移动到另一个位置的知觉在时间上是不可逆的，而我对房子各个部分的知觉在如下意义上是可逆的：我可以先看房子的一边，再看另一边，或者先看地基，再看房顶，当然我也可以反过来。在这两种情形中，我的知觉在时间上都是先后出现的，但是，我对船运动的知觉是不可逆的，而对房子各个部分的知觉则是可逆的。因此，我们不能仅仅按照知觉在时间上的相继关系将事件和事态区别开来。康德希望由此表明，为了将二者区别开来，我们

---

[1] Kant (1998), A 195/B240.

第十章 经验、实在与知识

就只能**假设**每一个可观察的事件都有一个原因——"一切发生或开始存在的东西，都预设了它按照一条规则而跟随的某个东西"。[1]

那么，为什么我们**必定**要做出这个假设呢？康德似乎认为，为了能够将事件与持续的事态区别开来，我们就只能假设，在一个事件发生的情形中，例如在船只运动的情形中，假若实际上并不存在与船只的相继位置相对应的秩序，我们的知觉就不可能以它们在经验中呈现出来的那种秩序发生。因此，"在对一个事件的知觉中，（我们）总是可以发现一个规则，它使得知觉（在我们对这个现象的把握中）先后相继的秩序变得必然"。[2] 换句话说，为了说明我们对一个事件的知觉所具有的那种不可逆性，我们就必须假设正是对象本身具有的因果关系决定了知觉在时间上的相继关系。由此可见，康德试图从"我们对事件的知觉是不可逆的"这个事实推出因果原则**必定**是真的。然而，正如彼得·斯特劳森指出的，康德的论证，若以这种方式来解释，实际上是有缺陷的，因为康德的"不可逆性"论证只是表明，如果我知觉到一个事件，比如说船从上游某个位置移动到下游某个位置，那么我对那个事件的各个阶段的**知觉**，必定是按与那个事件的各个阶段发生时的同样的时间秩序而发生的。然而，康德由此想要推出的结论是，如果我们对一个事件的知觉的秩序必定对应于那个事件的各个阶段的秩序，那么那个事件的各个阶段就必定有某种秩序。换句话说，康德的推理是，如果在经验中呈现出来的表象序列 α − β 在时间上是不可逆的，那么为了说明我们的知觉经验所具有的这个特点，我们就必须假设，知觉被认为表达的一个状态序列 A − B 也具有类似特点，而且就是我们的那个知觉的原因。康德的论证只能导致他认为，

---

[1] Kant (1998), A189/B232.
[2] 参见 Kant (1998), A192-193/B237-238, at A192/B237。

除非我们**假设**我们知觉的对象本身就具有因果关系,否则就不能**说明**我们对一个事件的知觉,因此也不可能通过知觉而知道一件事情发生了。按照这种理解,他在"第二类比"中提出的先验论证大概就是这样的:除非假设我们的知觉对象本身就具有因果关系,否则我们就无法说明我们在对事件的知觉中通过意识把握到的那个特点,即知觉的不可逆性;我们确实通过意识把握到了那个特点;因此,我们必须假设或相信知觉对象本身就具有因果关系。

然而,康德试图通过这个论证来确立的最终结论是,因果原则是真的,也就是说,对象本身必定具有因果联系。那么,康德究竟是如何从"我们**必须假设**对象本身就具有因果联系"推出"**对象本身必定具有因果联系**"的呢?实际上,休谟完全可以承认被认为具有因果联系的对象在经验中呈现出来的那种规律性,他只是强调这种规律性是偶然的,而康德则试图从休谟对因果关系的分析以及他自己的"不可逆性"论证中推出因果必然性。但是,即使知觉所具有的那种秩序要求我们假设知觉必定是由其对象引起的,由此也不能直接推出对象本身必定存在因果联系。当然,康德或许认为,如果唯有通过假设对象本身就有因果联系,才能说明知觉的某些特点,因此我们大概可以将如下主张理解为一个关于知觉的概念真理:我们对一个对象的知觉必定是由那个对象引起的。然而,正如斯特劳森所指出的,如果康德试图由此推出因果必然性,那么他的论证就飘摇在对"必然性"的两种理解之间,因此是有谬误的——他是在试图从一种**概念**必然性推出一种实质性的**客观**必然性,即对象本身具有的因果必然性,或者在一个事件的各个阶段当中本身就存在的必然性。[1]

康德的先验论证的根本问题就在于,即使我们为了说明经验具有

---

1 参见 Strawson (1966), pp. 133-139。

第十章 经验、实在与知识

的某些特点而**假设**其对象必定具有某些特征，这也不等于证明经验对象**必定**就具有那些特征，正如**相信** P 为真并不意味着 P 实际上就是真的，因为我们至少可以问：难道假设客观因果关系的存在就为我们的经验提供了**唯一**的解释吗？回想一下此前对"最佳解释推理"的讨论，在那里，贝克莱对按照"存在着独立的外部世界"这个假设来说明经验提出了一个取舍，因为对他来说，我们可以同样按照另一个假设来解释经验中呈现出来的规律性，即我们的经验是由上帝在我们身上产生出来的。因此，如果康德并未排除对我们的经验及其特点提出**其他**解释的可能性，例如并未表明我们不可能生活在一个不是由因果规律来制约的世界中，那么他就不能断言假设存在着客观的因果关系为我们的经验提供了最好的解释，或者甚至是唯一可能的解释。他的论证至多只是表明，在我们实际所生活的世界中，除非我们假设客观原因的存在，否则我们就不能通过知觉来知道事件正在发生。然而，**假设** X 是 Y 的一个必要条件确实并不等于表明 X **必定**是 Y 的一个必要条件。

　　对休谟来说，我们关于因果关系的信念是想象力在经验的影响下虚构出来的，尽管我们在日常生活中不得不接受它。休谟实际上是从一种实践必然性的角度来说明我们为什么倾向于相信"客观的"因果联系。康德当然不满于休谟给出的说明。但是，当他试图通过先验论证为这个信念提供一个"理性"辩护时，他就面临所有这样的论证都会面临的一个难题：我们的经验或思想的某些特点是否足以辩护我们对"客观事实"的预设？为了反驳休谟的怀疑论，康德不仅必须表明对客观因果关系的预设是对我们的经验及其特点的**唯一**可能的解释，而且也必须表明客观对象本身确实存在因果关系。康德对先验观念论的承诺当然使他避免去谈论不能在经验中呈现出来的东西，但是，为了证明前一个主张，康德就必须设法表明为什么他为了说明经验而做出的假设在某种意义上比（比如说）贝克莱的假设更可取。先验论证本身似乎不足以解决这个问题。为了解决这个问题，看来我们就需要将我们在各个可能的概念框架下得出的结果与实在本身相比较。然而，只要我们无法脱离任何特定的概念框架来获得对于外部世界的认识，这种直接的比较就是不可能的，而在这种情况下，怀疑论挑战就仍然存在。为了进一步认识到这个问题的严重性，我们不妨再来考虑一下斯特劳森提出的两个先验论证。[1]

怀疑论者否认物理对象在没有被知觉到的时候仍然继续存在。斯特劳森旨在表明，这个论点是不合法的，因为承认它就等于拒斥我们的概念框架存在的某些必要条件，而只有在这样一个概念框架中，怀疑论者的怀疑才变得有意义。然而，在否认物理对象在没有被知觉到的时候仍然继续存在时，怀疑论者是在否认我们持有的一个日常主张，而这个主张实际上也是对我们的概念框架所提出的一个说法，即我们认为世界在一个单一的时空系统中包含各种客观事物。斯特劳森试图提出一个论证来表明我们不能否认这个主张，其论证大概是这样的：[2]

（1）如果我们认为世界在一个单一的时空系统中包含各种客观的具体事物，那么我们就能鉴定和重新鉴定这些事物。

（2）如果我们重新鉴定这些事物，那么我们就具有我们能够用来进行重新鉴定的标准。

（3）在日常生活中，我们确实能够按照这样的标准来鉴定和重新鉴定这些事物。

（4）因此，我们必须认为世界在一个单一的时空系统中包

---

[1] 参见 Strawson (1959), pp. 15-58, 87-114。
[2] 参见 Stroud (2000), pp. 13-17。

含各种客观的具体事物。

这个论证显然具有一个先验论证的形式，因为它实际上所说的是：为了能够鉴定和重新鉴定具体事物，我们就必须假设世界在一个单一的时空系统中包含各种客观的具体事物；我们能够（按照某些标准来）鉴定和重新鉴定具体事物；因此，我们必须假设世界在一个单一的时空系统中包含各种客观的具体事物。然而，抛开其论证形式不论，这个论证至多只是表明，当我们知觉到一个目前出现的对象时，在我们的知觉尚未出现间断之前，我们可以按照某些标准来重新确定那个对象与一个早期出现的对象是不是同一的。但是，即使我们可以按照我们现有的最好标准来重新鉴定对象，也不能由此推出对象在没有被知觉到的时候继续存在，因为我们的所有鉴定陈述有可能都是假的。而为了排除这种可能性，斯特劳森就需要提出如下假设：**如果**我们知道我们用来重新鉴定具体事物的最好标准都已经得到满足，那么我们就知道对象在没有被知觉到的时候继续存在。斯特劳森该如何说明或辩护这个假设呢？不难看出，提出这个假设使斯特劳森陷入了一个两难困境：一方面，为了知道我们用来鉴定具体事物的最好标准是否已经得到满足，就必须假设我们**已经知道**对象在没有被知觉到的时候继续存在；另一方面，若没有这些标准，我们就无法理解"没有被知觉到的继续存在"这个概念。这个结果表明，斯特劳森似乎不可能合理地说明或辩护他所提出的假设而不陷入循环。然而，若没有这个假设，他对怀疑论的反驳就尚未取得成功。

如果斯特劳森不希望陷入这个困境，他就只能满足于说，为了能够重新鉴定具体事物，我们就必须**相信**世界在一个单一的时空系统中包含各种客观的具体事物。但这仍然没有在根本上反驳怀疑论，而且，即使我们确实持有这个信念，那也不意味着"世界在一个单一的时空系统中包含各种客观的具体事物"这个命题**必定**是真的。先验论证至多只是表明，如果只有通过假设客观事物具有某个特点，我们才能说明我们的经验或思想实际上具有某个特点，那么我们就必须相信客观事物具有那个特点。但是，相信客观事物具有某个特点并不意味着客观事物必然具有那个特点。不过，就像斯特劳德所暗示的那样，斯特劳森可能想要表明的是，只有当"我们认为世界在一个单一的时空系统中包含着各种客观的具体事物"这一命题为真时，怀疑论者对于物理对象连续存在的怀疑**才有意义**。但是，为了从这个角度来提出先验论证，斯特劳森就必须引入某种形式的证实主义，即如下主张：只有当我们能够按照经验证据来确认或否证一个命题时，该命题才是有意义的或可理解的。然而，假若先验论证的有效性必须以证实主义为条件，那么这种论证就显得多余，因为只要我们能够表明证实主义是真的，它本身就足以反驳怀疑论。然而，实际情况是，如果怀疑论论证是可靠的，那么证实主义就无法工作，因为怀疑论论证旨在表明，我们无法按照经验证据来决定性地判定一个命题。实际上，试图通过诉诸关于"意义"的考虑来反驳怀疑论的做法不可能取得成功，因为怀疑论者可以承认这种限制性的论证，但仍然可以坚持认为，谈论我们没有知觉到的对象继续存在对我们来说毫无意义。正如斯特劳德所说："一个成功的反怀疑论论证将不得不是完全一般的，所要处理的是任何事物变得有意义的必要条件，而不只是某一类经过限定的命题的意义。"[1]

为了进一步理解这一点，不妨再考虑一下斯特劳森对关于"他心"的怀疑论的反驳。[2] 斯特劳森认为，当我谈论自己的经验时，为了理

1　Stroud (2000), p. 20.

2　参见 Strawson (1959), pp. 87-114。

解我自己的谈论，我必须首先理解"将经验赋予他人"究竟是怎么回事。斯特劳森的观点需要一些说明，因为我们往往认为，经验的自我赋予具有一种认识论的优先性。然而，斯特劳森论证说，为了把一个经验说成是"**我的**"经验，我就必须设法将"我"与其他主体区分开来，因为"一个人"这个概念在逻辑上先于"一个人的自我意识"这个概念。斯特劳森显然是在反对笛卡尔对自我知识的理解，特别是如下观点：经验主体对自己的精神状态有一种"有特权的"接近。对斯特劳森来说，不论是把精神状态赋予自己，还是赋予他人，都是需要标准的；而为了能够理解将经验赋予他人是怎么回事，我首先必须能够将不同的个体鉴定为这种赋予的主体，例如能够认识到这个经验是"你的"、那个经验是"他的"等。换句话说，为了能够理解"将经验赋予他人"是怎么回事，我必须已经能够将经验主体鉴定出来。为此，我们就必须假设经验主体具有如下特点：一切有意识的精神状态以及身体特征都是可以赋予他们的。只有当我具备了某些逻辑上适当的标准，以便可以利用这些标准将精神状态和身体特征赋予他人时，我才能有意义地讨论"可以鉴定出来的主体"。斯特劳森由此认为，只要我们承认这一点，怀疑论问题就不可能产生，因为怀疑论陈述"涉及假装接受一个概念框架，同时又暗中抛弃它存在的一个条件"。[1] 斯特劳森的意思是说，怀疑论者承认我们对自己的精神状态具有知识，却否认我们对他人的精神状态具有知识，然而，既然将精神状态赋予自己和赋予他人都涉及使用同样的标准，怀疑论就是不连贯的。因此，如果精神状态的赋予都有同样的标准，那么怀疑论者就不能提出关于"他心"的怀疑论。

怀疑论者否认我们能够对其他人的精神状态具有直接的知识。斯

1　Strawson (1959), p. 106.

特劳森的论证旨在表明，经验赋予不仅取决于将经验主体鉴定出来，而且不论是在"自我知识"的情形中还是在对"他心"知识的情形中都是有标准的。然而，只要审视一下，我们就会发现，斯特劳森论证的有效性取决于他提出的一个不言而喻的假定，即当我使用某些"逻辑上适当"的标准将一个精神状态赋予他人时，我能够知道某些条件已经得到满足——只要这些条件得到满足，那个人就处于某个精神状态；若得不到满足，他就不处于那个精神状态。但是，为了知道这些条件是否已经得到满足，斯特劳森同样需要引入一个证实原则。之所以如此，是因为怀疑论者其实并不否认关于他心的命题是**有意义的**，他们想要强调的是，我们永远不知道那些命题**是不是真的**。斯特劳森的先验论证至多只是表明，如果将精神状态赋予他人是可能的，那么我们就必须**相信**我们知道某些条件已经得到满足。但是，即便我们**相信**那些条件已经得到满足，也并不意味着它们**确实**得到了满足。若不引入一个证实原则，斯特劳森就无法表明我们确实知道那些条件已经得到满足。证实原则的使用要求我们跨越经验与实在的鸿沟，而怀疑论论证恰好表明这是不可能的。

怀疑论者对先验论证的回答就等同于说，我们根本无法跨越经验与实在之间的鸿沟。作为跨越这道鸿沟的一种尝试，先验论证并未取得成功，因为这种论证至多只是表明，我们理解某些东西（或者使得某些东西变得有意义）的一个先决条件是，我们必须相信某些其他东西是真的，但**相信**某个命题是真的仍然符合它**事实上**是假的。为了摆脱这个困难，先验论证的倡导者就不得不引入证实原则——他们需要表明某个陈述的意义是由我们能够知道的东西来决定的。然而，引入这个原则给先验论证制造了巨大麻烦。一方面，接受这个原则至少意味着先验论证是多余的；另一方面，如果先验论证的倡导者必须放弃这个原则，那么他们就无法充分地反驳怀疑论论证。由此来看，先验论证的根本问题就在于，这种论证试图从关于我们的思想、经验和概念的某些无可争辩的事实中推出关于外部世界的结论，但笛卡尔和休谟的怀疑论已经原则上阻止了这种可能性。当然，这并不意味着我们无法从前一种事实中得出某些关于实在的结论。问题只是在于，既然经验并不必然表达实在的本质，我们以这种方式得出的结论就有可能是错误的。

当然，我们还有一些其他理由认为先验论证并没有决定性地反驳怀疑论。其中一个理由是，先验论证甚至没有触及最普遍的怀疑论结论。怀疑论论证主要关系到知识问题而不是存在问题。笛卡尔和休谟的怀疑论论证得出的结果是，我们缺乏关于外部世界的知识，而不是外部世界并不存在。因此，即使先验论证取得了成功，它们也并没有真正触及怀疑论论证的结论，因为怀疑论论证并不声称世界不存在，或者我们没有居住在世界上，或者我们的大多数信念都不是真的。怀疑论论证只是表明，我们缺乏适当的证据表明我们的信念**必定**是真的。正如我们已经看到的，怀疑论论证归根结底取决于两个前提：其一，知识要求某些条件得到满足；其二，这些条件得不到满足。因此，只要怀疑论假说是可靠的，怀疑论者就可以利用这种假说表明，即使我们**认为**我们的信念是真的，它们也并不等于知识。此外，怀疑论论证实际上也不取决于关于"意义"的考察。怀疑论者可以不否认缸中之脑的话语可能是有意义的，正如他们无须否认缸中之脑可以**相信**外部世界存在或者其肢体的某个部位疼痛。怀疑论者所担心的是，即使缸中之脑具有这些信念，这种信念是否得到了辩护。因此，通过先验论证来表明否认维特根斯坦或卡尔纳普所说的框架命题将会使得某些谈论失去意义或者变得不可理解，实际上并不构成对怀疑论的决定性反驳，因为怀疑论者确实可以继续坚持他们的理论态度，采取一种站在各种实践之外的立场，但同时声称这些实践都没有恰当地与实在相联系。我们当然可以指责怀疑论者对知识提出了过高的要求，但是为此就需要说明我们为知识提出的标准是合理的。或者，可以像康德那样直接放弃我们对于他所说的"本体世界"具有知识的主张，但这样做实际上在承认怀疑论挑战是不可回应的，我们只能对我们所能经验到的世界具有知识。换言之，如果说康德是在试图回应怀疑论挑战，那么他是通过**改变**我们的知识概念的**对象**来回应这个挑战。

6.3 适度的先验论证

先验论证试图按照在经验、思想或语言中呈现出来的东西来推测实在的本质。这种渴望显然是可以理解的。但是，这种论证形式是否成功反驳了怀疑论，正如我们已经看到的，是一个极具争议的问题，因为答案部分取决于我们对先验论证的本质和目标的理解，部分取决于我们对哲学的本质和使命的理解。如果哲学的使命只在于概念分析和概念澄清，那么先验论证就超越了如此理解的哲学的范围，因为这种论证旨在以一种先验的方式来提出关于实在本质的结论。但是，我们真的能够通过**分析**经验、思想或语言的某些特点而得出这样的结论吗？即便我们可以回答这个问题，就先验论证本质上是一种"最佳解释推理"论证（或者至少使用了这种论证的基本思想）而论，它也会碰到我们此前对这种论证提出的问题。特别是，先验论证的倡导者需要说明他们从这种论证中得出的结论究竟在什么意义上是我们**必须**接受的。先验论证旨在表明，我们的经验、思想或语言在某种意义上已经是可能的，而正是某些东西使得它们变得可能，因此我们就必须接受那些东西。但是，举例来说，说我们必须**假设**或**相信**对象本身就有因果关系还不等于表明对象**本身必定**具有因果关系。主观确定性不等于客观确定性，而先验论证似乎是要从前者推出后者。当我们试图对实在提出某些结论时，我们的出发点就是我们可以按照经验来设想的东西，而且，这些东西只是相对于我们用来看待世界的特定观点才是可以设想的。例如，按照康德在"第二类比"中提出的论证，为了理解知觉表象在经验中的先后次序，我们就得假设或设想对象本身就具有因果决定关系。但是，我们具有这样的模态直观并不意味着它们所表达的东西必定是真的。怀疑论者可以指出，我们的模态直观受到了我们的概念能力和经验能力的限制。这样，当我们按照对我们来说可以设想的东西来描述世界时，我们的描述有可能完全是错误的。因此，如果先验论证旨在揭示实在的本质，那么这种论证就尚未取得成功，也谈不上从根本上反驳了怀疑论。当然，我们可以说，既然怀疑论挑战无论如何都是无法回应的，它**对我们来说**就没有意义，但这是另一个问题了。

不过，有一些哲学家认为，即使先验论证无法得出有关实在**必定是**什么样的结论，但只要它能够表明世界**对我们来说**是什么样子，或者我们**相信**世界是什么样子，先验论证就仍然具有反怀疑论的含义和力量。[1] 这种形式的先验论证可以被称为"适度的先验论证"，因为其目的不是要确立某些关于实在的真理的主张，而只是试图表明，一旦我们重新设想先验论证的目的，我们就仍然可以用这种论证来反驳**某种类型**的怀疑论。这个转变的关键就在于认识到，康德、卡尔纳普和斯特劳森等人尝试采纳的那种先验论证确实没有成功反驳所谓"关于知识的怀疑论者"，这种怀疑论者认为无论如何我们都不具有关于外部世界的知识。适度的先验论证的倡导者承认这一点，但认为他们可以回答关于**辩护**的怀疑论者提出的挑战。这种怀疑论者认为

---

[1] 关于这个观点，参见 Robert Stern, "On Kant's Response to Hume: The Second Analogy as Transcendental Argument", in Robert Stern (ed.), *Transcendental Arguments: Problems and Prospects* (Oxford: Clarendon Press, 1999), pp. 47-66; Robert Stern, *Transcendental Arguments and Scepticism: Answering the Question of Justification* (Oxford: Clarendon Press, 2000)。

我们不可能按照我们的信念规范来表明我们的信念是有辩护的。因此，康德式的先验论证被说成是"真理导向的"，其目的是要确立某些关于实在的真理的主张；而适度的先验论证则是"信念导向的"，其目的只是要表明我们具有可以辩护的信念。这种先验论证的倡导者承认，从康德的第二类比中我们只能得出如下结论：如果我们需要把时间决定关系应用到知觉表象，那么就只能相信它们表达了具有因果决定关系的客观对象。因此，我们对所谓"客观的因果关系"的信念就得到了辩护。一般地说，如果某个信念是我们的经验、语言或者其他信念得以可能的条件，那么我们就可以合理地持有这个信念。假设我们用 P 来表示我们的经验领域之外的某个东西（例如外部世界、客观的因果关系、他心等），那么适度的先验论证就采取了如下形式：

（1）如果没有 P，我们的经验、语言或者其他的信念就不可能。
（2）我们的经验、语言或者其他的信念已经是可能的。
（3）因此，我们必须相信 P。

这种先验论证是"适度的"，就是因为它并不声称信念 P **必定**是真的，而只是认为我们有理由持有这个信念，或者，相对于某些东西来说，我们必须持有这个信念。"我们必须相信 P"这个说法表达了某种形式的必然性，例如这样一种实践必然性：除非我们相信外部世界存在，否则我们就无法从事任何经验研究。而且，据说正是这种必然性为我们相信 P 提供了辩护。由此可见，为了应用这个策略，这种先验论证的倡导者必须将辩护设想为一件完全**内在的**事情——一个信念是否得到辩护，取决于它是否符合我们"最深的"认知标准和认知程序。¹ 按照这个辩护概念，适度的先验论证的倡导者认为，怀疑论主张也必定是"内在的"——如果怀疑论者试图怀疑信念 P，那么他就必须表明，信念 P 没能符合我们最深的认知标准和认知程序，因此是没有辩护的。例如，关于辩护的怀疑论者会声称，我们不能通过诉诸知觉规范来辩护我们关于"他心"的信念，因为我们确实没有"看到"其他人的心灵；我们也不能通过诉诸任何归纳规范来辩护这个信念，因为这种规范不允许我们从单一的情形中进行外推。怀疑论者因此就可以断言这个信念是没有根据的。同样，怀疑论者认为，我们不能按照某种最佳解释推理来辩护我们关于外部世界的信念，因为我们实际上无法证明这种推理**事实上**是最好的，正如贝克莱所论证的那样。因此，按照适度的先验论证的倡导者的解释，怀疑论者并不挑战我们的认知实践和有关的认知规范；相反，他们"（不仅承认）构成我们的实践的那些规范是既定的，（而且认为）那个实践本身是恰当地形成的，（怀疑论者）只是声称（关于他心或外部世界的）信念没能符合任何（最深的认知）标准和程序"。²

正如我们已经看到的，关于知识的怀疑论者提出的挑战是，我们无法跨越经验与实在之间的鸿沟。康德式的先验论证之所以失败，正是因为这种论证试图跨越这道鸿沟，试图从思想或经验的某些不可否认的特点中，推出怀疑论者认为超越了我们的知识限度的结论。适度的先验论证的倡导者吸取了这个教训，因此并不想要跨越这道鸿沟。但问题是，他们提倡的那种"内在辩护"策略真的具有反怀疑论的力

---

1 欧内斯特·索萨曾经捍卫过这个观点，而斯特恩关于"适度的先验论证"的思想主要是立足于索萨的主张。参见 Ernest Sosa (1988), "Beyond Scepticism, to the Best of Our Knowledge", *Mind* 97: 153-188。

2 Stern (1999), p. 53.

量或含义吗？[1] 实际上，将两种形式的怀疑论区分开来的做法本身就是成问题的，因为关于知识的怀疑论并非与辩护问题无关。在根本上说，这种形式的怀疑论并不是要怀疑外部世界或他心的存在，而是要怀疑我们对这些东西具有知识，也就是说，怀疑我们对这些东西的信念根本上是有辩护的。退一步说，即使我们不考虑这个区分是否可靠，只关注适度的先验论证的倡导者想要关心的辩护问题，我们还是会发现，对信念的辩护问题的研究归根结底要求我们去思考我们是否能够跨越经验与实在之间的鸿沟。这一点可以简要地阐明如下。

按照这种先验论证的倡导者所说的那种"内在辩护"概念，一个信念是否得到辩护，取决于**从认知主体自己的观点来看**，该信念是否符合他认识到的最深的思想规范和思想程序。这个辩护概念因此完全是一个"透视性"概念——一个人从自己的观点来认识和判断他的某个信念是否得到了辩护。于是我们就可以设想，甚至一个因吸毒而发生幻觉的人也有资格给出某些理由来表明其信念是合理的，或者一个信奉某种邪教的人也有资格声称其信念是有辩护的，因为它符合该教派的规范。这样，如果辩护被设想成一件"完全内在"的事情，而不考虑与"外在的"东西是否相符，那么以这种方式得到辩护的信念很有可能完全是错误的。这种先验论证的倡导者倾向于按照融贯论的思路来理解"辩护"。对他们来说，一个信念是否得到辩护，取决于它与一个人的信念系统是否保持最大的融贯性。但是，正如我们已经指出的，若不引入观察输入的思想，融贯论的辩护概念就是成问题的。例如，即使我们确实生活在一个被恶魔操控的世界中，我们仍然可以

---

[1] 参见 Mark Sacks, "Transcendental Arguments and the Inference to Reality: A Reply to Stern", in Stern (1999), pp. 67-83。不过，值得指出的是，萨克斯捍卫一种准康德式的先验论证，见 Mark Sacks, *Objectivity and Insight* (Oxford: Clarendon Press, 2000)。

第十章　经验、实在与知识

有各种制约认知实践的规范和程序，正如占星术有自己的认知规范和认知程序；而且，我们可以发现，我们具有的某些信念不仅符合那些规范和程序，而且也与我们持有的所有其他信念相融贯。然而，如果笛卡尔的怀疑论假说是可靠的，那就表明我们的所有信念其实都没有辩护。因此，为了表明我们的信念确实是有辩护的，就不能满足于**仅仅**按照"融贯"来理解"辩护"。相反，我们必须表明我们的信念确实符合实在的某些部分。这就是说，我们需要从外面引入观察输入，以表明那个内在融贯的信念系统总体上有可能与实在（或者至少实在的某些部分）相对应。

当然，怀疑论挑战阻止了这种可能性，并促使康德试图提出先验论证来解决这个问题。在日常生活中，我们确实相信外部世界存在并具有一种不依赖于人类心灵的秩序，而怀疑论者却表明这些信念是可疑的。为了对付怀疑论挑战，康德试图借助先验论证来表明我们可以正当地持有这些信念。然而，康德的论证未能表明我们实际上已经成功地跨越了现象与实在（或者经验与对象）之间的鸿沟。就因果关系而论，他至多只是表明，如果我们必须**相信**我们的知觉表象具有时间上的决定关系，那么我们也必须**相信**存在客观的因果决定关系。既然康德尚未表明确实存在客观的因果决定关系，怀疑论者就可以说，我们对所谓"客观的因果决定关系"的信念在根本上说也需要辩护。正如我们已经看到的，先验论证本身不可能提供这样一个辩护，因为为了提供这样一个辩护，先验论证的倡导者就必须引入证实原则，而这样做不仅会使得先验论证变得多余，而且也会陷入怀疑论者设置的圈套——只要我们尚未成功地表明我们能够跨越那道鸿沟，我们就不能合法地使用证实原则。

当然，适度的先验论证的倡导者认识到了这个困境，因此他们转而认为内在辩护完全能够支持和维护我们的信念。然而，仅仅具有内在辩护显然是不够的。无须否认，一个信念与我们的信念系统的融贯性可以为持有该信念提供一些支持。然而，这个信念是否得到了辩护，在根本上取决于我们是否能够表明我们的信念系统本身有助于产生真理。为此，我们就需要超越我们的信念系统，在经验层面上去寻求与我们的信念相对应的事实。这意味着，为了根本上辩护我们的信念，我们就不得不试图跨越现象与实在之间的鸿沟。为了彻底反驳怀疑论，我们必须设法表明我们确实能够跨越这道鸿沟，要不然就修改我们的知识概念。另一方面，既然怀疑论假说不允许我们从事任何从现象到实在的推理，在尚未成功反驳怀疑论之前，我们也无法表明我们能够跨越那道鸿沟。

　　康德其实很清楚地意识到了这个问题，并最终承认我们不可能跨越这道鸿沟，只能在**经验世界**中去探求知识的可能性。为此，他提出了一个重要区分，即把"先验观念论"与"先验实在论"区分开来。按照前一种观点，"一切现象都必须只是被看作表象，而不是物自体，因此时间和空间只是我们的直观的感性形式，而不是本身就存在并且已经被给定的决定形式，也不是作为物自体而存在的对象的条件"。按照后一种观点，"时间和空间是（不依赖于我们的感性形式）本身就被给定的东西。……作为物自体而存在的外部现象是不依赖于我们以及我们的感性形式而存在的，因此是外在于我们的"。[1] 康德拒斥了先验实在论，并且按照其先验观念论将经验现象与经验实在区分开来。按照这个区分，现象中有一个**经验事实**的领域，这些事实是由知性的范畴构造出来的，但可以在经验上被发现并对我们产生影响。通过采纳先验观念论，康德论证说，我们的真实信念所要对应的事实，并不是那种超越了经验的事实，而是本身就处于经验领域中并由知性

---

[1] Kant (1998), A369.

的范畴构造出来的经验事实。康德更明确地指出:

> 先验观念论者是一位经验实在论者,他承认作为现象的物质具有一种不可推论,而是被直接知觉到的实在性。与此相比,先验实在论必然陷入各种困难,发现自己不得不让位于经验观念论,因为它把外感官的对象看作某种不同于感官的东西,而把单纯的现象处理为在我们之外被发现的自我维持的存在物。按照这样一种观点,不管我们可以多么清晰地意识到我们对这些事物的表象,我们都仍然不能确信,如果那个表象存在,那么与它相对应的对象也会存在。相反,在我们的体系中,这些外在事物,即在其所有的形态和变化中的物质,都只不过是现象,也就是说,是在我们这里的表象,而其实在性则是我们直接意识到的。[1]

由此可见,一旦康德承诺了先验观念论,那么其先验论证确实允许他跨越**经验**现象与**经验**实在之间的界限,因为**经验实在其实就是现象本身**,尽管是由知性范畴构造出来的现象,因此就有别于在**没有**施加这些范畴的情况下自身就存在的东西,即康德所说的"物自体"。不过,不难看出,与其说康德的先验论证反驳了怀疑论挑战,倒不如说他通过改变我们的知识概念回避了那个挑战。之所以如此,是因为康德在其哲学体系中实际区分了三个层次,即经验现象、经验实在以及先验实在,并将先验实在看作我们原则上不可知的东西。康德确实通过先验演绎推出了各种范畴,并认为通过这些范畴,我们就可以从经验现象中将经验实在构造出来。换言之,我们所能具有的知识只不

---

[1] Kant (1998), A371-372.

过是心灵的先验范畴从经验中构造出来的。然而，康德无法表明我们以这种方式构造出来的经验实在**就是**那种超越了经验限度的实在，即所谓"先验实在"。实际上，康德就像怀疑论者那样否认我们能够具有关于"先验实在"的知识。然而，这样一来，只要我们有理由拒斥康德的先验观念论，我们也有理由抛弃他对先验论证的那种运用。

在康德那里，先验论证旨在表明，如果思想和经验是可能的，那么关于外部世界的某些形而上学结论就必定是真的。但是，从先验论证的结构来看，康德的计划实际上不可能取得成功，因为先验论证的起点是某些关于我们的思想和信念的心理陈述，这些陈述在内容上必定弱于关于外部世界本质上是什么样子的陈述。康德的论证取决于一个他从未阐明的模态直觉，即我们可以从"我们必须假设或相信X"推出"X必定是真的"。但是，我们其实不清楚如何进行这个推断，或者其有效性是由什么东西来保证的。[1] 实际上，怀疑论者已经论证说，在经验和实在之间并不存在逻辑上必然的联系。那么，康德还能借助什么来支持其推理呢？看来康德至多只能说，我们的心灵已经是被如此构造出来的，以至于若不**假设**外部世界本身就具有某些特点，我们就无法理解或说明我们的思想或经验具有的某些特征。但是，我们的心灵具有它所具有的特定构造可能是一个关于我们心灵的偶然事实，正如蝙蝠（或者我们所能设想的任何其他具有感知能力的生

---

[1] 在这里，不妨回想一下第六章中提到的罗素对康德的批评：罗素认为必然性和可能性之类的模态性质是对象具有的属性。因此，如果对象本身并不具有模态性质，那么我们就不可能具有关于它们的模态直觉。因此，按照罗素的观点，我们不可能**单向地**从模态直觉推出对象本身的模态性质。但是，如果我们认为正是对象本身具有的模态性质以某种方式让我们有了模态直觉，那么当然我们就必须追问这是如何可能的。康德显然并未表明我们能够**直接**认识到对象本身的模态性质——实际上，如果我们原则上不能认识到康德所说的"物自体"，那么我们更不能认识到它们本身具有的模态性质。因此，康德通过先验演绎得出的那些东西，至多只能被理解为经验认知的预设，最好是以他在《判断力批判》中所说的那种"自然目的论"的方式来理解，而这意味着那些东西不是世界本身具有的特点。

第十章 经验、实在与知识

物)由于具有与我们不同的知觉系统而以不同于我们的方式来感知世界,而这也是一个偶然事实。康德的先验观念论在如下意义上确实是真的:人类心灵特有的构造使得我们具有我们实际上对外部世界具有的知识,但是,我们确实无法设想一个不能用我们心灵的装备来经验到的外部世界究竟是什么样子。简言之,**对我们来说**,世界就是在我们的经验中呈现出来的那个样子。就此而论,康德确实可以表明怀疑论在如下意义上是错误的:怀疑论者要求我们考虑或设想一个我们本质上无法经验到的世界。由此来看,尽管先验论证并未成功反驳怀疑论,但这并不意味着**先验反思**毫无价值——这种反思确实有助于揭示我们的思想和经验的某些根本特点。进一步说,即使先验论证不能让我们得出有关世界**本来**是什么样子的结论,它也可以表明世界**对我们人类来说**是什么样子,因此可以为我们理解**人类知识**的本质和限度做出贡献,正如斯特劳德所说:

> 我们以各种方式来思考和经验这个世界,这本身就是一个丰富的和复杂的成就。为了对这个成就进行反思,我们就得首先承认,我们确实是按照这些方式来思考和经验事物。当我们对我们的思想方式进行先验反思时,这种承认就构成了先验反思开始的"前提"。接受这些前提意味着将那些思想和经验赋予人类。为了弄清楚人们是否具有这样的思想和经验,我们可以按照一种广义的康德式精神来反思我们进行这种赋予的条件,例如,反思这样一些问题:什么东西必定是这样,我们如何才能进行思考,我们必定能够做什么,等等。我认为,正是通过这种反思,我们才有望揭示某些思想或信念在我们的世界观中所占据的特殊地位或作用,……即使这种反思不足以实现康德的计划,或者甚至不足以达到康德之后那种更加雄心勃勃的先

验论证想要达到的结论。¹

七、里德论知觉、证据与认知原则

如前所述，所有反怀疑论策略都试图表明，某些东西是超越怀疑的，或者怀疑它们是无意义的。因此，摩尔论证说，既然他有两只手比怀疑论论证的前提更确定，他就不应该怀疑自己有两只手；维特根斯坦论证说，我们的认知实践取决于某些框架命题或原则，因此怀疑这种命题或原则是无意义的；康德和斯特劳森等人则试图表明，我们的思想和经验的可能性条件要求我们必须相信某些东西；认识论的语境主义者认为，我们用来确立一个语境的预设是不可怀疑的。与此相似，托马斯·里德认为，每一个健全的人都与其他人一道分享某些"常识原则"，这些原则构成了我们的思想和实践的基础，因此是免于怀疑的。里德试图利用其常识实在论来回答怀疑论挑战。对于我们在本章提出的论证来说，里德的尝试之所以值得特别考虑，不仅因为它是从自然主义或常识哲学的角度来回应怀疑论挑战的一个典范，而且也因为它直接提出和处理了休谟的怀疑论论证中出现的一个重要问题，即认知循环问题。² 此外，里德对知觉的论述也会为我们在下一

---

1 Stroud (2000), p. 213. 在康德之后到黑格尔为止，在德国观念论哲学的发展中，先验论证的思想一直占据一个主导地位，因此斯特劳德在最后提出了这样的说法。参见 Paul W. Franks, *All or Nothing: Systematicity, Transcendental Arguments, and Skepticism in German Idealism* (Cambridge, MA: Harvard University Press, 2005)。

2 里德的知识论主要体现在如下两部著作中：Thomas Reid, *An Inquiry into the Human Mind on the Principles of Common Sense* (edited by Derek R. Brookes, Edinburgh: Edinburgh University Press, 1997); Thomas Reid, *Essays on the Intellectual Power of Man* (edited by Derek R. Brookes, Pennsylvania: The Pennsylvania State University Press, 2002)。对里德的知识论和形而上学的系统阐述，参见 James Van Cleve, *Problems from Reid* (Oxford: Oxford University Press, 2015)。

节中要讨论的问题提供一个必要的背景或准备。

7.1 里德的常识原则

正如我们已经看到的，怀疑论的情形表明，在哲学反思和日常思维之间存在着一种重要张力。大卫·刘易斯感叹说，在对知识进行哲学反思时，我们的日常知识好像消失了。在休谟那里，这种张力是通过他的怀疑论与自然主义的关系体现出来的。按照对休谟的某种解释，休谟将自然主义看作抵抗怀疑论的最终庇护所。但是，休谟的自然主义不是一种简单的设定，因为在他看来，不管我们将哲学反思推到多高的程度，因此，不管我们由此达到什么样的怀疑论结果，一旦我们回到日常生活中来，我们就会发现，必然要相信物体继续存在，必然要进行因果推理。"无论是谁，只要他已经费尽心思去反驳那种全面的怀疑论的吹毛求疵，他实际上就是在攻击稻草人，并且试图通过论证来建立一个自然先前已经在心灵中培植起来并使其不可避免的官能。"[1] 休谟的怀疑论当然是其经验主义承诺的一个必然结果。不过，值得注意的是，他也试图利用其怀疑论来反驳理性主义的理性概念——他试图借助怀疑论来表明，我们不可能使用理性来捍卫理性，相反，理性的本质来源就在我们的感性之中，就在自然已经赋予我们的东西之中。很不幸，尽管休谟的哲学思维中确实有一个自然主义要素，但这个要素在当时并没有得到明确认识，反而倒是有不少当时的哲学家将休谟视为极端的怀疑论者。

实际上，里德就是这样来看待休谟的，他倡导和发展"常识实在

---

[1] Hume (1978), p. 183. 亦可参见 Hume (1978), p. 187, 即前面第五节结尾处的引文。

论"这种观点,¹ 主要是为了回应他在贝克莱和休谟那里辨别出来的所谓"极端怀疑论"。按照里德的判断,哲学家们不时自称要拒斥"在生活的共同关注中无法抵抗地制约着所有人的信念和行为的那些原则"。但是,"除了常识的原则外,(哲学)其实没有其他根基,(因为哲学)就是从这些原则中产生出来的,并从它们之中吸取了营养。因此,一旦哲学从那个根基中被切断出来,其荣誉就凋谢了,其活力就衰竭了,它就会死亡和腐烂"。² 当然,哲学家们可以认为,哲学的目的不是要拒斥这些原则,而是要为它们提供辩护。但是,里德认为,一切辩护都必须假设某个或某些常识原则,而且,就像一切思想和实践一样,哲学思维归根结底不是取决于提供根据,而是取决于信任,即信任里德所说的"常识原则"。

为了理解里德的思想,我们必须弄清他所说的"常识原则"究竟是指什么,为什么他认为我们必须信任这些原则。里德将常识原则分成两类,一类是"偶然真理的第一原则",另一类是"必然真理的第一原则"。在这里我们只需关心前一种"第一原则"。里德列举了12个这样的原则:³

(1)我所意识到的每一个东西都是存在的。

(2)我所意识到的思想是我称为"我自己"的那样一个存在者的思想。

---

1 关于里德对待常识的态度,参见 Nicholas Wolterstorff, *Thomas Reid and the Story of Epistemology* (Cambridge: Cambridge University Press, 2001), chapter 9; Nicholas Wolterstorff, "Reid on Common Sense", in Terrence Cuneo and René van Woudenberg (eds.), *The Cambridge Companion to Thomas Reid* (Cambridge: Cambridge University Press, 2004), pp. 77-100。

2 Reid (1997), pp. 19, 21.

3 参见 Reid (2002), pp. 467-490。

（3）我明确地记住的东西确实已经发生。

（4）只要我们明晰地记住任何东西，我们就有自己的个人同一性并继续存在。

（5）我们通过自己的感官明晰地知觉到的东西确实存在，而且就是我们知觉到它们的那个样子。

（6）我们可以在某种程度上控制自己的行动和意志的决定。

（7）我们用来区分真理和错误的各种自然官能不是靠不住的。

（8）与我们进行交流的同伴是有生命、有智慧的。

（9）我们的面貌、声音、身体姿态的某些特点指示出心灵的某些思想和倾向。

（10）我们在某种程度上关注人们在事实问题上的证言，甚至在意见问题上关注人们的权威。

（11）有许多事件取决于人的意志，它们当中有一种自明的或然性，在多大程度上有这种或然性则取决于它们发生的环境。

（12）在自然现象中，即将发生的事情很可能类似于在类似情境中已经发生的事情。

里德列举的这些原则被认为是自明的，是我们的思想和行动以及人们之间的社会交往需要预设的，但它们往往成为怀疑论者通过哲学反思来颠覆的对象。里德承认这些原则不是必然真理，但强调说，在日常生活和经验研究中，我们的推理取决于这些原则，就此而论，它们是"第一原则"。在里德看来，有一些命题是自明的，也就是说，一旦我们理解了这些命题，我们就能直接把握其真实性，而不需要按照其他命题来判断其真实性，正如他所说：

> 可以表明，而且其实很久以前亚里士多德就已经表明，我们理性上同意的每个命题要么必须在其自身当中就有其证据，要么必须从某个先前的命题中引出其证据。那个先前的命题也是如此。因此，既然我们不可能无穷无尽地回到那些先前的命题，（根本的）证据就必定取决于那些在自身当中就有其证据的命题，即第一原则。[1]

里德似乎认为，如果为了终止认知辩护的无穷后退，我们就必须假设有一些命题不需要按照其他命题来辩护，那么这就意味着它们在自身当中有其证据。这些命题就是所谓"自明的"命题，是我们不需要按照任何推理就直接相信的命题。不过，里德并不认为我们直接相信的所有命题都是他所说的"第一原则"，因为能够成为"第一原则"的命题必须具有充分的证据，以便我们能够理性上同意它们。这种证据可以是这样一个命题本身就有的，也可以来自某种**非命题性**证据，例如知觉证据。总之，如果我们试图发现"第一原则"，那么我们就必须在我们直接拥有但又具有充分证据的信念中去发现它们。

里德强调说，"第一原则"除了是我们直接相信的东西外，还必须具有充分的证据，而这些证据又不可能来自其他命题。既然如此，我们就很想知道他所说的那种"充分的证据"到底意味着什么。里德试图通过鉴定"第一原则"的四个特点来回答这个问题。首先，常识原则是我们在日常生活中都视为理所当然，而且必然视为理所当然的东西，正如里德所说：

> 如果有一些我们本性的构成导致我们去相信的原则，而

---

[1] Reid (2002), p. 522.

且，在日常生活中，即使我们不能提出一个理由来支持这些原则，我们还是必然将它们视为理所当然的，那么它们就是我们所说的常识原则，与这些原则明显地相对立的东西，则被我们称为荒谬的。[1]

由此可见，"第一原则"的第一个特点是，它们是我们的本性驱使我们去相信的东西。既然我们的本性都是同样的，我们就**一致地同意和接受**这些原则。由此我们可以推出常识原则的第二个特点：否认常识原则对我们来说是荒谬的，因为否认它们就意味着否认我们本性的构成。例如，里德认为，任何健全的正常人都不会否认他是自己思想的主体。里德并没有将与这些原则相对立的东西说成"虚假的"，而是说成"荒谬的"，其目的就在于强调，**在我们的实际生活中**，否认或怀疑这些原则是行不通的。如果我们发现一个人不信任自己的感官，也不关心这些感官向他提供的证言，那么我们就会觉得他不可理喻，也不想通过论证向他表明他实际上犯了错误，因为对我们来说，这样一个人完全丧失了健全的理智。里德评论说：

> （如果）我决定不相信自己感官，那么在面对一个迎面而来的邮递员时我就会摔破鼻子，就会掉到阴沟中去。要是经历了二十次这种"明智而理性"的行动，别人就会把我拘留起来送入疯人院。现在，坦白地说，我宁愿成为自然塑造出来的那样一个轻信的傻瓜，也不愿成为那些决定不信任感官、"明智而理性"的哲学家当中的一员。如果一个人假装自己怀疑感觉信息，但又像其他人那样审慎地避免让自己受到伤害，那么他就必须

---

[1] Reid (1997), p. 33.

原谅我对他的怀疑——他要么是一个伪君子，要么就只能自食其果。因为如果他的信念的天平处于如此均衡的状态，以至于不偏向任何一边，那么他的行动就得不到任何日常的审慎规则的指导。[1]

在这里，里德想说的是，尽管一个人可以**从哲学思辨的角度**声称自己怀疑常识原则，但**在实际生活中**他不可能怀疑这些原则，否则他就会陷入丧失理智的状态。当然，这个人可以陷入形而上学意义上的精神失常状态，但是，一旦他回到日常生活中来，常识就恢复了其权威。既然我们在日常生活中都将那些原则视为理所当然的，我们就不需要提出任何进一步的理由来支持它们。这是常识原则的第三个特点。

常识原则的第四个特点是，我们是"在一种必然性下"将它们看作理所当然的。因此，这些原则对我们来说是无可置疑的。我们可以**认为**我们怀疑它们，但**我们的行为**却揭示出相反的东西。"在思辨中拒斥（这些原则）的人，发现自己在实践中必然受到它们的约束。"[2] 因此，从实践生活的角度来看，这些原则对我们来说是不可或缺的。不管我们通过纯粹的理论思辨得出了什么精巧的结论，例如通过反思知觉的间断性来断言物理对象在没有被知觉到的时候并不存在，但只要我们在实际生活中继续按照这样的结论来行动，我们的行动可能就会被挫败。里德似乎认为，正是实践生活的必然性为我们的理论反思的合理性施加了限度。怀疑常识原则就是在摧毁生活的实际可能性。

当然，里德明确地认识到这些原则是从我们的实践中抽取出来的。不过，就像后来的维特根斯坦那样，对里德来说，在我们按照

---

[1] Reid (1997), p. 170.
[2] Reid (2002), p. 480.

第十章　经验、实在与知识

这些原则做出的判断和我们按照其他原则做出的判断之间并不存在截然分明的界限。我们鉴定出什么样的常识原则乃是取决于我们的生活实践，而生活实践可以发生变化，正如我们本性的构成也可能会发生变化。因此，里德强调正是我们本性的构成使得我们必然相信这些原则，但他并不认为我们的本性完全是固定不变的。

由此可见，里德的常识学说的主要根据就是他对哲学思维限度的理解。如果哲学反思导致哲学家根本上怀疑我们在日常生活中必须同意和接受的原则，那么哲学反思就触及了它自身的限度。在里德看来，哲学家必须承认"我们的思想、我们的感觉以及我们意识到的每个其他东西，都具有一种真实的存在"。但是，怀疑论者要求哲学家"必须通过理性的光芒来阐明所有其他的一切，因此就要求理性将整个知识结构建立在一个单一的意识原则之上"，[1] 即建立在我们能够直接意识到的东西之上。里德拒斥怀疑论者对哲学家提出的这个要求，因为在他看来，当哲学家并不从事哲学思维时，他就像普通人一样以同样的方式与常识原则保持联系，而且，当他向其他哲学家提出问题和进行交流时，当他在开始撰写哲学论文时，他不仅确实把那些原则看作理所当然的，而且也必须将它们视为理所当然的，因为常识就是他的一切活动的背景，而且必须成为他的一切活动的背景。若没有这个背景，哲学家的思维就只能陷入形而上学的精神失常状态，正如里德在下面这段话中明确指出的：

> 哲学家显然有权审视甚至要在所有语言的结构中来发现的那些区别；如果他能够表明这些区别在被区别出来的事物的本质中毫无根据，并能指出人类共同的、导致他们将实际上不是

1　Reid (1997), p. 210.

不同的事物区别开来的某个偏见，那么这样一个区别就可以归于一个应当在哲学中来纠正的庸俗错误。但是，当他一开始在不经证明的情况下，就理所当然地认为在所有语言的结构中发现的那些区别在自然中毫无根据时，那就实在是一种对待人类常识的过于荒谬的做法了。当我们开始接受哲学家的教导时，我们必须随身携带常识的古老光芒，并据此来判断哲学家传达给我们的新光芒。但是，当我们被要求完全熄灭古老的光芒时，尽管我们可以跟随新光芒，但我们也有理由保持警觉。有些区别可能有真正的根据，在哲学上是必要的，但不是在日常语言中制作出来的，因为它们在日常生活中是不必要的。但我相信，在所有语言中，都找不到在自然中没有正当根据的区别的例子。[1]

里德并不否认哲学家进行理性反思的权利，但他想要强调的要点也是清楚的：自然或常识界定了哲学家能够合理地进行反思的界限，而一旦哲学家提出了超越这个界限的结论，我们就必须对其教导保持警觉。

7.2 里德对怀疑论的回答

以上我们简要介绍了里德常识哲学的基本思想，现在让我们来略微详细地考察一下他对怀疑论的回答。[2] 里德的回答主要有两个部分，

---

[1] Reid (1997), pp. 26-27.
[2] 以下讨论主要受益于如下文章：Keith DeRose (1989), "Reid's Anti-Sensationalism and His Realism", *Philosophical Review* 98: 231-348; John Greco, "Reid's Reply to the Skeptic", in Cuneo and Woudenberg (2004), pp. 134-142。一些评论者认为里德是从一种可靠主义的观点来回答怀疑论挑战，例如，参见 Philip de Bary, *Thomas Reid and Scepticism: His Reliabilist Response* (London: Routledge, 2002)。

第一个部分是他对贝克莱、洛克和休谟的观念理论的拒斥；第二个部分是他自己提出的知觉和证据理论。在贝克莱、洛克和休谟那里发展起来的观念理论是导致怀疑论的一个主要根源，因为这种理论其实是经验的认知优先性论点的一个变种，而对这个论点的承诺是怀疑论的一个直接来源。在这里，为了明白里德是如何拒斥观念理论的，我们只需考虑贝克莱的主要论证。约翰·格雷科将这个论证重构如下：[1]

（1）除了那些在我们心灵中与某个感觉或观念相似的东西外，我们不可能对任何其他东西具有概念。
（2）我们心灵中的感觉和观念只能相似于其他的感觉和观念，而不能相似于任何其他东西，尤其是不能相似于物质实体。
（3）因此，我们对物质实体没有概念。
（4）为了对一个事物具有证据或知识，我们就必须能够设想它。
（5）我们不可能设想一个独立于心灵而存在的感觉对象。
（6）物质实体是独立于心灵而存在的东西。
（7）因此，我们对物质实体既没有证据又没有知识。

这个论证的核心思想是，为了能够设想任何一个东西，我们必须直接意识到它，或者直接意识到某个与它相似的东西。在后面这种情形中，我们用我们直接意识到的某个东西作为映像，来间接地把握我们没有直接意识到的东西。贝克莱认为，他可以直接意识到自己的心灵和观念，借助这些被直接认识到的对象，他就可以间接地把握其他心灵和其他观念的存在。因此，除了那些在我们心灵中与某个感觉

---

[1] Greco (2004), p. 136.

或观念相似的东西外，我们不可能对任何其他东西具有概念。另一方面，既然物体不是心灵，我们就不可能按照对自己心灵的直接意识来设想它们，而只能按照观念来设想它们。但是，观念只是通过相似于它们所表达的东西来表达那些东西。因此，我们只能认为物体类似于我们的观念。对贝克莱来说，这意味着我们唯一能够设想的物体就是我们的观念或观念的聚集体。贝克莱由此断言，我们日常关于物体的信念，甚至关于物体独立存在的信念，实际上都只是关于我们感觉的信念。我们只能将物体设想为感觉，或者至少认为它们类似于感觉，而不能将它们设想为任何其他东西。然而，在里德看来，以这种方式来理解物体是"笛卡尔"哲学体系的一个本质特点。他将这种哲学体系与所谓"漫步学派"哲学体系相对比，认为二者都有一个共同的错误：

> 我注意到，漫步学派体系有一种将心灵及其操作物质化的倾向，而笛卡尔体系则有一种将物体及其性质精神化的倾向。这两种体系都有一个共同的错误，以一种类似的方式各自走向极端，并最终以一种反思的方式各自走向极端。那个错误就是，我们对物体或物体的性质一无所知，我们至多只有与那些性质相似的感觉。在这一点上，这两种体系是完全一致的，但是，按照它们不同的推理方法，它们从这一点引出了截然不同的结论。漫步学派哲学家从物体的性质中引出其感觉概念，笛卡尔学派哲学家则相反地从其感觉中引出物体性质概念。[1]

如果我们试图理解里德为什么会拒斥贝克莱的观念理论，那么这段话就显得特别重要，因为在他看来，为了避免"将心灵物质化"和

1　Reid (1997), p. 209.

"将物体精神化"这两种错误倾向,我们就必须认识到,物体及其性质并不类似于感觉,我们也不将物体(或者物体的性质)设想成一种与我们的感觉相似的东西。贝克莱认为,我们是按照感觉或感觉映像来设想物体及其性质,而感觉或感觉映像是按照相似性来表达物体及其性质。里德认为这个观点是错误的,因此就拒斥了贝克莱对物体的分析,并转而认为我们设想某个东西的活动是"心灵的一种简单的和原始的活动,因此是一种不可阐明的活动"。[1] 换句话说,我们只是**直接**把握到物体的存在及其性质。因此,在里德看来,贝克莱称为"观念"的那种东西,并不是知觉、记忆或概念,相反就是那些据说被感知到、被记住或者被想象的东西。里德之所以拒斥贝克莱的观念理论,在根本上说,就是因为他认为:

> 如果一位哲学家声称向我们显示了任何自然效应的原因,不管那个效应是关系到物质还是心灵,我们都得首先考虑是否有充分的证据表明那个指定的原因确实存在。……如果那个原因确实存在,接下来我们就得考虑它被假设要说明的那个结果是否必然来自它。[2]

这是里德从牛顿物理学中发现的两个要求。里德认为,这两个要求不仅适用于自然科学的研究,而且也适用于一切哲学理论。但是,按照里德的判断,观念理论无法满足这两个要求。对此,他提出了两个论证。首先,里德论证说,没有证据表明观念是独立于心灵的活动而存在的,因为反思并没有向我们揭示任何**作为观念而存在**的对

---

[1] Ried (1997), p. 28.
[2] Reid (2002), p. 51.

象，反而只是告诉我们，知觉的直接对象就是被知觉到的**外在对象**，而不是我们对一个外在对象的观念。同样，反思告诉我们，记忆和想象的直接对象就是被记住和想象的对象，而不是我们对那些对象的观念。这就提出了一个问题：观念论者所设想的那种观念、感觉或感觉映像，即那种被假设作为思想的**直接**对象而出现的东西，是否确实存在？里德认为，如果那些东西指的是心灵的活动或操作，例如知觉、记忆和想象之类的活动，那么它们确实存在。但是，里德否认存在着观念论者所设想的那种观念，即那种与我们的精神活动相分离，但在我们从事那些活动的时候就作为其直接对象而出现的东西。里德认为，反思并没有揭示这种观念的存在，而观念论者也没有对其存在提出任何证明。

其次，里德论证说，即使我们假设那种观念存在，它们也无助于说明观念论者试图通过假设它们来说明的东西。这就是说，观念论者无法表明知觉、想象和记忆等精神现象是如何可能的。观念论者试图利用观念理论来说明各种各样的精神现象，他们这样做，是通过将那些精神现象还原为一个单一的东西，即对心灵中的观念的直接知觉。所以，观念论者认为，在想象中，我们就感知到了从以前的感觉中构造出来的映像，而这个映像在外部实在中可能没有对应的存在；在记忆中，我们就具有了由一个早期的感觉引起的映像，而这个映像只是现在被回想起来；在严格意义上的知觉中，我们则直接知觉到由某个相似的外在对象引起的感觉。里德认为，即使我们假设那些观念确实存在，而且在记忆、想象和知觉中被涉及，但这并没有说明任何东西，因为一旦我们像观念论者那样思考问题，就无法理解我们对观念的"直接知觉"是如何可能的。另一方面，如果我们假设有一种能力使我们直接知觉到观念，我们就得说明这种能力是如何产生和发挥作用的。但是，在里德看来，我们借以知觉到观念的那种能力，就像它

第十章 经验、实在与知识

试图说明的任何能力一样，都是难以阐明的。

从贝克莱的论证中可以看出，观念理论对于产生怀疑论结果来说是充分的。因此里德认为，对怀疑论的任何成功的回答都必须拒斥那个理论。不过，里德也认为，观念理论对于产生怀疑论结果也是必要的。有些人认为，"贝克莱和休谟用来反对一个物质世界存在的所有论证，都是建立在这个原则的基础上：我们并没有知觉到外在对象本身，只是知觉到我们自己心灵中的某些映像或观念"。[1] 里德认为这个主张是错误的，因为有一些支持怀疑论的论证其实不需要利用观念理论。对此，里德提出了如下评论：

> 观念被说成是在当下出现的内在的东西，只有当它们出现在心灵中时，它们才存在，此外就不存在了。但是感觉对象是外在的东西，有一种连续的存在。如果有人认为我们直接感知到的一切东西都只是观念或幻想，那么我们怎么能够从那些幻想的存在中推断出与它们相对应的一个外部世界的存在呢？[2]

对里德来说，问题并不在于我们不可能设想物质实体及其性质，也不在于除了我们对观念的直接思想外，就没有其他思想对象了；相反，问题是，我们的感觉无法向我们提供关于外在对象的信念的充分证据。也就是说，仅仅从我们对外在对象的感觉中，我们无法把那些对象推断出来。贝克莱和休谟都提出了这样的怀疑论论证。前面我们已经详细考察了休谟的论证，不过，为了便于讨论，我们可以将这个

---

[1] Reid (2002), p. 478.
[2] Ibid., p. 289.

怀疑论论证重构如下：[1]

（1）所有知识要么是直接的要么是间接的，也就是说，要么不是按照证据推断出来的，要么是从对充当证据的直接知识中推断出来的。

（2）所有直接的知识都是关于我们的观念或感觉的知识。

（3）因此，如果我们确实具有关于外在对象的知识，那么这种知识必定从我们对我们的观念或感觉的知识中适当地推断出来的。

（4）然而，没有适当的推理可以使我们从对我们的观念或感觉的知识中推断出我们关于外在对象的信念。

（5）因此，我们对于外在对象没有知识。

这个论证的核心思想是，我们的感觉经验**在概念上**先于我们对外在对象的知识——我们能够直接设想我们的观念，但只能间接地设想其他东西（例如外在对象），即通过表达那些东西的观念来设想它们。因此，如果我们对外在对象的知识不是认知上直接的，而是在证据上立足于我们对观念或感觉的直接知识，那么就会产生一个问题，即我们如何能够推断我们关于外在对象的判断是真的？这个问题当然就是怀疑论者向我们提出的最有挑战性的问题，因为贝克莱和休谟已经有力地表明，这两种知识之间并没有合理地可接受的推理联系。因此，不管我们如何理解他们所说的"观念"或"感觉"，似乎都没有合理地可靠的推理，使我们可以在感觉证据的基础上推断我们关于外在对象的判断必定是真的。由此可见，如果里德想要成功地反驳怀疑论，

---

1 参见 Greco (2004), p. 143。

他就不仅需要拒斥观念理论，也需要回答隐含在上述论证中的推理路线。

根本上说，里德的回答是由其知觉理论来提供的。[1] 这个理论的基本思想是，知觉根本就不是一个推理过程，而是，我们感知到某个对象或者它的某个性质，然后，**由于我们本性的构成**，我们就**直接**形成了一个知觉信念。换句话说，里德认为知觉可以是直接的和真实的。例如，当我在下雪天走在路上时，如果我突然觉得很热，我立即就会相信附近有一个发热物体。用里德的话说："我们获得了通过感官来感知事物的能力，……这种能力不是来自我们自己做出的任何推理，而是来自我们的构成以及我们碰巧所处的状况。"[2] 里德的意思是说，外在对象在我的感官中引起一个物理变化，后者通过自然规律在我心灵中引起了某种感觉，那个感觉又通过自然规律产生了关于那个外在对象的概念和信念。在原始的知觉中，这个过程就好像完全是由我们的物理结构和生理结构决定的。例如，当我赤脚在河中玩水被锋利的石块划伤脚时，我就会感到疼痛，并由此形成"我的脚被锋利的石块划伤了"或者"我踩到了一块锋利的石头"这一信念，即使我对痛感的概念表达可能是经过学习获得的。在不太原始的知觉的情形中，上述过程可能取决于我们已经具有的经验和学习。不管怎样，里德的观点是，知觉不涉及推理或推断，也不需要对有关感觉进行思考。他进一步认为，只要我们的知觉器官适当地或可靠地发挥作用，我们关于周围环境的知觉信念一般来说就是真的，因为我们的知觉能力是自然赋予我们的，是从我们本性的构成中产生出来的。知觉之所

---

[1] 对里德的知觉理论的详细论述，参见 James Van Cleve, "Reid's Theory of Perception", in Cuneo and Woudenberg (2004), pp. 101-133; Ryan Nichols, *Thomas Reid's Theory of Perception* (Oxford: Clarendon Press, 2007)。

[2] Reid (2002), p. 238.

以能够成为知识的一个来源，就是因为它是一种自然的、可靠的认知官能。**假若**我们不想质疑里德的常识哲学立场，就不能要求他对知觉的可靠性提出一个**辩护**。总之，在里德看来，一旦我们与具有某些性质的外在对象发生适当的相互作用，我们就倾向于按照我们的构成对其存在形成一个信念。怀疑论者当然会追问那个信念是否确实得到了辩护。对此，里德也提出了一个回答：

> 怀疑论者问我，你为什么相信你感知到的那个外在对象存在？先生，这个信念根本就不是我的制作，而是来自大自然的发明；它含有大自然的映像和标记；如果它不是正确的，那么错误不在我。我只是凭借信赖不加怀疑地接受它。怀疑论者说，理性是真理的唯一判官，但凡不是以理性为根据的意见和信念，你都应该抛弃。但是，先生，既然理性和知觉都是来自同一个店铺，都是由同一个工匠打造出来的，为什么我应该相信理性的官能胜于相信知觉的官能呢？[1]

里德在这里提出了两个重要思想。首先，我们的一切认知官能都是自然赋予的，因此，只要它们正常地发挥作用，我们最终得到的关于外在对象的信念一般来说就不可能是假的。至少，在没有进一步的理由表明这样一个信念为假之前，我们应该坚持它。其次，我们的一切认知官能实际上都处于**同样地位**。关于第一个重要思想，对里德来说，这样一个信念不仅是直接产生的，而且也是我们因为自己的本性而必然持有的——"当一个原初性质被感知到时，感觉直接将我们的

---

[1] Reid (1997), p. 169.

第十章　经验、实在与知识

思想导向它所指示的那个性质"，[1] 而且，感觉"既不是通过习惯，也不是通过推理或对观念进行比较，而是通过我们本性的构成"而"不断持续不变地暗示（我们对）外在对象的概念和信念"。[2] 换言之，在里德看来，我们对对象的原初性质的知觉以及由此产生的相关信念，是由制约我们的认知结构的自然规律来决定的，因此既不受制于反思，也不是在习惯或推理的基础上形成的。里德甚至按照这个主张对痛感提出了如下说明：

> 痛感无疑存在于心灵中，而且就其本质来说不能被认为与身体的任何部分具有关系；但是，由于我们的构成，这种感觉产生了对身体的某个特定部分的知觉，那个部分的疾病引起了那个不舒服的感觉。若非如此，一个以前从未感到痛风或牙疼的人，当首次在脚趾上染上痛风时，可能就会错误地将它当作牙疼。[3]

简言之，对里德来说，正是我们本性的构成使得我们对外在对象或身体的特定属性具有了特定的知觉并由此产生相应的信念，二者的根据都是在事物本身就具有的属性以及自然赋予我们的认知结构中。因此，假若我们要放弃一个由此形成的信念，我们就必须提出一个理由。当然，有可能存在这样一种生物，由于其本性使然，它所具有的知觉信念几乎都是假的。如果确实有这种可能性，怀疑论者就会说，我们怎么知道我们不是这种生物呢？笛卡尔试图诉求一位良善的上帝

1　Reid (2002), p. 204.
2　Reid (1997), pp. 124-125.
3　Ibid., p. 125.

来解决这个问题。里德明确地意识到笛卡尔的解决方案是循环的：一方面，笛卡尔论证说，他清楚明晰地知觉到的东西之所以都是真的，是因为一位良善的上帝不允许他在自己清楚明晰地知觉到的事情上出错；另一方面，笛卡尔不可能知道他由此对上帝存在提出的证明不包含错误，除非他假设他对那个推理的各个步骤的清楚明晰的知觉保证他的证明是正确的。也就是说，他对清楚明晰的知觉提出的标准取决于他关于上帝存在的假设，而这个假设本身又取决于那个标准。[1] 那么，里德能够对我们的认知官能的可能性提出一个不循环的论证吗？里德首先指出怀疑论者不可能是一致的。彻底的怀疑论者必须不信任**任何**信念，除非他已经表明其信念形成官能是可靠的。但是，除非我们已经接受了**某个**信念，否则我们就无法证明或表明任何东西。在里德看来，一致的和彻底的怀疑论者必须怀疑一切，例如，哪怕他必须使用理性来获得一个怀疑论结论，他也不能信任自己的理性；但这是不可能的，因为他必须运用理性来进行其理论思辨和反思；这样一来，如果一个怀疑论者为了从事其怀疑论工作首先就要信任自己的理性，那么他就不再是彻底的怀疑论者，至多只是"三心二意的怀疑论者"。

当然，在确认自己的信念是否可靠之前，这样一个怀疑论者可以在形成其信念的各种来源中，选择出一个他认为可以接受的来源，并由此要求所有其他来源都必须得到他所偏爱的那个来源的批准和认可。例如，贝克莱认为我们的思想和感觉以及我们直接意识到的每一个东西都有一个真实存在，并把这个原则和归纳推理接受为他所偏爱的来源。然而，里德论证说，三心二意的怀疑论者的这种做法不仅完全是任意的，而且必定是任意的，因为我们的一切认知官能实际上

---

[1] 对这个认知循环的讨论，参见 Louis E. Loeb, "The Cartesian Circle", in John Cottingham (ed.), *The Cambridge Companion to Descartes* (Cambridge: Cambridge University Press, 2006), pp. 200-235。

第十章　经验、实在与知识

都处于**同样地位**。为了说明这一点，里德认为，在着手研究我们的认知官能时，我们只有三个可能取舍：第一，不信任我们的任何认知官能，直到我们有理由相信它们是可靠的；第二，可以信任其中一些认知官能，但不信任其他认知官能；第三，可以信任我们的一切认知官能，直到我们有理由相信它们都是不可靠的。[1]

对里德来说，第一个取舍毫无希望，因为一旦我们不信任我们的任何认知官能，也就没有理由相信它们是可靠的。在这里，里德想要说明的是，为了分析和研究我们认知官能的可靠性，我们至少就得使用其中一个认知官能，但分析和推理本身就是一种形式的认知活动，涉及我们对认知官能的行使。我们只能通过我们的认知能力来进行认识，这是人类认知的"逻辑"，对我们来说是无法避免的。但是，这样一来，关于我们的认知官能的任何一种推理都必须采用这些官能。因此，若不首先信任这些官能，我们就无法表明它们是否可靠。由此可见，只要我们采纳第一个取舍，我们的研究就会丧失一切起点。在这个论证中，里德传达了一个极为重要的思想：哲学家试图审视我们的认知能力的可靠性，但是，在这样做时，他们就必须使用自己的认知能力；如果他们首先就对自己认知能力的可靠性持有一种怀疑论态度，那么知识论事业本身看来就是自我挫败的。当我们在哲学反思的层面上考察我们的认知能力的可靠性时，我们确实已经使用了这些能力。不过，这未必意味着知识论事业是自我挫败的，因为有可能我们还是可以通过这项研究达到某种合理的反思平衡。因此，我们最好认为里德是在说，在从事知识论研究时，我们最好事先**尝试性**地接受我们的认知官能的可靠性，看看我们能够通过这项研究得出一些什么样的结论。

---

[1] 以下论述部分地受益于 DeRose (1989), especially pp. 326-331。

第二个取舍是怀疑论者惯用的方法，不过，里德认为这种方法是不一致的，其理由是，怀疑论者认为一些官能是可靠的，其他官能则不可靠，但怀疑论者并没有提供好的理由来证明这一点。怀疑论者信任我们直接意识到的一切东西，认为所有其他东西都必须按照所谓"理性之光"来阐明。然而，里德问道，既然我们的所有认知官能都是大自然在同等基础上给予我们的，我们有什么理由只信任意识和理性，而不信任知觉、记忆以及其他的认知官能？里德由此认为怀疑论者在这一点上是不一致的，尽管他们确实提出了一些理由来辩护他们的选择和偏爱。例如，笛卡尔认为，他已经表明理性是我们在认知活动中唯一可以信赖的东西；而贝克莱和休谟则论证说，经验直接给予我们的东西具有认识论上的优先性。因此，怀疑论者并非像里德所说的那样没有提出理由来支持其选择。

不过，里德认为，既然前两个取舍都有问题，我们就只能接受第三个取舍：我们一开始必须信任我们的一切认知官能，直到我们发现有理由不信任它们。里德说，只要我们采纳了这个方法论，我们当然可以继续信任意识和理性，因为我们没有发现认为它们是不可靠的理由。不过，他更想强调的是，我们也没有发现认为知觉或者任何其他的自然官能是不可靠的理由，正如他所说：

> 我们没有更多的理由认为我们的感官比我们的理性、记忆或者自然已经给予我们的任何其他官能更不可靠。所有这些官能确实都是有限制的，都是不完善的。……在利用它们时我们都很容易犯错误，做出错误的判断，但是，错误的可能性在感觉信息中比较少见，正如在演绎推理中比较少见。[1]

---

[1] Reid (2002), pp. 251-252.

因此，尽管里德强调我们的所有认知官能都具有同样基础，但他还是乐于承认，在行使其中某些官能时，我们犯错误的可能性更小。既然只能按照我们已经被给予的认知官能来从事认知活动，我们就不能对它们采取一种**先验**的怀疑。另一方面，在使用任何一种认知官能时，我们都有可能犯错误。因此，里德最终就达到了一种可错论的基础主义。在里德这里，这个观点有三个核心思想。首先，我们的信念有很多自然的、可靠的、原始的来源，我们也有很多自然的和可靠的方式从我们得到的信念中进行推理。推理能力就是我们按照基本信念来扩展知识的能力。其次，不论是我们从基本信念中提炼出来的第一原则，还是我们的认知官能，都不是原则上不可错的。不过，随着认识的加深，我们的信念的原始来源和我们的推理能力都可以得到进一步的发展和调整。最后，在一开始从事认知活动时，我们必须假设我们的所有认知官能都是可靠的，具有同样的权威，直到我们有理由认为某个官能出了错，因此对它进行调整和限制。里德的观点是一种形式的基础主义，因为他认为第一原则和我们的认知官能构成了一切信念和知识的基础；他的观点是可错论的，因为他认为我们在这些基础上得到的一切信念和知识不是原则上不可错的。

如果里德的观点和论证是正确的，那么他似乎就阻止了**某些**通向怀疑论的途径。例如，怀疑论者经常认为，我们无法**证明**外在对象存在。我们确实无法证明外在对象存在，至少不能从怀疑论者所允许的前提中来证明这一点。但是，里德认为，这并不意味着我们不知道外在对象存在，因为即使我们不能通过**推理**或**论证**来获得关于外在对象存在的知识，也有其他的知识途径。例如，按照里德的说法，通过直接知觉，我们就可以知道外在对象存在——"看来明显的是，我们的感觉和我们对外部存在的概念和信念之间的联系不可能是由习惯、经验和教育产生的，也不可能是由哲学家们所允许的任何关于人性的原则产生的"。[1] 如果这些东西都不是那种联系的来源，那么我们就只能将那种联系看作我们的认知构造的一个原始原则，也就是说，正是我们的认知构造使得我们**直接**将感觉与其对象联系起来，因此，感觉就是外在对象及其属性的"自然记号"。[2] 我们的直接知觉是否确实向我们揭示了外在对象的存在，当然就是怀疑论者所要询问的问题。里德论证说，怀疑论者没有理由认为某些东西具有认识论上的优先性。那么，他由此提出的论证是否成功地反驳了怀疑论呢？

7.3 认知原则与认知循环

里德的常识实在论主要来自他对哲学思维的限度的分析，尤其是对怀疑论论证的分析。怀疑论者对我们的知识事业进行哲学反思，得出了一些从日常观点来看似乎无法接受的结论。就像后来的摩尔那样，里德旨在捍卫常识。在揭示和澄清怀疑论者的"谬误"的过程中，他确实提出了一些重要的哲学见识。然而，里德的哲学思维始终是常识导向的，例如，他并未进一步审视他所说的"第一原则"的认知地位，既不像休谟那样按照经验和想象力来说明某些观念和原则的来源，又不像康德那样试图通过先验演绎来确立某些观念、范畴和原则的"合法"地位，而是笼统地将那些原则归于"我们本性的构成"。但是，一旦我们在哲学上进一步反思那些原则的认知地位，我们就会发现里德对怀疑论的反驳并非无懈可击。

按照里德的说法，知识论的第一原则关系到我们认知官能的可靠性。对里德来说，说这些官能是可靠的并不是说它们是不可错的，而是说它们在适当条件下产生的信念一般来说是真的，这些条件包括我

---

[1] Reid (1997), p. 61.
[2] Ibid., p. 58. 关于里德对所谓"自然记号"的论述，参见 Reid (1997), pp. 58-61。

们的认知官能正常地或可靠地发挥作用，我们处于有利的认知环境中。现在，假设只有在这些条件得到满足的情况下，我们才能说从我们的认知官能中产生出来的信念是真的，那么，在不知道这些条件是否已经得到满足的时候，我们持有的信念就需要得到进一步的辩护。换句话说，即使我们假设只要这些条件已经得到满足，一个信念就是真的，但是，为了有理由断言我们的信念确实是真的，我们就需要知道这些条件是否已经得到满足和如何得到满足。如果这是辩护的一个基本要求，而我们必须接受这个要求，那么里德的认识论计划就变得很成问题。例如，在利用其知觉理论来反驳怀疑论时，他提出了如下主张：

(P) 我们关于周围环境的知觉信念一般来说是真的。

里德将这个主张看作他的一个"第一原则"。他进一步认为，这个原则，就像其他第一原则一样，具有四个特点。首先，人们普遍同意 P 是真的：不仅每一个健全的正常人都会接受 P，而且，在实际生活中，甚至那些不断地思考知觉的可靠性的哲学家也必须按照他们对 P 的信念来**行动**。其次，我们对 P 的信念是不可抵抗的：我们不仅相信 P，而且，我们的心理结构好像具有这样一个特点，以至于除了相信 P 之外我们别无选择。哲学家也许会在理论上怀疑 P，但在实际生活中，他们也不得不依靠 P 来处理日常生活。再次，至少在日常生活中，为了接受 P，我们并不需要任何证明，而且，假若有人不接受 P，我们就会认为他丧失了正常的理智。最终，我们对 P 的信念是不可或缺的——不管是在日常生活中，还是在知识生活中，若没有这个信念，我们就无法生活和行动。

然而，信念 P 显然是一个一般性的**二阶**信念。在声称该信念具有它所具有的那四个特点时，里德似乎已经把我们具有的一个特殊的知觉信念与那个一般信念混淆起来：说我们在某件事情上形成的知觉信念具有某个特点，并不等于说我们对知觉**本身**的可靠性形成的信念也具有那个特点。比如说，如果我面前确实有一个咖啡杯，如果我相信我的知觉处于正常的工作状态，而且我是在有利的光照条件下看到那个杯子的，如果我已经排除了与我的信念相对立的一切可能性，那么，"我面前有一个咖啡杯"这个信念对我来说就是不可抵制的。此外，即使我们可以不同意信念 P，我们大概都会同意我面前有一个咖啡杯。我可以相信我知觉到的每一个具体事物的存在，但我不一定因此而相信 P。不管怎样，至少有一个问题对我们来说是不清楚的：我们是否能够具有一个特殊信念，但仍然不接受 P？

因此，我们完全不清楚里德提到的那四个特点如何为信念 P 这样的"第一原则"提供支持。里德大概认为，只要我们发现某个"第一原则"具有那些特点，我们就可以断言该原则是真的。但这种做法会引起一些严重的非议。例如，为什么我们应该假设对某个命题的普遍同意就表明它是真的？在历史上，人类确实已经普遍地接受了某些主张，但后来的事实表明它们其实都是假的。里德说，如果我们发现一个原则具有那些特点，那么该原则必定是真的。但是，我们如何知道一个原则确实具有这些特点呢？当然，里德可以说，我们可以通过感官来发现一个原则是否具有那些特点。例如，通过我们的感官或者通过内省，我们发现原则 P 是不可抵制的，是我们不需要任何证明就接受的，是我们在生活中不可或缺的。但是，为了能够依靠我们的感官来发现那个真理，我们就必须假设我们的感官已经是可靠的，而这个假设本来就是里德想要证明的结论。这就是说，如果里德想要使用一个论证来证明 P，那么为了捍卫该论证的前提，他就必须接受 P，因此其论证就陷入循环。

当然，里德并不认为原则 P 需要得到证明，因为他认为它是自明的。他所提出的那四个特点只是具有一种次要的支持作用，并不构成那个原则的证据。有可能的是，我们大家都不言而喻地接受了 P，然后才通过反思发现它具有里德提到的那四个特点。但是这个回答很难说明任何问题，因为我们一般认为，我们是出于某些理由而接受一个命题，不管那些理由是那个命题本身提供的，还是它所表达的事态本身具有的，抑或是从我们已经接受的其他命题推断出来的。因此，很有可能的是，每当我们形成一个特定的知觉信念时，我们随后发现它是可靠的，这样我们就逐渐认为知觉是信念的一个可靠来源。在这种情况下，我们是通过归纳得到那个结论的，因此休谟的归纳怀疑论就适用于这种情形。我们想要证明知觉是信念的一个可靠来源；我们发现，我们所形成的一些特殊的知觉信念是可靠的，因此我们就断言知觉确实是信念的一个可靠来源。在这个论证中，为了捍卫论证前提，我们就必须假设知觉是信念的一个可靠来源，因此我们就陷入了某种形式的循环。当然，严格地说，这种循环不是逻辑上的，而是**认知**上的，因为当我们试图表明知觉是信念的一个可靠来源时，我们已经在使用知觉来判断任何特殊的知觉信念是否为真。[1]

现在的问题当然是，认知循环是否确实会危害认知辩护？按照怀疑论者的说法，只有当我们能够适当地捍卫一个信念时，我们才能有辩护地持有它。如果我们的信念是一个知觉信念，我们就必须发现证据来表明它是真的或者至少很有可能是真的。如果我们的信念是通过推理从其他信念中推出的，那么为了有辩护地持有那个信念，下列条件就必须得到满足：

---

[1] 参见 William Alston (1986), "Epistemic Circularity", *Philosophy and Phenomenological Research* 47: 1-30。

（1）那些前提是真的。

（2）我们在相信每个前提上都得到了辩护。

（3）前提与结论处于正确的逻辑关系中。

（4）当我们从前提推出结论时，我们的推理将辩护授予结论。

很容易看出，在发生认知循环的情形中，上述第四个条件就得不到满足，因为在这种情况下，为了满足第二个条件，我们就必须预设我们想要证明的结论。在目前讨论的情形中，为了在相信每个特殊的知觉信念上得到辩护，我们就得假设知觉是信念的一个可靠来源。倘若如此，从前提引出结论就不可能将辩护授予结论，因为对前提的辩护已经不言而喻地预设了结论。这样，只要我们在接受结论上得不到辩护，我们就没有满足上述第二个条件。因此，在这里就出现了一种认知循环。

假设我们是要辩护我们对 P 的信念，这个信念关系到一个信念形成机制的可靠性。那么，按照此前提到的推理辩护概念，为了在相信 P 上得到辩护，我们就需要一组充分的辩护条件，这些条件无论如何都不应该涉及我们所要辩护的那个信念本身。可靠主义者对这个问题提出了一个解决方案。在他们看来，只要我们的任何特殊信念是可靠地形成的，在持有这个信念上我们就得到了辩护。按照这种观点，我们可以通过某个可靠的机制逐渐相信一个论证的前提，即使我们对这个机制的可靠性没有任何信念，或者即使我们无法表明这样的信念是有辩护的。然而，怀疑论者不接受这个观点，因为他们通常持有一个**内在主义**的辩护概念，即如下主张：为了使我们的信念在根本上得到辩护，我们就需要表明我们确实有理由相信产生它的机制本身就是可靠的。假设我们用 M 来表示某个信念形成机制，用 P 来表示从这个机制中产生出来的一个信念，那么怀疑论者所要说的是，在相信 P 上我们能够得到辩护，只有当我们已经表明，在相信 M 的可靠性上我们已经得到辩护。在目前讨论的情形中，怀疑论者认为，为了表明我们在持有 P 上得到了辩护，就必须表明我们用来支持 P 的每一个信念都得到了辩护。进一步说，为了表明每一个这样的信念都得到了辩护，我们就必须表明我们用来支持它的每一个信念也都得到了辩护，等等。只有在完成这样一个辩护过程后，我们才能真正地说 P 是有辩护的。

现在，假设在任何特定时刻我形成了一个知觉信念，例如，我在时刻 T1 形成了"我面前有一棵树"这个信念，在时刻 T2 形成了"我面前有一个咖啡杯"这个信念，等等。如果我们用 C 来表示我所相信的命题，例如"我面前有一棵树"或者"我面前有一个咖啡杯"，那么，就 P 的辩护而言，可靠主义者至多只能提出如下两阶段的论证：

第一阶段论证：

（1）如果我相信任何命题 R，而这个信念是可靠地形成的，那么我在相信 R 上得到了辩护。

（2）我相信 C，而这个信念是可靠地形成的。

（3）因此，我在相信 C 上得到了辩护。

第二阶段论证：

（1）我的信念 P 是立足于一些归纳证据，每个这样的证据都具有"我在时刻 T 形成了信念 C，而且 C"这样的形式。

（2）这些证据构成了对 P 的充分支持。

（3）我在接受每个这样的证据上得到了辩护。

（4）因此，我在接受 P 上得到了辩护。

显然，如果怀疑论者必须坚持内在主义辩护概念，而且采纳推理辩护概念，那么上述论证在其两个阶段都容易受到怀疑论者的攻击。在第一个阶段，怀疑论者可以说，为了使我的任何特殊的知觉信念得到辩护，我就必须有理由相信我的知觉机制是可靠的，因此，我不可能对我的任何知觉信念提出一个非循环的辩护。在第二个阶段，怀疑论者可以说，既然归纳推理本身没有理性担保，通过这种推理得到的任何信念也没有理性保证。因此，无论如何我在接受 P 上都得不到辩护。

由此可见，如果我们必须接受怀疑论者提出的辩护要求，那么我在接受 P 上就确实得不到任何理性辩护。里德对怀疑论者的回答是，如果我们想知道我们的知觉信念的认知地位，那么我们就不能假设知觉是不可靠的，因为在探究我们的知觉信念的认知地位时，我们需要使用而且已经在使用我们的知觉官能；甚至在怀疑论者提出怀疑论论证的时候，他们也必须使用自己的知觉官能。里德的回答听起来很像一种先验论证。但是，正如我们已经看到的，在先验论证的情形中，如果我们发现某个东西 P 是我们的思想、经验或语言得以可能的一个必要条件，那么我们至多只能得出"我们必须相信或假设 P"这样的结论。同样，在里德的情形中，即使他已经成功表明我们**必须相信**我们的知觉官能是可靠的，这也不意味着他已经表明我们的知觉官能**确实是**可靠的。就此而论，里德似乎并未在根本上反驳怀疑论。事实上，只要我们**必须**接受怀疑论者提出的辩护要求，怀疑论挑战实际上就是不可回答的。这意味着，为了根本上拒斥怀疑论，我们就只能拒斥怀疑论者提出的辩护要求。

怀疑论者制造的困境显然来自三个假设：第一，任何可以被称为"知识"的主张必须是真的；第二，经验在认知上具有一种优先地位；第三，对知识主张的辩护必须用一种内在主义的方式来设想。

第十章　经验、实在与知识

这三个假设都有基本的合理性，而这也是怀疑论难以反驳的一个重要原因。因此，如果里德确实从一种可靠主义的立场来反驳怀疑论，那么，只要外在主义的辩护概念不令人满意，里德尝试对怀疑论提出的反驳就尚未取得成功。不过，有可能的是，里德并没有将知识的概念与绝对确定性的概念联系在一起。在里德看来，我们必须首先信任我们的认知官能，因为这就是我们为了开展认知活动而具有的一切。知觉当然有时候会让我们误入歧途，但这也是我们的一切认知官能的共同特点——"我们的感觉、记忆和理性都是有限的和不完善的，这就是人类的处境，但它们……是我们的创造者认为在我们目前的状态下最适合于我们的"。[1] 里德的意思是说，我们的认知官能并不是原则上不可错的，因此我们也不能认为我们直接形成的一切信念事实上都是真的，但是，只要我们恰当地运用自己的认知官能，它们就可以产生真信念，而且，我们可以用某些更加清晰或确定的信念来纠正我们在对认知官能应用不当的情况下持有的信念，而某些知觉信念就能发挥这个作用，因为它们与我们具有最紧密的联系。因此，对里德来说，信念的辩护可以是整体论的和多渠道的，我们也可以按照某个或某些认知官能来检验某个特定的认知官能的可靠性。例如，我们可以用理性来检验我们从感官中仓促得出的证言，或者用知觉或行动来检验单纯的理性思辨的结果。从这个角度来看，里德对其第一原则的辩护无须涉及一种认知循环。[2] 更进一步说，如果我们将里德看作一位外在主义者，那么使用一种认知官能来获得关于其可靠性的知识就无须涉

1　Reid (2000), p. 244.
2　按照詹姆斯·克里夫的说法，我们应该把里德所说的"第一原则"与认知原则或证据原则区分开来：认知原则是指定各种信念得到辩护条件的一般原则，而第一原则是我们用来确立其他信念的原则，在里德这里是自明的或者无须证明的。但是，克里夫指出，里德有时候确实没有将这两种原则明确地区分开来。参见 Cleve (2015), chapter 11。

及任何有异议的认知循环,因为只要我们将外在主义赋予里德,"对于感知觉的可靠性的知识就不是使用感知觉来获得知识的一个先决条件"——"不管认知主体是否知道感觉是可靠的,为了成为获得知识的手段,感觉只需要是可靠的或者能够提供(外在主义)辩护"。[1] 因此,对里德的外在主义解释可以避免认知循环的指责。但是,如果外在主义知识论实际上并未正视怀疑论挑战,那么我们仍然可以怀疑里德的常识哲学是否真正地解决了怀疑论者提出的问题。就像休谟一样,里德似乎仍然是在用一种自然主义态度来回应怀疑论挑战。然而,在休谟那里,这种做法实际上是对怀疑论论证的力量的承认。因此,我们仍然需要看看对知觉和知觉知识的某种理解是否能够真正地回答怀疑论挑战。

八、析取主义与怀疑论

知觉是我们认识外部世界的一个主要来源:我们知道我们所生活的周围环境,是因为我们可以通过知觉而对它们具有经验。但是,正如我们已经看到的,如果知觉可以为我们知道外部世界中发生的偶然事情提供证据,那么知觉如何能够具有这种证据作用就成为知识论中的一个核心问题。另一方面,如果感知觉向我们提供的经验与实在之间仍然存在某种"断裂",就像笛卡尔怀疑论论证所表明的那样,或者理性本身绝不可能辩护我们对偶然事件的归纳推理,就像休谟所论证的那样,那么我们是否能够真正地知道外部世界就变成了知识论中的一个难题。在这一节中,我们将简要地讨论所谓"析取主义"对这

---

[1] Cleve (2015), pp. 317-318.

第十章 经验、实在与知识

个难题的解决及其对怀疑论的回应。[1]

我们既可以对外部世界中的对象或事件具有真实知觉（veridical perceptions），也可以对它们产生幻觉或错觉，这是我们在知觉经验中都承认的一个基本事实。当我们把环境中的某个对象知觉为它实际上所是的样子时，我们就有了真实知觉，而如果我们知觉到的对象实际上不是它在知觉经验中对我们显现出来的样子，那么我们就有了错觉，而当我们在做梦或者在服用致幻剂产生幻觉时，我们实际上并未知觉到环境中的任何实际对象。很多人认为，在这三种情形中，我们都对某个东西或某些事情持有同样有意识的经验。如果我们只能按照经验或者经验提供的证据来推断外部世界（也就是说，如果我们接受了经验的认知优先性论点），而我们对真实世界的知觉经验与我们在幻觉中所具有的经验**在本质上**无法区分开来，那么我们对所谓"外部世界"的知识本身就有可能是个幻觉。从知识论的角度来看，为了拒斥或反驳这个怀疑论结果，我们必须设法表明真实知觉中的经验必定在某种意义上不同于在发生错觉或幻觉的情况下具有的经验。这就是关于知觉的所谓"析取主义"所要做的工作。牛津大学哲学家辛顿（J. M. Hinton）最早在20世纪六七十年代提出了这种观点，在他看来，我们应该将关于事物在感觉上如何向一个主体显现出来的陈述理解为

---

[1] 析取主义涉及我们对知识、经验、理由以及内省的本质的理解，因此目前已经成为形而上学、心灵哲学、知识论和行动哲学结合面上的一个重要论题。下面在讨论知识论析取主义时，我将主要考虑约翰·麦克道尔和邓肯·普理查德的观点。对析取主义的一些集中讨论，参见 Alex Byrne and Heather Logue (eds.), *Disjunctivism: Contemporary Readings* (Cambridge, MA: The MIT Press, 2009); Casey Doyle, Joseph Milburn and Duncan Pritchard (eds.), *New Issues in Epistemological Disjunctivism* (London: Routledge, 2019); Adrian Haddock and Fiona Macpherson (eds.), *Disjunctivism: Perception, Action, Knowledge* (Oxford: Oxford University Press, 2008); Duncan Pritchard, *Epistemological Disjunctivism* (Oxford: Oxford University Press, 2012); Matthew Soteriou, *Disjunctivism* (London: Routledge, 2016)。

具有如下形式：**要么**他真实地知觉到某个东西（或者某个东西是如此这般，例如具有某个性质），**要么**他经历了幻觉或错觉，¹或者更一般地说，在一个认知主体那里，某个东西以某种方式对他显现出来的状态是两个极为不同的析取项的析取——要么他处于成功地知觉到那个东西的状态，要么他没有处于这样的状态。"析取主义"这个名称正是来自这一说法。对析取主义者来说，我们不能仅仅按照与成功无关的**知觉现象**以及对于主体的精神状态没有本质重要性的外在因果知觉来说明真实知觉。析取主义者因此否认如下主张：在真实知觉的情形中和发生幻觉或错觉的情形中，知觉经验的本质或者其认知地位都是同样的。也就是说，既然知觉经验的本质在这两种情形中是不同的，我们就可以将二者分离开来。²**形而上学**析取主义认为，尽管真实知觉和幻觉都是有意识的精神事件，但它们在根本上或本质上是不同类型的精神事件；而**知识论**析取主义则认为，一个人在真实知觉的情形中具有的知觉经验的认知地位不同于他在幻觉的情形中具有的知觉经

1　J. M. Hinton (1967), "Visual Experiences", *Mind* 76: 217-227; J. M. Hinton, *Experiences: An Inquiry into Some Ambiguities* (Oxford: Clarendon Press, 1973). 对辛顿的贡献的一个相关讨论，参见 Paul Snowdon, "Hinton and the Origins of Disjunctivism", in Macpherson and Haddock (2008), pp. 35-56。保罗·斯洛登和约翰·麦克道尔等人后来进一步推进了对知觉的这种探讨。参见 Paul Snowdon (1980-1981), "Perception, Vision and Causation", *Proceedings of the Aristotelian Society* 81: 175-192; Paul Snowdon (1990-1991), "The Objects of Perceptual Experience", *Proceedings of the Aristotelian Society Supplementary Volume* 64: 121-150; John McDowell, "Criteria, Defeasibility and Knowledge", reprinted in John McDowell, *Meaning, Knowledge and Reality* (Cambridge, MA: Harvard University Press, 1998), pp. 369-394; John McDowell, "Singular Thought and the Extent of Inner Space", reprinted McDowell (1998), pp. 228-259; Michael G. F. Martin (2002), "The Transparency of Experience", *Mind and Language* 17: 376-425; Michael G. F. Martin (2004), "The Limits of Self-Awareness", *Philosophical Studies* 120: 37-89。

2　析取主义实际上所说的是，从形而上学或知识论的角度来看，真实知觉和幻觉/错觉的情形中的知觉经验是不同的，因此可以分离开来。由此来看，这种观点最好被称为"分离主义"，不过，鉴于国内学界目前已经把"disjunctivism"译为"析取主义"或"析取论"，在这里我们将沿用这个译法。

验的认知地位,尽管这两种情形中的知觉经验是主观上不可区分的。这两种观点的共同点在于,它们都否认真实知觉与幻觉在根本上属于同一类型。不过,正如我们即将看到的,一个理论家可以倡导知识论析取主义,但无须承诺形而上学析取主义。

析取主义旨在面对错觉或幻觉之类的情形以及相关的怀疑论论证(例如按照错觉或幻觉提出的论证)来捍卫对知觉的某种**正面**理解,因此可以被看作一种关于知觉的本质及其认知地位的防御性策略。从析取主义产生的根源来看,这种策略所要抵御的是对知觉的本质的一种传统理解,即所谓"感觉资料理论"——在进行知觉的时候,我们**直接**感知到的是在有意识的经验中呈现出来的感觉资料,在这里,感觉资料就是在知觉经验中呈现出来的内容,它们就是知觉的直接对象。面对发生幻觉或产生错觉的情形,我们似乎不能断言知觉的对象就是外部世界中**独立于**心灵而存在的东西。[1] 按照幻觉对怀疑论的论证旨在表明,如果一个认知主体在真实知觉和幻觉的情形中具有的有意识的经验确实是主观上不可区分的,那么他在每种情形中有意识地觉察到的感觉资料同样是不可区分的,也就是说,他不能按照知觉本身将知觉对象区分开来,因此,他在知觉上觉察到的对象就不等同于周围环境中任何独立于心灵的物质对象。析取主义的倡导者旨在表明,在这两种情形中,有意识的知觉经验**本质上是不同的**。那么,他们有什么理由持有这个主张呢?说这两种情形可以被区分或分离开来当然就是说,你在真实知觉的情形中具有的知觉经验不是(或者不同

---

[1] 在本书前面的一些讨论中,我们实际上已触及这方面的论证。不过,有兴趣的读者也可以参见如下著作中提出的详细论证:William Fish, *Perception, Hallucination, and Illusion* (Oxford: Oxford University Press, 2009); William Fish, *Philosophy of Perception: A Contemporary Introduction* (second edition, London: Routledge, 2021), especially Part I; A. D. Smith, *The Problem of Perception* (Cambridge, MA: Harvard Oxford University Press, 2002)。

于）你在发生幻觉的时候具有的知觉经验。按照幻觉提出的论证旨在表明这一点，这个论证大致可以被表述如下：[1]

（1）在某些知觉情形中，物理对象是以与它们实际上所是的样子不同的方式显现出来的，也就是说，它们表现得拥有与它们实际上具有的性质不同的性质。

（2）每当某个东西对认知主体 S 表现得拥有某个可感性质 F 时，就存在着 S 感知到并确实具有 F 的某个东西。

（3）因此，在某些知觉情形中，存在着 S 感知到的某个东西，它拥有 S 据称正在知觉到的物理对象并不具有的可感性质。

（4）如果 A 拥有 B 并不具有的某个可感性质，那么 A 并不等同于 B。

（5）因此，在某些知觉情形中，S 感知到的东西是一个与他据称正在知觉到的物理对象不同的东西。

（6）在对象看起来与实际情况不同的情形和真实知觉的情形之间存在着连续性，因此对知觉的分析必须同样适用于这两种情形。

（7）因此，在所有知觉情形中，S 感知到的都不是他据称正在知觉到的物理对象。

如果幻觉或错觉是可能的，那么第一个前提至少是直观上可接受的。第二个前提则来自所谓"现象原则"——如果在主体看来有某个东西具有某个可感性质，那么存在着主体感知到且确实具有那个可

---

[1] 参见 Howard Robinson, *Perception* (London: Routledge, 1994), pp. 57-58。亦可参见 Smith (2002), chapter 1。

感性质的东西。[1] 只要我们接受这个原则，就可以承认第二个前提。第三个前提作为一个中间结论来自前两个前提。第四个前提是对莱布尼茨同一性原则的应用。第五个前提是作为一个中间结论从前面的前提中推出的。因此，**只要**第六个前提是可靠的，我们就可以从这个论证中得出如下结论：在知觉中，我们绝没有直接有意识地感知到独立于心灵的日常对象。第六个前提实际上等同于如下主张：对某个东西的知觉经验，无论是在真实知觉的情形中，还是在幻觉或错觉的情形中，**本质**上都是同样的——在真实经验和幻觉经验之间存在某种连续性，而如果说它们之间有差别的话，这种差别也只是程度上的而不是种类上的。形而上学析取主义正是要反驳这个主张，从而阻止按照幻觉或错觉对知觉的感觉资料理论的论证，转而采纳关于知觉的所谓"素朴实在论"观点，即如下主张：在适当条件下，我们直接感知到独立于心灵而存在的日常物理对象。[2] 形而上学析取主义面临一些我们在这里无法讨论的困难，例如，它实际上很难处理幻觉的情形，或者按照知觉经验的现象学对素朴实在论的论证并不成功，又或者对于将真实知觉与幻觉区分开来的根据的论述是成问题的。[3] 鉴于我们旨在探究析取主义是否能够成功地回答怀疑论挑战，下面我们将转向知识论析取主义。

---

1 Robinson (1994), p. 32. 罗宾逊指出，笛卡尔、洛克、贝克莱和休谟都确认了这个原则，而摩尔和普莱斯（H. D. Price）之类的 20 世纪哲学家也确认了这个原则。参见 Robinson (1994), pp. 31-43。

2 如果感觉资料在某种意义上被认为是"私有的"，那么关于知觉的素朴实在论有时也可以被表述为：知觉经验的感知觉特征是由某些物理对象的"公共"属性来决定的。

3 例如，参见 John Hawthorne and Karson Kovakovich (2006), "Disjunctivism", *Proceedings of the Aristotelian Society Supplementary Volume* 80: 145-183; Mark Johnston (2004), "The Obscure Object of Hallucination", *Philosophical Studies* 120: 113-183; Susanna Siegel (2004), "Indiscriminability and the Phenomenal", *Philosophical Studies* 120: 91-112。

正如我们已经看到的，笛卡尔式的怀疑论试图利用经验的不可区分性论点来否认我们能够具有关于外部世界的知识。尽管知识论析取主义不完全是为了回应怀疑论挑战而产生的，但只要我们能够表明真实知觉在某种根本的意义上不同于幻觉（即使在这两种情形中相关的经验仍然是主观上不可区分的），我们就在回答怀疑论挑战的方向上迈进了一步。麦克道尔试图表明，既然我们不能在主观上将幻觉和真实知觉区分开来，那么只要二者之间存在差别，这种差别就必定**外在于事物在主观上向我们显现出来的方式**。如果我们能够通过诉诸某些"外在的"因素来说明这种差别，那么我们就可以表明在这两种情形中涉及的知觉经验具有**不同的认知地位**。由此我们就可以认为，在按照知觉经验来做出知觉判断时，我们在真实知觉的情形中根据经验获得的认知根据好于我们在具有一个主观上不可区分的幻觉时所能获得的认知根据。为了充分地理解麦克道尔对其主张的论证，我们首先需要看看他对"知识"这个概念的理解。

麦克道尔在1982年发表的论文《标准、可废止性与知识》实际上主要是想从一种维特根斯坦式的角度来探讨对于"他心"的知识。传统观点认为，我们对于其他人的精神状态并没有直接的知识，因为我们不能像内省自己的精神状态那样来"内省"其他人的精神状态；我们只能从其他人的外在行为表现来推断其精神状态，而既然一个人可以在实际上不具有某个精神状态的情况下假装有通常与这样一个精神状态相联系的行为表现，或者在处于某个精神状态的时候隐藏或抑制自己的行为表现，那么按照行为证据来推断他人的精神状态就有可能出错。怀疑论者由此认为，我们不可能具有关于其他人的精神状态的知识。麦克道尔相信关于外部世界的传统问题本质上类似于关于他心的传统问题：如果我们在真实知觉的情形中具有的证据与我们在幻觉的情形中具有的证据本质上是同样的，那么怀疑论者就会认为按照

第十章　经验、实在与知识

知觉经验来推断外部世界中的某个对象是靠不住的，因此我们实际上不具有关于外部世界的知识。但是，这两种怀疑论对麦克道尔来说都是不可接受的。他试图表明，心理事实（例如某人疼痛）和关于外部世界的事实（例如这是一个苹果）至少有时候都可以**直接**呈现出来。也就是说，为了知道某个东西，我们并不需要按照真实知觉和幻觉都具有的那个"最高共同因素"（即有意识的主观经验）来进行推断。[1]
为了阐明自己的主张，麦克道尔首先采纳了如下知识概念：如果 S 知道 P，那么 S 有理由相信 P，在这里，这样一个理由是可废止的，也就是说，S 相信 P 的理由符合"P 实际上不是如此这般"这一可能性，因为"一个人的经验现有的东西可以是一种与他实际上并不处于（知道 P）的'内在'状态兼容的东西"。[2] 然后，对于一种预设了经验的认知优先性论点的**内在主义**知识概念，麦克道尔提出了如下质疑：

> 考虑一对情形，其中某个有能力的人在使用某个主张时（拥有支持它的一个经验上获得的可废止的理由），该主张只是在一种情形中是真的。按照我们正在考虑的建议，（这种）情形中的主体知道事物就像该主张将它表达出来的那个样子；而（另一种情形中的）主体并不知道。……然而，故事是这样的：在每一种情形中经验的范围都是一样的，而这个事实本身超出了经验的范围。在这里，经验是发挥作用的唯一的认知模式——获得认知地位的唯一方式。……为什么我们不应该推断说这两个主体的认知成就是相当的？就那个相关的认知模式而言，被设想为两个主体在认知上都不可接近的事物上的差异，怎么会导致其中一

1　一些评论者由此认为麦克道尔是"知识在先"立场的一位倡导者。
2　McDowell (1998), p. 371.

个主体知道事物在不可接近的区域中是怎样的,而另一个却不知道,而不是让他们两个从严格意义上说都对此一无所知?[1]

简言之,麦克道尔的异议是,如果我们确实能够将真实知觉与幻觉区分开来,并认为认知主体在前一种情形中具有知识,在后一种情形中则没有知识,那么这个差别就不能由这两种情形所分享的那个最高共同要素来说明。因此我们不能将经验**本身**设定为唯一的认知模式。如果我们在真实知觉的情形中具有知识,那必定是因为我们确实**看到**了某个东西就是它事实上的样子。认知主体据说知道的那个事实必定是他通过自己获得的那个相关的认知模式而在认知上可以达到的。例如,在视知觉的情形中,为了具有关于 P 的知觉知识,他必须看到 P。因此,对麦克道尔来说,这种"看到"必定在某种意义上超出了有意识的主观经验的范围,是一种**经验性的**、**事实性的**和**认知性的**状态。它是经验性的,因为如果认知主体看到 P,那么 P 对他来说就表现为他所看到的那个样子;它是事实性的,因为如果他看到 P,那么 P 就是它事实上所是的样子,例如,看到一只苹果就表明那里确实有一只苹果;它是认知性的,既因为"他看到 P"这个事实向他提供了相信 P 的一个可废止的理由,也因为假如他确实看到 P,他就处于一种知道 P 的地位——正是在这个意义上,他对事实 P 的知识使得 P 对他来说是"可达到的"。不过,值得指出的是,处于知道 P 的地位并不等于知道 P,因为如果认知主体错误地认为其感官并未正常运作,而这个信念实际上是错误的,那么我们就不愿意认为他拥有其感官让他获得的知识。因此,麦克道尔似乎同时也承诺了内在主义者所强调的"信念责任"的观念——如果认知主体不具有恰当的信念,那

---

[1] McDowell (1998), pp. 373-374.

么，即使他看到 P，我们也不能认为他知道 P。然而，这将使得麦克道尔对知觉知识的处理变得有点含糊，因为我们至少不清楚他如何将这个内在主义要素与他的核心主张结合起来，即对事实的知觉知识是直接的和非推理性的。不管怎样，他所强调的是，在真实知觉的情形中，我们对某个东西（或者它的某些性质或特点）的知觉因为涉及了这个事实性要素而超出了主观经验的范围。

现在的问题显然是，这个事实性要素的出现究竟是如何将真实知觉与幻觉区分开来的，从而使得我们能够具有知觉知识？麦克道尔承认，甚至在真实知觉的情形中，我们通过"看到"而获得的知识有可能出错：对于任何涉及日常对象的事实 P，即使 P 实际上并非如此这般，它也可以对认知主体表现为如此这般。幻觉论证的支持者于是就可以认为，既然真实知觉仍然可以是可错的，我们通过经验而获得的理由在这种情形中和幻觉的情形中实际上都是同样的。或者用麦克道尔自己的话说："既然可以有在经验上与非欺骗性的情形不可区分开来的欺骗性的情形，一个人的经验摄入——一个人在其意识范围内所接受的东西——在这两种情形中就必定是同样的。"[1] 析取主义者需要反驳这个主张。他们可以否认这个论证的前提，例如通过声称我们不可能弄错一类关于日常对象的事实（也就是说，对于任何属于这个类的事实 P 来说，如果 P 对认知主体来说看起来就是如此这般，那么它事实上就是如此这般），或者认为在"看到" P 的情形中，并未出现任何非事实性的状况（也就是说，即使认知主体看到 P 就是如此这般，但 P 对他来说事实上不是如此这般）。麦克道尔并未采纳这两个策略，而是转而认为，P 对认知主体来说看起来就是如此这般的状态，要么是他**实际上**看到 P 的状态，要么是 P 对他来说**仅仅**看起来是如此

---

[1] McDowell (1998), p. 386.

这般的状态。在前一种情形中,他就处于一种知道 P 的地位,因此可以获得一个相信 P 的不可废止的理由;而在后一种情形中,他并未获得这样一个理由,因此就不处于知道 P 的地位。麦克道尔由此否认如下主张:在真实知觉和幻觉的情形中,认知主体所获得的相信 P 的理由在根本上是同样的,特别是,他在真实知觉的情形中获得的理由并不好于他在幻觉的情形中获得的理由。

然而,既然麦克道尔承认有意识的主观经验在这两种情形中可以是同样的,他就需要说明真实知觉的情形中所涉及的那个事实性要素如何(或者在什么意义上)部分地**构成**了他在这种情形中相信 P 的理由。例如,他是否能够说明(或者需要说明)那个事实性要素是认知主体能够设法意识到的?从内在主义的证据主义立场来看,甚至在知觉知识的情形中,为了有资格持有"知道 P"这一主张,认知主体就必须持有一个得到适当证据支持的信念。然而,麦克道尔似乎认为,在真实知觉的情形中,我们并不需要有意识的主观经验所提供的证据,因为只要所需的证据是由这种经验提供的,我们又会陷入幻觉论证的圈套。因此,在他看来,一旦认知主体已经处于知道 P 的地位,他就不需要这种证据。换句话说,在真实知觉的情形中,"看到"所提供的辩护既是非推理性的又是不可废止的:从"某人看到某个东西是如此这般"这一事实中,我们完全可以推出那个东西就是如此这般——"看到事物是如此这般的概念,相对于事物就是如此这般这一事实来说,本身已经是一种认知上令人满意的地位的概念"。[1] 例如,如果我的视觉系统正常地运作,而光照条件也是正常的,那么当我看到桌子上有一只红苹果时,那就表明桌子上确实有一只红苹果。但是,在这种情况下,如果知识并不是由不可区分的主观经验来说明

---

[1] McDowell (1998), p. 416.

的，那么真实知觉中所涉及的那个事实性要素究竟是如何对知识做出了贡献呢？麦克道尔显然不能通过**直接**诉诸素朴实在论来回答这个问题，因为幻觉的情形恰好为素朴实在论制造了困难。如果认知主体实际上看到 P 的状态根本上不同于 P 对他来说显现为如此这般的状态，那么麦克道尔就必须将前一种状态理解为一种并未在（或者并未完全在）有意识的主观经验中得到表达的**外在**关系。如果这个关系本身（或者其中处于外部的那个关系项）不是认知主体能够设法意识到的，因此从内在主义立场来看也不能充当辩护其知识主张或信念的证据，那么麦克道尔对知觉知识的理解至少是内在主义者所不接受的。对他来说，为了回应这个批评，我们就只能拒斥将知识理解为一种"内在"状态的主张，正如他自己所说：

> 如果我们采纳了现象的析取概念，那么我们就必须认真考虑一个想法，即经验主体对于"外部"实在有一种（不以有意识的主观经验为中介的）开放性，尽管那个"最高的共同要素"概念允许我们描绘（经验主体与外部实在之间的）一种界面。……当我们考虑关于（日常对象）的知觉知识时，那个"最高的共同要素"概念就向内驱使被给予经验的东西，直到那些东西能够与在我们自己的感觉表面上发生的事情相调整。这很有可能允许我们令人满意地设想"内部的"东西与"外部的"东西发生接触的界面。存在着一种界面的想法似乎很有吸引力；而现象的析取概念则蔑视这个直觉。[1]

1　McDowell (1998), pp. 392-393.

知识的"内部"概念认为知识要求经验所提供的证据,[1] 而尽管我们可以假设"内部的"的东西与"外部的"东西可以发生因果互动,但一旦我们认为证据总是由"内部的"东西来提供的,而且后者在认知上具有优先性,我们就无法阻止按照幻觉提出的论证以及相关的怀疑论结果。在我们目前讨论的这篇论文中,麦克道尔不断重申一个人看到 P 不是他"能够独立于那个主张本身而确保自己所能拥有的东西",[2] 以此强调我们在真实知觉的情形中获得的知识涉及一个事实性要素。但是,至少在这篇文章中,他并未明确说明那个事实性要素如何促成或构成了知觉知识——他并未表明,在真实知觉的情形中,看到 P 的状态究竟在什么意义上内在地涉及 P 这个事实。我们或许认为这种状态内在地涉及对 P 的表征,但知觉的表象理论要么最终不得不回到素朴实在论,要么仍然很难摆脱幻觉论证提出的挑战。[3] 特别是,**如果**麦克道尔希望在其对知觉知识的处理中采纳表象理论,那么他就需要说明知觉的表征内容如何与它所表达的对象具有某种同一性。然而,他的整个论证只是暗示,既然我们确实具有知觉知识,而我们在真实知觉的情形中具有的主观经验与我们在幻觉的情形中具有的经验可以是不可区分的,知觉知识的可能性就必定取决于某个其他东西,即那个事实性要素。

---

[1] 关于麦克道尔对知识的"内部"概念的进一步批评,参见 John McDowell, "Knowledge and the Internal", reprinted in McDowell (1998), pp. 395-413。

[2] McDowell (1998), p. 385.

[3] 对这种理论的尝试性捍卫,参见 Frank Jackson, *Perception: A Representative Theory* (Cambridge: Cambridge University Press, 2008)。一些作者已经表明这种理论至少不能恰当地把握知觉经验的现象学,例如,参见 Bill Brewer (2017), "The Object View of Perception", *Topoi* 36: 215-227; David Papineau (2016), "Against Representationalism (About Conscious Sensory Experience)", *International Journal of Philosophical Studies* 24: 324-347。

倘若如此，我们就可以继续追问一个问题：这个事实性要素如何使得我在真实知觉的情形中可以具有知识，而在幻觉的情形中就不具有知识呢？麦克道尔承认知识主张必须得到适当理由的支持。现在，假设麦克道尔认为，我能够知道（比如说）我面前有一组亚运会雕塑，是因为我有理由认为我面前有一组亚运会雕塑，即我确实看到我面前有一组亚运会雕塑。在这种情况下，除非我也**知道**我有这样一个理由，否则我就不能声称我是因为具有这个理由而知道这一点。但是，如果内省本身不足以让我将实际上看到雕塑的情形与只是对雕塑产生幻觉的情形区分开来，那么我如何知道我有那个理由呢？知识论析取主义者似乎不能直接否认我需要知道我具有那个让我知道面前有一组雕塑的理由。因此他们大概只能认为，即使我不能仅仅通过内省知道我是否看到了雕塑，我也仍然能够知道我是否看到了雕塑。当然，我们无须认为，如果一个东西不是通过内省本身就能知道的，那么它必定是不可知的。即便如此，知识论析取主义者仍然需要说明我**如何**知道我是否看到了雕塑。麦克道尔似乎认为，如果确实存在着一个事实，那么我在适当条件下对它的知识就是直接的，不需要以真实知觉和幻觉所具有的那个"最高的共同要素"作为根据，或者不需要从这种根据中进行推断，正如他所说："假设某人拥有'天在下雨'这一表象"，那么"只要他的经验以恰当的方式是'天在下雨'这一事实的结果，那个事实本身就能使得他知道天在下雨。而这之所以似乎是不成问题的，确实是因为那个表象的内容就是那项知识的内容"。[1] 但是，"以恰当的方式"这个说法显然是含糊的：它可以被看作内在主义者所设想的那种认知上负责的方式，也可以被理解为可靠主义者所

---

[1] McDowell (1998), pp. 388-389.

设想的那种方式。[1] 但是，若是在前一个意义上来理解，麦克道尔就需要回答如下问题：认知主体如何能够依据他在**内在主义**的意义上可以得到的证据来表明在经验内容中呈现出来的东西**就是**真实知觉的对象本身具有的。认知主体具有的信念可以满足内在主义者所指定的认知责任要求，但或许仍然不算作知识。另一方面，如果麦克道尔是在后一种意义上来理解那个说法，那么他不仅需要面对可靠主义所面临的批评，而且这样做也不符合他对知觉知识提出的一个核心主张，即知觉知识是"直接的"。不管怎样，麦克道尔仍然需要说明一个作为知觉对象的**事实**如何使得我们对于它的知识对我们"显示"出来。

在我们正在考察的这篇文章中，麦克道尔实际上并未对这个关键问题提出任何正面论述。不过，在他后来发表的一篇文章中，他采取了一个**间接**策略，试图为析取主义提供一种先验论证。[2] 假设我们把某个事实 P 对认知主体 S 来说在知觉上**显现**为如此这般的状态称为"现象状态"，那么麦克道尔的先验论证旨表明，S 在正确的环境条件下实际上看到 P 的状态是现象状态得以可能的一个条件。例如，你在正常的感知条件下**看到**天在下雨的状态是你**感觉到**天在下雨的一个条件。这一点**在直观上说**当然是正确的——如果我们确实具有一个**真实**知觉，那必定是因为有某个事实让我们具有这样一个知觉，也就是说，我们的知觉必定是由某个事实（或实际上存在的对象）以某种方式引起的。但是，正如幻觉论证所表明的，你有可能具有天在下雨的感觉经验，但天实际上不在下雨。因此我们就想知道麦克道尔究竟如何进行其先验论证。他很明确地将析取主义看作回应怀疑论挑战的一种方式：

---

1 在 1993 年发表的一篇文章中，麦克道尔似乎是在认同前一种方式。参见 John McDowell, "Knowledge by Hearsay", reprinted in McDowell (1998), pp. 414-443, especially p. 430 and note 25。

2 John McDowell, "The Disjunctive Conception of Experience as Material for a Transcendental Argument", in Haddock and Macpherson (2008), pp. 376-389.

第十章　经验、实在与知识

（在怀疑论者所设想的那种情形中，）如果我们可以发现一种方式坚持认为我们**能够**理解一个想法，即我们对关于环境的客观事实具有直接的知觉存取，那么这就构成了（对怀疑论挑战的）一个回答。这个想法与如下主张相矛盾：甚至在最好的可能情形中，知觉经验产生的东西必定不足以让一个环境事实对我们来说是直接可得到的。若没有这个思想，（笛卡尔式的）怀疑论就失去了其假定根据，就会失败。[1]

很明显，对麦克道尔来说，为了反驳怀疑论，我们就必须设法表明那个思想是错误的，也就是说，**并非**知觉经验产生的东西必定不足以让一个环境事实对我们来说是直接可得到的。因此，麦克道尔必须设法表明我们在适当条件下究竟**如何**对客观事实具有直接的知觉存取。他的回答是，"我们必须颠倒怀疑论者要求我们采纳的思想秩序"，转而认为"我们之所以知道（怀疑论者）所设想的那些可能性并不存在，是因为我们知道很多关于周围环境的事实，而如果我们不是用我们通常假设感知世界的那种方式来感知世界，那么情况就不会是这样了"。[2] 这显然是一种摩尔式的反驳怀疑论的方式加上一种康德式的先验论证。[3] 正如我们已经看到的，摩尔对日常知识的确认并未真正地反驳怀疑论。如果麦克道尔希望超越摩尔，他就必须进一步表明我们有什么理由认为我们可以合法地持有日常的知觉知识，特别是，就他对知觉知识的处理而论，他必须表明知觉如何能够**直接地**表

1　McDowell (2008), p. 379. 麦克道尔自己的强调。

2　Ibid.

3　这也是为什么普理查德将麦克道尔回应怀疑论挑战的方式称为"新摩尔主义"。参见 Duncan Pritchard, "McDowellian Neo-Mooreanism", in Haddock and Macpherson (2008), pp. 283-310。

达客观实在，而不需要以真实知觉和幻觉都分享的那个"最高的共同要素"为中介。为此，麦克道尔转向一个康德式的先验论证，该论证旨在表明"环境事实在知觉中呈现给我们的想法必定是可理解的，因为经验具有一个无可置疑的特征就是让这个想法变得可理解的一个必要条件"。他提到的那个特征就是"经验是**旨在**对实在的经验"——"当一个人经历知觉经验时，至少在他看来，他所处环境中的事物就是某个样子。"[1] 很不幸，这个说法同样是含糊的：它既可以指环境中的某个事物在一个人的知觉经验中表现为某个样子，又可以指一个人看到某个事物就是那个样子。假若我们在前一种意义上来理解这个说法，那么麦克道尔仍然无法摆脱幻觉论证及其怀疑论结果。后一种意义仍然可以有两种解释：其一，认知主体通过内省在其知觉经验中发现某个事物就是某个样子；其二，他**实际**上看到某个事物就是某个样子，而这个事物确实就是那个样子。考虑到麦克道尔的论证目的，我们可以假设他不会接受第一种解释。在第二种解释的情形中，我们可以说认知主体具有了**事实性**的知觉知识。如果我们认为看到某个事物是某个样子仍然是一种经验，那么麦克道尔实际上想说的是，有一类认知上独特的经验，它们本质上或根本上不同于我们在幻觉的情形中具有的经验，而一旦一个人具有了这种经验，他就可以被认为具有事实性的知觉知识。麦克道尔认为，唯有通过假设这类经验的存在，我们才能理解"经验是旨在对实在的经验"这个观念。麦克道尔由此认为他为析取主义提供了一个先验论证：

> （知觉的析取概念）阻断了从"经验在主观上是不可区分的"这一论点到那个最高的共同要素概念的推理，而按照那个

---

[1] McDowell (2008), p. 380.

概念，任何一种被认为不可区分的经验都不可能有比（我们在幻觉的情形中具有的经验）更高的认知价值。这个先验论证表明，我们必须有一个析取概念，否则我们就会失去对如下观念的把握，即我们在经验中让"事物是某个样子"这一事实对我们显现出来。[1]

由此可见，对麦克道尔来说，我们之所以要接受或相信在真实知觉的情形中，知觉对象（或者它的某些特点）是在知觉经验中直接对我们"显现"出来的，是因为经验是旨在对实在的经验。从康德的先验论证的角度来看，如果我们承认经验是旨在对实在的经验，那么我们就必须接受麦克道尔提出的那个主张。我们当然可以进一步质疑麦克道尔的先验论证的前提，正如他自己已经意识到的：

> 但是，如果我们决定我们应该面对一种更加全心全意的怀疑论，一种愿意怀疑知觉经验旨在表达客观实在的怀疑论，那又如何呢？好吧，我一直在考虑的先验论证不能做所有（反驳怀疑论）的工作。但它仍然可以做一些这方面的工作。如果这是我们的目标，我们就需要一个先验论证，这个论证揭示了这样一个事实：意识包括一些旨在表达客观实在的状态或情节，它们是意识的某个更基本特点（或许这样一个特点，即意识的状态和情节潜在地是自我意识的）的必要条件。斯特劳森对康德《纯粹理性批判》中先验演绎的解读或许有用，或者说先验演绎本身也可能有用。在这里讲这个就太离题了。问题的关键是，我们不能因为一个以知觉现象的析取概念为中心的论证本

---

[1] McDowell (2008), pp. 381-382.

身并未确立由它开启的知觉经验的特征,就否认这样一个论证。[1]

既然麦克道尔并不深究其论证的前提,我们也可以暂时不讨论这个前提(至少因为这样做会涉及一些我们在这里无法处理的问题)。但是,我们确实可以进一步追问麦克道尔的论证中的一个关键环节:他如何表明在真实知觉的情形中,经验中呈现出来的东西就是知觉对象的**客观**特点?如果我们在真实知觉中具有的经验确实不同于我们在发生幻觉的时候具有的经验,那必定是因为前一种经验涉及对**事实**的知觉。那么,这个知觉究竟是对事实的**直接**知觉,还是仍然以某种经验(例如,与直接知觉不同的那种经验)为中介而对事实的知觉?如果麦克道尔想到的是前一种情形,那么他就必须认为在适当条件下对某个事实的直接知觉本身就**构成**了关于那个事实的知识。例如,如果我在适当条件下看到桌子上有一个魔方,那么这种"看到"就使得我直接具有关于那个魔方的知识,即那是一个魔方,或者甚至是一个具有某些特点的魔方,例如它的各面颜色都是单一的。假设我们对于对象或事实的知觉是因果地产生的,那么我们就可以认为知觉是对象或事实的某些可以感知到的特点对感官产生因果影响的结果。"在适当条件下"这个说法可以被理解为排除了因果异常的可能性或者某些盖蒂尔式案例,但也可以被理解为涉及认知主体的某些能力条件,例如他在某些方面的知觉**辨别**能力。麦克道尔承认我们的知觉辨别能力(例如我识别一匹斑马的能力)是可错的,因此当我们看到某个东西时,我们的知识能力也是可错的。但是,在他看来,我们不能由此认为我不能有保证地相信我面前的那个动物是一匹斑马。实际上,他认为这个担保恰好是由"我看到那是一匹斑马"这一事实构成的——

---

[1] McDowell (2008), p. 382.

"如果我面前的那个动物是一匹斑马,而且当我看到斑马时,我行使我识别斑马的能力的条件也是合适的(例如,那个动物在我的充分视野中),那么,即便那种能力是可错的,它也能使我看到那是一匹斑马,并知道我看到了一匹斑马"。[1] 麦克道尔的说法似乎意味着,只要我是在适当条件下行使我的知觉能力,我就可以拥有相应的知觉知识,当然,鉴于这种能力是可错的,当我看到某物或某事这一事实为我的相应信念提供了担保时,我的信念很有可能并未得到充分(完备的)辩护。在这种解释下,麦克道尔承诺了"知识在先"立场,而知识所提供的事实则成为我们持有相应信念的理由。

但是,这种解释仍然会面临一个问题:如果认知主体是在麦克道尔的意义上通过"看到"P 而知道 P,那么他知道 P 的理由究竟是 P 这个事实本身,还是"他看到 P"这一事实?假设一个人知道 P 的理由必须是他在认知上可存取的。在这个假设下,如果他知道 P 的理由就是 P 这个事实,那么我们或许认为那种可存取性就在于他看到 P;另一方面,如果他知道 P 的理由是"他看到 P"这个事实,那么那种可存取性必定就在于某种二阶知识,即我知道自己看到 P。在麦克道尔对知觉知识的处理中,大多数时候他都是在采纳前一种观点。但在某些地方,他也将"认知主体看到 P"这一事实看作一个**不可废止**的理由,而这就表明他需要强调二阶知识的可能性——那个不可废止的理由不仅仅是认知主体得以知道 P 的理由,也是他得以**有资格**声称自己看到 P 并知道 P 的理由:

> 当一个人有资格声称自己感知到事物是如此这般时,是什么让他具有这种资格呢?那就是他感知到事物是如此这般这一

---

[1] McDowell (2008), p. 387.

事实。这种事实具有这样一个特点，即我们的自我意识拥有的知觉能力使我们能够在适当场合认识到这种事实存在，正如它们使我们能够认识到面前有红色的立方体之类的事实，以及我们感知事物的能力所能处理的各种更复杂的环境事实。[1]

从这段话以及前面关于斑马案例的论述（特别是如下说法：我的知觉辨别能力"能够使我看到那是一匹斑马，**并知道**我看到了一匹斑马"）中，我们大致可以认为，对麦克道尔来说，"我看到 P"这一事实和"我知道自己看到 P"这一事实都**同样**是我在看到 P 的时候认识到或识别 P 的能力的结果——也许当我在适当条件下看到 P 的时候，自我意识的反思性特征就使得那件事情对我来说在意识中变得"显明"，我由此而知道我看到 P。即使这种解释能够是合理的，麦克道尔也没有明确指出"那件事情"究竟是指 P 这个事实本身，还是"我看到 P"这一事实。[2] 不管怎样，如果正是一个人在适当条件下看到 P 使得他知道 P，并且以某种方式知道自己看到 P，那么麦克道尔大概能够解决我们此前提出的问题。

然而，他的解决方案显然取决于如下主张：我们在适当条件下可以直接感知关于环境的客观事实。他对怀疑论的反驳旨在表明怀疑论者不能理解这个主张，而在他看来，这个主张必定是可理解的，因为其可理解性的一个必要条件是，经验具有一个无可置疑的特征，即经验是**旨在**对实在的经验。然而，麦克道尔并未对经验所具有的这个

---

[1] McDowell (2008), p. 387.
[2] 在 1982 年发表的那篇文章中，麦克道尔认为，只有当一个人行使了辨别 P 的能力时，他才算"看到"P。但是，在 1986 年发表的另一篇文章（《单称思想与内部空间的范围》）中，他认为"内部"领域和"外部"领域是"相互渗透的"，因此，"我看到 P"这一**内省**知识就必须被理解为一个人行使其知觉能力的副产品。

第十章　经验、实在与知识

"无可置疑"的特征提出任何进一步的论证。实际上，只要我们已经确认经验具有这样一个特征，我们当然就可以认为，至少在适当条件下，我们能够通过感官直接认识到关于外部世界的客观事实。因此，麦克道尔是否真正地反驳了他所说的"全心全意的怀疑论"，当然就取决于我们是否接受他对经验提出的那个说法。[1] 在我看来，对这个问题的回答与其说取决于任何进一步的哲学论证，不如说取决于哲学家们对于知识以及某些相关的形而上学问题的**态度**。既然麦克道尔基本上仍然是用一种摩尔式的方式来回应怀疑论挑战，他确实就倾向于对知觉采取一种素朴实在论的立场，析取主义在他手中也确实充当了一种先验论证的原材料。另一方面，既然怀疑论者相信知识必须以主观经验为中介，他们当然就不会接受麦克道尔对知觉的析取主义处理以及将知觉视为"直接"知识的来源的做法。怀疑论者仍然会继续要求麦克道尔阐明或回答如下问题：我们**如何**在适当条件下可以直接感知客观事实？怀疑论者的质疑在某种意义上就类似于对可靠主义的一个传统批评，即如果我们既无法指定一个认知过程或认知官能的可靠性，也认识不到其可靠性，那么我们如何能够确保从这样一个过程或官能中产生出来的东西就是知识？知觉辨别能力显然是一种相对的能力：我或许能够将一匹斑马与一只羚羊辨别开来，但我有可能不能将一匹斑马与一匹打扮为逼真的斑马的骡马辨别开来。对怀疑论者来说，只要我无法排除我看到的实际上是乔装打扮的骡马这一可能性，我就不能声称我知道自己看到了斑马。这样一来，除非麦克道尔将语境主义纳入他对知觉知识的处理中，否则他就不能**仅仅**通过诉诸辨别

---

[1] 限于篇幅，在这里我还没有讨论麦克道尔最近按照他在《心灵与世界》中发展起来的思想框架对知觉知识的探讨，例如 John McDowell, *Perception as a Capacity for Knowledge* (Milwaukee, Wisconsin: Marquette University Press, 2011)。

能力的概念来谈论直接的知觉知识的可能性。但是，正如我们在前一章中看到的，语境主义本身是否能够令人满意地回应怀疑论挑战，仍然是一个有争议的问题。那么，就回应这个挑战而论，麦克道尔的新摩尔主义能够得到改进吗？下面我们将简要考察一下普理查德在这方面做出的尝试，以便进一步阐明麦克道尔的观点可能面临的问题及其应对方案。

在普理查德看来，摩尔自己对怀疑论的反驳（即所谓"摩尔主义"）面临三个主要问题：第一，摩尔的论证以怀疑论者通过其论证旨在否认的东西（例如"我知道我有两只手"）为前提，因此在这个意义上是成问题的；第二，摩尔对怀疑论的回答至多只是与怀疑论者打成平手，而不是在根本上解决了怀疑论问题，因为他的论证和怀疑论论证都有直观上合理的前提，而在这种情况下，我们既可以选择做摩尔主义者，也可以选择做怀疑论者；第三，摩尔的论证似乎是由一系列断言构成的，而对于与他交锋的怀疑论者来说，这些断言显然是不合适的。[1] 与此相比，新摩尔主义者则试图**正面地**表明我们能够知道怀疑论者所要否认的东西，并以此与怀疑论者展开正面交锋。例如，他们试图表明，只要怀疑论者所设想的错误可能性是牵强附会的或难以置信的，我们就可以说，只要一个人真正相信自己不是这种错误可能性的受害者，这个信念就不太容易是假的，因此可以算作知识。在这里，我们当然可以追问新摩尔主义者如何可以启用安全性或敏感性之类的原则来应对怀疑论挑战。按照普理查德的说法，根本动机来自一个直觉，即对于知识来说，最为重要的是，知识是"摆脱了运气"的真信念。这意味着只要认知主体的认知环境是友好的，他的反怀疑论信念（例如"我不是缸中之脑"）就不会是运气的产物，因此可以

---

[1] 参见 Pritchard (2008), pp. 283-286; Pritchard (2012), pp. 113-115。

算作知识。然而,为了按照这个基本思路来反驳怀疑论,新摩尔主义者不仅需要避免摩尔的反怀疑论论证面临的那三个主要问题,而且也需要说明这种反怀疑论的知识的**证据基础**。正如我们已经看到的,怀疑论的一个主要来源是经验的不可区分性论点。如果我们承认经验的认知优先性论点并采取一种内在主义的辩护概念,那么怀疑论似乎就变得不可避免。但是,外在主义也有自身的困难,至少因为我们直观上倾向于接受内在主义。普理查德从这种诊断中提出来要解决的问题是:"是否存在着一种我们可以得到的新摩尔主义,它一方面忠实于内在主义直觉,另一方面又避免了对新摩尔主义论题的传统内在主义解释所面临的问题。"[1]

普理查德认为,我们可以从麦克道尔那里获得解决这个问题的基本方案。在普理查德看来,麦克道尔的知觉知识理论显然承诺了一种内在主义,要求认知主体仅仅通过反思就能知道支持其知识主张的理由,但这种内在主义又不是一种传统的内在主义,比如说因为麦克道尔强调认知主体的理由既是经验性的又是事实性的。实际上,正是因为这个事实性要素的存在,麦克道尔才能声称我们可以将我们在真实知觉的情形中具有的经验与在幻觉的情形中具有的经验区分开来。这个要素被认为以**外在主义**的方式来设想的,但它所提供的理由又被认为认知主体本质上可以反思性地存取的。[2] 因此麦克道尔就不会面临经验的不可区分性论点所带来的困扰,包括其怀疑论含义。普理查德认为,麦克道尔对知觉的论述由于具有三个特征而优越于其他论述:第一,它使我们能够处理某些持久的认识论问题,例如怀疑论问题;

---

[1] Pritchard (2008), p. 290.
[2] 但是,至少按照我们前面对麦克道尔的观点的分析,他实际上并未充分表明认知主体**如何**反思性地存取这种理由。

第二，它符合我们日常思考和谈论知觉理由的方式，例如允许我们将事实性理由看作对知识的理性支持；第三，对知觉所提供的理由的标准论述认为，这样一个理由在真实知觉的情形中和幻觉的情形（或者怀疑论者所设想的情形）中都是一样的，而麦克道尔的理论则表明为什么这种观点是错误的。[1] 因此，从理论选择的角度来看，麦克道尔的理论显然值得偏爱。不过，正如我们已经看到的，麦克道尔确实没有明确地（或者令人满意地）说明为什么我们可以**同时**认同外在主义的主张（即在真实知觉的情形中，知觉所提供的理由——或者至少其中的某个关键要素——是事实性的）和内在主义的主张（即这种理由是认知主体可以反思性地存取的）。普理查德指出，反对者或许可以对麦克道尔的观点提出如下"归谬"论证：[2]

（1）在幻觉或者怀疑论者所设想的情形中，一个人的知觉信念的支持性理由只能在于世界对他显现出来的方式。

（2）这种情形与真实知觉的情形在现象学上是不可区分的。

（3）一个人的理由是他可以反思性地存取的。

（4）在真实知觉的情形中，一个人的知觉信念的支持性理由可以是事实性的。

（5）因此，一个人仅凭反思就能知道他在真实知觉的情形中拥有一个事实性的知觉理由。

（6）因此，就一个人仅凭反思就能知道而论，他在幻觉或者怀疑论者所设想的情形中和在真实知觉的情形中都是同样的。

（7）因此，一个人不能仅凭反思就能知道他在真实知觉的

---

1 参见 Pritchard (2008), pp. 293-296; Pritchard (2012), pp. 125-140。
2 参见 Pritchard (2008), p. 296。

情形中拥有一个事实性的知觉理由。

在这个论证中，前三个主张都是论证前提，第四个则是归谬论证的假设。第五个主张来自第三个前提和这个假设，第六个主张则来自第二个前提，最后的结论则是从这个主张中得出的。因此，如果这个论证是可靠的，那么，既然最终的结论与第五个主张相矛盾，我们就必须否定第四个主张以及知识论析取主义。麦克道尔显然接受该论证的前三个前提。此外，从麦克道尔的观点来看，从第三个前提和论证假设（即第三个前提）过渡到第五个前提也应该是无可争议的。但是，既然麦克道尔认为我们在真实知觉的情形中具有的经验根本上不同于在幻觉或者怀疑论者所设想的情形中具有的经验，他就可以抵制从第五步到第六步的推理。换句话说，认知主体在幻觉或者怀疑论者所设想的情形中可以反思性地得到的东西不同于他在真实知觉的情形中所得到的东西，因为只有在后一种情形中，他才具有他可以得到的那个事实性的知觉理由。因此，麦克道尔似乎认为，一个人**仅凭反思**就能知道自己处于真实知觉的情形中，而不是处于幻觉或者怀疑论者所设想的情形中。然而，这个主张很令人困惑。普理查德指出，我们可以用如下论证来表明它为什么令人困惑：[1]

（1）在真实知觉的情形中，一个人仅凭反思就能知道自己拥有一个事实性的经验理由。

（2）一个人仅凭反思就能知道，如果一个人拥有一个相信经验命题 P 的事实性的经验理由，那么 P。

（3）因此，在真实知觉的情形中，一个人仅凭反思就能知道 P。

1　参见 Pritchard (2008), pp. 297-300。

在这里，前两个主张都被看作论证前提的假设，而在第二个主张中，"如果一个人拥有一个相信经验命题 P 的事实性的经验理由，那么 P"这个说法似乎是麦克道尔对知觉知识的论述所蕴含的。然而，令人困惑的地方在于，即便是在真实知觉的情形中，一个人何以仅凭反思就能知道一个**经验**命题呢？不过，麦克道尔或许无须接受这个论证，因为按照我们此前对他的解释，在说一个人对客观事实可以具有直接的知觉知识时，他所要强调的是，当一个人在适当条件下直接感知到事实 P 时，自我意识的反思性就使得"知道 P"或"看到 P"这个事实对他来说在其意识中是"可得到的"。当然，麦克道尔确实需要以一种摆脱怀疑论的方式来说明何以如此。也就是说，他一方面需要说明知觉在适当条件下如何能够为关于客观事实的知识提供"不可废止"的理由，另一方面也需要说明自我意识的反思性特征如何能够使得"知道 P"或"看到 P"对认知主体来说是"显明的"。探究这些问题要求我们详细考察麦克道尔的思想的其他相关方面，特别是他从各个角度对心灵与世界的关系的论述，他对传统的知识图景的诊断，以及他在一种康德式的意义上对"经验"这个概念本身的阐释。不过，我们可以指出的是，麦克道尔通过诉诸知识论析取主义对怀疑论的反驳不可能是彻底的，抑或他仍然继承了摩尔式的精神，将"全心全意"的怀疑论看作是不可理喻的。他的先验论证旨在表明："如果我们承认经验具有客观的意指，那么我们就不能一致地拒绝理解这样一个经验概念，按照这个概念，在经验中，客观事实是知觉直接可得到的。"[1] 知识论析取主义被认为提供了这样一种理解，但是，如前所述，为了彻底地反驳怀疑论，麦克道尔有义务论证其先验论证的预设，即经验具有客观的意指。如果我们已经**假设**经验具有客观的意

1　McDowell (2008), p. 380.

指，那么麦克道尔对怀疑论挑战的回应仍然不够彻底，因为怀疑论者完全可以否认这个假设——实际上，这个假设正是他们试图通过各种怀疑论假说来质疑的。如果析取主义者要进一步尝试反驳怀疑论，他们最好将析取主义的基本观念与我们对行动理由的分析结合起来，表明知觉在真实知觉的情形中提供的理由确实是行动的理由，而在幻觉或者怀疑论者所设想的情形中则不是。然而，关于行动理由的析取主义也有其自身的问题。[1] 此外，正如我们在前一章中讨论实用入侵理论时已经指出的，我们无须认为只有知识才能引导行动。如果有辩护的真信念同样能够引导行动，那么关于行动理由的析取主义是否能够为知识论析取主义者反驳怀疑论提供额外的支持，也是一个值得进一步探究的问题。

九、结语：反思人类知识

知识论旨在理解我们如何具有知识，或者知识对我们来说究竟是如何可能的。虽然在本书中我们并未系统地探究知识的价值问题，但是，正如我们到目前为止可以看到的，这个问题实际上是知识论的核心问题。我们之所以寻求知识，并将一种很高的认知地位赋予知识，是因为我们认为知识不同于一般的意见或看法，甚至也有别于只是得到辩护的真信念。盖蒂尔那篇简短的文章之所以在当代知识论中具有里程碑式的意义，在很大程度上塑造了后盖蒂尔时代知识论的发展方向，主要是因为它表明有辩护的真信念对知识来说是不充分的，当然我们也可以说，知识对于有辩护的真信念来说也不是必要的。如果有辩护的真信念对于生活和行动来说已经足够，那么我们为什么还要特

---

1 一些相关的讨论，参见 Haddock and Macpherson (2008), Part II。

别在乎知识呢？如果有辩护的真信念对知识来说并不充分，那么我们如何能够寻求盖蒂尔式反例促使我们去寻求的知识的"第四个"条件呢？这两个问题基本上塑造了后盖蒂尔时代知识论的基本面貌。当代知识论中对信念伦理学和贝叶斯认识论的兴趣或关注都可以被认为与前一个问题有关，而回答后一个问题的尝试则不仅催生了各种形式的反运气知识论和自然主义认识论，而且也深化了内在主义和外在主义之间的传统争论。不管我们如何理解知识与有辩护的真信念的关系，或者说，不管我们是否能够真正地解决盖蒂尔提出的问题，知识对我们来说之所以是一种特别有价值的东西，是因为它是我们在尝试认识和理解我们所生活的世界的进程中所能取得的一项成就。

然而，我们认识和理解世界的能力是格外有限的，我们不可能一眼洞穿世界的本来面目。我们对世界的认识和理解有可能是错误的，而这就是我们的知识主张需要得到辩护的一个主要缘由。正是我们的知识主张的可错性使得怀疑论有了可乘之机。但是，从元知识论的角度来看，怀疑论实际上可以被看作对我们的知识事业进行理性反思的极端表现——它是我们试图设法理解人类知识的可能性的不可避免的结果，与此同时大概也揭示了人类知识的限度。如果我们实际上不能对怀疑论挑战提出任何令人满意的回答，那么这个事实并不表明怀疑论本身不重要，反而表明我们的知识和理解本来就是有限度的。如果知识被认为必须具有**绝对**确定性，那么怀疑论者就表明我们实际上不能达到这个目标。因此我们就只能认为，我们迄今为止具有的知识或者持有的知识主张都有可能是错误的；既然我们无法排除怀疑论者所设想的那些可能的错误，我们就只能将知识或知识主张限定在特定的领域或语境。

另一方面，我们似乎仍然在某种程度上认识和理解了我们所生活的世界。这种认识和理解是通过人类特有的认知视角取得的，这样一个视角不仅包括我们特有的认知官能给予我们的认知世界的方式，而且也包括我们由此在与世界的互动中所获得的经验和理解，后者进一步塑造了我们的认知能力，修饰或调整了我们看待和把握世界的方式。在这个意义上，一种康德式的人类知识图景对于我们来说必定是真的，也就是说，我们必定是从我们已经被给予的一个**主观**视角来认识那个被认为"外在于"人类心灵的世界。针对怀疑论挑战提出的各种形式的先验论证以及休谟式的自然主义，实际上都可以被理解为这个思想的体现。当康德声称我们对于他所说的"物自体"没有知识时，他可能是正确的，因为本体世界或许超越了人类按照其认知资源来把握它的方式。唯有能够对我们的认知官能或认知能力产生影响的东西才能成为知识的对象。简而言之，我们确实是按照我们所能具有的某个**概念框架**来认识和理解世界。但是，我们也无须由此认为，这样一个概念框架本身与人类认知主体和"外部"世界之间的因果互动无关。正是因为人类心灵本身就是在这种因果互动中被构造出来并被不断塑造的，它才有可能在适当条件下认识到将它产生出来的那个外部世界。但是，如果存在着我们所能得到的多个概念框架，那么我们选择用哪一个概念框架来描述、认识和理解世界，并非与我们的实践旨趣无关。知识论研究本身不仅需要承认这一点，也需要承认我们的认知目标可以是多种多样的，对它们的追求有时会产生张力。唯有如此，我们才能恰当地认识和理解当代知识论展现出来的多元化局面，对各种观点之间的关系和争论做出公正的判断和评价。如果我们对于"外部"世界的经验必然已经是概念性的，也就是说，我们用来看待它的观点必然已经渗透着我们对它的某种理解（或者更确切地说，它对我们来说变得可理解的方式，正如我们对外在对象的范畴化与我们的认知目的和实践旨趣的关联），那么我们就不仅可以理解概念框架（包括分析性和先验性之类的概念）和"外部"实在之间的区分，而且也可以明白为什么极端的怀疑论挑战至少在如下意义上是不可回应的：极端的怀疑论者对人类知识的设想超越了我们能够用来看待外部世界的观点。然而，我们对人类知识及其根据或来源的理性反思确实无法超越这样一个观点，或者任何这样的观点。对人类知识的范围和限度的思考因此就取决于我们对"客观性"的某种合理解释。伯纳德·威廉斯曾经认为一个"绝对实在"的概念在**伦理生活**的领域中是不可得到的，[1] 我们或许也可以认为，如果绝对实在指的是**原则上**超越了人类观点的东西，那么它在**科学知识**的领域中同样是不可得到的。这要求我们在寻求知识的时候对人类的知识事业以及与知识相关的一切活动保持谦逊的态度。

1　参见 Bernard Williams, *Ethics and the Limits of Philosophy* (London: Routledge, 1985), chapter 8。

参考文献

Ackeren, M. and M. Kühler (eds.), *The Limits of Moral Obligation: Moral Demandingness and Ought Implies Can* (London: Routledge, 2015).

Adams, R. (1985), "Involuntary Sins", *Philosophical Review* 94: 3-31.

Adams, R. "The Virtue of Faith", reprinted in R. Admas, *The Virtue of Faith and Other Essays in Philosophical Theology* (New York: Oxford University Press, 1987).

Adler, J. *Belief's Own Ethics* (Cambridge, MA: MIT Press, 2002).

Aikin, S. *Epistemology and the Regress Problem* (London: Routledge, 2011).

Aikin, S. *Evidentialism and the Will to Believe* (London: Bloomsbury Academic, 2014).

Ainslie, D. *Hume's True Scepticism* (Oxford: Oxford University Press, 2015).

Allison, H. *Custom and Reason in Hume: A Kantian Reading of the First Book of the Treatise* (Oxford: Clarendon Press, 2008).

Allison, H. *Kant's Transcendental Deduction: An Analytical-Historical Commentary* (Oxford: Oxford University Press, 2015).

Almeder, R. (1990), "On Naturalizing Epistemology", *American Philosophical Quarterly* 27: 263-279.

Almog, J. *Cogito?: Descartes and Thinking the World* (Oxford: Oxford University Press, 2008).

Alston, W. P. (1986), "Epistemic Circularity", *Philosophy and Phenomenological Research* 47: 1-30.

Alston, W. P. (1988), "The Deontological Conception of Epistemic Justification", *Philosophical Perspectives* 2: 257-299.

Alston, W. P. *Epistemic Justification: Essays in the Theory of Knowledge* (Ithaca: Cornell University Press, 1989).

Alston, W. P. *The Reliability of Sense Perception* (Ithaca: Cornell University Press, 1993).

Alston, W. P. *A Realist Conception of Truth* (Ithaca: Cornell University Press, 1997).

Alston, W. P. *Beyond "Justification": Dimensions of Epistemic Evaluation* (Ithaca: Cornell University Press, 2006).

Amico, R. *The Problem of the Criterion* (Lanham: Rowman & Littlefield Publishers, 1993).

Anderson, A. *Hume, Kant and the Interruption of Dogmatic Slumber* (Oxford: Oxford University Press, 2020).

Anderson, R. L. *The Poverty of Conceptual Truth: Kant's Analytic/Synthetic Distinction and the Limits of Metaphysics* (Oxford: Oxford University Press, 2015).

Andrews, K. *The Animal Mind: An Introduction to the Philosophy of Animal Cognition* (second edition, London: Routledge, 2020).

Annis, D. (1978), "A Contextualist Theory of Epistemic Justification", *American Philosophical Quarterly* 15: 213-219.

Anscombe, G. E. M. *Intention* (Cambridge, MA: Harvard University Press, 2000).

Aristotle, *Metaphysics*, in Jonathan Barnes (ed.), *The Complete of Works Aristotle* (Princeton: Princeton University Press, 1984), Vol. 2.

Aristotle, *Posterior Analytics* (translated by Jonathan Barnes, Oxford: Clarendon Press, 1993).

Aristotle, *Nicomachean Ethics* (third edition, translated by Terence Irwin, Indianapolis: Hackett Publishing Company, 2019).

Armstrong, D. M. (1963), "Is Introspective Knowledge Incorrigible?", *Philosophical Review* 72: 417-432.

Armstrong, D. M. *Belief, Truth and Knowledge* (Cambridge: Cambridge University Press, 1973).

Armstrong, D. M. *A Materialist Theory of Mind* (London: Routledge, 2022, first published in 1968).

Ashton, N., et al. (eds.), *Social Epistemology and Relativism* (London: Routledge, 2020).

Audi, R. *The Structure of Justification* (New York: Cambridge University Press, 1993).

Audi, R. (1995), "Memorial Justification", *Philosophical Studies* 23: 31-45.

Audi, R. *Epistemology: A Contemporary Introduction to the Theory of Knowledge* (second edition, London: Routledge, 2003).

Audi, R. *Epistemology: A Contemporary Introduction to the Theory of Knowledge* (London: Routledge, 2011).

Axtell, G. (1997), "Recent Work in Virtue Epistemology", *American Philosophical Quarterly* 34: 1-26.

Ayer, A. J. *The Foundations of Empirical Knowledge* (London: Macmillan Company, 1940).

Bailey, A. *Sextus Empiricus and Pyrrhonean Scepticism* (Oxford: Oxford University Press, 2002).

Balaguer, M. *Platonism and Anti-Platonism in Mathematics* (Oxford: Oxford University Press, 2001).

Ballantyne, N. (2011), "Anti-luck Epistemology, Pragmatic Encroachment, and True Belief",

Canadian Journal of Philosophy 41: 485-504.

Barrett, R. B. and R. F. Gibson (eds.), *Perspectives on Quine* (Oxford: Blackwell, 1990).

Bary, P. D. *Thomas Reid and Scepticism: His Reliabilist Response* (London: Routledge, 2002).

Bashour, B. and H. D. Muller (eds.), *Contemporary Philosophical Naturalism and Its Implications* (London: Routledge, 2013).

Baum, M. "Transcendental Proof in the Critique of Pure Reason", in P. Bieri et. al (eds.), *Transcendental Arguments and Science: Essays in Epistemology* (Boston: D. Reidel Publishing Company, 1979).

Baumann, P. *Epistemic Contextualism* (Oxford: Oxford University Press, 2016).

Beck, L. (1967), "Once More unto the Breach: Kant's Answer to Hume", *Ratio* 9: 33-37.

Becker, K. and T. Black (eds.), *The Sensitivity Principle in Epistemology* (Cambridge: Cambridge University Press 2012).

Bealer, G. "Intuition and the Autonomy of Philosophy", in M. R. Depaul and W. Ramsey (eds.), *Rethinking Intuition: The Psychology of Intuition and Its Role in Philosophical Inquiry* (Lanham, Maryland: Rowman and Littlefield Publishers, Inc.,1998).

Bealer, G. "The A Priori", in J. Greco and E. Sosa (eds.), *The Blackwell Guide to Epistemology* (Oxford: Blackwell, 1999).

Becker, E. *The Themes of Quine's Philosophy: Meaning, Reference, and Knowledge* (Cambridge: Cambridge University Press, 2012).

Beebe, J. R. *Advances in Experimental Epistemology* (London: Bloomsbury Academic, 2014).

Beebee, H. *Hume on Causation* (London: Routledge, 2006).

Beilby, J. K. (ed.), *Naturalism Defeated?: Essays on Plantinga's Evolutionary Argument Against Naturalism* (Ithaca: Cornell University Press, 2002).

Bender, J. W. (ed.), *The Current State of the Coherence Theory* (Dordrecht, The Netherlands: Kluwer Academic Publishers, 1989).

Ben-Menahem, Y. *Conventionalism: From Poincare to Quine* (Cambridge: Cambridge University Press, 2006).

Bennett, J. Locke, *Berkeley, Hume: Central Themes* (Oxford: Oxford University Press, 1971).

Bennett, J. (1990), "Why Is Belief Involuntary?", *Analysis* 50: 87-107.

Berglund, A. *From Conceivability to Possibility: An Essay in Modal Epistemology* (Reykjavik: University of Iceland Press, 2005).

Bergmann, M. (2004), "Epistemic Circularity: Malignant and Benign", *Philosophy and Phenomenological Research* 69: 709-727.

Bergmann, M. *Justification without Awareness: A Defense of Epistemic Externalism* (Oxford: Clarendon Press, 2006).

Berkeley, G. *Philosophical Writings* (edited by D. M. Clarke, Cambridge: Cambridge University

Press, 2008).

Bett, R. (ed.), *The Cambridge Companion to Ancient Scepticism* (Cambridge: Cambridge University Press, 2010).

Bett, R. *How to Be a Pyrrhonist: The Practice and Significance of Pyrrhonian Skepticism* (Cambridge: Cambridge University Press, 2019).

Beyer, C. and A. Burri (eds.), *Philosophical Knowledge: Its Possibility and Scope* (New York: Rodopi, 2007).

Blackburn, S. (1995), "Practical Tortoise Raising", *Mind* 104: 695-711.

Blackburn, S. *On Truth* (Oxford: Oxford University Press, 2018).

Bland, S. *Epistemic Relativism and Scepticism: Unwinding the Braid* (London: Palgrave Macmillan, 2018).

Blanshard, B. *The Nature of Thought* (New York: Humanities Press, 1978, first published in 1921).

Blome-Tillmann, M. (2009), "Contextualism, Subject-Sensitive Invariantism, and the Interaction of 'Knowledge' ", *Philosophy and Phenomenological Research* 79: 315-331.

Blome-Tillmann, M. *Knowledge and Presuppositions* (Oxford: Oxford University Press, 2014).

Blome-Tillmann, M. *The Semantics of Knowledge Ascription* (Oxford: Oxford University Press, 2022).

Boghossian, P. and C. Peacocke (eds.), *New Essays on the A Priori* (Oxford: Oxford University Press, 2001).

Boghossian, P. and T. Williamson (eds.), *Debating the A Priori* (Oxford: Oxford University Press, 2020).

Bondy, P. *Epistemic Rationality and Epistemic Normativity* (London: Routledge, 2018).

BonJour, L. "Externalist Theories of Empirical Knowledge" (first published in 1980), reprinted in E. Sosa, J. Kim, J. Fantl, and M. McGrath (eds.), *Epistemology: An Anthology* (second edition, Oxford: Blackwell, 2008).

Bonjour, L. *The Structure of Empirical Knowledge* (Cambridge, MA: Harvard University Press, 1985).

BonJour, L. (1989), "Reply to Steup", *Philosophical Studies* 55: 57-63.

BonJour, L. "A Rationalist Manifesto", in P. Hanson and B. Hunter (eds.), *Return of A Priori* (Calgary, Alberta: The University of Calgary Press, 1992).

BonJour, L. "Plantinga on Knowledge and Proper Function", in Kvanvig, J. L. (ed.), *Warrant in Contemporary Epistemology: Essays in Honor of Plantinga's Theory of Knowledge* (Lanham, Maryland: Rowman & Littlefield Publishers, Inc., 1996).

BonJour, L. *In Defense of Pure Reason* (Cambridge: Cambridge University Press, 1998).

BonJour, L. "Internalism and Externalism", in Paul Moser (ed.), *The Oxford Handbook of*

Epistemology (Oxford: Oxford University Press, 2002).

BonJour, L. *Epistemology: Classical Problems and Contemporary Responses* (second edition, Lanham, Maryland: Rowman & Littlefield Publishing Group, Inc., 2010).

BonJour, L. "Externalism/Internalism", in J. Dancy, E. Sosa and M. Steup (eds.), *A Companion to Epistemology* (second edition, Oxford: Blackwell, 2010).

BonJour, L. "in Defense of the a Priori", in M. Steup, J. Turri and E. Sosa (eds.), *Contemporary Debates in Epistemology* (second edition, Oxford: Blackwell, 2014).

BonJour, L. and E. Sosa, *Epistemic Justification: Internnalism vs. Externalism, Foundations vs. Virtues* (Oxford: Blackwell, 2003).

Borges, R., C. Almeida and P. D. Klein (eds.), *Explaining Knowledge: New Essays on the Gettier Problem* (Oxford: Oxford University Press, 2017).

Boulter, S. *The Rediscovery of Common Sense Philosophy* (London: Palgrave Macmillan, 2007).

Bradley, F. H. *Essays on Truth and Reality* (Oxford: Clarendon Press, 1914).

Brendel, E. and C. Jäger (2004), "Contextualist Approaches to Epistemology: Problems and Prospects", *Erkenntnis* 61: 143-172.

Brewer, B. *Perception and Reason* (Oxford: Clarendon Press, 1999).

Brewer, B. (2017), "The Object View of Perception", *Topoi* 36: 215-227.

Brock, S. and A. Everett (eds.), *Fictional Objects* (Oxford: Oxford University Press, 2015).

Brogaard, B. (ed.), *Does Perception Have Content?* (Oxford: Oxford University Press, 2014).

Bronstein, D. *Aristotle on Knowledge and Learning: The Posterior Analytics* (Oxford: Oxford University Press, 2016).

Brown, J. (2008a), "Subject-sensitive Invariantism and the Knowledge Norm for Practical Reasoning", *Nous* 42: 167-189.

Brown, J. (2008b), "Knowledge and Practical Reason", *Philosophy Compass* 3: 1135-1152.

Brown, J. (2012), "Practical Reasoning, Decision Theory and Anti-intellectualism", *Episteme* 9: 1-20.

Brown, J. R. *Platonism, Naturalism, and Mathematical Knowledge* (London: Routledge, 2011).

Brueckner, A. "Semantic Answers to Skepticism", reprinted in K. DeRose, and T. Warfield (ed.), *Skepticism: A Contemporary Reader* (Oxford: Oxford University Press, 1999).

Brueckner, A. (2009), "E = K and Perceptual Knowledge", in Greenough and Pritchard (2009).

Brueckner, A. *Essays on Skepticism* (Oxford: Oxford University Press, 2010).

Brueckner, A. (2004), "The Elusive Virtues of Contextualism", *Philosophical Studies* 118: 401-405.

Burge, T. *Foundations of Mind* (Oxford: Oxford University Press, 2007).

Burnyeat, M. F. "Can the Sceptic Live His Scepticism?", reprinted in Burnyeat, *Explorations in Ancient and Modern Philosophy*, Vol. 1 (Cambridge: Cambridge University Press, 2012).

Butler, J. *Rethinking Introspection: A Pluralist Approach to the First-Person Perspective* (London: Palgrave Macmillan, 2013).

Byrne, A. and H. Logue (eds.), *Disjunctivism: Contemporary Readings* (Cambridge, MA: The MIT Press, 2009).

Calabi, C. (ed.), *Perceptual Illusions: Philosophical and Psychological Essays* (London: Palgrave Macmillan, 2012).

Campbell, R. and B. Hunter (eds.), *Moral Epistemology Naturalized* (Alberta, Canada: University of Calgary Press, 2000).

Cappelen, H., T. S. Gendler and J. Hawthorne (eds.), *The Oxford Handbook of Philosophical Methodology* (Oxford: Oxford University Press, 2016).

Carnap, R. (1950), "Empiricism, Semantics and Ontology", *Revue Internationale de Philosophie* 4: 20-40.

Carnap, R. *The Logical Structure of the World and Pseudoproblems in Philosophy* (Berkeley: University of California Press, 1967).

Caro, M. D. and D. Macarthur (eds.), *The Routledge Handbook of Liberal Naturalism* (London: Routledge, 2022).

Carriero, J. *Between Two Worlds: A Reading of Descartes's Meditations* (Princeton: Princeton University Press, 2007).

Carroll, L. (1895), "What the Tortoise Said to Achilles", *Mind* 4: 278-280.

Carruthers, P. *Consciousness: Essays from a Higher-Order Perspective* (Oxford: Oxford University Press, 2005).

Carruthers, P. *The Architecture of the Mind: Massive Modularity and the Flexibility of Thought* (Oxford: Oxford University Press, 2006).

Carter, J. A., E. C. Gordon and B. W. Jarvis (eds.), *Knowledge First Approaches in Epistemology and Mind* (Oxford: Oxford University Press, 2017).

Carter, J. A. and T. Poston, *A Critical Introduction to Knowledge How* (London: Bloomsbury Academic, 2018).

Carter, J. A., A. Clark, J. Kallestrup, S. O. Palermos, and D. Pritchard (eds.), *Socially Extended Epistemology* (Oxford: Oxford University Press, 2018).

Carter, J. A. and P. Bondy (eds.), *Well-Founded Belief: New Essays on the Epistemic Basing Relation* (London: Routledge, 2019).

Cassam, Q. (2009), "Can the Concept of Knowledge Be Analysed?", in P. Greenough and D. Pritchard (eds.), *Williamson on Knowledge* (Oxford: Oxford University Press 2009).

Casullo, A. *A Priori Justification* (Oxford: Oxford University Press, 2003).

Casullo, A. *Essays on A Priori Knowledge and Justification* (Oxford: Oxford University Press,

2012).

Casullo, A. and J. C. Thurow (eds.), *The A Priori in Philosophy* (Oxford: Oxford University Press, 2013).

Cavell, S. *The Claim of Reason: Wittgenstein, Skepticism, Morality and Tragedy* (New York: Oxford University Press, 1979).

Chalmers, D. J. *The Character of Consciousness* (Oxford: Oxford University Press, 2010).

Chalmers, D. J. *Reality+: Virtual Worlds and the Problems of Philosophy* (New York: W. W. Norton & Company, 2022).

Chapman, A. et al., *In Defense of Intuitions: A New Rationalist Manifesto* (London: Palgrave Macmillan, 2013).

Chan, T. *The Aim of Belief* (Oxford: Oxford University Press, 2014).

Chisholm, R. *Theory of Knowledge* (second edition, Englewood Cliffs, New Jersey: Prentice Hall, 1977).

Chisholm, R. *The Foundations of Knowing* (Minneapolis: University of Minnesota Press, 1982).

Chisholm, R. *Theory of Knowledge* (New Jersey: Prentice Hall, 1989).

Chrisman, M. *Belief, Agency, and Knowledge: Essays on Epistemic Normativity* (Oxford: Oxford University Press, 2022).

Christensen, D. and J. Lackey (eds.), *The Epistemology of Disagreement: New Essays* (Oxford: Oxford University Press, 2013).

Chudnoff, E. "Intuition in the Gettier Problem", in S. Hetherington (ed.), *The Gettier Problem* (Oxford: Oxford University Press, 2019).

Church, I. (2013), "Getting 'Lucky' with Gettier", *European Journal of Philosophy* 21: 37-49.

Clifford, W. *The Ethics of Belief and Other Essays* (edited by T. Madigan, Amherst, MA: Prometheus Books, 1999).

Clark, K. J. (ed.), *The Blackwell Companion to Naturalism* (Oxford: Blackwell, 2016).

Clark, M. (1963), "Knowledge and Grounds: A Comment on Mr. Gettier's Paper", *Analysis* 24: 46-48.

Clark, M. *Paradoxes from A to Z* (London: Routledge, 2002).

Cleve, J. V. "Reid's Theory of Perception", in Cuneo and Woudenberg (eds.), *The Cambridge Companion to Thomas Reid* (Cambridge: Cambridge University Press, 2004).

Cleve, J. V. *Problems from Reid* (Oxford: Oxford University Press, 2015).

Coady, D. *What to Believe Now: Applying Epistemology to Contemporary Issues* (Oxford: Blackwell, 2012).

Coffa, J. A. *The Semantic Tradition from Kant to Carnap: To the Vienna Station* (edited by Linda Wessels, Cambridge: Cambridge University Press, 1993).

Coffman, E. J. *Luck: Its Nature and Significance for Human Knowledge and Agency* (London:

Palgrave Macmillan, 2015).

Cohen, L. J. *An Essay on Belief and Acceptance* (Oxford: Clarendon Press, 1992).

Cohen, S. (1984), "Justification and Truth", *Philosophical Studies* 46: 279-295.

Cohen, S. (1988), "How to be a Fallibilist", *Philosophical Perspectives* 2: 91-123.

Cohen, S. (1998a), "Contextualist Solutions to Epistemological Problems: Skepticism, Gettier, and the Lottery", *Australasian Journal of Philosophy* 76: 289-306.

Cohen, S. (1998b), "Two Kinds of Sceptical Argument", *Philosophy and Phenomenological Research* 58: 143-159.

Cohen, S. (1999), "Contextualism, Skepticism, and the Structure of Reasons", *Philosophical Perspectives* 13: 57-89.

Cohen, S. (2012), "Does Practical Rationality Constrain Epistemic Rationality?", *Philosophy and Phenomenological Research* 85: 447-455.

Cohen, S. "Contextualism Defended", in Steup, Turri and Sosa (2014).

Coliva, A. *Moore and Wittgenstein: Scepticism, Certainty and Common Sense* (London: Palgrave Macmillan, 2010).

Coliva, A. and D. Pritchard, *Skepticism* (London: Routledge, 2022).

Coliva, C. *Wittgenstein Rehinged: The Relevance of On Certainty for Contemporary Epistemology* (New York: Anthem Press, 2022).

Comesaña, J. (2005), "Unsafe Knowledge", *Synthese* 146: 393-402.

Conee, E. (1988), "The Basic Nature of Epistemic Justification", *The Monist* 71: 389-404.

Conee, E. "Plantinga's Naturalism", in Kvanvig (1996).

Conee, E. and R. Feldman, *Evidentialism: Essays in Epistemology* (Oxford: Oxford University Press, 2004).

Conee, E. "Contextualism Contested", in M. Steup, J. Turri and E. Sosa (eds.), *Comtemporary Debates in Epistemology* (second edition, Oxford: Blackwell, 2014)

Copenhaver, R. and T. Buras (eds.), *Thomas Reid on Mind, Knowledge, and Value* (Oxford: Oxford University Press, 2015).

Costelloe, T. *The Imagination in Hume's Philosophy: The Canvas of the Mind* (Edinburgh: Edinburgh University Press, 2018).

Craig, E. *Knowledge and the State of Nature: An Essay in Conceptual Synthesis* (Oxford: Clarendon Press, 1990).

Craig, W. and J. P. Moreland (eds.), *Naturalism: A Critical Analysis* (London: Routledge, 2000).

Crane, T. (ed.), *The Contents of Experience: Essays on Perception* (Cambridge: Cambridge University Press, 1992).

Creath, R. (ed.), *Dear Carnap, Dear Van: The Quine-Carnap Correspondence and Related Work* (Berkeley, CA: The University of California Press, 1991).

Dancy, J. *Introduction to Contemporary Epistemology* (Oxford: Blackwell, 1985).

Daniels, N. *Justice and Justification: Reflective Equilibrium in Theory and Practice* (Cambridge: Cambridge University Press, 1996).

David, M. "Truth as the Epistemic Goal", in M. Steup, M. (ed.), *Knowledge, Truth, and Duty: Essays on Epistemic Justification, Responsibility, and Virtue* (Oxford: Oxford University Press, 2001).

Davidson, D. (1970), "Mental Events", reprinted in E. LePore and K. Ludwig (eds.), *The Essential Davidson* (Oxford: Clarendon Press, 2006).

Davidson, D. (1973), "Radical Interpretation", reprinted in Lepore and Ludwig (2006).

Davidson, D. (1974), "On the Very Idea of a Conceptual Scheme", reprinted in LePore and Ludwig (2006).

Davidson, D. (1983), "A Coherence Theory of Truth and Knowledge", reprinted in LePore and Ludwig (2006).

Dennett, D. *Consciousness Explained* (New York: Back Bay Books, 1992).

DeRose, K. (1989), "Reid's Anti-Sensationalism and His Realism", *Philosophical Review* 98: 231-348.

DeRose, K. (1992), "Contextualism and Knowledge Attributions", *Philosophy and Phenomenological Research* 52: 913-929.

DeRose, K. (1995), "Solving the Skeptical Problem", *Philosophical Review* 104:1-52.

DeRose, K. "Contextualism: An Explanation and Defence", in J. Greco and E. Sosa (eds.), *The Blackwell Guide to Epistemology* (Oxford: Blackwell, 1999).

DeRose, K. (2004), "The Problem with Subject-Sensitive Invariantism", *Philosophy and Phenomenological Research* 68: 346-350.

DeRose, K. (2005), "The Ordinary Language Basis for Contextualism, and the New Invariantism", *The Philosophical Quarterly* 55: 172-198.

DeRose, K. *The Case for Contextualism: Knowledge, Skepticism, and Context*, Vol. 1 (Oxford: Oxford University Press, 2009).

DeRose, K. (2011), "Contextualism, Contrastivism, and X-Phi Surveys", *Philosophical Studies* 156: 81-110.

DeRose, K. *The Appearance of Ignorance: Knowledge, Skepticism, and Context*, Vol. 2 (Oxford: Oxford University Press, 2017).

Descartes, R. *Meditations on First Philosophy* (edited by John Cottingham, Cambridge: Cambridge University Press, 1996).

Devitt, M. *Realism & Truth* (second edition, Oxford: Blackwell, 1991).

Devitt, M. "There Is No a Priori", in M. Steup, J. Turri and E. Sosa (eds.), *Comtemporary Debates in Epistemology* (second edition, Oxford: Blackwell, 2014).

Deutsch, M. *The Myth of the Intuitive: Experimental Philosophy and Philosophical Method* (Cambridge, MA: The MIT Press, 2015).

DeVries, W. A. and T. Triplett, *Knowledge, Mind and the Given: Reading Wilfird Sellars's Empiricism and the Philosophy of Mind* (Indianapolis: Hackett Publishing Company, 2000).

Dhami, S. and C. R. Sunstein, *Bounded Rationality: Heuristics, Judgment, and Public Policy* (Cambridge, MA: The MIT Press, 2022).

Dicker, G. *Hume's Epistemology and Metaphysics: An Introduction* (London: Routledge, 1998).

Dicker, G. *Berkeley's Idealism: A Critical Examination* (Oxford: Oxford University Press, 2011).

Dinges, A. (2016), "Epistemic Invariantism and Contextualist Intuitions", *Episteme* 13: 219-232.

Doyle, C., J. Milburn and D. Pritchard (eds.), *New Issues in Epistemological Disjunctivism* (London: Routledge, 2019).

Dretske, F. (1971), "Conclusive Reasons", reprinted in Dretske, *Perception, Knowledge and Belief: Selected Essays* (Cambridge: Cambridge University Press, 2000).

Dretske, F. *Knowledge and the Flow of Information* (Cambridge, MA: The MIT Press, 1981).

Dretske, F. "Précis of Knowledge and the Flow of Information", in H. Kornblith (ed.), *Naturalizing Epistemology* (Cambridge, MA: The MIT Press, 1985).

Dretske, F. "The Need to Know", in M. Clay and K. Lehrer (eds.), *Knowledge and Skepticism* (Boulder: Westview, 1989).

Dretske, F. "Epistemic Operators", reprinted in DeRose and Warfield (1999).

Dretske, F. "Two Conceptions of Knowledge: Rational vs. Reliable Belief", in Dretske (2000).

Dretske, F. "The Case against Closure", in M. Steup, J. Turri and E. Sosa (eds.), *Comtemporary Debates in Epistemology* (second edition, Oxford: Blackwell, 2014).

Duhem, P. *The Aim and Structure of Physical Theory* (translated by P. P. Wiener, Princeton: Princeton University Press, 1954).

Eames, E. *Bertrand Russell's Theory of Knowledge* (London: Routledge, 2013, first published in 1969).

Ebbs, G. *Carnap, Quine, and Putnam on Methods of Inquiry* (Cambridge: Cambridge University Press, 2017).

Elgin, C. Z. *Considered Judgment* (Princeton: Princeton University Press, 1996).

Elgin, C. Z. "Non-foundationalist Epistemology: Holism, Coherence, and Tenability", in M. Steup, J. Turri and E. Sosa (eds.), *Comtemporary Debates in Epistemology* (second edition, Oxford: Blackwell, 2014).

Engel, M. (2004), "What's Wrong with Contextualism, and a Noncontextualist Resolution of the Skeptical Paradox", *Erkenntnis* 61: 203-231.

Everett, A. *The Nonexistent* (Oxford: Oxford University Press, 2013).

Fantl, J. and M. McGrath (2002), "Evidence, Pragmatics, and Justification", *Philosophical Review* 111: 67-94.

Fantl, J. and M. McGrath (2007), "On Pragmatic Encroachment in Epistemology", *Philosophy and Phenomenological Research* 75: 558-589.

Fantl, J. and M. McGrath, *Knowledge in an Uncertain World* (Oxford: Oxford University Press, 2009).

Fantl, J. and M. McGrath, "Pragmatic Encroachment", in S. Bernecker and D. Pritchard (eds.), *The Routledge Companion to Epistemology* (London: Routledge, 2011).

Fantl, J. and M. McGrath (2012), "Pragmatic Encroachment: It's Not Just about Knowledge", *Episteme* 9: 27-42.

Fassio, D. (2020), "Moderate Skeptical Invariantism", *Erkenntnis* 85: 841-870.

Feldman, R. (1985), "Reliability and Justification", *The Monist* 68: 159-174.

Feldman, R. (1988), "Epistemic Obligations", *Philosophical Perspectives* 2: 235-256.

Feldman, R. (1995), "In Defense of Closure", *Philosophical Quarterly* 45: 487-494.

Feldman, R. "Plantinga, Gettier, and Warrant", in Kvanvig (1996).

Feldman, R. (2000), "The Ethics of Belief", *Philosophy and Phenomenological Research* 60: 667-695.

Feldman, R. (2001), "Skeptical Problems, Contextualist Solutions", *Philosophical Studies* 103: 61-85.

Feldman, R. (2002), "Epistemological Duties", in Paul K. Moser (ed.), *The Oxford Handbook of Epistemology* (New York: Oxford University Press, 2002).

Feldman, R. *Epistemology* (New Jersey: Prentice Hall, 2003).

Feldman, R. and E. Conee, "Internalism Defended", in Sosa et al. (2008).

Feldman, R. and T. Warfield (eds.), *Disagreement* (Oxford: Oxford University Press, 2010).

Fales, E. *A Defense of the Given* (Lanham, Maryland: Rowman & Littlefield Publisher, Inc., 1996).

Fine, G. *Plato on Knowledge and Forms* (Oxford: Clarendon Press, 2003).

Fischer, B. and F. Leon (eds.), *Modal Epistemology After Rationalism* (Springer, 2017).

Fish, W. *Perception, Hallucination and Illusion* (Oxford: Oxford University Press, 2009).

Fish, W. *Philosophy of Perception: A Contemporary Introduction* (London: Routledge, 2021).

Fleisher, W. (2017), "Virtuous Distinctions: New Distinctions for Reliabilism and Responsibilism", *Synthese* 194: 2973-3003.

Fischer, E. and M. Curtis (eds.), *Methodological Advances in Experimental Philosophy* (London:

Bloomsbury Academic, 2019).

Fogelin, R. *Pyrrhonian Reflections on Knowledge and Justification* (Oxford: Oxford University Press, 1994).

Fogelin, R. *Hume's Skeptical Crisis: A Textual Study* (Oxford: Oxford University Press, 2009).

Foley, R. (1985), "What's Wrong with Reliabilism?" *The Monist* 68: 188-202.

Foley, R. *The Theory of Epistemic Rationality* (Cambridge, MA: Harvard University Press, 1987).

Foley, R. *When Is True Belief Knowledge?* (Princeton: Princeton University Press, 2012).

Ford, A., J. Hornsby and F. Stoutland (eds.), *Essays on Anscombe's Intention* (Cambridge, MA: Harvard University Press, 2011).

Forster, M. N. *Kant and Skepticism* (Princeton: Princeton University Press, 2008).

Fraassen, B. V. *The Scientific Image* (Oxford: Oxford University Press, 1980).

Frances, B. *Scepticism Comes Alive* (Oxford: Clarendon Press, 2005).

Frankfurt, H. *Demons, Dreamers, and Madmen: The Defense of Reason in Descartes's "Meditations"* (Princeton: Princeton University Press, 2008, first published in 1970).

Franks, P. W. *All or Nothing: Systematicity, Transcendental Arguments, and Skepticism in German Idealism* (Cambridge, MA: Harvard University Press, 2005).

Fricker, E. "Is Knowing a State of Mind? The Case Against", in Greenough and Pritchard (2009).

Fricker, M., P. J. Graham, D. Henderson, and N. Pedersen (eds.), *The Routledge Handbook of Social Epistemology* (London: Routledge, 2019).

Friedman, M. (1987), "Carnap's Aufbau Reconsidered", *Nous* 21: 521-545.

Friend, M. *Introducing Philosophy of Mathematics* (Acumen Publishing Limited, 2007).

Fumerton, R. *Metaepistemology and Skepticism* (Lanham, MD: Rowan & Littlefield, 1995).

Fumerton, R. "Phenomenalism", in J. Dancy, E. Sosa and M. Steup (eds.), *A Companion to Epistemology* (second edition, Oxford: Blackwell, 2010).

Fumerton, R. *Epistemology* (Oxford: Blackwell, 2006).

Gale, R. M. *The Philosophy of William James: An Introduction* (Cambridge: Cambridge University Press, 2004).

García-Carpintero, M. and M. Kölbel (eds.), *Relative Truth* (Oxford: Oxford University Press, 2008).

Gaskin, R. *The Unity of the Proposition* (Oxford: Oxford University Press, 2008).

Gendler, T. S. and J. Hawthorne (eds.), *Conceivability and Possibility* (Oxford: Clarendon Press, 2002).

Gendler, T. S. and J. Hawthorne (eds.), *Perceptual Experience* (Oxford: Oxford University Press, 2006).

Gendler, T. S. *Intuition, Imagination, and Philosophical Methodology* (Oxford: Oxford University Press, 2010).

Gennaro, R. (ed.), *Higher-Order Theories of Consciousness: An Anthology* (Amsterdam: John Benjamins Publishing Company, 2004).

Gennaro, R. *The Consciousness Paradox: Consciousness, Concepts, and Higher-Order Thoughts* (Cambridge, MA: The MIT Press, 2011).

Gettier, E. (1963), "Is Justified True Belief Knowledge", *Analysis* 26: 144-146.

Gibson, J. *The Senses Considered as Perceptual Systems* (London: George Allen &Unwin Ltd., 1983, first published in 1966).

Gibson, R. F. (ed.), *Quintessenee: Basic Readings from the Philosophy of W. V. Quine* (Cambridge, MA: Harvard University Press, 2004).

Gigerenzer, G., R. Hertwig, T. Pachur (eds.), *Heuristics: The Foundations of Adaptive Behavior* (Oxford: Oxford University Press, 2011).

Gilovich, T., D. W. Griffin and D. Kahneman (eds.), *Heuristics and Biases: The Psychology of Intuitive Judgment* (Cambridge: Cambridge University Press, 2002).

Ginet, C. *Knowledge, Perception and Memory* (Dordrecht: D. Reidel, 1975).

Ginet, C. *On Action* (Cambridge: Cambridge University Press, 1990).

Goldberg, S. *Foundations and Applications of Social Epistemology: Collected Essays* (Oxford: Oxford University Press, 2022).

Goldman, A. I. (1967), "A Causal Theory of Knowing", reprinted in A. I. Goldman, *Liaisons: Philosophy Meets the Cognitive and Social Sciences* (Cambridge, MA: The MIT Press, 1992).

Goldman, A. I. (1976), "Discrimination and Perceptual Knowledge", *Journal of Philosophy* 73: 771-791.

Goldman, A. I. "What is Justified Belief?", in G. Pappas (ed.), *Justification and Knowledge: New Studies in Epistemology* (Dordrecht: D. Reidel, 1979).

Goldman, A. I. *Epistemology and Cognition* (Cambridge, MA: Harvard University Press, 1986).

Goldman, A. I. (1999), "Internalism Exposed", *Journal of Philosophy* 96: 271-293.

Goldman, A. I. "Immediate Justification and Process Reliabilism,' in Quentin Smith (ed.), *Epistemology: New Essays* (Oxford: Oxford University Press, 2008).

Goldman, A. I. "The Sciences and Epistemology", in P. Moser (ed.), *The Oxford Handbook of Epistemology* (Oxford: Oxford University Press, 2002).

Goldman, A. I. *Joint Ventures: Mindreading, Mirroring, and Embodied Cognition* (Oxford: Oxford University Press, 2013).

Goldman, A. I. "Philosophical Naturalism and Intuitional Methodology", in Casullo and Thurow (2013).

Goldman, A. I. *Philosophical Applications of Cognitive Science* (London: Routledge, 2018).

Goldman, A. I. *Reliabilism and Contemporary Epistemology* (Oxford: Oxford University Press, 2012).

Goldman, A. I. and M. McGrath, *Epistemology: A Contemporary Introduction* (Oxford: Oxford University Press, 2015).

Goldman, A. I. and D. Whitcomb (eds.), *Social Epistemology: Essential Readings* (Oxford: Oxford University Press, 2011).

Grayling, A. C. *Scepticism and the Possibility of Knowledge* (London: Continuum, 2008).

Creco, J. *Putting Skeptics in Their Place* (Cambridge: Cambridge University Press, 2000).

Greco, J. (ed.), *Ernest Sosa and His Critics* (Oxford: Blackwell, 2004).

Greco, J. "Reid's Reply to the Skeptic", in Cuneo and Woudenberg (eds.), *The Cambridge Companion to Thomas Reid* (Cambridge: Cambridge University Press, 2004).

Greco, J. (2007), "Worries about Pritchard's Safety", *Synthese* 158: 299-302.

Greco, J. (ed.), *The Oxford Handbook of Skepticism* (Oxford: Oxford University Press, 2008).

Greco, J. "Justification Is Not Internal", in M. Steup, J. Turri and E. Sosa (eds.), *Comtemporary Debates in Epistemology* (second edition, Oxford: Blackwell, 2014).

Greenberg, R. *Kant's Theory of A Priori Knowledge* (University Park, PA: The Pennsylvania State University Press, 2001).

Greenough, P. and D. Pritchard (eds.), *Williamson on Knowledge* (Oxford: Oxford University Press 2009).

Groarke, L. *Greek Scepticism: Anti-Realist Trends in Ancient Thought* (Montreal: McGill-Queen's University Press, 1990).

Grundmann, T. (2018), "Saving Safety from Counterexamples", *Synthese* 197: 5161-5185.

Gulley, N. *Plato's Theory of Knowledge* (London: Methuen & Co, 1961).

Guyer, P. *Kant and the Claims of Knowledge* (Cambridge: Cambridge University Press, 2020).

Haack, S. *Evidence and Inquiry: Towards Reconstruction in Epistemology* (Oxford: Blackwell, 1993).

Haddock, A. and F. Macpherson (eds.), *Disjunctivism: Perception, Action, Knowledge* (Oxford: Oxford University Press, 2008).

Haddock, A., A. Millar and D. Pritchard (eds.), *Social Epistemology* (Oxford: Oxford University Press, 2010).

Hale, B. and A. Hoffmann (eds.), *Modality: Metaphysics, Logic and Epistemology* (Oxford: Oxford University Press, 2010).

Hall, R. J. and C. R. Johnson (1998), "The Epistemic Duty to Seek More Evidence", *American Philosophical Quarterly* 35: 129–140.

Hamdo, M. *Epistemic Thought Experiments and Intuitions* (Berlin: Springer, 2023).

Hanna, R. *Kant and Foundations of Analytic Philosophy* (Oxford: Clarendon Press, 2001).

Hansen, N. and E. Chemla (2013), "Experimenting on Contextualism", *Mind and Language* 28: 286-321.

Harman, G. *Thought* (Princeton: Princeton University Press, 1973).

Harman, G. *Change in View: Principles of Reasoning* (Cambridge, MA: The MIT Press, 1986).

Hasan, A. *A Critical Introduction to the Epistemology of Perception* (London: Bloomsbury Academic, 2017).

Hawthorne, J. *Knowledge and Lotteries* (Oxford, Oxford University Press, 2004).

Hawthorne, J. and K. Kovakovich (2006), "Disjunctivism", *Proceedings of the Aristotelian Society Supplementary Volume* 80: 145-183.

Hawthorne, J. "A Priority and Externalism", in S. C. Goldberg (ed.), *Internalism and Externalism in Semantics and Epistemology* (Oxford: Oxford University Press, 2007).

Hawthorne, J. and J. Stanley (2008), "Knowledge and Action", *Journal of Philosophy* 105: 571-590.

Hawthorne, J. "The Case for Closure", in M. Steup, J. Turri and E. Sosa (eds.), *Comtemporary Debates in Epistemology* (second edition, Oxford: Blackwell, 2014).

Hazlett, A. *A Luxury of the Understanding: On the Value of True Belief* (Oxford: Oxford University Press, 2013).

Heck, R. (2000), "Nonconceptual Content and 'Space of Reason'", *Philosophical Review* 109: 483-523.

Hetherington, S. *Knowledge and the Gettier Problem* (Cambridge: Cambridge University Press, 2016).

Hetherington, S. (ed.), *The Gettier Problem* (Cambridge: Cambridge University Press, 2019).

Hieronymi, P. (2008), "Responsibility for Believing", *Synthese* 161: 357-373.

Hill, C. *Perceptual Experience* (Oxford: Oxford University Press, 2022).

Hiller, A. and R. Neta (2007), "Safety and Epistemic Luck", *Synthese* 158: 303-313.

Hinton, J. M. (1967), "Visual Experiences", *Mind* 76: 217-227.

Hinton, J. M. *Experiences: An Inquiry into Some Ambiguities* (Oxford: Clarendon Press, 1973).

Hollinger, D. (1997), "James, Clifford, and the Scientific Conscience", in Ruth Anna Putnam (ed.), *The Cambridge Companion to William James* (Cambridge: Cambridge University Press, 1997).

Hookway, C. *Quine: Language, Experience and Reality* (Cambridge: Polity Press, 1988).

Hookway, C. "Truth, Reality, and Convergence", in Cheryl Misak (ed.), *The Cambridge Companion to Peirce* (Cambridge: Cambridge University Press, 2004).

Horgan, T. and M. Timmons (eds.), *Metaethics after Moore* (Oxford: Oxford University Press, 2006).

Horgan, T., M. Sabatés and D. Sosa (eds.), *Qualia and Mental Causation in a Physical World: Themes from the Philosophy of Jaegwon Kim* (Cambridge: Cambridge University Press, 2016).

Huber, F. and C. Schmidt-Petri (eds.), *Degrees of Belief* (Springer, 2009).

Huemer, M. *Skepticism and the Veil of Perception* (Lanham: Rowman & Littlefield Publishers, Inc., 2001).

Hume, D. *Enquiries concerning Human Understanding and concerning the Principles of Morals* (edited by L. A. Selby-Bigge, third edition, Oxford: Clarendon, 1975).

Hume, D. *A Treatise of Human Nature* (edited by L. A. Selby-Bigge, second edition, Oxford: Clarendon Press, 1978).

Hylton, P. *Quine* (London: Routledge, 2007).

Hyman, J. *Action, Knowledge, and Will* (Oxford: Oxford University Press, 2015).

Ichikawa, J. J. *Contextualising Knowledge: Epistemology and Semantics* (Oxford: Oxford University Press, 2017a).

Ichikawa, J. J. (ed.), *The Routledge Handbook of Epistemic Contextualism* (London: Routledge, 2017b).

Irwin, W. (ed.), *The Matrix and Philosophy* (La Salle: Open Court, 2002).

Jackson, F. *Perception: A Representative Theory* (Cambridge: Cambridge University Press, 2008).

James, W. *Essays in Pragmatism* (New York: Hafner Publishing Co., 1948).

James, W. *Pragmatism* (Cambridge, MA: Harvard University Press, 1979, first published in 1907).

James, W. (1896), "The Will to Believe", in James, *The Will to Believe and Other Essays in Popular Philosophy* (edited by F. Burkhardt et al., Cambridge, MA: Harvard University Press, 1979).

Johnson, O. (1980), "The Standard Definition", in Peter French et al., (eds.), *Midwest Studies in Philosophy* 5 (Minneapolis: University of Minnesota Press, 1980).

Johnston, M. (2004), "The Obscure Object of Hallucination", *Philosophical Studies* 120: 113-183.

Jolly, N. (ed.), *The Cambridge Companion to Leibniz* (Cambridge: Cambridge University Press, 1994).

Jordan, J. *Pascal's Wager: Pragmatic Arguments and Belief in God* (Oxford: Clarendon Press, 2006).

Juhl, C. and E. Loomis, *Analyticity* (London: Routledge, 2010).

Kail, P. J. E. *Projection and Realism in Hume's Philosophy* (Oxford: Oxford University Press, 2007).

Kaila, E. *Human Knowledge: A Classic Statement of Logical Empiricism* (Chicago: Open Court, 2014).

Kallestrup, J. *Semantic Externalism* (London: Routledge, 2011).

Kant, I. *Critique of Pure Reason* (translated and edited by Paul Guyer and Allen Wood, Cambridge: Cambridge University Press, 1998).

Kelly. S. D. (2001), "The Non-Conceptual Content of Perceptual Experience: Situation Dependence and Fineness of Grain", *Philosophy and Phenomenological Research* 62: 601-608.

Kelly, T. (2003), "Epistemic Rationality as Instrumental Rationality: A Critique", *Philosophy and Phenomenological Research* 66: 612-640.

Kelman, M. *The Heuristics Debate* (Oxford: Oxford University Press, 2011).

Kenny, A. *Action, Emotion and Will* (London: Routledge, 2003).

Kim, B. and M. McGrath (eds.), *Pragmatic Encroachment in Epistemology* (London: Routledge, 2019).

Kim, J. *Supervenience and Mind: Selected Philosophical Essays* (Cambridge: Cambridge University Press, 1993).

Kim, J. *Physicalism, or Something Near Enough* (Princeton: Princeton University Press, 2008).

Kim, J. *Mind in a Physical World: An Essay on the Mind-Body Problem and Mental Causation* (Cambridge, MA: The MIT Press, 2010).

Kim, J. "What Is 'Naturalized Epistemology'?", in Kornblith (1994).

King, A. *What We Ought and What We Can* (London: Routledge, 2019).

Kirk, R. *Raw Feeling: A Philosophical Account of the Essence of Consciousness* (Oxford: Clarendon Press, 1994).

Kitcher, P. *The Nature of Mathematical Knowledge* (Oxford: Oxford University Press, 1984).

Kitcher, P. (1992), "The Naturalist's Return", *Philosophical Review* 101: 53-114.

Kitcher, P. "A Priori Knowledge Revisited", in Boghossian and Peacocke (2001).

Klein, P. (1971), "A Proposed Definition of Propositional Knowledge", *Journal of Philosophy* 68: 471-482.

Klein, P. *Certainty: A Refutation of Skepticism* (Minneapolis: University of Minnesota Press, 1981).

Klein, P. "Warrant, Proper Function, Reliabilism, and Defeasibility", in Kvanvig (1996).

Klein, P. (1998), "Foundationalism and the Infinite Regress of Reasons", *Philosophy and Phenomenological Research* 58: 919-925.

Klein, P. (2000), "Contextualism and the Real Nature of Academic Skepticism", *Philosophical*

Issues 10: 108-116.

Klein, P. (2003), "When Infinite Regresses Are Not Vicious", *Philosophy and Phenomenological Research* 66: 718-729.

Klein, P. "Infinitism", in S. Bernecker and D. Pritchard (eds.), *The Routledge Companion to Epistemology* (London: Routledge, 2011).

Knowles, J. *Norms, Naturalism and Epistemology: The Case for Science without Norms* (London: Palgrave Macmillan, 2003).

Kornblith, H. (1983), "Justified Belief and Epistemically Responsible Action," *Philosophical Review* 92: 33-48.

Kornblith, H. (ed.), *Naturalizing Epistemology* (second edition, Cambridge, MA: The MIT Press, 1994).

Kornblith, H. (2000), "The Contextualist Evasion of Epistemology", *Philosophical Issues* 10: 24-32.

Kornblith, H. *Knowledge and Its Place in Nature* (Oxford: Clarendon Press, 2002).

Kornblith, H. *On Reflection* (Oxford: Oxford University Press, 2012).

Kornblith, H. "A Naturalistic Methodology", in G. D'Oro and S. Overgaard (eds.), *The Cambridge Companion to Philosophical Methodology* (Cambridge: Cambridge University Press, 2017).

Kripke, S. *Naming and Necessity* (Cambridge, MA: Harvard University Press, 1972).

Kripke, S. *Wittgenstein on Rules and Private Language: An Elementary Exposition* (Cambridge, MA: Harvard University Press, 1984).

Kripke, S. "Nozick on Knowledge", in S. Krikpe, *Philosophical Troubles: Collected Papers, Volume 1* (Oxford: Oxford University Press, 2011).

Kurzban, R. *Why Everyone (Else) Is a Hypocrite: Evolution and the Modular Mind* (Princeton: Princeton University Press, 2011).

Kusch, M. *Sceptical Guide to Meaning and Rules: Defending Kripke's Wittgenstein* (Slough, UK: Acumen Publishing Ltd., 2006).

Kvanvig, J. L. (ed.), *Warrant in Contemporary Epistemology: Essays in Honor of Plantinga's Theory of Knowledge* (Lanham, Maryland: Rowman & Littlefield Publishers, Inc., 1996).

Kvanvig, J. L. *The Value of Knowledge and the Pursuit of Understanding* (Cambridge: Cambridge University Press, 2003).

Kvanvig, J. L. "Closure and Alternative Possibilities", in Greco (2008).

Kyriacou, C. and K. Wallbridge (eds.), *Skeptical Invariantism Reconsidered* (London: Routledge, 2021).

Lackey, J. (ed.), *Applied Epistemology* (Oxford: Oxford University Press, 2021).

Lamberth, D. C. *William James and the Metaphysics of Experience* (Cambridge: Cambridge University Press, 1999).

Laywine, A. *Kant's Transcendental Deduction* (Oxford: Oxford University Press, 2020).

Lehrer, K. (1965), "Knowledge, Truth and Evidence", *Analysis* 25: 168-175.

Lehrer, K. "Justification, Explanation, and Induction," in M. Swain (ed.), *Induction, Acceptance and Rational Belief* (Dordrecht: Reidel, 1970).

Lehrer, K. *Knowledge* (Oxford: Clarendon Press, 1973).

Lehrer, K. *Theory of Knowledge* (Boulder: Westview Press, 1990).

Lehrer, K. *Theory of Knowledge* (second edition, Boulder: Westview Press, 2000).

Lehrer, K. *Self-Trust: A Study of Reason, Knowledge, and Autonomy* (Oxford: Clarendon Press, 1997).

Lehrer, K. (2000), "Discursive Knowledge", *Philosophy and Phenomenological Research* 60: 637-653.

Lehrer, K. *Art, Self and Knowledge* (Oxford: Oxford University Press, 2011).

Lehrer, K. and T. Paxson, "Knowledge: Undefeated Justified True Belief", in G. Pappas and M. Swain (eds.), *Essays on Knowledge and Justification* (Ithaca: Cornell University Press, 1978).

Lemos, N. M. *Intrinsic Value: Concept and Warrant* (Cambridge: Cambridge University Press, 1994).

Lemos, N. *Common Sense: A Contemporary Defense* (Cambridge: Cambridge University Press, 2004).

Lemos, N. *An Introduction to the Theory of Knowledge* (Cambridge: Cambridge University Press, 2007).

Lemos, N. *An Introduction to the Theory of Knowledge* (second edition, Cambridge: Cambridge University Press, 2021).

Leng, M., A. Paseau and M. Potter (eds.), *Mathematical Knowledge* (Oxford: Oxford University Press, 2007).

Leng, M. *Mathematics and Reality* (Oxford: Oxford University Press, 2010).

Leon, M. (2002), "Responsible Believers", *The Monist* 85: 421-435.

Levine, J. *Purple Haze: The Puzzle of Consciousness* (Oxford: Oxford University Press, 2004).

Lewis, C. I. *An Analysis of Knowledge and Valuation* (La Salle, Illinois: The Open Court Publishing Company, 1946).

Lewis, D. "Elusive Knowledge", reprinted in E. Sosa, J. Kim, J. Fantl, and M. McGrath (eds.), *Epistemology: An Anthology* (second edition, Oxford: Blackwell, 2008).

Lipton, P. *Inference to the Best Explanation* (second edition, London: Routledge, 2004).

Littlejohn, C. *Justification and the Truth-Connection* (Cambridge: Cambridge University Press, 2012).

Littlejohn, C. and J. Turri (eds.), *Epistemic Norms: New Essays on Action, Belief, and Assertion* (Oxford: Oxford University Press, 2014).

Locke, J. *An Essay Concerning Human Understanding* (edited by Peter Nidditch, Oxford: Clarendon Press, 1974).

Loeb, L. E. "The Cartesian Circle", in J. Cottingham (ed.), *The Cambridge Companion to Descartes* (Cambridge: Cambridge University Press, 2006).

Ludlow, P. "Contextualism and the New Linguistic Turn in Epistemology", in Preyer, G. and G. Peter (eds.), *Contextualism in Philosophy: Knowledge, Meaning, and Truth* (Oxford: Clarendon Press, 2005).

Luper-Foy, S. (1985), "The Reliability Theory of Rational Belief", *The Monist* 68: 203-225.

Luper-Foy, S. (ed.), *The Possibility of Knowledge: Nozick and His Critics* (Lanham, Maryland: Rowman & Littlefield, 1987).

Luzzi, F. *Knowledge from Non-Knowledge: Inference, Testimony and Memory* (Cambridge: Cambridge University Press, 2019).

Lycan, W. "Explanation and Epistemology", in Moser (2002).

Lyons, J. C. *Perception and Basic Beliefs: Zombies, Modules and the Problem of the External World* (London: Routledge, 2009).

Lyons, W. *The Disappearance of Introspection* (Cambridge, MA: The MIT Press, 1986).

Lynch, M. P., J. Wyatt, J. Kim, and N. Kellen (eds.), *The Nature of Truth: Classic and Contemporary Perspectives* (Cambridge, MA: The MIT Press, 2021).

Machery, E. and E. O'Neill (eds.), *Current Controversies in Experimental Philosophy* (London: Routledge, 2014).

Machuca, D. E. and B. Reed (eds.), *Skepticism: From Antiquity to the Present* (London: Bloomsbury Academic, 2018).

MacFarlane, J. "The Assessment Sensitivity of Knowledge Attributions", in T. Gendler and J. Hawthorne (eds.), *Oxford Studies in Epistemology*, Vol. 1 (Oxford: Oxford University Press, 2005).

MacFarlane, J. "Relativism and Knowledge Attributions", in S. Bernecker and D. Pritchard (eds), *The Routledge Companion to Epistemology* (London: Routledge, 2011).

MacFarlane, J. *Assessment Sensitivity: Relative Truth and Its Applications* (Oxford: Oxford University Press, 2014).

Mackie, P. *How Things Might Have Been: Individuals, Kinds, and Essential Properties* (Oxford: Clarendon Press, 2006).

Macpherson, F. (ed.), *The Senses: Classical and Contemporary Philosophical Perspectives* (Oxford: Oxford University Press, 2011).

Mafffie, J. (1990), "Recent Work on Naturalizing Epistemology", *American Philosophical Quarterly* 27: 281-293.

Markie, P. (2005), "Easy Knowledge", *Philosophy and Phenomenological Research* 70: 406-416.

Martin, M. G. F. (1992), "Perception, Concept and Memory", *Philosophical Review* 101: 745-764.

Martin, M. G. F. (2002), "The Transparency of Experience", *Mind and Language* 17: 376-425.

Martin, M. G. F. (2004), "The Limits of Self-Awareness," *Philosophical Studies* 120: 37-89.

Mates, B. *The Philosophy of Leibniz: Metaphysics and Language* (Oxford: Oxford University Press, 1986).

Mates, B. *The Skeptic Way: Sextus Empiricus's Outlines of Pyrrhonism* (Oxford: Oxford University Press, 1996).

Matheson, J. and R. Vitz (eds.), *The Ethics of Belief* (Oxford: Oxford University Press, 2014).

Matheson, J. *The Epistemic Significance of Disagreement* (London: Palgrave Macmillan, 2015).

Maund, B. *Perception* (Chesham, UK: Acumen, 2003).

May, J., W. Sinnott-Armstrong, J. W. Hull, and A. Zimmerman (2010), "Practical Interests, Relevant Alternatives, and Knowledge Attributions: An Empirical Study", *Review of Philosophy and Psychology* 1: 265-273.

McCain, K. and T. Poston (eds.), *Best Explanations: New Essays on Inference to the Best Explanation* (Oxford: Oxford University Press, 2018).

McCormick, M. S. *Believing against the Evidence: Agency and the Ethics of Belief* (London: Routledge, 2016).

McDowell, J. *Mind and World* (Cambridge, MA: Harvard University Press, 1994).

McDowell, J. *Meaning, Knowledge and Reality* (Cambridge, MA: Harvard University Press, 1998).

McDowell, J. "The Disjunctive Conception of Experience as Material for a Transcendental Argument", in Haddock and Macpherson (2008).

McDowell, J. *Perception as a Capacity for Knowledge* (Milwaukee, Wisconsin: Marquette University Press, 2011).

McGinn, C. *Consciousness and Its Objects* (Oxford: Oxford University Press, 2004).

McGinn, M. *Sense and Certainty: A Dissolution of Scepticism* (Oxford: Blackwell, 1989).

McGlynn, A. *Knowledge First?* (London: Palgrave Macmillan, 2014).

McGrew, T. *The Foundations of Knowledge* (Lanham, MD: Littlefield Adams, 1995).

McLaughlin, B. and H. Kornblith (eds.), *Goldman and His Critics* (Oxford: Blackwell, 2016).

Mendola, J. *Anti-Externalism* (Oxford: Oxford University Press, 2009).

Mercer, C. *Leibniz's Metaphysics: Its Origins and Development* (Cambridge: Cambridge

University Press, 2002).

Merricks, T. *Propositions* (Oxford: Oxford University Press, 2015).

Meyers, R. *The Likelihood of Knowledge* (Dordrecht: Kluwer Academic Publishers, 1988).

Miah, S. *Russell's Theory of Perception 1905-1919* (London: Continuum International Publishing Group, 2006).

Mikhail, J. *Elements of Moral Cognition* (Cambridge: Cambridge University Press, 2011).

Millar, A. *Knowing by Perceiving* (Oxford: Oxford University Press, 2019).

Misak, C. *Truth and the End of Inquiry* (Oxford: Oxford University Press, 2004).

Montgomery, B. "Epistemological Contextualism and the Shifting the Question Objection", in Ichikawa (2017b).

Montmarquet, J. (1986), "The Voluntariness of Belief", *Analysis* 46: 49-53.

Montminy, M. (2009), "Contextualism, Relativism and Ordinary Speakers' Judgments", *Philosophical Studies* 143: 341-356.

Moore, G. E. *Some Main Problems of Philosophy* (New York: Macmillan, 1953)

Moore, G. E. *Principia Ethica* (Cambridge: Cambridge University Press, 2000, first published in 1903).

Moore, G. E. *Philosophical Papers* (London: Routledge, 2013, first published in 1959).

Moser, P. *Knowledge and Evidence* (Cambridge: Cambridge University Press, 1989).

Moss, J. *Plato's Epistemology: Being and Seeming* (Oxford: Oxford University Press, 2021).

Moyal-Sharrock, D. *Understanding Wittgenstein's On Certainty* (London: Palgrave Macmillan, 2004).

Muller, A. *Beings of Thought and Action: Epistemic and Practical Rationality* (Cambridge: Cambridge University Press, 2021).

Murray, A. R. and C. Tillman (eds.), *The Routledge Handbook of Propositions* (London: Routledge, 2022).

Naaman-Zauderer, N. *Descartes' Deontological Turn: Reason, Will and Virtue in the Later Writings* (Cambridge: Cambridge University Press, 2010).

Nado, J. (ed.), *Advances in Experimental Philosophy and Methodology* (London: Bloomsbury Academic, 2016).

Nagel, J. and J. J. Smith, "The Psychological Context of Contextualism", in Ichikawa (2017b).

Nagel, J. (2008), "Knowledge Ascriptions and the Psychological Consequences of Changing Stakes", *Australasian Journal of Philosophy* 86: 279-294.

Nagel, J. (2010), "Knowledge Ascriptions and the Psychological Consequences of Thinking about Error", *Philosophical Quarterly* 60: 286-306.

Nagel, J. (2010), "Epistemic Anxiety and Adaptive Invariantism", *Philosophical Perspectives*

24: 407-435.

Neta, R. and G. Rohrbaugh (2004), "Luminosity and the Safety of Knowledge", *Pacific Philosophical Quarterly* 85: 396-406.

Nichols, R. *Thomas Reid's Theory of Perception* (Oxford: Clarendon Press, 2007).

Nicoli, S. M. *The Role of Intuitions in Philosophical Methodology* (London: Palgrave Macmillan, 2016).

Noe, A. and E. Thompson (eds.), *Vision and Mind: Selected Readings in the Philosophy of Perception* (Cambridge, MA: The MIT Press, 2002).

Nottelmann, N. *Blameworthy Belief: A Study in Epistemic Deontologism* (Springer, 2007).

Nozick, R. *Philosophical Explanations* (Cambridge, MA: Harvard University Press, 1981).

Nuccetelli, S. and G. Seay (eds.), *Themes from Moore: New Essays in Epistemology and Ethics* (Oxford: Oxford University Press, 2007).

Nuccetelli, S. and G. Seay (eds.), *Ethical Naturalism: Current Debates* (Cambridge: Cambridge University Press, 2011).

Olsson, E. J. (ed.), *The Epistemology of Keith Lehrer* (Dordrecht, The Netherlands: Kluwer Academic Publishers, 2003).

O'Shaughnessy, B. *The Will: Volume 2, A Dual Aspect Theory* (Oxford: Oxford University Press, 2008).

O'Shea, J. R. (ed.), *Wilfrid Sellars and His Legacy* (Oxford: Oxford University Press, 2016).

Owen, D. *Hume's Reason* (Oxford: Oxford University Press, 1999).

Papineau, D. *Philosophical Naturalism* (Oxford: Blackwell, 1993).

Papineau, D. (2016), "Against Representationalism (About Conscious Sensory Experience)", *International Journal of Philosophical Studies* 24: 324-347.

Parfit, D. *Reasons and Persons* (Oxford: Oxford University Press, 1986).

Parfit, D. *On What Matters,* Vol. 1 (Oxford: Oxford University Press, 2011).

Peacocke, C. (2001), "Does Perception Have a Conceptual Content?", *Journal of Philosophy* 98: 239-264.

Pears, D. *Hume's System: An Examination of the First Book of His Treatise* (Oxford: Oxford University Press, 1990).

Peels, R. and R. Woudenberg (eds.), *The Cambridge Companion to Common-Sense Philosophy* (Cambridge: Cambridge University Press, 2020).

Peels, R. *Responsible Belief: A Theory in Ethics and Epistemology* (Oxford: Oxford University Press, 2017).

Perin, C. *The Demands of Reason: An Essay on Pyrrhonian Scepticism* (Oxford: Oxford

University Press, 2010).

Pessin, A. and S. Goldberg (eds.), *The Twin Earth Chronicles: Twenty Years of Reflection on Hilary Putnam's "The Meaning of 'Meaning'"* (London: Routledge, 1996).

Pierris, G. D. *Ideas, Evidence, and Method: Hume's Skepticism and Naturalism concerning Knowledge and Causation* (Oxford: Oxford University Press, 2015).

Pink, T. and M.W.F. Stone (eds.), *The Will and Human Action: From Antiquity to the Present Day* (London: Routledge, 2003).

Pitcher, G. *Perception* (Princeton: Princeton University Press, 1971).

Plantinga, A. *Warrant: The Current Debate* (New York: Oxford University Press, 1993).

Plantinga, A. *Warrant and Proper Function* (Oxford: Oxford University Press, 1993).

Plantinga, A. *Where the Conflict Really Lies: Science, Religion, and Naturalism* (Oxford: Oxford University Press, 2011).

Plato, *Theatetus*, in Plato, *Complete Works* (edited by John Cooper, Indianapolis: Hackett Publishing Company, 1997).

Plato, *Sophist*, in Plato, *Complete Works* (edited by John Cooper, Indianapolis: Hackett Publishing Company, 1997).

Plato, *Meno and Phaedo* (edited by David Sadley and Alex Long, Cambridge: Cambridge University Press 2010).

Pollock, J. (1984), "Reliability and Justified Belief", *Canadian Journal of Philosophy* 14: 103-114.

Pollock, J. and J. Cruz, *Contemporary Theories of Knowledge* (Lanham, Maryland: Rowman & Littlefield, 1999).

Popkin, R. H. *The History of Scepticism: From Savonarola to Bayle* (Oxford: Oxford University Press, 2003).

Popper, K. *Conjectures and Refutations* (London: Routledge, 1962).

Popper, K. *The Logic of Scientific Discovery* (London: Routledge, 1980).

Preyer, G. and G. Peter (eds.), *Contextualism in Philosophy: Knowledge, Meaning, and Truth* (Oxford: Clarendon Press, 2005).

Price, H. H. *Perception* (London: Methuen, 1950).

Price, H. H. *Belief* (London: Humanities Press, 1969).

Prinz, W. and B. Hommel (eds.), *Common Mechanisms in Perception and Action* (Oxford: Oxford University Press, 2002).

Pritchard, D. (2002), "Two Forms of Epistemological Contextualism", *Grazer Philosophische Studien* 64: 19-55.

Pritchard, D. *Epistemic Luck* (Oxford: Clarendon Press, 2005).

Pritchard, D. (2007), "Anti-luck Epistemology", *Synthese* 158: 277-297.

Pritchard, D. "McDowellian Neo-Mooreanism", in Haddock and Macpherson (2008).

Pritchard, D. (2009), "Safety-based Epistemology: Whither Now?", *Journal of Philosophical Research* 34: 33–45.

Pritchard, D. "Epistemic Relativism, Epistemic Incommensurability, and Wittgensteinian Epistemology", in S. Hales (ed.), *A Companion to Relativism* (Oxford: Blackwell, 2011).

Pritchard, D. *Epistemological Disjunctivism* (Oxford: Oxford University Press, 2012).

Pritchard, D. "Knowledge Cannot be Lucky", in M. Steup, J. Turri and E. Sosa (eds.), *Contemporary Debates in Epistemology* (second edition, Oxford: Blackwell, 2014).

Pritchard, D. *Epistemology* (London: Palgrave Macmillan, 2016).

Pritchard, D. "The Gettier Problem and Epistemic Luck", in Hetherington (2019).

Pritchard, D., A. Millar and A. Haddock, *The Nature and Value of Knowledge: Three Investigations* (Oxford: Oxford University Press, 2010).

Pritchard, D. and L. J. Whittington (eds.), *The Philosophy of Luck* (Oxford: Blackwell, 2015).

Putnam, H. "The Meaning of 'Meaning'", reprinted in Putnam, *Philosophical Papers*, Vol. 2 (Cambridge: Cambridge University Press, 1975).

Putnam, H. *Realism with a Human Face* (Cambridge, MA: Harvard University Press, 1992).

Putnam, H. *Realism and Reason* (Cambridge: Cambridge University Press, 1996).

Putnam, H. *The Threefold Cord: Mind, Body and World* (New York: Columbia University Press, 1999).

Putnam, H. "Brain in a Vat", reprinted in DeRose and Warfield (1999).

Putnam, H. and R. A. Putnam, *Pragmatism as a Way of life: the Lasting Legacy of William James and John Dewey* (edited by David MacArthur, Cambridge, MA: Harvard University Press, 2017).

Quine, W. V. O. *Word and Object* (Cambridge, MA: The MIT Press, 1960).

Quine, W. V. O. *From a Logical Point of View* (New York: Harper & Row Publishers, 1963).

Quine, W. V. O. *Roots of Reference* (La Salle, Ill.: Open Court, 1974).

Quine, W. V. O. (1975), "On Empirically Equivalent Systems of the World", *Erkenntnis* 9: 313-328.

Quine, W. V. O. *Theories and Things* (Cambridge, MA: Harvard University Press, 1981).

Quine, W. V. O. *From Stimulus to Science* (Cambridge, MA: Harvard University Press, 1995).

Raffman, D. "On the Persistence of Phenomenology", in T. Metzinger (ed.), *Conscious Experience* (Ferdinand-Schoningh: Paderborn, 1995).

Rawls, J. *A Theory of Justice* (Cambridge, MA: Harvard University Press, 1971).

Rawls, J. "Outline of a Decision Procedure for Ethics", reprinted in Rawls, *Collected Papers* (edited by Samuel Freeman, Cambridge, MA: Harvard University Press, 1999).

Reed, B. (2005), "Accidentally Factive Mental States", *Philosophy and Phenomenological Research* 71: 134-142.

Reed, B. (2010), "A Defense of Stable Invariantism", *Nous* 44: 224-244.

Reed, B. (2012), "Resisting Encroachment", *Philosophy and Phenomenological Research* 85: 465-472.

Reid, T. *An Inquiry into the Human Mind on the Principles of Common Sense* (edited by Derek R. Brookes, Edinburgh: Edinburgh University Press, 1997).

Reid, R. *Essays on the Intellectual Power of Man* (edited by Derek R. Brookes, Pennsylvania: The Pennsylvania State University Press, 2002).

Rescher, N. *The Coherence Theory of Truth* (Oxford: Oxford University Press, 1973).

Richard, M. *Propositional Attitudes* (Cambridge: Cambridge University Press, 1990).

Richardson, A. W. *Carnap's Construction of the World: The Aufbau and the Emergence of Logical Empiricism* (Cambridge: Cambridge University Press, 1997).

Richerson, P. J. and R. Boyd, *Not by Genes Alone: How Culture Transformed Human Evolution* (Chicago: The University of Chicago Press, 2006).

Rickless, S. C. *Berkeley's Argument for Idealism* (Oxford: Oxford University Press, 2013).

Robinson, H. *Perception* (London: Routledge, 1994).

Rocknak, S. *Imagined Causes: Hume's Conception of Objects* (Springer, 2013).

Roeber, B. (2020), "How to Argue for Pragmatic Encroachment", *Synthese* 197: 2649–2664.

Rosenberg, J. *Wilfrid Sellars: Fusing the Images* (Oxford: Oxford University Press, 2007).

Rønnow-Rasmussen, T., and M. J. Zimmerman (eds.), *Recent Work on Intrinsic Value* (Springer, 2005).

Rosenthal, D. *Consciousness and Mind* (Oxford: Oxford University Press, 2006).

Ross, J. and M. Schroeder (2014), "Belief, Credence, and Pragmatic Encroachment", *Philosophy and Phenomenological Research* 88: 259-288.

Rowlands, M. *Externalism: Putting Mind and World Back Together Again* (Acumen Publishing Limited, 2003).

Rowlands, M. *Can Animals Be Persons?* (Oxford: Oxford University Press, 2019).

Russell, B. (1907), "On the Nature of Truth", *Proceedings of the Aristotelian Society* 7: 228-249.

Russell, B. *The Problems of Philosophy* (Oxford: Oxford University Press, 2001, first published in 1912).

Russell, B. *Theory of Knowledge: The 1913 Manuscript* (edited by Elizabeth Eames, London: Routledge, 1992).

Russell, G. *Truth in Virtue of Meaning: A Defense of the Analytic/Synthetic Distinction* (Oxford:

Oxford University Press, 2008).

Russell, P. *The Riddle of Hume's Treatise: Skepticism, Naturalism, and Irreligion* (Oxford: Oxford University Press, 2008).

Sacks, M. "Transcendental Arguments and the Inference to Reality: A Reply to Stern", in R. Stern (ed.), *Transcendental Arguments: Problems and Prospects* (Oxford: Oxford University Press, 1999).

Sacks, M. *Objectivity and Insight* (Oxford: Clarendon Press, 2000).

Sachs, M. (2005), "The Nature of Transcendental Arguments", *International Journal of Philosophical Studies* 13: 439-460.

Sainsbury, R. M. *Paradoxes* (third edition, Cambridge: Cambridge University Press, 2009).

Schaffer, J. (2006), "The Irrelevance of the Subject: Against Subject-Sensitive Invariantism", *Philosophical Studies* 127: 87-107.

Schaffer, J. and J. Knobe (2012), "Contrastive Knowledge Surveyed", *Nous* 46: 675-708.

Schaper, E. (ed.), *Reading Kant: New Perspectives on Transcendental Arguments and Critical Philosophy* (Oxford: Blackwell, 1989).

Schiffer, S. (2007), "Interest-Relative Invariantism", *Philosophy and Phenomenological Research* 75: 188-195.

Schmidt S. and G. Ernst (eds.), *The Ethics of Belief and Beyond: Understanding Mental Normativity* (London: Routledge, 2020).

Schulting, D. *Kant's Radical Subjectivism: Perspectives on the Transcendental Deduction* (London: Palgrave Macmillan, 2017).

Schwenkler, J. *Anscombe's Intention: A Guide* (Oxford: Oxford University Press, 2019).

Scott, D. *Plato's Meno* (Cambridge: Cambridge University Press, 2006).

Seidel, M. *Epistemic Relativism: A Constructive Critique* (London: Palgrave Macmillan, 2014).

Sellars, W. "Some Reflection on Language Games," in Sellars, *Science, Perception and Reality* (London: Routledge, 1963).

Sellars, W. *Empiricism and the Philosophy of Mind* (Cambridge, MA: Harvard University Press, 1997).

Sellars, W. *Kant and Pre-Kantian Themes* (edited by Pedro V. Amaral, Atascadero, CA: Ridgeview Publishing Company, 2002).

Senor, T. (1993), "Internalist Foundationalism and the Justification of Memory Beliefs", *Synthese* 94: 453-476.

Sextus Empiricus, *Outlines of Scepticism* (edited by Julia Annas and Jonathan Barnes, Cambridge: Cambridge University Press, 2000).

Shope, R. *The Analysis of Knowing: A Decade of Research* (Princeton: Princeton University

Press, 1983).

Shope, R. "Conditions and Analyses of Knowing", in Moser (2002).

Siegel, S. (2004), "Indiscriminability and the Phenomenal", *Philosophical Studies* 120: 91-112.

Siegel, S. *The Contents of Visual Experience* (Oxford: Oxford University Press, 2010).

Skyrms, B. (1967), "The Explication of 'X knows that p'", *The Journal of Philosophy* 64: 373-389.

Smith, A. D. *The Problem of Perception* (Cambridge, MA: Harvard University Press, 2002).

Smith, N. D. *Socrates on Self-improvement: Knowledge, Virtue, and Happiness* (Cambridge: Cambridge University Press, 2021).

Smithies, D. *The Epistemic Role of Consciousness* (Oxford: Oxford University Press, 2019).

Smithies, D. and D. Stoljar (eds.), *Introspection and Consciousness* (Oxford: Oxford University Press, 2012).

Snowdon, P. (1980-1981), "Perception, Vision and Causation", *Proceedings of the Aristotelian Society* 81: 175-192.

Snowdon, P. (1990-1991), "The Objects of Perceptual Experience", *Proceedings of the Aristotelian Society Supplementary Volume* 64: 121-150.

Sosa, E. (1980), "The Raft and the Pyramid: Coherence versus Foundations in the Theory of Knowledge", reprinted in E. Sosa, *Knowledge in Perspective* (Cambridge: Cambridge University Press, 1991).

Sosa, E. (1988), "Beyond Scepticism, to the Best of Our Knowledge", *Mind* 97: 153-188.

Sosa, E. "Proper Function and Virtue Epistemology", in Kvanvig (1996).

Sosa, E. (1999), "How to Defeat Opposition to Moore", in J. E. Tomberlin (ed.), *Philosophical Perspectives* 13: 141-153.

Sosa, E. "Skepticism and the Internal/External Divide", in Greco and Sosa (1999).

Sosa, E. "Philosophical Scepticism and Epistemic Circularity", reprinted in K. DeRose and T. A. Warfield (eds.), *Skepticism: A Contemporary Reader* (Oxford: Oxford University Press, 1999).

Sosa, E. (2000), "Skepticism and Contextualism", *Philosophical Issues* 10: 1-18.

Sosa, E. *A Virtue Epistemology* (Oxford: Oxford University Press, 2007).

Sosa, E. *Reflective Knowledge* (Oxford: Clarendon Press, 2009).

Sosa, E. *Epistemology* (Princeton: Princeton University Press, 2017).

Soteriou, M. *Disjunctivism* (London: Routledge, 2016).

Southwood, N. and P. Chuard (2009), "Epistemic Norms without Voluntary Control", *Nous* 43: 599-632.

Stadler, F. *The Vienna Circle: Studies in the Origins, Development, and Influence of Logical Empiricism* (Springer, 2015).

Stalnaker, R. *Our Knowledge of the Internal World* (Oxford: Oxford University Press, 2008).

Stalnaker, R. *Mere Possibilities. Metaphysical Foundations of Modal Semantics* (Princeton: Princeton University Press, 2012).

Stanley, J. (2004), "On the Linguistic Basis for Contextualism", *Philosophical Studies* 119: 119-146.

Stanley, J. *Knowledge and Practical Interest* (Oxford: Oxford University Press, 2005).

Stanley, J. *Know How* (Oxford: Oxford University Press, 2011).

Stern, R. "On Kant's Response to Hume: The Second Analogy as Transcendental Argument", in R. Stern (ed.), *Transcendental Arguments: Problems and Prospects* (Oxford: Clarendon Press, 1999).

Stern, R. *Transcendental Arguments and Scepticism: Answering the Question of Justification* (Oxford: Clarendon Press, 2000).

Steup, M. *An Introduction to Contemporary Epistemology* (New Jersey: Prentice Hall, 1996).

Steup, M. "A Defense of Internalism", in Louis Pojman (ed.), *The Theory of Knowledge* (Belmont, CA: Wadsworth, 1999).

Steup, M. (2000), "Doxastic Voluntarism and Epistemic Deontology", *Acta Analytica* 15: 25-56.

Steup, M. (ed.), *Knowledge, Truth, and Duty: Essays on Epistemic Justification, Responsibility, and Virtue* (Oxford: Oxford University Press, 2001).

Steup, M. (2008), "Doxastic Freedom", *Synthese* 161: 375-392.

Steup, M. (2012), "Belief Control and Intentionality", *Synthese* 188: 145-163.

Steup, M. (2017), "Believing Intentionally", *Synthese* 194: 2673–2694.

Steup, M. (2018), "Doxastic Voluntarism and Up-To-Me-Ness", *International Journal of Philosophical Studies* 26: 611-618.

Stich, S. *The Fragmentation of Reason* (Cambridge, MA: The MIT Press, 1990).

Stich, S. "Naturalizing Epistemology: Quine, Simon, and the Prospects for Pragmatism", in C. Hookway and D. Peterson (eds.), *Philosophy and Cognitive Science* (Cambridge: Cambridge University Press, 1993).

Stich, S. *Deconstructing the Mind* (Oxford: Oxford University Press, 1998).

Stine, G. "Skepticism, Relevant Alternatives, and Deductive Closure", reprinted in DeRose and Warfield (1999).

Stoljar, D. *Ignorance and Imagination: The Epistemic Origin of the Problem of Consciousness* (Oxford: Oxford University Press, 2006).

Stoljar, D. *Physicalism* (London: Routledge, 2010).

Stove, D. C. *The Rationality of Induction* (Oxford: Oxford University Press, 1986).

Strawson, G. *The Secret Connexion: Causation, Realism, and David Hume* (second edition, Oxford: Oxford University Press, 2014).

Strawson, P. *Individuals: An Essay in Descriptive Metaphysics* (London: Methuen, 1959).

Strawson, P. *The Bounds of Sense: An Essay on Kant's Critique of Pure Reason* (London: Methuen, 1966).

Street, S. (2009), "In Defense of Future Tuesday Indifference: Ideally Coherent Eccentrics and the Contingency of What Matters", *Philosophical Issues* 19: 273-298.

Strickland, L. *Leibniz's Monadology: A New Translation and Guide* (Edinburgh: Edinburgh University Press, 2014).

Stroll, A. *Moore and Wittgenstein on Certainty* (Oxford: Oxford University Press, 1994).

Stroud, B. *Hume* (London: Routledge, 1977).

Stroud, B. *The Significance of Philosophical Scepticism* (Oxford: Oxford University Press, 1984).

Stroud, B. (1994), "Scepticism, 'Externalism', and the Goal of Epistemology", *Aristotelian Society Supplementary Volume* 68: 219-307.

Stroud, B. *Understanding Human Knowledge* (Oxford: Oxford University Press, 2000).

Sutton, J. *Without Justification* (Cambridge, MA: The MIT Press, 2007).

Swain, M. "Epistemic Defeasibility", in Pappas and Swain (1978).

Sytsma, J. (ed.), *A Companion to Experimental Philosophy* (Oxford: Blackwell, 2016).

Tienson, J. (1974), "On Analyzing Knowledge", *Philosophical Studies* 25: 289-293.

Thomasson, A. L. *Fiction and Metaphysics* (Cambridge: Cambridge University Press, 1998).

Thorsrud, H. *Ancient Scepticism* (Slough, UK: Acumen Publishing Limited, 2009).

Turri, J. (2010), "Does Perceiving Entail Knowing?" *Theoria* 76: 197-206.

Turri, J. (2013), "A Conspicuous Art: Putting Gettier to the Test", *Philosophers' Imprint* 13 (10).

Turri, J. (ed.), *Virtuous Thoughts: The Philosophy of Ernest Sosa* (New York: Springer, 2013).

Turri, J and P. D. Klein (eds.), *Ad Infinitum: New Essays on Epistemological Infinitism* (Oxford: Oxford University Press, 2014).

Tye, M. *Ten Problems of Consciousness: A Representational Theory of the Phenomenal Mind* (Cambridge, MA: The MIT Press, 1995).

Vahid, H. *The Epistemology of Belief* (London: Palgrave Macmillan, 2008).

Verhaegh, S. *Working from Within: The Nature and Development of Quine's Naturalism* (Oxford: Oxford University Press, 2018).

Vinci, T. C. *Space, Geometry, and Kant's Transcendental Deduction of the Categories* (Oxford: Oxford University Press, 2014).

Vogel, J. (1990), "Cartesian Skepticism and Inference to the Best Explanation", *Journal of Philosophy* 87: 658-661.

Vogel, J. "Are There Counterexample to the Closure Principle?" in M. Roth and G. Ross (eds.), *Doubting: Contemporary Perspectives on Skepticism* (Dordrecht: Kluwer, 1990).

Vogel, J. (1999), "The New Relevant Alternatives Theory", *Philosophical Perspectives* 13: 155-180.

Vogel, J. (2000), "Reliabilism Leveled", *The Journal of Philosophy* 97: 602-623.

Vogel, J. (2007), "Subjunctivitis", *Philosophical Studies* 134: 73-88.

Walker, R. *The Coherence Theory of Truth: Realism, Anti-Realism, Idealism* (London: Routledge, 1989).

Weatherson, B. (2008), "Deontology and Descartes' Demon", *Journal of Philosophy* 105: 540-569.

Weinberg, J. M., S. Nichols and S. Stich, "Normativity and Epistemic Intuitions", reprinted in Ernest Sosa, Jaegwon Kim, Jeremy Fantl, and Matthew McGrath (eds.), *Epistemology: An Anthology* (second edition, Oxford: Blackwell, 2008).

Whitcomb, D. (2008), "Factivity Without Safety", *Pacific Philosophical Quarterly* 89: 143-149.

White, N. P. *Plato on Knowledge and Reality* (Indianapolis: Hackett Publishing Company, 1976).

Williams, B. "Deciding to Believe", in B. Williams, *Problems of the Self* (Cambridge: Cambridge University Press, 1973).

Williams, B. *Descartes: The Project of Pure Inquiry* (London: Routledge, 2005, first published in 1978).

Williams, B. *Ethics and the Limits of Philosophy* (London: Routledge, 1985).

Williams, M. *Unnatural Doubts: Epistemological Realism and the Basis of Scepticism* (Princeton: Princeton University Press, 1996).

Williams, M. *Problems of Knowledge: A Critical Introduction to Epistemology* (Oxford: Oxford University Press, 2001).

Williams, M. (2007), "Why (Wittgensteinian) Contextualism Is Not Relativism", *Episteme* 4: 93-114.

Williamson, T. *Knowledge and Its Limits* (Oxford: Oxford University Press 2000).

Williamson, T. (2005), "Contextualism, Subject-Sensitive Invariantism and Knowledge of Knowledge", *The Philosophical Quarterly* 55: 213-235.

Williamson, T. *The Philosophy of Philosophy* (Oxford: Blackwell, 2007).

Williamson, T. "How Deep Is the Distinction Between A Priori and A Posteriori Knowledge?", in Casullo and Thurow (2013).

Williamson, T. "Knowledge First", in M. Steup, J. Turri and E. Sosa (eds.), *Comtemporary Debates in Epistemology* (second edition, Oxford: Blackwell, 2014).

Williamson, T. *The Philosophy of Philosophy* (second edition, Oxford: Blackwell, 2021).

Wilson, C. *Descartes's Meditations: An Introduction* (Cambridge: Cambridge University Press, 2003).

Wittgenstein, L. *Tractatus Logico-Philosophicus* (London: Routledge & Kegan Paul, 1921).

Wittgenstein, L. *On Certainty* (edited by G. E. M. Anscombe and G. H. von Wright, New York: Harper & Row Publishers, 1969).

Wittgenstein, L. *Remarks on the Foundations of Mathematics* (edited by G. H. von Wright and G. E. M. Anscombe, Cambridge, MA: The MIT Press, 1983).

Wolterstorff, N. *John Locke and the Ethics of Belief* (Cambridge: Cambridge University Press, 1996).

Wolterstorff, N. *Thomas Reid and the Story of Epistemology* (Cambridge: Cambridge University Press, 2000).

Wolterstorff, N. "Reid on Common Sense", in T. Cuneo and R. Woudenberg (eds.), *The Cambridge Companion to Thomas Reid* (Cambridge: Cambridge University Press, 2004).

Wright, C. *Wittgenstein on the Foundations of Mathematics* (Cambridge, MA: Harvard University Press, 1980).

Wright, C. "The Variability of 'Knows': An Opinionated View", in Ichikawa (2017b).

Wright, J. P. *The Sceptical Realism of David Hume* (Manchester: Manchester University Press, 1983).

Zeimbekis, J. and A. Raftopoulos (eds.), *The Cognitive Penetrability of Perception: New Philosophical Perspectives* (Oxford: Oxford University Press, 2015).

Zimmerman, M. J. *The Nature of Intrinsic Value* (Lanham, Maryland: Rowman & Littlefield, 2001).